환경화학

제11판

Stanley E. Manahan 지음

김만구 · 김동욱 · 김희갑 · 류 설 · 정 현 · 정형근 옮김

자유아카데미

저자 서문

2020년은 『환경화학』을 개정하는 데 있어서 특히 중요한 해였다. 이 해에 지구 자체 및 지구에 살고 있는 인류에 큰 영향을 미치는, 말 그대로 지구를 뒤흔드는 두 가지 현상이 나타났기 때문이다. 먼저 지구 곳곳에서 발생한 다양한 사건들로 인해 전 세계적인 기후 변화를 강력하게 실감하게 되었다. 예를 들어 2020년 2월 20일, 남극 대륙에서는 사상 최고 기온인 18.3°C(64.9°F)가 기록되었다. 또한 전례 없는 산불이 미국 서부 해안과 Colorado를 강타하였고 많은 허리케인이 발생하였다. 멕시코만에서는 허리케인이 너무 많이 발생하여 모든 허리케인에 이름을 붙이다 보니 그리스 문자를 샅샅이 뒤져야 했다. 11월 3일에는 허리케인 에타가 강력한 카테고리 4 폭풍으로 중미를 강타했으며, 불과 2주 후에는 카테고리 5 허리케인인 아이오타가 거의 동일한 경로를 통과하여 주민들의 터전을 황폐화하였다.

2020년을 특징짓는 두 번째 중요한 사건은 최악의 전염병인 치명적인 COVID-19 코로나바이러스로 인해, 생존을 위해 지구에 의존하는 전 세계 인류의 삶이 파괴되었다는 것이다. 이러한 현상들은 개별적으로 또는 복합적으로 지구에서의 생활 환경을 바꾸었고, 정부를 무너뜨리고, 전쟁을 유발하며, 대량 이주를 일으키고, 전반적으로 지구의 환경과 인류 및 기타 종들의 개체수를 변화시켰다.

이번 11판에서는 독자들이 선호하였던 전 판의 구성과 접근 방식을 참고하여 전반적으로 그 형태를 유지하였다. 여기에는 지구의 시스템이 수권, 대기권, 지권, 인류권, 생물권의 다섯 가지 권역으로 나뉘어 밀접하게 상호 작용하고 있으며, 지구 시스템의 일부를 인간이 구싱하고 운영하는 것으로 보는 관점도 포함된다. 또한 자원, 수자원, 대기 자원, 생물학적 자원 및 지구상의 생명체 번성에 유리한 조건을 포함하는 지구 자연 자본의 중요성을 인정한다.

이 책은 인류가 지난 약 10,000년 동안 상대적으로 안락하게 지낼 수 있었던 홀로세(Holocene)를 지나서, 지구의 조건이 주로 인간들의 활동에 의해서 크게 영향을 받아 결정되는 새로운 시대인 인류세(Anthropocene)로 접어들고 있다는 점을 감안하여 집필되었다. 인류세에서 가장 중요한 것은 인간들의 활동이 기후에 미치는 영향이며, 특히 화석 연료의 사용으로 인해 이산화 탄소가 배출되어 발생하는 지구 온난화라고 할 수 있다.

이번 11판은 환경 화학의 주제를 직접 다루고 있다는 점에서 10판과 다르다. 다섯 가지 환경 영역 각각에서 일어나는 환경 화학 작용과 현상을 이해하기 위해서는 환경 화학에 대한 일반적인 이해가 필요하다. 따라서 1장 "환경 화학: 인간이 직면하는 도전에 대처하는 데 있어 필수적인 학문 분야"에서는 환경 화학 전반에 대한 일반적인 고찰을 다루었다. 독자가 환경 화학을 구성하는 지식의 핵심을 이해한 뒤에 이어지는 장으로 빨리 넘어갈 수 있도록 간결하고 핵심적인 내용으로 많이 수정되었다.

2~7장은 수권의 환경 화학에 대해 공부한다. 2장 "수권과 물 화학"에서는 수권과 이를 구성하는 물의 특성에 대한 개요를 다루는데, 수권의 물리적 성질을 결정하는 물 분자의 성질과 수권 내 물의 화학적 성질을 포함하여 수중 화학의 몇 가지 핵심적인 측면을 공부한다. 이 장에서 다루는 물 화학의 내용은 산−염기 반응과 평형, 물 중의 이산화 탄소, 알칼리도, 물의 경도, 착물화와 킬레이트화 등이다.

3장 "물 화학에서 산화/환원 반응"에서는 물에서의 산화 및 환원 반응을 논의한다. 물에서의 산화와 환원을 매개하는 촉매로서의 미생물의 중요성과, pH와 유사한 p*E*의 개념을 강조하고 있는데 p*E*는 물속 전자 활동도의 음의 로그로 정의된다. 철에 대한 단순화된 pE/pH 도표를 사용하여 pE의 개념 및 pH와의 상호 작용도 설명한다. 산화–환원 반응의 에너지 전이를 전자 1몰의 반응을 기준으로 표현하는 개념을 도입하여 이러한 반응의 에너지 변화를 공통 기반으로 표현할 수 있다.

4장 "물 화학에서 상 사이의 상호 작용"에서는 물속 종과 고체 및 기체 상태에 있는 종들 사이에서 일어나는 상호 작용을 다루며, 수질을 결정하는 데 있어서 퇴적물의 중요성을 강조하고, 콜로이드가 물에 미치는 중요한 역할을 설명한다.

5장 "수생 미생물 생화학"에서는 해조류, 세균, 원생동물, 진균을 포함한 물의 환경 화학에서 미생물이 수행하는 중요한 역할에 관한 세부 정보를 설명하며, 미생물에 의한 탄소의 변환, 유기물의 미생물 매개 생분해 및 세균에 의해서 일어나는 질소, 황, 인 화합물의 변환을 다룬다. 이 장은 세균을 매개로 황철광(FeS_2)이 산화되어 폐광의 산성 광산 배수를 형성하는 것을 포함하여 세균이 금속 종과 물에 미치는 영향에 대해 논의하는 것으로 마무리된다.

6장 "물 오염 물질과 물 오염"에서는 다양한 물 오염 물질의 성질과 영향을 다루는데, 물 오염과 관련된 주제 중 무기 오염 물질, 유기 오염 물질, 유기금속 및 살충제에 대해 설명한다.

7장 "세계의 물 위기와 기후 변화: 물 혁신 및 재순환"에서는 지구의 기후 변화로 인해 악화된 전 세계적 물 위기에 대해 다루며, 다양한 수처리 과정도 설명한다. 또한 물을 완전히 재활용하기 위한 계획을 포함하여 물 부족을 타개하려는 방법도 소개한다.

8장 "대기와 대기 화학"은 대기권을 다루는 첫 번째 장이다. 이 장에서는 대류권, 성층권, 더 높은 상부층으로 나누어지는 대기권의 성층화를 포함하여 대기의 일반적인 특성을 다룬다. 대기 질량 이동, 에너지 수송, 날씨 및 기후 등 대기권과 관련된 다수의 일반적인 주제를 논의하며, 에너지, 날씨, 기후, 기본적인 광화학과 광화학 스모그와 같은 대기 현상을 결정하는 태양 복사의 역할을 소개한다.

9장 "대기 중 입자"에서는 대기 중에 부유하는 미립자 물질들을 다루며, 대기 오염 물질로서의 입자 및 대기 화학에 관여하는 미립자 물질의 역할에 대해 논의한다. 또한 아시아 갈색 구름과 같은 오염 현상의 원인이 되는 입자 오염 물질을 대기로 유입시키는 인류권의 영향에 대해서도 다루고 있다.

10장에서 다루는 "기체상 무기 오염 물질"은 1차 대기 오염 물질로서, 산성비와 부식성 황산염 및 질산염과 같은 더 유해한 2차 대기 오염 물질로 변할 수 있는 황 산화물과 질소 산화물들이다. 이 장에서는 햇빛의 광자를 흡수하여 광화학 스모그의 형성 과정을 개시하는 이산화 질소의 중요성에 대해 논의한다.

11장 "유기 공기 오염 물질"에서는 탄화수소, 산소를 포함한 유기물, 유기질소 화합물 및 유기황 화합물을 포함하여 대기를 오염시키는 광범위한 유기 화합물에 대해 논의하며, 인류권과 생물권, 특히 식물을 포함한 유기 공기 오염 물질의 발생원들에 대해 설명한다.

12장 "광화학 스모그"에서는 가장 심각한 공기 오염 현상인 광화학 스모그를 다루는데, 반응성 탄화수소, 질소 산화물 및 태양광이 상호 작용하여 생성하는 오존, 유기 산화제, 알데하이드 및 입자들을 설명한다. 또한 광화학 스모그를 형성하는 전구 물질들인 1차 오염 물질들의 발생원을 이들 오염 물질을 관리하는 관점에서 논의한다.

13장 "지구 대기권의 위기"에서는 지구 시스템과 현대 생물권에 가장 큰 위험을 초래할 수 있는 기후 변화와 그 영향에 대해 다루며, 지구 기후 변화의 주요 요인 중 하나인 대기로 배출되는 이산화 탄소에 관해서도 논의한다. 또한 기온, 빙하의 면적 변화, 강수량을 포함한 지구 기후 변화와 관련된 다양한 변화 추세들을 소개하며, 지구 기후 변화를 지연시키고 지구 기후 변화 발생 시 대처하는 방법들에 대해서도 설명한다.

14장 "지권과 지구화학"에서는 지권을 주요 환경 분야 중 하나로 소개하면서, 이를 구성하는 암석과 고체의 성질과 거동에 대해 논의한다. 또한 지구의 자연 자본을 제공하는 지권의 중요한 역할을 다루며, 지진과 화산 폭발 등 지권의 위험 요소에 대해서도 논의한다.

15장 "토양: 지구의 생명줄"에서는 인간을 비롯한 지구 생명체에게 생존에 필요한 식량을 제공함으로써 가장 중요한 지권이라고 할 수 있는 토양에 대해 논의한다. 토양이 무엇인지를 정의하고, 토양을 구성하고 있는 광물의 종류를 설명한다. 또한 토양 지평층과 같은 토양의 다양한 특성을 논의하며, 지구 기후 변화 시대에 맞춰 토양 관리와 관련된 문제도 다룬다.

16장 "인류권: 산업 생태학과 녹색 화학"에서는 인간에 의해 만들어지고 통제되는 환경의 권역을 소개한다. 인류권이 무엇인지, 지구가 새로운 시대인 인류세에 접어들 때까지 인류권이 어떻게 지구 시스템의 필수적인 권역으로 인식되게 되었는지를 정의한다. 또한 인류권과 지구 시스템의 다른 권역들과의 상호 작용을 설명하며, 인류권을 다른 환경 권역과 양립할 수 있도록 만드는 두 가지 중요한 접근법인 산업 생태학과 녹색 화학을 소개한다.

17장 "자원과 지속 가능한 물질"에서는 인류권이 지구의 자원과 자연 자본을 탐욕스럽게 소비하는 상황에서 공급이 부족한 금속과 같은 자원 중 재생 가능한 자원이 있는지, 그 방법은 무엇인지에 대해 다룬다. 또한 한정된 자원을 확장하는 데에 산업 생태학과 녹색 화학이 어떤 역할을 하는지에 대해서도 논의한다.

18장 "지속 가능한 에너지: 모든 것에 대한 열쇠"에서는 풍부하고 친환경적인 에너지를 이용하기 위해서는 지속 가능하게 만드는 것이 중요하다는 것을 논의한다. 에너지의 중요성을 반영하여 이 장은 비교적 길고 상세하게 서술하였으며, 풍력, 수력, 태양, 생물학적 에너지 등 재생 가능한 에너지원을 강조하였다.

19장 "유해 폐기물의 성질, 발생원 및 환경 화학"에서는 수십 년 동안 인류권에 의해 제기되었던 유해 폐기물의 생성과 처리에 대해 논의하며, 20장 "폐기물 최소화, 활용 및 처리를 위한 산업 생태학"에서는 그러한 유해 폐기물을 지속 가능하게 처리하는 방법 등을 다룬다.

21~23장은 생물권에 대한 내용을 다룬다. 먼저 21장 "생물권: 환경 생화학"에서는 기본적인 생화학을 소개하며, 22장 "독성 화학"에서는 환경 화학과 관련된 생물권의 매우 중요한 측면인 독성 물질의 영향에 내해 논의한다. 23장 "화학 물질의 독성 화학"에서는 특정 물질의 독성 효과와 독성 화학에 대해 공부한다.

이 책은 24장 "환경 화학과 독성 화학 분야의 화학 분석"으로 끝맺음한다. 이 장에서는 환경 화학 분야에서의 화학 분석에 대한 개요를 다루며, 생체 시스템에서 독성 물질과 그 생성물을 측정하는 방법에 대해 논의한다.

역자 서문

2018년 『환경화학 제10판』이 번역 출간된 이후, 빠르게 진행되었던 개정 작업 덕분에 5년이 흐른 지금 제11판을 발행하게 되었다. 저자 서문에서 언급한 것처럼, 최근 지구에는 이상 현상을 동반한 기후 변화가 닥치고 있으며, COVID-19로 인해 펜데믹이 발생하는 등 지구의 환경 상태가 급변하고 있는 점을 볼 때 시의적절한 개정이라고 할 수 있겠다. 산업 혁명 이후 인류는 지구의 많은 자원과 에너지를 독점적으로 사용하여 지구에서 독보적인 위치를 차지하게 되었으며, 급속한 인구 증가와 함께 인류권이라는 독자적인 권역으로 분류되었다. 인류권은 지구 온난화, 오존층 파괴, 산성비 등 지구 환경에 많은 영향을 미치고 있으며, 최근에는 미세 먼지, 해양의 미세 플라스틱을 비롯한 각종 생활용품에서 방출되는 휘발성 유기 화합물의 위해성에 관한 문제들도 대두되고 있다.

2020년은 일반인들도 '지구 환경에 뭔가 심각한 이상 현상이 발생하고 있구나, 혹시 이러한 이상 현상들이 내가 지구에 미치는 작은 영향으로부터 시작된 것이 아닐까'하는 생각을 하게 된 해인 것 같다. 이와 함께 무한하며 언제까지나 참고 버텨주리라 생각했던 지구 환경 시스템이 나(인류권)로 인해 정말로 망가지고 있었다는 것을 코로나-19 펜데믹 현상으로 알게 되었다. 펜데믹이 시작되자 인류권의 활동이 줄어들어, 하늘이 맑아지고 바다가 푸르러지는 것을 눈으로 직접 확인하게 된 것이다.

산업 혁명 이후 지속적으로 개발되고 발전되어 온 지구의 통합적이며 상호 의존적인 성격을 인식함으로써 지속 가능한 개발과 함께 지구 생태계를 보존 · 보호하며 회복시키기 위한 범세계적인 선언과 노력들이 이루어지고 있다. 이러한 노력들은 지구를 구성하는 대기권, 수권, 지권, 생물권, 인류권의 다섯 권역의 상호 관계를 체계적으로 이해하고 이를 기초로 이루어져야 할 것이다. 그러므로 다섯 권역의 환경 문제들의 본질을 파악하고 해결해 나가는 데 있어 환경 화학은 핵심적인 원리와 기술을 제공할 수 있는 가장 중요하고 기본적인 분야라고 할 수 있다.

S. E. Manahan의 『Environmental Chemistry』는 다섯 권역의 넓은 분야의 환경을 화학적인 관점에서 저술한 훌륭한 환경 화학 책이다. 더욱이 1972년 초판 발행 이후 11판까지 내용을 보충해 오면서 더욱 체계적인 구성을 갖추었다. 특히 11판은 5년 만에 새로 펴낸 개정판으로, 10판에서 이미 그전 판에서 빠지거나 가볍게 설명하고 지나갔던 부분들을 보강한 것에 더해, 기후 변화와 펜데믹으로 인한 구체적인 실례들이 보강되어 한층 체계적이고 수준도 높아졌다.

이 책은 환경 과학, 환경 공학을 전공하는 대학 2, 3학년 학생들이 필수적으로 공부해야 할 것이며, 환경 분야에 관심이 있는 타 이공계 학생들을 위한 내용도 담고 있다. 대한민국 고등학교에서 화학 I, II를 배운 학생 정도의 수준이면 큰 어려움 없이 이해할 수 있을 것이다. 다소 많은 화학식이 포함되어 있어 화학에 자신이 없는 학생들은 부담을 느낄 수도 있으나, 핵심 개념에 충실하여 이해하려고 한다면 충분히 극복할 수 있을 것이다.

11판 번역은 환경 화학의 해당 부분을 전공한 역자들로 구성하여 전문성을 더욱 높였으며, 원본에 충실하고자 노력하였다. 또한 용어의 통일성을 꾀하였으며, 전문 용어 및 화합물의 명칭은 대한화학회의 화학 술어집 및 환경부의 환경 용어집을 따랐다. 특히 중요한 단어와 핵심 용어에는 영어를 병기하였으며, 지명이나 인명은 영어를 그대로 사용하였다. 그러나 일부 전문 용어의 경우 이제까지 잘못된 의미로 사용되던 한글 용어를 과감하게 바꾸고 통일하였다. 예를 들어 '수질 화학'을 '물 화학'으로 바꾸었으며, 원본에 충실하여 'atmosphere'는 다섯 권역 중 하나를 의미할 때는 '대기권'으로, 그 외에는 '대기'로, 'air'는 '공기'로 용어를 통일하였다. 좋은 번역이 되도록 노력하였으나 부족한 부분이 있을 수 있다. 이 점은 양해를 바라며 출간 후에라도 수정 사항이 있을 경우에는 자유아카데미 홈페이지(www.freeaca.com) 자료실에 제공할 예정이다.

11판의 번역에 참여하신 모든 역자 교수님, 책을 출판하는 데 도움을 주신 자유아카데미 여러분께 감사의 말씀을 드린다. 이 책에서 배운 지식이 인류권의 지속 가능한 발전에 이바지하고, 우리나라와 지구의 환경 보전과 인류권의 삶의 질 향상에 초석이 되기를 바란다.

2023년 8월

역자 대표 김만구

차례

1 환경 화학

인간이 직면하는 도전에 대처하는 데 있어 필수적인 학문 분야

1.1 지구와 인류에게 재앙적인 해

이는 2020년 말에 쓰인 것으로, 그것은 annus horribilis(horrible year, 1992년 영국의 Elizabeth 2세 여왕에 의해 대중화된 용어), 즉 지구, 환경, 기후 및 그 인간 거주자에게 정말 끔찍한 한 해였다. 치명적인 병원체인 COVID-19 코로나바이러스는 2021년 말까지 전 세계적으로 100만 명 이상의 사람들을 죽였고, 수천만 명을 감염시켜 괴롭혔으며, 세계 경제를 혼란에 빠뜨렸고, 지구 전체에 퍼져 나갔다. 미국 서부 해안과 나중에는 Colorado에 지구 온난화로 일어난 가뭄에 의해 악화한 통제 불능의 산불로 미국 전역에 걸쳐 흉악한 황색의 연무(haze)를 퍼뜨려, 태양은 일몰 직전에 지평선에 놓여 있는 흐릿한 붉은 원처럼 보였다. 이후 2020년 10월에, 어떤 경우에는 시속 100마일에 육박하는 허리케인에 의하여 기세가 강한 산타아나(Santa Ana) 바람으로 인해 California 남부에서 화재 위력이 강해져 대피 명령이 내려졌다. 빠르게 접근하는 산불 때문에, 2020년 10월에 Colorado의 Rocky 산맥 국립공원을 버리고 떠나야 했다. 코로나바이러스의 확산 방지를 위해 공공장소에서 마스크 착용을 의무화하는 규정은 부분적으로는 코로나바이러스를 억제하기 위해 취한 조치로, 부분적으로는 경제적 부담이 가중되어 어떤 지역에서는 시민의 불안을 촉발하였고, 폭동과 기반 시설의 파괴라는 결과를 가져왔다.

2021년 11월 중순까지, 치명적인 COVID-19 바이러스가 전 세계를 휩쓸어 사망자 수가 급격히 증가하였다. 비록 여러 다른 작은 국가들이 십만 명당 더 많은 확진자와 사망자 수를 기록하고 있다는 모호한 특징을 보이기는 했지만, 미국은 전체 확진자 수와 사망자 수에서 세계를 주도하고 있었다. 2020년이 끝나길 무렵, 인류는 이 격렬한 전염병과 효과적인 백신 및 치료제의 개발과 보급 사이에서 맹렬한 경주를 하고 있었다고 주장해도 과언이 아니다.

2018년에, 일부 질병 전문가들은 지구상의 인류를 황폐화할 수 있는 '질병 X'에 대해 경고하였다. 경고의 대상이 된 가상의 질병은 2020년에 전 세계를 휩쓴 COVID-19와 유사한 특징을 갖고 있다. 박쥐가 옮기는 코로나바이러스 700여 종 중 50종은 COVID-19가 대표적인 예인 중증급성호흡기증후군(SARS, 사스)과 밀접한 관련이 있다. COVID-19와 유사한 더 많은 팬데믹이 진행 중이라는 것은 있을 법한 일이다. 인간은 그러한 습격에 대한 인식에서 더 지능적일 필요가 있으며, 이들에 대해 신속하고 효과적인 대응 방법을 개발해야 한다.

2021년에, 지구 온난화와 기후 변화의 현실은 모든 생각하는 사람들에게 명백하였다. 기후 변화는 일반적으로 더 높은 위도와 보통 더 추운 위도에서 매우 분명하다. 2020년 상반기에, 일반적으로 혹한의 시베리아는 매우 높은 온도의 시간을 경험하였다. 6월 20일에 Verkhoyansk 마을은 38℃(100℉)의 기록적인 온도에 도달하였다. 취약한 시베리아 환경에서 과도한 열의 영향은 산불, 강력한 온실 가스인 메테인의 방출로 인한 영구 동토층 손실 및 해충의 침입을 포함하였다. 2020년 9월에 지구 온난화와 시베리아에서 기록적인 최고 기온에 의해 촉진된 북극해 얼음은 두 번째로 가장 낮은 수준인 374만 km^2이었는데, 이는 2012년의 기록적으로 낮은 수준에 이은 두 번째이다. 그리고 일부 권위 있는 보고서에 따르면, Greenland의 빙상(ice sheet)은 돌이킬 수 없을 정도로 녹아서, 그것을 멈추기 위해 지구 온난화를 늦추기 위한 어떤 노력도 너무 늦었다.

2020년 8월 17일, California의 Death Valley에서 기온이 54.4°C(130°F)를 기록했는데, 일부 기상 전문가들은 지구상에서 기록된 가장 높은 온도라고 주장한다(1913년 Death Valley와 1931년 튀니지에서 보고된 2개의 더 높은 온도는 신뢰할 수 없는 것으로 여겨진다). 온난화되는 기후와 가뭄이 2020년도 미국으로 몰려든 중미 난민들과 같은 '기후 난민'의 집단 이동에 기여하고 있다. 이러한 움직임은 앞으로 몇 년 동안 엄청난 비율에 도달할 것으로 예상되며, 주요 전쟁과 함께 해결하기 어려운 인도주의적, 정치적 문제를 일으킬 가능성이 있다. 일부 기록적인 폭염과 강수량의 절대적인 부족으로 타격을 입은 사우디아라비아와 해수면 상승으로 인해 영구적으로 침수된 방글라데시 일부 지역을 포함해 일부 지역들은 거주할 수 없게 될 가능성이 있다. 그해에 멕시코만의 기록적인 허리케인 시즌(걸프 허리케인의 이름을 짓는 것이 역사상 그리스 알파벳에서 가장 멀리까지 감)을 보냈고, 최소한 하나의 기록적으로 가장 강력한 태풍이 동남아시아의 일부 지역을 강탈하였다.[1]

인구 통계에 있어 흥미로운 변화가 진행 중이며, 지구상의 인구는 앞으로 수십 년 안에 증가를 멈추거나 심지어 감소할 것이기 때문에, 여성 1인당 출산율 감소를 가속할 것으로 예상된다.[2] 더 나은 교육과 여성을 위한 경력 기회, 출산을 제한하는 수단에 대한 접근, 그리고 더 낮은 아동 사망률로 여성은 평균적으로 더 적은 수의 자녀를 낳을 것이다. 그것은 일반적으로 지구 행성에 좋은 소식인데, 이는 지구가 이미 편안한 환경 수용력을 초과하는 인구 수준에 도달했기 때문이다. 낮은 출생률은 경제 성장과 함께 진행되는 경향이 있다. 낮은 소득을 갖는 국가의 경우, 이것은 태어나는 각 어린이에 대한 더 나은 건강 및 교육과 함께 더 높은 생활 수준을 의미한다. 수십 년 동안 낮은 출산율을 겪은 일부 국가에서 추가적인 감소는 문제가 될 수 있다. 이 국가들은 노인 인구를 돌보는 일에 대처해야 하며, 더 적은 젊은 사람들이 돌봄을 제공하고 그 시스템에 비용을 지급해야 한다.

따라서 행성 지구와 그 위에 사는 우리는 다가올 수십 년 내에 흥미로운 시간을 보낼 것이 분명하다. 앞으로 일어날 변화에 대처하기 위해, 인간은 인간의 창의력과 과학 등의 할 수 있는 모든 것을 적용해야 한다. 핵심이 되는 과학은 이 책의 주제인 환경 화학이 될 것이다.

1.2 지구와 지구 시스템

이 책은 환경 화학, 즉 지구의 환경에서 일어나는 화학 과정, 반응 및 조건에 관한 것이다. 그럼 환경이란 무엇인가? 지구의 환경은 밀접하게 관련되고 상호 작용하는 다섯 개의 권역으로 구성된 것으로 생각할 수 있다. 이는 (1) 물로 구성된 **수권(hydrosphere)**, (2) 지구의 표면을 덮고 있고 대부분은 지표 근처에 있는 공기로 주로 구성된 **대기권(atmosphere)**, (3) 지구의 표면 또는 아래에 있는 암석, 광물 및 토양으로 구성된 **지권(geosphere)**, (4) 창의력 및 기술을 사용하는 인간에 의해 만들어지고 바뀌며 운용되는 지구의 많은 부분으로 이루어진 **인류권(anthrosphere)**, 그리고 (5) 살아 있는 생명체들로 구성된 **생물권(biosphere)**이다. 그림 1.1에 나타낸 다섯 개의 권역으로 **지구 시스템(earth system)**은 구성되어 있다.[3] 다섯 개의 주요 권역이 전체 지구 시스템을 구성하고, 물질과 에너지의 활발한 교환을 포함하여 서로 간에 강하게 상호 작용한다는 것을 마음 속에 두고, 다섯 개의 환경 권역을 기반으로 환경 화학을 논의하는 것은 논리적이다(그림 1.1). 이 책은 환경 화학에 관한 것이기 때문에, 주로 각 권역에 대해 적용하므로 직접적이고 구체적으로 환경 화학을 논의한다. 그러나 지구 시스템의 어느 부분에 대한 환경 화학을 논의하기 위해서는 모든 다른 부분들도 고려해야 한다. 따라서 서론 장의 앞부분에서는 각 권역을 정의하고 간단하게 기술할 것이다.

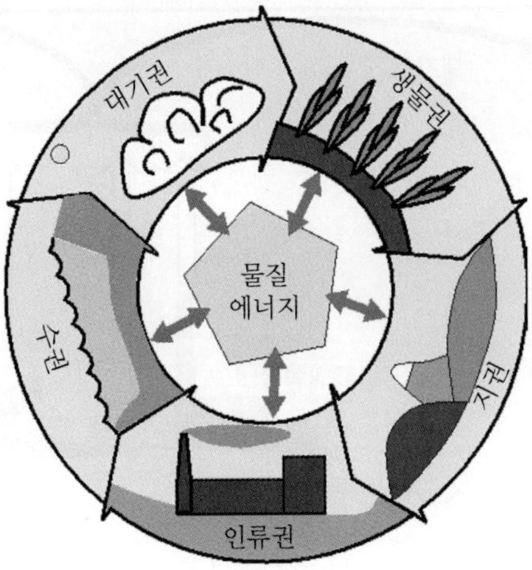

그림 1.1 지구의 환경(지구 시스템)은 다섯 개의 권역으로 구성된 것으로 볼 수 있으며, 이들은 물질과 에너지를 활발하게 교환하면서 상호 작용한다.

위에서 언급한 바와 같이, 지구 시스템의 특히 중요한 면은 다섯 개의 주요 환경 권역 간에 물질과 에너지가 계속해서 교환된다는 것이다. 이러한 교환의 주요 요소 중 하나는 지구 시스템에서 순환하는 두 가지의 거대한 **유체(fluid)**로 구성되어 있다. 이는 특히 (1) 바다와 강에 있는 지표수(surface water)와 (2) 대기 중 공기인데, 이 둘 다 물질과 에너지를 수송한다. 적도 지방에서 가열된 공기는 팽창하여 공기 분자들에서 감열(sensible heat)로, 그리고 수증기에서는 잠열(latent heat)로 열에너지(heat energy)를 극지방으로 운반한다. Caribbean 해 지역에서 가열된 비교적 따뜻한 물기둥인 멕시코 만류(Gulf Stream)는 북미의 동쪽 연안을 따라 대서양 수면 근처에서 북쪽으로 흘러 유럽의 연안에서 열을 방출한 후, 더 깊은 곳으로 가라앉고 환류한다. 이러한 현상은 북대서양의 열염분 순환(thermohaline circulation)이라고 하는데, 아일랜드, 잉글랜드 및 서유럽이 더 북쪽 위도에 있음에도 불구하고, 비교적 따뜻한 온도를 나타내는 것을 부분적으로 설명해 준다. 그리고 이러한 현상이 없어질 가능성은 지구의 기후 변화와 관련된 관심사이다. 많은 양의 물과 더불어, 흐르는 강물은 퇴적물을 운반하여 물 오염 물질의 수송에 매우 많이 관여한다.

1.3 지구 시스템에서의 생지화학적 순환

위에서 논의한 두 개의 거대한 유체 이외에, 지구 시스템을 통한 환경 권역 간 물질과 에너지의 교환에 대한 두 번째 경로는 **생지화학적 순환(biogeochemical cycle)**에 의한 것이다.[4] 일반적으로 이러한 순환은 필수 영양소들을 포함한 핵심 원소로 나타낸다. 종종, 질소 순환의 경우와 같은 순환에는 대기권의 성분이 포함되는 반면에, 인 순환과 같은 경우에는 기체상 성분이 없어 대기권을 통한 순환이 중요하지 않다. 인간이 지구에 출현하기 전에는 인류권이 존재하지 않았으나, 오늘날 화석 연료 연소에 의해 대기권으로 배출되는 이산화 탄소의 경우처럼, 인류권은 지구 시스템의 매우 중요한 구성 요소이다. 인류권은 질소 순환에도 마찬가지로 중요한 요인으로, 생물체(질소 고정 세균)에 의해 고정되는 질소와 맞먹는 양만큼, 대기 중 N_2는 합성 화학 공장 시설에서 처음에는 암모니아(NH_3)로 화학적으로 고정된다.

그림 1.2는 생지화학적 순환의 중요한 사례인 탄소 순환을 보여 주고 있다. 그림에서 보는 것처럼, 지구를 구성하는 탄소의 적지만 매우 중요한 부분은 CO_2 기체 형태로 대기권에 존재한다. 이 기체는 태양 에너지를 광합성에 사용하여 그것을 바이오매스(biomass)로 전환하는 식물의 잎 표면을 통해 생물권으로 전달된다. 이 기체는 또한 지표수에 녹아 수권으로 들어가고, 물에서 고체 탄산염($CaCO_3$)으로 침전되어 지권으로 들어간다. 지구의 바다는 대기권의 이산화 탄소에 대한 거대한 흡수대(sink)를

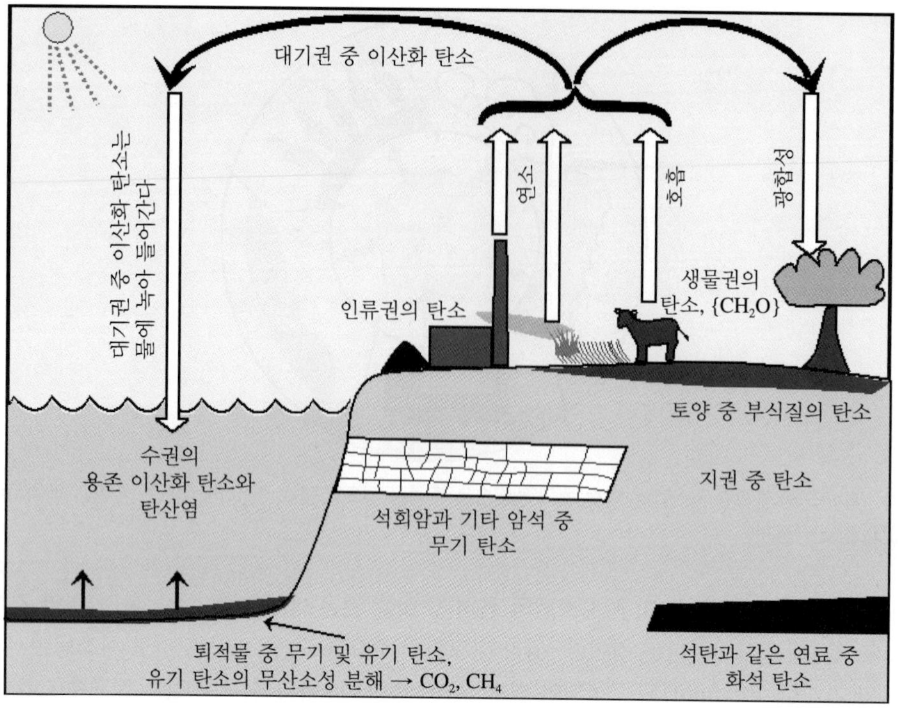

그림 1.2 환경에서 탄소 화학종들의 다양한 흡수원과 경로를 보여 주는 탄소 순환. 탄소를 포함하는 바이오매스는 일반식 CH_2O로 표기하였다. 탄소 순환은 산소 순환과 매우 밀접한 관련이 있다.

구성한다. 이산화 탄소는 생물의 호흡에 의한 유기물의 생화학적 산화의 생성물로 생성되어 생물권으로부터, 그리고 화석 연료의 연소에 의해 인류권으로부터 대기권으로 들어간다. 화산과 Yellowstone 국립공원에 있는 것과 같은 열수구(geothermal vent)는 지권에서 대기권으로 이산화 탄소를 방출한다. (아프리카에서는 화산으로 만들어진 호수의 아래에 있는 많은 양의 지권의 이산화 탄소가 갑작스럽게 분출되어 많은 사람이 사망하였다.) 물에서 HCO_3^-로 녹아 있는 이산화 탄소는 CO_3^{2-}로 전환되며, 이는 용존 Ca^{2+}가 존재하면 $CaCO_3$(석회석)로 침전되고, 결국 지권에서 고체 암석으로 전환된다. 탄소는 대기권으로부터, 또는 유기물의 생분해로부터 산성의 CO_2로 수권에 되돌아가, 고체 $CaCO_3$와 반응하여 용존 HCO_3^-를 생성한다.

살아 있는 생물에 중요한 원소들이 관여하는 여러 가지 다른 중요한 생지화학적 순환들을 여기에서 언급할 수 있다. 살아 있는 생물에 중요한 네 가지 서로 다른 원소의 순환을 아래에 요약하였다.

1.3.1 산소 순환

원소 O_2가 부피로 21%를 차지하는 대기권은 이 원자의 거대한 저장소(reservoir)이다. 산소는 생물들의 호흡 과정 및 연소 과정에 의해 대기권에서 이산화 탄소로 제거되었다가, 바이오매스 생성 과정에서 대기권의 CO_2를 사용하는 식물의 광합성 과정에서 방출되어 대기권으로 되돌아간다. 산소는 생물권에서 바이오매스의 한 성분이며, 지구의 지각에 있는 암석의 대부분은 산소를 포함하는 화합물들로 구성되어 있다. 수권에 있는 물(H_2O)은 대부분 산소이다.

1.3.2 질소 순환

화학적으로 매우 안정한 원소 N_2 형태로 존재하는 질소는 지구 대기권의 약 80%를 차지한다. 대기권의 질소는, 특히 H와 O 같은 다른 원소들과 화학적으로 결합한다. 인류권에서는 고온 및 초고압에서 촉매 존재하에 N_2와 H_2로부터 NH_3를 합성하며, 연료 연소의 부산물로서 기체상의 NO와 NO_2로, 그리고 매우 온화한 조건에서 자라는 콩과식물의 뿌리에 결합한 **뿌리혹 박테리아**(*Rhizobium*)를 포함한 몇몇 세균에 의해 바이오매스의 질소로 존재한다. 바이오매스의 생분해 과정에서 원소 N_2와 N_2O는 대기 권으로 되돌아가고, 이 과정은 또한 NH_4^+를 토양으로 방출한다.

1.3.3 황 순환

화학적으로 결합된 황은 화산을 포함한 자연 배출원에 의해서도 방출되는 H_2S 및 SO_2 기체와 같은 기체상 오염 물질로 대기권에 들어간다. 황산 이온(SO_4^{2-})을 산화제로 사용하여 유기물을 분해하는 혐기성 미생물에 의해 많은 양의 H_2S가 생성되어 대기권으로 방출된다. 휘발성의 다이메틸 설파이드 [dimethyl sulfide, $(CH_3)_2S$]는 해양 미생물에 의해 대기권으로 방출된다. 대기권에서 기체상의 황 화합물들은 주로 H_2SO_4(오염 물질 산성비)와 부식성의 암모늄염(NH_4HSO_4)의 형태로 황산염으로 산화되어, 대기권으로부터 가라앉거나 강수와 함께 씻겨 제거된다. 지권은 황산염($CaSO_4$), 설파이드염 (FeS) 및 심지어 원소 황을 포함한 황 무기물들의 거대한 저장소이다. 황은 작지만 생체 분자들의 필수 성분이다.

1.3.4 인 순환

인 순환은 대기권의 구성 성분을 포함하지 않는다. 인은 생물에서 에너지를 전달하는 분자인 ATP와 ADP뿐만 아니라, 세포 중 DNA의 필수적인 생명 원소이며 성분이다. 과량의 인산(phosphate)은 조류의 너무 많은 성장을 가져와 부영양화(eutrophication)라고 하는 비정상적인 상태를 유발하지만, 수권에서 용존 인산은 수생 생물(aquatic organism)에 영양소로 필요하다. 인은 지권, 특히 광물 수산화인회석[hydroxyapatite, $Ca_5OH(PO_4)_3$]에 풍부하다. 인이 풍부한 물질이 상당히 쌓여 있는 구아노 (guano, 조분석)는 새와 박쥐의 분변으로 만들어진다.

1.4 지구 시스템의 자연 자본

대기권 밖의 공간에서 지구를 보는 특권을 가진 극소수 집단에 속한 모든 사람은 그 경관을 보고 경외감에 사로잡혔다. 전체를 담을 수 있을 만큼 충분히 높은 고도에서 찍은 지구의 사진들은 경이로운 구체(sphere)를 보여 주었는데, 색깔은 주로 파란색이었고, 구름에 덮인 곳은 흰색이었으며, 사막 지역은 갈색과 노란색과 붉은색의 그늘을 나타냈다. 그러나 지구는 미술가나 시인에게 영감을 주는 아름다운 구체보다 훨씬 더 그 이상의 것이다. 매우 실세적인 의미에시, 지구는 인간과 알려진 모든 형태의 생명을 유지하는 생명 부양 시스템의 근원이다. 지구는 물과 대기권의 산소와 광합성에 의해 매년 수십조 톤의 바이오매스를 만드는 이산화 탄소뿐만 아니라, 생물의 대사 과정에 필요한 아이오딘(I)과 크로뮴(Cr) 같은 미량의 영양소 등의 생명에 필요한 물질들을 공급하고 있다. 지구는 생명에 도움이 되는 온도 조건과 지구로 들어오는 자외선을 차단하는 방어막을 제공하며, 잠재적으로 치명적인 광자(photon)는 대기권의 분자들에 의해 흡수되고, 그 에너지는 열로 소멸된다. 지구는 또한 대기권, 물 또는 지권으로 방출되는 폐기물을 처리하는 뛰어난 능력을 갖추고 있다.

약 1800년도부터 산업 혁명이 본격적으로 시작되면서 제한 없는 개발로 자연 자본에 대한 부담은 빠르게 증가하였고, 이는 그 문제를 인식하는 시대 동안에도 계속되었다. 이는 결국 자연 자본에 대한 영향을 다소 완화하기 시작한 규제로 이어졌다. 어느 정도, 규제적 접근 이외에도 오염 예방과 자원 재활용이 추가로 시도되었다. 미래에 대한 낙관적인 관점에서, 지속 가능한 개발과 녹색 기술은 경제 발전이 증진되더라도 자연 자본에 대한 부담을 더 줄일 것이다.

지구 시스템이 생명에 도움이 되는 물질들, 보호 및 조건들을 제공해 주는 능력은 **자연 자본(natural capital)**이라고 알려져 있는데, 이는 두 개의 주요 성분인 **천연 자원(natural resource)**과 **생태계 서비스**

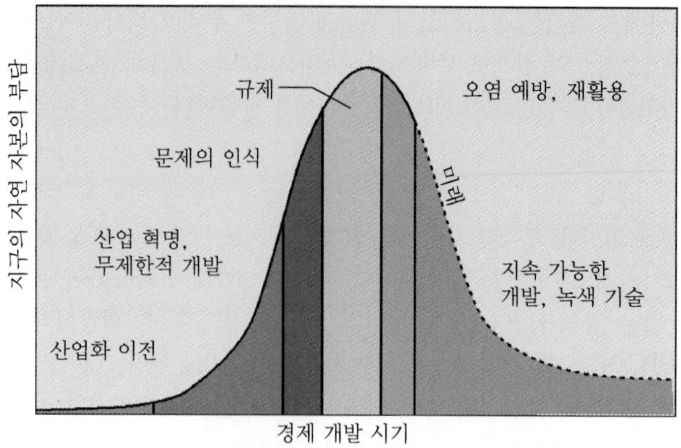

그림 1.3 지구의 자연 자본의 활용에 대한 경제 발전 단계. 산업 혁명 이전에 인간 활동의 영향은 매우 낮았다.

(**ecosystem service**)로 구성되어 있다. 초창기의 수렵, 채집 및 농경 위주의 인간 사회는 지구의 자연 자본에 거의 부담을 주지 않았다. (그러나 그들은 몇 가지 방법으로 그것을 변경하였다. 예를 들어, 북아메리카 일부 지역의 토착민들은 사냥감 동물을 부양하는 풀이 자라도록 정기적으로 숲의 일부를 불태웠다.) 그림 1.3에서 보여 주듯이, 약 1800년도부터 산업 혁명이 발달함에 따라 천연 자원은 풍부해졌고, 유형 재화(material goods) 생산은 주로 노동력과 물질을 가공하는 기계의 능력에 의해 제한되었다. 그러나 오늘날의 인구는 과잉 상태이고, 전산화된 기계들은 물질들을 가공 처리하는 엄청난 능력을 갖고 있으며, 과거에는 빈곤국이었던 인도, 중국, 타이완 및 대한민국을 포함한 국가들의 경제는 고도로 산업화되었다. 따라서 자연 자본에 대한 이용률(availability)이 생산의 제한 요인이 되었다. 여기에서 자연 자본의 이용률에는 천연 자원의 이용률, 생태계의 필수적인 생명 부양 능력, 그리고 산업 생산 과정에서 생성되는 가장 잘 알려진 온실 가스인 이산화 탄소를 포함한 부산물들을 흡수하는 자연 환경의 능력이 포함된다.

미래 세대를 위해 지구와 그것의 자연 자본을 지속하기 위해서는 복지, 생산성, 부(富) 및 자본을 증가시키고, 동시에 폐기물, 자원의 소비 및 환경 유해 영향은 줄이면서 충분하고 만족스러운 삶의 기준들을 제공하도록 미래에는 경제 시스템이 발전해야 한다. 전통적인 자본주의 경제 시스템은 개인과 기업의 인센티브의 영향력을 이용하여 소비재와 서비스를 제공하는 데 강력하다는 것이 입증되었다. 미래의 시스템들은 폐기물을 원재료로 되돌리는 지속 가능한 실천을 통합하고, 단지 재화보다는 서비스 제공을 강조하면서, 이러한 경제 원동력을 보존하는 방식으로 발전해야 한다. 그렇게 하는 데 있어서, 그 시스템들은 녹색 화학의 원리를 적용하고 산업 생태학을 실행함으로써 자연계를 모방할 수 있으며, 효율적인 물질 사용을 촉진하고 재활용을 극대화한다.

1.5 환경 화학은 무엇인가?

환경 화학(**environmental chemistry**)은 수권, 대기권, 지권, 생물권 및 인류권에서 화학종들의 배출원, 수송, 반응, 영향 및 운명을 기술하는 학문 분야이다. 이러한 정의는 그림 1.4에서 한 가지의 전형적인 오염 물질에 대해 설명할 수 있는데, 여기에서 (1) 유기물에 결합된 황과 황철광(FeS_2)에 함유된 형태로 황을 함유하는 석탄이 채굴된다. (2) 석탄은 인류권의 한 부분인 발전소에서 연소되고, 황은 대기권에서의 화학 과정에 의해 이산화 황(SO_2)으로 전환된다. (3) 이산화 황과 이의 반응 생성물들은 대기권에서 바람과 기류를 타고 이동한다. (4) 대기권에서의 화학 과정은 SO_2를 황산(H_2SO_4)으로 전환한다. (5) 황산은 대기권에서 산성비로 떨어진다. (6) 대기권 중의 이산화 황은 그것을 들이마시는

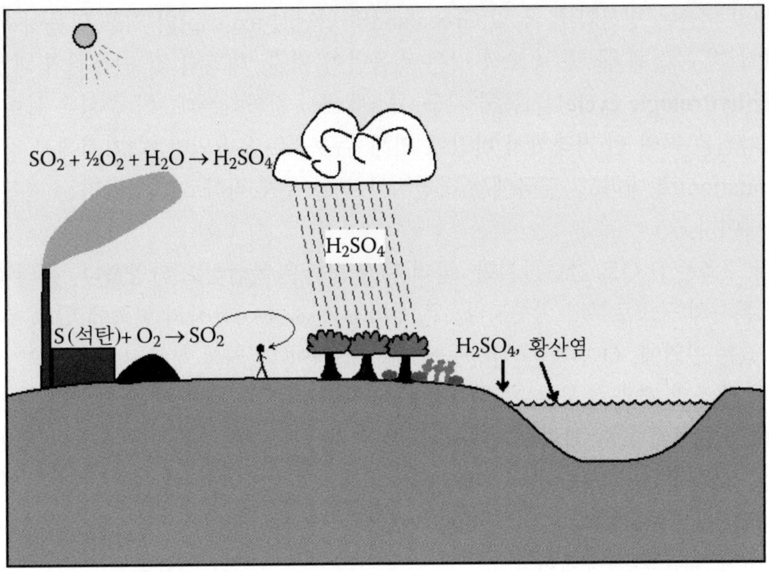

그림 1.4 석탄 연소 과정에서 생성되어 대기권으로 배출되는 전형적인 대기 오염 물질인 이산화 황의 생애 주기의 예를 통해 환경 화학을 정의하는 그림. 대기 오염 물질인 이산화 황은 인간의 호흡에 영향을 줄 수 있고, 식물에도 독성을 유발할 수 있다. 대기권에서 이산화 황은 황산으로 산화되는데, 이는 산성비의 주요 성분이다. 산성의 강수는 식물, 재료 및 물에 악영향을 끼칠 수 있다. 물에서 과도한 산성은 물고기를 죽이기도 한다. 결국, 황산이나 황산염은 물이나 토양에서 존재하게 된다.

천식 환자를 포함하여 생물에 악영향을 줄 수 있고, 산성비 중 황산은 식물과 수권의 물고기에 독성을 나타낼 수 있으며, 인류권에서는 구조물과 전기 설비를 부식하는 영향을 끼친다. (7) 황산은 지권에서는 토양, 그리고 수권에서는 수체와 같은 싱크(sink)에서 끝난다. 지권의 토양과 암석에서 식물에 유독한 알루미늄이 용탈되어 수권에서 작은 물고기들에게 독성을 일으키는 것과 같이, 이러한 장소에서 H_2SO_4는 계속해서 독성 영향을 나타낼 수 있다.

1.5.1 환경 화학과 지구 시스템의 권역

환경 화학을 위에서 정의한 지구 시스템의 다섯 개의 주요 권역의 관점에서 생각하면 편리하다. 그러나, 이러한 권역들 중 어떤 것도 다른 권역들과 완전히 분리하여 생각할 수 없다. 따라서 지구 시스템의 어떠한 특정 권역의 환경 화학을 논의할 때, 다른 권역들과의 상호 작용을 고려하는 것이 필요하다. 여기에서 채택한 접근 방법은 환경 권역 각각을 간략하게 소개하고 개관하는 것이며, 각 권역에 대한 참고문헌은 이 책의 뒷부분에 있다. 예를 들어, 수권의 환경 화학을 논의할 때 대기권과 기체의 교환, 지권으로부터 유래된 용존 무기물과 퇴적물의 영향, 인류권으로부터 배출된 오염 물질의 영향, 그리고 생물권으로부터 미생물에 의해 일어난 생화학적 과정에 대해 언급할 필요가 있다. 생물권의 많은 것들의 서식지로서(식물이 성장하도록 매체를 제공하는 토양으로서), 그리고 인류권에서 생성된 폐기물의 저장소인 지권에서의 환경 화학은, 물과의 접촉으로 인해 발생하는 화학적 변화와 대기의 산소가 노출된 광물에 미치는 영향을 고려해야 한다.

1.6 물과 수권의 환경 화학

지구의 물은 **수권(hydrosphere)**에 있고, 지구 표면의 약 70%를 덮고 있으며, 바다, 호수 및 강에 지표수로 존재한다. 대기권의 수증기, 지권의 지하수, 생물권의 생물 내의 수분, 그리고 물 공급 시스템과 같은 인류권의 물을 포함하여, 물은 또한 지구 시스템의 다른 모든 권역과 밀접하게 연관되어 존재한다. 지구의 물 중 97% 이상이 바다에 존재하고, 나머지 담수의 대부분은 얼음의 형태로 존재하는 데, 이 얼음의 비율은 빙하와 북극 및 Greenland의 만년설(ice cap)의 지구 얼음이 녹으면서 줄어들고 있다. 따라서 지구 전체 물 중 비교적 낮은 비율만이 지권, 대기권 및 인류권의 과정에 관여한다. 물은 **물의 순환(hydrologic cycle)**을 통해 지구 시스템에서 순환하는데, 이 순환은 물이 바다에서부터 증발하고, 대기권을 통해 먼 거리까지 바람에 의해 수증기로 운반되며, 대기권에서 강우나 다른 형태의 강수(precipitation)로 내리고, 결국에는 하천이나 강을 통해 바다로 되돌아가는 지구 시스템의 중요한 순환 중 하나이다.

물의 화학 구조는 H_2O로 간단하지만, 물의 환경 화학은 복잡하고 다양하다. 물의 화학적 거동 중 많은 것이 물 분자의 구조로부터 비롯된다. 두 개의 H 원자들은 분자의 한쪽에 있고 부분적으로 양의 전하를 띠고 있는 반면에, O 원자는 전자들에 대한 인력이 더 커서 부분적으로 음의 전하를 띠고 있다. 이러한 화학 구조의 결과는 물 분자가 **극성(polar)**을 갖게 하고, 이온 결합 화합물에 대한 물의 좋은 용매 성질을 포함하여 물의 화학적 거동의 많은 부분을 설명해 준다. 물 분자의 두 번째 특징은 H 원자들이 다른 물 분자의 O 원자나 다른 화합물의 O나 N 원자 사이에 다리를 놓는 결합을 생성하는 **수소 결합(hydrogen bond)**을 할 수 있는 능력이 있는 것이다. 일반적으로, 물은 특히 이온 화합물과 극성 분자에 대해 매우 좋은 용매이다.

물의 환경 화학은 다음을 포함한 많은 다양한 화학 및 생화학적 반응과 과정의 특징을 나타낸다: (1) 물에서 용존 CO_2의 반응에 의한 **산성화(acidification)**; (2) 고체 $CaCO_3$의 침전과 같은 **침전 반응(precipitation)**; (3) 용존 CO_2가 고체 $CaCO_3$를 녹이는 **용해(dissolution)**; (4) SO_4^{2-}가 심한 냄새를 내는 황화 수소(H_2S)로 환원되는 것과 같은 미생물 촉매 작용에 의한 **산화–환원 반응(oxidation–reduction)**; (5) 태양 에너지를 사용하여 용존 CO_2로부터 바이오매스(조류와 광합성으로 생성된 세균)를 생성하는 **광합성(photosynthesis)**; (6) 부패한 식물 물질로부터 비롯된 풀빅산(fulvic acids)이 용존 Fe^{2+}와 결합하여 색깔을 띠는 황색 물질(gelbstoff, yellow substance)을 생성하는 **킬레이트화 반응(chelation)**.

수권에서 다른 중요한 과정들에는 특히 대기권과의 가스 교환(O_2와 CO_2) 및 물과 퇴적물 간의 용질 교환이 포함된다. 세균 세포와 같은 매우 작은 입자들의 콜로이드 부유 물질은 물에 존재하고 서로 응집하여 침전물을 생성한다.

물은 수질에 여러 악영향을 끼치는 다양한 물질들에 의해 오염되기도 한다. 물 오염 물질에는 **산소를 소비하는 물질(oxygen-consuming substances)**(생물화학적 산소 요구량, BOD), 조류가 과다하게 성장할 수 있도록 할 수 있는 **조류 영양물질(algal nutrients**, 포타슘, 인산염, 질산염), 독성이 있어 수생 생물에 축적될 수 있는 **합성 유기 화합물(synthetic organic compounds)**, 농경지나 조경에서 사용되는 **제초제(herbicides)**와 **살충제(insecticides)**, **유독성 중금속(heavy metals**, 특히 납)을 포함한다.

어떤 중요한 처리 과정이 수권의 물에 사용된다. 수처리의 주요한 목록에는 (1) 병원성 유기체를 제거하기 위한 도시 용수 처리, (2) 생물화학적으로 반응하여 용존 산소를 소비하는 유기물을 제거하기 위한 폐수 처리, (3) 산업용으로 사용하기 위한 처리 및 (4) 특수한 목적으로 사용하기 위한 처리가 포함된다.

1.7 공기의 환경 화학과 대기권

그림 1.5는 지구 표면에 가장 가깝고 지구 시스템에서 가장 중요한 대기권의 가장 낮은 두 개의 층을 보여 주고 있다. 건조 무게 기준으로(보통 그 안의 1~3%의 수증기를 제외하고), 공기는 약 78%의 원소 질소(N_2), 21%의 산소(O_2), 0.9%의 아르곤(Ar) 및 0.04%의 이산화 탄소(CO_2)와 비활성 기체(noble gas)인 네온과 헬륨, 그리고 극소량의 NO, NO_2 및 N_2O(이들은 더 높은 농도에서는 오염 물질로 간주될 수 있음)로 구성되어 있다. 약 11 km의 고도까지 뻗어 있는 대기권의 가장 낮은 층인 **대**

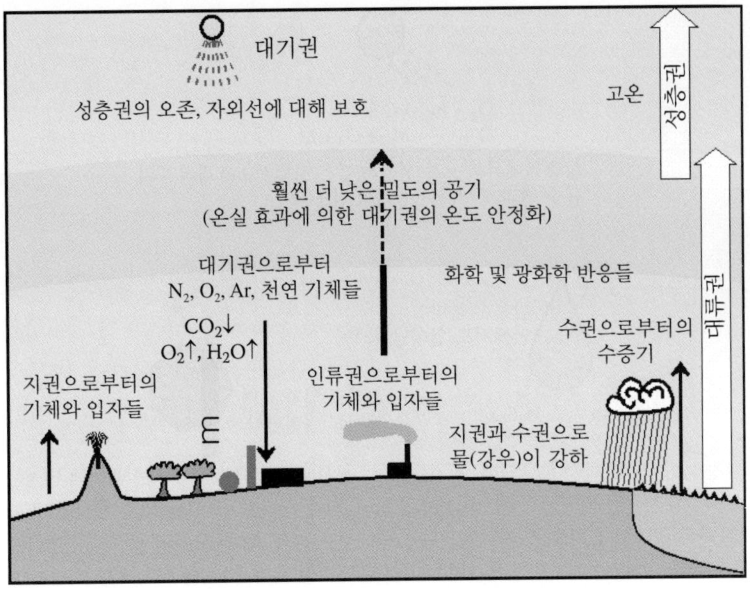

그림 1.5 대기권은 지표면 위의 기체층이다. 대기권은 고도가 수백 킬로미터까지 뻗어 있지만, 그것의 질량의 대부분은 지구 표면의 단 몇 km 이내에 있다. 그것은 일부 필수적인 물질들의 공급원 역할을 하고, 지구상의 생명체들을 치명적인 전자기파로부터 보호하며, 물 순환의 일부분으로서 물을 수송하고, 탄소, 산소 및 황 순환에 관여하며, 지구 시스템의 자연 자본의 필수적인 부분이다. 대기권의 두 개의 낮고 중요한 층은 대류권과 성층권이다.

류권(troposphere)은 해수면에서 전 지구 평균 약 15°C의 온도를 나타내며, 위쪽 경계에서는 평균적으로 약 −56°C까지 감소한다. 대류권에서 대기압은 해수면에서 평균 1기압(atm)인 반면에, 대류권의 위쪽 경계에서는 약 0.2 atm이다. 대기권 공기의 대부분은 대류권에 들어 있다. 대류권 위에는 **성층권(stratosphere)**이 위치하고 있으며, 여기에서 평균 온도는 고도가 증가할수록 높아져서 약 −56°C에서부터 시작하여 성층권의 위쪽 경계인 고도 약 50 km에서는 약 −2°C이다. 여기에서부터는 공기가 매우 희박한 중간권(mesosphere)이며, 고도가 높아짐에 따라 온도는 다시 낮아진다. 오존(O_3)에 의한 자외선의 흡수에 의해 성층권은 따뜻해진다.

대기권은 매우 중요한 보호 특징들을 갖고 있다. 그중의 하나는 대기권의 온도를 안정화하는 **온실 효과(greenhouse effect)**인데, 이는 대기권이 지구로 도달하는 태양 에너지가 대기권 공간으로 다시 방출되는 적외선(infrared radiation, IR)을 흡수함으로써, 지구 표면을 생명체가 살기에 적합한 온도로 유지시켜 주는 것이다. 그러나 이 단원의 서론에서 언급한 바와 같이, 오늘날에는 화석 연료의 연소에 의해 대기권으로 과도한 양의 CO_2가 배출되어 지나친 온실 효과를 일으킴으로써, 최적 수준 이상으로 지구의 온도를 상승시켜 지구 시스템에 상당한 위협을 가하고 있다.

대기권의 두 번째 중요한 보호 기능은 성층권에서 오존이 태양으로부터 오는 자외선을 차단하는 역할을 하는 것이다. 이와 같은 복사선의 차단 기능이 없다면, 자외선의 조직 손상 영향 때문에 지구의 표면에서 생물은 생존할 수 없었을 것이다(지구의 표면을 관통하는 자외선은 사람에게 피부암의 주요 원인이다).

위에서 언급한 보호 기능 이외에, 대기권은 지구 시스템의 자연 자본의 중요한 부분이다. 대기권은 인간과 동물의 생명에 필수적인 산소를 공급하고, 식물과 조류가 광합성을 위해 필요로 하는 이산화탄소의 저장소이며, 인류권에서 다양한 목적으로 사용하는 산소와 질소와 아르곤을 공급한다. 대기권은 그곳으로 배출되는 폐기물을 처리할 수 있는 용량(종종 혹사당하지만)을 갖고 있다. 위에서 언급한 지구 시스템의 두 가지 큰 유체들 중 하나로서, 대기권에서 순환하는 공기는 물의 순환에서 중요한 성분인데, 이를 통해 물은 지구 시스템에서 순환하고 적도 지역에서는 태양열 에너지 일부를 재분배하여, 지구의 온도를 더 균일하게 분포하게 한다.

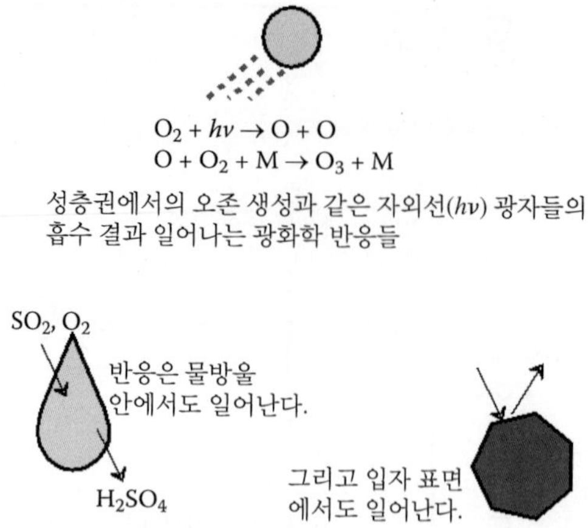

그림 1.6 많은 화학 반응이 대기권에서 일어난다. 자외선($h\nu$)의 광자들에 의해서 개시되는 광화학 반응은 이러한 반응들 중 가장 중요한 것에 속한다. 분자들은 자외선의 광자들을 흡수하여, 자유 라디칼이라고 불리는 원자들이나 분자들의 조각으로 구성된 반응성이 강한 자유 라디칼 화학종을 생성한다. 이 그림에서는 성층권에서 오존의 광화학적 생성을 보여 주고 있는데, 여기에서 'M'은 반응으로부터 과량의 에너지를 흡수하는 어떤 분자(가장 흔하게 N_2)를 나타내며, 이는 반응 생성물이 원래 그대로 유지될 수 있도록 한다.

그림 1.6은 대기권에서 일어나는 화학 반응들 중 일부 측면을 보여 준다. 이러한 반응들은 대기권에 영향을 끼치는 많은 현상의 원인이 되며, 어떤 것은 이로운 반면에 어떤 것은 해롭다. 대기권에서의 화학 반응은 오염된 공기를 정화하는 과정의 원인이 되기도 하는데, 여기에서 유기성 대기 오염 물질은 공기로부터 제거되는 화학종으로 산화되고, 무기성 가스상 오염 물질, 특히 질소와 황의 산화물들은 대기권으로부터 비와 함께 제거되는 수용성 산(오염 물질인 산성비의 구성 성분이기도 함)으로 산화된다. 대기권에서의 화학 반응은 성층권의 보호 역할을 하는 오존을 생성하지만, 더 낮은 고도의 대류권에서 질소 산화물과 탄화수소 화합물의 존재하에서 생성되는 오존은 광화학 스모그라는 대기 오염 현상의 일부로 인간의 건강에 해를 끼친다. 그림 1.6에서 설명하고 있는 것처럼, 공기 중 가스상에서 일어나는 반응들과 함께, 어떤 화학 과정들은 공기 중에 부유하고 있는 물방울 안에서와 부유 고체 입자들의 표면에서 일어난다.

대기 화학에서 가장 중요한 것은 **광화학 반응(photochemical reaction)**이 일어나게 하는 자외선 광자들의 역할이다. 이러한 광자들은 $h\nu$의 에너지를 갖는데, 여기에서 h는 Planck 상수이고, ν는 s^{-1}(단위 시간당 주기)의 단위를 갖는 빛의 진동수이다. 전자기파는 입자(광자)의 성질과 파동의 성질을 모두 갖고 있다. 진동수가 클수록 파장은 더 짧아지고, 복사선의 에너지는 더 높아진다. 충분히 에너지가 높은 광자를 흡수하면, 화학 결합을 끊을 수 있어서 연속적인 대기 화학 반응이 일어나게 된다.

많은 종류의 대기 오염 물질이 대기권에 존재한다. 이 물질들은 인간의 건강과 환경의 질에 악영향을 미칠 수 있다. 이들 중에서 가장 중요한 것들은 대류권에 존재하는 **오존(ozone)**, **입자상 물질(particulate matter**, PM), **일산화 탄소(carbon monoxide**, CO), 총체적으로 NO_x로 나타내는 **질소 산화물(nitrogen oxides**, NO와 NO_2), **이산화 황(sulfur dioxide)**, **납(lead)** 및 **수은(mercury)**이다.

1.8 지권의 환경 화학

지구 시스템의 대부분의 질량은 인간이 일반적으로 고체 암석과 토양으로서 접하는 **지권(geosphere)**에 포함된다. 용암의 화산 분출은 지권의 많은 부분이 고체가 아니라 뜨거운 용암으로 구성되어 있다는 것을 증명한다. 지권은 고체, 철이 풍부한 내핵, 용융된 외핵, 맨틀 및 지각으로 구성되어 있다. 지각(crust)은 단지 5~40 km의 두께를 갖는데, 주로 가벼운 규산염(silicate)을 기반으로 한 광물들로 구성되어 있는 얇은 외각(outer skin)이다. 지각은 환경의 다른 권역들과의 상호 작용과 관련하여 지권의 가장 중요한 부분이다. 지구의 지각은 인간이 살고 있는 지구의 일부분이고, 인간들은 그 위에 살고 그곳에서 인간들은 대부분의 식품, 광물 및 연료를 얻는다.

지권은 수권, 대기권 및 생물권과 매우 밀접한 관련이 있다. 지권은 또한 인류권의 인간 활동에 의해 크게 영향을 받는다.[5] 지표에서 지권은 주로 규소와 산소를 포함하는 다양한 광물로 구성된 암석들로 이루어져 있다. 많은 지역에서는 얇은 토양층이 지표에 존재한다. 그림 1.7에서 보여 주듯이, 지표 아래의 깊은 곳에 있는 용융된 마그마가 고형화되어 생성될 수 있는 화성암(igneous rock)은 구조력(tectonic force)에 의해 위쪽으로 밀리고, 물리적, 화학적 및 생물학적 과정에 의해 잘게 부서지며(풍화), 이러한 과정에서 생성된 물질은 퇴적암(sediment rock)으로 퇴적된다. 열과 압력은 퇴적암을 변성암(metamorphic rock)으로 바꾼다. 수백만 년에 걸쳐, 변성암은 녹을 만큼 충분히 뜨거운 깊은 곳으로 가라앉아 마그마로 변하며, 전체 주기가 다시 시작된다.

지질학(geology)[6]은 지권의 과학으로 지권의 환경 화학을 이해하는 데 매우 중요하다. 그것은 주로 지각의 고체 광물 부분과 관련된다. 그러나 지질학은 암석의 풍화와 침식, 그리고 광물을 생성하는 데 관여하는 물과 지권에 강한 영향을 미치고 물질과 에너지를 지권과 교환하는 대기권을 고려해야 한다. 지권은 또한 생물권에 관련하여 매우 중요하다. 살아 있는 생물은 주로 지권에 존재하고 지권에 상당한 영향을 미친다. 인류권에서 사용되는 현대 기술은 지권에 큰 영향을 줄 수 있다. 한 가지의 예로, 대형 기계에 의해 엄청난 양의 흙과 암석을 옮기는 능력을 들 수 있다.

지구화학(geochemistry)은 지권에서 암석과 광물의 화학종, 반응 및 과정을 다루는 과학으로, 이러한 것들은 수권, 대기권, 생물권 및 인류권과 관련이 있다.[7] 지구화학이 인류권에 미치는 영향과 그 반대로 미치는 영향은 중요하다. 지구화학적 과정의 한 가지 예로, 대기권에서 이산화 탄소가 수권에서 물에 녹은 후 지권에서 석회석과 반응하는 것을 살펴보자.

$$CaCO_3(s) + CO_2(aq) + H_2O \rightleftharpoons Ca^{2+} + 2HCO_3^- \tag{1.1}$$

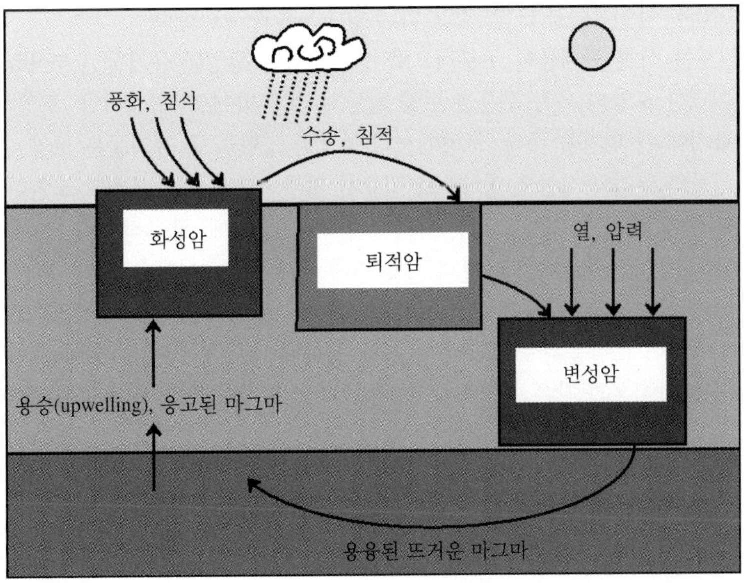

그림 1.7 암석 순환의 단순화된 개념도. 암석 순환에 의해 지권의 물질은 구조 순환(tectonic cycle)을 통하여 순환된다. 액체 마그마가 표면으로 올라와, 점점 더 차가워져서 고체 화성암이 된다. 고체 화성암은 물과 공기에 노출된다. 노출된 화성암은 물리적으로 잘게 부서지고 화학적으로 변할 수 있다. 이것이 풍화의 과정이고, 이를 통해 퇴적암이 생성되는 결과를 가져온다. 열과 압력은 퇴적암을 변성암으로 변환시킨다. 더 낮은 깊은 곳으로 가라앉는 암석은 매우 뜨거워져 용융되어, 다시 마그마를 생성한다.

이 반응은 용존 칼슘[물의 **경도(hardness)**]과 탄산수소(bicarbonate) 이온[물의 알칼리도(alkalinity)]을 물에 도입한다. 반응 1.1에서 양쪽 화살표는 이 반응이 가역적이라는 것을 의미한다. Ca^{2+}와 HCO_3^-를 함유하는 물을 끓이거나 조류의 광합성에 의해 CO_2를 잃으면, 고체 $CaCO_3$(석회석, limestone)가 생성된다.

지권은 자연 자본의 매우 중요한 공급원이다. 지구 자연 자본의 일부 중요한 부분에는 천연 가스와 같은 **연료(fuel)**; 철이나 구리와 같은 **금속(metal)**; 점토, 모래 자갈과 같은 **비금속(nonmetal)**; 인과 같은 **식물 영양소(plant nutrient)**; 그리고 폐기물에 대한 저장소가 포함된다. 화석 연료의 연소나 가스화, 또는 천연 가스의 일부 공급원과 함께 발생하는 이산화 탄소는 때로는 지구권의 투과성 암석층 깊숙이 주입된다(탄소 격리, carbon sequestration).

1.8.1 토양

지권의 자연 자본 중 가장 중요한 부분은 **토양(soil)**이다. 토양은 식물의 성장을 부양하고 식량을 생산하는 지권의 표면 위에 있는 얇은 층이다. 토양은 잘게 쪼개지고, 식물의 부분적인 생분해로부터 생성된 매우 분해된 광물과 유기 물질로 구성되어 있다. 지구의 토양은 매우 얇은 층이다; 지구를 교실에 있는 지구본이라고 가정하면, 전체 토양 자원의 평균 두께는 인간 세포의 지름과 거의 같을 것이다. 이 연약한 층은 물에 살지 않는 모든 생물에게 먹이 그물의 기초가 되는 식물의 생명을 부양한다.

지각에서 가장 풍부한 두 가지 원소는 산소와 규소이기 때문에, 규산염은 토양에서 가장 흔한 광물이다. 여기에는 잘게 쪼개진 석영(SiO_2), 포타슘 장석(정장석, $KAlSi_3O_8$) 및 조장석($NaAlSi_3O_8$)이 포함된다. 그 밖에 지각에서 비교적 풍부한 원소는 알루미늄, 철, 소듐, 포타슘 및 마그네슘이다. 이러한 원소들은 녹렴석[$4CaO \cdot 3(AlFe)_2O_3 \cdot 6SiO_2 \cdot H_2O$], 침철석[$FeO(OH)$], 자철석($Fe_3O_4$), 칼슘과 마그네슘의 탄산염($CaCO_3$, $CaCO_3 \cdot MgCO_3$) 및 마그네슘과 타이타늄의 산화물과 같은 광물로 토양에 함유되어 있다. 토양의 암석은 분해 과정(풍화)을 받아 잘게 쪼개진 콜로이드 입자들을 생성한다. 이러한 생성물들 중 가장 풍부한 것은 **점토(clay)**인데, 이는 규소와 알루미늄의 수화된 산화물이며, 때로는 다른 원소들을 함유한다. 점토는 물을 함유하고, 일시적으로 식물의 영양소인 K^+와 같은 다양한 양이온들을 보유하며, 이러한 양이온들을 H^+와 같은 다른 양이온들과 교환한다.

토양 질량의 일부는 식물 잔재물이 부분적으로 생분해되어 생성된 유기물인 **부식토(soil humus)**로 구성되어 있다. 이러한 토양의 유기 부분은 토양 질량의 몇 %밖에 되지 않지만, 토양의 물리적, 화학적 및 생물학적 특성에 큰 영향을 준다. 토양에서의 중요한 영향들 중 유기물은 토양 수분을 보유하는데 효과적이며, 식물의 뿌리와 식물의 영양소로 필요한 일부 이온들을 보유하고 교환한다.

물은 토양에서 중요한 화학 구성 성분 중 하나이고 식물에 필수적이다. 이 물은 **토양 용액(soil solution)**이라고 불리며, 식물의 뿌리털에 의해 흡수되고, 식물을 통해 운반되며, **증산 작용(transpiration)**이라고 하는 과정에 의해 잎에서 증발한다. 토양 용액은 식물 영양소를 포함한 용존 물질들을 함유하는데, 이 물질들은 증산 작용을 통해 식물체 내로 운반된다. 토양 용액은 뿌리와 토양 고체 간에 용존 금속 양이온과 같은 물질들을 운반한다. 토양 용액에 가장 흔하게 존재하는 양이온은 H^+, Ca^{2+}, Mg^{2+}, K^+ 및 NH_4^+이며, 이 외에도 매우 낮은 수준의 Fe^{2+}, Mn^{2+} 및 Al^{3+}가 토양에 함유되어 있다. 토양 중에 존재하는 흔한 음이온은 HCO_3^-, CO_3^{2-}, HSO_4^-, SO_4^{2-}, Cl^-, F^-, NO_3^-, HPO_4^{2-} 및 $H_2PO_4^-$이다.

대부분의 식물 바이오매스(biomass)는 탄소, 수소 및 산소로 구성되고, 식물은 이러한 원소들을 물과 대기 중의 이산화 탄소로부터 얻는다. 식물은 적은 양의 칼슘, 마그네슘 및 황을 필요로 하지만, 이러한 것들은 일반적으로 토양에 충분히 존재한다. 토양에서 특히 중요한 일부 식물 영양소들은 종종 최적의 식물 성장을 부양할 정도로 충분히 높은 수준으로 토양에 자연적으로 존재하지 않는다. 이러한 것들은 흔히 식물들이 흡수하여 이용할 수 있는 화학종의 형태로 **식물 비료(plant fertilizer)**로 토양에

그림 1.8 인류권은 공기와 물 오염 물질, 생물에 영향을 주는 독성 물질, 그리고 매립지와 지권의 다른 곳에 처분되는 유해 폐기물을 포함한 폐기물의 주요 배출원이다.

첨가해 주는 질소, 인 및 포타슘의 화학종이다. 흔한 식물 비료는 질소 비료로, NH_4^+와 NO_3^-의 염(둘 다 질산암모늄 비료인 NH_4NO_3에 존재)으로 토양에 첨가되는 질소, 인산 이온(HPO_4^{2-}와 $H_2PO_4^-$)으로서의 인, 그리고 KCl이나 KNO_3로 첨가되는 K^+의 염으로서의 포타슘이다.

1.9 인류권의 환경 화학

인류권(anthrosphere)은 인간에 의해 만들어지거나 변경되고 인간 활동[8]을 위해 사용되는 환경의 한 부분으로서 정의되며, 환경 화학과 큰 관련이 있다. 그것은 다른 환경 권역들과 밀접한 관련이 있다.

환경의 다른 권역들과 같이 인류권은 많은 부분들로 구성된다. 이러한 것들은 인간이 어디에 사는지, 어떻게 이동하는지, 필요하거나 원하는 물건이나 서비스를 어떻게 만들거나 공급하는지, 어떻게 식량, 섬유 및 목재를 생산하는지, 어떻게 에너지를 얻고 분배하고 사용하는지, 어떻게 의사소통하는지, 어떻게 재생 불가능한 광물들을 추출하여 가공하는지, 어떻게 폐기물을 모아 처리하고 처분하는지를 고려하여 분류할 수 있다. 따라서 인류권을 다음의 범주로 나누는 것은 가능하다: (1) 거주 목적으로 사용되는 구조물; (2) 제조, 상업, 교육 및 기타 활동을 위해 사용되는 구조물; (3) 물, 연료, 전력 분배 시스템 및 하수관과 같은 폐수 배수 시스템을 포함한 공익 설비; (4) 도로, 철도, 공항 및 수상 수송을 위해 만들거나 개조된 수로와 같이 수송을 위해 사용되는 구조물; (5) 작물을 재배하는 데 사용되는 경작지와 거기에 물을 관개(irrigation)하기 위해 사용되는 물 시스템과 같이 식량 생산을 위해 개조된 구조물과 환경의 기타 부분들; (6) 자동차, 농기계 및 비행기를 포함한 여러 종류의 기계들; (7) 전화선이나 라디오 송신탑과 같이 통신에 사용되는 구조물이나 장치; (8) 채굴 산업과 연관된 광산이나 유정(oil well)과 같은 구조물.

그림 1.8에 보이는 것처럼, 인류권은 오염 물질과 독성 물질의 거대한 잠재 배출원이다. 특히 약 1900년도 이후로, 인류권의 화학 산업은 폭발적으로 성장하였다. DDT 살충제, 다염화 바이페닐(PCBs) 및 클로로플루오로카본(Freons)을 포함한 수천 가지의 합성 화학 물질이 상업적으로 생산되면서 환경으로 분포되었다. 이러한 물질들 중 많은 것들이 자연 과정에 의해 생성되는 화학종과 상당히 다르고, 생분해가 일어난다 할지라도 매우 좋지 않게 일어난다.

지구와 지구의 귀한 자연 자본이 지속 가능하려면, 인류권이 지속 가능성과 일치하게 작동되어야 한다.

산업 생태학과 녹색 화학의 과학들은 지속 가능성을 보장하는 방식으로 인류권을 작동하는 수단이다.

산업 생태학(industrial ecology)은 산업 시스템을 인위적인 생태 시스템으로 간주하는데, 이는 원재료와 에너지의 1차 공급원을 갖고, 그 시스템의 다른 기업에서는 폐기물로 간주하는 것을 이용하는 많은 기업들로 구성되어 있다. 산업 생태학은 환경 영향을 최소화하면서, 자원, 에너지 및 자본의 이용을 최적화하는 방식으로 실행된다.[9] 기업들이 산업 생태학의 모범 사례를 이용할 때, 상업적 기업들은 최대의 효율성과 최소의 환경 영향으로 상품과 서비스를 생산한다. 산업 생태학은 자연 생태계와 유사한 **산업 생태계(industrial ecosystem)** 내에서 수행된다. 산업 생태계의 전형적인 사례는 덴마크의 Kalundborg에 위치한 생태계이다.[10]

녹색 화학(green chemistry)은 특히 화학 물질의 제조 및 가공 분야에서 가장 지속 가능한 시스템에 적용되는 생태학과 동반되는 과학이다. 이는 지속 가능하고, 안전하며, 오염시키지 않고, 폐기물을 거의 또는 전혀 발생하지 않으면서, 최소량의 물질과 에너지를 소비하는 방식으로 산업 생태학의 골격 안에서 화학의 과학과 생산을 실행하는 것이다. 녹색 화학의 실행은 인류권을 지속 가능하게 작동하게 하는 데 중요한 역할을 한다. 1990년대 중반 이후, 녹색 화학은 화학에서 주요 운동으로 부상하였다.[11]

1.10 생물권의 환경 화학

생물권(biosphere)(그림 1.9)은 주로 지권의 토양 표면이나 토양 표면 바로 아래에 살고 있는 모든 생물들로 구성된다. 바다와 기타 수역은 많은 생물 집단을 부양한다. 어떤 생명체들은 해저의 매우 깊은 곳에 존재한다. 그렇지만, 일반적으로 생물권은 지권과 대기권과의 접촉면의 매우 얇은 층이다. 생물권은 **생물지구화학적 순환**(biogeochemical cycle)(1.3절)에서 지권, 수권 및 대기권과 관련되어 있으며, 이 순환 과정을 통해 질소 및 탄소와 같은 물질들이 순환된다.

궁극적으로, 환경의 화학종들과 관련된 가장 큰 관심사는 화학종들과 생물권에 있는 생물과의 관계이다. 생물권에 있는 생물은 화학 변화를 포함하여 매우 많은 화학 변환을 수행하는 복잡한 화학 반응기처럼 작용한다. 이러한 화학 변화에 생물들은 노출된다. 이러한 과정들은 지구 시스템에 막대한 영향을 끼친다. 생물들이 수행하는 화학 과정들은 **생화학(biochemistry)**이라는 주제로 연구된다. **환경 생화학(environmental biochemistry)**은 특히 환경에서 일어나고 환경에 영향을 주는 생화학적 과정들

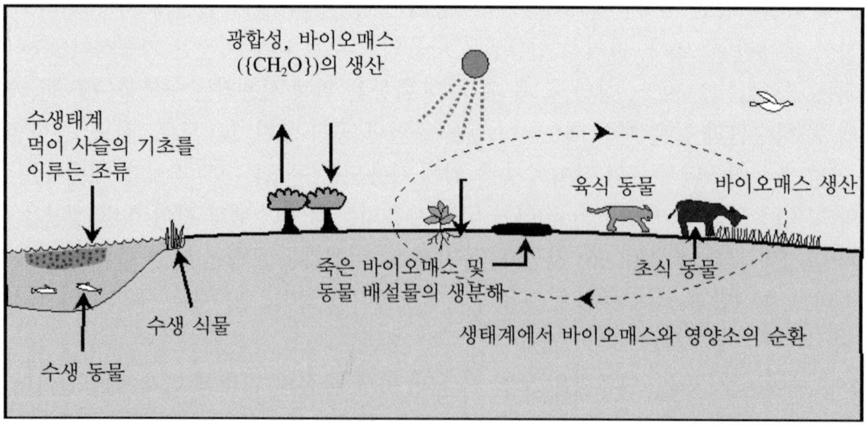

그림 1.9 생물들은 서로 간에, 그리고 그들의 환경과 상호 작용하는 생물권에서 생태계 내에 존재한다. 생태계는 바이오매스와 영양소를 완전히 재순환하며, 에너지와 물질을 가장 효율적으로 사용하는 방식으로 진화해 왔다. 생태계는 생태계의 바탕을 이루는 바이오매스를 생산하는 광합성 식물과 조류에 기반을 두고 있다. 광합성 과정에서, 식물과 조류는 대기로부터 이산화 탄소를 얻고 산소를 되돌려준다. 콩과식물의 뿌리에서 자라는 뿌리혹 박테리아(*Rhizobium* bacteria)와 같은 어떤 미생물들은 대기 중의 원소 질소를 생화학적으로 결합된 질소로 변환한다. 진균(fungi)과 세균은 죽은 바이오매스를 분해하는데, 이는 영양소들을 생태계로 되돌리는 과정이다.

을 다룬다.

생물권에 있는 생물들은 바이오매스와 생화학 물질을 생산한다. 단연코 가장 많이 생산되는 물질은 식물의 **광합성(photosynthesis)**에 의해 생성되는 탄수화물(carbohydrate)로 구성된다. 탄수화물 중 가장 흔한 것은 포도당(glucose)이며, 이는 다음 반응에서 보는 것처럼 광합성의 1차 생성물인 단당(simple sugar) 분자이다.

$$6CO_2 + 6H_2O + h\nu \rightarrow C_6H_{12}O_6 + 6O_2 \tag{1.2}$$

이 반응에서 $h\nu$로 나타내는 태양광의 광자는 식물, 조류 및 광합성 세균에 의해 광합성에 사용되는 에너지를 공급한다. 이 에너지는 수권으로부터의 물과 대기권으로부터의 이산화 탄소의 매우 안정한 화학 결합을 깨고, 탄소, 수소 및 산소를 재결합시켜 생체 분자들로 전환하는 데 사용된다. 이러한 생체 분자들을 이 책에서는 단순화한 화학식인 $\{CH_2O\}$로 나타내고, 포도당 및 녹말과 같은 복잡한 분자들에서 고에너지의 바이오매스를 구성한다. 또한 생체 분자에는 단백질, 지질(지방과 오일), DNA를 구성하는 핵산 및 기타 특정 기능을 하는 생체 분자들이 포함된다.

광합성의 정반대 과정은 생물이 생체 분자와 화학적으로 합성된 분자를 더 간단한 생성물로 분해할 때 일어나며, 종종 이 과정에서 에너지를 추출한다. 인간을 포함해 살아 있는 생물들이 사용하는 에너지를 공급하기 위해 포도당을 생화학적으로 대사하는 과정을 아래에 보여 주고 있다.

$$C_6H_{12}O_6 + 6O_2 \rightarrow 6CO_2 + 6H_2O + \text{에너지} \tag{1.3}$$

특히 유기 분자를 물과 이산화 탄소를 포함한 간단한 무기 화학종으로 분해하는 것은 **생분해(biodegradation)**의 과정이다. 생분해는 생물권에서 생물의 아주 중요한 기능이며, 인류권으로부터 다른 환경 권역으로 이동한 합성 분자가 보통은 무해한 생성물로 분해되는 하나의 중요한 수단이다.

생물권에 있는 생물들이 물과 이산화 탄소 이외의 무기 물질에 관여하는 몇 가지의 중요한 환경 화학 과정들이 있다. 한 가지의 예로, 미생물에 의해 일어나는 질소 화합물의 몇 가시 변환을 여기에서 논의한다. 특히 중요한 것은 **질소 고정(nitrogen fixation)**인데, 이는 물과 식물의 뿌리에서 자라는 세균을 포함한 몇 가지의 미생물이 대기 중 원소 질소를 식물에 의해 단백질 합성에 사용될 수 있는 화학적으로 결합된 질소로 변환하는 능력이다. 이 과정은 아래의 반응과 같으며, 여기에서 $\{CH_2O\}$는 바이오매스를 나타낸다.

$$3\{CH_2O\} + 2N_2 + 3H_2O + 4H^+ \rightarrow 3CO_2 + 4NH_4^+ \tag{1.4}$$

이러한 녹색, 친환경적 과정은 생물에서 온화한 조건에서 일어나는 반면에, 산업 과정에서의 **질산화(nitrification)**는 촉매와 극단적으로 높은 압력과 높은 온도를 필요로 한다.

세균에 의해 NH_4^+가 NO_3^-로 변환되는 질산화는 자연에서 중요한 과정인데, 그 이유는 조류와 다른 식물들이 가장 잘 이용할 수 있는 질산염(NO_3^-) 형태로 질소를 공급하기 때문이다.

$$2O_2 + NH_4^+ \rightarrow NO_3^- + 2H^+ + H_2O \tag{1.5}$$

세균이 관여하는 **탈질산화(denitrification)**는 질산염이 세균에 의해 가스상 질소로 환원되어 대기권으로 되돌아가는 과정이다.

$$4NO_3^- + 5\{CH_2O\} + 4H^+ \rightarrow 2N_2 + 5CO_2 + 7H_2O \tag{1.6}$$

생물권에서의 생화학적 과정은 일부 독성 물질과 공기 및 물 오염 물질을 생성할 수 있다. 한 가지 예는 황산염이 미생물에 의해 환원되어 독성이 있고 악취를 내는 황화 수소 기체를 생성하는 것이다.

무기 황 화학종의 미생물에 의한 변환은 수권에서 중요한 과정이다. 한 가지 예는 황산염이 H_2S로 환원되는 것인데, 바이오매스($\{CH_2O\}$)가 환원제로 작용한다.

$$SO_4^{2-} + 2\{CH_2O\} + 2H^+ \rightarrow H_2S + 2CO_2 + 2H_2O \quad (1.7)$$

황철광(iron pyrite, FeS_2)에 작용하는 세균은 황산(H_2SO_4)과 산성의 수화된 $Fe(H_2O)_6^{3+}$를 함유하는 **산성 광산 배수(acid mine water)**를 생성한다.

생물권은 연료로 사용될 수 있는 탄수화물을 포함하여 구조 물질로 사용될 수 있는 목재(주로 셀룰로스)의 막대한 공급원을 제공한다. 탄수화물 이외에도, 다른 종류의 생체 물질이 생물에 의해 생성된다. 이러한 것들 중 가장 중요한 것 중에는 **지질 오일(lipid oil)**이 있는데, 이는 세 개의 −OH 작용기를 갖는 알코올인 글리세롤(glycerol)에 긴 사슬의 지방산이 결합하여 생성된 에스터 화합물이다. 식품 가치 이외에도, 지질은 화학 원료로, 그리고 콩기름으로 만든 바이오디젤 연료를 포함한 합성 연료의 합성에 사용될 수 있다.

상록수, 소나무 및 감귤류를 포함한 어떤 식물들은 **터펜(terpene)**의 형태로 직접 탄화수소를 생성하는데, 터펜은 최소한 한 개의 C=C 이중 결합을 갖고 있다. 가장 유용한 터펜은 아이소프렌[isoprene, $H_2C=C(CH_3)CH=CH_2$]인데, **고무나무**(*Hevea brasiliensis*)로부터 추출하며, 천연고무를 만드는 데 사용되는 원료이다. α-Pinene을 포함한 나무에 의해 대기권으로 방출되는 어떤 터펜 화합물들은 대기권에서 매우 반응성이 크며, 광화학 스모그의 생성에 관여한다.

1.11 독성 화학과 생화학

생물권 및 그것의 환경 화학과의 관계에 대한 하나의 중요한 관심사는 독성 물질이 생물에 미치는 영향이다. **독성학(toxicology)**은 살아 있는 조직에 손상을 입히거나 파괴하거나, 생화학적 과정의 기능을 비정상화하는 **독성 물질(poison, toxicant)**의 과학이다. **독성 화학(toxicological chemistry)**(그림 1.10)은 물질의 화학적 성질과 생물에 미치는 독성 영향을 연관시킨다.[12] 독성 화학의 한 가지 매우 중요한 면은 생물이 어떻게 독성 물질을 변환하느냐는 것이다. 혈액 중 헤모글로빈에 직접 결합하는 일산화탄소와 같은 어떤 독성 물질들은 전혀 대사되지 않는 반면에, 다환 방향족 탄화수소의 일종인 벤조[*a*]피렌(benzo[*a*]pyrene)과 같은 다른 것들은 대사적으로 변환되어 독성이 있는 형태로 바뀐다.

독성 물질에 대한 노출 방식과 경로는 독성 영향을 결정하는 데 매우 중요하다. 독성 물질에 대한 노출은 급성(단기간)이거나 만성(장기간)일 수 있고, 국소적이거나 몸의 다른 부위로 전달되는 전신적(systemic)일 수 있다.

1.12 우리가 인류세에 들어갈 때

이 장은 지구 시스템과 그 안에서 일어나는 환경 화학에 대한 개관을 제공한다. 지구가 특히 기후에 관련하여 중대하고, 어쩌면 극단적이며 잠재적으로 재앙적인 변화가 일어나는 이 어려운 시대에, 환

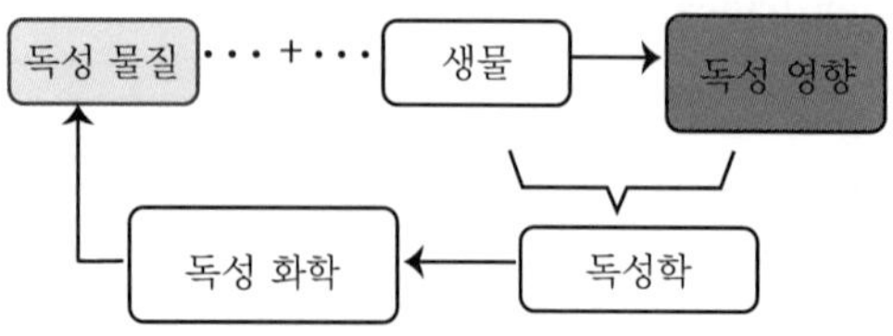

그림 1.10 생물권과 관련하여 고려해야 할 주요한 것은 독성 물질이 생물에 미치는 영향이다. 독성학은 독성 물질이 생물에 미치는 영향의 다양한 면을 다루는 과학이다. 독성 화학은 독성 물질 및 독성 물질의 전구 물질의 화학적 성질 및 생화학적인 거동을 독성 영향과 연관시켜 설명한다.

경 화학은 우리 행성을 보존하는 데 매우 중요한 역할을 한다. 지구는 지구의 일생에서 진화하는 시대인 **인류세(anthropocene)**라고 하는 새로운 시대에 접어들었다.[13] 인류세의 존재는 2000년에 Paul Crutzen(클로로플루오로탄소에 의해 야기된 성층권의 오존층 파괴에 대한 연구로 1995년에 노벨상을 공동 수상)과 그의 동료인 Eugene Stoermer에 의해 처음으로 제안되었다. 현대의 인간들이 약 10,000년 전 마지막 빙하 시대 말기 이래로 살아온 비교적 쾌적한 충적세(홀로세, Holocene)는 끝났고, 인간이 지구의 상태들을 변화시키는 능력이 커짐에 따라, 인간이 무엇을 하느냐에 따라 상태들이 주로 결정되는 새로운 시대인 인류세에 진입하고 있다는 납득할 만한 주장이 제기되었다. 이러한 변화는 인류에게 엄청난 도전을 제기한다.

현재의 궤도에서, 생명체가 살 수 있는 지구가 유지되려면, 인류세 시대는 짧은 시대이어야만 한다. 인구 압박, 지구의 자연 자본 고갈, 지구 기후 변화 및 지구상의 기타 압박들은 인류가 어떤 합리적인 복지 상태에서 생존하려면, 인류세에 대한 대안이 생겨야만 한다는 것을 말해 주고 있다. 필요한 것은 지구 시스템, 특히 취약한 생물권에 심각한 해를 끼치고 있고 빠르게 발전하는 인류세에서 인간이 최대의 지속 가능성을 위해 고안한 새로운 시대인 **지속 가능세(sustainocene)**라고 불리는 새로운 시대로 방향을 근본적으로 바꾸어야 한다.[14] 지속 가능세라는 용어는 2012년 3월 21일에 호주 국립대학교(Australian National University)에서 Bryan Furnass가 발표한 "인류세에서 지속 가능세로. 도전과 기회"라는 제목의 공개 강연에서 기인한 것으로 본다. 지속 가능세로의 전환에서 인간이 지구에 미치는 영향이 인구, 풍요 및 소비 기술의 생성물이라는 것을 아는 것은 중요하다. 그러나 모든 기술이 다 나쁜 것은 아니고, 지구 시스템에 비교적 부담을 덜 주고 지구의 이익에 오히려 긍정적인 영향을 줄 수 있는 기술들도 있다는 사실을 인식해야 한다. 지속 가능세를 달성하는 데 있어 지구 시스템을 이해하고 관리하기 위해, 환경 화학을 사용하는 것은 중요하다. 인간이 필요로 하는 재화와 서비스를 제공하는 데 산업 생태학의 과학을 활용해야 하고, 그것은 분명히 화학과 관련된 만큼 녹색 화학의 실천을 대규모로 채택하는 것은 필수적일 것이다.

1.13 지구 기후 변화가 현실화됨에 따른 환경 화학에 대한 특별한 도전

미국에서는 1970년 Clean Air Act, 1970년 National Environmental Policy Act, 1972년 Clean Water Act, 1973년 Endangered Species Act를 비롯한 중요한 법률이 통과된 이후, 환경의 질에 많은 개선이 이루어졌다. 전부는 아니지만 다른 나라들도 크게 발전하였다. 그러나 지구 기후 변화가 불편한 현실이 되면서 이러한 개선 사항 중 많은 부분이 취소되어 역전되고 있다. 예를 들어, 광화학적으로 유발된 대기 오염으로 위협받는 지역에서 날씨가 더워지고 햇빛이 강해지면 대기에서 반응이 빨라져 2차 대기 오염 물질이 형성된다. 건조한 지역에서 강우량이 적으면 순수한 물을 유지하는 데 어려움이 있는 물 부족으로 이어진다. 예를 들어, 공격적인 아프리카 꿀벌과 치명적인 '살인 말벌'을 포함한 바람직하지 않은 종의 침입과 더불어 기후 변화가 종의 대량 멸종으로 이어진다는 증거가 있다. COVID-19와 같은 새롭게 등장한 치명적인 바이러스를 포함한 지구 기후 변화 조건에 의해 촉진되는 병원체의 확산은 지구 인구의 많은 부분의 생명을 위협한다.

기후 위기는 지구와 환경 및 인류에 실존적 위협을 가하고 있다. 우리 앞에 놓인 큰 질문은 인류가 이 새로운 현실에 건설적으로 대처할 의지를 불러일으킬 수 있는지, 아니면 우리 모두가 함께 "절벽에서 떨어질" 것인지이다. 만약 그들이 그렇게 한다면, 전 세계 사람들은 건설적인 방법으로 기후 변화에 적응할 뿐만 아니라, 기후 변화를 늦추거나 멈추거나 심지어 되돌리기 위하여 지력(brain-power)과 자원을 모을 수 있을 것이다. 막대한 국제적 노력, 자금을 제공하기 위한 혁신적인 방법, 그리고 거슬리거나 강요하거나 불쾌감을 줄 수 있는 기술의 채택이 필요할 것이다. 하지만, 노력은 해야 한다. 극심한 기온, 가뭄, 산불, 폭풍, 해수면 상승, 식량 부족 및 기타 재앙적인 조건으로 괴로워하는 병든 지구에 대한 대안은 생각할 수 없다. 그런 점에서 화학, 특히 환경 화학은 필수적인 역할을 해야 하며, 이것이 이 필수 학문을 공부하는 이유이다.

참고문헌

1. Wallace-Wells, David, *The Uninhabitable Earth: Life After Warming*, Penguin Random House, New York, NY, 2020.
2. Schraer, Rachel, "Fertility Rate: Shrinking Population in Six Easy Lessons," *BBC News*, July 15, 2020, https://www.bbc.com/news/health-53424290
3. Lenton, Tim, *Earth System Science: A Very Short Introduction*, Oxford University Press, Oxford, 2016.
4. Mojzsis, Steven J., *Origin and Evolution of the Biogeochemical Cycles*, Wiley-Blackwell, Hoboken, NJ, 2020.
5. Manahan, Stanley E., *Environmental Geology and Geochemistry: A Brief Introduction*, Amazon Kindle, 2011.
6. Montgomery, Carla. *Environmental Geology*, 11th ed., McGraw-Hill Education, New York, NY, 2019.
7. Eby, G. Nelson, *Principles of Environmental Geochemistry*, Waveland Press, Long Grove, Illinois, IL, 2016.
8. Manahan, Stanley E., *Anthropocene: Environmental Chemistry of the World Made by Humans*, Amazon Kindle, 2011.
9. Graedel, Thomas E., and Braden R. Allenby, *Industrial Ecology and Sustainable Engineering*, Prentice Hall, Upper Saddle River, NJ, 2009.
10. Kalundborg Symbiosis is the World's First Working Industrial Symbiosis, 2018, http://www.symbiosis.dk/en
11. Manahan, Stanley E., *Green Chemistry and the Ten Commandments of Sustainability*, 3rd ed., Amazon Kindle, Columbia, 2011.
12. Manahan, Stanley E., *Toxicology: A Brief Introduction to Fundamentals, Chemistry, and Biochemistry*, Amazon Kindle, 2013.
13. Manahan, Stanley E., *Anthropocene: Environmental Chemistry of the World Made by Humans*, Amazon Kindle, 2011.
14. Manahan, Stanley E., *Sustainocene: Managing the Anthrosphere for Sustainability in the Anthropocene Epoch*, Amazon Kindle, 2013.

보충자료

Ackerman, Diane, *The Human Age: The World Shaped by Us*, W. W. Norton & Company, New York, NY, 2014.

Allenby, Braden, *Reconstructing Earth: Technology and Environment in the Age of Humans*, Island Press, Washington, DC, 2005.

Anastas, Paul T., and John C. Warner, *Green Chemistry Theory and Practice*, Oxford University Press, Oxford, 1998.

Angus, Ian, *Facing the Anthropocene: Fossil Capitalism and the Crisis of the Earth System*, Monthly Review Press, New York, NY, 2016.

Baird, Colin, and Michael Cann, *Environmental Chemistry*, 5th ed., W. H. Freeman, New York, NY, 2012.

Breakthrough Institute, "Technological Solutions to Environmental Challenges," 2020, http://www.thebreakthrough.org/

Concepción, Jiménez-González, and David J. C. Constable, *Green Chemistry and Engineering: A Practical Design Approach*, Wiley, Hoboken, NJ, 2011.

Easterbrook, Greg, "Let's Modernize Our Pollution Laws," *New York Times*, October 8, 2015.

Ehlers, Eckart, Thomas Krafft, and C. Moss, *Earth System Science in the Anthropocene: Emerging Issues and Problems*, Springer, New York, NY, 2010.

Girard, James E., *Principles of Environmental Chemistry*, 3rd ed., Jones and Bartlett Publishers, Sudbury, MA, 2013.

Hanrahan, Grady, *Key Concepts in Environmental Chemistry*, Academic Press, Waltham, MA, 2011.

Manahan, Stanley E., *Anthropocene: Environmental Chemistry of the World Made by Humans*, Amazon Kindle, 2011.

Manahan, Stanley E., *Environmental Science and Technology*, 2nd ed., Taylor & Francis/CRC Press, Boca Raton, FL, 2006.

Manahan, Stanley E., *Fundamentals of Environmental and Toxicological Chemistry*, 4th ed., Taylor & Francis/CRC Press, Boca Raton, FL, 2013.

Raff, Jonathan D., and Ronald A. Hites, *Elements of Environmental Chemistry*, 3rd ed., Wiley, Hoboken, NJ, 2020.

Silivanch, Annalise, *Rebuilding America's Infrastructure*, Rosen Publications, New York, NY, 2011.

Spellman, Frank R., *Environmental Science and Technology: Concepts and Applications*, 3rd ed., Bernan Press, Lanham, MD, 2017.

Spiro, Thomas G., Kathleen L. Purvis-Roberts, and William M. Stigliani, *Chemistry of the Environment*, 3rd ed., University Science Books, Mill Valley, CA, 2011.

Stanley, Steven M., and John A. Luczaj, *Earth System History*, 4th revised ed., W. H. Freeman & Company, Dubuque, IA, 2014.

VanLoon, Gary W., and Stephen J. Duffy, *Environmental Chemistry: A Global Perspective*, 4th ed., Oxford University Press, Oxford, 2018.

연습문제

모든 문제들을 답하기 위해서는 인터넷을 활용해야 할 것이다. 특히 일반적인 정보나 통계, 상숫값, 수식들은 인터넷에서 찾아서 사용하시오. 질문들은 교재 안에 있는 내용을 단순하게 찾아서 쓰는 것보다 호기심과 사고력을 증진시키기 위한 것이다. 그래서 어떤 경우에는 여러 가지 '정답'이 있을 수 있다. 그러므로 만약 자신의 이지적인 사고를 통한 노력과 다양한 문헌으로부터 찾은 정보를 바탕으로 작성한 답은 '정답'으로 간주한다.

1. 지구의 과거 역사에 대해 알려진 많은 것들이 고환경 연구(paleo-environmental study)에 기초하고 있다. 인터넷에서 일부 조사를 하면 이러한 연구가 의미하는 바를 알 수 있다. 과거의 기후 조건, 온도 및 대기 중 이산화 탄소 수준은 빙핵(ice core)을 기준으로 수십만 년 전, 화석을 기준으로 수백만 년 전으로 거슬러 올라가 어떻게 추론할 수 있을까?
2. 인간 활동으로 인한 기후 변화의 개념은 비교적 최근인 것처럼 보인다. 그러나 이러한 내용은 꽤 오래 전에 "공기 중 탄산(carbonic acid)이 지면의 온도에 미치는 영향에 대하여(On the Influence of Carbonic Acid in the Air upon the Temperature of the Ground)"라는 제목의 논문에서 제안되었다. 이 논문은 언제, 누구에 의해 발표되었는가? 그의 자격과 신빙성은 무엇인가?
3. 그림 1.4에 나타낸 환경 화학의 정의는 대기로 배출되는 질소 산화물(NO와 NO_2)로 매우 잘 설명될 수 있다. 이러한 가스상 질소 산화물의 발생원들은 무엇인가? 태양광에서 휘발성 탄화수소 화합물과 상호 작용하면 어떤 2차 대기 오염 물질이 생성되겠는가? 산성비는 이러한 산화물로부터 만들어질 수 있는가? 만약 그렇다면, 그 산의 화학 구조는 무엇인가?
4. 많은 유명한 과학자들이 오늘날 충적세가 끝나가고 있고 새로운 시대가 시작되었다고 믿는다. 충적세는 무엇인가? 충적세를 대체할 수 있는 새로운 시대는 무엇이고, 그것은 이 장의 내용과 어떻게 관련이 있는가? 이러한 변화가 환경에 미치는 영향에는 어떠한 것들이 있는가?
5. 1800년대 말, 질소의 생물지구화학적 순환 내에서 대기 중 고갈되지 않는 질소 저장소는 식물에 의해 이용될 수 있는 화학적 형태로 충분히 '고정'되지 않아, 식량 부족과 심지어 대량 기아가 고정 질소의 부족에서 올

것이라고 우려하였다. 이러한 상황을 바꾼 것은 무엇인가? 어떤 점에서 이러한 발전은 많은 생명을 구하였고, 약 1900년 이후에는 전쟁에서 수백만 명의 사람들을 앗아가게 했는가?

6. **단단한 지구**(solid earth)라는 용어는 어떤 점에서 잘못된 명칭인가? 지난 십 년 동안 '단단한 지구'라는 말에 의심을 품게 한 구체적인 사건들은 무엇인가? 이러한 사건들 중 어떤 것이 구체적으로 어떻게 인류권에 영향을 미쳤고, 어떻게 미래 에너지 개발 과정을 변화시켰는가?
7. 인 순환은 어떤 중요하고 기본적인 측면에서 탄소, 산소 및 질소 순환과 다른가?
8. 대부분의 사람들은 대기 중 이산화 탄소가 지구 온난화와 기후 변화에 기여한다는 것을 알고 있다. 그러나 어떤 점에서 대기의 이산화 탄소는 지구 자연 자본의 일부인가? 다시 말하면, 그것이 없다면 우리는 어디에 있을까? 어떤 중요한 자연 현상이 1년 동안에 걸쳐 미미하지만 감지할 수 있을 정도로 대기권 중 이산화 탄소 농도의 변화를 일으키는가?
9. 그림 1.4는 일반적인 오염 물질의 측면에서 환경 화학의 정의를 설명해 준다. 이 오염원을 제한하기 위해 어떤 명령과 방지 규정이 시행되었는가? 어떤 '사후 처리(end of pipe)' 조치가 사용되었는가? 이러한 조치들에 대한 대안으로서 녹색(친환경) 화학의 관행이 사용될 수 있는 방법을 제안하시오.
10. **흡수원**(sink)이라는 용어는 환경 과정과 오염에 적용되어 종종 사용된다. 인터넷을 탐색하여, 흡수원이 환경 오염에 적용될 때 어떤 의미를 갖는지 설명하시오. 지구가 자연 자본의 흡수원의 일부로 작용할 수 있다는 것은 어떤 의미인가? 설명하시오.
11. 오염과 오염 가능성을 다루는 데 있어서 세 가지의 접근 방법은 오염 예방, 사후 처리 조치 및 정화이다. 이러한 용어들은 오염 제어의 측면에서 무엇을 의미하는가? 가장 바람직한 것은 무엇이고, 가장 바람직하지 않은 것은 무엇인가? 설명하시오.
12. 연료 에탄올을 공급하기 위하여 옥수수의 생산을 늘리는 것에 대하여, 이 장에서는 "화학적으로 결합된 질소 형태의 비료에 대한 수요가 증가한다는 것은 대기 중 질소를 사용하고 질소 순환에 영향을 주면서 더 많은 암모니아를 합성한다."는 것을 의미한다. 현재 지구 자본 중 어떤 자원이 질소 비료의 합성 생산에 문제가 되고, 어떤 자원이 문제가 되지 않는가? 설명하시오.

2 수권과 물 화학

2.1 물: 지구 자연 자본의 필수 부분

그림 2.1은 지구에서 물의 중요한 저장소가 존재하는 지구 시스템의 주요 권역 중 하나인 수권과, 수권의 물이 이를 통해 순환하는 지구 시스템의 거대한 순환 중 하나인 **수문학적 순환(hydrologic cycle)**을 나타내고 있다. 지구 기후 변화 및 과잉 인구와 더불어 물의 분포, 질 및 양은 오늘날 인류가 직면한 가장 큰 관심사에 속한다. 실제로, '물 문제'는 항상 인류와 생물권 전체를 힘들게 하였다. 온화한 기후에서조차도 강수량의 변동은 문제를 일으켰고, 기후의 변동과 연관된 물 이용률 감소는 과거에는 번영했던 문명이 쇠퇴하는 원인이 되었다. 지구를 황폐화하는 가뭄과 파괴적인 홍수는 현대 시대에 세계의 많은 지역에서 빈번하게 발생하고 있다. 대규모의 댐과 제방 건설은 홍수의 피해를 감소시켰지만, 어떤 지역에서는 바람직하지 않은 많은 부작용을 야기하였는데, 예를 들면 저수지에 의해 농지가 범람하고 안전하지 못한 댐에 의해(2020년 5월에 미시간 주에서 발생한 것처럼) 홍수 피해가 발생하였다. 콜레라, 장티푸스 및 이질은 과거에 수백만 명의 사람들을 죽였고, 여전히 저개발 국가들에서는 큰 고통을 초래하고 있다.

물은 지구 표면의 약 70%를 덮고 있다. 지구에서 물의 97% 이상이 바다에 있고, 그 나머지 담수의 대부분은 극지방의 빙모(ice cap)에서 얼음과 눈, Greenland를 덮고 있는 유빙군(ice pack), 그리고 산악 지역에서 설괴빙원(snow pack) 및 빙하의 형태로 존재한다. 지구상의 전체 물의 1% 미만이 지권, 대기권 및 생물권의 과정에 관여하는 데 이용 가능하다.

물을 연구하는 학문을 **수문학(hydrology)**이라고 한다. **육수학(limnology**, 호소학, 담수학)은 담수(freshwater)의 물리적, 화학적 및 생물학적 성질을 다룬다.[1] **해양학(oceanography)**은 바다를 연구하는 학문으로, 바닷물은 염의 함량이 높기 때문에 독특한 성질을 나타낸다. **지하수(groundwater)**는 지면 아래에서 광물들의 다공성 층에 함유되어 있다. **지표수(surface water)**는 주로 하천, 호수 및 저수지에 존재한다. **습지(wetland)**는 범람 지역으로, 이 지역의 물은 얕아 바닥에 뿌리를 내리는 식물이 살 수 있게 한다. **하구(estuary)**는 바다의 지류로, 그 안으로 하천이 흐르고 담수와 해수가 섞이기 때문에 독특한 화학적, 생물학적인 특징을 갖고, 많은 해양 생물의 번식지이다.

이 장의 주제인 물 화학(aquatic chemistry)은 자연수에서 화학종들의 분포와 순환을 결정하는 현상뿐만 아니라 수권 전체의 물을 고려해야 한다. 이러한 연구는 물의 근원, 수송, 특징 및 조성에 대한 약간의 이해가 필요하다. 물에서 일어나는 화학 반응들과 물에 존재하는 화학종들은 물이 존재하는 환경의 영향을 크게 받는다. 수권에서 수체의 물리적 상태는 물에서 일어나는 화학 및 생물학적 과정에 크게 영향을 준다. 대기권에 노출된 물의 화학은 호수의 바닥에 있는 물의 화학과 아주 다르다. 미생물은 수권과 생물권 사이의 중요한 연결 매질인 물의 화학적 조성을 결정하는 데 절대적으로 필요한

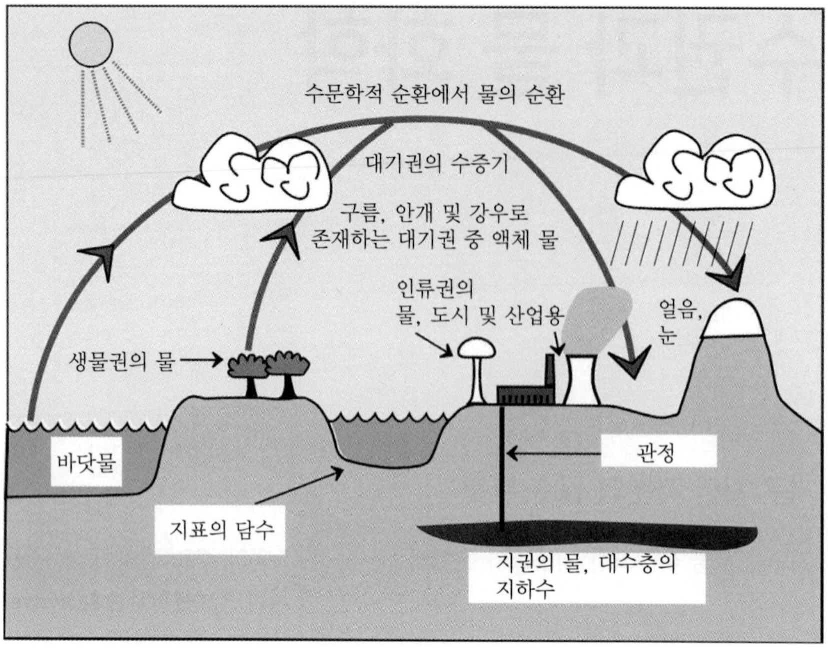

그림 2.1 물은 수문학적 순환에서 지구 시스템을 통해 순환한다. 이 순환에서, 수권은 대기권, 지권, 생물권 및 인류권과 상호 작용한다. 이러한 상호 작용들은 물의 환경 화학에 큰 영향을 미친다.

역할을 한다. 따라서 물 화학을 논의하는 데 있어, 이러한 화학에 영향을 주는 많은 일반적인 요인들과 다른 환경 권역들이 수권에 미치는 영향을 고려하는 것이 필요하다.

수체의 물리적 상태에 의한 영향의 한 예는 그림 2.2에 나타낸 호수나 저수지의 수온 성층화(thermal stratification)에서 보여 주고 있다. 여름 동안 그러한 수체에서는 태양 복사에 의해 가열되어 밀도가 낮아진 **표수층(epilimnion)**이 더 차갑고 더 밀도가 높은 바닥층인 **심수층(hypolimnion)**의 위에 놓여, 두 개의 층으로 나뉠 수 있다. 표수층은 조류의 광합성 활동으로 대기권에 노출되기 때문에(낮 시간 동안), 비교적 높은 수준의 용존 산소를 함유하고 있어 일반적으로 산소가 풍부하다(호기성). 심수층에서는 세균이 생분해성 유기 물질에 작용함으로써 물에 산소가 부족하게 하여(혐기성) 용존 산소가 부족하게 한다. 결과적으로, 심수층에서는 상대적으로 환원된 형태의 화학종들이 더 우세한 경향을 보인다. 가을에 냉각되면, 수온 성층은 반대로 되어 물은 혼합되고, 그 결과 영양물질들이 혼합됨으로

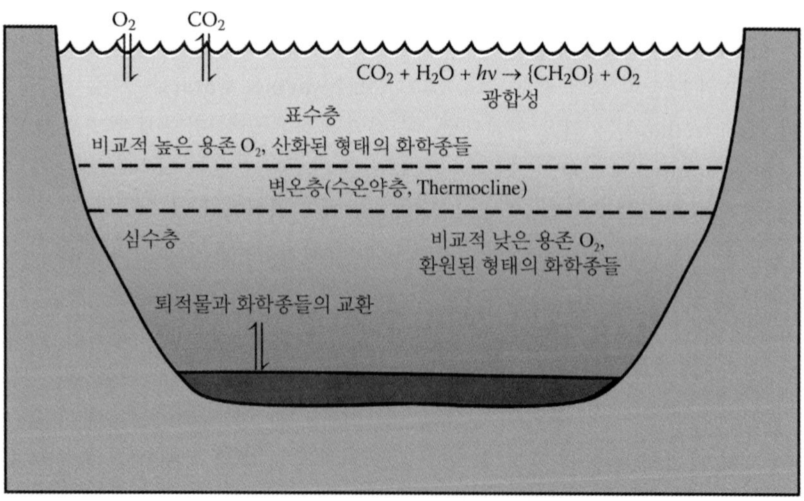

그림 2.2 호수의 성층화.

써 생물학적 활성이 증가되는 등 많은 물리적, 화학적 및 생물학적 변화가 일어날 수 있다.

물과 수권은 환경 중 오염 물질을 포함한 물질들의 **화학적 운명 및 수송(chemical fate and transport)** 과 관련된 과정에서 매우 중요하다. 이러한 과정에는 휘발, 용해, 침전, 퇴적물에 의한 흡수 및 방출의 물리적 과정들이 포함된다. 물에서 화학적 운명 및 수송과 관련된 화학적 과정들은 용해, 침전, 가수분해, 금속 이온의 착물화, 산화–환원 및 광화학 반응을 야기하는 화학 반응들이다. 이러한 과정들은 먹이 사슬에서의 생물 축적과 생물 확대, 그리고 생분해와 같은 생화학적 현상에 의해 매우 큰 영향을 받는다.

2.2 물의 근원 및 사용

물을 다루는 데 있어서 가장 중요한 사안은 단순히 물을 얻는 것인데, 이는 주로 전 세계적으로 물이 불균일하게 분포되어 발생하는 문제로 생각된다. 지구의 어떤 지역에서는 물이 절망적으로 부족하다. 비록 미국은 세계의 많은 다른 지역들보다는 물의 가용성 측면에서 더 나은 상황이지만, 물의 가용성과 관련하여 몇 가지 심각한 문제가 있다. 미국 대륙에서는 일일 평균 약 1.48×10^{13} L의 물이 비로 내리는데, 이는 연간 강수량 76 cm로 바꿔 표현할 수 있다. 그 양 중에서, 약 1.02×10^{13} L/day, 즉 53 cm/year가 증발과 증산 작용으로 손실된다. 그러므로 이론적으로 사용 가능한 물의 양은 약 4.6×10^{12} L/day, 즉 23 cm/year이다. 현재, 미국에서는 1.6×10^{12} L/day, 즉 평균 연간 강수량의 8 cm가 사용되고 있다. 이는 1900년의 사용량 1.66×10^{11} L/day의 약 10배 증가한 양에 해당한다. 더욱 놀라운 것은 1인당 사용량이 1990년에 40 L/day에서 오늘날에는 약 10배 이상으로 증가하였다는 것이다. 물을 가장 많이 사용하는 두 가지는 관개와 산업용(전기 생산을 위해 사용되는 냉각수를 포함)이며, 각각은 전체의 40%씩을 차지한다. 사용되는 물의 나머지 대부분은 도시에서의 물 공급에 사용된다.

물 공급의 주된 문제는 장소와 시간에 따라 분포가 불균일하다는 것이다. 그림 2.3은 물의 불균일한 분포의 문제를 보여 주고 있다. 이는 미국 대륙에 대한 것이지만, 전 세계에서 물 가용성의 어려운 문제를 전형적으로 보여 주고 있다. 미국 대륙에서 장소와 시간에 따라 강수가 불균일하게 내린다는 사실은 어려움을 유발하는데, 이는 강수량이 낮은 지역에 사는 사람들이 종종 강수량이 더 많은 지역의 사람들보다 더 많은 물을 소비하기 때문이다. 최근 수십 년 동안 미국에서 더 건조한 남서부 주 지역의 인구가 더 빨리 증가하여 이러한 문제를 더 악화시켜 왔다. 물 부족은 미국 11개의 가장 큰 도시 중 6개의 시(Los Angeles, Houston, Dallas, San Diego, Phoenix, San Antonio)를 포함한 이 지역에서

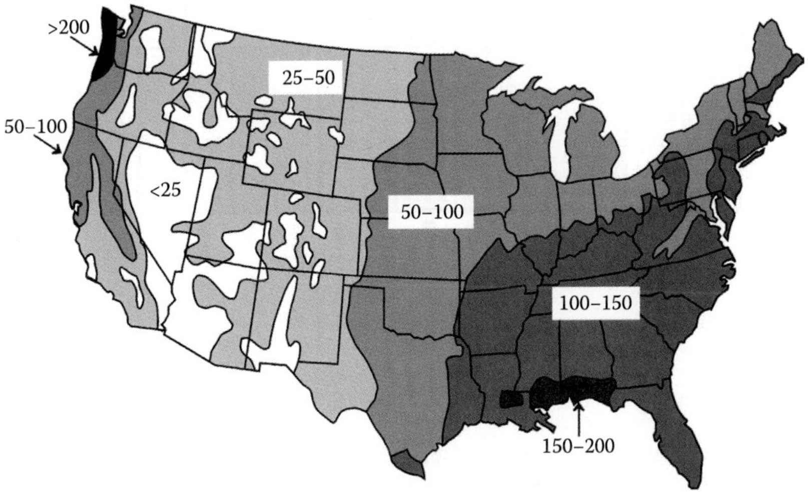

그림 2.3 미국 대륙에서 연평균 강수량을 cm로 나타낸 강수량의 분포.

더 극심하였다. 다른 문제 지역들로 Florida에서는 연안의 과도한 개발로 인해 Okeechobee 호수가 위협을 받고 있고, 북서쪽 지역은 수질 악화에 시달리며, Texas 주의 Panhandle에서 Nebraska 주까지 걸쳐 있는 High Plains(하이 평원)는 Oallala 대수층을 관개 목적으로 많이 사용함에 따라 재충전할 가망 없이 꾸준히 지하수면을 떨어뜨리고 있다. 그러나 이러한 문제점들은 물 부족으로 인해 실제 기근 상태에 시달리고 있는 아프리카의 일부 지역과 비교할 때 심각한 편은 아니다.

위에서 언급한 바와 같이, 미국 대륙에서 물의 사용은 1900년 이후 수십 년 동안 10배 이상 증가하였다. 그러나 약 1980년부터 미국에서 물 사용 증가는 상당히 둔화되었다. 이러한 경향은 그림 2.4에 나타내고 있는데, 특히 산업(전력 생산 포함) 및 관개 부문에서 물을 절약하는 노력이 성공을 거둔 것에 기인하였다. 보존(conservation)과 재활용(recycling)의 결과, 산업 부분에서의 물 사용이 크게 감소하였다. 바람이나 증발 때문에 많은 양의 물을 잃는 분무 관개 시설을 물을 직접 토양에 뿌리는 관개 시스템으로 대체함으로써, 관개 용수를 훨씬 더 효율적으로 사용하게 되었다. 필요로 하는 양만큼 물을 직접 식물의 뿌리에 주는 점적 관개(trickle 또는 drip irrigation) 시스템은 특히 효율적이다. 특히 2005년부터 2020년까지의 15년 동안에 미국에서의 물 사용은 실제로 감소하였는데, 이는 위에서 기술한 방법과 부분적으로는 물 수요가 높은 지역에서 단지 가용할 물이 더 적었다는 사실 때문이다(이러한 경향은 지구 온난화와 일부 지역에서는 계속 발생하는 가뭄 때문에 지속될 것으로 보인다).

기반 시설은 물의 지속 가능한 이용에서 매우 중요한 요소이며, 물 기반 시설의 부적절성 또는 실패로 인해 물 공급이 부족한 사례가 많이 있다. 예를 들어, 2020년 5월 미국 Montana 주의 세인트 메리 관개 수로에서 콘크리트 낙하 구조물이 무너져 Maryland 주 크기의 두 배인 Montana 주 동부 지역에 물 공급을 위협하였다. 가장 초기의 연방 수도 프로젝트 중 하나인 이 운하는 1900년대 초에 Montana 주의 글레이셔 공원에서 공급되는 물에 크게 의존하는 동부 Montana 지역으로 물을 운반하기 위해 건설되었다. 자금 부족에도 불구하고, 7월에 800만 달러의 긴급 수리 작업이 시작되었지만, 전체 운하 시설의 개보수가 절실히 필요한 경우 약 2억 달러가 필요하다.

댐, 제방 및 저수지는 물을 처리하고 홍수를 통제하는 것과 관련된 기반 시설의 일부이다. 그들의

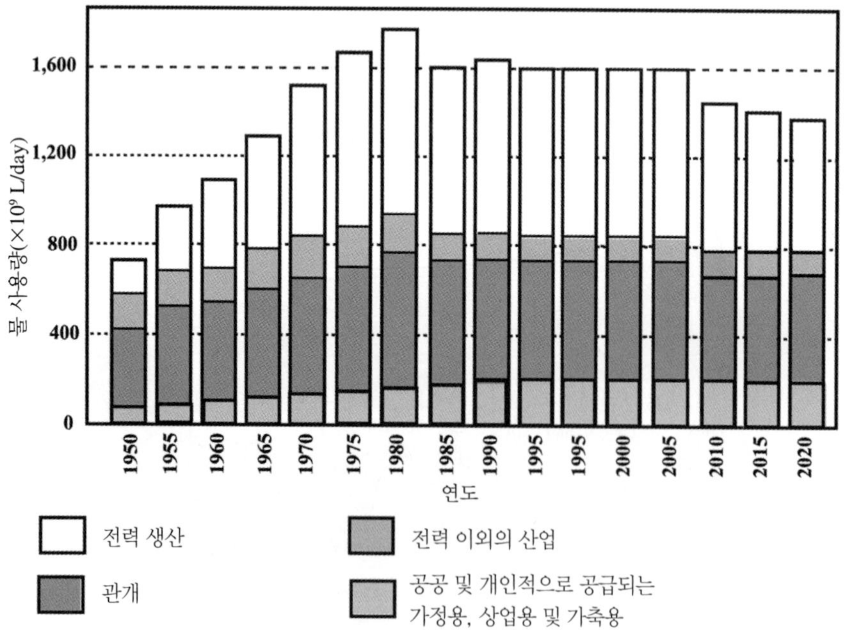

그림 2.4 미국의 물 사용 추세는 1980년까지 꾸준히 증가한 후, 이후 수십 년 동안 수요 수준을 유지하고, 2005년부터 2020년까지 상당히 감소하였는데, 이는 주로 재생 가능한 태양광 및 풍력 에너지가 더 많은 부분을 제공하기 때문에 전력 생산을 위한 물 사용이 감소하였기 때문이다. (미국 지질 조사국의 데이터, http://water.usgs.gov/watuse/wutrends.html.)

실패는 심각하고 치명적인 문제를 일으킬 수 있다. 최근의 예로, 2020년 5월 19일 폭우에 이어 Michigan의 Edenville 및 Sanford 댐의 고장으로 인해 Tittabawassee 강을 따라 치명적인 홍수가 발생하였다. Michigan 주 Midland 시내 일부가 침수되었고, Midland에 있는 거대한 다우 케미컬 컴퍼니 화학 공장이 다우가 복구 중인 슈퍼펀드 하류 부지와 함께 위협을 받았지만, 둘 다 큰 피해는 면했다.

2.2.1 지하수의 위기

지하수(**groundwater**)는 지하의 다공성 대수층(aquifer)에 들어 있는 물이다(그림 2.5). 대부분의 지하수는 강수가 지표에 내려 스며들어 간 것이다. 지하수 가용성의 주요 척도는 **지하수면**(**water table**)의 수준으로, 이는 대수층 내의 공간에 위치하고 있는 물 표면의 깊이로 정의한다. 지하수는 도시 상수의 주요 공급원이고, 어떤 농촌 지역에서는 유일한 물 공급원이다. 평균적으로, 미국에서는 약 1,900억 L/day의 지하수가 관개 목적으로 사용되고 있다.

현재, 지하수 자원은 미국의 많은 지역과 전 세계에서 놀랄 만한 속도로 고갈되고 있다. 2006~2010년과 2011~2019년 두 차례의 극심한 가뭄으로 인해 지하수 고갈 문제는 California에서 특히 심각해졌다. 이 주는 미국에서 소비되는 신선 과일과 채소의 절반 이상을 공급하고, 농업은 인간이 사용하는 물의 약 80%를 차지한다. 이 문제는 San Francisco 북쪽에서부터 거의 Los Angeles까지 이 주의 중앙을 가로지르는 California 센트럴 밸리에서 특히 심각하였다. 지하수원을 보충하기 위해 더 깊이 파고 들어가는 추세를 보였고, 여러 지역에서 최대 우물물의 깊이는 더 이상 지하수가 없거나 소금물이 나오는 곳까지 도달하였다. 일부 지하 대수층에서 너무나 많은 물을 퍼 올려서 눈에 띄게 지표가 침강되었고, 심지어 지표면 구조에 손상을 초래하였다. 소금물이 바다로부터 들어오는 연안 지역에서 소금물의 침투 문제는 특히 문제가 될 수 있다. 지하수면이 낮아진 것과 수질이 악화된 것 이외에도, 지하수 자원의 남용은 강과 호수에서 지표수의 고갈을 야기하고, 대수층을 구성하는 광물들이 다져지면서 지반의 침하를 가져올 수 있다. 지하수 고갈은 한때 비옥했던 땅이 사막으로 되돌아가는 시막화 현상을 수반한다.

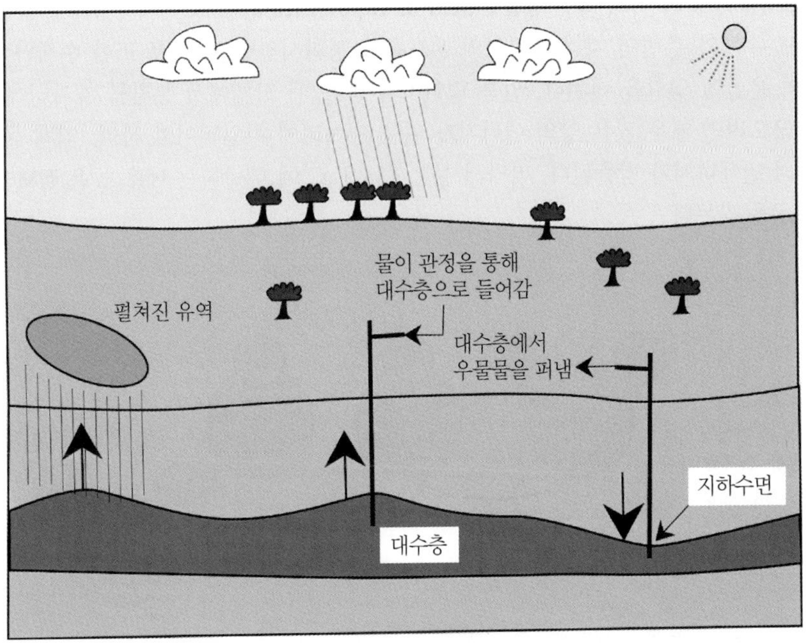

그림 2.5 지하수는 지표면 아래의 지하 대수층에 들어 있다. 대수층에서 물을 퍼내면 지하수면은 낮아지고, 대수층으로 물이 주입되거나 지표에 펼쳐진 유역에서 물이 자연적으로 침투하면 높아질 수 있다.

2.3 H_2O: 간단한 화학식, 독특한 분자

물의 화학식(H_2O)은 모든 화합물 중에서 가장 잘 알려져 있다. 이러한 간단한 화학식은 이 화합물이 거동에 있어 독특하고 복잡한 물질이라는 것을 나타낸다. 이 특별한 성질들은 그림 2.6에 나타낸 H_2O의 분자 구조에 기인한다. H_2O 분자에서 O 원자의 외각 전자 껍질에 네 개의 전자쌍이 있는데, 이 중 두 개는 H와 O 원자 사이에 결합을 이루고, 나머지 두 개는 고립(비공유) 전자쌍이다. O 원자의 외각 전자 껍질을 나타내는 가상의 영역 주위에서 이러한 전자쌍의 분포는 두 개의 H−O 결합이 직선이 아닌 각도로 위치하도록 한다. 두 개의 H 원자를 갖고 있는 쪽은 부분적으로 양의 전하를 갖고, O 원자에서 두 개의 비공유 전자쌍을 갖는 쪽은 부분적으로 음의 전하를 갖기 때문에, 물 분자는 **극성(polar)**을 나타낸다. 이러한 극성과 한 분자에 있는 H 원자가 수소 결합을 형성하는 능력은 수소 원자가 다른 H_2O 분자에 있는 두 개의 O 원자 사이에서 다리 역할을 하여, 물의 놀라운 화학적 및 물리적 다양성을 결정한다.

특히 물 분자의 수소 결합 능력 때문에 물 분자들은 서로 간에 강하게 끌어당긴다. 물의 극성과 수소 결합을 형성할 수 있는 능력에서 비롯되는 물의 독특한 성질은 물을 생명에 필수적으로 만들고, 수권과 다른 환경 권역들과의 상호 작용(인류권에서 물이 많이 사용되는 것을 포함)에서 물의 거동을 결정한다. 환경에서의 거동, 사용 및 모든 환경 권역과의 상호 작용에 관련된 물의 더 중요한 특징들을 표 2.1에 요약하였다.

물은 많은 물질들에 대해 뛰어난 용매이다. 따라서 생명 과정에서 물은 생물의 영양물질과 노폐물의 기본이 되는 수송 매질이다. 다른 액체들에 비해 물의 매우 높은 유전 상수(dielectric constant)는 대부분의 이온성 물질들이 물에서 해리된다는 점에서 용매 특성에 큰 영향을 미친다.

물 분자들은 서로 끌어당기는 성질이 있기 때문에, 암모니아를 제외하면 물은 모든 액체나 고체 중에서 가장 큰 **열용량(heat capacity**, 비열이 4.186 J g^{-1} deg^{-1} 또는 1 cal g^{-1} deg^{-1})을 갖는다. 이는 물 덩어리의 온도를 눈에 띄게 변화시키려면 비교적 많은 양의 열이 필요하다는 것을 의미한다. 따라서 수체는 인접한 지리적 영역의 온도를 안정화시키는 효과가 있다. 게다가 이러한 성질은 거대한 수체의 온도가 갑자기 크게 변하지 않도록 막아 주기 때문에, 급격한 온도 변화에 따른 충격으로부터 수생 생물을 보호한다. 물의 극히 높은 **증발열(heat of vaporization**, 25°C에서 2,446 J g^{-1}, 100°C에서 2,257 J g^{-1})도 수체와 주변의 지리적 영역의 온도를 안정화시킨다. 그것은 또한 수체와 대기권 간의 열과 수증기의 운반에 영향을 미친다. 얼음 덩어리가 녹을 때 고체에서 분자를 제자리에 고정시키는 수소 결합을 끊으려면 매우 많은 양의 에너지가 얼음 덩어리에 투입되어야 하며, 액체 물이 얼 때 똑같이 많은 양의 열에너지가 방출된다. 따라서 물은 334 J g^{-1}에 해당하는 매우 높은 **잠재 융해열(latent heat of fusion)**을 갖는다.

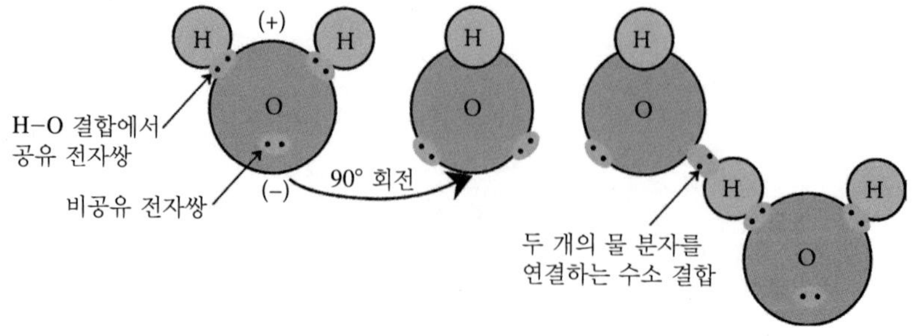

그림 2.6 두 개의 공유 전자쌍과 두 개의 비공유 전자쌍은 물 분자에서 산소 원자 권역 주위에서 서로 간에 가능한 한 멀리 배열되어 있기 때문에, 물 분자는 극성이다. 비공유 전자쌍은 다른 물 분자의 수소 원자들과 수소 결합을 형성할 수 있다. 이 수소 결합과 물 분자의 극성 때문에, 물은 독특한 용매 특성, 열/온도 거동 및 기타 특성들을 나타낸다.

표 2.1 물의 중요한 성질

성질	결과
뛰어난 용매	영양물질과 폐기물을 수송하여 액체 매질에서 생물학적 과정이 일어나도록 함
일반적인 액체 중 가장 큰 유전 상수	이온성 물질의 높은 용해도와 이 물질의 용액에서의 이온화
어떤 다른 액체보다 큰 표면 장력	생리 조절 인자; 물방울과 표면 현상을 결정함
가시광선과 장파장 자외선 빛에 투명	무색이고 광합성에 필요한 빛이 수체에서 상당한 깊이까지 도달할 수 있게 함
4°C에서 액체로 최대 밀도	얼음이 뜨고 성층화된 수체에서 수직적 순환이 제한됨
다른 물질보다 높은 증발열	대기권과 수체 사이에서 열과 물 분자의 운반을 결정함
암모니아를 제외한 어떤 액체보다 높은 잠재 융해열	물의 어는점에서 수체 내의 물의 온도가 안정화됨
암모니아를 제외한 어떤 액체보다 높은 열용량	생물과 지리적 영역의 온도를 안정화함

물이 열을 흡수하고 방출하고 저장하는 능력은 환경에서 물의 역할과 물의 실제적인 사용에서 매우 중요하다. 물의 높은 열용량은 생물과 지리적인 영역의 온도를 안정화한다. 보일러에서 생성된 증기는 절연관을 통해 먼 곳까지 운반되고, 응축되어 열을 방출할 수 있다. 대기의 물이 응결될 때 방출되는 열은 주위의 공기를 데우고 열대성 폭풍의 원동력이 된다. 유럽이 북위도에 위치하고 있음에도 불구하고 상대적으로 날씨가 온화한 것은 멕시코만으로부터 북대서양을 가로질러 오는 물에 의해 운반되는 열 때문이다.

2.4 수생 생물

5장 '수생 미생물 생화학'에서 더 자세하게 다루지만, 물의 환경 화학은 수생 생물, 특히 미생물의 생화학적 활동에 의해 주로 결정된다. 이 미생물들은 수권에서 먹이 사슬의 기초를 형성하는 유기물을 생성 및 분해하며, 물 중 화학종의 산화/환원 반응을 촉진하는 효소로서의 역할을 한다. 게다가, 물에서 화학종과 오염 물질들이 고등생물, 특히 어류에 미치는 영향도 중요하게 고려할 사항이다.

수생태계에 살고 있는 생물(**생물상, biota**)은 독립영양 또는 종속영양으로 분류될 수 있다. **독립영양(autotrophic)** 생물은 태양 또는 화학 에너지를 이용하여 간단한 무생물적 무기 물질을 고정시켜, 살아 있는 생물을 구성하는 복잡한 생명체의 분자들로 고정한다. 조류와 광합성 남세균(cyanobacteria)은 가장 중요한 독립영양 수생 생물인데, 이들은 태양 에너지를 이용하여 CO_2 및 그 밖의 간단한 무기 화학종으로부터 바이오매스를 생산하는 **생산자(producer)**이기 때문이다.

종속영양(heterotrophic) 생물은 자신의 바이오매스를 합성하기 위해 독립영양생물이 생산한 유기 물질을 에너지원과 원료로 이용한다. **분해자(decomposer)**는 주로 세균과 진균으로 구성된 종속영양 생물의 하위 부류이며, 궁극적으로 생물학적 기원의 물질을 독립영양생물에 의해 단순한 화합물로 분해한다.

수체가 생명체를 구성하는 물질을 생산할 수 있는 능력은 **생산성(productivity)**으로 알려져 있다. 생산성은 물리적 인자와 화학적 인자의 조합으로 비롯된다. 높은 생산성은 충분한 탄소(CO_2), 질소(질산염), 인(오쏘인산염) 및 철과 같은 미량 원소의 충분한 공급을 필요로 한다. 생산성이 낮은 물은 일반적으로 상수나 수영에 바람직하다. 물고기가 살 수 있게 하고 수생태계에서 먹이 사슬의 기초 역할을 하기 위해서는 비교적 높은 생산성이 필요하다. 과도한 생산성은 생성된 바이오매스의 부패, 용존 산소의 소비 및 악취 발생을 가져오는데, 이러한 상태를 **부영양화(eutrophication)**라고 한다.

조류와 세균보다 더 상위에 있는 고등생물(예: 물고기)은 대부분의 수계에서 바이오매스의 비교적 적은 부분을 차지한다. 이러한 고등생물이 물 화학에 미치는 영향은 미미하다. 그러나 수생 생물은 살고 있는 수체의 물리적, 화학적 성질에 의해 크게 영향을 받는다. **온도(temperature)**, **투명도(transparency)** 및 **난류(turbulence)**는 수생 생물에 영향을 미치는 세 가지의 주요한 물리적 성질이다. 매우 낮은 온도는 매우 느린 생물학적 활동을 초래하는 반면에, 지나치게 높은 온도는 생물에 치명적이다. 물의 투명도는 조류의 성장을 결정하는 데 특히 중요하다. 난류는 물에서 혼합 과정과, 영양물질 및 노폐물을 수송하는 데 중요한 요소이다. 어떤 작은 생물[**플랑크톤(plankton)**]은 물의 흐름에 의해 자신의 이동이 결정된다.

용존 산소(dissolved oxygen, DO)는 빈번하게 수체에서 생물의 양과 종류를 결정하는 데 핵심이 되는 물질이다. 산소 결핍은 어류와 같은 많은 수생 동물에게 치명적이다. 반대로, 산소의 존재는 많은 종류의 혐기성 세균에게 치명적일 수 있다. **생화학적 산소 요구량(biochemical oxygen demand, BOD)**은 6장에서 물 오염 물질로 논의할 것인데, 일정 부피의 물에 함유된 유기물이 생물학적으로 분해될 때 이용되는 산소의 양을 말한다.

이산화 탄소는 물과 퇴적물에서 호흡 과정에 의해 생성되며, 대기권으로부터 물속으로 들어갈 수도 있다. 이산화 탄소는 조류에 의한 광합성을 통해 바이오매스를 생산하는 데 필요하며, 어떤 경우에는 제한 요인이다. 물에서 유기물 분해에 의해 생성된 이산화 탄소의 농도가 높아지면, 과도한 바이오매스의 생산과 부영양화를 일으킬 수 있다.

물의 염도(salinity) 또한 존재하는 생물 형태의 종류를 결정한다. 관개용수는 유해한 수준의 염(salt)을 흡수할 수 있다. 해양 생물은 분명히 염수를 필요로 하거나 견디는 반면에, 대부분의 담수 생물은 염수를 견디지 못한다.

2.5 물의 화학

물 오염을 이해하기 위해서는, 먼저 물에서 일어나는 화학 현상을 이해하는 것이 필요하다. 이 장의 나머지 절에서는 산-염기 현상과 착물화 현상을 다룬다. 산화-환원 반응과 평형은 3장에서, 용해도 계산 및 액체 상태의 물과 다른 상들 간의 상호 작용에 대한 상세한 내용은 4장에서 다룬다. 물에서 일어나는 화학 현상의 주요 범주를 그림 2.7에 나타냈다.

물에서 일어나는 환경 화학 현상에는 화학자에게 익숙한 과정들인 산-염기, 용해, 산화-환원 및 착물화 반응이 포함된다. 여기에서는 대부분의 물 화학 현상을 열역학적인(평형) 관점에서 다루지만, 반응 속도(동역학)도 물 화학에서 매우 중요하다는 것을 명심해야 한다. 생물학적 과정들은 물 화학에서 중요한 역할을 한다. 예를 들어, 광합성을 하는 조류는 물에서 CO_2를 제거하여 HCO_3^-를 CO_3^{2-}로 전환함으로써 물의 pH를 높일 수 있다. CO_3^{2-}는 다시 물에 있는 Ca^{2+}와 반응하여 $CaCO_3$를 침전시킨다.

세밀하게 통제되는 실험실의 조건들에 비해, 자연의 수계에서 일어나는 화학 현상을 기술하는 것은 훨씬 더 어렵다. 그러한 시스템은 매우 복잡하며, 거기에서 일어나는 화학을 기술하는 데에는 많은 인자들을 고려해야 한다. 이러한 시스템은 물 이외에도 광물상, 가스상 및 생물들을 포함하고 있다. 열린 동적 시스템으로서, 이 시스템에서 에너지와 질량의 입력과 출력은 다양하다. 따라서 특이한 상황을 제외하고는 정상 상태(steady sate)에 가까운 수계가 빈번히 존재하기는 하지만, 진정한 평형 상태는 존재하지 않는다. 자연수에서 발견되는 대부분의 금속들은 물에서 간단한 수화(hydrated) 양이온으로 존재하지 않으며, 산소산 음이온(oxyanion)은 간단한 단량체(monomer)가 아닌 다핵종(polynuclear species)으로 발견된다. 세균이나 조류를 함유하는 물에 있는 화학종의 성질은 이러한 생물들의 활동에 크게 영향을 받는다. 그러므로 자연 수계에서 일어나는 화학을 산-염기, 용해도, 착물

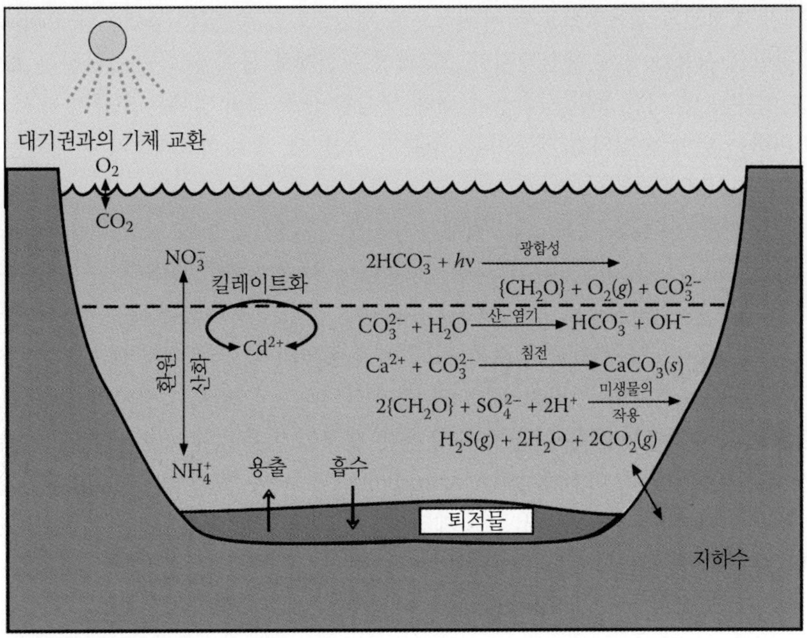

그림 2.7 물에서 일어나는 주요한 화학 과정.

화 평형 상수, 산화–환원 전위, pH 및 기타 화학 매개 변수들에 기초하여 정확히 기술한다는 것은 불가능하다. 따라서 종종 화학 평형 개념에 기초하여, 단순화된 **모형(model)**에 의해 시스템을 기술해야 한다. 비록 정확하거나 완전히 실제적이지는 않지만, 그러한 모형들은 물 화학 과정의 성질에 관한 유용한 일반화 및 통찰력을 제공할 수 있으며, 자연 수계를 기술하고 측정하는 데 필요한 지침을 제공한다. 그러한 모형은 매우 단순화된 것이라도, 자연수와 폐수에서 화학종과 그들의 화학 반응을 결정하는 조건들을 시각화하는 데 매우 유용하다.

2.6 물속의 기체들

용존 기체들(어류의 경우 O_2, 광합성 조류의 경우 CO_2)은 수생 생물들의 복지에 매우 중요하다. 물에 있는 어떤 기체들은 문제를 일으킬 수 있다. 예를 들어, 어류의 혈액 속에 형성된 질소 기포로 어류가 죽는 것은 N_2로 과포화된 물에 노출되어 생기는 것이다. 아프리카 카메룬 Nyos 호수의 과포화된 용존 이산화 탄소에서 발생한 화산성 이산화 탄소는 1986년에 1,700명을 질식시켰다. 세계에서 유일하게 알려진 위험한 '폭발 호수'는 카메룬에 있는 Monoun 호수와 콩고민주공화국과 르완다 사이에 위치한 Kivu 호수이다. Nyos 호수의 표면에서 바닥 근처까지 삽입된 수직 파이프는 호수의 이산화 탄소로 포화된 깊은 물이 표면으로 올라와 이산화 탄소 기체가 천천히 소멸되도록 한다.

물에서 기체의 용해도는 **Henry 법칙(Henry's law)**으로 계산하는데, 이 법칙은 **액체 중 어떤 기체의 용해도는 그 액체와 접촉하는 기체의 부분 압력(분압)에 비례한다고 말한다.** 이에 대한 계산은 4장에서 상세하게 다룰 것이다.

2.6.1 용존 산소

상당한 수준의 용존 산소가 없다면, 많은 종류의 수생 생물들은 물에 존재할 수 없다. 용존 산소는 물속의 유기물 분해에 의해 소비된다. 많은 어류의 사망은 오염 물질의 직접적인 독성 때문이 아니라, 오염 물질의 생분해 과정에서 산소가 소비되어 물에서 산소가 부족하기 때문이다.

대부분의 원소 산소는 건조 공기의 부피비로 20.95%의 산소를 포함하고 있는 대기로부터 나온다.

그러므로 수체가 대기권과 접촉함으로써 자체적으로 재산소화할 수 있는 능력은 중요한 특성이다. 산소는 조류의 광합성 작용에 의해 생산되지만, 그 과정은 실제로 물에 산소를 공급하는 효율적인 수단은 아니다. 그 이유는 낮 시간 동안 광합성에 의해 생성된 산소 중의 일부는 조류가 대사 과정의 일부로 산소를 소비하는 밤에 손실되기 때문이다. 조류가 죽을 때 그 바이오매스가 분해되는 과정에서도 산소가 소비된다.

물에서 산소의 용해도는 물의 온도, 대기권에서의 산소의 분압 및 물의 염 함유량에 따라 달라진다. 산소의 **용해도**(solubility), 평형에서 최대 용존 산소 농도 및 용존 산소 농도를 구분하는 것은 중요하다. 용존 산소의 **농도**는 일반적으로 평형 농도가 아니며, 산소가 용해되는 속도에 의해 제한된다. 분압의 함수로 산소의 용해도를 계산하는 것은 4.3절에서 논의되며, 25°C에서 대기압의 공기와 평형을 이루고 있는 물에서 산소의 농도는 단지 8.32 mg/L에 불과하다. 그러므로 공기와 평형을 이루고 있는 물은 많은 다른 용질 화학종에 비해 높은 수준의 용존 산소를 함유할 수 없다. 만일 물에서 산소를 소비하는 과정이 일어나면, 얕은 하천에서의 난류(turbulent flow)나 활성 슬러지 2차 폐수 처리의 폭기조 안에 공기를 불어넣는 것과 같은 효율적인 메커니즘이 작동하지 않는 한, 용존 산소의 농도는 빠르게 0에 도달할 수 있다(7장 참조). 그러한 문제는 산소가 공기–물 경계면을 가로질러 이동되는 속도에는 한계가 있는, 크게 일종의 속도론(kinetics)이 된다. 이 속도는 난류, 기포 크기, 온도 및 기타 요인들에 따라 달라진다.

만약 생물학적 기원의 유기물을 화학식 $\{CH_2O\}$로 나타내면, 물에서 유기물의 분해에 의한 산소의 소비는 다음의 생화학 반응으로 나타낼 수 있다.

$$\{CH_2O\} + O_2 \rightarrow CO_2 + H_2O \tag{2.1}$$

25°C에서 대기와 평형을 이루고 있는 1 L의 물에서 8.3 mg의 O_2를 소비하는 데 필요한 유기물의 질량은 반응식 2.1에 기초하여 간단한 화학량론적인 계산할 수 있으며, 그 값은 7.8 mg의 $\{CH_2O\}$이다. 그러므로 미생물을 매개한 단지 7~8 mg의 유기물 분해는 25°C에서 처음에 공기로 포화되어 있는 1 L의 물에서 O_2를 완전히 소비할 수 있다. 호기성 생물이 살 수 있는 수준 아래로 산소가 고갈되면, 더 높은 온도에서나(산소의 용해도는 더 낮아짐) 초기에 대기 중의 산소로 포화되지 않은 물에서는 더 적은 양의 유기물이 분해된다. 게다가 용존 산소를 보충하는 일반적인 물 중 화학 반응은 없다. 광합성에 의해 제공되는 산소를 제외하면, 물은 대기권으로부터 공급되어야 한다.

물에서 기체의 용해도에 미치는 온도의 영향은 산소의 경우에 특히 중요하다. 대기의 공기와 평형을 이루고 있는 물에서 산소의 용해도는 0°C에서 14.74 mg/L로부터 35°C에서 7.03 mg/L로 감소한다. 더 높은 온도에서 산소의 용해도는 감소하고, 이는 수생 생물의 호흡 속도와 합하여, 물에서 기체의 용해도 감소가 동반되는 산소 요구량 증가는 심각한 산소 고갈을 가져오는 조건을 유발한다.

2.7 물의 산도와 이산화 탄소

물에서 **산–염기**(**acid–base**) 현상은 H^+를 잃고 받아들이는 것이다. 많은 화학종들이 H^+를 내놓아 물에서 **산**(**acid**)으로 작용하고, 다른 화학종들은 H^+를 받아들여 **염기**(**base**)로 작용하며, 물 분자 자체는 산과 염기로 모두 작용한다. 물의 산–염기 화학에서 중요한 화학종은 탄산수소 이온(HCO_3^-)으로, 이는 산이나 염기로 작용할 수 있다.

$$HCO_3^- \rightleftharpoons CO_3^{2-} + H^+ \tag{2.2}$$

$$HCO_3^- + H^+ \rightleftharpoons CO_2(aq) + H_2O \tag{2.3}$$

자연수와 폐수에 적용되는 **산도**(**acidity**)는 물이 OH^-를 중화할 수 있는 능력(capacity)이다. 이는

2.8절에서 논의되는 H^+를 중화하는 능력인 알칼리도(alkalinity)와 유사한 개념이다. 실제로 모든 물은 약간의 알칼리도를 갖는 반면에, 산성을 나타내는 물은 산성 광산수(acid mine water)와 같은 극심한 오염의 사례를 제외하고는 흔하지 않다. 산도는 일반적으로 약산, 특히 CO_2의 존재로 인해 발생하지만, 때로는 $H_2PO_4^-$, H_2S, 단백질 및 지방산에 의해서도 기인한다. 산성 금속 이온들, 특히 Fe^{3+}도 산도에 기여할 수 있다.

강산은 물 오염 물질 산도에 가장 중요하게 기여한다. **유리 무기산(free mineral acid)**은 H_2SO_4나 HCl과 같은 강산에 적용된다. 산성 광산수는 상당한 농도의 유리 무기산을 함유하고 있는 일반적인 물 오염 물질이다. 총 산도는 페놀프탈레인 종말점(pH 8.2)까지 염기로 적정하여 구하는 반면에, 유리 무기산은 메틸 오렌지 종말점(pH 4.3)까지 염기로 적정하여 구한다.

아래의 수화된 Al^{3+}의 가수 분해 반응에 의해 볼 수 있듯이, 일부 수화된 금속 이온의 산성 특성이 산도에 기여할 수 있다. 사용된 강철 산 세척액과 같은 일부 산업 폐기물에는 산성 금속 이온과 과량의 강산이 포함되어 있다.

$$Al(H_2O)_6^{3+} \rightleftharpoons Al(H_2O)_5OH^{2+} + H^+ \tag{2.4}$$

2.7.1 물 중의 이산화 탄소

물에 존재하는 가장 중요한 약산은 이산화 탄소(CO_2)이다. 공기 중에 이산화 탄소가 존재하고 미생물에 의한 유기물 분해에서 이산화 탄소가 생성되기 때문에, 용존 CO_2는 실제로 모든 자연수와 폐수에 존재한다. 심지어 전혀 오염되지 않은 대기권에서부터 내리는 빗물조차도 약한 산성을 띠는데, 이는 빗물 중에 용존 CO_2가 존재하기 때문이다. 바닷물에 용해되는 것은 지구 온난화에 가장 크게 기여하는 '온실 가스'인 대기권 중의 이산화 탄소를 감소시키는 중요한 메커니즘이다. 연소 과정에서 발생하는 CO_2를 바다의 장소로 주입하자는 제안이 있었는데, 바닷물이 산성화되는 것이 염려되기는 하지만, 이는 바닷물이 가라앉으면서 대기권으로부터 이산화 탄소를 수천 년 동안 격리하자는 것이다.[2]

이산화 탄소와 그 이온화 생성물인 탄산수소(중탄산) 이온(HCO_3^-)과 탄산 이온(CO_3^{2-})은 물 화학에 매우 중요한 영향을 끼친다. 많은 광물들이 탄산 이온의 염으로 침전된다. 물 중의 조류는 바이오매스를 합성할 때 용존 CO_2를 이용한다. 용존 CO_2가 대기권 중 기체 이산화 탄소와 평형을 이루는 반응은 2.5와 같고,

$$CO_2(\text{물}) \rightleftharpoons CO_2(\text{대기}) \tag{2.5}$$

수용액과 고체 탄산염 광물 간에 CO_3^{2-}가 평형을 이루는 반응은 2.6과 같은데,

$$MCO_3(\text{약간 용해성인 탄산염}) \rightleftharpoons M^{2+} + CO_3^{2-} \tag{2.6}$$

이러한 반응들은 물의 pH에 대한 강한 완충 효과를 갖고 있다.

이산화 탄소는 정상적인 건조 공기 부피의 0.040%를 약간 넘는다. 대기 중 CO_2의 농도가 낮은 결과로, 대기와 평형을 이루는 알칼리도(H^+를 중화시키는 능력, 2.8절 참조)가 전혀 없는 물은 매우 낮은 농도의 이산화 탄소를 함유한다. 그러나 HCO_3^-와 CO_3^{2-}의 생성은 이산화 탄소의 용해도를 크게 증가시킨다. 물에서 고농도의 유리 이산화 탄소는 수생 동물의 호흡과 기체 교환에 악영향을 미칠 수 있다. 이는 심지어 죽음을 초래하기도 하므로 물에서 이산화 탄소의 농도는 25 mg/L를 초과해서는 안 된다.

물에서 발견되는 이산화 탄소의 많은 부분은 세균에 의한 유기물 분해의 생성물이다. 광합성에 CO_2를 이용하는 조류조차도 빛이 없으면 대사 과정을 통해 이산화 탄소를 생성한다. 물이 땅을 침투하면서 썩어가는 유기물 층을 통해 스며들 때, 토양에 서식하는 생물들의 호흡 과정에 의해 생성되는 많은

양의 CO_2를 용해할 수 있다. 나중에, 물이 석회암층을 통과하면서 용해된 CO_2가 존재하므로 탄산 칼슘을 용해한다.

$$CaCO_3(s) + CO_2(aq) + H_2O \rightleftharpoons Ca^{2+} + 2HCO_3^- \tag{2.7}$$

이 과정은 석회 동굴이 생성되는 과정 중 하나이다. 이 반응의 물 화학에 대한 관련성은 2.9절에서 더 상세히 다룰 것이다.

대기 중 기체상의 CO_2 농도는 위치와 계절에 따라 변하며, 오늘날 1년에 부피로 약 2 ppm씩 증가하고 있다. 여기에서는 계산 목적상, 대기 중 CO_2의 농도를 건조 공기 중 415 ppm(2014년 1월 1일 기준 0.04%이고, 매년 0.0002%, 즉 2 ppm씩 증가하고 있다)이라고 가정한다. 25°C에서, 415 ppm의 이산화 탄소를 함유하고 있는 오염되지 않은 공기와 평형을 이루는 물에서, $CO_2(aq)$의 농도는 1.358×10^{-5} M이고(4.3절에서 기체 용해도 계산에 대한 Henry 법칙 참조), 이 값은 이후의 계산에도 사용될 것이다.

물에 함유된 CO_2는 종종 H_2CO_3로 나타내지만, 이 반응에 대한 평형 상수는 25°C에서 단지 약 2×10^{-3}으로 매우 작으므로, 용존 이산화 탄소 중에서 매우 적은 부분만이 실제로 H_2CO_3로 존재한다.

$$CO_2(aq) + H_2O \rightleftharpoons H_2CO_3 \tag{2.8}$$

이 책에서, 이온화되지 않은 이산화 탄소는 단순히 CO_2로 나타낼 것이고, 차후의 논의에서 CO_2는 용존 분자 CO_2와 이온화되지 않은 H_2CO_3의 합을 나타낼 것이다.

물에서 $CO_2-HCO_3^--CO_3^{2-}$ 시스템은 아래의 식으로 기술할 수 있으며, 여기에서 $pK_a = -\log K_a$이다.

$$CO_2(aq) + H_2O \rightleftharpoons H^+ + HCO_3^- \tag{2.9}$$

$$K'_{a1} = \frac{[H^+][HCO_3^-]}{[CO_2]} = 4.45 \times 10^{-7} \quad pK_{a1} = 6.35 \tag{2.10}$$

$$HCO_3^- \rightleftharpoons H^+ + CO_3^{2-} \tag{2.11}$$

$$K'_{a2} = \frac{[H^+][CO_3^{2-}]}{[HCO_3^-]} = 4.69 \times 10^{-11} \quad pK_{a2} = 10.33 \tag{2.12}$$

물에 용해된 CO_2에 의해 생성되는 우세한 화학종은 pH에 따라 다르다. 이는 그림 2.8에 나타낸 것과 같이 pH를 주 변수로 하는 화학종 분포도에서 잘 알 수 있다. 그러한 그림은 용액에 존재하는 주요 화학종을 pH의 함수로 보여 준다. 이 그림은 수용액의 CO_2에 대해 CO_2, HCO_3^- 및 CO_3^{2-}로 존재하는 분율을 pH의 함수로 나타낸 것이다. 이러한 분율은 α_a로 나타내며, 다음과 같이 표현된다.

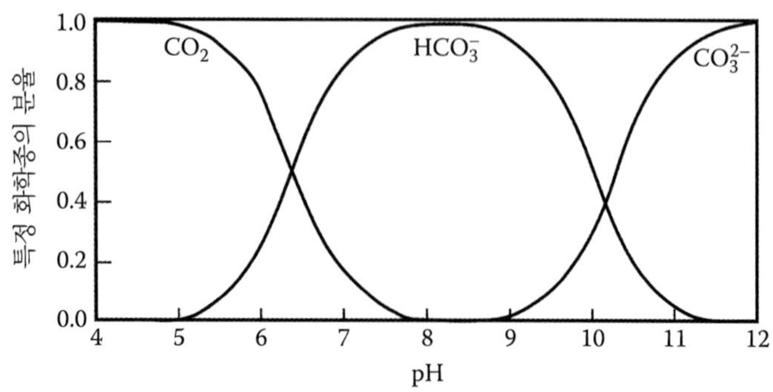

그림 2.8 물에서 $CO_2-HCO_3^--CO_3^{2-}$ 시스템에 대한 화학종의 분포도.

$$^{\alpha}CO_2 = \frac{[CO_2]}{[CO_2]+[HCO_3^-]+[CO_3^{2-}]} \tag{2.13}$$

$$^{\alpha}HCO_3^- = \frac{[HCO_3^-]}{[CO_2]+[HCO_3^-]+[CO_3^{2-}]} \tag{2.14}$$

$$^{\alpha}CO_3^{2-} = \frac{[CO_3^{2-}]}{[CO_2]+[HCO_3^-]+[CO_3^{2-}]} \tag{2.15}$$

K_{a1}과 K_{a2}에 대한 식을 α 표현식에 대입하면, 산 해리 상수와 수소 이온 농도의 함수로 화학종의 분율을 나타낼 수 있다.

$$^{\alpha}CO_2 = \frac{[H^+]^2}{[H^+]^2 + K_{a1}[H^+] + K_{a1}K_{a2}} \tag{2.16}$$

$$^{\alpha}HCO_3^- = \frac{K_{a1}[H^+]}{[H^+]^2 + K_{a1}[H^+] + K_{a1}K_{a2}} \tag{2.17}$$

$$^{\alpha}CO_3^{2-} = \frac{K_{a1}K_{a2}}{[H^+]^2 + K_{a1}[H^+] + K_{a1}K_{a2}} \tag{2.18}$$

이러한 식을 이용하여 계산하면 다음의 결과를 얻는다.

- pH가 pK_{a1}보다 상당히 낮은 경우, $^{\alpha}CO_2$는 실질적으로 1이다.
- pH=pK_{a1}일 때, $^{\alpha}CO_2 = {}^{\alpha}HCO_3^-$
- pH=1/2(pK_{a1}+pK_{a2})인 경우, $^{\alpha}HCO_3^-$는 최대 0.98이다.
- pH=pK_{a2}일 때, $^{\alpha}HCO_3^- = {}^{\alpha}CO_3^{2-}$
- pH가 pK_{a2}보다 상당히 큰 경우, $^{\alpha}CO_3^{2-}$는 실질적으로 1이다.

그림 2.8의 화학종의 분포도는 탄산수소 이온(HCO_3^-)이 대부분의 물에서 나타내는 pH 범위에서 우세한 화학종이고, CO_2는 보다 산성인 물에서 우세한 것을 보여 준다.

위에서 언급한 것처럼, 25°C에서 415 ppm의 CO_2 농도를 갖는 공기와 평형을 이루고 있는 물에서 $[CO_2(aq)]$의 값은 1.358×10^{-5} M이다. 이산화 탄소는 물에서 부분적으로 해리되어 같은 농도의 H^+와 HCO_3^-를 생성한다.

$$CO_2 + H_2O \rightleftharpoons HCO_3^- + H^+ \tag{2.19}$$

H^+와 HCO_3^-는 K_{a1}으로부터 계산된다.

$$K_{a1} = \frac{[H^+][HCO_3^-]}{[CO_2]} = \frac{[H^+]^2}{1.358 \times 10^{-5}} = 4.45 \times 10^{-7} \tag{2.20}$$

$$[H^+] = [HCO_3^-] = (1.358 \times 10^{-5} \times 4.45 \times 10^{-7})^{1/2} = 2.46 \times 10^{-6}$$

$$pH = 5.61$$

이 계산은 오염되지 않은 대기와 평형을 이루는 순수한 물이 왜 7보다 약간 낮은 pH를 갖는 약산성인지를 설명한다.

2.8 알칼리도

물이 H^+(양성자)를 받아들일 수 있는 능력을 **알칼리도(alkalinity)**라고 한다. 알칼리도는 수처리와 자연수의 화학 및 생물학에서 중요하다. 빈번하게, 물을 처리하는 데 첨가해야 하는 화학 물질의 양을 계산하기 위해 물의 알칼리도를 알아야 한다. 알칼리도가 높은 물은 종종 pH가 높고, 일반적으로 높은 수준의 용존 고체를 함유한다. 이러한 특성은 보일러, 식품 가공 및 도시 용수에 사용되는 물에 해로울 수 있다. 알칼리도는 pH 완충제와 무기 탄소의 저장소 역할을 하므로, 조류 성장과 그 밖의 수생 생물을 부양하는 물의 능력을 결정하는 데 도움이 되므로, 알칼리도는 물 비옥도(fertility)의 척도로 사용될 수 있다. 일반적으로, 물의 알칼리도를 결정하는 기본이 되는 화학종은 탄산수소 이온, 탄산 이온 및 수산화 이온이다.

$$HCO_3^- + H^+ \rightleftharpoons CO_2 + H_2O \tag{2.21}$$

$$CO_3^{2-} + H^+ \rightleftharpoons HCO_3^- \tag{2.22}$$

$$OH^- + H^+ \rightleftharpoons H_2O \tag{2.23}$$

그 밖에, 일반적으로 미미하지만 알칼리도에 기여하는 화학종은 암모니아와 인산, 규산, 붕산 및 유기산의 짝염기들이다.

7 미만의 pH 값에서 물 중의 $[H^+]$는 알칼리도를 크게 떨어뜨리므로, 총 알칼리도를 계산할 때 수소 이온의 농도를 빼주어야 한다. 따라서 다음의 식은 알칼리도에 기여하는 화학종들이 HCO_3^-, CO_3^{2-} 및 OH^-만인 매질에서 알칼리도를 구하는 완전한 식이다.

$$[alk] = [HCO_3^-] + 2[CO_3^{2-}] + [OH^-] - [H^+] \tag{2.24}$$

일반적으로 알칼리도는 HCO_3^-가 우세한 화학종인 pH(8.3)까지 산으로 적정하는 것에 해당하는 **페놀프탈레인 알칼리도**(phenolphthalein alkalinity)나, 탄산수소 이온과 탄산 이온 화학종이 모두 CO_2로 전환되는 pH(4.3)까지 산으로 메틸 오렌지 종말점까지 적정하는 것에 해당하는 **총 알칼리도**(total alkalinity)로 나타낸다.

높은 pH로 나타나는 높은 **염기도**와, H^+를 받아들일 수 있는 능력인 **알칼리도**가 높다는 것을 구별하는 것은 중요하다. pH가 **세기**(intensity) 인자인 반면에, 알칼리도는 **용량**(capacity) 인자이다. 이 개념은 1.00×10^{-3} M NaOH 용액과 0.100 M $NaHCO_3$ 용액을 비교하여 설명할 수 있다. NaOH 용액은 염기성이 강한 pH 11이지만, 1 L의 이 용액은 단지 1.00×10^{-3} mol의 산을 중화한다. $NaHCO_3$ 용액의 pH는 8.34로, NaOH 용액의 pH보다 훨씬 낮다. 그러나 1 L의 $NaHCO_3$ 용액은 0.100 mol의 산을 중화한다. 그러므로 이 용액의 알칼리도는 보다 염기성이 큰 NaOH 용액의 알칼리도의 100배이다.

공학 용어로, 알칼리도는 종종 다음의 산 중화 반응에 기초하여 mg/L $CaCO_3$의 단위로 표현한다.

$$CaCO_3 + 2H^+ \rightleftharpoons Ca^{2+} + CO_2 + H_2O \tag{2.25}$$

탄산 칼슘의 당량은 화학식량의 1/2이다. 그러나 mg/L $CaCO_3$로 알칼리도를 표현하는 것은 혼란을 가져올 수 있으므로, 화학자들이 선호하는 표기법은 eq/L이고, 이는 1 L의 용액에서 알칼리도에 의해 중화되는 H^+의 몰수이다.

2.8.1 다양한 pH 값에서 알칼리도에 기여하는 요인

일반적으로 자연수는 1.00×10^{-3} eq/L의 알칼리도('[alk]')를 갖는데, 이는 물 1 L에 들어 있는 알칼리성 용질이 1.00×10^{-3} mol의 산(더 구체적으로는 H^+)을 중화한다는 것을 의미한다. 다른 화학종들의 알칼리도에 대한 상대적인 기여도는 pH에 따라 다르다. 이는 pH 7과 pH 10에서 HCO_3^-, CO_3^{2-}및

OH^-의 알칼리도에 대한 상대적인 기여도를 계산하여 보여 준다. 첫째, pH 7인 물에서 $[OH^-]$는 너무 낮아서 알칼리도에는 중요하게 기여할 수 없다. 또한 그림 2.8에서 보는 것처럼, pH 7에서 $[HCO_3^-] \gg [CO_3^{2-}]$이다. 그러므로 이 물의 알칼리도는 HCO_3^-에 기인하고, $[HCO_3^-] = 1.00 \times 10^{-3}$ M이다. K_{a1}에 대한 식에 대입하면, pH 7과 $[HCO_3^-] = 1.00 \times 10^{-3}$ M에서 $[CO_2(aq)]$의 값은 2.25×10^{-4} M이다. 이 값은 대기 중의 공기와 평형을 이루고 있는 물에서 비롯되는 값보다 더 높지만, 물과 퇴적물에서는 세균의 분해 작용으로 생성되는 이산화 탄소가 존재하기 때문에 쉽게 도달한다.

다음으로 pH 10에서 1.00×10^{-3} eq/L의 똑같은 알칼리도를 갖는 물의 경우를 생각해 보자. 이 더 높은 pH에서 OH^-와 CO_3^{2-}는 모두 HCO_3^-와 비교할 때 상당한 농도로 존재하며, 알칼리도는 다음의 식으로 계산할 수 있다.

$$[\text{alk}] = HCO_3^- + 2CO_3^{2-} + [OH^-] = 1.00 \times 10^{-3} \tag{2.26}$$

각 CO_3^{2-}는 2개의 H^+를 중화할 수 있기 때문에, CO_3^{2-}의 농도에 2를 곱한다. HCO_3^-, CO_3^{2-} 및 OH^-의 농도를 구하기 위해서는 다른 두 개의 식을 풀어야 하며, 다음 계산을 통해 $[OH^-]$와 $[CO_3^{2-}]$를 구할 수 있다.

$$[OH^-] = \frac{K_w}{[H^+]} = \frac{1.00 \times 10^{-14}}{1.00 \times 10^{-10}} = 1.00 \times 10^{-4} \tag{2.27}$$

$$[CO_3^{2-}] = \frac{K_{a2}[HCO_3^-]}{[H^+]} \tag{2.28}$$

위의 세 식을 풀면 $[HCO_3^-] = 4.64 \times 10^{-4}$ M이고, $[CO_3^{2-}] = 2.18 \times 10^{-4}$ M이다. 따라서 이 용액의 알칼리도에 대한 기여도는 다음과 같다.

$$\begin{aligned} &HCO_3^- \text{에서}\ \ 4.64 \times 10^{-4}\ \text{eq/L} \\ 2 \times 2.18 \times 10^{-4} = \ &CO_3^{2-} \text{에서}\ \ 4.36 \times 10^{-4}\ \text{eq/L} \\ &OH^- \text{에서}\ \ 1.00 \times 10^{-4}\ \text{eq/L} \\ \hline &\text{alk} = 1.00 \times 10^{-3}\ \text{eq/L} \end{aligned}$$

2.8.2 용존 무기 탄소와 알칼리도

위에서 계산된 값들은 같은 알칼리도에서 총 용존 무기 탄소의 농도 [C]는 pH에 따라 다르나는 것을 보여 준다.

$$[C] = [CO_2] + [HCO_3^-] + [CO_3^{2-}] \tag{2.29}$$

pH 7에서,

$$[C]\text{pH } 7 = 2.25 \times 10^{-4} + 1.00 \times 10^{-3} + 0 = 1.22 \times 10^{-3}\ \text{mol/L} \tag{2.30}$$

반면에 pH 10에서,

$$[C]\text{pH } 10 = 0 + 4.64 \times 10^{-4} + 2.18 \times 10^{-4} = 6.82 \times 10^{-4}\ \text{mol/L} \tag{2.31}$$

위의 계산은 pH 10에서 용존 무기 탄소의 농도는 pH 7에서의 농도의 약 절반에 불과하다는 것을 보여 준다. 이것은 pH 10에서 알칼리도에 대한 기여가 CO_3^{2-}와 OH^-에 의해 이루어지기 때문인데, 각 CO_3^{2-} 화학종은 HCO_3^-의 2배의 알칼리도를 갖고, OH^-는 탄소를 포함하고 있지 않기 때문이다. pH 10에서 낮은 무기 탄소의 농도는 처음에는 비교적 낮은 pH의 수계(pH 7)는 pH가 변하면서 광합성에 사용되는 용존 무기 탄소를 제공할 수 있지만, 알칼리도에는 아무런 기여도 하지 않는다는 것을 보여준다. 이와 같은 용존 무기 탄소 농도가 pH에 따라 달라진다는 것은 전체 반응에 의해 탄소를 고정하는 물에서 성장하는 조류에 대한 탄소의 상당한 잠재적 공급원이라는 것을 나타낸다.

$$CO_2 + H_2O + h\nu \rightarrow \{CH_2O\} + O_2 \tag{2.32}$$

$$HCO_3^- + H_2O + h\nu \rightarrow \{CH_2O\} + OH^- + O_2 \tag{2.33}$$

용존 무기 탄소가 바이오매스 $\{CH_2O\}$를 합성하는 데 모두 사용됨에 따라, 물은 더 염기성이 된다. 조류가 번식할 수 없을 정도로 물이 너무 염기성이 되기 전에 소비될 수 있는 무기 탄소의 양은 알칼리도에 비례한다. pH 7에서 pH 10으로 증가할 때, 알칼리도가 1.00×10^{-3} eq/L인 1 L의 물에서 소비되는 무기 탄소의 양은 다음과 같다.

$$[C]pH\ 7 \times 1\ L - [C]pH\ 10 \times 1\ L = 1.22 \times 10^{-3}\ mol - 6.82 \times 10^{-4}\ mol = 5.4 \times 10^{-4}\ mol \tag{2.34}$$

이는 5.4×10^{-4} mol/L만큼 바이오매스가 증가한다는 것으로 해석된다. $\{CH_2O\}$의 화학식량은 30이므로, 생성된 바이오매스는 16 mg/L이다. 추가적인 CO_2가 없다고 가정하면, 같은 pH 변화에 대해 더 높은 알칼리도에서 더 많은 바이오매스가 생성되는 반면에, 낮은 알칼리도에서는 바이오매스가 더 적게 생성된다. 이러한 효과 때문에, 생물학자들은 알칼리도를 물 비옥도의 척도로 사용한다.

2.8.3 알칼리도가 CO_2의 용해도에 미치는 영향

알칼리도가 증가할수록 물에서 이산화 탄소의 용해도가 증가한다는 것은 순수한 물(알칼리도가 0)에서의 용해도와 초기에 1.00×10^{-3} M NaOH를 함유하는 물(1.00×10^{-3} eq/L 알칼리도)에서의 용해도를 비교하여 설명할 수 있다. 415 ppm의 이산화 탄소를 함유하는 대기에서 순수한 물 1 L에 용해되는 CO_2의 몰수는 다음과 같이 표현된다.

$$용해도 = [CO_2(aq)] + [HCO_3^-] \tag{2.35}$$

2.7절에서 계산한 값들을 대입하면 용해도는 다음과 같다.

용해도 $= 1.358 \times 10^{-5} + 2.46 \times 10^{-6} = 1.604 \times 10^{-5}$ M

초기에 1.00×10^{-3} M의 NaOH를 함유하는 물에서 CO_2의 용해도는 다음 반응에 의해 CO_2가 흡수되기 때문에 약 100배 더 높다.

$$CO_2(aq) + OH^- \rightarrow HCO_3^- \tag{2.36}$$

따라서

$$용해도 = [CO_2(aq)] + [HCO_3^-] = 1.358 \times 10^{-5} + 1.00 \times 10^{-3} = 1.01 \times 10^{-3}\ M \tag{2.37}$$

2.9 물 중 칼슘과 기타 금속들

물 중 금속 이온의 종류와 농도는 물이 접촉하는 암석에 의해 크게 결정된다. 일반적으로 M^{n+}로 표시하는 금속 이온들은 여러 가지 형태로 존재한다. 예를 들어, 금속 이온 Ca^{2+}는 물에서 독립적으로 존재할 수 없다. 금속 이온들은 외각 전자 껍질이 가장 안정하게 되도록 다른 화학종과 결합, 즉 **배위 결합**(coordinated)한다. 다른 화학종은 물 분자이거나, 물에 존재할 수 있는 강한 염기(전자 주개)일 수 있다. 그러므로 수용액에서 금속 이온은 **수화된 금속 양이온[hydrated metal cation**, $M(H_2O)_x^{n+}$]과 같은 형태로 존재한다. 수용액에서 금속 이온은 산-염기 반응을 포함한 화학 반응을 통해 최대한 안정한 상태에 도달하려고 한다.

$$Fe(H_2O)_6^{3+} \rightleftharpoons FeOH(H_2O)_5^{2+} + H^+ \qquad (2.38)$$

침전 반응:

$$Fe(H_2O)_6^{3+} \rightleftharpoons Fe(OH)_3(s) + 3H_2O + 3H^+ \qquad (2.39)$$

산화–환원 반응:

$$Fe(H_2O)_6^{2+} \rightleftharpoons Fe(OH)_3(s) + 3H_2O + e^- + 3H^+ \qquad (2.40)$$

이러한 모든 반응들은 물 중의 금속 이온이 더 안정한 형태로 변환되는 수단을 제공한다. 이러한 반응들과 $Fe_2(OH)_2^{4+}$와 같은 이합체 화학종의 생성 반응 때문에, 간단한 수화된 $Fe(H_2O)_6^{3+}$ 이온의 농도는 무시할 정도로 낮다. 동일한 내용이 물에 용해된 많은 다른 수화 금속에도 적용된다.

2.9.1 산으로서 수화된 금속 이온

수화된 금속 이온, 특히 +3 이상의 전하를 갖는 이온은 수용액에서 금속에 결합된 물 분자로부터 H^+를 잃는 경향이 있어 Brönsted 산의 정의에 맞다. 이 정의에 따르면, 산은 H^+ 주개이고, 염기는 H^+ 받개이다. 금속 이온의 산도는 전하가 클수록 증가하고, 반지름이 증가할수록 감소한다. 다음 반응에서 알 수 있듯이, 수화 철(III) 이온은 K_{a1}이 8.9×10^{-4}인 비교적 강한 산이므로, 철(III)의 용액은 낮은 pH를 나타내는 경향이 있다. Fe(III)와 같은 수화된 3가 금속 이온은 일반적으로 중성 pH 값이나 그 이상에서 적어도 한 개의 수소 이온을 잃는다.

$$Fe(H_2O)_6^{3+} \rightleftharpoons Fe(H_2O)_5OH^{2+} + H^+ \qquad (2.41)$$

4가 금속 이온에 대해, 완전히 양성자화된 형태 $M(H_2O)_x^{4+}$는 매우 낮은 pH 값에서조차 드물다. 흔히 O^{2-}는 4가 금속 이온들에 배위 결합하는데, 한 가지의 예는 바나듐(IV) 화학종 VO^{2+}이다. 일반적으로 2가 금속 이온은 pH 6 이하에서 수소 이온을 잃지 않는 반면에, Na^+와 같은 1가 금속 이온은 전혀 산으로 작용하지 않고 수용액에서 간단한 수화 이온으로 존재한다.

수화된 금속 이온이 산으로 작용하는 경향은 물 환경에 심각한 영향을 끼칠 수 있다. 좋은 예는 **산성 광산수**(acid mine water)(5장 참조)인데, 이의 산성 특성의 일부는 수화 철(III)이 갖는 산성의 성질에서 기인한다.

$$Fe(H_2O)_6^{3+} \rightleftharpoons Fe(OH)_3(s) + 3H^+ + 3H_2O \qquad (2.42)$$

금속 이온에 결합된 수산화 이온(OH^-)은 다음의 탈수-이합체화(dehydration-dimerization) 과정에서 보는 바와 같이, 두 개 이상의 금속들을 함께 연결하는 다리 구성 원자단(bridging group)으로 작용할 수 있다.

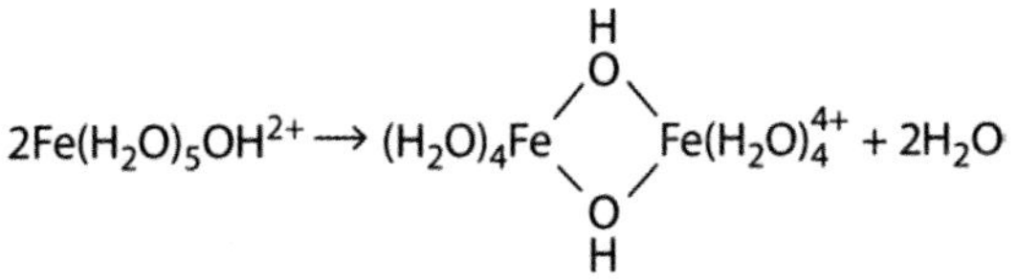

(2.43)

OH^-가 다리 구성 원자단으로 작용하여 중합체(polymer) 화학종들을 생성하는 금속으로는 Al(III), Be(II), Bi(III), Ce(IV), Co(III), Cu(II), Ga(III), Mo(V), Pb(II), Sc(II), Sn(IV) 및 U(VI)가 있다. 이합체에 결합된 물 분자들로부터 추가적으로 수소 이온을 잃으면, OH^-기가 더 결합할 수 있고, 중합체(polymer)의 가수 분해 화학종을 가져올 수도 있다. 이 과정이 계속되면 콜로이드성 하이드록시 중합체

가 생성되고, 최종적으로 침전물이 생성된다. 이 과정은 수화 철(III) 산화물 $Fe_2O_3 \cdot x(H_2O)$[수산화 철(III), $Fe(OH)_3$라고도 함]가 철(III)을 함유하고 있는 용액에서 침전되는 일반적인 과정으로 생각된다.

2.9.2 물 중의 칼슘

칼슘은 대부분의 담수에서 발견되는 양이온 중에서 일반적으로 가장 높은 농도를 나타낸다. 비록 복잡하기는 하지만, 칼슘의 화학은 물에서 발견되는 전이 금속 이온의 화학보다 간단하다. 칼슘은 많은 지구화학적 과정에서 중요한 요소이고, 광물은 물 중 칼슘 이온의 주요 공급원이다. 주요 기여 광물에는 석고(gypsum, $CaSO_4 \cdot 2H_2O$), 경석고(무수 석고, anhydrite, $CaSO_4$), 백운석(dolomite, $CaMg(CO_3)_2$), 그리고 $CaCO_3$와는 다른 광물 형태인 방해석(calcite)과 선석(aragonite)이 있다.

칼슘 이온은 마그네슘, 때로는 철(II) 이온과 함께 **물의 경도(water hardness)**의 원인이 된다. 물의 경도에 의해 가장 흔하게 나타나는 현상은 센물(경수, hard water)에서 비누에 의해 형성되는 엉겨 굳어진 침전물이다. **일시적 경도**(temporary hardness)는 물에 칼슘 이온과 탄산수소 이온이 존재하기 때문에 발생하는 것이므로 물을 끓여서 제거할 수 있다.

$$Ca^{2+} + 2HCO_3^- \rightleftharpoons CaCO_3(s) + CO_2(g) + H_2O \tag{2.44}$$

온도를 올리면 CO_2 기체를 방출하여, 이 반응을 오른쪽으로 진행되게 할 수 있으며, 일시적인 경도를 갖는 끓는 물에서 탄산 칼슘의 흰색 침전물이 형성될 수 있다.

높은 수준의 이산화 탄소를 함유하고 있는 물은 탄산염 광물에서 칼슘을 쉽게 녹인다.

$$CaCO_3(s) + CO_2(g) + H_2O \rightleftharpoons Ca^{2+} + 2HCO_3^- \tag{2.45}$$

이 반응이 역으로 일어나서 CO_2가 물로부터 없어지면, 탄산 칼슘의 침전물이 형성된다(반응 2.44). 물에서 CO_2의 농도는 탄산 칼슘의 용해 정도를 결정한다. 물이 대기와 평형을 이루어 얻을 수 있는 이산화 탄소는 자연수, 특히 지하수에 용해된 칼슘의 농도를 설명하기에 충분하지 않다. 오히려 물, 퇴적물 및 토양의 유기물을 분해하는 미생물의 호흡은 물에서 관찰되는 매우 높은 농도의 CO_2와 HCO_3^-를 설명하며, 물 화학 과정과 지구화학적 변환에서 매우 중요하다.

$$\{CH_2O\} + O_2 \rightleftharpoons CO_2 + H_2O \tag{2.46}$$

2.9.3 용존 이산화 탄소와 탄산 칼슘 광물

용존 이산화 탄소와 탄산 칼슘 광물 간의 평형은 알칼리도, pH 및 용존 칼슘 농도와 같은 몇 가지의 자연수 화학의 매개 변수를 결정하는 데 중요하다(그림 2.9). 담수의 경우, HCO_3^-와 Ca^{2+} 둘의 농도에 대해 인용되는 일반적인 수치는 1.00×10^{-3} M이다. 이 값은 물이 석회석($CaCO_3$)과 대기 중 CO_2와 평형을 이룰 때 합리적인 값이라는 것을 알 수 있다. 공기와 평형을 이루고 있는 물에서 CO_2의 농도는 이미 1.358×10^{-5} M로 계산되었다. $[HCO_3^-]$와 $[Ca^{2+}]$를 계산하는 데 필요한 다른 상수들은 식 2.47에 나타낸 CO_2에 대한 산 해리 상수, 식 2.48에 나타낸 HCO_3^-에 대한 산 해리 상수, 그리고 탄산 칼슘(방해석, calcite)의 용해도곱 상수이다.

$$K_{a1} = \frac{[H^+][HCO_3^-]}{[CO_2]} = 4.45 \times 10^{-7} \quad pK_{a1} = 6.35, \tag{2.47}$$

$$K_{a2} = \frac{[H^+][CO_3^{2-}]}{[HCO_3^-]} = 4.69 \times 10^{-11} \quad pK_{a2} = 10.33, \tag{2.48}$$

$$K_{sp} = [Ca^{2+}][CO_3^{2-}] = 4.47 \times 10^{-9} \tag{2.49}$$

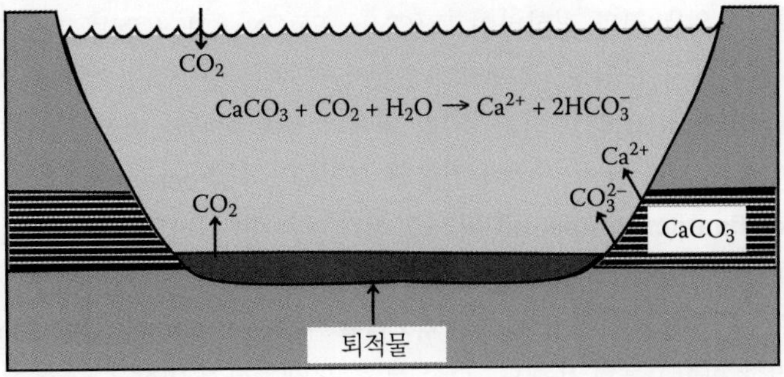

그림 2.9 이산화 탄소–탄산 칼슘 평형.

탄산 칼슘과 용존 CO_2 간의 반응은 다음과 같다.

$$CaCO_3(s) + CO_2(aq) + H_2O \rightleftharpoons Ca^{2+} + 2HCO_3^- \tag{2.50}$$

이 반응에 대한 평형식은 다음과 같다.

$$K' = \frac{[Ca^{2+}][HCO_3^-]^2}{[CO_2]} = \frac{K_{sp}K_{a1}}{K_{a2}} = 4.24 \times 10^{-5} \tag{2.51}$$

반응 2.50에 대한 화학량론을 보면, 탄산수소 이온의 농도가 칼슘 이온 농도의 두 배이다. CO_2 농도를 K'에 대한 표현에 대입하면, $[Ca^{2+}]$는 5.24×10^{-4} M이고 $[HCO_3^-]$는 1.05×10^{-3} M이다. $[Ca^{2+}]$ 값을 K_{sp}에 대한 식 2.49에 대입하면, $[CO_3^{2-}]$는 8.53×10^{-6} M이다. 알려진 농도 값들을 $K_{a1}K_{a2}$에 대한 식 2.52에 대입하면, $[H^+]$에 대한 값 5.77×10^{-9} M(pH 8.24)가 얻어진다.

$$K_{a1}K_{a2} = \frac{[H^+]^2[CO_3^{2-}]}{[CO_2]} = 2.09 \times 10^{-17} \tag{2.52}$$

알칼리도는 실질적으로 $[HCO_3^-]$와 같으며, 이는 $[HCO_3^-]$가 $[CO_3^{2-}]$나 $[OH^-]$보다 훨씬 크기 때문이다.

위의 결과를 요약하면, 고체 탄산 칼슘 및 대기 중 CO_2와 평형을 이루고 있는 물에 대해 계산된 농도는 다음과 같다.

$$[CO_2] = 1.358 \times 10^{-5}\,M \quad [Ca^{2+}] = 5.24 \times 10^{-4}\,M$$
$$[HCO_3^-] = 1.05 \times 10^{-3}\,M \quad [H^+] = 5.77 \times 10^{-9}\,M$$
$$[CO_3^{2-}] = 8.53 \times 10^{-6}\,M \quad pH = 8.24$$

평형이 아닌 조건, 바닥 지역의 높은 CO_2 농도, 그리고 조류에 의한 CO_2의 흡수로 인한 pH 증가와 같은 요인들은 이러한 값들에서 편차가 발생하는 원인이다. 그럼에도 불구하고, 위의 값들은 많은 자연수체에서 발견되는 값들과 비슷하다.

2.10 착물화와 킬레이트화

물에 용해된 금속들의 성질은 물에 용해된 금속 화학종들의 성질에 크게 좌우된다. 따라서 금속의 **화학종 분류(speciation)**는 자연수와 폐수의 환경 화학에서 중요한 역할을 한다. 앞에서 논의했던, 예를 들어 $Fe(H_2O)_6^{3+}$와 같은 수화 금속 이온과 $FeOH(H_2O)_5^{2+}$와 같은 하이드록시 화학종 이외에도, 금속은 물에서 무기 음이온 또는 유기 화합물에 가역적으로 결합하여 **금속 착물(metal complex)**로 존재한다. 예를 들어, 사이안화 이온(CN^-)은 용존 철(II)에 결합할 수 있다.

$$Fe(H_2O)_6^{3+} + CN^- \rightleftharpoons FeCN(H_2O)_5^{2+} + H_2O \tag{2.53}$$

추가적인 사이안화 이온은 철과 결합하여 $Fe(CN)_2$, $Fe(CN)_3^-$, $Fe(CN)_4^{2-}$, $Fe(CN)_5^{3-}$ 및 $Fe(CN)_6^{4-}$를 생성할 수 있다. 여기에서 철(II)에 결합되어 있는 물 분자는 단순화를 위하여 생략하였다. 이와 같은 현상을 **착물화(complexation)**라고 하고, 위의 예에서 금속 이온과 결합하는 화학종인 CN^-를 **리간드(ligand)**라고 하며, 리간드가 금속 이온과 결합한 생성물을 **착물(complex)**, **착물 이온(complex ion)**, 또는 **배위 화합물(coordination compound)**이라고 한다. 하나의 리간드가 두 개 이상의 자리에서 금속 이온과 결합하는 특별한 착물화의 경우를 **킬레이트화(chelation)**라고 한다. 금속 착물로 존재하는 것 이외에도, 금속은 탄소-금속 결합을 포함하는 **유기금속 화합물(organometallic compound)**로 물에 존재하기도 한다. 그러한 화학종들의 용해도, 수송 특성 및 생물학적 영향은 금속 이온 자체의 성질과는 종종 매우 다르다. 이 장의 후반 절에서는 금속 착물화, 특히 강한 금속 착물이 생성되는 킬레이트화에 중점을 두어 금속 화학종을 다룰 것이다.

위의 예에서 사이안화 이온은 **한자리 리간드(unidentate ligand)**인데, 이는 그 리간드가 금속 이온과 결합하는 자리를 단지 한 개만 갖고 있다는 것을 의미한다. 한자리 리간드의 착물은 자연수의 용액에서 비교적 거의 중요하지 않다. 상당히 보다 중요한 것은 **킬레이트제(chelating agent)**와 이루는 착물이다. 킬레이트제는 한 번에 중심 금속 이온에 결합할 수 있는 원자를 두 개 이상 갖고 있어 고리 구조를 생성한다. 따라서 파이로인산 이온($P_2O_7^{4-}$)은 두 개의 위치에서 칼슘 이온과 결합하여 킬레이트를 생성한다.

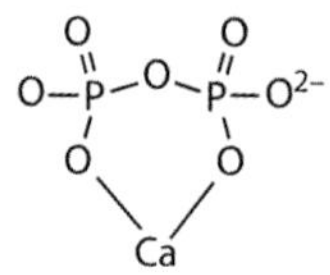

일반적으로, 킬레이트제는 두 자리 이상에서 금속 이온과 동시에 결합할 수 있기 때문에(그림 2.10), 킬레이트는 한자리 리간드를 갖는 착물보다 더 안정하다. 안정성은 리간드 상에 결합 가능한 킬레이트 위치의 개수에 따라 증가한다. 금속 킬레이트의 구조는 많은 다른 형태를 취할 수 있는데, 다양한 배열을 갖는 고리에 의해 다른 특징을 나타낸다. 정사면체로 배위된 나이트릴로트라이아세테이트(nitrilotriacetate, NTA) 이온의 킬레이트 구조는 그림 2.10에 나타냈다.

자연수와 폐수에서 발견되는 리간드는 리간드를 금속 이온과 결합하는 데 필요한 전자를 제공할 수 있는 다양한 작용기를 포함한다. 이러한 작용기들 중 가장 흔한 예는 다음과 같다.

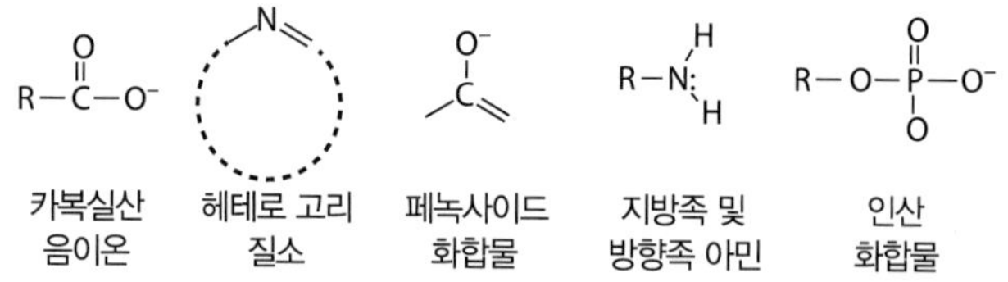

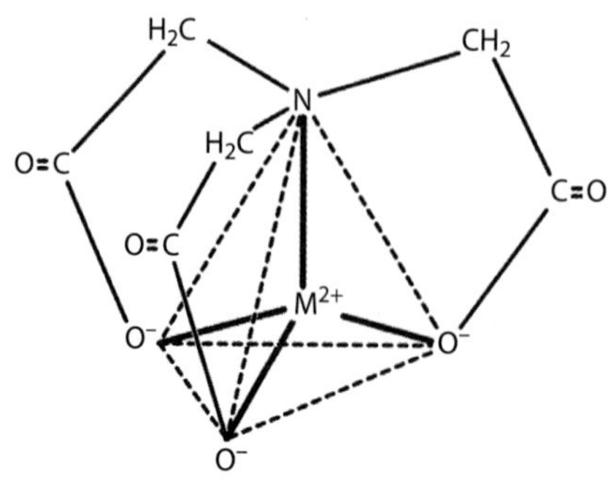

그림 2.10 정사면체의 배열을 하고 있는 2가 금속 이온의 나이트릴로트라이아세테이트 킬레이트.

이러한 리간드들은 오염되지 않은 물과 생물계에서 발견되는 대부분의 금속 이온(Mg^{2+}, Ca^{2+}, Mn^{2+}, Fe^{2+}, Fe^{3+}, Cu^{2+}, Zn^{2+}, VO^{2+})과 착물을 생성한다. 이들은 또한 Co^{2+}, Ni^{2+}, Sr^{2+}, Cd^{2+} 및 Ba^{2+}와 같은 오염 물질 금속 이온과도 결합한다.

착물화는 리간드와 금속의 반응을 포함하여 많은 영향을 미칠 수 있다. 리간드 반응에는 산화–환원 반응, 탈카복실화 반응, 가수 분해 반응 및 생분해가 있다. 착물화는 금속의 산화 상태를 변화시킬 수 있고, 금속이 불용성 화합물에서 가용성으로 되게 하는 결과를 초래할 수 있다. 불용성 착화합물의 생성은 용액으로부터 금속 이온을 제거한다. 착물화는 생체 이용률, 독성 및 식물 흡수뿐만 아니라 금속의 흡착, 분포, 수송 및 운명에 영향을 미칠 수 있다.[3]

헤모글로빈의 철과 마그네슘(클로로필에 있는) 금속의 착화합물은 생명 과정에 필수적이다. 자연에서 생성되는 부식 물질 및 아미노산과 같은 킬레이트제는 물과 토양에서 발견된다. 해수에 높은 농도로 존재하는 염화 이온은 일부 클로로 착물들을 생성한다. 트라이폴리인산 소듐(sodium tripolyphosphate), 에틸렌다이아민테트라아세트산 소듐(ethylenediaminetetraacetate, EDTA), NTA 소듐(sodium NTA) 및 시트르산 소듐(sodium citrate)과 같은 합성 킬레이트제는 금속 도금 용액, 산업용수 처리, 세제 제제 및 식품 조리에 사용하기 위해 대량으로 생산된다. 이러한 화합물들은 폐기물 배출을 통해 수계에 유입될 수 있다. EDTA보다 훨씬 더 강한 킬레이트제는 다이에틸렌트라이아민펜타아세트산(diethylenetriaminepentaacetic acid, DTPA)으로, 이는 6개의 탄소 원자 사슬에 세 개의 N 원자(아미노기)를 갖고 있는데, 여기에 모두 5개의 카복시메틸기(carboxymethyl group)가 결합되어 있다. DTPA는 금속 이온과 8개의 결합을 형성할 수 있다. 다양한 목적으로 사용되는 이 화합물은 때로는 물 오염 물질로 발견된다.

2.10.1 물에서 킬레이트제 존재와 중요성

킬레이트제는 일반적인 잠재적 물 오염 물질이다. 이러한 물질들은 하수 및 금속 도금 폐수와 같은 산업 폐수에 존재할 수 있다. 이러한 오염원 외에도, 킬레이트제의 자연 발생원이 있다. 그러한 킬레이트제 중 하나는 토양 방선균(actinomycete)인 *Amycolatopsis orientalis*의 대사 산물인 에틸렌다이아민다이석신산(ethylenediaminedisuccinic acid)이다.

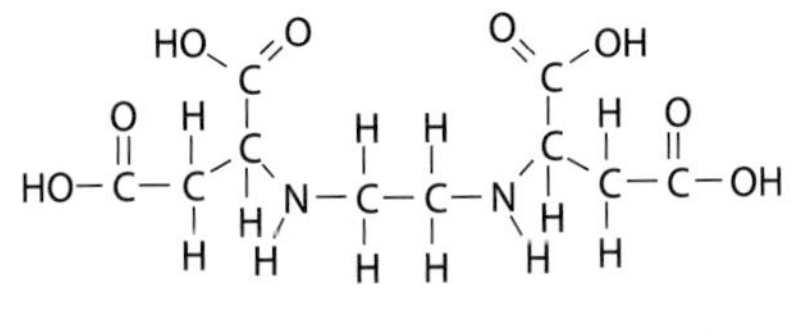

Ethylenediaminedisuccinic acid

EDTA와 같은 많은 일반적인 합성 킬레이트제와는 달리, 에틸렌다이아민다이석신산은 생분해성이며, 식물에 의한 복원(토양에서 식물에 의해 폐기물을 흡수)을 위한 추출제로 사용되어 왔다.[4]

가장 중요한 오염 물질 킬레이트제는 아미노폴리카복실레이트류(aminocarboxylates)이며, 그중 가장 일반적인 예는 NTA(그림 2.10)와 EDTA(2.13절 시작 부분에 구조 보여 줌)이다. 이 두 킬레이트제는 모두 물 오염 물질로 발견되었다.[5] 금속 이온과의 강한 결합 때문에, 아미노폴리카복실레이트계의 킬레이트제는 거의 항상 결합된 형태로 발견되며, 이는 이 화합물들의 화학적 특성과 환경적 운명 및 수송에 큰 영향을 미친다. EDTA가 폐수에 존재할 경우, 일부 금속이 생물학적 폐수 처리 과정에서 바이오매스 슬러지에 결합하여 침강하지 못하게 방해한다. 그러므로 폐수 유출수에서 대부분의 구리, 니켈 및 아연은 EDTA 킬레이트로 존재한다(대부분의 이러한 금속들은 과량의 강한 킬레이트제의 존재하에서 슬러지에 포함된다).

EDTA에 의한 킬레이트화는 미국 Tennessee 주 Oak Ridge에 있는 Oak Ridge 국립 연구소에서 사용된 구덩이와 도랑에서 방사성 ^{60}Co의 이동 속도를 크게 증가시키는 것으로 나타났다. EDTA는 핫셀(hot cell, 고방사성 물질 처리용 차폐 구획), 장비 및 반응기 구성 부품의 오염 제거를 위한 세척제 및 가용화제로 사용되었다. 폐기 구덩이의 시료 우물(sample well)에서 채취한 물을 분석한 결과, EDTA의 농도는 3.4×10^{-7} M로 나타났다. 폐기물을 매립한 지 12~15년이 지난 후에도 EDTA가 검출된다는 것은 EDTA의 생분해 속도가 매우 느리다는 것을 증명한다. 코발트 이외에도 EDTA는 방사성 플루토늄과 방사성 동위 원소인 Am^{3+}, Cm^{3+} 및 Th^{4+}와도 강한 킬레이트를 형성한다. 음전하를 띠는 그러한 킬레이트는 광물질에 훨씬 덜 강하게 수착되며, 킬레이트를 형성하지 않은 금속 이온보다 이동성이 훨씬 더 크다.

위의 발견과는 반대로, 미국 아이다호 화학 처리 공장의 저준위 폐기물 처리 우물(disposal well) 근처의 지하수에서는 매우 낮은 농도의 킬레이트를 생성할 수 있는 방사성 플루토늄만 검출되었다. 처리 우물에서 상당히 떨어진 곳의 우물에서는 플루토늄이 전혀 검출되지 않았다. 사용된 폐기물 처리 절차는 폐기 전에 폐기물에 있는 모든 킬레이트제를 분해하도록 고안되었고, 시험 우물(test well)로부터 끌어올린 물에서는 어떠한 킬레이트제도 발견되지 않았다.

토양에 버려지는 방사성 핵종 금속 킬레이트의 운명은 분명히 중요하다. 만일 킬레이트제를 분해하기 위한 어떤 메커니즘이 존재한다면, 방사성 금속은 훨씬 덜 이동할 것이다. EDTA는 생분해성이 낮지만, NTA는 *Chlatobacter heintzii* 세균의 작용에 의해 분해된다. 착물을 이루지 않은 NTA 이외에도, 이 세균은 코발트, 철, 아연, 알루미늄, 구리 및 니켈을 포함한 금속과 킬레이트를 이루는 NTA를 분해하는 것으로 나타났다.

폐수 내 착화제는 주로 배관 및 중금속을 함유하는 침전물에서 나오는 중금속을 용해하는 능력 때문에 문제가 된다. 착물화는 폐기물 처리 장소에서 중금속의 침출을 증가시킬 수 있고, 일반적인 생물학적 폐기물 처리에서 중금속이 슬러지와 함께 제거되는 효율을 감소시킬 수 있다. 킬레이트 철의 제거는 기존의 도시 수처리 공정으로는 어렵다. 조류 배양에서, 철(III)과 아마도 몇 가지의 다른 필수 미량 영양소 금속 이온들은 킬레이트화에 의해 용액에 남아 있다. 킬레이트제의 가용성은 물에서 조류 및 식물의 성장을 결정하는 요인이 될 수 있다.[6] 일부 자연수의 황갈색은 자연적으로 발생하는 철 킬레이트 때문이다(2.17절의 gelbstoff 참조).

식물 성장 촉진에 합성 킬레이트제를 사용하는 흥미로운 예는 **EDDHA**, 즉 에틸렌다이아민-*N*,*N′*-비스(2-하이드록시페닐아세트산)이며, 이는 철(III)의 킬레이트화에 대해 특별한 관련성을 가지고 있다.[7]

EDDHA는 엽록소에 필요한 이용 가능한 철이 부족하기 때문에, 잎맥 사이 물질의 황변 또는 표백으로 나타나는 **철 백화증**(iron chlorosis)을 앓고 있는 식물에 철을 제공하는 데 사용할 수 있다. 이는 철분이 풍부하지만 Fe_3O_4와 같은 불용성 무기 형태로 존재하는 토양에서 발생할 수 있다. 토양에 첨가되면, EDDHA로 킬레이트화된 철은 식물 수관계(water vascular system)에 들어갈 수 있고 엽록소 형성에 사용할 수 있다.

2.11 금속 착물의 결합과 구조

이 절에서는 물에서 착물화의 몇 가지 원리를 논의한다. 착물은 중심 금속 원자에 전자 주개 성질을 갖고 있는 중성 또는 음전하를 갖고 있는 리간드가 결합된 구조로 되어 있다. 착물은 중성이거나, 양 또는 음의 전하를 띨 수 있다. 리간드는 중심 금속 원자의 **배위권(coordination sphere)** 안에 포함되어 있다. 배위권 안의 리간드는 관여된 결합의 형태에 따라 명확한 구조 패턴을 유지한다. 그러나 용액에서 많은 착물의 리간드는 용액과 중심 금속 이온의 배위권 사이에서 빠르게 교환될 수 있다.

금속 원자 또는 이온의 **배위수(coordination number)**는 그것에 결합되어 있는 리간드 전자 주개 그룹의 개수이다. 가장 흔한 배위수는 2, 4 및 6이다. 다핵 착물(polynuclear complex)은 두 개 이상의 금속 원자가 반응 2.43에서 철(III)에 대해 보여 주는 것처럼 다리 역할을 하는 가교 리간드(종종 OH)를 통해 서로 결합된다.

2.11.1 킬레이트화의 선택성과 특이성

킬레이트제는 특정 금속 이온에 대해 완전히 특이적이지는 않지만, 생물학적 기원의 일부 복잡한 킬레이트제는 특정한 금속 이온들에 대해 거의 완전한 특이성(specificity)에 가깝다. 그러한 킬레이트제의 한 가지 예는 진균에 의해 합성되고 그 곰팡이에서 추출되는 페리크롬(ferrichrome)인데, 이는 철(III)과 극히 안정한 킬레이트를 형성한다. **아나베나**(*Anabaena*)종의 남세균(cyanobacteria)은 대량의 조류 번성 기간 동안에 상당한 양의 철 선택적 하이드록사메이트(hydroxamate) 킬레이트제를 분비하는 것으로 관찰되었다. 이러한 광합성 생물들은 하이드록사메이트–킬레이트 철에 의해 생성된 킬레이트 철을 쉽게 흡수하는 반면에, *Scenedesmus*와 같은 일부 경쟁 관계에 있는 녹조류들은 그렇지 않다. 따라서 킬레이트제는 특정 남세균의 성장을 촉진하는 반면에, 경쟁하는 종의 성장을 억제하는 이중 기능을 하여, 남세균이 우점종으로 존재하도록 한다. 철(III)에 대해 선택적인 킬레이트제의 생성은 *Chlorella*, *Scenedesmus* 및 *Porphyrium* 조류뿐만 아니라 남세균인 *Plectonema*와 *Spirulina*에서도 관찰되었다.

2.12 화학종 농도의 계산

용액 중 착물 이온의 안정성(stability)은 **형성 상수(formation constant)**로 표현된다. 형성 상수는 개별 리간드의 금속 이온에 대한 결합을 나타내는 **단계적 형성 상수(stepwise formation constant**, *K*), 또는 두 개 이상의 리간드의 금속 이온에 대한 결합을 나타내는 **전체 형성 상수(overall formation constant**, *β*)로 표현된다. 이러한 개념을 아연 이온이 암모니아와 착물을 이루는 다음의 반응들에 대해 설명해 본다.

$$Zn^{2+} + NH_3 \rightleftharpoons ZnNH_3^{2+} \tag{2.54}$$

$$K_1 = \frac{[ZnNH_3^{2+}]}{[Zn^{2+}][NH_3]} = 3.9\times 10^2 \text{(단계적 형싱 싱수)} \tag{2.55}$$

$$ZnNH_3^{2+} + NH_3 \rightleftharpoons Zn(NH_3)_2^{2+} \tag{2.56}$$

$$K_2 = \frac{[Zn(NH_3)_2^{2+}]}{[ZnNH_3^{2+}][NH_3]} = 2.1\times 10^2 \tag{2.57}$$

$$Zn^{2+} + 2NH_3 \rightleftharpoons Zn(NH_3)_2^{2+} \tag{2.58}$$

$$\beta_2 = \frac{[Zn(NH_3)_2^{2+}]}{[Zn^{2+}][NH_3]^2} = K_1K_2 = 8.2\times 10^4 \text{(전체 형성 상수)} \tag{2.59}$$

$Zn(NH_3)_3^{2+}$에 대해 $\beta_3 = K_1K_2K_3$이고, $Zn(NH_3)_4^{2+}$에 대해 $\beta_4 = K_1K_2K_3K_4$이다.

다음 절들에서는 수계에서 킬레이트화된 금속 이온과 관련된 몇몇 계산의 예를 보여 준다. 계산이 복잡하기 때문에, 이러한 계산들에 대해 상세히 기술하는 것은 단순히 결과를 고려하는 것을 선택할 수 있는 일부 독자들에게는 필요 이상이 될 수도 있다. 착물화 그 자체 이외에도, H^+의 리간드와의 경쟁, 리간드에 대한 금속 이온 간의 경쟁, 금속 이온에 대한 다른 리간드들 간의 경쟁, 그리고 다양한 침전제에 의한 금속 이온의 침전이 고려되어야 한다. 그러한 계산과 관련된 적지 않은 문제는 고려 중인 조건하에서 사용될 평형 상수의 정확하게 알려진 값이 부족하다는 것이다. 이는 아무리 정밀한 전산화된 계산으로도 의심스러운 결과를 얻을 수 있게 하는 요인이다. 게다가 속도론적인 요인들도 종종 매우 중요하다. 그러나 그러한 계산은 착물화가 중요한 수계에 대한 전반적인 관점을 제공하고, 더 많은 자료를 얻어야 하는 분야를 결정하기 위한 일반적인 지침으로 매우 유용할 수 있다.

2.13 탈양성자화된 리간드에 의한 착물화

일반적으로 착물 화학종의 농도 계산은 리간드에 대한 금속 이온과 H^+ 간의 경쟁에 의해 복잡해진다. 먼저 리간드가 모든 이온화 가능한 수소를 잃는 예를 살펴보자. 11 이상의 pH에서 EDTA는 실질적으로 완전히 이온화된 4가 음이온 형태(Y^{4-})로 모두 존재한다.

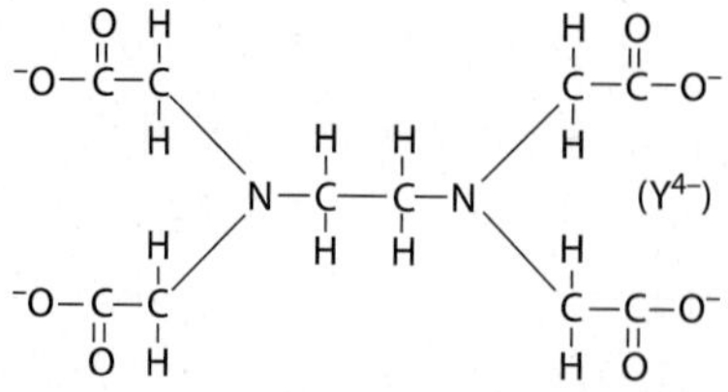

총 농도가 5.0 mg/L인 구리(II)와 농도가 200 mg/L인 과량의 착물화되지 않은 EDTA(다이소듐염으로 나타냄, $Na_2H_2C_{10}H_{12}O_8N_2 \cdot 2H_2O$, 화학식량 372)를 갖는 알칼리성 pH 11의 폐수를 고려해 보자. 이 pH에서 착물을 이루지 않는 EDTA는 이온화된 Y^{4-}로 존재한다. 질문할 사항은 다음과 같다. 대부분의 구리는 EDTA 착물로 존재할까? 그렇다면 수화된 구리(II) 이온(Cu^{2+})의 평형 농도는 얼마일까? 전자의 질문에 대해 답하기 위해서는, 먼저 착물화되지 않은 과량의 EDTA(Y^{4-})의 몰 농도를 계산해야 한다. 화학식량이 372인 다이소듐 EDTA는 200 mg/L(ppm)의 농도로 존재하므로, Y^{4-}로서 EDTA의 총 몰 농도는 5.4×10^{-4} M이다. 구리-EDTA 착물(CuY^{2-})의 생성 상수 K_1은 다음과 같다.

$$K_1 = \frac{[CuY^{2-}]}{[Cu^{2+}][Y^{4-}]} = 6.3 \times 10^{18} \tag{2.60}$$

착물화된 구리와 착물화되지 않은 구리의 비율은 다음과 같으므로, 실질적으로 모든 구리는 착물 이온으로 존재한다.

$$\frac{[CuY^{2-}]}{[Cu^{2+}]} = [Y^{4-}]K_1 = 5.4 \times 10^{-4} \times 6.3 \times 10^{18} = 3.3 \times 10^{15} \tag{2.61}$$

5.0 mg/L의 구리(II)를 함유하는 용액에서 총 구리(II)의 몰 농도는 7.9×10^{-5} M이며, 이 경우 실질적으로 모든 구리(II)는 EDTA 착물의 형태이다. 착물을 이루지 않은 수화된 구리(II)의 매우 낮은 농도는 다음과 같다.

$$[Cu^{2+}] = \frac{[CuY^{2-}]}{K_1[Y^{4-}]} = \frac{7.9 \times 10^{-5}}{6.3 \times 10^{18} \times 5.4 \times 10^{-4}} = 2.3 \times 10^{-20}\,\text{M} \tag{2.62}$$

위에서 기술한 매질에서, 수화된 Cu^{2+}의 농도는 총 구리(II)에 비하면 극히 낮다. 5.0 mg/L의 모든 구리가 더 산성 용액이고 착화제가 없는 조건에서 Cu^{2+}로 존재할 경우에 관찰되는 영향과 비교하면, 수화 Cu^{2+}의 농도에 의존하는 용액 현상(예: 생리적 효과 또는 전극 반응)은 이러한 매질에서 크게 다를 것이다. 강한 킬레이트제의 작용을 통해 수화 금속 이온의 농도를 매우 낮은 수준으로 낮추는 현상은 자연 수계에서 일어나는 가장 중요한 착물화 영향들 중의 하나이다.

2.14 양성자화된 리간드에 의한 착물화

일반적으로 착화제, 특히 킬레이트 화합물은 Brönsted 산의 짝염기이다. 예를 들어, 글라이신산 음이온($H_2NCH_2CO_2^-$)은 글라이신($^+H_3NCH_2CO_2^-$)의 짝염기이다. 그러므로 많은 경우에 수소 이온은 리간드를 놓고 금속 이온과 경쟁하므로, 킬레이트화의 강도는 pH에 따라 다르다. 자연수가 일반적으로 갖는 거의 중성의 pH 범위에서, 대부분의 유기 리간드는 짝산의 형태로 존재한다.

리간드에 대한 수소 이온과 금속 이온 간의 경쟁을 이해하기 위해서는 pH의 함수로서 리간드 화학종의 분포를 아는 것이 유용하다. 예를 들어, 나이트릴로트라이아세트산(nitrilotriacetic acid, NTA, 일반적으로 H_3T로 나타냄)을 살펴보자. 이 화합물(NTA)의 트라이소듐염(trisodium salt)은 금속 도금에서 세척제인 인산염의 대체 물질이고, 강력한 킬레이트화 기능이 필요한 기타 응용 분야에서 사용될 수 있는 강력한 킬레이트제이다. NTA를 분해하기 위해서는 생물학적 공정이 필요하며, 어떤 조건에서는 NTA가 물에서 오랫 동안 지속된다. 중금속 이온을 가용화하고 운반할 수 있는 NTA의 능력을 감안할 때, 이 물질은 잠재적 환경 관심사이다.

나이트릴로트라이아세트산(H_3T)은 세 단계에 걸쳐 수소 이온을 잃고 NTA 음이온(T^{3-})을 생성한다.

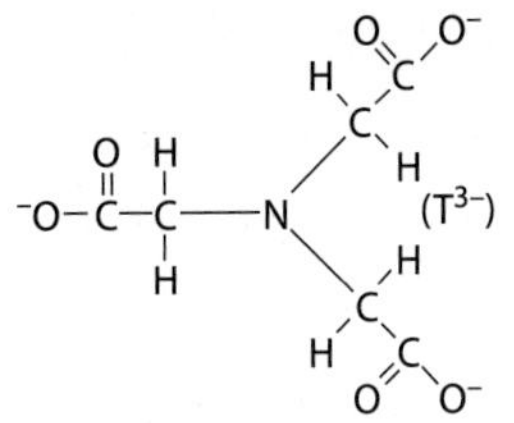

T^{3-} 화학종은 그림 2.10에서 보는 바와 같이, 세 개의 $-CO_2^-$기와 질소 원자를 통해 배위 결합을 이룰 수 있다. NTA의 구조는 2.13절에서 논의된 EDTA의 구조와 유사함을 주목하라. H_3T의 단계적 이온화는 다음의 평형에 의해 기술된다.

$$H_3T \rightleftharpoons H^+ + H_2T^- \tag{2.63}$$

$$K_{a1} = \frac{[H^+][H_2T^-]}{[H_3T]} = 2.18\times10^{-2} \quad pK_{a1} = 1.66 \tag{2.64}$$

$$H_2T^- \rightleftharpoons H^+ + HT^{2-} \tag{2.65}$$

$$K_{a2} = \frac{[H^+][HT^{2-}]}{[H_2T^-]} = 1.12\times10^{-3} \quad pK_{a2} = 2.95 \tag{2.66}$$

$$HT^{2-} \rightleftharpoons H^+ + T^{3-} \tag{2.67}$$

$$K_{a3} = \frac{[H^+][T^{3-}]}{[HT^{2-}]} = 5.25\times10^{-11} \quad pK_{a3} - 10.28 \tag{2.68}$$

NTA는 용액의 pH에 따라 네 가지 화학종, 즉 H_3T, H_2T^-, HT^{2-}나 T^{3-} 중 한 가지 형태로 존재할 수 있다. 2.7절과 그림 2.8의 $CO_2/HCO_3^-/CO_3^{2-}$ 시스템에 대해 보여 준 것과 같이, NTA 화학종의 분율은 pH를 마스터(독립) 변수로 사용하는 화학종의 분포도에 의해 그래프로 나타낼 수 있다. NTA에

표 2.2 일부 pH 값에서 NTA 종의 분율

pH 값	α_{H_3T}	$\alpha_{H_2T^-}$	$\alpha_{HT^{2-}}$	$\alpha_{T^{3-}}$
pH 1.00 미만	1.00	0.00	0.00	0.00
pH = pK_{a1}	0.49	0.49	0.02	0.00
pH = ½(pK_{a1} + pK_{a2})	0.16	0.68	0.16	0.00
pH = pK_{a2}	0.02	0.49	0.49	0.00
pH = ½(pK_{a2} + pK_{a3})	0.00	0.00	1.00	0.00
pH = pK_{a3}	0.00	0.00	0.50	0.50
pH 12 초과	0.00	0.00	0.00	1.00

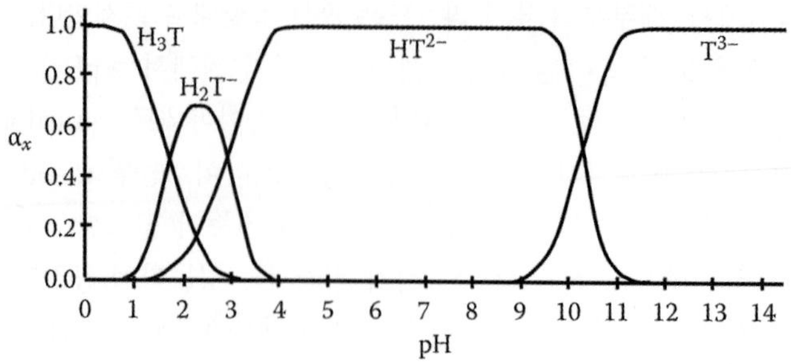

그림 2.11 물에서 pH 함수로서 NTA 화학종의 분율(α_x) 도표.

대한 도표를 그리기 위해 사용되는 주요 값들은 표 2.2에 나타냈고, pH의 함수로서 화학종의 분율(α 값)에 대한 그림은 그림 2.11에 나타냈다. 이 그림을 살펴보면, 착물화 음이온 T^{3-}는 자연수에서 보이는 pH보다 훨씬 더 높은, 비교적 높은 pH 값에서만 우세한 화학종이다. 그러나 HT^{2-} 화학종은 매우 넓은 pH 범위, 즉 일반적인 담수가 갖는 정상적인 pH 범위에 걸쳐 매우 우세한 것을 보여 준다.

2.15 NTA에 의한 고체로부터 납 이온의 용해

세제 또는 전기 도금 폐기물과 같은 발생원에서 NTA와 같은 강력한 킬레이트제가 수생태계로 광범위하게 유입되는 것에 대한 주요 관심사는 킬레이트제의 작용을 통해 고체로부터 독성이 있는 중금속이 용해될 수 있다는 것이다. 이러한 것이 문제가 될 수 있는지를 결정하기 위해서는 실험이 필요하지만, 계산은 가능한 영향을 예측하는 데 도움이 된다. 중금속의 가용화 정도는 금속 킬레이트의 안정성, 물중 착화제의 농도, pH 및 불용성 금속 침전물의 특성을 포함한 많은 요인들에 따라 달라진다. 여기에서는 몇 가지 계산의 예를 보여 준다.

먼저 pH 8에서 NTA에 의한 고체 $Pb(OH)_2$에서 납의 가용화를 살펴보자. 그림 2.11에서 보듯이, pH 8에서 실질적으로 착물을 이루지 않는 모든 NTA는 HT^{2-}로 존재한다. 그러므로 가용화 반응은 다음과 같다.

$$Pb(OH)(s) + HT^{2-} \rightleftharpoons PbT^- + OH^- + H_2O \tag{2.69}$$

이 반응은 다음의 반응들을 더하여 얻을 수 있다.

$$Pb(OH)_2(s) \rightleftharpoons Pb^{2+} + 2OH^- \tag{2.70}$$

$$K_{sp} = [Pb^{2+}][OH^-]^2 = 1.61 \times 10^{-20} \tag{2.71}$$

$$HT^{2-} \rightleftharpoons H^+ + T^{3-} \tag{2.72}$$

$$K_{a3} = \frac{[H^+][T^{3-}]}{[HT^{2-}]} = 5.25 \times 10^{-11} \quad pK_{a3} = 10.28 \tag{2.73}$$

$$Pb^{2+} + T^{3-} \rightleftharpoons PbT^- \tag{2.74}$$

$$K_f = \frac{[PbT^-]}{[Pb^{2+}][T^{3-}]} = 2.45 \times 10^{11} \tag{2.75}$$

$$H^+ + OH^- \rightleftharpoons H_2O \tag{2.76}$$

$$\frac{1}{K_w} = \frac{1}{[H^+][OH^-]} = \frac{1}{1.00 \times 10^{-14}} \tag{2.77}$$

$$Pb(OH)_2(s) + HT^{2-} \rightleftharpoons PbT^- + OH^- + H_2O \tag{2.78}$$

$$K = \frac{[PbT^-][OH^-]}{[HT^{2-}]} = \frac{K_{sp}K_{a3}K_f}{K_w} = 2.07 \times 10^{-5} \tag{2.79}$$

어떤 물 시료가 25 mg/L의 트라이소듐 NTA염[$N(CH_2CO_2Na)_3$, 화학식량 257]을 함유하고 있다고 가정하자. 착물화를 이룬 NTA와 착물화를 이루지 않은 NTA의 총 농도는 9.7×10^{-5} mmol/mL이다. pH 8에서 NTA가 고체 $Pb(OH)_2$와 평형을 이루는 시스템을 가정하면, NTA는 주로 착물화를 이루지 않은 HT^{2-}나 납 착물(PbT^-) 형태로 존재할 수 있다. 우세한 화학종은 K에 대한 식에서 $[PbT^-]/[HT^{2-}]$ 비를 계산하여 구할 수 있다(pH 8에서 $[OH^-] = 1.00 \times 10^{-6}$ M이라는 것에 유의하라).

$$\frac{[PbT^-]}{[HT^{2-}]} = \frac{K}{[OH^-]} = \frac{2.07 \times 10^{-5}}{1.00 \times 10^{-6}} = 20.7 \tag{2.80}$$

$[PbT^-]/[HT^{2-}]$는 약 20:1이므로, 용액에서 대부분의 NTA는 납 킬레이트로 존재한다. PbT^-의 몰 농도는 존재하는 총 NTA의 농도 9.7×10^{-5} mmol/mL보다 약간 낮다. 납의 원자량은 207이므로, 용액 중 납의 농도는 약 20 mg/L이다. 이 반응은 pH에 의존적이므로 킬레이트화된 NTA의 분율은 pH가 증가함에 따라 감소한다.

2.15.1 금속 탄산염과 NTA의 반응

탄산염은 중금속 이온 고체의 일반적인 형태이다. 고체 탄산 납($PbCO_3$)은 자연수와 폐수에서 종종 발견되는 pH 영역과 알칼리도 조건 내에서 안정하다. 고체 $Pb(OH)_3$ 대신에 $PbCO_3$와 평형이 확립되어 있다고 가정하면, 앞의 절에서의 유사하게 계산할 수 있다. 이 예에서 25 mg/L의 트라이소듐 NTA는 pH 7에서 $PbCO_3$와 평형을 이루고 있다고 가정하면, 납이 NTA에 의해 상당한 수준으로 착물을 이룰지 여부를 결정하기 위한 계산이 된다. 탄산 이온(CO_3^{2-})은 H^+와 반응하여 HCO_3^-를 생성한다. 2.7절에서 논의한 것처럼, $CO_2/HCO_3^-/CO_3^{2-}$ 시스템의 산-염기 평형 반응은 아래와 같다.

$$CO_2(aq) + H_2O \rightleftharpoons H^+ + HCO_3^- \tag{2.81}$$

$$K'_{a1} = \frac{[H^+][HCO_3^-]}{CO_2} = 4.45 \times 10^{-7} \quad pK_{a1} = 6.35 \tag{2.82}$$

$$HCO_3^- \rightleftharpoons H^+ + CO_3^{2-} \tag{2.83}$$

$$K'_{a2} = \frac{[H^+][CO_3^{2-}]}{[HCO_3^-]} = 4.69 \times 10^{-11} \quad pK_{a2} = 10.33 \tag{2.84}$$

여기에서 탄산염 화학종의 산 해리 상수는 NTA의 산 해리 상수와 구분하기 위해 "ʹ"로 나타냈다. 그림 2.8은 pH 약 7~10의 범위에서 우세한 화학종이 HCO_3^-라는 것을 보여 준다. 따라서 NTA가 $PbCO_3$와 반응하여 방출되는 CO_3^{2-}는 HCO_3^-로 용액에 들어갈 것이다.

$$PbCO_3(s) + HT^{2-} \rightleftharpoons PbT^- + HCO_3^- \tag{2.85}$$

이 반응과 평형 상수(K)는 다음과 같이 구한다.

$$PbCO_3(s) \rightleftharpoons Pb^{2+} + CO_3^{2-} \tag{2.86}$$

$$K_{sp}(s) = [Pb^{2+}][CO_3^{2-}] = 1.48 \times 10^{-13} \tag{2.87}$$

$$Pb^{2+} + T^{3-} \rightleftharpoons PbT^- \tag{2.88}$$

$$K_f = \frac{[PbT^-]}{[Pb^{2+}][T^{3-}]} = 2.45 \times 10^{11} \tag{2.89}$$

$$HT^{2-} \rightleftharpoons H^+ + T^{3-} \tag{2.90}$$

$$K_{a3} = \frac{[H^+][T^{3-}]}{[HT^{2-}]} = 5.25 \times 10^{-11} \quad pK_{a3} = 10.28 \tag{2.91}$$

$$H^+ + CO_3^{2-} \rightleftharpoons HCO_3^- \tag{2.92}$$

$$\frac{1}{K'_{a2}} = \frac{[HCO_3^-]}{[H^+][CO_3^{2-}]} = \frac{1}{4.69 \times 10^{-11}} \tag{2.93}$$

$$PbCO_3(s) + HT^{2-} \rightleftharpoons PbT^- + HCO_3^- \tag{2.94}$$

$$K = \frac{[PbT^-][HCO_3^-]}{[HT^{2-}]} = \frac{K_{sp}K_{a3}K_f}{K'_{a2}} = 4.06 \times 10^{-2} \tag{2.95}$$

K에 대한 식(식 2.95)에서 $PbCO_3$가 PbT^-로 용해되는 정도는 HCO_3^-의 농도에 따라 다르다는 것을 알 수 있다. HCO_3^-의 농도는 상당히 다양하지만, 자연수를 설명하는 데 일반적으로 사용되는 수치는 2.9절에 보여 준 바와 같이 1.00×10^{-3}이다. 이 값을 사용하여 $[PbT^-]/[HT^{2-}]$의 값을 계산할 수 있다.

$$\frac{[PbT^-]}{[HT^{2-}]} = \frac{K}{[HCO_3^-]} = \frac{4.06 \times 10^{-2}}{1.00 \times 10^{-3}} = 40.6 \tag{2.96}$$

따라서 이 주어진 조건에서, 고체 $PbCO_3$와 평형 상태에 있는 대부분의 NTA는 납 착물로 존재할 것이다. 앞의 예에서 보여 준 바와 같이, 트라이소듐 NTA 농도 25 mg/L에서 가용성 납(II)의 농도는 약 20 mg/L일 것이다. 상대적으로 더 높은 HCO_3^-의 농도에서는 납을 용해시키려는 경향이 감소하는 반면에, 더 낮은 HCO_3^-의 농도에서는 NTA가 납을 용해시키는 데 더 효과적일 것이다.

2.15.2 킬레이트와 난용성 염의 반응에 칼슘 이온이 미치는 영향

일반적으로 자연수와 폐수에 존재하는 킬레이트를 생성할 수 있는 칼슘 이온(Ca^{2+})은 킬레이트제를 놓고 $PbCO_3$와 같은 난용성 염에 있는 금속과 경쟁한다. pH 7에서, 칼슘 이온과 NTA 간의 반응과 평형 상수는 다음과 같다.

$$Ca^{2+} + HT^{2-} \rightleftharpoons CaT^- + H^+ \tag{2.97}$$

$$K' = \frac{[CaT^-][H^+]}{[Ca^{2+}][HT^{2-}]} = 1.48 \times 10^8 \times 5.25 \times 10^{-11} = 7.75 \times 10^{-3} \tag{2.98}$$

K' 값은 CaT^-의 형성 상수(1.48×10^8)와 NTA의 K_{a3}(5.25×10^{-11})의 곱이다. CaT^-로 결합된 NTA의 분율은 Ca^{2+}의 농도와 pH에 따라 달라진다. 일반적으로 물에서의 $[Ca^{2+}]$는 1.00×10^{-3} M이다. 이 값과 pH 7을 가정하면, 용액에 칼슘 착물로 존재하는 NTA와 HT^{2-}로 존재하는 NTA의 비율은 다음과 같다.

$$\frac{[CaT^-]}{[HT^{2-}]} = \frac{[Ca^{2+}]}{[H^+]}K' = \frac{1.00 \times 10^{-3}}{1.00 \times 10^{-7}} \times 7.75 \times 10^{-3} = 77.5 \tag{2.99}$$

따라서 1.00×10^{-3} M의 Ca^{2+}와 평형을 이루고 있는 NTA의 대부분은 칼슘 착물 CaT^-로 존재할 것이고, 이는 $PbCO_3$와 다음과 같이 반응할 것이다.

$$PbCO_3(s) + CaT^- + H^+ \rightleftharpoons Ca^{2+} + HCO_3^- + PbT^- \quad (2.100)$$

$$K'' = \frac{[Ca^{2+}][HCO_3^-][PbT^-]}{[CaT^-][H^+]} \quad (2.101)$$

반응식 2.100은 반응식 2.102에서 반응식 2.97을 빼서 구할 수 있고, 이의 평형 상수는 반응식 2.97의 평형 상수를 반응식 2.102의 평형 상수로 나누어 구할 수 있다.

$$PbCO_3(s) + HT^{2-} \rightleftharpoons PbT^- + HCO_3^- \quad (2.102)$$

$$-(Ca^{2+} + HT^{2-} \rightleftharpoons CaT^- + H^+) \quad (2.103)$$

$$PbCO_3(s) + CaT^- + H^+ \rightleftharpoons Ca^{2+} + HCO_3^- + PbT^- \quad (2.104)$$

$$K'' = \frac{K}{K'} = \frac{4.06 \times 10^{-2}}{7.75 \times 10^{-3}} = 5.24 \quad (2.105)$$

K'' 값을 얻었으므로, 이제는 PbT^-와 CaT^- 간에 존재하는 NTA의 분포를 결정할 수 있다. 그러므로 pH 7에서 칼슘과 킬레이트를 이루고 있는 NTA, 농도 1.00×10^{-3} M의 HCO_3^-, 농도 1.00×10^{-3}의 Ca^{2+}를 함유하고, 고체 $PbCO_3$와 평형을 이루는 물에 대해, 납 착물과 칼슘 착물 간의 NTA의 분포는 다음과 같다.

$$\frac{[PbT^-]}{[CaT^-]} = \frac{[H^+]K''}{[Ca^{2+}][HCO_3^-]} = 0.524$$

NTA의 약 1/3만이 납 킬레이트로 존재하는 반면에, Ca^{2+}가 없는 동일한 조건에서 고체 $PbCO_3$와 평형을 이루는 거의 모든 NTA는 납과 킬레이트화됨을 알 수 있다. 납 킬레이트로 존재하는 NTA의 분율은 $PbCO_3$의 가용화에 정비례하기 때문에, 칼슘 농도의 차이는 NTA가 납 탄산염에서 납을 가용화하는 정도에 영향을 준다.

2.16 물속의 다인산염과 포스폰산염

인(phosphorus)은 많은 산소 음이온(oxoanion), 즉 산소와 결합된 음이온의 형태로 존재한다. 이들 중 일부는 강력한 착화제이다. 1930년경 이후, 중합체 인 산소 음이온의 염은 수처리, 연수화(water softening) 및 세제 보조제(detergent builder)로 사용되어 왔다. 수처리 목적으로 사용될 때, 다인산염은 가용성 또는 현탁액 형태로 칼슘 이온을 '격리한다'. 이 효과는 칼슘 이온의 평형 농도를 감소시키고, 송수관과 보일러와 같은 설비에서 탄산 칼슘이 침전되는 것을 방지한다. 게다가 물을 다인산염으로 적절하게 연수화하면, 칼슘은 비누와 반응하여 침전물을 형성하거나 세제에 해롭게 작용하지 않는다.

인산의 가장 간단한 형태는 오쏘인산염(PO_4^{3-})이다.

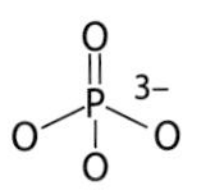

오쏘인산 이온은 수소 이온(H^+)이 결합할 수 있는 세 개의 부위를 갖고 있다. 오쏘인산(H_3PO_4)의 pK_{a1}, pK_{a2} 및 pK_{a3}는 각각 2.17, 7.31 및 12.36이다. 세 번째 수소 이온은 매우 높은 pK_{a3} 값에서 알 수 있듯이, 오쏘인산염에서 제거하기 매우 어렵기 때문에, PO_4^{3-}가 물에서 상당한 수준으로 존재하려면 매우 염기성인 조건이 필요하다. 자연수의 오쏘인산염은 중합체 인산염 화학종의 가수 분해에서 유래될 수 있다.

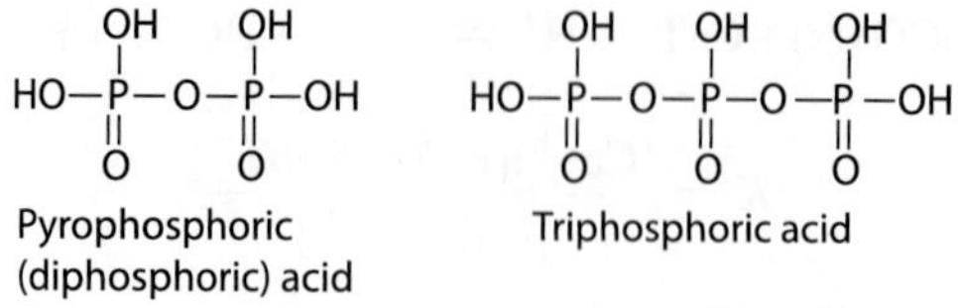

그림 2.12 이인산(diphosphoric acid)과 삼인산(triphosphoric acid)의 구조식. 이인산에 대해 pK_{a1} 값은 아주 작은(비교적 강산) 반면에, pK_{a2}는 2.64, pK_{a3}는 6.76, 그리고 pK_{a4}는 9.42이다. 삼인산에 대한 pK_{a1}과 pK_{a2} 값은 작고, pK_{a3}는 2.30, pK_{a4}는 6.50, 그리고 pK_{a5}는 9.24이다. 이러한 값들은 이미 한 개의 O^-기를 갖는 것에 비해 다른 O^-기를 갖지 않는 P 원자 상의 −OH기로부터 H^+를 제거하는 상대적 용이성을 반영한다.

2.16.1 다인산염

파이로인산(이인산) 이온($P_2O_7^{4-}$)은 오쏘인산염의 축합 반응에 의해 생성되는 가지가 달리지 않은 사슬 구조의 다인산염 계열의 첫 번째이다.

$$2PO_4^{3-} + H_2O \rightleftharpoons P_2O_7^{4-} + 2OH^- \tag{2.106}$$

긴 계열의 선형 다인산염도 생성될 수 있으며, 이들 중 두 번째는 삼인산 이온(triphosphate ion, $P_3O_{10}^{5-}$)이다. 산성 형태, 즉 $H_4P_2O_7$과 $H_5P_3O_{10}$의 구조식은 그림 2.12에 나타냈다.

이보다 더 긴 선형 다인산염을 구성하는 더 긴 사슬을 상상하는 것은 쉽다. **유리질 인산 소듐(vitreous sodium phosphate)**은 4개에서 약 18개까지의 인 원자를 갖는 선형 인산염 사슬로 구성된 혼합물이다. 중간 정도의 사슬 길이를 갖는 인산염들이 존재하는 화학종의 대부분을 차지한다.

2.16.2 다인산염의 가수 분해

모든 중합체 인산은 물에서 더 간단한 생성물로 가수 분해된다. 가수 분해 속도는 pH를 포함한 많은 요인들에 따라 달라지며, 최종 생성물은 항상 오쏘인산염의 형태이다. 다인산염의 가장 간단한 가수 분해 반응은 오쏘인산이 생성되는 파이로인산의 가수 분해이다.

$$H_4P_2O_7 + H_2O \rightleftharpoons 2H_3PO_4 \tag{2.107}$$

생물학적 활동이 없는 경우에조차도, 다인산염은 물에서 상당한 속도로 화학적으로 가수 분해된다. 따라서 분해되기 위해 미생물 분해에 의존해야 하는 NTA나 EDTA와 같은 유기 킬레이트제의 경우와 달리, 다인산염이 중금속 이온에 결합하여 중금속을 이동시킬 가능성에 대한 우려는 훨씬 적다.

2.16.3 다인산염에 의한 착물화

일반적으로 사슬 구조의 인산염은 좋은 착화제이며, 심지어 알칼리 금속 이온과도 착물을 생성한다. 고리 구조의 인산염은 사슬 구조의 인산염보다 훨씬 약한 착물을 생성한다. 사슬과 고리 구조 인산염의 킬레이트화 능력의 차이는 고리 다인산염에 의한 결합의 구조적인 방해에 기인한다.

2.16.4 포스폰산염

포스폰산염(phophonate) 킬레이트제는 이 장의 앞에서 논의한 NTA 및 EDTA와 같은 아미노폴리카복실산염 킬레이트제와 구조적으로 유사한 유기 화합물이다. 일반적인 포스폰산염 킬레이트제인 나이트릴로트리스(메틸렌포스폰)산[nitrilotris(methylenephosphonic) acid, NTMP]의 해리되지 않은 산 형태의 구조식은 다음과 같다.

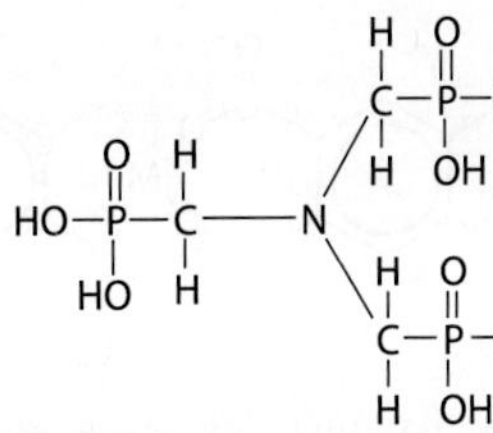

NTMP

이 화합물의 구조식은 이 장의 앞부분에서 논의한 NTA와 유사하다는 것에 주목하라.

포스폰산 킬레이트제는 스케일과 부식의 방지, 금속 마무리 작업, 세제와 세탁제, 광석 회수 및 석유 시추를 포함한 응용 분야에 사용된다. 이러한 화합물들은 농업 분야에의 응용과 펄프, 종이 및 직물 생산에 사용된다. 이러한 화합물들은 생분해성이 높지는 않지만, 생물학적 폐기물 처리 과정에서 표면과 강하게 상호 작용하여 슬러지와 함께 제거된다.

2.17 부식 물질에 의한 착물화

자연에서 발생되는 착화제의 대부분은 **부식 물질(humic substances)**이다. 이 물질은 식물의 분해 과정에서 생성되는 분해 저항성 물질로, 토양, 습지 퇴적물, 토탄, 석탄, 갈탄 및 많은 양의 식물이 부패되는 거의 모든 위치에서 퇴적물로 발생한다. 부식 물질은 자연수와 토양에 풍부하다.[8]

부식 물질은 일반적으로 용해도에 따라 분류된다. 부식 물질을 함유하는 물질을 강염기로 추출하고, 생성된 용액을 산성화하면, 이때 (a) 추출할 수 없는 식물 잔류물을 **휴민(humin)**, (b) 산성화된 추출물에서 침전되는 물질을 **부식산**(휴믹산, **humic acids**), 그리고 (c) 산성화된 용액에 남아 있는 유기 물질을 **풀빅산(fulvic acids)**이라고 한다. 이러한 물질들은 산-염기, 수착 및 착물화 특성으로 인해, 가용성 및 불용성 부식 물질들 둘 다 물의 성질에 큰 영향을 미친다. 일반적으로, 풀빅산은 물에 녹고 가용성 화학종으로서 영향을 끼친다. 휴민과 부식산은 불용성으로 남아 있으며, 양이온이나 유기 물질과 같은 화학종을 물과 교환하여 수질에 영향을 미친다.

부식 물질은 분자량이 큰 고분자 전해질 거대 분자이다. 풀빅산의 분자량은 수백이고, 부식산과 휴민의 경우에는 분자량이 수만까지에 이른다. 이 물질들은 방향성(aromaticity) 성질과, 대부분 산소를 포함한 작용기에 포함된 분자 질량의 상당한 부분을 갖는 탄소 골격으로 이루어져 있다. 대부분의 부식 물질의 원소 조성은 다음의 범위 이내에 있는데, C가 45~55%, O가 30~45%, H가 3~6%, N이 1~5%, 그리고 S가 0~1%이다. **휴민**, **부식산** 및 **풀빅산**은 단일 화합물을 지칭하는 것이 아니라, 많은 공통적인 특성을 갖고 일반적으로 발생원이 유사한 넓은 범위의 화합물들을 일컫는 말이다. 부식 물질은 1800년 이전부터 알려졌지만, 이들의 구조 및 화학적 특성은 아직도 연구 중이다.

부식 물질의 성질에 대한 어느 정도의 느낌은 아래에 제시된 가상의 풀빅산 분자의 구조를 고려하여 얻을 수 있다.

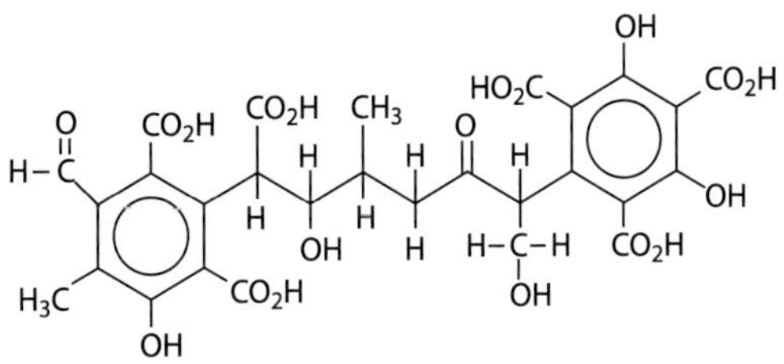

이 구조는 풀빅산을 구성하는 화합물의 전형적인 형태이다. 이 화합물의 화학식량은 666이고, 화학식은 $C_{20}H_{15}(CO_2H)_6(OH)_5(CO)_2$로 나타낼 수 있다. 이 가상 화합물에서 볼 수 있듯이, 풀빅산에 존재하는 작용기들은 카복실기, 페놀성 하이드록실기, 알코올성 하이드록실기 및 카보닐기이다. 이 작용

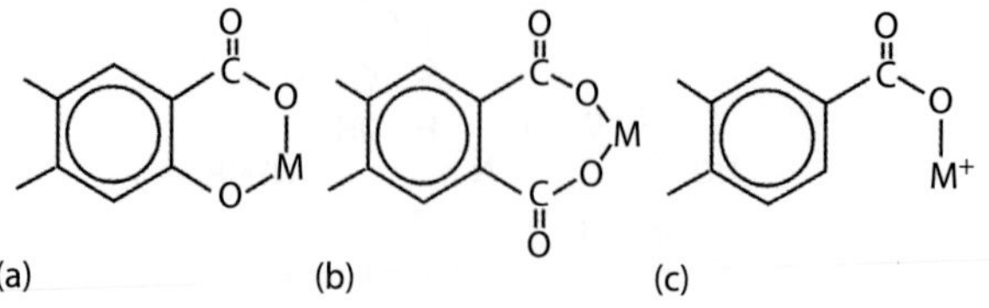

그림 2.13 부식 물질에 의한 금속 이온(M^{2+})의 결합. (a) 카복실기와 페놀성 하이드록실기 간의 킬레이트화, (b) 두 개의 카복실기 간의 킬레이트화, (c) 카복실기와의 착물화.

기들은 특정한 산 시료에 따라 다르다. 일반적으로 'meq/g 산' 단위로 나타낸 대략적인 범위는 다음과 같다. 총 산도 12~14, 카복실기 8~9, 페놀성 하이드록실기 3~6, 알코올성 하이드록실기 3~5, 카보닐기 1~3이다. 이 밖에도 메톡실기($-OCH_3$)가 낮은 수준으로 존재하기도 한다.

부식 물질에 의한 금속 이온의 결합은 부식 물질의 가장 중요한 환경 특성 중 하나이다. 이러한 결합은 카복실기와 페놀성 하이드록실기 간의 킬레이트화, 두 개의 카복실기 간의 킬레이트화, 또는 한 개의 카복실기와의 착물화에 의해 일어날 수 있다(그림 2.13 참조).

부식 물질의 보다 중요한 특성 중 하나는 부식 물질이 금속 양이온과 결합하는 능력이다. 철과 알루미늄은 부식 물질에 매우 강하게 결합하는 반면에, 마그네슘은 다소 약하게 결합한다. Ni^{2+}, Pb^{2+}, Ca^{2+} 및 Zn^{2+}와 같은 다른 일반적인 금속 이온은 부식 물질과의 결합이 중간 정도이다.

자연수에서 가용성 풀빅산 금속 착물의 역할은 잘 알려져 있지 않다. 이 착물은 아마도 생물학적으로 중요한 일부 전이 금속 이온을 용액에 유지시켜 주고, 특히 철의 가용화와 수송에 관여한다. 가용성 철과 함께 자주 발견되는 **Gelbstoffe**라고 하는 노란색의 풀빅산 형태의 화합물들은 물의 색깔과 연관이 있다.

불용성 휴민과 부식산은 양이온을 물과 효과적으로 교환하며 많은 양의 금속을 축적할 수 있다. 주로 부식산 물질로 구성되어 있는 갈탄은 물에서 일부 금속 이온을 제거하는 경향을 나타낸다.

1970년 이후에 상수도에서 **트라이할로메테인류(trihalomethanes**, THMs, 예로 chloroform, dibromochloromethane 등)가 발견된 후 부식 물질에 특별한 주의를 기울였다. 이제 이러한 발암 의심 물질들은 도시 원수를 염소 처리(chlorination)로 소독하는 동안 부식 물질이 존재하면 생성될 수 있는 것으로 일반적으로 믿어진다(7장 참조).[9] 부식 물질은 염소와 반응하여 THMs를 생성한다. THMs의 생성은 염소 처리 전에 가능한 한 많은 부식 물질을 제거함으로써 줄일 수 있다.

2.18 착물화와 산화–환원 과정

착물화는 납의 산화에 대한 것과 같이, 반응을 이동시켜 산화–환원 평형에 큰 영향을 미칠 수 있다.

$$Pb \rightleftharpoons Pb^{2+} + 2e^- \tag{2.108}$$

이 반응에서 생성물 이온(Pb^{2+})은 착물을 생성함으로써 평형을 오른쪽으로 이동시켜 납의 농도를 매우 낮은 수준으로 감소시킨다. 아마도 보다 중요한 것은 많은 금속이 산화물, 탄산염, 또는 기타 불용성 화학종에 자체 보호막을 형성함으로써, 더 이상의 화학 반응을 막는다는 사실이다.

$$M + \tfrac{1}{2}O_2 \rightleftharpoons MO \tag{2.109}$$

구리와 알루미늄 지붕 및 구조용 철은 자체를 보호하는 물질의 사례이다. 그러한 금속들과 접촉하는 킬레이트제는 노출된 금속이 쉽게 부식되도록 보호막을 계속해서 녹이는 결과를 가져올 수 있다. 예를 들어, 폐수의 킬레이트제는 금속 배관의 부식을 증가시켜 방류수에 중금속의 함량을 증가시킨다. 금속 도금 공정에서 금속 표면을 세척하는 데 사용되는 킬레이트제 용액도 비슷한 효과를 나타낸다.

참고문헌

1. Dodson, Stanley I., *Introduction to Limnology*, McGraw-Hill, New York, NY, 2005.
2. "Strong Time Dependence of Ocean Acidification Mitigation by Atmospheric Carbon Dioxide Removal," *Nature Communications*, **10**(1), Article number 5592 (2019).
3. Nowack, Bernd, and Jeanne M. VanBriesen, Eds., *Biogeochemistry of Chelating Agents*, American Chemical Society, Washington, DC, 2005.
4. Ju, Wenliang, Lei Liu, Xiaolian Jin, Chengjiao Duan, Yongxing Cui, Jie Wang, Dengke Ma, Wei Zhao, Yunqiang Wang, and Linchuan Fang, "Co-inoculation Effect of Plant-Growth-Promoting Rhizobacteria and Rhizobium on EDDS Assisted Phytoremediation of Cu Contaminated Soils," *Chemosphere*, Volume Online Computer File, 254, Pages 126724 (2020).
5. Yuan, Zhiwen, and Jeanne M. VanBriesen, "The Formation of Intermediates in EDTA and NTA Biodegradation," *Environmental Engineering Science*, **23**, 533–544, 2006.
6. Bell, Peter R., and Ibrahim Elmetri, "Some Chemical Factors Regulating the Growth of *Lyngbya Majuscula* in Moreton Bay, Australia: Importance of Sewage Discharges," *Hydrobiological*, **592**, 359–371, 2007.
7. Apicella, Pietro, Sara Cascone, Felice De Santis, and Gaetano Lamberti, "Iron Chelates: Production Processes and Reaction Evolution Analysis," *Chemical Engineering Communications*, **203**(7), 861–869, 2016.
8. Klucakova, Martina, "Size and Charge Evaluation of Standard Humic and Fulvic Acids as Crucial Factors to Determine Their Environmental Behavior and Impact," *Frontiers in Chemistry*, Lausanne, Switzerland, **6**, 1–8, 2018.
9. Ibrahim, Mohamed B. M., Emad K. Radwan, Ahmed S. Moursy, and Ahmed H. Bedair, "Humic Substances as Precursors for Trihalomethanes Yields Upon Chlorination," *Desalination and Water Treatment*, **57**(55), 26494–26500, 2016.

보충자료

Ahuja, Satinder, *Food, Energy, and Water: The Chemistry Connection*, Elsevier, Amsterdam, 2015.

Benjamin, Mark M., *Water Chemistry*, 2nd ed., Waveland Press, New York, NY, 2014.

Bianchi, Thomas, *Biogeochemistry of Estuaries*, Oxford University Press, Oxford, 2007.

Bianchi, Thomas S., and Elizabeth A. Canuel, *Chemical Biomarkers in Aquatic Ecosystems*, Princeton University Press, Princeton, NJ, 2011.

Brezonik, Patrick, and William Arnold, *Water Chemistry: An Introduction to the Chemistry of Natural and Engineered Aquatic Systems*, Oxford University Press, Oxford, 2011.

Brightwell, Chris, *Marine Chemistry*, T.F.H. Publications, Neptune City, NJ, 2007.

Buffle, J. D., *Complexation Reactions in Aquatic Systems: An Analytical Approach*, Ellis Horwood, Chichester, 1988.

Butler, James N., *Ionic Equilibrium: Solubility and pH Calculations*, John Wiley & Sons, New York, NY, 1998.

Closs, Gerry, Barbara Downes, and Andrew Boulton, *Freshwater Ecology*: A Scientific Introduction, Blackwell Pub. Co., Malden, MA, 2004.

Dodds, Walter K., and Matt R. Whiles, *Freshwater Ecology: Concepts and Environmental Applications of Limnology*, 2nd ed., Academic Press, San Diego, CA, 2010.

Dodson, Stanley I., *Introduction to Limnology*, McGraw-Hill, New York, NY, 2005.

Drever, James I., *The Geochemistry of Natural Waters: Surface and Groundwater Environments*, 3rd ed., Prentice Hall, Upper Saddle River, NJ, 1997.

Eby, G. Nelson, *Principles of Environmental Geochemistry*, Thomson-Brooks/Cole, Pacific Grove, GA,

2004.

Essington, Michael E., *Soil and Water Chemistry: An Integrative Approach*, 2nd ed., Taylor & Francis/CRC Press, Boca Raton, FL, 2020.

Faure, Gunter, *Principles and Applications of Geochemistry: A Comprehensive Textbook for Geology Students*, 2nd ed., Prentice Hall, Upper Saddle River, NJ, 1998.

Findlay, Stuart E. G., and Robert L. Sinsabaugh, Eds., *Aquatic Ecosystems: Interactivity of Dissolved Organic Matter*, Academic Press, San Diego, CA, 2003.

Ghabbour, Elham A., and Geoffrey Davies, Eds., *Humic Substances: Nature's Most Versatile Materials*, Garland Publishing, New York, NY, 2003.

Hayes, Amy, *Earth's Hydrosphere*, Rosen Publishing Group, Buffalo, NY, 2018.

Hem, J. D., *Study and Interpretation of the Chemical Characteristics of Natural Water*, 2nd ed., U.S. Geological Survey Paper 1473, Washington, DC, 1970.

Hessen, D. O., and L. J. Tranvik, Eds., *Aquatic Humic Substances: Ecology and Biogeochemistry*, Springer Verlag, Berlin, 1998.

Holland, H. D., and K. K. Turekian, Eds., *Treatise on Geochemistry*, Elsevier/Pergamon, Amsterdam, 2004.

Hynes, H. B. N., *The Ecology of Running Waters*, Blackburn Press, Caldwell, NJ, 2001.

Jensen, James N., *A Problem-Solving Approach to Aquatic Chemistry*, Wiley, New York, NY, 2003.

Jones, Jeremy B., and Patrick J. Mulholland, Eds., *Streams and Ground Waters*, Academic Press, San Diego, CA, 2000.

Kalff, Jacob, *Limnology: Inland Water Ecosystems*, Prentice Hall, Upper Saddle River, NJ, 2002.

Kumar, Arvind, Ed., *Aquatic Ecosystems*, A.P.H. Publishing Corp., New Delhi, 2003.

Langmuir, Donald, *Aqueous Environmental Geochemistry*, Prentice Hall, Upper Saddle River, NJ, 1997.

Manahan, Stanley E., *Water Chemistry: Green Science and Technology of Nature's Most Renewable Resource*, Taylor & Francis/CRC Press, Boca Raton, FL, 2010.

Manahan, Stanley E., *Environmental Chemistry of the Hydrosphere Earth's Natural Capital of Water*, Chemchar, Columbia, MO, 2015.

Polevoy, Savely, *Water Science and Engineering*, Krieger Publishing, Melbourne, FL, 2003.

Singh, Gajraj, *Encyclopedia of Water Science*, SBS Publishers, New Delhi, 2012.

Spellman, Frank. R., *The Science of Water: Concepts and Applications*, 2nd ed., Taylor & Francis/CRC Press, Boca Raton, FL, 2008.

Steinberg, Christian, *Ecology of Humic Substances in Freshwaters: Determinants from Geochemistry to Ecological Niches*, *Springer*, Berlin, 2003.

Stewart, B. A., and Terry A. Howell, Eds., *Encyclopedia of Water Science*, Marcel Dekker, New York, NY, 2003.

Stumm, Werner, Chemistry of the *Solid-Water Interface*: Processes at the *Mineral-Water and Particle-Water Interface in Natural Systems*, John Wiley & Sons, Inc., New York, NY, 1992.

Stumm, Werner, and James J. Morgan, *Aquatic Chemistry: Chemical Equilibria and Rates in Natural Waters*, 3rd ed., John Wiley & Sons, Inc., New York, NY, 1995.

Tikhomirov, Viatcheslav V., *Hydrogeochemistry Fundamentals and Advances, Groundwater Composition and Chemistry*, Wiley-Scrivener, New York, NY, 2016.

Trimble, Stanley W., *Encyclopedia of Water Science*, 2nd ed., Taylor & Francis/CRC Press, 2008.

Trujillo, Alan P., and Harold V. Thurman, *Essentials of Oceanography*, 11th ed., Prentice-Hall, Upper Saddle River, NJ, 2013.

Van Zomeren, Andre, Amelia Costa, Jose Paulo Pinheiro, and Rob N. J. Comans, "Proton Binding Properties of Humic Substances Originating from Natural and Contaminated Materials," *Environmental Science and Technology*, **43**, 1393–1399, 2009.

Weiner, Eugene R., *Applications of Environmental Aquatic Chemistry: A Practical Guide*, 2nd ed., Taylor & Francis/CRC Press, Boca Raton, FL, 2008.

Welch, E. B., and Jean Jacoby, *Pollutant Effects in Fresh Waters: Applied Limnology*, Taylor & Francis, London, 2007.

Wetzel, Robert G., *Limnology: Lake and River Ecosystems*, 3rd ed., Academic Press, San Diego, CA, 2001.

White, William M., *Geochemistry*, Wiley-Blackwell, Hoboken, NJ, 2013.

Wiener, Eugene, R., *Applications of Environmental Aquatic Chemistry: A Practical Guide*, 2nd ed., Taylor & Francis/CRC Press, Boca Raton, FL, 2008.

연습문제

모든 문제들을 답하기 위해서는 인터넷을 활용해야 할 것이다. 특히 일반적인 정보나 통계, 상숫값, 수식들은 인터넷에서 찾아서 사용하시오. 질문들은 교재 안에 있는 내용을 단순하게 찾아서 쓰는 것보다 호기심과 사고력을 증진시키기 위한 것이다. 그래서 어떤 경우에는 여러 가지 '정답'이 있을 수 있다. 그러므로 만약 자신의 이지적인 사고를 통한 노력과 다양한 문헌으로부터 찾은 정보를 바탕으로 작성한 답은 '정답'으로 간주한다.

1. 알칼리도는 표준 산으로 적정하여 측정할 수 있다. 알칼리도는 종종 $CaCO_3$ mg/L로 나타낸다. 만약 V_s mL의 시료를 페놀프탈레인 종말점까지 적정하는 데 N 노말 농도의 산 V_p mL가 필요하다면, $CaCO_3$ mg/L로 페놀프탈레인 알칼리도를 나타내기 위한 식은 무엇인가?
2. 100파운드(1 lb = 0.453 kg)의 사탕수수(dextrose, $C_{12}H_{22}O_{11}$)가 25°C에서 공기 중의 산소로 포화된 작은 개울에 유출되었다. 생분해에 의해 모든 용존 산소가 소모될 때까지 몇 L의 물이 오염될 수 있는가?
3. 알칼리도가 2.00×10^{-3} eq/L인 물의 pH가 7을 나타냈다. 이 조건에서 $[CO_2]$, $[HCO_3^-]$, $[CO_3^{2-}]$ 및 $[OH^-]$를 계산하시오.
4. 조류의 광합성 활동을 통해, 문제 3에서 물의 pH가 10으로 변하였다. 문제 3의 각 화학종의 농도와 생성되는 바이오매스 $\{CH_2O\}$의 무게를 계산하시오. 단, 대기 중의 CO_2는 유입되지 않는다고 가정한다.
5. 염화 칼슘은 물에 매우 잘 녹는 반면에, 플루오린화 칼슘(CaF_2)의 용해도곱 상수는 겨우 3.9×10^{-11}에 불과하다. 1.00×10^{-3} M HCl의 폐수가 석회석($CaCO_3$) 층에 주입되어 평형을 이루고 있다. 이때 일어나는 화학 반응식을 쓰고, 평형에 도달했을 때 물의 경도와 알칼리도를 계산하시오. 1.00×10^{-3} M HF의 폐수에 대해서도 동일한 물음에 답하시오.
6. $[H^+] = 4.69 \times 10^{-11}$에서 총 알칼리도(기여 화학종은 HCO_3^-, CO_3^{2-}, OH^-)가 1.00×10^{-3} eq/L인 용액에 대해, CO_3^{2-}로부터 알칼리도에 기여하는 백분율은 얼마인가?
7. 여러 폐수를 수송하기 위한 폐수 처분 관정을 석회석($CaCO_3$) 층으로 뚫었고, 폐수는 지하 대수층을 관통해 석회석 층을 지나기 전에 탄산 칼슘과 완전히 평형에 도달할 시간이 있다. 폐수 중에 포함된 다음의 성분 중, 성분 자체 또는 석회석과의 반응 때문에 알칼리도의 증가를 일으키지 않는 것은?
   (a) NaOH, (b) CO_2, (c) HF, (d) HCl, (e) 앞의 모든 것이 알칼리도를 증가시킴.
8. $[HCO_3^-] = 3.00 \times 10^{-3}$ M의 농도를 갖는 매질에서 $PbCO_3$와 평형을 이루고 있는 NTA에 대한 $[PbT^-]/[HT^{2-}]$의 비를 계산하시오.
9. 문제 8에서 매질이 착물을 이루지 않는 칼슘 $[Ca^{2+}]$가 5.00×10^{-3} M이 되도록 과량의 칼슘을 포함한다면, pH 7에서 $[PbT^-]/[CaT^-]$의 비율은 얼마인가?
10. 1.00×10^{-3} M의 다이소듐 NTA(Na_2HT)를 유일한 용질로 함유하는 폐수가 폐수 처분 관정을 통해 석회석($CaCO_3$) 층에 유입된다. 이 대수층을 통해 어느 정도 거리를 이동하면서 평형에 도달한 후, 시료 채취 관정에서 물을 채취한다. NTA 화학종과 $CaCO_3$ 간의 반응은 무엇인가? 이 반응에 대한 평형 상수는 얼마인가? 또 CaT^-, HCO_3^- 및 HT^{2-}의 평형 농도를 계산하시오(적절한 상수들은 이 장에서 찾을 수 있다).
11. 문제 10에서 폐수 중 NTA의 농도가 0.100 M이고, 완충 작용을 하는 기타 용질을 포함하여 최종 pH가 9.00이라면, HT^{2-}의 평형 농도(mol/L) 값은 얼마가 되겠는가?
12. 정확히 1.00×10^{-3} mol의 $CaCl_2$, 0.100 mol의 NaOH 및 0.100 mol의 Na_3T를 섞어 1 L로 희석하였다. 이 혼합물에서 Ca^{2+}의 농도는 얼마인가?

13. 킬레이트화는 금속의 부식에 어떻게 영향을 미치는가?
14. 아래의 리간드는 하나의 금속 이온의 결합에 대해 한 자리 이상의 자리를 갖고 있다. 이 리간드는 그러한 자리를 몇 개 갖고 있는가?

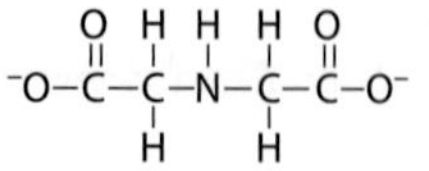

15. 초기에 25 mg/L의 트라이소듐 NTA(Na_3NTA)를 함유하고 있는 용액이 고체 $PbCO_3$와 평형을 이룬다면, pH가 8.50이고 평형에서 HCO_3^- 1.76×10^{-3} M을 함유하는 매질에서, 결합되지 않은 NTA의 농도에 대한 납과 결합된 NTA의 농도의 비율($[PbT^-]/[HT^{2-}]$)은 얼마인가?
16. 낮은 농도의 NTA가 pH 7에서 $[HCO_3^-]=7.50\times10^{-4}$ M인 매질에서 $PbCO_3$와 평형을 이룬 후, $[PbT^-]/[HT^{2-}]$의 비율은 얼마인가?
17. 용해된 킬레이트제가 기존의 생물학적 폐수 처리에 미칠 수 있는 해로운 영향은 무엇인가?
18. 인공 조류 배양 배지에 일반적으로 킬레이트제를 첨가하는 이유는 무엇인가?
19. 어떤 생명 과정에 필수적인 마그네슘의 일반적인 착물은 무엇인가?
20. 다인산염 가수 분해의 최종 생성물은 항상 무엇인가?
21. 초기에 1.00×10^{-5} M의 CaT^-를 포함하고 있는 용액이 고체 $PbCO_3$와 평형에 도달하였다. 평형에서 pH = 7, $[Ca^{2+}]=1.50\times10^{-3}$ M, 그리고 $[HCO_3^-]=1.10\times10^{-3}$ M이다. 이 용액에서 PbT^-로 존재하는 총 NTA의 분율은 얼마인가?
22. $[HCO_3^-]=1.25\times10^{-3}$ M인 매질에서 pH 7이고, HT^{2-}가 고체 $PbCO_3$와 평형을 이룬 후에 존재하는 NTA의 분율은 얼마인가?
23. 물 공급원 문제와 홍수 문제를 경감시키기 위해 취하는 조치가 실제로는 그러한 문제들을 악화시킬 수 있는 방법들을 기술하시오.
24. 물을 연구하는 학문은 ________________로 알려져 있는 반면에, ________________는 담수의 특징을 연구하는 과학의 부문이며, 지구에 존재하는 모든 물의 약 97%를 차지하는 물을 다루는 과학은 ________________라고 한다.
25. 그림 2.1의 수문학적 순환을 고려하시오. 이 순환의 각 주요 부분에 적용할 수 있는 환경 화학의 종류나 부류를 나열하거나 기술하시오.
26. 물의 독특하고 중요한 성질들을 고려하시오. 물의 어떤 분자 특성 또는 결합 특성이 이러한 물의 성질들에 주로 영향을 주는가? 아래의 각 항목에 관련된 물의 독특한 성질을 나열하거나 설명하시오.
    a. 열적 특성
    b. 빛의 투과성
    c. 표면 장력
    d. 용매 성질
27. 수체의 수온 성층이 물 화학에 어떤 영향을 미치는지 논의하시오.
28. 수생 생물을 물 화학과 연관시키시오. 그렇게 하는 데 있어서 다음을 고려하시오: 독립영양생물, 생산자, 종속영양생물, 분해자, 부영양화, 용존 산소, 생화학적 산소 요구량.
29. 대기 중 CO_2 농도를 400 ppm이라고 가정하고, 이산화 탄소의 존재로 기인한 빗물의 pH를 계산하시오. 대기 중 이산화 탄소 농도의 일부 추정값은 미래에 두 배가 될 것이다. 만일 이러한 일이 일어난다면, 빗물의 pH는 얼마가 될 것인가?
30. 하수 처리 시설이 하루에 200 mg/L의 분해 가능한 바이오매스 $\{CH_2O\}$를 함유하는 하수 1백만 L를 처리한다고 가정하자. 25°C에서 이 하수에 포함된 바이오매스를 분해하는 데 필요한 산소를 공급하기 위해, 하루에 폐수에 주입해야 하는 건조 공기의 부피를 계산하시오(반응 2.1).
31. 호수의 퇴적물에서 서식하는 혐기성 세균은 다음의 $2\{CH_2O\} \rightarrow CO_2 + CH_4$와 같은 생화학 반응에 따라 같은 몰수의 이산화 탄소와 메테인을 생성하여, 호수의 물은 CO_2 기체와 CH_4 기체로 포화되었다. mol L^{-1} atm^{-1}의 단위로, CO_2와 CH_4에 대한 Henry 법칙 상수는 각각 3.38×10^{-2}와 1.34×10^{-3}이다. 기체가 방출되는 깊이에서 전체 압력은 1.10 atm이고 온도는 25°C이었으며, 따라서 물의 증기압은 0.0313 atm이었다. 용존 CO_2와 용존 CH_4의 농도를 계산하시오.

3 물 화학에서 산화/환원 반응

3.1 물 화학에서 산화/환원의 중요성

물에서 화학종에 영향을 미칠 수 있는 변화 및 화학 현상의 종류에는 산-염기 및 착물화 반응(둘 다 2장에서 다룸), 침전/용해(4장) 및 이 장의 주제인 산화/환원이 포함된다. **산화-환원(oxidation-reduction, redox)** 반응은 물질의 산화 상태와 변화를 포함한다. 산화-환원 현상과 반응은 토양, 퇴적물 및 생물계뿐만 아니라 물에서도 매우 중요하다.[1] 물 중 화학종의 이동성 및 독성; 생체 내에서의 과정; 물, 퇴적물 및 토양에서 화학종의 생분해; 흡착-탈착 현상; 침전-용해 과정; 그리고 오염 물질 정화 과정은 원소 순환에 강하게 관여한다.

산화-환원 반응은 한 화학종에서 또 다른 화학종으로 전자들이 이동하는 것으로 시각화하는 것이 가장 쉽다. 예를 들어, 가용성 카드뮴 이온(Cd^{2+})은 금속 철과 반응하여 폐수에서부터 제거되어 금속 카드뮴을 생성한다. 전체 반응은 다음과 같다.

$$Cd^{2+} + Fe \rightarrow Cd + Fe^{2+} \tag{3.1}$$

이 반응은 두 개의 **반쪽 반응(half-reaction)**의 합으로, 각 반응은 카드뮴 이온이 두 개의 전자를 받아들여 환원되는 환원 반쪽 반응과

$$Cd^{2+} + 2e^{-} \rightarrow Cd \tag{3.2}$$

원소 철이 산화되는 산화 반쪽 반응이다.

$$Fe \rightarrow Fe^{2+} + 2e^{-} \tag{3.3}$$

이 두 개의 반쪽 반응을 대수적으로 더하면, 전자들은 양쪽에서 상쇄되고, 그 결과는 식 3.1에 주어진 전체 반응이다.

산화-환원 현상은 자연수와 폐수의 환경 화학에서 매우 중요하다. 예를 들어, 호수에서 유기물({CH_2O}로 나타냄) 분해에 의한 미생물 매개 산소(O_2) 환원은 산소의 고갈을 가져오며, 이는 물고기를 죽일 수 있다.

$$\{CH_2O\} + O_2 \rightarrow CO_2 + H_2O \tag{3.4}$$

생분해성 하수 성분이 산화되는 속도는 폐기물 처리 시설의 가동에 매우 중요하다. 저수조(reservoir)에서 불용성 철(III)이 가용성 철(II)로 환원되는 반응은 물을 가용성 철로 오염시키며, 이 철은 수처리 시설에서 제거하기 어렵다.

$$Fe(OH)_3(s) + 3H^{+} + e^{-} \rightarrow Fe^{2+} + 3H_2O \tag{3.5}$$

물에서 NH_4^+가 NO_3^-로 산화되는 반응은 암모니아성 질소를 질산염으로 전환하며, 이 질산염은 물에서 조류에 더 잘 흡수될 수 있는 형태이다.

$$NH_4^+ + 2O_2 \rightarrow NO_3^- + 2H^+ + H_2O \tag{3.6}$$

산화 환원 반응의 유형, 속도 및 평형이 물에서 중요한 용질 화학종의 성질을 주로 결정하는 방식에 대해서는 많은 예를 들 수 있다.

이 장에서는 물에서의 산화–환원 과정과 평형을 논의한다. 그렇게 함으로써, pH와 유사하고 전자 활동도의 음의 로그(−log)로 정의되는 p*E* 개념을 강조한다. 낮은 p*E* 값은 환원 상태를 나타내는 반면에, 높은 p*E* 값은 산화 상태를 나타낸다.

자연수와 폐수에서 일어나는 산화–환원 반응에 대해 두 가지의 중요한 점이 강조되어야 한다. 첫째, 5장(수생 미생물 생화학)에서 논의되는 바처럼, 가장 중요한 많은 산화–환원 반응들이 미생물에 의해 촉매되어 일어난다. 세균은 산소 분자가 유기물과 반응하고, 철(III)이 철(II)로 환원되며, 암모니아가 질산 이온으로 산화되는 과정에서 촉매 역할을 한다.

수권에서 일어나는 산화–환원 반응에 대한 두 번째 중요한 점은 이 반응은 산–염기 반응과 밀접한 관계가 있다는 것이다. 수소 이온(H^+)의 활동도가 물의 산성 또는 염기성의 정도를 나타내는 데 사용되는 반면에, 전자(e^-)의 활동도는 물 매질의 산화성 또는 환원성의 정도를 나타내는 데 사용된다. '산성비'의 유출수(runoff)와 같은 수소 이온 활동도가 높은 물은 **산성**(acidic)이다. 이와 유사하게, 하수 처리장의 무산소(혐기성) 소화조에 있는 물처럼 **전자 활동도**(electron activity)가 높은 물은 **환원성**(reducing)이라고 한다. 폐기된 수산화 소듐(가성 소다)으로 오염된 매립지의 침출수와 같은 수소 이온의 활동도가 낮은(OH^- 농도가 높음) 물은 **염기성**(basic)인 반면, 전자 활동도가 낮은 물(예를 들어, 높은 농도의 염소로 처리된 물)은 **산화성**(oxidizing)이라고 한다. 실제로, 자유 전자나 자유 수소 이온 둘 다 그 자체는 수용액에서 용해되어 존재하지 않고, 항상 용매 또는 용질과 강하게 결합되어 있다. 그러나 전자 활동도 개념은 수소 이온 활동도 개념처럼 물 화학자에게 매우 유용한 개념이다.

물에 존재하는 많은 화학종들이 전자와 수소 이온을 둘 다 교환한다. 예를 들어, 산성 광산수는 수화 철(III) 이온[$Fe(H_2O)_6^{3+}$]을 함유하며, 수소 이온을 쉽게 잃고, 매질에 산성을 제공한다.

$$Fe(H_2O)_6^{3+} \rightleftharpoons Fe(H_2O)_5OH^{2+} + H^+ \tag{3.7}$$

이 수화된 철(III) 이온은 한 개의 전자를 받아들여 철(II)이 생성된다.

$$Fe(H_2O)_6^{3+} + e^- \rightleftharpoons Fe(H_2O)_6^{2+} \tag{3.8}$$

일반적으로 산화–환원 반응에서 전자의 이동은 수소 이온의 이동을 수반하므로, 산화–환원과 산–염기 과정은 밀접한 관계가 있다. 예를 들어, 철(II)이 pH 7에서 한 개의 전자를 잃으면, 세 개의 수소 이온도 손실되어, 매우 불용성인 젤라틴 형태의 고체인 수산화 철(II)을 생성한다.

$$Fe(H_2O)_6^{2+} \rightleftharpoons e^- + Fe(OH)_3(s) + 3H_2O + 3H^+ \tag{3.9}$$

그림 3.1에서 나타낸 성층화된 수체는 수계에서의 산화–환원 현상과 관계를 설명하는 데 사용될 수 있다. 무산소의 퇴적층은 매우 환원성이 커 탄소는 탄소가 갖는 가장 낮은 산화 상태인 CH_4에서의 −4가로 환원될 수 있다. 호수가 무산소 상태가 되면, 심수층은 환원 상태의 원소들을 함유할 수 있다(질소는 NH_4^+, 황은 H_2S, 철은 가용성의 $Fe(H_2O)_6^{2+}$). 대기 중의 산소로 포화되면, 표수층은 비교적 산화성 매질이 된다. 표수층이 열역학적 평형에 도달하면, 존재하는 원소들은 더 산화된 형태의 특징을 나타낸다(탄소는 CO_2, 질소는 NO_3^-, 철은 불용성의 $Fe(OH)_3$, 황은 SO_4^{2-}). 산화–환원 반응의 결과로 나타나는 물에서의 화학종 분포의 상당한 변화는 수생 생물에게 극히 중요하며, 수질에도 엄청난 영향

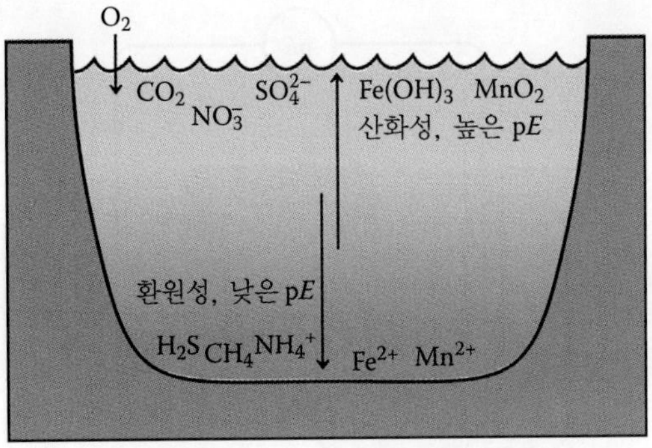

그림 3.1 표면 근처에서 높은 산소 농도(산화, 높은 pE)와 바닥 근처에서 낮은 산소 농도(환원, 낮은 pE)를 갖는 성층화된 수역에서 다양한 우세 화학종들.

을 미친다.

이 장에서 제시되는 시스템은 어떤 실제 자연수나 폐수 시스템에서 거의 결코 도달하지 못하는 상태인 평형 상태에 있다고 가정한다는 점에 주목해야 한다. 대부분의 실제 수계는 진정한 평형 시스템이 아니라 정상 상태(steady state)에 가까운 동적 시스템이다. 그럼에도 불구하고, 평형 상태의 시스템에 대한 그림은 자연수와 폐수 시스템의 경향을 시각화하는 데 매우 유용하지만, 그 모형은 여전히 이해하기에 충분히 간단하다. 그러나 특히 물의 산화–환원 상태를 측정하려는 경우, 그러한 모형의 한계를 인식하는 것은 중요하다.

3.2 전자와 산화–환원 반응

자연수에서의 산화–환원 과정을 설명하기 위해서는 먼저 산화–환원 반응을 이해하는 것이 필요하다. 형식적인 의미에서, 그러한 반응은 화학종들 간의 전자 이동으로 볼 수 있다. 이 절에서는 간단한 시스템에서 그러한 반응들을 고려한다. 모든 산화–환원 반응은 그 반응에 참여하는 화학종들 중 일부의 산화 상태 변화를 수반한다. 예를 들어, 고체 $Fe(OH)_3$의 침전을 방지하기 위해 충분히 산성인 철(II)과 철(III)을 함유하는 용액을 고려한다(그러한 매체는 산성 광산수나 강철 산 세척액 폐수일 수 있다). 철(II)을 철(III)로 환원시키기 위해 그 용액을 적절한 촉매를 사용하여 원소 수소 기체로 처리한다고 가정하자. 전체 반응은 다음과 같이 나타낼 수 있다.

$$2Fe^{3+} + H_2 \rightleftharpoons 2Fe^{2+} + 2H^+ \quad (3.10)$$

이 반응은 반쪽 화살표가 두 방향이 되도록 나타냈는데, 이는 이 반응이 **가역적**(reversible)이며 어느 쪽으로든지 진행될 수 있다는 것을 나타낸다. 반응물의 일반적인 농도에 대해, 이 반응은 오른쪽으로 진행된다. 반응이 오른쪽으로 진행됨에 따라, 수소는 **산화 상태**(oxidation state)가 원소 H_2의 0에서 H^+의 +1로 증가하기 때문에 산화된다. 철의 산화 상태는 Fe^{3+}의 +3에서 Fe^{2+}의 +2로 감소하므로 철은 **환원된다**(reduced)는 것을 의미한다.

이와 같은 모든 산화–환원 반응은 **환원 반쪽 반응**(reduction half-reaction)과 **산화 반쪽 반응**(oxidation half-reaction)으로 쪼갤 수 있다. 이 경우 환원 반쪽 반응은

$$2Fe^{3+} + 2e^- \rightleftharpoons 2Fe^{2+} \quad (3.11)$$

이고, 한 개의 전자에 대해 $Fe^{3+} + e^- \rightleftharpoons Fe^{2+}$이며, 산화 반쪽 반응은 다음과 같다.

$$H_2 \rightleftharpoons 2H^+ + 2e^- \quad (3.12)$$

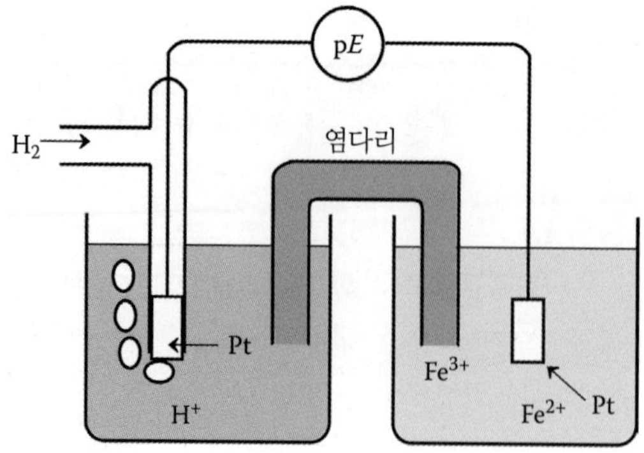

그림 3.2 반응 $2Fe^{2+} + H_2 \rightleftharpoons 2Fe^{2+} + 2H^+$이 두 개의 반쪽 전지에서 일어날 수 있는 전기 화학 전지.

이 두 개의 반쪽 반응을 합하면 전체 반응이 된다는 것에 주목하라. **각 반응에 대해 같은 수의 전자로 나타낸 전자들은 화살표의 양쪽에서 상쇄되어, 산화 반쪽 반응과 환원 반쪽 반응의 합은 전체 산화–환원 반응이 된다.**

산화–환원 반응의 평형, 즉 반응이 오른쪽 또는 왼쪽으로 치우친 경향을 나타내는 정도는 전체 반응을 구성하는 반쪽 반응들에 대한 정보로부터 유추할 수 있다. 이것을 가시화하기 위하여 두 개의 반쪽 반응이 그림 3.2의 반응 3.13에 나타낸 것처럼, 전기 화학 전지가 두 개의 반쪽 전지로 나누어질 수 있다고 가정한다.

H^+, Fe^{2+} 및 Fe^{3+}의 초기 활동도가 모두 1의 차수(1 M 농도)이고, H_2의 압력이 1 atm이면 왼쪽의 반쪽 전지에서 H_2는 H^+로 산화되고, 오른쪽의 반쪽 전지에서는 Fe^{3+}가 Fe^{2+}로 환원되며, 양쪽 반쪽 전지에서 전기적 중성이 유지되도록 이온들은 염다리를 통해 이동할 것이다. 여기에서 일어나는 알짜 반응은 반응 3.13이 될 것이다.

두 개의 전극 사이의 회로에 전압계를 삽입하면 상당한 전류가 흐르지 않고서는 두 개의 반쪽 반응은 일어날 수 없다. 그러나 전압계에 기록되는 전압은 두 개의 반쪽 반응이 일어날 수 있는 상대적인 경향을 측정한 것이다. 왼쪽의 반쪽 전지에서는 산화 반쪽 반응이 오른쪽으로 진행하려는 경향이 있어, 반쪽 전지에서 전자들을 백금 전극으로 방출하여 그 전극이 상대적으로 음(−)의 전위를 갖게 할 것이다.

$$H_2 \rightleftharpoons 2H^+ \rightleftharpoons 2e^- \tag{3.13}$$

오른쪽의 반쪽 전지에서는 환원 반쪽 반응이 오른쪽으로 진행하여, 반쪽 전지에서 백금 전극으로부터 전자를 받아들여 그 전극이 상대적으로 양(+)의 전위를 갖게 할 것이다.

$$Fe^{3+} + e^- \rightleftharpoons Fe^{2+} \tag{3.14}$$

이러한 전위의 차이는 전체 반응의 '추진력(driving force)'의 척도이다. 반응에 참여하는 각 성분이 단위 활동도(1 M)에 있는 경우, 전위차는 0.77 V가 된다.

그림 3.2에 나타낸 왼쪽 전극을 표준 전극이라고 하며, 모든 다른 전극의 전위는 이것과 비교한다. 이 전극을 **표준 수소 전극(standard hydrogen electrode, SHE)**이라고 한다. 이 전극은 관례에 의해 정확히 0 V로 정했고, 이것의 반쪽 반응은 다음과 같이 쓴다.

$$2H^+ + 2e^- \rightleftharpoons H_2,\ E^0 = 0.00\ V \tag{3.15}$$

그림 3.2에서 오른쪽 전극의 표준 수소 전극에 대해 측정된 전위를 **전극 전위(electrode potential, *E*)**라고 한다. 용액에서 Fe^{2+}와 Fe^{3+}가 둘 다 단위 활동도(1 M)에 있다면, 그 전위는 **표준 전극 전위(standard electrode potential, E^0)**이다[IUPAC의 관례에 따르면, **표준 환원 전위(standard reduction**

potential)라고 함]. Fe^{3+}/Fe^{2+} 쌍에 대한 표준 전극 전위는 0.77 V이고, 관례상 다음과 같이 표현된다.

$$Fe^{3+} + e^- \rightleftharpoons Fe^{2+},\ E^0 = +0.77\ \text{V} \tag{3.16}$$

3.3 전자 활동도와 p*E*

이 책에서는 대부분 E와 E^0 대신 pE와 pE^0를 사용하는데, 그 이유는 pH와 유사한 방식으로 높은 수준의 전자 활동도에 대해 수계에서 일어나는 산화–환원 평형을 더 명확하게 설명하기 위해서이다. 수치적으로 pE와 pE^0는 간단하게 다음과 같다.

$$\text{p}E = \frac{\dfrac{E}{2.303RT}}{F} = \frac{E}{0.0591} \quad (25°\text{C에서}) \tag{3.17}$$

$$\text{p}E^0 = \frac{\dfrac{E^0}{2.303RT}}{F} = \frac{E^0}{0.0591} \quad (25°\text{C에서}) \tag{3.18}$$

여기에서 R은 몰 기체 상수(8.314 J/mol·K), T는 절대 온도(284 K)이고, F는 Faraday 상수이다(96,500 C/mol). 'pE 개념'은 아래에서 설명하는 바와 같다.

pH가 용액에서 수소 이온의 활동도에 −log로 정의되는 것처럼

$$\text{pH} = -\log(a_{H^+}) \tag{3.19}$$

pE는 전자의 활동도에 −log로 정의된다.

$$\text{p}E = -\log(a_{e^-}) \tag{3.20}$$

수소 이온 농도는 여러 자릿수에 걸쳐 변할 수 있기 때문에, pH는 수소 이온의 활동도를 다루기 쉬운 숫자로 나타내는 편리한 방법이다. 마찬가지로, 물에서 전자의 활동도는 20 자릿수 이상으로 변할 수 있기 때문에, 전자의 활동도를 pE로 표현하는 것이 편리하다.

pE 값은 pE^0가 정확히 '0'으로 정의되는 다음의 반쪽 반응으로 정의된다.

$$2H^+(aq) + 2e^- \rightleftharpoons H_2(g),\ E^0 = +0.00\ \text{V},\ \text{p}E^0 = 0.00 \tag{3.21}$$

열역학적으로, 이 반응에 대한 자유 에너지 변화는 모든 반응물이 단위 활동도에 있을 때 정확히 0으로 정의된다. 이온성 용질의 경우, 활동도(어떤 의미에서는 유효 농도)는 낮은 농도와 낮은 이온 강도에서 농도에 가깝다. 기체의 활동도는 부분 압력과 같다. 게다가, 자유 에너지(G)는 일정한 온도와 압력에서 일어나는 자발적인 과정에 대해 감소한다. 자유 에너지 변화(ΔG)가 0인 과정은 자발적인 변화 경향이 없고 평형 상태에 있다. 반응 3.20은 수용액에서 모든 이온 생성의 자유 에너지가 기반을 두는 반응이다. 이는 또한 물에서 산화–환원 과정에 대한 자유 에너지 변화를 정의하는 기초를 이루고 있다.

농도 측면에서 이온의 활동도를 시각화하는 것은 비교적 쉬운 반면에, 유사한 표현으로 전자의 활동도와 pE를 생각하는 것은 더 어렵다. 예를 들어, 이온 세기가 0인 매질인 순수한 물의 25°C에서 수소 이온 농도는 1.0×10^{-7} M이고, 즉 수소 이온 활동도가 1.0×10^{-7}이며 pH는 7.0이다. 그러나 전자의 활동도는 식 3.21에 의해 정의해야 한다. 단위 활동도에서 $H^+(aq)$가 1 atm의 수소 기체와 평형을 이룰 때, 그 매질에서 전자의 활동도는 정확히 1.00이고 pE는 0.0이다. 전자의 활동도가 10배 증가하면(활동도 0.100인 $H^+(aq)$가 활동도 1.00인 H_2와 평형을 이루는 경우처럼), 전자의 활동도는 10이 되고 pE 값은 −1.0이 된다.

3.4 Nernst 식

Nernst 식(Nernst equation)은 다른 활동도가 전극 전위에 미치는 영향을 설명하기 위하여 사용된다. 그림 3.2를 참조하여, Fe^{3+}의 농도가 Fe^{2+}의 농도에 비해 증가하면, 오른쪽 전극의 전위차와 pE는 더 양의 값이 되는 것을 쉽게 시각화할 수 있는데, 이는 전극 주위에 밀집된 고농도의 전자가 부족한 Fe^{3+} 이온이 전극으로부터 전자들을 끌어당기려는 경향을 갖기 때문이다. 감소된 Fe^{3+}이나 증가된 Fe^{2+}의 농도는 정반대의 효과를 나타낸다. 그러한 농도가 E와 pE에 미치는 효과는 Nernst 식에 의해 표현된다. 다음의 반쪽 반응에 적용되는 것과 같이,

$$Fe^{3+} + e^- \rightleftharpoons Fe^{2+},\ E^0 = +0.77\ \text{V},\ pE^0 = 13.2 \tag{3.22}$$

Nernst 식은 다음과 같다. 여기에서 2.303 RT/F는 25℃에서 0.0591이다.

$$E = E^0 + \frac{2.303\,RT}{nF}\log\frac{[Fe^{3+}]}{[Fe^{2+}]} = E^0 + 0.0591\log\frac{[Fe^{3+}]}{[Fe^{2+}]} \tag{3.23}$$

여기에서 n은 반쪽 반응에 관여하는 전자의 수(이 경우 1)이고, Fe^{2+}와 Fe^{3+}의 활동도는 각각의 농도로 취하였다(단순화시키는 것은 더 묽은 용액일수록 타당하며, 이 장에서는 활동도 대신 농도를 사용할 것이다). 다음 반응을 고려하면,

$$pE = \frac{E}{\frac{2.303\,RT}{F}} \quad \text{그리고} \quad pE^0 = \frac{E^0}{\frac{2.303\,RT}{F}} \tag{3.24}$$

Nernst 식은 pE와 pE^0로 표현될 수 있다.

$$pE = pE^0 + \frac{1}{n}\log\frac{[Fe^{3+}]}{[Fe^{2+}]} \quad (\text{이 경우 } n = 1) \tag{3.25}$$

이러한 형태의 Nernst 식은 아주 간단하며, 산화–환원 관계를 계산할 때 몇 가지의 장점이 있다. 예를 들어, $[Fe^{3+}]$ 값이 2.35×10^{-3} M이고 $[Fe^{2+}]$ 값이 7.85×10^{-5} M이면 pE 값은 다음과 같다.

$$pE = 13.2 + \log\frac{2.35 \times 10^{-3}}{7.85 \times 10^{-5}} = 14.7 \tag{3.26}$$

Fe^{3+}의 농도가 Fe^{2+}의 농도에 비해 상대적으로 증가할수록 pE 값은 더 커지고(더 양의 값이 됨), Fe^{2+}의 농도가 Fe^{3+}의 농도에 비해 상대적으로 증가할수록 pE 값은 더 낮아진다(더 음의 값이 됨).

3.5 반응 경향: 반쪽 반응들로부터의 전체 반응

이 절에서는 반쪽 반응들을 어떻게 조합하여 전체 반응을 만들 수 있는지, 그리고 반쪽 반응의 pE^0 값은 반응의 진행 방향을 예측하는 데 어떻게 사용될 수 있는지에 대해 논의한다. 여기에서 논의되는 반쪽 반응들은 다음과 같다.

$$Hg^{2+} + 2e^- \rightleftharpoons Hg,\ pE^0 = 13.35 \tag{3.27}$$

$$Fe^{3+} + e^- \rightleftharpoons Fe^{2+},\ pE^0 = 13.2 \tag{3.28}$$

$$Cu^{2+} + 2e^- \rightleftharpoons Cu,\ pE^0 = 5.71 \tag{3.29}$$

$$2H^+ + 2e^- \rightleftharpoons H_2,\ pE^0 = 0.00 \tag{3.30}$$

$$Pb^{2+} + 2e^- \rightleftharpoons Pb,\ pE^0 = -2.13 \tag{3.31}$$

이러한 반쪽 반응들과 이들의 pE^0 값들은 아래와 같은 관찰 결과를 설명하는 데 사용될 수 있다. Cu^{2+} 용액이 납관을 통해 흐르면, 납은 다음과 같은 반응을 통해 구리 금속 층을 얻는다.

$$Cu^{2+} + Pb \rightarrow Cu + Pb^{2+} \tag{3.32}$$

이 반응은 금속 납이 전자를 보유하려는 것보다 구리(II) 이온이 전자를 얻으려는 경향을 더 크게 갖기 때문에 일어난다. 이 반응은 구리에 대한 반쪽 반응(식 3.29)에서 납에 대한 반쪽 반응(식 3.31)을 빼서 얻을 수 있다.

$$Cu^{2+} + 2e^- \rightleftharpoons Cu,\ pE^0 = 5.71 \tag{3.33}$$

$$-(Pb^{2+} + 2e^- \rightleftharpoons Pb,\ pE^0 = -2.13) \tag{3.34}$$

$$Cu^{2+} + Pb \rightleftharpoons Cu + Pb^{2+},\ pE^0 = 7.84 \tag{3.35}$$

이 반응에 대한 pE^0가 양(+)의 값인 7.84를 갖는다는 것은 이 반응이 쓰여진 대로 오른쪽으로 진행되려는 경향이 있다는 것을 의미한다. 이 반응은 납 금속이 구리(II) 이온의 용액과 직접 접촉할 때 일어난다. 따라서 비교적 무해한 오염 물질인 구리(II) 이온을 함유하는 폐수가 배관에서 납과 접촉하면, 유독한 납이 용액으로 들어갈 수 있다.

이론상으로, 측정 계기(pE)가 전기 전도체에 의해 바이패스되는 경우 그림 3.3에 나타낸 전지에서 반응 3.35에 대해 일어날 수 있는 것처럼, 별도의 전기 화학적 반쪽 전지에서 반쪽 반응들이 일어날 수 있다. 따라서 이와 같은 반응을 **전지 반응(cell reaction)**이라고 한다.

Cu^{2+}와 Pb^{2+}의 활동도가 단위 활동도에 있지 않으면, 반응의 방향과 pE 값은 Nernst 식에서 추정할 수 있다. 반응 3.35에 대해 Nernst 식은 다음과 같다.

$$pE = pE^0 + \frac{1}{n}\log\frac{[Cu^{2+}]}{[Pb^{2+}]} = 7.84 + \frac{1}{2}\log\frac{[Cu^{2+}]}{[Pb^{2+}]} \tag{3.36}$$

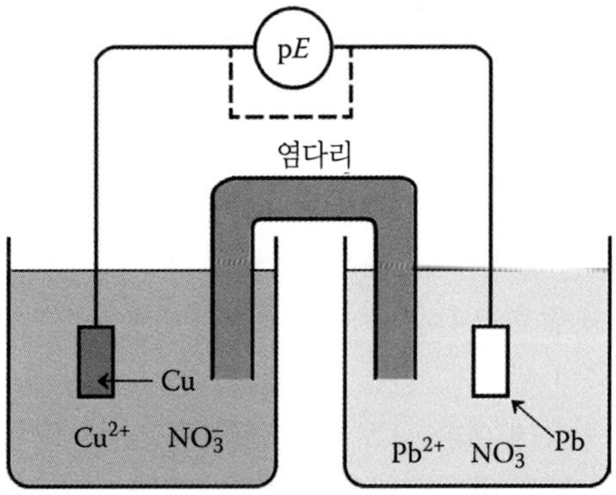

그림 3.3 납 반쪽 전지와 구리 반쪽 전지 사이의 pE를 측정하기 위한 전지. 이러한 구성에서 pE 측정계는 매우 높은 전기 저항을 가지며 전류가 흐를 수 없다.

적절한 반쪽 반응들을 결합하면 구리 금속은 강산 용액에서 수소 기체를 방출하지 않는 반면에(수소 이온은 구리(II) 이온보다 전자에 대한 인력이 더 적음), 납 금속은 이와는 반대로 산성 용액에서 수소 기체를 발생시킬 것이라는 것을 알 수 있다.

3.6 Nernst 식과 화학 평형

다시 그림 3.3을 참고하라. 구리 전극과 납 전극 사이의 전위를 측정하기 위해 설치된 전지 대신에 pE를 측정하기 위해 사용된 전압계를 제거하고, 두 전극 사이에 전류가 흐를 수 있도록 전극들을 전선(그림 3.3에서 점선)에 직접 연결하였다고 생각하자. 납 이온의 농도는 매우 높아지고, 구리 이온의 농도는 매우 낮아지며, 반응이 멈출 때까지 이 반응은 일어날 것이다.

$$Cu^{2+} + Pb \rightleftharpoons Cu + Pb^{2+},\ \mathrm{p}E^0 = 7.84 \tag{3.37}$$

이 시스템은 평형 상태에 있고 전류는 더 이상 흐르지 않기 때문에, pE는 정확히 0이다. 이 반응에 대한 평형 상수 K는 다음과 같이 표현된다.

$$K = \frac{[Pb^{2+}]}{[Cu^{2+}]} \tag{3.38}$$

평형 조건하에서 pE는 0이고 $[Cu^{2+}]$와 $[Pb^{2+}]$는 평형 농도에 있다는 것에 주목하면, 평형 상수는 Nernst 식으로부터 계산할 수 있다.

$$\mathrm{p}E = \mathrm{p}E^0 + \frac{1}{n}\log\frac{[Cu^{2+}]}{[Pb^{2+}]} = 7.84 + \frac{1}{2}\log\frac{[Cu^{2+}]}{[Pb^{2+}]} \tag{3.39}$$

$$\mathrm{p}E = 0.00 = 7.84 - \frac{1}{2}\log\frac{[Pb^{2+}]}{[Cu^{2+}]} = 7.84 - \frac{1}{2}\log K \tag{3.40}$$

반응 생성물들은 대수(log) 항에서 반응물들 위에 위치하고, 평형 상수를 올바른 형식으로 표현하기 위해 평형 상수 앞에 음의 부호를 놓는 것(순전히 수학적인 조작)에 주목하라. 식 3.40을 풀어서 얻은 log K의 값은 15.7이다.

n개의 전자를 포함하는 산화–환원 반응에 대한 평형 상수는 pE로 간단히 다음과 같이 주어진다.

$$\log K = n(\mathrm{p}E^0) \tag{3.41}$$

3.7 pE와 자유 에너지의 관계

증기 기관이나 물리화학 시험을 통과하려는 학생들과 마찬가지로, 수계와 거기에 서식하는 생물체들은 열역학 법칙을 따라야만 한다. 세균, 진균 및 인간은 화학 반응의 매개체(촉매) 역할을 하고, 화학 반응으로부터 일정 비율의 유용한 에너지를 추출함으로써 에너지를 얻는다. 수계의 거동을 예측하거나 설명할 때, 미생물이 매개하는 유기물의 CO_2 및 물로의 산화나, 산소가 없는 조건에서 혐기성 세균에 의한 유기물의 메테인으로의 발효와 같은 수계에서 화학 반응으로부터 추출할 수 있는 유용한 에너지를 예측할 수 있는 것은 도움이 된다. 그러한 정보는 산화–환원 반응에 대한 자유 에너지 변화 ΔG를 알면 얻을 수 있다. ΔG는 반응에 대한 pE로부터 얻을 수 있다. 절대 온도 T에서 n개의 전자가 관여하는 산화–환원 반응에 대한 자유 에너지 변화는 다음과 같다.

$$\Delta G = -2.303nRT(\mathrm{p}E) \tag{3.42}$$

여기에서 R은 기체 상수이다. 모든 반응물들이 표준 상태(순수한 액체, 순수한 고체, 활동도 1.00의 용질, 1 atm의 기체 압력)에 있을 때, ΔG는 표준 자유 에너지 변화 ΔG^0이고, 다음과 같이 주어진다.

$$\Delta G^0 = -2.303nRT(\mathrm{p}E^0) \tag{3.43}$$

3.8 1 전자-몰에 대한 반응

서로 다른 산화–환원 반응들 간의 자유 에너지 변화를 비교하려면 정확히 1몰(mol)의 전자가 이동하는 측면에서 반응을 고려하는 것이 가장 의미가 있다. 이 개념은 수계에서 일어나는 두 가지의 전형적이고 중요한 산화–환원 반응을 고려하여 이해할 수 있다. 질산화 반응은 다음과 같고,

$$NH_4^+ + 2O_2 \rightleftharpoons NO_3^- + 2H^+ + H_2O,\ \mathrm{p}E^0 = 5.85 \tag{3.44}$$

철(II)이 철(III)로 산화되는 반응은 다음과 같다.

$$4Fe^{2+} + O_2 + 10H_2O \rightleftharpoons 4Fe(OH)_3(s) + 8H^+,\ \mathrm{p}E^0 = 7.6 \tag{3.45}$$

이와 같이 쓰여진 반응식들은 실제로 무엇을 의미하는가? 반응과 관련하여 열역학적인 계산을 한다면, 반응식 3.44는 1 mol의 암모늄 이온이 2 mol의 원소 산소와 반응하여 1 mol의 질산 이온, 2 mol의 수소 이온 및 1 mol의 물을 생성한다는 것을 의미한다. 반응식 3.45는 4 mol의 Fe(II) 이온이 1 mol의 산소 및 10 mol의 물과 반응하여 4 mol의 $Fe(OH)_3$과 8 mol의 수소 이온을 생성한다는 것을 의미한다. 이러한 양(quantity)의 반응물들에 대해 계산된 자유 에너지 변화는 위의 두 반응들에 대한 자유 에너지 변화에 대한 의미 있는 비교를 가능하게 하지 않는다. 그러나 그러한 비교는 1 mol의 전자 이동이라는 일반적인 기준에 따라 할 수 있으며, 각 반응을 1 전자-몰에 대해 나타낼 수 있다. 이러한 접근법의 장점은 8개의 전자 변화가 관여된 반응식 3.44와 4개의 전자 변화가 관여된 반응식 3.45를 고려하여 설명할 수 있다. 1 전자-몰에 대한 식 3.44를 다시 쓰면 아래와 같이 되는 반면에,

$$\tfrac{1}{8}NH_4^+ + \tfrac{1}{4}O_2 \rightleftharpoons \tfrac{1}{8}NO_3^- + \tfrac{1}{4}H^+ + \tfrac{1}{8}H_2O,\ \mathrm{p}E^0 = 5.85 \tag{3.46}$$

반응식 3.45를 4 대신 1 전자-몰에 대해 다시 쓰면 다음과 같이 된다.

$$Fe^{2+} + \tfrac{1}{4}O_2 + \tfrac{5}{2}H_2O \rightleftharpoons Fe(OH)_3(s) + 2H^+,\ \mathrm{p}E^0 = 7.6 \tag{3.47}$$

식 3.43으로부터, 어떤 반응에 대한 표준 자유 에너지 변화는 다음과 같고,

$$\Delta G^0 = -2.303nRT(\mathrm{p}E^0) \tag{3.48}$$

1 전자-몰 반응에 대해서는 다음과 같다.

$$\Delta G^0 = -2.303RT(\mathrm{p}E^0) \tag{3.49}$$

따라서 1 전자-몰로 쓰인 반응들에 대해 $\mathrm{p}E^0$ 값들의 비교는 ΔG^0 값들이 직접적인 비교를 가능하게 한다.

n개의 전자들이 관여된 산화–환원 반응에 대한 식 3.41에서 보여 주는 것처럼 $\mathrm{p}E^0$는 다음의 식에 의해 평형 상수와 관련이 있고,

$$\log K = n(\mathrm{p}E^0) \tag{3.50}$$

1 전자-몰 반응에 대해서는 간단히 다음과 같다.

$$\log K = \mathrm{p}E^0 \tag{3.51}$$

1 전자-몰로 나타낸 질산화 반응(반응식 3.46)에 대한 pE^0 값은 +5.85이다. 이 반응에 대한 평형 상수 표현은 계산적으로 복잡한 형태인 다음과 같다.

$$K = \frac{[NO_3^-]^{1/8}[H^+]^{1/4}}{[NH_4^+]^{1/8} P_{O_2}^{1/4}} \tag{3.52}$$

위의 식에 대해 log K는 아주 간단하게 다음과 같다.

$$\log K = pE^0 = 5.85 \text{ 또는 } K = 7.08 \times 10^5 \tag{3.53}$$

표 3.1은 수계에서 특히 중요한 산화–환원 반응들에 대한 pE^0 값들을 정리한 것이다. 대부분의 이러한 값들은 그림 3.2에서 보여 주는 것처럼, 전기 화학 전지에서 직접적으로 전위차를 측정하기보다는 열역학적인 자료로부터 계산된다. 고안할 수 있는 대부분의 전극 시스템들은 Nernst 식에 해당하는 잠재적인 응답을 제공하지 않는다. 다시 말하면 그러한 시스템들은 **가역적**(reversible)이지 않다. 백금 전극과 기준 전극을 물에 놓고 전위를 측정할 수 있다는 것은 사실이다. 표준 수소 전극(standard hydrogen electrode, SHE)이라고 하는 이 전위는 소위 **E_H 값(E_H value)**이다. 게다가, 측정된 전위는 환원성 매질(예, 수체의 혐기성 바닥 영역)보다 산화성 매질(예, 호수의 호기성 표수층)에서 더 양의 값(더 산화적)을 나타낸다. 그러나 전극으로 직접 측정한 E_H 값에 어떤 정량적 의미를 부여하는 것은 불확실한 면이 많다. 비교적 높은 농도의 황산과 용존 철을 함유하는 산성 광산수는 직접 측정하여 상당히 정확한 E_H 값을 제공하지만, 대부분의 수계는 의미 있는 E_H 값을 제공하지 않는다. 물의 산화–환원 상태를 평가하는 가장 정확한 방법은 산과 염기에 대한 완충 능력과 유사한 매개변수이고, 산화 또는 환원될 수 있는 화학종들의 합으로부터 얻어지는 단일 설명 변수로 구성된 산화 능력(oxidative capacity)을 계산하는 것이다.

표 3.1 자연수에서 중요한 산화–환원 반응의 pE^0 값(25°C)

빤응	**pE^0**	**pE^0(W)[a]**
(1) $\frac{1}{4}O_2(g) + H^+(W) + e^- \rightleftharpoons \frac{1}{2}H_2O$	pE^0 = +20.75	pE^0(W) = +13.75
(2) $\frac{1}{5}NO_3^- + \frac{6}{5}H^+ + e^- \rightleftharpoons \frac{1}{10}N_2 + \frac{3}{5}H_2O$	pE^0 = +21.05	pE^0(W) = +12.65
(3) $\frac{1}{2}MnO_2 + \frac{1}{2}HCO_3^-(1\times10^{-3}\text{ M}) + \frac{3}{2}H + (W) + e^- \rightleftharpoons \frac{1}{2}MnCO_3(s) + H_2O$		pE^0(W) = +8.5[b]
(4) $\frac{1}{2}NO_3^- + H^+(W) + e^- \rightleftharpoons \frac{1}{2}NO_2^- + \frac{1}{2}H_2O$	pE^0 = +14.15	pE^0(W) = +7.15
(5) $\frac{1}{8}NO_3^- + \frac{5}{4}H^+(W) + e^- \rightleftharpoons \frac{1}{8}NH_4^+ + \frac{3}{8}H_2O$	pE^0 = +14.90	pE^0(W) = +6.15
(6) $\frac{1}{6}NO_2^- + \frac{4}{3}H^+(W) + e^- \rightleftharpoons \frac{1}{6}NH_4^+ + \frac{1}{3}H_2O$	pE^0 = +15.14	pE^0(W) = +5.82
(7) $\frac{1}{2}CH_3OH + H^+(W) + e^- \rightleftharpoons \frac{1}{2}CH_4(g) + \frac{1}{2}H_2O$	pE^0 = +9.88	pE^0(W) = +2.88
(8) $\frac{1}{4}CH_2O + H^+(W) + e^- \rightleftharpoons \frac{1}{4}CH_4(g) + \frac{1}{4}H_2O$	pE^0 = +6.94	pE^0(W) = –0.06
(9) $FeOOH(s) + HCO_3^-(1\times10^{-3}\text{ M}) + 2H^+(W) + e^- \rightleftharpoons FeCO_3(s) + 2H_2O$		pE^0(W) = −1.67[b]
(10) $\frac{1}{2}CH_2O + H^+(W) + e^- \rightleftharpoons \frac{1}{2}CH_3OH$	pE^0 = +3.99	pE^0(W) = −3.01
(11) $\frac{1}{6}SO_4^{2-} + \frac{4}{3}H^+(W) + e^- \rightleftharpoons \frac{1}{6}S(s) + \frac{2}{3}H_2O$	pE^0 = +6.03	pE^0(W) = −3.30
(12) $\frac{1}{8}SO_4^{2-} + \frac{5}{4}H^+(W) + e^- \rightleftharpoons \frac{1}{8}H_2S(g) + \frac{1}{2}H_2O$	pE^0 = +5.75	pE^0(W) = −3.50
(13) $\frac{1}{8}SO_4^{2-} + \frac{9}{8}H^+(W) + e^- \rightleftharpoons \frac{1}{8}HS^- + \frac{1}{2}H_2O$	pE^0 = +4.13	pE^0(W) = −3.75
(14) $\frac{1}{2}S(s) + H^+(W) + e^- \rightleftharpoons \frac{1}{2}H_2S(g)$	pE^0 = +2.89	pE^0(W) = −4.11
(15) $\frac{1}{8}CO_2 + H^+ + e^- \rightleftharpoons \frac{1}{8}CH_4 + \frac{1}{4}H_2O$	pE^0 = +2.87	pE^0(W) = −4.13
(16) $\frac{1}{6}N_2 + \frac{4}{3}H^+(W) + e^- \rightleftharpoons \frac{1}{3}NH_4^+$	pE^0 = +4.68	pE^0(W) = −4.65
(17) $H^+(W) + e^- \rightleftharpoons \frac{1}{2}H_2(g)$	pE^0 = 0.00	pE^0(W) = −7.00
(18) $\frac{1}{4}CO_2(g) + H^+(W) + e^- \rightleftharpoons \frac{1}{4}CH_2O + \frac{1}{4}H_2O$	pE^0 = −1.20	pE^0(W) = −8.20

출처: Stumm, Werner and James, J. Morgan: *Aquatic Chemistry*. p. 318. 1970. Copyright Wiley-VCH Verlag GmbH & Co. KGaA. Reproduced with permission.

[a] (W)는 H^+의 활동도 = 1.00×10^{-7} M를 나타내고 pE^0(W)는 수소 이온 활동도 = 1.00×10^{-7} M에서의 pE^0이다.

[b] 이러한 자료들은 단위 농도(1 M)가 아닌 HCO_3^- 이온의 활동도 = 1.00×10^{-3} M에 해당하므로 정확하게는 pE^0(W)가 아니다. 이 자료들은 pE^0보다 더 정확하게 전형적인 물의 조건을 나타낸다.

3.9 물에서 p*E*의 한계

물이 열역학적으로 안정한 p*E* 값들에는 pH에 따른 한계가 있다. 물은 산화될 수도 있고,

$$2H_2O \rightleftharpoons O_2 + 4H^+ + 4e^- \quad (3.54)$$

환원될 수도 있다.

$$2H_2O + 2e^- \rightleftharpoons H_2 + 2OH^- \quad (3.55)$$

이 두 반응들은 물에서 p*E*의 한계를 결정한다. 산화 측면에서(상대적으로 더 양의 p*E* 값), p*E* 값은 물의 산화(반쪽 반응 3.54)에 의해 제한된다. 수소의 방출(반쪽 반응 3.55)은 환원 측면에서 p*E* 값을 제한한다.

$$\tfrac{1}{4}O_2 + H^+ + e^- \rightleftharpoons \tfrac{1}{2}H_2O,\ pE^0 = 20.75 \quad (\text{표 3.1으로부터}) \quad (3.56)$$

물의 산화로부터 발생한 산소가 1.00 atm의 압력을 갖는 조건은 물의 산화 경계로 간주할 수 있는 반면, 1.00 atm의 수소 압력은 물의 환원 한계로 간주할 수 있다. 이러한 것들은 물의 안정성 경계를 계산할 수 있게 하는 **경계 조건(boundary condition)**이다. 한 개의 전자에 대해 식 3.54를 거꾸로 쓰고 $P_{O_2} = 1.00$으로 놓으면 다음과 같이 된다.

$$pE = pE^0 + \log(P_{O_2}^{1/4}[H^+]) \quad (3.57)$$

$$pE = 20.75 - pH \quad (3.58)$$

정확히 1 atm의 P_{H_2}에서 얻어지는 물의 환원 한계에 대한 p*E*–pH 관계는 다음의 유도 과정에 의해 주어진다.

$$H^+ + e^- \rightleftharpoons \tfrac{1}{2}H_2,\ pE^0 = 0.00 \quad (3.59)$$

$$pE = pE^0 + \log[H^+] \quad (3.60)$$

$$pE = -pH \quad (3.61)$$

중성의 물(pH = 7.00)에 대해, pH 7을 식 3.61과 3.58에 대입하면 물의 p*E* 범위에 대해 +7.00~13.75의 값을 얻는다. 물에 대한 안정성의 p*E*–pH 경계는 그림 3.4에서 점선으로 나타냈다.

적절한 촉매가 없으면 물의 분해는 매우 느리다. 따라서 물은 환원 한계보다 더 음수이거나 산화 한

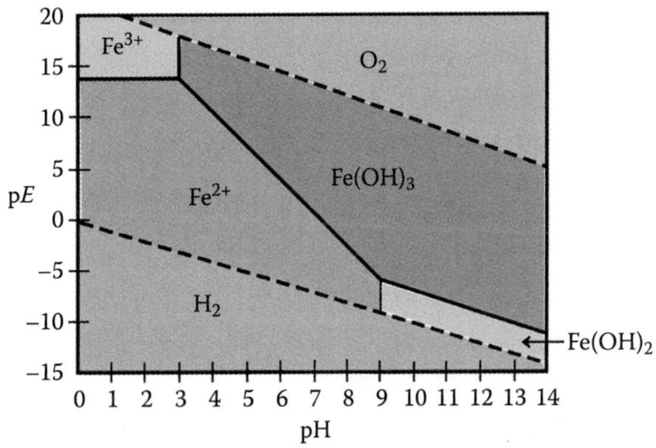

그림 3.4 물속의 철에 대한 단순화된 p*E*–pH 도표. 최대 가용성 철의 농도는 1.00×10^{-5} M이다.

계보다 더 양수인 일시적인 비평형(nonequilibrium) p*E* 값을 가질 수 있다. 후자의 일반적인 예는 물에서의 염소 용액이다.

3.10 자연수계에서 p*E* 값

자연수계에서 직접 전위차를 측정하여 정확한 p*E* 값을 얻는 것은 일반적으로 가능하지 않지만, 이론상으로 p*E* 값은 물에서 평형 상태에 있는 화학종들로부터 계산할 수 있다. 분명히 중요한 p*E* 값은 대기와 열역학적 평형을 이루고 있는 중성 물의 p*E* 값이다. 이러한 조건의 물에서, $P_{O_2} = 0.21$ atm이고 $[H^+] = 1.00 \times 10^{-7}$ M이다. 식 3.57에 이 값들을 대입하면 다음과 같다.

$$pE = 20.75 + \log\{(0.21)^{1/4} \times 1.00 \times 10^{-7}\} = 13.6 \qquad (3.62)$$

이 계산에 따르면, 대기와 평형을 이루는 물, 즉 호기성 물에 대한 p*E* 값은 약 +13으로 예상된다. 이와는 정반대로, 미생물에 의해 메테인과 CO_2가 생성되는 무산소의 물을 생각해 보자. $P_{CO_2} = P_{CH_4}$이고, pH = 7.00이라고 가정한다. 이와 관련된 반쪽 반응은 다음과 같고,

$$\tfrac{1}{8}CO_2 + H^+ + e^- \rightleftharpoons \tfrac{1}{8}CH_4 + \tfrac{1}{4}H_2O \qquad (3.63)$$

이에 대한 Nernst 식은 다음과 같다.

$$pE = 2.87 + \log\frac{P_{CO_2}^{1/8}[H^+]}{P_{CH_4}^{1/8}} = 2.87 + \log[H^+] = 2.87 - 7.00 = -4.13 \qquad (3.64)$$

p*E* 값 −4.13은 pH가 7.00인 물의 환원 한계인 −7.00을 초과하지 않는다는 점에 유의하라(식 3.61). 낮은 p*E* 값 −4.13인 중성 물에서의 산소의 압력을 계산하는 것은 흥미롭다. 식 3.57에 대입하면 다음의 결과가 얻어지고,

$$-4.13 = 20.75 + \log(P_{O_2}^{1/4} \times 1.00 \times 10^{-7}) \qquad (3.65)$$

이로부터 산소의 압력은 3.0×10^{-72} atm으로 계산된다. 이처럼 불가능할 정도로 극히 낮은 산소 압력 수치는 산소의 부분 압력에 대한 평형이 이러한 조건에서는 도달하지 않는다는 것을 의미한다. 확실히, 비슷한 수준의 CO_2와 CH_4 간에 평형에 접근하는 모든 조건하에서 산소의 분압은 극히 낮을 수밖에 없다.

3.11 p*E*–pH 도표

지금까지 인용된 예들은 물에서 p*E*와 pH 간에 밀접한 관계가 있음을 보여 주었다. 이러한 관계는 **p*E*–pH 도표(p*E*–pH diagram)**의 형태로 그래프로 나타낼 수 있다. 그러한 도표는 물에 존재하는 다양한 화학종들에 대해 안정성 영역과 경계선을 보여 준다. 생성될 수 있는 수많은 화학종들 때문에 그러한 도표는 극히 복잡해질 수 있다. 예를 들어, 금속을 고려한다면 금속의 여러 가지 다른 산화 상태, 하이드록시 착물, 그리고 다른 형태의 고체 금속 산화물이나 수산화물이 p*E*–pH 도표에서 설명된 다른 영역에 존재할 수 있다. 대부분의 물은 탄산염을 함유하고 있고 많은 물들이 황산염(sulfate)과 황화물(sulfide)을 함유하기 때문에, 다양한 금속 탄산염, 황산염 및 황화물이 도표의 다른 영역에서 우세할 수 있다. 그러나 관련된 원리를 설명하기 위하여 여기에서는 단순화된 p*E*–pH 도표를 고려한다. 더 복잡하고(그리고 더 실제적인) p*E*–pH 도표에 대해서는 지구화학 및 물 화학에 대한 더 깊은 연구 결과를 참조하길 바란다.[3~5]

철에 대한 pE–pH 도표는 용액에 존재하는 철의 최대 농도(이 경우에는 1.0×10^{-5} M)를 가정하여 구성할 수 있다. 다음의 평형들을 고려할 것이다.

$$Fe^{3+} + e^- \rightleftharpoons Fe^{2+},\ pE^0 = +13.2 \tag{3.66}$$

$$Fe(OH)_2(s) + 2H^+ \rightleftharpoons Fe^{2+} + 2H_2O \tag{3.67}$$

$$K_{sp} = \frac{[Fe^{2+}]}{[H^+]^2} = 8.0 \times 10^{12} \tag{3.68}$$

$$Fe(OH)_3(s) + 3H^+ \rightleftharpoons Fe^{2+} + 3H_2O \tag{3.69}$$

$$K'_{sp} = \frac{[Fe^{3+}]}{[H^+]^3} = 9.1 \times 10^3 \tag{3.70}$$

(상수 K_{sp}와 K'_{sp}는 각각 $Fe(OH)_2$와 $Fe(OH)_3$의 용해도곱에서 구하고, 계산을 쉽게 하려고 $[H^+]$로 나타낸다.) 자연수계에서 중요할 수 있는 $Fe(OH)^{2+}$, $Fe(OH)_2^+$ 및 고체 $FeCO_3$나 FeS와 같은 화학종의 생성은 고려되지 않음에 유의하라. 용액에서 Fe(III)의 빠른 가수 분해는 높은 표면적과 강한 친화력을 갖는 수화된 철(II) 수산화물/산화물인 고체 페리하이드라이트(ferrihydrite)를 생성하는데, 이는 철 이외의 다른 금속들을 공침시킨다(coprecipitate).

pE–pH 도표를 작성하는 데 있어 여러 개의 경계들을 고려해야 한다. 이러한 것들 중 앞의 두 가지는 물의 산화 한계와 환원 한계이다(3.9절 참조). 높은 pE 끝에서 물의 안정성 한계는 앞에서 구한 식 3.58에 의해 정의된다.

$$pE = 20.75 - pH \tag{3.71}$$

낮은 pE의 한계는 식 3.61에 의해 정의된다.

$$pE = -pH \tag{3.72}$$

철 시스템에 대해 구성된 pE–pH 도표는 위의 두 식에 의해 정의된 경계들 사이에 있어야 한다.

pH 3 미만에서 Fe^{3+}는 Fe^{2+}와 평형 상태로 존재할 수 있다. 이 두 화학종을 구분하는 경계선(여기에서 $[Fe^{3+}] = [Fe^{2+}]$)은 다음의 계산식으로 주어진다.

$$pE = 13.2 + \log \frac{[Fe^{3+}]}{[Fe^{2+}]} - 8.0 \times 10^{12} \tag{3.73}$$

$$[Fe^{3+}] = [Fe^{2+}] \tag{3.74}$$

$$pE = 13.2(\text{pH와 무관}) \tag{3.75}$$

13.2를 초과하는 pE에서, pH가 매우 낮은 값에서부터 증가할수록 $Fe(OH)_3$가 Fe^{3+}의 용액에서 침전된다. 물론, 침전이 발생하는 pH는 Fe^{3+}의 농도에 따라 다르다. 이 예에서는, 최대 가용 철 농도 1.00×10^{-5} M을 선택했으므로 $Fe^{3+}/Fe(OH)_3$의 경계에서 $[Fe^{3+}] = 1.00 \times 10^{-5}$ M이다. 식 3.70에 대입하면 다음을 얻는다.

$$[H^+]^3 = \frac{[Fe^{3+}]}{K'_{sp}} = \frac{1.00 \times 10^{-5}}{9.1 \times 10^3} = 1.10 \times 10^{-9} \tag{3.76}$$

$$pH = 2.99 \tag{3.77}$$

유사한 방식으로, Fe^{2+}와 고체 $Fe(OH)_2$ 사이의 경계는 $[Fe^{2+}] = 1.00 \times 10^{-5}$ M(앞의 예에서 지정된

최대 가용 철 농도)을 가정하여 정의할 수 있다.

$$[H^+]^2 = \frac{[Fe^{2+}]}{K_{sp}} = \frac{1.00 \times 10^{-5}}{8.0 \times 10^{12}} \quad (3.78)$$

$$pH = 8.95 \quad (3.79)$$

넓은 pE−pH 범위에서, Fe^{2+}는 고체 수화 철(III) 산화물인 $Fe(OH)_3$와 평형을 이루는 우세한 가용성의 철 화학종이다. 이 두 화학종들 간의 경계는 pE와 pH 둘 다에 따라 달라진다. 식 3.70을 식 3.71에 대입하면 다음과 같이 된다.

$$pE = 13.2 + \log \frac{K'_{sp}[H^+]^3}{[Fe^{2+}]} \quad (3.80)$$

$$pE = 13.2 + \log 9.1 \times 10^3 - \log 1.00 \times 10^{-5} + 3 \times \log[H^+] \quad (3.81)$$

$$pE = 22.2 - 3pH \quad (3.82)$$

마찬가지로 고체상 $Fe(OH)_2$와 $Fe(OH)_3$ 간의 경계도 pE와 pH 둘 다에 따라 다르지만, 총 가용성 철에 대해 가정된 값에는 의존하지 않는다. 필요한 관계식은 식 3.68과 3.70을 둘 다 식 3.71에 대입하여 구한다.

$$K_{sp} = 13.2 + \log \frac{K'_{sp}[H^+]^3}{K_{sp}[H^+]^2} \quad (3.83)$$

$$pE = 13.2 + \log \frac{9.1 \times 10^3}{8.0 \times 10^{12}} + \log[H^+] \quad (3.84)$$

$$pE = 4.3 - pH \quad (3.85)$$

이제 물에서 철에 대한 pE−pH 도표를 작성하는 데 필요한 모든 식들이 도출되었다. 이를 요약하면, 식 3.58은 O_2−H_2O 경계, 식 3.61은 H_2−H_2O 경계, 식 3.75는 Fe^{3+}−Fe^{2+} 경계, 식 3.77은 Fe^{3+}−$Fe(OH)_3$ 경계, 식 3.79는 Fe^{2+}−$Fe(OH)_2$ 경계, 식 3.82는 Fe^{2+}−$Fe(OH)_3$ 경계, 그리고 식 3.85는 $Fe(OH)_2$−$Fe(OH)_3$ 경계이다.

물에서 철 시스템에 대한 pE−pH 도표는 그림 3.4에 나타냈다. 이 시스템에서, 비교적 높은 수소 이온 활동도와 높은 전자 활동도(산성이고 환원성인 매질), 철(II) 이온인 Fe^{2+}가 우세한 철 화학종이다. 일부 지하수는 이러한 조건에서 상당한 농도의 철(II)을 함유한다(대부분의 자연수계에서, Fe^{2+}의 용해 영역은 FeS나 $FeCO_3$의 침전 때문에 비교적 좁다). 매우 높은 수소 이온 활동도와 낮은 전자 활동도(산성이며 산화성인 매질)에서는 Fe^{3+} 이온이 우세한 화학종이다. 더 낮은 산도의 산화성 매질에서는 고체 $Fe(OH)_3$가 존재하는 주요 철 화학종이다. 마지막으로, 낮은 수소 이온 활동도와 높은 전자 활동도를 갖는 염기성이고 환원성인 매질에서 고체 $Fe(OH)_2$는 안정적일 수 있다.

자연수계에서 일반적으로 나타나는 pH 영역(약 pH 5~9) 내에서 $Fe(OH)_3$나 Fe^{2+}는 우세하고 안정한 철 화학종이다. 사실상, 상당한 수준의 용존 산소를 함유하는 물에서(비교적 높은 pE 값), 수화된 철(III) 산화물 $Fe(OH)_3$는 실질적으로 발견되는 유일한 무기 철 화학종이다. 그러한 물은 높은 수준의 부유 철을 함유하고 있으나, 진정으로 용해할 수 있는 철은 착물 형태로 존재해야 한다(2장 참조).

고도로 무산소이고 낮은 pE를 갖는 물에는 상당한 수준의 Fe^{2+}가 존재할 수 있다. 그러한 물이 대기 중 산소에 노출되면, pE가 상승하고 $Fe(OH)_3$는 침전된다. 결과적으로 생성된 수화된 철(III) 산화물은 세탁소나 욕실 설비를 잘 안 녹는 빨간색/갈색 얼룩으로 더럽힐 수 있다. 이러한 현상은 또한 왜 깊은 무산소 물을 지표로 끌어올리는 데 사용되는 펌프와 샘물 근처에 붉은 철 산화물의 침전물이 발견되는지를 설명해 준다. 물이 산소화될 수 있는 우물에서, 고체 $Fe(OH)_3$는 우물 벽에 침전되어 대수층의 출구를 막을 수 있다. 이것은 5장에서 논의될 세균이 매개하는 반응을 통해 일어난다.

아직 고려하지 않은 한 가지의 화학종은 원소 철이다. 다음의 반쪽 반응에 대해

$$Fe^{2+} + 2e^- \rightleftharpoons Fe, \ pE^0 = -7.45 \tag{3.86}$$

Nernst 식은 pE를 $[Fe^{2+}]$의 함수로 나타낸다.

$$pE = -7.45 + \frac{1}{2}\log[Fe^{2+}] \tag{3.87}$$

1.00×10^{-5} M의 Fe^{2+}와 평형을 이루는 금속 철에 대해 다음의 pE 값을 얻는다.

$$pE = -7.45 + \frac{1}{2}\log 1.00 \times 10^{-5} = -9.95 \tag{3.88}$$

그림 3.4를 살펴보면, Fe^{2+}와 접촉하는 원소 철의 pE 값은 물의 환원 한계의 아래에 있는 것을 알 수 있다. 이는 물과 접촉하는 철 금속이 환원성 물에 대해 열역학적으로 불안정하여 H_2를 생성하고, 철이 부식되는 경향에 기여하는 한 가지의 요소인 Fe^{2+} 형태로 용액에 들어가는 것을 보여 준다.

3.12 천연 환원제로서의 부식 물질

부식 물질(2.17절 참조)은 자연수와 폐수 시스템에서 일어나는 화학적 및 생화학적 과정에서 환원제로 중요할 수 있는 산화–환원에 활성이 있는 화학종이다. 부식 물질이 환원제로 작용할 수 있는 능력은 주로 다음과 같은 산화–환원 짝으로 작용하는 퀴논/하이드로퀴논기(quinone/hydroquinone) 작용기의 존재에 기인한다.

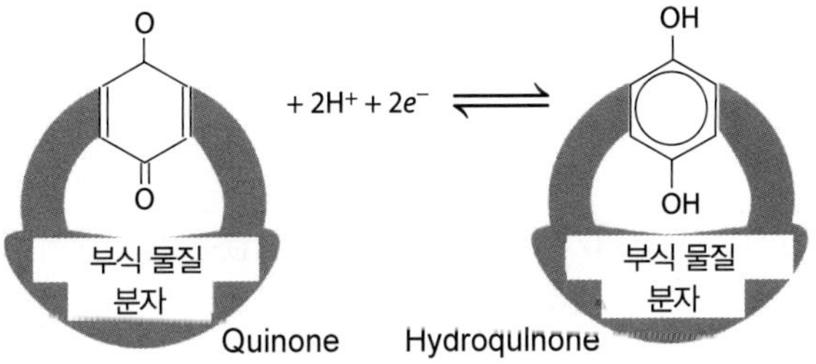

(3.89)

가용성 부식 물질이 고체 철(II) 화학종과 같은 고체 환원제에 의해 물에 존재하는 화학종들의 환원에서 중간체로 작용할 수 있음을 시사하는 몇 가지 증거가 있다. 부식 물질은 환원제로서 뿐만 아니라 물에서 미생물이 매개하는 철(III)의 철(II)로의 생물학적 환원에서 전자를 철(III)로 전달하는 전자 운반체로 작용한다.[6] 이 과정은 부식 물질에 카복실기($-CO_2H$)의 함량이 높을수록 더 빠른데, 이는 부식 물질에 의한 철 이온의 착물화의 중요성을 나타낸다.

3.13 산화/환원에서 광화학 과정

1장 1.6절에서 언급한 바와 같이, 광자의 흡수는 물에서 산화–환원 과정에 관여될 수 있는 화학종들에 높은 수준의 에너지를 도입하여 훨씬 더 반응성이 있게 할 수 있다.[7] 햇빛에 노출된 물에서 중요한 산화제는 광화학적으로 들뜬 유기물(부식 물질)이 용존 산소에 작용하여 생성되는 **초과산화물 이온(superoxide ion)** $O_2^-\bullet$이다. 이 초과산화물 화학종은 화학식 $O_2^-\bullet$에서 점으로 표기한 홀전자를 갖는 **자**

유 라디칼(free radical)이다. 초과산화물 이온은 철과 같은 무기 착물 금속을 산화시킬 수 있다.

물에서 광화학적으로 유도된 산화 과정과 관련된 중요한 중간체는 과산화 수소(H_2O_2)로, 이는 O_2^-• 가 물과 반응할 때 생성된다. 철(II)의 존재하에서 Fenton 반응은 하이드록실 라디칼(HO•)을 생성한다.

$$Fe(II) + H_2O_2 \rightarrow Fe(III) + OH^- + HO\bullet \tag{3.90}$$

하이드록실 라디칼 HO•은 심지어 반응성이 매우 약한 유기 화학종과도 반응하여 산화를 일으키는 반응성이 매우 큰 화학종이다. 초과산화물 라디칼 이온과 하이드록실 라디칼이 관여하는 반응의 결과로서, 광화학 과정은 물에서 산화 가능한 화학종의 산화를 촉진시키는 데 중요하다.

TiO_2의 수성 현탁액은 광화학적으로 활성이 있다. 파장이 318 nm($h\nu$) 미만인 자외선 광자가 TiO_2의 표면에 부딪힐 때,

$$TiO_2 + h\nu \rightarrow e^-_{cb} + h^+_{vb} \tag{3.91}$$

광환원(photoreduction)을 개시할 수 있는 전도대 전자(conduction band electron, e^-_{cb})와 광산화(photooxidation)를 개시할 수 있는 가전자대 홀(valence band hole, h^+_{vb})이 생성된다. 이로 인해 오염물질과 유해 폐기물 화학종을 광환원 및 광산화시키기 위해 햇빛에 노출된 TiO_2의 현탁액 사용에 대한 관심이 생겨났다.

3.14 부식

가장 피해를 주는 산화–환원 현상들 중 하나는 주변 환경과의 상호 작용을 통한 금속의 파괴적인 변화로 정의되는 **부식(corrosion)**이다.[8] 장비 및 구조물의 파괴 때문에 수십억 달러가 연간 비용으로 지출되는 것 이외에도, 부식은 금속이 수계에 들어오게 하고 오염 제어 시설과 폐기물 처리 관을 파괴한다. 이러한 현상은 물 및 대기 오염 물질과 일부 유해 폐기물에 의해 악화되며, 이들 중 일부는 부식성 폐기물로 분류된다.

열역학적으로, 일반적으로 사용되는 모든 금속들은 환경에 대해 불안정하다. 원소 금속들은 화학적으로 변화되어 더 안정한 형태의 이온, 염, 산화물 및 수산화물을 생성하려는 경향을 갖는다. 다행히도, 부식 속도는 일반적으로 느리기 때문에, 특히 물이 없는 상태에서 공기에 노출된 금속은 오랜 기간 동안 견딜 수 있다. 그러나 보호 조치는 필요하다. 때로는 이러한 조치가 실패하여 인프라(infrastructure) 악화의 주요 원인이 된다.

부식은 일반적으로 전기 화학 전지가 금속 표면에 설치될 때 일어난다. 부식되는 부분은 양극이며, 여기에서는 금속 M으로부터 2가 금속 이온의 생성에 대해 설명된 다음과 같은 산화 반응이 일어난다.

$$M \rightarrow M^{2+} + 2e^- \tag{3.92}$$

여러 가지의 음극 반응이 가능하다. 가장 일반적인 것들 중 하나는 H^+의 환원이다.

$$2H^+ + 2e^- \rightarrow H_2 \tag{3.93}$$

산소도 수산화 이온으로의 환원, 물로의 환원, 그리고 과산화 수소로의 환원을 포함한 음극 반응에 관여될 수 있다.

$$O_2 + 2H_2O + 4e^- \rightarrow 4OH^- \tag{3.94}$$

$$O_2 + 4H^+ + 4e^- \rightarrow 2H_2O \tag{3.95}$$

$$O_2 + 2H_2O + 2e^- \rightarrow 2OH^- + H_2O_2 \quad (3.96)$$

산소는 이와 같은 반응에 참여하여 부식 과정을 가속화하거나 보호 산화 막(oxide film)을 형성하여 부식 과정을 지연시킬 수 있다. 5장에서 논의된 바와 같이, 세균은 종종 부식에 관여한다.

부식은 가정용 급수 시스템에서 매우 중요하게 고려할 사항이다. 그러한 시스템에서 부식될 수 있는 금속에는 철, 구리, 납 및 적색 황동이 포함된다. 이러한 물질들의 부식에는 물의 용질들과 물이 접촉하는 고체 물질들에 의해 결정되는 물의 산화-환원 전위가 관여된다. 부식의 중요한 요소에는 산화제(일반적으로 첨가되는 Cl_2)의 유형과 농도, 금속의 방출 속도 및 부식되는 금속의 부식 규모 특성이 포함된다.

참고문헌

1. Grundl, Timothy J., Stefan Haderlein, James T. Nurmi, and Paul G. Tratnyek, "Introduction to Aquatic Redox Chemistry," *Aquatic Redox Chemistry*, ACS Symposium Series, **1071**, 1–14, 2011.
2. Nassef, Ehssan, and Yehia A. El-Taweel, "Removal of Copper from Wastewater by Cementation from Simulated Leach Liquors," *Journal of Chemical Engineering & Process Technology*, **6**(1), 214/1–214/6, 2015.
3. Stumm, Werner, and James J. Morgan, *Aquatic Chemistry: Chemical Equilibria and Rates in Natural Waters*, 3rd ed., John Wiley & Sons, Inc., New York, NY, 1995.
4. Garrels, Robert M., and Charles M. Christ, *Solutions, Minerals, and Equilibria*, Harper and Row, New York, NY, 1965.
5. White, William M., *Geochemistry*, Wiley-Blackwell, Oxford, 2013.
6. Rakshit, Sudipta, Minori Uchimiya, and Garrison Sposito, "Iron(III) Bioreduction in Soil in the Presence of Added Humic Substances," *Soil Science Society of America Journal*, 73, 65–71, 2009.
7. McNeill, Kristopher, "Themed Issue on Aquatic Photochemistry," *Environmental Science: Processes & Impacts*, **16**(4), 626–627, 2014.
8. Pedeferri, Pietro, *Corrosion Science and Engineering*, Springer, Berlin, 2018.

보충자료

Albarè de, Francis, *Geochemistry*, 2nd ed., Cambridge University Press, New York, NY, 2009.

Amatya, Shrestha R., and Sillanpaa Mika, "Influence of Eh/pH—Barriers on releasing/accumulation of manganese and iron at sediment–water interface," *Research Journal of Chemistry and Environment*, **12**, 7–13, 2008.

Aquatic Geochemistry, online journal published quarterly, Springer, Berlin. https://pubs.geoscienceworld.org/.

Auque, L., M. J. Gimeno, J. Gomez, and A. C. Nilsson, "Potentiometrically Measured Eh in Groundwaters from the Scandinavian Shield," *Applied Geochemistry*, 1820–1833, 2008.

Baas Becking, L. G. M., I. R. Kaplan, and D. Moore, "Limits of the natural environment in terms of pH and oxidation–reduction potentials in natural waters," *The Journal of Geology*, **68**, 243–284, 1960.

Eby, G. Nelson, *Principles of Environmental Geochemistry*, Waveland Press, Long Grove, IL, 2016.

Encyclopedia of Water: Science, Technology, and Society, Wiley Online Library, 2019, https://onlinelibrary.wiley.com/doi/book/10.1002/9781119300762.

Faure, Gunter, *Principles and Applications of Geochemistry: A Comprehensive Textbook for Geology Students*, 2nd ed., Prentice Hall, Upper Saddle River, NJ, 1998.

Faust, Bruce C., "A Review of the Photochemical Redox Reactions of Iron(III) Species in Atmospheric, Oceanic, and Surface Waters: Influences on Geochemical Cycles and Oxidant Formation," in *Aquatic and Surface Photochemistry*, George Helz, Richard G. Zepp, and Donald G. Crosby, Eds., Taylor & Francis/CRC Press, Boca Raton, FL, 1994, pp. 3–37.

Sposito, Garrison, "Oxidation Reduction Reactions," in *The Chemistry of Soils*, 3rd ed., Oxford University Press, New York, NY, 2016.

Turekian, Karl K., and Heinrich D. Holland, Eds., *Treatise on Geochemistry*, 2nd ed., Elsevier Science, 2013.

Lower, Stephen K., "Redox Equilibria in Natural Waters," 1998, http://www.chem1.com/acad/webtext/pdf/c3redox.pdf.

Luther, George W., *Inorganic Chemistry for Geochemistry and Environmental Sciences: Fundamentals and Applications*, Wiley, Hoboken, NJ, 2016.

McSween, Harry Y., Steven M. Richardson, and Maria E. Uhle, *Geochemistry: Pathways and Processes*, 2nd ed., Columbia University Press, New York, NY, 2003.

Misra, Kula C., *Introduction to Geochemistry: Principles and Applications*, Wiley-Blackwell, Oxford, 2012.

Pankow, James F., *Aquatic Chemistry Concepts*, 2nd ed., Taylor & Francis/CRC Press, Boca Raton, FL, 2020.

Pankow, James F., *Aquatic Chemistry Problems*, Titan Press, Portland, OR, 1992.

Rowell, D. L., "Oxidation and Reduction," in *The Chemistry of Soil Processes*, D. J. Greenland and M. H. B. Hayes, Eds., Wiley, Chichester, 1981.

Stewart, B. A., *Encyclopedia of Water Science*, Marcel Dekker, New York, NY, 2003.

Stumm, Werner, "Redox Potential as an Environmental Parameter: Conceptual Significance and Operational Limitation," Third International Conference on Water Pollution Research (Munich, Germany), Water Pollution Control Federation, Washington, DC, 1966.

Sun, Lina, Su Chen, Lei Chao, and Tieheng Sun, "Effects of Flooding on Changes in Eh, pH and Speciation of Cadmium and Lead in Contaminated Soil," *Bulletin of Environmental Contamination and Toxicology*, 79(5), 514–518, 2007.

Trimble, Stanley W., *Encyclopedia of Water Science*, 2nd ed., Taylor & Francis/CRC Press, Boca Raton, FL, 2008.

White, William M., *Geochemistry*, Wiley-Blackwell, Hoboken, NJ, 2013.

연습문제

모든 문제들을 답하기 위해서는 인터넷을 활용해야 할 것이다. 특히 일반적인 정보나 통계, 상숫값, 수식들은 인터넷에서 찾아서 사용하시오. 질문들은 교재 안에 있는 내용을 단순하게 찾아서 쓰는 것보다 호기심과 사고력을 증진시키기 위한 것이다. 그래서 어떤 경우에는 여러 가지 '정답'이 있을 수 있다. 그러므로 만약 자신의 이지적인 사고를 통한 노력과 다양한 문헌으로부터 찾은 정보를 바탕으로 작성한 답은 '정답'으로 간주한다.

1. 아세트산의 해리에 대한 산–염기 반응은 $HOAc + H_2O \rightarrow H_3O^+ + OAc^-$이고 $K_a = 1.75 \times 10^{-5}$이다. 이 반응을 H^+가 포함된 두 개의 반쪽 반응으로 분리하시오. 산화–환원 반응 $Fe^{2+} + H^+ \rightarrow Fe^{3+} + \frac{1}{2}H_2$를 전자를 포함하는 두 개의 반쪽 반응으로 나누시오. 산–염기 반응과 산화–환원 반응 간의 유사점을 논의하시오.
2. 탄산수소 이온의 농도 $[HCO_3^-]$가 1.00×10^{-3} M이고, $FeCO_3$의 용해도곱은 3.5×10^{-11}이라고 가정할 때, 그림 3.4에서 보는 것과 같이 pH 9.5와 pE −8.0에서 안정한 철 화학종은 무엇이라고 예상하는가?
3. 식 3.58을 유도할 때 가정한 1.00 atm 대신에 물에서 산소의 분압을 대기 중 산소의 분압인 0.21 atm이라고 가정하고, 물의 산화 pE 한계를 pH의 함수로 설명하는 식을 유도하시오.
4. pH 7.00에서 pE의 함수로 $\log P_{O_2}$를 그리시오.
5. pH 7.00에서 $[NH_4^+] = [NO_3^-]$인 평형 시스템에 대해 산소의 압력을 계산하시오.
6. 그림 3.4에서 농도 1.00×10^{-5} M인 Fe^{2+}, $Fe(OH)_2$ 및 $Fe(OH)_3$가 모두 평형을 이루고 있는 점에서 $[Fe_3^{+}]$,

pE 및 pH 값들을 계산하시오.

7. pH 6.00에서 공기(부피로 O_2가 21%)와 평형을 이루는 용액의 pE 값은 얼마인가?
8. pH 6.00에서 가용성 철의 농도가 1.00×10^{-4} M인 용액에서 $Fe^{2+}-Fe(OH)_3$ 경계선 상에 있는 점에서(그림 3.4 참조) pE 값은 얼마인가?
9. $[Fe^{3+}] = 7.03 \times 10^{-3}$ M이고 $[Fe^{2+}] = 3.71 \times 10^{-4}$ M인 산성 광산수 시료의 pE 값은 얼마인가?
10. pH 6.00과 pE 2.58에서 $Fe(OH)_2(s)$와 평형을 이루는 Fe^{2+}의 농도는 얼마인가?
11. $[Fe^{3+}] = [Fe^{2+}]$이고 pH가 2.00인 산성 광산수에서 O_2의 분압의 계산 값은 얼마인가?
12. 산화–환원 반응과 반쪽 반응들을 정확히 1 전자-몰로 표현할 때 주요 장점은 무엇인가?
13. 기준 전극에 대한 백금 전극의 전위를 읽어 pE 값을 정하는 것이 일반적으로 매우 의미가 있지 않은 이유는 무엇인가?
14. 물의 열역학적 안정성에 대해 무엇이 산화 한계와 환원 한계를 결정하는가?
15. 성층화된 호수에서 깊이에 따라 pE 값은 어떻게 변할 것으로 예상하는가?
16. pE의 엄격한 정의는 어떤 반쪽 반응에 기초를 두는가?
17. pH 7.00에서 평형을 이루고 있는 퇴적물 시료 중 물을 분석하였더니 $[SO_4^{2-}] = 2.00 \times 10^{-5}$ M이고 H_2S의 분압은 0.100 atm으로 나타났다. 적절한 계산으로 퇴적물에는 메테인(CH_4)이 존재할 것으로 예상되는지를 보이시오.
18. 다음 중 옳은 것을 고르고, 왜 그것이 옳고 다른 것들은 틀리는지 설명하시오.
    a. 높은 pE 값은 CH_4, NH_4^+ 및 Fe^{2+}와 같은 화학종들과 연관이 있다.
    b. 낮은 pE 값은 CO_2, O_2 및 NO_3^-와 같은 화학종과 연관이 있다.
    c. 수체에서 pE 값은 약 1×10^{-7}에서 약 1×10^7까지 분포한다.
    d. pE는 숫자이지만, pH 경우에서처럼 진짜 어떤 것과도 관련이 있을 수 없다.
    e. pE는 편리한 숫자를 사용하여 여러 자릿수에 걸친 전자 활동도를 나타낸다.
19. 알파벳 글자로 나열된 왼쪽 목록 각각을 숫자로 나열된 오른쪽 목록에 해당하는 반응과 옳게 연결하시오.

(a) 1 전자-몰 반응	(1) $Fe(H_2O)_6^{2+} \rightleftharpoons e^- + Fe(OH)_3(s) + 3H_2O + 3H^+$
(b) 표준 전극에 대한 반응	(2) $H_2 \rightleftharpoons 2H^+ + 2e^-$
(c) 물의 상한 pE 한계	(3) $\frac{1}{8}NH_4^+ + \frac{1}{4}O_2 \rightleftharpoons \frac{1}{8}NO_3^- + \frac{1}{4}H^+ + \frac{1}{8}H_2O$
(d) 무산소성 물이 표면으로 올라올 때 오염 물질의 생성	(4) $2H_2O \rightleftharpoons O_2 + 4H^+ + 4e^-$

20. 다음 중 자연수계에서 일어나는 산화–환원 반응과 현상 에 대해 옳게 기술한 것은?
    a. 안정성의 산화 한계보다 더 높은 pE에서 물은 분해되어 H_2를 방출한다.
    b. 매우 낮은 pE에서 CH_4의 생성은 세균의 작용에 의해 일어난다.
    c. 철에 대한 pE–pH 도표에서 가장 큰 면적의 영역은 고체 $Fe(OH)_2$가 차지한다.
    d. 백금 전극으로 물의 pE를 정확하게 측정하는 것은 쉽다.
    e. H_2O의 안정성 영역에 대한 pE–pH 한계는 없다.

4 물 화학에서 상 사이의 상호 작용

4.1 고체, 기체 및 물이 관련된 화학적 상호 작용

물에서 일어나는 가장 중요한 화학적 및 생화학적 현상은 그림 4.1에 설명된 것처럼 물과 또 다른 상에 있는 화학종들 간의 상호 작용이며, 이 장에서 논의한다. 퇴적물은 물리적으로 씻겨 수체 내로 들어갈 수 있다. 조류의 광합성 활동을 통한 고체 바이오매스의 생성은 부유한 조류 세포 내에서 일어나고, 주위의 물과 세포 사이에 용존 고체와 기체의 교환을 포함한다. 이와 유사한 교환은 세균이 물에서 유기물(종종 작은 입자 형태)을 분해할 때에도 일어난다. 물에서는 고체 또는 기체를 생성하는 화학 반응이 일어나기도 한다. 철과 많은 중요한 미량 원소들은 수계를 통해 콜로이드 화합물로 운반되거나 고체 입자에 흡착된다. 오염 물질인 탄화수소 화합물과 일부 농약은 물 표면에 비혼화성(immiscible) 액체 막으로 존재할 수 있다.

일반적으로, 물에서 상은 **액체 상태의 물**, **퇴적물**(벌크 고체) 및 **부유 콜로이드 물질**로 나눌 수 있다. 퇴적물이 생성되는 방식, 물 중 화학종의 저장소 및 발생원으로서 퇴적물의 중요성, 그리고 고체 및 기체의 용해도를 고려하는 것은 중요하다. 이 장의 많은 부분은 물에 떠 있는 매우 미세한 고체, 기체 또는 비혼화성 액체 입자로 구성된 콜로이드 물질의 거동을 다룬다(4.4절 참조). 콜로이드 물질은 많은 중요한 물 화학 현상과 관련이 있다. 표면적에 대한 부피의 비율이 높기 때문에 콜로이드 물질은 반응성이 매우 크다.

4.2 퇴적물의 중요성과 생성

퇴적물(sediment)은 강, 하천, 호수, 저수지, 만, 하구 및 바다의 바닥을 덮고 있는 비교적 잘게 쪼개진 물질 층이다. 순수한 광물부터 우세한 유기물에 이르기까지 조성이 다양한 퇴적물은 일반적으로 점토, 미사 및 모래를 포함한 미세, 중간 및 거친 입자의 광물과 유기물의 혼합물로 구성되어 있다. 수체에서 퇴적물에는 다양한 생물학적, 화학적 오염 물질 쓰레기들이 보관되어 있으며, 중금속 및 독성 유기 화합물과 같은 오염 물질들의 저장소이다. 특히 우려되는 것은 생활환의 대부분을 퇴적물과 접촉하거나 퇴적물에서 생활하는 생물을 통해 퇴적물에서 물 중 먹이 사슬로 화학종이 전이하는 것이다. 퇴적물에 서식하는 생물들 중에는 다양한 종류의 갑각류(새우, 가재, 게, 대합조개)와 다양한 벌레, 곤충, 단각류, 이매패류 및 기타 작은 생물들이 있는데, 이들은 먹이 사슬의 아래에 위치하고 있기 때문에 특히 관심 대상이다.

퇴적물에서 생물로의 오염 물질 이동은 퇴적물에서 생물로 직접 이동하는 것뿐만 아니라 수용액에서 중간 단계를 걸쳐 일어나기도 한다. 이것은 유기할로젠 농약(organohalogen pesticides)과 같은 물

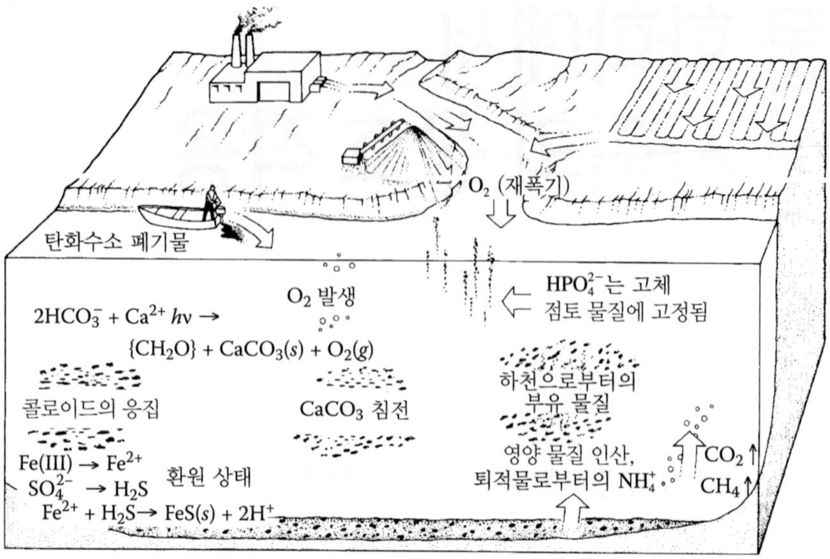

그림 4.1 물에서 일어나는 대부분의 환경 화학 과정은 물과 또 다른 상 사이의 상호작용을 포함한다.

에 난용성인 친유기성 오염 물질에 특히 중요할 것이다. 퇴적물에 함유된 물질 중에서 생물이 가장 유용하게 이용할 수 있는 것은 퇴적물 내의 미세한 공극에 들어 있는 **공극수(pore water)**에 함유된 것이다. 공극수는 일반적으로 수생 생물에 대한 독성을 측정하기 위해 퇴적물에서 추출된다.

4.2.1 퇴적물의 생성

물리적, 화학적 및 생물학적 과정들은 수체의 바닥 부분에 퇴적물의 침적을 초래할 수 있다. 이러한 퇴적물은 결국 덮혀 퇴적 광물이 생성될 수 있다. 퇴적물은 단순히 침식이나 연안의 탈리(sloughing)를 통해 수체로 운반될 수 있다. 따라서 점토, 모래, 유기 물질 및 기타 물질들은 호수로 씻겨 들어가 퇴적물 층으로 가라앉을 수 있다.

침전 반응에 의해 생성되는 퇴적물에는 인산염이 풍부한 폐수가 높은 농도의 칼슘 이온을 함유하는 수체에 유입될 때 생성되는 수산화인회석(hydroxyapatite)이 있다.

$$5Ca^{2+} + H_2O + 3HPO_4^{2-} \rightarrow Ca_5OH(PO_4)_3(s) + 4H^+ \tag{4.1}$$

탄산 칼슘은 이산화 탄소가 풍부하고 일시 경도(2.9절 참조)로서 칼슘을 높은 농도로 함유하는 물이 대기 중으로 이산화 탄소를 잃을 때 생성되거나,

$$Ca^{2+} + 2HCO_3^- \rightarrow CaCO_3(s) + CO_2(g) + H_2O \tag{4.2}$$

광합성 반응에 의해 pH가 상승될 때 생성된다.

$$Ca^{2+} + 2HCO_3^- + h\nu \rightarrow \{CH_2O\} + CaCO_3(s) + O_2(g) \tag{4.3}$$

용존된 환원된 형태의 화학종이 산화되면 불용성 화학종으로의 변환이 일어날 수 있다. 예를 들어, 철(II)은 철(III)로 산화되어 불용성 수산화 철(III)의 침전물을 생성하거나,

$$4Fe^{2+} + 10H_2O + O_2 \rightarrow 4Fe(OH)_3(s) + 8H^+ \tag{4.4}$$

pH가 감소할 때 용액 중 염기 가용성 유기 부식 물질에서 불용성 부식산 퇴적물이 생성된다(2.17절 참조).

생물학적 활동은 물 중 퇴적물 형성의 일부를 담당하고 있다. 일부 세균종들은 철(II)의 철(III)으로

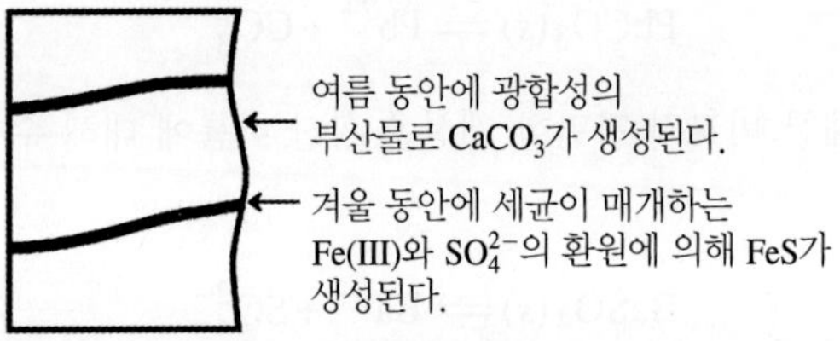

그림 4.2 호수 퇴적물에 FeS와 $CaCO_3$의 교호층(alternate layer). 이 현상은 스위스의 취리히 호수에서 관찰되었다.

의 산화를 매개하면서 에너지를 추출하고 대량의 산화 철(III)을 생성한다[1](5.14절 참조). 무산소(산소 결핍)의 수체 바닥 부분에서 일부 세균은 황산 이온을 전자 받개로 사용하고, 다른 세균은 철(III)을 철(II)로 환원시키며, 두 생성물이 반응하여 황화 철(II)(FeS) 퇴적물의 검은색 층을 생성한다.

$$SO_4^{2-} \rightarrow H_2S \tag{4.5}$$

$$Fe(OH)_3(s) \rightarrow Fe^{2+}(aq) \tag{4.6}$$

$$Fe^{2+} + H_2S \rightarrow FeS(s) + 2H^+ \tag{4.7}$$

이것은 겨울 동안에 자주 일어나며, 여름 동안 광합성의 부산물인 탄산 칼슘의 생성과 번갈아 일어난다(반응 4.3). 그러한 조건하에서, 그림 4.2에 나타낸 것과 같이 검은색의 FeS와 흰색의 $CaCO_3$ 층이 교대로 구성되어 층상의 바닥 퇴적물이 생성된다.

4.2.2 유기 및 탄소질 퇴적 물질

일반적으로 퇴적물의 몇 퍼센트에 불과하지만, 생물학적 공급원 및 화석 연료 물질로부터의 탄소질 고체는 특히 중요한데, 이는 이 물질이 난용성 유기 물 오염 물질에 대한 선택적 친화력 때문이다. 그러한 탄소의 생물학적 공급원은 셀룰로스, 리그닌, 콜라겐, 각피 및 이들의 분해 생성물, 특히 부식 물질을 포함하는 식물, 동물 및 미생물 바이오매스로 구성될 수 있다. 화석 연료 공급원에는 콜타르, 석유 잔유물(예로 아스팔트), 검댕, 코크스, 숯(목탄) 및 석탄이 포함된다. 퇴적 유기 탄소는 오염원이 제거된 후에도 수년 동안 지속될 수 있는 소수성(hydrophobic) 유기 화합물의 저장을 위한 저장소를 제공한다. 그러나 이러한 고체에 포함된 화합물들은 상대적으로 생체 이용률이 낮고, 용액 상태나 광물 퇴적물에 결합된 화합물보다 쉽게 생분해되지 않는다.

화석 연료와 바이오매스의 불완전 연소로 생성되는 **블랙 카본(black carbon)** 입자는 대기 입자상 물질, 토양 및 퇴적물에 생성된다. 그러한 원소 탄소는 유기물에 대해 높은 친화력을 갖고 있어 퇴적물에서 소수성 유기 화합물의 중요한 흡수원 역할을 한다.[2] 지구 온난화 및 그로 인한 물 유출로 인해 산불 및 다른 식생의 화재 발생률이 증가함에 따라 퇴적물에서 블랙 카본의 농도는 증가할 것으로 보인다.

4.3 용해도

물에서 비수성 상의(nonaqueous) 생성과 안정성은 용해도에 크게 좌우된다. 이 절에서는 고체와 기체의 용해도에 대한 계산을 다룬다.

4.3.1 고체의 용해도

어떤 고체는 물에 약간 녹으며 종종 낮은 용해도를 갖기 때문에 불용성(insoluble)이라고 한다. 2.15절에서 탄산 납(lead carbonate)의 용해도를 고려하였다. 비록 약간만 용해되는 것으로 간주되지만, 이 염은 다음과 같은 반응에 의해 유독성의 납 이온을 물에 도입할 수 있다.

$$PbCO_3(s) \rightleftharpoons Pb^{2+} + CO_3^{2-} \tag{4.8}$$

이온성 고체의 용해도에 대한 비교적 간단한 계산은 황산 바륨에 대해 수행할 수 있다. 이 화합물은 다음 반응에 따라 용해된다.

$$BaSO_4(s) \rightleftharpoons Ba^{2+} + SO_4^{2-} \tag{4.9}$$

이 반응에 대한 평형 상수는 다음과 같다.

$$K_{sp} = [Ba^{2+}][SO_4^{2-}] = 1.23 \times 10^{-10} \tag{4.10}$$

물에서 이온을 생성하는 고체의 용해도를 표현하는 이러한 형태의 평형 상수를 **용해도곱(solubility product)**이라고 하며 K_{sp}로 나타낸다. 가장 간단한 경우로, 용해도곱은 물에 약간 용해될 수 있는 염의 용해도를 계산하는 데 단독으로 사용될 수 있다. 황산 바륨의 용해도(S, mol/L)는 다음과 같이 계산된다.

$$[Ba^{2+}] = [SO_4^{2-}] = S \tag{4.11}$$

$$[Ba^{2+}][SO_4^{2-}] = S \times S = K_{sp} = 1.23 \times 10^{-10} \tag{4.12}$$

$$S = (K_{sp})^{1/2} = (1.23 \times 10^{-10})^{1/2} = 1.11 \times 10^{-5} \tag{4.13}$$

이러한 간단한 계산조차도 이온 세기의 차이로 인한 활동도 계수의 차이에 의해 복잡해질 수 있다.

고유 용해도(intrinsic solubility)는 이온성 고체의 용해도의 상당 부분이 중성 형태의 염의 용해에 기인하고, 총 용해도를 얻으려면 K_{sp}에서 계산된 용해도에 고유 용해도를 더해야 한다. 황산 칼슘의 용해도에 대해 예를 들어 보자. 황산 칼슘이 칼슘 이온이나 황산 이온의 어떤 다른 발생원을 갖고 있지 않는 물에 용해될 때 두 가지 주요 반응은 다음과 같고,

$$CaSO_4(s) \rightleftharpoons CaSO_4(aq) \tag{4.14}$$

$$[CaSO_4(aq)] = 5.0 \times 10^{-3}\,M(25°C)\ (CaSO_4\text{의 고유 용해도}) \tag{4.15}$$

$$CaSO_4(s) \rightleftharpoons Ca^{2+} + SO_4^{2-} \tag{4.16}$$

$$[Ca^{2+}][SO_4^{2-}] = K_{sp} = 2.6 \times 10^{-5}(25°C) \tag{4.17}$$

$CaSO_4$의 총 용해도는 다음과 같이 계산된다.

$$S = [Ca^{2+}] + [CaSO_4(aq)] \tag{4.18}$$

여기에서 $[Ca^{2+}]$는 용해도곱에서 S에 대한 기여도이고, $[CaSO_4(aq)]$는 고유 용해도에서 S에 대한 기여도이다.

$$\begin{aligned} S &= (K_{sp})^{1/2} + [CaSO_4(aq)] = (2.6 \times 10^{-5})^{1/2} + 5.0 \times 10^{-3} \\ &= 5.1 \times 10^{-3} + 5.0 \times 10^{-3} = 1.01 \times 10^{-2}\,M \end{aligned} \tag{4.19}$$

이 경우 고유 용해도는 염의 용해도의 절반을 설명하는 것을 알 수 있다.

2.15절에서, 이온성 고체의 용해도는 양이온과 음이온의 반응에 의해 매우 크게 영향을 받을 수 있다는 것을 보여 주었다. $PbCO_3$의 용해도는 NTA에 의한 납 이온의 킬레이트화에 의해 증가되고,

$$Pb^{2+} + T^{3-} \rightleftharpoons PbT^- \tag{4.20}$$

수소 이온과 탄산 이온과의 반응에 의해 증가되며,

$$H^+ + CO_3^{2-} \rightleftharpoons HCO_3^- \quad (4.21)$$

물의 알칼리도에서 탄산 이온의 존재에 의해 감소된다.

$$CO_3^{2-}(HCO_3^- \text{의 해리로부터}) + Pb^{2+} \rightleftharpoons PbCO_3(s) \quad (4.22)$$

이러한 예는 이온성 고체의 용해도 계산에 있어, 양이온과 음이온 모두의 반응들을 고려해야 한다는 것을 보여 준다.

4.3.2 기체의 용해도

물에서 기체의 용해도는 Henry 법칙(Henry's Law)에 의해 설명되는데, 이는 일정한 온도에서 액체에 대한 기체의 용해도는 그 액체와 접촉하고 있는 기체의 분압에 비례한다는 것이다. 어떤 기체 'X'에 대해 이 법칙은 다음과 같은 형태의 평형에 적용되지만,

$$X(g) \rightleftharpoons X(aq) \quad (4.23)$$

다음과 같은 물 중 기체 화학종의 추가적인 반응을 설명하지 않는다.

$$NH_3 + H_2O \rightleftharpoons NH_4^+ + OH^- \quad (4.24)$$

$$SO_2 + HCO_3^- \ (\text{물의 알칼리로부터}) \rightleftharpoons CO_2 + HSO_3^- \quad (4.25)$$

따라서 Henry 법칙만으로 예측되는 것보다 훨씬 더 높은 용해도를 초래할 수 있다. 수학적으로, Henry 법칙은 다음과 같이 표현된다.

$$[X(aq)] = KP_X \quad (4.26)$$

여기에서 $[X(aq)]$는 물 중 기체의 농도이고, P_X는 기체의 분압이며, K는 특정 온도에서 특정 기체에 적용될 수 있는 Henry 법칙 상수이다. 기체의 농도는 mol/L, 기체의 압력은 atm, 그리고 K의 단위는 mol L^{-1} atm^{-1}이다. 물에서 중요한 용존 기체에 대한 일부 K 값들을 표 4.1에 나타냈다.

물에서 어떤 기체의 용해도를 계산할 때, 그 기체의 전체 압력에서 물의 분압을 빼서 물의 분압에 대해 보정해야 한다. 25°C에서 물의 분압은 0.0313 atm이고, 다른 온도에서의 분압 값은 표준 핸드북에서 쉽게 얻을 수 있다. 1.00 atm 및 25°C에서, 공기로 포화된 물에서 산소의 농도는 다음과 같은 간단한 기체 용해도 계산의 예로 계산할 수 있다. 건조 공기는 부피비로 20.95%의 산소를 포함하므로, 물의 분압을 고려하면 다음을 얻을 수 있다.

$$P_{O_2} = (1.000 \text{ atm} - 0.0313 \text{ atm}) \times 0.2095 = 0.2029 \text{ atm} \quad (4.27)$$

표 4.1 25°C의 물에서 일부 기체에 대한 Henry 법칙 상수

기체	K, mol L^{-1} atm^{-1}
O_2	1.28×10^{-3}
CO_2	3.38×10^{-2}
H_2	7.90×10^{-4}
CH_4	1.34×10^{-3}
N_2	6.48×10^{-4}
NO	2.0×10^{-4}

$$[O_2(aq)] = K \times P_{O_2} = 1.28 \times 10^{-3} \text{mol L}^{-1} \text{atm}^{-1} \times 0.2029 \text{ atm} = 2.60 \times 10^{-4} \text{ mol L}^{-1} \tag{4.28}$$

산소의 분자량은 32이므로, 위의 주어진 조건에서 공기와 평형을 이루는 물에서 용존 O_2의 농도는 8.32 mg/L, 즉 8.32 ppm이다.

기체의 용해도는 온도가 증가함에 따라 감소한다. 이는 **Clausius-Clapeyron 식(Clausius-Clapeyron equation)**으로 설명된다.

$$\log\frac{C_2}{C_1} = \frac{\Delta H}{2.303R}\left[\frac{1}{T_1} - \frac{1}{T_2}\right] \tag{4.29}$$

여기에서 C_1과 C_2는 각각 절대 온도 T_1과 T_2에서 물에서의 기체 농도, ΔH는 용해열, 그리고 R은 기체 상수이다. R 값은 ΔH의 단위가 cal mol^{-1}로 주어질 때 1.987 cal deg^{-1} mol^{-1}이다.

4.4 물 중 콜로이드 입자

많은 광물(점토), 일부 유기 오염 물질(부식 물질 포함), 단백질성 물질, 일부 조류 및 일부 세균은 물과 폐수에서 매우 작은 **콜로이드 입자(colloidal particle)**로 부유하며, 이는 자연수와 폐수의 특성과 거동을 결정하는 데 매우 중요하다. 콜로이드 입자들은 용액 중의 화학종과 부유물 중의 더 큰 입자 둘 다의 몇 가지 특성들을 갖는다. 또한 이들은 지름의 범위가 약 0.001 μm에서부터 약 1 μm까지 분포하며, 크기가 가시광선의 파장과 유사하기 때문에, 입사광에 대해 직각으로 관찰되는 연한 파란색의 색조로 백색광을 산란시킨다[**Tyndall 효과(Tyndall effect)**]. 콜로이드 입자의 고유한 특성과 거동은 높은 표면 화학 반응성에 기여하는 큰 표면적/부피의 비율, 높은 계면 에너지, 그리고 높은 표면적/전하 밀도의 비와 같은 화학적 표면 특성에 크게 영향을 받는다.

4.4.1 물 중 콜로이드 및 콜로이드에 의한 오염 물질의 수송

물 화학에서 콜로이드의 중요한 영향은 **콜로이드 촉진성 수송(colloid-facilitated transport)**으로, 이는 콜로이드가 퇴적물이나 대수층 암석에 수착될 오염 물질을 수송하는 능력을 말한다. 이 메커니즘은 플루토늄을 함유한 고준위 핵 폐기물과 같은 폐기물의 지하 처분과 관련하여 중요하다.[3]

4.4.2 콜로이드 입자의 종류

세 가지 주요한 종류의 콜로이드 중 첫 번째는 일반적으로 단백질과 합성 고분자와 같은 거대 분자인 **친수 콜로이드(hydrophilic colloid)**로 구성되고, 이는 물과의 강한 상호 작용을 특징으로 하며, 물에 존재하면 자발적으로 콜로이드를 생성하는 결과를 가져온다. 친수 콜로이드 부유물은 소수 콜로이드 부유물보다 물에 염을 첨가해도 영향을 덜 받는다.

점토 입자, 석유 방울 및 매우 작은 금 입자와 같은 **소수 콜로이드(hydrophobic colloid)**는 물과 더 적은 정도로 상호 작용하며, 그림 4.3에 보여 주는 것처럼 양전하 또는 음전하에 의해 안정화된다. 콜로이드 입자의 하전된(charged) 표면과 이를 둘러싸고 있는 **반대 이온(counterion)**은 **전기 이중층(electrical double layer)**을 구성하여 입자들이 서로 반발하게 하며, 일반적으로 염을 첨가하면 부유물에서 가라앉는다.

회합 콜로이드(association colloid)는 **마이셀(micelle)**이라고 하는 이온들과 분자들의 특별한 집합체(aggregate)로 구성된다. 이것이 어떻게 생기는지를 이해하기 위해 다음과 같은 구조식을 갖는 전형적인 비누인 스테아르산 소듐(sodium stearate)을 살펴보자.

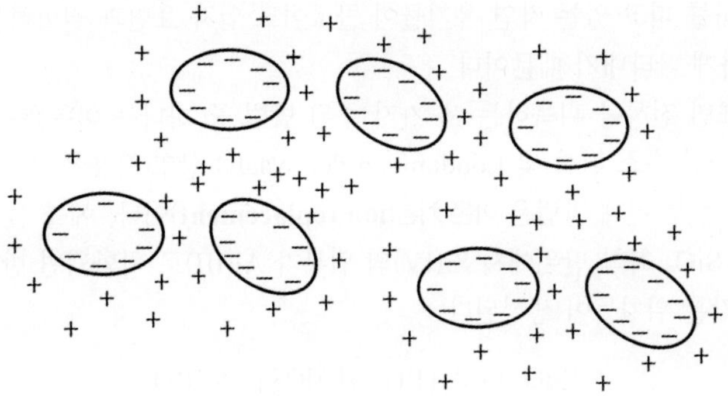

그림 4.3 용액에서 양전하 반대 이온으로 둘러싸인 음전하 소수 콜로이드 입자가 전기적 이중층을 생성한 것을 나타낸다(물에 부유하고 있는 콜로이드 입자는 음 또는 양의 전하를 가질 수 있다).

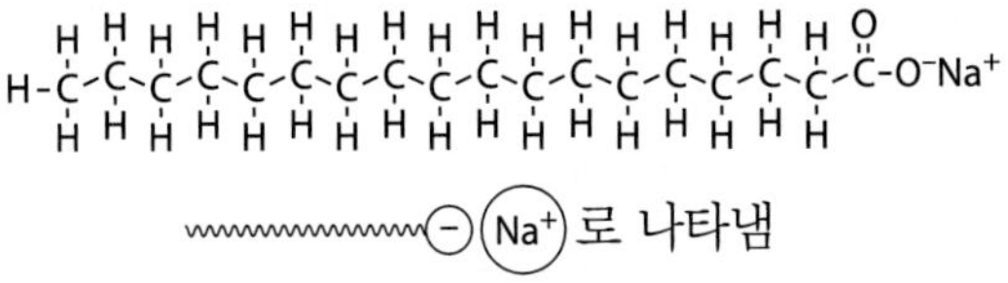

스테아르산 이온은 친수성인 $-CO_2^-$ 머리와 긴 친유기성인 $CH_3(CH_2)_{16}$ 꼬리를 둘 다 갖고 있다. 그 결과 물에서 스테아르산 음이온은 구형 콜로이드 입자의 내부에 탄화수소 '꼬리'와 물 및 Na^+ 반대 이온과 접촉하는 표면에는 이온성 '머리'가 함께 모인, 100개 정도의 음이온들로 구성된 덩어리(cluster)를 생성하는 경향이 있다. 그러한 마이셀(그림 4.4)은 지름이 약 3~4 nm의 기름 방울로 시각화할 수 있으며, 이온이나 극성 작용기로 덮여 있다. 이 모형에 따르면, 마이셀은 계면 활성제 화학종의 농도가 특정 농도, 일반적으로 약 1×10^{-3} M에 도달할 때 생성된다. 이러한 현상이 발생하는 농도를 **임계 마이셀 농도(critical micelle concentration)**라고 한다.

4.4.3 콜로이드의 안정성

일반적으로 콜로이드의 안정성은 **수화(hydration)** 및 **표면 전하(surface charge)**의 결과이며, 퇴적물의 생성, 세균 세포의 분산 및 응집, 그리고 오염 물질(기름 유출에서 원유와 같은)의 분산 및 제거를 포함한 중요한 물 화학 현상에 관계된다. 수화된 콜로이드 입자 표면의 물층은 더 큰 단위들의 접촉과 생성을 방해한다. 빈번히 pH에 따라 달라지는 콜로이드 입자의 표면 전하는 반발을 일으키고 응집을 방해한다. 약 pH 7에서, 소류 세포, 세균 세포, 단백질, 콜로이드성 석유 방울 및 음이온의 자연 유기물과 표면에서 결합된 입자들을 포함한 자연수에 존재하는 대부분의 콜로이드 입자들은 음전하를 띤

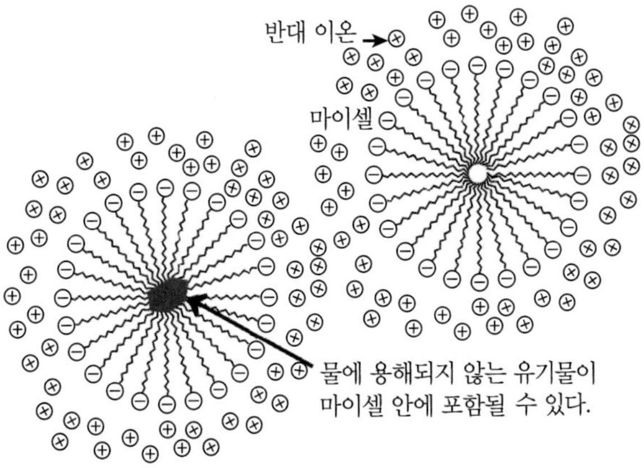

그림 4.4 콜로이드 비누 마이셀 입자를 나타낸다. 왼쪽의 마이셀은 그 안에 포함된 비수용성 물질의 방울과 함께 나타냈다.

다. 이는 물 중 음전하를 띠고 있는 자연 유기물이 콜로이드 입자 표면과 결합하는 경향이 있어, 입자들이 음전하를 우세하게 나타내기 때문이다.

콜로이드 입자가 표면 전하를 획득하는 세 가지 주된 방법 중 하나는 **이온 흡수(ion absorption)**로, 이온은 공유 결합이 아닌 수소 결합 및 London(van der Waals) 상호 작용에 의해 입자 표면에 결합한다. 입자가 전하를 얻는 두 번째 방법은 **이온 치환(ion replacement)**이다. 예를 들어, 일부 점토 광물의 결정 격자 내의 기본 SiO_2 화학 단위에서 Si(IV)의 일부가 Al(III)로 치환되면 반응 4.30에서 보여 주듯이 알짜 음전하를 갖는 위치들이 생성된다.

$$[SiO_2] + Al(III) \rightarrow [AlO_2^-] + Si(IV) \tag{4.30}$$

입자가 표면 전하를 얻을 수 있는 세 번째 방법은 **입자 표면에서의 화학 반응(chemical reaction at the particle surface)**이다. 이러한 현상은 빈번히 수소 이온을 포함하고 pH 의존적이며, 수산화물(hydroxide)과 산화물(oxide)에 전형적이다. 그림 4.5에는 종종 중요한 콜로이드 입자인 이산화 망가니즈(MnO_2)를 예로 들어 나타냈다.

콜로이드 입자처럼 행동하는 미생물의 개별 세포들은 pH 의존적인 전하를 갖는다. 이러한 전하는 세포 표면에서 카복실기와 아미노기에서 H^+를 잃거나 얻음으로써 생긴다.

$$^{+}H_3N(+\text{ 세포, 낮은 pH})CO_2H$$
$$H_3N(\text{중성 세포, 중간 pH})CO_2^-$$
$$H_2N(-\text{ 세포, 높은 pH})CO_2^-$$

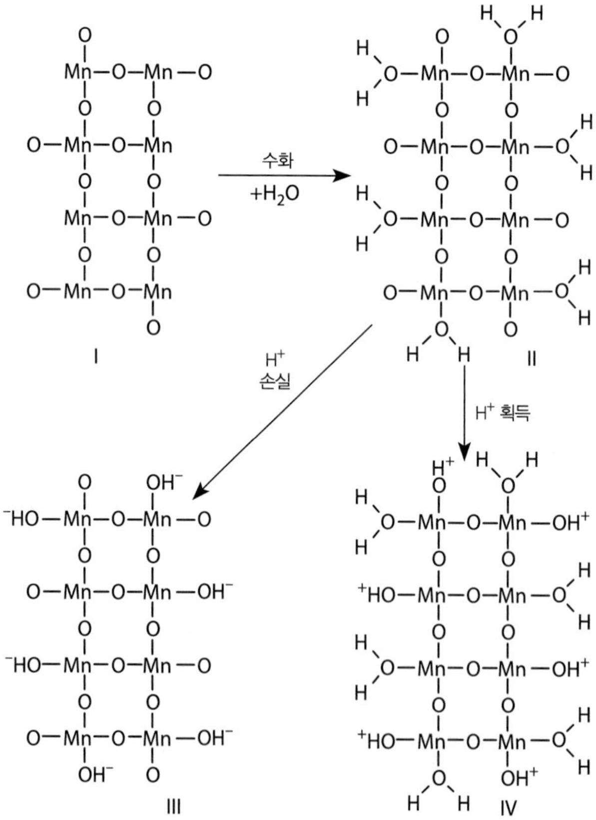

그림 4.5 물에서 콜로이드 MnO_2에 의한 표면 전하 획득. 무수 MnO_2는 Mn 원자당 2개의 O 원자를 갖는다(I). 이는 콜로이드로 물에 부유하기 때문에 물 분자들과 결합하여 수화된 MnO_2를 생성한다(II). 결합된 H_2O에서 H^+를 잃으면 음전하를 띤 콜로이드 입자를 생성한다(III). 표면의 O 원자가 H^+를 얻으면 양전하를 띤 입자를 생성한다(IV). 앞의 과정(H^+ 손실)은 금속 산화물에 대해 흔하게 나타난다.

4.5 점토의 콜로이드 특성

점토(clay)는 물에서 콜로이드 물질로 존재하는 일반적인 광물들 중 가장 중요한 부류에 속한다. 점토의 조성과 성질을 여기에서 간단히 요약한다. 점토는 주로 수화된 알루미늄과 규소 산화물로 구성되며, 1차 암석에 작용하는 풍화 및 기타 과정들에 의해 생성되는 **2차 광물(secondary mineral)**이다.[4] 점토 광물은 일반적인 화학식, 구조 및 화학적 · 물리적 특성에 따라 서로 구분된다. 철과 망가니즈는 일반적으로 점토 광물에 포함되어 있다. 가장 흔한 점토들 중 네 가지의 일반식은 아래와 같다.

- 고령석(Kaolinite): $Al_2(OH)_4Si_2O_5$
- 몬모릴론석(Montmorillonite): $Al_2(OH)_2Si_4O_{10}$
- 논트론석(Nontronite): $Fe_2(OH)_2Si_4O_{10}$
- 수화 운모(Hydrous mica): $KAl_2(OH)_2(AlSi_3)O_{10}$

점토는 규소 산화물 층이 알루미늄 산화물 층과 교대로 쌓인 층상 구조를 특징으로 갖는다. 2개 또는 3개의 층이 하나의 **단위층(unit layer)**을 이룬다. 일부 점토들(특히, 몬모릴론석)은 단위층들 사이에 많은 양의 물을 흡수할 수 있는데, 이 과정에서 점토의 팽창이 일어난다.

Si(IV)와 Al(III) 이온은 크기가 비슷하지만, 더 작은 전하를 띠는 금속 이온들에 의해 치환되는(4.4절 참조) 이온 치환에 의해 생성된 점토 광물의 알짜 음전하는 양이온, 일반적으로 H^+, K^+, Na^+ 또는 NH_4^+와 짝을 이루어 보상되어야 한다. 이러한 이온들은 물에서 다른 양이온들로 교환될 수 있는 **교환성 양이온(exchangeable cation)**이다. 교환성 양이온의 양은 건조한 점토 100 g당 밀리 당량(milliequivalent, meq)으로 표현하며, 이들 점토의 **양이온 교환 용량(cation exchange capacity, CEC)**이라고 한다. 이는 양이온 교환 능력을 갖는 콜로이드와 퇴적물의 매우 중요한 특성이다.

구조와 단위 질량당 큰 표면적 때문에 점토는 물에서 화학종을 수착하는 경향이 강하므로, 생물학적 폐기물, 유기 화합물, 기체 및 기타 오염 물질의 수송 및 반응에 작용한다. 그러나 점토 광물은 물에서 용존 화학 물질을 효과적으로 고정시킬 수 있기 때문에 정화 작용의 기능을 할 수 있다. 일부 미생물 과정들은 점토 입자의 표면에서 일어나고, 경우에 따라 점토에 의한 유기물의 수착이 생분해를 저해한다. 따라서 점토는 미생물에 의한 유기성 폐기물의 분해 여부에 중요한 역할을 할 수 있다.

4.6 콜로이드 입자의 응집

콜로이드가 부유한 상태에서 입자가 응집되고 침전되는 과정들은 물 환경 및 수처리에서 아주 중요하다.[5] 예를 들어, 생물학적 폐기물 처리 중 바이오매스의 침강은 세균 세포의 응집에 달려 있다. 콜로이드 입자의 응집과 관련된 다른 공정들은 바닥 퇴적물 생성과 가정용 또는 산업용으로 사용하기 위해 탁한 물을 정화하는 것이다. 입자의 **응집(aggregation)**은 복잡하며, 일반적으로 **정전기적 응집(coagulation)**과 **물리적 응집(flocculation)**의 두 가지 부류로 나눌 수 있다. 이에 대해 아래에서 논의한다.

콜로이드 입자의 응집은 전기 이중층(흡착 이온 층과 이와 대응하는 반대 이온 층)의 정전기적인 반발력에 의해 방지된다. 정전기적 응집은 동일한 물질의 콜로이드 입자들이 응집되도록 정전기적인 반발력이 감소되는 과정을 포함한다. 물리적 응집은 콜로이드 입자들 간에 화학적으로 연결된 결합을 생성하고 **플록 망(floc network)**이라고 하는 비교적 큰 덩어리로 묶는 **가교 화합물(bridging compound)**을 사용한다.

정전기적 반발력에 의해 안정화되는 소수 콜로이드는 용액에서 이온을 내는 소량의 염을 첨가하여 입자들 간의 반발력을 감소시켜 정전기적으로 응집될 수 있다. 이 과정은 하전된 입자를 둘러싸는 전하의 이중층에 작용하기 때문에, 이러한 메커니즘을 **이중층 압축(double layer compression)**이라고 한

표 4.2 엉김제로 사용되는 합성 고분자 전해질과 중성 고분자

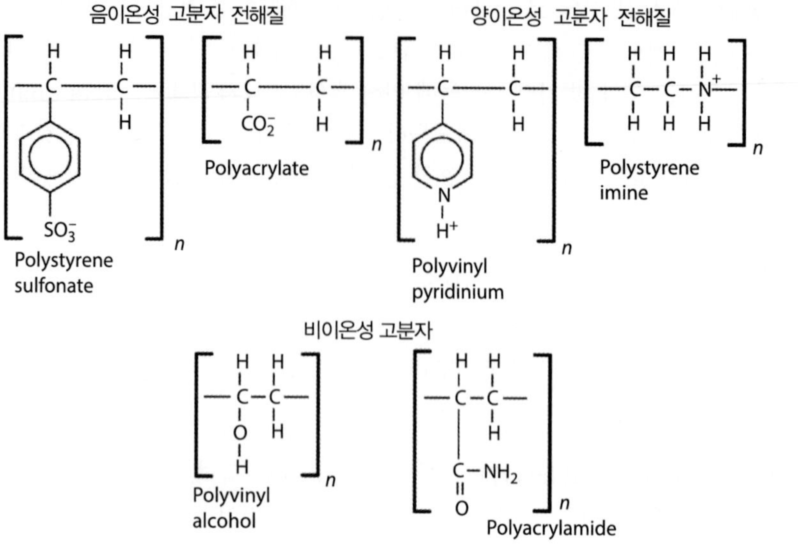

다. 이러한 현상은 특히 퇴적물을 함유한 담수가 바다로 흘러 들어가는 하구에서 두드러지며, 큰 강이 바다로 유입되는 곳에 생성되는 삼각주의 주요 원인이다.

4.6.1 고분자 전해질에 의한 콜로이드의 엉김

자연 및 합성 기원의 **고분자 전해질(polyelectrolyte)**은 콜로이드를 엉기게 할 수 있다. 고분자 전해질은 일반적으로 이온화될 수 있는 작용기를 포함하는 높은 화학식량을 갖는 고분자이다. 합성 고분자 전해질의 전형적인 예는 표 4.2에 나타냈다.

표 4.2에서 보는 바와 같이, 음이온성 고분자 전해질은 음으로 하전된 작용기(예, $-SO_3^-$와 $-CO_2^-$)를 갖는다. 양이온성 고분자 전해질은 양으로 하전된 작용기(예, 보통 N에 H^+ 결합)를 갖고 있다. 비이온성 고분자 엉김제(flocculant)는 하전된 작용기를 갖고 있지 않다.

다소 역설적이게도, **음이온성** 고분자 전해질은 **음으로 하전된** 콜로이드 입자들을 뭉치게 하여 플록을 생성하게 하는데, 이는 특히 조직 세포의 점착(cohesion), 세균 세포의 응괴(clumping) 및 항체-항원 반응과 같은 생물학적 시스템에서 중요하다. 이러한 과정이 일어나는 메커니즘에는 고분자 전해질의 음이온에 의해 콜로이드 입자들 간의 다리 형성이 관련된다. 이 과정은 음으로 하전된 음이온성 고분자 전해질과 음으로 하전된 작용기를 갖는 콜로이드 입자 표면 사이에 다리 역할을 할 수 있는 금속 이온이 낮은 농도로 존재할 때 촉진된다.

4.6.2 고분자 물질에 의한 세균의 엉김

미생물 세포의 응집과 침전은 수계에서 매우 중요한 과정이며, 생물학적 폐수 처리 시스템의 기능에 필수적이다. 세균을 사용하여 유기성 폐기물을 분해하는 공정에서 폐기물에 함유된 탄소의 상당 부분이 **세균 플록(bacterial floc)**으로 제거된다. 이 플록은 물에서 침전되는 응집 세균 세포로 구성되어 있다. 이러한 플록의 생성은 생물학적 폐수 처리에서 확실히 중요한 현상이다. 세균에 의해 생성되는 고분자 물질(고분자 전해질 포함)은 세균의 엉김을 유발한다.

정상적인 자연수의 pH 범위(pH 5~9)에서 세균 세포는 음으로 하전되어 있다. 대부분의 세균의 영전위점(zero point of charge, ZPC)은 pH 2~3의 범위에 있다. 그러나 ZPC에서조차도 콜로이드성 세

균 세포의 물에 대해 친수성 인력 때문에 안정한 세균 부유물이 존재할 수 있다. 따라서 물에서 세균 세포가 부유 상태로 유지되기 위해 표면 전하가 반드시 필요한 것은 아니고, 세균 세포의 표면이 친수성이기 때문에 아마도 부유 상태로 남아 있을 것이다. 가교 화학종이 관여하는 화학적 상호 작용은 이러한 세균 부유물들의 엉김에 관여할 수 있다.

4.7 고체에 의한 표면 수착

물과 접촉하는 고체의 특성과 영향 중 많은 것들이 고체 표면에 의한 용질의 수착과 관련된다. 잘게 나눠진 고체의 표면은 표면 원자들, 이온들 및 분자들 간의 화학적 힘의 불균형 때문에 과도한 표면 에너지를 갖는 경향이 있다. 표면 에너지 준위는 표면적을 감소시킴으로써 낮출 수 있다. 일반적으로 이러한 표면적 감소는 입자들의 응집 또는 용질 화학종의 수착에 의해 이루어진다.

어떤 종류의 표면 상호 작용은 물 중 금속 이온과 결합하는 금속 산화물(MO) 표면으로 설명할 수 있다. (이러한 표면, 이 표면의 물과의 반응, 그리고 수소 이온을 잃거나 얻음으로써 전하를 얻는 과정은 그림 4.5에서 MnO_2에 대해 나타냈다.) 점토와 같은 기타 무기 고체는 아마도 고체 금속 산화물과 매우 유사하게 행동할 것으로 보인다. Cd^{2+}, Cu^{2+}, Pb^{2+}나 Zn^{2+}와 같은 가용성 금속 이온들은 비특이적 이온 교환 흡착, 표면의 $-OH$기와의 착물화, 고용체(solid solution)에서 금속 산화물과의 공침(coprecipitation) 또는 별개의 수착된 금속의 산화물이나 수산화물로 $MnO_2 \cdot xH_2O$와 같은 금속 산화물과 결합될 수 있다. 표면에 대한 착물화에 의한 금속 이온(Mt^{z+})의 수착은 반응 4.31에, 그리고 2개의 $-OH$기 사이의 킬레이트화에 의한 금속 이온의 수착은 그림 4.6에 나타냈다.

$$M-OH + Mt^{Z+} \rightleftharpoons M-OMt^{Z-1} + H^+ \tag{4.31}$$

망가니즈(IV) 산화물 및 철(III) 산화물과 같은 일부 수화된 금속 산화물은 수용액에서 다양한 화학종을 수착하는 네 특히 효과적이다. 수착 능력은 콜로이드성 MnO_2(그림 4.5 참조)와 같은 비교적 새로 생성된 금속 수산화물이나 수화된 산화물에 대해 특히 두드러진다. 이러한 산화물은 일반적으로 자연수에서 무산소 상태의 바닥 퇴적물의 망가니즈 산화물이 세균에 의해 환원되어 생성된 Mn(II)이 산화되어 생성된다. 콜로이드성 수화 망가니즈(II) 산화물은 망가니즈(VII)의 환원에 의해서도 생성될 수도 있는데, 이 망가니즈(VII)는 맛과 냄새를 줄이거나 철(II)을 산화시키기 위해 과망가니즈산염(permanganate)의 형태로 의도적으로 물에 첨가되기도 한다. 새로 침전된 MnO_2는 g당 수백 제곱미터 만큼의 큰 표면적을 가질 수 있으며, 수화된 산화물 표면은 4.5 이상의 pH 값에서 음전하를 갖는다.

고체 표면에 의한 음이온의 수착은 양이온의 수착보다 설명하기가 어렵다. 인산염은 수산화 이온의 치환(이온 교환)에 의해 수산화된 표면에 수착될 수 있다.

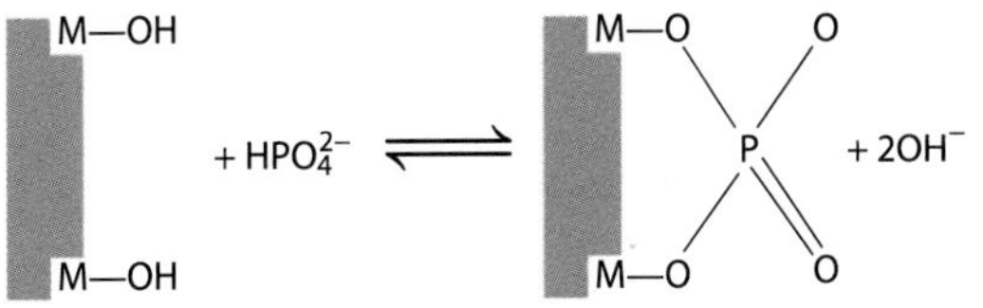

(4.32)

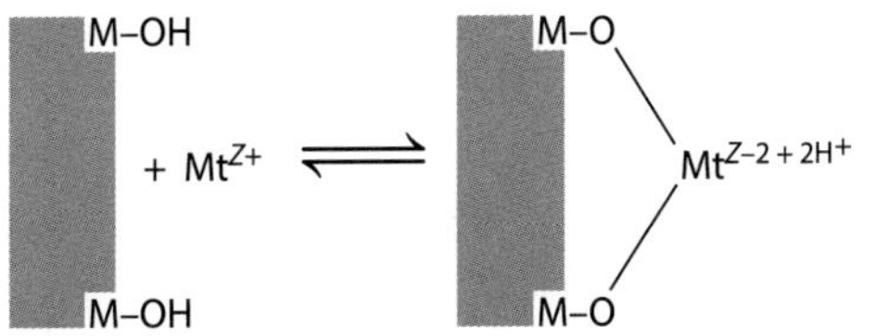

그림 4.6 금속 이온(Mt^{z+})은 2개의 $-OH$기 사이의 킬레이트화에 의해 금속 산화물(MO)의 표면에 붙는다.

음이온의 수착 정도는 다양하다. 인산염과 마찬가지로, 황산염은 일반적으로 7 미만의 pH에서 화학 결합에 의해 수착될 수 있다. 염화 이온과 질산 이온은 낮은 pH의 토양에서 양으로 하전된 콜로이드 입자에서 일어나는 것과 같이, 정전기적인 인력에 의해 수착된다. 더욱 특이적인 화학 결합 메커니즘은 플루오린화 이온(fluoride), 몰리브데넘산염(molybdate), 셀렌산염(selenate), 아셀렌산염(selenite), 비산염(arsenate) 및 아비산염(arsenite)과 같은 음이온의 수착에 관련될 수 있다.

4.8 바닥 퇴적물과의 용질 교환

바닥 퇴적물은 하천, 담수 저수지, 하구 및 바다에서 무기물과 유기물의 중요한 공급원이며 흡수원이다. 바닥 퇴적물 주변의 환경은 일반적으로 무산소성이므로 퇴적물은 환원 상태로 존재한다. 바닥 퇴적물에서는 지속적으로 용탈이 일어난다. 퇴적물 중 유기물의 농도는 일반적으로 비교적 높으며, 이 때문에 퇴적물은 물 중 유기 용질에 대해 높은 친화력을 갖는다.

바닥 퇴적물의 가장 중요한 특징 중 하나는 주변의 물 매체와 양이온을 교환할 수 있는 능력이다. 양이온 교환 용량(CEC)은 퇴적물과 같은 고체가 양이온을 수착할 수 있는 용량의 척도이다. 이 값은 pH와 염의 농도에 따라 다르다. 또 다른 매개 변수인 **교환 가능한 양이온 상태(exchangeable cation status, ECS)**는 주어진 양의 퇴적물에 결합된 특정 이온의 양을 말한다. 일반적으로 CEC와 ECS 둘 다 건조 중량으로 고체 100 g당 밀리 당량(meq)으로 나타낸다.

일반적으로 바닥 퇴적물의 무산소성 때문에 퇴적물의 채취 및 처리에 각별한 주의를 기울여야 한다. 특히, 대기 중의 산소와 접촉하면 교환 가능한 Fe^{2+} 및 Mn^{2+}는 Fe_2O_3 및 MnO_2와 같은 더 높은 산화 상태의 금속을 함유한 교환 불가능한 산화물로 빠르게 산화된다. 따라서 퇴적물 시료는 채취 후 가능한 한 빨리 밀봉하여 냉동시켜야 한다.

CEC를 구하는 일반적인 방법은 다음과 같다. (1) 모든 교환 가능한 위치를 NH_4^+가 차지하도록 퇴적물을 암모늄염 용액으로 처리한다. (2) 암모늄 이온을 NaCl 용액으로 치환한다. (3) 치환된 암모늄 이온의 양을 계산한다. CEC 값은 건조 시료 100 g당 교환된 암모늄 이온의 밀리 당량 수로 나타낼 수 있다. 교환 반응이 끝난 후 시료를 건조해야 한다는 점에 주목하라.

ECS를 구하는 방법은 기본적으로 퇴적물 시료에서 모든 교환 가능한 금속 양이온을 아세트산 암모늄(ammonium acetate)으로 추출한다. 그런 후 용탈액에 포함된 금속 이온(Fe^{2+}, Mn^{2+}, Zn^{2+}, Cu^{2+}, Ni^{2+}, Na^+, K^+, Ca^{2+}, Mg^{2+})을 측정한다. 교환 가능한 수소 이온을 직접적인 방법으로 측정하는 것은 매우 어렵다. 일반적으로 총 양이온 교환 용량에서 수소 이온을 제외한 모든 교환 가능한 양이온들의 합을 뺀 값이 교환 가능한 수소 이온과 같다고 가정한다.

담수 퇴적물은 전형적으로 20~30 meq/100 g의 CEC 값을 갖는다. 개별 양이온들에 대한 ECS 값은 1 미만에서부터 10~20 meq/100 g까지의 범위이다. 퇴적물은 주변의 물과 교환될 수 있는 금속 이온들의 중요한 저장소이다. 게다가, 퇴적물은 수소 이온을 수착하고 방출하는 능력을 갖고 있기 때문에, 어떤 물에서는 퇴적물이 중요한 pH 완충 효과를 나타낸다.

4.8.1 부유물과 퇴적물에 함유된 미량 금속

퇴적물과 부유 입자는 크로뮴, 카드뮴, 구리, 몰리브데넘, 니켈, 코발트 및 망가니즈와 같은 미량 금속들의 중요한 저장소이다. 이러한 금속들은 퇴적물이 생성되는 모체 광물(parent mineral)이나 오염원으로부터 유래한다.[6] 이러한 금속들은 개별 화합물, 양이온 교환성 점토에 결합된 이온, 철이나 망가니즈의 수화된 산화물에 결합된 이온, 또는 불용성 부식 물질에 의해 킬레이트화된 형태로 존재할 수 있다. 금속의 형태는 pE에 따라 다르다. 산화 및 환원 조건하에서 자연수에서 안정할 수 있는 특정한 미량 금속을 함유하는 화합물들의 예를 표 4.3에 나타냈다. 퇴적물이나 부유물에서 금속의 용해는 종

표 4.3 산화 및 환원 조건하에서 안정할 수 있는 무기 미량 중금속 화합물

금속	존재할 수 있는 개별적인 화합물 산화 상태 ⇌ 환원 상태
카드뮴	$CdCO_3 \rightleftharpoons CdS$
구리	$Cu_2(OH)_2CO_3 \rightleftharpoons CuS$
철	$FeO(OH) \cdot xH_2O \rightleftharpoons FeS, FeS_2$
수은	$HgO \rightleftharpoons HgS$
망가니즈	$MnO_2 \cdot x(H_2O) \rightleftharpoons MnCO_3$
납	$PbCO_3 * Pb(OH)_2 \rightleftharpoons PbS$
아연	$ZnCO_3 \rightleftharpoons ZnS$

종 존재하는 킬레이트제의 함수이다. 이러한 킬레이트제에는 히스티딘, 타이로신 또는 시스테인과 같은 아미노산과 바닷물이 존재할 경우에는 염화 이온이 포함된다. 미량 원소를 함유하는 부유 입자들은 마이크로미터 이하의 크기 범위에 있다. 실제 용액에 있는 금속보다는 덜 이용 가능하지만, 매우 작은 입자에 함유된 금속은 퇴적물에 있는 금속보다 더 이용 가능하다. 금속의 이용 가능성과 관련된 요인 중에는 금속의 정체(종류), 금속의 화학적 형태(결합 유형, 산화 상태), 부유 물질의 특성, 금속을 섭취하는 생물의 종류, 그리고 물의 물리적 및 화학적 조건이 포함된다.

중금속을 퇴적물에 격리(sequestration)하는 데에는 두 가지의 무기 화학종이 특히 중요하다. 그중 하나는 일반적으로 $Fe_2O_3 \cdot x(H_2O)$, $Fe(OH)_3$ 또는 FeOOH로 나타내는 수화된 철(III) 산화물로, 이는 중금속을 공침한다(coprecipitate). 이러한 물질은 가용성 철(II)이 산화 조건에 노출될 때 생성된다. 무산소 상태에서 그 물질은 가용성 철(II)로 환원되고(반응 4.6), 이 과정에서 결합된 중금속이 방출된다. 중금속과 결합하는 두 번째 중요한 고체는 **산성-휘발성 설파이드 화합물(acid-volatile sulfide)**, 특히 FeS이다. 대부분의 중금속은 철(II)보다 황화 이온(S^{2-})에 더 강한 친화력을 가지고 있으므로, 중금속은 황화물의 철(II)을 치환하는 경향을 보인다. 격리된 중금속 이온의 방출로 이어지는 수화된 철(III) 산화물의 환원에 도움이 되는 조건은 FeS의 생성에도 도움이 되며, 이는 중금속 이온을 황화물로 재침전시키기 위해 황화물을 방출할 수 있다.

퇴적물에 함유된 중금속의 독성과 생물에 대한 이용 가능성은 수계에서 중금속의 환경적 영향을 결정하는 데 매우 중요하다. 많은 퇴적물들이 무산소 상태이므로, 미생물이 황산염을 황화물로 환원하면 퇴적물에 금속 황화물이 우세하게 된다. 황화물의 매우 낮은 용해도는 무산소 퇴적물에서 금속의 생체이용률(bioavailability)을 제한하는 경향을 나타낸다. 그러나 이러한 퇴적물이 공기에 노출되고 뒤이어 황화물이 황산염으로 산화되면, 상당한 양의 중금속이 방출될 수 있다. 준설 작업은 무산소 퇴적물을 공기에 노출시켜 황화물의 산화를 가져와 납, 수은, 카드뮴, 아연 및 구리와 같은 중금속의 방출로 이어질 수 있다.

4.8.2 바닥 퇴적물과의 인 교환

인은 물 화학에서 핵심적인 요소들 중 하나이며, 많은 조건에서 조류의 성장을 제한하는 영양소이다. 퇴적물과의 교환은 조류가 인을 이용할 수 있도록 하는 중요한 역할을 하므로 부영양화에 기여한다. 퇴적물에 존재하는 인은 다음의 형태로 분류할 수 있다.

- **인산염 광물(phosphate mineral)**, 특히 수산화 인회석(hydroxyapatite), $Ca_5OH(PO_4)_3$
- **내포되지 않은 인(nonoccluded phosphorus)**은 SiO_2 또는 $CaCO_3$의 표면에 결합된 오쏘 인산염이다. 그러한 인은 내포된 인보다 용해성이 더 크고 더 잘 이용할 수 있다.
- **내포된 인(occluded phosphorous)**은 철과 알루미늄의 비결정성 수화된 산화물과 비결정성 알루

미노실리케이트(aluminosilicate)의 매트릭스 구조 내에 포함된 오쏘 인산으로 구성된다. 이러한 인은 내포되지 않은 인만큼 쉽게 이용할 수 없다.

- **유기 인(organic phosphorous)**은 일반적으로 조류나 세균과 같은 물 중의 바이오매스에 포함되어 있는 인이다.

가정, 농업 또는 산업 폐수가 엄청 많이 유입되는 물에는 무기 폴리인산염(액체 비료 유출, 세제, 산업용 화학 물질로부터)이 퇴적물에 존재할 수 있다. 미생물이 인산염 광물, 특히 철 인산염에 작용하면 물에 인산염이 방출될 수 있다.

4.8.3 퇴적물 및 부유 물질 표면에 결합된 유기 화합물

수체에서 많은 유기 화합물은 부유 물질 및 퇴적물과 상호 작용한다. 물에 유입된 다양한 유기 화합물들은 다양한 방법으로 퇴적물과 반응하며, 결합의 유형 및 세기는 화합물의 유형에 따라 다르다. 수착된 유기물은 용액 중 유기물과 비교할 때, 다른 속도와 다른 경로로 화학적 및 생물학적으로 분해된다. 콜로이드는 처리 과정을 통해 지표수에서, 그리고 심지어 지하수에서도 유기 오염 물질의 수송에 중요한 역할을 할 수 있다. 수착된 유기물을 함유하는 부유 물질의 침강은 유기 화합물을 하천이나 호수의 퇴적물로 운반한다. 예를 들어, 이 현상은 경작지에서 침식된 오염 토양 입자를 함유하는 퇴적물에서 제초제가 발견되는 주원인이다. 어떤 유기물은 생물의 사체에 의해 또는 축적된 유기 오염 물질을 갖고 있는 동물성 플랑크톤의 분립(fecal pellet)에 의해 퇴적물로 운반된다.

유기물 결합 능력에 대해 고려되는 가장 흔한 퇴적물의 형태는 점토, 유기(부식) 물질, 그리고 점토와 부식 물질 간의 착물이다. 점토와 부식 물질은 둘 다 양이온 교환제로 작용한다. 따라서 이러한 물질들은 이온 교환을 통해 양이온성 유기 화합물을 수착한다. 이 과정은 비교적 강한 수착 메커니즘이므로 유기 화합물의 이동성과 생물학적 활동성을 크게 감소시킨다. 점토에 의해 수착될 때, 양이온성 유기 화합물은 일반적으로 생물학적 활성이 본질적으로 0인 점토 광물 구조의 층 사이에 포함되어 있다.

대부분의 퇴적물들은 강한 음이온 교환 자리가 없기 때문에, 음으로 하전된 유기물은 매우 강하게 유지되지 않는다. 따라서 이러한 유기 화합물들은 고체가 존재한다 할지라도 비교적 이동하기 쉽고 생분해되기 쉽다.

유기 화합물의 수착 정도는 일반적으로 화합물의 용해도에 반비례한다. 물에 불용성인 물질일수록 부식 물질(2.17절)과 같은 친유성(지질을 매우 좋아하는) 고체 물질에 강하게 수착되는 경향이 있다. 비교적 높은 증기압을 갖는 화합물은 증발에 의해 물 또는 고체에서 손실될 수 있다. 이러한 현상이 일어날 때, 광화학적 과정(1.6절 참조)은 이러한 분해에 중요한 역할을 할 수 있다.

물에서 점토/부식 물질 착물과 같은 고체에 의한, 제초제 2,4-D와 같은 오염 물질의 수착은 종종 다음의 프로인틀리히(Freundlich) 흡착 등온식을 사용하여 기술할 수 있다.

$$X = KC^n \tag{4.33}$$

여기에서 X는 고체의 단위 무게당 수착된 양, C는 물에서 평형을 이루고 있는 2,4-D의 농도, 그리고 n과 K는 상수이다. 이러한 값들은 $\log X$를 $\log C$에 대해 그려 결정한다. Freundlich 흡착 등온식을 따른다면, 그림은 기울기가 n, 절편이 $\log K$를 갖는 직선이 된다.

비교적 비휘발성인 탄화수소가 퇴적물에 수착되면, 이러한 물질들은 수생물과 접촉하는 것으로부터 제거될 뿐만 아니라 생분해도 크게 지연된다. 석유와 같은 중성 화학종의 수착은 이온-교환 과정에 의해 분명하게 설명할 수는 없다. 여기에는 아마도 van der Waals 힘(인력의 본질이 이해되지 않을 때 인용되는 용어이지만, 일반적으로 중성 분자에 관여되는 유도 쌍극자-쌍극자 상호 작용으로 구성되는 것으로 간주한다), 수소 결합, 전하-운반 착물화 및 소수성 상호 작용과 같은 현상이 관여될 것으로 본다.

경우에 따라서는, 농약과 이의 대사 물질, 가소제, 할로젠화 방향족 화합물 및 나이트로 화합물과 같은 오염 화합물들이 퇴적물과 토양에 있는 부식 물질에 **결합 잔류물(bound residue)**로 공유 결합된다.[8] 그러한 잔류물을 열적으로, 생화학적으로, 또는 가수 분해와 같은 화학적인 방법으로 부식 물질로부터 떼어내는 것은 매우 어렵다. 따라서 유기물의 부식화 동안에 잔류성 유기 오염 물질에 의한 결합 잔류물의 생성은 고정화 및 무독화 과정이며, 이는 환경으로부터 그러한 오염 물질들을 효과적으로 제거하는 데 있어 생분해 및 무기물화에 비해 중요하다. 이러한 결합의 많은 것이 세포 밖의 산화–환원 효소 및 일부 생물들의 기타 효소의 작용을 통해 일어나는 것으로 생각된다. 미생물 페놀 산화 효소(phenoloxidase)는 리그닌 전구 물질에서 생성되는 부식 물질에 존재하는 리그닌의 분해에서 생성되는 방향족 기질에 작용하고, 아닐린(aniline) 및 페놀(phenol)과 같은 생체이물(xenobiotic) 방향족 화합물에 작용하기도 한다. 이 작용은 오염 물질 2,4-다이클로로페놀(2,4-dichlorophenol)이 부식 물질 분자의 방향족 고리에 결합하는 것을 아래에서 설명하는 것처럼, 생체이물 방향족 화합물이 부식 물질에 결합하는 결과를 가져올 수 있다.

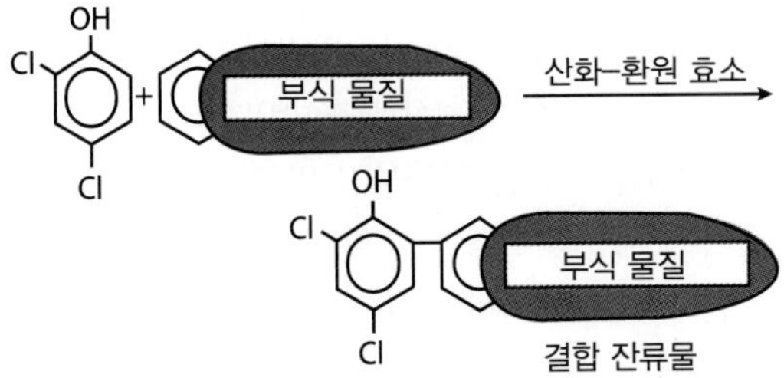

(4.34)

물에서 부유 물질과 퇴적 물질에 의해 유기물이 수착되는 것은 물에서 농약의 전체적인 독성을 상당히 감소시킬 수 있다. 그러나 생분해는 어떤 물질이 고체에 결합함으로써 일반적으로 상당히 느려진다. 집약적인 농업 지역에서는 하천, 호수 및 저수지의 퇴적물에 농약이 매우 높은 농도로 축적되어 있다. 고체에 의한 농약의 수착과 생분해에 미치는 영향은 새로운 농약의 공식 허가에서 중요하게 고려해야 할 사항이다.

지표수가 지하수로 침투하면 종종 어떤 물 오염 물질들은 토양 및 광물 물질에 수착되는 결과를 가져온다. 이러한 정화 효과를 이용하기 위해, 어떤 도시의 상수는 수처리의 첫 단계로 자연 또는 인공 하천 제방의 표면 아래에서 퍼 올린다. 폐기물 매립지에서 대수층으로의 물의 이동은 중요한 과정인데, 여기에서 매립지 침출수에 함유된 오염 물질들은 물이 지나가는 동안에 고체 물질에 수착될 수 있다.

4.8.4 퇴적물에 존재하는 오염 물질과 생체 이용률

퇴적물과 토양에 존재하는 오염 물질과 관련하여 중요하게 고려할 사항은 **생체 이용률(bioavailability)**인데, 이는 일반적으로 어떤 물질이 생체의 시스템 안으로 흡수될 수 있는 정도로 정의된다. 생체 이용률은 퇴적물 및 토양에 존재하는 오염 물질이 생체에 미치는 위해성을 평가하는 데 특히 중요한 고려 사항이다. 어떤 경우 관심 대상의 오염 물질이 낮은 생체 이용률을 갖는다면, 이러한 매체는 복원하려고 하지 않는 것이 가장 좋을 수 있다. 다른 경우 독성 물질의 생체 이용률이 매우 크다면, 그러한 물질은 특히 위험하게 만들 수 있다.

그림 4.7은 어떤 오염 물질이 퇴적물에서 미생물로 이동되는 전체 과정을 보여 준다. 퇴적물에 결합된 물질은 물로 방출된 후, 생체막을 가로질러 통과하여 생체 내에 들어가거나 퇴적물에서부터 막을 가로질러 생체로 직접 이동될 수 있다. 일단 생체 내에서, 잠재적으로 독성이 있는 물질은 생체 내에서 생화학적 수용체로 이동하여 독성 효과를 나타낼 수 있다. 이러한 과정들은 오염된 토양 또는 퇴적물질이 생체 내에 섭취되어 내장 벽을 가로질러 들어갈 때 생체 내에서 실제로 일어날 수 있다.

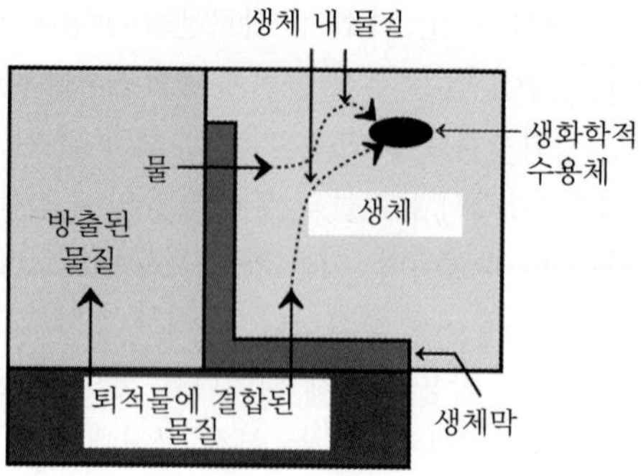

그림 4.7 퇴적물에 존재하는 오염 물질이 생체에서 이동하는 과정. 생체에서 오염 물질들은 생화학적 수용체에 작용함으로써 영향을 끼칠 수 있다.

4.9 간극수

간극수(interstitial water) 또는 공극수(pore water)는 퇴적물이 보유하고 있는 물로 구성된다. 간극수에 함유된 용질은 퇴적물의 화학적 및 생화학적 상태를 반영한다. 이러한 용질들에는 산화/환원될 수 있는 화학종, 환원된 금속 이온, NH_4^+와 같은 영양물질 및 가용성 유기 화합물이 포함된다. 이러한 화학종에는 퇴적물에서 주로 혐기성 세균의 활동을 통한 플랑크톤 바이오매스의 분해와 무기질화로 예상되는 모든 생성물들이 포함된다. 퇴적물에서 순환은 크게 제한되기 때문에 존재하는 화학종들의 명확한 수직 구배(gradient)가 나타난다. 용해된 산소를 포함하는 물과 접촉할 수 있는 퇴적물 표면에서는 더 산화된 화학종들이 발견될 수 있는 반면에, 더 깊은 데에 있는 퇴적물에서는 환원된 화학종이 우세하게 나타난다. 간극수는 유기물의 무산소 생분해에 의해 생성되는 메테인과 같은 자연수계에 존재하는 기체의 중요한 저장소이다.

$$2\{CH_2O\} \rightarrow CH_4(g) + CO_2(g) \tag{4.35}$$

4.10 화학적 운명과 수송에서 상 상호 작용

1장에서는 환경 화합물의 운명과 수송의 주제가 소개되었다. 수권은 틀림없이 화합물 운명과 수송 과정에 있어 가장 중요한 환경 권역이며, 이러한 과정들 중 많은 것에는 상 간의 화학종의 분포가 관련된다. 이 시점에서 수권에서의 화합물 운명과 수송을 살펴보는 것은 적절하다. 이것은 이 책의 영역을 넘는 복잡한 수학적 모형과 계산을 이용하는 환경적으로 중요한 주제이다. 더욱 자세한 것과 예를 통한 계산을 원하면, 독자는 이 주제와 관련된 포괄적인 참고 자료를 참조하라.[9]

4.10.1 강

강에서 화학종의 물리적인 수송은 대규모의 물이 중력에 의해 하류로 수송하는 것에 기인한 이류(advection, 분자 확산과 반대되는 물 덩어리의 움직임)에 의해 주로 일어난다. 그 결과 비교적 빠른 혼합과 희석이 일어나는데, 이는 제방 및 바닥과 접촉하는 물이 하천의 중간에서 흐르는 물보다 더 천천히 이동하는 강에서 물 덩어리들이 다른 속도로 이동하는 **속도 전단(velocity shear)** 때문이다. 이러한 혼합에 기여하는 또 다른 것은 용해된 화학종과 콜로이드 입자들의 난류 혼합(turbulent mixing)과 확산 수송(diffusive transport)이다. 이러한 과정들의 알짜 결과는 비교적 농축된 '플러그(plug)'로서 강에 유입된 오염 물질이 하류로 흘러감에 따라 점점 퍼지게 되는 것이다.

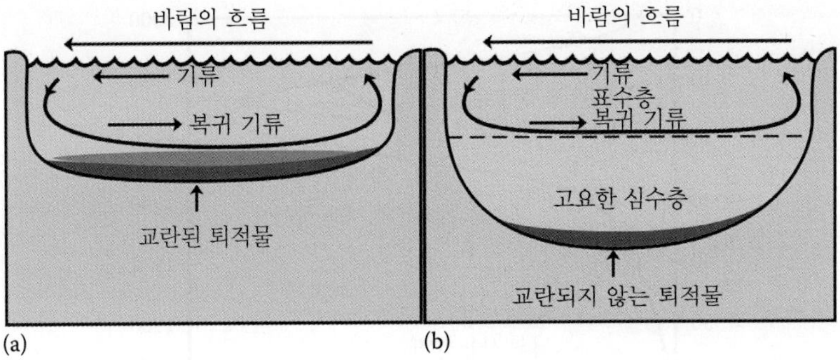

그림 4.8 얕고 층화되지 않은 호수(a)와 층화된 호수(b)에서 바람에 기인한 혼합. 전자의 경우 복귀 기류가 퇴적물과 접촉하면 퇴적물을 휘저어 물에 물질들을 방출할 수 있다.

4.10.2 호수와 저수지

호수와 저수지는 강에 비해 비교적 고요한 편이나, 그러한 수체 내에서는 조용한 이동이 있다. 물은 하천으로부터의 유입, 지하의 샘과 대수층으로부터 유입, 그리고 강우에 의해 직접 유입된다. 물은 저수지의 여수로(spillway)를 통한 유출, 땅으로의 침투 및 증발과 같은 유출로 빠져나간다. 수체에서 물의 유입과 손실 사이의 균형은 물이 **수력학적 체류 시간(hydraulic residence time)**을 갖는다는 것을 의미한다. 호수에서 혼합 과정의 주요 요인은 바람의 영향이다. 바람에 날리는 지표수는 바람 속도의 2~3%의 속도로 이동하는데, 이 현상을 **기류(wind drift)**라고 한다. 기류에 의해 호수의 한쪽으로 이동한 물은 **복귀 기류(return current)**로 수면 아래로 어느 정도 거리를 되돌아와야 한다. 얕고 층화되지 않는 수체에서 복귀 기류는 바닥을 따라 흐르며, 바닥에서 물은 바닥 퇴적물과 접촉하여 퇴적물을 휘저을 수 있다. 층화된 호수(그림 2.2 참조)에서 물의 순환은 그림 4.8에서 보여 주는 것과 같이 위쪽 표수층에서 일어난다.

4.10.3 대기와의 교환

물과 대기 간의 화학종 교환은 중요한 과정이다. 그것은 대기 중 산소가 물에 들어가 물고기에 필요한 산소를 공급해 주는 수단이다. 조류의 성장에 필요한 이산화 탄소는 공기에서부터 들어올 수 있다. 산성 기체와 같은 대기 오염 물질은 대기로부터 물에 들어올 수 있다. 조류가 왕성하게 광합성 활동을 하는 상황에서, 조류에 의해 생성된 산소는 공기로 방출된다. 유기물의 부패는 물을 이산화 탄소로 과포화시킬 수 있으며, 이러한 이산화 탄소는 대기 중으로 방출된다. 퇴적물에서 무산소 미생물 과정들은 공기로 방출되는 황화 수소와 메테인을 생성할 수 있다. 휘발성 유기 물 오염 물질들은 물에서부터 대기로 이동될 수 있다.

공기/물 경계면은 화학종이 가로질러 이동하는 경계이며, 물질의 교환 속도를 결정하는 데 매우 중요하다. 이러한 과정에 대한 현재의 모형은 물의 표면에 얇은 정지상의 액체 필름이 공기의 얇은 정지상 층과 직접 접촉하고 있다고 가정한다. 이러한 층들은 둘 다 수 마이크로미터 정도로 얇기 때문에, 분자 확산은 거기에서 일어나는 용질 화학종 수송의 유일한 메커니즘이다. 물의 얇은 표면 필름 바로 아래에서는 난류 확산이 물에 있는 용질들을 혼합하고, 얇은 공기 필름 바로 위에서는 난류 확산이 공기 중의 화학종을 혼합한다.

4.10.4 퇴적물과의 교환

퇴적물은 수권에서 화합물 운명과 수송에 매우 중요하다. 이는 중금속이나 소수성 유기물과 같은 오염 물질을 포함한 물질들이 수주(water column)를 통해 침전되면서 입자들과 결합하고 퇴적물에 포함되기 때문이다. 침강 플럭스 밀도(settling flux density, J)는 단위 시간당 침강이 발생하는 영역을 가로

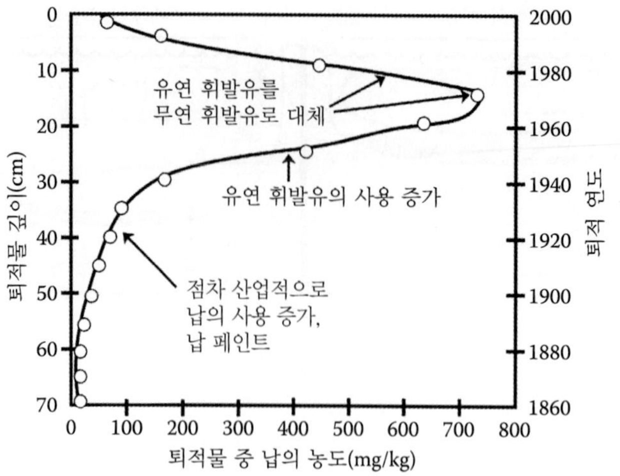

그림 4.9 휘발유로부터 납의 급격한 증가와 납 함유 휘발유의 사용 금지 이후 납의 감소를 나타내는 납의 퇴적에 대한 전형적인 퇴적물 기록.

질러 수송되는 물질의 질량과 같으며, 퇴적 물질이 침강되는 속도와 침강되는 물질에 포함된 대상 물질의 농도의 곱으로 나타낸다.

$$J = (\text{퇴적물 퇴적 속도}) \times (\text{입자에서 물질의 농도}) \quad (4.36)$$

수주로부터 침강에 의해 오염 물질이 퇴적물에 포함되는 것은 매우 작은 콜로이드 입자들이 서로 응집하는(엉김) 고요한 상태에서 화합물 운명과 수송의 특히 중요한 방식이다. 만일 교란되지 않는다면 퇴적물 층은 오염의 기록을 제공할 수 있다. 비록 전형적이긴 하지만, 납에 대한 이론적인 그러한 그림을 그림 4.9에 나타냈다. 비록 퇴적물은 일반적으로 오염 물질의 저장소이고 환경적인 유해성을 감소시키지만, 물리적, 화학적 또는 생화학적 과정에 의해 수송될 수 있는 오염 물질의 공급원을 제공하기도 한다. 예를 들어, 퇴적물에 침전된 수은은 산소가 결핍된 퇴적물에서 무산소 세균의 작용에 의해 가용성 메틸수은 화학종으로 변환되어 수송될 수 있다(6.3절 참조).

참고문헌

1. Beam, Jacob P., Jarrod J. Scott, Sean M. McAllister, Clara S. Chan, James McManus, Filip J. R. Meysman, and David Emerson, "A Biological Source of Marine Sedimentary Iron Oxides," *BioRxiv Preprint Server for Biology*, 1–20, 2017, doi: https://doi.org/10.1101/108621
2. Endo, Satoshi, Mitsuki Yoshimura, Hidetoshi Kumata, Masao Uchida, Yoshinori Yabuki, and Haruhiko Nakata, "Reduced Bioavailability of Polycyclic Aromatic Hydrocarbons (PAHs) in Sediments Impacted by Carbon Manufacturing Plant Effluent: Evaluation by *ex situ* Passive Sampling Method," *Environmental Pollution*, **256**, Online Computer File, 113448, 2020.
3. Massoudieh, Arash, and Timothy R. Ginn, "Modeling Colloid-Facilitated Transport of Multispecies Contaminants in Unsaturated Porous Media," *Journal of Contaminant Hydrology*, **92**, 162–183, 2007.
4. Manahan, Stanley, *Environmental Geology and Geochemistry*, Amazon Kindle, 2011.
5. Iwuozor, Kingsley Ogemdi, "Prospects and Challenges of Using Coagulation-Flocculation Method in the Treatment of Effluents," *Advanced Journal of Chemistry, Section A: Theoretical, Engineering and Applied Chemistry*, **2**(2), 105–127, 2019.
6. Lopez-Herrera, Cairo, H. D. Jimenez-Torres, I. D. Barcelo-Quintal, P. F. Zarate-Del Valle, G. G.

Carbajal-Arizaga, W. de la Cruz-Hernandez, and S. Gomez-Salazar, "Heavy Metals on Sediments of a Mexican Tropical Lake: Chemical Speciation, Metal Uptake Capacity, and Chemical States," *International Journal of Environmental Science and Technology*, **16**(12), 8423–8436, 2019.

7. Goswami, Suhana Puri, B. R. Maurya, Akhila Nand Dubey, and Nitesh Kumar Singh, "Role of Phosphorus Solubilizing Microorganisms and Dissolution of Insoluble Phosphorus in Soil," *International Journal of Chemical Studies*, **7**(3), 3905–3913, 2019.
8. Barraclough, D., T. Kearney, and A. Croxford, "Bound Residues: Environmental Solution or Future Problem?," *Environmental Pollution*, **133**, 85–90, 2005.
9. Hemond, Harold F., and Elizabeth J. Fechner, *Chemical Fate and Transport in the Environment*, 3rd ed., Academic Press, Waltham, MA, 2014.

보충자료

Barnes, Geoffrey, and Ian Gentle, *Interfacial Science: An Introduction*, Oxford University Press, New York, NY, 2005.

Beckett, Ronald, Ed., *Surface and Colloid Chemistry in Natural Waters and Water Treatment*, Plenum, New York, NY, 1990.

Berkowitz, Brian, *Contaminant Geochemistry*, Springer, New York, NY, 2007.

Bianchi, Thomas S., *Biogeochemistry of Estuaries*, Oxford University Press, New York, NY, 2007.

Birdi, K. S., Ed., *Handbook of Surface and Colloid Chemistry*, 4th ed., CRC Press, Boca Raton, FL, 2015.

Burdige, David J., *Geochemistry of Marine Sediments*, Princeton University Press, Princeton, NJ, 2006.

Cosgrove, Terence, *Colloid Science: Principles, Methods and Applications*, Wiley-Blackwell, Hoboken, NJ, 2010.

Eby, G. Nelson, *Principles of Environmental Geochemistry*, Waveland Press, Long Grove, IL, 2016.

Golterman, H. L., Ed., *Sediment-Water Interaction 6*, Kluwer, Dordrecht, TheNetherlands, 1996.

Gregory, John, *Particles in Water: Properties and Processes*, Taylor & Francis/CRC Press, Boca Raton, FL, 2005.

Gustafsson, Orjan, and Philip M. Gschwend, "Aquatic Colloids: Concepts, Definitions, and Current Challenges," *Limnology and Oceanography*, **42**, 519–528, 1997.

Holland, H. D., and K. K. Turekian, Eds., *Treatise on Geochemistry*, Elsevier/Pergamon, Amsterdam, 2004.

Holmberg, Krister, Dinesh O. Shah, and Milan J. Schwuger, Eds., *Handbook of Applied Surface and Colloid Chemistry*, Wiley, New York, NY, 2002.

Hunter, Robert J., *Foundations of Colloid Science*, 2nd ed., Oxford University Press, New York, NY, 2001.

Jones, S. J., and L. E. Frostick, Eds., *Sediment Flux to Basins: Causes, Controls and Consequences*, Geological Society, London, 2002.

Kim, J. I., "Aquatic Colloids: Provenance, Characterization and Significance to Environmental Monitoring," in *Advanced Environmental Monitoring*, Y. J. Kim and U. Platt, Eds., Springer, Dordrecht, The Netherlands, 2008.

McSween, Harry Y., Steven M. Richardson, and Maria E. Uhle, *Geochemistry: Pathways and Processes*, 2nd ed., Columbia University Press, New York, NY, 2003.

Mudroch, Alena, Jose M. Mudroch, and Paul Mudroch, Eds., *Manual of Physico-Chemical Analysis of Aquatic Sediments*, CRC Press, Boca Raton, FL, 1997.

Myers, Drew, *Surfaces, Interfaces, and Colloids: Principles and Applications*, 2nd ed., Wiley, New York, NY, 1999.

Olson, Scott A., *Application of a Sediment-Transport Model to Evaluate the Effect of Streambed-Management Practices on Flood Levels*, BiblioGov, 2013.

Prothero, Donald R., and Fred Schwab, *Sedimentary Geology*, 3rd ed., W. H. Freeman, New York, NY, 2013.

Shaw, Duncan, *Introduction to Colloid and Surface Chemistry*, 4th ed., Elsevier, Amsterdam, 2013.

Stumm, Werner, and James J. Morgan, *Aquatic Chemistry: Chemical Equilibria and Rates in Natural Waters*, 3rd ed., John Wiley & Sons, New York, NY, 1995.

Stumm, Werner, Laura Sigg, and Barbara Sulzberger, *Chemistry of the Solid-Water Interface*, John Wiley & Sons, New York, NY, 1992.

Syvitski, James P. M., and Albert Kettner, "Sediment Flux and the Anthropocene," *Philosophical Transactions of the Royal Society*, **369**, 957–975, 2011.

Tadros, Tharwat, Ed., *Encyclopedia of Colloid and Interface Science*, Springer, Berlin, 2013.

Thibodeaux, Louis J., and Donald Mackay, *Handbook of Chemical Mass Transport in the Environment*, Taylor & Francis/CRC Press, Boca Raton, FL, 2010.

U.S. Environmental Protection Agency, website on contaminated sediments, 2012.

Velinova, Maria Emilova, Ed., *Essentials and Advances in Geochemistry of Natural Waters*, Arcler Press, Burlington, Ontario, Canada, 2018.

Walther, John V., *Essentials of Geochemistry*, 2nd ed., Jones and Bartlett Publishers, Sudbury, MA, 2009.

Wilkinson, Kevin J., and Jamie R. Lead, Eds., *Environmental Colloids and Particles: Behaviour, Separation and Characterisation*, John Wiley & Sons Ltd., Hoboken, NJ, 2007.

연습문제

모든 문제들을 답하기 위해서는 인터넷을 활용해야 할 것이다. 특히 일반적인 정보나 통계, 상숫값, 수식들은 인터넷에서 찾아서 사용하시오. 질문들은 교재 안에 있는 내용을 단순하게 찾아서 쓰는 것보다 호기심과 사고력을 증진시키기 위한 것이다. 그래서 어떤 경우에는 여러 가지 '정답'이 있을 수 있다. 그러므로 만약 자신의 이지적인 사고를 통한 노력과 다양한 문헌으로부터 찾은 정보를 바탕으로 작성한 답은 '정답'으로 간주한다.

1. 강한 알칼리성(pH 10) 물을 포함하는 갈탄 노천광에서 퇴적물 시료를 채취하였다. HCl로 처리하여 퇴적물에 함유된 양이온을 치환하였다. 이 용탈액에 함유된 양이온을 총 분석한 결과, 건조 퇴적물 100 g당 밀리몰로 나타냈더니 Na^+가 150 mmol, K^+가 5 mmol, Mg^{2+}가 20 mmol, 그리고 Ca^{2+}가 75 mmol이었다. 이 퇴적물의 양이온 교환 용량(CEC, 건조 퇴적물 100 g당 밀리 당량)은 얼마인가? 이 경우에 H^+는 왜 고려할 필요가 없는가?
2. 25°C, 1.00 atm에서 부피비로 50% O_2와 50% N_2의 혼합물로 포화된 물에 대해 $[O_2(aq)]$의 값은 얼마인가?
3. 다음 중 일반적인 하천에서 철(III)의 수송 방식과 가장 거리가 먼 것은?
   a. 부유한 부식 물질에 결합
   b. 양이온 교환 과정에 의해 점토 입자에 결합
   c. 부유성 Fe_2O_3로
   d. 가용성 Fe^{3+}로
   e. 콜로이드성 점토–부식 물질 착물에 결합한다.
4. 새롭게 침전된 콜로이드성 수산화 철(III)은 용액에서 많은 2가 금속 이온들과 어떻게 상호 작용하는가?
5. 무엇이 물에서 세균 세포로 구성된 콜로이드를 안정화시키는가?
6. 물에서 산소의 용해도는 0°C에서 14.74 mg/L이고 35°C에서 7.03 mg/L이다. 50°C에서 용해도를 추정하시오.
7. 세균 세포의 응집은 어떤 메커니즘에 의한 것이라고 생각하는가?
8. 새롭게 침전된 MnO_2를 생성하기 위한 좋은 방법은 무엇인가?
9. 어떤 퇴적물이 NH_4^+의 용액과 평형을 이루고 있고, 나중에 NH_4^+는 분석을 위해 Na^+로 치환되었다. 총 33.8 meq의 NH_4^+가 퇴적물에 결합되어 있었고 나중에 Na^+에 의해 치환되었다. 건조 후, 퇴적물의 무게가 87.2 g이었다. 100 g당 CEC는 몇 meq인가?
10. CEC가 67.4 meq/100 g인 퇴적물 시료가 다음의 교환 가능한 양이온을 meq/100 g 단위로 함유하고 있다

는 것을 알았다: Ca^{2+}, 21.3; Mg^{2+}, 5.2; Na^{+}, 4.4; K^{+}, 0.7. 수소 이온(H^{+})의 농도는 직접 측정하지 않았다. meq/100 g 단위로 H^{+}의 ECS를 구하시오.

11. 콜로이드에 적용되는 **영 전위점**(ZPC)의 의미는 무엇인가? 또, ZPC에서 콜로이드 입자의 표면은 전하를 띤 작용기가 전혀 없는가?
12. 간극수 시료 중 메테인의 농도가 STP에서 150 mL/L로 나타났다. 메테인이 유기물 $\{CH_2O\}$ 발효에 의해 생성되었다고 가정하면, 1 L의 간극수에 메테인을 생성하는 데 필요한 유기물의 질량은 얼마인가?
13. CEC와 ECS의 차이는 무엇인가?
14. 알파벳 글자로 나타낸 왼쪽 목록의 퇴적물 광물과 숫자로 나타낸 오른쪽 목록의 생성 조건을 옳게 연결하시오.

(a) $FeS(s)$	(1) 무산소성 물이 O_2에 노출될 때 생성될 수 있다.
(b) $Ca_5OH(PO_4)_3$	(2) 산소성 물이 무산소성이 될 때 생성될 수 있다.
(c) $Fe(OH)_3$	(3) 광합성의 부산물이다.
(d) $CaCO_3$	(4) 특정 종류의 오염 물질을 함유하는 폐수가 경도가 매우 높은 수체에 유입될 때 생성될 수 있다.

15. 용액에서 화학종들과의 반응 가능성 측면에서, 금속 산화물(MO)의 표면에 있는 금속 원자(M)를 어떻게 기술할 수 있을까?
16. 산소는 부피비로 공기의 20.95%를 차지한다. 만약 1.0000 atm의 공기를 25°C의 물에 폭기한다면, 물에서 O_2의 분압은 얼마인가?
17. N_2와 함께 들어 있는 혼합 기체에서, CO_2의 부피 백분율은 1.00 atm, 25°C의 혼합 기체를 0.0100 M $NaHCO_3$ 용액에 폭기하고 그 용액의 pH를 측정함으로써 구하였다. 평형에서 pH가 6.50이라면 CO_2의 부피 백분율은 얼마인가?
18. 다음의 일반적인 화학식을 갖는 고분자는 어떤 목적으로 사용되는가?

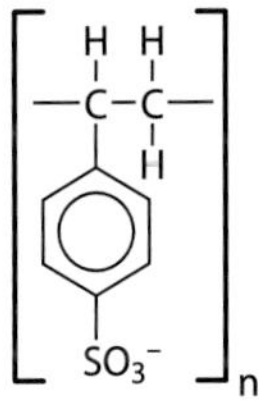

19. 다음 중 콜로이드에 대해 옳게 기술된 것은?
    a. 친수 콜로이드는 비교적 작은 분자들의 응집체로 구성된다.
    b. 소수 콜로이드는 전하를 갖고 있지 않다.
    c. 친수 콜로이드는 $H_3C(CH_2)_{16}CO_2^-$와 같은 화학종들의 덩어리들에 의해 생성된 것이다.
    d. 회합 콜로이드는 마이셀을 생성한다.
    e. 소수 콜로이드의 전하는 중요하지 않다.
20. 용해도가 매우 낮은 2가 황산 금속(MSO_4)에 대해 용해도곱 상수(K_{sp})가 9.00×10^{-14}라고 하자. 과량의 순수한 고체 MSO_4가 순수한 물과 평형을 이루어 용존 M을 6.45×10^{-7} mol/L를 함유하는 용액이 되었다. 이러한 관찰 결과를 고려하여 다음 중 옳게 기술된 것은?
    a. MSO_4는 상당한 정도의 고유 용해도를 갖는다.
    b. 용해도곱만으로도 정확하게 용해도를 예측한다.
    c. 용해도곱 값은 잘못되었다.
    d. 물에서 'M'의 농도는 잘못되었음에 틀림없다.
    e. 관찰에 대한 유일한 설명은 HSO_4^-의 생성이다.
21. 다음 중 퇴적물과 이의 생성에 대해 잘못 기술된 것은?
    a. 물리적, 화학적 및 생물학적 과정은 모두 수체의 바닥 부위에 퇴적물 침적을 가져올 수 있다.
    b. 광합성은 간접적으로 $CaCO_3$ 퇴적물의 생성을 가져올 수 있다.
    c. Fe^{2+}의 산화는 퇴적물에 포함될 수 있는 불용성 화학종의 생성을 가져올 수 있다.

d. 일반적으로 퇴적물은 점토, 미사, 모래, 유기물 및 다양한 광물로 구성되어 있고, 조성에 있어 순수한 광물질부터 우세하게 유기물이 더 많은 물질까지 다양할 수 있다.

e. 퇴적물로 유입되는 FeS는 O_2와 접촉하는 물 표면에서 생성되는 경향이 있다.

22. 25℃에서 산소의 Henry 법칙 상수가 1.28×10^{-3} mol L^{-1} atm^{-1}이고 수증기의 분압이 0.0313 atm이라면, 25℃, 1.00 atm에서 부피비로 33.3% O_2와 66.7% N_2의 혼합 기체로 포화된 물에서 $[O_2(aq)]$의 값은 얼마인가?

23. 알파벳 글자로 나타낸 왼쪽 목록의 콜로이드와 숫자로 나타낸 오른쪽 목록의 적당한 것을 옳게 연결하시오.

(a) 친수 콜로이드	(1) $CH_3CO_2^-Na^+$
(b) 회합 콜로이드	(2) 거대 분자 단백질
(c) 소수 콜로이드	(3) 종종 염의 첨가에 의해 제거됨
(d) 비콜로이드	(4) $CH_3(CH_2)_{16}CO_2^-Na^+$

5 수생 미생물 생화학

5.1 물에서의 생화학 과정

세균(**bacteria**), **진균류**(**fungi**), **원생동물**(**protozoa**) 및 **조류**(**algae**)와 같은 미생물은 물과 토양에서 일어나는 수많은 화학 과정을 가능하게 하는 살아 있는 촉매이다.[1] 물에서 일어나는 대부분의 중요한 화학 반응들, 특히 유기물과 산화–환원 과정이 관여되는 화학 반응은 세균 매개체를 통해 일어난다. 조류는 물에서 생물학적 유기물(바이오매스)의 1차 생산자이다. 미생물은 많은 퇴적물과 광물 퇴적물을 생성하게 한다. 미생물은 2차 폐기물 처리에서도 지배적인 역할을 한다. 미생물이 자연에서 물 화학에 미치는 영향의 일부를 그림 5.1에 나타냈다.

과거에는 장티푸스, 콜레라 및 기타 수인성(water-borne) 질병의 주요 유행병(epidemic)은 상수(water supply)의 병원성 미생물들로 인해 발생하였다. 오늘날에도 가정용 물이 정화되고 병원균이 없는지를 확인하기 위해 끊임없는 경계가 필요하다.

비록 이 장의 대부분을 차지하는 주제인 물 중 화학 변환에는 관여하지 않지만 물 중 바이러스에 대한 특별한 언급을 해야 하는데, 그 이유는 수처리에서 바이러스를 제거하는 것이 중요하기 때문이다. 바이러스는 스스로 자랄 수는 없지만, 숙주 생물의 세포에서 증식한다. 매우 작아서 크기가 단지 약 0.025~0.100 μm(세균 세포 크기의 약 1/30~1/20)인 바이러스는 소아마비, 바이러스성 간염 및 암과 같은 많은 질병을 유발하며, 이 중 일부는 수인성이다. 2020년 COVID-19 코로나바이러스 전염병은 전 세계적으로 바이러스 매개 질병의 위협에 주목하게 했다. 이 질병은 새로운 바이러스 매개 질병이 언제든지 나타날 수 있고, 다른 동물뿐만 아니라 인간에게 큰 위협을 줄 수 있음을 보여 주었다.[2]

미생물은 크게 **원핵생물**(**prokaryote**)과 **진핵생물**(**eukaryote**)의 두 범주로 나뉜다. 진핵생물은 핵막으로 둘러싸인 잘 정의된 세포핵을 갖고 있는 반면에, 원핵생물은 핵막이 없고 핵의 유전 물질이 세포 안에 흩어져 있다. 이러한 두 부류의 생물들 간의 차이점은 세포 호흡 위치, 광합성 수단, 운동 수단 및 생식 과정이 다른 것이다. 모든 부류의 미생물들은 성장에 유리한 조건이 될 때까지 '휴면' 상태로 악 조건하에서 형성되고 생존하는 대사적으로 비활성인 포자(spore)를 생성한다.

진균류, 원생동물 및 대부분의 세균은 화합물을 더 간단한 화학종으로 분해하여 성장과 대사에 필요한 에너지를 얻는 **분해자**(**reducer**)로 분류된다. 조류와 광합성 세균은 빛에너지를 화학 에너지로 변환시켜 저장하기 때문에 **생산자**(**producer**)로 분류된다. 그러나 햇빛이 없으면 조류와 광합성 세균은 화학 에너지를 대사에 이용한다. 따라서 어떤 의미에서 대부분의 세균, 원생동물 및 진균류는 환경 촉매로 간주될 수 있는 반면에, 조류와 광합성 세균은 물 중 태양 연료 전지로서의 기능을 한다. 모든 미생물들은 그림 5.2에 설명하고 정의한 것과 같이, 그들이 이용하는 에너지와 탄소의 공급원에 따라 **화학종속영양생물**(**chemoheterotroph**), **광종속영양생물**(**photoheterotroph**), **화학독립영양생물**

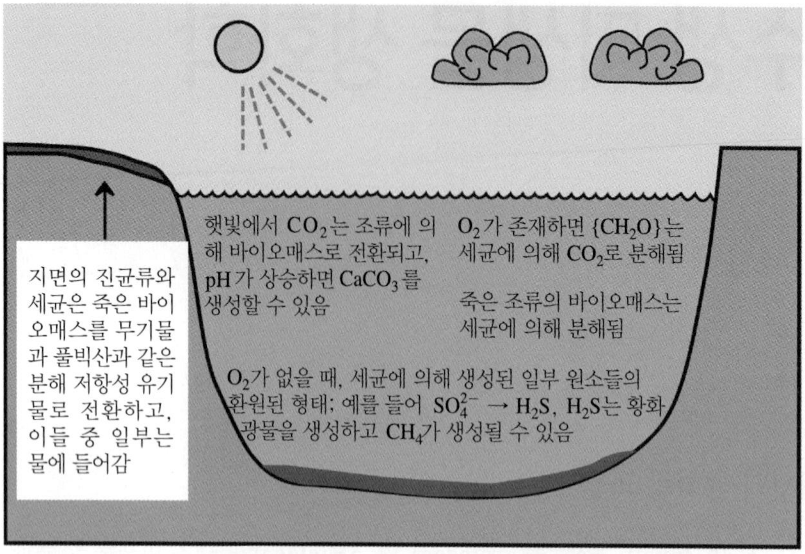

그림 5.1 자연에서 미생물이 물 화학에 미치는 영향.

(**chemoautotroph**) 및 **광독립영양생물**(**phtoautotroph**)의 네 부류 중 하나로 분류할 수 있다.

5.1.1 계면의 미생물

수생 미생물은 경계면에서 성장하는 경향이 있다. 그러한 많은 미생물들은 물에 부유하거나 퇴적물에 존재하는 고체 표면에서 성장한다. 많은 수생 세균은 일반적으로 공기-물 경계면에서 수면에 서식한다. 호기성 미생물이 대사 과정에 필요한 공기와 접촉되는 것 외에도, 이러한 경계면은 지질(기름과 지방), 다당류 및 단백질 형태로 먹이를 축적하는 곳이기도 하다. 이러한 경계면에서 서식하는 세균은 일반적으로 수체 내에 서식하는 세균과 다르며, 소수성 세포의 특성을 가질 수 있다. 표면의 거품이 터지면, 공기-물 경계면의 세균은 에어로솔 물방울에 포함되어 바람에 의해 운반될 수 있다. 이는 질병을 유발하는 미생물을 퍼뜨릴 수 있는 가능한 매개체로, 하수 처리 시설이 관련하여 어느 정도 우려가 되는 문제이다. 수세식 변기의 난기류가 병원균을 포함할 수 있는 에어로솔을 생성할 수 있다는 증거도 있다.[3]

5.2 조류

조류(**algae**)는 무기 영양물질로 살아가며, 광합성에 의해 이산화 탄소로부터 유기물을 생성하는 일반적으로 극히 작은 생물로 간주될 수 있다. 단세포 외에도, 조류는 사상체(filament), 얇은 판(sheet) 및 군집(colony) 형태로 성장한다. 어떤 조류, 특히 해양 다시마는 거대한 다세포 생물이다. 조류를 연구하는 학문을 **조류학**(**phycology**)이라고 한다. 환경 화학에서 중요한 단세포 조류는 크게 다음의 네 종류로 분류된다.

- **황갈조류**(**chrysophyta**)는 황록색 또는 황금빛 갈색을 나타내는 색소를 포함하고 있다. 황갈조류는 담수와 해수 시스템 모두에서 발견된다. 이들은 탄수화물이나 기름으로 먹이를 저장한다. 이러한 조류들 중 가장 잘 알려진 것은 실리카를 함유하는 세포벽을 특징으로 갖는 **규조류**(**diatom**)이다.
- **녹조류**(**chlorophyta**)는 일반적으로 녹색 조류로 알려져 있고, 담수에서 대부분의 1차 생산성을 차지한다.

에너지원 → / 탄소원 ↓	화학 물질	광화학(빛)
유기물	화학종속영양생물 모든 진균류와 원생동물, 대부분의 세균, 화학종속영양생물은 에너지와 탄소 모두에 대한 공급원으로 유기물을 이용함	광종속영양생물 빛에너지를 이용하지만, 탄소원을 유기물에 의존하는 일부 특유의 세균
무기 탄소 (CO_2, HCO_3^-)	화학독립영양생물 바이오매스를 합성하기 위해 CO_2를 사용하고, 에너지를 얻기 위해 H_2(*pseudomonas*), NH_4^+ (*nitrosomonas*), S(*thiobacillus*)와 같은 물질을 산화함	광독립영양생물 빛에너지를 이용하여 광합성에 의해 CO_2(HCO_3^-)를 바이오매스로 전환하는 남세균을 포함한 조류와 광합성 세균

그림 5.2 화학종속영양생물(chemoheterotroph), 화학독립영양생물(chemoautotroph), 광종속영양생물(photoheterotroph) 및 광독립 영양생물(photoautotroph) 간의 미생물 분류.

- **와편모조류**(**pyrrophyta**, dinophyta)는 일반적으로 와편모충류(dinoflagellate)라고도 알려져 있으며, 움직일 수 있도록 하는 구조를 갖고 있어 물에서 운동성이 있고, 원생동물의 특징을 나타낸다(5.4절 참조). 와편모조류는 담수 및 해수 환경 모두에 존재한다. *Gymnodinium*과 *Gonyaulax* 종의 '꽃(bloom)'은 유해한 '적조(red tide)를 유발하는 독소를 방출한다.
- **유글레나조류**(**euglenophyta**)는 식물과 동물 모두의 특징을 나타낸다. 광합성을 할 수 있지만, 전적으로 광합성에만 의존하는 광독립영양생물은 아니고(그림 5.2 참조), 필요한 탄소의 일부를 위해 다른 공급원의 바이오매스를 이용한다.

조류에 필요한 일반적인 영양소는 탄소(CO_2 또는 HCO_3^-에서 얻음), 질소(일반적으로 NO_3^-의 형태로), 인(오쏘인산염의 형태로), 황(SO_4^{2-}로) 및 미량 원소(Na, K, Ca, Mg, Fe, Co, Mo)이다.

수계에서 조류의 주요 역할은 매우 단순화한 방식으로 아래의 반응에 의해 기술된 바이오매스의 생성이다.

$$CO_2 + H_2O + h\nu \rightarrow \{CH_2O\} + O_2(g) \tag{5.1}$$

여기에서 $\{CH_2O\}$는 탄수화물의 기본 단위이고, $h\nu$는 빛의 양자 에너지를 나타낸다. 이 과정은 이산화 탄소와 용존 HCO_3^-를 유기물로 고정하므로 수계에서 먹이 사슬의 기초를 제공한다(6.7절에서 논의되는 것과 같이 과도한 유기물은 부영양화라는 오염 상태를 일으키지만). 흔한 수생 조류 **클로렐라**(chlorella)의 전체 화학식을 상당히 정확하게 나타낸 것이 $C_{5.7}H_{9.8}O_{2.3}NP_{0.06}$이다. 인을 제외한 조류 바이오매스에 대하여 이 화학식을 이용하면, 광합성에 대한 전체 반응식은 다음과 같다.

$$5.7CO_2 + 3.4H_2O + NH_3 + h\nu \rightarrow C_{5.7}H_{9.8}O_{2.3}NP_{0.06} + 6.25O_2(g) \tag{5.2}$$

빛이 없을 때 조류는 비광합성 생물과 같은 방식으로 유기물을 대사한다. 따라서 조류는 저장된 녹말이나 기름의 분해, 또는 조류의 원형질 자체의 소비에서 발생하는 화학 에너지를 이용하여 대사 요구를 충족시킬 수 있다. 광합성이 없으면 대사 과정에서 산소가 소모된다. 따라서 어두운 시간 동안 조류가 무성하게 성장하는 수계에서는 산소가 고갈될 수 있다.

조류가 다른 생물들과 공생하는 관계는 흔하다. 단열을 목적으로 속이 비어 있는 북극곰의 털 안에서 단세포 녹조류가 서식하는 보고도 있다. 녹색 북극곰을 보고 놀라 자빠진 북극 탐험가들이 여러 명 있다고 한다. 조류와 관련된 가장 흔한 공생 관계는 조류가 진균류와 공존하는 **지의류(lichen)**이다. 두 종류의 생물들은 동일한 엽상체(thallus)인 관상식물 단위(tubular vegetative unit)로 서로 짜여 있다. 진균류는 광합성을 통해 먹이를 생산하는 조류가 필요한 수분과 영양물질을 공급한다. 지의류는 암석의 풍화 과정(분해, disintegration)에 관여한다.

조류를 포함한 해양 플랑크톤 성장의 흥미로운 측면은 미량 영양소 금속들의 흡수이며, 그 결과로 해수 표면에서 필수 금속들이 극히 낮은 농도로 존재한다. 경우에 따라 영양소 금속의 낮은 이용률로 인해 해수에서 광합성 속도가 제한된다. 해수의 일부 미생물은 강력한 킬레이트제를 방출하고 영양소 금속을 더 가용성이고 더 잘 이용할 수 있는 형태로 만드는 산화–환원 반응을 촉매함으로써, 영양소 금속의 생체 이용률을 높이고 물에서 이 금속들의 순환을 가속화한다.

5.3 진균류

진균류(fungi)는 광합성을 하지 못하고, 종종 가는 실 모양(사상체, filamentous)이며, 매우 다양한 형태(구조)를 갖는 생물이다. 진균류를 연구하는 학문을 **진균학(mycology)**이라고 한다. 일부 진균류는 매우 작은 단세포인 효모(yeast)처럼 간단한 반면에, 다른 진균류들은 크고 복잡한 독버섯을 형성한다. 아주 작은 진균류의 사상 구조는 세균보다 훨씬 커, 보통 폭이 5~10 μm이다. 진균류는 호기성(산소성, 산소를 필요로 하는) 생물이며, 세균보다 더 산성인 매질에서도 생존할 수 있다. 진균류는 또한 대부분의 세균보다 고농도의 중금속 이온에 더 잘 견딘다.

아마도 환경에서 진균류의 가장 중요한 기능은 나무 및 식물 물질의 섬유소(셀룰로스)의 분해이다. 이를 해내기 위해, 진균 세포는 불용성 섬유소를 진균 세포가 흡수할 수 있는 가용성 탄수화물로 가수분해하는 세포 외 효소(exoenzyme)인 **셀룰레이스(cellulase)**를 분비한다.

진균류는 물에서 잘 자라지 않는다. 그러나 진균류의 분해 생성물들 중 많은 양이 물에 흘러 들어가기 때문에, 진균류는 자연수와 폐수의 조성을 결정하는 데 중요한 역할을 한다. 그러한 생성물의 한 가지 예는 부식 물질인데, 이것은 수소 이온 및 금속과 상호 작용을 한다(2.17절 참조).

5.4 원생동물

원생동물(protozoa)은 단일 진핵 세포로 구성된 미세한 동물이다. 다양한 종류의 원생동물은 형태(물리적 구조), 운동 수단(편모, 섬모, 위족), 엽록체의 유무, 껍질의 유무, 포낭(공기 중에서 또는 물이 없는 경우 동물에 의해 운반될 수 있는 비교적 두꺼운 껍질로 싸인 축소된 세포로 구성됨) 형성 능력 및 포자 형성 능력에 기초하여 분류된다. 원생동물은 매우 다양한 형태로 존재하며, 현미경 분야에서 그들의 움직임을 관찰하는 것은 특히 매혹적이다. 일부 원생동물은 엽록체를 함유하여 광합성을 한다.

원생동물은 환경 생화학 과정에서 비교적 작은 역할을 하지만, 그럼에도 물 환경 및 토양 환경에서 다음과 같은 이유로 중요하다.

- 말라리아, 수면병 및 어떤 종류의 이질을 포함한 여러 가지의 인간에게 엄청나게 파괴적인 질병은 인체에 기생하는 원생동물에 의해 일어난다.
- 기생성 원생동물은 가축 및 야생동물을 쇠약하게 하거나 치명적인 질병을 일으킬 수 있다.
- 방대한 양의 석회석($CaCO_3$) 침적물이 원생동물의 **유공충**(foraminifera) 집단에서 껍데기 침적으로 형성되어 왔다.
- 원생동물은 특히 하수 처리에서 분해 가능한 바이오매스의 산화 과정에 활동적이다.
- 원생동물은 세균 세포를 먹으므로, 생분해성 물질들을 분해하는 데 활동적인 세균에 영향을 미칠 수 있다.

5.5 세균

세균(bacteria)은 단세포로 구성된 원핵세포 미생물이며, 막대형(bacillus), 구형(coccus), 또는 나선형(vibrios, spirilla, spirochetes)의 모양을 갖는다. 세균 세포들은 개별적으로 존재하거나, 두 개부터 수백만 개까지의 개별 세포들의 집단으로 성장한다. 대부분의 세균 크기는 0.5~3.0 μm의 범위에 속한다. 그러나 모든 종들을 고려하면, 크기 범위는 0.3~50 μm이다. 대부분의 세균의 특징에는 반강성(semirigid) 세포벽, 이동할 수 있는 세균에 대한 편모 운동성, 단세포 성질(비록 무성 생식한 세균 세포의 덩어리들이 흔하긴 하지만) 및 두 개의 딸세포들 각각이 모세포와 유전적으로 동일한 이분열(binary fission)에 의한 증식이 포함된다. 다른 미생물들과 마찬가지로, 세균도 포자를 형성한다.

세균의 대사 활동은 이들의 작은 크기에 의해 크게 영향을 받는다. 그들의 표면적 대 부피 비율은 극히 커서, 세균 세포의 내부는 주위 매질에 있는 화학 물질에 대한 접근성이 높다. 그러므로 미세하게 나누어진 촉매가 크기가 더 큰 촉매보다 더 효율적이라는 같은 이유로, 세균은 더 큰 생물들에 의해 매개되는 화학 반응에 비해 매우 빠른 화학 반응을 일으킬 수 있다. 세균은 고체 먹이 물질을 가용성 성분들로 분해하는 세포 외 효소(exoenzyme)를 분비해, 세균 세포벽을 통과할 수 있게 하여 소화 과정을 완성하고 있다.

5.5.1 독립영양 및 종속영양 세균

세균은 크게 **독립영양(autotrophic)**과 **종속영양(heterotrophic)**의 두 가지 주요 범주로 나눌 수 있다. 종속영양 세균은 바이오매스를 만들기 위해 에너지와 탄소 모두를 유기 화합물에 의존한다. 그들은 독립영양 세균보다 훨씬 더 흔히 존재한다. 종속영양 세균은 물 중 오염 유기물 및 생물학적 폐기물 처리 과정에서 유기 폐기물의 분해를 주로 담당하는 미생물이다.

독립영양 세균은 성장을 위해 유기물에 의존하지 않고, 완전히 무기물만 있는 매질에서 잘 자란다. 독립영양 세균은 탄소 공급원으로 이산화 탄소나 다른 탄산 화학종을 이용한다. 세균의 종에 따라 많은 종류의 에너지원들이 이용될 수 있다. 그러나 생물학적으로 매개된 화학 반응들은 항상 에너지를 공급한다. 독립영양 세균은 복잡한 단백질, 효소 및 생명 과정에 필요한 기타 물질들 모두를 합성해야만 하므로, 이들은 단세포 내에 복잡하고 정교한 대사 시스템을 포함해야 한다. 독립영양 세균은 매우 넓은 범위의 광물질을 소비하고 생성하기 때문에 많은 지구화학적 변환 과정에 관여된다.

독립영양 세균의 한 가지 예는 **갈리오넬라**(*Gallionella*)이다. 산소가 있는 경우, 이 세균은 NH_4Cl, 인산염, 무기염, CO_2(탄소 공급원) 및 고체 FeS(에너지 공급원)로 구성된 매질에서 자란다. 다음은 이 세균 종이 에너지를 생성하는 반응이라고 믿어진다.

$$4FeS(s) + 9O_2 + 10H_2O \rightarrow 4Fe(OH)_3(s) + 4SO_4^{2-} + 8H^+ \tag{5.3}$$

어떤 세균은 에너지와 탄소를 공급하기 위해 광합성을 한다. 물에서 가장 흔한 그러한 세균은 **남세균(cyanobacteria)**이다. 이 생물은 한때 조류로 생각되어 남조류(blue-green algae)라고 불렸다. 이 세균은 어떤 조건하에서는 왕성하게 자랄 수 있으며, 물에 불쾌한 맛과 냄새를 풍겨 남세균이 만발하는 여름 동안에는 가정용 급수로 부적합하게 할 수 있다. 이러한 현상은 수원으로 저수지를 사용하는 경우에 많은 수질 문제의 원인이다. 경작지로부터 비료로 오염된 유출수를 받는 농업 지역의 저수지는 특히 불쾌한 남세균의 번성에 취약하다.

나중에 기술할 현재의 **프로클로로코쿠스**(*Prochlorococcus*) 속과 유사한 극소(아주 작은, minuscule) 세포로 구성된 한 가지 형태의 남세균은 지구 시스템을 약 21%의 O_2인 산소성 대기를 가진 오늘날의 상태로 바꾸는 데 다른 어떤 유기체보다 더 많은 일을 했다. 지구의 45억 5천만 년 수명 중 앞의 약 20억 년 동안 대기는 무산소 상태였고, 주로 질소, 이산화 탄소 및 메테인 기체로 구성되었다. 남세균이 약 24억 5천만 년 전에 출현하면서, 이 세균은 분자 산소를 대기 중으로 방출하였고, 결국 대기를 오늘날의 산소성 대기로 바꾸었다. 따라서 약 10억 년의 기간에 걸쳐, 상상할 수 없는 수의 아주 작은 남세균이 대기를 완전히 변화시키는 결과를 가져왔는데, 이는 틀림없이 지구상에서 일어난 가장 거대한 생물지구화학적 변화이다.

아주 오래 전에 지구의 대기에 산소를 공급하고 계속해서 대기 분자 O_2를 생성하는 생물과 매우 유사한 고유한 중요성을 갖는 남세균의 유형은 **프로클로로코커스**(Prochlorococcus) 속의 해양 남세균으로 구성된다.[4] 1988년에 발견된 이 세균은 알려진 광합성 생물 중에서 가장 작은 생물로, 크기가 약 0.5 μm이다. 이 세균은 바다에서(따라서 지구 전체에서) 가장 풍부한 광합성 생물이며, 북위 40°와 남위 40° 사이 지역의 해수에서 식물 플랑크톤 바이오매스의 40~50%를 차지한다. 세포 크기가 작은데도 불구하고, 프로클로로코커스는 광합성으로 생성되는 바이오매스의 상당 부분을 생산하며, 바다의 먹이 사슬에서 매우 중요하다. 이 세균은 막대한 양의 이산화 탄소를 고정하기 때문에, 잠재적으로 온난화 효과 완화에 중요한 역할을 한다. 이 세균은 유전적으로 빠르게 적응할 수 있는 능력을 갖고 있는 것으로 잘 알려져 있으며, 이는 대기 중 이산화 탄소의 농도 증가에 의해 야기된 해수의 pH 감소와 같은 변화된 상태하에서도, 이 세균이 계속 효율적으로 기능할 수 있기를 바란다.

5.5.2 산소성 및 무산소성 세균

세균을 분류하는 또 다른 시스템은 세균이 분자 산소를 필요로 하는지에 달려 있다. **산소성**(호기성) 세균은 전자 받개(수용체)로 산소를 필요로 한다.

$$O_2 + 4H^+ + 4e^- \rightarrow 2H_2O \tag{5.4}$$

무산소성(**anoxic**, 혐기성) 세균은 분자 산소가 전혀 없는 경우에만 기능을 한다. 분자 산소는 무산소성 세균에게 매우 유독할 수 있다. 무산소성 세균은 유기 폐기물을 분해하는 능력 때문에 점점 더 주목을 받아 왔다.

세 번째 부류의 세균인 **조건 무산소성 세균**(**facultative anaerobic bacteria**)은 자유 산소가 이용 가능할 때에는 이를 이용하고, 분자 산소를 이용할 수 없을 때에는 다른 물질을 전자 받개(산화제)로 이용한다. 물에서 일반적으로 산소를 대체하는 물질은 질산 이온(5.11절 참조)과 황산 이온(5.12절 참조)이다.

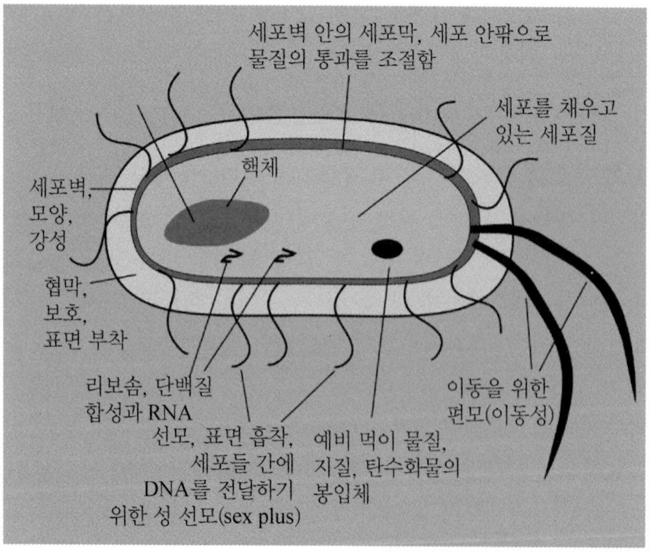

그림 5.3 주요 세포 특징을 보여 주는 일반적인 원핵 세균 세포.

5.6 원핵 세균 세포

그림 5.3은 일반적인 원핵 세균 세포를 보여 주고 있다. 그림에서 보듯이, 원핵세포의 주요 특징은 형태와 강성(rigidity)을 제공하는 세포벽, 세포 안팎으로 물질의 통과를 조절하는 세포막, 세포를 둘러싼 협막(capsule), 표면 부착용 선모(pili), 세포 이동을 위한 편모(flagella), 세포를 채우는 세포질(cytoplasm), 세포 DNA를 함유하는 핵체(nuclear body), 단백질 합성 장소인 리보솜(ribosome), 그리고 예비 먹이 물질을 함유하고 있는 봉입체(inclusion)이다.

5.7 세균의 성장 동역학

성장 배양에서 세균과 단세포 조류의 개체군 크기(population size)는 시간의 함수로 세균 배양에 대한 **개체군 곡선(population curve)**을 보여 주는 그림 5.4에 나타냈다. 그러한 배양은 영양이 풍부한 배지에 소수의 세균 세포를 주입함으로써 시작된다. 개체군 곡선은 네 영역으로 구성된다. 첫 번째 영역은 세균 생식이 거의 없는 것이 특징이며 **유도기(lag phase)**라고 한다. 유도기는 세균이 새로운 매체에 순응해야 하므로 생긴다. 유도기 이후에는 세균이 매우 빠르게 성장하는 단계가 온다. 이를 **대수기(log phase)** 또는 지수기(exponential phase)라고 하는데, 이 기간 동안에 **세대 시간(generation time)**이라고 하는 일정한 시간 간격 동안 개체수는 두 배가 된다. 이러한 행동은 성장 속도가 존재하는 개체의 수에 비례한다. 이는 사망이나 먹이 부족과 같은 제한 요인이 없을 때에 적용되는 수학적 모형에 의해 설명될 수 있다.

$$dN/dt = kN \tag{5.5}$$

$$\ln(N/N_0) = kt \text{ 또는 } N = N_0 e^{kt} \tag{5.6}$$

여기에서 N은 시간 t에서의 개체수이고, N_0는 시간 $t = 0$에서의 개체수이다. 따라서 대수기 동안에 개체수 증가를 기술하는 또 다른 방법은 세균의 개체수에 log를 취한 값은 시간에 따라 선형적으로 증가함을 말하는 것이다. 세대 시간, 즉 개체수가 두 배로 되는 시간(배가 시간, doubling time)은 $(\ln 2)/k$인데, 이는 방사성 붕괴의 반감기와 유사하다. 대수기 동안의 빠른 성장은 물에서 화학종의 매우 빠른 미생물 변환의 원인이 될 수 있다.

제한 요인을 만나면 대수기는 종료되고 **정지기(stationary phase)**가 시작된다. 성장을 제한하는 전형적인 요인들은 필수 영양소의 고갈, 독성 물질의 축적 및 신소의 고갈이다. 정지기 동안에 생균(viable cell)의 수는 사실상 일정하게 유지된다. 정지기 후에 세균은 생식하는 것보다 더 빠르게 죽기 시작하고, 그 개체군은 **사멸기(death phase)**에 들어간다.

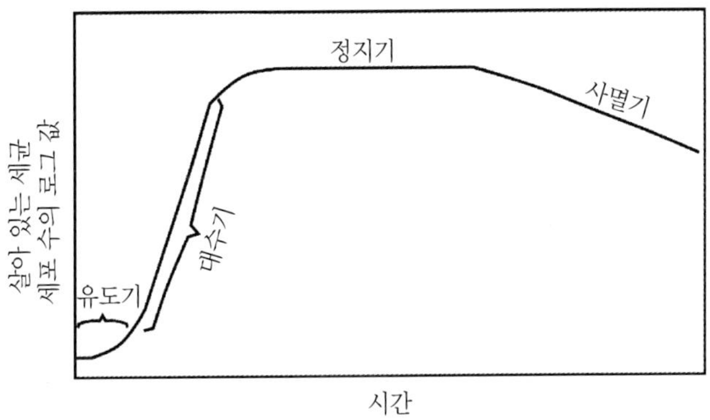

그림 5.4 세균 배양에 대한 개체군 곡선.

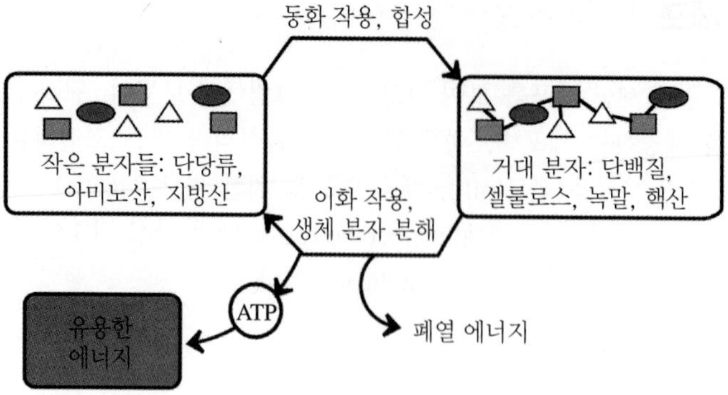

그림 5.5 세균 물질대사와 에너지 생산.

5.8 세균의 대사

세균은 화학 반응을 매개하여, 대사 과정과 증식에 필요한 에너지와 원료를 얻는다. 자연은 많은 그러한 반응을 제공하고, 이러한 반응들 중 많은 것들을 이용하는 세균 종들이 출현하였다. 그러한 반응에 참여한 결과, 세균은 물과 토양에서 일어나는 많은 생물지구화학적 과정에 관여한다. 세균은 질소, 탄소 및 황의 순환을 포함한 자연에서의 많은 중요한 원소 순환에 필수적으로 관여하는 생물이다. 세균은 일부 철과 망가니즈를 포함한 많은 광물 퇴적물의 생성에 관여한다. 더 작은 규모로, 이러한 퇴적물들 중 일부는 세균의 작용을 통해 자연수계에서와 심지어 물을 수송하는 데 사용되는 파이프 안에서도 생성된다.

세균 물질대사는 영양물질 화학종이 세균 세포 안에서 변환되어 에너지와 세포 물질을 공급하는 생화학적 과정을 다룬다(그림 5.5 참조). 세균 대사의 두 가지 주요 부분은 이화 작용(catabolism)과 동화 작용(anabolism)이다. 이화 작용은 거대 분자를 작은 단량체(monomer) 구성 성분들로 분해하여 에너지를 생성하는 분해 물질대사이다. 반면에, 동화 작용은 작은 분자를 더 큰 분자로 조립하는 합성 물질대사이다. 세균 간의 주요 차이점은 세균이 먹이 물질을 산화하여 에너지를 얻는 과정에 관여하는 전자 전달계에서 말단 전자 받개와 관련이 있다. 만약 말단 전자 받개가 분자 O_2이면, 그 과정은 **산소성 호흡(oxic respiration)**이다. 만약 그것이 SO_4^{2-}, NO_3^-, HCO_3^-나 철(III)을 포함한 또 다른 환원 가능한 화학종이면, 그 과정을 **무산소성 호흡(anoxic respiration)**이라고 한다. 예를 들어, **디설포비브리오**(*Desulfovibrio*) 세균은 SO_4^{2-}를 H_2S로, **메타노박테리움**(*Methanobacterium*)은 HCO_3^-를 CH_4로, 그리고 여러 가지 세균들은 NO_3^-를 NO_2^-, N_2O, N_2 또는 NH_4^+로 환원시킨다.

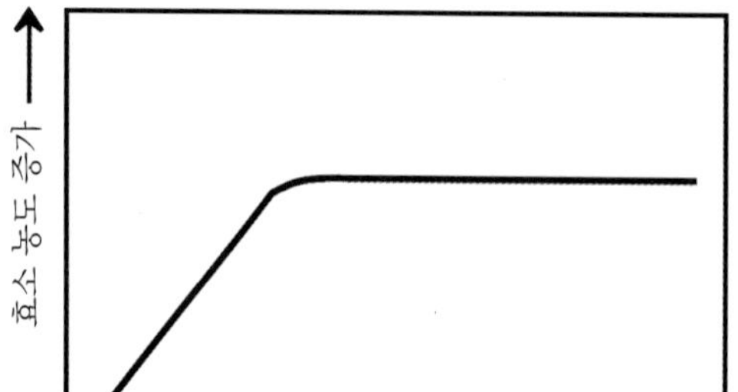

그림 5.6 기질 농도 증가가 효소 활성에 미치는 영향. 세균 물질대사는 이 그림과 유사하다.

5.8.1 세균 대사에 영향을 주는 요인

세균의 물질대사 반응은 영양물질 **기질(substrate)**에 작용하는 살아 있는 생물체 안에서 생성되는 (내생성의, endogenous) 생화학적 촉매인 효소에 의해 매개된다. 그림 5.6은 기질 농도가 **효소 활성(substrate concentration)**에 미치는 영향을 설명한 것이다. 효소 활성의 포화 값까지 효소 활성은 직선적으로 증가하고, 이 값을 넘어설 경우 세균의 성장 집단이 이용 가능한 효소의 양을 증가시키지 않는다면 효소 활성은 일정하게 유지된다.

그림 5.7은 **온도**가 효소 활성과 세균 성장 및 물질대사에 미치는 영향을 보여 준다. 세균이 번성하는 비교적 좁은 온도 범위에서 효소 활성은 온도에 따라 증가하다가 최적 온도에서 최대의 성장 속도를 나타낸다. 효소는 열에 의해 손상(변성)되기 때문에 최적 온도 이상에서는 효소 활성 및 성장 속도가 가파르게 떨어진다. **저온성 세균(psychrophilic bacteria)**은 약 20℃ 미만에서, **중온성 세균(mesophilic bacteria)**은 20~45℃에서, 그리고 **고온성 세균(thermophilic bacteria)**은 45℃ 이상에서 (심지어 어떤 세균은 물의 끓는점만큼 높은 온도에서) 최적 온도를 나타낸다.

고온에서 고온성 세균은 효소 활성도가 높기 때문에, 고온성 세균과 이들의 효소를 산업적인 목적으로 응용하는 것에 대한 관심이 많았다.[5] 그러한 응용의 한 가지 예는 옐로스톤 국립공원의 온천 수영장에서 분리한 고온성 세균으로부터 열에 저항성이 있는 카탈레이스(catalase) 효소를 산업 표백 폐수에 함유되어 있는 과산화 수소(H_2O_2)를 분해하는 데 사용하는 것이다. 이 과산화 수소는 산소와 물로 분해되고, 오염 물질인 염소와 하이포아염소산염을 대체하여 사용되는 '녹색' 화학 물질이다.

그림 5.8은 세균의 효소 활성도를 pH에 대해 그린 도표이다. 비록 최적의 pH는 다소 다르기는 하지만, 효소는 대체로 중성 근처에서 최적의 pH를 갖는다. 효소는 극단적인 pH 값에서 변성되는 경향이

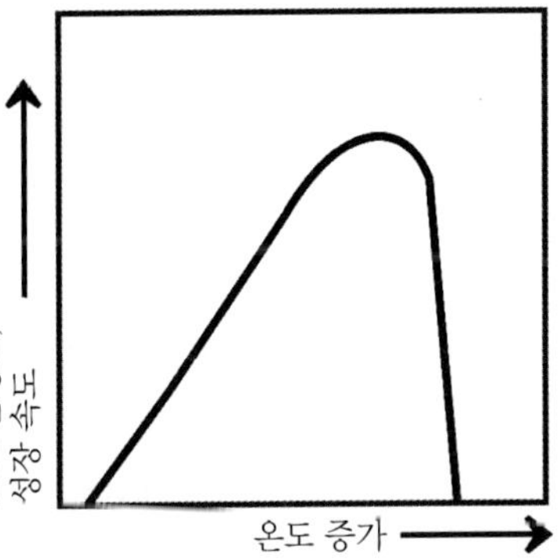

그림 5.7 온도의 함수로 나타낸 효소 활성도. 온도에 따른 세균 성장의 그림도 똑같은 모양을 갖는다.

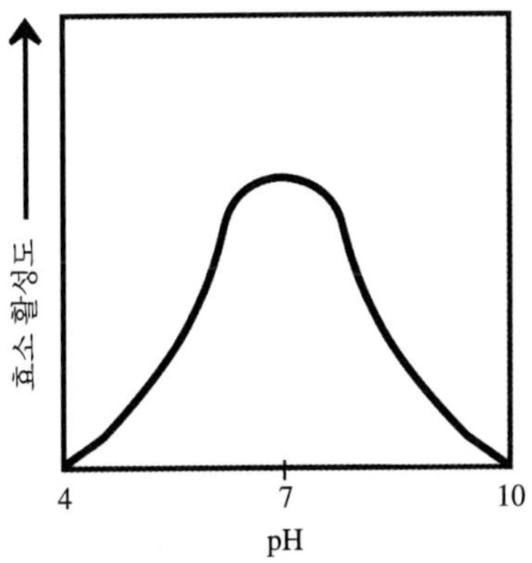

그림 5.8 pH에 따른 효소 활성도와 세균의 성장 속도.

있다. 황화물의 산화에 의해 황산을 생성하거나 유기물을 발효시켜 유기산을 생성하는 일부 세균의 경우, 최적 pH는 아주 산성일 수 있다.

5.8.2 미생물에 의한 산화와 환원

세균이 에너지를 얻는 대사 과정에는 산화–환원 반응의 매개가 포함된다. 미생물의 작용을 통해 물과 토양에서 일어나는 환경적으로 가장 중요한 산화–환원 반응은 표 5.1에 요약하였다. 이 장의 나머지의 많은 부분이 세균, 특히 표 5.1에 요약된 세균에 의해 매개되는 중요한 산화–환원 반응을 중점적으로 다룰 것이다.

5.9 미생물에 의한 탄소의 변환

탄소는 미생물의 건조 질량 중 높은 비율을 차지하는 필수적인 생명 원소이다. 대부분의 미생물에 대해, 알짜(net) 에너지 생산 또는 에너지 소비 대사 과정의 대부분은 탄소 산화 상태의 변화를 포함하는데, 이는 환경적으로 중요한 의미를 갖는 변환이다. 예를 들어, 조류 및 기타 식물들은 CO_2를 $\{CH_2O\}$로 나타내는 탄수화물로 고정한다.

$$CO_2 + H_2O + h\nu \rightarrow \{CH_2O\} + O_2(g) \tag{5.7}$$

이 과정에서 탄소는 +4에서 0의 산화 상태로 변한다. 태양으로부터의 에너지는 유기 화합물에 화학 에너지로 저장된다. 그러나 조류가 죽으면 광합성 생화학 과정의 역으로 산소성 호흡을 통해 세균에 의한 분해가 일어나고, 에너지는 방출되며 산소가 소비된다.

산소가 있는 상태에서 세균의 주요 에너지 생성 반응은 유기물의 산화이다. 1 전자-몰의 반응을 기준으로 반응을 비교하는 것이 일반적으로 더 의미 있기 때문에, 유기물의 산소성 분해는 편의상 다음과 같이 쓴다.

$$\tfrac{1}{4}\{CH_2O\} + \tfrac{1}{4}O_2(g) \rightarrow \tfrac{1}{4}CO_2 + \tfrac{1}{4}H_2O \tag{5.8}$$

이 반응에 대한 자유 에너지 변화는 −29.9 kcal이다(표 5.1의 산소성 호흡 참조). 세균 및 기타 미생물들은 대사 과정을 수행하기 위해 필요한 에너지를 이러한 일반적인 유형의 반응에서 추출하여, 번식 및 운동에 필요한 새로운 세포 물질을 합성한다.

미생물에 의한 유기물의 부분적인 분해는 토탄(이탄, peat), 갈탄(lignite), 석탄(coal), 유혈암(oil shale) 및 석유의 생성에서 주요한 단계이다. 특히 수중의 환원 조건하에서, 원래의 식물 물질(대략적인 실험식 $\{CH_2O\}$)의 산소 함량은 낮아져, 상대적으로 탄소 함량이 높은 물질이 남는다.

5.9.1 메테인-생성 세균

무산소성(산소가 없는) 퇴적물에서 메테인의 생성은 유기물의 농도가 높고, 질산염과 황산염의 농도가 낮은 상태에서 잘 일어난다. 메테인의 생성은 유기물의 무산소성 분해의 마지막 단계로, 지역 및 지구의 탄소 순환에서 중요한 역할을 한다. 이 과정은 대기로 유입되는 메테인의 약 80%의 공급원이다.

미생물에 의해 생성되는 메테인에 포함된 탄소는 CO_2의 환원 과정이나 유기물, 특히 아세트산염(acetate)의 발효 과정에서 비롯될 수 있다. 메테인의 무산소성 생성은 다음의 단순화된 식으로 나타낼 수 있다. 산소가 없고 이산화 탄소가 전자 받개로 작용할 때 메테인 가스가 생성된다.

$$\tfrac{1}{8}CO_2 + H^+ + e^- \rightarrow \tfrac{1}{8}CH_4 + \tfrac{1}{4}H_2O \tag{5.9}$$

이 반응은 메테인 생성 세균에 의해 매개된다. 유기물이 미생물에 의해 분해될 때 $\{CH_2O\}$의 1 전자-몰

표 5.1 미생물이 매개하는 주요 산화 및 환원 반응

산화	**p$E^0(w)$**[a]
(1) $\frac{1}{4}\{CH_2O\} + \frac{1}{4}H_2O \rightleftharpoons \frac{1}{4}CO_2 + H^+(w) + e^-$	−8.20
(1a) $\frac{1}{2}HCOO^- \rightleftharpoons \frac{1}{2}CO_2(g) + \frac{1}{2}H^+(w) + e^-$	−8.73
(1b) $\frac{1}{2}\{CH_2O\} + \frac{1}{2}H_2O \rightleftharpoons \frac{1}{2}HCOO^- + \frac{3}{2}H^+(w) + e^-$	−7.68
(1c) $\frac{1}{2}CH_3OH \rightleftharpoons \frac{1}{2}\{CH_2O\} + H^+(w) + e^-$	−3.01
(1d) $\frac{1}{2}CH_4(g) + \frac{1}{2}H_2O \rightleftharpoons \frac{1}{2}CH_3OH + H^+(w) + e^-$	−2.88
(2) $\frac{1}{8}HS^- + \frac{1}{2}H_2O \rightleftharpoons \frac{1}{8}SO_4^{2-} + \frac{9}{8}H^+(w) + e^-$	−3.75
(3) $\frac{1}{8}NH_4^+ + \frac{3}{8}H_2O \rightleftharpoons \frac{1}{8}NO_3^- + \frac{5}{4}H^+(w) + e^-$	+6.16
(4)[a] $FeCO_3(s) + 2H_2O \rightleftharpoons FeOOH(s) + HCO_3^-(1\times10^{-3}) + 2H^+(w) + e^-$	−1.67
(5)[a] $\frac{1}{2}MnCO_3(s) + H_2O \rightleftharpoons \frac{1}{2}MnO_2 + \frac{1}{2}HCO_3^-(1\times10^{-3}) + \frac{3}{2}H^+(w) + e^-$	−8.5
환원	
(A) $\frac{1}{4}O_2(g) + H^+(w) + e^- \rightleftharpoons \frac{1}{2}H_2O$	+13.75
(B) $\frac{1}{5}NO_3^- + \frac{6}{5}H^+(w) + e^- \rightleftharpoons \frac{1}{10}N_2 + \frac{3}{5}H_2O$	+12.65
(C) $\frac{1}{8}NO_3^- + \frac{5}{4}H^+(w) + e^- \rightleftharpoons \frac{1}{8}NH_4^+ + \frac{3}{8}H_2O$	+6.15
(D) $\frac{1}{2}\{CH_2O\} + H^+(w) + e^- \rightleftharpoons \frac{1}{2}CH_3OH$	−3.01
(E) $\frac{1}{8}SO_4^{2-} + \frac{9}{8}H^+(w) + e^- \rightleftharpoons \frac{1}{8}HS^- + \frac{1}{2}H_2O$	−3.75
(F) $\frac{1}{8}CO_2(g) + H^+(w) + e^- \rightleftharpoons \frac{1}{8}CH_4(g) + \frac{1}{4}H_2O$	−4.13
(G) $\frac{1}{6}N_2 + \frac{4}{3}H^+(w) + e^- \rightleftharpoons \frac{1}{3}NH_4^+$	−4.68

미생물 매개의 순서

모형 1: 과량의 유기 물질(물은 초기에 O_2, NO_3^-, SO_4^{2-} 및 HCO_3^-를 함유한다). 예: 부영양호의 심수층, 퇴적물, 하수 처리 시설의 소화조

과정	**조합**	**p$E^0(w)$**[b]	**$\Delta G^0(w)$, kcal**
산소성 호흡	(1) + (A)	21.95	−29.9
탈질산화	(1) + (B)	20.85	−28.4
질산염 환원	(1) + (C)	14.36	−19.6
발효[c]	(1b) + (D)	4.67	−6.4
황산염 환원	(1) + (E)	4.45	−5.9
메테인 발효	(1) + (F)	4.07	−5.6
N-고정	(1) + (G)	3.52	−4.8

모형 2: 과량의 O_2(물은 초기에 유기물, SH^-, NH_4^+, 그리고 아마도 Fe(II) 및 Mn(II)를 함유함). 예: 산소성 폐기물 처리, 하천에서의 자연 작용, 호수의 표수층

과정	**조합**	**p$E^0(w)$**[b]	**$\Delta G^0(w)$, kcal**
산소성 호흡	(A) + (1)	21.95	−29.9
설파이드 산화	(A) + (2)	17.50	−23.8
질산화	(A) + (3)	7.59	−10.3
철(II) 산화[d]	(A) + (4)	15.42	21.0
망가니즈(II) 산화[d]	(A) + (5)	5.75	−7.2

출처: Stumm, Werner, and James J. Morgan, *Aquatic Chemistry*, pp. 336−337, Copyright Wiley-VCH Verlag GmnH & Co. KGaA. New York. Reproduced with permission.

[a] pE^0는 H^+ 이온의 활동도가 1.00×10^{-7} M일 때의 값이고, $H^+(w)$는 $[H^+] = 1.00\times10^{-7}$ M인 물을 나타낸다. 반쪽 반응 (1)부터 (5)까지에 대한 pE^0 값은 비록 반응이 산화 반응으로 쓰여졌더라도, 환원 반응에 대해 주어진 것이다.

[b] 한 개의 전자 이동에 대해 쓴 반응의 pE^0 값 = log $K(w)$이다. $K(w)$ 항은 반응에 대한 평형 상수로, 여기에서 수소 이온의 활동도는 1.00×10^{-7} M로 놓고 평형 상수에 대입한다.

[c] 발효는 한 가지의 유기 물질이 또 다른 유기 물질을 산화시킴으로써 환원되는 유기 산화−환원 반응으로 해석된다. (예를 들어, 알코올 발효: 생성물들은 CO_2와 CH_4에 비해 열역학적으로 준안정하다.)

[d] 이러한 반응들의 p$E^0(w)$ 또는 $\Delta G^0(w)$에 대한 자료들은 1보다는 HCO_3^- 이온의 활동도 1.00×10^{-3} M과 일치한다.

에 대한 반쪽 반응은 다음과 같다.

$$\frac{1}{4}\{CH_2O\} + \frac{1}{4}H_2O \rightarrow \frac{1}{4}CO_2 + H^+ + e^- \tag{5.10}$$

반쪽 반응 5.9와 5.10을 더하면, 메테인 생성 세균에 의한 유기물의 무산소성 분해에 대한 전체 반응이 되고, 이 반응에는 1 전자-몰당 −5.55 kcal의 자유 에너지 변화가 관여된다.

$$\frac{1}{4}\{CH_2O\} \rightarrow \frac{1}{8}CH_4 + \frac{1}{8}CO_2 \tag{5.11}$$

실제로 이 반응은 일련의 복잡한 과정들로 구성된 **발효 반응(fermentation reaction)**이며, 산화제와 환원제가 모두 유기 물질인 산화–환원 과정으로 정의된다. 메테인 생성의 1 전자-몰로부터 얻어지는 자유 에너지는 O_2를 산화제로 하는 유기물의 완전 산화 반응(반응 5.8)이 관여되는 1 전자-몰 반응에서 얻어지는 자유 에너지의 단지 1/5 정도밖에 안 된다는 것을 알 수 있다.

메테인 생성은 생물학적 폐기물 처리 공정(7장 참조)과 자연 둘 다에서 많은 양의 유기 폐기물 분해에 관여되는 유용한 과정이다. 메테인 생성은 생물학적 폐기물 처리 시설의 활성 슬러지 공정에서 과량의 슬러지를 추가로 분해하기 위해 사용된다. 자연수의 바닥 부분에서 메테인 생성 세균은 산소가 없는 상태에서 유기물을 분해한다. 이 과정이 유기물을 제거하는데, 그렇지 않으면 생분해를 위해 산소를 필요로 한다. 이 유기물이 용존 산소를 함유하고 있는 산소성 물로 이동하면, 이는 생화학적 산소 요구량(BOD)에 기여하게 될 것이다. 메테인 생성은 BOD 제거에 매우 효율적인 수단이다. 다음의 반응은 1몰의 메테인이 CO_2로 산화되기 위해서는 2몰의 산소가 필요하다는 것을 보여 준다.

$$CH_4 + 2O_2 \rightarrow CO_2 + 2H_2O \tag{5.12}$$

따라서 1몰의 메테인이 생성되어 물에서 방출되는 것은 2몰의 산소 요구량이 제거되는 것과 같다. 그러므로 어떤 의미에서, 16 g(1 mol)의 메테인의 제거는 물에 64 g(2 mol)의 이용 가능한 산소의 첨가와 같다.

좋은 상황에서, 메테인 연료는 유기 폐기물의 무산소성 소화(digestion)로부터 재생 가능 자원으로 비용 효율적으로 생산될 수 있다. 일부 설비는 소 사육장의 폐기물을 사용한다. 메테인은 보통 무산소성 세균의 작용에 의해 생성되고, 하수 처리 시설에서 열과 엔진의 연료로 사용된다(7장 참조). 지자체의 매립지 지하에서 생성되는 메테인은 일부 지자체에서 사용되고 있다. 그러나 쓰레기를 포함하는 매립지 위에 지은 건물의 지하실로 스며드는 메테인은 폭발이나 화재를 일으켰다.

5.9.2 세균의 탄화수소 이용

메테인은 산소성 상태에서 많은 종의 세균에 의해 산화된다. 이들 중 하나인 **메타노모나스**(Methanomonas)는 메테인 이외의 다른 물질을 에너지원으로 이용할 수 없는 고도로 분화된 생물이다. 메탄올, 폼알데하이드 및 폼산은 메테인이 미생물에 의해 이산화 탄소로 산화되는 과정에서 생성되는 중간체들이다. 5.10절에서 논의되는 바와 같이, 여러 유형의 세균은 탄소를 많이 함유한 탄화수소 화합물을 분해하여 에너지와 탄소의 공급원으로 이용할 수 있다.

5.9.3 미생물에 의한 일산화 탄소 이용

다양한 미생물들이 일산화 탄소를 분자 O_2의 존재하에서 산화적 및 무산소적으로 대사할 수 있다. 멸균되지 않은 토양은 토양 중 미생물의 활동으로 인해 대기에서 CO를 제거하는 것으로 나타났다. 1970년경 대기에서 CO를 제거하는 대기 하이드록실 라디칼의 역할이 발견되기 전에(10장 참조), 토양 미생물이 대부분의 대기 중 CO 제거를 담당한다고 믿었다. 일부 미생물들은 CO를 대사하는 반면에, 다른 수생 및 육상 생물들은 이 기체를 생성한다.

5.10 유기물의 생분해

물 및 육상 환경에서 유기물의 생분해는 매우 중요한 환경 과정이다. 어떤 유기 오염 물질은 살생물성(biocidal)이 있다. 예를 들면 효과적인 살진균제(fungicide)는 항미생물성임에 틀림없다. 그러므로 살진균제는 해로운 진균류를 죽이는 것 외에도, 종종 유익한 부생성(腐生性, saprophytic) 진균류(죽은 사체를 분해시키는 진균류)에게 해를 끼친다. 식물 방제를 위해 고안된 제초제(herbicide)와 곤충 방제를 위해 사용되는 살충제(insecticide)는 일반적으로 미생물에 해로운 영향을 끼치지 않는다.

미생물들에 의한 유기물의 생분해는 여러 단계의 미생물 촉매 작용이 관여되는 반응에 의해 일어난다. 이러한 반응들은 예시와 더불어 개별적으로 논의될 것이다.

5.10.1 산화

산화(oxidation)는 산소화 효소인 옥시제네이스(oxygenase)의 작용에 의해 일어난다. **에폭시화(epoxidation)**는 많은 산화 메커니즘의 주요 단계이며, 아래의 벤젠에 대해 나타낸 것처럼 불포화 시스템에서 두 개의 탄소 원자 사이에 산소 원자가 첨가되는 반응이다.

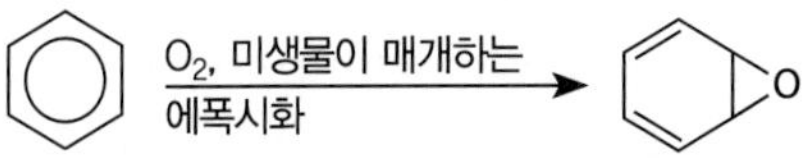

(5.13)

에폭시화는 많은 생체 이물 화합물(xenobiotic compound)에 많이 포함된 방향족 고리에 대한 대사 공격(metabolic attack)의 특히 중요한 수단이며, 벤조피렌(benzo[*a*]pyrene)과 같은 잠재적 발암성 다환 방향족 탄화수소(polycyclic aromatic hydrocarbons, PAHs)가 생분해되는 과정의 일부이다.[6] 방향족 고리의 에폭시화에 이어 방향족 화합물의 생분해에서 중요한 단계인 **고리 절단(ring cleavage)**이 일어난다.

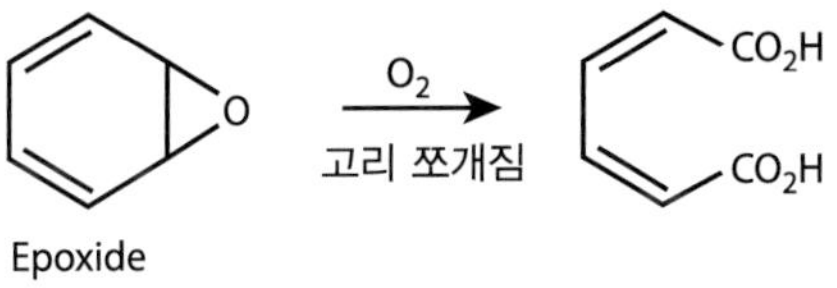

(5.14)

5.10.2 미생물에 의한 탄화수소의 산화

미생물의 산화에 의한 탄화수소의 분해는 물과 토양에서 식유 및 기타 탄화수소 폐기물을 제거하기 위한 주요 수단이기 때문에 중요한 환경 과정이다. 물에 배출된 오염 물질 원유의 분해(연간 백만 톤의 기름 유출)는 물–기름 접촉면과 물 위에 떠서 대기에 노출된 기름 층에서 일어난다. 원유의 물리적 형태는 분해성에서 큰 차이를 가져오고, 원유의 두꺼운 층은 세균 효소 및 O_2와의 접촉을 방지한다. 탄화수소를 분해할 수 있는 세균은 **마이크로코커스**(미구균, *Micrococcus*), **슈도모나스**(*Pseudomonas*), **마이코박테리움**(*Mycobacterium*) 및 **노카르디아**(*Nocardia*)이다.

미생물에 의한 알케인의 산화에서 가장 일반적인 초기 단계는 말단 $-CH_3$기를 $-CO_2H$기로 전환하는 것이다. 알케인으로부터 카복실산이 생성된 후, 추가적인 산화는 보통 β-산화에 의해 일어난다.

$$CH_3CH_2CH_2CH_2CO_2H + 3O_2 \rightarrow CH_3CH_2CO_2H + 2CO_2 + 2H_2O \quad (5.15)$$

많은 단계를 갖는 복잡한 순환이 β-산화에 관여된다. 각 순환의 끝에 있는 잔류물은 순환 시작 시의 전구 물질보다 두 개가 더 적은 탄소 원자를 갖는 유기산이다.

탄화수소 화합물들의 생분해성은 서로 매우 크게 다르고, 미생물은 곧은 사슬 탄화수소를 더 선호한다. 이러한 선호도에 대한 주요 이유는 분지(分枝, branching)가 가지 위치에서 β-산화를 저해하기 때문이다. 4차 탄소가 존재할 경우(아래), 특히 알케인의 분해가 저해된다.

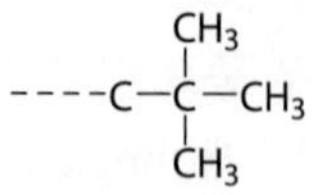

하이드록실화(hydroxylation)는 −OH기가 탄화수소 사슬 또는 고리에 부착되는 것으로, 종종 벤젠 에폭사이드에 대한 다음의 재배열 반응에서 보여 주는 것처럼 미생물에 의한 산화 다음에 일어난다.

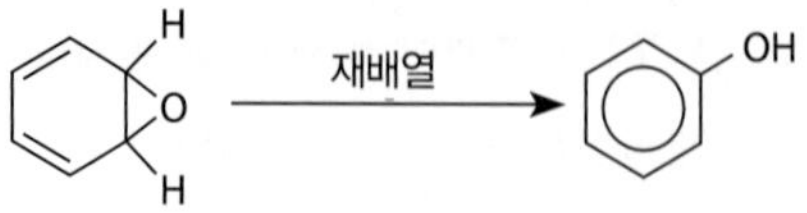

하이드록실화는 하나 이상의 수산기(−OH)가 첨가되는 것이다. 에폭시화와 하이드록실화의 한 예는 벤조[*a*]피렌(benzo[*a*]pyrene)으로부터 발암성의 7,8-diol-9,10-epoxide의 대사적 생성이다.

5.10.3 유기물 생분해의 기타 생화학적 과정

가수 분해(hydrolysis)란 어떤 분자에 H_2O가 첨가된 후 그 분자를 두 개의 생성물로 쪼개는 반응으로, 이 반응은 많은 오염 물질, 특히 살충제 에스터, 아마이드 및 유기인산염 에스터의 미생물에 의한 분해의 주요 단계이다. 가수 분해를 일으키는 효소를 **가수 분해 효소(hydrolase enzyme)**라고 하고, 에스터를 가수 분해할 수 있는 효소를 **에스터레이스(esterase)**라고 하는 반면에, 아마이드를 가수 분해하는 효소를 **아미데이스(amidase)**라고 한다. **슈도모나스(*Pseudomonas*)** 중 적어도 한 종이 살충제를 분해하는 전형적인 가수 분해 반응 유형으로 말라티온(malathion)을 가수 분해한다.

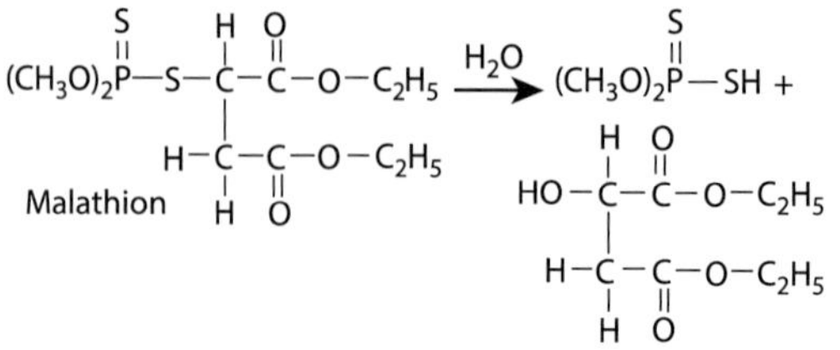

(5.16)

표 5.2 미생물에 의해 환원되는 작용기들

반응물	과정	생성물
R−C(=O)−H	알데하이드 환원	R−CH₂−OH
R−C(=O)−R'	케톤 환원	R−CH(OH)−R'
R−S(=O)−R'	설폭사이드 환원	R−S−R'
R−SS−R'	다이설파이드 환원	R−SH, R'−SH
RHC=CHR'	알켄 환원	R−CH₂−CH₂−R'
$R-NO_2$	나이트로기 환원	R−NO, $R-NH_2$, R−NH(OH)

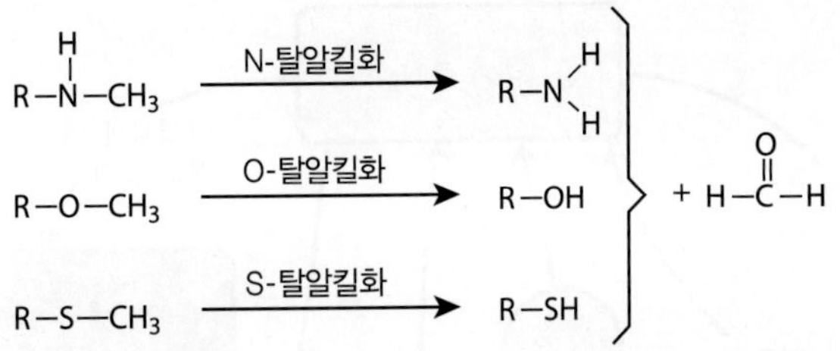

그림 5.9 유기 화합물에서 N, O 및 S 원자에서 CH_3의 제거에 대해 보여 주는 대사적 탈알킬화(dealkylation).

환원(**reduction**)은 **환원 효소**(**reductase enzyme**)에 의해 일어난다. 예를 들어, 나이트로리덕테이스(nitroreductase)는 나이트로기의 환원을 촉매한다. 표 5.2는 미생물에 의해 환원되는 주요 작용기의 종류를 보여 준다.

많은 환경적으로 중요한 유기 화합물은 O, N 및 S 원자에 결합된 메틸기($-CH_3$)와 같은 알킬기를 포함하고 있다. 이러한 많은 화합물들의 미생물 대사에서 중요한 단계는 탈알킬화(dealkylation)로, 그림 5.9에서 보는 바와 같이 알킬기가 H로 치환된다. 이러한 종류의 반응의 예로는 메톡시클로르(methoxychlor) 살충제의 O-탈알킬화, 카바릴(carbaryl) 살충체의 N-탈알킬화, 그리고 다이메틸 설파이드(dimethyl sulfide)의 S-탈알킬화가 있다.

5.11 미생물에 의한 질소의 변환

물 및 토양 환경에서 가장 중요한 미생물-매개 화학 반응들 중 일부는 질소 화합물과 관련된 화학 반응들이다.[7] 이러한 반응들은 그림 5.10에 나타낸 **질소 순환**(**nitrogen cycle**)에 요약하였다. 이러한 순환은 동적인 과정으로, 이 과정을 통해 질소는 대기, 유기물 및 무기 화합물들 사이에서 상호 교환된다. 이것은 자연의 가장 중요한 동적 과정 중 하나이다.

질소 순환에서 일어나는 생화학적 변환들 중 분자 질소가 유기 질소로 고정되는 질소 고정(nitrogen fixation)이 있다. 질산화(nitrification)는 암모니아를 질산염으로 산화시키는 과정이고, 질산염 환원(nitrate reduction)은 질산 이온의 질소가 더 낮은 산화 상태의 질소를 갖는 화합물로 환원되는 과정이며, 탈질화(denitrification)는 질산염과 아질산염(nitrite)이 N_2로 환원되어 결과적으로 질소 가스가 대기 중으로 순 손실된다. 이러한 중요한 화학 과정들 각각을 개별적으로 논의할 것이다.

5.11.1 질소 고정

질소 고정(**nitrogen fixation**)에 대한 전체 미생물 과정, 즉 대기 중 질소가 화학적으로 결합된 형태로 전환되는 반응은 실제로 아주 복잡한 생화학적 과정이며, 합성 비료가 없는 경우에는 식물 성장에 필수적이다.

$$3\{CH_2O\} + 2N_2 + 3H_2O + 4H^+ \rightarrow 3CO_2 + 4NH_4^+ \tag{5.17}$$

대기 중 질소를 고정할 수 있는 소수의 수생 미생물에는 광합성 세균인 **아조토박터**(*Azotobacter*), 여러 종의 **클로스트리디움**(*Clostridium*) 및 남세균(cyanobacteria)이 포함된다. 수체에서 대부분의 고정된 질소는 비료 유출(runoff)과 같은 외부 공급원으로부터 비롯된다. 가장 잘 알려져 있고 가장 중요한 형태의 질소 고정 세균은 토양에 서식하는 **리조비움**(*Rhizobium*) 세균인데, 이는 클로버나 알팔파와 같은 콩과식물과 공생(상호 간에 도움이 되는) 관계를 한다. 리조비움 세균은 뿌리혹(root nodule)에서 발견되는데, 이는 클로버와 같은 콩과식물의 뿌리에 결합되어 있고, 식물의 유관속계(순환계)에 직접 결합되어 세균이 광합성으로 생산한 에너지를 식물에서 직접 얻을 수 있게 하는 특수한 구조

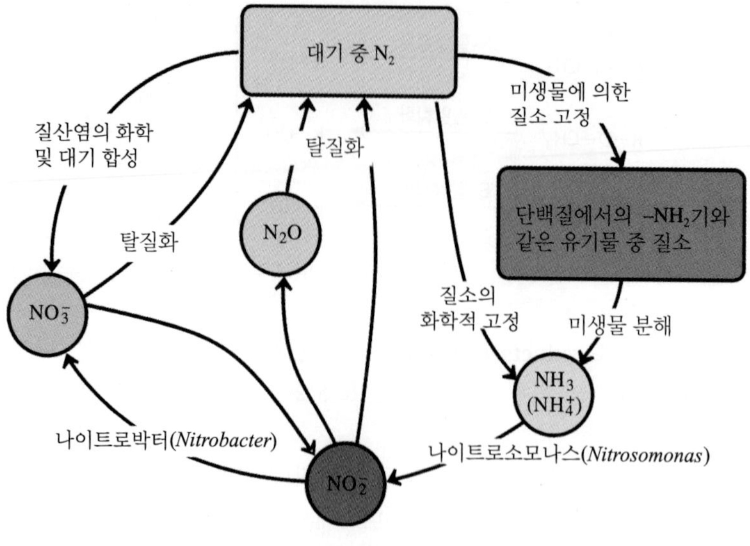

그림 5.10 질소 순환.

체이다. 따라서 식물은 질소 분자의 강한 삼중 결합을 깨는 데 필요한 에너지를 공급하여 질소를 식물에 의해 직접 동화되는 환원 형태로 변환한다. 콩과식물이 죽어 부패하면 NH_4^+가 방출되고, 미생물에 의해 다른 식물들이 동화할 수 있는 질산 이온으로 전환된다. 방출된 암모늄 이온과 질산 이온 중 일부는 자연수계로 운반될 수 있다. 일부 비콩과 속씨식물(angiosperm)은 뿌리혹에 포함된 방선균류(actinomycete)의 작용을 통해 질소를 고정한다. 질소를 고정하는 부류에 속하는 관목과 나무는 전 세계의 들판, 숲 및 습지에 풍부하다. 이러한 식물들이 질소를 고정하는 속도는 콩과식물이 질소를 고정하는 속도와 비슷하다.

합성 방법으로 질소를 고정하는 데 필요한 비용 때문에, 질소 고정의 자연적인 수단의 효율을 높이기 위한 노력이 오랫동안 진행되어 왔다. 한 가지 접근 방법은 질소 고정 세균의 질소 고정 능력을 식물 세포에 직접 전달하려는 시도로, 재조합 DNA 방법을 사용한다. 비록 흥미로운 가능성이 있지만, 이 유전자 전달은 실용적인 면에서 달성하지 못하고 있다. 이 목표를 달성하기 위한 주요 과제는 알려진 모든 생물학적 N_2 고정 사례에서 그 과정은 (1) **다이나이트로제네이스**(dinitrogenase)와 (2) **질소 환원 효소**(dinotrogen reductase)로 구성된 **질소 고정 효소**(nitrogenase) 시스템에 의해 수행된다는 것이다. 이들은 분자 O_2에 극도로 민감한 금속 효소이므로 식물 조직 내부의 환경과는 맞지 않는다. 다른 접근 방법은 보다 전통적인 식물 육종 및 생물학적 기법으로, 어떤 식물들과 질소 고정 세균 간에 존재하는 공생 관계의 범위와 효과를 증가시키려고 시도한다.[8]

한 가지 우려할 만한 문제는 질소 고정을 증가시키려는 성공적인 노력이 전 지구의 질소 균형을 뒤엎을 수 있다는 것이다. 지구의 총 연간 질소 고정은 1850년에 추정한 산업화 이전 농도인 약 1억 5천만 톤에 비해 50% 이상 증가하였다. 초과되는 고정 질소의 잠재적 축적은 물 중 질산염 오염과 미생물에 의한 N_2O 기체의 생성 때문에 다소 우려되는 사항이다. 일부 대기 과학자들은 과량의 N_2O 기체가 보호 기능을 하는 대기 오존층의 고갈에 관여될 수 있다고 우려한다(13장 참조).

5.11.2 질산화

질산화(nitrification)는 N의 산화수가 −3에서 +5로 전환되는 것으로, 식물에 의해 질소가 주로 질산염(NO_3^-)의 N(V)으로 흡수되기 때문에 자연에서 특히 중요하다. 공기와 열역학적으로 평형을 이루고 있는 물에서 질소는 NO_3^-의 +5의 산화수를 나타내는 반면에, 대부분의 생체 화합물에서 질소는 아미노산의 $-NH_2$기와 같이 −3(N−III)의 산화 상태로 존재한다. 전체 질산화 반응의 1 전자-몰에 대한 평형 상수는 $10^{7.59}$로(표 5.1), 이 반응이 열역학적인 관점에서 매우 유리하게 일어난다는 것을 보여준다.

$$\tfrac{1}{4}O_2 + \tfrac{1}{8}NH_4^+ \rightarrow \tfrac{1}{8}NO_3^- + \tfrac{1}{4}H^+ + \tfrac{1}{8}H_2O \tag{5.18}$$

비료가 암모늄염이나 무수 암모니아 형태로 사용되면, 질산염의 미생물에 의한 변환은 식물에 의한 질소의 최대 동화를 가능하게 한다.

자연에서 질산화는 두 부류의 세균에 의해 촉진되는데, **나이트로소모나스**(*Nitrosomonas*)는 암모늄 질소를 아질산염으로 전환하고,

$$NH_3 + \tfrac{3}{2}O_2 \rightarrow H^+ + NO_2^- + H_2O \tag{5.19}$$

나이트로박터(*Nitrobacter*)는 아질산염을 질산염으로 산화하는 반응을 매개한다.

$$NO_2^- + \tfrac{1}{2}O_2 \rightarrow NO_3^- \tag{5.20}$$

이러한 고도로 분화된 형태의 세균 모두 분자 O_2가 존재할 경우에만 기능을 하는 **절대 호기성 생물**(obligate aerobe)이며 **화학 무기 독립영양생물**(chemolithotrophic)인데, 그 이유는 대사 과정에 필요한 에너지를 생산하기 위해 산화 반응에서 전자 주개로 산화될 수 있는 무기 물질을 이용하기 때문이다. pH 7.00에서 1 전자-몰의 암모니아성 질소를 아질산 이온으로 산소성 전환시키는 반응에는 −10.8 kcal의 자유 에너지 변화가 관여되고, 1 전자-몰의 아질산 이온을 질산 이온으로 산소성 산화시키는 데 필요한 자유 에너지 변화는 −9.0 kcal이다. 이는 두 단계에 모두 상당한 자유 에너지가 관여한다는 것을 의미한다.

5.11.3 질산염 환원

질산염 환원(**nitrate reduction**)이란 미생물에 의해 화합물의 질소가 더 낮은 산화 상태로 환원되는 과정을 말한다. 자유 산소가 없는 경우, 질산염은 일부 세균에 의해 O_2를 대신하여 전자 받개로 사용될 수 있다. 질산 소듐은 산소가 부족한 오수지(sewage lagoon)에서 산소의 응급 처치 비상 공급원으로 사용되었다. 세균에 의해 전자 받개로 작용하는 질산 이온은 산소가 산화제일 때 수율의 약 2/3의 전자-몰당 자유 에너지 수율을 갖고 NO_2^-를 생성할 수 있다. 그러나 NO_2^-가 독성이 있는 수준까지 증가하면 더 이상의 미생물 성장을 저해할 수 있다.

$$\tfrac{1}{2}NO_3^- + \tfrac{1}{4}\{CH_2O\} \rightarrow \tfrac{1}{2}NO_2^- + \tfrac{1}{4}H_2O + \tfrac{1}{4}CO_2 \tag{5.21}$$

5.11.4 탈질화

질산염 환원의 중요하고 특별한 경우는 **탈질화**(**denitrification**)이며, 이 과정에서 환원된 질소 생성물은 질소를 함유하는 기체인 N_2이다. pH 7.00에서 이 반응의 전자-몰당 자유 에너지 변화는 −2.84 kcal이다.

$$\tfrac{1}{5}NO_3^- + \tfrac{1}{4}\{CH_2O\} + \tfrac{1}{5}H^+ \rightarrow \tfrac{1}{10}N_2 + \tfrac{1}{4}CO_2 + \tfrac{7}{20}H_2O \tag{5.22}$$

N_2(5 전자-몰)로 환원되는 질산염의 몰당 자유 에너지 수율은 같은 양의 질산염이 아질산염으로 환원되는 반응에 대한 수율보다 더 낮다. 그러나 더 중요한 것은 NO_3^-가 NO_2^-로 환원되는 반응에 대해 2개의 전자만 사용하는 것에 비해, 질산염 이온이 N_2 기체로 환원되는 반응은 5개의 전자를 소비한다는 것이다.

탈질화는 고정된 질소가 대기로 되돌아가는 자연에서 일어나는 중요한 과정이다. 탈질화는 영양물질 질소의 제거를 위한 고도 수처리에도 사용된다(7장 참조). 질소 기체는 미생물의 성장을 억제하지

않는 무해한 휘발성 물질이고, 질산염은 매우 효율적인 전자 받개이므로, 탈질화는 무산소 조건에서 대규모로 세균이 성장하게 한다. 질소가 대기로 손실되는 과정은 또한 여러 유형의 세균의 작용에 의해 촉매되는 질산염 및 아질산염에 대한 작용에 의한 N_2O 및 NO의 생성을 통해 일어날 수 있다.

5.12 미생물에 의한 인과 황의 변환

5.12.1 인 화합물

인 화합물에 대한 미생물의 작용과 생분해는 두 가지 이유 때문에 환경에서 중요하다. 첫째, 이러한 과정을 통해 다중인산염의 가수 분해로부터 조류의 영양물질인 오쏘인산염의 공급원을 제공한다(2.16절 참조). 둘째, 생분해는 유기인산 살충제와 같은 유독성 유기인계 화합물을 불활성화한다.

환경적으로 가장 큰 관심을 끄는 유기인 화합물은 황을 함유하는 **포스포로싸이오네이트(phosphorothionate)**와 **포스포로다이싸이오에이트(phsphorodithioate)** 에스터 살충제일 것이다. 이러한 화합물들에 대해서는 6.11절에서 더 자세히 논의할 것이고, 몇몇 대표적인 예의 구조식을 그림 6.6에 나타냈다. 이러한 화합물들의 생분해는 중요한 환경 화학 과정이다. 다행히도, 독성이 덜한 부류의 화합물들이 일반적으로 사용되기 전까지 대부분 대체된 유기할로젠 살충제와는 달리, 유기인산 화합물들은 쉽게 생분해되고 생체에 축적되지 않는다.

가수 분해는 해독 및 살충 활성의 손실로 이어지는 포스포로싸이오네이트, 포스포로다이싸이오에이트 및 인산염 에스터 살충제의 생분해에서 중요한 단계이다. 이러한 살충제의 가수 분해는 다음의 일반 반응식으로 나타내며, 여기에서 R은 알킬기이고, Ar은 빈번히 방향족 치환기이며, X는 O 또는 S이다.

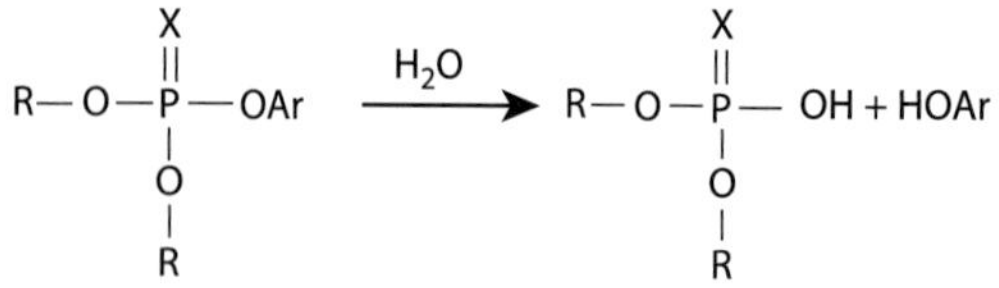

(5.23)

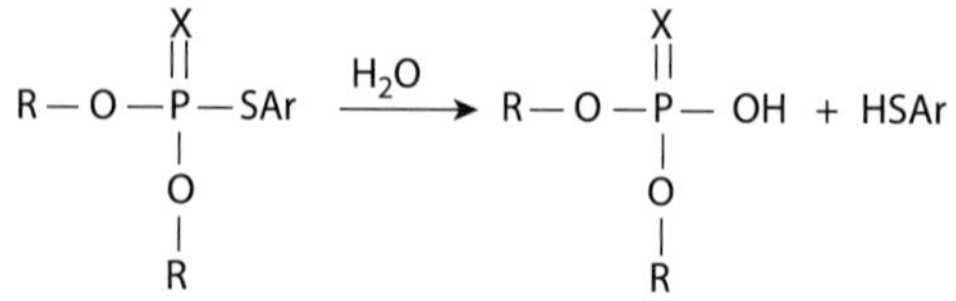

(5.24)

5.12.2 황 화합물

황 화합물은 물에서 매우 흔하다. 황산 이온(SO_4^{2-})은 실질적으로 모든 자연수에 존재하며 다양한 농도로 존재한다. 자연 기원 및 오염 물질 화학종 둘 다 유기 황 화합물은 자연수계에 매우 흔하고, 이러한 화합물들의 분해에는 미생물에 의한 과정이 중요하다. 때로는 냄새를 내고 독성이 있는 H_2S와 같은 분해 생성물은 수질에 심각한 문제를 유발한다.

살아 있는 생명체에 존재하는 황은 예를 들어 하이드로설파이드기(−SH)와 같은 가장 환원된 상태로 주로 존재한다. 유기 황 화합물들이 세균에 의해 분해될 때, 초기의 황 생성물은 일반적으로 환원 형태인 H_2S이다. 일부 세균들은 황 화합물로부터 원소 황을 생성하여 저장한다. 산소가 존재할 경우, 어떤 세균은 환원 형태의 황을 SO_4^{2-}의 산화된 형태로 전환한다.

5.12.3 세균에 의한 H_2S의 산화 및 황산염의 환원

산소가 있으면 일부 세균은 설파이드(H_2S)를 황산염으로 산화시킬 수 있고, 산소가 없으면 다른 세균은 황산염을 황화물로 환원시킬 수 있다.[9] **디설포비브리오(*Desulfovibrio*)** 세균은 무기 황산 이온을

H_2S로 환원시킬 수 있다. 그렇게 함으로써 이 세균은 유기물의 산화에서 전자 받개로 황산 이온을 이용한다. 황산 이온이 존재하는 상태에서 미생물이 매개하는 바이오매스의 산화에 대한 전체 반응은 다음과 같고,

$$SO_4^{2-} + 2\{CH_2O\} + 2H^+ \rightarrow H_2S + 2CO_2 + 2H_2O \quad (5.25)$$

이 반응은 유기물을 CO_2로 완전히 산화시키기 위해 **디설포비브리오** 이외에 다른 세균을 필요로 한다. 해수에는 높은 농도의 황산 이온이 존재하기 때문에, 세균이 매개하는 H_2S의 생성은 일부 해안 지역에서 오염 문제를 일으키고, 대기 중 황의 주요 공급원이다. 설파이드 생성이 일어나는 물에서는 FeS 생성으로 인해 퇴적물이 종종 검은색을 띤다.

홍색 황 세균(purple sulfur bacteria)과 녹색 황 세균(green sulfur bacteria) 같은 일부 세균은 황화 수소의 황을 더 높은 산화 상태로 산화시킬 수 있다. 산소성 무색 황 세균은 분자 산소를 이용하여 H_2S를 원소 황으로 산화시키고, 원소 S와 싸이오설페이트($S_2O_3^{2-}$)를 황산염으로 산화시킬 수 있다.

낮은 산화 상태의 황을 황산 이온으로 산화시키면 강산인 황산이 생성된다. 무색 황 세균 중 하나인 *Thiobacillus thiooxidans*는 1 N의 산 용액에 내성이 있는데, 이는 놀라운 내산성(acid tolerance)이다. 원소 황을 과도한 알칼리성 토양에 첨가하면, 미생물이 매개하는 반응을 통해 황산이 생성된다. 원소 황은 홍색 황 세균과 무색 황 세균의 세포에 과립으로 침적될 수 있다. 그러한 과정은 원소 황 침적물의 중요한 공급원이다.

5.12.4 미생물이 매개하는 유기 황 화합물의 분해

황은 많은 유형의 생체 화합물로 존재한다. 결과적으로, 자연 및 오염 물질 기원의 유기 황 화합물들이 일반적으로 물에서 발견된다. 다양한 미생물 과정에 의한 이러한 화합물들의 분해는 수질에 큰 영향을 미칠 수 있다.

물 중 유기 화합물에서 발견되는 흔한 황 함유 작용기들 중 일부는 다음과 같다.

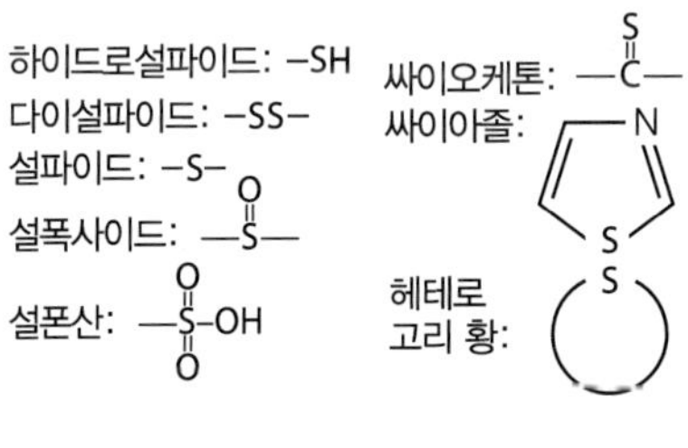

단백질에는 시스테인(cysteine), 시스틴(cystine) 및 메싸이오닌(methionine)과 같은 황이 함유된 작용기를 가진 세 가지 아미노산이 함유되어 있다. 이러한 아미노산들의 세균 및 진균류에 의한 분해는 자연수에서 중요하다. 이러한 생분해는 메테인 싸이올(CH_3SH) 및 다이메틸 다이설파이드(CH_3SSCH_3)와 같은 휘발성 유기 황 화합물을 생성할 수 있다. 황화 수소와 더불어 고약한 냄새를 내는 이러한 화합물들의 생성은 황 함유 유기 화합물의 생분해와 관련된 악취의 대부분을 차지한다.

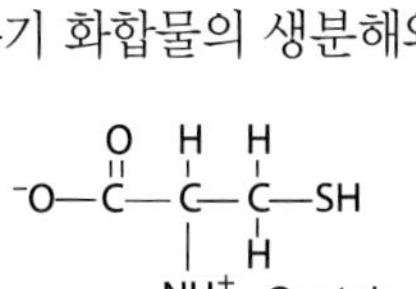

황화 수소는 매우 다양한 유기 화합물로부터 많은 다양한 종류의 미생물들의 작용을 통해 생성된다. 시스테인이 세균에서 시스테인 탈황화수소 효소(cysteine desulfhydrase)의 작용을 통해 피루브산(pyruvic acid)으로 변환되는 것이다.

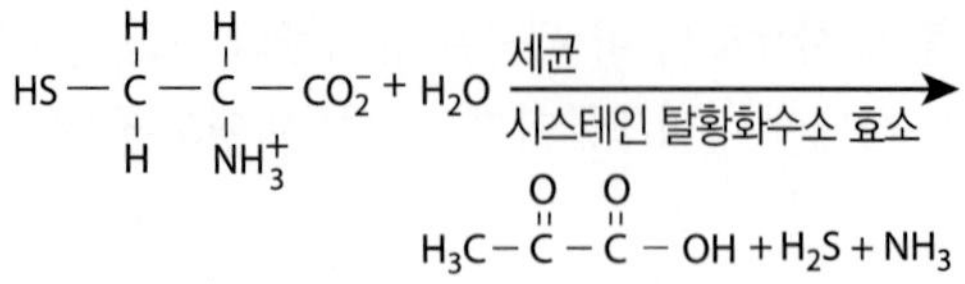

(5.26)

5.13 미생물에 의한 할로젠 및 유기할로젠화 화합물의 변환

미생물이 매개하는 유기할로젠화 화합물(organohalide compound)의 반응은 오염 물질의 환경 분해에서 중요하다.[10] 예를 들어, 할로젠 원소를 치환시키는 **탈할로젠화(dehalogenation)**와 같은 아래 반응은 유기할로젠화 탄화수소의 생분해에서 대표적인 주요 경로이다.

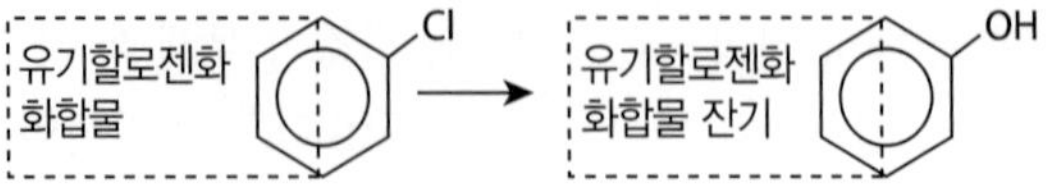

경우에 따라, 유기할로젠화 화합물은 무산소성 세균의 유일한 탄소 공급원이나 유일한 전자 공급원 또는 전자 받개로 쓰인다. 미생물은 분해를 일으키기 위해 특정 유기할로젠화 화합물을 유일한 탄소 공급원으로 사용할 필요가 없다. 이는 미생물에 의한 분해 과정의 특이성(specificity) 결여에서 나타나는 **공동 대사(cometabolism)**에 기인한다. 따라서 미생물에 의한 소량의 유기할로젠화 화합물의 분해는 관련된 미생물이 훨씬 더 많은 양의 다른 물질을 대사하는 동안에 일어날 수 있다.

일부 무산소성 세균은 다음 반응에서 보여 주는 것처럼, 할로젠이 비교적 많이 함유된 화합물을 전자 받개로 사용하여 염소가 포함된 지방족 및 방향족 화합물을 환원적으로 탈할로젠화할 수 있다.

$$\{CH_2O\} + H_2O + 2Cl - R \rightarrow CO_2 + 2H^+ + 2Cl^- + 2H - R \qquad (5.27)$$

여기에서 Cl−R은 염소가 함유된 탄화수소 분자에서 염소가 치환된 자리를 나타내고, H−R은 수소가 치환된 자리를 나타낸다. **탈할로젠 호흡(dehalorespiration)**이라고 불리는 이러한 과정의 최종적인 결과물은 염소가 함유된 탄화수소에서 Cl이 H로 치환된 것이다.

이러한 화합물의 무산소 생분해에서 1,1,2,2-테트라클로로에테인(1,1,2,2-tetrachloroethane)에서 미생물이 매개하는 두 개의 염소를 제거하는 반응은 다이클로로에틸렌(dichloroethylene)의 세 가지 가능한 이성질체들 중 하나를 생성할 수 있다. 뒤이어 일어나는 수소 첨가 분해(hydrogenolysis) 반응은 염화 비닐(vinyl chloride)과 에텐(ethene, ethylene이라고도 함)을 생성할 수 있다.

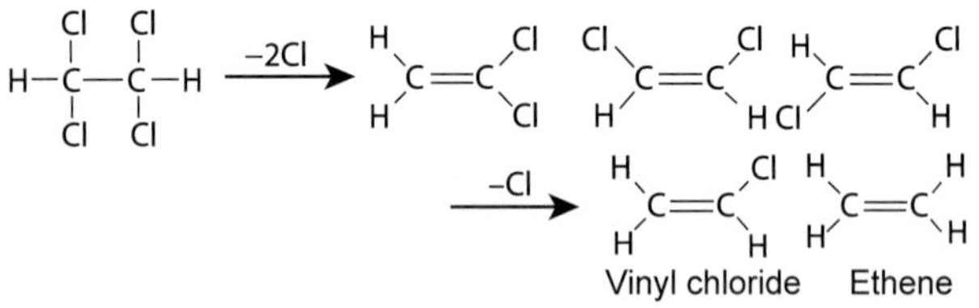

(5.28)

1,1,2,2-테트라클로로에테인의 연속적인 수소 첨가 분해 반응은 3, 2, 1 및 0개의 염소 원자를 갖는 에테인 유도체를 생성할 수 있다.

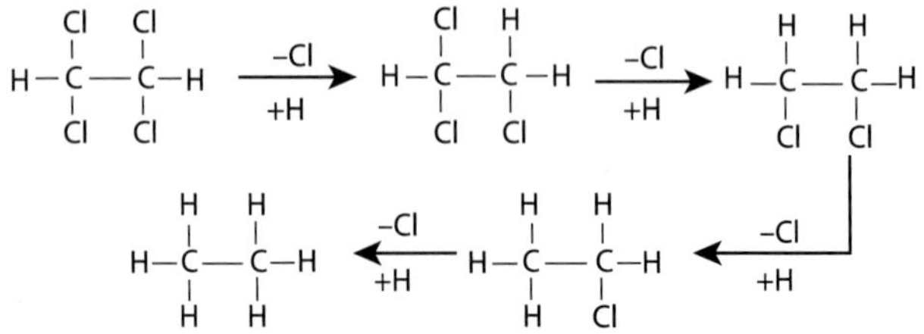

(5.29)

DDT에서 Cl이 H로 치환되는 생물 변환은 DDD를 생성한다.

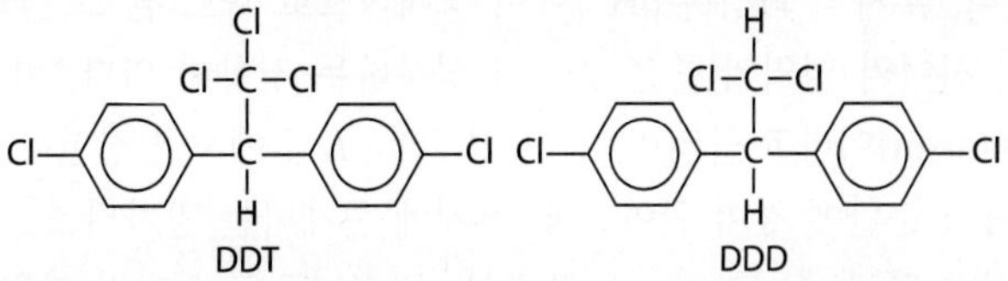

이 DDD는 어떤 곤충들에게 DDT보다 독성이 더 강하여 심지어 살충제로 제조되었다.

5.14 미생물에 의한 금속 및 준금속의 변환

페로바실러스(*Ferrobacillus*), **갈리오넬라**(*Gallionella*) 및 일부 형태의 **스페로틸러스**(*Sphaerotilus*)를 포함한 일부 세균은 철 화합물을 사용하여 대사에 필요한 에너지를 얻는다. 이러한 세균들은 분자 산소에 의해 Fe(II)가 Fe(III)로의 산화를 촉매한다.

$$4\text{Fe(II)} + 4\text{H}^+ + \text{O}_2 \rightarrow 4\text{Fe(III)} + 2\text{H}_2\text{O} \tag{5.30}$$

이러한 세균들 중 일부의 탄소 공급원은 CO_2이다. 이들은 탄소 공급원으로 유기물을 필요로 하지 않고 무기물의 산화로부터 에너지를 얻기 때문에, 유기물이 없는 환경에서도 성장할 수 있다.

미생물이 매개하는 철(II)의 산화는 대사 과정에 필요한 에너지를 얻는 특히 효율적인 방법이 아니다. 아래의 반응에 대해 자유 에너지의 변화는 약 10 kcal/전자-몰이다.

$$\text{FeCO}_3(s) + 1/4\text{O}_2 + 3/2\text{H}_2\text{O} \rightarrow \text{Fe(OH)}_3(s) + \text{CO}_2 \tag{5.31}$$

1.0 g의 세포 탄소를 생성하기 위해 약 220 g의 철(II)이 산화되어야 한다. 이 계산에서는 CO_2가 탄소 공급원이고 생물학적 효율이 5%라고 가정한다. 단 1.0 g의 세포 탄소의 생성으로 약 430 g의 고체 $Fe(OH)_3$가 생성된다. 그 결과 철 산화 세균이 무성한 지역에는 수화된 산화 철(III)의 큰 퇴적물이 생성될 수 있다.

일부 철 세균, 특히 갈리오넬라는 복잡하게 가지가 난 구조의 수화된 산화 철(III)을 대량으로 분비한다. 세균 세포는 철 산화물의 꼬인 줄기 끝에서 자란다. 전자 현미경으로 촬영한 갈리오넬라의 개별 세포들은 줄기가 세포 한 쪽에서 분비되는 많은 가닥의 산화 철로 구성되어 있음을 보여 주었다(그림 5.11).

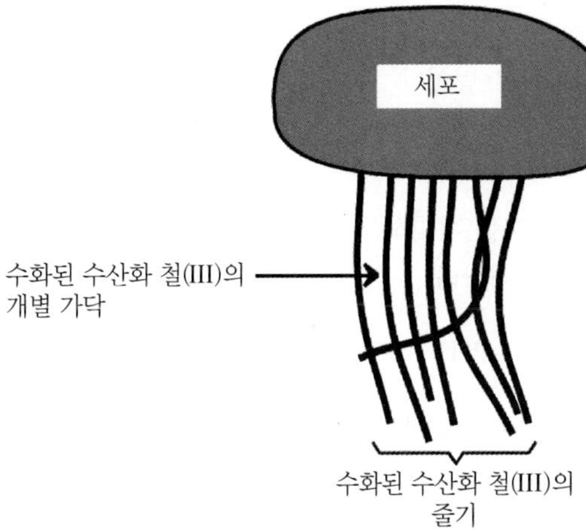

그림 5.11 철(III) 산화물 분비를 보여 주는 갈리오넬라 세포의 그림.

거의 중성 pH에서, 철(II)의 공기 산화를 매개하여 에너지를 얻는 세균은 O_2에 의한 철(II)의 직접적인 산화와 경쟁해야 한다. 후자의 과정은 pH 7에서 상대적으로 빠르다. 그 결과, 이러한 세균은 산소 공급원과 철(II) 공급원 사이의 영역의 좁은 층에서 성장하는 경향이 있다. 따라서 철 세균은 때때로 **구배 생물**(gradient organism)이라고 불리며, 중간 정도의 p*E* 값에서 성장한다.

세균은 해양의 망가니즈 순환에 깊이 관여한다. 해저에 존재하는 망가니즈, 구리, 니켈 및 코발트의 중요한 공급원인 망가니즈 단괴(manganese nodule)는 망가니즈의 산화와 환원 모두를 효소적으로 매개하는 다양한 종의 세균을 생성한다.

5.14.1 산성 광산수

세균이 금속 화합물에 작용한 결과 중 한 가지는 물 환경에서 가장 흔하고 해로운 문제 중 하나인 산성 광산 배수(acid mine drainage, AMD)이다. 탄광에서부터 흘러나오거나 석탄 가공 및 세척으로부터 남은 '폐석' 더미에서 배수되는 많은 물은 높은 산도 때문에 실제적으로 멸균 상태나 다름없다.

산성 광산수(acid mine water)는 황철석(pyrite, FeS_2)의 산화에 의해 생성되는 황산의 존재에 기인한다. 미생물은 여러 반응으로 구성되고 산성 조건에서도 존재할 수 있는 많은 미생물들이 포함된 전체 과정에 관련된다. 이러한 반응들 중 첫 번째는 황철석의 산화이고, 이어서 철(II) 이온이 철(III) 이온으로 산화된다.

$$2FeS_2(s) + 2H_2O + 7O_2 \rightarrow 4H^+ + 4SO_4^{2-} + 2Fe^{2+} \qquad (5.32)$$

$$4Fe^{2+} + O_2 + 4H^+ \rightarrow 4Fe^{3+} + 2H_2O \qquad (5.33)$$

이 과정은 산성 광산수의 낮은 pH에서 매우 느리게 진행된다. pH 3.5 이하에서 철 산화는 철 세균인 *Thiobacillus ferrooxidans*에 의해 촉매되고, pH 3.5~4.5에서는 사상(絲狀, filamentous) 철 세균인 다양한 *Metallogenium* 속의 세균에 의해 촉매될 수 있다. 산성 광산수의 생성에 관여될 수 있는 다른 세균들은 **싸이오바실러스 싸이오옥시단스**(*Thiobacillus thiooxidans*)와 **페로바실러스 페로옥시단스**(*Ferrobacillus ferrooxidans*)이다. Fe^{3+}는 더 나아가 황철석을 용해한다.

$$FeS_2(s) + 14Fe^{3+} + 8H_2O \rightarrow 15Fe^{2+} + 2SO_4^{2-} + 16H^+ \qquad (5.34)$$

이 과정은 반응 5.33과 함께 황철석의 용해 순환을 구성한다. $Fe(H_2O)_6^{3+}$는 산성 이온이며, pH 값이 3보다 훨씬 높으면 철(III)은 수화된 산화 철(III)로 침전된다.

$$Fe^{3+} + 3H_2O \rightarrow Fe(OH)_3(s) + 3H^+ \qquad (5.35)$$

산성 광산 배수로 피해를 입는 하상(河床, stream bed)은 종종 무정형의 반젤라틴성 $Fe(OH)_3$의 보기 흉한 노란색-주황색 침적물로 덮인다. 그러나 산성 광산수의 가장 유해한 성분은 황산이다. 이는 직접적으로 독성이 있으며, 그것과 접촉하는 광물의 과도한 풍화와 같은 다른 바람직하지 않은 영향을 끼친다.

석회석($CaCO_3$)은 산성 광산수를 처리하는 데 흔히 사용된다. 산성 광산수를 석회석으로 처리할 때 다음과 같은 산-중화 반응이 일어난다.

$$CaCO_3(s) + 2H^+ + SO_4^{2-} \rightarrow Ca^{2+} + SO_4^{2-} + H_2O + CO_2(g) \qquad (5.36)$$

불행하게도, 철(III)이 일반적으로 존재하기 때문에 pH가 높아지면 $Fe(OH)_3$ 침전물이 생성된다(반응 5.35). 수화된 산화 철(III) 생성물은 비교적 불침투성 층으로 탄산염 암석의 입자들을 덮는다. 이러한 장갑 효과는 황산의 추가적인 중화를 방지한다.

5.14.2 미생물에 의한 셀레늄의 변환

주기율표에서 황 바로 아래에 위치한 셀레늄은 세균에 의해 산화 및 환원된다. 셀레늄은 특히 가축의 영양에서 매우 중요한 원소이므로 이러한 변환은 중요하다. 셀레늄의 과잉 또는 결핍과 관련된 질병은 미국의 50개 주 가운데 절반 이상의 주와 주요 가축 생산국을 포함한 20개 국가에서 보고되었다. 특히 뉴질랜드의 가축은 셀레늄이 부족한 토양 때문에 먹이에 셀레늄을 보충할 필요가 있다.

미생물은 셀레늄 순환과 밀접하게 관련되어 있으며, 미생물에 의해 셀레늄의 산화된 형태가 환원되는 것은 오랫동안 알려져 왔다. 무산소성 조건에서의 환원 과정은 SeO_3^{2-}와 SeO_4^{2-} 모두를 원소 셀레늄으로 환원할 수 있으며, 이 과정은 무산소성 침적물에 셀레늄의 흡수원으로 축적할 수 있다. **싸이오바실러스**(*Thiobacillus*)와 **렙토쓰릭스**(*Leptothrix*)의 선택된 변종과 같은 일부 세균은 원소 셀레늄을 SeO_3^{2-}로 산화시킬 수 있으므로, Se(0)의 침적물에서 이 원소를 재이동시킨다.

물과 토양에서 미생물 과정에 의해 대기로 방출되는 주요 휘발성 셀레늄 화학종은 다이메틸 셀레나이드[$(CH_3)_2Se$]이다. (대기로 방출되는 천연 황의 하나의 가장 큰 배출원은 해양에서 비롯된 생물 기원의 다이메틸 설파이드[$(CH_3)_2S$]이다.) 다이메틸 셀레나이드 생성의 전구 물질인 주요 생물학적 셀레늄 화합물은 셀레노메싸이오닌(selenomethionine)이다.

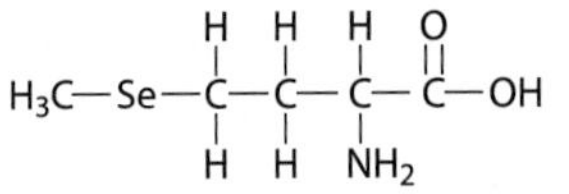

5.14.3 미생물에 의한 부식

철 및 다른 금속들의 손상과 관련된 부식(corrosion)은 4.14절에서 논의한 산화–환원 현상이다. 세균은 종종 금속, 특히 강철의 부식을 시작하고 촉진하는 데 관여하며, 담수 시스템, 해양 환경, 가정 및 산업 용수 시스템, 그리고 가스나 석유를 운반하는 관로에서 매우 중요하다. 철의 부식은 많은 종류의 세균이 상조적으로 살고 있는 결과이다. 철의 부식을 일으키는 데 가장 공격적인 세균 종류 중 한 가지는 *Pseudomonas aeruginosa*인데, 이는 산소성이고 해양 환경에 풍부한 점액질을 생성하는 세균이다.[12]

부식과 관련된 세균은 자체적으로 전기 화학적 전지를 구성하며, 부식되는 금속 표면의 일부분은 전지의 양극을 이루고 산화된다. 그림 5.12에서 보여 주는 것처럼, 세균은 구멍을 내고 금속을 부식시키는 **결절(tubercle)**이라고 하는 구조를 형성한다.

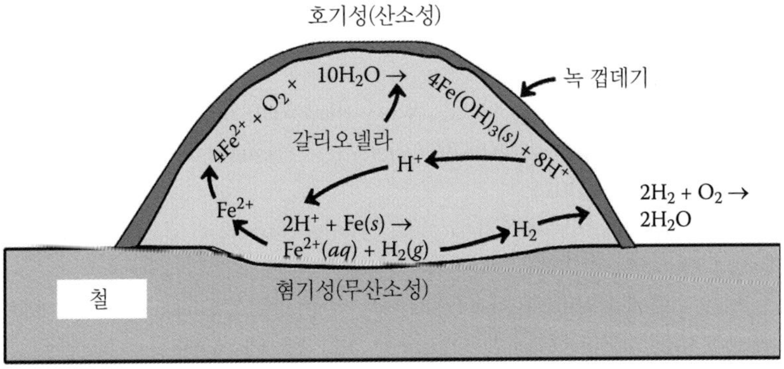

그림 5.12 결절에서 갈리오넬라의 작용을 통해 세균의 매개 작용에 의한 철의 부식이 일어난다.

참고문헌

1. Lyons, W. B., and D. J. Burdige, "An Introduction to Microbial Biogeochemistry: A Special Issue of *Aquatic Geochemistry* Honoring Mark Hines," *Aquatic Geochemistry*, May 2020.
2. Morens, David M., Peter Daszak, and Jeffery K. Taubenberger, "Escaping Pandora's Box–Another Novel Coronavirus," *New England Journal of Medicine*, **382**(14), 1293–1295, 2020.
3. Li, Yun-yun, Ji-Xiang Wang, and Xi Chen, "Can a Toilet Promote Virus Transmission? From a Fluid Dynamics Perspective," *Physics of Fluids*, **32**, 2020.
4. Chisholm, Sallie W., "Prochlorococcus," *Current Biology*, **27**(11), R447–R448, 2017.
5. Satyanarayana, Tulasi, Jennifer Littlechild, and Yutaka Kawarabayasi, Eds., *Thermophilic Microbes in Environmental and Industrial Biotechnology*, 2nd ed., Springer, Berlin, 2013.
6. Mishra, S., and S. N. Singh, "Biodegradation of Benzo(a)pyrene Mediated by Catabolic Enzymes of Bacteria," *International Journal of Environmental Science and Technology*, **11**, 1571–1580, 2014.
7. Jetten, Mike S. M., "The Microbial Nitrogen Cycle," *Environmental Microbiology*, **10**, 2903–2909, 2008.
8. Burén, Stefan, and Luis M. Rubio, "State of the Art in Eukaryotic Nitrogenase Engineering," *FEMS Microbiology Letters*, **365**(2), fnx274/1–fnx274/9, 2018.
9. Dopson, Mark, and D. Barrie Johnson, "Biodiversity, Metabolism and Applications of Acidophilic Sulfur-Metabolizing Microorganisms," *Environmental Microbiology*, **14**, 2620–2631, 2012.
10. Yadav, Ishwar, Devi Chandra, Linthoingambi Ningombam, and Surendra Singh, "Microbial Degradation of Chlorinated Aromatic Hydrocarbons," *Recent Advances in Microbiology*, **1**, 373–406, 2013.
11. Fortin, Danielle, and Xavier Chatellier, "Biogenic Iron Oxides," *Developments in Mineralogy*, **3**, 47–63, 2003.
12. Lou, Yuntian, Chunduo Dai, Weiwei Chang, Hongchang Qian, Luyao Huang, Cuiwei Du, and Dawei Zhang, "Microbiologically Influenced Corrosion of FeCoCrNiMo0.1 High-Entropy Alloys by Marine *Pseudomonas aeruginosa*," *Corrosion Science*, **165**, 108390, 2020.

보충자료

Abu Shmeis, Reham M. "Water Chemistry and Microbiology," a review edited by Damia Barcelo, *Comprehensive Analytical Chemistry*, **81**, 1–56, 2018.

Barsanti, Laura, and Paolo Gualtieri, *Algae: Anatomy, Biochemistry, and Biotechnology*, 2nd ed., CRC Press, Boca Raton, FL, 2014.

Barton, Larry L., and Robert J. C. McLean, *Environmental Microbiology and Microbial Ecology*, Wiley-Blackwell, Hoboken, NJ, 2019.

Bertrand, Jean-Claude, and Pierre Caumette, *Environmental Microbiology: Fundamentals and Applications: Microbial Ecology*, Springer, Berlin, 2015.

Bitton, Gabriel, *Wastewater Microbiology*, 4th ed., Wiley-Blackwell, Hoboken, NJ, 2011.

Bux, Faizal, and Yusuf Chisti, Eds., *Algae Biotechnology: Products and Processes (Green Energy and Technology)*, Springer, Berlin, 2015.

Cameán, Ana, and Angeles Jos, *Cyanobacteria and Cyanotoxins: New Advances and Future Challenges*, Mdpi AG, Basel, Switzerland, 2020.

Fazal-ur-Rehman, M., "Polluted Water Borne Diseases: Symptoms, Causes, Treatment and Prevention," (a review) *Journal of Medicinal and Chemical Sciences*, **2**(3), 85–91, 2019.

Frett, Michael, *Wastewater Microbiology Basics*, Aquafix, https://www.youtube.com/watch?v=9Qb_FEJAmJE

Graham, Linda E., Lee W. Wilcox, and James Graham, *Algae*, 2nd ed., Pearson/Benjamin Cummings, San Francisco, CA, 2009.

Granéli, E., and J. T. Turner, Eds., *Ecology of Harmful Algae*, Lala Behari, Springer, Berlin, 2008.

Kassinger, Ruth, *Bloom: From Food to Fuel, the Epic Story of How Algae Can Save Our World*, Elliott & Thompson, London, 2019.

Kim, Myung-Bo, Ed., *Progress in Environmental Microbiology*, Nova Biomedical Books, New York, NY, 2008.

Lee, Robert Edward, *Phycology*, 5th ed., Cambridge University Press, New York, NY, 2018.

León, Rosa, Aurora Galván, and Emilio Fernández, *Transgenic Microalgae as Green Cell Factories*, Springer, New York, NY, 2007.

Madigan, Michael T., and John M. Martinko, *Brock Biology of Microorganisms*, 14th ed., Prentice Hall, Upper Saddle River, NJ, 2014.

Mara, Duncan, Ed., *Handbook of Water and Wastewater Microbiology*, Academic Press, San Diego, CA, 2003.

Pandey, Ashok, and Duu Jong Lee, *Biomass, Biofuels, Biochemicals: Biofuels from Algae*, Elsevier, Amsterdam, 2018.

Paulsen, Ian T., and Andrew J. Holmes, *Environmental Microbiology: Methods and Protocols*, Humana Press, Totowa, NJ, 2014.

Pepper, Ian L., and Charles P. Gerba, *Environmental Microbiology*, 3rd ed., Academic Press, San Diego, CA, 2014.

Percival, Steven L., and Marylynn V. Yates, *Microbiology of Waterborne Diseases, Microbiological Aspects and Risks*, 2nd ed., Academic Press, Cambridge, MA, 2013.

Percival, Steven Lane, James Taggari Walker, and Paul R. Hunter, *Microbiological Aspects of Biofilms and Drinking Water*, CRC Press, Boca Raton, FL, 2020.

Sigee, David C., *Freshwater Microbiology: Biodiversity and Dynamic Interactions of Microorganisms in the Aquatic Environment*, Wiley, Hoboken, NJ, 2005.

Sukla, Lala Behari, and Enketeswara Subudhi, *The Role of Microalgae in Wastewater Treatment*, Springer, Berlin, 2019.

Sutton, Brian, Ed., *A Century of Mycology*, Cambridge University Press, New York, NY, 1996.

Talaro, Kathleen Park, and Barry Chess, *Foundations in Microbiology: Basic Principles*, 10th ed., McGraw-Hill, Dubuque, IA, 2018.

Ulloa, Miguel, and Richard T. Hanlin, *Illustrated Dictionary of Mycology*, 2nd ed., American Phytopathological Society, Saint Paul, MN, 2012.

Wheelis, Mark L., *Principles of Modern Microbiology*, 2nd ed., Jones and Bartlett Publishers, Sudbury, MA, 2015.

연습문제

모든 문제들을 답하기 위해서는 인터넷을 활용해야 할 것이다. 특히 일반적인 정보나 통계, 상숫값, 수식들은 인터넷에서 찾아서 사용하시오. 질문들은 교재 안에 있는 내용을 단순하게 찾아서 쓰는 것보다 호기심과 사고력을 증진시키기 위한 것이다. 그래서 어떤 경우에는 여러 가지 '정답'이 있을 수 있다. 그러므로 만약 자신의 이지적인 사고를 통한 노력과 다양한 문헌으로부터 찾은 정보를 바탕으로 작성한 답은 '정답'으로 간주한다.

1. $CH_3CH_2CH_2CH_2CO_2H$는 여러 단계를 걸쳐 생분해되어 이산화 탄소와 물을 생성하기 때문에 다양한 화학종들이 관찰된다. 생분해되는 과정의 첫 번째 단계의 결과로 어떤 안정한 화학종들이 관찰될 것인가?
2. 다음 중 물에서 메테인의 생성에 대해 옳은 것은?
   a. 산소가 존재하는 조건에서 일어난다.
   b. 산소를 소비한다.
   c. 물에서 생화학적 산소 요구량을 제거한다.
   d. 산소성 세균에 의해 일어난다.

e. 산소성 호흡보다 전자-몰당 더 많은 에너지를 생산한다.

3. 시간 0에서 폐기물의 산소성 호흡을 매개하는 세균 종의 세포 수가 L당 1×10^6개이었다. 30분이 되었을 때 세포의 수는 2×10^6개, 60분에서는 4×10^6개, 90분에서는 7×10^6개, 120분에는 10×10^6개, 그리고 150분에는 13×10^6개이었다. 이 자료로부터 다음의 어떤 논리적인 결론을 이끌어 낼 것인가?
   a. 배양은 150분 기간의 끝에서 대수기에 접어들었다.
   b. 배양은 150분 기간에 걸쳐 대수기에 있었다.
   c. 배양은 150분 기간의 끝에서 대수기를 벗어나고 있었다.
   d. 배양은 150분 기간에 걸쳐 유도기에 있었다.
   e. 배양은 150분 기간에 걸쳐 사멸기에 있었다.
4. 아래의 구조를 포함하는 어떤 탄화수소의 생분해성에 대해 무엇이라고 말할 수 있는가?

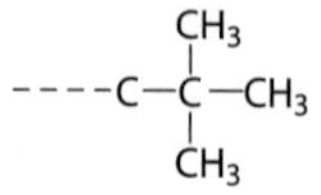

5. 표준 온도와 표준 압력에서, 물 중 유기물($\{H_2O\}$)의 무산소성 발효가 15.0 L의 CH_4를 생성했다고 가정하자. 같은 양의 $\{CH_2O\}$의 산소성 호흡에 의해 몇 g의 산소가 소비되겠는가? (기체의 화학 반응에서 22.4 L의 중요성을 상기하시오.)
6. 표 5.1의 반응 (A) + (4)를 사용하여, pH 7.00에서 산소에 의해 산화될 때 반응 (A) + (1)을 사용하여 유기물 1.00 g과 동일한 자유 에너지 수율을 제공하는 $FeCO_3(s)$의 질량은 얼마인가?
7. 세대 시간(generation time)이 20분과 기하급수적 성장을 가정하여, 한 개의 세균 세포가 10시간 후에 얼마만큼 많은 세균을 생성할 것인가?
8. 반응식 5.18을 참조하여, pH 7.00에서 대기 중 산소 및 1.00×10^{-5} M NO_3^-와 평형을 이루는 암모늄 이온의 농도를 계산하시오.
9. 어떤 세균 영양 배지에 현저하게 다른 배지에서 성장한 세균을 접종할 때, 비록 그 세균이 결국에는 그 새로운 배지에서 잘 성장할지라도, 유도기(그림 5.4)는 종종 아주 길다. 이러한 행동을 설명할 수 있는가?
10. 대부분의 식물들은 질소를 질산 이온(NO_3^-)으로 동화(흡수)한다. 그러나 암모니아(NH_3)는 널리 사용되는 경제적인 비료이다. 암모니아가 비료로 사용될 때 세균은 어떤 중요한 역할을 하는가? 산소가 부족한 물에 잠긴 토양에서 암모니아를 사용할 때 어떤 문제가 일어날 수 있다고 생각하는가?
11. 온도에 따른 세균의 성장 속도(그림 5.7)가 대칭 곡선이 아닌 이유는 무엇인가?
12. 세균과 미세한 분말의 화학 촉매 간의 유사점을 논의하시오.
13. 독립영양 세균이 종속영양 세균보다 생리학적으로나 생화학적으로 더 복잡할 것이라고 생각하는가? 그 이유는 무엇인가?
14. 8 mg/L의 O_2(원자량 O = 16), 1.00×10^{-3} M의 NO_3^- 및 1.00×10^{-2} M의 가용성 유기물($\{CH_2O\}$)이 들어 있는 폐수가 다양한 세균으로 풍부하게 접종된 용기에 대기로부터 격리되어 저장되었다. 저장 동안에 탈질화는 일어날 수 있는 과정들 중 하나라고 가정하시오. 세균이 일을 할 기회를 얻은 후에, 다음의 내용 중 어떤 것이 옳은가?
    a. $\{CH_2O\}$는 남지 않을 것이다.
    b. 일부 O_2가 남을 것이다.
    c. 일부 NO_3^-가 남을 것이다.
    d. 탈질화는 산소성 호흡보다 유기물을 더 많이 소비할 것이다.
    e. 물의 조성이 변하지 않을 것이다.
15. 네 종류의 미생물(조류, 진균류, 세균 및 바이러스) 중 어떤 것이 물 화학에 가장 적은 영향을 미치는가?
16. 그림 5.3은 세균 세포의 주요한 구조적 특징을 보여 주고 있다. 이들 중 어떤 것이 깨끗하고 오염되지 않은 표면의 유지 관리가 중요한 여과나 이온 교환과 같은 수처리 공정에서 가장 큰 문제를 일으킬 것이라고 생각하는가?
17. 2,4-D 제초제를 분해할 수 있는 세균은 32°C에서 최대 성장 속도를 나타낸다고 알려져 있다. 12°C에서의 성장 속도는 최대 속도의 단 10%이었다. 성장 속도가 또한 최대 속도의 10%인 또 다른 온도가 있다고 생각하

는가? 이것이 사실이라고 믿는다면, 다음의 온도 중 세균이 최대 속도의 10%의 성장 속도를 가질 가능성이 가장 큰 온도를 하나 고르시오: 52°C, 37°C, 8°C, 20°C.

18. 폭우가 많은 양의 가축 사육장 폐기물을 농장 연못으로 씻어낸 다음 날, 연못 물 시료에서 다음의 세균 개수 자료를 얻었다. (여기에서 나열한 각 시간 다음의 괄호 안의 숫자는 물 mL당 수천의 생존 세포 수이다.)

 6:00 a.m.(0.10), 7:00 a.m.(0.11), 8:00 a.m.(0.13), 9:00 a.m.(0.16), 10:00 a.m.(0.20), 11:00 a.m.(0.40), 12:00 noon(0.80), 1:00 p.m.(1.60), 2:00 p.m.(3.20)

 그림 5.3의 세균 성장 곡선의 어떤 부분이 이 시간 범위에 해당하는가?

19. 표 5.1에서 어떤 두 개의 반응들을 더하면 다음의 원인이 될 수 있는가?
 a. 메탄올을 탄소 공급원으로 사용하여 이차 하수 방류수에서 조류의 영양물질 제거
 b. 산소가 없는 상태에서 세균이 성장할 때 악취를 내는 오염 물질이 발생하는 과정
 c. 일반적인 형태의 상업용 비료를 대부분의 농작물이 이용할 수 있는 형태로 전환하는 과정
 d. 활성 슬러지 하수 처리장의 폭기조에서 폐수의 유기물을 제거하는 공정
 e. 하수 처리장의 혐기성(무산소성) 소화조에서 일어나는 특징적인 공정

20. 지름 1.00 μm, 밀도 1.00 g/cm^{3}인 구형 세균 세포 1.00 g의 표면적은 m^{2}로 얼마인가?

21. 세균에서 세포 외 효소(exoenzyme)의 목적은 무엇인가?

22. 알파벳 글자로 나타낸 왼쪽에 나열한 세균 종과 숫자로 나타낸 오른쪽 목록의 기능을 옳게 연결하시오.

(a) *Spirillum lipoferum*	(1) 황산염을 H_2S로 환원함
(b) *Rhizobium*	(2) Fe^{2+}의 Fe^{3+}로의 산화를 촉매함
(c) *Thiobacillus ferrooxidans*	(3) 풀밭에서 질소를 고정함
(d) *Desulfovibrio*	(4) 콩과식물의 뿌리에 있음

23. 무산소 환경에서 어떤 요소가 메테인 생성을 잘 일어나게 하는가?

24. 아래에 세 종류의 미생물들을 나열하였고, 그 아래에는 숫자로 여러 화학종이나 에너지원을 나열하였다. 각 종류의 미생물의 왼쪽에 있는 괄호 안에 그 미생물이 필요로 하거나 이용하는 최소 두 가지에 해당하는 번호를 적으시오. 각 종류의 미생물의 오른쪽에 있는 괄호 안에 그 미생물이 생성할 수 있는 최소 두 가지에 해당하는 숫자를 적으시오.
 ( ) 조류 ( )
 ( ) 무산소성, 비광합성, 독립영양 *Gallionella* 세균 ( )
 ( ) 무산소성, 종속영양 세균 ( )
 (1) CO_2 (2) $h\nu$ (3) O_2 (4) {CH_2O} (5) CH_4 (6) $Fe(OH)_3$ (7) 산소 이외의 전자 받개

25. 물의 폐기물에서 로그 단계로 성장하는 세균이 어떤 특정한 시점 t_0에서 분석되어 3.01×10^5 cells/mL로 나타났다. t_0 후 90분에 그 수는 2.41×10^6 cells/mL이었다. 다음 중 t_0 후 60분에 세균의 개체수를 가장 잘 추정한 것은?
 a. 4.20×10^5
 b. 8.25×10^5
 c. 6.48×10^5
 d. 1.20×10^6
 e. 3.21×10^6

26. 분자 산소(O_2)로 H_2S, FeS 또는 FeS_2와 같은 설파이드의 산화를 매개함으로써 에너지를 얻는 어떤 종류의 세균을 생각해 보자. 그러한 세균은:
 a. 아마도 종속영양 세균일 가능성이 가장 높다.
 b. 독립영양이 될 수 없다.
 c. 반드시 고온성일 것이다.
 d. 반드시 내산성인 것이다.
 e. 존재할 수 없다.

27. 괄호 안에 주어진 세균의 성장 속도 '*G*'를 미확인 변수 '*X*'에 대해 그래프를 그렸다. *G*와 *X* 둘 다 임의의 단위로 다음의 값이 주어졌다.

$X=5$ (100), $X=10$ (200), $X=15$ (300), $X=20$ (400), $X=25$ (500), $X=30$ (600), $X=35$ (700), $X=40$ (700), $X=45$ (350), $X=50$ (25)

위의 자료를 바탕으로, X는 다음 중 무엇일 가능성이 가장 큰가?

a. X의 세대 시간 5 단위를 갖는 세균을 보여 주는 시간
b. 영양물질의 농도
c. 폐기물
d. pH
e. 온도

28. 다음 중 유기물의 생분해에 관하여 잘못 기술된 것은?
a. 에폭시화는 두 개의 탄소 원자 사이에 한 개의 산소 원자를 첨가하는 것으로 구성된다.
b. 탄화수소 사슬의 산화는 한 번에 두 개의 탄소 원자에서 일어나는 경향이 있다.
c. 에스터레이스는 가수 분해 효소의 특정한 범주이다.
d. 세 개 또는 네 개의 다른 탄소 원자들에 결합된 탄소 원자들에서 미생물에 의한 에폭시화가 특히 일어나기 쉽다.
e. 세포 외 효소는 셀룰로스의 생분해에 관여한다.

29. 다음 중 유기물의 생분해에 대하여 잘못 기술된 것은?
a. 모든 진균류와 원생동물은 화학종속영양생물이다.
b. 광 에너지를 이용하지만, 탄소 공급원으로 유기물에 의존하는 광합성종속영양생물은 특히 풍부하고 널리 분포한다.
c. 화학독립 영양생물은 바이오매스를 위해 CO_2를 이용하고, 에너지를 얻기 위해 NH_4^+와 같은 물질을 산화시킨다.
d. 조류는 광합성독립 영양생물이다.
e. 남세균과 같은 일부 세균은 광합성을 한다.

30. 반응 $4FeS(s) + 9O_2 + 10H_2O \rightarrow 4Fe(OH)_3(s) + 4SO_4^{2-} + 8H^+$는:
a. 황산염의 환원을 나타낸다.
b. 독립영양생물인 *Gallionella* 세균이 에너지를 얻는 수단이다.
c. 종속영양 세균의 작용을 나타낸다.
d. 세균에 의해 매개되지 않는다.
e. 1 전자-몰에 대해 쓰인 것이다.

6 물 오염 물질과 물 오염

6.1 물 오염 물질의 성질과 유형

역사를 통틀어 음용수의 질은 인간의 복지를 결정하는 중요한 요인이었다. 배설물에 의한 음용수의 오염은 빈번히 수인성 전염병을 일으켜 전체 도시의 주민들을 사망케 하였다. 하수로 오염된 비위생적인 물은 그 물을 어쩔 수 없이 마시거나 관개(irrigation)에 사용하는 사람들에게 큰 고통을 안겨 주었다. 비록 기술적으로 발달된 나라에서는 수인성 질병이 잘 통제되고 있지만, 안전한 음용수의 부족은 분쟁과 빈곤에 시달리는 지역에서는 여전히 주요한 문제이고, 종종 기후 변화의 영향으로 악화된다.

오늘날 화학 오염 물질이 잠재적으로 존재하고 있어 물 안전에 대해 지속적으로 우려하고 있다. 이러한 오염 물질에는 산업, 도시 유출수 및 농업 발생원으로부터 비롯된 유기 화학 물질, 무기물 및 중금속이 포함될 수 있다. 물 오염 물질은 표 6.1에 요약한 것과 같이 몇 가지의 일반적인 범주로 나눌 수 있다. 이러한 오염 물질들의 범주의 대부분과 여러 하위 범주를 이 장에서 논의한다.

6.1.1 물 오염 지표

물 오염 지표(marker of water pollution)는 오염원을 관찰할 수 있는 징후 물질이다. 여기에는 농업 유출을 나타내는 제초제, 하수 오염 특징인 분변 대장균, 그리고 가정 폐수에 의한 오염을 나타내는 약물, 약물 대사 산물 및 심지어 카페인까지도 포함된다.

물 오염 생물 지표(biomarker of water pollution)는 수체에 서식하고 있거나 수체와 밀접하게 연관된 생물로, 물 오염 물질 또는 이들의 대사 산물이 축적이나 오염 물질 노출 때문에 생물에 미치는 영향으로부터 오염의 증거를 제공한다. 어류는 물 오염의 가장 일반적인 생물 지표이며, 일반적으로 잔류성 유기 물 오염 물질은 어류의 지질(지방) 조직을 분석하여 평가한다.[1]

강, 호수, 저수지 및 하구의 환경 오염을 평가하고 모니터하는 데 이용되는 세계적인 감시 종(sentinel species)으로 활용되는 생물은 **물수리**(Pandion haliaetus)로, 이는 날개 길이가 1.5 m가 넘고 무게가 2 kg에 달하는 맹금류이다. 남극 대륙을 제외한 전 세계의 모든 대륙에서 발견되는 물수리는 거의 전적으로 어류만 먹는다. 이러한 특성 외에, 물수리를 좋은 지표 종으로 만드는 다른 측면은 물수리는 오염이 일어날 가능성이 매우 큰 인간 영역에 잘 적응한다는 것, 잔류성 오염 물질들이 생물 축적되고 생물 확대되는 물 중 먹이 그물의 정상에 있다는 것, 많은 오염 물질들에 민감하다는 것, 그리고 비교적 긴 수명을 갖는다는 것이다. 이 새는 넓은 지역에 걸쳐 고루 분포되어 쉽게 눈에 잘 띄는 둥지를 지으며, 대개 한 개의 둥지에 머무르며 살고, 짧은 기간 동안에는 둥지의 교란을 견딘다. 물수리는 일부 오염 물질에 매우 민감하며, 비록 개체수는 충분히 많지만, DDT 살충제의 사용이 금지되기 전에는 DDT의 영향으로 거의 멸종될 뻔했다. 물수리의 행동, 둥지에서의 습성 및 개체수 관찰뿐만 아니라, 물수리의 깃털, 알, 혈액 및 장기의 화학적 및 생화학적 분석 결과는 물 오염을 평가하는 데 사용되어 왔다.

표 6.1 물 오염 물질의 일반적인 유형

오염 물질의 종류	중요성
미량 원소	건강, 수생 생물상, 독성
중금속	건강, 수생 생물상, 독성
유기 결합 금속	금속 수송
방사성 핵종	독성
무기 오염 물질	독성, 수생 생물상
석면	건강
조류 영양물질	부영양화
산도, 알칼리도, 염도	수질, 수생 생물
미량 유기 오염 물질	독성
폴리염화 바이페닐	생물학적 영향을 일으킬 수 있음
농약	독성, 수생 생물상, 야생 동물
석유 폐기물	야생 동물에 영향, 심미적 영향
하수, 인간 및 동물 폐기물	수질, 산소 농도
생화학적 산소 요구량	수질, 산소 농도
병원균	건강
세제	부영양화, 야생 동물, 심미적 영향
화학 발암 물질	암 유발
퇴적물	수질, 수생 생물상, 야생 동물
맛, 냄새 및 색상	심미적 영향

표 6.2 자연수의 중요한 미량 원소들

원소	발생원	영향 및 중요성
비소	광산 부산물, 화학 폐기물	독성,[a] 발암 가능성
베릴륨	석탄, 산업 폐기물	독성
붕소	석탄, 합성 세제, 폐기물	독성
크로뮴	금속 도금	Cr(III)은 필수이지만, Cr(VI)은 독성
구리	금속 도금, 광산, 산업 폐기물	필수 미량 원소, 고농도에서 식물과 조류에 독성
플루오린화 이온(F^-)	천연 지질학적 기원, 폐기물, 물 첨가제	약 1 mg/L에서 치아 부식 방지, 고농도에서 독성
아이오딘화 이온(I^-)	산업 폐기물, 천연 염수, 해수 유입	갑상선종 예방
철	산업 폐기물, 부식, 산성 광산수, 미생물 작용	필수 영양소, 착색 작용으로 설비 손상
납	산업 폐기물, 광산, 연료	독성, 야생 동물에 유해
망가니즈	산업 폐기물, 산성 광산수, 미생물 작용	식물에 독성, 착색에 의한 설비 손상
수은	산업 폐기물, 광산, 석탄	독성, 혐기성 세균에 의해 메틸 수은으로 변환
몰리브데넘	산업 폐기물, 자연적 기원	식물에는 필수적, 동물에 독성
셀레늄	천연 기원, 석탄저	저농도에서는 필수, 고농도에서는 독성
아연	산업 폐기물, 금속 도금, 배관	필수 원소, 고농도에서는 식물에 독성

[a] 이러한 원소들의 독성은 22장과 23장에서 논의할 것이다.

6.2 원소 오염 물질

표 6.2에 자연수에서 발견되는 매우 중요한 **미량 원소(trace elements**, 수 ppm 이하의 농도로 존재함)를 나열하였다. 물 환경에서 많은 물질들의 전형적인 거동과 같이, 이들 중 일부는 낮은 수준에서는 식물과 동물에 필수적인 영양소이지만, 더 높은 수준에서는 독성이 있다. 납이나 수은과 같은 여러 원소들은 독성학적으로뿐만 아니라 환경적으로 중요하기 때문에, 이 원소들은 별도의 절에서 상세히 논의할 것이다.

중금속(heavy metal) 중 일부는 원소 오염 물질들 중 가장 유해하고 인체에 미치는 독성 때문에 특히 우려된다. 이러한 원소들은 일반적으로 전이 금속이고, 납과 주석 같은 대표적인 원소들의 일부는 주기율표의 오른쪽 아래 구석에 위치하고 있다. 중금속 중에는 카드뮴과 수은 같은 독성 금속뿐만 아니라 철과 같은 필수 원소들도 포함되어 있다. 이러한 원소들의 대부분은 황에 대하여 매우 큰 친화력을 갖고 있어, 효소의 황과 결합을 형성하여 효소의 기능을 파괴한다. 단백질의 카복실산기($-CO_2H$)와 아미노기($-NH_2$)도 또한 중금속과 화학적으로 결합한다. 카드뮴, 구리, 납 및 수은 이온은 세포막에 결합하여, 세포벽을 통한 수송 과정을 방해한다. 중금속은 또한 인산염 생체 화합물을 침전시키거나 이러한 화합물들의 분해에 촉매 작용을 할 수도 있다.

금속과 비금속 간의 경계선에 있는 **준금속(metalloid)**들 중 일부는 중요한 물 오염 물질이다. 비소, 셀레늄 및 안티모니는 특히 중요하다.

무기 화학 물질(inorganic chemical)의 제조 과정은 물을 미량 원소로 오염시킬 가능성을 갖고 있다. 물을 미량 원소로 오염시킬 잠재성을 갖고 있기 때문에, 규제되는 산업들 중에는 염소-알칼리(chlor-alkali), 플루오린화 수소산(HF), 다이크로뮴산 소듐[황산염 공정과 염화물-일메나이트(chloride-ilmenite) 공정] 플루오린화 알루미늄(AlF_3), 크로뮴 안료(chrome pigment), 황산 구리, 황산 니켈, 황산 수소 소듐(sodium bisulfate, sodium hydrogen sulfate), 아황산 수소 소듐(sodium bisulfite), 이산화 타이타늄(titanium dioxide) 및 사이안화 수소(hydrogen cyanide)를 생산하는 산업체들이 있다.

6.3 중금속

6.3.1 카드뮴

물 중 오염 물질 **카드뮴(cadmium)**은 광산 폐기물과 산업 배출물, 특히 금속 도금으로부터 발생할 수 있다. 카드뮴은 아연과 화학적으로 매우 비슷하며, 이 두 금속들은 빈번히 동일한 지구화학적 과정을 겪는다. 두 금속은 물에서 +2가의 산화 상태로 존재한다.

인간에게서 급성 카드뮴 중독의 영향에는 고혈압, 신장 손상, 고환 조직 손상 및 적혈구 파괴가 포함된다. 카드뮴의 생리적인 작용 중 많은 것은 카드뮴이 아연과 화학적으로 비슷하기 때문이다. 카드뮴은 어떤 효소에서 아연을 치환하고, 따라서 효소의 입체 구조를 바꾸고 효소의 촉매 활성을 손상시켜 질병 증후를 일으킨다.

카드뮴과 아연은 산업 시설에 의해 둘러싸인 항구에서 흔히 발견되는 물 및 퇴적물 오염 물질이다. 퇴적물의 건조 중량 농도로 100 ppm 이상의 농도가 항구 퇴적물에서 검출되었다. 전형적으로, 물이 정체하는 여름철에 물이 잠잠한 기간 동안에는 항구 물의 혐기성 바닥 층에는 가용성 Cd의 농도가 낮은데, 이는 미생물이 관여하는 유기물($\{CH_2O\}$)에 의한 황산염의 환원이 황화물(sulfide)을 생성하고, 이는 불용성 황화 카드뮴으로 카드뮴을 침전시키기 때문이다.

$$2\{CH_2O\} + SO_4^{2-} + H^+ \rightarrow 2CO_2 + HS^- + 2H_2O \quad (6.1)$$

$$CdCl^+(\text{해수의 클로로 착물}) + HS^- \rightarrow CdS(s) + H^+ + Cl^- \quad (6.2)$$

겨울에 강풍에 의해 항만 외부의 물과 항구의 물이 섞이면, 호기성 만수(bay water)에 의해 항구 퇴적물에서 카드뮴이 탈착된다. 이 용존 카드뮴은 만으로 운반되어 그곳에서 부유 고형 물질에 흡수된 후 만의 퇴적물과 혼합된다. 이것은 수계에서 오염 물질의 수송과 분포에 관련된 수력학적, 화학적 용액–고체 및 미생물학적 요인들의 복잡한 상호 작용의 예이다.

6.3.2 납

많은 산업 및 광산 배출원과 이전에는 유연(납 함유) 휘발유로부터 발생하는 무기 **납(lead)**은 +2의 산화 상태로 물에 존재한다. 오염 물질 배출원 외에도, 납을 함유한 석회석과 방연석(galena, PbS)은 일부 지역에서 자연수의 납 오염에 기여하기도 한다. 모발 시료 및 기타 배출원으로부터 얻은 증거에 따르면, 이 독성 금속의 체내 축적량(body burden)은 최근 수십 년 동안 감소했으며, 이는 주로 식품이나 음용수와 접촉하는 배관과 기타 제품에 사용되는 납이 줄어들었기 때문이다.

인간에게서 급성 납 중독은 신장, 생식계, 간, 뇌 및 중추 신경계에 심각한 기능 장애를 일으키고, 질병에 걸리거나 사망하기도 한다. 환경 노출로 인한 납 중독은 많은 어린이들에게 정신 지체를 일으킨 것으로 생각된다. 가벼운 납 중독은 빈혈을 유발한다. 피해자는 두통과 근육통을 겪으며, 일반적으로 피로와 신경과민에 시달릴 수 있다.

고립된 경우를 제외하면 납은 음용수에서 주요 문제가 아닐 수 있지만, 오래된 납관을 여전히 사용하는 경우에는 가능성이 있다. 납은 땜납과 일부 관이음 제제의 구성 성분이었으므로 가정 용수는 어느 정도 납과 접촉된다. 한동안 가정용 배관에 고인 물은 납의 농도가 높을 수도 있으므로(아연, 카드뮴 및 구리와 함께) 사용하기 전에 잠시 배수해야 한다.

6.3.3 수은

독성 무산소 세균에 의해 메틸화된 형태로의 이동성, 그리고 기타 오염 요인들 때문에 수은은 중금속 오염 물질로 큰 우려를 불러일으킨다. **수은(mercury)**은 많은 광물의 미량 성분으로 발견되며, 대륙 암석에는 평균 약 80 ppb 이하의 수은 원소가 함유되어 있다. 화석 연료인 석탄과 갈탄은 종종 100 ppb 이상의 수은을 함유하고 있기 때문에, 이러한 연료들의 연소로 인한 배출은 환경 수은의 주요 발생원이다.

금속 수은은 한때 염소 기체의 전기 분해 생성, 실험실 진공 장치 및 기타 응용 분야에서 전극으로 흔히 사용되었고, 상당한 양의 무기 수은(I) 및 수은(II) 화합물들이 매년 사용되었다. 유기 수은 화합물은 농약, 특히 살진균제로 널리 사용되었다. 이러한 수은 화합물에는 phenylmercuric dimethyldithiocarbamate와 같은 아릴 수은 화합물[이전에는 제지 공장에서 살변형균제(slimicide) 및 곰팡이 지연제로 사용됨]과

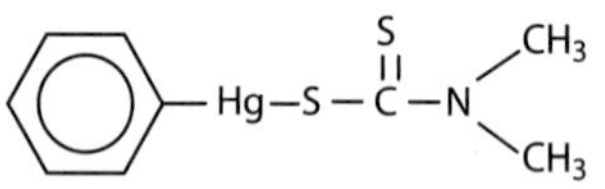

종자 살진균제로 사용된 ethylmercuric chloride(C_2H_5HgCl)와 같은 알킬–수은 화합물이 포함된다. 수은의 건강 및 환경 영향에 대한 우려 때문에, 이러한 화합물들의 사용은 최근에 크게 감소하였다. 2008년, 연간 약 3,800톤의 수은이 전 세계적으로 거래되었다.

전 세계적으로 수은 오염의 가장 큰 발생원 중 하나는 금 함유 광석에서 금을 추출하기 위해 사용된 수은이었다. 매년 약 40여 개발 도상국에서, 심지어 2020년에도 1,500만 명의 광부들이 금을 추출하는 데 1,000톤의 수은을 사용한 것으로 추정된다.[2] 이 과정에는 금 광석 슬러리를 금속 수은과 혼합하고 침전된 금 아말감을 가열하여 수은을 증발시키고 금을 남기는 과정이 포함되어 있다. 작업자와 환경을 독성 수은에 노출시키기 위해 맞춤 제작된 것과 같이 이 과정은 매년 환경에 배출되는 수은의 약

40%에 기여하는 것으로 생각되며, 광부들(이들 중 많은 이들이 어린이)을 독성 물질에 노출시킨다. 이 문제를 인식하여 유럽 연합과 미국은 현재 수은 금속의 수출을 금지하고 있다.

수은 독성의 전형적인 사례는 1953~1960년의 기간 동안 일본의 미나마타만 지역에서 비극적으로 설명된다. 미나마타만으로 배출한 한 화학 공장의 수은 폐기물로 오염된 만에서 잡은 해산물을 섭취한 사람들 중에서 총 111건의 수은 중독 사례와 43명의 사망자가 보고되었다. 수은으로 오염된 해산물을 섭취한 산모들이 낳은 19명의 갓난아이들에서 선천적 결함(congenital defect)이 관찰되었다. 오염된 해산물 중 수은의 농도는 5~20 ppm이었다.

수은의 독성학적 영향에는 신경 손상(과민성, 마비, 실명, 정신장애), 염색체 절단 및 선천적 결함이 있다. 우울증과 과민성 같은 수은 중독의 가벼운 증상은 정신병리학적인 특징을 갖는다. 이러한 증상은 일반적인 인간의 행동 문제와 유사하기 때문에, 가벼운 수은 중독은 감지되지 않을 수 있다. 어떤 형태의 수은은 상대적으로 독성이 없어, 예를 들면 이전에는 매독 치료에 의약으로 사용되었다. 다른 형태의 수은, 특히 모노메틸수은(monomethylmercury), 다이메틸수은(dimethylmercury) 및 일부 유기 수은 화합물 형태는 독성이 매우 크다.

수은의 주요 자연 발생원은 거의 없고, 또 대부분의 무기 수은 화합물은 비교적 불용성이기 때문에, 얼마 전부터 수은은 심각한 물 오염 물질이 아니라고 가정하였다. 그러나, 1970년에 미국의 Michigan 주와 캐나다의 Ontario 주 사이에 위치한 Saint Clair 호수의 어류에서 놀라운 수준의 수은이 검출되었다. 뒤이은 미국 연방 수질 관리국(U.S. Federal Water Quality Administration)의 조사에서 많은 다른 물도 수은으로 오염되었다는 것이 밝혀졌다. 여러 화학 공장들, 특히 부식성 화학 물질을 제조하는 작업에서 각각 폐수를 통해 일일 14 kg 이상의 수은을 방류하는 것으로 나타났다.

물과 어류 조직에서 발견되는 예상치 못할 정도로 높은 농도의 수은은 퇴적물의 무산소성 세균에 의해 가용성 모노메틸수은 이온[CH_3Hg^+]과 휘발성 다이메틸수은[$(CH_3)_2Hg$]이 생성된 결과이다. 이러한 화합물 형태의 수은은 어류의 지질(지방) 조직에 농축되며, 물에서 어류로의 생물 농축 계수는 10^3을 초과할 수 있다. 무기 수은이 메틸수은 화합물로 전환되는 데 관여하는 메틸화제는 비타민 B_{12} 유사체인 메틸코발라민(methylcobalamin)이다.

$$HgCl_2 \xrightarrow{\text{Methylcobalamin}} CH_3HgCl + Cl^- \tag{6.3}$$

메테인을 합성하는 세균은 합성 중간 생성물로 메틸코발라민을 생성하는 것으로 여겨진다. 그러므로 무산소 부패가 일어나는 물과 퇴적물은 메틸수은의 생성이 일어날 수 있는 환경을 제공한다. 중성 또는 알칼리성 물에서는 휘발성 다이메틸수은[$(CH_3)_2Hg$]이 생성될 수도 있다.

6.4 준금속

준금속 원소 중 가장 중요한 물 오염 물질은 비소인데, 이는 적지 않은 살인 음모에서 화학적 악당이 된 원소이다. 약 100 mg 이상의 비소를 섭취하면 급성 비소 중독이 나타날 수 있다. 만성 중독은 오랜 기간에 걸쳐 소량의 비소를 섭취할 때 일어난다. 이 원소는 또한 발암성이 있다는 증거도 있다.

비소는 지구 지각에 평균 2~5 ppm의 농도로 존재한다. 화석 연료, 특히 석탄의 연소 과정은 많은 양의 비소를 환경에 배출하며, 그중 많은 양이 자연수에 도달한다. 비소는 인산염 광물과 함께 존재하며, 일부 인 화합물들과 함께 환경으로 유입된다. 이전에 사용되었던 일부 농약, 특히 제2차 세계 대전 이전에 사용되었던 농약에는 독성이 매우 큰 비소 화합물들이 포함되었다. 이들 중 가장 흔한 형태는 비산 납[lead arsenate, $Pb_3(AsO_4)_2$], 아비산 소듐[sodium arsenite, Na_3AsO_3], 파리스 그린[Paris Green, 아세트산아비산 구리, copper(II) acetate triarsenite, $Cu_3(AsO_3)_2$]이다. 비소의 또 다른 주요 발생원은 광미(mine tailings)이다. 구리, 금 및 납 제련 과정의 부산물로 생성되는 비소는 상업적인 비소의 수요량을 초과하여 폐기물로 축적된다.

수은과 마찬가지로 비소는 세균에 의해 더 이동성이 크고 독성이 강한 메틸 유도체로 전환될 수 있다. 먼저 H_3AsO_4가 H_3AsO_3로 환원된 후 메틸화 과정에 의해 $CH_3AsO(OH)_2$[메틸아르신산(methylarsinic acid)], $(CH_3)_2AsO(OH)$[다이메틸아르신산(dimethylarsinic acid)] 및 $(CH_3)_2AsH$[다이메틸아르신(dimethylarsine)]가 생성된다.

역사상 인간 집단에서 가장 큰 대규모의 비소 중독 사건은 방글라데시의 1억 2천 5백만 명의 주민 중 3천 5백만~7천 7백만 명이 음용수에 함유된 비소에 잠재적으로 독성이 있는 수준까지 노출된 것이다. 이러한 대재앙적인 공중 보건 문제는 초기에 국제 연합 아동 기금(UN Children's Fund)이 질병을 유발하는 병원균이 없는 음용수 공급원을 제공하고자 얕은 관정을 설치하기 위해 기금을 마련한 좋은 의도로 만든 프로그램의 결과였다. 1987년까지 주로 가슴 위쪽, 팔 및 다리 부위의 색소 변화와 손바닥 및 발바닥의 각질 섬유가 특징적으로 나타나는 피부 손상의 많은 환자들이 관찰되었다. 이러한 영향은 비소 중독의 특징이었는데, 관정에서 비소로 오염된 물이 원인이라는 것을 발견하게 되었다. 초기의 비소 중독 발견 이후 엄청나게 많은 새로운 환자들이 밝혀졌고, 방글라데시의 수만 명의 사람들은 음용수 중 비소에 노출되어 조기에 사망할 가능성이 있다. 음용수 중 비소로 인한 심각한 문제를 갖고 있는 다른 국가는 베트남(방글라데시보다 최근에 더 많은 관정을 뚫었음), 아르헨티나, 칠레, 멕시코, 중국, 대만 및 태국이다.

물의 비소 오염을 초래하는 지구화학적 조건은 종종 물에 의해 생성된 충적 침적물에 철, 황 및 유기물의 존재와 관련이 있다. 강물에 의해 침식된 암석에서 방출된 철은 암석 입자 표면에 철 산화물 침적물을 형성한다. 철 산화물은 강물에서 비소를 축적하고 농축한다. 이후 이 입자들은 분해 가능한 유기물과 함께 묻히고, 철 산화물에 존재하는 불용성 철(III)은 유기물이 생분해되는 무산소성 환원 조건에 의해 가용성 철(II)로 전환된다. 이 과정에서 우물물에 들어갈 수 있는 결합된 비소가 방출된다.

6.5 유기물에 결합된 금속과 준금속

자연수와 폐수에서 착물화와 킬레이트화가 중금속의 거동에 미치는 강력한 영향은 해당 주제를 다루는 2.10~2.17절을 읽으면 이해할 수 있다. 메틸수은 생성은 6.3절에서 논의하였다. 이 두 가지 주제 모두 물속의 금속과 유기물의 결합을 포함한다. 금속과 유기 화합물의 상호 작용은 수계에서 금속의 역할을 결정하는 데 가장 중요하다는 점을 강조해야 한다.

수계에서 고려해야 할 두 가지 주요 유형의 금속-유기물 상호 작용이 있다. 이들 중 첫 번째는 착물화인데, 이는 일반적으로 유기 리간드가 관여될 때의 킬레이트화이다. 2장에서 논의한 바와 같이, 착물화와 킬레이트화에는 금속 이온과 리간드 화학종의 가역적인 결합을 포함한다.

반면에, 유기금속(organometallic) 화합물은 탄소 원자를 통해 유기물에 결합된 금속을 함유하며 가역적으로 해리되지 않는다. 게다가, 유기 성분, 그리고 때로는 관여되는 특정 산화 상태의 금속은 유기금속 화합물 외에는 안정하지 않을 수 있다. 환경에서 발견되는 주요 범주의 유기금속 화합물은 (1) 테트라에틸 납[tetraethyl lead, $Pb(C_2H_5)_4$]의 에틸기와 같은 유기 작용기가 알킬기(alkyl)인 화합물; (2) 일산화탄소가 금속에 결합된 구조이며, 이들 중 일부는 아주 휘발성이 크고 독성이 강한 카보닐(carbonyl) 화합물; (3) 에틸렌(C_2H_4)이나 벤젠(C_6H_6)과 같이 유기 작용기가 π 전자 주개인 화합물이다.

위에 요약한 세 가지의 일반적인 유형의 화합물의 조합이 존재하며, 이들 중 가장 두드러진 것은 하나의 금속 원자가 벤젠과 같은 아릴기와 여러 개의 일산화 탄소 분자 모두에 결합되어 있는 아렌 카보닐 화학종(arene carbonyl)이다.

금속과 탄소 이외의 원자들 사이의 다른 공유 결합 또는 이온 결합뿐만 아니라, 금속과 유기 작용기의 탄소 원자 사이에 적어도 하나의 결합을 갖는 많은 화합물들이 있다. 한 가지의 예는 모노메틸수은 염화물(CH_3HgCl)인데, 여기에서 유기 금속 CH_3Hg^+는 염화 이온과 이온 결합을 한다. 탄소 이외의 원자들을 통해 금속 원자에 결합된 유기 작용기를 갖는 화합물은 유기금속 특성을 갖는 또 다른 부류의 화합물이다. 그러한 화합물의 한 가지 예는 타이타늄산 아이소프로필[isopropyl titanate, Ti(*iso*-$OC_3H_7)_4$]이며, 여기에서 탄화수소기는 산소 원자를 통해 금속에 결합된다.

자연수에서 미량 금속과 유기 화합물의 상호 작용은 너무나 방대한 영역이기 때문에, 이 장에서 상세하게 다 망라할 수 없다. 그러나, 금속-유기물 상호 작용에는 오염 물질(예, EDTA) 및 자연(예, 풀빅산) 기원 모두의 유기 화학종이 포함될 수 있다는 것에 주목해야 한다. 이러한 상호 작용들은 물에서 산화-환원 평형, 침전물의 생성과 용해, 콜로이드 생성과 안정성, 산-염기 반응 및 미생물-매개 반응에 의해 영향을 받으며 때로는 그러한 반응에서 역할을 한다. 금속-유기물 상호 작용은 수생태계에서 금속의 독성을 증가시키거나 감소시킬 수도 있고, 물에서 조류의 성장에 큰 영향을 미친다.

6.5.1 유기주석 화합물

모든 금속들 중에서, 주석은 상업적으로 사용되는 유기금속 화합물들 중에서 가장 많이 차지하였는데, 이는 물 오염에 대한 우려 때문에 사용이 제한되기 전까지 전 지구적인 생산량이 연간 40,000톤에 달했다. 합성 유기주석 화합물 외에도, 메틸화된 주석 화학종은 환경에서 생물학적으로 생성될 수 있다. 그림 6.1은 알려진 많은 유기주석 화합물의 일부 예를 보여 준다.

과거에 유기주석 화합물은 살진균제, 살진드기제, 소독제, 방오 도료(antifouling paint), PVC 플라스틱에서 열과 빛의 영향을 줄이기 위한 안정제, 촉매 및 유리 위에 SnO_2 막 형성을 위한 전구체에 산업용으로 이용되었다. 트라이뷰틸주석 염화물[tributyltin(TBT) chloride]과 관련 TBT 화합물들은 살균제, 살진균제 및 살충제의 특성을 나타내어, 이전에는 산업용 살생물제(biocide)로 사용되었기 때문에 특히 환경적으로 중요하였다. TBT 염화물 이외에, 살생물제로 사용된 다른 TBT 화합물에는 수산화물, 나프텐산염(naphthenate), 비스(트라이뷰틸주석) 산화물[bis(tributyltin) oxide] 및 트리스(트라이뷰틸주석) 인산염[tris(tributylstannyl) phosphate]이 포함된다. TBT는 한때 오손 생물(fouling organism)의 성장을 방지하기 위해 선박 선체의 코팅에 널리 사용되었다. 또한 목재, 가죽, 종이 및 직물을 보존하기 위해 사용되었다. 항진균성 TBT 화합물은 냉각탑 용수의 살변형균제로 사용되었다.

다양한 목적으로 유기주석 화합물이 많이 사용되어 환경 오염에 대한 심각한 잠재성이 제기되었다. 유기주석 화합물은 수체 근처나 수체와 접촉하는 곳에 사용되기 때문에, 유기주석 화합물은 잠재적인 물 오염 물질이고, 조개, 굴 및 달팽이의 내분비 교란과 관련이 있다. 그러한 우려 때문에, 미국, 영국 및 프랑스를 포함한 여러 국가는 1980년대에 길이가 25 m 미만인 배에 TBT 사용을 금지하였다. 2001년에는 물 오염에 대한 우려에 반응하여, 국제해사기구(International Maritime Organization)는 선박과 요트에 유기주석 방오 도료를 사용하는 것을 금지하기로 합의하였다. 이 협정의 조항은 2008년 9월에 발효되었다. 2015년 1월 1일에 유럽 연합은 도료, 접착제, 밀폐제(sealant), 직물, 빗물관 및

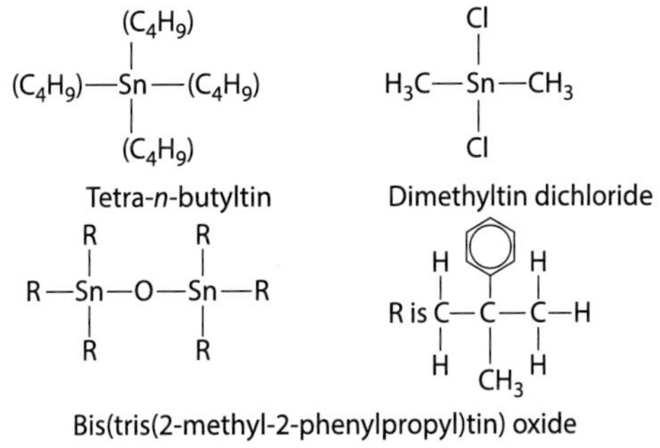

그림 6.1 유기주석 화합물들의 예.

지붕 재료와 같은 여러 제품에 다이뷰틸주석(dibutyltin) 화합물의 사용을 질량 기준 0.1% 이하로 제한하였다.

6.6 무기 화학종

일부 중요한 무기 물 오염 물질은 6.2~6.4절에서 오염 물질 미량 원소에 대해 논의하면서 다루었다. 물의 산도, 알칼리도 및 염도에 기여하는 무기 오염 물질은 이 단원에서 별도로 다룬다. 또 다른 부류는 조류의 영양물질이다. 그러나 분류되지 않은 상태로 남아 있지만, 일부 중요한 무기 오염 물질 중 사이안화 이온(CN^-)이 아마도 가장 중요할 것이다. 그 밖에도 암모니아, 이산화 탄소, 황화 수소, 아질산염 및 아황산염이 포함된다.

6.6.1 사이안화물

매우 치명적인 독성 물질인 사이안화물(cyanide)은 물에서 HCN의 형태로 존재하고 K_a가 6×10^{-10}인 약산이다. 사이안화 이온은 많은 금속 이온들에 대해 강한 친화력을 갖고 있어, 예를 들어 철(II)과 함께 비교적 독성이 적은 페로사이안화물[ferrocyanide, $Fe(CN)_6^{4-}$]을 생성한다. 휘발성의 HCN은 매우 독성이 강하며, 미국에서는 가스실에서 처형할 때 사용된다.

사이안화물은 산업, 특히 금속 세척과 전기 도금에 널리 사용된다. 또한 가스 공사 및 코크스 오븐에서 나오는 주요 가스 및 코크스 세정기(scrubber) 유출 오염 물질 중 하나이다. 사이안화물은 또한 특정 광물 처리 과정, 특히 어떤 다른 공정보다 더 많은 금을 회수하는 데 사용되는 사이안화물 용액으로 금이 함유된 광석을 침출하는 데 사용된다. 광물 처리 작업에서 사이안화물이 수로로 유출되어 많은 물고기가 떼죽음을 당하기도 했다.

6.6.2 암모니아 및 기타 무기 오염 물질

과도한 농도의 암모니아성 질소는 수질 문제를 일으킨다. **암모니아(ammonia)**는 질소성 유기 폐기물 분해의 초기 생성물이고, 암모니아가 존재한다는 것은 그러한 폐기물의 존재를 나타내는 경우가 많다. 암모니아는 낮은 pE의 지하수의 정상적인 구성 성분이고 때때로 소독의 보조제로 음용수에 첨가되는데, 이 소독 과정에서 암모니아는 염소와 반응하여 잔류 염소를 제공한다(7.11 참조). 암모늄 이온(NH_4^+)의 pK_a는 9.26이므로 물 중 대부분의 암모니아는 NH_3가 아닌 NH_4^+로 존재한다.

황화 수소(hydrogen sulfide, H_2S)는 황을 함유하고 있는 유기물의 무산소성 분해 생성물이다. 이것은 또한 미생물에 의한 황산염의 무산소성 환원에서도 생성되며(식 5.25 참조), 지열수(geothermal water)에서 가스상 오염 물질로 방출된다. 화학 공장, 제지 공장, 직물 공장 및 무두질 공장의 폐기물에도 H_2S가 포함될 수 있다. 황화 수소의 존재는 특유의 썩은 달걀 냄새로 쉽게 감지 가능하다. 물에서 H_2S는 pK_{a1}이 6.99이고 pK_{a2}가 12.92를 갖는 약한 이양성자산이다. S^{2-}는 정상적인 자연수에는 존재하지 않는다. 황화물 이온은 많은 중금속에 대해 엄청나게 큰 친화력을 갖고 있으며, 금속 황화물의 침전은 종종 H_2S의 생성이 동반된다.

자유 **이산화 탄소(carbon dioxide**, CO_2)는 유기물의 분해로 인해 빈번히 고농도로 물에 존재한다. 이산화 탄소는 또한 수처리 동안에 재탄산화(recarbonation) 공정의 일부로 연수(softened water)에 첨가된다(7장 참조). 이산화 탄소의 농도가 지나치게 높으면 물을 부식성 있게 만들어 수생물에 해로울 수 있다.

아질산 이온(아질산염, **nitrite ion**, NO_2^-)은 물에서 비교적 좁은 pE 범위에 걸쳐 질소의 중간 산화 상태로 발생한다. 아질산염은 부식 방지제로 일부 산업 공정에 첨가된다.

아황산 이온(아황산염, **sulfite ion**, SO_3^{2-})은 일부 산업 폐수에서 검출된다. 아황산 소듐(sodium sulfite)은 일반적으로 산소 제거제로 보일러 급수원에 첨가된다.

$$2SO_3^{2-} + O_2 \rightarrow 2SO_4^{2-} \tag{6.4}$$

아황산(H_2SO_3)의 pK_{a1}은 1.76이고 pK_{a2}는 7.20이기 때문에, 아황산염은 pH에 따라 자연수에서 HSO_3^-나 SO_3^{2-}로 존재한다. 하이드라진(N_2H_4)도 산소 제거제 역할을 한다.

$$N_2H_4 + O_2 \rightarrow 2H_2O + N_2(g) \tag{6.5}$$

과염소산 이온(과염소산염, **perchlorate ion**, ClO_4^-)은 이온 크로마토그래피의 발달로 낮은 ppb 범위의 농도로 검출 가능하게 된 1990년대에 일부 지역에서 물 오염 물질로 등장하였다. 과염소산 암모늄(ammonium perchlorate, NH_4ClO_4)은 고체 연료 로켓 추진제의 산화제로서 널리 제조되었으며, 이 물질을 제조하는 시설이 주요 오염원으로 간주되었다. 물에서 과염소산염은 매우 반응성이 낮고, $KClO_4$를 제외한 모든 일반적인 과염소산염은 가용성이기 때문에 제거하기 어렵다. 생리학적으로, 그것은 아이오딘화 이온(iodide, I^-)과 경쟁하여 갑상선에 의한 필수 아이오딘화물 흡수를 감소시킨다. 2019년부로 미국 환경 보호청(USEPA)은 과염소산염에 대한 음용수 기준을 56 ppb로 권고하였다.

6.6.3 물 중 석면

호흡기를 통해 흡입된 석면(asbestos)의 독성은 잘 알려져 있다. 섬유는 폐 조직에 상처를 입히고, 종종 노출 후 20~30년이 지난 후에 암을 발생시킬 수 있다. 석면이 음용수에서 독성을 나타내는지는 확실히 알려져 있지 않다. 석면과 같은 섬유를 함유하는 타코나이트(taconite, 철광석 부스러기)를 Superior 호수로 투기하였기 때문에 석면은 상당히 우려되는 문제였다. 섬유는 호수 주변에 위치한 도시들의 음용수에서 검출되었다. 1952년 이후 Superior 호수에 광미를 투기한 후, 슈페리어 호수에 인접한 Silver Bay에 위치한 Reserve Mining Company는 1980년에 호수의 내륙 쪽으로 6 $mile^2$의 봉쇄 유역을 건설하여 그 문제를 해결하였다. 이 3억 7천만 달러 규모의 시설은 타코나이트 광미가 3 m 두께의 물층으로 덮어 섬유 먼지가 빠져나가는 것을 방지한다.

6.7 조류 영양물질과 부영양화

'영양 상태가 좋은'을 의미하는 그리스 단어에서 파생된 **부영양화(eutrophication)**는 과도한 조류 성장을 포함한 호수나 저수지의 상태를 설명한다. 수생태계에서 먹이 사슬을 지원하기 위해 어느 정도의 조류 생산성은 필요하지만, 부영양 상태하에서 과도한 조류 성장은 결국 수체의 심각한 악화로 이어질 수 있다. 수체 부영양화의 첫 번째 단계는 유역 유출이나 하수로부터 식물 영양물질이 유입되는 것이다(표 6.3). 이러한 결과로 영양 물질이 풍부해진 수체는 광합성을 통해 많은 양의 식물 바이오매스를 생산하고, 이와 함께 식물보다는 적지만 동물 바이오매스를 생산한다. 죽은 바이오매스는 호수의 바닥에 쌓이고, 거기에서 부분적으로 분해되어 이산화 탄소, 인, 질소 및 포타슘과 같은 영양물질을 순환시킨다. 만일 호수가 너무 깊지 않으면, 바닥에 뿌리를 내리는 식물은 자라기 시작하여, 유역에 고체 물질의 축적을 가속화한다. 결국 습지가 형성되고, 마침내 완전히 메워져 초원이나 숲이 생긴다.

부영양화는 종종 지연 현상이다. 예를 들면, 부영양화는 석탄과 토탄의 거대한 퇴적물 생성의 원인이 된다. 그러나 인간의 활동은 그러한 부영양화 과정을 크게 가속화할 수 있다. 이것이 왜 그런지를 이해하기 위해, 표 6.3에 나와 있는 식물과 조류의 성장에 필요한 대부분의 영양물질이 천연 공급원에서 충분한 양으로 얻을 수 있다는 점을 고려해야 한다. 제한 요소로 가장 작용할 것으로 생각되는 영양물질은 비료 원소들인 질소, 인 및 포타슘이다. 이것들은 모두 하수에 존재하며, 물론 비료를 많이 준 경작지의 유출수에서도 발견된다. 이들은 또한 다양한 종류의 산업 폐기물의 성분이기도 하다. 이러한 원소들 각각은 또한 천연 공급원에서도 비롯될 수 있어서 인과 포타슘은 광물에서, 그리고 질소

표 6.3 필수 식물 영양물질: 공급원 및 기능

영양물질	공급원	기능
	다량 영양소	
탄소(CO_2)	대기, 부패	바이오매스 성분
수소	물	바이오매스 성분
산소	물	바이오매스 성분
질소(NO_3^-)	부패, 오염 물질, 대기(질소 고정 생물로부터)	단백질과 DNA 성분
인	부패, 인산염 광물, 오염 물질	DNA/RNA 성분
포타슘	광물, 오염 물질	대사 기능
황(SO_4^{2-})	광물	단백질, 효소
마그네슘	광물	대사 기능
칼슘	광물	대사 기능
	미량 영양물질	
B, Cl, Co, Cu, Fe, Mo, Mn, Na, Si, V, Zn	광물,오염 물질	대사 기능 및/또는 효소의 성분

는 남세균에 의해 고정되거나 대기에서 번개의 방전에 의해 생성된다.

어떤 경우에는 질소 또는 탄소조차도 제한 영양물질이 될 수 있는데, 이것의 존재가 조류의 성장 속도를 결정한다. 이는 특히 해수에서 질소의 경우에 해당된다. 해수에서는 미량 영양물질, 특히 철이 제한적일 수 있다.

담수에서 대부분의 경우, 제한할 가능성이 가장 큰 한 가지 영양물질은 인이며, 이는 일반적으로 과도한 부영양화의 주범으로 불린다. 가정용 세제는 과거에 폐수에 포함된 인산염의 흔한 발생원이었으므로 부영양화 제어는 세제에 인산염을 포함시키지 않는 것, 하수 처리 시설에서 인산염을 제거하는 것, 그리고 인산염을 함유한 하수 유출물이 과잉 부영양화를 일으킬 수 있는 수체로 유입되는 것을 방지하는 데 집중하였다.

6.8 산도, 알칼리도 및 염도

수생 생물상은 극단적 pH에 민감하다. 이는 주로 삼투압 효과 때문이며, 그들은 적응되지 않은 염도를 갖는 매체에서 살 수 없다. 따라서 담수어는 해양에서 곧 죽고, 해수어는 일반적으로 담수에서 살 수 없다. 과도한 염도에는 식물도 적응하지 못하고 곧 죽어버린다. 물론 생물들이 살아가기에 적절한 염도와 pH 범위가 있다. 그림 6.2에서 보는 바와 같이, 이러한 범위는 종종 상당히 대칭적인 곡선의

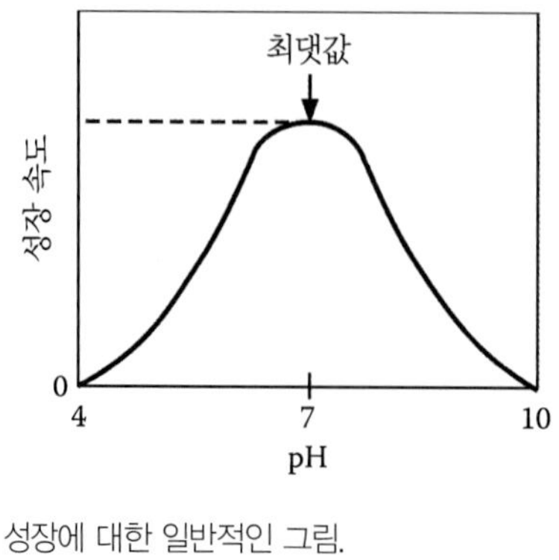

그림 6.2 pH의 함수로서 수생 생물의 성장에 대한 일반적인 그림.

형태로 나타나며, 생물이 이 곡선의 가장자리 부분의 환경에서 살 수는 있지만 실제로는 번성하지 못한다. 이러한 곡선은 세균의 성장을 온도의 함수로 나타낸 곡선(그림 5.7)의 고온쪽 끝과는 달리, 일반적으로 양쪽 끝에서 날카로운 컷오프를 나타내지 않는다.

물에서 **산성 오염 물질**(**pollutant acid**)의 가장 일반적인 발생원은 산성 광산 배수이다. 그러한 배수에 포함된 황산은 5장에서 설명한 황철석이나 기타 황화 광물들의 미생물에 의한 산화로부터 생성된다. 산으로 오염된 물의 pH 값은 3 이하로 떨어질 수도 있는데, 이는 황철석과 철(II) 산화를 매개하는 매우 낮은 pH 조건하에서도 번성하는 세균을 제외한 대부분 형태의 수생 생물에 치명적이다. 산업 폐기물은 빈번히 물에 강산을 제공하는 잠재력을 갖고 있다. 오염 물질인 이산화 황이 공기 중에서 산화되어 생성되는 황산은 산성비로 자연수에 유입된다. 물이 염기성 광물(예, 석회석)과 접촉하지 않는 경우, 물의 pH는 위험할 정도로 낮아질 수 있다. 이 조건은 예를 들어 일부 캐나다의 호수에서 일어난다.

과도한 **알칼리도**(**alkalinity**)와 빈번히 수반되는 높은 pH는 대개 인위적 발생원에서 물에 직접 유입되지 않는다. 그러나, 많은 지역에서 토양과 광물 층은 알칼리성이고 물이 높은 알칼리도를 갖게 한다. 인간의 활동은 그 상황을 악화시킬 수 있는데, 한 가지 예는 노천 채광에서 과도한 알칼리성 물질이 지표수나 지하수에 노출되는 것이다. 물의 과도한 알칼리도는 수체의 가장자리나 하천 제방에 특징적인 하얀색 염의 가장자리에 의해 나타난다.

물의 **염도**(**salinity**)는 많은 인간 활동에 의해 증가될 수 있다. 도시의 상수 시스템을 통해 흐르는 물은 염화 소듐으로 연수화 장치를 재생하는 것과 같은 발생원으로부터 필연적으로 염분을 얻는다. 염은 광물 폐기물 더미에서 침출될 수 있다. 예를 들면, 혈암유(shale oil)의 생산에서 환경적으로 제약이 되는 것들 중 한 가지는 사용하고 남은 혈암 더미에 침출될 수 있는 황산 소듐이 높은 비율로 함유되고 있다는 것이다. 이미 염도가 문제되고 있는 지역에서 추가적인 염분에 의해 물이 더 오염되는 것을 막기 위해서는 이러한 폐기물을 주의 깊게 제어하는 것이 필요하다. 관개는 많은 양의 염을 물에 추가하는데, 한 예는 California 주 Salton Sea를 초래한 현상이며, Rio Grande와 Colorado 강의 염분 오염을 놓고 미국과 멕시코 간의 갈등의 원인이 되고 있다. 관개와 집약적인 농작물의 생산은 일부 미국 서부 주에서 염이 스며나오는 원인이 되었다. 경작되고 때로는 관개되고 비료를 준 땅에서 물이 약간 침하된 곳으로 스며들어 염(특히 황산 소듐, 황산 마그네슘 및 황산 칼슘)을 운반할 때 이러한 현상이 발생한다. 건조한 여름 더위에 물이 증발하면, 더 이상 많은 식물의 성장에 사용되지 않는 염분이 많이 축적된 지역이 남게 된다. 시간이 지남에 따라, 이러한 지역은 확장되어 경작지의 생산성을 파괴한다.

6.9 산소, 산화제 및 환원제

산소는 물에서 매우 중요한 화학종이다(2장 참조). 물에서 산소는 유기물($\{CH_2O\}$)을 산화시키며 빠르게 소비된다.

$$\{CH_2O\} + O_2 \xrightarrow{\text{미생물}} CO_2 + H_2O \tag{6.6}$$

얕은 개울과 같이 물이 난류에 의해서 효율적으로 재폭기되지 않으면, 물속의 산소는 빠르게 없어져 고등 수생 생물이 살 수 없게 될 것이다.

미생물 매개에 의한 유기물의 산화 외에도, 산소는 수중 질소 함유 물질의 생물하적 산화에 의해서도 소비될 수 있으며,

$$NH_4^+ + 2O_2 \rightarrow 2H^+ + NO_3^- + H_2O \tag{6.7}$$

또한 화학적 환원제의 화학적 또는 생화학적 산화에 의해서도 소비된다.

$$4Fe^{2+} + O_2 + 10H_2O \rightarrow 4Fe(OH)_3(s) + 8H^+ \tag{6.8}$$

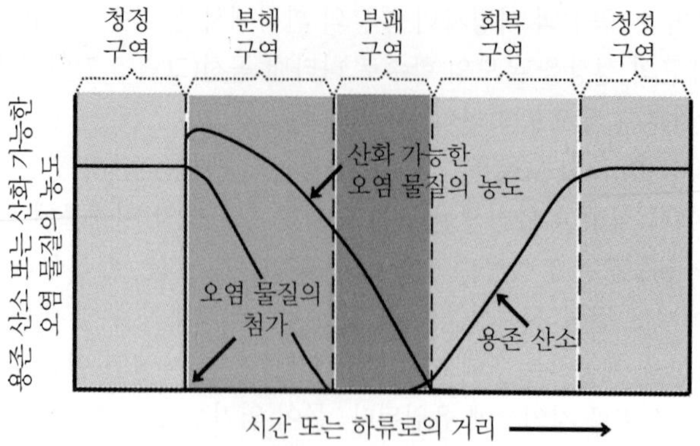

그림 6.3 산화 가능한 오염 물질이 하천에 유입된 결과 나타나는 산소 강하 곡선(oxygen sag curve).

$$2SO_3^{2-} + O_2 \rightarrow 2SO_4^{2-} \tag{6.9}$$

이러한 모든 과정들은 물의 탈산소화(deoxygenation)에 기여한다.

물에서 오염 물질이 미생물에 의해 산화되며 소비하는 산소의 양을 생화학적 산소 요구량 또는 생물학적 산소 요구량, **BOD**)이라고 한다. BOD는 일반적으로 5일 동안 적절한 수생 미생물에 의해 소비되는 산소의 양을 측정하여 구한다.

산화 가능한 오염 물질이 하천에 첨가되면 그림 6.3과 같이 전형적인 산소 강하 곡선(oxygen sag curve)이 생성된다. 초기에 공기가 잘 통하고 오염되지 않은 하천에는 비교적 산화 가능한 물질이 없어, 산소의 농도는 높고 세균의 개체수는 비교적 낮다. 산화 가능한 오염 물질이 첨가되면, 산소의 소비량을 재폭기가 따라잡을 수 없으므로 산소의 농도는 낮아진다. 분해 구역에서 세균 개체수는 증가된다. 부패 구역에서는 세균 개체수가 높고 산소의 농도는 매우 낮은 특징을 갖고 있다. 산화 가능한 오염 물질이 소진되면 부패 구역은 끝나고 회복 구역이 시작된다. 회복 구역에서는 세균의 개체수가 감소되고, 용존 산소의 농도는 물이 처음의 상태로 돌아갈 때까지 증가한다.

비록 BOD가 산소가 관여하는 한 수질을 나타내는 상당히 현실적인 척도이기는 하지만, 그것을 측정하는 시험은 시간이 많이 소요되고 수행하기가 번거롭다. 총 유기 탄소(total organic carbon, TOC)는 촉매를 사용하여 물 중 탄소를 산화시켜 발생되는 CO_2를 측정한다. TOC는 기기를 사용하여 쉽게 측정할 수 있기 때문에 점점 더 널리 사용되고 있다.

6.10 유기 오염 물질

6.10.1 유기 오염 물질의 생물 축적

지질(지방) 조직에 대하여 특히 높은 친화력을 갖고 있으며 생분해가 잘 되지 않는 유기 물 오염 물질은 **생물 농축 계수(bioconcentration factor, BCF)**가 중요한 특성이며, 이는 어떤 물질의 수생 생물의 세포 조직에서의 농도와 그 생물이 사는 물에서 그 물질의 농도의 비율로 정의된다. 노출은 단지 물을 통해서만 일어나고, 물에서의 농도는 장기간에 걸쳐 안정적이라고 가정한다. 이와 관련된 인자인 **생물 축적 계수(bioaccumulation factor, BAF)**는 같은 방식으로 정의되지만, 다만 생물과 그것의 먹이가 어떤 오염 물질에 장기간에 걸쳐 유사하게 노출된다고 가정하는 것이 다르다. 사실상 물로부터 생물들에 의해 섭취되는 수백 종의 생물 및 물질들이 관련된 수천 가지의 인자들은 측정되거나 추정되었지만, 이 수치들에는 상당한 불확실성이 있다. 그러나 이러한 값들은 잔류성 유기 화합물(persistent organic compounds, POPs)의 오염 잠재력을 나타내는 지표로 남아 있다.[3]

6.10.2 하수

표 6.4에서 볼 수 있듯이, 가정, 상업, 식품 가공 및 산업 배출원의 하수에는 유기 오염 물질들을 포함하여 다양한 오염 물질이 들어 있다. 이러한 오염 물질 중 일부, 특히 기름, 유지 및 고형물과 같은 산소를 요구하는 물질들(6.9절 참조)은 1차 및 2차 하수 처리 공정을 통해 제거된다. 염, 중금속 및 난분해성(분해 저항성) 유기물과 같은 기타 물질은 효율적으로 제거되지 않는다.

부적절하게 처리된 하수는 심각한 문제를 일으킬 수 있다. 예를 들면, 하수 처리 공정에서 발생한 하수와 슬러지를 해안에 버리면(이는 과거에 미국 및 유럽의 해안 도시에서 흔히 행해졌고 아직도 세계의 일부 지역에서는 사용되는 방법이다), 하수 잔류물 층의 형성을 가져온다.

인구 밀도가 높은 도시 지역에서 매년 수백만 톤에 달하는 하수 처리에서 발생한 슬러지 잔류물(7장 참조)은 주요 처리 문제를 일으킨다. 이러한 슬러지에는 계속해서 천천히 분해되는 유기물, 난분해성 유기물 및 중금속이 함유되어 있다. 그렇게 많은 양의 슬러지를 안전하게 처리하는 데에 있어 주요한 고려 사항은 중금속과 같은 잠재적으로 위험한 성분들의 존재이다.

하수 오염 문제를 최소화하기 위해서는 하수 배출원을 주의 깊게 제어하는 것이 필요하다. 특히, 중금속과 난분해성 유기 화합물은 하수 또는 처리된 하수 배출수를 관개, 수계로의 재순환, 또는 지하수의 재충전에 사용할 수 있도록 배출원에서 제어할 필요가 있다.

비누, 세제 및 이와 관련된 화학 물질들은 유기 오염 물질의 잠재적인 발생원이다. 이러한 오염 물질에 대해서는 다음에서 간략히 논의한다.

6.10.3 비누, 세제 및 세제 보조제

6.10.3.1 비누

비누(soap)는 스테아르산 소듐($C_{17}H_{35}COO^{-}Na^{+}$)과 같은 탄소의 개수가 많은 지방산의 염이다. 비누의 세척 작용은 주로 유화력(emulsifying power)과 물의 표면 장력을 낮추는 능력에 기인한다. 이 개념은 비누 음이온의 이중성을 고려하여 이해할 수 있다. 스테아르산 이온은 이온성 카복실 '머리'와 긴 탄화수소 '꼬리'로 구성되어 있다.

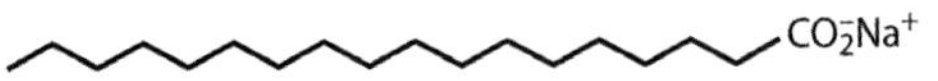

표 6.4 도시 하수 시스템으로부터 배출되는 하수의 일부 주요 구성 성분들

구성 성분	잠재적 발생원	물에서의 영향
산소 요구 물질	대부분 유기 물질, 특히 인간의 분뇨	용존 산소 소비
난분해성 유기물	산업 폐기물, 가정용품	수생 생물에 유독
바이러스	인간 활동의 폐기물	질병 야기(아마도 암); 수계를 통한 하수 재순환의 주 방해물
세제	가정용 세제	심미적 영향, 유지와 기름 제거 방해, 수생 생물에 독성
인산염	세제	조류 영양물질
유지 및 기름	요리, 식품 가공, 산업 폐기물	심미적 영향, 일부 수생 생물에 독성
염류	인간 활동의 폐기물, 경수 연화제, 산업 폐기물	물의 염도 증가
중금속	산업 폐기물, 배관 공사, 화학 실험실	독성
킬레이트제	일부 세제, 산업 폐기물	중금속 이온 가용화 및 이동
고형물	모든 발생원	심미적 영향, 수생 생물에 유해

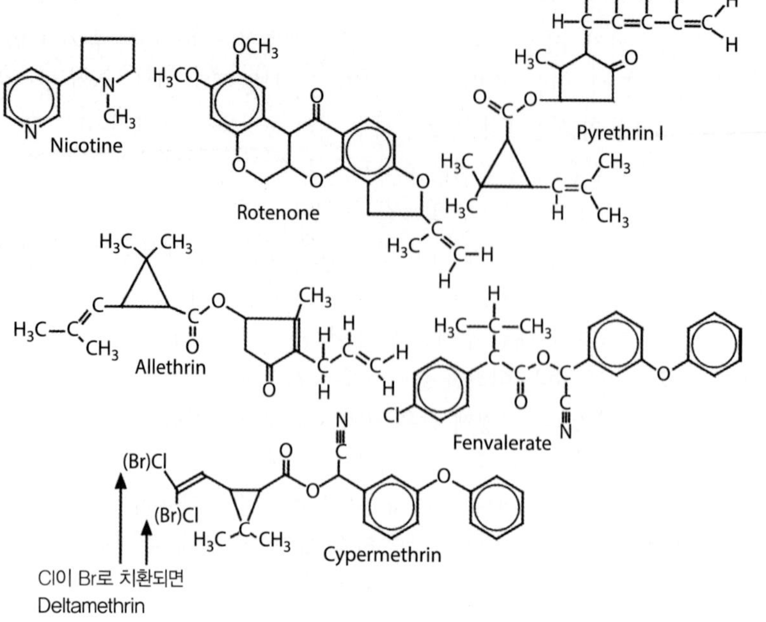

그림 6.4 일반적인 식물 살충제 및 피레트린의 합성 유사물.

기름, 지방 및 기타 물에 불용성인 유기물이 존재하면, 음이온 '꼬리'는 유기물을 용해하는 반면에 '머리'는 수용액에 남아 있으려는 경향을 보인다. 따라서 비누는 물 중 유기물을 유화시키거나 부유시킨다. 그 과정에서 음이온은 그림 4.4와 같이 콜로이드의 비누 마이셀을 생성한다.

세정제로서 비누의 주된 단점은 2가 양이온과 반응하여 지방산의 불용성 염을 생성하는 것이다.

$$2C_{17}H_{35}COO^{-}Na^{+} + Ca^{2+} \rightarrow Ca(C_{17}H_{35}CO_2)_2(s) + 2Na^{+} \quad (6.10)$$

이러한 마그네슘 또는 칼슘의 불용성 고체 염은 세제로 효과적이지 못하며, 의복과 세탁기에 보기 흉한 침전물을 생성한다. 불용성 비누의 침전물이 용인될 수 없는 의류 세척과 같은 용도로 사용될 경우, 칼슘과 마그네슘을 제거하거나 폴리인산염과 같은 물질에 의해 착물을 생성하여 연수화해야 한다(2.16절 참조). 그러나 폐수에서 불용성 칼슘 및 마그네슘 비누의 침전은 생분해성 고체로 물에서 비누를 제거하기 때문에 환경적인 관점에서는 유리할 수 있다.

6.10.3.2 세제

합성 **세제(detergent)**는 좋은 세척력을 갖고 칼슘 및 마그네슘과 같은 '경도 이온'과 불용성 염을 생성하지 않는다. 또한 비교적 강산의 염이라는 추가 장점이 있어 산성수에서 바람직하지 않은 비누의 특징인 불용성 산으로 침전되지 않는다. 세제는 소비자, 기관 및 산업 시장에서 과도하게 사용되기 때문에 물을 오염시킬 가능성이 크다. 미국 및 유럽의 가정용품 시장에서는 연간 수억 킬로그램의 세제 계면 활성제가 소비되고 있다. 대부분의 이러한 물질은 세제 제제와 관련된 다른 성분들과 함께 폐수와 방류된다.

세제의 핵심 성분인 **계면 활성제(surfactant)**, 즉 표면 활성제는 물을 더 '습윤'하게 만들어 더 나은 세제로 만드는 역할을 한다. 계면 활성제는 물과 기체(공기), 고체(오물) 및 비혼화성 액체(기름)의 경계면에 모인다. 이러한 현상은 계면 활성제가 **양쪽 친화적인 구조(amphiphilic)**를 지니고 있기 때문인데, 이는 분자의 한쪽 부분은 물에 대해 강한 친화력을 나타내는 극성 또는 이온성 그룹(머리)을, 그리고 다른 부분은 물을 싫어하는 탄화수소 그룹(꼬리)이라는 것을 의미한다. 이러한 종류의 구조는 아래에 알킬벤젠 설포네이트(alkylbenzene sulfonate, ABS) 계면 활성제에 대해 나타냈다.

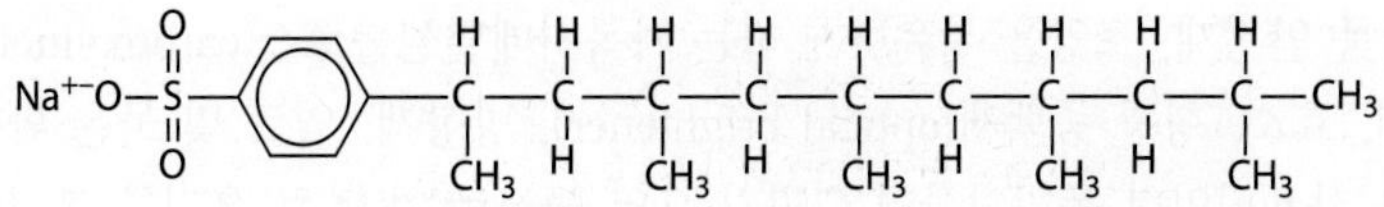

1960년대 초까지 ABS는 세제 제제로 가장 흔하게 사용된 계면 활성제였다. 그러나 ABS는 탄화수소 사슬이 대사 작용을 저해하는 가지 달린 사슬 구조를 갖기 때문에 매우 천천히 생분해되는 명백한 단점을 갖고 있다. 비생분해성 세제에 대한 불쾌한 징후는 하수가 가정 용수 공급을 통해 재활용된 지역에서 음용수의 잔에 나타나기 시작한 거품의 '머리'였다. 하수 유출수 근처와 하수 처리 시설에서 장관의 거품 층이 나타났고, 하수 처리 시설의 거품 층에 사람이 떨어져 거품 속의 가스에 질식해 최소한 명의 사망자가 보고되었다. 종종, 활성 슬러지 시설의 전체 폭기조가 거품으로 가득 덮이곤 하였다. 지속성 세제가 수처리 공정에 미치는 다른 바람직하지 않은 영향에는 물의 표면 장력 감소, 콜로이드의 분산(deflocculation), 고형물의 부상, 유지 및 기름의 유화, 그리고 유용 세균의 파괴 등이 있다. 결과적으로, ABS는 선형 알킬 설포네이트(linear alkyl sulfonate, LAS)로 알려진 생분해성 계면 활성제로 대체되었다.

LAS의 일종인 α-벤젠설포네이트는 벤젠 고리의 끝부분을 제외하고는 알킬 사슬 위의 어떤 곳에라도 결합될 수 있는 다음과 같은 일반적인 구조를 갖는다.

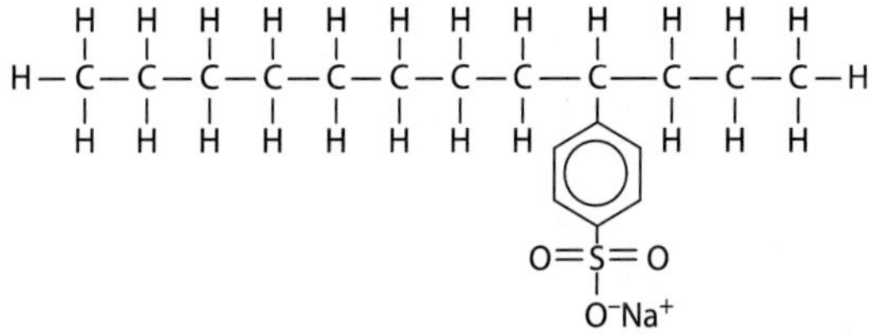

LAS의 알킬 부분은 가지가 없고 생분해를 매우 어렵게 하는 3차 탄소(tertiary carbon)를 갖고 있지 않기 때문에 ABS보다 생분해가 더 잘 일어난다. LAS가 ABS를 대체한 이후, 세제의 계면 활성제로 인한 문제들(예, 작은 어류에 나타내는 독성)은 크게 감소하였으며, 물에서 발견되는 계면 활성제의 농도는 현저하게 감소하였다.

일부 세제 계면 활성제는 비이온성이다. 문제가 있는 것으로 입증된 한 가지 유형은 알킬페놀 폴리에톡실레이트(alkylphenol polyethoxylates)이다.

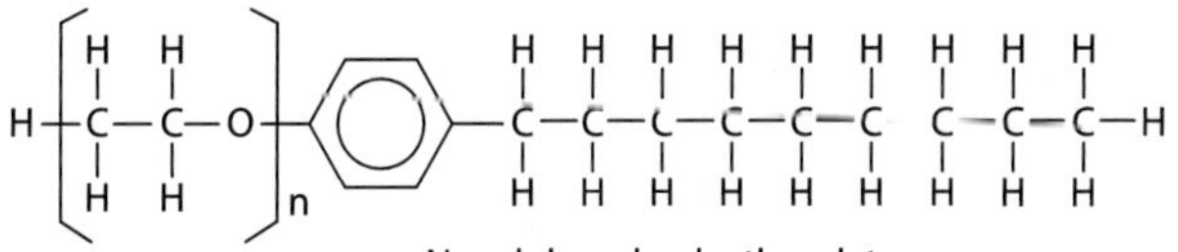

Nonylphenol polyethoxylate

알킬페놀 폴리에톡실레이트는 세제, 분산제, 유화제, 가용화제 및 습윤제로 매우 유용하며, 특히 미국에서의 연간 사용량은 수백만 킬로그램에 이른다. 이러한 물질들과 미생물 매개 가수 분해에 의한 폴리에톡실레이트 사슬이 짧아진 이들의 분해 생성물은 생물학적 하수 처리에서 분해되지 않아 하수 유출수와 함께 방류되는 경향이 있다. 이러한 물질들은 또한 하수 슬러지에 축적되며, 이 중 많은 양이 농경지에 처분된다. 이러한 생성물들은 제노에스트로젠(xenoestrogen, 에스트로젠 호르몬을 모방하는 물질)으로 생각되며, 슬러지로 처리된 토양에서 먹이 사슬로 유입될 가능성이 우려된다. 이러한 우려 때문에, 일부 유럽 국가에서는 이러한 화합물들의 사용을 엄격히 규제해 오고 있다.

경도 이온과 결합하기 위해 세제에 첨가되는 세제 **빌더(builder)**는 세제 용액을 알칼리성으로 만들어 세제 계면 활성제 작용을 크게 개선하지만, 환경 문제를 일으킬 수 있다. 상업용 고체 세제에는 단지 10~30%의 계면 활성제가 함유되어 있다. 세제 제제에는 또한 칼슘과 착물을 생성하여 빌더로 기능하는 착물화제를 포함하고 있다. 다른 성분들에는 이온 교환체, 알칼리(탄산 소듐), 항부식용 규산

소듐, 아마이드 거품 안정제, 토양을 부유하게 하는 카복시메틸셀룰로스(carboxymethylcellulose), 표백제, 섬유 유연제, 효소, 형광 증백제(optical brightener), 방향제, 염료 및 묽은 황산 소듐이 포함된다. 이전에 빌더로 사용되었던 폴리인산염은 환경 오염 물질로 가장 큰 우려를 불러일으켰지만, 이러한 문제는 폴리인산염이 세제 제제에서 단계적으로 제거됨에 따라 수십 년 전에 대부분 해결되었다.

세제의 성능에 대한 요구가 증가함에 따라 가정용과 상업용 세제의 모든 제제에 효소를 사용하게 되었다. 효소는 해로운 환경적인 결과를 가져올 수 있는 염소와 인산염을 어느 정도 대체할 수 있다. 지방 분해 효소(lipase), 녹말 분해 효소(amylase) 및 셀룰로스 분해 효소(cellulase)는 세제 사용 목적에 가장 유용한 효소이다.

6.10.3.3 미생물 독소

물에서 세균과 원생동물은 질병을 일으키거나 심지어 사망을 초래할 수 있는 독소를 생성할 수 있다. 강, 호수 및 저수지에서 **아나베나**(*Anabaena*), **마이크로시스티스**(*Microcystis*) 및 **노듈라리아**(*Nodularia*)를 포함한 남세균에 의해 생성되는 독소는 호주, 브라질, 영국 및 세계 기타 지역에서 건강에 악영향을 끼쳤다. 여섯 가지의 화학 물질 집단에서 독소를 생성하는 남세균은 약 40여 종이 있다. 남세균이 생성하는 **실린드로스퍼몹신**(*Cylindrospermopsin*) 독소는 이 독소로 오염된 물을 마신 사람들을 중독시켰다.

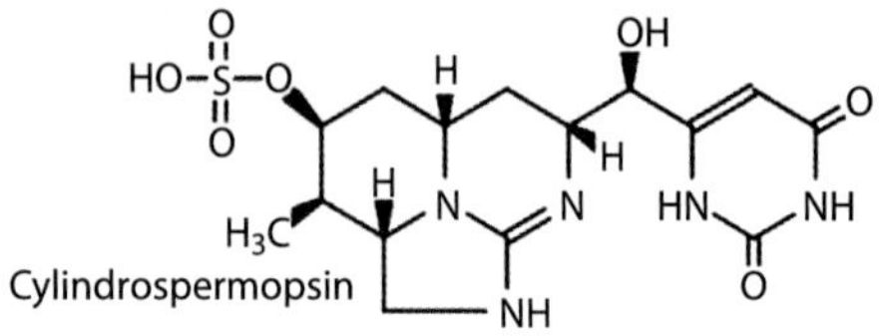

독소를 생성하는 대부분의 원생동물은 주로 해양 종인 **와편모충류**(**dinoflagellata**) 목(目)에 속한다. 이러한 생물들의 세포들은 종종 아름다운 무늬를 띠게 하는 셀룰로스 외피로 둘러싸여 있다. 종종 이러한 생물들이 생성하는 독소에 의해 일어나는 영향 중에는 인간의 위장, 호흡기 및 피부 질환, 여러 해양 동물들의 대량 사망 및 감염된 갑각류 섭취에 의한 마비 상태가 있다.

바다에서 와편모충의 성장은 가끔 폭발적인 속도로 증식하여 엄청난 수가 바다를 노란색, 올리브-그린 또는 붉은색으로 물들이는 것이 특징적이다. 1946년에 미국의 플로리다 해안의 일부 지역은 '적조'에 시달려 물의 점성이 커졌고, 수마일에 걸쳐 해변에는 죽은 어류, 갑각류, 거북 및 기타 해양 생물의 잔해가 흩어져 있었다. 이 지역의 바다 비말(sea spray)은 너무 자극적이어서 해안의 학교와 휴양지가 문을 닫았다.

와편모충의 독소로 인한 인간에게 가장 큰 위험은 해수에서 원생동물을 축적된 홍합 및 조개와 같은 조개류의 섭취에서 비롯된다. 이와 같은 형태의 독소 물질은 마비성 패류 독소라고 한다. 심하게 감염된 홍합이나 조개에서 발견되는 이 독소는 4 mg의 적은 양도 사람에게는 치명적일 수 있다. 이 독소는 호흡을 곤란하게 하고 심장에 영향을 미치며, 극단적인 경우 심장 정지를 유발할 수 있다.

6.11 물 중 농약

제2차 세계 대전 중 DDT의 도입은 농약 사용의 매우 빠른 성장 기간의 시작을 알렸다. 농약은 다양한 목적으로 사용된다. 무척추 동물을 방제하기 위하여 사용되는 화학 물질에는 **살충제**(**insecticide**), 달팽이와 민달팽이를 제어하기 위한 **살연체동물제**(**molluscicide**), 그리고 아주 작은 회충을 제어하기 위한 **살선충제**(**nematicide**)가 있다. 척추동물들은 설치류를 죽이는 **살서제**(**rodenticide**), 새를 내쫓는 데 사용되는 **살조제**(殺鳥劑, **avicide**), 그리고 어류 방제에 사용되는 **살어제**(殺魚劑, **piscicide**)에 의해 제어된다. **제초제**(**herbicide**)는 식물을 죽이는 데 사용된다. **식물 성장 조절제**(**plant growth regulator**),

표 6.5 물 오염 물질로 발견될 수 있는 농약들

농약	용도	화합물 형태
Acetochlor	제초제	Chloroacetanilide
Alalchlor	제초제	Chloroacetanilide
Allethrin과 다른 triazine herbicides (그림 6.10 참조)	살충제	Pyrethroid
Atrazine	제초제	Triazine
Azadirachtin	살충제	복잡한 식물성 화합물
Azoxystrobin	살진균제	Strobib
Biquat	제초제	Bipyridinium
Captan	살진균제	Thiophthalimide
Carbaryl	살진균제, 식물 성장 조절 물질	Carbamate
Carbendazim	실진균제	Benzimidazole
Chlorothalonil	살진균제	치환된 benzene
Chlorpyrifos	살충제, 살선충제	Organophosphate
Cypermethrin	살충제	Pyrethriod
Deltamethrin	살충제	Pyrethroid
Diclofop-methyl	제초제	Chlorophenoxy acid/ester
Dimethoate	살충제, 살진드기제(acaricide)	Organophosphate
Diphenylamine	성장 조절 물질	Amine
Diquat	제초제	Bipyridinium
Diuron	제초제	Urea
EPTC	제초제	Thiocarbamate
Ethephon	식물 성장 조절 물질	Organophosphate
Fenvalerate	살충제	Pyrethroid
Fluquinconazole	살진균제	Azole
Folpet	살진균제	치환된 isoindole-1,3-dione
Glyphosate	제초제	Phosphonoglycine
Iprodione	살진균제	Dicarboximide
Kresoxim-methyl	살진균제	Strobin
Linuron	제초제	Urea
Malathion	살충제	Organophosphate
Mecoprop	제초제	Chlorophenoxy 화합물
Metalaxyl	살진균제	Phenylamide
Metaim-sodium	훈증제(fumigant), 제초제, 살미생물제, 살조(藻)제	Dithiocarbamate
Methoprene	살충제	청소년 호르몬 유사물, 성장 조절 물질
Methioncarb	살충제, 살연체동물제	Carbamate
Metolachlor	제초제	Chloroacetanilide
Metribuzin	제초제	Triazine
Omethoate	살충제, 살진드기제	Organophosphate
Paraquat	제초제	Bipyridinium
Penconazole	살진균제	Triazole
Permethrin	살충제	Pyrethroid

표 6.5 물 오염 물질로 발견될 수 있는 농약들(계속)

농약	용도	화합물 형태
Phosmet	살충제	Organophosphate
Piperonyl butoxide	살충제의 활성을 증가시키는 상승제	Mixed function oxidase 저해제
Primicarb	살충제	Carbamate
Prometon	제초제	Triazine
Propachlor	제초제	Chloroacetanilide
Propanil	제초제	Anilide
Propiconazole	살진균제	Azole
Simazine	제초제	Triazine
Spinosad	살충제	세균에서 얻은 화합물
Tebuconazole	살진균제	Azole
Tebuthiuron	제초제	Urea
Terbacil	제초제	Uracil
Terbuthylazine	살조(藻)제, 제초제, 살미생물제	Triazine
Thifensulfuron-methyl	제초제	Sulfonylurea
Thiophanate-methyl	살진균제	Benzimidazole
Tri-allate	제초제	Thiocarbamate
Triclorpyr	제초제	Chloropyridinyl
Trifloxystrobin	살진균제	Strobin
Trifluralin	제초제	2,6-Dinitroailine
Zeta-cypermethrin	살충제	Pyrethroid

노트: 추가 정보에 대해서는 Pesticide Action Network: http://www.pesticideinfo.org/. 참조

고엽제(defoliant) 및 **식물 건조제(plant desiccant)**는 식물 재배에서 다양한 목적으로 사용된다. **살진균제(fungicide)**는 진균을, **살균제(bactericide)**는 세균을, **살변형균제(slimicide)**는 물에서 점액을 일으키는 생물을, 그리고 **살조제(殺藻劑, algicide)**는 조류를 없애기 위해 사용된다. 1990년대 중반, 미국에서는 농업을 위해 연간 약 3억 6천 5백만 kg의 농약을 사용한 반면, 약 9억 kg의 살충제가 조림, 조경, 정원 가꾸기, 식량 유통 및 가정의 해충 제어를 포함한 비농업 분야에서 사용되었다. 살충제의 생산량은 지난 30~40년 동안에 거의 일정한 수준으로 유지되어 왔다. 그러나 인간이 식품에서 노출되는 관점에서 살충제와 살진균제는 가장 중요한 농약인데, 그 이유는 이러한 농약들은 수확 직전 또는 수확 직후에 사용되기 때문이다. 잡초를 방제하는 농지 경작을 화학 물질이 점자 대체하여 제초제의 생산량이 증가하였고, 제초제는 현재 농업용 농약의 대부분을 차지한다. 많은 양의 농약이 직접적으로(예, 모기 방제) 또는 간접적으로(예, 주로 농경지의 배수) 물에 유입될 가능성이 존재한다.

여러 부류의 농약 및 기타 화학 물질은 잠재적인 영향 때문에 물 오염 물질로 특히 우려된다. 이러한 것들은 (1) 생분해에 저항성이 큰 화합물, (2) 알려진 또는 의심되는 발암 물질, (3) 생식 또는 발달에 유해한 영향을 미치는 독성 물질, (4) 콜린에스터 가수 분해 효소를 포함한 신경 독성 물질, (5) 높은 급성 독성을 갖는 물질, 그리고 (6) 알려진 지하수 오염 물질이다. 표 6.5에는 물 오염 물질로 우려될 수 있는 가장 흔히 사용되는 농약들을 나열하였다.

일부 농약의 분해(종종 가수 분해) 생성물은 물에서 원래 농약의 농도와 비슷하거나 더 높은 농도로 검출된다. 어떤 경우에는 분해 생성물이 원래의 농약보다 독성이 더 강하다. 물에서 흔히 발견되는 농

약 분해 생성물의 한 예는 아미노메틸 포스폰산(aminomethyl phosphonic acid)인데, 이 물질은 전 세계에서 '라운드업(Roundup)'이라는 상표명으로 가장 널리 사용된 제초제 글리포세이트(glyphosate, 그림 6.12)로부터 생성된 것이다.

6.11.1 천연물 살충제, 피레트린 및 피레트로이드

식물은 담배의 **니코틴(nicotine)**, 어떤 콩과 식물의 뿌리에서 **로테논(rotenone)**, 그리고 **피레트린(pyrethrin)**(그림 6.4의 구조식 참조)을 포함한 여러 가지의 중요한 부류의 살충제를 제공한다. 이러한 물질들은 사용 방법과 생분해성 때문에, 중요한 물 오염 물질이 될 것으로 생각되지 않는다.

피레트린류와 이들의 합성 유사물은 가장 오래되기도 하고 가장 새롭기도 한 살충제 모두를 대표하고 있다. 건조한 국화나 제충국(pyrethrum)의 꽃 추출물에는 피레트린 I과 관련 화합물들이 함유되어 있는데, 오랫동안 살충제의 특성으로 알려져 왔고, 중국에서는 약 2000년 전에 식물의 살충제로 사용되기까지 했었다. 상업적으로 가장 중요한 살충제 피레트린의 출처는 케냐에서 자라는 국화 품종들이다. 피레트린은 살충제로 여러 가지 장점들을 갖고 있는데, 효소에 의한 분해가 쉽게 일어나 포유류에게는 비교적 안전하고, 날아다니는 곤충들을 빠르게 마비시킬('knock down') 수 있으며, 큰 생분해성을 가지고 있다는 점들이다.

피레트린의 합성 유사물인 **피레트로이드(pyrethroid)**는 최근 몇 년 동안에 살충제로 널리 생산되었다. 이들 중 첫 번째는 알레트린(allethrin)이고, 또 다른 예는 펜발러레이트(fenvalerate)이다(그림 6.4의 구조식 참조). 물 오염 가능성이 있는 피레트로이드계 살충제는 사이퍼메트린(cypermethrin)과 델타메트린(deltamethrin)이다.

6.11.2 네오니코틴계 살충제의 등장

1990년 직전에 처음으로 발견된 합성 **네오니코티노이드 화합물(neonicotinoid compound)**은 천연물인 식물성 니코틴과 관련이 있으며, 전 세계 살충제 시장의 약 1/3을 차지하는 세계적으로 가장 널리 사용되는 살충제로 부상하여 연간 생산량이 수천 톤에 달한다.[4] 이 화합물은 농작물, 과일 및 채소의 보호, 어류 양식에서 해충 방제, 가축 의약품 및 기타 용도로 사용된다. 이들 중 가장 흔한 것들인 클로티아니딘(chlothianidin), 티아메톡삼(thiamethoxam) 및 이미다클로프리드(imidacloprid)는 구조적으로 다소 유사하다.

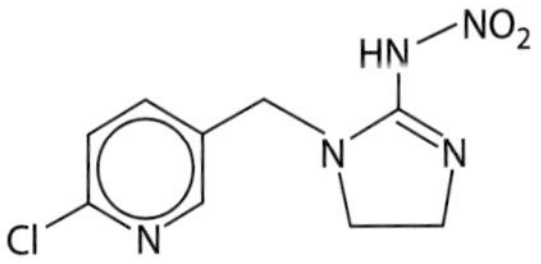

일반적으로 식물 종자의 코팅제로 사용되는 네오니코티노이드 농약은 뿌리와 잎을 통해 흡수된 후 식물의 모든 다른 부분으로 이동되어 초식성 곤충에 독성을 일으키는 전신 살충제이다. 최근에 오래 사용된 유기염소계, 유기인산염계, 카바메이트계 및 피레트로이드계 살충제와의 유사성이 없으므로, 표적 해충에 대한 살충제 저항성이 거의 없다. 이 물질들은 바람직한 물리화학적 성질을 가지고 있다. 네오니코티노이드 농약은 표적 무척추 동물에 신경 전달을 교란시켜, 곤충의 중추 신경계의 뉴런을 지속적으로 자극하여 조기 사망하게 한다.

2014년쯤에, 네오니코티노이드 화합물의 광범위한 사용 증가는 물 오염 물질 및 꿀벌 군생의 감소와 관련된 물질로 우려를 일으켰다. 일일 섭취 허용량(acceptable daily intake, ADI) 미만의 매우 낮은 수준에서, 네오니코티노이드는 환경, 식수 및 음식 어디에나 존재하는 것으로 밝혀졌다. 꿀벌 군생에 대한 피해 가능성은 네오니코티노이드를 살충제로 사용하는 것과 반대하는 것에 대한 열렬한 옹호로 논쟁의 여지가 있는 문제가 되었다. 군집 붕괴 현상(colony collapse disorder)이라고 불리는 심각

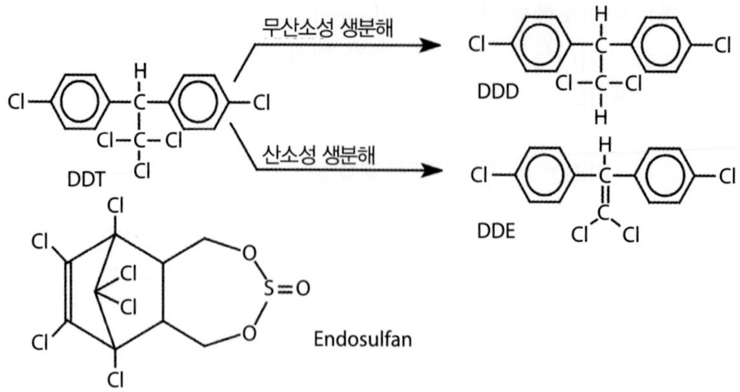

그림 6.5 유기염소계 살충제의 예. DDT는 역사적으로 환경 영향을 크게 끼친 살충제 중의 하나로, 가장 주목할 만한 살충제였다. 엔도설판(endosulfan)은 가장 늦게 사용이 금지된 살충제 중의 하나이다.

한 문제에서 유럽 꿀벌의 일벌들이 갑자기 사라졌는데, 이는 바로라 진드기(varrora mite), 바이러스, 곰팡이 및 영양 부족뿐만 아니라 부분적으로는 살충제에 노출되어 생긴 것으로 의심되었다. 이는 약 2000년 이래로 유럽의 많은 지역과 기타 많은 곳에서 놀랄 만한 속도로 꿀벌들을 괴롭혔는데, 이 기간은 식량 작물에 네오니코티노이드 살충제의 사용 증가와 일치한다. 꿀벌 개체군의 감소는 꿀벌에 의존하여 수분(pollination)을 하는 개화 식량 작물의 엄청난 수확 손실로 농업 생태계를 잠재적이며 파괴적으로 위협하고 있다. 네오니코티노이드 화합물은 꿀벌을 죽이는 것 외에도, 파괴적인 곤충을 억제하는 기생 말벌과 무당벌레를 죽일 수 있다.

주로 벌에 미치는 영향에 대한 우려에 대응하여, 2018년에 유럽 위원회(EC)는 가장 일반적으로 사용되는 세 가지의 네오니코티노이드[클로티아니딘(clothianidin), 이미다클로프리드(imidacloprid) 및 티아메톡삼(thiamethoxam)]의 실외 사용을 금지하고 영구 온실에서만 사용할 수 있다고 선언하였다. 2020년 2월 미국 환경 보호청은 네오니코티노이드 살충제인 아세트아미프리드(acetamiprid), 클로티아니딘, 다이노테퓨란(dinotefuran), 이미다클로프리드, 티아메톡삼을 시장에 맡겨두지만, 꽃가루 매개자와 인간에 대한 위험을 줄이는 조치를 제안하였다.

6.11.3 DDT 및 유기염소계 살충제

염소가 함유된 탄화수소, 즉 유기염소계 살충제는 다양한 개수의 수소 원자들이 염소 원자들로 치환된 탄화수소 화합물이다(그림 6.5). 유기염소계 살충제 중에서 가장 주목할 만한 것은 **DDT**[dichlorodiphenyltrichloroethane 또는 1,1,1-trichloro-2,2-bis(4-chlorophenyl)ethane)]로서, 이는 제2차 세계 대전 이후에 대량으로 사용되었다. 비록 발암성이 의심되는 일부 증거가 있지만, DDT는 포유류에게 낮은 급성 독성을 나타낸다. 이 물질은 지속성이 매우 강한 살충제이며 먹이 사슬에 축적된다. 미국에서는 1972년 이후 DDT의 사용이 금지되었다.

많은 유기염소계 살충제가 지난 수십 년에 걸쳐 널리 사용되었지만, 현재는 이들의 독성, 특히 먹이 사슬에 축적되어 지속되기 때문에 사용이 금지되었다. 현재는 주로 역사적인 관심일 뿐이지만, 이러한 계열의 살충제에는 메톡시클로르(methoxychlor, 한때 DDT의 대체 농약으로 인기), 다이엘드린(dieldrin), 엔드린(endrin), 클로르데인(chlordane), 알드린(aldrin), 다이엘드린/엔드린(dieldrin/endrin), 헵타클로르(heptachlor), 톡사펜(toxaphene), 린데인(lindane) 및 엔도설판(endosulfan, 일반적인 사용에서 마지막으로 금지된 농약들 중 하나)이 있다.

6.11.4 유기인산계 살충제

유기인산계 살충제(organophosphate insecticide)는 인을 함유하는 유기 화합물이며, 그중 일부는 파라옥손(paraoxon, 다음 그림)과 같은 오쏘인산의 유기 에스터이다.

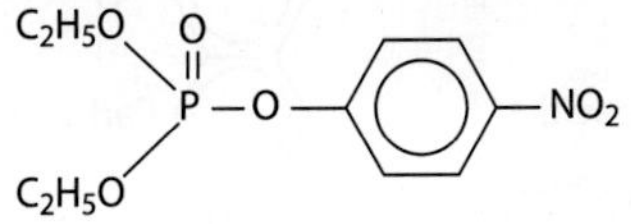

더 일반적인 인이 포함된 살충제는 포스포로싸이오네이트(phosphorothionate) 및 포스포로다이싸이오에이트(phosphorodithioate)로(그림 6.6), 이들 화합물에는 P에 =O기가 아닌 =S기가 결합되어 있다.

유기 인산계 살충제의 독성은 매우 크게 다르다. 이들의 주요 독성 영향은 신경 기능에 필수적인 효소인 아세틸콜린에스터레이스(acetylcholinesterase)를 저해하는 것이다. 예를 들면, 파라싸이온(parathion)은 120 mg만큼의 적은 양으로도 성인을 사망에 이르게 하는 것으로 알려져 있고, 2 mg의 용량으로 어린이가 사망하였다. 대부분의 중독 사고는 피부를 통한 흡수로 일어났다. 파라싸이온이 사용되기 시작한 이래로, 수백 명이 파라싸이온에 의해 사망하였다. 이와는 대조적으로, **말라싸이온(malathion)**은 구조식의 차이가 유기인산계 살충제의 특성에 어떻게 현저한 차이를 나타낼 수 있는지를 보여 준다. 말라싸이온은 두 개의 카복시에스터 결합을 갖는데, 이는 카복실레이스 효소에 의해 아래의 반응에서 보여 주는 것처럼 비교적 무독성의 생성물로 가수 분해될 수 있다.

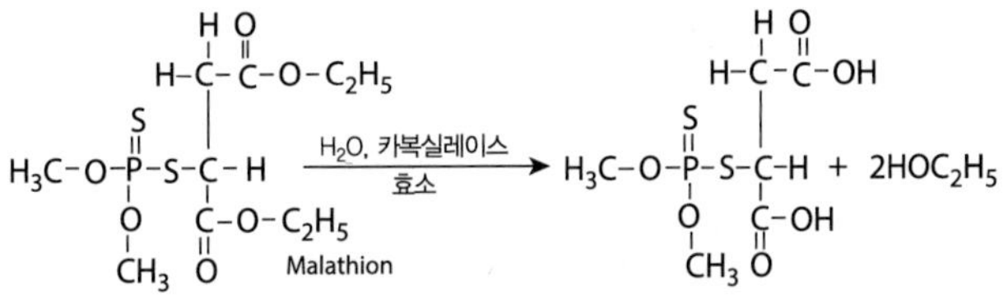

(6.11)

말라싸이온을 가수 분해하는 효소는 포유류에는 있지만 곤충에는 없다. 따라서 포유류는 말라싸이온을 해독할 수 있지만 곤충은 그렇게 할 수 없다. 그 결과 말라싸이온은 선택적인 살충력을 나타낸다. 예를 들어 말라싸이온은 매우 효과적인 살충제이지만, 성체 수컷 쥐에 대한 LD_{50}(시험 동물의 50%를 죽이는 데 필요한 용량)은 파라싸이온의 약 100배인데, 이는 말라싸이온이 파라싸이온과 같은 더 독성이 강한 유기인산계 살충제와 비교하여 포유류에 대한 독성이 훨씬 더 낮다는 것을 의미한다.

대부분이 대체된 유기할로젠 화합물과는 달리, 유기인산계 살충제는 쉽게 생분해되고 생체에 축적되지 않는다. 유기인산계 살충제는 높은 생분해성과 제한적 사용 때문에, 물 오염 물질로는 비교적 중요하지 않다.

6.11.5 카바메이트

카밤산(carbamic acid)의 유도체인 이 살충제는 총괄적으로 **카바메이트(carbamate)**로 알려져 있다(구

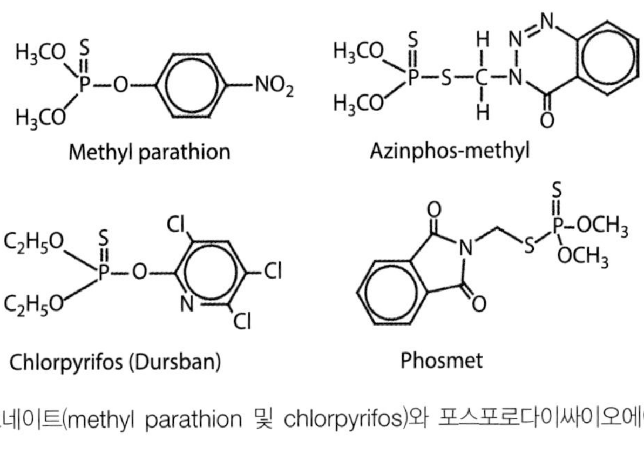

그림 6.6 포스포로싸이오네이트(methyl parathion 및 chlorpyrifos)와 포스포로다이싸이오에이트(azinphos-methyl 및 phosmet) 살충제의 예.

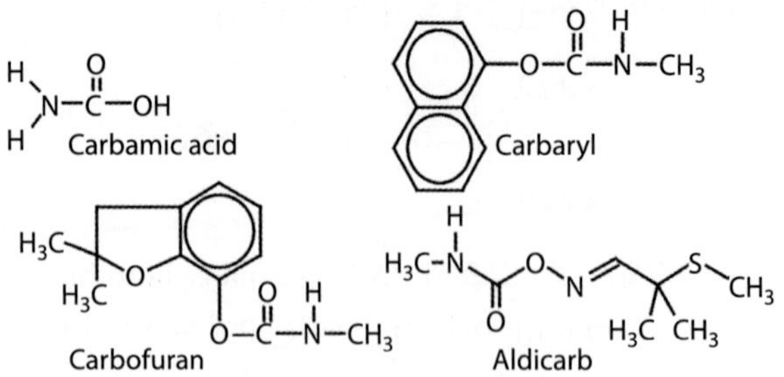

그림 6.7 카밤산과 세 가지 카바메이트계 살충제.

조식은 그림 6.8에 나타냄). 카바메이트계 살충제는 일부가 이전에 널리 사용되었던 유기염소계 살충제보다 생분해성이 더 높고, 대부분의 일반적인 유기인산계 살충제보다 피부에 대한 독성이 더 낮으므로 널리 사용되었다.

포유류에게 독성이 낮은 **카바릴(carbaryl)**은 잔디나 정원용 살충제로 널리 사용되어 왔다. **카보퓨란(carbofuran)**은 수용성이 높고 식물에 전신적인 살충제로 작용한다. 카보퓨란은 뿌리와 잎에 흡수된 후 곤충이 먹는 식물 물질에 의해 곤충이 중독된다. **피리미카브(pirimicarb)**는 전신적 진딧물 방제제(aphicide)로 농업에서 널리 사용되어 왔다. 이것은 많은 카바메이트와는 달리 토양에 강하게 결합하는 경향이 있고 다소 지속성이 있다.

카바메이트는 아세틸콜린에스터레이스를 저해하기 때문에 동물에 독성이 있다. 카바메이트는 일부 유기인산계 살충제와는 달리, 사전에 생물 변환을 할 필요가 없이 작용하기 때문에 직접 저해제(direct inhibitor)로 분류된다. 이들의 아세틸콜린에스터레이스 저해는 비교적 가역적으로 일어난다. 이 효소의 저해 능력 손실은 대사적으로 일어날 수 있는 카바메이트 에스터의 가수 분해 결과 일어날 수 있다.

6.11.6 살진균제

살진균제(fungicide)는 곡물 및 식량 작물에 진균류가 감염되는 것을 방지하기 위해 널리 사용된다. 이 때문에 살진균제는 물을 오염시킬 가능성을 갖고 있다. 세 가지의 흔히 사용되는 살진균제의 구조식을 그림 6.8에 나타냈다. 클로로탈로닐(chlorothalonil)은 미국에서 지난 30년 이상 동안 매년 5백만 kg 이상 사용되었다. 이 살진균제는 매년 4~9회 살포되는데, 일반적으로 매회 1헥타르당 1 kg 사용된다. 아족시스트로빈(azoxystrobin)으로 대표되는 스트로빌루린(strobilurin) 살진균제와 프로피코나졸

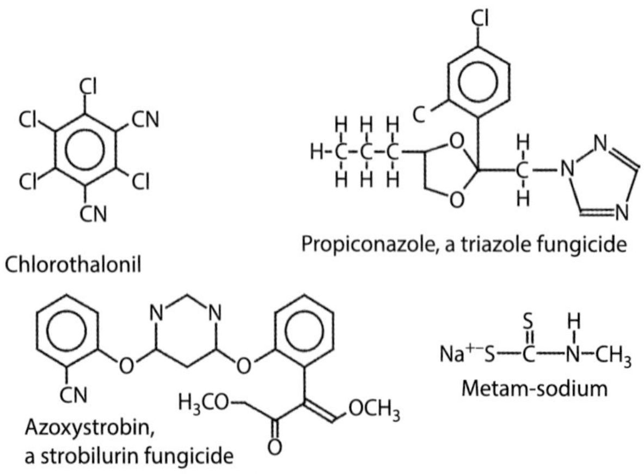

그림 6.8 잠재적인 물 오염 물질로 우려될 수 있는 널리 사용되는 살진균제의 네 가지 예.

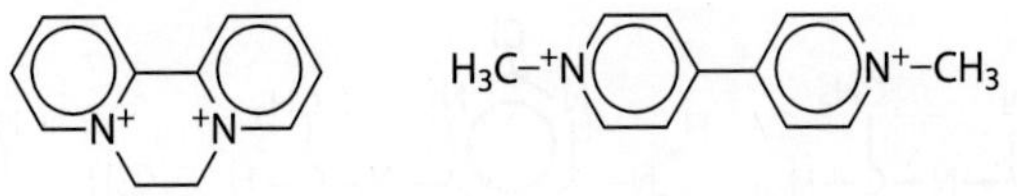

그림 6.9 두 가지 주요한 바이피리딜륨 제초제(양이온 형태).

(propiconazole)로 대표되는 트라이아졸(triazole) 살진균제는 1990년대에 사용되기 시작하였고, 표적 생물들이 나타내는 내성의 일부 문제들이 발견되기는 하였지만 효과적이었다.

6.11.7 제초제

제초제(herbicide)는 전 세계의 수백만 에이커(acre, 약 4,050 m^2)의 농장에 살포되며, 집중적인 사용의 결과 광범위한 물 오염 물질이다. 제초제는 지표수와 지하수에서 흔히 검출된다. 지표수와 지하수에서 흔히 검출되는 제초제 중에는 아트라진(atrazine), 시마진(simazine) 및 사이아나진(cyanazine)이 있는데, 이들은 전 세계의 농업 지역뿐만 아니라 미국의 '옥수수 지대(Corn Belt)'인 Kanas, Nebraska, Iowa, Illinois 및 Missouri 주에서 옥수수 및 콩 재배의 잡초를 제어하기 위해 널리 사용된다. 그 밖에 물에서 검출되는 다른 제초제로는 프로메톤(prometon), 메톨라클로르(metolachlor), 메트리뷰진(metribuzin), 테뷰싸이유론(tebuthiuron), 트라이플루란(trifluran), 알라클로르(alachlor) 및 아트라진(atrazine)의 대사 산물인 디아이소프로필아트라진(deisopropylatrazine)과 디에틸아트라진(deethylatrazine)이 포함된다. 글리포세이트(glyphosate)는 그 효과에 저항성이 있도록 유전자 조작된 작물에 대해 잡초를 제어하기 위해 매우 널리 사용되는 제초제이지만, 이는 토양 고체에 매우 큰 친화력을 갖기 때문에 물에서 우려할 정도의 농도로는 거의 검출되지 않는다. 글리포세이트는 미국에서 가장 널리 사용되는 제초제이고, 아트라진과 2,4-D가 그 뒤를 잇는다.

6.11.8 바이피리딜륨 화합물

그림 6.9의 구조에서 보는 것과 같이, 바이피리딜륨 화합물(bipyridilium compound)은 분자당 두 개의 피리딘(pyridine) 고리가 포함되어 있다. 이런 형태의 두 가지 중요한 농약은 제초제 **다이콰트(diquat)**와 **파라콰트(paraquat)**이며, 이들의 구조식은 그림 6.9에 나타냈다.

이런 부류의 제초제의 다른 화합물에는 클로르메콰트(chlormequat), 모어팜콰트(morfamquat) 및 다이펜조콰트(difenzoquat)가 있다. 이러한 화합물들을 식물 조직에 직접 뿌리면, 이들은 식물 세포를 신속히 파괴하여 식물이 서리를 맞은 모양이 되게 한다. 그러나 이 화합물들은 도양, 특히 점토 광물 부분에 매우 강하게 결합하여 제초제의 활성을 빠르게 상실하므로, 제초제 살포 후 하루나 이틀 내에 살포된 경작지에 작물을 심을 수 있다.

1965년에 사용 등록된 파라콰트는 가장 많이 사용되는 바이피리딜륨 제초제 중 하나이다. 그러나 파라콰트는 독성이 매우 강하여, '수백 명의 인간 사망에 책임이 있는' 것으로 생각되었다.[5] 파라콰트에 치명적 또는 위험한 수준으로 노출되는 것은 모든 경로를 통해 일어날 수 있는데, 예를 들면 스프레이 흡입, 피부 접촉, 경구 섭취, 그리고 심지어는 자살 피하 주사가 있다. 이러한 가능성과 광범위한 사용에도 불구하고, 파라콰트는 적당한 절차를 따르면 악영향 없이 안전하게 사용된다.

파라콰트는 제초제로 널리 쓰이기 때문에, 식품은 상당한 수준의 파라콰트에 오염될 가능성이 존재한다. 또한 파라콰트에 의한 음용수의 오염도 관찰되었다.

6.11.9 헤테로 고리 질소 화합물 제초제

많은 중요한 제초제들은 고리 구조 내에 세 개의 헤테로 고리 질소 원자들을 갖고 있으므로 **트라이아진(triazine)**이라고도 불린다(그림 6.10). 트라이아진 제초제는 광합성을 저해한다. 표적 식물은 트라이

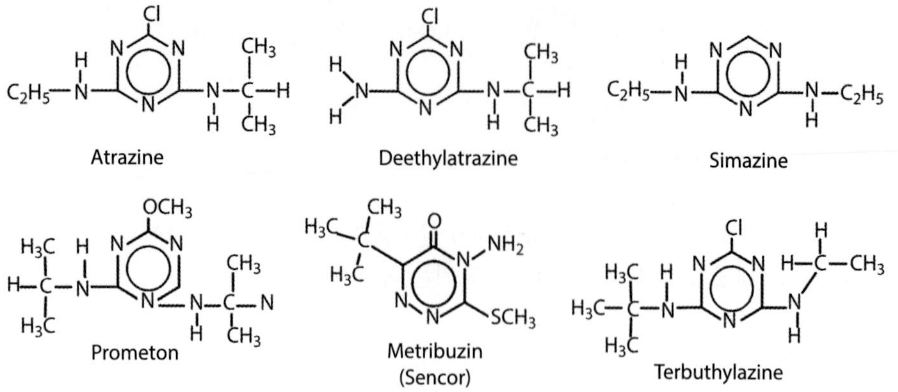

그림 6.10 트라이아진 제초제. 이 화합물들은 이들이 널리 사용되는 농업 지역에서 물 오염 물질로 흔히 발견된다. 디에틸아트라진(deethylatrazine)은 아트라진(atrazine)의 생분해 산물이다.

아진을 대사하여 해독할 수 없으므로, 이 제초제는 선택성을 갖는다. 이 부류 중 가장 오래되고 일반적인 예는 아트라진(atrazine)으로, 이는 일반적으로 옥수수 재배지의 잡초를 죽이는 데 사용되어 옥수수 재배 지역에 널리 퍼진 물 오염 물질이다. 이러한 부류의 또 다른 화합물은 콩, 사탕수수 및 밀 재배에 널리 사용된 메트리뷰진(metribuzin)이다.

6.11.10 클로로페녹시 제초제

그림 6.11에 보여 주는 2,4-D와 2,4,5-트라이클로로페녹시아세트산(2,4,5-trichlorophenoxyacetic acid, 2,4,5-T)을 포함한 클로로페녹시 제초제(chlorophenoxy herbicide)는 잡초와 관목 방제용 및 군사용 고엽제로 대량 제조되었다. 한때, 2,4,5-T는 제조 공정 중 부산물로 발생하는 오염 물질 TCDD (6.12.1절 참조) 때문에 특히 우려되었다.

6.11.11 기타 제초제

환경적으로 중요한 많은 제초제들이 위에서 기술한 분류에 포함되지 않는다. 이들 중 물 오염 물질로 발견될 가능성이 있는 가장 흔히 사용되는 제초제들을 그림 6.12에 나타냈다.

나이트로아닐린(nitroaniline) 제초제는 트라이플루라린(trifluralin)에 대해 보는 바와 같이, 벤젠 고리에 $-NO_2$ 및 치환된 $-NH_2$기가 있는 것이 특징이다. 이러한 부류의 제초제는 농업 분야에 널리 사용되며, 베네핀(benefin, Balan), 오리잘린(oryzalin, Surflan), 펜다이메탈린(pendimethalin, Prowl) 및 플루코랄린(fluchoralin, Basalin)을 포함한다.

매우 다양한 화학 물질이 제초제로 사용되었으며, 잠재적인 물 오염 물질이었다. 한 가지 그러한 물질은 R-메코프롭(R-mecoprop, 그림 6.12)이다. 다른 유형의 제초제로는 치환된 요소, 카바메이트 및 싸이오카바메이트가 있다.

1960년경까지는 삼산화 비소(arsenic trioxide)와 기타 무기 비소 화합물들(6.4절)이 잡초를 죽이는 데 사용되었다. 에이커(약 4,050 m^2)당 수백 킬로그램에 이르는 엄청나게 많은 사용률과 비소는 생분

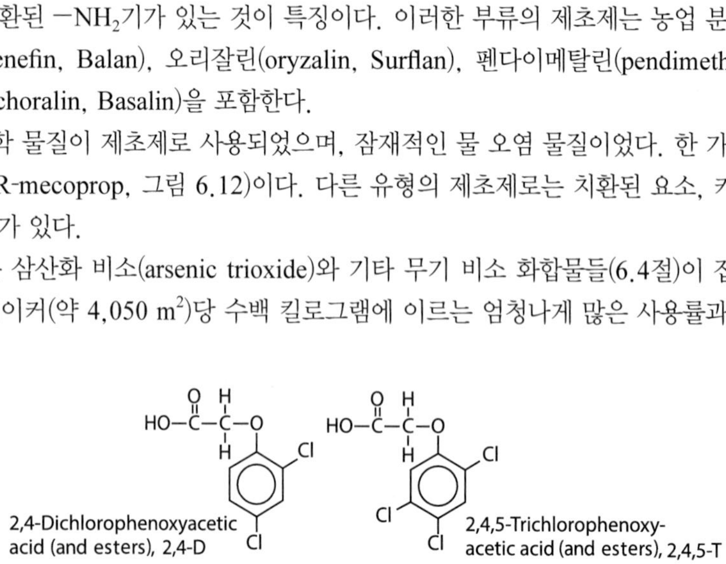

그림 6.11 클로로페녹시 제초제.

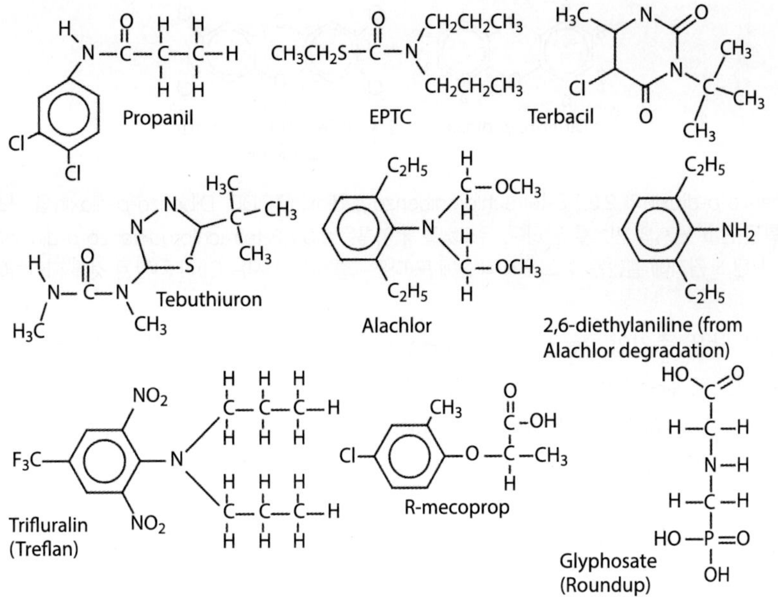

그림 6.12 물 오염 물질로 흔히 발견되는 기타 제초제.

해되지 않기 때문에, 이전에 무기 비소가 사용된 농경지에서 지표수 및 지하수가 비소로 오염될 가능성은 여전히 존재한다. 카코딜산(cacodylic acid)과 같은 유기 비소 화합물도 잡초를 죽이는 데 널리 사용되었다.

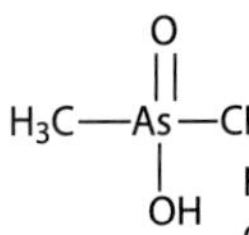

Hydroxydimethylarsine oxide, cacodylic acid

6.12 물 중 유기염소 화합물

이전 절에서 언급했듯이, 유기염소 화합물은 한때 가장 널리 사용된 합성 살충제였다. 역사적으로 가장 주목할 만한 살충세는 DDT(그림 6.5)이었다. 대부분의 유기염소 화합물은 단계적으로 제조가 중단되었지만, 다양한 종류의 기타 유기할로젠 화합물뿐만 아니라 유기염소 화합물은 여전히 물 오염 문제를 일으키며, 이 중 일부는 이 절에서 논의한다.

6.12.1 살충제 제조 과정에서 생성되는 부산물

많은 물 오염과 건강 문제는 유기염소계 살충제의 제조와 관련이 있다. 가장 악명 높은 농약 제조의 부산물은 **폴리염화 다이벤조다이옥신 화합물(polychlorinated dibenzodioxins)**이다. 다이벤조-*p*-다이옥신(dibenzo-*p*-dioxin, 그림 6.13)의 수소 원자들은 한 개에서 여덟 개의 Cl 원자로 치환되어, 총 75개의 염소 치환 유도체가 만들어질 수 있다. 이러한 화학종들을 총칭하여 '다이옥신류(dioxins)'라고 하는데, 이들은 환경적으로뿐만 아니라 독성학적으로 매우 중요하다. 다이옥신류 중에서 가장 주목할 만한 오염 물질이고, 유해한 폐기물 화합물은 **2,3,7,8-tetrachlorodibenzo-*p*-dioxin(TCDD)**이며 종종 간단히 **'다이옥신(dioxin)'**이라고 한다. 이 화합물은 1960년대까지 사용된 공정에 의해 합성된 클로로페녹시 제초제와 같은 일부 아릴, 산소 함유 유기할로젠 화합물을 제조하는 과정에서 낮은 농도의 오물질로 생성되었다.

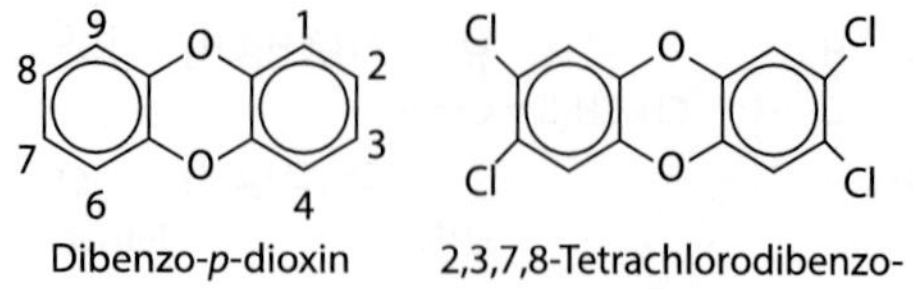

그림 6.13 Dibenzo-*p*-dioxin과 2,3,7,8-tetrachlorodibenzo-*p*-dioxin(TCDD. Dibenzo-*p*-dioxin의 구조에서 각 숫자는 수소 원자가 결합된 탄소 원자의 번호를 말하며, 유도체들의 이름은 2,3,7,8-tetrachlorodibenzo-*p*-dioxin의 구조와 이름에 의해 알 수 있듯이, 탄소 원자에 결합된 수소 원자 대신에 또 다른 그룹(여기에서는 Cl)이 치환된 것에 기반하여 이름을 짓는다.

TCDD는 매우 낮은 증기압, 높은 녹는점(305℃) 및 단지 0.2 μg/L의 물에 대한 용해도를 나타낸다. 이 물질은 화학적으로 반응성이 없고, 약 700℃까지도 열에 대해 안정하며, 거의 생분해가 일어나지 않는다. 다이옥신은 일부 동물에 매우 큰 독성을 나타내, 수컷 기니피그에 대한 LD_{50}은 0.6 μg/kg(체중) 밖에 되지 않는다. [인간에 대한 독성의 유형과 정도는 대체로 알려져 있지 않다. 염소좌창(choracne)이라고 불리는 심각한 피부병을 일으키는 것은 알려져 있다.] TCDD는 안정하고 지속성이 강한 환경 오염 물질이며, 상당히 우려되는 유해 폐기물 성분이다. TCDD는 일부 도시의 소각 배출물에서 확인되었는데, 이 물질은 소각로에서 유기염소 화합물의 연소에서 발생된 염소가 탄소와 반응하여 생성되는 것으로 생각되고 있다.

TCDD에 의한 오염은 부적절한 폐기물 처리에서 발생하는데, 이 중 가장 주목할 만한 사례는 1970년대 초 미국 Missouri 주의 도로와 경마장에 TCDD가 섞여 있는 폐유를 살포하여 일어났다. Missouri 주의 타임즈 비치(Times Beach)의 토양 오염으로 인해 마을 전체가 매각되었고, 1억 달러 이상의 비용을 들여 그곳의 표토를 파내어 소각하였다.

농약 제조로 초래된 큰 환경 재앙 중 하나는 케폰(Kepone) 생산 과정과 관련 있으며, 이 구조는 아래와 같다.

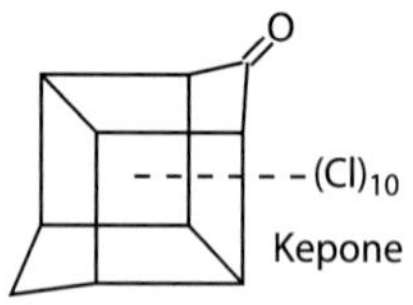

이 농약은 바나나 뿌리 갉아 먹는 벌레, 담배 선충, 개미 및 바퀴벌레를 방제하는 데 사용되었다. 케폰은 조류, 설치류 및 인간에게 급성, 지연성 및 누적 독성을 나타내고 설치류에게는 암을 유발한다. 케폰은 1970년대 중반 미국의 Virginia 주 Hopewell 시에서 제조되었다. 이 기간에 작업자들은 케폰에 노출되었고, 그 결과 건강 문제로 고통을 받은 것으로 주장된다. 53,000 kg 정도의 케폰이 Hopewell 시의 하수 시스템을 통해 James 강으로 버려진 것으로 추정되었다. 이 폐기물을 제거하기 위해 강바닥을 준설하는 데 소요된 비용은 수십억 달러의 엄청난 비용으로 추산되었다.

6.12.2 폴리염화 바이페닐

1966년에 환경 오염 물질로 처음 밝혀진 **폴리염화 바이페닐(polychlorinated biphenyls**, PCB 화합물)은 물, 퇴적물, 새 조직 및 어류 조직에서 전 세계적으로 발견되었다. 이 화합물들은 특정 폐기물의 중요한 부류를 구성한다. 이 화합물들은 그림 6.14의 왼쪽에 보인 바와 같이, 바이페닐 아릴 구조에 1~10개의 Cl 원자를 치환하여 생성한다. 이 치환은 209개의 서로 다른 화합물들(동족체, congener)을 생성할 수 있으며, 그 중 하나의 예는 그림 6.15의 오른쪽에 나타냈다.

폴리염화 바이페닐은 화학적, 열적 및 생물학적으로 매우 안정하고, 증기압이 낮으며, 유전 상수가 높다. PCB는 이러한 성질 때문에 변압기 및 축전기의 냉각제-절연 유체로, 면과 석면의 함침을 위해 가소제로서, 그리고 일부 에폭시 페인트의 첨가제로 사용되었다. 매우 안정적인 PCBs를 매우 유용하

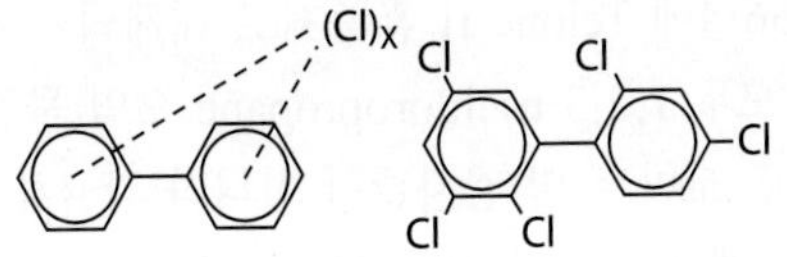

그림 6.14 폴리염화 바이페닐의 일반적인 구조(왼쪽, 여기에서 염소는 1개에서 10개)와 5개의 염소를 갖는 특정 동족체(오른쪽).

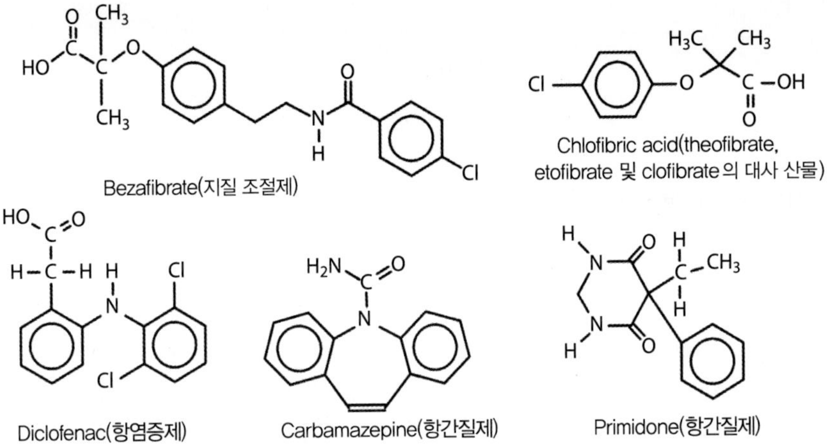

그림 6.15 물 오염 물질로 우려되는 의약 및 대사 산물들.

게 만든 동일한 특성은 이러한 물질들이 환경에 광범위하게 퍼지고 축적되는 데 기여하였다. 미국에서는 1976년에 통과된 유해 물질 규제법(Toxic Substances Control Act)에 따라 발표된 규정에 의해 PCBs의 제조는 중단되었고, 이들의 사용과 폐기는 엄격하게 통제되었다. 환경에서 PCBs의 생분해는 어느 정도 일어난다.[5]

전기 분야에 사용하던 PCBs의 대체 물질이 개발되었다. 버려진 전기 장비 및 기타 배출원에서 나오는 PCBs를 처분하는 것은 문제를 일으켰는데, 이는 특히 PCBs가 배기 굴뚝을 통해 증기로 빠져나가 일반적인 소각에서도 살아남을 수 있기 때문이다. 그러나 이러한 화합물들은 특별한 소각 과정을 통해 파괴될 수 있다.

PCBs는 1950년부터 1976년까지 강의 최남단 댐에서 상류로 약 60 km 떨어진 두 곳의 축전지 제조 공장에서 배출된 폐기물의 결과로 Hudson 강 퇴적물에서 특히 두드러진 오염 물질이다. 두 공장의 강 하류 퇴적물에서 PCBs의 농도는 약 10 ppm이었는데, 이는 강 및 하구에서 흔히 측정되는 농도보다 10~100배 높았다. 2002년에, 제너럴 일렉트릭(General Electric Co.)은 1억 달러가 넘는 비용을 들여 PCBs로 오염된 Hudson 강 구역을 준설하고 오염을 정화하라는 명령을 받았다. 2011년에 제2단계의 정화가 시작되었고, 2018년에 완공할 예정이었다. 2019년에 미국 환경 보호청은 준설, 덮개 및 서식지 복원이 적절하게 수행되었으며, 추가 연구가 진행되는 동안 추가 정화가 필요하지 않을 것이라고 확인하였다.

6.12.3 지하수 중 1,2,3-트라이클로로프로페인

1,2,3-트라이클로로프로페인(1,2,3-trichloropropane)은 지하수 오염 물질로, 특히 California 주 농업 지역에서 발견되었다.[6] 지하수에서 이 화합물의 중요한 배출원은 식물에 피해를 주는 선충류(회충)를 방제하기 위해 적어도 1940년대 이래로 수십 년 동안 California 농업 및 과수원 토양으로 주입된 토양 훈증제의 제조 과정에서 생성된 부산물 오염 물질의 존재이다. 수년 동안 가장 널리 사용된 그러한 훈증제 중 하나는 1943년에 도입된 1,3-dichloropropene과 1,2-dichloropropane의 혼합물인

D-D 토양 훈증제이다. 이는 1956년에 Telone II 훈증제로 대체되기 시작하였으며, 이의 활성 성분은 1,3-dichloropropane이다. 이들 모두 1,2,3-trichloropropane 오염 물질을 함유하고 있다. 이러한 훈증제는 연간 2천 5백만 kg의 양으로 토마토 및 감자뿐만 아니라 감귤류, 포도, 파인애플, 콩 및 목화 작물을 재배하기 위해 토양 표면 아래에 주입하였다. 이 화합물은 지하수에서 지속적이며, 물과 접촉하는 토양 고체에 쉽게 유지되지 않는다. 물에서 1,2,3-trichloropropane은 잠재적인 인체 발암 물질로 간주된다. 2020년에 California 환경 보건 평가국은 이 화합물에 대한 음용수 기준을 0.7 ng/L로 확인하였다.

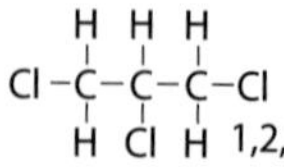

1,2,3-Trichloropropane

6.12.4 천연 발생 염소 및 브로민 화합물

6.11절에서 살충제로 논의된 것과 같이, 물 중 할로젠을 포함하는 유기 화합물은 보통 인위적인 배출원으로부터 발생하는 것으로 간주되지만, 2020년까지 5,000개 이상의 화합물들이 자연 발생원으로부터 확인되었다.[7] 이러한 화합물들은 주로 해양 생물, 특히 일부 종류의 홍조류에 의해 아마도 화학 방어제로 생성된다. 일부 해양 미생물, 애벌레, 해면 동물 및 멍게도 유기염소 및 유기브로민 화합물을 생성하는 것으로 알려져 있다. 이 화합물들 중 다양한 화합물들이 북극 지역에서 공기, 어류, 바닷새 알, 해양 포유동물 및 에스키모 여성의 모유에서 검출되었다. 해양 환경에서 흔히 접하는 그러한 화합물의 한 가지 예는 1,2′-bi-1H-pyrrole,2,3,3′,4,4′,5,5′-heptachloro-1′-methyl($C_9H_3N_2Cl_7$)이며, 그 구조는 아래와 같다.

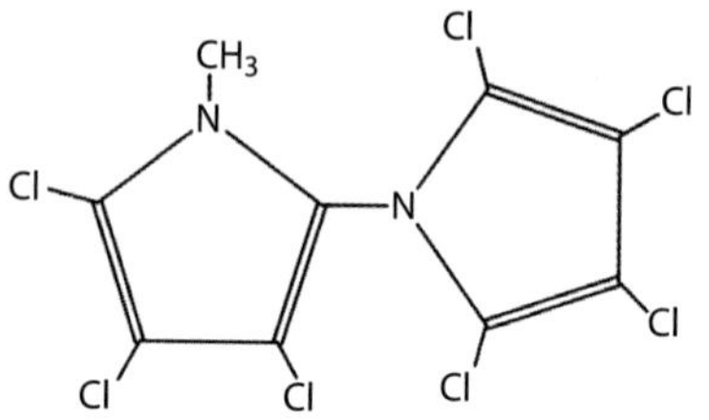

6.13 신종 물 오염 물질, 의약 및 가정 폐기물

다양한 목적으로 사용되는 신제품의 지속적인 개발로 인해 물에서 우려할 수 있는 다양한 종류의 **신종 오염 물질(emerging pollutant)**에 관심이 생겼다.[8] 이러한 종류의 오염 물질들의 예로는 의약, 개인 위생용품, 항미생물 화합물, 호르몬, 폴리 브로민화 화합물 및 과플루오린화 화합물들이 있다.

이러한 신종 오염 물질 중 두드러진 것은 1~100 nm 크기 범위에 있는 매우 작은 물질로 구성된 **나노 물질(nanomaterial)**이다. 다양한 종류의 나노 물질들은 높은 열 안정성, 낮은 투과성, 높은 강도, 높은 전도도 및 높은 표면적 대 부피 비율의 독특한 성질을 갖고 있다. 이러한 성질과 다른 특징 때문에 나노 물질은 전자 제품, 자동차, 의복, 자외선 차단제, 화장품, 물 정화, 약물 전달 시스템 및 기타 제품에 사용된다. 나노 물질의 상업적 이용은 최근에 빠르게 성장하였다. 나노 물질의 잠재적인 오염 영향 및 독성은 거의 알려진 바가 없지만, 물 오염 물질로서의 잠재적인 영향은 상당한 우려를 불러일으킨다.[9]

또 다른 부류의 신종 물 오염 물질은 옥타메틸사이클로테트라실록세인(octamethylcyclotetrasiloxane), 데카메틸사이클로펜타실록세인(decamethylcyclopentasiloxane) 및 도데카메틸사이클로헥사실록세인(dodecamethylcyclohexasiloxane)과 같은 **실록세인(siloxane**, 일반적으로 실리콘(silicone)이라고 함)이다. 실록세인은 열적으로나 화학적으로 매우 안정적이므로, 변압기의 냉각제, 반도체의 보호용 캡슐화 물질, 윤활유, 코팅제 및 밀폐제로 사용된다. 실록세인은 탈취제, 화장품, 비누, 헤어 컨디셔너 및 염색약 등의 개인 미용 및 위생용품과, 발수성 앞 유리창 코팅제, 세제의 거품 방지제 및 식품 첨가제와 같은 기타 제품에 널리 사용된다. 실록세인은 생분해에 대한 내성이 있으므로 폐수가 유입되는 물에서 발견된다.

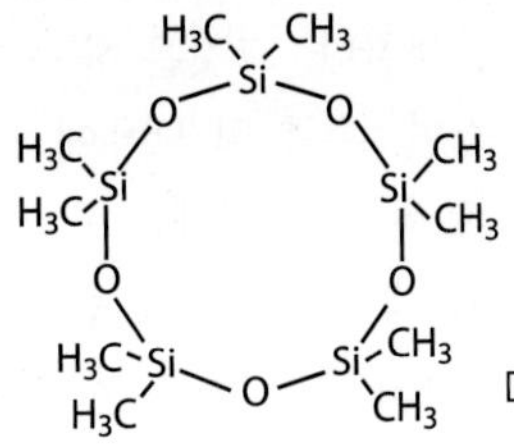

Decamethylcyclopentasiloxane(고리형 실록세인)

소독 부산물(disinfection by-products)은 물 오염 물질로 약간의 우려 대상이다. 이러한 화합물들은 염소, 하이포염소산염 및 이산화 염소와 같은 물 소독제의 반응으로 생성되는 할로젠과 질소가 함유된 화합물이다. 음용수를 통한 노출 이외에도 인간은 목욕이나 수영 중 피부 접촉을 통해, 그리고 샤워하는 동안에는 물에서 방출되는 증기를 통해 이러한 화합물에 노출된다. 브로민화 화합물과 아이오딘화 화합물은 물에서 브로민화 이온(Br^-) 또는 아이오딘화 이온(I^-)과의 반응에 의해 염소 처리된 물에서 생성되는데, 일반적으로 이러한 음이온은 해수나 염도가 높은 지하수가 침투하는 지역에 존재한다.

가장 흔한 소독 부산물은 **트라이할로메테인류(trihalomethanes)**로, 클로로폼($CHCl_3$), 다이브로모클로로메테인($CHBr_2Cl$), 브로모다이클로로메테인($CHBrCl_2$) 및 트라이브로모메테인(또는 브로모폼, $CHBr_3$)이 이에 속한다. 이러한 화합물들은 모두 물 염소화의 부산물이며, 그룹 B 발암 물질(실험 동물에 암 유발)이다. 단연코 수계에서 가장 풍부한 것은 트라이클로로메테인(클로로폼)이다. 다이브로모클로로메테인은 클로로폼보다 약 10배의 발암 위해도를 나타내는 것으로 간주되고, 트라이브로모메테인은 클로로폼보다 발암 위해도가 약간 더 큰 것으로 생각된다. 미국 환경 보호청은 음용수 중 총 트라이할로메테인류(total trihalomethanes, TTHMs)에 대한 최대 허용 한계를 80 μg/L로 설정하였다.

가정 폐기물과 관련된 다양한 물질들이 물, 특히 처리된 하수 방류수에서 검출된다. 이러한 물질에는 스테로이드, 계면 활성제, 난연제, 방향제, 가소제, 의약물 및 그 대사 산물이 포함된다. 상당히 많은 종류의 이러한 물질들이 검출되지만, 이들은 일반적으로 ppb 수준에 불과하므로, 놀라운 성능을 갖춘 현대적인 분석 장비에 의해 검출될 수 있다는 것에 주목해야 한다. 지하수 및 상수도에서 발견되는 '외래' 유기물에 대한 연구에서,[10] 콜레스테롤, 니코틴 대사 산물인 코티닌, β-시토스테롤(천연 식물성 스테롤), 1,7-다이메틸잔틴(카페인 대사 산물), 비스페놀-A 가소제 및 내화제인 (2-클로로에틸) 인산염이 검출되었다.

의약 화합물과 이의 부분 분해 생성물은 인간의 섭취 및 배설과 폐수와 함께 버려지는 폐기물로 하수와 함께 배출된다.[11] 선진국에서 하수에 포함된 이러한 물질들의 양은 연간 100톤에 달할 수도 있다. 강물에서 측정된 일반적인 의약물의 농도는 약 1 μg/L이다. 이 농도는 비교적 낮은 값이지만, 점점 더 높은 약 효능, 생체 이용률 및 분해 저항성을 위해 고안되는 의약물에 내재된 생물학적 활성 때문에 다소 우려된다. 그림 6.15는 물에서 발견된 가장 흔한 의약 물질들과 이들의 분해 생성물들 중 일부를 보여 준다.

6.13.1 살균제 및 항생제

세척 및 소비자 용품에 사용되는 살균제(bactericide)는 물에서 검출될 수 있다. 이들 중 가장 흔한 것 중 하나는 트라이클로로산(triclosan)으로, 샴푸, 탈취제, 로션, 치약, 운동복, 신발, 카펫 및 심지어 쓰레기통뿐만 아니라 항균 비누에 널리 사용된다.[12]

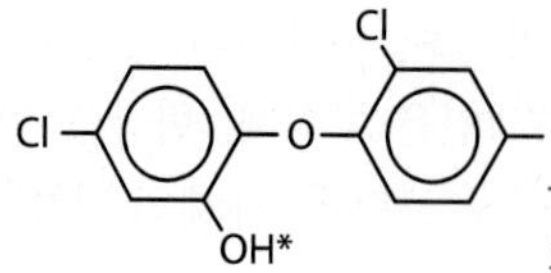

Triclosan(methyl triclosan은 H*로 표시된 H 대신 $-CH_3$로 치환됨)

이 화합물과 그것의 메틸 유도체는 자연수에서 매우 낮은 수준으로 널리 발생한다. 이 화합물과 그 메틸 유도체는 자연수에서 매우 낮은 수준으로 광범위하게 발생한다. 그것은 하수 처리의 생물학적 고형물 잔류물이 놓인 토양에서 발견되었으며, 인간의 혈액, 소변, 손톱 및 모유에서 검출되었다. 이 화합물은 아마도 지방 조직에 축적되는 경향이 있으며, 에스트로젠일 수 있다.

물에서 항생제 문제는 체중 증가를 극대화하기 위해 질병을 예방하고 사료 섭취 효율을 향상시키기 위해, 이러한 종류의 의약물을 가축에 투여함으로써 더욱 악화되었다. 축산 분뇨와 함께 물에 유입되는 항생제 및 그 대사 산물 외에도, 이러한 항생제 투여는 항생제 내성 유전자를 세균에 도입하는 효과가 있어, 항생제 치료에 내성이 있는 병원체가 발생할 수 있다.

6.13.2 폐수 방류수 중 에스트로젠 물질

하수와 심지어 처리된 하수 방류수에서조차 흔히 발견되는 특히 우려되는 물 오염 물질의 부류는 생물의 대사와 생식 기능을 조절하는 중요한 내분비선의 활동을 교란할 수 있는 **에스트로젠 물질(estrogenic substance)**이다. 어류, 개구리 및 악어와 같은 파충류를 포함한 수생 생물들은 이러한 물질에 노출되면 생식 기능 장애, 이차 성징의 변화 및 비정상적인 혈청 스테로이드의 농도를 나타낼 수 있다. 이러한 물질에는 외생성 에스트로젠 물질이 포함되며, 여기에는 경구 피임약, 호르몬 장애 치료 및 암 치료에 사용되는 17α-ethynyl estradiol, diethylstilbestrol(DES), mestranol, levonorgestrel 및 norethindrone이 있다.

사료 보충제로 사용되는 스테로이드 호르몬은 육우를 비롯한 가축, 특히 집중 가축 사육 작업에서 일반적으로 투여된다. 이러한 보충제는 사육 효율을 향상시켜 생산성을 향상시킨다. 여기에는 내인성 에스트로젠(estradiol, estriol, estrone)과 합성 스테로이드 호르몬(trenbolone acetate, zeranol)이 포함된다. 이들은 광범위하게 사용되기 때문에, 투여되는 양은 아주 적지만 잠재적인 물 오염 물질로 우려된다(일반적으로 동물의 귀 뒤에 이식되어 있고, 동물이 도살될 때 귀를 잘라 버린다).

물에서 에스트로젠 물질과 그 대사 산물이 미치는 가장 명백한 영향은 폐수 내 에스트로젠 화합물로 인해 처리된 하수 방류수의 하류에서 관찰되는 수컷 어류의 암컷화이었다. 처음에는 영국에서, 그리고 나중에는 미국과 유럽에서 언급된 이 수컷 어류는 암컷 어류의 알 생성과 관련된 단백질을 생성하고, 정소에서 초기 단계의 알을 생성하는 것으로 관찰되었다. 이러한 영향은 경구 피임약으로 사용되는 합성 17α-ethinylestradiol 및 천연 호르몬인 17β-estradiol의 잔류물에 주로 기인한다. 17α-ethinylestradiol의 glucuronide 및 황산염 접합체는 소변으로 배설되고, 물에서 세균에 의해 분해되어 원래의 화합물로 돌아간다.

일부 합성 물질들도 에스트로젠 교란 물질로 작용한다. 물 오염 물질로 가장 중요한 우려 물질은 앞서 세제 논의에서 언급한 비이온성 계면 활성제 폴리에톡실레이트(polyethoxylate) 및 이들의 주요 분해 생성물인 지속성이 강한 노닐페놀(nonylphenol)이다. 이러한 물질들은 호르몬 물질보다 훨씬 덜 강력하지만, 연간 수백만 킬로그램의 비이온성 계면 활성제가 사용되면 물 오염 물질로 중요한 요소가 된다.

6.13.3 생물학적 난분해성 유기 오염 물질

매년 전 세계적으로 수백만 톤의 유기 화합물들이 제조된다. 수천 종의 그러한 화합물들의 상당한 양이 물 오염 물질로 나타난다. 대부분의 이러한 화합물들, 특히 생분해가 덜한 물질들은 최근까지도 살아 있는 생물이 노출된 적이 없는 물질들이다. 종종, 생물에 미치는 이 유기 화합물들의 영향, 특히 낮은 농도로 장기간 노출되는 것은 알려지지 않았다. 합성 유기물들은 유전자 손상, 암, 또는 기타 악영향을 일으킬 가능성이 있다. 긍정적인 측면에서, 유기 농약은 수백만 명이 굶주리지 않도록 농업 생산성을 향상시킨다. 합성 유기 화합물은 공급이 부족한 천연물을 점차 더 대체하고 있다. 따라서 유기 화학 물질은 현대 사회를 움직이는 데 필수적이다. 그러나 잠재적인 위험성 때문에 이들에 대한 환경 화학의 지식을 얻는 것이 최우선 순위이어야 한다.

생물학적 난분해성 유기물(biorefractory organics)은 폐수에서 가장 우려되는 유기 화합물이며, 특히 음용수의 공급원에서 검출되었을 때 그렇다. 이러한 물질들은 생분해성이 낮은 물질이며, 때로는 **잔류성 유기 오염 물질(persistent organic pollutants**, POPs)이라고 하며, 그 중 대표적인 예는 아릴 또는 염소화 탄화수소이다. 물에서 발견될 수 있는 생물학적 난분해성 화합물에는 벤젠(benzene), 클로로폼(chloroform), 염화 메틸(methyl chloride), 스타이렌(styrene), 테트라클로로에틸렌(teterachloroethylene), 트라이클로로에테인(trichloroethane) 및 톨루엔(toluene)이 포함된다. 이러한 물질들은 잠재적인 독성 이외에도, 물에서 맛과 냄새의 문제를 일으킨다. 이러한 물질들은 생물학적 처리로는 완전히 제거되지 않으며, 이러한 화합물로 오염된 물은 탈기(air stripping), 용매 추출, 오존 처리 및 탄소 흡착을 포함한 물리적 및 화학적 방법으로 처리되어야 한다.

메틸 *tert*-뷰틸 에터[methyl *tert*-butyl ether(MTBE)]는 아래에 나타냈다.

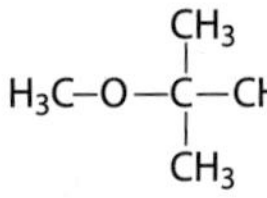

MTBE

MTBE는 한때 가솔린의 옥테인 촉진제(octane booster)로 사용되었으나, 미국에서는 낮은 수준의 물 오염 물질로 드러나 단계적으로 사용이 금지되었다. 레저용 호수 및 저수지에서 검출된 이 화학 물질의 수준은 물에 배기가스를 직접 배출하는 2행정 엔진을 장착한 레저용 모터보트와 개인용 선박에서 불완전 연소된 연료의 배출에 기인한 것으로 생각된다.

과플루오린화(perfluorinated) 유기 화합물은 잔류성 유기 오염 물질의 독특한 부류에 속한다. 이 물질들은 CF_4와 같이 대기에서 완전히 플루오린으로 치환된 탄화수소 유도체로 발생하며, 대기 오염 물질 및 기후 온난화에 기여하는 잠재적인 온실 가스로 간주된다. 유기산 또는 그 염인 기타 과플루오린화 화합물들도 물 오염 물질로 발견되었다. 가장 흔히 인용된 것은 과플루오로옥테인 설폰산(perfluorooctane sulfonic acid)의 염이며, 이 밖에도 과플루오로헥세인산(perfluorohexanoic acid)과 같은 과플루오린화 카복실산(carboxylic acid)의 염이 포함된다.

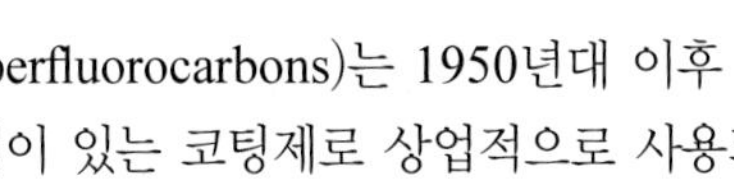

Perfluorooctane sulfonic acid

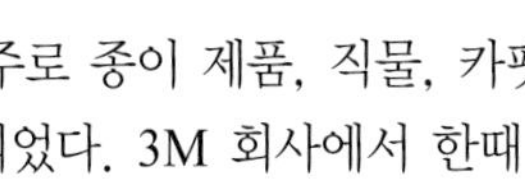

Perfluorohexanoic acid

과플루오로탄소(perfluorocarbons)는 1950년대 이후 주로 종이 제품, 직물, 카펫 재료 및 가죽에서 흙과 기름에 저항성이 있는 코팅제로 상업적으로 사용되었다. 3M 회사에서 한때 생산되었던 스카치가드(Scotchgard) 직물 보호제에는 과플루오로옥테인 설폰산(perfluorooctane sulfonate)이 함유되어 있었지만, 이 물질의 사용은 중단되었다. 과플루오로탄소(perfluorocarbons)는 또한 시추용 유체 및 소방용 거품의 계면 활성제로 사용되었다. 또한 알칼리 세제, 마루 광택제, 식각(etching) 용액 및 의치 세제로도 사용되었다. 과플루오로탄소는 물, 어류의 혈액과 간, 그리고 인간의 혈액에서 검출되었다.

브로민화 화합물(brominated compound)은 최근에 심각한 환경 및 물 오염 물질로 인식되었고, 일부 국가에서는 모유에서 발견되었다. 이러한 화합물들은 난연제로 제조되었으며, 주로 고분자 및 직물에 사용되었다. 오염 물질로 발견될 가능성이 가장 흔한 브로민화 화합물은 폴리브로민화 다이페닐 에터(polybrominated diphenyl ether)와 테트라브로모비스페놀(tetrabromobisphenol)이다.

벤조트라이아졸(benzotriazole)과 톨릴트라이아졸(tolyltriazole)은 금속 표면에 얇은 착물화 막을 형성하여 금속을 부식으로부터 보호해 주는 방식(anticorrosive)의 첨가물로 널리 사용되는 금속용 착물화제이다. 이 화합물들은 유압액, 냉각액, 부동액 및 항공기 제빙 유체를 포함한 다양한 제품에서, 그리고 식기 세제의 은 보호 목적으로 사용된다. 이러한 용도로 인해 트라이아졸은 일반적으로 폐수에 유입되는 '하수구' 화학 물질로 검출된다. 광범위한 사용, 높은 수용성 및 낮은 생분해성 때문에 이들은 처리된 폐수가 유입되는 물에서 가장 널리 검출되는 화학 물질이다.[13]

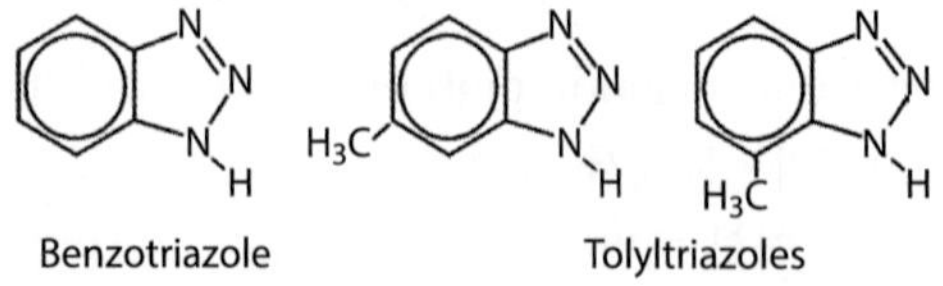

나프텐산(naphthenic acid)은 대략 분자량이 180~350의 범위에 있는 카복실산의 복잡하고 다양한 혼합물로, 전형적으로 분자당 한 개의 $-CO_2H$기와 석유 정제의 부산물인 한 개의 오각형 또는 육각형의 고리를 갖고 있다. 석유 정제에서 회수된 나프텐산은 용제, 윤활제, 부식 억제제, 금속 나프텐산염(naphthenate) 합성, 연료 첨가제, 제빙, 먼지 제어, 목재 보존 및 도로 안정화에 사용된다. 나프텐산에 의한 물 오염은 캐나다 Albert의 역청사(瀝青沙) 가공 지역에서 가장 심각한데, 이곳에서는 모래에서 중질 탄화수소 원유를 씻어내기 위해 부식성의 뜨거운 물을 사용하는데, 그 결과 많은 양의 점토, 모래 및 80~120 mg/L의 나프텐산으로 오염된 물을 남긴다. 이 산은 수생 생물에 독성을 나타내고 내분비 교란 물질이다.

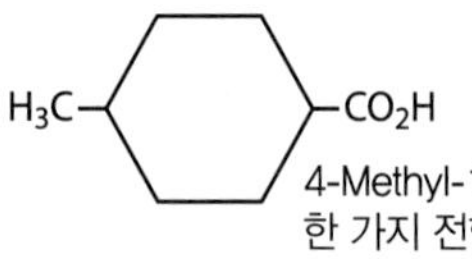

4-Methyl-1-cyclohexane carboxylic acid,
한 가지 전형적인 저분자량의 naphthenic acid

6.14 물 환경에서 방사성 핵종

제2차 세계 대전 이래로, 무기 및 원자로에 의한 **방사성 핵종(radionuclide**, 방사성 동위 원소)의 대량 생산은 방사능(radioactivity)이 건강과 환경에 미치는 영향에 대한 우려를 증가시켰다. 방사성 핵종은 우라늄이나 플루토늄과 같은 원소들의 중핵(heavy nuclei, 질량수가 80 이상)이 분열되어 생성된다. 이들은 또한 중성자가 안정한 핵과 반응하여 생성된다. 이러한 현상은 그림 6.16에 나타냈고, 일부 특정한 예를 표 6.6에 보여 주고 있다. 방사성 핵종은 원자력 발전에서 폐기물로 많은 양이 생성된다. 이들의 궁극적인 처분은 원자력 발전의 광범위한 사용에 관한 많은 논쟁을 일으킨 문제이다. 인위적으로

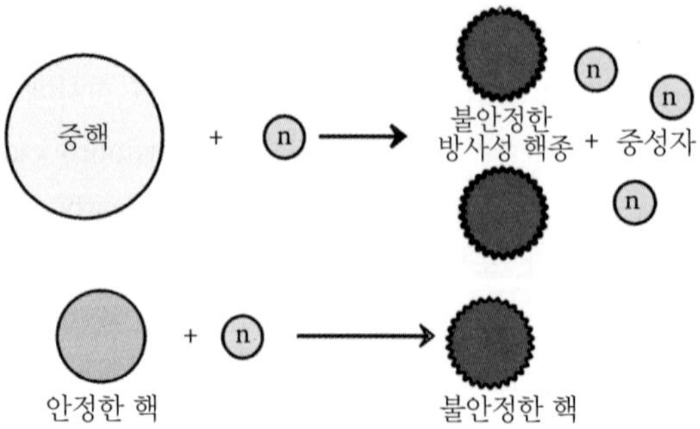

그림 6.16 ^{235}U와 같은 중핵은 중성자를 흡수하고 분열되어, 더 가벼운 방사성 핵을 생성할 수 있다. 안정한 핵은 중성자를 흡수하여 방사성 핵을 생성할 수 있다.

표 6.6 물 중 방사성 핵종

방사성 핵종: 반감기; 핵 반응, 설명, 발생원

자연 발생과 우주 반응에서 유래된 것

탄소-14: 5730년; $^{14}N(n,p)^{14}C$, 우주 또는 핵무기 물질이 N_2와 반응하여 생성된 열중성자

위의 표기는 동위 원소 질소-14가 중성자 n과 반응하여 양성자 p를 방출하고 탄소-14 동위 원소를 생성하는 것을 나타냄; 다른 핵 반응은 이 표기에서 추론할 수 있는데, 여기에서 x는 파쇄로 인한 핵 파편을 나타낸다.

실리콘-32: ~300년; $^{40}Ar(p,x)^{32}Si$, 우주선의 양성자에 의한 대기 아르곤의 핵 파쇄(분열)

포타슘-40: ~1.4×10^9년; 체내 포타슘을 포함한 자연 포타슘의 0.0119%

^{238}U 계열로부터 자연 발생

라듐-226: 1,620년; 퇴적물로부터 확산, 대기

납-210: 21년; $^{226}Ra \rightarrow$ 여섯 단계 $\rightarrow {}^{210}Pb$

토륨-230: 75,200년; $^{238}U \rightarrow$ 세 단계 $\rightarrow {}^{230}Th$ 현장에서 생성됨

토륨-234: 24일; $^{238}U \rightarrow$ 세 단계 $\rightarrow {}^{234}Th$ 현장에서 생성됨

원자로와 무기 핵분열로부터

원자로 및 무기 핵분열의 생성물로서 아래에 열거된 첫 번째 세 개의 핵분열 생성물 방사성 동위 원소는 높은 수득률 및 생물학적 활성 때문에 가장 중요하다. 다른 핵분열 생성물은 일반적으로 수득률이 감소하는 순서로 열거된다.

스트론튬-90: (28년) **아이오딘-131**: (8일) **세슘-137**: (30년)

바륨-140: (13일) > **지르코늄-95**: (65일) > **세륨-141**: (33일) > **스트론튬-89**: (51일) > **루테늄-103**: (40일) > **크립톤-85**: (10.3년)

비핵분열 발생원으로부터

코발트-60: 5.25년, 원자로에서 비핵분열 중성자 반응으로부터

망가니즈-54: 310일, 원자로에서 비핵분열 중성자 반응으로부터

철-55: 2.7년, $^{56}Fe(n,2n)^{55}Fe$, 무기 장비에서 철에 작용하는 고에너지 중성자로부터

플루토늄-239: 24,300년, $^{238}U(n,\gamma)^{239}Pu$, 우라늄에 의한 중성자 포획

생성된 방사성 핵종은 또한 산업 및 의학 용도로, 특히 '추적자(tracer)'로 널리 사용된다. 방사성 핵종은 너무 많은 가능한 오염원을 갖고 있어, 방사능 오염이 수계에서 나타난다. 더군다나, 방사성 핵종은 자연적인 발생원에서 수계로 들어갈 수 있다.

방사성 핵종은 **이온화(전리) 방사선(ionizing radiation)**인 알파 입자, 베타 입자, 및 감마선을 방출한다는 점에서 다른 핵과 다르다. 이러한 방출 중 가장 무거운 것은 **알파 입자(alpha particle)**로, 이는 원자 질량 4인 헬륨 핵으로 두 개의 중성자와 두 개의 양성자로 구성되어 있다. 알파 입자의 기호는 아래의 U-238의 방사성 붕괴(radioactive decay)에 대한 핵반응에서 보여 주고 있다.

$$^{238}_{92}U \rightarrow {}^{234}_{90}Th + {}^{4}_{2}\alpha \leftarrow \text{알파 입자 표시} \qquad (6.12)$$

이러한 변환은 원자 번호 92와 원자 질량 238인 우라늄 핵이 원자 번호 2와 원자 질량 4인 알파 입자를 잃고 원자 번호 90과 원자 질량 234인 토륨 핵을 생성할 때 일어난다.

베타선은 매우 큰 에너지를 가진 음전자 또는 양전자(positron이라고 함)로 구성되며, 아래에 보여 주는 것처럼 나타낸다.

$^{0}_{-1}\beta$ ↑ 음으로 하전된 베타 입자

$^{0}_{1}\beta$ ↑ 양으로 하전된 베타 입자

전형적인 베타 입자를 방출하는 염소-38은 염소를 중성자로 조사(照射)하면 생성될 수 있다. 염

소-37 핵(자연 존재 비율은 24.5%)은 중성자를 흡수하여 염소-38과 감마 방사선을 생성한다.

$$^{37}_{17}\mathrm{Cl} + ^{1}_{0}\mathrm{n} \rightarrow ^{38}_{17}\mathrm{Cl} + \gamma \tag{6.13}$$

염소-38 핵은 방사성이며, 음의 **베타 입자(beta particle)**를 잃어 아르곤-38 핵이 된다.

$$^{38}_{17}\mathrm{Cl} + \rightarrow ^{38}_{18}\mathrm{Ar} + ^{0}_{-1}\beta \tag{6.14}$$

음의 베타 입자는 실질적으로 질량이 없고 −1의 전하를 가지므로 안정한 동위 원소인 아르곤-38은 염소-38과 질량이 같고 핵전하가 1 더 크다.

감마선(gamma ray)은 X선과 유사한 전자기 방사선이지만, 더 에너지가 크다. 감마 방사선의 에너지는 종종 방출하는 핵의 잘 정의된 성질이기 때문에, 어떤 경우 방사성 핵종의 정성 및 정량 분석에 이용될 수 있다.

알파 입자, 베타 입자 및 감마선의 물질에 대한 주요 영향은 이온 생성이다. 따라서 이들을 **이온화 방사선(ionizing radiation)**이라고 한다. 크기 때문에 알파 입자는 물질 깊숙이 투과하지 못하지만, 투과하는 짧은 경로를 따라 엄청난 양의 이온화를 일으킨다. 따라서 알파 입자는 신체 밖에서는 거의 위험하지 않지만, 섭취하면 매우 위험하다. 베타 입자는 알파 입자보다 투과성이 높지만, 단위 경로 길이당 훨씬 적은 이온화를 일으킨다. 감마선은 입자 방사선보다 훨씬 더 깊이 투과하지만, 훨씬 적은 이온화를 일으킨다. 투과 정도는 에너지에 비례한다.

특정한 방사성 핵종의 **붕괴(decay)**는 일차 반응 속도론을 따른다. 즉, 짧은 시간 간격으로 붕괴되는 핵의 수는 존재하는 방사성 핵의 수에 정비례한다. 붕괴율($-\mathrm{d}N/\mathrm{d}t$)은 다음의 식과 같다.

$$\text{붕괴율} = -\mathrm{d}N/\mathrm{d}t = \lambda N \tag{6.15}$$

여기에서 N은 존재하는 방사성 핵의 수이고, λ는 속도 상수(단위는 시간의 역수)이다. 단위 초당 정확한 붕괴 수를 실험실에서 측정하는 것은 어렵기 때문에, 방사성 붕괴는 종종 절대 붕괴율에 비례하는 측정된 **방사능(activity**, A)으로 설명된다. 1차 붕괴 방정식은 A에 의해 나타낼 수 있다.

$$A = A_0 e^{-\lambda t} \tag{6.16}$$

여기에서 A는 시간 t에서의 방사능, A_0는 t가 0일 때의 방사능, 그리고 e는 자연 로그 밑이다. **반감기(half-life**, $t_{1/2}$)는 일반적으로 방사성 핵종의 특징을 나타내기 위해 λ 대신에 사용된다.

$$t_{1/2} = \frac{0.693}{\lambda} \tag{6.17}$$

용어에서 알 수 있듯이, 반감기는 특정 종류의 방사성 핵종의 주어진 원자 수의 반이 붕괴하는 데 걸리는 기간이다. 어떤 방사성 핵종의 방사능의 99.9% 손실에는 10번의 반감기가 필요하다.

방사선은 조직에서 유해 화학 반응을 개시하여 살아 있는 생물을 손상시킨다. 예를 들면, 생명 과정을 수행하는 거대 분자의 결합이 깨진다. 급성 방사선 중독의 경우, 적혈구를 생성하는 골수가 파괴되어 적혈구의 농도가 감소한다. 방사선으로 유발된 유전적 손상은 매우 우려되는 사항이다. 그러한 손상은 노출된 후 수년이 지나야 분명히 나타난다. 인간은 이온화 방사선의 영향에 대해 더 많이 알게 됨에 따라, 안전하다고 생각되는 선량(dosage) 수준은 꾸준히 낮아졌다. 예를 들어, 미국 원자력 규제 위원회(Nuclear Regulatory Commission, NRC)는 일부 방사성 동위 원소들의 최대 허용 농도를 1950년대 초에 안전하다고 여겼던 농도의 1/10,000 미만으로 낮추었다. 이온화 방사선에 조금 노출되더라도 약간의 손상이 수반될 수도 있지만, 모든 인간에서 발견되는 방사성 ^{40}K를 비롯한 일부 방사선은 자연 발생원으로부터 피할 수 없이 인체에 들어온다. 대다수 사람들에 대해 자연 방사선에 대한 노출은 인위적 발생원에 의한 노출보다 높다.

방사성 핵종의 생태 및 건강 영향에 대한 연구에는 많은 요인들이 고려되어야 한다. 그중에는 방사선 방사체의 유형과 에너지, 그리고 방사원의 반감기가 있다. 또한 특정 원소가 생물종에 흡수되는 정도와 수생태계에서 그 원소의 화학적 상호 작용 및 이동도 중요한 요소이다. 매우 짧은 반감기를 갖는 방사성 핵종은 생성될 때 위험할 수 있으나 환경에 영향을 끼치기에는 너무 빨리 붕괴된다. 매우 긴 반감기를 가진 방사성 핵종은 환경에서 오래 잔류할 수 있지만, 환경 손상이 거의 발생하지 않을 정도의 낮은 방사능을 갖는다. 따라서 일반적으로 중간 정도의 반감기를 갖는 방사성 핵종이 가장 위험하다. 이러한 핵종은 높은 방사능을 유지하면서 생명체에 들어갈 만큼 충분히 오래 지속된다. 생명체를 구성하는 원소의 방사성 핵종들은 살아 있는 조직 내로 들어가기 때문에 특히 위험하다. 핵실험의 흔한 폐기물인 스트론튬-90에 대해 많은 우려가 표명되었다. 이 원소는 뼈의 칼슘과 교환될 수 있다. 스트론튬-90 낙진이 목장 및 경작지에 떨어지면 소가 섭취한다. 결국, 이것은 젖소의 우유를 통해 유아와 어린이의 몸에 들어간다.

물에서 발견되는 일부 방사성 핵종(주로 라듐과 포타슘-40)은 천연 자원, 특히 광물로부터 침출된 것에서 비롯된다. 그 밖의 다른 것들은 주로 원자력 발전소와 핵무기 실험과 같은 오염원에서 비롯된다. 물에서 발견되는 방사성 핵종의 수준은 보통 picocurie(피코큐리)/L(pCi/L) 단위로 측정되며, 여기에서 1 curie는 1초당 3.7×10^{10}개의 붕괴이고, 1 picocurie는 1초당 3.7×10^{-2} 붕괴(2.2 붕괴/분)이다.

음용수에서 가장 우려되는 방사성 핵종은 **라듐(radium**, Ra)이다. 미국에서 물의 심각한 라듐 오염이 관찰된 지역은 서부의 우라늄 생산 지역인 Iowa, Illinois, Wisconsin, Missouri, Minnesota, Florida, North Carolina, Virginia 및 New England 주이다.

미국 환경 보호청(EPA)은 음용수 중 총 라듐($^{226}Ra + {}^{228}Ra$)에 대한 최대 오염 물질 수준(maximum contaminant level, MCL)을 pCi/L 단위로 지정한다. 과거에는 아마도 미국에서 수백 개의 도시 용수가 허용 기준치를 초과하였으며, 이에 따라 대체 상수를 찾거나 라듐을 제거하기 위한 추가적인 처리가 필요하였다. 다행히도 과도한 칼슘 수준을 낮추기 위해 고안된 재래적인 연수화 공정은 물에서 라듐을 제거하는 데 비교적 효율적이다.

원자력 발전에서 핵분열을 통해 생성되는 방사성 동위 원소에 의한 물 오염의 가능성은 일부 우려된다. (만약에 국가들이 지상에서 핵무기 실험을 계속 자제하면, 이러한 발생원에서 나오는 방사성 동위 원소는 물에 단지 소량의 방사능만 기여할 것으로 기대된다.) 표 6.6은 물에 존재할 수 있는 주요 자연적 및 인위적 방사성 핵종을 요약한 것이다.

초우라늄 원소들(transuranic elements)은 해양 환경에서 우려의 대상이다. 이 알파 방사체들은 수명이 길고 독성이 매우 크다. 이러한 원소들에는 넵튜늄(neptunium), 플루토늄(plutonium), 아메리슘(americium) 및 퀴륨(curium)의 다양한 동위 원소들이 포함된다. 특정 동위 원소들(반감기는 괄호 안에 연 단위로 나타냄)은 다음과 같다. Np-237(2.14×10^6), Pu-236(2.85), Pu-238(87.8), Pu-239(2.44×10^4), Pu-240(6.54×10^3), Pu-241(15), Pu-242(3.87×10^5), Am-241(433), Am-243(7.37×10^6), Cm-242(0.22) 및 Cm-244(17.9)이다.

물과 특히 토양에 심각한 방사성 핵종 오염을 초래한 두 건의 원자로 사고가 발생하였다(18장 참조). 최악의 상황은 스칸디나비아까지 방사성 핵분열 생성물을 퍼뜨린 우크라이나 Chernobyl 원자로의 대규모 폭발과 화재로 발생하였다. 토양은 심하게 오염되어 반경 30 km에 걸쳐 근로자와 관광객만 잠시 방문할 수 있는 금지 구역(이 지역에는 수십 명의 불법 거주민이 거주)을 설정해야 했다. Chernobyl에서 방출된 가장 심각한 장기 방사성 핵종은 세슘-137(반감기 30년)과 스트론튬-90(반감기 29.1년)이다. 방사능 유출을 동반한 또 다른 심각한 원자력 사고는 2011년 3월 11일 Tokyo에서 북동쪽으로 약 231마일 떨어진 일본 Honshu 해안에서 진도 9.0의 지진이 발생하여, 엄청난 쓰나미와 수소 가스 폭발이 일어나 Fukushima Daiichi 원자력 발전소가 파괴되었을 때 일어났다. 파괴된 발전소 주변에 점진적으로 다시 개방되는 배제 구역이 설정되었다. 이 사건의 방사성 핵종에 의한 가장 심각한 물 오염은 세슘-137과 스트론튬-90이었다.[14]

참고문헌

1. Grove, Robert A., Charles J. Henny, and James L. Kaiser, "Worldwide Sentinel Species for Assessing and Monitoring Environmental Contamination in Rivers, Lakes, Reservoirs, and Estuaries," *Journal of Toxicology and Environmental Health, Part B: Critical Reviews*, **12**, 25–44, 2008.
2. Esdaile, Louisa J., and Justin M. Chalker, "The Mercury Problem in Artisanal and Small-Scale Gold Mining," *Chemistry (online)*, **24**(27), 6905–6916, 2018.
3. Gobas, Frank A. P. C., and Yung-Shan Lee, "Growth-Correcting the Bioconcentration Factor and Biomagnification Factor in Bioaccumulation Assessments," *Environmental Toxicology and Chemistry*, **38**(9), 2065–2072, 2019.
4. Thompson, Darrin A., and Hans-Joachim Lehmler, "A Critical Review on the Potential Impacts of Neonicotinoid Insecticide Use: Current Knowledge of Environmental Fate, Toxicity, and Implications for Human Health," *Environmental Science: Processes & Impacts*, **22**(6), 1315–1346, 2020.
5. Urbaniak, Magdalena, "Biodegradation of PCDDs/PCDFs and PCBs," Chap. 4 in *Biodegradation—Engineering and Technology*, Rolando Chamy and Francisca Rosenkranz, Eds., InTech, London, 2013.
6. Burow, Karen R., Walter D. Floyd, and Matthew K. Landon, "Factors Affecting 1,2,3-Trichloropropane Contamination in Groundwater in California," *Science of The Total Environment*, **672**, 324–334, 2019.
7. Ludewig, Hannes, Samuel Molyneux, Scarlet Ferrinho, Kai Guo, Rosemary Lynch, Danai S. Gkotsi, and Rebecca J. M. Goss, "Halogenases: Structures and Functions," *Current Opinion in Structural Biology*, **65**, 51–60, 2020.
8. Patel, N., MD. Z. A. Khan, S. Shahane, D. Rai, D. Chauhan, C. Kant, and V. K. Chaudhary, "Emerging Pollutants in Aquatic Environment: Source, Effect, and Challenges in Biomonitoring and Bioremediation—A Review," *Pollution* (Tehran, Islamic Republic of Iran), **6**(1), 99–113, 2020.
9. Bundschuh, Mirco, Juliane Filser, Simon Lüderwald, Moira S. McKee, George Metreveli, Gabriele E. Schaumann, Ralf Schulz, and Stephan Wagner, "Nanoparticles in the Environment: Where Do We Come from, Where Do We Go To?," *Environmental Sciences Europe*, **30**(1), 1–17, 2018.
10. Focazio, Michael J., Dana W. Kolpin, Kimberlee K. Barnes, Edward T. Furlong, Michael T. Meyer, Steven D. Zaugg, Larry B. Barber, and Michael E. Thurman, "A National Reconnaissance of Pharmaceuticals and Other Organic Wastewater Contaminants in the United States," *Science of the Total Environment*, **402**, 192–216, 2008.
11. Khetan, Sushil K., and Terrence J. Collins, "Human Pharmaceuticals in the Aquatic Environment: A Challenge to Green Chemistry," *Chemical Reviews*, **107**, 2319–2364, 2007.
12. Olaniyan, L. W. B., N. Mkwetshana, and A. I. Okoh, "Triclosan in Water, Implications for Human and Environmental Health," *Springer Plus*, **5**(1), 1–17, 2016.
13. Giger, Walter, Christian Schaffner, and Hans-Petere Kohler, "Benzotriazole and Tolyltriazole as Aquatic Contaminants. 1. Input and Occurrence in Rivers and Lakes," *Environmental Science and Technology*, **40**, 7186–7192, 2006.
14. Hirosea, Katsumi, and Pavel P. Povinec, "^{137}Cs and ^{90}Sr in Surface Waters of the Sea of Japan: Variations and the Fukushima Dai-ichi Nuclear Power Plant Accident Impact," *Marine Pollution Bulletin*, **146**, 645–652, 2019.

보충자료

Alley, E. Roberts, *Water Quality Control Handbook*, 2nd ed., McGraw-Hill, New York, NY, 2007.

Ansari, Abid A., Singh Gill Sarvajeet, Guy R. Lanza, and Walter Rast, Eds., *Eutrophication: Causes, Consequences and Control*, Springer, Netherlands, 2010.

Burk, A. R., Ed., *Water Pollution: New Research*, Nova Science Publishers, New York, NY, 2005.

Calhoun, Yael, Ed., *Water Pollution*, Chelsea House Publishers, Philadelphia, PA, 2005.

Eckenfelder, W. Wesley, Davis L. Ford, and Andrew J. Englande, *Industrial Water Quality*, 4th ed., McGraw-Hill, New York, NY, 2009.

Gilliom, Robert J., *Pesticides in the Nation's Streams and Ground Water, 1992-2001: The Quality of Our Nation's Waters,* U.S. Geological Survey, Reston, VA, 2006.

Goel, P. K., *Water Pollution: Causes, Effects and Control Paperback*, New Age International Publishers, New Delhi, India, 2011.

Gray, N. F., *Water Technology: An Introduction for Environmental Scientists and Engineers*, 3rd ed., Butterworth-Heinemann, Oxford, 2010.

Hamilton, Denis, and Stephen Crossley, Eds., *Pesticide Residues in Food and Drinking Water: Human Exposure and Risks*, Wiley, New York, NY, 2004.

Hoekstra, Arjen Y. *The Water Footprint of Modern Consumer Society*, Routledge, Milton Park, 2013.

Howd, Robert A., and Anna M. Fan, *Risk Assessment for Chemicals in Drinking Water*, Wiley, Hoboken, NJ, 2007.

Inyinbor, Adejumoke A., et al., "Water Pollution: Effects, Prevention, and Climatic Impact," in *Water Challenges of an Urbanizing World*, Matjaž Glavan, Ed., IntechOpen, 2018, https://www.intechopen.com/books/water-challenges-of-an-urbanizing-world/water-pollution-effects-prevention-and-climatic-impact.

Knepper, T. P., D. Barcelo, and P. de Voogt, *Analysis and Fate of Surfactants in the Aquatic Environment*, Elsevier, Amsterdam, 2003.

Lewinsky, Allison A., Ed., *Hazardous Materials and Wastewater: Treatment, Removal and Analysis*, Nova Science Publishers, New York, NY, 2007.

Livingston, James V., Ed., *Focus on Water Pollution Research*, Nova Science Publishers, New York, NY, 2006.

Mason, Christopher F., *Biology of Freshwater Pollution*, 4th ed., Prentice Hall College Division, Upper Saddle River, NJ, 2002.

Rathore, Hamir S., and Leo M. L. Nollet, Eds., *Pesticides: Evaluation of Environmental Pollution*, CRC Press, Boca Raton, FL, 2012.

Raven, Peter H., Linda R. Berg, and David M. Hassenzahl, *Environment*, 8th ed., Wiley, Hoboken, NJ, 2012.

Ravenscroft, Peter, Hugh Brammer, and Keith Richards, *Arsenic Pollution: A Global Synthesis*, Blackwell, Malden, MA 2009.

Research Council Committee on Drinking Water Contaminants, *Classifying Drinking Water Contaminants for Regulatory Consideration*, National Academy Press, Washington, DC, 2001.

Rice, E. W., R. B. Baird, and A. D. Eaton, Eds., *Standard Methods for the Examination of Water and Wastewater*, 23rd ed., American Water Works Association, Denver, CO, 2017.

Rico, D. Prats, C. A. Brebbia, and Y. Villacampa Esteve, Eds., *Water Pollution IX*, WIT Press, Southampton, UK, 2008.

Ritter, William F., and Adel Shirmohammadi, Eds., *Agricultural Nonpoint Source Pollution: Watershed Management and Hydrology*, CRC Press/Lewis Publishers, Boca Raton, FL, 2000.

Rodriguez-Narvaez, Oscar M., Juan Manuel Peralta-Hernandez, Ashantha Goonetilleke, and Erick R. Bandala, "Treatment Technologies for Emerging Contaminants in Water: A Review," *Chemical Engineering Journal (Amsterdam, Netherlands)*, **323**, 361–380, 2017.

Schindler, David W., and John R. Vallentyne, *The Algal Bowl: Overfertilization of the World's Freshwaters and Estuaries*, Earthscan from Routledge, CRC Press, Boca Raton, FL, 2008.

Siegel, Seth M., *Troubled Water: What's Wrong with What We Drink*, Thomas Dunne Books, New York, NY, 2019.

Stollenwerk, Kenneth G., and Alan H. Welch, Eds., *Arsenic in Ground Water: Geochemistry and Occurrence*,

Kluwer Academic Publishers, Hingham, MA, 2003.

Sullivan, Patrick J., Franklin J. Agardy, and James J. J. Clark, *The Environmental Science of Drinking Water*, Elsevier Butterworth-Heinemann, Burlington, MA, 2005.

Thangamalathi, S., and V. Anuradha, "Role of Inorganic Pollutants in Freshwater Ecosystems—a Review," *International Journal of Advanced Research in Biological Sciences*, **5**(11), 39–49, 2018.

U.S. Environmental Protection Agency, *Freshwater Biology and Pollution Ecology: Training Manual*, 2013.

U.S. Environmental Protection Agency, "Water: Polluted Runoff (from Agriculture)," 2014, https://www.epa.gov/nps/nonpoint-source-agriculture.

Viessman, Warren, and Mark J. Hammer, *Water Supply and Pollution Control*, 8th ed., Pearson Prentice Hall, Upper Saddle River, NJ, 2008.

Water Environment Research, a research publication of the Water Environment Federation, Water Environment Federation, Alexandria, VA. This journal contains many articles of interest to water science; the annual reviews are especially informative.

Weis, Judith S., *Physiological, Developmental and Behavioral Effects of Marine Pollution*, Springer, Berlin, 2015.

Wheeler, Willis B., *Pesticides in Agriculture and the Environment*, Marcel Dekker, New York, NY, 2002.

Whitacre, David M, Ed., *Reviews of Environmental Contamination and Toxicology*, **249**, Springer, New York, NY, 2020 (published annually).

Xie, Yuefeng, *Disinfection Byproducts in Drinking Water: Form, Analysis, and Control*, CRC Press, Boca Raton, FL, 2002.

연습문제

모든 문제들을 답하기 위해서는 인터넷을 활용해야 할 것이다. 특히 일반적인 정보나 통계, 상숫값, 수식들은 인터넷에서 찾아서 사용하시오. 질문들은 교재 안에 있는 내용을 단순하게 찾아서 쓰는 것보다 호기심과 사고력을 증진시키기 위한 것이다. 그래서 어떤 경우에는 여러 가지 '정답'이 있을 수 있다. 그러므로 만약 자신의 이지적인 사고를 통한 노력과 다양한 문헌으로부터 찾은 정보를 바탕으로 작성한 답은 '정답'으로 간주한다.

1. 다음 중 물 중에 존재하는 크로뮴과 관련 진술로 옳은 것은?
   a. 크로뮴(III)은 발암성이 의심된다.
   b. 크로뮴(III)은 크로뮴(VI)보다 용존 상태로 발견될 가능성이 적다.
   c. 전기 도금 폐수에서 크로뮴(III)의 독성은 크로뮴(VI)으로 산화되어 감소한다.
   d. 크로뮴은 필수 미량 원소가 아니다.
   e. 크로뮴은 메틸수은 화합물과 유사하게 메틸화된 종을 생성하는 것으로 알려져 있다.
2. 퇴적물에서 세균과의 상호 작용과 관련하여 수은과 비소의 공통점은 무엇인가?
3. 인간에게 특히 해로운 방사성 핵종의 특징은 무엇인가?
4. 아래의 작용기를 포함하고 있는 농약은 어떤 부류에 속하는가?

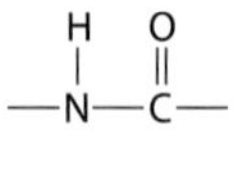

5. 다음 화합물을 고려하시오.

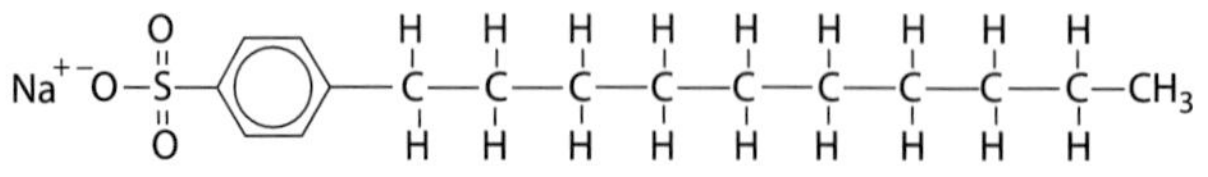

   다음 중 이 화합물이 갖고 있지 않은 특징은 무엇인가?
   a. 분자의 한쪽 끝은 친수성이고 다른 끝은 소수성이다.
   b. 계면 활성의 성질이 있다.
   c. 물의 표면 장력을 낮추는 능력이 있다.

d. 생분해성이 좋다.

e. 하수 처리 시설에서 거품을 일으키는 경향이 있다.

6. 어떤 농약은 물에서 0.50 ppm의 농도에서 작은 어류에 치명적이다. 농약 5.00 kg이 들어 있는 새는 금속 캔을 1 km/h로 이동하는 유속 10.0 L/s인 하천에 버렸다. 용기로부터 5 mg/s의 일정한 속도로 농약이 유출된다. 용기가 비워질 때까지 하류에서 치명적인 수준의 살충제로 오염된 물의 거리(킬로미터)는 어떻게 되는가?

7. $Na_3P_3O_{10}$은 오염 물질인 인산염의 원인이 되기는 하지만, Na_3PO_4가 $Na_3P_3O_{10}$보다 세제 빌더로서의 기능을 잘 하지 못하는 이유를 설명하시오.

8. $CH_3(CH_2)_{10}CO_2H$, $(CH_3)_3C(CH_2)_2CO_2H$, $CH_3(CH_2)_{10}CH_3$ 및 $Ph(CH_2)_{10}CH_3$ 중 어떤 것이 생분해가 가장 잘 일어날 것인가? (Ph = phenyl)

9. 136 L/s의 유속으로 흐르고 있는 하천을 걸어서 건너려고 하다가 농약 분무기가 물에 빠져 꼼짝 못하게 되었다. 농약이 정확히 1시간 동안 하천으로 유출되었고, 0.25 ppm의 메톡시클로르(methoxychlor)로 균일하게 하천을 오염시켰다. 이 시간 동안에 얼마나 많은 농약이 분무기에서 손실되었는가?

10. 의료용 방사성 핵종이 우발적 유출로 오염된 물 시료를 채취할 당시 방사능이 12,436 cps(counts per second)이었고, 정확히 30일이 지난 후에는 방사능이 8,966 cps이었다. 이 방사성 핵종의 반감기는 얼마인가?

11. 비누가 세제로 사용되는 ABS보다 환경적으로 덜 해로운 두 가지 이유는 무엇인가?

12. PCBs라고 불리는 특정 화합물의 정확한 화학식은 무엇인가?

13. 알파벳 글자로 나타낸 목록의 화합물과 숫자로 나타낸 목록의 설명이나 특징을 옳게 연결하시오.

(a) CdS	(1) 잘 제어되지 않은 제조 공정으로 인해 미국의 하천으로 유출된 오염 물질
(b) $(CH_3)_2AsH$	(2) 혐기성 퇴적물에서 검출될 가능성이 있는 독성 미량 원소의 불용성 형태
(c) 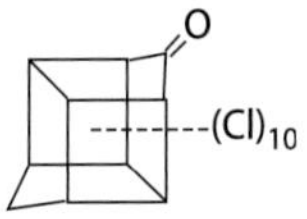	(3) 과거에 변압기 냉각제로 사용되었던 흔한 환경 오염 물질
(d) 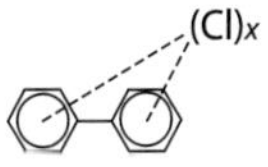	(4) 세균의 작용에 의해 생성되는 것으로 생각되는 화학종

14. 어떤 방사성 동위 원소가 24시간의 핵 반감기와 16시간의 생물학적 반감기를 갖고 있다(원소의 절반이 16시간 내에 인체에서 제거됨). 어떤 사람이 실수로 충분한 양의 이 동위 원소를 삼켜 초기의 전신 계수율(count rate)이 1,000 cpm(counts per minute)이었다. 16시간 후 계수율은 얼마인가?

15. 용존 NaCl과 Na_2SO_4에 의한 염도가 생물에 미치는 주요 유해 영향은 무엇인가?

16. 다음의 일반적인 부류의 물 오염 물질 각각에 대한 구체적인 예를 드시오.

a. 미량 원소

b. 금속–유기 화합물 조합

c. 농약

17. 어떤 오염된 물 시료가 비누, ABS 계면 활성제 또는 LAS 계면 활성제 중 하나로 오염된 것으로 의심된다. 이 시료는 TOC에 비해 상대적으로 매우 낮은 BOD를 나타낸다. 어떤 오염 물질인가?

18. 다음 중 부영양화의 원인이 아니거나 부영양화와 관련이 없는 것은?

a. 물에서 최종적인 산소의 고갈

b. 과도한 인산염

c. 과도한 조류 성장

d. 과도한 영양소

e. 과도한 O_2

19. 알파벳 글자로 나타낸 목록의 오염 물질과 숫자로 나타낸 목록의 영향 또는 기타 중요한 점을 옳게 연결하시오.

(a) 염도	(1) 과도한 생산성
(b) 알칼리도	(2) 황철석이나 대기에서 물에 유입될 수 있다.
(c) 산도	(3) 생물에 삼투압 영향을 준다.
(d) 질산염	(4) 토양과 광물 층에서 비롯된다.

20. 다음 중금속 중 물에서의 이동성에 미생물이 가장 많이 관여할 것으로 생각되는 것을 고르고, 왜 그러한지를 설명하시오.
    a. 납
    b. 수은
    c. 카드뮴
    d. 크로뮴
    e. 아연
21. 다음 중 옳게 기술된 것은?
    a. 부영양화는 독성 물질이 물에 직접 유입된 결과로 발생한다.
    b. 인산염으로 호수를 처리하는 것은 부영양화를 방지하기 위해 사용되는 과정이다.
    c. 알칼리도는 부영양화에서 가장 빈번한 제한 영양 물질이다.
    d. 부영양화는 과도한 식물 또는 조류의 성장에 기인한다.
    e. 부영양화는 산소를 생성하기 때문에 이로운 현상이다.
22. 다음 중 물 환경에서 방사성 핵종에 관한 설명으로 옳지 않은 것은?
    a. 방사성 핵종은 이온화 방사선을 방출한다.
    b. 방사성 핵종은 언제나 인간의 활동에서 비롯된다.
    c. 아이오딘-131과 같은 '생명체를 구성하는 원소'의 방사성 핵종은 특히 위험하다.
    d. 음용수에서 일반적으로 가장 우려가 되는 방사성 핵종은 라듐이다.
    e. 방사성 핵종은 우라늄 핵의 분열에서 비롯될 수 있다.
23. 아래의 구조식으로부터 아래의 것과 서로 짝 지으시오.
    (a) 물의 표면 장력을 낮춘다.
    (b) 일종의 카바메이트계 살충제
    (c) 일종의 제초제
    (d) 비카바메이트계 살충제

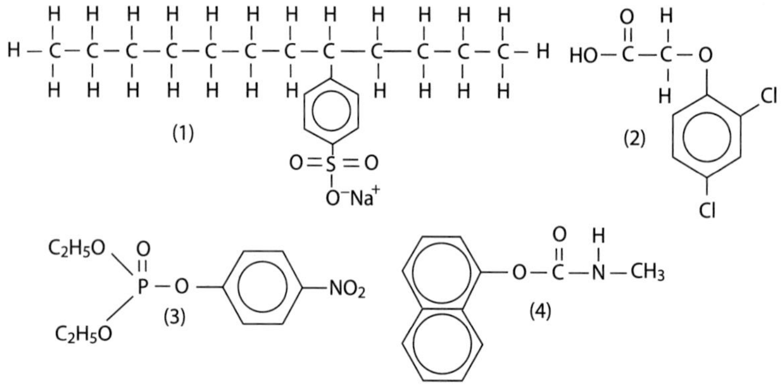

24. PCBs는?
    a. 서로 다른 개수의 염소 원자를 갖는 200개 이상의 동족체들로 구성되어 있다.
    b. 생물학적으로 불안정하여 독성을 나타내는 것으로 알려져 있다.
    c. 주로 국지적인 오염 물질로 발생한다.
    d. 어떤 생분해 과정도 일어나지 않는 것으로 알려져 있다.
    e. 일반적인 용도로는 사용되지 않지만, 제조 과정에서 부산물로 생성되었다.

7 세계의 물 위기와 기후 변화

물 혁신 및 재순환

7.1 가장 중요한 수체–당신

지구 시스템은 엄청나게 다양한 수체를 포함하고 있는데, 여기에는 지구 표면의 대부분을 덮고 있는 대양(great oceans), 크고 작은 호수, 그리고 개천부터 Missippi 강, Nile 강, 및 중국의 Yellow 강과 같은 거대한 강에 이르기까지 흐르는 담수 등 매우 다양한 수체를 포함한다. 그렇지만, 우리 각자에게 가장 중요한 수체는 약 60%가 물로 구성된 우리 자신의 몸이다. 이 사실은 우리 자신의 존재와 지구 시스템의 생존에 물이 매우 중요하다는 것을 일깨워 준다.

인류세 시대에 접어들면서, 전 세계의 사려 깊은 사람들은 지구의 시민으로서 우리 모두가 직면한 물 위기를 인식하고 있다. 물 가용성의 이야기는 물 공급이 (1) 너무 적거나, (2) 너무 많거나, (3) 잘못된 장소에 있거나, (4) 잘못된 시간에 있는 것처럼 보인다는 것이다. 인간은 다양한 관점에서 물을 본다. 미국 대평원(Great Plains)에서 농업에 관여하는 사람들은 절멸 위기에 처한 이 거대한 담수 자원의 지하수면이 해마다 줄어들고 있는 것을 보면서, 광활한 Ogallala 대수층의 고갈로 인한 관개용수 위기를 절실히 인식하며, 그들은 Ogallala 대수층의 관개수로 수십 년간 이어온 물 집약적 농업은 끝나야 한다는 것을 인식한다. 2012년부터 2017년까지 California는 일부 전문가들이 '천년 가뭄'이라고 하는 것을 경험하였다. 미국에서 소비되는 대부분의 신선한 채소를 생산하는 California Central Valley의 채소 및 과일 재배자들은 계속해서 더 깊은 시추 작업을 계속해 지하수를 빠르게 감소시켰다. 그 결과 수천 년 동안 물을 저장했던 대수층이 붕괴되어 더 이상 물을 재충전할 수 없게 되고, 심지어 고갈된 대수층이 비가역적으로 수축함에 따라 주요 지표의 침하가 발생하게 하였다. 물의 가용성은 제조 및 인류권의 다른 물 집약적인 부분에서 중요한 요인이 되었으며, 상업적인 문제(생수 공급업체 포함)로 물 부족 지역에서 훨씬 더 물이 풍부한 지역으로 이전해야만 하게 했다. 세계 일부 지역의 사람들은 인간이 지구에 존재하는 한 수백만 명의 사람들에게 신뢰할 수 있는 물 공급원을 제공했지만, 미래에는 지구 기후 변화로 인해 그렇게 하지 못할 수도 있는 산악 빙하의 축소를 보고 경악하고 있다. 그러나 그들은 기후 변화가 영향을 미치기 시작하면서 미래에 그렇게 하지 못할 수도 있다.

최근 수십 년 동안 긴급성이 증가하면서 담수 가용성의 위기가 점점 더 커지고 분명해지고 있다.[1] 인구압(population pressure)은 모든 환경 및 지속 가능성 문제에서 그런 것처럼 여기에서도 중요한 역할을 하였다. 이러한 압박을 가중시키는 것은 삶의 물질적 기준이 증가하여 사람마다 살아가는 데 더 많은 물을 필요로 한다. 비록 일부 산업화된 사회에서 1인당 물 사용량이 둔화되고 심지어 감소했음에도 불구하고, 아프리카, 중동 및 아시아의 일부 지역과 같은 급속도로 경제가 발달하는 많은 지역의 사람들은 당연히 보다 높은 생활 수준을 얻으려고 노력하며, 물 소비의 상당한 증가가 이 중에 포함된다. 일부 지역에서는 산업화로 인해 물 오염이 발생하여 사용 가능한 물의 가용성이 낮아졌거나, 수질을 허용 기준(acceptable standard)까지 끌어올리기 위해 처리에 많은 비용을 들여야 했다. 이러한 고려 사항이 겹쳐서, 담수 이용률에 상당한 영향을 미치는 지구 기후 변화의 현실이 커지고 있다.

이러한 고려 사항에 비추어 이 장에서는 수처리뿐만 아니라 물 재생, 재활용, 비전통적인 물 공급원, 제한된 물 공급을 활용하는 효율적이고 혁신적인 방법을 다룬다. 대부분의 경우에 가장 쉽게 이용할 수 있는 물 공급원은 폐수이며, 폐수를 재생하고 물 공급망으로 되돌릴 수 있는 정교한 기술을 투입할 필요가 있을 것이라는 것을 인식하는 것이 특히 중요하다.

7.2 수처리와 물 사용

수처리(water treatment)는 물의 의도된 사용에 따라 네 가지의 주요 부류로 나눌 수 있다.

- 도시 용수에서 가정용으로 사용하기 위한 정화
- 특정 산업 용도로 사용하기 위한 처리
- 방류가 가능하도록(예, 강에) 폐수 처리
- 가정용 급수로 적합하도록 폐수를 완전 혁신(renovation)

이러한 각 사용 범주에 대한 물 요구 사항을 여기에 요약한다. 사용되는 실제 처리 공정들은 한 가지 이상의 최종 물 용도에 사용될 수 있으므로 사용되는 실제 공정들을 뒤의 절에서 다룬다.

7.3 도시 용수 처리

도시 용수 처리 시스템에 유입되어 음용수 기준에 도달하는 도시 물 공급원으로 사용될 수 있는 물은 허용 가능한 낮은 수준의 염분(가장 일반적으로 용존 NaCl)을 함유하고 본질적으로 독성 중금속, 독성 용존 유기 화합물 및 용존 산소를 소비하는 경향을 갖는 생분해성 유기 화합물이 없어야 한다. 도시 용수 처리 시스템에 유입될 수 물의 공급원은 다양한데, 넓게 하천, 저수지 및 호수로부터의 지표수와 지하 대수층으로부터의 지하수로 나눌 수 있다. 이러한 물은 병원성 세균을 포함한 미생물, 부유 콜로이드 고체 물질 및 잠재적으로 맛과 냄새 문제를 일으키는 물질을 포함한 용존 기체와 휘발성 물질을 함유할 수 있다. 도시 용수 처리 시스템으로부터 소비자들에게 파이프로 공급되어, 마시고 요리하고 목욕하고 기타 일상적인 가정용으로 사용하는 일부 가정용수의 원수를 고려하는 것은 정신이 번쩍 나게 한다. 그것은 진흙으로 가득하고 세균이 득실거리는 오염된 강에서 펌프로 끌어올린 탁한 액체에서 시작되었을 수도 있고, 얼룩을 생성하는 용존 철과 망가니즈를 너무 많이 함유하고 있어 가정용으로 사용하기에는 너무 센물인 우물물일 수도 있다. 그럼에도 현대의 수처리 시설은 일상적으로 그러한 물을 음용수 기준까지 끌어올린다.

도시 사용 목적으로 물을 처리하는 데 사용되는 주요 공정은 다음과 같다: (1) 용존 철 및 망가니즈를 물에서 가라앉는 고체 수화 산화물 및 수산화물로 산화시킬 뿐만 아니라, 용존 기체(황화 수소, 이산화 탄소, 메테인) 및 맛과 냄새의 원인인 되는 메테인 싸이올(methane thiol, CH_3SH)과 세균 대사 산물과 같은 휘발성 악취 물질을 제거하기 위하여 물에 폭기(aeration)하는 것; (2) 물의 경도(주로 HCO_3^- 염으로 존재하는 용존 Ca^{2+})를 제거하기 위해 $Ca(OH)_2$(소석회, lime)로 처리하기; (3) 부유 콜로이드 물질이 현탁액(suspension)으로부터 가라앉도록 정전기적으로 응집시키기; (4) 정전기적으로 응집된 부유 고체의 침강 및 여과; (5) 염기성 $Ca(OH)_2$의 도입에서 비롯된 과도하게 높아진 pH를 감소시키고 $CaCO_3$의 침전을 방지하기 위해 CO_2 기체로 재탄산화하기; (6) 병원성 미생물을 죽이고 번식(propagation)을 방지하기 위한 소독(disinfection).

7.3.1 수처리의 실패

수처리 및 분배의 실패는 도시 용수의 질에 대해 심각한 문제를 일으킬 수 있으며, 심지어 음용수의 소비자에게 건강 문제를 야기할 수 있다. 가장 일반적으로 이러한 실패는 불충분한 소독이나 심지어 음용수가 폐수로 오염되어 질병을 일으키는 병원균(pathogen)이 존재하는 것과 관련이 있다. 최근에 가장 널리 알려진 경우의 예를 들면, 돈을 절약하기 위한 조처로 Michigan 주 Flint 시는 도시 상수원을 Detroit 강과 Huron 호수에서 비교적 청정한 수원에서 물을 끌어들이던 것을 더 오염된 Flint 강으로 변경하였다. 불행하게도, Flint 강의 물은 부식을 방지하기 위해 부적절하게 처리되었다. 그 결과 이 물은 Flint 시의 많은 가정에 물을 공급하는 데 사용된 오래된 납관의 탄산 칼슘 보호용 코팅을 용해하는 경향이 있었다. 따라서 많은 가정에 해로운 수준의 납과 소비자, 특히 어린이들에게 잠재적인 납에 대한 노출을 가져왔다. 이러한 상황이 폭로되어 많은 경악을 불러일으켰고, Flint 시의 공무원들은 Flint 강에서 음용수를 취수하는 것을 금지하는 결정을 내렸다. 이 대실패에 연루된 일부 규제 담장자와 공무원들은 강력한 비판을 받았고 일부는 형사 고발을 당하기도 하였다.

7.4 산업용 및 상업용으로의 수처리

물은 산업에서 다양한 공정 분야, 보일러 급수 및 냉각수로 산업계에서 널리 사용된다. 이러한 이용에서 수처리의 종류와 정도는 최종적인 용도에 따라 다르다. 예를 들어, 냉각수는 최소한의 처리만 필요하고, 보일러 급수를 위해서는 부식성 물질과 스케일을 생성하는 용질을 제거하는 것이 필수적이며, 식품 가공에 사용되는 물에는 병원균과 독성 물질이 없어야만 한다. 산업 용수가 부적절하게 처리되면, 부식, 스케일 생성, 열 교환기에서 열 전달 감소, 물 유속의 감소 및 제품 오염과 같은 문제가 발생할 수 있다. 이러한 영향은 장비의 성능 저하나 장비 고장, 비효율적 열 활용 또는 냉각 때문에 에너지 비용 증가, 물의 펌핑 비용 증가 및 제품의 질 저하를 일으킬 수 있다. 분명한 것은 산업적 이용을 위해 최소의 비용으로 물을 효과적으로 처리하는 것은 수처리에서 매우 중요한 영역이다.

산업용 수처리 시설을 고안하고 운전하는 데에는 다음과 같은 여러 가지의 인자들을 고려해야 한다.

- 물 요구 사항
- 사용 가능한 수원의 양과 질
- 물의 연속적인 사용(점진적으로 더 낮은 수질을 필요로 하는 용도로 연속적인 사용)
- 물 재활용
- 방류 기준

산업용으로 물을 처리하는 데 사용되는 다양한 특정 공정들은 이 장의 후반부 절에서 다룬다. **외부 처리(external treatment)**는 대개 공장의 전체 물 공급에 적용되며, 물에서 문제를 일으킬 수 있는 물질을 제거하기 위해 폭기, 여과 및 정화와 같은 공정을 사용한다. 그러한 물질에는 부유 또는 용존 고체, 경도 및 용존 기체가 포함된다. 이러한 기본 처리 후 물은 나뉘어 다른 곳으로 흘러가, 일부는 추가 처리 없이 사용되고 나머지는 특정 용도에 맞게 처리된다.

내부 처리(internal treatment)는 특정 용도에 맞게 사용하기 위해 물의 특성을 변경하도록 설계된다. 내부 처리의 예는 다음과 같다.

- 하이드라진 또는 아황산염과의 반응으로 용존 산소 제거
- 킬레이트제를 첨가하여 용존 Ca^{2+}와 반응시켜 칼슘 침전물의 생성 방지
- 칼슘 제거를 위해 사용되는 인산염과 같은 침전제의 첨가
- 스케일 방지를 위해 분산제 및 스케일 방지제로 처리

- 부식 방지를 위해 부식 억제제 첨가
- pH 조절
- 식품 가공용 또는 냉각수에서 세균 성장을 방지하기 위한 소독

7.5 폐수 처리

처리되는 폐수의 두 가지 주요 범주는 (1) 일반적으로 하수라고 알려진 도시 폐수와 (2) 다양한 상업 운영에서 발생하는 산업 폐수이다.[2] 모든 경우에, 목표는 하천이나 수권의 수체로 방류하기에 적합하거나, 완전한 물 순환에 사용되는 것과 같이 고도 처리를 위한 물의 공급원으로 사용될 수 있는 물을 생산하는 것이다. 도시 폐수 처리의 주요 목적은 유기 물질로 구성된 생화학적 산소 요구량(BOD)의 제거이며, 유기 물질의 생분해는 물에서 용존 산소를 소비하여 산소를 필요로 하는 어류와 기타 수생 생물들이 살기에 적합하지 않게 한다. 산업 폐수에 적용되는 처리는 수원과 그 안에 들어 있는 오염 물질에 따라 다르다. 이러한 예에는 중금속 제거가 필요한 금속 도금 폐수, 염료가 제거되어야 하는 직물 폐수 및 산소를 소비하는 생분해성 유기물의 과도한 수준을 갖는 식품 가공 폐수가 포함된다.

7.5.1 산업 폐수 처리

산업 폐수는 처리 전에 충분히 특성을 파악해야 하고, 폐수 성분들의 생분해성을 결정해야 한다. 폐수 처리에 사용 가능한 옵션은 이 절에 간단히 요약하였고, 이후의 절에서 더 상세히 설명한다.

유기 폐기물을 제거하는 두 가지 주요 방법 중 하나는 활성 슬러지나 관련 공정에 의한 생물학적 처리이다(7.10절 및 그림 7.5 참조). 일반적으로 생분해될 수 없는 성분들을 분해하기 위해서는 미생물을 순화(acclimation)시키는 것이 필요하다. 과도한 농도의 중금속 이온을 함유하는 생물 처리 슬러지의 가능한 유해성에 대해 고려해야 한다. 폐수에서 유기물을 제거하는 다른 주요 공정은 일반적으로 입상(granular) 활성탄 칼럼에서 활성탄에 의한 흡착이다(7.11절 참조). 활성탄 및 생물학적 처리는 활성 슬러지 공정에서 분말 활성탄의 사용과 결합할 수 있다. 분말 활성탄은 미생물에 독성을 일으킬 수 있는 일부 성분들을 흡착하고 슬러지와 함께 모은다. 폐수를 처리하는 데 활성탄을 사용하는 것과 함께 고려할 주요 사항은 사용된 활성탄이 갖고 있는 폐기물에서 나타날 수 있는 유해성이다. 이러한 유해성에는 활성탄에 흡착된 폭발물의 제조 시 발생하는 폐기물로 인해 일어나는 위험과 같은 독성이나 반응성도 포함될 수 있다. 탄소 재생은 비용이 많이 들고 어떤 경우에는 유해할 수 있다.

산업 폐수는 산–염기 중화, 침전 및 산화–환원 반응을 포함한 다양한 화학 공정에 의해 처리될 수 있다. 때로는 이러한 단계들은 생물학적 처리보다 선행되어야 한다. 예를 들어, 미생물이 성장할 수 있도록 산성이나 알칼리성 폐수는 먼저 중화해야 한다. 물 중 사이안화물은 염소로 산화되고, 유기물은 오존, 자외선으로 촉진되는 과산화 수소 또는 고온 및 고압에서 용존 산소로 산화될 수 있다. 중금속은 염기, 탄산염이나 황화물로 침전될 수 있다.

7.6 고도 수처리

고도 수처리를 분류하자면 두 가지 부류로 나눌 수 있다. 이 중 첫 번째는 사용에 적합한 기준까지 끌어올리기 위해 도시 또는 산업 폐수 처리 작업에서 발생하는 배출수를 처리하는 것이다. 이러한 공정의 주요 예는 하수 처리 시설에서 나오는 유출수를 취해서 도시 물 시스템으로 되돌리기에 적합하게 만드는 공정이다. 또 다른 예는 화석 연료 가스 및 액체 생산을 가능하게 하기 위해 기체 및 오일을 함유한 지층의 수압 파괴(hydrofracturing)에 사용된 물의 처리이다. 이 물은 연료와 함께 많은 양이 같이 생산되는데, 바람직하지 않은 불순물을 제거하기 위해 처리된 후 수압 파괴 공정에 재사용될 수 있

으므로, 그 물을 지하 처분 우물에 폐기하는 것을 방지할 수 있다. (지하 처분 방법은 Oklahoma 주의 지진이 갑자기 증가한 원인이 되었는데, 이 주에서는 약 2005년 이후 수압 파괴 방법이 널리 퍼지기 전까지는 실제적으로 지진이 없었다.)

두 번째 주요한 부류의 고도 수처리 방법은 도시 사용이나 관개에 적합한 기준까지 해수 공급원을 정화하는 것이다. 해수의 담수화(desalination)는 갑자기 떠오르게 되어 일부 건조 지역, 특히 중동에서 행해지고 있다. 해수의 높은 용존 염분 함량 때문에, 해수는 담수화가 비교적 어렵고 비용이 많이 소요되며 에너지가 많이 투입된다. 해수보다 훨씬 더 낮은 농도의 염을 함유한 기수(brackish) 지하수를 사용할 수 있는 지역에서는 담수화에 지하수가 더 나은 선택이다.

7.7 물의 폭기

공기와 물의 친밀한 접촉을 통한 물의 **폭기(aeration)**를 여기에 소개한다. 이는 공학자들이 물을 사용하기 전에 폐수의 정화로 행해지는 주요 부류의 수처리에 적용될 수 있는 첫 번째 **단위 공정(unit process)**이다. 폭기는 용존 이산화 탄소, 황화 수소, 메테인 및 암모니아 기체를 맛과 냄새를 일으키는 휘발성 오염 물질과 함께 제거하는 물리적 공정과, 가용성 철(II) 및 망가니즈(II)를 철(III) 및 망가니즈(IV)의 불용성 수산화물 및 수화된 산화물로 산화시키는 화학적 공정으로 작용한다. 폭기는 물을 통해 공기 방울을 불어넣거나 탑에서 상승하는 기류 위로 물방울이나 얇은 판의 물을 아래쪽으로 뿌림으로써 수행할 수 있는데, 종종 패킹 또는 조각(slat)을 넣어 물의 흐름을 깨고 난류 상태에서 물과 공기 사이의 접촉을 최대화시킨다. 공기와 물 사이의 접촉 효율은 물속의 기포가 작을수록, 그리고 공기의 흐름과 반대로 이동하는 물의 입자가 작거나 박판이 더 얇을수록 더 좋다. 폭기 탑에서 물의 흐름을 깨는 데 사용되는 패킹이나 조각은 폭기로 철과 망가니즈를 제거하는 데 추가적인 장점을 제공한다. 이는 공기와 물에 의해 접촉되는 이러한 두 가지 금속들의 수산화물과 수화된 산화물의 침적물에 새롭게 생성된 표면이 Fe^{2+}와 Mn^{2+}를 흡수하는 경향이 있고, 이들을 불용성 형태로 산화시키는 것을 촉진하기 때문이다(자세한 내용은 이 장의 뒷부분 참조).

폭기는 모든 종류의 수처리에 적용된다. 이는 특히 도시의 상수원으로 사용되는 지하수의 초기 처리로서 중요한데, 그 이유는 지하수는 지표 아래에서 혐기성 부패 때문에 이산화 탄소와 메테인을 축적한다. 유기물의 혐기성 부패에서 산소 대체물로 황산염을 이용하는 세균은 동일한 조건에서 생성된 Fe^{2+}를 검은색의 고체 FeS로 침전시키지만, 악취를 내는 용존 H_2S를 바람직하지 않은 수준으로 생성한다. 산성 용존 이산화 탄소의 존재하에서 초기 단계의 폭기는 황화 수소 가스의 방출을 선호하고 뒤 단계의 폭기, 특히 염기성의 $Ca(OH)_2$(석회)가 첨가된 후에는 암모니아 방출을 용이하게 한다.

폭기 중 산화에 의한 용존 Fe^{2+}와 Mn^{2+}의 제거는 많은 경우에 도시 수처리에서 폭기의 가장 중요한 이점이다. 이러한 이온들을 함유하는 지하수는 무색일 수 있지만, 시간이 지남에 따라 이러한 이온들이 대기에 노출되어 산화되므로, 보기 흉한 검은색과 갈색의 Fe(II)와 Mn(IV) 고체 침전물이 생성된다. 이러한 현상은 가정의 물에서 일어날 수 있어 욕실 설비(bathroom fixture)나 세탁한 의류에 녹 얼룩을 남길 수 있다. 따라서 폭기에 의해 철과 망가니즈를 제거하는 것은 도시 수처리에서 필요한 단계이다.

7.8 고체의 제거

콜로이드 부유물을 포함하여 물에서 고체를 제거하는 것은 도시 용수와 폐수 처리 및 재활용을 위한 물의 혁신에서 중요한 단계이다. 고체는 보기 흉한 물의 탁도에 기여하고, 급수 시스템에서 관의 내부 표면에 침적물을 생성하는 경향이 있어, 물의 흐름을 감소시키고 양수(pumping) 비용을 증가시키는 경향이 있다.

비교적 큰 고체 입자는 간단한 **침강(settling)** 및 **여과(filtration)**를 통해 물에서 제거된다. 입자가 충분히 커서 침강에 효과적이고 침강이 일어나는 데 충분한 시간이 주어질 수 있다면, 이러한 공정들 중 에너지가 가장 적게 투입되는 공정은 침강이다. 물에서 콜로이드 입자의 제거는 대개 **정전기적 응집(coagulation)**과 **물리적 응집(flocculation)**을 필요로 한다.[3] 알루미늄염과 철염은 수처리에서 가장 흔히 사용되는 응집제이다. 이 중 명반(또는 백반, alum) 또는 여과 명반이 가장 널리 사용된다. 이 물질은 수화된 황산 알루미늄[$(Al_2SO_4)_3 \cdot 18H_2O$]이다. 이 염이 물에 첨가되면, 알루미늄 이온은 물의 알칼리도를 소비하는 반응에 의해 다음과 같이 가수 분해된다.

$$Al(H_2O)_6^{3+} + 3HCO_3^- \rightarrow Al(OH)_3(s) + 3CO_2 + 6H_2O \qquad (7.1)$$

이렇게 생성된 젤라틴 모양의 수산화물은 가라앉을 때 그것과 함께 부유 물질을 운반한다.

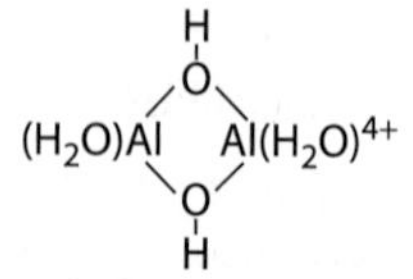

게다가 위의 그림과 같은 양으로 하전된 하이드록실-다리 이합체와 더 큰 중합체(고분자)가 생성되고, 이는 특이적으로 콜로이드 입자와 상호 작용하여 정전기적 응집을 일으킨다. 산에 의해 부분적으로 중화되는 규산 소듐(Na_2SiO_3)은 명반과 함께 사용될 때 정전기적 응집을 촉진한다. 응집제의 금속 이온은 또한 바이러스의 단백질과 반응하여 물 중 바이러스를 파괴한다.

물에 무수 황산 철(III)이 첨가되면 반응 7.1과 유사한 반응으로 수산화 철(III)을 생성한다. 황산 철(III)의 장점은 이 화합물이 약 pH 4~11의 넓은 범위에 걸쳐 작용한다는 것이다. 녹반(copperas, green vitriol)이라고도 불리는 수화 황산 철(II)($FeSO_4 \cdot 7H_2O$)도 또한 응집제로 흔히 사용된다. 이는 젤라틴 형태의 수화 철(III) 산화물의 침전을 생성한다. 이것이 응집제의 기능을 하려면 pH가 7.5 이상에서는 용존 산소에 의해, 그리고 더 낮은 pH 값에서는 염소(Cl_2)에 의해 철(II)이 철(III)로 산화되어야 한다.

천연 및 합성 고분자 전해질은 입자들의 엉김에 사용된다. 이렇게 사용되는 천연 화합물에는 전분 및 셀룰로스 유도체, 단백질 물질 및 다당류로 구성된 수지가 있다. 더 최근에는, 중성 고분자와 음이온성 및 양이온성 고분자 전해질을 포함한 일부 합성 고분자들이 효과적인 엉김제(플럭 형성제)로 사용되기 시작하였다.

방금 기술한 것과 같이 콜로이드 물질을 물에서 제거할 수 있는 더 큰 입자들로 변환하기 위해 더 큰 입자들로 정전기적 응집 및 물리적 응집 후, 고체를 **여과(filtration)**하여 물에서 분리한다. 정전기적 응집-여과 공정의 여과 단계는 대개 모래나 무연탄과 같은 매체에서 수행된다. 흔히 사용되는 여과는 **급속 모래 여과(rapid sand filter)**인데, 이는 자갈 입자 층에 의해 지지되는 모래 층으로 구성되어 있으며, 입자들은 깊이가 증가할수록 점차 더 커진다. 실제로 물을 여과하는 물질은 모래에 축적된 정전기적으로 응집된 물질이다. 더 많은 물질들이 제거됨에 따라 정전기적으로 응집된 물질이 계속 축적되면, 결국에는 필터가 막히므로 역세척(back-flushing)하여 응집된 물질을 제거해야 한다.

처리되는 폐수에서 정전기적 응집 및 여과 과정에서 제거되어야 하는 중요한 고체 부류는 주로 침강 공정(7.10절 참조)에서 제거되지 않은 슬러지로부터 주로 발생하는 2차 하수 방류수(effluent)의 부유 고체로 구성되어 있다. 이러한 고체는 방류수 BOD의 많은 부분을 차지하며, 역삼투 수처리 공정에서 막을 막히게 하는 것과 같이 고도 수처리의 다른 측면을 방해할 수 있다.

7.8.1 가압 부상 분리

물에 존재하는 많은 입자들은 물과 비슷하거나 물보다 훨씬 작은 밀도를 갖는다. 물보다 밀도가 작은

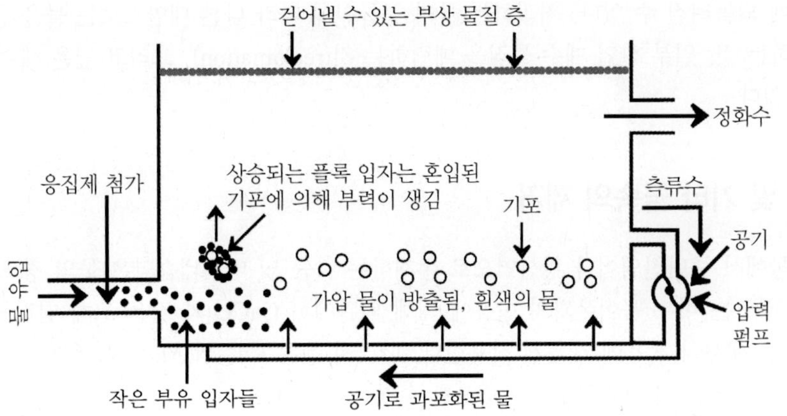

그림 7.1 공기로 과포화된 가압된 물은 물 탱크의 바닥으로 방출되어 풍부한 작은 기포들을 생성하여, 물이 하얀색 또는 우윳빛 외관을 나타내는 가압 부상 분리의 도식 설명. 기포들을 흡수한 플록 입자들은 부력이 생겨 맨 위로 올라가고 거기에서 플록 물질은 걷어낼 수 있다.

입자들은 표면에 떠오르는 경향이 있어 표면에서 걷어낼 수 있지만, 이는 종종 느리고 불완전한 공정이다. 낮은 밀도의 입자들을 제거하는 것은 **가압 부상 분리(dissolved air flotation)**에 의해 도움을 받을 수 있는데, 여기에서 작은 기포들은 입자들에 부착하여 입자들이 떠오르게 한다. 그림 7.1에 보여 주는 것처럼, 공기와 함께 입자들을 부상시키면 응집제의 도움을 받아 입자들이 정전기적으로 응집될 수 있다. 압력을 받는 공기로 과포화된 물이 탱크의 바닥에 방출되면, 우윳빛(흰색)의 물 층에 기포들이 생성된다. 생성되는 기포들은 입자에 부착되어, 입자들이 부력을 갖게 하여 입자들이 표면으로 떠오르게 함으로써 걷어낼 수 있게 한다.

7.8.2 막 여과 공정

가압하에서 막을 통한 여과는 물에서 고체와 불순물을 제거하는 데 특히 효과적인 수단이다.[4,5] 막을 통과하는 정제수를 **투과수(permeate)**, 막을 통과하지 않은 더 적은 양의 물질을 **농축물**(잔류물, **retentate**)이라고 한다. 막은 보통 크기 배제(size exclusion)에 의해 작용한다. 더 작은 구멍을 가진 막을 사용하면, 더 작은 입자 및 심지어 분자와 이온도 배제되지만, 더 높은 압력이 필요하고 더 많은 에너지가 소비된다. 공극의 크기가 감소하는 순서로, 일반적인 막 공정은 다음과 같다: **미세 여과(microfiltration)** > **한외 여과(ultrafiltration)** > **나노 여과(nanofiltration)** > **극초 여과(hyperfiltration)**. 미세 여과에 사용되는 막의 공극 크기는 0.1~2 μm이고, 다른 공정은 점진적으로 더 작은 공극을 갖는 막을 사용한다. 막 공정의 주요 유형과 이들의 용도를 표 7.1에 요약하였고, 역삼투는 7.12절에서 논의한다.

모든 막 공정의 공통적인 문제는 물에서 제거된 물질에 농축된 농축물에 의해 제기되는 문제이다. 어떤 경우에는 이 물질이 폐수와 함께 방류될 수 있으며, 해수의 역삼투에 의한 담수화에서 나오는 농

표 7.1 수처리에 사용되는 주요 막 공정

공정 및 압력(atm)	제거되는 오염 물질
미세 여과(<5 atm)	부유 물질, 유화 성분, 세균, 원생동물
한외 여과(2~8 atm)	5,000~100,000 분자량 이상의 거대 분자(공극의 함수)
나노 여과(5~15 atm)	200~500 분자량 이상의 분자(공극의 함수)
극초 여과(역삼투; 15~100 atm)	대부분의 용질과 이온; 기수(brackish water)는 최대 15 atm의 압력이 필요함; 해수 담수화는 100 atm의 압력을 필요로 함

축물이 바다에 되돌려질 수 있다. 처리하는 물의 공급원에 따라 다른 대안으로는 물을 증발시키고 농축물을 소각하는 것, 일부 산업 폐수 물질을 매립하는 것(reclamation), 그리고 깊은 해수 대수층에 처분하는 것이 있다.

7.9 칼슘 및 기타 금속의 제거

일반적으로 물에서 중탄산염이나 황산염으로 존재하는 칼슘 및 마그네슘염은 물의 경도를 유발한다. 과도한 물의 경도는 비누 음이온과의 반응에 의해 배관에서 $CaCO_3$와 같은 고체 침전물을 생성하는 경향이 있으며, 세제의 작용에 해롭게 작용한다. 따라서 용존 Ca^{2+}와 Mg^{2+}로 존재하는 물의 경도를 제거하는 것은 많은 물 사용에 필수적인 중요한 수처리 공정이다.

물을 연수화하기 위해 여러 공정들이 사용된다. 지역 사회 연수화 공정과 같은 대규모 시설에는 석회-소다(lime-soda) 공정이 사용된다. 이 공정에서는 소석회[$Ca(OH)_2$]와 소다회(Na_2CO_3)로 물을 처리한다. 칼슘은 $CaCO_3$로, 마그네슘은 $Mg(OH)_2$로 침전된다. 만약 칼슘이 주로 '중탄산염 경도'로 존재하면 $Ca(OH)_2$만 첨가하여도 경도를 제거할 수 있다.

$$Ca^{2+} + 2HCO_3^- + Ca(OH)_2 \rightarrow 2CaCO_3(s) + 2H_2O \tag{7.2}$$

중탄산 이온이 상당한 수준으로 존재하지 않는 경우, 대부분의 CO_3^{2-}가 HCO_3^-로 전환되는 것을 막기 위해 충분히 높은 pH에서 CO_3^{2-}가 공급되어야 한다. 이러한 조건은 Na_2CO_3를 첨가함으로써 얻을 수 있다. 예를 들어, 염화 이온으로 존재하는 칼슘은 소다회를 첨가하여 물에서 제거할 수 있다.

$$Ca^{2+} + 2Cl^- + 2Na^+ + CO_3^{2-} \rightarrow CaCO_3(s) + 2Cl^- + 2Na^+ \tag{7.3}$$

중탄산염 경도를 제거하면 용액에서 가용성 염이 완전 제거되는 반면에, 중탄산염 이외의 경도를 제거하려면(반응 7.3) 적어도 제거되는 이온 물질의 당량 이상을 첨가하여야 한다.

수산화물 형태로 마그네슘을 침전시키는 것은 칼슘이 탄산염으로 침전되는 것보다 더 높은 pH를 필요로 한다.

$$Mg^{2+} + 2OH^- \rightarrow Mg(OH)_2(s) \tag{7.4}$$

필요한 높은 pH는 소다회에서 나오는 염기성 탄산 이온에 의해 제공될 수 있다.

$$CO_3^{2-} + H_2O \rightarrow HCO_3^- + OH^- \tag{7.5}$$

일부 대규모의 석회-소다 연수화 시설은 추가적인 석회의 공급원으로 침전된 탄산 칼슘 생성물을 이용한다. 먼저, 탄산 칼슘을 최소 825°C까지 가열하여 생석회(quicklime, CaO)를 생성한다.

$$CaCO_3 + heat \rightarrow CaO + CO_2(g) \tag{7.6}$$

그런 다음 생석회를 물로 소화(消和)하여(slake) 수산화 칼슘을 생성한다.

$$CaO + H_2O \rightarrow Ca(OH)_2 \tag{7.7}$$

석회-소다 연수화 설비에 의해 단물로 된 물은 일반적으로 두 가지 단점을 갖고 있다. 첫 번째, 과포화 효과 때문에 일부 $CaCO_3$와 $Mg(OH)_2$는 일반적으로 용액에 남아 있다. 이러한 물질들을 제거하지 않으면, 이들은 나중에 침전되어 물에서 유해한 침전물을 생성하고 물이 바람직하지 않게 탁하게 되는 원인이 된다. 두 번째 문제는 염기성이 매우 높은 탄산 소듐을 사용함으로써 발생하는데, 이로 인해 처리수의 pH는 11까지 과도하게 높아진다. 이러한 문제들을 해결하기 위해 물에 CO_2를 불어넣어 물을 **재탄산화(recarbonation)**한다. 이산화 탄소는 난용성의 탄산 칼슘과 수산화 마그네슘을 가용성 중

탄산염 형태로 변환한다.

$$CaCO_3(s) + CO_2 + H_2O \rightarrow Ca^{2+} + 2HCO_3^- \quad (7.8)$$

$$Mg(OH)_2(s) + 2CO_2 \rightarrow Mg^{2+} + 2HCO_3^- \quad (7.9)$$

CO_2는 또한 과량의 수산화 이온을 중화한다.

$$OH^- + CO_2 \rightarrow HCO_3^- \quad (7.10)$$

재탄산화에 의해 pH는 일반적으로 7.5~8.5의 범위가 된다. 재탄산화 공정에 사용되는 CO_2는 탄소질 연료의 연소를 통해 얻을 수 있다. 발전소에서 불순물을 제거한 배기가스가 빈번히 사용된다. pH, 알칼리도 및 $CaCO_3$의 포화 조건에 매우 가까운 Ca^{2+} 농도로 조절된 물을 **화학적으로 안정화**되었다고 한다. 이렇게 되면 급수 본관의 배관을 막히게 할 수 있는 $CaCO_3$가 침전되지 않으며, 배관 표면의 $CaCO_3$ 보호 코팅이 용해하지도 않는다. $CaCO_3$ 포화보다 훨씬 낮은 Ca^{2+} 농도를 갖는 물을 **공격적인** 물(aggressive water)이라고 한다.

칼슘은 오쏘인산염을 첨가하여 매우 효율적으로 물에서 제거할 수 있다.

$$5Ca^{2+} + 3PO_4^{3-} + OH^- \rightarrow Ca_5OH(PO_4)_3(s) \quad (7.11)$$

경도 이온, 인산염, 철 및 망가니즈와 같은 바람직하지 않은 용질 제거를 위해 난용성 생성물의 화학적 생성은 물에서 그러한 침전물을 제거하기 위한 정전기적 응집 및 여과가 필요할 수도 있다.

물의 이온성 용질은 이온 교환, 즉 수용액과 이온을 결합할 수 있는 고체 물질 사이의 이온의 가역적인 이동에 의해 정화될 수 있다. 아래의 두 가지 이온 교환 반응에 의한 NaCl의 제거는 이 공정의 좋은 예이다. 첫 번째, 물은 $H^{+-}\{Cat(s)\}$로 나타낸 수소 형태의 고체 양이온 교환기를 통과한다.

$$H^{+-}\{Cat(s)\} + Na^+ + Cl^- \rightarrow Na^+\{Cat(s)\} + H^+ + Cl^- \quad (7.12)$$

다음으로, $OH^{-+}\{An(s)\}$로 나타낸 수산화 이온 형태의 음이온 교환기를 통과한다.

$$OH^{-+}\{An(s)\} + H^+ + Cl^- \rightarrow Cl^-\{An(s)\} + H_2O \quad (7.13)$$

따라서 용액 중 양이온들은 수소 이온에 의해 대체되고, 음이온들은 수산화 이온으로 대체되어 물을 생성물로 생성한다.

이온 교환에 의한 물의 단물화는 모든 이온성 용질을 제거할 필요가 없으며, 물의 경도의 원인이 되는 양이온만을 제거하는 것이 필요하다. 따라서 일반적으로 양이온 교환기만이 필요하다. 게다가, 양이온 교환기는 수소 형태가 아닌 소듐 형태가 사용되고, 2가 양이온은 소듐 이온으로 대체된다. 낮은 농도에서 소듐 이온은 대부분의 목적으로 사용되는 물에서 무해하며, 염화 소듐은 값이 싸고 양이온

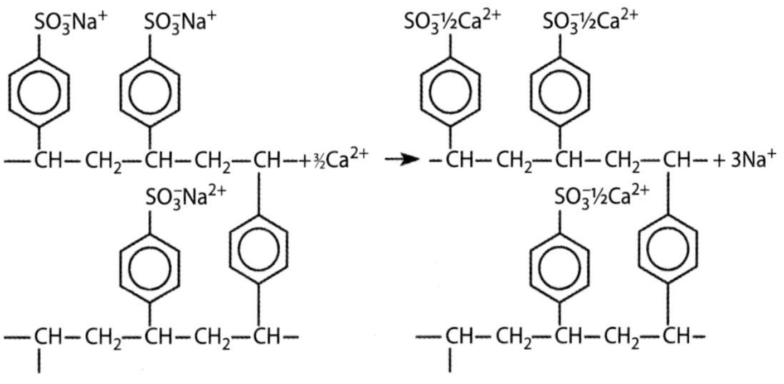

그림 7.2 강산성 양이온 교환기. 물에서 소듐 이온 대신에 칼슘 이온으로 교환되는 것을 보여 준다.

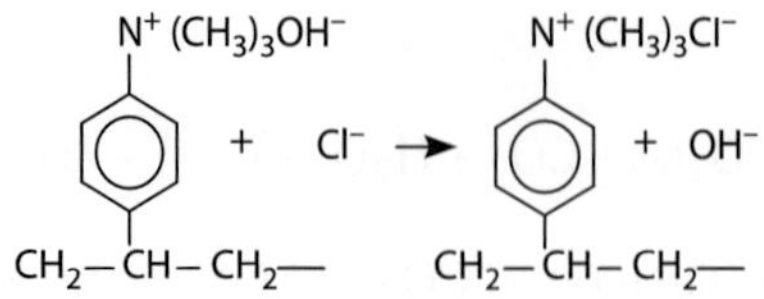

그림 7.3 강염기성 음이온 교환기. 수산화 이온 대신에 염화 이온이 교환되는 것을 보여 준다.

교환기를 충전하기가 편리한 물질이다.

많은 물질들이 이온 교환 성질을 갖고 있다. 이온 교환 성질로 특히 주목을 받는 광물 중에는 규산 알루미늄(aluminum silicate) 광물, 즉 **제올라이트(zeolite)**가 있다. 물에서 상업적으로 사용되는 제올라이트의 예는 해록석[glauconite, $K_2(MgFe)_2Al_6(Si_4O_{10})_3(OH)_{12}$]이다. 합성 제올라이트는 규산 소듐(sodium silicate)과 알루미늄산 소듐(sodium aluminate) 용액을 혼합하여 생성되는 흰색의 젤을 건조하고 분쇄하여 만든다.

이온 교환 기술은 작용기가 붙어 있는 유기 고분자로 구성된 합성 이온 교환 수지가 1930년대 중반에 개발되면서 크게 향상되었다. 전형적인 합성 이온 교환기의 구조식은 그림 7.2와 7.3에 보여 주고 있다. 그림 7.2에 보여 주는 양이온 교환기는 어미 $-SO_3^-H^+$기가 강산이기 때문에, **강산성 양이온 교환기(strongly acidic cation exchanger)**라고 부른다. 양이온에 결합된 작용기가 $-CO_2^-$일 때 $-CO_2H$기가 약산이므로, 그 교환 수지는 **약산성 양이온 교환기(weakly acidic cation exchanger)**라고 한다. 그림 7.3은 작용기가 4차 암모늄기인 $-N^+(CH_3)_3$인 **강염기성 음이온 교환기(strongly basic anion exchanger)**를 보여 준다. 여기에서 수산화 이온 $-N^+(CH_3)_3OH^-$형에서 수산화물을 쉽게 방출하므로 이 교환기는 **강염기성(strongly basic)**으로 분류된다.

양이온 교환기의 연수화 과정은 그림 7.2에 보여 주고 있는데, 여기에서 교환기의 소듐 이온은 용액 중 칼슘 이온으로 교환된다. 같은 반응이 마그네슘 이온에 대해서도 일어난다. 양이온 교환에 의한 연수화는 널리 사용되는 효과적이고 경제적인 공정이다. 그러나 유량이 낮은 지역에서는 이온 교환에 의한 가정용수의 광범위한 연수화가 염화 소듐에 의한 폐수의 오염으로 수질 악화의 원인이 된다. 이러한 오염은 수지에서 칼슘 및 마그네슘 이온을 대체하고, 이러한 경도 이온들을 소듐 이온으로 대체하기 위해 염화 소듐으로 연수기를 주기적으로 재생해야 할 필요성으로 인해 발생한다.

$$Ca^{2+-}\{Cat(s)\}_2 + 2Na^+ + 2Cl^- \rightarrow 2Na^{+-}\{Cat(s)\} + Ca^{2+} + 2Cl^- \tag{7.14}$$

재생 과정에서 과량의 염화 소듐이 사용되어야 하는데, 일반적으로 가정용 연수화 장치에는 수 파운드가 필요하다. 이러한 경로에 의해 상당량의 용존 염화 소듐이 하수로 유입될 수 있다.

$-CO_2H$기를 작용기로 갖는 약산성 양이온 교환기는 반응 7.15에 나타낸 바와 같이, 결합된 Ca^{2+} 경도 이온과 함께 중탄산염 알칼리도를 제거하는 데 유용하고, 교환 수지는 강산(HCl)을 사용하여 화학량론적으로 재생할 수 있다.

$$2R\text{-}CO_2H + Ca^{2+} + 2HCO_3^- \rightarrow R\text{-}CO_2^-{}_2Ca^{2+} + 2H_2O + 2CO_2 \tag{7.15}$$

킬레이트화(chelation), 때때로 **격리(sequestration)**라고도 알려진 과정은 용액에서 칼슘과 마그네슘을 실제로 제거할 필요 없이 연수화하는 효과적인 방법이다. 착화제가 첨가되면, 2장의 일부 예의 계산에서 보여 준 것처럼 자유 수화 양이온의 농도를 크게 줄인다. 예를 들면, 과량의 EDTA 음이온(Y^{4-})으로 칼슘 이온을 킬레이트화하면, 수화된 칼슘 이온의 농도를 감소시켜 Ca^{2+}와 CO_3^{2-}와의 반응에 의한 탄산 칼슘($CaCO_3$)의 침전을 방지할 수 있다.

$$Ca^{2+} + Y^{4-} \rightarrow CaY^{2-} \tag{7.16}$$

폴리인산염, EDTA 및 NTA(2장 참조)는 킬레이트화에 의해 연수화에 흔히 사용된다. 폴리규산염

(polysilicates)은 철을 착화하는 데 사용된다.

7.9.1 철과 망가니즈의 제거

일반적으로 10 mg/L를 초과하지 않는 수준의 가용성 철과 망가니즈(일반적으로 2 mg/L 미만)는 이러한 금속들이 가용성의 +2 산화 상태를 선호하는 환원 조건 때문에 많은 지하수에서 발견된다(3장 참조). 이러한 금속들은 일반적으로 7.7절에서 논의한 폭기에 의해 더 높은 불용성의 산화 상태로 산화되어 제거된다. 이러한 공정은 더 높은 pH에서 잘 일어난다. 가용성 Mn(II)의 불용성 MnO_2로의 산화는 새롭게 침전된 MnO_2에 의해 촉진되는데, 이는 Mn(II)를 흡착하고 뒤이어 흡착된 Mn(II)의 산화가 뒤따르기 때문이다.

염소와 과망가니즈산 포타슘($KMnO_4$)은 때때로 철과 망가니즈를 산화시키는 데 사용된다. 환원성 성질을 갖는 유기 킬레이트제가 물에서 가용성 형태로 철(II)을 수용하는 경우, 유기 킬레이트제를 파괴하고 철(II)을 산화시키기 위해 염소를 사용할 수 있다.

비교적 고농도의 불용성 철(III)과 망가니즈(IV)는 제거하기 어려운 콜로이드 물질로 물에서 자주 발견된다. 이러한 금속들은 부식질 콜로이드나 콜로이드 금속 산화물에 결합하여 콜로이드를 안정화시키는 '해교(解膠, peptizing)' 유기 물질과 회합할 수 있다.

7.9.2 물에서 중금속 제거

구리, 카드뮴, 수은 및 납과 같은 중금속은 여러 산업 공정의 폐수에서 검출된다. 많은 중금속들은 독성 때문에 폐수로 방류되기 전에 그 농도를 낮은 수준으로 줄여야 한다. 중금속 제거에는 다양한 방법들이 사용되며, 때로는 금속 용해성 리간드를 분해하기 위해 과량의 염소 처리가 선행된다.

칼슘 제거를 위해 이 절의 앞부분에서 논의한 석회 처리는 중금속을 불용성 수산화물, 염기성 염의 형태로 침전시키거나, 탄산 칼슘 또는 수산화 철(III)과 공침시키지만, 일반적으로 중금속을 회수할 수는 없다. 석회 처리는 수은, 카드뮴 또는 납을 완전히 제거하지 못하므로, 이들 중금속의 제거는 황화물을 첨가하면 도움이 된다(대부분의 중금속은 황화물과 반응한다).

$$Cd^{2+} + S^{2-} \rightarrow CdS(s) \tag{7.17}$$

전해 석출(전착, **electrodeposition**, 한 전극에서 전자에 의해 금속 이온이 금속으로 환원되는 것), **역삼투**(7.12절 참조) 및 **이온 교환**은 금속 제거에 자주 사용된다. 유기물 가용성 킬레이트 물질을 이용한 용매 추출도 많은 금속 제거에 효과적이다. 금속 이온을 더 쉽게 산화되는 금속과 반응시켜 금속이 침전되는 공정인 **교결**(膠結, **cementation**)이 사용될 수 있다.

$$Cu^{2+} + Fe(\text{철 조각}) \rightarrow Fe^{2+} + Cu \tag{7.18}$$

활성탄 흡착은 물에서 ppm 수준으로 존재하는 일부 금속들을 효과적으로 제거한다. 때때로 킬레이트제는 금속 제거를 증가시키기 위해 활성탄에 수착된다.

중금속 제거를 위해 특별히 고안되지 않았을 경우에도, 대부분의 폐기물 처리 공정은 폐수에 존재하는 상당한 양의 문제가 되는 중금속을 제거한다. 생물학적 폐기물 처리는 물에서 금속을 효과적으로 제거한다. 이러한 금속들은 생물학적 처리로 인해 슬러지에 축적되므로 슬러지 처리에 신중을 기해야 한다.

활성탄은 물에서 중금속을 제거하는 데 사용될 수 있다. 활성탄 여과 전에 석회 침전이나 철(III) 수산화물 플록(효과적인 중금속 스캐빈저)을 형성하기 위해 철(III)로 처리한다. 마찬가지로, 수산화 알루미늄을 생성하는 명반이 활성탄 여과 전에 첨가될 수 있다.

중금속의 형태는 금속 제거 효율에 큰 영향을 끼친다. 예를 들어, 크로뮴(VI)은 크로뮴(III)보다 제거하기가 더 어렵다. 킬레이트화는 금속을 가용화하여 금속 제거를 방해할 수 있다(2장 참조). 과거에는 중금속 제거가 폐수 처리 공정의 부가적인 이득이었다. 그러나 현재에는 폐수 처리의 일부로서 중금속 제거를 특별히 향상시키기 위한 고안과 운전 변수에 더 많은 고려가 이루어지고 있다.

7.10 물과 하수 처리에서 생분해성 유기물의 제거

가장 중요한 수처리 공정 중 하나는 물, 특히 보통 하수로 알려진 도시 폐수에서 생분해성 유기 물질을 제거하는 것이다. 하수는 인간 배설물, 퇴적물, 기름때, 기름, 부유 찌꺼, 병원성 세균, 바이러스, 염분, 조류 영양물질, 농약, 난분해성 유기 화합물 및 중금속의 다양한 오염 물질을 포함하고 있지만, 환경으로 배출되기 전에 도시 폐수에서 제거되어야 하는 가장 중요한 오염 물질은 보통 생화학적 산소요구량(BOD)이라고 하는 생분해성 유기물로 구성되어 있다. BOD를 매우 낮은 수준까지 제거해야 하는 이유는 그것이 하천이나 수체에 유입되면, 미생물이 BOD에 작용하여 물 중 용존 산소를 매우 낮은 수준으로 감소시켜, 물에서 산소를 필요로 하는 생물, 특히 물고기가 살아갈 수 없기 때문이다.

하수에서 BOD를 생분해 처리하기 전에, 하수는 물리적으로 분리될 수 있는 물질을 제거하기 위해 **1차 처리(primary treatment)**를 한다. 여기에는 개별 물체, 작은 모래 및 그리스가 포함된다. 제거되는 이러한 물질에는 상당한 양의 생분해성 물질을 함유하고 있어, 무산소성 생분해가 일어나는 하수 처리의 제2단계로 운반된다.

7.10.1 폐수에서 생분해성 유기물의 제거

산소성 생분해는 생분해성 유기물의 형태의 BOD를 폐수에서 제거하는 수단이다. 이러한 공정은 산소 공급원을 제공하는 공기와 물을 접촉시키는 것을 포함하고, 산소를 이용하여 분해 가능한 유기물 중의 탄소를 이산화 탄소와 물에서 물리적으로 분리될 수 있는 추가적인 고체 바이오매스로 전환시키는 대량의 미생물 덩어리와 접촉하게 하는 것으로 구성되어 있다. 폐수를 공기 및 살아 있는 미생물과 접촉시키는 것은 여기에서 기술되어 있는 여러 가지 방법으로 달성할 수 있는데, 그중에서 활성 슬러지 공정이 가장 널리 실제로 사용된다.[6]

가장 간단한 생물학적 폐기물 처리 공정 중 하나는 **살수 여상(trickling filter)**이다(그림 7.4). 여기에서 폐수는 회전하는 수평 파이프에서 미생물로 덮인 암석 또는 다른 고체 지지물 위로 분무된다. 살수 여상의 구조는 폐수가 공기와 접촉하도록 하고 미생물에 의해 유기물의 분해가 일어나도록 한다.

회전 생물 접촉기(rotating biological contactor, RBC)는 또 다른 유형의 처리 시스템으로, 수평으로 장착된 회전축에 서로 가깝게 장착된 대형 플라스틱 디스크 그룹으로 구성된다. 이 장치는 특정 순간에 각 디스크의 절반이 폐수에 잠기고 절반은 공기에 노출되도록 배치한다. 축은 지속적으로 회전하므로 디스크의 잠긴 부분은 항상 변한다. 디스크는 보통 고밀도 폴리에틸렌이나 폴리스타이렌으로 만들어지는데, 얇은 층의 부착 바이오매스를 축적하고, 이는 하수 중 유기물을 분해한다. 바이오매스가 공기에 노출되는 동안, 산소는 바이오매스와 그것에 부착되는 폐수 층에 의해 흡수된다.

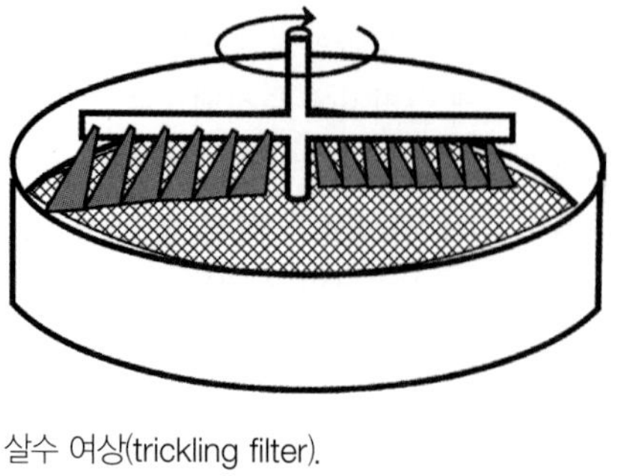

그림 7.4 2차 폐수 처리에 사용되는 살수 여상(trickling filter).

살수 여상과 회전 생물 접촉기 모두 고정 필름 생물학적 또는 부착된 성장 공정의 예이다. 이러한 공정들의 가장 큰 장점은 낮은 에너지 소비이다. 에너지 소비가 최소한인 이유는 아래에 설명되는 널리 사용되는 활성 슬러지 공정의 경우처럼 공기나 산소를 물에 펌프로 주입할 필요가 없기 때문이다. 살수 여상은 오랫동안 폐수 처리의 표준 수단이었으며, 현재 많은 폐수 처리 시설이 살수 여상을 사용한다.

그림 7.5에 나타낸 **활성 슬러지 공정(activated sludge process)**은 가장 널리 사용되는 폐수 처리 공정이다. 폭기조의 미생물은 폐수 중의 유기 물질을 미생물 바이오매스와 CO_2로 전환한다. 유기 질소는 암모늄 이온이나 질산염으로 전환된다. 유기 인은 오쏘인산염으로 변환된다. 폐기물 분해 공정의 일부로 생성된 미생물 세포 물질은 일반적으로 미생물이 대수기(5.7절)를 지날 때까지 폭기조에 유지시켜 두며, 이 시기에 세포들은 비교적 플록을 잘 형성하여 침강 가능한 고체가 된다. 이러한 고체들은 침강조에서 침전되고 그중 일부는 버려진다. 고체들 중 일부인 반송 슬러지는 폭기조의 윗부분으로 재순환되어 새로운 하수와 접촉하게 된다. 반송 슬러지의 고농도의 '배고픈' 세포들과 유입 하수의 풍부한 먹이원의 조합은 유기물의 빠른 분해를 위한 최적 조건을 제공하게 된다. 활성 슬러지 시설에서 발생하는 유기물 분해는 또한 하천 및 기타 물 환경에서도 일어난다. 그러나 일반적으로 분해 가능한 폐기물이 하천에 유입될 때, 이 폐기물은 그러한 분해 과정을 수행할 수 있는 비교적 작은 수의 미생물만을 만나게 된다. 따라서 그 폐기물을 분해하기에 충분한 생물 집단이 형성되려면 며칠이 필요할 수 있다. 활성 슬러지 공정에서는 활성 생물이 연속적으로 재순환되어 폐기물 분해의 최적 조건을 제공하고, 폐기물은 폭기조에 머무르는 단 몇 시간 내에 분해될 수 있다.

활성 슬러지 공정은 BOD 제거를 위한 두 가지의 경로를 제공한다: (1) 미생물의 대사 과정에 필요한 에너지를 제공하기 위해 유기물을 산화시키는 것과 (2) 유기물을 세포량(cell mass)으로 통합, 즉 합성하는 것이다. 첫 번째 경로에서 탄소는 기체 형태인 CO_2로 제거되며, 이 과정은 보통 생분해성 탄소의 약 40%를 제거한다. CO_2로 변환되는 탄소의 해당 부분은 대기 중으로 배출되어 처분 문제를 일으키지 않는다. 두 번째 경로는 바이오매스의 고체로 탄소를 제거하는데, 폐수에서 생분해성 탄소의 약 60%를 제거한다. 그러나 폐기물 슬러지 처분은 문세가 되는데, 이는 슬러지의 고체가 단지 3%에

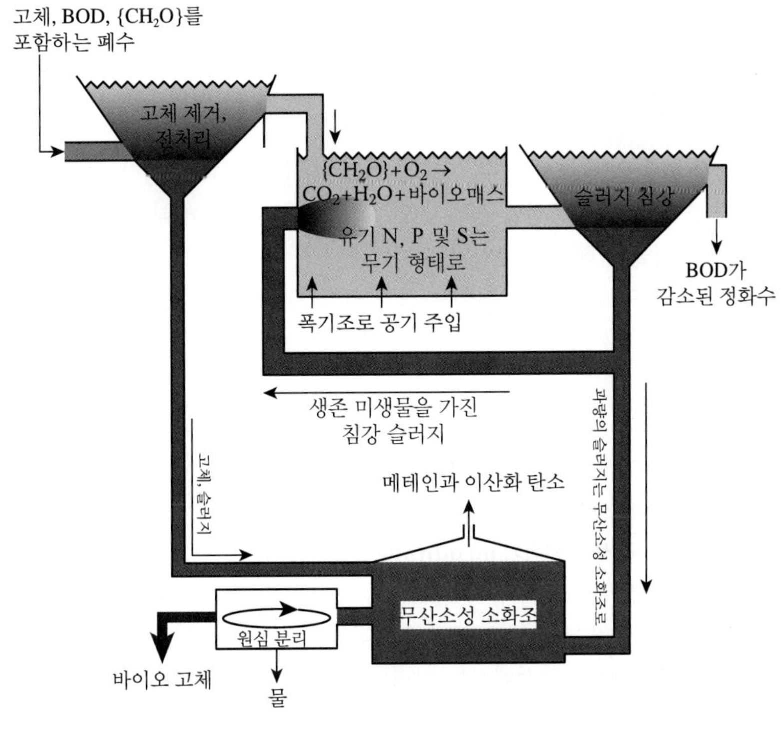

그림 7.5 활성 슬러지 공정.

불과하지만 바람직하지 않은 성분들을 많이 포함하고 있기 때문이다. 일반적으로 부분적인 수분 제거는 모래 여과지에서 건조, 진공 여과, 또는 원심 분리로 이루어진다. 탈수한 슬러지는 소각하거나 매립한다. 하수 슬러지는 어느 정도 산소가 없는 상태에서 메테인 생성 세균에 의해 소화되어 메테인과 이산화 탄소를 생성할 수 있으며, 이 과정에서 슬러지의 휘발성 물질의 양과 부피가 약 60%까지 감소한다. 세심하게 고안된 시설은 이러한 방식으로 충분한 메테인을 생성하여 이 시설에 필요한 모든 동력을 제공할 수 있다.

$$2\{CH_2O\} \rightarrow CH_4 + CO_2 \tag{7.19}$$

슬러지 처리의 가장 바람직한 방법 중 하나는 토양을 비옥하게 하고 상태를 개선하기 위해 사용하는 것이다. 그러나 슬러지 오염 물질로 과도한 수준의 중금속이 토양에 사용되어서는 안 된다는 것에 주의를 기울여야 한다. 수처리로부터 비롯되는 여러 가지 종류의 슬러지에 대한 문제들은 나중에 7.10절에서 다룰 것이다.

활성 슬러지 폐수 처리는 산소성(호기성) 부유 배양 공정의 가장 흔한 예이다. 활성 슬러지 폐수 처리 시스템의 설계 및 운영에는 많은 요소를 고려해야만 한다. 여기에는 공정 모델링 및 동역학과 관련된 매개 변수들이 포함된다. 시스템의 미생물학도 고려되어야만 한다. BOD 제거 외에도, 인 및 질소 제거도 고려해야 한다. 산소 운반 및 고체 분리도 중요하다. 산업 폐기물 및 산업 화학 물질(생체 이물)의 운명 및 영향 또한 고려되어야 한다.

질산화(미생물에 의해 암모늄 질소가 질산염으로 전환되는 것, 5.11절 참조)는 생물학적 폐기물 처리 동안에 발생하는 중요한 과정이다. 암모늄 이온은 일반적으로 질소가 포함된 유기 화합물의 생분해에서 생성되는 첫 번째 무기 질소 화학종이다. 적당한 조건에서 암모늄 이온은 먼저 *Nitrosomonas* 세균에 의해 아질산염(nitrite)으로, 다음에는 *Nitrobacter*에 의해 질산염으로 산화된다.

$$2NH_4^+ + 3O_2 \rightarrow 4H^+ + 2NO_2^- + 2H_2O \tag{7.20}$$

$$2NO_2^- + O_2 \rightarrow 2NO_3^- \tag{7.21}$$

이러한 반응은 활성 슬러지 시설의 폭기조에서 일어나며, 일반적으로 체류 시간이 길고 유기물 부하가 낮으며, 부유 물질이 많고 온도가 높을수록 잘 일어난다.

$$4NO_3^- + 5\{CH_2O\} + 4H^+ \rightarrow 2N_2(g) + 5CO_2(g) + 7H_2O \tag{7.22}$$

질산화는 슬러지 침강 효율을 감소시킬 수 있는데, 이는 산소가 부족한 침강조에서 일어나는 탈질화 반응으로 N_2 기포가 슬러지 플록(응집된 슬러지 입자) 표면에 생성되어 부력이 높아져 위로 떠오르게 한다. 이는 슬러지의 침강을 방해하며 유입되는 물의 유기물 부하를 증가시킨다. 그러나 적절한 조건에서 이러한 현상을 이용하여 물에서 N_2 기체로 영양 원소인 질소를 제거할 수 있다(7.12절 참조)

7.10.2 막 생물 반응기

활성 슬러지 공정은 그림 7.5에서 보여 주는 것처럼, 침강에 의해 부유 바이오매스를 물에서 분리하는 데 문제가 발생할 수 있다. 슬러지 침전 장치에서 부유 물질의 불완전한 분리는 유출물의 고형물 오염 및 효과적인 폐기물 생분해에 필요한 활성 생물의 충분한 바이오매스가 부족한 묽은 슬러지를 초래할 수 있다. 이러한 문제는 **막 생물 반응기(membrane bioreactor)**를 가지고 극복할 수 있는데, 여기에서 활성 바이오매스 부유물은 폭기조에 유지되고 처리된 물은 막 필터를 통해 회수된다(7.8절 참조).[7]

일부 구성에서 막 생물 반응기 내의 막은 폭기실에 잠겨 있고, 처리된 유출물은 진공 상태에서 막 필터를 통해 끌어올리는 반면, 다른 구성에서는 처리된 유출물이 필터를 통해 가압하에 펌프로 밀어낸다. 슬러지의 막 분리를 갖춘 활성 슬러지 처리 시설을 그림 7.6에 나타냈다. 생존 미생물 부유물은 폭

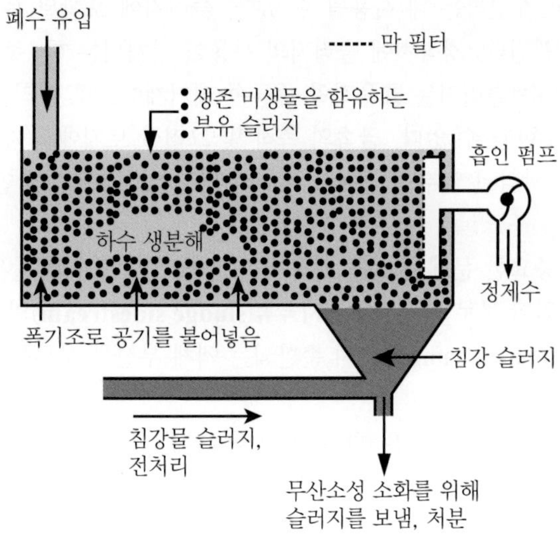

그림 7.6 막 기반 활성 슬러지 폐수 처리 시스템.

기조에 유지되고, 처리된 물은 부유 물질을 걸러내는 막을 통해 빼낸다. 잉여 슬러지는 원심 분리에 의해 침강되고 농축되며, 원심 분리된 슬러지의 잉여 물은 폭기조로 재순환되고, 슬러지는 무산소성 소화, 건조 및 처분에 의해 처리된다. 이러한 종류의 시스템의 주요 문제는 막의 막힘이며, 이는 막 표면을 기포와 주기적인 역류로 씻어냄으로써 해결된다.

7.10.3 슬러지 취급 및 처분

활성 슬러지 공정과 같은 공정에 의한 물 처리에서 발생하는 가장 골칫거리들 중 하나는 처리 과정에 의해 생성되는 대량의 반고체 슬러지 부산물을 처리하는 것이다. 폐수 처리 시설에서 생성되는 슬러지는 크게 두 종류가 있다. 첫 번째는 활성 슬러지, 살수 여상 또는 회전 생물 접촉기에서 발생하는 유기 슬러지이다. 두 번째는 인 제거에서처럼 화학 물질을 첨가하여 생성되는 무기 슬러지이다. 먼저 유기 슬러지를 여기에서 먼저 다룰 것이다.

가장 일반적으로 **하수 슬러지(sewage sludge)**는 공기가 없는 상태에서 세균의 활동이 일어나도록 고안된 소화조에서 무산소 소화된다(그림 7.5 참조). 이 과정을 통해 슬러지의 질량과 부피는 감소하고 이상적으로 안정화된 부식 물질이 생성된다. 질병을 일으키는 요소들도 이 과정에서 대부분 파괴된다.

소화 공정 후 슬러지는 일반적으로 컨디셔닝 및 걸쭉하게 농축 및 안정화되어 물을 제거하는 것이 보다 용이해진다. 중력 농축과 같은 비교적 저렴한 공정으로 수분 함량을 약 95%까지 낮출 수 있다. 슬러지는 철이나 알루미늄염, 석회 또는 고분자를 첨가하여 화학적으로 추가 컨디셔닝할 수 있다.

슬러지 탈수는 실질적으로 액체 물질을 약 85% 이하의 물을 함유한 축축한 고체로 슬러지를 전환하기 위해 사용된다. 이 물질은 일반적으로 **바이오고체(biosolid)**라고 한다. 수분 함량이 높은 하수 슬러지에서 비교적 건조한 바이오고체는 모래와 자갈 층으로 구성된 슬러지 건조상(sludge drying bed)에서 수행될 수 있다. 진공 여과, 원심 분리 및 압착식 여과기(filter press)를 포함한 기계적인 장치도 사용될 수 있다. 건조 과정을 촉진하기 위해 열을 사용할 수 있다.

슬러지는 궁극적으로 처분해야 한다. 1980년대 후반에 미국 의회에서 금지시키기 전까지는 하수 슬러지를 해양 투기하여 처리하는 처분 방법이 흔히 행해졌다. 현재 슬러지 처리를 위한 두 가지의 주요 대안은 토양 살포와 소각이며, 일부 최신 시설에서는 가연성 CO와 H_2 가스를 생산하기 위한 열화학 가스화를 사용한다.

영양분이 풍부한 폐기물 하수 슬러지는 건조 중량 기준으로 5%의 N, 3%의 P 및 0.5% K를 함유하며, 토양을 비옥하게 하고 개선하는 데 사용될 수 있다. 슬러지에 포함된 부식 물질은 물리적 성질과 양이온 교환 능력을 향상시킨다. 경작지에 슬러지의 사용이 관계되는 한, 중금속의 축적 가능성은 다소 우려되는 사항이다. 하수 슬러지는 효율적인 중금속 제거제이므로 슬러지에는 높은 농도의 아연, 구리, 니켈 및 카드뮴이 포함될 수 있다. 금속의 축적 및 그러한 토지에서 재배된 식물의 고농도의 금속 존재는 하수 슬러지로 처리된 일부 토양에서 우려가 되고 있어, 토양에 안전하게 처리되는 슬러지의 양을 제한하고 있다.

슬러지 처리와 관련된 중요한 문제는 진공 여과에 의한 슬러지 탈수와 같은 다양한 처리 공정에 의해 슬러지에서 제거된 오염된 물로 구성된 **슬러지 부류(sludge sidestream)**의 문제이다. 이러한 공정은 폐수 처리 시설에서 주류(mainstream)로 다시 순환되는 액체 부산물 부류를 생성하여 주류에 BOD와 부유 고체를 증가시킨다.

병원성(질병을 유발하는) 미생물들은 하수 처리 후 남은 슬러지에 잔류할 수 있다. 여기에는 *Enterobacter*, *Salmonella* 및 *Shigella*와 같은 분변 세균; 장내 바이러스, 간염 바이러스 및 폴리오바이러스와 같은 바이러스, *Entamoeba* 및 *Giardia*와 같은 원생동물, 그리고 *Ascaris* 및 *Toxocara*와 같은 기생충이 포함된다. 이러한 생물들 중 많은 것이 잠재적인 건강 유해성을 나타내며, 슬러지가 토양에 사용될 때 많은 사람들이 노출될 위험이 있다. 따라서 도시 폐수 처리 후 생성되는 슬러지에 병원성 미생물이 잔류될 수 있다는 것을 인식하여, 이들이 존재하여 야기할 수 있는 유해성을 줄이기 위한 방법을 찾는 것이 필요하다.

슬러지의 소각 및 열 가스화는 병원균을 죽이기 때문에 이러한 병원균이 큰 우려가 되지 않지만, 토양에 이용하거나 매립하는 슬러지에는 병원균이 존재하기 때문에 더 문제가 될 수 있다. 슬러지의 병원균을 줄이기 위해 취해지는 조치들 중에는 확장된 무산소성 소화, 장시간 공기 건조, 가열 및 pH를 12.5 이상으로 올리기 위한 석회 첨가가 있다.

7.10.4 화학 슬러지

다양한 **화학 슬러지(chemical sludge)**가 다양한 수처리 및 산업 공정에서 생성된다. 화학 슬러지 중 가장 풍부한 것 중에는 수처리 과정에 사용되는 Al(III) 염의 가수 분해에 의해 생성되는 명반 슬러지로, 이는 젤라틴 형태의 수산화 알루미늄을 생성한다.

$$Al^{3+} + 3OH^{-}(aq) \rightarrow Al(OH)_3(s) \qquad (7.23)$$

수산화 알루미늄을 함유한 명반 슬러지는 보통 98% 이상의 물을 포함하고 있어 탈수하기가 매우 어렵다.

철(II)과 철(III) 화합물은 모두 $Fe(OH)_3$ 침전에 의해 폐수에서 불순물을 제거하는 데 사용된다. 이 슬러지는 부드럽고 솜털 침전물 형태로 $Fe(OH)_3$를 함유하고 있어, 10% 이상 탈수하거나 고체의 함유량을 12% 이상으로 하기가 어렵다.

물에 석회[$Ca(OH)_2$] 또는 생석회(CaO)를 첨가하여 물의 pH를 약 11.5로 올려서 금속 수산화물 및 인산염과 함께 $CaCO_3$의 침전을 일으킨다. 탄산 칼슘은 석회 슬러지에서 쉽게 회수되어 다시 생석회(CaO)를 재생성할 수 있어 시스템을 통해 재순환될 수 있다.

금속 수산화물 슬러지는 해당 금속 수산화물 또는 수화된 금속 산화물이 침전되는 수준까지 물의 pH를 높여 납, 크로뮴, 니켈 및 아연과 같은 금속을 폐수에서 제거하는 과정에서 생성된다. 이러한 슬러지의 처분은 독성이 있는 중금속의 함량 때문에 상당한 문제가 된다. 금속 재생(reclamation)은 이러한 슬러지의 한 가지 가능한 대안이다.

7.10.5 2차 폐수 처리의 물의 추가 정화

3차 폐수 처리[tertiary wastewater treatment, 때때로 **고도 폐수 처리(advanced wastewater treatment)**

라고도 함]는 잠재적으로 유해한 물질들을 함유할 수 있는 2차 폐기물 처리에서 나오는 유출수에 대해 행해지는 다양한 공정을 기술하는 데 사용되는 용어이다. 방류 전에 이러한 폐수를 처리하는 것은 그 중 상당 부분이 도시 상수도 하류로 도입될 수 있다는 점을 고려할 때 특히 중요하다. 3차 폐기물 처리에 의해 제거된 오염 물질은 (1) 부유 물질, (2) 용해된 유기 물질 및 (3) 용해된 무기 화합물의 일반적인 범주로 분류된다. 하수로 배출되는 의약물, 합성 및 천연 호르몬 및 개인 위생용품과 같은 물질 및 낮은 수준의 대사 산물은 잠재적인 생물학적 활동 때문에 고급 폐수 처리에 문제가 된다. 부유 고체는 2차 하수 방류수의 잔류 생화학적 산소 요구량의 주요 원인이 된다. 용존 유기물은 잠재적인 독성의 관점에서 가장 위험하다. 용해된 무기 물질의 주요 문제점은 조류 영양물질, 주로 질산염 및 인산염에 의해 나타난다. 또한 잠재적으로 유해한 독성 금속이 용해된 무기물에서 발견될 수 있다.

이러한 화학적 오염 물질 외에도 2차 하수 방류수에는 종종 질병을 유발하는 미생물이 많이 포함되어 있어, 나중에 사람이 물에 접촉할 수 있는 경우에는 소독이 필요하다. 2차 하수 방류수에서 발견될 수 있는 세균 중에는 결핵균, 이질 세균(*Bacillus dysenteriae*, *Shigella dysenteriae*, *Shigella paradysenteriae*, *Proteus vulgaris*), 콜레라 세균(*Vibrio cholerae*), 진흙열 원인 세균(*Leptospira icterohemorrhagiae*) 장티푸스를 일으키는 세균(*Salmonella typhosa, Salmonella paratyphi*)가 있다.

2차 폐수 처리 방류수는 부유 유기물을 제거하기 위한 여과, 병원성 미생물을 죽이기 위한 소독, 아래에 논의되는 용존 유기물 및 무기물의 제거를 포함하는 다양한 공정에 의해 처리된다.

7.11 용존 유기물의 제거

음용수에 함유된 매우 낮은 수준의 외부 유기 화합물들은 암이나 기타 질병에 기여하는 것으로 의심된다. 물 소독 과정은 본질적으로 가혹한 화학적 조건(특히, 산화 과정)이 필요하므로 소독 과정의 결과로 **소독 부산물(disinfection by-product)**이 생성되는 경향이 있다. 이들 중 일부는 물 중 유기 물질, 특히 부식 물질의 염소화 과정에서 생성되는 염소화된 유기 화합물, 특히 클로로폼(chloroform, $CHCl_3$)과 같은 트라이할로메테인(trihalomethanes, THMs)이다. 염소화 과정 전에 매우 낮은 수준까지 유기 물질을 제거하는 것은 THMs의 생성을 막는 데 효과적인 것으로 알려져 있다. 또 다른 중요한 소독 부산물은 알데하이드, 카복실산 및 산소산과 같은 유기산소 화합물들로 구성된다.

다양한 유기 화합물이 2차 폐수 처리에서 남아 있거나 생성되며, 처리된 물의 배출 또는 재사용 요인으로 고려해야 한다. 이들 중 거의 절반은 분자량 범위가 1,000~5,000인 부식 물질(2.17절 참조)이다. 나머지에는 에터(ether)로 추출할 수 있는 물실, 탄수화물, 단백질, 세제, 타닌, 리그닌이 있다. 높은 분자량과 음이온 특성으로 인해, 부식 물질은 폐기물 처리의 물리적 및 화학적 측면의 일부에 영향을 미친다. 에터 추출물에는 생분해에 저항성이 있고 잠재적인 독성, 발암성 및 돌연변이 유발성과 관련하여 특히 우려되는 많은 화합물이 포함되어 있다. 에터 추출물에는 많은 지방산, *n*-알케인 계열의 탄화수소, 나프탈렌, 다이페닐메테인, 다이페닐, 메틸나프탈렌, 아이소프로필벤젠, 도데실벤젠, 페놀, 프탈레이트 및 트라이에틸포스페이트가 발견된다.

용존 유기 물질을 제거하기 위한 표준 방법은 목재, 펄프 공장 숯, 이탄 및 갈탄을 포함한 다양한 탄소질 물질로 만들어진 제품인 **활성탄(activated carbon)**에 대한 흡착이다. 탄소는 원료를 600℃ 이하에서 무산소 상태로 태운 다음, 부분 산화로 구성된 활성화 단계를 거쳐 생성된다. 이산화 탄소는 600~700℃에서 산화제로 사용될 수 있다.

$$CO_2 + C \rightarrow 2CO \tag{7.24}$$

또는 탄소는 800~900℃에서 증기에 의해 산화될 수 있다.

$$H_2O + C \rightarrow H_2 + CO \tag{7.25}$$

이러한 공정은 다공성을 발달시키고 표면적을 증가시키며, C 원자가 유기 화합물에 대한 친화력을 갖는 배열을 갖도록 한다.

활성탄은 일반적으로 지름 0.1~1 mm의 입자로 구성된 **과립 활성탄(granulated activated carbon)**과 대부분의 입자 지름이 50~100 μm인 **분말 활성탄(powdered activated carbon)**의 두 가지 유형으로 나뉜다.

활성탄이 유기 물질을 보유하는 정확한 메커니즘은 알려져 있지 않다. 그러나 흡착제로서 이 물질의 효과에 대한 한 가지 이유는 엄청난 표면적이다. 고체 탄소 입자 1 ft^2는 약 10 $mile^2$의 결합된 기공과 표면적을 가질 수 있다!

과립형 활성탄은 물이 아래로 흐르는 고정 층에 사용될 수 있다. 미립자 물질이 축적되면 주기적인 역세척이 필요하다. 위쪽으로 흐르는 물에 의해 입자가 약간 분리된 상태로 유지되는 확장 베드가 사용되면 막힐 가능성이 적다. 분말 활성탄은 물에서 유기 화합물을 흡착하는 데 매우 효과적일 수 있다. 그러나 처리수와 분리가 어려울 수 있으며, 재생이 잘 되지 않을 수 있다.

경제성을 고려하면 탄소 재생이 필요하며, 이는 증기–공기 대기에서 탄소를 950℃로 가열함으로써 달성된다. 이 공정은 약 10%의 탄소 손실이 발생하지만, 흡착된 유기물을 산화시키고 탄소 표면을 재생한다.

유기물의 제거는 흡착성 합성 중합체에 의해 달성될 수도 있다. Amberlite XAD-4와 같은 고분자는 소수성 표면을 가지며, 염소화된 살충제와 같이 상대적으로 불용성인 유기 화합물을 강하게 끌어당긴다. 이러한 고분자의 다공성은 부피비로 최대 50%이며, 표면적이 850 m^2/g만큼 높을 수 있다. 이들은 아이소프로판올 및 아세톤과 같은 용매에 의해 쉽게 재생된다. 적절한 조작 조건에서 이러한 고분자는 모든 비이온성 유기 용질을 사실상 제거한다. 예를 들어, 250 mg/L의 페놀은 Amberlite XAD-4로 적절하게 처리하면 0.1 mg/L 미만으로 감소된다.

용존 유기물의 산화는 물에서 이러한 화합물 중 일부를 제거하는 데 사용될 수 있다. 오존, 과산화수소, 분자 산소(촉매 유무에 관계없이), 염소 및 그 유도체, 과망가니즈산염 또는 철산염[철(VI)]이 사용될 수 있다. 어떤 경우에는 전기 화학적 산화가 가능할 수 있다. 고전압 전자 가속기에 의해 생성된 고에너지 전자 빔은 또한 유기 화합물을 파괴할 잠재력을 갖고 있다.

7.11.1 제초제의 제거

광범위한 사용과 지속성으로 인해, 제초제는 식수원에서 특히 문제가 되는 것으로 입증되었다. 이들의 농도는 방제 잡초에 적용되는 시간과 관련된 계절에 따라 다르다. 용해도가 더 높은 제초제는 식수원에 들어갈 가능성이 더 높다. 가장 문제가 되는 것 중 하나는 아트라진인데, 이는 종종 그 대사 산물인 데스에틸라트라진(desethylatrazine)으로 검출된다. 활성탄 처리는 식수원에서 제초제와 그 대사 산물을 제거하는 가장 좋은 방법이다. 활성탄이 갖는 문제는 물에 있는 자연 유기물이 탄소를 가득 채우고 제초제와 같은 오염 유기물의 흡수를 방해하는 **사전 적재(preloading)** 문제이다. 부식 물질의 물리적 응집 및 침전과 같은 유기물 제거를 위한 전처리는 제초제 및 기타 유기물 제거를 위한 활성탄의 효능을 크게 증가시킬 수 있다.

7.12 용존 무기물의 제거

2차 폐기물 처리에서 나오는 유출수는 일반적으로 도시 상수보다 용존 무기 물질을 300~400 mg/L 더 많이 포함하고 있으며, 어떤 용도로 사용하려면 물에서 무기 용질을 제거해야 한다. 따라서 무기물을 제거하지 않고 물을 100% 재활용하면 엄청난 수준의 용존 물질이 축적될 것이다. 물을 즉시 재사용할 수 없는 경우에도, 하류의 부영양화를 줄이기 위해 무기 영양소인 인과 질소를 제거하는 것은 매우 바람직하다. 경우에 따라 독성을 나타내는 미량 금속의 제거가 필요하다.

물에서 무기물을 제거하는 가장 확실한 방법 중 하나는 증류이다. 그러나 증류에 필요한 에너지는 상당히 높기 때문에, 일반적으로 증류는 경제적으로 실현 가능하지 않다. 또한 암모니아 및 악취 화합물과 같은 휘발성 물질은 특별한 예방 조치를 취하지 않는 한 증류 공정에서 상당 부분 이월된다. 냉동은 매우 순수한 물 제품을 생산하지만, 매우 경제적이지는 않은 것으로 간주된다. 이온 교환 및 막 공정은 물에서 무기 물질을 제거하는 가장 비용 효율적인 수단이다. 이러한 과정은 다음에 설명한다.

7.12.1 이온 교환

연수를 위한 이온 교환 방법은 7.9절에 설명하였다. 무기물 제거에 사용되는 이온 교환 공정은 물을 연속적으로 고체 양이온 교환기 및 고체 음이온 교환기로 통과시켜, 양이온과 음이온을 각각 수소 이온과 수산화물 이온으로 대체하여 각 당량의 염이 1몰의 물로 대체되게 하는 것이다. 가상 이온성 염 MX에 대해 반응은 다음과 같으며, 여기에서 $^-\{Cat(s)\}$는 고체 양이온 교환기를 나타내고 $^+\{An(s)\}$는 고체 음이온 교환기를 나타낸다.

$$H^{+-}\{Cat(s)\} + M^+ + X^- \rightarrow M^{+-}\{Cat(s)\} + H^+ + X^- \qquad (7.26)$$

$$OH^{-+}\{An(s)\} + H^+ + X^- \rightarrow X^{-+}\{An(s)\} + H_2O \qquad (7.27)$$

양이온 교환기는 강산으로 재생되고, 음이온 교환기는 강염기로 재생된다.

이온 교환에 의한 탈염(demineralization)은 일반적으로 매우 높은 질의 물을 생산한다. 불행하게도 더러운 폐수 이온 교환기의 일부 유기 화합물과 교환기의 미생물 성장은 교환기의 효율성을 떨어뜨릴 수 있다. 게다가, 수지의 재생은 비용이 많이 들고, 재생에서 농축된 폐기물은 환경을 손상시키지 않는 방식으로 폐기되어야 한다.

전기 투석(electrodialysis)은 양이온과 음이온이 번갈아 투과할 수 있는 막에 의해 여러 층으로 분리된 물에 직류를 가하는 것으로 구성된다. 양이온은 음극으로 이동하고, 음이온은 양극으로 이동한다. 양이온과 음이온은 모두 한 층의 물에 들어가고, 모두 인접한 층을 떠난다. 따라서 소금이 풍부한 물 층과 소금이 제거된 물 층이 번갈아 나타난다. 소금물이 풍부한 층의 물은 소금물이 과도하게 축적되는 것을 방지하기 위해 어느 정도 재순환된다. 전기 투석은 물에서 1가 이온(NaCl)을 제거하는 데 가장 효과적이며, 식염수에서 염을 회수하는 데 사용되었다.[8]

다양한 물질로 인한 오손(fouling)은 역삼투와 같이 전기 투석에서도 문제를 일으킬 수 있다(다음에 논의됨). 식염수에 용해된 염을 구성하는 상대적으로 작은 이온은 전기 투석 막을 쉽게 통과하지만, 큰 유기 이온(예: 단백질), 전하를 띤 콜로이드 및 실리카는 막 표면으로 이동하여 종종 막을 오염시키거나 막아 효율성을 감소시킨다. 경도 이온(Ca^{2+} 및 Mg^{2+})은 이온 교환 막을 쉽게 통과하지 못하여 막 표면에 고체 $CaCO_3$가 축적될 수 있다. 또한 막에서 미생물이 성장하여 오염이 발생할 수 있다. 이러한 제한과 전력 요구 사항으로 인해 전기 투석은 정수에서 비교적 제한적으로만 사용된다.

7.12.2 역삼투

역삼투(reverse osmosis)는 나노 여과, 한외 여과 및 정밀 여과를 포함하는 물 정화를 위한 여러 압력 구동 막 공정 중 하나이다. 역삼투는 물의 정화 및 담수화에 매우 유용하고 잘 발달된 기술이며, 가정용 염수를 정화하고 폐수를 재활용 기준으로 개선하는 주요 공정 중 하나이다. 그림 7.7에서 볼 수 있듯이, 물은 통과시키지만 다른 물질은 통과시키지 않는 반투과성 막을 통해 순수한 물을 강제로 통과시키는 것으로 구성된다. 단순한 체 분리 또는 한외 여과가 아닌 이 공정은 다공성 셀룰로스 아세테이트 또는 폴리아마이드 막 표면에 물이 우선적으로 흡착되는 것에 좌우한다. 흡착된 층의 순수한 물은 압력을 받아 막의 기공을 통과한다. 흡착된 물 층의 두께가 d라면, 최적의 분리를 위한 공극의 지름은

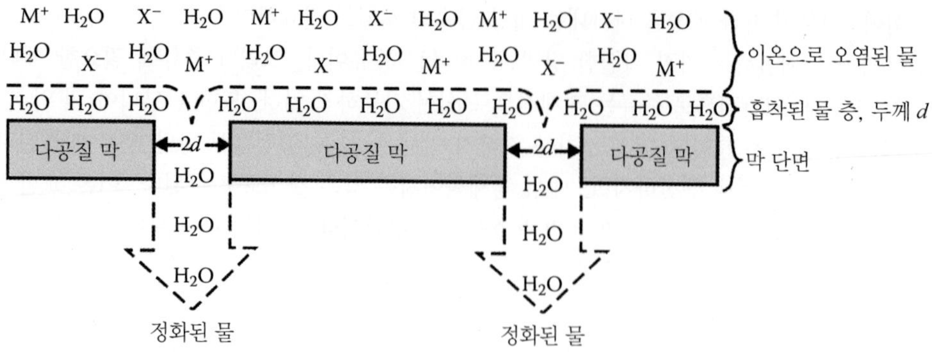

그림 7.7 역삼투에 의한 물에서 용질의 제거.

$2d$가 되어야 한다. 최적 기공 지름은 흡착된 순수한 물 층의 두께에 따라 달라지며 용질 및 용매 분자 지름의 몇 배일 수 있다.

7.12.3 인 제거

고도 폐기물 처리에서 일반적으로 수체에서 조류의 성장과 부영양화를 줄이기 위해 인을 제거하는 것이 필요하다. 조류는 0.05 mg/L만큼의 낮은 PO_4^{3-} 농도에서도 자랄 수 있다. 조류 성장을 억제하려면 0.5 mg/L 미만으로 인산의 농도를 낮추어야 한다. 도시 폐기물은 일반적으로 약 25 mg/L의 인산염(오쏘인산염, 폴리인산염 및 불용성 인산염)을 함유하므로, 인산염 제거 효율은 수체에서 조류 성장을 방지하기 위해 상당히 높아야 한다. 이러한 제거는 하수 처리 공정의 (1) 1차 침전조에서, (2) 활성 슬러지 장치의 폭기조에서, 또는 (3) 2차 폐기물 처리 후 발생할 수 있다.

활성 슬러지 처리는 하수에서 인의 약 20%를 제거한다. 따라서 생물학적 인의 상당 부분이 슬러지와 함께 제거된다. 세제 및 기타 발생원은 상당한 양의 인을 가정 하수에 기여하고, 상당량의 인산염 이온이 폐수에 남아 있다. 그러나 설탕 정제소의 탄수화물 폐기물과 같은 일부 폐기물은 인이 너무 부족하여 폐기물을 분해하는 미생물의 적절한 성장을 위해서는 폐기물에 무기 인을 보충해야 한다.

일부 하수 처리장 운영 조건에서 정상보다 훨씬 더 많은 인 제거가 관찰되었다. 폭기조에서 높은 용존 산소와 높은 pH 수준을 특징으로 하는 이러한 설비에서는 인의 60~90%가 제거되어 슬러지에서 정상 수준의 2~3배의 인을 생성한다. 기존에 운영되는 활성 슬러지 설비의 폭기조에서는 유기물의 분해에 의한 기체의 방출로 인해 CO_2 농도가 비교적 높다. 높은 CO_2 수준은 물에 용해된 CO_2의 약산성 특성 때문에 pH를 낮춘다. 폭기 속도는 일반적으로 물의 용존 산소 수준이 비교적 낮을 때 공기에서 산소가 상대적으로 더 효율적으로 전달되기 때문에 매우 높은 수준으로 유지되지 않는다. 따라서 폭기 속도는 일반적으로 농도를 낮은 수준으로 되게 하는 충분한 용존 이산화 탄소를 제거할 만큼 충분히 높지 않다. 따라서 pH는 일반적으로 인산염이 주로 $H_2PO_4^-$의 형태로 유지될 만큼 충분히 낮다. 그러나 상대적으로 경수에서 더 높은 폭기 속도에서는 CO_2가 제거되고 pH는 상승하며, 다음과 같은 반응이 일어나 고체 인산 칼슘 화합물이 슬러지 플록에 통합될 수 있다.

$$5Ca^{2+} + 3HPO_4^{2-} + H_2O \rightarrow Ca_5OH(PO_4)_3(s) + 4H^+ \tag{7.28}$$

화학적으로 인산염은 표 7.2에서 보여 주는 여러 침전제에 의한 침전에 의해 가장 일반적으로 제거되며, 이 중 가장 흔한 것은 석회[$Ca(OH)_2$]이다.

$$5Ca(OH)_2 + 3HPO_4^{2-} \rightarrow Ca_5OH(PO_4)_3(s) + 3H_2O + 6OH^- \tag{7.29}$$

침전 공정은 합리적인 비용으로 최소 90~95%의 인을 제거할 수 있다. 석회는 비용이 저렴하고 재생이 용이하다는 장점을 갖고 있다. 석회에 의해 인이 제거되는 효율은 $Ca_5OH(PO_4)_3$의 느린 침전, 비

표 7.2 인산염에 대한 화학적 침전제 및 그 생성물

침전제	생성물
$Ca(OH)_2$	$Ca_5OH(PO_4)_3$ (수산화인회석)
$Ca(OH)_2$ + NaF	$Ca_5F(PO_4)_3$ (플루오르인회석)
$Al_2(SO_4)_3$	$AlPO_4$
$FeCl_3$	$FePO_4$
$MgSO_4$	$MgNH_4PO_4$

침전 콜로이드의 생성, 특정 pH 범위에서 칼슘이 $CaCO_3$로 침전, 인산염이 칼슘 이온과 가용성 착물을 생성하는 응축된 인산염(폴리인산염)으로 존재할 수 있다는 사실에 의해 낮아진다.

인산염은 일부 고체, 특히 활성 알루미나(Al_2O_3)에 흡착되어 용액에서 제거될 수 있다. 이 방법으로 오쏘인산염을 99.9%까지 제거할 수 있다.

7.12.4 질소 제거

인 다음으로 질소는 고도 폐수 처리의 일부로 가장 일반적으로 제거되는 조류 영양분이다. 수많은 화학적, 생물학적, 이온 교환 및 막 기술을 사용하여 물에서 질소를 제거할 수 있다. 폐수 처리에서 유기 질소의 광물화는 먼저 암모늄 이온(NH_4^+)을 생성한다. 폐수에서 질소를 제거하는 가장 일반적인 화학 공정은 암모늄 이온 형태의 질소가 하이포염소산(염소 기체로부터)과 반응하여 원소 질소가 기체로 방출되는 것이며, 전체 반응은 다음과 같다.

$$2NH_4^+ + 3HOCl \rightarrow N_2(g) + 5H^+ + 3Cl^- + 3H_2O \tag{7.30}$$

질산화에 뒤이은 탈질화는 폐수에서 무기 질소를 제거하는 가장 일반적인 생물학적 수단이자 틀림없이 가장 효과적인 기술이다. 첫 번째 단계는 암모니아와 유기 질소를 강한 호기성 조건에서 질산염으로 본질적으로 완전히 전환시키는 것으로, 하수의 정상적인 폭기보다 더 광범위하게 이루어진다.

$$NH_4^+ + 2O_2(\text{질산화 세균}) \rightarrow NO_3^- + 2H^+ + H_2O \tag{7.31}$$

두 번째 단계는 메탄올(CH_3OH)과 같은 환원제를 사용하여 세균에 의해 질산염을 질소 기체로 환원시키는 것이다.

$$6NO_3^- + 5CH_3OH + 6H^+(\text{탈질화 세균}) \rightarrow 3N_2(g) + 5CO_2 + 13H_2O \tag{7.32}$$

7.13 물 소독

염소는 물에서 세균을 죽이는 데 가장 일반적으로 사용되는 소독제이다. 물에 염소를 첨가하면 다음의 반응에 따라 빠르게 가수 분해된다.

$$Cl_2 + H_2O \rightarrow H^+ + Cl^- + HOCl \tag{7.33}$$

이 반응은 다음의 평형 상수를 갖는다.

$$K = \frac{[H^+][Cl^-][HOCl]}{[Cl_2]} = 4.5 \times 10^{-4} \tag{7.34}$$

하이포염소산(HOCl)은 다음의 반응에 따라 해리되는 약산이다.

$$HOCl \rightleftharpoons H^+ + OCl^- \tag{7.35}$$

이 반응에 대한 이온화(해리) 상수는 3.0×10^{-8}이다. 앞에 기술된 내용으로부터, 염소가 1.0 g/L 미만의 수준으로 물에 첨가될 때 pH 3 이상의 평형에서 원소 Cl_2의 농도는 무시할 수 있다는 것을 계산할 수 있다. 때때로 하이포염소산염은 소독제로 염소 기체를 대체한다. 하이포염소산 칼슘[$Ca(OCl)_2$]이 일반적으로 사용된다. 하이포염소산염은 기체 염소보다 다루기에 더 안전하다.

물에서 염소에 의해 형성되는 두 가지 화학종인 HOCl과 OCl^-는 **유리 유효 염소(free available chlorine)**로 알려져 있다. 유리 유효 염소는 세균을 죽이는 데 매우 효과적이다. 암모니아가 있을 때 HOCl은 암모니아와 반응하여 모노클로라민(NH_2Cl), 다이클로라민($NHCl_2$) 및 트라이클로라민(NCl_3)을 생성하며, 이들을 합하여 **결합 유효 염소(combined available chlorine)**라고 한다. 염소화 작업은 종종 유리 유효 염소보다는 약한 소독제이지만, 물 분배 시스템 전체에서 소독제로 더 오래 유지되는 결합 유효 염소를 생성한다. 물에 암모니아가 너무 많으면 염소에 대한 과도한 수요가 발생하기 때문에 바람직하지 않은 것으로 간주된다.

암모니아를 함유한 물에서 Cl:N 비율이 충분히 높으면 일부 HOCl 및 OCl^-가 반응하지 않은 상태로 남고 소량의 NCl_3가 생성된다. 이것이 발생하는 비율을 **파과점(파괴점, breakpoint)**이라고 한다. 파과점을 넘어선 염소화는 소독을 보장한다. 그것은 물에서 냄새와 맛을 유발하는 더 일반적인 물질을 파괴하는 추가적인 이점이 있다.

반응 7.30에 나타난 바와 같이, 적당한 수준의 NH_3-질소(N으로서 약 20 mg/L)는 과량의 Cl_2를 첨가하여 HOCl과 반응시켜 물에서 제거할 수 있다. 그러나 종종 암모니아와 함께 존재하는 유기 폐기물의 염소화로 인해 문제가 발생할 수 있다. 이러한 부산물 중 가장 바람직하지 않은 것은 클로로폼 및 관련 트라이할로메테인으로, 이들은 물에서 부식 물질의 염소화에 의해 생성된다.

염소는 음용수 이외의 물을 처리하는 데에도 사용된다. 하수 처리장의 폐수를 소독하고 발전소 냉각탑의 물에 첨가제로 사용하며, 식품 가공에서 미생물을 제어하는 데 사용된다.

7.13.1 이산화 염소

이산화 염소(chlorine dioxide, ClO_2)는 불순물인 Cl_2가 없으면 수처리에서 트라이할로메테인을 생성하지 않기 때문에 특히 관심을 끄는 효과적인 물 소독제이다.[9] 산성수와 중성수에서 각각 산화제로 작용하는 ClO_2에 대한 두 개의 반쪽 반응은 다음과 같다.

$$ClO_2 + 4H^+ + 5e^- \rightleftharpoons Cl^- + 2H_2O \tag{7.36}$$

$$ClO_2 + e^- \rightleftharpoons ClO_2^- \tag{7.37}$$

중성 pH 범위에서, 물 중 이산화 염소는 반응할 환원제와 접촉할 때까지 주로 분자 ClO_2로 남아 있다. 이산화 염소는 유기물과 격렬하게 반응하고 빛에 노출되면 폭발하는 기체이다. 이러한 이유로, 이산화 염소는 배송되지 않고 염소 기체와 고체 하이포염소산 소듐의 반응과 같은 공정에 의해 현장에서 생성된다.

$$2NaClO_2(s) + Cl_2(g) \rightleftharpoons 2ClO_2(g) + 2NaCl(s) \tag{7.38}$$

생성물에 원소 염소 함량이 높으면 Cl_2의 원치 않는 부반응을 방지하기 위해 정제가 필요할 수 있다.

물 소독제로서 이산화 염소는 암모니아나 기타 질소 함유 화합물을 염소화하거나 산화하지 않는다. 주요 분해 부산물인 ClO_2^- 및 ClO_3^-의 건강 영향에 대하여 약간의 우려가 제기되었다.

7.13.2 물 소독을 위한 녹색 오존

여러 측면에서 염소 기반 물 소독제에 대한 보다 친환경적인 대안은 오존(O_3)이다.[10] 물에 넣으면 이러

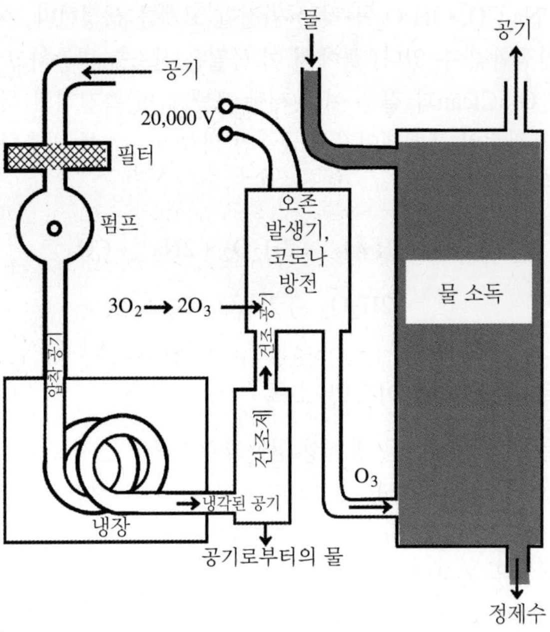

그림 7.8 차갑고 건조한 공기를 통한 방전에 의해 O_2에서 O_3가 생성되는 오존 발생기.

한 형태의 산소는 염소에 의해 생성된 바람직하지 않은 부산물을 생성하지 않고 병원균을 죽이며, 실제로 바이러스를 죽이는 데 염소보다 더 효과적이다. 오존은 건조한 공기를 통해 약 20,000 V의 고전압 방전에 의해 공기 중의 산소로부터 다음과 같이 생성된다(그림 7.8). 오존은 직접적으로는 O_3의 반응을 통해 병원균을 비롯한 물 오염 물질을 산화시키고, 간접적으로는 반응성이 강한 산화제인 수산기(HO•)를 생성하여 산화시킨다.

전반적인 반응에 따르면, 오존과의 반응에 대한 주요 고려 사항은 오존이 물에서 자발적으로 분해되는 속도이다.

$$2O_3 \rightarrow 3O_2(g) \tag{7.39}$$

물에서 오존은 분해되기 때문에, 급수 시스템 전체에서 소독제를 유지하기 위해서는 약간의 염소를 추가해야 한다. 오존은 염소 사용 시 문제를 일으키는 바람직하지 않은 할로젠화 유기물을 생성하지 않지만 일부 산소화 부산물을 생성한다. 여기에는 알데하이드(아세트알데하이드, H_3CCHO), 카복실산 및 그 염(옥살산, HO_2CCO_2H)이 포함된다.

유독성 오존이 대기로 방출되는 것을 피해야 한다는 경고와 함께, 오존 처리에 의한 물 소독은 사실상 녹색 화학 관행의 이상적인 예이다. 유일한 원료는 보편적으로 사용할 수 있는 무료 공기이다. 오존은 부산물 없이 필요에 따라 필요한 곳에서만 생성된다. 오존은 물에서 지속되지 않고, 물에서 원소 산소로 분해되며, 오존으로 유해 소독 부산물을 생성할 가능성은 거의 없다.

7.13.3 철산염과 과탄산염

철산염(FeO_4^{2-}) 형태로 철(VI)은 우수한 소독 특성을 갖는 강력한 산화제이다. 이는 중금속, 바이러스 및 인산염을 제거하는 추가적인 장점을 갖고 있다. 수처리를 위한 철산염의 사용은 계속 증가하고 있다.[11]

세제의 세척제 및 표백제로 널리 사용되고 있고, 물에서 과산화 수소의 방출로 인한 산화 능력 때문에 소독 능력도 있는 또 다른 산화제는 과탄산 소듐이다. 일반적으로 **과탄산염(percarbonate)**이라고 불리는 이 고체는 과산화 수소(H_2O_2)와 탄산 소듐(Na_2CO_3)을 $MgSO_4$ 및 Na_2SiO_3 안정제와 함께 혼합하여 대략적인 실험식 $Na_2CO_3 \cdot 3H_2O_2$를 갖는 안정한 고체를 생성한다. 여기에서 H_2O_2는 물에서 CO_3^{2-}에 수소 결합하여 안정화될 수 있다. 물에서 이 물질은 산소를 방출하고 표백제, 세제 촉진제 및 살균제로 작용한다. 이는 OxiClean과 같은 여러 세탁 표백제 및 촉진제의 핵심 성분이다. 물에 넣으면, 과탄산 소듐은 먼저 효과적인 표백제이자 살균제인 과산화 수소를 방출하고, 이는 다음 반응에서 볼 수 있듯이 분자 산소로 더 분해된다.

$$Na_2CO_3 \cdot 3H_2O_2 \rightarrow 3H_2O_2 + 2Na^+ + CO_3^{2-} \tag{7.40}$$

$$2H_2O_2 \rightarrow 2H_2O + O_2 \tag{7.41}$$

7.13.4 자외선 및 광촉매 공정을 이용한 소독

일반적으로 $h\nu$로 표시되는 자외선(UV)은 병원성 생물의 생체 분자에서 화학 결합을 직접 파괴하고 미생물을 파괴하는 반응성 이온 및 라디칼을 생성하여 작용하는 효과적인 소독제이다. 자외선은 고출력 수은 증기 램프에 의해 생성될 수 있으며, 태양 복사는 자외선 복사원으로 사용될 수 있다. 시약을 사용하지 않기 때문에, 자외선은 특히 친환경적인 물 소독 수단이다. 이것은 염소 또는 오존과 같은 다른 소독제와 함께 잘 조합하여 사용할 수 있으며, 필요한 화학 소독제의 양을 줄인다. 물과 접촉하는 나노 결정성 이산화 타이타늄(TiO_2)에 영향을 미치는 자외선은 병원균을 죽이고 유기 화합물도 파괴하는 물 소독의 효과적인 수단으로 **광촉매 공정(photolytic process)**에서 사용될 수 있다. TiO_2가 자외선에 노출되면, 양전하를 띤 전자-정공 쌍(electron-hole pair)이 생성되어 H_2O 분자와 상호 작용하여 유기 화합물 및 생체 분자와 반응하여 이를 파괴하고 생물을 죽이는 H^+ 및 하이드록실 라디칼(HO•)을 생성한다.[12,13] TiO_2 표면에 영향을 미치는 자외선에 의해 방출된 전자들은 또한 물에 용해된 O_2와 반응하여 초기에 슈퍼옥사이드 이온 라디칼(O_2^-•)을 생성하고, 이는 중간체 HOO•(과산화물) 라디칼의 생성을 통해 HO• 라디칼을 생성한다.

7.13.5 수처리를 위한 고도 산화 공정

자외선을 사용하는 이산화 타이타늄과 함께 자외선 조사 이산화 타이타늄 광촉매를 사용하는 것은 물을 처리하고 소독하는 데 사용될 수 있는 몇 가지 **고도 산화 공정(advanced oxidation process)**의 예이다. 이들 중 몇몇은 반응성이 높은 하이드록실 라디칼(HO•)을 생성한다. 고도 산화 공정에는 H_2O_2와 함께 Fe^{2+}를 사용하는 Fenton 공정이 포함되며, 다음의 방법으로 에너지를 공급할 수 있다: 자외선 또는 초음파(음파 분해); H_2O_2 또는 오존과 함께 초음파 분해; 전기 화학적 산화; 습식 산화; 초임계 물 산화; 전자빔 산화.

7.14 자연수 정화 과정

사실상 폐기물 처리 공정에서 제거하도록 설계된 모든 물질은 토양에 흡수되거나 토양에서 분해될 수 있다.[14] 사실상, 이러한 물질들의 대부분은 토양 비옥도에 필수적이다. 폐수는 일반적으로 비료에 의해 제공하는 인, 질소 및 포타슘과 같은 영양분 외에도 식물 성장에 필수적인 물을 제공할 수 있다. 폐수는 필수 미량 원소와 비타민도 포함하고 있다. 특히 중국의 초기 문명에서는 인간의 유기 폐기물을 사용하여 토양 비옥도를 높였으며, 이러한 관행은 오늘날에도 계속되고 있다.

토양은 하수 성분 및 일부 산업 화학 물질을 포함하여, 폐수에서 제거할 성분의 생분해, 해독, 화학적 분해 및 물리적, 화학적 고정을 가능하게 하는 물리적, 화학적 및 생물학적 특성을 가지고 있다. 폐수 처리 능력을 결정하는 토양의 특성에는 물리적 형태, 물, 폭기, 유기물 함량, 산–염기 특성 및 산화–환원 작용이 포함된다. 폐수 처리를 위한 토양의 특히 중요한 속성은 *Agrobacterium*,

Arthrobacter, *Bacillus*, *Flavobacterium* 및 *Pseudomonas* 속의 세균을 포함하여, 폐기물 분해 미생물의 매체 역할을 하는 능력이다. 식물 물질의 정상적인 부패 기능과 함께 토양 방선균과 진균은 물 중 폐기물의 생분해에 관여할 수 있다. 토양에 존재할 수 있는 다른 단세포 생물은 원생동물과 조류이다. 지렁이와 같은 토양 동물은 토성(soil texture)과 같은 토양 매개 변수에 영향을 미친다. 토양에서 식물의 성장은 가용성 폐기물의 흡수 및 침식 제어와 같은 측면에서 폐기물 처리 가능성에 영향을 미칠 수 있다.

토양 처리 시스템이 적절하게 고안 및 운영되지 않으면 악취가 압도적인 문제가 될 수 있다. 이 책의 저자는 몇 년 전부터 매우 쾌적한 곳으로 기억되는 작은 마을로 차를 몰고 들어가, 거의 견딜 수 없는 냄새에 습격 당했던 일을 떠올린다. 불만을 품은 주민들은 실험적인 사육장 폐기물 처리 작업의 일환으로 액화 돼지 분뇨를 살포하는, 멀리 떨어진 들판(안타깝게도 바람을 안고)에 있는 거대한 살포 관개 시스템을 지적하였다. 실험은 성공한 것으로 간주되지 않았고, 아마도 지역 주민들의 폭력을 만나기 전에 조사관에 의해 중단되었다.

토양의 인류에 의한 변경은 폐수 처리 능력을 향상시키기 위해 사용될 수 있다. 부들과 같이 물에서 자랄 수 있는 바닥 뿌리 식물(수생 식물)과 함께 형성된 얕은 수체의 **인공 습지(constructed wetland)**는 폐수 처리에 효과적이며, 특히 처리된 폐수가 배출되기 전에 다듬는 데 효과적이다.[15] 종종 폭기 시스템이 설치된 폐수 처리 연못도 동일한 기능을 수행할 수 있다.

7.14.1 토양에 의한 산업 폐수 처리

육상 처리가 가능한 폐기물은 생분해성 유기 물질, 특히 도시 하수 및 식품 가공과 같은 일부 산업 활동에서 발생하는 폐수에 포함된 것이다. 그러나 장기간에 걸친 순응을 통해, 산업 폐수에서 발생하는 일반적으로 분해가 잘 안 되는 화합물을 분해하는 데 효과적인 토양 세균 배양 기술이 개발될 수 있다. 순응된 미생물은 특히 토양이 수년 동안 원유에 노출된 곳과 같은 오염된 장소에서 발견된다. 폐기물이 살포된 토양의 얕은 경작은 대기 중 산소에 노출되어 분해를 촉진한다.

육상 처리는 석유 정제 폐기물에 가장 많이 사용되며, 연료 및 지하 저장 탱크 누출로 인한 폐기물 처리에 적용된다. 일부 유기 할로젠 화합물을 포함한 생분해성 유기 화학 폐기물에도 적용할 수 있다. 토양 처리는 산, 염기, 독성 무기 화합물, 염, 중금속 및 과도하게 용해되거나 휘발성 또는 가연성인 유기 화합물을 포함하는 폐기물 처리에는 적합하지 않다.

7.15 녹색 물과 전체 물 재활용

세계의 많은 지역에서 담수에 대한 수요는 이용 가능한 공급원을 훨씬 초과한다. 일부 지역에서 물 문제의 주요 부분은 불규칙한 물 공급이다. 장기적으로 세계 여러 지역에서 안고 있는 가장 큰 물 문제는 극심한 가뭄으로 인해 큰 어려움을 겪어, 일부 지역에서는 흉작으로 인한 기근이 계속될 것이라는 것이다. 담수의 수명이 짧아지는 원인은 기후 변화, 인구 증가(종종 물 부족 지역에서 가장 두드러짐), 개발 도상국에서 더 높은 생활 수준을 추구하는 사람들의 풍요로움 증가로 인한 수요 증가이다. 대체로 물 부족은 물 절약 조치와 물 배급으로 해결되고 있다. 그럼에도 불구하고, 물 공급은 하수에서 가정용 물 공급으로 다시 재활용하는 것을 포함하여 완전한 물 재활용을 통해 충족되어야 하며, 기수 지하수와 같은 비전통적 수원의 물에 훨씬 더 많이 의존해야 한다.

재활용 및 비재래식 공급원의 물에 대한 절실한 필요성을 고려할 때, 수처리 공정에 더 많은 관심을 기울여야 한다. 전통적으로, 이 장의 앞에서 기술된 폐수 처리는 처리된 생성물이 하천이나 수체에 해를 끼치지 않고 방류될 수 있는 정도로 BOD 및 기타 오염 물질을 제거하는 것으로 구성되었다. 점차적으로, 폐수 처리는 수원으로 사용할 수 있는 정도로 폐수를 정화하는 데 전념해야 한다. 그러나 재

서는, 증발로 인한 손실이 저수조에서 지구권으로 물이 침투하는 것처럼 상당할 수 있다.

대수층 저장 및 복구(aquifer storage and recovery)는 물 공급을 유지하기 위한 지표수 저장의 대안이다. 이름에서 알 수 있듯이, 대수층 저장 및 복구는 나중에 복구하기 위해 물을 지하 대수층에 배치하는 것과 관련이 있다. 많은 경우 잉여 시간에 대수층에 뚫린 우물에 물을 펌핑한 다음, 물이 있을 때 필요한 만큼 동일한 우물에서 물을 끌어온다. 공급 부족. 대수층 저장 및 복구의 중요한 이점은 농업 또는 기타 목적에 필요한 지표면을 차지하지 않는다는 것이다. 지하수는 증발 손실과 일반적으로 누수로 인한 손실의 영향을 받지 않는다. 또 다른 이점은 지하로 배출되는 물이 지표면에 저장된 물보다 질이 낮은 경우가 많다는 것이다. 이는 지층과 접촉하는 물에 어느 정도 자연 정화 과정이 일어나기 때문이며, 지하수는 일반적으로 지표수보다 오염에 덜 취약하다(비록 일부 대수층에서는 비소 및 기타 잠재적으로 유해한 지권은 문제를 일으킬 수 있다). 또 다른 고려 사항은 재활용된 물에 존재하는 질소, 인 및 포타슘의 존재와 관련이 있다. 이러한 물질은 도시 상수도에서 적당한 양으로 용인될 수 있지만, 광합성 조류와 남세균의 바람직하지 않은 성장을 촉진하여 지표수에서 부영양화를 일으킨다. 그렇지만 지하에서는 광합성을 위해 햇빛을 이용할 수 없으므로 발생하지 않는다.

대수층 저장 및 복구는 여러 물 관리 프로그램의 일부이다. 그러한 프로그램 중 하나는 Florida Everglades의 16,000 km^2와 Okeechobee 호수의 1,900 km^2 면적을 포함하는 미국 공병대가 수행하고 있는 35년 일정의 프로젝트인 **중부 및 남부 Florida Everglades 복원 프로젝트(Central and Southern Florida Everglades Restoration Project)**이다.[19] 가뭄에 대한 완충재로 설계되고 중요한 Florida Everglades 생태계를 유지하기 위해 설계된 이 프로젝트에는 지하 저장 및 복구와 관련된 60억 L/일의 물이 포함된다.

또 다른 중요한 대수층 저장 및 복구 프로젝트는 Wichita 시 부근의 캔자스 중남부에 위치한 **Equus Beds 지하수 재충전 프로젝트(Equus Beds Groundwater Recharge Project)**이다.[20] Equus Beds 대수층은 풍부한 양질의 물 공급원으로 도시 및 관개용수의 공급원이며, 부적절하게 폐기된 석유 생산 부산물 염수로 인해 염수 오염 위험에 처해 있다. 2007년에 Arkansas 강의 물을 이용하여 지표면에 퍼진 분지와 우물을 통해 대수층의 인공적인 재충전이 이루어졌다. 재충전을 위해 강에서 직접 가져온 물은 퇴적물과 농업 지역에서 일반적인 물 오염 물질인 제초제 아트라진을 제거하기 위해 처리된다.

해안 지역과 섬에서 지하 대수층에 주입할 수 있는 수준으로 폐수를 업그레이드하는 주요 이점은 해수가 대수층으로 침입하는 것을 방지하는 것이다(그림 7.9). 대수층을 퍼내면 대수층의 수위가 낮아져

그림 7.9 해안 지역의 지하 대수층에 재생수를 주입하면 대수층에 해수가 침입하는 것을 방지할 수 있다. 대수층의 수위는 인출 우물 주변으로 내려가고 주입 우물 주변으로 상승한다.

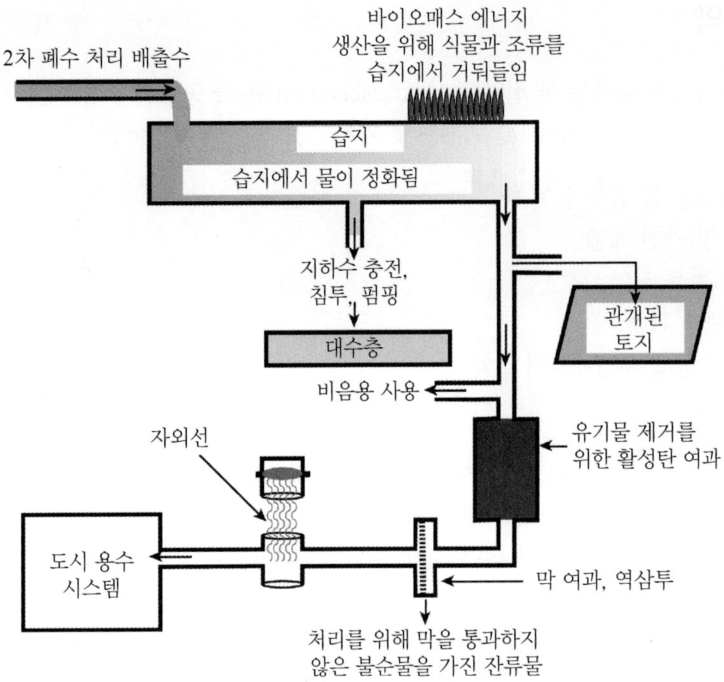

그림 7.10 2차 하수 처리로 발생한 폐수를 도시 용수 시스템으로 재순환시키는 것까지 포함하여, 다양한 용도로 사용할 수 있는 물로 업그레이드하는 시스템이다.

염수가 침투하여 지하수 수질을 악화시킬 수 있다. 처리된 폐수를 대수층에 주입하면 해수 침입을 방지할 수 있는 수준으로 대수층의 지하 수면을 높일 수 있다.

그림 7.10에 표시된 시스템은 징수 제품의 적용과 함께 전체 물 재활용을 위한 시스템에서 사용되는 일부 주요 작업을 보여 준다. 활성 슬러지 공정에 의해 대부분의 BOD가 제거된 2차 폐수 배출물을 취하여 식물과 조류가 영양이 풍부한 물에서 풍부하게 자라는 인공 습지로 배출한다. 이러한 바이오매스는 열화학적 가스화 또는 관련 방법을 이용하여 거둬들이고, 연료 또는 원료로 사용될 가능성이 있다. 지질학적 조건에 따라 습지의 상당량의 물이 지하수로 침투할 수 있고, 거기에서 지하의 자연 과정에 의해 더 정화된다. 습지에서 나오는 물은 유기물을 제거하기 위해 활성탄층 위로 흐를 수 있다. 물은 또한 용해된 염을 제거하기 위하여 역삼투를 포함한 매우 효율적인 막 여과 공정을 거칠 수 있다. 막 공정에 의한 물 처리에서 나오는 용질이 풍부한 잔류물은 일부 지역의 깊은 지하 염분 대수층으로 펌핑되어 해안 지역의 바다로 폐기되거나(종종 폐수 또는 냉각수와 혼합되어 잔류물의 불순물을 희석함), 폐기될 수 있는 고체나 슬러지 잔류물을 생성하기 위해 증발된다.

하수 배출수를 음용수 기준으로 끌어올리는 데 전념하는 세계 최대의 수처리 시설이 남부 California Orange County Water District에서 지하수 보충 시스템으로 운영되기 시작하였다.[21] 4억 8천백만 달러의 비용으로 구축된 이 시스템은 2008년에 가동되기 시작했고, 2012~2013년에 1억 4천 3백만 달러의 확장을 거쳤다. 이 시스템은 2차 폐수 처리 공정에서 처리된 하수를 공급받고 깨끗한 물 생산물을 지하 대수층으로 펌핑하여 미래의 도시 수원으로 사용하고, 인근 바다에서 염수가 침입하는 것을 방지한다. 약 3억 8천 4백만 L/일의 하수 배출수는 먼저 마이크로 필터를 통해 고형물을 제거한 다음, 역삼투로 처리하여 용존 염을 제거하고, 마지막으로 강한 자외선에 조사하여 유기 오염 물질, 특히 의약물 및 그 대사 산물을 분해한 후 지하 대수층으로 배출된다. 이렇게 생산된 물은 도시 수원으로 사용할 수 있을 만큼 충분한 양질의 물이다. 이는 전 세계의 유사한 시설의 모델이다.

7.16 물 절약

단순히 더 적은 물을 사용하는 물 절약(water conservation)은 물 공급을 보장하는 가장 효과적이고 분명히 가장 빠른 수단 중 하나이다. 물 보존은 몇 가지 주요 범주로 나누어진다.

1. 실내 및 가정용 물 절약 실천
2. 절수 장치 및 가전 제품
3. 야외 및 조경 물 절약
4. 효율적인 관개 관행
5. 관개 이외의 농업 운영에서의 절약
6. 물 효율적 제조

이러한 각 범주는 다음과 같이 간략하게 요약된다.

실내 및 가정에서의 물 절약 관행은 일반적으로 물 소비자가 물 사용을 줄이기 위해 할 수 있는 간단한 조치이다. 예를 들어, 설거지 물을 아껴 집안 청소에 사용하기, 수도꼭지나 변기의 물이 새지 않도록 하기, 흐르지 않고 젖은 몸에 먼저 거품을 낸 후 최소의 시간 동안 물로 헹구어 샤워하기, 변기의 물 내리는 횟수와 사용하는 물의 부피를 최소화하기, 음식물 쓰레기 처리를 위한 주방 싱크대 처리기 사용 최소화하기, 세탁기와 식기 세척기를 가득 채운 상태에서만 가동하기 등 물 사용량을 줄이기 위한 상식적인 조치들이 있다. 이러한 조치의 이행은 주로 교육 및 훌륭한 환경 시민 의식의 문제이다. 실제 물 부족의 경우, 급격하게 높은 물 이용률이라는 고통스러운 메커니즘을 통해 압박이 가해질 수 있다.

다양한 물 절약 장치 및 가전 제품을 사용할 수 있다. 이것들은 수도꼭지나 샤워 꼭지에 흐름 제한 장치가 있는 에어레이터와 같이 매우 간단하고 저렴할 수도 있고, 냉수로 잘 작동되고 물 소비량이 적은 의류 세탁기와 같이 크고 비쌀 수도 있다. 물을 내릴 때마다 최소한의 물을 사용하는 화장실은 이제 법으로 의무화되어 있지만, 효율성이 떨어지는 변기는 실제로 여러 번 물을 내릴 경우 오히려 물 소비를 증가시킬 수 있다. 공공 시설에서 자동 수세식 변기 및 소변기는 현재 보편화되어 있지만, 일부는 사용할 때마다 여러 번 자동 물 내림을 하여 역효과를 내는 경향이 있다. 수도꼭지 근처에 설치된 인라인 순간 온수기는 온수를 얻기 위해 잠시 온수 수도꼭지를 틀 필요가 없어 사용량을 줄일 수 있다.

잔디와 조경을 관리하는 것은 종종 물을 가장 많이 소비하는 것 중 하나이다. 공공 공원과 같은 일부 지역에서는 정화된 폐수가 이러한 목적으로 사용된다. 원칙적으로, 일부 가정에서 사용되는 물은 정원 식물이나 잔디에 물을 주기 위해 재활용될 수 있다. 최소한의 물을 필요로 하는 지피 식물(ground cover plants)을 재배함으로써 이 지역에서 더 큰 절감 효과를 얻을 수 있다. 이것은 많은 물을 주지 않고도 가뭄을 견딜 수 있는 토종 잔디를 심는 것을 의미할 수 있다. 물 부족 지역의 상당수의 잔디밭이 물을 줄 필요가 없는 사막 지역의 특성을 나타내는 식생으로 전환되었다. 극단적인 경우 마당을 자갈 덮개로 전환하였다. 나무 껍질과 같은 재료로 멀칭하거나 잔디 깎기는 물 사용을 크게 줄일 수 있다.

농작물의 관개는 물을 가장 많이 소비하는 것 중 하나이며, 절약이 가능한 것이다. 스프레이 관개 장치는 증발로 인해 많은 양의 물을 잃기 때문에, 물을 공기 중으로 분사하지 않는 시스템으로 교체해야 한다. 관개 시 과도한 물 사용을 최소화해야 한다. 그러나 특히 토양을 씻어낼 만큼 충분한 비가 내리지 않는 지역에서는, 최소한의 관개용수 사용이 토양에 해로운 염류의 축적을 초래할 수 있다. 관개 효율의 최고는 용존 고형물이 무시할 수 있는 수준으로 포함된, 고도로 정제된 물을 사용하여 최소량의 물을 식물 뿌리에 직접 적용함으로써 물이 적용된 지점에 유해한 염의 침전물이 쌓이지 않도록 하는 점적 관개이다.

가축 생산 및 농산물 가공에는 많은 양의 물이 사용된다. 예를 들어, 쇠고기 1 kg을 생산하려면 동물이 먹는 곡물을 재배하는 데 필요한 물을 포함하여 약 20,000 L의 물이 필요하다. 옥수수에서 탄수화물을 발효시켜 연료 에탄올을 생산하려면 많은 양의 물이 필요하다. 시장용으로 생산되는 농산물의 종류에서 소비자들의 선택은 물 절약에 중요한 영향을 미친다.

제조는 매우 물 집약적일 수 있다. 자동차 한 대를 만드는 데에는 약 150,000 L의 물이 필요하다. 원유를 석유로 정제하려면 휘발유를 생산할 때보다 약 44배의 물이 필요하다. 제조 및 상업 활동에서 물을 절약하는 것은 산업 용수 사용의 중요한 측면이다.

7.17 공격으로부터 상수도 보호

음용수가 다수의 사람들에게 중앙 집중식으로 분배된다는 사실은 급수 시스템이 테러 위협과 관련하여 우려되도록 한다. 역사에는 콜레라와 장티푸스 같은 질병을 일으킨 오염된 물 공급으로 많은 사람들이 유린된 사례가 많이 있다. 개발 도상국의 오염된 물은 일부 지역의 영유아 사망의 주요 원인인 쇠약하고 종종 치명적인 설사를 유발한다. 산업화된 국가에서조차도 음용수 오염은 질병과 심지어 사망까지 유발할 가능성이 있다.

전체 물 시스템의 고의적인 화학적 오염은 없을 것 같지만 불가능하지도 않다. 테러리스트 집단이 아마도 상수를 오염시킬 목적으로 사이안화염을 얻으려고 시도한 사건이 기록되었다. 미생물 독소는 물에 독약으로 오염시키려는 집단의 무기일 수 있다. 이들 중 가장 독성이 강한 것은 **보툴리누스**(*Botulinus*) 남세균에 의해 생성되는 극히 독성이 강한 물질인 보툴리누스 독소이다. 남세균에 의한 직접적인 오염도 가능하다. 가장 유력한 후보는 *Bacillus anthracis*, *S. dysenteriae*, *V. cholerae* 및 *Yersinia pestis*이다. 쉬가 독소(shiga toxin, *S. dysenteriae*가 생성하는 독소)를 생성하는 *Esherichia coli*(대장균) 남세균 수인성 변종은 때때로 선진국에서조차도 계속해서 치명적인 감염을 일으킨다.

다행히 상수도는 공격에 특별히 취약하지는 않다. 수처리 시스템에 침투하기가 다소 어려우며, 처리 징을 넘어가 배수 시스템에 독성 물질을 주입하는 것은 거의 불가능하다. 감염성 미생물에 대한 취약성은 시스템에 잔류하는 소독제 염소를 일정 수준 이상으로 유지하여 크게 줄어들 수 있다. 가능성이 있는 화학 작용제 중 일부는 물에서 가수 분해되거나 염소의 작용에 의해 파괴되며, 화학 작용제의 효과는 엄청난 양의 물을 분배하는 수계에서 제공되는 큰 희석에 의해 감소한다. 상수도가 오염된 경우에도 음용수 대용으로 비교적 소량의 병입수를 제공하면 위험성을 매우 낮은 수준으로 줄일 수 있다. 물 공급, 처리 및 분배 시스템을 안전한 상태로 유지하고 잠재적인 공격 요인을 모니터링하는 데 신중을 기해야 하지만, 물 시스템은 과도한 우려의 원인일 필요는 없다.

참고문헌

1. American Geosciences Institute, "Water Availability," https://www.americangeosciences.org/critical-issues/water-availability.
2. Rao, D. G., R. Senthilkumar, J. Anthony Byrne, and S. Feroz, Eds., *Wastewater Treatment: Advanced Processes and Technologies*, CRC Press, Boca Raton, FL, 2012.
3. Bratby, John, *Coagulation and Flocculation in Water and Wastewater Treatment*, 2nd ed., IWA Publishing, Seattle, WA, 2008.
4. Foley, Greg, *Membrane Filtration*, Cambridge University Press, Cambridge, UK, 2013.
5. Yoon, Seong Hoon, *Membrane Bioreactor Processes: Principles and Applications*, CRC Press, Boca Raton, FL, 2015.
6. Chen, G. H., Mark C. M. Loosdrecht, G. A. Ekama, and Damir Brdjanovic, Eds., *Biological Wastewater Treatment*, 2nd ed., International Water Association, London, 2020.

7. Park, Hee-Deung, and In-Soung Chang, *Principles of Membrane Bioreactors for Wastewater Treatment*, CRC Press, Boca Raton, FL, 2015.
8. Bernardes, Andrea, and Marco Antônio Siqueira Rodrigues, *Electrodialysis and Water Reuse: Novel Approaches*, Springer, Berlin, 2014.
9. U.S. Environmental Protection Agency, *An Assessment of Ozone and Chlorine Dioxide Technologies for Treatment of Municipal Water Supplies*, Washington, DC, 2019.
10. Clemens, Von Sonntag, and Urs Von Gunten, *Chemistry of Ozone in Water and Wastewater Treatment: From Basic Principles to Applications*, International Water Association, London, 2012.
11. Karim, Ansaf V., Sukanya Krishman, Lakshmi Pisharody, and Milan Malhotra, "Application of Ferrate for Advanced Water and Wastewater Treatment," Chap. 5 in *Advanced Oxidation Processes: Applications, Trends, and Prospects*, IntechOpen, London, 2020.
12. Lazar, Manoj A., Shaji Varghese, and Santhosh S. Nair, "Photocatalytic Water Treatment by Titanium Dioxide: Recent Updates," *Catalysts*, **2**, 572–601, 2012.
13. Gomes, Joao, Joao Lincho, Eva Domingues, Rosa M. Quinta-Ferreidra, and Rui C. Martins, "N-TiO_2 Photocatalysts: A Review of Their Characteristics and Capacity for Emerging Contaminants Removal," *Water (Basel, Switzerland)*, **11**(2), 373, 2019.
14. Crites, Ronald W., E. Joe Middlebrooks, and Robert K. Bastian, *Natural Wastewater Treatment Systems*, 2nd ed., CRC/Taylor & Francis, Boca Raton, FL, 2014.
15. Dotro, Gabriela, Günter Langergraber, Pascal Molle, Jaime Nivala, Jaume Puigagut, Otto Stein, and Marcos von Sperling, *Treatment Wetland*s, IWA Publishing, London, 2017.
16. Shomar, Basem, and Jalal Hawari, "Desalinated Drinking Water in the GCC Countries—The Need to Address Consumer Perceptions," *Environmental Research*, **158**, 203–211, 2017. Water desalination systems are best combined with wastewater renovation and recycling operations for greatest efficiency in water utilization.
17. Ghaffour, Noreddine, Thomas M. Missimer, and Gary L. Amy, "Combined Desalination, Water Reuse, and Aquifer Storage and Recovery to Meet Water Supply Demands in the GCC/MENA Region," *Desalination and Water Treatment*, **51**, 38–43, 2013.
18. Kucera, Jane, *Reverse Osmosis: Industrial Processes and Application*s, 2nd ed., Wiley-Scrivener, Hoboken, NJ, 2015.
19. "Comprehensive Everglades Restoration Plan," U.S. National Park Service, 2020, https://www.nps.gov/ever/learn/nature/cerp.htm.
20. Equus Beds Recharge Project, Kansas Water Science Center, 2016, http://ks.water.usgs.gov/equusbeds-recharge.
21. Groundwater Replenishment System (GWRS), Orange County, California, Water Technology, https://www.water-technology.net/projects/groundwaterreplenish/.

보충자료

American Water Works Association and American Society of Civil Engineers, *Water Treatment Plant Design*, 5th ed., McGraw-Hill Professional, New York, NY, 2012.

American Water Works Association, *Reverse Osmosis and Nanofiltration*, 2nd ed., American Water Works Association, Denver, CO, 2007.

American Water Works Association, *Water Chlorination/Chloramination Practices and Principles*, 2nd ed., American Water Works Association, Denver, CO, 2006.

Basile, Angelo, Alfredo Cassano, and Navin K. Rastogi, Eds., *Advances in Membrane Technologies for Water Treatment: Materials, Processes and Applications*, Woodhead Publishing Series in Energy, Cambridge, 2015.

Brezonik, Patrick, and William Arnold, *Water Chemistry: An Introduction to the Chemistry of Natural and Engineered Aquatic Systems*, Oxford University Press, Oxford, 2011.

Chen, Guanghao, Mark C. M. van Loosdrecht, George A. Ekama, and Damir Brdjanovic, Eds., *Water Treatment Principles and Design*, 2nd ed., International Water Association Publications, London, 2020.

Crittenden, John C., R. Rhodes Trussell, David W. Hand, Kerry J. Howe, and George Tchobanoglous, *Water Treatment Principles and Design*, 3rd ed., John Wiley & Sons, Inc., New York, NY, 2012.

Davis, Mackenzie, *Water and Wastewater Engineering*, 2nd ed., McGraw-Hill Professional, New York, NY, 2019.

Drinan, Joanne E., *Water and Wastewater Treatment: A Guide for the Nonengineering Professional*, 2nd ed., CRC Press, Boca Raton, FL, 2013.

Faust, Samuel D., and Osman M. Aly, Eds., *Chemistry of Water Treatment*, 2nd ed., CRC Press, Boca Raton, FL, 1998.

Grady, C. P. Leslie, and Glen T. Daigger, *Biological Wastewater Treatment*, 3rd ed., CRC Press, Boca Raton, FL, 2011.

Gupta, Sanjay Kumar, and Faizal Bux, *Application of Microalgae in Wastewater Treatment: Volume 1: Domestic and Industrial Wastewater Treatment*, Springer, New York, NY, 2020.

Hammer, Mark J., and Mark J. Hammer, Jr., *Water and Wastewater Technology*, 7th ed., Prentice Hall, Upper Saddle River, NJ, 2012.

Marron, Emily L., William A Mitch, Urs von Gunten, and David L. Sedlak, "A Tale of Two Treatments: The Multiple Barrier Approach to Removing Chemical Contaminants during Potable Water Reuse," *Accounts of Chemical Research* **52**(3), 615–622, 2019.

Metcalf & Eddy, George Tchobanoglous, H. David Stensel, Ryujiro Tsuchihashi, and Franklin Burton, Eds., *Wastewater Engineering: Treatment and Resource Recovery*, 5th ed., McGraw-Hill Science/Engineering/Math, New York, NY, 2013.

Park, Hee-Deung, and In-Soung Chang, *Principles of Membrane Bioreactors for Wastewater Treatment*, CRC Press, Boca Raton, FL, 2015.

Qasim, Syed R., and Guang Zhu, *Wastewater Treatment and Reuse, Theory and Design Examples, Volume 1: Principles and Basic Treatment*, CRC Press, Boca Raton, FL, 2017.

Rakness, Kerwin L., *Ozone in Drinking Water Treatment: Process Design, Operation, and Optimization*, American Water Works Association, Denver, CO, 2005.

Ranade, Vivek V., and Vinay M. Bhandari, *Industrial Wastewater Treatment, Recycling and Reuse*, Butterworth-Heinemann, Oxford, 2014.

Rice, E. W., R. B. Baird, and A. D. Eaton, Eds., *Standard Methods for the Examination of Water and Wastewater*, 23rd ed., American Water Works Association, Denver, CO, 2017.

Rimer, Alan E., *The Impacts of Membrane Process Residuals on Wastewater Treatment: A Guidance Manual*, WateReuse Foundation, Alexandria, VA, 2007.

Russell, David L., *Practical Wastewater Treatment*, Wiley-Interscience, Hoboken, NJ, 2006.

Smith, Michael H., *Water Treatment Operator Training Handbook*, 3rd ed., American Water Works Association, Denver, CO, 2013.

Spellman, Frank R., *Handbook of Water and Wastewater Treatment Plant Operations*, 2nd ed., Taylor & Francis, London, 2007.

Stefanakis, Alexandros I., *Constructed Wetlands for Industrial Wastewater Treatment*, Wiley-Blackwell, Hoboken, NJ, 2018.

Water Environment Federation, *Operation of Municipal Wastewater Treatment Plants*, 6th ed., McGraw Hill, New York, NY, 2007.

Yoon, Seong-Hoon, *Membrane Bioreactor Processes: Principles and Applications*, CRC Press, Boca Raton, FL, 2015.

연습문제

모든 문제들을 답하기 위해서는 인터넷을 활용해야 할 것이다. 특히 일반적인 정보나 통계, 상숫값, 수식들은 인터넷에서 찾아서 사용하시오. 질문들은 교재 안에 있는 내용을 단순하게 찾아서 쓰는 것보다 호기심과 사고력을 증진시키기 위한 것이다. 그래서 어떤 경우에는 여러 가지 '정답'이 있을 수 있다. 그러므로 만약 자신의 이지적인 사고를 통한 노력과 다양한 문헌으로부터 찾은 정보를 바탕으로 작성한 답은 '정답'으로 간주한다.

1. 2장에서 다룬 평형 반응과 식을 고려하자. $CaCO_3$의 침전을 막기 위해 1.00×10^{-4} M의 CO_3^{2-}를 함유하고 pH가 9인 물 1,000 L에 몇 몰의 NTA를 첨가하여야 하는가? 총 칼슘 농도는 40 mg/L로 가정한다.
2. 활성 슬러지 공정에서 슬러지 반송 단계의 목적은 무엇인가?
3. 활성 슬러지 공정이 하수에서 가용성 탄소성 물질을 제거하는 두 가지 공정은 무엇인가?
4. 폭기량이 많은 조건에서 작동하는 활성 슬러지 설비에 의해 인을 제거해야 하는 경우 경수가 매체로 바람직한 이유는 무엇인가?
5. 역삼투는 단순한 체 분리나 한외 여과와 어떻게 다른가?
6. 50 mg/L의 질소를 함유한 방류수를 생성하는 200,000 L/일 하수 처리 시설에서 질소를 제거하려면 매일 몇 리터의 메탄올이 필요한가? 시설에서 질소는 NO_3^-로 전환되었다고 가정한다. 탈질화 반응은 반응식 7.32이다.
7. 생물학적 폐수 처리와 반대되는 하수의 물리적–화학적 처리의 장점에 대해 논의하시오. 그리고 몇 가지 단점은 무엇인가?
8. 석회–소다 공정에 의해 물이 연화될 때 재탄산이 필요한 이유는 무엇인가?
9. 300 mg/L의 생분해성 {CH_2O}를 함유하는 폐기물의 40%를 CO_2와 H_2O로 전환하는 데 200,000 L/일 하수 처리장을 통해 처리된다고 가정한다. 이 전환에 필요한 공기의 부피(25°C, 1 atm)를 계산하시오. O_2는 20% 효율로 물에 전달된다고 가정한다.
10. 질문 9에 설명된 시설의 모든 {CH_2O}가 무산소성 소화에 의해 메테인으로 전환될 수 있다면, 하루에 몇 리터의 메테인(STP)이 생성될 수 있는가?
11. 물을 폭기시켜도 탄산 칼슘이 침전되지 않는다고 가정할 때, 다음 중 폭기에 의해 제거되지 않는 것은 무엇인가? 황화 수소, 이산화 탄소, 휘발성 악취 세균 대사 산물, 알칼리도, 철.
12. 다음 공급수 중 적당히 높은 물 경도가 가장 해로울 수 있는 물은? 도시 용수, 관개용수, 보일러 급수, 음용수(잠재적 독성과 관련하여).
13. 아황산염이나 하이드라진을 첨가하면 일반적으로 물에서 제거되는 용질은 무엇인가?
14. 용존 Cu^{2+}를 함유하는 폐수가 구리를 제거하기 위해 처리되어야 한다. 다음 중 불용성 형태의 구리를 제거하지 않는 공정은 무엇인가? 석회 침전, 교결, NTA 처리, 이온 교환, 금속 Fe와의 반응.
15. 알파벳 글자로 나타낸 목록의 물 오염 물질과 숫자로 나타낸 목록의 선호되는 제거 방법을 옳게 연결하시오.

(a) Mn^{2+}	(1) 활성탄
(b) Ca^{2+} 및 HCO_3^-	(2) Na_2CO_3 첨가에 의한 pH 상승
(c) Trihalomethanes	(3) 석회 첨가
(d) Mg^{2+}	(4) 산화

16. 교결 반응은 철을 사용하여 폐수 하천의 350 mg/L 수준으로 존재하는 Cd^{2+}를 제거한다. Cd의 원자량은 112.4이고 Fe의 원자량은 55.8이 주어질 때, 4.50×10^6 L의 물에서 모든 Cd를 제거하는 데 소비되는 Fe의 양은 몇 kg인가?
17. 두 가지 다른 종류의 도시 음용수를 고려하시오. 하나는 입자상 물질이 많고 흐르는 잘 통기되는 개울이고 다른 하나는 무산소성 지하수이다. 이 두 가지 수원에 대한 수처리 전략의 가능한 차이점을 설명하시오.
18. 산업 용수를 처리할 때 '물의 순차적 사용'을 고려하는 경우가 많다. 이 용어는 무엇을 의미하는가? 물을 순차적으로 사용하는 몇 가지 그럴듯한 예를 제시하시오.
19. 활성 바이오매스는 도시 폐수의 2차 처리에 사용된다. 바이오매스의 성장을 지원하여, 그것을 폐수와 접촉시키고 공기에 노출시키는 세 가지 방법을 설명하시오.
20. 설명을 위해 적절한 화학 반응을 사용하여 물에 용해된 HCO_3^- 염으로 존재하는 칼슘이 용해된 $CaCl_2$와 같은 다른 형태의 경도보다 어떻게 제거하기 쉬운지 보이시오.

21. 알파벳 글자로 나타낸 목록의 오염 물질 또는 불순물과 숫자로 나타낸 목록의 처리하거나 제거하는 데 사용되는 물질을 옳게 연결하시오.

(a) 세균	(1) 오존
(b) PCBs	(2) $Al_2(SO_4)_3$
(c) H_2S	(3) 활성탄
(d) 콜로이드 물질	(4) 공기

22. 알파벳 글자로 나타낸 목록의 물 구성 성분과 숫자로 나타낸 목록의 처리하거나 제거하는 데 사용되는 물질을 옳게 연결하시오.

(a) 산소	(1) 살아 있는 미생물
(b) Ca^{2+}	(2) PO_4^{3-}
(c) $\{CH_2O\}$	(3) 하이드라진 또는 아황산염
(d) 콜로이드 고체	(4) $Al_2(SO_4)_3 \cdot 18H_2O$

23. 다음 중 2차 폐수 처리에 대한 설명으로 옳은 것은?
   a. 활성 슬러지 공정은 주로 물리적/화학적 공정이다.
   b. 살수 여상은 필터 위로 지속적으로 펌핑되는 대량의 생물학적 슬러지를 사용한다.
   c. 활성 슬러지 처리에서 나오는 잉여 슬러지는 $2\{CH_2O\} \rightarrow CH_4 + CO_2$로 나타내는 과정을 겪을 가능성이 있다.
   d. 활성 슬러지 공정은 슬러지가 생성되는 즉시 모두를 제거한다.
   e. 살수 여상은 무산소성 처리 공정이다.
24. 다음 중 물 소독과 관련된 설명 중 옳은 것은?
   a. 오존을 이용한 소독은 오존이 물 분배 시스템을 통해 지속되기 때문에 특히 바람직하다.
   b. 오존을 이용한 소독은 독성 있는 유기 부산물을 생성하는 것으로 알려져 있다.
   c. 유기 물질은 물속에서 소독 능력을 유지하기 위해 염소에 의해 처리될 물에 남겨진다.
   d. 물 염소화의 주요 단점은 Cl_2 기체가 유일하게 효과적인 염소 처리 작용제라는 것이다.
   e. 이산화 염소(ClO_2)는 수처리에서 불순물 트라이할로메테인을 생성하지 않는 효과적인 물 소독제이다.
25. 다음 중 물에서 중금속 농도를 현저하게 낮출 가능성이 가장 적은 기술을 정하고, 왜 그러한 선택을 했는지 설명하시오.
   a. 교질화
   b. 음이온 교환
   c. S_2^- 첨가
   d. 생물학적 폐기물 처리
   e. 석회
26. 다음 중 용존 이온(염)의 총 수준을 줄이는 데 가장 효과적이지 않은 것을 지정하고, 왜 그러한 선택을 했는지 설명하시오.
   a. 역삼투
   b. 양이온 교환 후 음이온 교환
   c. 증류
   d. 연수화를 위한 이온 교환
   e. 전기 투석
27. 인터넷 자원을 이용하여, 고의적으로 상수도를 오염시켜 전쟁이나 테러의 전술로 사용된 사례를 찾으시오.
28. 병입수는 연간 엄청나게 판매되는 제품이다. 이러한 식수원을 사용하는 이점은 무엇인가? 이 제품의 환경적 단점은 무엇인가?

8 대기와 대기 화학

8.1 대기와 대기 화학

대기(atmosphere)는 지구 표면을 덮고 있는 혼합 기체의 얇은 층으로 이루어져 있다. 물을 제외하면, 공기는 부피비로 질소가 78.1%, 산소가 21%, 아르곤이 0.9%, 그리고 이산화 탄소가 0.04%로 되어 있다. 일반적으로 공기는 수증기를 부피 비율로 1~3% 포함하고 있다. 그리고 공기 중에는 0.002% 이하의 미량 성분으로 네온, 헬륨, 메테인, 크립톤, 일산화 이질소, 수소, 제논, 이산화 황, 오존, 이산화 질소, 암모니아, 일산화 질소와 같은 다양한 미량 가스들을 포함하고 있다. 대기는 자연적 발생원과 인위적 발생원에서 발생된 가스들이 모여 이루어진 그안에 있는 가스들의 결과이며, 대기권에 작용하는 물리적인 힘이다.

대기는 온도를 근간으로 하여 몇 개의 층으로 구분한다. 그중에서도 가장 중요한 층은 지표면에서 고도 약 11 km까지 존재하는 대류권이다. 성층권은 고도 11 km부터 약 50 km까지이다. 대기의 성층들에 관해서는 8.3절에서 자세히 다룬다.

8장부터 13장에 걸쳐 대기의 여러 가지 환경화학적 측면에 관해서 다룰 것이다. 대기 화학의 측면에서 중요한 것은 대류권에서 태양광에 의해 미량 가스들이 광해리되는 것과 산화될 수 있는 미량 가스들이 광산화되는 과정이다.[1] 대기 화학의 가장 중요한 특징은 미량 가스들이 태양의 전자기파 중에서 **광자(photon)**를 흡수하여 **광화학 반응(photochemical reaction)**이 일어나는 것이다. 이때는 대부분 자외선 영역의 태양광의 광자들이 흡수된다.[2] 광화학 반응과 광화학에 관해서는 8.8절에서 더 자세하게 다룰 것이다. 그러나 몇 가지 중심이 되는 광화학의 개념들을 먼저 정의하고 이해하는 것이 이 장의 나머지 부분들을 이해하는 데 중요하여 정리하였다.

- $h\nu$의 의미: 가시광선 또는 자외선의 광자의 에너지 E를 식 $E = h\nu$로 나타낸다. 여기서 h는 플랑크 상수이며, ν는 전자기파의 주파수로 전자기파의 파장 λ에 반비례한다. 광자가 관여하는 광화학 반응으로 아래 오존(O_3)과의 반응을 나타냈다.

$$O_3 + h\nu\ (\lambda < 420\ \text{nm}) \rightarrow O^* + O_2 \tag{8.1}$$

  자외선은 가시광선보다 더 높은 주파수를 가지고 있으므로 더 많은 에너지를 가지고 있다. 그래서 자외선이 흡수되면 분자들의 화학 결합이 더 쉽게 끊어질 수 있다.

- **들뜬 상태(excited state**, *): 광화학 반응의 생성물로서 들뜬 상태인 높은 에너지의 전자 배치를 가지며, 일반적으로 별표(*)를 위 첨자로 붙여 나타낸다. 식 8.1에서와 같이 들뜬 상태의 산소 원자는 O^*로 나타낸다. 이런 과다한 전자 에너지가 화학적으로 반응성이 더 큰 들뜬 종을 만들어 낸다.

- **자유 라디칼(free radical)**은 홀전자를 포함하고 있으며, 위 첨자의 점(•)으로 나타냄: 들뜬 산소 원자와 기체 상태의 물 분자가 반응하여,

$$O^* + H_2O \rightarrow HO\bullet + HO\bullet \tag{8.2}$$

두 개의 하이드록실 라디칼(HO•)을 생성한다. 전자들은 짝을 이루려고 하는 경향이 강하기 때문에, 자유 라디칼은 일반적으로 반응성이 커서 대기에서 일어나는 화학 과정 중에서 가장 중요하다.

- **제삼체(third body, M)**: 성층권에서 산소 원자와 산소 분자 간의 아래와 같은 반응으로 오존이 생성된다.

$$O + O_2 + M \rightarrow O_3 + M \tag{8.3}$$

이 반응에서는 많은 에너지가 방출되는데, 이러한 여분의 에너지가 제삼체(M)라고 하는 다른 분자로 옮겨가지 않으면 생성물이 이로 인해 분해된다. 제삼체로 가장 많이 이용되는 것이 N_2 분자이고, 그 다음으로 O_2 분자가 이용된다.

8.1.1 대기의 조성

지표에서 수 킬로미터 사이에 있는 건조한 공기는 두 가지 **주성분(major components)**: 질소(78.08%, 부피비) 및 산소(20.95%), 두 가지 **소량 성분(minor components)**: 아르곤(0.934%) 및 이산화 탄소

표 8.1 지표 근처의 건조한 공기 중에 존재하는 미량 기체

기체 또는 화학종	부피 퍼센트[a]	주요 발생원	대기에서 제거되는 과정
CH_4	1.8×10^{-4}	생물 활동[b]	광화학[c]
CO	$\sim 1.2 \times 10^{-5}$	광화학, 인위적[d]	광화학
N_2O	3×10^{-5}	생물 활동	광화학
NO_x[e]	$10^{-10} \sim 10^{-6}$	광화학, 번개, 인위적	광화학
HNO_3	$10^{-9} \sim 10^{-7}$	광화학	강우에 의한 씻김
NH_3	$10^{-8} \sim 10^{-7}$	생물 활동	광화학, 강우에 의한 씻김
H_2	5×10^{-5}	생물 활동, 광화학	광화학, 씻김
H_2O_2	$10^{-8} \sim 10^{-6}$	광화학	강우에 의한 씻김
$HO\bullet$[f]	$10^{-13} \sim 10^{-10}$	광화학	광화학
$HO_2\bullet$[f]	$10^{-11} \sim 10^{-9}$	광화학	광화학
H_2CO	$10^{-8} \sim 10^{-7}$	광화학	광화학
CS_2	$10^{-9} \sim 10^{-8}$	인위적, 생물 활동	광화학
OCS	10^{-8}	인위적, 생물 활동, 광화학	광화학
SO_2	$\sim 2 \times 10^{-8}$	인위적, 광화학, 화산	광화학
I_2	0~미량	—	—
CCl_2F_2[g]	2.8×10^{-5}	인위적	광화학
H_3CCCl_3[h]	$\sim 1 \times 10^{-8}$	인위적	광화학

[a] 심하게 오염이 안 된 경우
[b] 생물 활동에 의한 발생원으로부터
[c] 빛에너지를 흡수해 반응이 일어남. 이 장의 뒷부분과 다음 장에서 설명한다.
[d] 인간 활동에서 야기되는 발생원
[e] NO, NO_2, NO_3의 합. 이 중 NO_3는 야간에 대기 중 주요한 반응 활성종이다.
[f] 하나의 홀전자를 갖는 반응성이 큰 자유 라디칼종. 이들은 일시적인 종으로, 밤에는 농도가 훨씬 낮아진다.
[g] 클로로플루오로탄소(프레온 F-12)
[h] 메틸 클로로폼

(0.040%), 그리고 아르곤과 같은 네 가지 **비활성 기체(noble gases)**: 네온(1.818×10^{-3}%), 헬륨(5.24×10^{-4}%), 크립톤(1.14×10^{-4}%) 및 제논(8.7×10^{-6}%) 및 표 8.1에 나타낸 것과 같은 **미량 가스(trace gases)**로 구성되어 있다. 일반 환경 대기 중에는 부피비로 0.1~5%의 물을 포함하고 있으며, 일반적으로는 1~3% 정도 존재한다.

8.1.2 질소 산화물과 황 산화물

대기 오염 물질로서 가장 중요한 두 가지 질소 산화물은 일산화 질소(nitric oxide, NO)와 이산화 질소(nitrogen dioxide, NO_2)이며, 이들을 합쳐서 NO_x로 나타낸다. 이렇게 나타내는 것은 대기 중으로 유입될 때는 NO의 형태로 유입되어 대기 중에서 광화학 과정을 통해 NO가 NO_2로 변환되기 때문이다. 대기 중에서 반응이 더욱 진행되면 부식성인 질산염이나 질산(HNO_3)으로 변한다. 이산화 질소(NO_2)가 대기 화학 반응에서 특별히 중요한 이유는 대기 중에서 430 nm보다 짧은 파장을 가진 빛을 흡수하여 광해리 과정을 통해서 반응성이 매우 큰 산소 원자(O)를 생성하기 때문이다. 이 반응이 광화학 스모그 생성(12장 참조)의 첫 단계이다. 이산화 황(sulfur dioxide, SO_2)은 황을 포함한 연료(특히 석탄)의 연소 반응 생성물이며, 화산 가스로 많이 배출되기도 한다. 이산화 황의 일부는 대기 중에서 황산(H_2SO_4)으로 변환되어 일반적으로 산성 강하물의 산성화에 주도적으로 기여하고 있다.

8.1.3 대기 중 메테인, 탄화수소, 광화학 스모그

대기 중에 가장 많은 탄화수소는 메테인(CH_4)으로, 천연가스와 같은 지하 발생원에서 방출되고 유기물질의 발효 과정에서 생성된다. 메테인은 대기 탄화수소 중에서 가장 반응성이 없는 물질 중 하나이며, 널리 산재된 여러 가지 발생원들에서 발생된다. 그래서 대기 오염 사건을 일으킨 요인으로 작용했던 것이 거의 없다. 그러나 낮은 반응성에도 불구하고 대기 중에 늘 존재하기 때문에 대기 화학 과정에서 중요한 요소이다. 얼음 코어에서 얻은 정보에 의하면, 지난 250년간 대기 중 메테인의 농도는 두 배 이상 증가하였다. 이는 화석 연료의 사용, 농업 활동(특히 벼를 경작하는 논과 같은 물에 잠긴 토양에서는 혐기성 세균이 증식하여 메테인을 발생시킴), 반추동물(소와 양)의 소화계 배출 및 폐기물의 혐기성 소화 과정 등에 기인한 결과이다. 2019년 전 지구의 메테인 배출량은 지난 5년 중 가장 높았다. 분자당 온실 효과를 보면 메테인 분자 한 개가 이산화 탄소 분자 한 개보다 크다. 메테인은 대류권에서는 특히 하이드록실 라디칼과 오존의 농도 수준에 영향을 미치고, 성층권에서는 기체상 물의 농도 수준에 영향을 미치므로 대류권과 성층권 화학 모두에서 중요하다.

메테인과 더불어 분자당 2개나 그 이상의 탄소 원자를 포함한 탄화수소들은 자동차의 배기가스와 소나무나 감귤나무 같은 일부 식물 발생원에서 대기 중으로 방출된다. 이들 중 많은 화합물들은 탄소-탄소 이중 결합을 갖고 있어 반응성이 매우 크다. 이들 탄화수소들은 NO가 존재하고 기온 역전(그림 8.7 참조)이며, 습도가 낮고, 태양광이 존재하는 조건하에서 시정을 감소시키는 입자상 물질, 오존과 같은 산화제 및 알데하이드와 같은 유해 화학종들이 나타나는 달갑지 않은 **광화학 스모그(photochemical smog)**를 생성한다.

8.1.4 입자상 물질

입자(particle)들은 자연이나 오염 발생원으로부터 발생된 몇 개의 분자가 뭉친 아주 작은 것부터, 육안으로도 쉽게 볼 수 있는 먼지 조각의 크기 정도까지 대기 중에서 널리 존재한다(9장 참조). 대기 중 콜로이드 크기의 입자를 **에어로솔(aerosol)**이라고 한다. 입자들은 빗방울을 만드는 순기능적인 역할도 하지만, 인간의 호흡에 영향을 주거나 시정 감소와 같이 대기 중에서 해로운 역기능적인 역할도 하고 있다.

8.1.5 1차 및 2차 오염 물질

대기 중으로 직접 방출된 오염 물질을 **1차 오염 물질**(**primary pollutant**)이라고 한다. 1차 오염 물질의 예는 이산화 황(SO_2)과 같은 물질로, 직접 식물에 악영향을 미치고 폐에 나쁜 영향을 준다. 대부분의 경우 더욱 중요한 것은 **2차 오염 물질**(**secondary pollutant**)로, 대기 중 1차 오염 물질과 심지어 비오염 물질종들이 대기 화학 과정을 통해 형성된다. 2차 오염 물질인 황산(H_2SO_4)은 1차 오염 물질인 SO_2가 산화되어 생성되며, 2차 오염 물질인 NO_2는 1차 오염 물질인 NO가 산화되어 만들어진다. 대류권에서 가장 중요한 2차 오염 물질 중 하나인 오존(O_3)의 1차 원료 물질은 비오염 물질인 대기 중 산소(O_2)이다.

8.2 대기권의 활약 방법과 자연 자본

대기권은 외계의 유해한 환경으로부터 지구에 있는 생물과 지구를 보호해 주는 이불 같은 역할을 한다. 대기는 지구의 자연 자본의 핵심 구성 요소이다. 또한 대기는 식물의 광합성에 필요한 이산화 탄소와 호흡에 필요한 산소를 제공해 주는 공급원이다. 그리고 대기는 질소 고정 박테리아와 암모니아 제조 산업 공장에 질소를 제공하여, 생명 분자의 필수적인 구성 요소인 화학적으로 결합된 질소를 만들어 내게 한다. 대기는 태양열에 의해 증발된 물을 응축시켜 해양으로부터 육지로 이동시키는 물 순환의 중요한 역할을 하고 있다. 그런데 불행하게도 대기는 이산화 황에서 냉매인 클로로플루오로탄소에 이르기까지 많은 오염 물질의 투기장으로 사용되어 식물과 물질에 피해를 주고, 인간의 생명을 단축시키며, 대기 고유의 성질들이 변화되고 있다.

대기권은 중요한 보호 기능을 가지고 있다. 외계에서 들어오는 우주선의 대부분을 흡수하여 우주선의 영향으로부터 생물체를 보호한다. 그리고 태양에서 방출되는 대부분의 전자기파를 흡수하고, 단지 300~2,500 nm(근자외선, 가시광선, 근적외선)와 0.01~40 m(라디오파)만을 적당하게 통과시키고 있다. 특히 300 nm 이하의 전자기파를 흡수하여, 생체 기관에 매우 유해한 영향을 미치는 자외선의 피해도 막아 주고 있다. 게다가 지구가 태양 에너지를 받아 외계로 방출하는 적외선을 다시 흡수하여 지구의 온도를 일정하게 유지해 줌으로써, 행성이나 달과 같이 실질적인 대기가 없어 일어나는 엄청난 기온의 변화를 막아 준다.

8.2.1 대기 진화의 화학적 및 생화학적 과정

원시 지구의 대기는 생물학적 활동과 함께 수반된 화학적 변화들로 인하여 많은 변화가 일어났고, 그로 인해 현재 지구의 대기 상태와는 매우 달랐다는 것은 널리 알려져 있다. 약 35억 년 전, 처음으로 원시 생명 분자가 생성되었을 때 대기는 아마 산소는 없고, 이산화 탄소, 수증기, 그리고 메테인, 암모니아와 수소 같은 다양한 가스들로 되어 있었을 것이다. 이때 대기는 결합을 절단하는 강렬한 자외선과 함께 번개와 방사성 핵종들의 방사선들이 화학 반응을 일으킬 수 있는 에너지를 제공하여 아미노산과 당류와 같은 비교적 복잡한 분자들이 생성될 수 있었다. 바다에는 풍부한 화학 혼합물들로부터 생명 분자가 진화되었다. 초기에 이들 원시 생명체는 화학적 및 광화학적 과정에 의해서 생성된 유기 물질들의 발효 과정에서 에너지를 얻었다. 그러나 이들은 결국 광합성에 의해서 유기 물질 '$\{CH_2O\}$'를 생성할 수 있는 능력을 얻게 되었다.

$$CO_2 + H_2O + h\nu \rightarrow \{CH_2O\} + O_2(g) \tag{8.4}$$

광합성을 통해 산소가 방출되고 그렇게 됨으로써 거대한 생화학적 변형의 무대가 만들어지고, 그 결과 대부분의 대기 중 산소(O_2)가 생성되었다.

광합성으로 생성된 초기 산소는 원시 생명체들에게는 상당히 독성이 있었을 것이다. 그러나 원시 대기 중 많은 산소들은 수용성 철[Fe(II)]과 반응하여 철 산화물로 변형되었다.

$$4Fe^{2+} + O_2 + 4H_2O \rightarrow 2Fe_2O_3 + 8H^+ \tag{8.5}$$

이로 인해 막대한 양의 철 산화물 퇴적물이 형성되었다. 이런 퇴적물이 존재한다는 것은 광합성에 의해 원시 대기가 유리 산소로부터 해방되었다는 것을 보여 주는 중요한 증거이다.

결국, 생물의 부산물로 생성된 산소와 바다의 산화 가능한 유기 물질의 반응을 중개할 수 있는 효소 시스템이 개발되었다. 후에, 이러한 부산물 처분 방식은 생물이 호흡에 의해 에너지를 생산하는 것으로 활용되었고, 이것이 현재 광합성을 하지 않는 생물들이 에너지를 얻는 메커니즘이다.

그 당시 O_2는 대기 중에 축적되어 호흡에 소요되는 산소의 풍부한 공급원으로 역할을 하였다. 그리고 부가적인 혜택으로 육지에서 생활하는 데 필수적인 낮은 농도의 오존(O_3) 영역이 성층권에 넓게 퍼져 오존 차단막을 형성할 수 있게 되었다. 이 오존 차단막이 물질들의 결합을 파괴하는 자외선을 흡수한다. 오존 차단막이 높은 에너지를 가진 자외선에 의해 조직이 파괴되는 것을 막아 주어서 지구가 생명체에게 더욱 더 쾌적한 환경을 제공하게 되었고, 생명체들도 바다에서 육지로 이주가 가능하게 되었다.

8.2.2 대기의 자정 작용

대기의 자연 자본의 중요한 부분은 **자정 작용(self-purification)**이다. 대기는 막대한 양의 오염된 가스들과 증기들을 받아들인다. 그러나 오염 물질들이 대기 중으로 너무 유입되어 일시적으로 이러한 오염 물질들이 축적되어 농도가 높아질 수 있지만, 오염 물질들이 오랜 기간에 걸쳐서 계속 축적되지는 않는다. 다만 예외적으로 매우 반응성이 없는 플루오린화 탄소 화합물과 대기 이산화 탄소는 축적된다. 이러한 자체 정화 작용 특징이 대기의 가장 중요한 자연 자본 중 하나이다. 대기를 정화시키는 작용을 하는 과정들을 중요도 내림차순으로 열거하면 다음과 같다: (1) 오염 물질이 H_2O와 같은, 오염 물질이 아닌 물질로의 화학적 변환; (2) 가스들과 입자들이 식물, 토양 또는 물 위에 충돌하여 일어나는 건식 침적; (3) 수용성 오염 물질의 습식 침적, 불용성 물질들도 종종 대기 화학적 과정을 거쳐서 수용성 물질로 변환된다.

8.3 대기의 물리적 성질

대기 과학(atmospheric science)은 대기에서 공기의 이동, 대기의 열평형과 대기의 화학적 조성 및 반응을 다루는 학문이다. 대기 화학과 대기 오염을 이해하기 위해서는 이 장의 첫 부분에서 논의한 대기, 대기의 조성 및 물리적 특성을 전반적으로 이해하는 것이 중요하다.

8.3.1 고도에 따른 압력과 밀도의 변화

고도가 높은 곳에서 운동을 해본 사람이라면 잘 알겠지만, 대기의 밀도는 기체 법칙과 중력에 의해 고도가 높아짐에 따라 급격히 감소한다. 대기권 질량의 99% 이상이 지구 표면으로부터 30 km 이내에 분포하는데, 이 정도의 고도는 지구 반지름에 비하면 매우 작기 때문에 '휴지처럼 얇은' 보호막 같다고 해도 과장된 표현이 아니다. 만약 지구가 지질학 교실에서 흔히 볼 수 있는 지구본 정도의 크기라면, 인류가 생존을 위해 절대적으로 의존하고 있는 대기의 대부분은 겨우 지구본 위에 바른 니스 정도의 두께에 해당한다. 그렇지만 지구 대기의 총질량은 5.14×10^{15} 톤으로 지구 질량의 약 1백만분의 1 정도이다.

대기압은 고도에 따라 지수함수적으로 감소하며, 대기의 성질이 주로 그곳 대기의 압력에 의해 결정된다. 이상적으로 혼합이 없고 절대 온도 T가 일정한 경우, 주어진 고도 P_h에서의 압력은 다음과 같이 지수식으로 나타낼 수 있다.

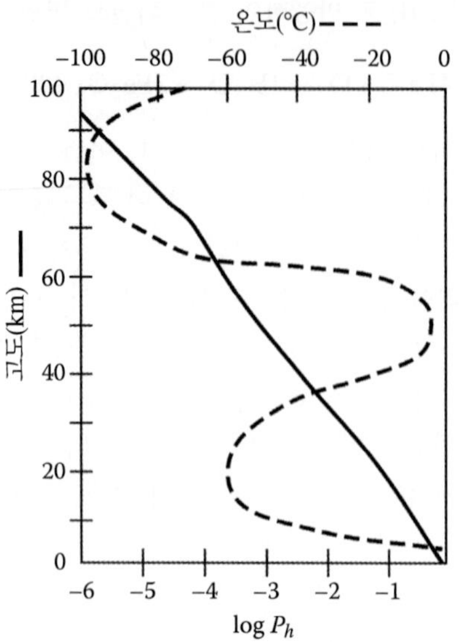

그림 8.1 고도에 따른 온도(점선)와 압력(실선)의 변화.

$$P_h = P_0 e^{-Mgh/RT} \tag{8.6}$$

여기에서 P_0는 해수면, 즉 고도가 0일 때의 압력이고, M은 공기의 평균 분자량(대류권에서 28.97 g/mol); g는 중력 가속도(해수면에서 981 cm s^{-2}); h는 고도(cm), R은 기체 상수(8.314×10^7 erg deg^{-1} mol^{-1})이다. 고도의 단위를 m나 km로 사용할 수 있지만, cgs 단위로 일관성 있게 나타냈다.

RT/Mg 항을 **축척 고도(scale height)**라고 하며, 압력은 고도가 증가함에 따라 반지수함수(e^{-1})적으로 감소한다. 해수면의 평균 온도는 288 K이고, 축척 고도는 8×10^5 cm(8 km)이며, 고도 8 km에서는 압력이 해수면의 39% 정도이다.

식 8.6에서 고도를 km로 표시한 상용대수로 나타내면

$$\log P_h = \log P_0 - \frac{Mgh\times10^5}{2.303RT} \tag{8.7}$$

그리고 해수면의 압력이 1기압이라면 위 식은 다음과 같이 된다.

$$\log P_h = -\frac{Mgh\times10^5}{2.303RT} \tag{8.8}$$

그림 8.1에 고도에 따른 압력(P_h)과 온도의 변화를 나타냈다. P_h는 비선형으로 나타났는데, 이는 온도가 고도의 증가에 따라 비선형적으로 변화하고(이 장의 뒤에서 논의) 공기가 혼합되기 때문이다.

대기의 성질은 고도, 시간(계절), 장소(위도) 및 태양의 활동에 따라 크게 변화한다. 그림 8.1은 압력과 온도의 이러한 예를 잘 나타내고 있다. 매우 높은 고도에서는 산소 원자(O)와 같은 활성종이 오랜 시간 동안 존재한다. 이는 매우 높은 고도의 대기에서는 압력이 매우 낮아, 활성종이 반응할 수 있는 다른 종과 부딪히지 않고 이동할 수 있는 거리인 **평균 자유 행로(mean free path)**가 매우 길기 때문이다. 해수면에서 입자의 평균 자유 행로는 1×10^{-6} cm인 데 반해, 고도 500 km에서는 1×10^6 cm 정도로 길며, 이곳의 압력은 해수면보다 많은 차수가 낮다.

8.3.2 대기권의 층

그림 8.2에서 보는 바와 같이, 공기 중 물리적 및 광화학적 과정과 조건 간의 상호 작용으로 나타나는 온도/밀도의 관계를 기준으로 대기권을 층으로 구분하고 있다. 대기의 가장 낮은 층은 **대류권**

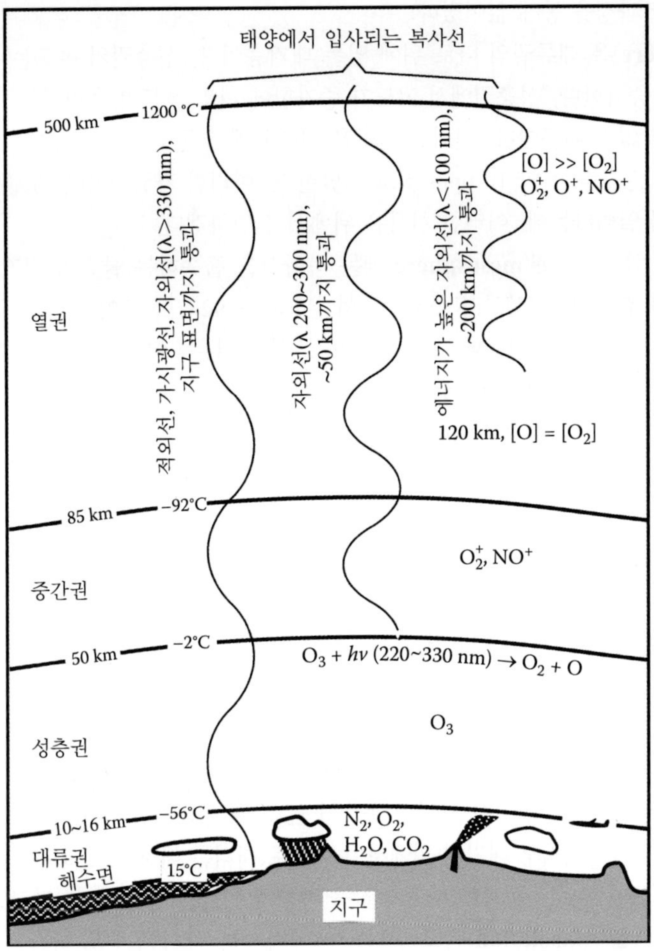

그림 8.2 대기권의 주요 권역(축척 다름).

(**troposphere**)이며, 해수면으로부터 약 10~16 km 정도이다. 대류권은 전반적으로 주성분 가스와 물로 구성된 균일한 조성을 가지고 있으며, 고도가 높아짐에 따라 온도가 감소하는 특징을 가지고 있다. 대류권에서 고도가 높아짐에 따라 왜 온도가 떨어지는지 이해하기 위해서, 대류권 지표면에서 가상적인 공기 덩어리가 올라가는 현상을 생각해 보자. 공기가 올라감에 따라 팽창하여 공기 덩어리의 주변으로 일을 하게 되고, 따라서 공기 덩어리의 온도는 떨어진다. 고도가 높아짐에 따라 건조한 공기의 온도가 떨어지는 정도를 **건조 단열 감률**(**dry adiabatic lapse rate**)이라고 하며, 9.8 K km^{-1}이다. 그러나 공기가 수증기를 포함하고 있어 공기 덩어리가 상승함에 따라 수증기가 응축되어 기화열이 방출되므로 감률이 낮아져 평균적으로 약 6.5 K km^{-1} 정도이다. 대류권의 상층 경계면의 온도는 −56°C까지 내려가며, 높이는 대기의 온도, 지표의 조성, 시간에 따라 수 킬로미터까지 변할 수 있다. 대류권이 균일한 조성을 갖는 것은 따뜻한 공기 위에 찬 공기가 위치하게 되는 불안정한 상황에 의해서 유발되는, 기단의 대류성 기류에 의해 항상 균일하게 혼합되고 있기 때문이다(대류권의 troposphere는 그리스어의 혼합을 의미하는 *tropos*에서 유래한 것이다). 그러나 대류권의 수증기 양은 구름의 형성, 강우, 지표면의 수체로부터 증발되는 물의 변화 때문에 매우 큰 폭으로 변화한다.

대류권 계면(**tropopause**)은 대류권 최고 상단부에 위치하고 있는 매우 추운 층이다. 온도가 매우 낮아 수증기가 응축하여 얼음으로 존재하므로, 물이 더 높은 층으로 올라가 높은 에너지의 자외선에 의해서 광분해가 일어나는 것을 방지해 준다. 만약 물이 높은 층으로 올라가 광분해가 일어나면 수소가 생성되므로, 지구로부터 빠져나가 지구의 물이 줄어들게 된다(지구의 대기권에 원래 존재하던 많은 수소와 헬륨이 이러한 과정을 통해 없어졌다).

성층권(**stratosphere**)은 대류권의 바로 위에 있는 대기층이다. 성층권의 온도는 고도가 증가함에 따라 최고 −2°C까지 증가한다. 성층권에서 고도가 증가함에 따라 온도가 올라가는 것은 이 영역에서 수직적인 혼합이 거의 없기 때문이다. 이러한 현상은 성층권에 오존(O_3)이 존재하기 때문에 일어나는데, 성층권 중간부의 오존 농도는 약 10 ppm 정도에 달한다. 이러한 가열 현상은 오존이 자외선의 에너지를 흡수하기 때문에 일어나는데, 이러한 현상은 뒤에서 설명하겠다.

성층권의 상부에 있는 **중간권**(**mesosphere**)에는 복사선을 흡수하는 물질이 적기 때문에, 고도가 높아짐에 따라 온도가 감소하여 고도 85 km 부근의 온도는 −92°C 정도이다. 중간권의 상부나 더 높은 곳을 **외기권**(**exosphere**)이라고 하는데, 이곳부터는 분자나 이온종이 대기에서 완전히 빠져나갈 수 있다. 대기의 최외각까지를 **열권**(**thermosphere**)이라고 한다. 열권에는 가스가 매우 희박하지만, 이 영역에서는 가스들이 파장이 대략 200 nm 이하인 높은 에너지의 복사선을 흡수하여 최고 1,200°C 정도로 높다.

8.4 대기에서 에너지 전달

대기의 물리적 · 화학적 특징과 지구의 열평형은 대기 중에서 일어나는 에너지와 물질 전달 과정에 의해서 결정된다. 에너지 전달은 이 절에서, 물질 전달은 8.5절에서 설명한다. 태양에서 입사되는 태양 에너지의 대부분은 가시광선 영역이다. 태양광 중에서 청색의 단파장 빛은 상층 대기의 분자와 입자에 의해서 장파장의 빛보다 더 강하게 산란되기 때문에, 상층 대기가 산란광으로 인해 파랗게 보인다. 특히 일몰과 일출 시, 대기 중에 입자상 물질의 농도가 높을 때 투과광에 의해서 붉게 보이는 것이다. 그림 8.3에 나타낸 것과 같이, 지구 대기의 위에서 수직으로 내리는 태양 복사선 수지는 1.34×10^3 W/m^2 (1.92 kcal/min/m^2)으로 매우 큰 양이다. 이 값을 **태양 상수**(**solar constant**)라고 하며, 지구로 '유입되는 태양 복사선'을 **일사**(**insolation**)라고 한다. 이 에너지는 다시 우주로 방출되어 나가야 하고, 많은 요소들이 복합적으로 관여하여 복잡한 지구의 열평형을 유지해서 지구의 온도를 매우 작은 범위로 유지시켜 현재 지구상의 생명체가 살아갈 수 있는 기후를 유지할 수 있다. 그래서 지구 온난화에 대한 관심을 가져야 한다. 지구의 평균 온도를 현재와 같이 좁은 범위 내에서 유지시키는 메커니즘은 매우 복잡하고 아직도 많은 연구가 진행되고 있지만, 여기에서는 주요 특징에 관하여 설명하겠다.[3]

대기에 유입되는 태양 복사선의 절반 정도는 직접 또는 구름, 공기, 입자상 물질에 의해 산란되었다가 지표에 도달한다. 그리고 나머지 절반 정도는 대기에 의해 반사나 대기에 흡수되었다가 적외선 복

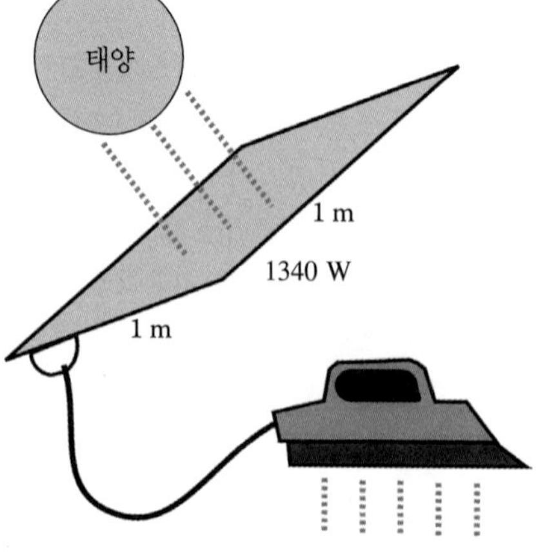

그림 8.3 1.34×10^3 W/m^{2}의 태양 에너지가 지구에 도달하는 모습.

사의 형태로 우주 공간으로 되돌아간다. 지표에 도달하는 복사 에너지는 흡수되었다가 열평형을 유지하기 위해서 우주 공간으로 되돌아간다. 이 외에도 태양에서 받는 에너지의 1%에 해당하는 작은 양이지만, 지구 내부의 뜨거운 맨틀에서 전도나 대류 과정을 통해 지표에 도달하는 에너지도 역시 우주로 방출된다.

에너지 전달은 지구에서 에너지가 재복사되어 일어나는데, 전도, 대류, 복사의 세 가지 형태를 통해서 일어난다. 에너지의 **전도(conduction)**는 물질이 이동하지 않고 인접한 분자나 원자 간의 상호 작용에 의해서 일어난다. **대류(convection)**는 상대적으로 더운 공기나 차가운 공기 덩어리의 위치가 바뀌어서 일어나며, 어떤 지역으로 큰 공기 덩어리가 지나갈 때 일어나는 갑작스러운 온도의 변화가 대류에 기인한 것이다. 그리고 대류로 인해, 분자의 운동 에너지에 기인한 **헌열(sensible heat)**, 수증기가 응축되어 상이 바뀔 때 방출하는 **잠열(latent heat)**이 이동된다. 지구 대기에서 일어나는 에너지의 **복사(radiation)**는 전자기파를 통해서 일어난다. 전자기 복사는 진공인 곳에서 에너지를 전달하는 유일한 방법이므로, 복사야말로 지구에서 에너지를 우주 공간으로 돌려보내 열평형을 유지하게 하는 궁극적인 에너지 전달 방법이다. 지구로 유입되는 태양 복사선은 0.2~3 μm 사이의 파장을 가지고 있는데, 가장 강도가 강한 파장은 0.5 μm(500 nm)로 가시광선 영역에 해당한다. 태양 복사선의 파장은 가시광선의 모든 영역과 일부 자외선과 적외선 영역에 해당한다. 지구 복사선의 파장은 2~40 μm의 범위이고, 약 10 μm에서 최대 강도를 나타낸다. 이와 같이 지구는 받은 에너지의 복사선보다 훨씬 긴 파장의 전자기파(낮은 광자 에너지)를 복사선의 형태로 에너지를 우주로 내보내는 것이 지구의 열평형을 유지할 수 있게 하는 중요한 요소이고, 인류의 활동에 의해 민감하게 교란된다.

8.4.1 지구의 복사선 수지

그림 8.4에 지구의 복사선 수지를 나타냈다. 지표면의 평균 온도가 15°C의 비교적 안락한 온도로 유지되는 것은 수증기와, 조금 작은 정도이지만 이산화 탄소가 지구 밖으로 빠져나가는 많은 양의 복사선을 재흡수하여 절반 정도를 지표면으로 되돌리는 '온실 효과(greenhous effect)' 때문이다. 만약 이러한 온실 효과가 없다면, 지표면의 평균 온도는 −18°C일 것이다. 대부분의 적외선 흡수는 대기 중의 물 분자에 의해서 일어난다. 7~8.5 μm와 11~14 μm 범위에서 일어나는 물 분자의 적외선 흡수는 약하

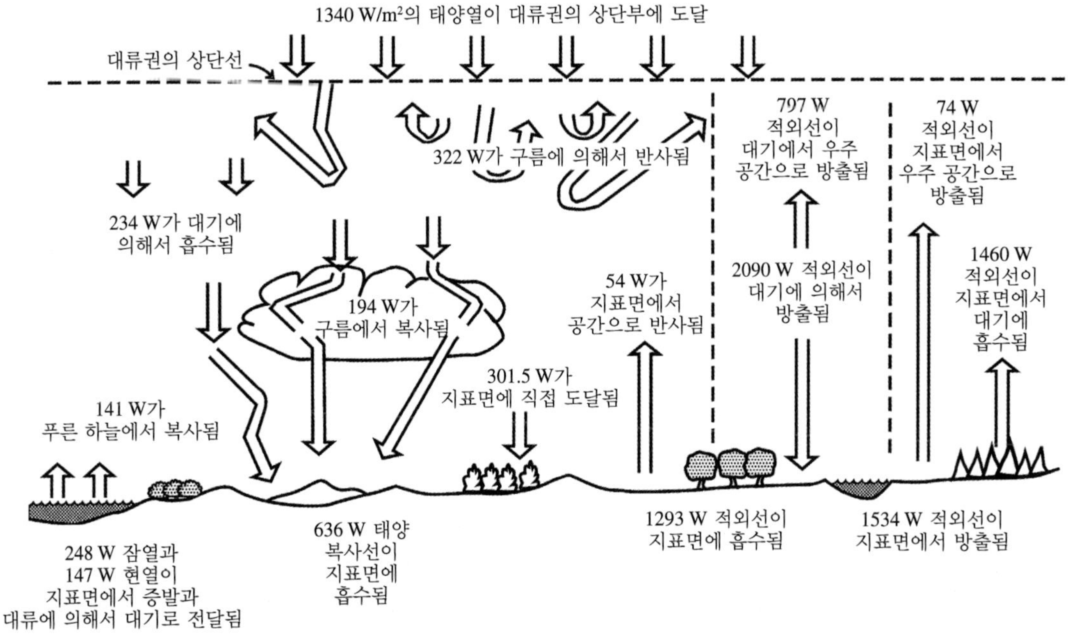

그림 8.4 1,340 W/m²의 태양 에너지를 기준으로 나타낸 지구의 복사 수지.

고 8.5~11 μm 범위의 적외선은 흡수하지 않아 적외선 흡수 스펙트럼에 '구멍'으로 남아 있어, 이 영역을 통해 복사선이 우주로 방출된다. 현재 이산화 탄소는 물보다 대기 중 농도가 매우 낮지만 12~16.3 μm 사이의 적외선을 강하게 흡수하므로 열평형을 유지하는 데 중요한 역할을 하고 있다. 대기 중 이산화 탄소의 농도가 증가하면 지구가 에너지를 충분히 방출할 수 없게 되어, 지구의 온도가 우리가 지각하고 피해를 줄 수 있는 정도로 상승된다(8.7절과 13장의 온실 효과 참조).

태양 복사선의 중요한 측면으로, 지표면에 도달한 복사선이 지표면에서 반사되어 나가는 복사선의 백분율을 **알베도(albedo)**라고 한다. 알베도는 복사선을 흡수하여 지표면이 가열될지, 반사시켜 가열되지 않을지를 결정하므로 지구 열평형에 중요하다. 알베도는 표면에 따라서 극단적으로 변화한다. 두 가지 극단적인 예를 보면, 금방 내린 눈의 표면은 입사된 복사선의 9/10를 반사하여 90%의 알베도를 갖는 반면, 새로 쟁기질한 검은 표토의 알베도는 약 2.5% 정도밖에 되지 않는다.

8.5 대기의 물질 순환, 기상학, 일기

기상학(meteorology)은 대기 현상에 관한 학문으로서, 기단의 운동뿐만 아니라 열, 바람, 물의 순환, 주로 액체에서 증기로의 증발 또는 역과정 등, 대기의 물리적인 현상에 관한 연구를 총칭한 것이다.[4] 기상학적 현상은 대기의 화학적 성질들에 영향을 주기도 하고 받기도 한다. 발전소의 굴뚝과 같은 점오염원에서 나온 오염 물질들이 대기 중으로 유입되어 널리 확산될지 어떨지, 또는 발생원 주위에 내려앉아 그곳에 최대 피해를 주게 될지는 기상학적 현상에 의해서 결정된다. Los Angeles는 Los Angeles 분지의 기상과 지형 때문에, 대기 중으로 배출된 탄화수소와 질소 산화물이 강한 태양광 아래에서 충분히 반응하여 유해한 산물인 광화학 스모그가 발생한다(12장). 대기 상태의 단기간 변화를 **일기(weather)**라고 한다. 일기는 온도, 구름, 바람, 습도, 시정(안개 등에 의해 영향을 받음), 강수의 형태와 양 및 대기압의 7가지 주요 요소로 나타내는데, 이들은 모두 서로 밀접한 관계가 있다. 특정한 지리학적 지역에서 7가지 일기 요소들의 장기간 변화나 경향을 **기후(climate)**라고 한다.

8.5.1 대기 중 물의 에너지와 물질 순환

일기와 기후의 원동력은 태양 에너지의 분포와 궁극적인 공간 재복사이다. 태양 에너지의 상당량이 물을 증발시키는 잠열의 형태로 바뀌어 대기 중으로 유입된다. 대기 중에서 수증기가 물로 응축되는 과정에서 많은 열이 방출된다. 이러한 과정은 특히 에너지가 바다에서 육지로 이동되는 중요한 경로이다. 즉, 태양 에너지가 바다로 유입되면 물의 증발 과정을 통해 잠열로 바뀌고, 수증기가 내륙으로 이동해서 응축하게 된다. 수증기의 응축 과정에서 방출되는 잠열이 육지를 데워 준다.

대기 중에 있는 물은 기체, 액체 또는 얼음(고체)으로 존재한다. 대기가 포함한 수증기의 양을 **습도(humidity)**라고 한다. **상대 습도(relative humidity)**는 어느 온도에서 공기가 포함할 수 있는 수증기의 최대량에 대해 현재 공기가 포함하고 있는 수증기량을 백분율로 나타낸 것이다. 어떤 상대 습도를 가진 공기 중의 수증기가 비나 눈의 형태로 응축되는 포화점에 도달하는 방법에는 여러 가지가 있다. 이러한 응축 과정이 일어나려면 공기가 **이슬점(dew point)**까지 냉각되어야 하며, **응축핵(condensation nuclei)**이 존재해야 한다. 일반적으로 응축핵의 역할을 하는 것은 흡습성인 물질로 염류, 황산 액적과 세균도 포함하는 유기 물질들이다. 대기 오염의 일부 형태는 응축핵의 주요한 공급원이다.

대기 중 액체상의 물은 대부분 **구름(cloud)**에 존재한다. 구름은 일반적으로 상승한 공기가 단열 팽창으로 냉각되어, 더 이상 수증기의 형태로 물을 포함할 수 없을 때 물이 매우 작은 에어로솔 형태의 액적으로 형성되어 생긴다. 구름은 세 가지 형태로 나눌 수 있다. 권운(cirrus cloud)은 매우 높은 고도에서 발생하는데, 새털 형태를 하고 있다. 적운(cumulus cloud)은 밑이 평평하고 상부는 부풀어 오른 것 같이 '뭉실뭉실'하다. 층운(stratus clouds)은 많은 층으로 되어 있고, 하늘 전체를 덮고 있다. 구름은 복사선(열)을 흡수하고 반사하는 중요한 역할을 하고 있고, 형성 과정은 인위적인 활동에 의해서 배출되는 입자상 오염 물질과, 특히 SO_2나 HCl 같은 물에 잘 녹는 기체에 의해서 영향을 받는다. 일부 대기 화학 과정들이 구름 물방울 안에서 일어나고, 오존 파괴 염소 화학종들의 저장고인 성층권 구름 안에 있는 결정성 얼음 입자에서도 일어난다(10.9절 참조).

구름을 형성하고 있는 작은 물방울들이 강수(precipitation)로 되는 것은 복잡하고, 중요한 과정이다. 수증기가 응축되어 구름을 이루는 작은 물방울로 되는 데는 일반적으로 수 분이 걸리고, 형성된 물방울의 평균 지름은 약 0.04 mm이며 0.2 mm를 초과하지 않는다. 빗방울의 지름은 0.5~4 mm이다. 응축 과정만으로는 강수(비, 눈, 진눈깨비, 우박)로 떨어지기에 충분한 크기로 성장하지 못하며, 작은 응축된 물방울이 서로 충돌하고 결합하여 강수가 되기 위한 크기로 커져야 한다. 물방울이 0.04 mm의 크기에 도달하면, 수증기가 응축되는 과정보다 다른 입자들과 충돌해 서로 결합하는 과정을 통해 더 빨리 성장한다.

8.5.2 기단

대류권의 주요한 특징은 여러 가지 기단이다. 이들 기단은 범위가 넓고, 수직으로 균일하다. 즉, 기단 내에서는 온도와 수증기 함량이 균일하다. 이들 기단의 특성은 극지방 또는 열대 지방이든, 혹은 해양 또는 지표면 위든, 큰 기단이 형성되는 표면의 특성에 의해 결정된다.

지구가 받은 태양 에너지는 큰 기단들의 이동을 통해서 재분배되는데, 압력, 온도, 수분의 함량이 다른 기단이 접하고 있는 경계면을 **전선(front)**이라고 한다. 공기가 수평으로 움직이는 것을 **바람(wind)**이라고 하고, 수직으로 움직이는 것을 **기류(air current)**라고 한다. 공기는 기체의 거동을 지배하는 법칙에 따라 일정하게 움직이고 영향이 나타난다. 가장 기본이 되는 것은 공기는 **높은 대기압의 영역**에서 **낮은 대기압의 영역**으로 수직, 수평적인 이동을 한다. 그리고 기체가 팽창하면 냉각되고, 압축되면 디워진다. 더운 공기는 지표면에서 상승하려고 하며, 고도가 높은 곳은 압력이 낮아 **단열(adiabatically)** 팽창(주위와 에너지의 교환이 없음)하여 냉각된다. 공기 중 수분의 응축을 고려하지 않으면 고도 1,000 m 상승으로 약 10°C가 냉각되는데, 이것을 **건조 단열 감률(dry adiabatic lapse rate)**이라고 한다. 높은 고도에서 차가운 기단은 반대의 거동을 나타낸다. 즉, 기단은 하강하고, 10°C/1,000 m의 비율로 데워지게 된다. 그러나 상승하는 공기 중에 충분한 수증기가 있다면 물이 응축하게 되며, 이때 잠열을 방출하게 된다. 이 열이 팽창하는 공기의 냉각 효과를 부분적으로 상쇄하므로 **습윤 단열 감률(moist adiabatic lapse rate)**은 약 6°C/1,000 m 정도가 된다. 공기 덩어리는 수직이나 수평으로 일정한 방법에 따라서 움직이는 것이 아니라, 움식이는 도중에 외류나 기류, 여러 방햐의 난기류가 일어나면서 움직인다.

수평으로 움직이는 바람은 공기 압력이 높은 곳에서 낮은 곳으로의 압력 차이에 의해서 발생한다. 수직으로 움직이는 공기의 흐름은 기단의 온도 차이에 의해서 형성된 큰 **대류성 기류(convection current)**이다. 태양에 의해서 가열된 육지 위의 기단은 데워지므로 밀도가 낮아져서 위로 상승하고, 밀도가 높은 차가운 기단이 밑으로 들어온다. 바람과 기류는 대기 오염 현상과 깊은 관련이 있다. 바람은 대기 오염 물질을 이동시키고 분산시킨다. 바람이 없는 경우에는 오염 물질이 한 곳으로 모이고, 2차 오염 물질이 생성되는 과정이 더욱 잘 일어날 수 있다. 풍향은 대기 오염원으로부터 가장 큰 영향을 받는 지역을 결정짓는 중요한 요소이다. 그리고 바람이 건설적인 목적으로 사용되는 것은 지구의 자연 자본의 중요한 부분이며, 중요한 재생 가능한 에너지 자원이다. 풍력은 인간이 에너지원으로 오랫동안 사용해 왔으며, 수천 년 동안 항해 선박을 움직이기 위해 사용되었고, 이를 이용해 대부분의 인류 상업 활동을 수행하였다. 이와 함께 바람은 포자, 씨, 거미 같은 생물을 날려 보내 생명을 전파하는 중요한 역할도 하고 있다.

그림 8.5 기단과 물의 이동과 관련된 순환 양식. 태양 에너지를 수증기의 잠열로서 흡수 및 방출한다.

8.5.3 지형의 영향

지형(**topography**), 즉 지표의 기복이나 지구 표면 기복의 형태는 바람과 기류에 큰 영향을 미친다. 지표면과 수체의 가열과 냉각 속도의 차이는 **지역적인 대류성 바람**(**local convection wind**)을 일으키는데, 해변이나 육지의 큰 호수에서 하루 중의 육풍과 해풍의 시간대가 다른 것이 대표적인 것이다. 산의 지형은 복잡하여 다양한 지역풍의 원인이 된다. 계곡에 있는 공기는 낮 동안에 가열되어 산의 사면을 따라 상승하는 곡풍이 생기고, 밤에는 냉각되어 내려오는 산풍이 생긴다. 해변에서 조금 떨어져 내륙에 있는 산은 바람과 기단을 막을 수 있으며, 특히 이럴 때 기온 역전이 일어난다(8.6절 참조).

8.5.4 기단의 운동

기본적으로 일기는 (1) 태양 에너지의 재분포, (2) 수분 함량의 변화를 동반한 기단의 수평 및 수직 운동, (3) 물의 증발과 응축의 세 가지 요인들의 상호 영향으로 동반되는 열의 흡수와 방출로 나타난 결과이다. 어떻게 이 요인들이 일기를 결정하고 궁극적으로는 지구 규모의 기후를 결정하는지 그림 8.5에 개략도를 나타냈다. 태양 에너지가 수체로 흡수되고, 이로 인해 물이 증발된다. 그래서 따뜻하고 수분을 많이 함유한 기단이 생겨나 압력이 높은 곳에서 낮은 곳으로 이동하고, 상승하면 팽창하여 냉각된다. 이를 **대류 기둥**(**convection column**)이라고 한다. 공기가 냉각되면 그 안에서 물이 응축되고 에너지를 방출하는데, 이것이 지표면으로부터 상층 대기로 에너지를 전달하는 주요 경로이다. 결과적으로 따뜻하고 수증기가 많던 공기가 물로 응축되며, 에너지를 방출하여 차고 건조한 공기로 바뀐다. 그래서 높은 고도로 공기 덩어리가 상승하면 공기 분자가 어느 정도 '밀집'하게 되어, 대류 기둥의 상부에 위치한 대류권 지역은 압력이 비교적 높은 곳으로 바뀐다. 이 기단의 상층에 있던 압력이 높은 부분이 내려와서 상층이 압력이 낮은 부분으로 바뀌게 되면 상층에 저기압 부분이 형성되며, 이 과정을 통해서 기단의 상층부에 있던 공기는 건조하고 따뜻하게 된다. 이러한 공기 덩어리가 지표면에 쌓이게 되면 지표면에 고기압대가 형성되고, 다시 위에서 설명한 과정이 시작된다. 즉, 지표의 고기압대에 위치한 따뜻하고 건조한 공기가 지표면에서 다시 수분을 포함하게 되고, 위의 순환 과정이 반복된다.

8.5.5 지구의 기후

위에서 설명한 요인들에 의해서 거대한 공기의 운동, 수분, 에너지를 가진 지구 규모의 기단이 만들어진다. 지구 기후의 핵심 기능은 위도(적도와 극에서 상대적인 거리)에 따라 유입되는 양의 차이가 있

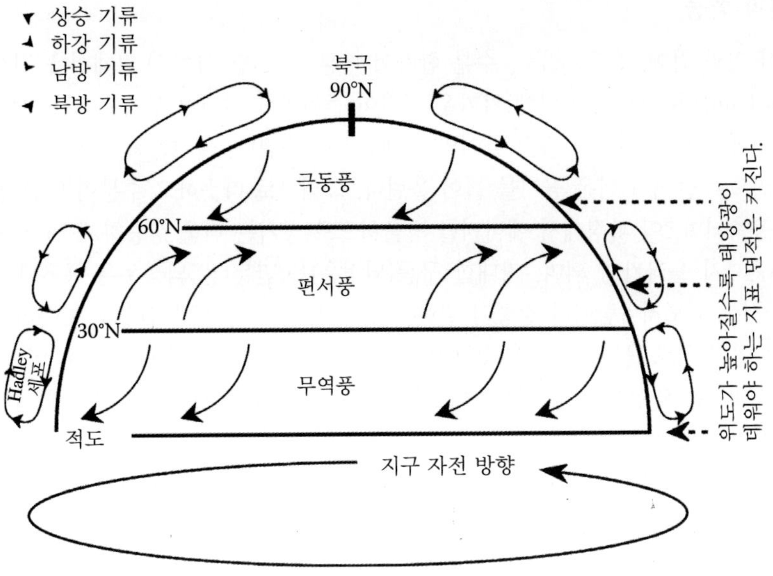

그림 8.6 북반구에서의 대기 순환.

는 태양 에너지를 재분배하는 것이다. 그림 8.6에서 보는 바와 같이 태양광, 즉 에너지의 양은 적도 부근이 가장 세다. 그래서 사계절을 평균한 태양 복사선은 적도에 수직한 지표면에 상당하는 면적으로 들어오게 된다. 적도에서 멀어질수록(고위도) 지표면이 태양광에 대하여 비스듬해지는 각이 증가하게 되고, 대기를 통과하는 길이가 길어져 대기에 의한 에너지의 흡수가 증가하고, 지표면의 단위 면적당 유입되는 에너지는 점점 작아진다. 이러한 결과로서 적도 부근이 가장 많은 태양 복사선을 받고, 적도에서 멀어질수록 점진적으로 받는 양이 작아지며, 극지방에서 받는 양은 아주 미미한 것이다. 그래서 과량의 열에너지를 받은 적도 지방의 공기는 상승하게 된다. 이러한 공기의 상승은 성층권 경계면까지 지속되다가 멈추는데, 이는 성층권에서는 고도가 높아질수록 온도가 올라가기 때문이다. 따라서 적도 부근의 데워진 공기는 대류권 안에서 상승하며, 상승하면 팽창하여 냉각되어서 수분이 제거되고, 다시 하층으로 내려온다. 이러한 공기 순환 양식을 **Hadley 세포(Hadley Cell)**라고 한다. 그림 8.6에서 보는 바와 같이 세 개의 주요 순환 세포가 있는데, 이것에 의해서 그 지역의 지표면 기후가 매우 다른 성격을 갖게 된다. Hadley 세포 내에 있는 공기는 단순히 남북으로 이동하는 것이 아니라, 지구의 자전과 회전하는 지구와의 접촉에 의해 편향된다. 이를 **Coriolis 효과(Coriolis effect)**라고 한다. 회전 방향에 따라 싸이클론 또는 안티싸이클론이라 불리는 나선형 모양의 공기 순환 양식이 있다. 그래서 위도에 따라 방향이 다른 바람이 분다. 그리고 순환하고 있는 기단의 경계면은 시간과 계절에 따라 위치가 변하므로 어떤 한 지역의 기후가 일정하지 않은 것이다.

Hadley 세포 내에서 공기의 운동은 다른 대기 현상들과 합쳐져서, 이동하는 공기의 강과 같은 **제트 기류(jet stream)**를 만드는데, 두께가 수 킬로미터이고, 폭은 수십 킬로미터에 달한다. 제트 기류는 대류권 계면(8.3절 참조)까지 올라가고, 서풍이며, 약 200 km/h(100 mph 이상) 정도의 속도를 가지고 있어 많은 공기를 재분산시키므로 기후 패턴에 큰 영향을 미친다.

위에서 설명한 것과 같이, 공기와 바람의 순환 양식은 지구에서 막대한 에너지를 멀리 이동시키는 것이다. 만약 이러한 에너지의 이동이 없다면 적도 부근은 매우 뜨거울 것이고, 극지방은 상상하지 못할 정도로 추울 것이다. 재분산되는 에너지의 약 절반 정도는 공기의 순환에 의해서 현열의 형태로, 1/3 정도는 수증기의 잠열의 형태로, 나머지 20% 정도는 해류에 의해서 이동하고 있다.

8.5.6 전선과 폭풍

앞에서 언급한 것과 같이, 온도, 밀도, 수분 함량이 다른 두 기단 사이의 경계선을 전선이라고 한다. **한랭 전선**(**cold front**)은 따뜻한 기단에 차가운 기단이 들어와 교체되어 생기고, **온난 전선**(**warm fron**)은 차가운 기단에 따뜻한 기단이 흘러 들어와 교체되면서 생긴다. 차가운 공기가 따뜻한 공기보다 무겁기 때문에 밑으로 들어가 더운 공기를 들어 올린다. 그러므로 따뜻하고 수분이 많은 공기는 위로 올라가서 물이 응축되며, 이 과정에서 에너지를 방출하므로 공기는 더욱 상승하게 된다. 공기는 상승하여 성층권 부근까지 올라가게 되며, 거대한 구름(뇌적운)을 만든다. 뇌적운은 폭우나 우박을 동반하며, 때에 따라서는 회오리바람이나 강풍과 같은 폭풍도 동반한다. 온난 전선도 따뜻하고 수분이 많은 공기가 차가운 공기 위로 올라가므로 비슷한 영향이 나타난다. 그러나 온난 전선은 일반적으로 범위가 넓어서 일기에 미치는 영향은 한랭 전선보다 심하지 않아, 폭우보다는 넓은 지역에 걸쳐 이슬비가 오는 것이 전형적인 현상이다.

태풍, 허리케인, 토네이도와 같은 소용돌이형 **저기압성 폭풍**(**cyclonic storm**)은 따뜻하고 수분이 많은 기단이 상승하여 생긴 저기압 지역에서 생긴다. 공기가 냉각되어 수증기가 응축되면, 잠열이 방출되어 공기가 더욱 데워져서 대기 상부로 향하는 운동이 지속되고, 더욱 세력이 커진다. 이와 같이 공기가 위로 올라가면 지표에는 저기압 영역이 생기고, 주위의 공기가 움직여서 들어간다. 이때 들어가는 공기의 이동 패턴이 나선형이며, 저기압 폭풍을 만들어 낸다.

8.6 역전과 대기 오염

지표면을 지나가는 공기의 이동은 대단히 복잡하며, 대기 오염 현상의 유발과 분산에 중요한 요소로 작용한다. 공기의 이동이 멈추면 정체 현상이 나타나서 일정 지역의 대기에 오염 물질이 축적된다. 이러한 상태는 **기온 역전**(**temperature inversion**)으로 발생하며, 여러 가지 방식으로 발생할 수 있다.[5] 고도가 높아지면 공기의 수직 순환이 제한되고, 이로 인해 그림 8.7과 같이 공기가 정체되고 지표면 근처의 대기 오염 물질이 갇히게 된다. 기온 역전으로 갇힌 오염 물질들은 함께 모여 있어 태양광 아래에서 서로 반응하여 더욱 독성이 강한 반응물까지 생성되는 2차 오염 물질의 형태가 되는데, 이를 특별히 광화학 스모그라고 한다.

8.7 지구 기후와 미기상학

기후(**climate**)란 넓은 지역의 장기간에 걸친 일기 패턴이며, 지구 환경에 가장 중요한 영향을 미치는

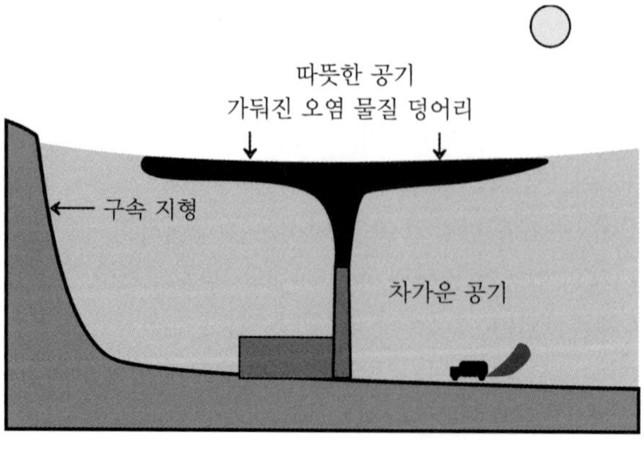

그림 8.7 기온 역전으로 오염 물질이 축적되는 현상.

것이다. 일반적으로 기후 조건이란 특정 지역의 특징이며, 일 년 내내 같은 것이 아니고 계절에 따라 변한다. 이런 변화의 대표적인 예로서 **몬순(monsoon)**이 있는데, 해양과 대륙 간의 바람 형태가 계절에 따라 변하고, 강우가 반복적으로 많았다가 적어지는 기간을 동반한다. 아프리카와 인도의 기후가 특히 몬순에 의한 영향을 많이 받고 있다. 여름 몬순 비는 중앙아프리카의 열대 우림을 만들었으며, 항상 이 지역과 사하라 사막 사이를 경계로 변한다. 이 경계면이 북쪽으로 치우치면 경계면에 위치한 사하라 사막 지역에 비가 내려서, 농작물이 잘되어 주민들이 잘 살게 된다. 그러나 최근 몇 년간 일어난 것과 같이 경계면이 남쪽으로 내려가면 가뭄이 들고 황폐하게 되며, 이 지역 주민들이 기아에 허덕이게 된다.

기후에는 변동과 주기, 그리고 주기에 주기가 부과된 것들이 있다. 이들의 변화는 아직 완전히 알려져 있지 않지만, 문명을 일으키거나 무너뜨린다. 대략 10,000년 전에 끝난 **빙하기(ice age)**는 북반구의 땅 대부분을 두꺼운 얼음층으로 싸버려, 사람들이 살지 못하게 만들어 버렸으며, 1300년대에 일어난 '한랭기' 때에도 흉작이 들어 북유럽이 살기 힘들게 되었었다. 현재도 반영구적으로 통상 인도네시아 부근에 위치하던 열대성 저기압 지역이 태평양 중앙으로 이동하는 것이 몇 년을 주기로 발생하는데, 이때 엘리뇨 현상이 일어난다. 그래서 우세풍이 변하고, 해류의 패턴이 바뀌며, 심해로부터 올라오는 영양 염류의 상승이 영향을 받아, 오스트레일리아부터 남미와 북미의 서해안 지역에 이르는 넓은 태평양 지역의 일기, 강우 어류 및 조류의 생활에 영향을 미치고 있다.

8.7.1 대기의 이산화 탄소와 인간에 의한 기후 변화

지구의 대기는 거대하고, 엄청난 복원력과 자정 능력을 가지고 있지만, 인간의 활동으로 돌이킬 수 없는 기후 변화를 초래할 수 있다.[6] 한 가지 가능성은 막대한 양의 이산화 탄소와 다른 열을 흡수하는(온실) 가스들을 대기 중으로 배출하여 지구가 온난화되고, 이로 인해 본질적인 기후 변화를 초래할 수 있다. 대기 중 이산화 탄소의 농도는 매년 부피비로 약 2 ppm 씩 증가하고, 금세기 동안 산업화 전의 농도에 비하여 두 배 이상 높아졌다. 더욱이 대기 온실 가스의 지구 온난화 모델에 따라, 지구의 온도는 최근 10년 동안 측정할 수 있을 정도로 계속하여 증가하였다. 대기 중 이산화 탄소가 지구 온도에 미치는 영향과 기후에 미치는 영향에 대해서는 13.2절에서 자세히 다루겠다.

8.7.2 미기후

이제까지는 지구 규모의 큰 범위의 기후를 다루었다. 생물과 물체가 있는 지표가 토양인지, 돌인지, 식물로 둘러싸여 있는지 등에 따라, 이들이 느끼는 기후는 주위의 거시적 기후와 매우 다르다. 이와 같이 매우 국지적인 기후 조건을 **미기후(microclimate)**라고 한다. 미기후의 영향은 주로 지표에 매우 인접한 곳의 태양 에너지의 유출입과 바람에 의한 공기 순환이 지면에서는 매우 느리다는 것에 의해서 좌우된다. 낮 동안에 태양 에너지를 흡수하여 데워진 지면의 토양 입자는, 지면의 공기 순환이 거의 없어 매우 천천히 식는다. 그래서 수 센티미터 정도 두께의 데워진 공기층과 데워진 얇은 토양층을 이루게 된다. 밤에는 토양이나 식물의 표면에서 열을 방사하여, 이들의 표면 온도가 지표 위 2 m 정도에 위치한 공기 온도보다 몇 도 정도 낮아진다. 그래서 토양이나 식물의 표면에 **이슬(dew)**이 맺히게 되고, 지표 부근의 미기후는 다습한 조건으로 바뀐다. 이른 아침에 이슬이 열을 흡수하여 증발할 때까지 표면은 차가운 환경에 놓이게 된다.

식물이 실질적으로 영향을 받는 것은 미기후이다. 비교적 활발한 활동을 할 때는 식물이 대류와 확산을 막기 때문에 표면에서 일어나는 순환은 거의 없다. 식물의 맨 위층 표면에서 대부분의 태양 에너지를 가로채므로, 태양열에 의해서 최대로 가열되는 곳은 지표에서 어느 정도 떨어진 지점이다. 그래서 식물의 표면 맨 위층 아래는 비교적 일정한 온도를 유지한다. 그리고 식물이 활발한 활동을 할 때 지표에서 수분이 유실되는 것은 토양 표면에서 일어나는 증발에 의한 것보다는, 식물 잎에서 일어나는 수분의 발산 작용에 의한 것이다. 이러한 작용들이 복합되어 온도와 습도를 조절하고, 곤충이나 설치류 같은 생물이 살 수 있는 환경을 만들어 낸다.

미기후에 영향을 미치는 다른 요소는 지표가 남이나 북으로 기울어져 있는 경사각이다. 북반구에서 남쪽으로 기울어져 있는 땅은 더 많은 태양 에너지를 받는다. 이런 현상의 이점을 이용하여 독일의 노천 갈탄광에서 채탄을 하면서 대부분이 남쪽 경사면이 넓은 단을 이루게 하고, 북쪽 경사면은 매우 좁게 만들었다. 이 지역에서 재배되는 농작물들은 활발하게 성장하는 여름철이 며칠 긴 효과가 있어 농작물이 증산되었다. 경작 기간이 더 긴 지역에서는 북쪽 사면이 극한 기온과 증산 및 발산으로 인한 수분의 손실이 작아져서 식물의 생장에 더 적합한 조건을 가질 수 있다.

8.7.3 도시화가 미기후에 미치는 영향

도시화로 인해서 미기후에 급격한 영향을 미치고 있다. 시골 지역에서는 식물과 수체들이 있어 태양 에너지를 서서히 흡수하고 서서히 방출하므로, 미기후에 미치는 영향은 급작스럽지 않다. 그러나 도시의 콘크리트, 돌, 아스팔트 포장들로 인해 빗물이 시골 지역에서와 같이 연못에 모이게 되지 않고 바로 하수구로 없어지며, 태양 에너지를 강하게 흡수하였다가 바로 재복사열을 방출하므로 도시 미기후에 나타나는 영향은 급작스럽다. 인간 활동은 막대한 양의 열과 열을 보유할 수 있는 CO_2와 다른 온실 가스들을 만들어 낸다. 이러한 결과들로 인해 도시는 교외 지역보다 5°C 정도 높은 공기층으로 덮여지는 **열돔(heat dom)** 현상이 나타나며, 이는 대도시가 '열섬(Heat island)'이라고 묘사될 정도이다. 데워진 공기가 위로 올라가므로 교외에서 도시 쪽으로 바람이 불며, 지역적인 온실 효과의 원인이 되는데, 도시 상공에 쌓인 입자상 물질들이 유입되는 태양 에너지를 반사시켜 열평형을 유지하고 있다. 도시의 기후를 주위에 있는 교외 지역과 비교하면 더 따뜻하고, 안개가 많으며, 더 많은 구름으로 덮여 있을 때가 많으며, 강수량이 더 많지만 일반적으로 덜 습하다.

8.8 대기 중 화학 반응과 광화학 반응

그림 8.8에 **대기 화학(atmospheric chemistry)**에서 다루고 있는 주요 대기 화학 과정들을 나타냈다. 이 논의를 하는 데 중요한 대기 화학의 주요한 몇 가지 개념들을 이 장의 앞부분에서 정의하였다. 광자의 에너지($h\nu$)와 별표의 위 첨자로 나타내는 들뜬 상태(*), 하이드록실 라디칼(HO•)과 같은 자유 라디칼 및 에너지를 흡수하는 제삼체를 나타내는 제삼체(M) 등이 있다.

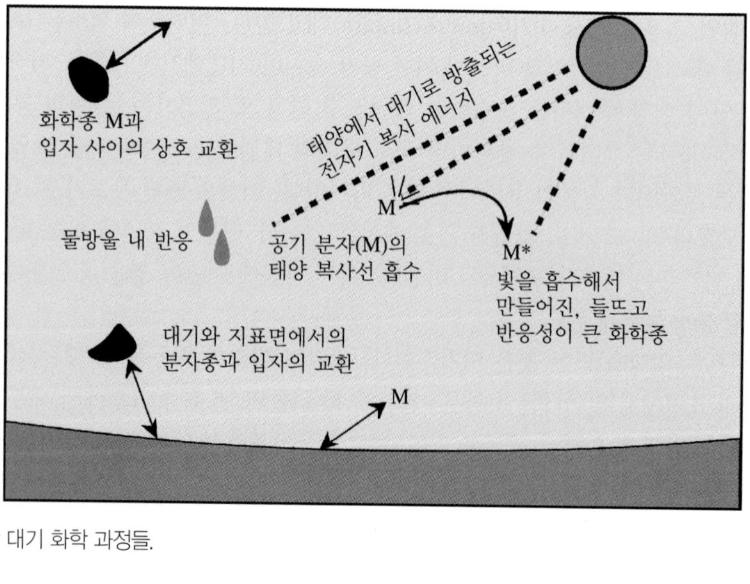

그림 8.8 주요한 대기 화학 과정들.

대기 화학은 매우 복잡한 분야로 1960년대 이후부터 급격히 발전하고 이해되기 시작하였다. 이렇게 늦게 밝혀지기 시작한 이유로는 (1) 수천만 종의 유기 화학종이 대기 중에 존재하며, (2) 하이드록실 라디칼(HO•)의 늦은 인지, 하이드록실 라디칼과 같이 한 화학종이 대기 화학 반응 과정에서 가장 중요한 역할을 하고 있음에도 불구하고 사실상 1970년대까지는 대기 화학 반응종으로서 인지하지 못하고 있었다.[7] 대기 화학은 오염되지 않은 대기부터 매우 오염된 대기까지의 조건들을 포함하고 있으며, 그 사이에 매우 넓은 범위의 단계들이 있다. 대기 화학은 하나의 큰 대기 사이클로 망라할 수 있고, 그 안에는 수많은 하위 사이클들이 포함되어 있다.

대기 화학에서 특히 중요한 것은 화학 반응의 속도를 다루는 **화학 반응 속도론(chemical kinetics)** 분야이다. 화학 반응 속도론을 설명하는 화학 반응 속도 상수는 크기 범위가 매우 넓으며, 대기 화학자들이 대기 화학 과정을 설명하고 기술하는 데 있어서 중요한 도구이다. 대기 화학 과정들에 관하여 자세히 다루는 것은 이 책의 범위를 벗어나므로, 독자들은 이 장의 뒤에 있는 보충자료의 문헌을 참고하기 바란다.

대기 화학을 실험실에서 연구하는 것은, 관여하는 화학종들의 농도가 매우 낮고 실험실 장치의 벽들이 화학 반응에 영향을 주므로, 대기에서와 같이 벽이 없는 조건을 만들기가 불가능하기 때문에 큰 도전이다.

기체상 대기 화학종을 인위적으로 다음과 같이 나누고 있는데, 다소 중복되는 면이 있다: **무기 산화물(inorganic oxides)**(CO, CO_2, NO_2, SO_2), **산화제(oxidant)**(O_2, O_3, H_2O_2, HO• 라디칼, HO_2• 라디칼, 유기 ROO• 라디칼, NO_3), **환원제(reductant)**(CO, SO_2, H_2S), **유기물(organics)**[환원제 역할; 오염되지 않은 지역의 대기 중에는 메테인(CH_4)이 지배적인 유기 화학종이다. 반면에 알케인, 알켄과 아릴 화합물 같은 유기 오염 물질은 발생원 부근에 많다.], **산화된 유기 화학종(oxidized organic species)**(카보닐 화합물, 유기 질산염), **광화학적 활성종(photochemically active species)**(NO_2, 폼알데하이드), 산(H_2SO_4), 염기(NH_3), 염(NH_4HSO_4), **불안정한 반응성 화학종(unstable reactive species)**(전자적으로 들뜬 상태의 NO_2^*, HO• 라디칼). 추가하여, 대기 에어로솔 중 액체 및 고체 입자들과 구름이 대기 화학에서 기체상 화학종들의 발생과 제거원으로서, 표면 반응의 장소(고체 입자)로서, 그리고 액상 반응이 일어나는 곳(액적)으로서의 중요한 역할을 하고 있다. 대기 화학에서 두 가지 가장 중요한 요소는 태양 복사 에너지로, 주로 스펙트럼의 자외선 영역에 해당하는 부분과 하이드록실 라디칼(HO•)이다. 전자의 복사 에너지는 단일 기체 분자의 에너지를 높게 끌어올려 일련의 대기 화학 반응이 시작되게 해주는 것이고, 후자의 하이드록실 라디칼은 가장 중요한 반응성 중간체로서 낮 동안에 대기 화학적 현상이 일어날 수 있게 하는 '화폐(currency)'와 같은 역할을 한다. 야간에는 질산염 라디칼(NO_3, 이것은 대낮 태양광에 의해 빨리 파괴된다)이 하이드록실 라디칼과 같은 지배적인 대기 산화제 역할을 대신한다. 상층 대기에서는 산소 원자[$O(^3P)$]가 불포화 탄화수소와 CS_2, COS 같은 이중 결합을 포함하고 있는 기타 가스들을 산화시킬 수 있다.

8.8.1 광화학 과정

화학종이 빛을 흡수하여 일어나는 반응을 **광화학 반응(photochemical reaction)**이라고 하는데, 여기에서 빛이란 대략 태양에서 오는 자외선을 포함하는 것으로 정의한다. 광화학 반응은 빛이 없는 다른 조건, 주로 온도를 가하여 상응하는 에너지를 가해 주어도 일어나지 않는 반응이 일어나게 된다. 그래서 광화학 반응은 촉매가 없어도 일반적으로 일어나는 반응 온도보다 낮은 온도에서도 반응이 일어난다. 강한 태양 복사선 아래서 일어나는 광화학 반응은 대기 중에 존재하는 화학종의 성질과 수명을 결정짓는 중요한 역할을 한다.

이산화 질소(NO_2)는 오염된 대기 중에 존재하는 광화학적으로 매우 활성이 큰 화학종 중 하나이며, 스모그 형성 과정에서 필수적인 물질이다. NO_2와 같은 화학종이 빛에너지($h\nu$)를 흡수하면 **전자적으로**

들뜬 분자(electronically excited molecule) 상태가 된다. *는 들뜬 분자의 상태를 의미한다. 이산화질소의 광화학 반응에 관해서는 11장과 13장에서 자세히 설명하겠다.

$$NO_2 + h\nu \rightarrow NO_2^* \tag{8.9}$$

전자적으로 들뜬 분자란 대기 화학 과정 중에 밀접하게 관여하는, 비교적 반응성이 크고 불안정한 세 가지 활성종 중에서 한 가지 형태이다. 나머지 두 종류의 활성종 형태는 원자나 비공유 전자를 가진 분자의 조각들로 **자유 라디칼(free radical)**이라고 하며, 다른 하나는 하전된 원자나 분자들의 조각으로 된 **이온(ion)**이다.

전자적으로 들뜬 분자는 안정한 분자가 자외선이나 가시광선 영역의 전자기 복사 에너지를 흡수하여 만들어진다. 분자는 몇 가지의 들뜬 상태로 될 수 있는데, 일반적으로 자외선이나 가시광선은 낮은 에너지 상태로 들뜨게 할 수 있다. 분자의 들뜬 상태는 분자 내 전자 배치로 알 수 있다. 대부분의 분자는 짝수 개의 전자를 가지고 있으며, 한 오비탈 내에는 스핀이 다른 두 개의 전자가 차 있다. 분자가 빛을 흡수하면 가장 바깥 오비탈 내의 전자 하나가 더 높은 에너지를 가진 빈 오비탈로 올라간다. 어떤 경우는 빈 오비탈로 올라간 전자가 최외각 오비탈에 있을 때와 같은 스핀 상태를 가진 **들뜬 일중항 상태(excited singlet state)**가 되며, 어떤 경우는 들뜬 전자의 스핀이 바뀌어 **들뜬 삼중항 상태(excited triplet state)**가 된다.

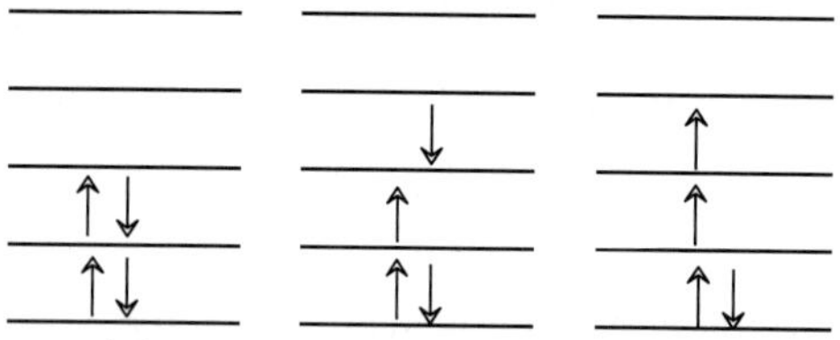

광화학 반응이 일어나기 위해서는 반응종이 빛을 흡수해야 한다. 만약 흡수하는 빛이 가시광선 영역이라면 흡수종은 색을 띠는데, 대기 중에서 이러한 대표적인 물질로 NO_2가 있다. 광화학 반응의 첫 단계는 분자가 빛을 흡수하여 활성화되는 것으로, 빛은 파장에 따라 다른 에너지를 가지며, **광양자(quantum of light)**라고 한다. 광양자 하나는 $h\nu$에 해당하는 에너지를 갖는데, 여기서 h는 Planck 상수로 6.63×10^{-34} J·s(6.63×10^{-27} erg·s)이며, ν는 흡수되는 빛의 진동수로 s^{-1}(파장 λ는 주파수의 역에 비례한다)이다.

자외선 광자의 에너지는 공유 결합의 엔탈피와 같은 수준이다. 즉, 자외선 광자를 흡수한 들뜬 상태의 화학종은 바닥 상태와 비교하여 상대적으로 에너지가 공급된 상태이며, 화학 반응종으로 화학 결합이 깨지는 것으로까지 될 수 있다는 것을 의미한다. 광자를 흡수하여 전자적으로 들뜬 상태가 된 후 일어나는 반응은 들뜬 활성종이 갖고 있는 여분의 에너지를 어떻게 소비하느냐에 따라서 달라진다. 들뜬 상태의 분자가 에너지를 소비하며 일어날 수 있는 과정들은 다음과 같다.

- 다른 분자나 원자(M)와 충돌하여 에너지가 주위에 열로서 분산되는데, 이를 **물리적 담금질(physical quenching)**이라고 하며, 화학 반응의 결과가 없는 과정:

$$O_2^* + M \rightarrow O_2 + M(\text{높은 병진 운동 에너지}) \tag{8.10}$$

- 들뜬 분자의 **분열(dissociation**, 상층 대기에서는 주로 이 과정에 의해서 산소 원자가 만들어진다), 일반적으로 추가적인 화학 반응을 일으키는 과정:

$$O_2^* \rightarrow O + O \tag{8.11}$$

- 다른 화학종과의 **직접 반응(direct reaction)**:

$$O_2^* + O_3 \rightarrow 2O_2 + O \tag{8.12}$$

- 전자기 복사 방출에 의한 에너지 소비로 이루어진 **발광(luminescence)**:

$$NO_2^* \rightarrow NO_2 + h\nu \tag{8.13}$$

만약 발광되는 빛이 들뜨자마자 나오면 **형광(fluorescence)**이라 하며, 어느 정도 시간을 두고 나오면 **인광(phosphorescence)**이라고 한다. **화학 발광(chemiluminescence)**은 들뜬 화학종(아래식의 NO_2^* 같은)이 화학 과정에 의해서 만들어져 생기는 발광:

$$O_3 + NO \rightarrow NO_2^* + O_2 \text{ (높은 에너지)} \tag{8.14}$$

- 들뜬 화학종이 에너지를 다른 화학종으로 전이하여 다른 화학종이 들뜬 상태로 되는 **분자간 에너지 전이(intermolecular energy transfer)**:

$$O_2^* + Na \rightarrow O_2 + Na^* \tag{8.15}$$

전이된 에너지로 들뜬 화학종에 의해서 일어나는 다음 반응을 **감광 반응(photosensitized reaction)**이라고 한다.

- 에너지가 분자 내에서 전이되는 **분자내 전이(intramolecular transfer)**:

$$XY^* \rightarrow XY^\dagger \tag{8.16}$$

(여기서 † 표시는 같은 분자의 다른 들뜬 상태를 의미한다.)

- 전자 손실에 의한 **광이온화(photoionization)**:

$$N_2^* \rightarrow N_2^+ + e \tag{8.17}$$

광화학에서 광자를 흡수한 후에 나타나는 결과로서 어떠한 화학적 과정이 일어났는지는 **양자 효율(quantum yield, ϕ)**이라고 불리는 중요한 계수로 다음과 같은 관계식으로 나타낸다.

$$\phi = \frac{\text{특정 반응이 일어난 분자 수}}{\text{특정 에너지의 광자를 흡수한 분자 수}} \tag{8.18}$$

적외선 영역의 전자기 복사는 화학 결합을 절단할 정도의 에너지에는 미치지 못하지만, 이를 흡수한 분자는 진동 에너지와 회전 에너지를 얻게 된다. 적외선 복사로 흡수된 에너지는 열로 발산되어서 대기 전체의 온도를 높여 주는 역할을 한다. 8.4절에서 언급한 것과 같이, 적외선 복사의 흡수는 태양으로부터 열을 얻는 것과 지구 표면에서 복사되는 에너지를 저장하는 데 중요한 역할을 한다.

8.8.2 대기 중 이온과 라디칼

고도 약 50 km와 그 상층 부근인 **이온층(ionosphere)**이라 불리는 곳에는 상당한 수준의 전자들과 양이온들이 존재한다. 희박한 조건으로 인해, 이들 이온은 중성 화학종의 형태로 재결합되기 전에 상층 대기 중에서 오랜 시간 존재할 수 있다. 이온층의 존재는 1901년에 알려졌는데, 이때 이온층에서는 라디오파가 통과하지 않고 반사되어 먼 거리까지 전달 가능하다는 것이 발견되었다. 이온층은 지구의 표면과 같이 휘어 있어서 라디오파가 이온층에 반사되어 직선 전송이 불가능한 지점으로 장거리 전송이 가능하다.

자외선이 이온층의 이온을 생산하는 원천이다. 밤에는 자외선이 없어 양전하 이온들이 자유 전자와 서서히 결합한다. 이 과정은 화학종의 농도가 상대적으로 높은 이온층 하부에서는 더욱 빨리 진행된다. 이렇게 이온층 하한이 올라가게 되어 밤에 라디오파를 더 멀리 전송하는 것이 가능하다.

지구의 자기장은 상층 대기의 이온에 큰 영향을 미친다. 이러한 영향으로 발생된 현상 중에서 가장 잘 알려진 것은 1958년에 발견된 Van Allen 대이다. 이것은 전하를 띠고 있는 입자들이 두 개의 벨트 형태로 지구를 둘러싸고 있다. 지구의 자기장 축 방향으로 구멍이 난 두 개의 도넛 형태를 하고 있다. 내부 벨트는 양성자들로 구성되어 있고 외부 벨트는 주로 전자들로 구성되어 있으며, 지표면에서 멀리 58,000 km까지 확장되기도 한다.

지구를 둘러싸고 있는 지배적인 지구 유도 자기장이 위성의 **자기권(magnetosphere)**이다. 자기권은 태양으로부터 불어오는 주로 전자와 양성자들로 구성된 플라즈마의 연속적인 흐름인 **태양풍(solar wind)**과 상호 작용하여, 바깥 이온층 바로 위에 위치하는 **플라즈마권(plasmasphere)**을 생성한다. 플라즈마권은 주로 전자와 양전하를 띤 분자들과 라디칼 조각들로 구성되어 있다.[8]

지구의 자기장과 플라즈마권은 태양 복사로 일어날 가능성이 있는 파국적인 피해로부터 근본적인 방어를 해주고 있다. 특히 이들은 격렬한 코로나 질량 분출로 100억 톤 이상의 태양 물질, 플라즈마 및 전자기 복사선을 우주 공간으로 (지구를 향해) 분출할 수 있는 것으로, 10억 톤의 수소 폭탄 폭발을 능가하는 에너지에 해당한다. 이러한 종류의 극단적인 사건은 지구의 방어벽을 뚫을 수 있다. 1859년에 일어났던 일명 Carrington 사건이라 불리는 슈퍼 태양풍은 지금까지 기록된 코로나 질량 방출 중 가장 큰 우주선 사건으로, 남쪽으로는 쿠바까지 오로라가 나타났다. 그 당시 가장 진보된 기술이었던 새 전신 시스템에 심각한 타격을 주어 전신 터미널에 스파크가 일어나고, 전신선들이 두절되고 불이 붙기 시작했으며, 운영자들이 통증을 느낄 정도의 전기 쇼크가 있었다. 어떤 경우에는 전신 기사가 배터리 전원 공급 장치를 분리한 후에도 신호를 송수신할 수 있었다.[9]

8.8.3 대류권 낮은 고도에서의 이온

상층 대기에서는 이온들이 주로 높은 에너지를 가진 전자기파 복사선의 작용에 의해서 생성되지만, 대류권에서는 비가 내리는 동안 물방울이 전단되어 생성되기도 한다. 전단은 하강하는 차가운 공기의 압축이나 덥고 건조한 지면 위로 강풍에 의해 일어난다. 후자의 현상은 Sharav(극동 지방)이나 Santa Ana(남부 캘리포니아)의 푄(foehn)으로 알려져 있다. 이러한 덥고 건조한 바람은 매우 불쾌하다. 이러한 바람에 의해서 전자들과 양전하로 하전된 분자종으로 구성된 이온이 생성된다.

8.8.4 자유 라디칼

대기에서 전자기파를 흡수하여 광이온화 과정을 통해 이온이 생성될 때 홀전자를 가진 원자나 원자들의 집단도 만들어지는데, 이것을 **자유 라디칼(free radical)**이라고 한다.

$$H_3C-\overset{\overset{\displaystyle O}{\|}}{C}-H + h\nu \rightarrow H_3C\bullet + \bullet\overset{\overset{\displaystyle O}{\|}}{C}-H \tag{8.19}$$

자유 라디칼은 가장 중요한 대기 화학 현상과 관련이 있으며, 대기에서 가장 중요하다. 자유 라디칼은 전자가 짝을 짓지 않고 있어 어떤 환경에서든지 전자를 짝지으려고 하는 경향이 있기 때문에, 자유 라디칼은 반응성이 매우 크다. 또한 고도가 높은 상층 대기에서는 희박한 환경을 가지고 있어 자유 라디칼이 수 분 또는 그보다 긴 반감기를 갖는다. 라디칼은 연쇄 반응에 참여하는데, 각 반응에서 다른 라디칼을 하나씩 만들어 낸다. 결국은 라디칼과 다른 라디칼이 반응하는 과정을 통해, 연쇄 반응 내 라디칼 중 하나가 파괴되고 연쇄 반응이 종결된다.

$$H_3C\bullet + H_3C\bullet \rightarrow C_2H_6 \tag{8.20}$$

이러한 과정을 **연쇄 종결 반응(chain-terminating reaction)**이라고 한다. 자유 라디칼이 관여하는 반응은 스모그 형성에 중요한데, 12장에서 다루겠다.

표 8.2 OH•로 파괴가 시작되어 일부 대표적인 대류권 가스 및 오염 물질들이 제거되는 과정

가스종	최초 생성물	그 밖의 반응물 또는 중간체	최종 생성물
NH_3	NH_2•	–	NO
SO_2	HSO_3•	–	H_2SO_4
H_2S	HS•	SO_2	H_2SO_4
CH_3CCl_3	•CH_3CCl_3	유기물 분자 파편	HCl, H_2O, CO_2
C_cH_h	•$C_cH_{h-1}O_2$	유기물 분자 파편	H_2O, CO_2
NO_2	OH• + NO_2 → HNO_3(NO_2는 라디칼)		HNO_3

라디칼에 관하여 높은 반응성과 불안정을 구분하는 것은 매우 중요하다. 완전히 격리된 자유 라디칼이나 원자는 매우 안정할 수 있다. 따라서 자유 라디칼들과 이원자 기체로부터 만들어진 단원자들은 고도가 높은 특수한 환경에서는 다른 반응성 화학종들과 충돌하기 전까지 멀리 이동할 수 있다. 그러나 전자적으로 들뜬 화학종들은 다른 화학종과 반응하지 않고서도 복사를 통해 에너지를 방출할 수 있기 때문에 한정된, 일반적으로 매우 짧은 반감기를 갖고 있다.

8.8.5 대기 중 하이드록실 라디칼과 과산화하이드록실 라디칼

하이드록실 라디칼(HO•)은 대기 화학 과정 중의 반응 중간체로서 가장 중요한 물질이다. 표 8.2의 예에서 볼 수 있듯이, 하이드록실 라디칼은 대류권에서 오염 물질 종을 포함한 미량 가스의 '청소부(scavenger)'로 매우 많이 관여하고 있다.

하이드록실 라디칼은 몇 가지 메커니즘에 의해서 생성되는데, 높은 고도에서는 물의 광분해에 의해서 생성된다.

$$H_2O + h\nu \rightarrow HO\bullet + H \tag{8.21}$$

유기물이 존재할 때 하이드록실 라디칼은 광화학 스모그의 형성 과정에서 중간체로서 많은 양이 생성된다(12장 참조). 대기 중에서 비슷한 정도의 HO•은 실험에서는 아질산 증기를 광분해하여 만든다.

$$HONO + h\nu \rightarrow HO\bullet + NO \tag{8.22}$$

하이드록실 라디칼은 과산화 수소(H_2O_2)의 광분해에 의해서도 생성되며, 안개, 구름이나 비와 같은 대기 입자의 용액 내에서 가장 중요한 산화제이다.

$$H_2O_2 + h\nu \rightarrow HO\bullet + HO\bullet \tag{8.23}$$

비교적 오염되지 않은 대류권에서 하이드록실 라디칼은 오존의 광분해 과정을 통해 생성된다.

$$O_3 + h\nu\ (\lambda < 315\ \text{nm}) \rightarrow O^* + O_2 \tag{8.24}$$

이어서 생성된 들뜬 산소 원자는 물 분자와 반응한다.

$$O^* + H_2O \rightarrow 2HO\bullet \tag{8.25}$$

표 8.2에 하이드록실 라디칼이 관여된 대기 중 몇 가지 미량 화학종들의 화학 변환 과정을 나타냈으며, 이 중 몇 가지 과정은 뒷장에서 논의할 것이다. 하이드록실 라디칼과 반응하는 대기 중 미량 화학종 중에서 중요한 것은 일산화 탄소, 이산화 황, 황화 수소, 메테인과 일산화 질소이다.

대류권에서 하이드록실 라디칼의 대부분은 메테인이나 일산화 탄소와 반응하여 제거된다.

$$CH_4 + HO\bullet \rightarrow H_3C\bullet + H_2O \tag{8.26}$$

$$CO + HO\bullet \rightarrow CO_2 + H \quad (8.27)$$

매우 반응성이 큰 메틸 라디칼($H_3C\bullet$) 은 O_2와 반응하여

$$H_3C\bullet + O_2 \rightarrow H_3COO\bullet \quad (8.28)$$

과산화메틸 라디칼(methylperoxy radical, $H_3COO\bullet$)로 된다(이어서 일어나는 반응은 12장에서 설명하겠다). 반응 8.27에서 생성된 수소 원자는 O_2와 반응하여 **과산화하이드록실 라디칼(hydroperoxyl radical)**을 만든다.

$$H + O_2 \rightarrow HOO\bullet \quad (8.29)$$

과산화하이드록실 라디칼은 다음과 같은 연쇄 종결 반응에 참여하거나,

$$HOO\bullet + HO\bullet \rightarrow H_2O + O_2 \quad (8.30)$$

$$HOO\bullet + HOO\bullet \rightarrow H_2O_2 + O_2 \quad (8.31)$$

또는 다음 반응을 통해 하이드록실 라디칼을 다시 생성한다.

$$HOO\bullet + NO \rightarrow NO_2 + HO\bullet \quad (8.32)$$

$$HOO\bullet + O_3 \rightarrow 2O_2 + HO\bullet \quad (8.33)$$

대류권에서 지구 전체의 평균 하이드록실 라디칼의 농도는 2×10^5에서 1×10^6 라디칼/cm^3의 범위로 추정되고 있다. 왜냐하면 습도가 높을 때나 태양광이 강할 때는 O*의 농도가 높아져서 HO•의 농도도 높아지므로 일정한 농도를 유지하지 않는다. 남반구의 HO• 농도는 북반구보다 20% 정도 높은데, 이는 북반구에서는 HO•를 소비하는 인위적인 CO의 배출이 많기 때문이다.

과산화하이드록실 라디칼(HOO•)은 대기 화학 반응의 중간체로서 중요하며, 오염된 대기에서는 다음 두 반응을 거쳐 생성된다. 먼저 폼알데하이드가 광분해되어 반응성인 폼일 라디칼(formyl radical)을 만들고, 이것이 산소와 반응하여 과산화하이드록실 라디칼을 생성한다.

$$CHO + h\nu \rightarrow H + H\dot{C}O \quad (8.34)$$

$$H\dot{C}O + O_2 \rightarrow CO + HOO\bullet \quad (8.35)$$

과산화하이드록실 라디칼은 하이드록실 라디칼보다 다른 화학종들과의 반응이 느리다. 과산화하이드록실 라디칼의 반응 속도와 메커니즘에 관한 연구는 하이드록실 라디칼만의 형태로 잡아두기가 힘들어 매우 어렵다.

8.9 대기 중 산-염기 반응

대기 중에서 산성인 화학종과 염기성인 화학종 간에 산-염기 반응이 일어난다. 대기에는 이산화 탄소가 존재하여 대기 중 물방울 속으로 녹아들어 가서 약간 해리되기 때문에, 정상적인 대기는 약간 산성이다.

$$CO_2(g) \xrightarrow{\text{물}} CO_2(aq) \quad (8.36)$$

$$CO_2(aq) + H_2O \rightarrow H^+ + HCO_3^- \quad (8.37)$$

대기 중 이산화 황이 물에 용해되면 이산화 탄소보다 어느 정도 강한 산이 된다.

$$SO_2(g) + H_2O \rightarrow H^+ + HSO_3^- \quad (8.38)$$

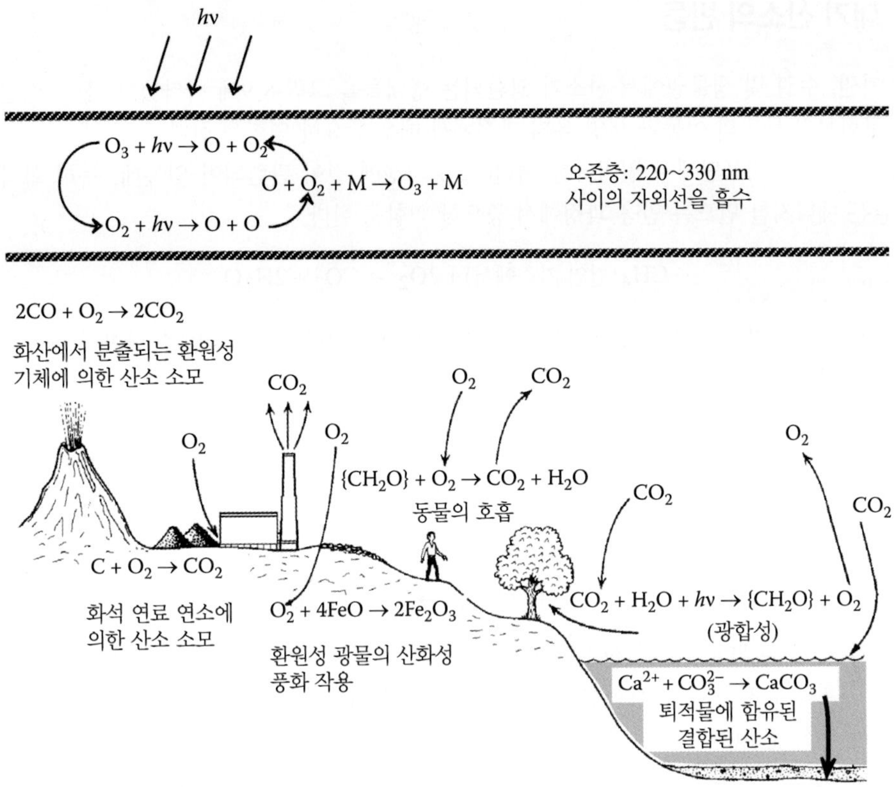

그림 8.9 대기권, 지권, 수권, 생물권 사이의 산소 순환도.

대기 오염에서는 질소 산화물, SO_2, H_2S가 대기 중에서 산화되어 강산인 HNO_3, H_2SO_4가 생성되는 것이 더욱 중요한데, 이는 피해를 주는 산성비를 만드는 원인 물질이 되기 때문이다(13장 참조).

빗물의 pH가 일반적으로 산성인 것을 보면, 보통 대기 중에는 염기성 물질이 산성 물질보다 상대적으로 적은 것으로 짐작된다. 암석이나 재와 함께 대기 중으로 유입된 입자상 산화 칼슘, 수산화물 및 탄산염이 다음과 같은 반응을 통해서 산과 반응한다.

$$Ca(OH)_2(s) + H_2SO_4(aq) \rightarrow CaSO_4(s) + 2H_2O \tag{8.39}$$

대기 중에서 가장 중요한 염기성 화학종은 기체상 암모니아(NH_3)이다. 대기 중 암모니아의 주요 배출원은 질소 함유 생체 물질의 생물학적 분해 과정과 세균에 의한 질산염 환원이다.

$$NO_3^-(aq) + 2\{CH_2O\}(\text{바이오매스}) + H^+ \rightarrow NH_3(g) + 2CO_2 + H_2O \tag{8.40}$$

암모니아는 대기 중에 상당한 수준으로 존재하고 물에 녹는 유일한 염기성 물질이어서, 대기 중에서 가장 중요한 염기성 화학종이다. 암모니아가 대기 중의 물방울에 녹아들어 가면 산을 중화시키는 강력한 역할을 한다.

$$NH_3(aq) + HNO_3(aq) \rightarrow NH_4NO_3(aq) \tag{8.41}$$

$$NH_3(aq) + H_2SO_4(aq) \rightarrow NH_4HSO_4(aq) \tag{8.42}$$

이러한 반응들이 환경에 미치는 영향으로는 다음의 세 가지가 있다. (1) 대기 중 용해된 형태나 고체염 속에 NH_4^+ 이온이 존재하게 하며, (2) 산성인 대기의 조성을 중화시키는 역할을 하며, (3) 비교적 부식성인 암모늄염을 만들어 낸다.

8.10 대기 산소의 반응

대기권, 지권, 수권 및 생물권에서 산소가 교환되는 형태들을 그림 8.9에 나타냈다. 산소 순환은 대기 화학, 지구화학적 물질의 이동과 생명 유지 과정에서 매우 중요한 역할을 한다.

대류권의 산소는 지표면에서 일어나는 여러 가지 과정에 깊이 관련되어 있는데, 특히 화석 연료의 연소와 같은 에너지를 만드는 반응 과정에서 중요한 역할을 한다.

$$CH_4(\text{천연 가스에서}) + 2O_2 \rightarrow CO_2 + 2H_2O \tag{8.43}$$

산소는 호기성 유기체에 의해서 유기물이 분해될 때 이용되며, 광물의 일부 산화적 풍화 과정에도 다음과 같이 산소를 소모한다.

$$4FeO + O_2 \rightarrow 2Fe_2O_3 \tag{8.44}$$

산소는 $\{CH_2O\}$로 대표하는 바이오매스를 생산하는 식물의 광합성에 통하여 다시 대기 중으로 돌아간다.

$$CO_2 + H_2O + h\nu \rightarrow \{CH_2O\} + O_2 \tag{8.45}$$

현재 대기 중에 존재하는 모든 산소는 광합성 유기체들의 작용에 의해서 생성되었기 때문에, 대기 중 산소의 균형을 유지하는 데 광합성의 역할은 매우 중요하다. 광합성 과정에 의해서 고정되는 대부분의 탄소는 부식 물질(2.17절)과 같은 광물질의 형태로 널려 있고 일부분만 화석 연료 층에 축적되어 있다. 그러므로 화석 연료의 연소에 많은 양의 산소가 소비되지만, 대기 중에 저장된 전체 산소의 양과 비교하면 극소량이어서 이로 인해 대기 중 산소가 고갈될 위험은 없다.

8.10.1 오염되지 않은 대기 중 대류권 오존

성층권에서는 상대적으로 오존(O_3)은 풍부하고 물은 부족하다. 반면에 오염되지 않은 대류권에서는 반대 상황이다. 대류권에는 무기 산화물 가스인 일산화 탄소(CO)와 메테인을 상당한 수준으로 포함하고 있다. 그렇지 않으면 청정한 대류권에서는 접힘 현상에 의해 성층권으로부터 오존을 얻는다. 접힘 현상은 대류권 계면이 접혀서 대류권과 성층권 간의 가스들이 교환되는데, 성층권 오존이 대류권으로 유입되는 가장 중요한 현상이다.[10] 대류권 오존은 광화학 분열 과정을 거쳐서 들뜬 산소 원자를 생성한다.

$$O_3 + h\nu \rightarrow O(^1D) + O_2 \tag{8.46}$$

대류권에서 대부분의 들뜬 산소 원자 $O(^1D)$는 에너지를 흡수하는 제삼체인 N_2 또는 O_2 분자(M으로 표시)에게 에너지를 잃는 담금질 과정을 통해 바닥 상태의 산소 원자 $O(^3P)$를 생성한다.

$$O(^1D) + M \rightarrow O(^3P) + M \tag{8.47}$$

대부분의 산소 원자 $O(^3P)$는 산소 분자와 반응하여 오존을 생성하고,

$$O(^3P) + O_2 + M \rightarrow O_3 + M \tag{8.48}$$

나머지 들뜬 산소 원자 $O(^1D)$는 물과 반응하여 대류권에서 가장 중요한 산화제인 하이드록실 라디칼(HO•)을 생성한다.

$$O(^1D) + H_2O \rightarrow 2HO\bullet \tag{8.49}$$

이러한 반응은 원자 산소와 반응하는 많은 양의 NO_x 또는 휘발성 유기 화합물들이 없을 때 일어난다.

8.11 대기 질소의 반응

질소는 대기 구성 성분에서 부피비로 78%를 차지하고 있는데, 이것이야말로 필수 원소인 질소를 공급하는 무한한 저장고이다. 질소 순환은 주요한 생화학 사이클 중 하나다. **질소 고정(nitrogen fixation)**은 질소 원소가 다른 원소(보통 수소와 산소)와 화학적으로 결합된 것을 말하는데, 생물권에서 미생물에 의한 작용이나 대기 중에서 화학 합성 작용에 의해서 일어난다. 대기 중에서 미량의 질소는 번개에 의해서 고정되고, 약간의 질소는 연소 과정, 특히 내연 기관과 터빈 엔진을 통해 고정된다.

질소 분자는 산소와는 달리 자외선에 의해서 쉽게 분해되지 않고, 열권과 같은 상층 대기에서나 완전히 질소 단일 원자로 분해되어 존재한다. 고도 100 km가 넘는 높은 곳에서는 광화학 반응에 의해서 질소 원자가 만들어진다.

$$N_2 + h\nu \rightarrow N + N \tag{8.50}$$

이온층에서 일어나는 몇몇 반응들은 질소 원자(N)도 생성한다.

대기 중에서 광이온화 과정으로 질소 분자 이온(N_2^+)이 생성된다.

$$N_2 + h\nu \rightarrow N_2^+ + e^- \tag{8.51}$$

성층권 너머 높은 고도에서 생성되는 질소 분자 이온은 주로 태양에서 오는 높은 에너지를 가진 자외선과 X-선에 의해 생성되거나, 중성 산소 분자와의 반응에 의해 생성된 산소 분자 이온(O_2^+)과 같은 다른 이온들과 반응하여 생성되기도 한다. 일산화 질소 이온(NO^+)은 이온층 중에서 E층이라고 불리는 층의 주 이온종 중 한 가지이다.

질소의 오염 산화 물질, 특히 이산화 질소(NO_2)는 광화학적으로 일산화 질소(NO)와 반응성인 산소 원자로 쉽게 분해된다.

$$NO_2 + h\nu \rightarrow NO + O \tag{8.52}$$

이 반응은 스모그 형성을 포함하는 광화학 과정에서 가장 중요한 기본적인 반응이다. 스모그 형성과 대기 오염의 다른 형태로서 작용하는 질소 산화물들의 역할에 관해서는 10장과 12장에서 설명하겠다.

반응 12.8(12장)에서 보여 준 것과 같이, 질소 분자(N_2)는 자신은 어떤 화학 반응에도 관여하지 않으면서 제삼체로서 에너지적으로 들뜬 분자들로부터 여분의 에너지를 흡수하여 반응 생성물들이 분해되지 않게 하고 안정화시키는 많은 광화학 반응과 자유 라디칼 반응에 있어서 중요한 성분이다.

8.12 대기의 물

대류권에서 수증기의 함량은 보통 1~3%의 범위이고, 대기 전체의 평균은 약 1% 정도이다. 그러나 공기는 작게는 0.1%에서 많게는 5%의 수증기를 함유할 수 있다. 대기 중 수증기의 함량은 고도가 높아짐에 따라 급격하게 감소한다. 그림 2.1에서 나타낸 수리학적 순환 과정과 같이 물은 대기를 통해서 순환한다.

수증기는 이산화 탄소보다 적외선 복사를 더 강력하게 흡수하여 지구의 열평형에 큰 영향을 미친다. 수증기로 형성된 구름은 태양에서 오는 빛을 반사하여 지구의 온도를 낮추는 역할을 한다. 반면에 밤에는 대기 중의 수증기가 적외선 복사를 흡수하여, 지표면의 열을 보존하는 '이불'과 같은 역할을 한다.

8.5절에서 설명한 것과 같이, 물이 기체상과 액체상 또는 고체로 변화되는 과정에서 일어나는 수증기의 열 유입과 방출은 대기 중 에너지의 이동에 깊이 관련되어 있다. 매우 작은 물방울 형태의 응축된 수증기는 대기 화학에 매우 중요하며, 이들 물방울 안에서 몇 가지 중요한 대기 화학 반응이 일어

난다(9장, 9.11절). 예를 들어 산을 만드는 가스들에 의해서 금속이 부식되는 것과 같이, 어떤 대기 오염 물질이 나쁜 영향을 미칠 때 대기 중에 존재하는 물을 필요로 하기 때문이다. 어떤 상황에서는 대기 중의 수증기가 오염 물질이 모인 안개를 형성하는 데 중요한 영향을 미친다. 또 수증기가 대기 중의 입자상 오염 물질과 작용하여 아주 작은 에어로솔을 형성하여 시정을 매우 악화시키기도 한다.

8.2절에서 언급한 것과 같이, 차가운 대류권 계면은 물이 성층권으로 이동하는 것을 막는 역할을 한다. 그래서 물이 대류권에서 성층권으로 거의 유입되지 않고, 성층권에서 물의 주요 근원은 메테인의 광화학 산화 과정이다.

$$CH_4 + 2O_2 + h\nu \xrightarrow[\text{여러 단계}]{} CO_2 + 2H_2O \qquad (8.53)$$

물은 아래와 같은 반응을 통해 성층권의 하이드록실 라디칼의 근원으로 작용한다.

$$H_2O + h\nu \rightarrow HO\bullet + H\bullet \qquad (8.54)$$

8.13 인류권의 영향

인간의 활동들은 대기와 대기 화학에 매우 큰 영향을 미쳐 왔다. 대부분의 대기 오염 물질들은 인류권에서 대기로 배출되는 물질에서 비롯된다. 농업, 공업, 운송 활동이 대기 중 미량 기체들의 조성을 상당히 바꾸어 놓았다. 이들의 영향은 특별히 온실 가스(특히 이산화 탄소와 메테인)의 영역에서 나타나고, 지구 온난화와 대류권과 성층권 모두에서 오존 농도의 변화를 일으키고 있다. 산업과 운송 발생원, 그리고 아마 가장 중요하게 바이오매스의 소각으로부터 배출되는 NO는 중위도와 저위도에서 대류권에 좋지 않은 오염 물질인 오존의 농도를 상당히 증가시켰다. 클로로플루오로탄소(CFCs, Freon)의 배출은 오존이 자외선 복사에 대한 중요한 보호 기능을 제공하는 성층권 오존을 감소시켰다.

대기가 유해한 오염 물질을 산화시켜 스스로 정화시킬 수 있는 자정 능력이 있다 하더라도, 자정 능력은 중요한 측면에서 과대 평가되고 있다. 개발도상국들의 발생원에서 배출량이 증가하는 것에 대해 미래를 위해 특별한 관심을 기울여야 한다.

8.14 유성체로부터 온 중간권의 금속들

대류권 대기 화학에는 중요하지 않지만, 유성체에서 떨어져 나온 금속이 중간권에서 최대 4년까지 남아 있을 수 있다.[11] 주요 금속으로는 철(Fe), 마그네슘(Mg), 규소(Si), 소듐(Na)이 있으며, 칼슘(Ca)과 포타슘(K)도 약간 있다. 이러한 금속들은 약 80~105 km의 고도에서는 원자 상태로 존재하며, 더 높은 고도에서는 이온이 된다. 85 km 이하에서 금속들은 산화물, 수산화물, 탄산염을 형성하여 약 4년 후 침적되기 전에 중간권 및 성층권 구름의 응결핵으로 작용하는 유성 연기 입자로 중합된다. FeO 및 NiO의 분자띠와 유성체의 소듐(Na) 원자는 야광(nightglow, 상층 대기에서 밤에 감지되는 빛)에 기여한다.

8.15 대기 중에서 화학 물질의 운명과 이동

대기는 지구 시스템에서 물질과 에너지가 이동하는 두 '거대한 유동체'(다른 하나는 수권의 해양과 물길) 중 하나로서, 대기 중에서는 환경 화학 물질들이 생성되었다 없어지는 운명과 수송 과정들이 매우 많이 포함되어 있다. 이들 과정을 이해하기 위해서 대기 중 오염 물질들의 발생원, 이동 확산과 수지(flux)를 알아야 한다. 복잡한 지형 위에서 일어나는 대기 중 물질의 흐름 및 분산, 그리고 주변의 나무 및 건물과 같은 표면 장애물을 포함하여 대기/지표면 경계에서의 상호 작용은 매우 중요하다. 암석과 토양, 물, 그리고 식생을 포함한 매질 표면들과의 상호 작용과 상호 교환은 반드시 고려되어야 한다. 공기 매질의 움직임에 기인한 이류(advection)에 의한 수송과 분산 및 확산(Fickian) 수송들은 화학 물질들의 분산과 분해 반감기에서 중요한 고려 사항들이다. 대기 중 오염 물질들은 국지, 장거리 및 지구 규모로 구분할 수 있다.

국지 규모의 화학 물질의 운명과 수송은 굴뚝 점오염원의 관점에서 볼 수 있다. 그림 8.10에 나타낸 것과 같이, 가스들과 입자들이 굴뚝에서 배출되어 공기 흐름과 바람에 의해 섞이고 희석되어 간다. 왜냐하면 굴뚝에서 나온 가스들은 주변 대기보다 따뜻하여 상승하려는 흐름을 갖기 때문에 굴뚝의 유효 고도는 실제 굴뚝의 높이보다 높다. 굴뚝에서 나와 지표면에 도달하기 전까지 더 멀리 가는 오염 물질일수록 더 많이 희석된다. 오염 물질의 분산은 바람, 난기류 및 기온 역전의 발생과 같은 대기 조건에 의해 크게 영향을 받는다(그림 8.7). 높은 굴뚝은 대기 오염 물질들이 즉각적으로 미치는 영향을 줄여 준다. 이는 한때 우세했었던 철학인 "오염 물질의 해결책은 희석이다."라는 것을 잘 설명해 준다.

대기 환경에서 장거리 이동하는 화학종은 대기 오염의 관점에서 중요하다. 대기 오염 물질의 장거리 이동을 잘 설명해 주는 한 예는, 1986년에 있었던 Chernobyl 원자로가 녹아내리고 화재로 인해 방출된 방사성 핵종들에 의해서 유럽의 넓은 지역과 북쪽으로는 Scandinavia 반도까지 오염된 사례이다. 또 뉴잉글랜드와 캐나다 남동부가 수백 킬로미터 떨어진 미국 Ohio 강 계곡에 있는 발전소에서 방출된 이산화 황에 기인한 산성비의 영향을 받은 것이다.

환경 중 오염 물질의 운명 이동을 알 수 있는 장거리 수송 모형은 오염 물질들의 발생원을 찾아내고 오염 물질들의 영향을 줄이는 데 중요한 도구이다. 이러한 모형들을 사용하여 수평 이동과 혼합 현상을 규명하려면 복잡한 컴퓨터 프로그래밍과 고성능 컴퓨터가 필요하다. 매우 넓은 지역을 대상으로 모형을 실시하려면 장기간의 기후 조건이 반드시 고려되어야 하고, 긴 시간 단위의 평균값을 사용해야 한다.

몇 가지 중요한 대기 오염 물질은 전 지구 규모에서 고려해야 한다. 이러한 오염 물질들은 매우 긴 수명을 가지고 있어 전 지구의 대기를 통하여 분산되고 섞일 만큼 오랜 기간 대기 중에서 없어지지 않으며, 넓은 지역에 분산되어 있는 다양한 발생원들로부터 오염 물질이 발생한다. 이러한 오염 물질의 일례로서 온실 가스인 이산화 탄소가 있는데, 이산화 탄소는 지구 전체 곳곳에서 수십억 개의 난방 기구 및 조기 기구와, 수백만 대의 자동차 및 수천 개의 발전소에서 방출되고 있다.

지구 대기는 지구 규모의 오염 물질을 담은 하나의 큰 그릇이라고는 생각할 수 없다. 왜냐하면 지역적으로 우세한 바람에 의해서 북반구와 남반구 각각에서는 비교적 잘 섞인다. 그러나 대기 성분들이 적도를 넘어 이동하는 것은 비교적 느리다. 이 현상은 13.2절의 대기 온실 가스인 이산화 탄소 부분

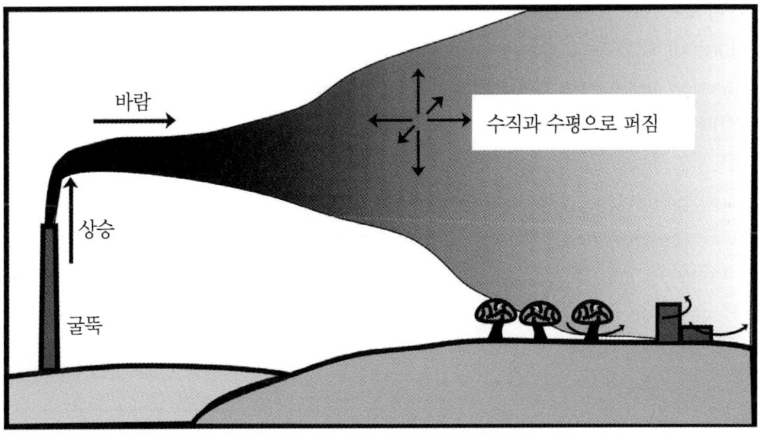

그림 8.10 점오염원(굴뚝 연기)에서 대기 오염 물질들의 화학적 운명과 수송에 관한 도식.

에서 더 논의하고 설명하고 있다. 북반구에는 광합성 식물들이 많아서 연간 계절적 주기에 의해서 생산되는 대기 중 이산화 탄소의 농도가 수 ppm 수준의 변동을 나타낸다. 반면에 남반구에서는 훨씬 적은 광합성 활동이 일어나 이산화 탄소의 변동폭이 작다. 일 년간 일어나는 북반구와 남반구 간의 대기 혼합이 두 반구의 생산량 차이를 상쇄시킬 정도로 크지 않다. 그러나 지구 이산화 탄소의 평균 농도는 수년간에 걸친 혼합을 반영하여 남 · 북반구에서 근본적으로는 동일하다.

대기의 운명과 이동에서 흥미로운 점은 극지역에서 준휘발성 잔류성 유기 오염 물질들이 축적되고 있는 것이다. 이 현상은 준휘발성 오염 물질들이 따뜻한 위도 지역에서 기화되어 공기 흐름을 타고 극지방으로 이동되고, 추운 극지방에서 응축되는 증류 효과에 기인한 것이다. 결과적으로 놀랄만한 정도로 높은 수준의 준휘발성 잔류 유기 오염 물질들(예를 들면 북극곰의 지방에 있는 PCBs)이 극지방의 여러 가지 시료들에서 발견되고 있다.

대기가 관여하는 오염 물질들의 환경 운명과 수송은 환경 화학에서 매우 중요하다. 그러나 자세히 논의하는 것은 이 책의 수준을 넘는다. 이 토픽의 추가적인 자료에 관해서는 독자들이 참고문헌들을 참조하기 바란다.[12]

참고문헌

1. Akimoto, Hajime, *Atmospheric Reaction Chemistry*, Springer, Berlin, 2016.
2. Pandis, Spyros N., and John H. Seinfeld, *Atmospheric Chemistry and Physics: From Air Pollution to Climate Change*, 3rd ed., Wiley, Hoboken, NJ, 2016.
3. Ahrens, C. Donald, and Robert Henson, *Meteorology Today: An Introduction to Weather, Climate and the Environment*, 12th ed., Cengage Learning, Boston, MA, 2018.
4. Lutgens, Frederick K., Edward J. Tarbuck, Redina Herman, and Dennis G. Tasa, *The Atmosphere: An Introduction to Meteorology*, 14th ed., Pearson Prentice Hall, Upper Saddle River, NJ, 2018.
5. 2020, http://www.britannica.com/science/temperature-inversion.
6. Gates, Bill, *How to Avoid a Climate Disaster: The Solutions We Have and the Breakthroughs We Need*, Knopf, New York, NY, 2021.
7. Stockwell, William R., Charlene V. Lawson, Emily Saunders, and Wendy S. Goliff, "A Review of Tropospheric Atmospheric Chemistry and Gas-Phase Chemical Mechanisms for Air Quality Modeling," *Atmosphere*, **3**, 1−32, 2012.
8. Pezzopane, Michael, Alfredo Del Corpo, and Mirko Piersanti, "On Some Features Characterizing the Plasmasphere−Magnetosphere−Ionosphere System during the Geomagnetic Storm of 27 May 2017," *Earth Planets Space*, **71**, 77, 2019.
9. "The Solar Storm of 1859 or Carrington Event," www.spacelegalissues.com, 2019.
10. Sáez, A. Eduardo, and James C. Baygents, *Environmental Transport Phenomena*, CRC Press, Boca Raton, FL, 2014.
11. Plane, John M. C., Wuhu Feng, and Erin C. M. Dawkins, "The Mesosphere and Metals: Chemistry and Changes," *Chemical Reviews*, **115**(10), 4497−4541, 2015.
12. Logan, Bruce E., *Environmental Transport Processes*, 2nd ed., Wiley, Hoboken, NJ, 2012.
13. Thibodeaux, Louis J., and Donald Mackay, *Handbook of Chemical Mass Transport in the Environment*, CRC Press, Boca Raton, FL, 2010.

보충자료

Aguado, Edward, and James E. Burt, *Understanding Weather and Climate*, 7th ed., Pearson Education,

Upper Saddle River, NJ, 2015.

Ahrens, C. Donald, and Robert Henson, *Meteorology Today*, 11th ed., Cengage Learning, Boston, MA, 2015.

Austin, Jill, Peter Brimblecombe, and William Sturges, Eds., *Air Pollution Science for the 21st Century*, Elsevier Science, New York, NY, 2002.

Barker, John. R., "A Brief Introduction to Atmospheric Chemistry," *Advances Series in Physical Chemistry*, **3**, 1–33, 1995.

Desonie, Dana, *Atmosphere: Air Pollution and Its Effects*, Chelsea House Publishers, New York, NY, 2007.

George, Christian, Markus Ammann, Barbara D'Anna, D. J. Donaldson, and Sergey A. Nizkorodov, "Heterogeneous Photochemistry in the Atmosphere," *Chemical Reviews*, **115**, 4218–4258, 2015.

Heard, Dwayne, *Analytical Techniques for Atmospheric Measurement*, Wiley-Blackwell, Hoboken, NJ, 2006.

Hemond, Harold F., and Elizabeth J. Fechner, *Chemical Fate and Transport in the Environment*, 3rd ed., Academic Press, Waltham, MA, 2014.

Hewitt, C. N., and Andrea Jackson, *Atmospheric Science for Environmental Scientists*, 2nd ed., Wiley-Blackwell, Hoboken, NJ, 2019.

Holloway, Ann M., and Richard P Wayne, *Atmospheric Chemistry*, Royal Society of Chemistry, London, 2010.

Montalti, Marco, Alberto Credi, Luca Prodi, and M. Teresa Gandolfi, *Handbook of Photochemistry*, 3rd ed., CRC Press, Boca Raton, FL, 2006.

Ritchie, Grant, *Atmospheric Chemistry: From the Surface to the Stratosphere*, World Scientific Publishing, London, 2017.

Rohatgi, K., *Fundamentals of Photochemistry*, New Age International, Bangalore, 2013.

Royal Society of Chemistry, *Atmospheric Chemistry in the Anthropocene*, Royal Society of Chemistry, Cambridge, UK, 2017.

Seigneur, Christian, *Air Pollution: Concepts, Theory, and Applications*, Cambridge University Press, Cambridge, UK, 2019.

Seinfeld, John H., and Spyros N. Pandis, *Atmospheric Chemistry and Physics: From Air Pollution to Climate Change*, 3rd ed., Wiley, Hoboken, NJ, 2016.

Spellman, Frank R., *The Science of Air: Concepts and Applications*, 2nd ed., Taylor & Francis, Boca Raton, FL, 2009.

Turro, Nicholas J., J. C. Scaiano, and V. Ramamurthy, *Modern Molecular Photochemistry of Organic Molecules*, University Science Books, Mill Valley, CA, 2010.

Vallero, Daniel, *Fundamentals of Air Pollution*, 5th ed., Academic Press, Waltham, MA, 2014.

Wyngaard, John, *Turbulence in the Atmosphere*, Cambridge University Press, Cambridge, 2018.

연습문제

모든 문제들을 답하기 위해서는 인터넷을 활용해야 할 것이다. 특히 일반적인 정보나 통계, 상숫값, 수식들은 인터넷에서 찾아서 사용하시오. 질문들은 교재 안에 있는 내용을 단순하게 찾아서 쓰는 것보다 호기심과 사고력을 증진시키기 위한 것이다. 그래서 어떤 경우에는 여러 가지 '정답'이 있을 수 있다. 그러므로 만약 자신의 이지적인 사고를 통한 노력과 다양한 문헌으로부터 찾은 정보를 비탕으로 작성한 답은 '정답'으로 간주한다.

1. 성층권과 중간권의 경계 지역에서 온도가 최고가 되는 이유는 무엇인가?
2. 대기 화학 반응에서 제삼체(third body)는 어떤 역할을 하는가?
3. 밤에 이온층의 최하단부의 경계 지역이 더 낮아지는 이유는 무엇인가?
4. NO_2의 총 전자 수를 고려하였을 때 자유 라디칼과 NO_2의 반응을 왜 연쇄 종결 반응이라고 생각하는가?
5. 재생 가능한 전기를 발생시키기 위해 규모가 큰 터빈의 수를 증가시켜 사용하는 풍력 에너지는 실제적으로 태양 에너지의 한 형태로 주장할 수 있다. 이 논쟁의 이론적인 근거를 기상 현상을 바탕으로 설명하시오.

6. 1.50 g의 탄소를 태워서 CO_2로 만드는 데 표준 상태(STP)의 공기 22.4 L를 사용하였고, 이때 발생된 혼합 가스를 STP 상태로 조정하였다. 이때 발생한 기체 혼합물의 부피와 평균 몰질량은 얼마인가?
7. 만약 기압이 38 km에서는 0.01기압, 57 km에서는 0.001기압이라면, 19 km에서는 몇 기압인가? (온도 변화는 무시한다.)
8. 태양 복사선 중에서 지구 표면에 도달하는 가장 짧은 파장과 가장 긴 파장은 무엇인가? 또, 지구에서 우주 공간으로 재복사되는 복사선 중에서 강도가 가장 높은 파장은 무엇인가? (mm로 표시한다.)
9. O, HO•, NO_2^*, H_3C•, N^+ 중에서 반응성이 없는 화학종으로 가장 쉽게 변할 수 있는 것은 어느 것인가?
10. Ne, SO_2, He, O_2, N_2 중에서 대류권에서 농도 변화가 가장 심한 것은 어느 것인가?
11. 25℃, 1.00기압에 있는 12.0 L의 공기 시료를 채취하여 건조시켰다. 건조 후에 부피가 정확히 11.50 L였다면, 원래 공기 시료 속에 있던 물의 질량비는 몇 %였는가?
12. 지구의 대기 밖에서 태양광선의 방향에 직각이 되게 놓인 1 m^2의 넓이에 제공되는 태양 에너지 양은 다음 중 무엇과 비슷한가?
    a. 포켓용 전자계산기를 가동할 수 있는 에너지
    b. 40명을 수용할 수 있는 교실에 형광등을 사용하여 적절한 빛을 제공하는 데 필요한 에너지
    c. 2,500파운드 자동차를 55 mph로 달리는 데 필요한 에너지
    d. 100 W의 백열전구를 밝히는 데 필요한 에너지
    e. 밖의 온도가 −10℉일 때 40명을 수용할 수 있는 교실을 70℉로 올리는 데 필요한 에너지
13. 고도 50 km에서 평균 대기 온도는 0℃이다. 이 고도에서 cm^3당 공기 분자의 평균 몰수는 얼마인가?
14. 화학 발광과 분자나 원자가 빛을 흡수한 후 나타나는 발광과의 차이점은 무엇인가?
15. 성층권이 대류권에서 안정하던 미량 오염 물질을 화학적으로 덜 활성인 다른 형태로(반응하여 다른 물질로) 바꾸는 데 중요한 역할을 하는 장소가 된 두 가지 중요한 요소에 대하여 설명하시오.
16. 오염되지 않은 대류권에서 하이드록실 라디칼(HO•)을 제거하는 데 관여하는 중요한 화학종 두 가지는 무엇인가?
17. 대기 중에서 화학적으로 활성이 있는 종류를 나타내는 표시인 '*'와 '•' 사이의 차이는 무엇인가?
18. 다음 중 옳은 것은?
    a. 태양 에너지는 주로 적외선의 형태로 지구에 유입된다.
    b. 대류권 상단의 매우 차가운 대류권 계면은 태양으로부터 들어오는 대부분의 유해한 자외선을 흡수한다.
    c. 대기권 영역 중 성층권은 고도가 높아질수록 기온이 떨어지는 것으로 정의된다.
    d. 많은 부분의 태양 에너지는 대기 중 물의 증발에 사용되는 잠열로 변환된다.
    e. 기온 역전은 대기 오염 물질을 확산시키기 때문에 가장 유용한 현상이다.
19. 다음 중 옳은 것은?
    a. 화학 발광은 분자가 빛의 광자를 흡수하여 발생하는 화학 반응이다.
    b. O*는 산소 원자의 들뜬 상태를 의미한다.
    c. O_2^*는 자유 라디칼을 의미한다.
    d. HO•는 대기 중에서 중요하지 않은 종이다.
    e. 장파장으로 유입되는 태양광은 광화학 반응을 일으키기 쉽다.
20. 다음의 왼쪽에 나타낸 대기 화학종의 분류에 어울리는 것을 연결하시오.

(a) NO_2	(1) 환원제
(b) H_2S	(2) 부식성 물질
(c) NH_4HSO_4	(3) 광화학적 활성종
(d) O_2^*	(4) 외부의 추가적인 유입 없이 가장 해리되기 쉽게 보이는 종

21. 자유 라디칼에 대한 설명 중 틀린 것은?
    a. 전자를 공유하지 않는다.
    b. 일반적으로 반응성이 매우 높다.
    c. 대류권에 비해 성층권에서 더 오래 지속된다.
    d. 연쇄 반응에 관여한다.
    e. 자발적으로 에너지를 잃어 스스로 안정화된 종으로 되돌아간다.

22. 다음 설명 중 옳은 것은?
    a. 지구 기후의 중요한 특징은 비가 내리는 적도 지방의 수분을 수분이 어는 극지방으로 재분배시키는 것이다.
    b. 저기압성 폭풍은 기온 역전에 의해 형성된다.
    c. 기온 역전은 공기의 수직 순환을 방해한다.
    d. 알베도(albedo)는 지구로부터 방출되는 적외선 복사를 에너지로 재흡수하는 비율에 관한 것이다.
    e. 대류권은 물을 포함하는 증기와 모든 가스의 조성이 균일하다.
23. 대류권에서의 존재 기간을 예상하여 짧은 것에서 긴 순서대로 1에서 4까지의 번호를 사용하여 나열하고, 설명하시오. CH_4, CCl_2F_2, NO_2^*, SO_2.
24. 지구의 대기는 각 층이 뚜렷이 구분되어 있다. 다음 중 층간 특성, 층 내 권역의 특성에 대한 설명으로 옳은 것은?
    a. 성층권과 대류권은 본질적으로 같은 성질을 가진다.
    b. 성층권 계면은 대류권 계면보다 더 높은 곳에 위치하므로 더 차갑다.
    c. 오존은 대류권 내 지표면 가까이 있는 것이 바람직하다.
    d. 대류권 조성의 특징은 수증기의 높은 구성비와 균일한 조성을 갖고 있는 것이다.
    e. 대류권과 성층권 사이에 있는 경계면은 중요 성분 중 하나인 대류권 공기가 이동하는 것을 막는 장벽으로 작용한다.

9 대기 중 입자

9.1 대기 중 입자

2020년 9월 중순, 미국 Missouri 상공의 하늘에는 구름이 없었지만, 서쪽으로 거의 2,000마일 떨어진 미국 태평양 연안을 태운 재앙적인 산불로 인한 연기로 햇빛이 사악하게 보이는 노란 헤이즈로 인해 어두워졌다. 지구 온난화로 인한 기록적인 가뭄으로 악화된 이 화재는 건강을 위협하는 엄청난 양의 입자상 물질을 대기 중으로 방출했으며, 그 결과 산불이 발생한 그 지역은 세계에서 가장 오염된 공기를 가지고 있는 곳으로 여겨졌다.

대기 중 입자들은 0.5 mm(모래나 이슬비의 크기)에서 작게는 분자 정도의 크기의 범위를 갖고 있다. 대기 중의 입자들은 고체나 액체 방울로 되어 있는데, 이들은 놀랄 만큼 다양한 물질들과 개별 물체로 구성되어 있다. 대기 중 입자를 나타내는 데에는 몇 가지 용어들이 사용되는데, 그중에서 중요한 것들을 표 9.1에 요약해 놓았다. **미립자**(particulate)라는 용어는 대기 중의 입자를 의미하는 것이지만, **입자상 물질**(particulate matter)이나 간단히 **입자**(particle)가 더 많이 사용된다.

입자상 물질은 가시적이고 분명한 형태를 가진 공기 오염 물질이다. 대기 **에어로솔**(**aerosol**)은 고체나 액체 입자로, 지름이 100 μm 이하이다. 0.001~10 μm 크기의 오염물 입자들은 일반적으로 도시 대기나 공장 지역, 고속 도로, 발전소 같은 오염원 주변의 공기 중에 부유하고 있다.

작은 고체 입자에 속하는 것으로서는 카본 블랙, 아이오딘화 은, 연소 핵, 해염 핵(그림 9.1 참조)이 있고, 큰 입자로는 시멘트 먼지, 부유 토양 먼지, 주물 공장 먼지, 석탄 가루 등이 있다. 액체 입자상 물질을 **미스트**(**mist**)라고 하는데, 빗방울, 안개, 황산 미스트가 있다. 그리고 입자상 물질은 유기물이나 무기물일 수 있는데, 두 가지 형태 모두 중요한 대기 오염 물질이다.

산업화된 도시 대기에는 몇 가지 주요 입자상 물질의 발생원이 있는데, 석탄이 연소할 때 발생하는 입자를 포함하여 2차 황산염, 지역 발생원의 NO_x와 NH_3 및 풍상(upwind)과 결부된 2차 질산염, 여러 발생원에서 배출된 유기 오염 물질들이 화학 작용을 거쳐 생성된 2차 유기 에어로솔, 그리고 디젤 엔진 배기가스에서 배출되는 입자들과 같은 자동차로부터 직접 배출되는 것들이다.

2020년 8월부터 가을까지, 대기 입자의 주요 발생원은 극심한 가뭄과 지구 온난화로 악화된 California의 관리되지 않은 거대한 숲과 덤불 화재에서 방출된 입자들이었다. 특히 California 북부에 번개에 의해 점화된 넓은 지역의 이러한 화재는 엄청난 양의 입자상 물질을 대기 중으로 배출하였다.[1] 이러한 화재의 입자는 그을음, 블랙 카본, 액체 에어로솔 입자 및 대기 중에 가장 유해하고 지속성이 있으며, 인체 건강에 가장 해로운 매우 작은 입자를 포함한 고체 에어로솔 입자를 포함하여 다양한 물질들로 구성되어 있다.

대기 입자상 물질 속 및 대기에서 침적하는 입자상 물질을 구성하는 플라스틱의 발생원은 매우 지속

표 9.1 대기 중 입자를 설명하는 중요한 용어

용어	정의
에어로솔(aerosol)	콜로이드 크기의 대기 입자
응축 에어로솔(condensation aerosol)	증기의 응축 또는 가스의 반응에 의해 형성
분산 에어로솔(dispersion aerosol)	고체의 분쇄, 액체의 원자화 또는 먼지의 분산에 의해 형성
안개(fog)	공기 중에 물방울이 많이 떠 있는 현상
연무(haze)	대기 중에 건조 입자가 많이 존재하여 시정을 감소시키는 현상
미스트(mist)	액적 입자
연기(smoke)	연료의 불완전 연소로 생성되는 입자

적으로 증가하고 있다.[2] 매년 수십억 톤의 플라스틱이 환경 중에 축적된다(2025년까지 110억 톤에 이를 것으로 예상). 열화되기 매우 어려운 플라스틱은 아주 작은 조각으로 분해되며, 종종 나노 입자로 만들어져(페인트 성분 같은) 환경 중으로 쉽게 분포되고 잘 운반되어서, 국립공원의 산악 지역과 같은 멀리 떨어진 지역에서도 검출된다.

생물학적 기원의 입자들로는 바이러스, 세균, 세균 포자, 곰팡이 포자와 꽃가루가 있다. 유기 물질들과 더불어 생물들이 대기 중 황산염 입자상 물질에도 관여한다. 해양 생물학적 발생원들도 대기 에어로솔의 생성에 많이 관여되어 있다. 생물 기원 물질들이 해염 입자 속이나 표면 위에서 반응하여 할로젠 라디칼과, 대기 중 황과 질소 및 산화제가 관여된 사이클에 영향을 주는 중요한 여러 가지 대기 화학종을 생성한다.

이 장의 뒷부분에서 설명하겠지만, 입자상 물질은 아주 다양한 오염원과 발생 과정에서 유래하고, 큰 물질이 쪼개져서 생긴 것부터 복잡한 화학적, 생물학적 합성에 의해서 만들어진 것까지 아주 다양하다. 그래서 입자상 물질이 많은 대상에 미치는 영향도 다양하다. 기후에 미치는 영향에 대해서는 13장에서 설명하겠다. 입자상 물질은 단독적으로 또는 기체상 오염 물질과 결합하여 인체에 유해한 영향을 미치고 있다. 대기 중 입자들은 물질에 피해를 주고 시정을 악화시키며, 심리적인 면에서도 아주 나쁜 영향을 나타낸다. 최근 매우 작은 입자들이 건강에 악영향을 미치는 것을 포함하여 특별히 위해 잠재력이 높아, 지름이 2.5 μm 이하인 입자에 대한 특별한 규제가 마련되고 있다.

에어로솔은 대부분이 탄소질, 금속 산화물과 실리콘 산화물(모래), 유리, 유기 물질, 생물학적 물질(포자 등)과, 용해성 암모니아, 질산염, 황산염, 염과 산을 포함한 물로 구성되어 있다. 에어로솔 입자의 구성 성분은 크기에 따라 매우 다르다. 매우 작은 입자는 SO_2가 변환되어 H_2SO_4가 되는 것 같이, 주로 기체들이 입자화된 것으로 산성인 경향이 있다. 큰 입자는 석회석이 갈려서 생성되는 것 같이 기계적인 과정을 거쳐 생성된 물질들로 구성되어 있으며, 염기성인 경향이 있다.

1차 입자(primary particle)들은 거친 황무지에서 침식 작용에 의해 생기는 먼지처럼 대기 중으로 직접 유입된 것들이다. 반면에 **2차 입자(secondary particle)**는 가스들의 반응에 의해 형성된 것들이

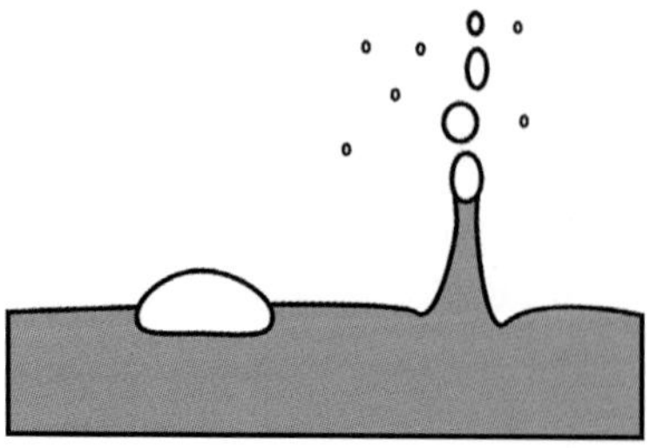

그림 9.1 바다에서 해염 입자가 생성되는 과정. 에어로솔 입자에서 물이 증발되어 작은 고체 해염 핵 입자가 형성된다.

다. 예를 들면, SO_2 가스 상태에서 대기 산화 과정을 거쳐 황산 에어로솔이 되는 것과 같은 것이다. 1차 입자는 숙성 과정들을 거칠 수가 있어 2차 입자들과의 구분이 모호해질 수 있다. 1차 입자가 공기와의 가스 교환, 물 흡수 또는 손실, 응집 및 상변환을 포함한 물리적 현상들이 숙성 과정이다. 화학적 현상들도 입자의 숙성 원인으로 작용하는데, 대기 가스와의 화학 반응, 입자 속에 포함되어 있는 용질들 간의 반응과 특히 광화학 과정들이 중요하다.

9.2 대기 중 입자들의 물리적 거동

그림 9.2에서와 같이 대기 입자는 대기 중에서 여러 단계의 물리적 과정을 거쳐서 만들어진다. 작은 콜로이드 입자는 **확산 과정**(diffusion process), 작은 입자는 여러 개가 정전기적으로 **응집**(coagulate)하여 큰 입자가 된다. 응집하여 충분한 크기로 성장한 입자는 **침강**(sedimentation) 혹은 **건식 강하**(dry deposition)하는데, 이 과정은 대기 중에서 입자가 제거되는 두 가지 주요 메커니즘 중 하나이다. 침강과 더불어 입자가 대기에서 제거되는 또 다른 한 가지 주요 경로는 빗방울이나 다른 형태의 강수에 의해 **정화**(scavenging)되는 것이다. 그리고 입자들은 대기 기체와도 반응한다. 많은 지역에서 식물에 건식 침적되는 것이 입자 제거의 주요 메커니즘이다.[3]

입자 크기(**particle size**)는 일반적으로 입자의 지름으로 나타내는데, 어떤 경우는 반지름으로 나타내기도 한다. 대기 입자들은 0.01 μm보다 작은 것부터 약 100 μm까지 만 배 이상 차이가 나는 넓은 범위의 크기를 가지고 있다. 입자의 부피와 질량은 d^3의 함수인데, 여기에서 d는 입자 지름이다. 일반적인 결과로서 대기 입자의 총질량은 입자가 큰 범위에 집중된 반면, 대기 입자의 총 개수나 표면적은 작은 입자 부분에 집중된다.

입자의 침강 속도는 입자의 지름과 밀도의 함수이다. 대기 중에서 입자들이 어떠한 영향을 미치는지 판단하는 데 있어서 침강 속도는 중요하다. 지름이 1 μm보다 큰 구형의 입자는 Stocks 법칙으로 입자의 침강 속도를 구할 수 있다.

$$v = \frac{gd^2(\rho_1 - \rho_2)}{18\eta} \tag{9.1}$$

여기에서 v는 침강 속도로 cm/s이고, g는 중력 가속도로 cm/s^2, ρ_1은 입자의 밀도로 g/cm^3, ρ_2는 공기의 밀도로 g/cm^3, η는 공기의 점도를 나타낸다. Stocks 법칙은 구형이 아닌 입자의 유효 지름을 구하

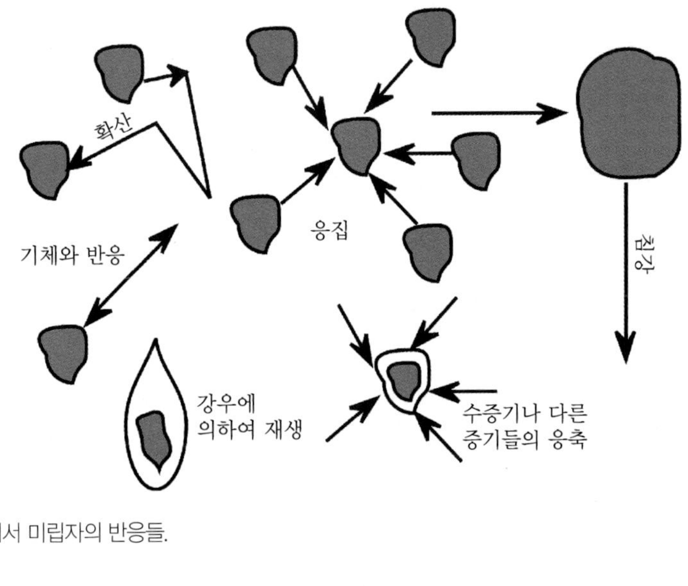

그림 9.2 대기 중에서 미립자의 반응들.

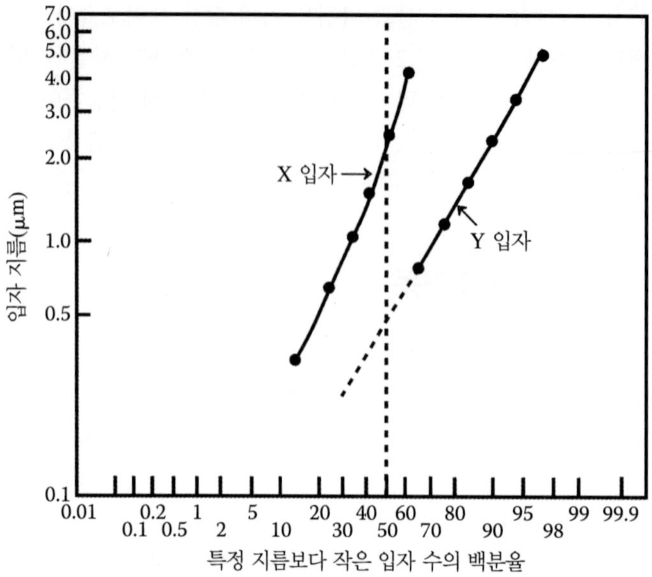

그림 9.3 입자 X(MMD = 2.0 μm)와 Y(MMD = 0.5 μm)의 입자 크기 분포.

는 데에도 사용된다. 일반적으로 이렇게 구한 유효 지름을 **Stocks 지름**[**Stokes diameter**, 공기 역학적 지름(aerodynamic diameter)]이라고 하며, 보통 입자들의 지름을 나타낼 때 사용된다. 일반적으로 입자의 밀도를 알지 못하므로, ρ_1을 임의로 1 g/cm^{3}로 가정하여 식 9.1을 이용하여 계산한 지름을 **환산 침강 지름**(**reduced sedimentation diameter**)이라고 한다.

9.2.1 대기 중 입자의 크기와 침강

채취된 대부분의 에어로솔 입자의 지름과 밀도를 모르고 그 크기의 범위도 넓을 때 **질량 중앙 지름**(**mass median diameter, MMD**)을 사용한다. 입자의 MMD는 밀도가 1 g/cm^{3}이며, 공기 역학적으로 동일한 구형인 입자로 간주하여, 채취된 입자들 질량이 50% 되는 곳의 지름을 의미한다. 입자 채취기는 구형이며 일정한 크기를 가진 입자를 사용하여 보정하는데, 일반적으로 폴리스타이렌 라텍스가 사용된다. MMD는 입자 크기의 로그 값에 대하여 주어진 크기보다 작은 입자들의 백분율을 확률축에 도시하여 결정한다. 그림 9.3에 두 종류 입자의 경우를 보여 주고 있다. X 에어로솔 입자는 가로축의 50%에 해당하는 2.0 μm가 입자의 MMD이다. 에어로솔 Y의 경우는 측정할 수 있는 입자 크기가 0.7 μm 이상이므로, 그 이하로 외삽하여 MMD가 0.5 μm임을 추정할 수 있다.

지름이 대략 1 μm 이하인 입자는 공기 분자 사이를 '미끄러져 나가'(slip between) 저항을 적게 받으므로 Stocks 법칙으로 구한 침강 속도에는 많은 오차가 있다. 그리고 매우 작은 입자는 공기 분자와 충돌하여 임의의 방향으로 움직이는 **Brown 운동**(**Brownian motion**)을 하므로 Stocks 법칙이 적용되지 않는다. 10 μm 이상 되는 큰 입자는 침강 속도가 빨라서 침강할 때 난류를 만들므로 Stocks 법칙에서 많이 벗어나게 된다.

9.3 입자 형성에 관여하는 물리적 과정

먼지와 같은 **분산 에어로솔**(**dispersion aerosol**)은 큰 입자가 쪼개져서 형성된 것으로, 크기가 1 μm 이상이다. 분산 에어로솔이 만들어지는 대표적인 과정은 석탄 분쇄 시 먼지 발생, 냉각탑에서 스프레이의 형성, 건조한 토양에서 먼지의 비산 등이다.

분산 에어로솔 입자는 바다 물보라, 먼지의 비산, 화산재 같이 자연적인 발생원을 통하여 많이 발생한다. 그러나 물질을 부수는 다양한 종류의 인간 활동들에 의해서 분산 입자가 생성되어 대기로 유입되고 있다. 4륜 자동차가 황야를 질주하고 다닐 때 황야의 연약한 초목이 비산 먼지층으로 뒤덮인다. 채석장과 자갈 분쇄장에서도 많은 돌가루가 날리고, 토양을 개간하는 것도 먼지가 바람에 쉽게 날리게 하여 많은 먼지를 만들어 낸다. 지구 온난화, 부적절한 경작과 지나친 개간으로 인해 토양이 교란되어 사막으로 변하고 있는 아시아에서, 폭풍으로 표층에서 벗겨져 올라간 입자 플룸에 의해서 때때로 북아메리카 지역이 피해를 받고 있다.[4]

물질을 부수어 더 작은 입자로 만드는 데 필요한 에너지는 화학 합성을 통해서 입자가 합성되거나 작은 입자들이 결합될 때 필요하거나 방출되는 에너지보다 훨씬 커서, 대부분의 분산 입자들의 크기는 대체로 크다. 큰 입자들은 작은 입자보다 폐 깊숙이 침투하는 **호흡성**(respirable)이 아니고, 대기 오염 물질을 방출하는 오염원에서 비교적 쉽게 제거되기 때문에 큰 입자들은 작은 입자보다 덜 유해하다.

큰 화산 폭발은 입자들을 매우 높은 고도의 대기 중으로 올려보낼 수 있다. 이것들은 단지 단순히 송풍이라는 물리적 과정에 의해 수 입방 킬로미터에 해당하는 화산재를 성층권 높이까지도 올려보낸다. 이 장의 뒷부분에 명시한 바와 같이, 화산가스는 화학 과정을 통해 2차 입자를 생성한다.

9.4 입자 형성에 관여하는 화학적 과정

대기 중에서 많은 양의 대기 가스가 화학 과정을 통해서 입자상 물질로 변환된다. 이는 일산화 탄소 이외의 주요 오염 가스인 황과 질소 및 탄화수소가 대기 중 산화 특성이 있는 오존, 원자 산소, HO• 라디칼 및 과산화 수소와 같은 활성 산화제 종들에 의해 산화되어, 입자상 물질 형태로 바뀌어 줄어들기 때문이다. 대표적인 예는 대기 중 기체인 이산화 황이 산화되어 황산염 미립자로 변환되는 것이다.[5] 이러한 변환에 가장 중요한 역할을 하는 화학종 중에는 대류권에서 오존 형성과 광화학 스모그의 원인이 되는 유기 오염 물질과 질소 산화물이 있다(12장 참조). 화학적 과정을 통해 생성된 작은 입자들을 큰 입자들보다 유기물 함량이 더 높은 경향이 있다. 그러므로 스모그를 줄이기 위해 탄화수소 및 질소 산화물(NO_x) 배출을 관리하면 대기 입자상 물질의 오염도 줄일 수 있다.

대기 입자상 물질의 주된 부분은 대기 중 기체-입자 변환으로 인해 발생한다. 입자상 물질의 수준을 낮추려면 도시와 지역 오존 형성의 전구 물질인 유기물과 질소 산화물(NO_x)의 배출을 동시에 관리할 필요가 있다.

화력 발전소, 소각로, 가정용 화로, 벽난로, 석유 난로, 시멘트 킬른, 내연 기관, 산불, 활화산 등과 같이 입자를 생성하는 대부분의 화학 과정은 연소 과정이다. 연소 과정에서 생성되는 입자들은 대부분 1 μm 이하이다. 이와 같은 작은 입자들은 쉽게 폐나 폐포로 들어갈 수 있고, 비소와 같은 독성 중금속 물질을 농축시키므로 특히 중요하다.[6] 작은 입자들의 분석을 통한 이와 같은 미량 원소들의 발생 패턴은 입자상 오염 물질의 발생원을 추적하는 데 이용할 수 있다.

9.4.1 무기 입자

금속 산화물은 대기 중 무기 입자들의 주된 구성 성분이다. 금속을 포함한 연료가 연소될 때 금속 산화물의 무기 입자가 형성된다. 예로, 산화 철 입자는 황철광을 포함한 석탄이 연소되는 동안에 생성된다.

$$3FeS_2 + 8O_2 \rightarrow Fe_3O_4 + 6SO_2 \quad (9.2)$$

연료의 잔류물 속에 있는 유기 바나듐은 산화 바나듐 입자로 바뀌고, 석탄 회분 중 탄산 칼슘은 산화 칼슘으로 변해서 굴뚝을 통해 대기 중으로 방출된다.

$$CaCO_3 + 열 \rightarrow CaO + CO_2 \quad (9.3)$$

에어로솔 미스트가 형성되는 일반적인 과정은 대기 중 이산화 황이 산화되어 흡습성 물질인 황산이 되고, 이것이 대기 중의 수분을 모아 작은 액적을 생성하는 것이다.

$$2SO_2 + O_2 + 2H_2O \rightarrow 2H_2SO_4 \quad (9.4)$$

암모니아나 산화 칼슘 같은 염기성 대기 오염 물질이 존재하면, 황산은 이들과 반응하여 염을 생성한다.

$$H_2SO_4(\text{액적}) + 2NH_3(g) \rightarrow (NH_4)_2SO_4(\text{액적}) \quad (9.5)$$

$$H_2SO_4(\text{액적}) + CaO(s) \rightarrow CaSO_4(\text{액적}) + H_2O \quad (9.6)$$

대기의 습도가 낮으면 이들 액적이 수분을 잃고 고체 에어로솔로 된다.

화산에서 배출된 SO_2와 H_2S 가스들은 황산과 황산염의 전구체가 될 수 있어 다량의 대기 미립자로 변환될 수 있다. 1982년 분출된 멕시코에 있는 El Chichón 화산의 연구에서 화산 유리, 염화 소듐과 황산염이 화산에서 분출되어 Greenland의 눈에 침적되는 것을 보여 주었다. 1991년 6월 15일에 필리핀 Pinatubo 산(Mount Pinatubo)의 분출로 인해 지구의 태양광과 적외선 복사의 투과에 있어서 감지할 수 있을 정도의 변화가 있었다. 대량의 입자와 전구체 가스를 대기 중으로 방출하는 화산 폭발은 거의 매년 발생한다.[7] 비교적 최근인 2019년 6월 26일에 파푸아 New Guinea의 Ulawun 화산이 폭발하여 화산재 기둥이 최소 19,000 m(63,000 ft) 이상 놀라운 고도로 치솟았고 15,000명 이상의 이재민이 발생하였다. Ulawun 화산은 1700년에 최초로 폭발 기록되었으며, 이후 22번의 폭발이 기록된 세계에서 가장 활발한 활동을 하고 있는 화산 중 하나이다.

암모늄염과 질산염에 포함된 질소는 무기 입자상 물질에서 흔히 볼 수 있는 구성 성분이다. 질산 암모늄과 염화 암모늄 미립자들은 다음과 같은 가역 반응에 의해서 생성된다.

$$NH_3(g) + HNO_3(g) \rightleftharpoons NH_4NO_3(s, \text{미립자}) \quad (9.7)$$

$$NH_3(g) + HCl(g) \rightleftharpoons NH_4Cl(s, \text{미립자}) \quad (9.8)$$

대기 중에 있는 암모늄의 질산염, 염화물 및 황산염들은 전기 릴레이에 있는 금속 접점과 같은 금속들을 부식시킨다.

암모늄, 질산염 및 황산염 미립자들의 상당한 양의 생성에 대한 구성 요소에 생물 기원 배출원의 기여도 많다. 암모니아는 유기물의 분해로부터 진행되어 발생된다. 기체상 황의 형태로 대기 중으로 유입되는 H_2S도 황을 포함한 유기 물질의 분해와 황산염을 전자 받개(산화제)로 사용하는 혐기성 미생물 과정으로부터 발생한다. 해양에서 많은 양의 다이메틸 설파이드[dimethyl sulfide, $(CH_3)_2S$]가 해양 유기물로부터 유래한다. 황화 수소와 다이메틸 설파이드는 대기 중에서 대기 화학 과정을 통해 황산염으로 산화된다. 상당한 양의 기체상 N_2O가 미생물에서 유래하고 대기 중에서 질산염으로 산화된다. 대기 암모니아의 일부도 질산염으로 산화된다.

이상과 같이 화학 반응을 통해서 고체나 액체상의 무기 에어로솔이 생성되는 몇 가지 과정들을 설명하였다. 에어로솔이 생성되는 과정들 중에서 이와 같은 반응들이 중요한 부분을 차지하고 있으며, 특히 작은 입자들이 생성되는 데 있어서 매우 중요한 과정이다.

9.4.2 유기 입자

유기 입자상 물질의 상당량은 열 합성과 질소 화합물이 관여된 내연 기관의 복잡한 과정을 통해서 생성된다. 생성물들로는 질소 화합물과 산화된 탄화수소 중합체 등이 있다. 엔진 윤활유와 첨가제들도 유기 입자상 물질의 생성에 기여한다. 대기 중 유기 입자들의 생성, 성질과 영향들에 대해서는 9.8절에서 좀 더 자세히 다루겠다.

9.5 무기 입자들의 조성

그림 9.4는 무기 입자상 물질을 구성하는 성분들의 기원에 관한 기본적인 요소들을 설명하고 있다. 일반적으로 대기 입자상 물질 중의 구성 원소의 비율은 모체가 되는 물질이 어떠한 요인에 의해서 생성되었는지를 암시하고 있다.

입자상 물질들은 발생원에 따라 구성 원소가 다르고, 이들의 조성이 화학 반응을 통해서 변할 수 있다. 예를 들면, 이산화 황 오염 영향을 받는 해변가 지역에서 바다 물보라에 의해 생성된 입자상 물질이 대부분임에도 불구하고, 이례적으로 황산염의 비율이 높고 상대적으로 염화물 함량이 낮게 나타날 수 있다. 왜냐하면 이산화 황이 대기 중에서 산화되어 생성된 황산염은 비휘발성인 이온성 황산염이며, 바닷물의 소금(NaCl)에서 유래한 염화물은 휘발성인 염산(HCl)으로 변해 고체 에어로솔에서 제거될 수 있기 때문이다.

$$2SO_2 + O_2 + 2H_2O \rightarrow 2H_2SO_4 \tag{9.9}$$

$$H_2SO_4 + 2NaCl(\text{미립자}) \rightarrow Na_2SO_4(\text{미립자}) + 2HCl \tag{9.10}$$

황산 이외의 산들도 해염 입자들의 변형에 관여한다. 이러한 가장 흔한 산으로는 대기 중에서 질소 산화물이 반응하여 생성되는 질산이다. 그래서 해염 입자들 중에서 질산염의 흔적을 찾을 수도 있다.

오염된 대기 중에서 나타나는 무기 입자상 물질의 조성에는 염, 산화물, 질소 화합물, 황 화합물, 여러 가지 금속 및 방사성 핵종이 있다. 바닷가 지역에서는 소듐과 염소가 바다 물보라로 생성된 소금 입자로 대기 중으로 유입된다. 입자상 물질에서 농도가 1 $\mu g/m^3$가 넘는 주종 미량 원소로는 알루미늄, 칼슘, 탄소, 철, 포타슘, 소듐 및 실리콘이 있는데, 이들 원소의 대부분은 지각에서 유래한 것들이다.

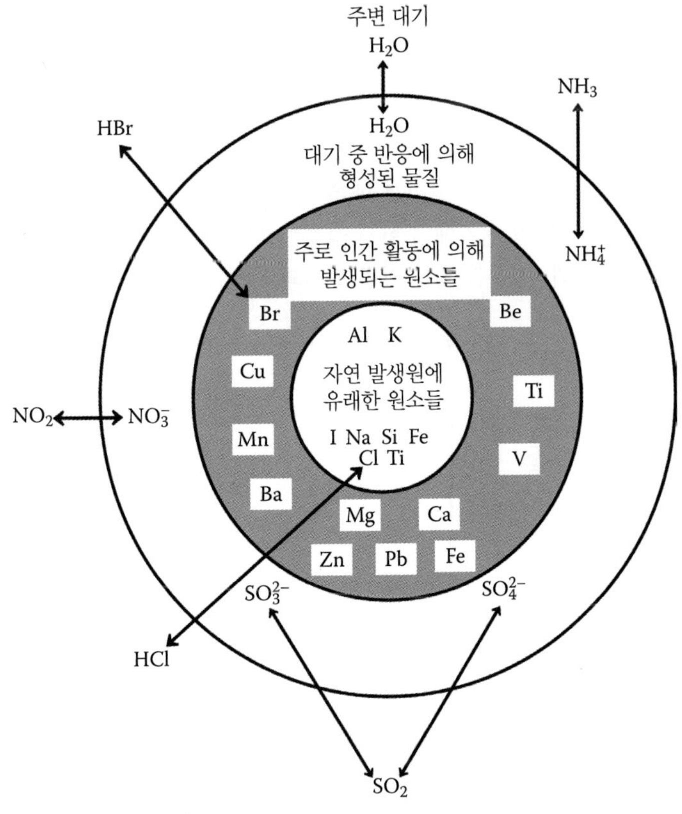

그림 9.4 무기 입자상 물질의 구성 성분과 기원.

이들보다는 적게 포함된 원소로는 구리, 납, 타이타늄, 아연이 있고, 매우 미량 포함된 원소로는 안티모니, 베릴륨, 비스무트, 카드뮴, 코발트, 크로뮴, 세슘, 리튬, 망가니즈, 니켈, 루비듐, 셀레늄, 스트론튬, 바나듐 등이 있다. 이들 원소의 발생원으로는 다음과 같은 것들이 있다.

- Al, Fe, Ca, Si: 토양의 비산, 바위 먼지, 석탄의 연소
- C: 탄소질 연료의 불완전 연소
- Na, Cl: 해양 에어로솔, 유기할로젠 중합체 폐기물이 소각되어 나온 염소
- Sb, Se: 매우 휘발성인 원소, 기름과 석탄의 연소나 폐기물에서 유래
- V: 석유 잔재물의 연소(Venezuelan 산 원유에 많이 포함되어 있음)
- Zn: 작은 입자로 존재하며 연소에 기인
- Pb: 납을 포함한 가연성 연료와 폐기물의 연소

검댕, 카본 블랙, 코크스, 흑연과 같은 입자상 탄소는 자동차나 트럭의 배기가스, 가열로, 소각로, 발전소, 제철소와 주물 공장에서 발생하며, 쉽게 눈에 띄는 입자상 대기 오염 물질 중 한 가지이다. 입자상 탄소는 흡착성이 커서 가스상이나 다른 입자상 오염 물질의 운반 매체로 작용한다. 배기가스 중 질소와 황 화합물은 잘 관리되지 않은 디젤 엔진에서 배출되는 탄소 입자에 흡착된 것들이다. 또 입자상 탄소의 표면은 이산화 황이 황산염으로 변환되는 과정에서 불균일 대기 반응의 촉매로 작용하는 중요한 역할을 한다.

9.5.1 날림 먼지

오염된 대기 중에 존재하는 많은 무기질 입자상 물질들은 고회용점(high-ash) 화석 연료의 연소 중에 생성된 산화물과 기타 화합물의 형태로 되어 있다. 석탄이나 갈탄과 같은 화석 연료 속에 있는 일부분의 무기질은 연소되는 동안에 큰 재로 바뀌어 바닥에 쌓여 날아가지 않으므로 대기 오염 문제를 일으키지 않으며, **날림 먼지(fly ash)** 같은 작은 입자들은 노(furnace)의 연도로 들어가지만 적절한 연도 배기 시스템에서 거의 다 제거된다. 그러나 날림 먼지의 일부는 굴뚝을 빠져나가 대기 중으로 유입된다. 불행하게도 작은 입자로 대기 중에 방출된 날림 먼지는 인체의 건강과 식물 및 가시거리에 심각한 피해를 준다.

날림 먼지의 조성은 사용하는 연료에 따라서 매우 다른데, 주요 구성 성분은 알루미늄, 칼슘, 철과 규소의 산화물들이다. 이외에 날림 먼지에 포함된 성분으로는 마그네슘, 황, 타이타늄, 인, 포타슘, 소듐이 있으며, 탄소 원소(검댕과 카본 블랙)는 날림 먼지의 가장 중요한 성분이다.

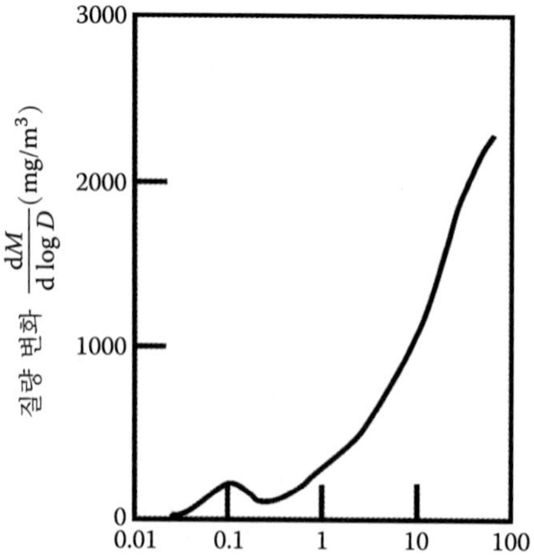

그림 9.5 화력 발전소에서 생성되는 재의 일반적인 입자 크기 분포. 여기서 M은 질량이고, 세로축이 질량 변화로 주어졌으므로 주어진 입자 크기 범위에서 곡선 아래의 면적은 입자의 질량이다.

날림 먼지 입자의 크기는 연도 가스에서 제거되는 효율과 인체의 호흡기 속으로 침투하는 정도를 결정하는 가장 중요한 요소이다. 석탄 보일러에서 배출되는 날림 먼지의 크기 분포는 그림 9.5에서 보는 바와 같이, 0.1 μm에서 봉우리를 갖는 쌍봉(두 개의 봉우리)형 형태를 나타낸다. 작은 입자들이 전체 입자들 중에서 질량비로는 1~2% 정도이지만, 총 개수와 표면적에서는 매우 높은 비율을 차지하고 있다. 마이크로미터 이하의 크기를 갖는 작은 입자는 As, Sb, Hg, Zn과 같은 휘발성 원소들의 농도가 높은 것으로 미루어 보아, 연소되는 동안 휘발–응축 과정을 통해서 생성되는 것으로 생각된다. 더욱이 이들 입자들은 더 호흡성이고 잠재적으로 독성을 가지고 있으며, 전기 집진 장치나 백 필터로도 제거하기가 가장 어려운 크기의 작은 입자들이다(9.12절 참조).

9.5.2 석면

석면(asbestos)은 섬유성 규산염 광물 중에서 특히 꾸불꾸불한 형태의 집단을 총칭하는 것으로 대략적인 구조식은 $Mg_3Fe(Si_2O_5)(OH)_4$이다. 석면은 장력 강도가 강하고 유연하고 불연성이어서 건축재, 브레이크 라이닝, 절연재와 파이프 제조에 많이 사용되어 왔다. 1973년에 미국에서 사용된 석면은 652,000톤으로 최대였으며, 브레이크 라이닝과 패드, 지붕 관련 제품, 구조 물질, 시멘트/석면 관, 개스킷, 단열 포장 물질과 특수한 종이에 사용되었다. 1988년에는 흡인된 석면의 유해 건강 영향이 밝혀져서 연간 사용량이 85,000톤으로 줄어들었다. 1989년에 미국 환경 보호청(U.S. EPA)은 미국 내에서 대부분의 석면을 사용하지 못하게 하는 규제를 공포하였다. 이 규제는 연방법원에서 뒤집혔지만, 석면의 미국 내 사용이 1989년부터 줄어들어 현재는 무시할 정도의 양이 사용되고 있다. 그러나 석면의 국제 사용량은 연간 약 2백만 톤으로 일정한 소비 추세를 보이고 있는데, 중국에서 가장 많이 사용하고 있으며 인도, 러시아, 브라질과 인도네시아가 뒤를 잇고 있다.[8]

석면을 흡입하면 석면폐(asbestosis, 폐렴 상태), 중피종(mesothelioma, 폐에 인접한 흉강 내에 있는 중피 조직의 종양)과 기관지암(폐의 공기 통로에서 발생하는 암)의 원인이 되므로 석면은 유해한 대기 오염 물질 중 하나이다. 그래서 석면의 사용은 엄격하게 규제되고 있으며, 건물에서 석면을 제거하는 작업이 한창 진행 중이다. 그리고 석면 노출이 원인이 된 중피종 피해자에게 상당한 보상금 지급 판정이 내려졌다.

9.6 대기 중 독성 금속

오염된 대기 중에서 인체에 해롭다고 알려진 금속은 주로 입자상 물질로 존재한다.[9] 이들 금속은 베릴륨을 제외하고는 모두 '중금속'이다. 도시 대기 중에서는 납이 가장 염려되는 유해 금속인데, 이는 현재 대기 중 납의 농도가 독성을 나타낼 수준에까지 가장 근접해 있기 때문이며, 그 다음으로 높은 농도를 나타내는 것은 수은이다. 이들 이외의 유해 금속으로는 베릴륨, 카드뮴, 크로뮴, 바나듐, 니켈, 비소(준금속)가 있다.

9.6.1 대기 중 수은

대기 중 수은은 독성이 강하고, 휘발성이 크며, 이동도가 커서 그 피해가 우려되는 금속이다. 대기 중 일부의 수은은 입자상 물질로 유입되고, 대기 중으로 유입된 대부분의 수은은 석탄의 연소나 화산에서 휘발성인 원소 상태의 수은으로 유입된다. 그리고 대기 중에는 다이메틸 수은[$(CH_3)_2Hg$]과 모노메틸 수은염[CH_3HgBr]과 같은 휘발성 유기 수은 화합물도 상당량 존재한다.

9.6.2 대기 중 납

미국 EPA에서는 납을 6가지 주요 오염 물질 중 하나로 관리하고 있다(9.9절 참조). 유연 연료의 소비가 줄고 무연 연료의 사용 증가로 대기 중 납에 대한 염려는 줄어들었다. 그러나 수십 년 동안 사에틸납[$Pb(C_2H_5)_4$]을 첨가한 유연 휘발유가 대부분의 자동차 연료로 사용되어 입자상 할로젠화 납이 대기 중으로 다량 방출되었다. 자동차에서는 엔진 내부에 산화 납이 축적되지 않도록 다이클로로에테인과 다이브로모에테인과 같은 할로젠화된 제거제를 같이 첨가하기 때문에 휘발성 입자상 할로젠화 납($PbCl_2$, PbClBr, $PbBr_2$)이 생성되어 많은 양이 방출된다. 미국에서 유연 휘발유를 가장 많이 사용한 시기였던 1970년대 초기에는 매년 200,000톤의 납이 위와 같은 경로를 거쳐서 대기 중으로 유입되었다.

9.6.3 대기 중 베릴륨

미국에서 베릴륨의 연간 사용량은 270톤에 불과하지만, 미국은 베릴륨을 생산하는 몇 개 안 되는 나라 중 하나이다. 베릴륨은 특수 합금의 재료로 전기 부품, 전기 장치, 우주선의 기어, 원자로 구성품 등으로 사용된다. 많은 양이 생산되는 납 같은 다른 유해 금속들에 비하면, 대기 중으로 방출되는 베릴륨의 양은 매우 작다.

1940년대와 1950년대에 베릴륨과 베릴륨 화합물에 대한 독성이 널리 알려지게 되었는데, 대기 중에 존재하는 모든 원소 중에서 가장 낮은 허용 한계치를 가지고 있다. 독성을 가진 베릴륨 위험물의 주요 발생 경로 중의 하나는 형광등 안에 가시광선과 자외선 영역의 빛을 내도록 피복된 인광 물질에서 나오는 것이다.

9.7 방사성 입자

일부 자연 기원의 대기 입자는 방사성을 띠기도 한다. 그리고 우주선이 대기 중에 존재하는 핵종에 작용하여 ^{7}Be, ^{10}Be, ^{14}C, ^{39}Cl, ^{3}H, ^{22}Na, ^{32}P, ^{33}P와 같은 방사성 핵종을 생성한다. 대기 중에서 중요한 방사성 핵종의 근원은 라듐이 붕괴되어 생성된 비활성 기체인 **라돈(radon)**이다. 라돈은 ^{222}Rn(반감기 3.8일)과 ^{220}Rn(반감기 54.5초)의 두 가지 동위 원소의 형태로 대기 중에 유입된다. 두 가지 모두 붕괴되면서 알파 입자를 방출하여 최종적으로는 안정한 동위 원소인 납으로 된다. 붕괴 과정 중에서 생성되는 최초의 생성물은 ^{218}Po와 ^{216}Po로 기체가 아니며, 대기 중 입자상 물질에 즉각 부착된다.

1986년 대재앙이었던 구 소련연합의 Chernobyl 원자로 노심의 용융과 화재로 인해, 많은 양의 방사성 물질들이 유럽의 넓은 지역에 걸쳐서 뿌려졌다. 이 방사능의 대부분은 입자 형태였다. 2011년에 일본 Fukushima에서 발생한 지진과 쓰나미로 인한 원자로 붕괴 사건으로 대량의 방사성 핵종이 대기 중으로 방출되었는데, Chernobyl 사고에 비하면 훨씬 적은 양이다.

라돈과 관련하여 더욱 염려스러운 것은 되메우기, 토양 첨가제, 건축물의 기초로 사용되는 골재에 포함된 우라늄광 잔재물에서 기인하는 라돈이다. 이러한 골재를 사용하여 만든 구조물과 벽에서 나오는 라듐에 의해서 라돈이 생성된다. 그래서 이러한 골재를 건축물에 많이 사용한 Colorado 주의 Grand Junction 시의 일부 건물에서는 방사선이 정상적인 수준보다 훨씬 더 높게 나타났다. 일부 의학 전문가들은 이 지역의 신생아의 사망률과 암 발생률이 정상적인 수준보다 높은 것이, 주거 건물의 자재로 이러한 골재를 많이 사용한 결과라고 밝히고 있다. 방사성 핵종을 포함한 날림 먼지를 대기 중으로 유입시키는 화석 연료의 연소도 대기 중의 방사성 물질의 농도를 증가시키는 과정 중 하나이다. 날림 먼지를 제거하는 장치가 없는 큰 규모의 석탄 화력 발전소는 같은 규모의 핵 발전소나 기름 화력 발전소보다 훨씬 많은 양인 수백 밀리큐리의 방사성 핵종을 매년 대기 중으로 유입시키고 있다.

비활성 방사성 기체인 크립톤(^{85}Kr, 반감기 10.3년)은 원자로의 작동이나 핵연료 장전 시 대기 중으로 방출된다. 일반적으로 핵반응기에서 생성되는 크립톤 이외의 방사성 핵종은 화학적으로 활성이어서, 반응기에 있는 제거 장치로 제거되거나 반감기가 매우 짧아서 반응기에서 배출되기 전에 다른 물질로 바뀐다. 비록 크립톤(^{85}Kr)이 반응기 작동 동안 사용된 반응기 연료에 대부분 포함되어 있다 하더라도, 핵연료 재생산 과정 동안 대부분의 크립톤 가스는 연료 성분에서 빠져나간다. 다행스럽게도 크립톤은 화학적으로 비활성인 원소이므로 생체에 축적되지 않는다.

지상의 핵실험으로 인해 많은 방사성 입자상 물질이 대기 중으로 유입된다. 핵실험 후 빗물에 포함되어 떨어지는 방사성 핵종으로는 ^{91}Y, ^{141}Ce, ^{144}Ce, ^{147}Nd, ^{147}Pm, ^{149}Pm, ^{151}Sm, ^{153}Sm, ^{155}Eu, ^{156}Eu, ^{89}Sr, ^{90}Sr, ^{115m}Cd, ^{129m}Te, ^{131}I, ^{132}Te, ^{140}Ba 등이 있다(첨자 m은 준안정 상태로 감마선을 방출하고 같은 원소의 동위 원소로 된다). 대기 중에서 이러한 방사성 핵종 입자가 퍼져나가는 정도는 입자 크기에 의해서 좌우된다. 다양한 잔해 성분들이 대기를 통해서 이동하는 속도가 다르기 때문에 분별 가능한 여러 가지 종류의 방사성 핵종이 관찰되는 것이다.

9.8 대기 중 유기 입자

대기 중 에어로솔의 상당한 부분을 구성하고 있는 것은 **유기 탄소(organic carbon)**인데, 많은 부분이 화석 연료(주로 석탄)와 바이오매스의 연소를 통해서 생성된다. 탄소성 입자상 물질은 현재 **브라운 카본(brown carbon)**으로 분류되는데, 이는 자외선부터 적외선 영역까지의 복사선을 균일하게 흡수한다.[10]

브라운 카본은 나무나 다른 형태의 바이오매스를 조리, 난방 및 에너지 사용에 이용하는 인구 밀도가 높은 개발 도상국에서 많이 발생시킨다. 규제되지 않은 산림과 사반나의 방화뿐만 아니라 산림 관리를 위한 방화, 특히 화전으로 인해 많은 양의 브라운 카본이 생성된다. 초목에서 방출되는 터펜과 같은 휘발성 유기 탄소도 브라운 카본에 기여하고 있다.

유기 입자상 물질의 조성은 그 기원을 반영하고 있다. 광화학 스모그(12장 참조)의 특징인 유기 입자와 같은 많은 유기 입자상 물질은 2차 물질로, 대기 중으로 방출된 휘발성과 준휘발성 유기 화합물들이 광화학 과정을 거쳐서 만들어진 것이다. 대기로 배출되는 화합물들은 대부분 자연에서 배출되는 탄화수소이고, 대기 광화학 과정을 통해 산소 또는 질소가 결합하여 덜 휘발성인 유기 입자의 형태로 된다.

대기 중 유기 입자상 물질은 매우 다양한 화합물로 구성되어 있다. 유기 입자의 분석은 여과지 위에 입자를 채취하여 유기 용매로 추출하고, 중성, 염기성, 산성인 물질의 그룹으로 나누어서 각 성분을 크로마토그래피와 질량 분석기로 분석한다. 중성 그룹은 지방족, 방향족 및 산소로 치환된 물질과 같은 탄화수소가 주류를 이루고 있다. 중성 그룹 중 지방족은 주로 16~28개의 탄소 원자를 가진 긴 사슬 탄화수소 포함 비율이 높다. 이러한 물질들은 비교적 반응성이 없는 물질로서 특별한 독성을 가지고 있지 않으며, 대기 화학 반응에도 그다지 관여하시 않는다. 방향족 물질 특히 발암성인 다환 방향족 탄화수소는 별도로 설명하겠다. 알데하이드, 케톤, 에폭사이드, 과산화물, 에스터, 퀴논, 락톤과 같은 화합물들은 산소로 치환된 중성인 성분들 중에서 발견되는데, 이들 중 몇 가지는 변이원성이나 발암성을 가지고 있다. 산성인 물질의 부류에 속하는 것은 가지가 긴 지방산과 비휘발성 페놀류들이다. 로르산, 미리스트산, 팔미트산, 스테아르산, 베헨산, 올레산, 리놀레산 등이 대기 중 입자상 물질 중에 존재하는 산류들이다. 염기성 부류는 아크리딘과 같은 질소를 포함한 N-헤테로 고리 탄화수소가 많은 부분을 차지하고 있다.

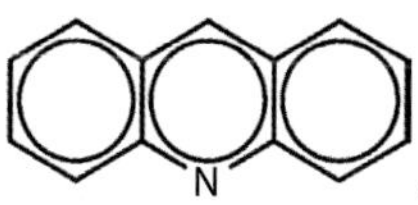

Acridine

9.8.1 다환 방향족 탄화수소

유기 입자 중 가장 우려가 되는 것은 **다환 방향족 탄화수소[Polycyclic Aromatic Hydrocarbons (PAHs)]**로서, 방향족(aryl) 고리 분자들이 합쳐진 형태이다. PAH 화합물의 3가지 예를 그림 9.6에 나

그림 9.6 PAH 화합물들의 예. 가장 주목해야 할 PAH 화합물은 체내 효소에 의해 대사되어 발암성 종이 될 수 있는 벤조(*a*) 피렌이다.

타냈다. 가장 많이 예를 드는 PAH 화합물은 벤조(*a*)피렌인데, 이 화합물은 발암성을 가지고 있다.

PAHs와 그 유도체들은 탄화수소가 불완전 연소되는 동안에 형성된다. 산불과 풀을 태우는 것과 같은 자연적인 연소 과정에서도 PAHs가 생성되지만, 특별히 문제가 되는 PAHs 오염 물질들은 인위적인 과정에서 생성된다.[11] 미국 환경 보호청은 각별한 관심이 필요한 다음의 16종의 PAH 화합물을 특정 PAH 화합물(나프탈렌, 아세나프틸렌, 아세나프텐, 플루오렌, 페난트렌, 안트라센, 플루오란텐, 피렌, 벤조[*a*]안트라센, 크리센, 벤조[*b*]플루오란텐, 벤조[*k*]플루오란텐, 벤조[*a*]피렌, 다이벤조[*a*,*h*]안트라센, 벤조[*ghi*]페릴렌, 인덴올[1,2,3-*cd*]피렌)로 지정하였다.

메테인과 같은 매우 분자량이 낮은 탄화수소들도 **열합성(pyrosynthesis)**을 통해서 다환 방향족 화합물이 된다. 이런 반응은 약 500℃ 이상의 온도에서 산소가 부족한 부분 연소 조건에서 탄소–수소, 탄소–탄소의 결합이 끊어져서 자유 라디칼이 된다. 자유 라디칼들은 탈수소 반응과 화학 결합 과정을 통해서 방향족 고리 구조를 만들게 되며, 방향족 고리 구조는 높은 온도에서도 열분해가 잘 일어나지 않는다. 에테인이 열합성 과정을 통해서 고리 구조를 만드는 기본 과정은 다음과 같으며, 이들은 최종적으로 안정한 PAH 구조를 갖게 된다.

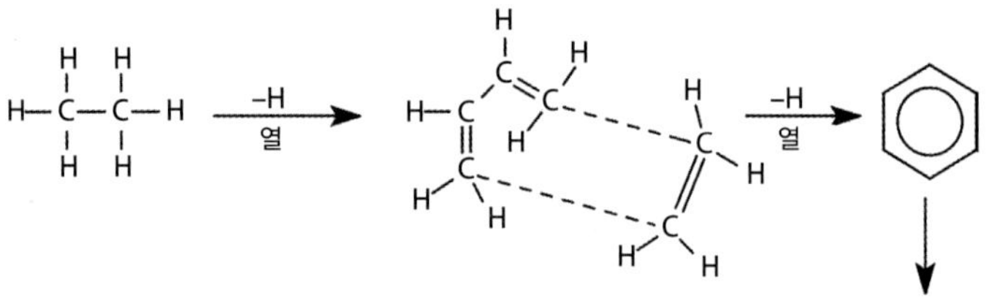

열합성을 통해서 PAHs를 형성하려는 경향은 탄화수소의 종류에 따라 다른데, 일반적인 성향은 방향족 화합물 > 사이클로알켄 > 알켄 > 알케인의 순이다. 방향족 화합물은 고리 구조가 있어 PAH를 형성하려고 하며, 불포화 화합물은 첨가 반응을 통해서 PAH를 형성한다.

다환 방향족 화합물은 **열분해(pyrolysis**, 유기 화합물이 '분해되어' 작고 불안정한 분자나 라디칼을 형성함) 과정을 통해, 연료나 식물 속에 존재하는 고급 알케인으로부터 생성되기도 한다.

대기 중에서 PAH 화합물의 농도가 높은 곳은 약 20 $\mu g/m^3$까지도 나타나며, 이러한 높은 농도를 나타내는 곳은 오염된 도시 대기와 삼림이나 목초지의 불과 같은 자연적인 화재가 발생한 주변 지역에 국한된다. 석탄로의 굴뚝 배출 가스는 1,000 $\mu g/m^3$이 넘는 PAH 화합물을 포함하며, 담배 연기도 거의 100 $\mu g/m^3$ 정도의 PAH 화합물들을 포함하고 있다.

대기 중 다환 방향족 탄화수소는 거의 고체로 존재하며, 대부분 검댕 입자에 흡착되어 있다. 그리고 검댕 자체가 매우 응축된 다환 방향족 탄화수소의 산물이다. 검댕은 1~3%의 수소와 5~10%의 산소를 포함하고 있는데, 산소는 표면의 부분적인 산화에 의한 것이다. 검댕에 흡착된 벤조(*a*)피렌은 빛에 의해서 바로 반응하여 산소로 치환된 생성물로 변해 없어지는데, 이는 검댕의 넓은 표면적이 반응을 촉진시키기 때문이다. 분해 경로는 아래와 같으며, 에폭시화물, 퀴논, 페놀, 알데하이드, 카복실산과 같은 물질들을 생성한다.

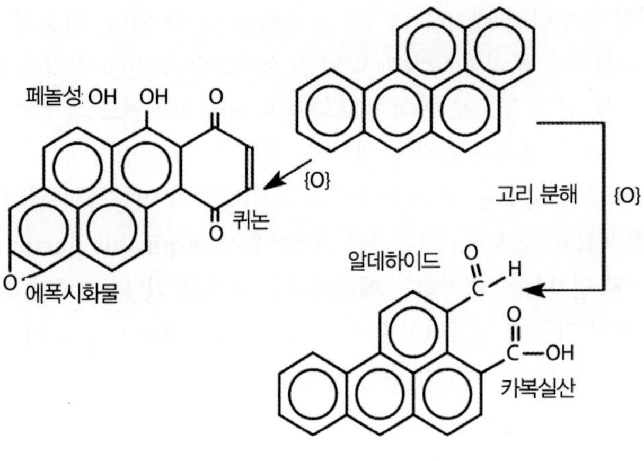

9.8.2 디젤 엔진의 탄소질 입자

디젤 엔진은 상당한 수준의 탄소질 입자를 방출한다. 이들 입자의 주요 부분은 공기 역학적 지름으로 1 μm 이하이지만, 이들 작은 입자들이 수천 개가 응집하여 지름이 30 μm 정도까지 클러스터를 이룬다. 이 입자상 물질은 입자 질량의 40% 정도까지 유기 추출 가능한 탄화수소와 유기 황과 유기 질소 화합물들이 포함된 탄화수소 유도체들로 이루어져 있지만, 주로 탄소 원소로 구성되어 있다. 현대화된 디젤 엔진은 필터를 사용하여 필터 표면의 입자들을 주기적으로 연소시켜 배기 입자를 제거한다.

9.9 입자의 영향

대기 입자는 막대한 영향을 끼친다. 이러한 오염 물질의 영향 때문에, 입자는 미국 환경 보호청에서 기준을 정하여 관리하는 **기준 오염 물질(criteria pollutant)**이라고 불리는 6가지 오염 물질 중 하나이다. (다른 5가지 주요 오염 물질로는 이산화 황, 일산화 탄소, 오존, 이산화 질소, 납이 있다.) 대기 입자상 물질에 관한 기준은 1971년에 EPA에서 처음 발표되었고 1987년, 1997년과 2006년에 개정되었으며, 가장 최근에는 입자 크기가 2.5 μm와 그보다 작은 $PM_{2.5}$가 특별한 주목을 받고 있으며, 2015년도에 $PM_{2.5}$의 기준이 개정되었다.

대기 입자의 가장 명백한 영향은 시정을 악화시키는 것이다. 입자들은 광화학 반응을 포함하여 대기 중 비균일 화학 반응이 일어날 수 있는 활성 표면을 제공하여 대기 오염 현상에 큰 영향을 미친다.[12] 입자들은 수증기가 응축할 때 응결핵으로 작용하여 침적과 기후에 영향을 미친다.[13]

에어로솔 입자가 공기 질에 미치는 가장 눈에 띄는 영향은 입자들의 광학 효과와 지구 대기를 통한 복사 전파에 따른 결과들이다. 이러한 영향들은 크게 두 범주로 분류할 수 있다. 간접적인 영향으로 **구름 알베도 영향(cloud albedo effect)**이 있는데, 입자들이 구름 물방울의 핵으로 작용하여 생성하는 것과 입자들 위에서 얼음 결정을 생성시키는 역할로 인해 수반되는 대기 중 물 기반 입자들의 2차 영향으로 나타난다. 에어로솔 입자들의 **직접적인 영향(direct effect)**은 주로 태양광의 가시광선 영역과 지구 표면에서 복사되어 나가는 적외선 영역의 전자기 복사선을 흡수하고 산란시켜 일어나는 것이다. 이렇게 흡수한 에너지가 대기 물방울이 증발할 수 있게 하여 구름을 넓은 지역으로 흩어지게 한다.

지름이 대략 0.1 μm 이하인 입자는 분자와 같이 Rayleigh 산란(Rayleigh scattering)을 일으키는데, 일반적으로 대기 중에서 이러한 입자들에 의한 산란은 시정에 큰 영향을 미치지 않는다. 지름이 1 μm 이상인 입자에 의한 빛의 산란과 차단 효율은 입자의 단면적에 비례한다. 0.1 μm에서 1 μm 사이의 입자들은 가시광선의 파장과 거의 같은 크기이므로, 이로 인한 간섭 현상과 산란 효과는 매우 중요하다. 이들은 시각적으로 '흰색' 입자들로 보이는데, 이것은 가시광선 영역 스펙트럼 전체에 걸쳐서 고르게 산란된 산란광으로 인한 것이다.

입자는 복사선을 직접 흡수하여 대기를 가열하는 효과를 낼 수 있다. 탄소질 에어로솔이나 '블랙 카본' 같은 입자들은 자외선부터 적외선 영역까지 넓은 스펙트럼 영역에 걸쳐서 복사선을 흡수한다. 이 입자들은 일반적으로 검댕 같은 것으로 화석 연료와 바이오매스의 연소 과정에서 생성된다.

호흡기를 통해 흡입된 대기 입자는 건강을 해칠 수 있으며, 대기 입자에 노출되면 천식악화 및 심장과 폐 질환으로 인한 해 조기 사망을 비롯한 여러 가지 건강상의 영향들과 관련이 있다. 비교적 큰 입자는 코와 후두에서 걸러지고, 2.5 μm보다 작은 **호흡성 입자**(**respirable particle**)들은 폐로 들어가 침적된다. 호흡계는 흡입된 입자들을 제거하는 메커니즘을 가지고 있다. 섬모가 있는 기관지 부분에서는 점액이 분비되어 입자들이 이곳에 침적되어 위장관 입구까지 위쪽으로 운반된다. 섬모가 없는 폐 영역에는 대식 세포가 있어서 입자들을 섬모가 있는 지역으로 운반한다.

폐로 들어온 입자가 혈액이나 림프계로 들어가서 호흡기가 직접적인 피해를 받을 수도 있다. 그리고 폐에 유입된 입자나 입자 중 용해성인 성분은 폐에서 혈액제나 림프계로 이동하여 이들 기관에 해로운 영향을 미칠 수도 있다. 호흡기에서 제거된 입자들 대부분은 위장관으로 들어간다.

일일 사망률의 증가와 심한 공기 오염 사례 간에는 높은 상관관계가 있는 것이 보고되었다. 이러한 경우들을 보면, 입자상 물질의 농도가 높아서 대기 중의 SO_2와 다른 오염 물질들이 입자상 물질에 흡착하여 실제 대기 농도보다 호흡기로 들어가는 오염 물질의 농도가 더 높아져 입자와 함께 건강에 악영향을 미친다.

높은 대기 입자 농도와 관련하여 건강에 악영향을 미친 전형적인 예는 1952년에 5일간 런던에서 일어났던 사건이다. 이때는 기온 역전으로 도시 전체의 공기가 안정되었고, 짙은 안개와 석탄 연기 및 다른 입자들이 연관되어 있었다. 이때의 역학 자료에 의하면 4,000명 이상이 사망하였다고 한다. 이 사건 희생자의 폐와 호흡기 시료를 50년 지난 후 전자 현미경 시험으로 검사한 결과, 호흡기에 걸린 입자들 대부분은 탄소 검댕이었던 것이 밝혀졌다. 입자 중에는 납, 아연과 주석들과 같은 베어링에 사용되는 금속들을 포함하고 있었다. 초미립자와 산성 유발 성분들이 사인으로 강하게 작용하였을 것으로 생각하고 있다.

크기가 2.5 μm 이하인 입자들과 특히 0.1 μm 이하의 것들은 특별히 건강에 악영향을 미치는데, 아마 전 세계적으로 연간 약 3백만 명의 조기 사망을 초래할 수 있다는 보고도 있다.[14] 디젤 엔진에서 배출되는 입자들의 거의 대부분은 2.5 μm 이하로 사람들의 건강에 가장 해로운 크기이다. 이 입자들이 염려되는 것은 잠재적인 발암성을 가지고 있고, 블랙 카본의 함량이 높아 이산화 탄소 이후 지구 온난화에 가장 심각하게 기여할 수 있다는 점들이다.

9.9.1 아시아의 갈색 구름: 기후와 건강 영향

가장 골치 아픈 종류의 입자로 인한 대기 오염 중 하나는 남아프리카, 아마존 분지, 북미, 그리고 가장 두드러지게는 아시아의 넓은 지역을 괴롭히는 **갈색 구름**(**brown cloud**)이다. 갈색 구름은 여러 가지 다양한 종류의 입자, 그을음, 블랙 카본, 광화학 스모그 및 독성 화학 물질, 그리고 바람과 지구 온난화로 인해 경작지 토양이 건조되어 경작 활동으로 인해 교란된 토양으로 구성된다(그림 9.7). 항공기에서 분명하게 보이고 두께가 1.6 km 이상인 아시아의 갈색 구름은 일반적으로 아라비아 반도에서 황해까지 뻗어 있으며, 봄에는 남북한과 일본을 지나 일부 조건에서는 California 해안까지 접근하기도 한다. 갈색 구름은 수백만 명의 폐기관계에 피해를 주는 것 이외에도 지표에 도달하는 태양광을 크게 감소시키며, 아시아의 기상 패턴을 변화시켜 Himalaya 산맥의 빙하가 더 빠르게 녹고, 건기 가뭄의 심각성을 더 가중시키며, 몬순 비의 강도를 증가시키고 있다. 일부 당국은 갈색 구름 구성 성분의 흡입으로 인한 심혈관 및 호흡기 질환으로 매년 중국과 인도에서 300,000명 이상의 조기 사망자가 발생한다고 추정하였다. 갈색 구름에 있는 블랙 카본과 눈 위에 침적되어 온난화 경향이 있는 효과를 가질 수 있지만, 전체적으로 갈색 구름은 지역 기후에 대한 알짜 냉각 효과를 미쳐서 온실 가스의 온난화

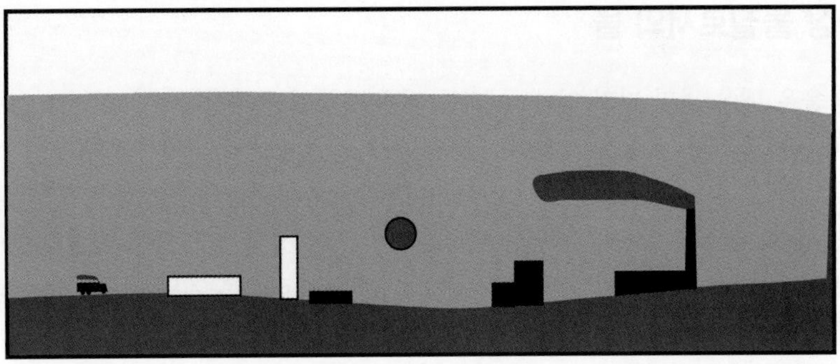

그림 9.7 갈색 구름. 고농도의 입자가 포함된 오염된 공기층을 통해서 볼 때, 빛이 입자들에 의해서 약화되어 태양이 희미한 붉은색 지구본과 같이 보인다. 태양 스펙트럼의 더 짧은 파장(파란색) 부분의 차등 산란 때문이다.

효과를 없애는 경향이 있다.

아시아 갈색 구름의 연구 결과, 바이오매스의 연소로 아시아에서 이러한 현상이 일어나는 데 가장 크게 기여하고 있다고 결론을 내렸다.[15] 나뭇가지, 작물 잔여물 및 기타 바이오매스들이 아시아 일부 지역에서 요리에 널리 사용되며, 일반적으로 많은 양의 입자상 물질이 방출되는 연기가 나는 노천 모닥불을 포함하여 비효율적인 연소 방식을 사용한다. 인도에서는 잘 타지 않는 소똥을 일반적인 조리용 연료로 사용한다. 요리하기 위해 바이오매스를 태우는 조리 시설 주변의 미대기에서 입자가 많은 공기를 직접 흡입하면, 이러한 설비 주변에서 일하는 사람들에게 실질적으로 호흡기 건강에 악영향을 미칠 것이다. 갈색 구름을 배출하는 또 다른 주요 원인은 나무를 껍질을 벗겨 죽인 다음 개간하기 위해 불태우는 화전 농업 관행이다.

9.9.2 준휘발성 유기 물질의 공기와 입자 간의 분배

대기 입자는 PCBs와 같은 준휘발성 유기 화합물의 공기와 입자 간의 분배에 영향을 미친다. 그림 9.8에 나타낸 것과 같이, 입자들은 대기에서 이 화합물들을 표면 위에 침적시켜 다른 환경 권역으로 이동시키는 운반체로 작용한다. 입자와의 결합으로 인해 특히 산화의 측면에서 유기 화합물들의 반응성에 영향을 미칠 수 있다.

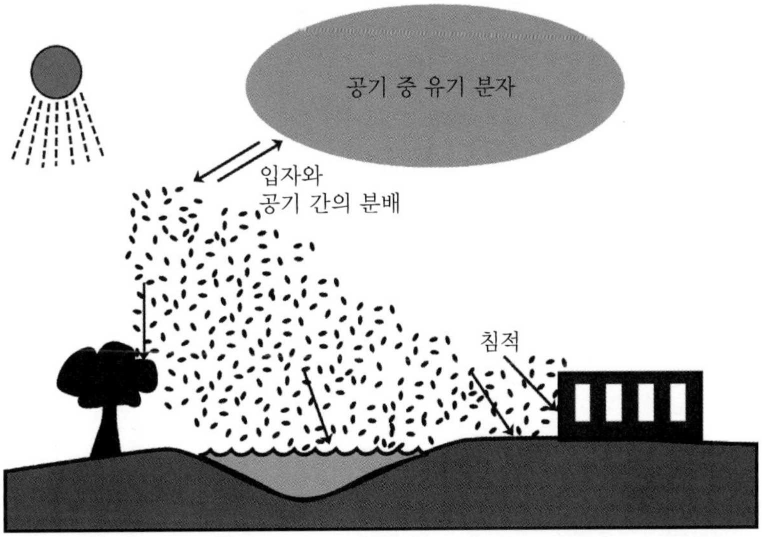

그림 9.8 대기 중 준휘발성 유기 화합물은 공기와 입자 사이에서 분배되다가, 결국은 유기 화합물로서 식물, 수면, 토양과 인공 건조물 위로 침적된다.

9.10 입자상 물질로서의 물

대기 중에 물방울은 매우 널리 퍼져 있다. 이러한 것은 자연적인 현상이지만 이러한 물방울들은 중요하며, 때에 따라서는 해로운 영향을 끼칠 수 있다. 대기 중 물방울에 의해서 발생하는 가장 중요한 것은 시정을 감소시켜 운전, 비행, 항해에 악영향을 미치는 것이다. 안개 물방울은 오염 물질의 운반 매개체 역할을 한다. 특히 질산 암모늄과 황산 암모늄 같은 부식성인 염과 강한 산들의 용액을 운반하는 것이다. 산성 미스트 방울에 포함된 물의 pH는 2.0 이하로 내려갈 수 있는데, 이는 산성 강수보다 훨씬 낮은 것이다. 이러한 산성 미스트는 잘 침투하므로 특히 호흡기에 치명적인 손상을 줄 수 있다.

또 다른 대기 중 물방울의 중요한 역할은 중요한 대기 화학 반응이 일어날 수 있게 수용액 매체로서 작용하는 것이다. 이와 관련된 가장 중요한 과정은 S(IV)가 황산이나 황산염으로 산화되는 것으로 철이 이 과정의 촉매로 작용한다. 산화되는 S(IV) 화학종으로는 $SO_2(aq)$, HSO_3^-, SO_3^{2-} 등이다. 그리고 대기 중의 물방울 속에서 일어나는 산화 반응으로 알데하이드가 카복실산으로 산화되는 것도 중요하다.

앞에서 언급한 것과 같이, 하이드록실 라디칼(HO•)은 대기 산화 반응이 개시되게 하는 데 매우 중요하다. 물방울 속의 HO• 라디칼은 대기 중 기체상 HO•가 물방울 속으로 녹아들어 간 것도 있고, 물방울 속에서 광화학적으로 생성될 수도 있으며, 기체상 HO•가 물방울로 녹아들어 가서 H_2O_2나 $\bullet O_2^-$ 라디칼 이온을 생성하여 아래와 같은 반응을 통해서 생성된 것도 있다.

$$H_2O_2 + \bullet O_2^- \rightarrow HO\bullet + O_2 + OH^- \tag{9.11}$$

몇 가지 물질들은 기체상에서와는 반대로 수용액 중에서 광화학적으로 하이드록실 라디칼을 생성한다. 그중 한 가지는 과산화 수소이다.

$$H_2O_2(aq) + h\nu \rightarrow 2HO\bullet(aq) \tag{9.12}$$

NO_2^-나 HNO_2와 같은 아질산, 질산염(NO_3^-) 및 $Fe(OH)^{2+}$ 같은 철(III)들도 수용액 중에서 광화학적으로 HO•를 생성한다.

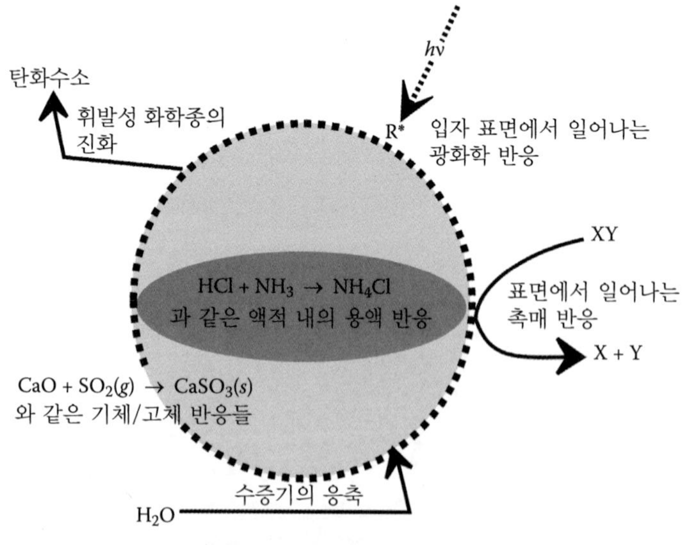

그림 9.9 입자들이 다수의 중요한 대기 화학 과정들이 일어나는 장소를 제공한다.

9.11 입자들이 관여된 대기 화학 반응

입자 표면과 액상 입자의 용액 안에서 일어나는 비균일 화학 과정들이 대기 화학에서 중요하며, 기상(gas phase) 대기 화학보다 더 복잡하고 어렵다(그림 9.9). 입자는 대기 화학 반응 참여 종의 원천이기도 하고 제거하기도 한다. 고체 입자 표면은 반응물들과 생성물들을 흡착하고, 촉매 작용을 하며, 전기 전하를 교환하고, 전자기 복사의 광자를 흡수하여 광촉매 표면으로 작용할 수 있다. 액체 물방울과 유기 에어로솔 입자는 용액에서 일어나는 광화학 반응을 비롯한 용액 반응의 매개체로 작용한다.[16]

입자 표면에서 일어나는 반응들은 대기 입자상 물질의 변동성과, 대기 중 입자들의 부유 상태, 입자의 표면에 수증기 및 물이 응축된 영향들을 같은 조건을 재연하는 것이 근본적으로 불가능하기 때문에 연구하기가 매우 어렵다. 반응 거점으로 작용하는 중요한 고체 입자로는 검댕과 원소 탄소, 산화물, 탄산염, 실리카 및 광물 먼지들이 있다. 입자들은 액체 에어로솔이거나, 건조한 고체이거나, 조해성 표면을 가진 고체일 수 있다. 이들은 지름 범위, 표면적 및 화학 조성이 다양하다. 입자 표면에서 일어날 수 있는 화학 반응 과정들로서는 N_2O_5의 가수 분해, 표면 산화에 의해 일어나는 검댕 입자의 표면 숙성, 검댕과 실리카 입자 표면에서의 질소 산화물과 수증기의 반응에 의한 HONO(HO•의 전구 물질)의 생성, HO•와 입자 표면에 수착된 비휘발성 화학종과의 반응, 미립자 산화물 및 광물 먼지 위에서 아세톤과 같은 카보닐 화합물의 흡수와 반응, 그리고 대기 화학종의 체류 시간에 영향을 미치는 입자들이 관여하는 과정들이 있다.

입자 표면에서 일어나는 화학 과정 중 흥미로운 예는, 해수 분무 액적으로부터 물이 증발하여 생성된 소금 입자의 표면에 황산염이 축적되는 것이다. 이 현상은 부분적으로 조해성(습한) 소금과 하이드록실 라디칼의 반응으로 시작되는 과정의 결과로 일어난다.

$$2NaCl + 2HO\bullet \rightarrow 2NaOH + Cl_2 \tag{9.13}$$

표면에 있는 Cl_2의 일부는 NaOH와 반응하여,

$$Cl_2 + 2NaOH \rightarrow NaOCl + NaCl + H_2O \tag{9.14}$$

입자 표면에서 관찰되는 과염소산 소듐을 생성하고, 표면 위의 NaOH는 대기 중 황산과 반응하여, 황산 소듐을 생성한다.

$$2NaOH + H_2SO_4 \rightarrow Na_2SO_4 + H_2O \tag{9.15}$$

표면 위에 있는 염기성인 NaOH는 대기 중 SO_2의 산화를 촉진시킨다.

$$SO_2 + 2NaOH + \tfrac{1}{2}O_2 \rightarrow Na_2SO_4 + H_2O \tag{9.16}$$

전체 반응의 결과는 대기 중 이산화 황의 산화가 촉진되고, 소금 미립자가 상당량의 황산 소듐을 함유하게 되는 것이다.

9.12 입자의 제어 기술

가스 흐름에서 입자상 물질을 제거하는 것은 가장 널리 사용되는 대기 오염 제어의 수단이며, 거슬러 올라가면 1940년대 및 그 이전의 철강 공장과 같은 산업 배출원에 처음으로 적용되었다. 여러 가지 입자 제거 장치가 개발되어 있지만, 제거 효율, 장치의 구조, 단가 등이 모두 다르다. 배연 기체 중의 입자 제거 장치는 입자의 부하량, 입자의 성질(크기 분포), 사용하고 있는 기체 세정기의 종류에 따라 적절한 것을 선택해야 한다.

9.12.1 침강과 관성을 이용한 입자 제거

입자상 물질을 제거하는 가장 간단한 방법은 자연에서 일어나고 있는 현상인 **침강(sedimentation)**이다. 중력 침강실은 단순히 중력에 의해서 입자가 기류로부터 침강되도록 설치한 공간인데, 침강실이 공간을 많이 차지하고 작은 입자들의 제거 효율은 낮다.

중력 침강은 입자들이 자발적인 정전기적 응집에 의해 입자의 크기를 크게 하여 제거하는 방법이다. 그래서 시간이 지남에 따라 공기 중에 포함된 입자의 크기는 커지고 입자의 개수는 감소하게 된다. 약 0.1 μm 이하인 입자는 Brown 운동을 통해서 서로 충돌하므로 정전기적으로 응집되어 제거된다. 그리고 반지름이 0.3 μm 이상인 입자들은 확산이 잘 일어나지 않으므로 작은 입자들이 이들 입자에 확산되어 와 응집되어 제거된다.

관성 메커니즘(inertial mechanism)을 이용하면 입자를 효과적으로 제거할 수 있다. 관성력은 빠르게 움직이는 휘어진 공기의 흐름에서 입자의 경로 반지름이 이 전체 공기 흐름의 경로보다 더 크다는 것이다. 따라서 공기의 흐름을 날개나 팬 또는 접선 입구를 이용하여 회전시키면, 입자상 물질은 원심력에 의해서 바깥으로 나가려고 하기 때문에 입자들이 분별기에 모이게 된다. 이러한 원리를 이용한 입자 제거 장치를 **건식 원심 집진기[dry centrifugal collector**, 싸이클론(cyclon)]라고 한다.

9.12.2 입자의 여과

고효율 미립자 공기(HEPA) 필터는 크기가 0.3 μm 이상인 입자를 99.97% 제거한다. **여과포(fabric filter)**는 이름에서 나타나는 것과 같이, 가스는 통과시키고 입자들은 통과시키지 않는 직물로 구성되어 있다. 이 방법은 **백체진실**(baghouse)이라고 불리는 집진기 안에 장착된 직물 여과포를 이용하여 입자를 제거한다. 그리고 필터를 구성하는 직물의 표면에 채취된 입자를 주기적으로 흔들어 제거하여, 배압(back pressure)을 적당한 수준으로 낮춰 준다. 일반적으로 여과포는 그림 9.10과 같이 관 모양이다. 여과포는 수많은 다른 구성이 가능하다. 채취된 입자는 여과포를 기계적으로 흔들거나, 직물 위로 공기를 불어넣거나, 여과포를 빨리 팽창시키거나 수축시켜 제거한다.

단순한 구조이지만, 백체진실은 배기가스 중에 있는 입자들을 효과적으로 제거할 수 있다. 지금 0.01 μm 정도의 작은 입자들까지도 제거할 수 있으며, 0.5 μm 크기의 입자까지는 비교적 높은 제거 효율을 나타낸다. 기계적으로 튼튼하고 열에 강한 직물들의 발전에 힘입어, 이러한 직물로 만들어진 여과포들이 백체진실에 설치되어 입자 배출 관리를 더 효과적으로 잘 할 수 있게 되었다.

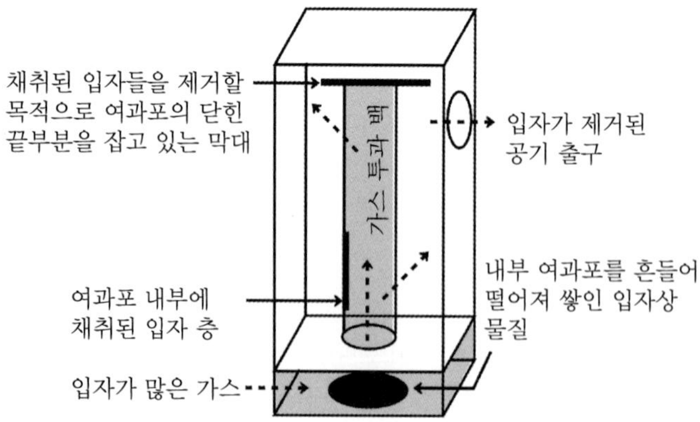

그림 9.10 가스 흐름으로부터 입자상 물질을 제거하기 위한 백체진실의 단일 여과포 단위의 모식도. 입자가 많은 가스는 회색 음영으로 표시되어 있고, 가스의 흐름은 점선으로 표시하였다. 여과포는 판에 있는 구멍에 장착되어 입자를 많이 포함한 가스가 원통형 여과포의 내부를 통해 위로 밀려 나와 여과포 벽면을 통해 여과된 다음, 여과된 가스로 흘러 나간다. 입자상 물질은 여과포 내부에 축적된다. 주기적으로 여과포를 통과하는 가스의 흐름을 멈추고 여과포의 상단을 부양하는 막대를 흔들어서 여과포 벽면에 채취된 입자상 물질을 장치의 바닥으로 제거한다.

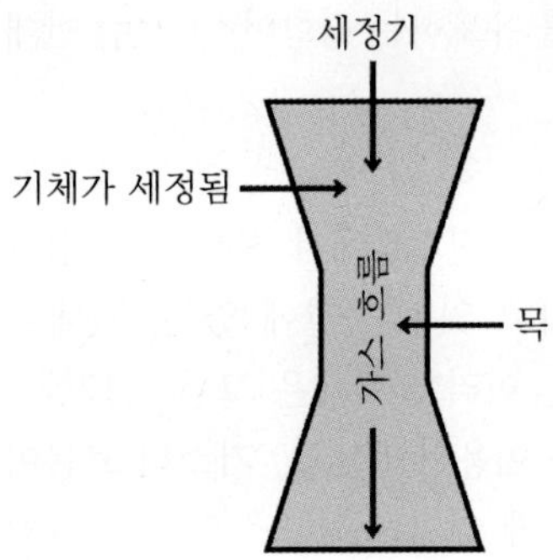

그림 9.11 벤투리 세정기.

디젤 엔진, 특히 대형 트럭과 버스의 디젤 엔진은 도시 지역과 고속 도로에서 입자상 물질의 주요 배출원이다. 배기가스 미립자 필터는 1970년대 후반에 디젤 구동 고속 도로 차량용으로 개발되었지만, 엔진 설계와 제어 기술의 진보로 인하여 이 장치는 수년 만에 불필요한 장치로 전락하였다. 그 후에 디젤 입자상 물질의 건강에 관한 영향이 의심됨에 따라, 디젤 입자 필터에 관한 관심이 증가하였다. 세라믹 필터에 디젤 입자를 거르고, 이어지는 사이클에서 필터 위에 걸러진 입자들을 태워서 없애버리는 것과 같은 디젤 입자 제어 장치는 이제 장치와 효율 면에서 높은 수준에 올라 있다. 연비가 높은 디젤 엔진의 매력으로 인해 이제 디젤 엔진 탑재 자동차에서 디젤 입자 여과기는 일반적인 장비가 되었다.

9.12.3 세정기

벤투리 세정기(venturi scrubber)는 그림 9.11에서 보는 바와 같이 가스가 수렴부, 목 부분, 확산부를 거쳐 통과해 간다. 세정액은 가스가 들어오는 목 부분의 오른쪽에서 주입되어 매우 작은 액적으로 되는데, 이렇게 하는 것이 가스 흐름에서 입자를 제거하는 이상적인 방법이다. 벤투리의 감압 부분(팽창하고, 따라서 냉각됨)에서는 일반적으로 고온인 배기가스에서 초기에 증발되었던 액체의 증기 일부가 응축되어 세정 효율을 높인다. 벤투리관은 입자를 제거하는 동시에 배기가스를 냉각시키는 냉각기 역할과 유해 가스를 세정하는 역할도 한다.

이온화 습식 세정기(ionizing wet scrubber)는 습식 세정기의 상부 입자 흐름에 전하를 가하게 한 것이다. 큰 입자나 일부 가스상 오염 물질은 세정 작용으로 제거된다. 작은 입자는 세정기와 세정기 내 충

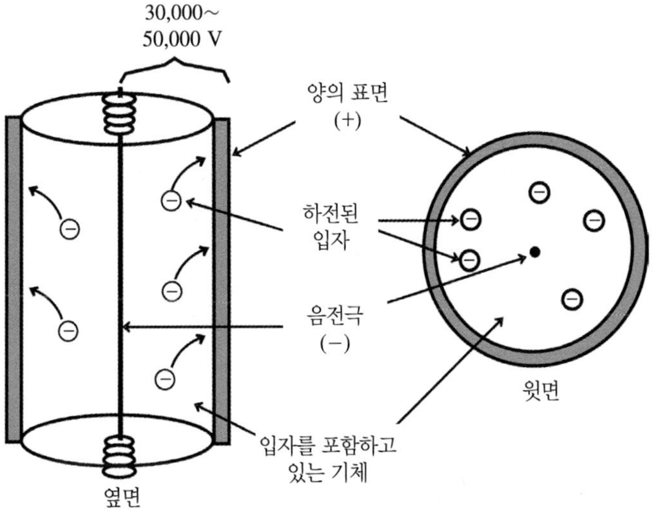

그림 9.12 전기 집진기의 모식도.

전물에 있는 물방울에서 반대 전하를 유도하는 경향이 있으며, 반대 전하의 인력에 의해 제거된다.

9.12.4 정전기적 제거

에어로솔 입자는 전하를 띤다. 그래서 전기장에서 전하를 띤 입자는 Eq에 의해 주어지는 힘 F를 받는다. 여기에서 E는 입자가 부유하고 있는 공간에 있는, 반대로 대전된 전극들 간의 전압 구배이고, q는 입자의 정전기적 전하이다. 이러한 현상은 그림 9.12에 나타낸 것 같이, 고효율 **전기 집진기**(**electrostatic precipitator**)에 널리 이용되고 있다. 가스의 흐름이 고전압이나 직류 코로나를 통과할 때 입자들은 전하를 얻게 된다. 이렇게 얻어진 전하로 인해, 입자들은 접지면으로 끌리게 되어 제거된다. 코로나 방전은 오존을 발생시킬 수도 있다.

참고문헌

1. NASA Earth Observatory, "Wildfire Smoke Shrouds the U.S. West," 2020, https://earthobservatory.nasa.gov/.
2. Brahney, Janice, Margaret Hallerud, Eric Heim, Maura Hahnenberger, and Suja Sukumaran, "Plastic Rain in Protected Areas of the United States," *Science*, **368**(6496), 1257–1260, 2020.
3. Petroff, Alexandre, Alain Mailliat, Muriel Amielh, and Fabien Anselmet, "Aerosol Dry Deposition on Vegetative Canopies. Part I: Review of Present Knowledge," *Atmospheric Environment*, **42**, 3625–3653, 2008.
4. Pósfai, Mihály, and Ágnes Molnár, "Atmospheric Aerosol Particles: A Mineralogical Introduction," Chapter 6, in *Environmental Mineralogy II*, D. J., Vaughan, and R. A. Wogelius, Eds., European Mineralogical Union, Cambrian Press, Aberystwyth, 2013.
5. Liu, Tengyu, Simon L. Clegg, and Jonathan P. D. Abbatt, "Fast Oxidation of Sulfur Dioxide by Hydrogen Peroxide in Deliquesced Aerosol Particles," *Proceedings of the National Academy of Sciences (USA)*, **117**(3), 1354–1359, 2020.
6. See pulmonary route of exposure to toxicants in Stanley Manahan, *Toxicology: A Brief Introduction to Fundamentals, Chemistry, and Biochemistry*, ChemChar/Amazon Kindle, 2013.
7. Smithsonian Institution Global Volcanism Program, https://volcano.si.edu/volcano.cfm?vn=252120.
8. Furuya, Sugio, Odgerel Chimed-Ochir, Ken Takahashi, Annette David, and Jukka Takala, "Global Asbestos Disaster," *International Journal of Environmental Research and Public Health*, **15**(5), published online May 16, 2018, https://www.ncbi.nlm.nih.gov/pmc/articles/PMC5982039/.
9. Popoola, L. T., S. A. Adebanjo, and B. K. Adeoye, "Assessment of Atmospheric Particulate Matter and Heavy Metals: A Critical Review," *International Journal of Environmental Science and Technology*, **15**(5), 935–948, 2018.
10. Andersson, August, et al., "Photochemical Degradation Affects the Light Absorption of Water-Soluble Brown Carbon in the South Asian Outflow," *Science Advances* (American Association for the Advancement of Science), **5**(1), 2019, https://doi.org/10.1126/sciadv.aau8066.
11. Ravindra, Khaiwal, Ranjeet Sokhi, and Rene Van Grieken, "Atmospheric Polycyclic Aromatic Hydrocarbons: Source Attribution, Emission Factors and Regulation," *Atmospheric Environment*, **42**, 2895–2921, 2008.
12. George, Christian, Markus Ammann, Barbara D'Anna, D. J. Donaldson, and Sergey A. Nizkorodov, "Heterogeneous Photochemistry in the Atmosphere," *Chemical Reviews*, **115**, 4218–4258, 2015.
13. Rosenfeld, Daniel, Ulrike Lohmann, Graciela B. Raga, Colin D. O'Dowd, Markku Kulmala, Sandro Fuzzi, Anni Reissell, and Meinrat O. Andreae, "Flood or Drought: How Do Aerosols Affect Precipitation?," *Science*, **321**, 1309–1313, 2008.

14. Dawson, Kate Winkler, *Death in the Air: The True Story of a Serial Killer, the Great London Smog, and the Strangling of a City*, Hachette Books, New York, NY, 2017.
15. Liepert, B. G., and A. Giannini, "Global Warming, the Atmospheric Brown Cloud, and the Changing Indian Summer Monsoon," *Bulletin of the Atomic Scientists*, **71**(4), July 2015.
16. George, Christian, Markus Ammann, Barbara D'Anna, D. J. Donaldson, and Sergey A. Nizkorodov, "Heterogeneous Photochemistry in the Atmosphere," *Chemical Reviews*, **115**, 4218–4258, 2015.

보충자료

Akimoto, Hajime, and Jun Hirokawa, *Atmospheric Multiphase Chemistry: Fundamentals of Secondary Aerosol Formation*, Wiley-Blackwell, Hoboken, NJ, 2020.

Austin, Jill, Peter Brimblecombe, and William Sturges, Eds., *Air Pollution Science for the 2lst Century*, Elsevier Science, New York, NY, 2002.

Balduino, Sergio P., Ed., *Progress in Air Pollution Research*, Nova Science Publishers, New York, NY, 2007.

Barker, John. R., "A Brief Introduction to Atmospheric Chemistry," *Advances Series in Physical Chemistry*, **3**, 1–33, 1995.

Baron, P. A., and K. Willeke, Eds., *Aerosol Measurements*, John Wiley, New York, NY, 2001.

Colbeck, Ian, Ed., *Environmental Chemistry of Aerosols*, Blackwell Publishing, Oxford, 2008.

Colbeck, Ian, and Corinne Whitby, "Biological Particles in the Indoor Environment," *Issues in Environmental Science and Technology*, **48**, 127–157, 2019.

Colls, Jeremy, and Abhishek Tiwary, *Air Pollution: Measurement, Modelling, and Mitigation*, 3rd ed., Routledge, London, 2010.

Cooper, C. David, and F. C. Alley, *Air Pollution Control: A Design Approach*, 4th ed., Waveland Press, Long Grove, IL, 2010.

De Nevers, Noel, *Air Pollution Control Engineering*, 2nd ed., Waveland Press, Long Grove, IL, 2010.

Donaldson, Ken, and Paul Borm, Eds., Particle Toxicology, Taylor & Francis/CRC Press, Boca Raton, FL, 2007.

Gates, Bill, *How to Avoid a Climate Disaster: The Solutions We Have and the Breakthroughs We Need*, Knopf, New York, NY, 2021.

Gustafson, Örjan, Martin Krusa, Zdenek Zencak, Rebecca J. Sheesley, Lennart Granat, Erik Engström, P. S. P. Rao, Caroline Leck, and Henning Rodhe, "Brown Clouds over South Asia: Biomass or Fossil Fuel Combustion?," *Science*, **323**, 495–498, 2009.

Jahren, Hope, *The Story of More: How We Got to Climate Change and Where to Go from Here*, Vintage, New York, NY, 2020.

Hewitt, C. N., and Andrea Jackson, Eds., *Atmospheric Science for Environmental Scientists*, Wiley-Blackwell, Hoboken, NJ, 2009.

Hewitt, Nick, and Andrea Jackson, Eds., *Handbook of Atmospheric Science, Blackwell Publishing*, Malden, MA, 2003.

Hobbs, Peter V., *Introduction to Atmospheric Chemistry*, Cambridge University Press, New York, NY, 2000.

Jacob, Daniel J., *Introduction to Atmospheric Chemistry*, Princeton University Press, Princeton, NJ, 1999.

Johnson, Amanda L., Michael J. Abramson, Martine Dennekamp, Grant J. Williamson, and Yuming Guo, "Particulate Matter Modelling Techniques for Epidemiological Studies of Open Biomass Fire Smoke Exposure: a Review," *Air Quality, Atmosphere & Health*, **13**(1), 35–75, 2020.

Kidd, J. S., and Renee A. Kidd, *Air Pollution: Problems and Solutions*, Chelsea House, New York, NY, 2006.

Klyta, Justyna, and Marianna Czaplicka, "Determination of Secondary Organic Aerosol in Particulate Matter—Short Review," *Microchemical Journal*, **157**, 104997, Online computer file, 2020.

Kulkarni, Pramod, Paul A. Baron, and Klaus Willeke, *Aerosol Measurement: Principles, Techniques, and Applications*, 3rd ed., Wiley, Hoboken, NJ, 2011.

Lewis, Ernie R., and Stephen E. Schwartz, *Sea Salt Aerosol Production: Mechanisms, Methods, Measurements and Models: A Critical Review*, American Geophysical Union, Washington, DC, 2004.

Parshintsev, Jevgeni, Kari Hartonen, Marja-Liisa Riekkola, and Salvatore Fanali, "Environmental Analysis: Atmospheric Samples," *Liquid Chromatography*," 769–798, 2017.

Ramachandran, S., *Atmospheric Aerosols: Characteristics and Radiative Effects*, CRC Press, Boca Raton, FL, 2018.

Ruzer, Lev S., and Naomi H. Harley, *Aerosols Handbook: Measurement, Dosimetry, and Health Effects*, 2nd ed., CRC Press, Boca Raton, FL, 2012.

Seinfeld, John H., and Spyros N. Pandis, *Atmospheric Chemistry and Physics: From Air Pollution to Climate Change*, 3rd ed., Wiley, Hoboken, NJ, 2016.

Ramachandra, T. V., and S. P. Mahajan, *Air Pollution Control*, Tata Energy Research Institute, New Delhi, 2011.

Schnelle, Karl B., Mary Ellen Ternes, and Russell F. Dunn, *Air Pollution Control Technology Handbook*, 2nd ed., CRC Press, Boca Raton, FL, 2015.

Seinfeld, John H., and Spyros N. Pandis, *Atmospheric Chemistry and Physics: From Air Pollution to Climate Change*, 3rd ed., Wiley, Hoboken, NJ, 2016.

Sokhi, Ranjeet S., Ed., *World Atlas of Atmospheric Pollution*, Anthem Press, New York, NY, 2007.

Spellman, Frank R., *The Science of Air: Concepts and Applications*, 2nd ed., Taylor & Francis, Boca Raton, FL, 2009.

Vallero, Daniel A., *Fundamentals of Air Pollution*, 5th ed., Elsevier, Amsterdam, 2014.

Walsh, Michael Patrick, "PM2.5: Global Progress in Controlling the Motor Vehicle Contribution," *Frontiers in Environmental Science Engineering*, **8**, 1–17, 2014.

연습문제

모든 문제들을 답하기 위해서는 인터넷을 활용해야 할 것이다. 특히 일반적인 정보나 통계, 상숫값, 수식들은 인터넷에서 찾아서 사용하시오. 질문들은 교재 안에 있는 내용을 단순하게 찾아서 쓰는 것보다 호기심과 사고력을 증진시키기 위한 것이다. 그래서 어떤 경우에는 여러 가지 '정답'이 있을 수 있다. 그러므로 만약 자신의 이지적인 사고를 통한 노력과 다양한 문헌으로부터 찾은 정보를 바탕으로 작성한 답은 '정답'으로 간주한다.

1. 2006년에 미국 EPA에서 PM2.5의 허용 수준을 35 μg/m^3 낮추었다. 모든 입자의 지름이 2.5 μm이고 밀도가 정확히 1 g/cm^{3}라고 가정하면, 1 입방미터 안에는 몇 개의 입자가 들어 있는가?
2. 지름이 0.1 μm 이하인 작은 대전 입자의 경우, 평균 전하는 4.77×10^{-10} esu로 모든 입자가 대전되어 있다고 간주하고 있다. 지름이 0.1 μm인 하전된 구형 입자의 표면 전하는 몇 esu/cm^{2}인가?
3. 0°C, 1.00 atm의 공기에서 밀도 1 g/cm^3, stokes 지름 10 μm인 입자의 침강 속도는 얼마인가? (0°C에서 공기의 점성도는 170.8 micropoises(μP)이고, 이 조건에서 공기의 밀도는 1.29 g/L이다.)
4. 무수 NH_3 탱크와 진한 염산 탱크를 실은 화물 열차가 전복되어 두 탱크에서 내용물이 흘러 나왔다. 그런데 두 탱크 사이에서 하얀 에어로솔이 생성되었다. 생성된 에어로솔은 무엇이며, 어떻게 만들어졌는가?
5. 용접 공정에서 생성되는 에어로솔 연기 입자를 측정한 결과, 입자의 2%는 지름이 7 μm보다 크고 2%는 0.5 μm보다 작았다. 이들 입자의 질량 중간 지름(MMD)은 얼마인가?
6. 대기 중에서 발견되는 수은의 두 가지 기체상 형태는 무엇인가?
7. 해안 근처의 대기에서 채취한 입자들을 분석한 결과, 몰(molar)비로 비교해 보면 Cl보다 Na가 상당히 많이 존재한다. 이것은 무엇을 의미하는 것인가?
8. 매우 작은 에어로솔 입자는 어떤 과정을 통해서 형성되는가?

9. 대기 중에 있는 대부분의 입자상 물질의 크기는 어떤 범위에 있는가?
10. 크기가 0.1~1.0 μm 범위인 에어로솔이 왜 빛을 산란시키는 데 특히 효과적인가?
11. 단위 질량당, 조그마한 입자가 대기 화학 반응에서 더 효과적인 촉매 역할을 하는 이유는 무엇인가?
12. 발생원으로 볼 때, 대기 입자에서 발견되는 원소들의 3가지 큰 부류는 무엇인가?
13. 대기 중 에어로솔 입자를 구성하는 물질의 다섯 가지 주요 부류는 무엇인가?
14. 석탄 화력 발전소에서 배출되는 입자의 크기 분포는 쌍봉형(bimodal)이다. 작은 입자 부분이 환경학적으로 가지고 있는 성질은 무엇인가?
15. 대기 입자들에 관한 설명 중 틀린 것은?
    a. 큰 물질이 갈려 생긴 분산 에어로솔 입자는 일반적으로 비교적 크다.
    b. 매우 작은 입자들은 산성인 경향이 있으며, 주로 가스들이 기원이다.
    c. 입자 중 Al, Fe, Ca와 Si는 주로 토양의 침식에 의해서 생긴다.
    d. 발암성인 PAHs는 산소가 부족한 상태에서 포화 탄화수소가 합성되어 만들어진다.
    e. 큰 입자는 많은 물질들을 포함하고 있기 때문에 더욱 해롭다.
16. 다음의 화학종 중에서 고체상이나 액체상 대기 입자상 물질들의 성분으로 가장 합당하지 않은 것은?
    a. C
    b. O_3
    c. H_2SO_4
    d. NaCl
    e. benzo(*a*)pyrene
17. 다음의 분산 에어로솔의 특징이 아닌 것은?
    a. 대부분 쉽게 폐포까지 침투한다.
    b. 보통 크기가 1 μm 이상이다.
    c. 대기 중에서 제거되기 쉽다.
    d. 일반적으로 호흡기로 잘 들어가지 않는다.
    e. 큰 물질(큰 입자)들이 갈아지거나 쪼개져서 생긴다.
18. 왼쪽에 나타낸 입자상 물질의 성분과 오른쪽에 나타낸 가장 적합한 발생원을 옳게 연결하시오.

(a) Si	(1) 자연적 발생원, 토양 침식
(b) PAH	(2) 탄화수소의 불완전 연소
(c) SO_4^{2-}	(3) 많은 부분이 인간들의 활동에 의해 유입됨
(d) Pb	(4) 대기 중 가스의 반응

19. 다음 중 염합성에 의해서 생성되는 것으로 가장 합당한 것은?
    a. 황산염 입자
    b. 암모늄 입자
    c. 황산 미스트
    d. PAHs
    e. 스모그 중 오존
20. 왼쪽에 나타낸 각 입자의 성분과 오른쪽에 나타낸 가장 적합한 발생원을 옳게 연결하시오.

(a) Si	(1) 주변 대기 중 가스들로부터
(b) V	(2) 자연 발생원으로부터
(c) benzo(*a*)pyrene	(3) 특정 종류의 연료유의 연소
(d) 황산 액적	(4) 불완전 연소로부터

10 기체상 무기 오염 물질

10.1 무기 가스 오염 물질

인간의 활동에 의해 생성되는 많은 기체상 무기 오염 물질들이 대기 중으로 유입된다.[1] 이러한 오염 물질 중에서 가장 많은 양을 차지하는 것이 CO, SO_2, NO, NO_2이다. (이들의 양은 대기 중의 CO_2에 비하면 매우 적다. 대기 중 CO_2의 양이 증가하여 환경에 미치는 영향에 관해서는 13장에서 다룬다.) 그 외의 기체상 오염 물질로는 NH_3, N_2O, N_2O_5, H_2S, Cl_2, HCl 및 HF가 있다. 이들 기체 중 어떤 종은 매우 많은 양이 인간 활동에 의해서 매년 대기 중으로 유입된다. 전 세계적으로 일산화 탄소, 황 산화물, 질소 산화물들의 대기 배출량은 연간 수억 톤에 달한다.

10.2 일산화 탄소의 생성과 제어

일산화 탄소(CO)는 대기의 자연적인 성분이며, 정상적인 바탕 농도 이상으로 존재할 때에는 오염 물질이다. 일산화 탄소는 독성이 매우 크기 때문에 국지적으로 높은 농도가 나타날 경우 문제가 된다. 일산화 탄소의 배출량과 대기 중 농도 수준에는 상당한 불확도를 포함하고 있다. 대기 전체의 일산화 탄소의 농도는 약 0.1 ppm으로 추정되고 있으며, 이를 바탕으로 계산해 보면 대기 중에는 약 5억 톤의 일산화 탄소가 존재하며, 대기 중 평균 수명은 36~110일 정도이다. 대기 중 일산화 탄소의 농도 수준은 장소와 시간에 따라 상당히 다르다. 대기 중 일산화 탄소의 대부분은 메테인이 하이드록실 라디칼에 의해 산화되는 중간체로서 존재한다(8장 8.8절 참조). 표 8.1에 나타낸 것과 같이, 대기 숭 메테인의 농도는 1.6 ppm으로 일산화 탄소의 농도보다 10배 이상 높다. 따라서 메테인의 산화 과정 중에 중간 물질로 생성되는 CO가 대기 중 CO의 총량에 더해지며, 이 양은 전체 CO 양의 3분의 2 정도에 달한다.

대기로 직접 유입되는 일산화 탄소의 인위적인 배출량은 흔히 500~600 Tg(테라그램, 백만 입방톤) 정도로 추정되고 있으며, 매년 배출되는 수준이 비교적 일정한 편이다. 조금 적은 양이지만 CO도 매년 300~600 Tg 정도가 바이오매스의 연소를 통해서 대기 중으로 배출되는데, 산불이 성행하는 것과 같이 CO의 배출원은 일정하지 않은 것이 많다. 상당량의 CO가 클로로필의 생분해, 일부 초목과 일부 해양 생물들로부터 방출된다. 대기 중 CO의 기본적인 수명은 일산화 탄소와 하이드록실 라디칼의 반응 결과에 따른다. 겨울철에서 이른 봄까지의 기간 동안에는 햇빛이 적어 OH•이 적게 생성되어 반응이 적기 때문에 대기 중에 축적되는 경향이 있으며, 여름에는 하이드록실 라디칼의 활동이 매우 높기 때문에 늦여름에서 초가을에 일산화 탄소의 수명이 제일 짧아진다.

내연 기관에서 CO가 배출되기 때문에 복잡한 도시 지역에서 사람의 이동이 많은 출퇴근 시간대에

CO의 농도가 최대가 되는 경우가 많다. 이러한 시간대의 대기 중 일산화 탄소의 농도는 사람들의 건강에 해로운 50~100 ppm까지 상승하기도 한다.

도시 지역의 대기 중 일산화 탄소의 농도는 자동차 밀도와는 양의 상관관계를 보이며, 풍속과는 음의 상관관계를 나타낸다. 도시 지역의 대기 중 평균 일산화 탄소의 농도는 일반적으로 도시 외곽 지역의 농도보다 매우 높은 수 ppm 대 수준을 나타내고 있다.

10.2.1 일산화 탄소 배출의 관리

내연 기관이 지역 대기 중 일산화 탄소의 주 배출원이기 때문에, CO의 관리 대책이 자동차에 집중되어 왔다. 자동차의 공기 대 연료의 비가 너무 높아, 공기와 연료의 혼합비를 낮추어 일산화 탄소의 배출을 줄여 왔다. 공기 : 연료의 중량비가 16 : 1을 넘으면 내연 기관에서 일산화 탄소의 배출은 거의 없다.

요즈음 자동차들은 배기구에 촉매 반응 장치를 장착하여 일산화 탄소의 배출을 낮추고 있다. 이는 배기가스에 과량의 공기를 넣은 혼합 가스를 배기구에 장착된 촉매 변환 장치에 통과시켜 CO를 CO_2로 산화시키는 방법이다.

10.3 대기 중 CO의 운명

대기 중 일산화 탄소는 일반적으로 하이드록실 라디칼(HO•)과 반응하여 대기 중에서 제거되는 것으로 알려져 있다.

$$CO + HO\bullet \rightarrow CO_2 + H \tag{10.1}$$

다음 반응에 의해서 하이드로퍼옥실 라디칼(HOO•)이 생성된다(여기에서 M은 에너지를 흡수하는 제삼체이고, 주로 N_2 분자이다).

$$O_2 + H + M \rightarrow HOO\bullet + M \tag{10.2}$$

HO•는 다음과 같은 반응을 거쳐 HOO•로부터 다시 생성된다.

$$HOO\bullet + NO \rightarrow HO\bullet + NO_2 \tag{10.3}$$

$$HOO\bullet + HOO\bullet \rightarrow H_2O_2 + O_2 \tag{10.4}$$

H_2O_2의 광화학적 분해 반응인 다음 반응식을 거쳐 다시 HO•가 생성된다.

$$H_2O_2 + h\nu \rightarrow 2HO\bullet \tag{10.5}$$

메테인도 CH_4/HO•/CO 대기 순환과 관련되어 있다. 위의 반응들은 특히 HO•의 농도 수준을 조절하는 CO의 가장 중요한 대기 화학적 영향으로 여겨진다.

토양 미생물이 대기로부터 CO를 제거하는 역할을 하므로 토양이 일산화 탄소를 제거하는 것이다.

10.4 이산화 황의 배출원과 황 순환

그림 10.1에 지구의 황 순환 과정을 나타냈다. 황 순환 과정에 관여하는 주된 화합물은 H_2S, $(CH_3)_2S$, SO_2, SO_3, 황산염이다. 이들 대기 황 화학종들에 관한 발생원, 반응, 제거 등에 관해서 아직 밝혀지지 않은 부분들이 많이 있다. 지구의 황 순환 과정을 보면, 인간의 활동에 의해 대기 중으로 유입되는 황 화합물이 매우 많은 부분을 차지한다. 주로 석탄의 연소와 연료유 잔여물의 연소에 의해 주로 SO_2의 형태로 연간 100 Tg의 황이 대기 중으로 유입되고 있다. 미국에서 이산화 황의 인위적인 배출량은

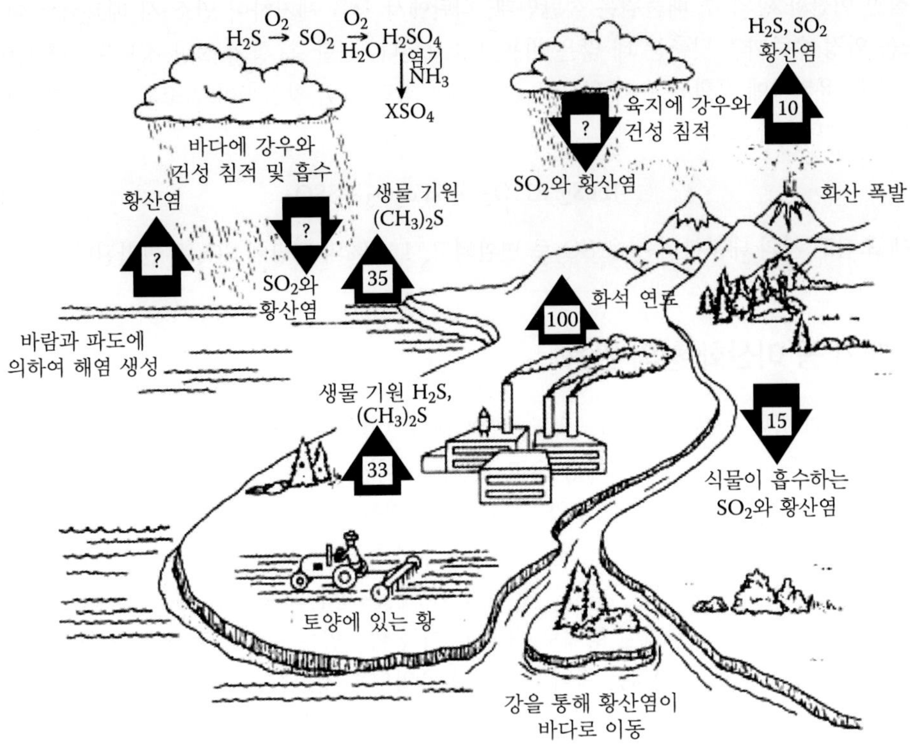

그림 10.1 지구 대기 황 순환. 화살표로 표시된 황의 수지의 단위는 연간 백만 톤(Tg)이다. 물음표가 있는 것은 불확실한 크기이지만, 지권과 대기권 사이의 총 황 수지를 다룰 때 중요한 부분이다.

1970년도 중반에 약 14 Tg의 황으로 가장 정점을 나타냈으며, 그 후 현재는 50% 이상 줄었다.

2020년 현재, 1990년 이후 황 산화물 배출 수준은 유럽 경제 지역 국가, 오스트리아, 벨기에, 불가리아, 크로아티아, 키프로스, 체코, 덴마크, 에스토니아, 핀란드, 프랑스, 독일, 그리스, 헝가리, 아일랜드, 이탈리아, 라트비아, 리투아니아, 룩셈부르크, 몰타, 네덜란드, 폴란드, 포르투갈, 루마니아, 슬로바키아, 슬로베니아, 스페인, 스웨덴(EU-28의 91%)에서 매우 크게 82% 감소하였다.[2] 황 산화물 배출량은 에너지 생산 및 이용 부문에서 크게 줄어들었다. 이렇게 감소된 주요 요소는 황 함량이 높은 고체와 액체 연료를 천연가스와 같은 청정 에너지로 전환한 것이다. 이는 수송용 액체 연료의 황 함량을 낮추고, 에너지 생산과 공장 시설에 배연가스 탈황 기술을 적용하게 하는 규제를 통해 이루어졌다.

대기 황 순환 과정 중 가장 불확실한 것은 자연적인 활동에 의해 유입되는 부분으로, 대부분 SO_2로 유입되며, 화산에 의한 H_2S의 유입, 세균에 의한 유기물의 분해와 황산염의 환원에 의해 유입되는 $(CH_3)_2S$와 H_2S가 있다. 자연 기원에 의한 황의 대기 중 배출 중 가장 큰 단일 배출원은 해양 발생원으로, 생물학적으로 생성되는 것으로 알려진 다이메틸 설파이드[$(CH_3)_2S$]이다. 대기 중으로 방출된 H_2S는 다음 반응들을 거쳐 SO_2로 빨리 산화된다.

$$H_2S + \tfrac{3}{2}O_2 \rightarrow SO_2 + H_2O \tag{10.6}$$

반응의 첫 단계는 하이드록실 라디칼에 의해 일어나는 탈수소 반응이며,

$$H_2S + HO\bullet \rightarrow HS\bullet + H_2O \tag{10.7}$$

이어서 O_2에 의해 산화되어 SO_2가 된다.

$$HS\bullet + O_2 \rightarrow HO\bullet + SO \tag{10.8}$$

$$SO + O_2 \rightarrow SO_2 + O \tag{10.9}$$

인위적인 이산화 황의 주 배출원은 석탄인데, 석탄에서 황을 제거하여 연소 시 배출되는 이산화 황의 농도를 일정 수준까지 낮추는 데 많은 비용이 소요된다. 석탄 속 황의 절반 정도는 황철광(FeS_2)이고, 나머지는 유기물에 포함된 유기 황으로 존재한다. 석탄 속의 황철광이 연소되어 이산화 황으로 변하는 반응식은 다음과 같다.

$$4FeS_2 + 11O_2 \rightarrow 2Fe_2O_3 + 8SO_2 \tag{10.10}$$

석탄에 포함된 거의 대부분의 황은 SO_2로 변환되고, 1~2%의 황만이 SO_3로 변환된다.

10.5 대기 중 이산화 황의 반응

이산화 황의 대기 화학 반응에는 온도, 습도, 빛의 세기, 대기 이동, 입자들의 표면 특성 등 많은 인자들이 반응에 영향을 미친다. 다른 기체상 오염 물질들과 마찬가지로, 이산화 황도 대기 중에서 반응하여 입자상 물질로 되어 침강되거나 강우와 같은 다른 과정들을 통해 대기 중에서 제거된다. 따라서 대기 오염이 심한 지역은 대기 중 입자상 물질의 농도가 증가하고, 이로 인해 시정이 매우 감소하게 된다. 어떠한 과정을 거치든지, 대기 중 이산화 황의 대부분은 황산과 황산염으로 변하며, 특히 황산 암모늄 및 황산 수소 암모늄의 산화된 형태로 변한다. 이들 황산염은 빛을 산란시키므로 짙은 연무의 원인이 된다. 실제로 미국 동부 지역은 북극의 공기가 유입되는 겨울철을 제외한 계절에 황산염으로 인한 짙은 연무가 발생하고 있다. 또한 황산염은 기후 변화를 일으킬 수 있는 잠재력이 크므로, 이산화 황을 관리할 때 이 점을 고려해야 한다.

대기 중에서 이산화 황의 반응 과정으로 가능성이 있는 것들로는 (1) 광화학 반응, (2) 질소 산화물이나 탄화수소, 특히 알켄이 존재하는 상태에서 일어나는 광화학 및 화학 반응, (3) 물방울 안에서 일어나는 화학 반응들로, 특히 금속염과 암모니아를 포함한 물방울 속에서 일어나는 화학 반응 및 (4) 대기 중 입자상 물질의 표면에서 일어나는 반응이다. 그러나 여기에서 명심할 것은 대기는 온도, 조성, 습도, 광의 세기가 크게 변화하는 매우 동적인 계라는 것이다.

대기 중에서 이산화 황의 반응 과정에 광화학 반응이 관여할 수 있으나, 218 nm보다 긴 파장을 가진 빛은 SO_2를 광해리시킬 수 있는 에너지보다 낮은 에너지를 갖고 있다. 그래서 대류권에서는 SO_2가 직접 광해리에 의해서 산화되는 과정은 중요하지 않다. 대기 중 이산화 황의 농도가 ppm 정도 수준으로 깨끗하고 다른 것으로 오염되지 않은 대기 중 이산화 황의 산화 과정은 SO_2에 하이드록실 라디칼이 첨가되며 시작되는 느린 과정으로,

$$HO\bullet + SO_2 \rightarrow HOSO_2\bullet \tag{10.11}$$

S 원자에 있는 비공유 전자와 라디칼 중간체를 형성한다. 이것이 O_2와 반응하여 SO_3로 되며, SO_3는 물 분자를 끌어들여 황산이 된다.

$$HOSO_2\bullet + O_2 \rightarrow SO_3 + HOO\bullet \tag{10.12}$$

$$H_2O + SO_3 \rightarrow H_2SO_4 \tag{10.13}$$

탄화수소와 질소 산화물이 공존하면 SO_2의 산화 속도는 매우 빨라진다. 12장에서 설명하겠지만, 탄화수소, 이산화 질소, 자외선은 광화학 스모그가 생성되는 데 필요한 요소들이다. 이러한 광화학 스모그가 생성된 대기 중에는 SO_2를 산화시킬 수 있는 여러 가지 산화종(광화학 산화제)의 농도가 높다. 스모그가 자주 발생하는 Los Angeles 지역에서는 SO_2의 산화 속도가 시간당 5~10% 정도인데, 이는 HO•, HOO•, O, O_3, NO_3, N_2O_5, ROO•와 RO• 같은 라디칼이 존재해 산화 반응을 가속화시키기 때문이다. 11, 12장에서 설명하겠지만, ROO•와 RO•는 산소를 함유한 반응성 유기 자유 라디칼이며, 여

기에서 R은 메틸 라디칼(CH_3) 같은 유기 분자를 나타낸다. 광화학 스모그의 주요 생성물인 오존(O_3)은 SO_2를 기체상 반응을 통해 산화시키지만, 산화 반응은 매우 느려 중요하지 않다. 그러나 물방울 속(액체상 반응)에서는 오존과 과산화 수소에 의한 산화가 중요하다.[3]

비교적 건조한 대기 중에서 이산화 황의 산화 반응은 액적 안에서 일어나며, 전 산화 과정 중에서 가장 큰 비중을 차지한다. 이 반응에는 기체상 SO_2와 산화제가 액적으로 유입되는 과정, 액적 안에서 이러한 화학종들의 확산, 이산화 황의 가수 분해와 이온화, SO_2의 산화 과정이 있다. 전 과정을 포함한 식은 다음과 같고, 여기에서 {O}는 H_2O_2, HO•, O_3 같은 산화제를, S(IV)는 $SO_2(aq)$, $HSO_3^-(aq)$, $SO_3^{2-}(aq)$를 의미한다.

$$\{O\}(aq) + S(IV)(aq) \rightarrow 2H^+ + SO_4^{2-}\ (\text{불균형}) \tag{10.14}$$

촉매가 없을 때는 용해된 산소 분자와 반응하는데,

$$\tfrac{1}{2}O_2(aq) + SO_2(aq) + H_2O \rightarrow H_2SO_4(aq) \tag{10.15}$$

이 반응은 매우 느려 그다지 중요하지 않다. 대기 중에서 과산화 수소는 중요한 산화제이며, 액적에 용해된 이산화 황과 다음과 같은 반응을 하여,

$$SO_2(aq) + H_2O_2(aq) \rightarrow H_2SO_4(aq) \tag{10.16}$$

황산을 생성한다. 이 반응 과정 중 주반응은 과산화 수소와 HSO_3^- 이온, 중간 생성물인 $HOOSO_2^-$와의 반응으로 알려져 있다.

오존(O_3)은 물속에서 이산화 황을 산화시킨다. 가장 빠른 것은 아황산 이온과의 반응이다.

$$SO_3^{2-}(aq) + O_3(aq) \rightarrow SO_4^{2-}(aq) + O_2 \tag{10.17}$$

$HSO_3^-(aq)$와 $SO_2(aq)$와의 반응은 느리다. 용해된 SO_2종들의 오존에 의한 산화 속도는 pH가 증가하면 빨라진다. 물방울 속에서 일어나는 이산화 황의 산화는 암모니아가 존재하면 빨라지는데, 이 반응은 아황산 수소 이온(bisulfite ion)과 아황산 이온(sulfite ion)을 생성한다.

$$NH_3 + SO_2 + H_2O \rightarrow NH_4^+ + HSO_3^- \tag{10.18}$$

물속에서 용해된 어떤 용질들은 액상 SO_2를 산화시키는 데 촉매 역할을 한다. 철(III)과 망가니즈(II)가 이러한 역할을 한다. 이 반응 역시 pH가 증가함에 따라 두 이온의 촉매 역할은 더욱 촉진된다. 물속에 용해된 NO_2나 HNO_2 같은 질소 화합물도 이산화 황을 산화시킬 수 있다. 10.10절에서 설명한 것 같이, 아질산염이 물방울에 용해되어 광화학 반응을 통해 HO•이 생성되어 용해된 아황산염을 산화시킨다.

입자상 물질의 표면에서 일어나는 불균일 반응도 대기 중 이산화 황의 제거에 기여한다. 이러한 입자들은 대기 중 광화학 반응에서 핵 중심으로 작용한다. 따라서 입자들이 촉매로 작용하기도 하며, 반응 생성물들이 축적되어 크기가 커진다. 결국 최종적으로는 원래 입자의 구성 성분과 다른 에어로솔을 만들어 낸다. 검댕 입자는 탄소질 연료가 불완전 연소되어 생성된 여러 다환 방향족 탄화수소를 포함한 탄소 원자로 구성되어 있는데, 검댕 입자 위에 황산염이 존재하는 것이 확인되는 것은 이산화 황을 황산염으로 산화시키는 촉매 작용을 할 수 있다는 증거이다. 검댕 입자는 오염된 대기 중에 매우 일반적으로 존재하는 물질로, 이산화 황의 산화 과정 중 중요한 촉매 역할을 하고 있다.

알루미늄, 카드뮴, 칼슘, 크로뮴, 철, 납, 바나듐의 산화물도 이산화 황의 불균일 산화 반응에서 촉매 역할을 한다. 이들 금속 산화물은 이산화 황을 흡착할 수 있다. 그러나 대기 중 이들 산화물 입자들의 총 표면적은 매우 작아서, 이산화 황이 이들 금속 산화물 표면에서 산화되는 비율은 상대적으로 작다.

10.5.1 대기 중 이산화 황의 영향

인체에 치명적인 독성은 나타나지 않지만, 대기 중 이산화 황의 농도가 낮은 수준에서도 건강상의 영향을 나타낸다. 가장 기본적인 영향은 호흡 기관에 나타나는 자극과 기도의 저항을 증가시키는 것인데, 특별히 기관지가 약하거나 민감한 천식 환자들에게서 많이 나타난다. 따라서 가스에 노출되면 호흡이 빨라진다. 이산화 황으로 오염된 공기에 노출되면 점액의 분비도 촉진된다. SO_2에 의한 인간의 치사 농도는 500 ppm이지만, 5 ppm에서 실험용 동물들에게 상해는 나타나지 않았다.

이산화 황이 실제 대기 오염 사건에 부분적으로나마 관련된 몇 가지 사건이 있다. 1930년 12월, 온도 역전층이 형성되어 일부 산업 발생원에서 배출된 오염 물질들이 벨기에 Meuse 강의 좁은 계곡 안에 축척되었다. 이때 이산화 황의 농도가 38 ppm까지 올라갔다. 이 사건으로 약 60여 명이 사망하였으며, 많은 가축들이 죽었다. 1948년 10월에 이와 비슷한 사건이 발생하였는데, 이로 인해 Pennsylvania, Donora 주민의 40%가 병을 앓고, 20명이 사망하였다. 이때 이산화 황의 농도는 2 ppm을 기록하였다. 1952년 12월에 런던에서 일어난 사건은 온도 역전과 안개가 5일 동안 지속됐는데, 이 기간의 사망자 수가 정상적인 사망자 수보다 3,500~4,000명 정도 많았으며, 이산화 황 농도는 1.3 ppm에 달하였다.[4] 부검 결과 호흡 기관의 자극과 높은 농도의 이산화 황이 주원인으로 나타났다. 부검 결과 호흡기 자극이 나타났고, 흡입된 입자와 결합된 높은 수준의 이산화 황이 높은 사망률에 기여한 것으로 생각된다.

대기 중 이산화 황은 식물에게 해로우며, 어떤 종은 다른 종에 비해 많은 영향을 받는다.[5] 고농도의 이산화 황에 노출되면 나뭇잎 세포가 죽는데, 이를 잎 괴사라고 한다. 특히 잎의 가장자리와 잎맥 사이가 큰 손상을 입는다. 식물이 이산화 황에 장기간 노출되면 백화 현상의 원인이 되어, 잎의 녹색 부분이 탈색되거나 황색으로 변한다. 식물에 대한 피해는 상대 습도가 높을수록 크다. 식물에는 대기와 기체를 교환할 수 있도록 식물 표면 조직에 조그마하게 열려 있는 엽공(stomata)이 있는데, SO_2에 의한 식물 피해는 엽공이 열려 있을 때 일어난다. 즉, 대부분의 식물은 낮에 엽공이 열려 있으므로 이산화 황에 의한 식물 피해는 이때 일어난다. 낮은 농도의 이산화 황에 장기간 노출되면 밀이나 보리 같은 작물의 수확량이 줄어들기도 한다. 이산화 황은 대기 중에서 황산으로 바뀌므로 이산화 황 오염도가 높은 지역에서는 식물에 황산 에어로솔에 의한 피해가 나타나는데, 주로 황산 액적이 잎에 떨어져서 작은 반점이 나타난다.

더욱 재산상의 피해를 주는 이산화 황 오염에 의한 피해는 빌딩 자재들을 변질시키는 것이다. 석회석, 대리석과 백운석은 칼슘과 마그네슘의 탄산염으로서 대기 중 이산화 황과 반응하여, 수용성이거나 석재 표면에 잘 붙어 있지 못하는 고체 피막을 만들어, 이들 건조물의 외견과 구조적 안정성과 건물의 수명에 악영향을 미친다. SO_2와 NO_x 모두 이러한 석재에 피해를 미치지만, 석재 표면의 껍질을 분석해 본 결과 황산염이 월등하게 많았다. 칼슘과 마그네슘의 탄산염인 백운석은 대기 중 이산화 황과 다음과 같이 반응한다.

$$CaCO_3 \cdot MgCO_3 + 2SO_2 + O_2 + 9H_2O \rightarrow CaSO_4 \cdot 2H_2O + MgSO_4 \cdot 7H_2O + 2CO_2 \quad (10.19)$$

10.5.2 이산화 황의 제거

연소 전 연료에서, 그리고 연소 후 굴뚝 가스에서 황과 황 산화물을 제거하기 위해 여러 종류의 공정이 사용되고 있다. 석탄이 황 산화물 오염의 주요 원인이기 때문에 이러한 노력의 대부분은 석탄에 집중되어 있다. 물리적 분리 기술은 석탄을 잘게 부수어서 황철광 형태의 황을 제거하는 데 이용되고, 석탄에서 황을 제거하기 위해 화학적 방법도 적용할 수 있다. 석탄의 **유동층 연소 방식(fluidized bed combustion)**은 연소원에서 SO_2를 제거한다. 이 방법은 잘게 부순 석회석이나 백운석을 공기로 불어넣어 유체와 같은 조건으로 만들어 놓고, 여기서 입자상 석탄을 연소시키는 것이다. 석회석을 태우면 생석회가 되고,

표 10.1 주요 굴뚝 배출 가스 세정 공정

공정	화학 반응	장단점
석회수법[a]	$Ca(OH)_2 + SO_2 \rightarrow CaSO_3 + H_2O$	석탄 1톤당 200 kg의 석회가 필요하고, 폐기물 발생량이 많다.
석회석법[b]	$CaCO_3 + SO_2 \rightarrow CaSO_3 + CO_2$	석회 슬러리보다 낮은 pH에서는 효율이 떨어진다.
산화 마그네슘법	$Mg(OH)_2$(슬러리) $+ SO_2 \rightarrow MgSO_3 + H_2O$	수착제를 재생할 수 있으며, 이는 외부에서 수행된다.
소듐법	$Na_2SO_3 + H_2O + SO_2 \rightarrow 2NaHSO_3$	특별한 기술적 제약은 없으나, 운용비가 비싸며, 사용된 유황을 회수할 수 있다.
	$2NaHSO_3$ + 열 $\rightarrow Na_2SO_3 + H_2O + SO_2$ (재생 과정)	
이단 알칼리법[a]	$2NaOH + SO_2 \rightarrow Na_2SO_3 + H_2O$ $Ca(OH)_2 + Na_2O_2 \rightarrow CaSO_3(s) + 2NaOH$ (NaOH 재생 과정)	값싼 석회를 이용하여 비싼 소듐의 알칼리 용액을 재생할 수 있다

[a] 이들 공정은 세정 매질로 사용되는 $CaCO_3$를 산화시켜서 석고 제품을 만들기에 적당하다.

$$CaCO_3 + \tfrac{1}{2}O_2 + 2H_2O \rightarrow CaSO_4 \cdot 2H_2O(s)$$

석고는 플라스터보드의 제조와 비교적 안정된 폐 제품 등의 재료로 쓰이므로 경제성이 있다.

$$CaCO_3 \rightarrow CaO + CO_2 \tag{10.20}$$

생성된 생석회가 SO_2를 흡수한다.

$$CaO + SO_2 \rightarrow CaSO_3(\text{이것이 산화되어 } CaSO_4\text{가 된다}) \tag{10.21}$$

굴뚝 배출 가스에서 이산화 황을 제거하기 위한 많은 공정들이 제안되거나 연구되었다. 이들은 흡착제의 특성이나, 흡착제와 배출 가스를 접촉시키는 수단 및 최종 생성물의 건조 여부에 따라 달라진다. 수착제(sorbent)로서는 $CaCO_3$(석회석), $CaCO_3 \cdot MgCO_3$(백운석), $Ca(OH)_2$(석회), 석탄 연소에서 나온 알칼리 비산재, 아황산 소듐 용액, 탄산 소듐과 소다회, 중탄산 소듐석(탄산 소듐 광물) 생성 과정의 폐 소다 용액과 마그네슘 산화물들이 있다. 배출 가스는 스프레이 과정들을 통해 흡착제와 접촉하게 되며, 스프레이 건조 과정에서 흡수제 용액에 있는 수분은 증발되고, 건조 고체 잔여물이 수집되는 벤투리 시스템, 베드팩, 버블 반응기와 트레이가 있다. 습식 공정 특히 석회석 슬러리 공정이 굴뚝 배출 가스 탈황에 가장 일반적으로 사용되고 있다. 표 10.1에 굴뚝에서 사용하고 있는 주요 세정 공정들의 폐기 및 재생 시스템들을 포함하여 요약해 놓았다.

배출 가스에서 이산화 황을 제거하기 위해 일반적으로 사용되는 습식 시스템은 스케일링, 부식, 슬러리의 일반적인 난기류, 가스의 냉각이 동반되어 연도에서 상승할 수 있도록 가스의 후속 가열을 필요로 하는 많은 어려움이 있다. 그러므로 건식 시스템이 더 바람직하지만 특별하게 효율적이지는 않다. 제한적인 성공을 거두고 있는 건식 폐기 시스템으로는 건조한 석회석 또는 백운석을 보일러에 주입한 다음 건조 석회, 아황산염, 황산염을 회수한다. 백운석을 이용한 이 공정의 전체 반응식은 다음과 같다.

$$CaCO_3 \cdot MgCO_3 + SO_2 + \tfrac{1}{2}O_2 \rightarrow CaSO_4 + MgO + 2CO_2 \tag{10.22}$$

고체 황산염이나 산화물은 전기 집진기나 싸이클론을 이용하여 제거한다. 이 공정에서 황 산화물의 제거 효율은 50% 이하이다.

표 10.1에 나타낸 반응에서 보는 바와 같이, 이산화 황을 제거하는 공정은 촉매 산화법을 제외하고

는 모두 산–염기 반응을 기초로 한 SO_2의 흡수이다. 대부분의 세정 과정에서 아황산 칼슘($CaSO_3$) 용액과 고체 아황산 칼슘 반수화물[$CaSO_3 \cdot \frac{1}{2}H_2O(s)$]이 생성된다. 석고는 아황산의 산화에 의한 세정 과정 중에서 형성되고,

$$SO_3^{2-} + \frac{1}{2}O_2 \rightarrow SO_4^{2-} \tag{10.23}$$

이어서 황산 이온과 칼슘 이온의 반응에 의해서 생성된다.

$$Ca^{2+} + SO_4^{2-} + 2H_2O \rightleftharpoons CaSO_4 \cdot 2H_2O(s) \tag{10.24}$$

석고는 원하는 최종 산물이며, 상용제품으로 석고벽과 같은 제품을 만드는 데 일반적으로 사용된다. 일부 시스템은 강제 산화 시스템에서 아황산 칼슘 생성물을 황산 칼슘으로 산화시키기 위해 공기를 불어 넣는다.

사용한 수착 물질로부터 이산화 황이나 황 원소를 회수하는 재생 공정은 환경학적 관점에서 볼 때, 폐기 공정보다 훨씬 바람직한 방법이다. 재생 공정으로는 산화 마그네슘 슬러리, 아황산 소듐 용액, 암모니아 용액, 구연산 소듐 용액 등을 이용하여 세정하는 공정들이 많이 연구되어 있다.

굴뚝 배출 가스 세정 공정에서 제거한 이산화 황은 합성 기체(H_2, CO, CH_4)와 반응시켜 황화 수소로 변환시키고,

$$SO_2 + (H_2, CO, CH_4) \rightarrow H_2S + CO_2(H_2O) \tag{10.25}$$

Claus 반응을 통해서 황 원소로 재생할 수 있다.

$$2H_2S + SO_2 \rightarrow 2H_2O + 3S \tag{10.26}$$

원소 황 제품은 황산 제조에 사용되는 상업적으로 가치 있는 물질이다. 이 방법에 의한 황의 회수는 녹색 화학 공정의 좋은 예이다.

10.5.3 황 산화물 및 이산화 탄소 회수를 위한 순산소 연소

공기 중에서 연료를 연소시키면 필연적으로 대부분 질소로 구성된 배기가스가 생성되며, 이 가스에서 이산화 황과 이산화 탄소는 모두 희석되어 제거하기 힘들다. 비교적 순수한 산소를 사용하여 연소를 시키면[**순산소 연소(oxy-fuel combustion)**] SO_2와 CO_2가 많이 농축된 배기가스를 생성하여 배기가스로부터 이들을 매우 용이하게 제거할 수 있다. 순산소 연소에서 가장 큰 비용이 소요되는 것은 공기 중에서 질소를 제거하는 것인데, 상대적으로 순수한 산소를 사용하는 진공–스윙 흡착 기술의 개발로 이 비용을 현저하게 낮출 수 있게 되었다.[6]

순수한 산소로 연소되면 온도가 너무 높아서 보일러 장비에 손상을 줄 수 있으므로 배기가스를 연소 시스템을 통해 재순환시킨다. 순산소 연료 연소는 연도 가스 흐름양을 75 % 줄이고, 대기 중 질소를 가열하는 데 소비되던 에너지를 아낄 수 있다. 연도 가스는 주로 CO_2와 H_2O이며, 연료의 황 함량만큼의 SO_2로 구성된다. 배기가스 중에 SO_2와 CO_2의 함량이 공기로 연소시키는 것에 비해 훨씬 더 많아 이들 가스들을 회수하기가 훨씬 쉬워진다. 또한, 연소 생성물인 수증기의 응축을 통해 에너지를 회수할 수 있고 배기가스의 부피가 더 작기 때문에, 배기가스 처리 장치로부터 에너지가 덜 손실되어 에너지를 절감할 수 있다. 질소 가스를 사용하지 않으면 질소 산화물 오염 물질의 생성이 감소하지만, 이들 산화물의 상당 부분은 석탄에 포함된 N이 산화된 것이다.

10.6 대기 중 질소 산화물

대기 중 질소 산화물은 주로 일산화 이질소(N_2O), 일산화 질소(NO), 이산화 질소(NO_2)의 세 가지 형

태이다. 추가하여 질산염 라디칼(NO_3)은 야간에 일어나는 광화학 스모그의 화학 반응에 관여하는 중요한 화학종이다(12장 12.5절 참조; 이 화학종은 햇빛에 의해서 매우 빨리 광해리 되기 때문에 낮 시간 동안에는 중요하지 않다). 질소 산화물과 다른 반응성 무기 질소 화학종의 화학은 광화학 스모그의 형성, 산성비의 생성과 성층권 오존의 고갈과 같은 분야에서 매우 중요하다.

'웃음 가스'로 알려져 있고, 주로 마취제로 사용되는 일산화 이질소는 미생물에 의해서 생성되며, 오염되지 않은 대기 중에는 약 0.3 ppm 정도 존재한다(표 8.1 참조). 이 가스는 상대적으로 불활성이어서, 하층 대기에서는 중요한 화학 반응에 크게 영향을 미치지 않는다. 그러나 성층권에서는 광화학 반응으로 인해 고도가 높아짐에 따라 일산화 이질소의 농도는 급격히 줄어들며,

$$N_2O + h\nu \rightarrow N_2 + O \tag{10.27}$$

단일항 산소 원자와의 약간의 반응을 한다.

$$N_2O + O \rightarrow N_2 + O_2 \tag{10.28}$$

$$N_2O + O \rightarrow 2NO \tag{10.29}$$

이러한 반응은 오존층 고갈 측면에서 중요하다. N_2O의 미생물에 의한 생성 증가와 함께 증가한 지구 전체의 질소 고정은 오존층 파괴에 기여할 수 있다.

무색, 무취인 일산화 질소(NO)와 자극성이 있는 적갈색 이산화 질소(NO_2)는 중요한 대기 오염 물질이다. 이들을 총칭해서 NO_x라고 하는데, 이것들은 번개와 생물학적 과정과 같은 자연 발생원과 인위적인 발생원으로부터 대기 중으로 유입된다. 후자는 대기질을 심각할 정도로 악화시킬 수 있는 국지적으로 높은 NO_2의 농도를 유발시킬 수 있어 더욱 중요하다. 대기 중으로 유입되는 질소 산화물에 대한 추정값은 다양하지만, 일반적으로 연간 수천만 톤에서 1억 톤 이상에 이르는 넓은 범위로 추정되고 있다. 가장 큰 비중을 차지하는 부분은 인위적으로 발생되는 NO_x로 점 오염원과 이동 오염원에서 사용되는 화석 연료의 연소 과정에서 생성되어 연간 2천만 톤 정도가 대기 중으로 유입된다. 비슷한 양의 NO_x가 토양으로부터 유입되며, 이들의 많은 부분은 질소 비료의 미생물 작용에 의해서 발생한다. 다른 자연적인 발생으로는 바이오매스의 연소, 번개, 그리고 좀 적은 양이지만 NH_3의 산화 등이 있다. 성층권에서 대류권으로의 NO_x의 유입은 상대적으로 작다. 미국에서 지난 수십 년간 구형 모델 자동차가 최신 자동차도 대체됨에 따라 자동차에 의한 질소 산화물 생성의 기여도는 눈에 띄게 낮아졌다.

오염원으로부터 대기 중으로 유입되는 대부분의 NO_x는 내연 기관의 엔진에서 NO의 형태로 생성된 것들이다. 매우 높은 온도에서 여러 중간 단계의 반응들을 거쳐 전체적으로는 다음과 같은 반응이 일어난다.

$$N_2 + O_2 \rightarrow 2NO \tag{10.30}$$

자동차의 속도가 빨라지면 엔진의 온도가 올라가 위 반응은 급격히 증가한다. 내연 기관 연소실 내의 일반적인 조성인 3% O_2와 75% N_2의 혼합 기체에서 NO의 평형 농도는 그림 10.2에 나타낸 것 같이 온도의 함수이다. 상온(27℃)에서 NO의 평형 농도는 1.1×10^{-10} ppm인 데 반하여, 온도가 높아지면 평형 농도가 매우 높아진다. 즉, 높은 온도에서는 평형 농도도 높아지고 NO의 생성 속도도 빨라진다. 배기가스를 급격히 냉각하면 낮은 온도의 평형 상태로 즉시 돌아올 수 없기 때문에, 높은 농도의 NO가 존재한다. 이와 같은 이유로 내연 기관의 엔진이나 노(furnace)에서 일어나는 연소 과정의 생성물 안에 NO가 고농도로 존재한다. 연소 과정에서 O_2와 N_2가 반응하여 질소 산화물을 생성하는 과정의 메커니즘은 매우 복잡하다. 높은 연소 온도에서 산소 원자와 질소 원자가 다음과 같은 반응에 의해서 생성된다.

$$O_2 + M \rightarrow O + O + M \tag{10.31}$$

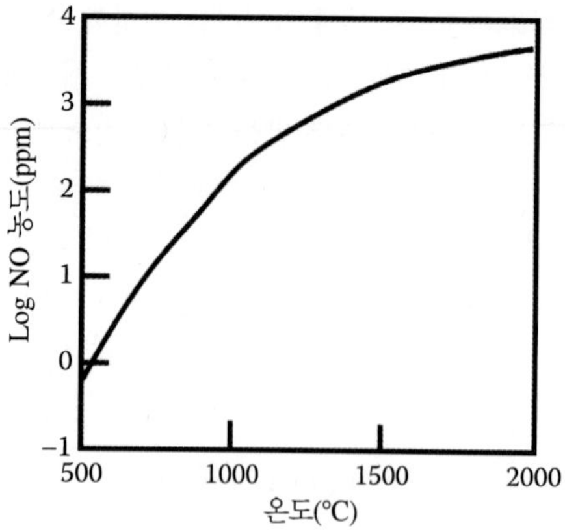

그림 10.2 온도에 따른 NO의 평형 농도(75% N_2와 3% O_2의 혼합물).

$$N_2 + M \rightarrow N\bullet + N\bullet + M \tag{10.32}$$

여기에서 M은 열에 의해 매우 높은 에너지를 얻어, O_2와 N_2 분자의 화학 결합을 끊는 데 충분한 에너지를 제공할 수 있는 제삼체이다. 산소의 결합이 끊어지는 데는 118 kcal/mol, 질소의 결합이 끊어지는 데는 225 kcal/mol이 소요되므로, 이 반응은 매우 많은 에너지를 필요로 한다. 비교적 약한 결합으로 인해 O_2 분자의 해리가 N_2 분자의 해리보다 지배적이다. 일단 생성된 O 원자와 N 원자는 다음과 같은 연쇄 반응을 통해 산소와 질소로부터 질소 산화물을 생성한다.

$$N_2 + O \rightarrow NO + N \tag{10.33}$$

$$N + O_2 \rightarrow NO + O \tag{10.34}$$

얻어지는 알짜 반응은 다음과 같다.

$$N_2 + O_2 \rightarrow 2NO \tag{10.35}$$

물론 연소 혼합물에는 이 외에도 여러 가지 물질들이 존재하여 반응하는데, 산소 원자는 특히 탄화수소의 분해물에 대한 반응성이 커서 다음과 같이 반응한다.

$$RH + O \rightarrow R\bullet + HO\bullet \tag{10.36}$$

여기에서 R•은 수소 원자를 잃은 분자의 탄화수소 토막을 나타낸다. 이 토막들이 산소 원자를 얻기 위해 N_2와 경쟁적인 반응을 한다. NO의 형성이 공기 대 연료의 화학량론적 비율(옅은 연료 혼합)을 초과하는 공기/연료의 비율에서 상당히 더 높은 것은 부분적으로 이러한 이유 때문이다.

하이드록실 라디칼도 높은 온도와 높은 압력의 연소 조건에서 NO의 생성에 관여한다. 반응은 다음과 같다.

$$N + HO\bullet \rightarrow NO + H\bullet \tag{10.37}$$

일산화 질소(NO)는 화학적으로 결합된 질소를 함유한 석탄이나 석유의 연소에서도 생성되는데, 이때는 연소 과정 중 질소와 산소 분자에서 생성되는 '열(thermal) NO'의 반응보다 훨씬 낮은 온도에서도 생성된다.

10.6.1 NO_x의 대기 반응

NO_x는 대기 화학 반응을 통해 질산, 무기 질산염, 유기 질산염과 과산화아세틸 질산염으로 전환된다(12장 참조). 대류권에 존재하는 주요 반응성 질소 산화물은 NO, NO_2, HNO_3이다. 이들의 반응 싸이

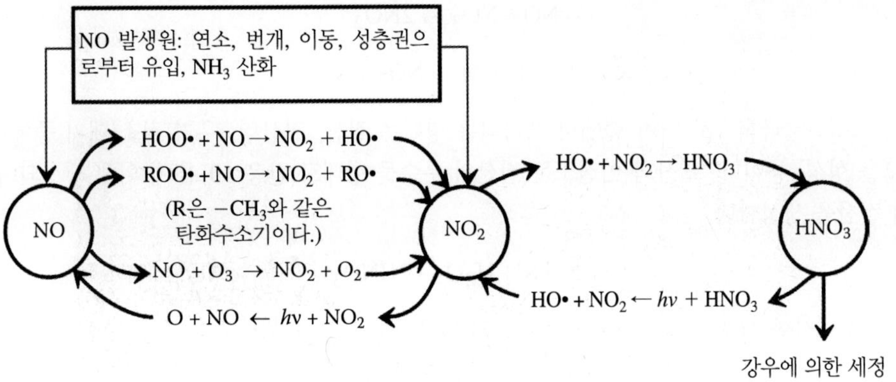

그림 10.3 대기 중에서 일어나는 NO, NO_2 및 HNO_3의 주요 반응들. ROO•는 메틸과산화 라디칼(CH_3OO•)과 같은 유기 과산화 라디칼이다.

클을 그림 10.3에 나타냈다. NO가 질소 산화물의 최초 형태지만, 제외된 것은 방출된 NO는 대류권에서 매우 빨리 NO_2로 전환되기 때문이다.

이산화 질소는 반응성이 높고 대기 중에서 매우 중요한 화학종으로, 대류권까지 도달하는 자외선과 가시광선을 흡수한다. 398 nm보다 짧은 파장의 빛에 의해 광분해가 다음과 같이 일어나 바닥 상태의 산소 원자를 생성한다.

$$NO_2 + h\nu \rightarrow NO + O \tag{10.38}$$

430 nm 이상의 파장을 가진 빛은 단지 이산화 질소 분자를 들뜨게 하며,

$$NO_2 + h\nu \rightarrow NO_2^* \tag{10.39}$$

398 nm와 430 nm 사이의 빛을 흡수하면 위 두 과정 중 한 가지 과정이 일어난다. 이 파장 영역에서 광분해가 일어나려면 NO_2 분자에 회전 에너지를 공급해야 한다. 이러한 NO_2 분자의 광분해 성향은 태양광을 직접 조사하면 다른 통상의 대기 화학종 분자들보다 반감기가 매우 짧다는 사실로부터 잘 알 수 있다(일정 상태의 NO_2는 산화제인 자유 라디칼종의 작용에 의해 NO로부터 즉시 다시 생성되기 때문에, 비교적 높은 농도로 존재한다).

NO_2의 광분해는 다음과 같은 중요한 무기 반응을 일으키며, 대기 반응의 주역인 유기 화학종의 반응에 관여하고 있다.

$$O + O_2 + M(\text{제삼체}) \rightarrow O_3 + M \tag{10.40}$$

$$NO + O_3 \rightarrow NO_2 + O_2 \tag{10.41}$$

이 반응의 결과로 NO가 NO_2로 빨리 변환되고, 낮에는 NO_2가 반응 10.38을 통해 재빨리 NO로 변환되어 돌아간다. NO_3 생성물은 낮에는 광분해가 빨리 일어나 없어지지만, 밤에는 축적된다.

$$NO_2 + O_3 \rightarrow NO_3 + O_2 \tag{10.42}$$

12장에서 논의하겠지만, NO_3는 광화학 스모그 형성을 포함하여 야간의 대기 화학 과정에서 중요한 역할을 한다. NO_2가 반응물이나 생성물로 관여하고 있는 일부 다른 대기 화학 반응들은 다음과 같다.

$$O + NO_2 \rightarrow NO + O_2 \tag{10.43}$$

$$O + NO_2 + M \rightarrow NO_3 + M \tag{10.44}$$

$$NO_2 + NO_3 \rightarrow N_2O_5 \tag{10.45}$$

$$NO + NO_3 \rightarrow 2NO_2 \tag{10.46}$$

$$O + NO + M \rightarrow NO_2 + M \tag{10.47}$$

이산화 질소가 궁극적으로 대기 중에서 제거되는 형태는 질산, 질산염, 유기 질소(대기 중에서 광화학 스모그를 형성) 등이다. 오산화 이질소는 질산의 무수물 형태로 반응 10.45에 의해 생성되며, 물과 반응하여 질산을 생성한다.

$$N_2O_5 + H_2O \rightarrow 2HNO_3 \tag{10.48}$$

성층권에서 이산화 질소는 하이드록실 라디칼과 반응하여 질산을 생성한다.

$$HO\bullet + NO_2 \rightarrow HNO_3 \tag{10.49}$$

질산 역시 하이드록실 라디칼에 의해 분해되거나,

$$HO\bullet + HNO_3 \rightarrow H_2O + NO_3 \tag{10.50}$$

또는 광화학 반응에 의해서 분해되므로

$$HNO_3 + h\nu \rightarrow HO\bullet + NO_2 \tag{10.51}$$

성층권에서 HNO_3는 NO_2의 일시적인 저장고 역할을 한다. NO_2로부터 생성된 질산은 대기 중에서 침적되어 제거되거나, 염기(암모니아, 입자상 석회)와 반응하여 입자상 질산염으로 변해 제거된다.

발전소 플륨 안에서의 질소 산화물과 황 산화물의 반응은 환경 운명과 이송의 측면에서 중요하다. 수증기와 물방울 및 입자들이 플륨 속에 존재하면 NO_x와 SO_2의 반응을 촉진시킬 수 있다.

10.6.2 질소 산화물의 피해

일산화 질소(NO)는 이산화 질소(NO_2)보다 독성이 낮다. 일산화 탄소와 아질산처럼 NO는 헤모글로빈과 결합하여 산소의 운반 효율을 감소시킨다. 그러나 오염된 대기 중에서 일산화 질소의 농도는 일반적으로 일산화 탄소에 비해 매우 낮아서 헤모글로빈에 미치는 영향은 매우 적다.

짧은 시간 동안 노출되어도 높은 농도의 NO_2는 인체의 건강에 치명적인 해를 줄 수 있다. NO_2 농도가 50~100 ppm 정도라면 수 분에서 한 시간 정도 폭로되는 경우 폐 조직에 염증이 발생하여, 6~8주 지속되다가 자연적으로 회복된다. NO_2 농도가 150~200 ppm이라면 **섬유성 폐쇄성 기관지 초염**(bronchiolitis fibrosa obliterans)이 발생하여 노출된 후 3~5주 이내에 치명적인 상태로 발전한다. 농도가 500 ppm 이상의 NO_2에 노출되면, 노출 후 2~10일 이내에 사망한다. 질산염을 함유한 목초(소의 사료로 사용되는 옥수수나 사탕수수의 축축한 다진 줄기)가 발효되면서 발생하는 NO_2로 인해 일어나는 '사일로 필러 질병(Silo-filler's disease)'는 이산화 질소의 독성을 잘 나타내 주는 실례이다. 셀룰로이드나 나이트로셀룰로스가 탈 때 발생하는 NO_2나 미사일 로켓 엔진의 NO_2 산화제(액체 하이드라진 연료 사용)가 새어 나와서 생긴 NO_2가 함유된 공기를 들이마셔서 사망한 실례도 있다.

NO_2에 심하게 노출되는 지역에서 식물이 많은 손상을 입은 것을 관찰할 수 있는데, 이런 손상의 대부분은 스모그 과정 중에서 생성되는 과산화아세틸질산염(peroxyacetyl nitrate, PAN, 12장 참조)과 같은 NO_2의 2차 생성물에 의해서 손상을 입은 것이다. 실험실에서 식물을 수 ppm의 NO_2에 노출시켰을 때의 실험 결과로, 잎에 반점이 생기고 식물 조직이 파괴되었다. 10 ppm의 NO_2에 노출되었을 때에는 광합성 속도에 가역적인 감소가 나타났다. 그리고 ppm 농도 이하의 NO_2에 장기간 노출되었을 때 나타나는 영향에 대해서는 아직 확실히 밝혀진 것이 없다.

질소 산화물은 염료나 잉크로 염색한 옷감의 색을 탈색시킨다. 이러한 현상은 가스 세탁 건조기에서 나타나는데, 건조기의 불꽃에서 생성된 NO_x 때문이다. 예를 들어, 전화 릴레이에 널리 사용되는 스프링의 피로 부식 균열은 니켈-황동 스프링의 강도를 현저하게 저하시키는데, 이러한 현상은 NO_x로부터 형성된 질산 에어로솔이나 입자상 질산염에 의해서 일어난다.

초음속 여객기가 대기 중으로 방출하는 NO_x가, 인체에 유해한 단파장(240~300 nm)의 자외선을 흡수하는 성층권의 오존층을 파괴하는 촉매 역할을 하는 것이 밝혀짐에 따라, 이에 대한 관심이 높아졌다. 이 가능성은 1970년경에 성층권 오존층의 인위적 손상에 관한 초기 우려를 제기하였으며, 미국이 계획한 초음속 수송기의 취소에도 기여하였다. 성층권 오존에 대한 초음속 수송기 배출의 잠재적 효과에 대한 자세한 설명은 매우 복잡하여 여기서는 주요 특징만 다루겠다.

산소 분자는 상부 성층권과 중간권에서 242 nm보다 짧은 자외선에 의해서 광분해된다.

$$O_2 + h\nu \rightarrow O + O \qquad (10.52)$$

에너지를 흡수하는 제삼체의 존재하에서, 산소 원자는 산소 분자와 반응하여 오존을 생성한다.

$$O_2 + O + M \rightarrow O_3 + M \qquad (10.53)$$

오존은 산소 원자와 반응하여 파괴되기도 하며,

$$O_3 + O \rightarrow O_2 + O_2 \qquad (10.54)$$

위 반응은 산소 원자들끼리 재결합하여 방지될 수도 있다.

$$O + O + M \rightarrow O_2 + M \qquad (10.55)$$

오존과 일산화 질소와의 반응에,

$$NO + O_3 \rightarrow NO_2 + O_2 \qquad (10.56)$$

산소 원자와 이산화 질소와의 반응을 합치면,

$$NO_2 + O \rightarrow NO + O_2 \qquad (10.57)$$

다음과 같이 알짜 반응은 오존만이 파괴되는 결과가 된다.

$$O + O_3 \rightarrow O_2 + O_2 \qquad (10.58)$$

초음속 여객기의 배기가스는 NO_x와 함께 수증기도 대기 중으로 배출한다. 이렇게 배출된 수증기는 다음 두 반응에 의해서 오존 파괴를 더욱 가속시킨다.

$$O + H_2O \rightarrow HO\bullet + HO\bullet \qquad (10.59)$$

$$HO\bullet + O_3 \rightarrow HOO\bullet + O_2 \qquad (10.60)$$

그러나 위에서 언급한 반응들에서 잠재적으로 오존이 파괴되는 것을 완화시키는 경향이 있는 자연적인 성층권 완충 반응들이 많이 있다. 오존을 재생할 수 있는 산소 원자는 광화학 반응에 의해서 생성된다.

$$NO_2 + h\nu \rightarrow NO + O \ (\lambda < 420 \text{ nm}) \qquad (10.61)$$

촉매 NO를 제거하는 경쟁 반응은 다음과 같다.

$$NO + HOO\bullet \rightarrow NO_2 + HO\bullet \qquad (10.62)$$

비교적 대규모의 초음속 여객기(2003년도 콩코드기의 운항 중단 때와 다름)들의 배기가스라도, 클로로플루오로탄소(CFCs)만큼 오존층에 거의 피해를 주지 않을 것으로 알려져 있다.

10.6.3 질소 산화물의 관리

질소 산화물들은 미국 EPA에서 관리하는 6개의 기준 오염 물질 부류 중 한 가지이다. 더욱이 이들은 기준 오염 물질로 관리되고 있는 대류권 오존(O_3)의 생성에도 밀접하게 관련되어 있다. 12장에서 논의하겠지만, 탄화수소와 질소 산화물들은 오존의 생성과 광화학 스모그 형성 과정에서 다른 유해한 화학종의 생성에 필요한 성분들이다. 초기에는 이러한 오존의 생성을 제어하는 노력이 휘발성 유기 탄화수소의 배출을 줄이는 데 집중되었었다. 그러나 대부분의 경우, 질소 산화물은 광화학 스모그와 오존 생성에서 한계 반응물이므로 질소 산화물의 배출을 제어하는 것은 대류권 공기 오염을 줄이는 데 매우 중요하다.

10.6.4 질소 산화물의 생산 제한

발전소의 보일러 같은 고정 발생원에서 배출되는 NO_x의 농도는 일반적으로 50~1000 ppm 정도이다. NO 생성은 반응 속도론적으로나 열역학적으로 고온 및 높은 과잉 산소 농도를 선호하며, 이러한 조건에 노출되는 시간이 증가함에 따라 잘 생성된다. 고정 발생원에서 NO 배출을 줄이기 위해서는 이들 요인을 고려해야 한다. NO의 생성을 줄이기 위해 연소 불꽃의 온도를 낮추기 위한 방법으로는 재순환된 배기가스, 차가운 공기, 비활성 기체, 또는 물을 첨가하는데, 이 방법을 이용하면 뜨거운 엔진에서 열에너지를 엔진의 기계 에너지로 변환시키는 Carnot 식에 의해서 계산되는 에너지 변환 효율이 낮아진다.

화석 연료가 연소하는 동안에 필요한 최소한의 공기를 주입하면 NO_x 배출을 효과적으로 줄일 수가 있다. 즉, 연료를 산화시키는 데 필요한 최소한의 양만큼만 공급하면 산소는 연소에 다 소비되어, 불꽃의 높은 온도 부분에서 일어나는 다음 반응에 필요한 산소가 적어진다.

$$N_2 + O_2 \rightarrow 2NO \tag{10.63}$$

그러나 공기를 적게 넣어 연료의 불완전 연소로 인해서 일어나는 탄화수소, 검댕과 일산화 탄소의 배출이 또 다른 문제점으로 발생한다. 따라서 이러한 문제점을 극복하기 위해서 다음과 같은 두 단계 연소를 시키는 방법이 있다.

1. 첫 단계는 공기를 이론적 소비량보다 적게, 즉 이론값의 90~95%를 공급하고, 비교적 높은 온도에서 연료를 연소시킨다. 그러면 과량의 산소가 없기 때문에 NO의 생성이 억제된다.
2. 두 번째 단계는 공기를 과량 공급한 낮은 온도에서 연료를 완전히 연소시킨다. 이 단계는 온도가 낮기 때문에 NO의 생성이 억제된다.

가스를 연료로 사용하는 발전소에서 두 단계 연소 공정을 사용하여 NO의 배출을 90% 이상 줄일 수 있었다.

10.6.5 굴뚝 배출 가스에서 질소 산화물의 제거

굴뚝 배출 가스에서 NO_x를 제거하는 데는 여러 가지 어려운 문제점이 있다. NO_x를 제거하는 가능한 방법으로는 질소 산화물의 촉매/환원 분해와, 액체나 고체를 이용하여 NO_x를 수착(sorption)하는 방법이 있다. 수착은 굴뚝 배출 가스 중에는 일산화 질소가 주종인데, NO가 물에 대한 용해도가 낮아서 제한점을 가지고 있다.

일반적으로 NO_x의 환원 과정에는 암모니아 환원제나 요소 환원제를 사용하여, 다음 반응에 나타낸 것과 같이 질소 산화물을 원소 N_2와 H_2O로 환원시킨다.

$$4NH_3 + 4NO + O_2 \rightarrow 4N_2 + 6H_2O \tag{10.64}$$

이산화 질소(NO_2)는 굴뚝으로 배출되는 질소 산화물 중 10% 정도밖에 안 되지만, 암모니아에 의해서 환원된다. 배출 가스에 주입되는 요소(H_4N_2CO)는 높은 온도에서 분해되어 암모니아를 발생시킨다.

노(furnace)의 상부에 주입된 암모니아를 이용한 **선택적 비촉매 환원(selective non-catalytic reduction, SNCR)**은 900~1000℃ 정도의 높은 온도에서도 일어나는데, NO의 제거 효율은 40~60% 정도이다. **선택적 촉매 환원(selective catalytic reduction, SCR)**은 285~425℃의 온도에 노출되는 타이타늄, 바나듐, 텅스텐 및 몰리브데넘을 포함하는 다양한 금속 산화물로 구성된 촉매를 이용해 보일러 역류 영역인 하류에서 수행된다. 촉매는 벌집 지지체 위에 고정되어 있거나 스테인레스강 메시 스크린 판상에 단단히 내장되어 있다. 선택적 촉매 환원은 약 80% 정도의 NO 제거 효율을 나타낸다.

단일 촉매 장치가 자동차 배기가스의 주요 3가지 오염 물질인 탄화수소, 일산화 탄소 및 질소 산화물을 모두 파괴하는 것에 반하여, 현재 내연 동력 차량의 배기가스에서 생성된 NO는 3원 변환 촉매를 사용하는 촉매 변환기에서 제어된다. 이 촉매는 배기가스에서 산소 농도 레벨을 정확하게 감지하는 것과 전산화된 엔진 제어를 결합하여 초당 몇 번씩 화학량론적 비보다 약간 높고 낮은 공기-연료 혼합비를 조정하는 방식으로 작동한다. 촉매 변환기의 1단계에서, 활성 촉매 금속이 백금과 로듐인 환원 촉매는 NO를 N_2 및 O_2로 환원시키는 작용을 한다.

$$2NO \rightarrow N_2 + O_2 \tag{10.65}$$

2단계에서는, 백금 및 팔라듐 산화 촉매가 배기가스의 과량의 산소와 환원 단계에서 방출된 산소(반응 10.65)를 사용하여 일산화 탄소, 수소 및 탄화수소를 산화시킨다.

염기를 이용하는 SO_2의 제거를 위한 수착 공정은 NO의 낮은 산성도와 NO의 물에 대한 낮은 용해도 때문에 일산화 질소를 제거하는 데 상대적으로 비효율적이다. NO를 NO_2와 N_2O_3로 산화시키는 제안이 있는데, 이는 염기에 의해서보다 효율적으로 흡수되지만, 효과가 입증되지는 않았다.

액체 용액에서 질소 산화물의 수착이 시도되었다. 용액 화학 반응에 의한 질소 산화물의 용해를 가능하게 하기 위해 많은 용질이 사용되어 왔다. 대표적인 수착제 종으로는 다음 반응에 따라 NO를 첨가하는 철 이온(Fe^{2+})의 EDTA 킬레이트가 있다.

$$Fe(EDTA)^{2-} + NO \rightarrow [Fe(EDTA)NO]^{2-} \tag{10.66}$$

NO_x를 제어하는 데 흥미로운 가능성은 **바이오필터(biofilter)**를 사용하는 것이다.[6] 대기 오염 물질 제어에 있어서 비교적 새로운 방법인 바이오필터는 고정되거나 유동층 구성의 미생물을 이용하여 가스와 접촉시켜 오염 물질을 흡수한다. 미생물은 여과 매질에 남아 있는 오염 물질을 분해하여 무해한 생성물을 생성하며(수착된 N 화합물의 경우 선호되는 생성물은 N_2이다), 이상적으로 바이오필터는 상대적으로 낮은 비용과 낮은 유지 보수 비용으로 작동된다. 그러나 대형 발전소의 배기가스 흐름에서 실행 가능한 바이오필터를 유지하는 것은 어려운 문제이다.

10.7 산성비

이미 설명한 바와 같이, 대기 중으로 유입된 많은 양의 황 산화물과 질소 산화물은 각각 황산과 질산으로 변환되고, 염화 수소로 배출된 것이 염산으로 된다. 이들 산이 산성 강하물(산성비)의 원인 물질이며, 일부 지역에서는 현재 가장 심각한 오염 문제로 대두되고 있다.

하천의 원류와 산간 지역의 호수들은 산성비의 영향을 특별히 받기 쉬워, 물고기나 기타 수생 생물이 사라지기도 한다. 삼림과 농작물 생산량 감소; 토양, 암석, 호수나 하천의 퇴적물로부터 영양 염류와 중금속의 용출, 상수도관에서 구리나 납과 같은 금속의 용해; 노출된 금속의 부식; 건축물이나 건조물의 대리석 표면의 용해 등이 산성비에 의한 또 다른 피해 영향이다. 산성 강하물로 인해 토양에서 식물에 독성인 알루미늄이 용해되는 것은 식물과 산림의 성장에 특히 해롭다.

산성비는 이와 같이 광범위하게 나타나고, 그 영향 또한 다양하여 지구 대기를 위협하는 대기 오염 현상이다. 따라서 13장에서 좀 더 자세히 다루겠다.

10.8 대기 중 암모니아

암모니아는 대기에서 가장 풍부한 질소 함유 종으로, 생화학이나 화학 반응에 의해서 생성되는 물질이므로 오염되지 않은 대기 중에도 존재한다. 대기 중 암모니아의 배출원은 여러 가지가 있는데, 토양 미생물, 동물 배설물의 분해, 암모니아 비료, 하수 처리, 코크스 공장, 암모니아 공장과 암모니아를 사용하는 냉장 시설에서 유출되는 것 등이다. 가축과 축사가 미국에서 가장 큰 암모니아 배출원이고, 연간 10억 킬로그램 이상 배출되는 것으로 추정된다.[7] 가축의 암모니아는 요소 효소가 촉매 작용을 하는 요소와, 사료 중 단백질의 주요 폐기물의 가수 분해로부터 대부분 발생한다. 대기 중에 암모니아 기체가 고농도로 존재하는 것은 누출 사고에 의한 것이다.

암모니아는 물에 잘 녹고 염기로 작용하기 때문에 대기 중에서 쉽게 제거된다. 암모니아는 대기에서 가장 중요한 염기이다. 암모니아는 오염된 대기 중에서 황산염과 질산염 에어로솔을 만들어 내고 중화시키는 중요한 화학종이다. 암모니아는 이러한 산성 에어로솔과 반응하여 암모늄염을 형성한다.

$$NH_3 + HNO_3 \rightarrow NH_4NO_3 \tag{10.67}$$

$$NH_3 + H_2SO_4 \rightarrow NH_4HSO_4 \tag{10.68}$$

대기 암모니아는 여러 가지 영향을 끼친다. 암모늄염은 대기 에어로솔 중에서 비교적 부식성이 있는 염이다. 미국 동부 대기 중에 있는 미세 입자상 물질(PM2.5) 중 절반 정도는 황산 암모늄이고, 가시거리에 큰 영향을 미친다. 암모니아는 식생에도 영향을 끼치는 데 급성 노출은 나뭇잎에 가시적인 피해를 입힌다.

10.9 플루오린, 염소 및 그 기체 화합물

플루오린, 플루오린화 수소 및 기타 휘발성 플루오린 화합물들은 알루미늄 제조 과정에서 생성된다. 그리고 플루오린화 수소는 플루오르인회석(fluorapatite)으로 인산, 과인산염 비료, 기타 인산 제품을 제조할 때 부산물로 생성된다. 플루오르인회석[$Ca_5F(PO_4)_3$]과 황산을 반응시켜 인산을 만드는 과정은 습식 공정이며, 반응식은 다음과 같다.

$$Ca_5F(PO_4)_3 + 5H_2SO_4 + 10H_2O \rightarrow 5CaSO_4{\cdot}2H_2O + HF + 3H_3PO_4 \tag{10.69}$$

대기 오염 문제를 일으키지 않으려면 플루오르인회석 공정에서 발생하는 플루오린 부산물을 전부 회수해야 한다. 실제 공장에서는 플루오로 규산(H_2SiF_6)으로 회수하고 있다.

플루오린화 수소 기체는 유리와도 반응하여 부식시킬 정도로 매우 위험한 물질이다. 그리고 플루오린화 수소 기체는 신체의 각 조직을 자극하며, 기관지는 플루오린화 수소 기체에 매우 민감하다. 농도가 ppt 정도의 플루오린화 수소 증기에 짧은 시간 동안 노출되더라도 치명적일 수 있다. F_2의 급성 독성은 HF보다 더 강하다. 높은 농도의 플루오린화물에 장기간 노출되면 플루오린화 중독증이 나타나는데, 치아에 반점이 생기고 뼈에 병리학적인 증상이 나타난다.

식물들은 특별히 기체상 플루오린화물에 의한 영향을 받기 쉽다. 대기 중 플루오린화물은 식물의 기공을 통해 잎의 조직으로 들어가서 영향이 나타난다. 플루오린화물이 식물에게 미치는 독성은 축적성이 있으므로, 낮은 농도에 노출이 되더라도 노출된 기간에 비례하여 그 영향이 나타난다. 플루오린화물에 의한 독성 중 대표적인 것은 백화 현상(햇빛을 못 본 것 같이 녹색잎이 퇴색되는 현상)과 잎의 가장자리나 끝이 불탄 것처럼 보이는 현상이다. 침엽수에 나타나는 플루오린화물 중독은 잎의 끝 부분부터 적갈색으로 괴사되는 현상이다. 플루오린화물 중독에 의한 침엽수의 피해 사례는 노르웨이의 알루미늄 공장에서 발생한 플루오린이 8마일 떨어진 *Pinus sylvestris*의 숲을 파괴시킨 것이 있고, 공장에서 20마일 정도 떨어진 나무도 피해를 받은 것으로 나타났다.

1783~1784년에 아이슬란드에서 발생한 2500 km^2의 토지를 덮은 Laki 화산 시스템의 격렬했던 8개월간의 분출과 관련하여 플루오린화 수소가 방출되었다.[8] 이와 함께 이 화산 폭발로 많은 양의 용암과 화산재가 배출되어 몇 년 동안 유럽에 기후 변화가 일어났고, 농작물의 흉작으로 기근이 들었다. 이 폭발로 인해 800만 톤의 플루오린화 수소가 배출된 것으로 추정된다. 이 오염에 따른 치아 및 골격의 불균형으로 인해 섬에 있는 양의 80%, 소의 50%, 말의 50%가 죽었다. 플루오린의 중독과 기근으로 아이슬란드 인구의 약 4분의 1이 사망하였다.

테트라플루오린화 규소(SiF_4) 기체는 또 다른 기체상 플루오린화물 오염 물질로서 철강과 금속을 녹이는 과정에 이용되는 형석(CaF_2)에 의해서 발생하는데, 형석과 이산화 규소(모래)가 반응하여 SiF_4 기체가 발생한다.

$$2CaF_2 + 3SiO_2 \rightarrow 2CaSiO_3 + SiF_4 \tag{10.70}$$

또 다른 기체상 플루오린화물로서는 대기 중에 약 0.3 ppt 정도 존재하는 헥사플루오린화 황(SF_6)이 있다. 이 기체는 반응성이 극히 작고, 약 3,200년 정도의 대기 수명을 가져 대기 추적 기체로 사용된다. 이 기체는 대류권이나 성층권에서 자외선을 흡수하지 않아서 적어도 60 km 상공에서 자유 전자를 포획하여 반응이 일어나 파괴되기 시작한다. 현재 대기 중 SF_6의 농도는 헥사플루오린화 황을 상업적으로 생산하기 시작한 1953년에 대기 배경 농도로 추정했던 0.04 ppt에 비해서 현저하게 높은 수준이다.

대기에 유입된 분자당 능력으로 나타내는 지구 온난화 지수(global warming potential, GWP)를 보면, 헥사플루오린화 황이 이산화 탄소의 약 23,900배인 가장 강력한 온실 가스로 알려져 있어 사용량의 증가가 염려된다. 이 화합물은 용융 알루미늄과 마그네슘의 비활성 차단/가스 탈기 및 가스 절연 전기 장비, 특히 전력 전환에서 발생하는 소관 아크를 포함한 특수 응용 분야에서 매우 유용하게 사용된다. 아이러니하게도 헥사플루오린화 황 사용 증가의 주요 원동력은 고전류 전기 회로를 자주 전환해야 하는 대형 풍력 터빈의 개발이 증가하고 있기 때문이다.[9]

10.9.1 염소와 염화 수소

염소(Cl_2) 기체는 넓은 지역을 오염시키는 오염 물질은 아니지만, 국지적으로 심각한 영향을 줄 수도 있다. 염소는 제1차 세계 대전에서 사용된 최초의 독가스다. 염소는 플라스틱 공업과 같은 화학 물질 제조업뿐만 아니라 상수도의 처리와 표백제로서 널리 사용되었다. 따라서 염소 기체가 누출될 가능성이 있는 지역은 많다. 염소는 매우 독성이 강하고, 점액질의 막을 자극하는 물질이다. 그리고 매우 반응성이 크고, 강력한 산화제이다. 염소는 대기 중 물방울에 녹아 들어가 산화제로 작용하여 염산과 하이포염소산을 생성한다.

$$H_2O + Cl_2 \rightarrow H^+ + Cl^- + HOCl \tag{10.71}$$

염소는 가장 광범위하게 생산되는 화학 물질 중 하나로 미국에서 매년 약 1,300만 톤의 소금을 전기 분해하여 생산되고 있다. 대량의 액화 염소가 철도, 트럭과 바지선으로 운반되어 치명적인 Cl_2 가스의 사고에 의한 누출은 일반적인 것이다.[10] 최근 미국에서 가장 심각한 것 중 하나는 2005년 South California의 Graniteville에서 18대의 화물차가 탈선하여 대기 중으로 거의 55,000 kg의 Cl_2 가스가 배출되었다. 이 사고로 인해 5000명이 가정에서 대피하였고, 1400명이 노출되어 550명은 병원 치료를 받았으며, 9명은 염소에 노출되어 사망하였다. 사보타주로 대량의 연소를 유출시키는 것이 테러에서 가장 경계해야 할 부분이다.

염소는 대기 화학 반응에 참여하는데, 가장 주목할 만한 것은 남극의 봄 시즌인 9월과 10월 동안 형성되는 자외선을 걸러 주는 성층권 오존의 고갈로 인해 매년 형성되는 남극 오존홀이다. 유별나게 추운 남극의 겨울 동안 성층권의 염소는 햇빛이 없는 겨울 동안에 축적되는 성층권 남극 구름을 구성하는 미세한 얼음 입자에 농축된다. 이 구름에서 가장 풍부한 염소를 포함하고 있는 종들 중 하나는 염소 질산염($ClONO_2$)인데, 다음 반응을 거쳐서 원소 염소를 방출한다.

$$ClONO_2 + HCl \rightarrow Cl_2 + HNO_3 \quad (10.72)$$

염소 원자, ClO, 그리고 이합체인 ClOOCl은 오존과 반응하는데, 오존이 O_2로 분해되는 반응의 촉매 작용을 한다. 그래서 남극 오존홀이 형성되는 것이다.

10.9.2 대기 중 염화 수소

염화 수소(HCl)의 발생원은 다양하다. 실험식 C_2H_3Cl인 염화 바이닐의 중합체인 폴리염화바이닐과 같은 염소 플라스틱을 소각하면 연소 생성물로서 HCl이 배출된다.

대기 오염 물질 중 일부는 대기 중에 방출된 후 가수 분해하여 염화 수소로 변형된다. 사염화 규소($SiCl_4$)와 염화 알루미늄($AlCl_3$)과 같은 화합물의 사고가 일어나면, 이들이 방출되어 대기 중 수증기와 반응한다.

$$SiCl_4 + 2H_2O \rightarrow SiO_2 + 4HCl \quad (10.73)$$

$$AlCl_3 + 3H_2O \rightarrow Al(OH)_3 + 3HCl \quad (10.74)$$

NaCl, KCl, $CaCl_2$와 같은 무기 염화물 염들은 높은 온도에서 SO_2, O_2와 H_2O가 공존하면 황산화가 일어나며, 염화 수소가 발생한다. 다음은 $CaCl_2$의 황산화 반응의 전체 반응을 나타냈다.

$$CaCl_2 + \tfrac{1}{2}O_2 + SO_2 + H_2O \rightarrow CaSO_4 + 2HCl \quad (10.75)$$

9.11절에서 논의한 것과 같이, 이제는 조해성 무기 염화물 입자들이 하이드록실 라디칼과 반응하는 것이 확실해졌다.

$$2NaCl + 2HO\bullet \rightarrow 2NaOH + Cl_2 \quad (10.76)$$

이렇게 생성된 염기성 표면이 SO_2를 잡아 산화가 일어나기 용이하게 한다. 방출된 Cl_2는 가수 분해하여 HCl이 생성되고, 대기 중 산성 물질로 기여한다.

$$Cl_2 + H_2O \rightarrow HCl + HOCl \quad (10.77)$$

10.10 환원성 황 기체들

황화 수소, 황화 카보닐(OCS), 이황화 탄소(CS_2) 및 다이메틸 설파이드[$S(CH_3)_2$]는 대기에서 낮은 산화 상태의 황을 가지고 있는 중요한 기체상 화합물들이다. 이들 가스는 어떤 경우에는 중간 생성물인 SO_2 단계를 거쳐 대기에서 황산염으로 산화되며, 대기 황의 중요한 근원들이다.

황화 수소는 황 화합물의 분해 및 황산염의 물속에서 세균의 환원을 포함하는 미생물학적 과정에 의해 생성된다. 황화 수소는 또한 지열 증기, 나무를 펄프로 만드는 과정 등과 이 외에도 여러 가지 자연적, 인위적 배출원에서 생성된다. 약 8×10^9 kg(8 Tg)의 황화 수소가 매년 대기 중으로 방출된다. 이는 매우 쉽게 산화되기 때문에 대부분의 대기 중 황화 수소는 빠르게 SO_2로 변환된다. 황화 수소의 유기물 동족체인 머캅탄은 유기 물질이 분해되어 대기 중으로 유입되며, 특히 이것들은 고약한 악취를 내는 물질이다.

인위적인 황화 수소 배출 오염원은 이산화 황과 달리 많지 않다. 그러나 황화 수소의 배출로 인한 몇몇 급성 사고는 사람의 건강뿐 아니라 생명에 치명적인 영향을 준 것도 있다. 이러한 사고로 가장 유명한 것은 1950년 멕시코의 Poza Rica에서 일어난 것이다. 이 사고는 천연가스에서 황을 회수하는 공장에서 사용하던 황화 수소가 흘러나와, 22명이 사망하고 300명 이상이 병원에 입원했는데, 비공식적인 집계에 의한 사망자는 이보다 훨씬 많다. 2003년 12월 중국에서 황화 수소로 오염된 천연가스의 폭발로 242명이 사망하고, 2,000명 넘게 중상을 입었다. 응급 처치 방법으로, 황화 수소를 태우면 방대한 양의 이산화 황이 발생한다. 이산화 황도 대기 오염 물질이지만, 황화 수소만큼 치명적이지는 않다. 깊은 곳에 있는 천연가스 층을 막으면 황화 수소가 누출되는 사고가 일어날 위험성이 증가한다. 하수도 가스, 돼지 먹이 작업 폐수, 축사 사료 폐기물 구덩이 및 기타 자원을 포함한 다양한 발생원에서는 보통 하수구 맨홀과 같은 좁은 공간에서와 같이 황화 수소가 축적될 수 있는 경우가 있는데, 이렇게 격리된 황화 수소의 유독한 중독 사건으로 매년 미국에서 여러 명의 근로자가 사망하고 있다.

많은 양의 비교적 풍부한 구린(sour) 천연가스를 에너지원으로 사용하기 위해서는 구린 천연가스에 포함된 황화 수소의 처리가 점점 문제로 제기되고 있다. 이 문제는 세계에서 가장 많은 매장량의 구린 천연가스를 가지고 있는 캐나다의 Alberta에서 특별히 심각하다. 황화 수소의 회수와 원소 황으로의 변환은 과잉 공급을 초래하고 있다. 그래서 현재는 증가하는 양의 황화 수소와 함께 이산화 탄소와 구린 천연가스의 다른 산성 성분들을 지하층에 주입하고 있으며, 이 관행은 황화 수소의 강한 독성과 방출 가능성 때문에 강한 반대를 불러 일으켰다.

대기 중 황화 수소의 농도가 어느 수준 이상이 되면 미숙한 식물 조직이 파괴된다. 황화 수소에 의한 이런 종류의 식물 손상은 다른 식물 독소에 의하여 손상된 것과 쉽게 구별된다. 황화 수소에 민감한 식물은 3,000 ppb 정도에 계속 노출되면 고사하지만, 다른 종류들은 수확량 감소와 잎에 이상이 생기며, 낙엽이 진다.

특정 물질에 대한 손상은 황화 수소 오염으로 인해 일어나는 매우 비싼 영향이다. 지금은 사용되지 않지만, $2PbCO_3 \cdot Pb(OH)_2$와 같은 납 안료를 포함한 페인트는 특별히 H_2S의 영향으로 색이 어둡게 변하기 쉽다. 50 ppb 정도의 H_2S에 몇 시간 이상 노출되면 색이 어두워진다. 황화 수소와 납 안료가 반응하여 처음에는 황화 납(PbS)이 생성되고, 황화 수소가 없어지면 대기 중 산소와 반응하여 점진적으로 흰색의 황산 납($PbSO_4$)으로 바뀌어, 페인트로 인한 건강 위험은 아니지만 손상된 페인트를 부분적으로 되돌릴 수 있다.

구리가 황화 수소에 노출되면 표면에 검은색의 황화 구리 층이 생긴다. 그리고 이 층은 점진적으로 황산 구리를 기본으로 한 $CuSO_4 \cdot 3Cu(OH)_2$ 층으로 바뀐다. 이렇게 생성된 '녹청'은 더 이상 부식되는 것에 대해 강한 저항성을 가지고 있다. 이러한 부식층이 전기 제품의 구리 접촉면에 생기면 기능이 크게 떨어진다. 그리고 황화 수소는 은의 표면에도 검은 황화 은 층을 만든다.

황화 카보닐(OCS)은 현재 대류권에 약 500 ppt 정도의 수준으로 존재하는 것으로 알려져 있으며, 이는 약 2.4 Tg에 해당하는 양이다. 매년 약 1.3 Tg 정도의 황화 카보닐이 대기로 유입된다. 그리고 매년 황화 카보닐 절반 정도 양의 이황화 탄소(CS_2)가 대기로 유입된다. 황화 카보닐의 대기 수명은 약 18개월이고, 대기 중 가장 수명이 긴 흔한 환원성 황 가스이다.

OCS와 CS_2 모두 대기 중에서 HO• 라디칼에 의해서 산화되는데, 개시 반응은 다음과 같다.

$$HO\bullet + OCS \rightarrow CO_2 + HS\bullet \tag{10.78}$$

$$HO\bullet + CS_2 \rightarrow OCS + HS\bullet \tag{10.79}$$

이들 반응은 하이드록실 라디칼에 의해서 산화 과정이 개시되고, 일련의 대기 화학 반응을 통해 일어난다. 반응식 10.78과 10.79에서 보여 주는 것과 같이 황을 함유한 생성물들이 최초로 형성되고, 더욱 반응이 진행되어 이산화 황으로 변환되고, 궁극적으로 황산염종으로 된다. 황화 카보닐과 하이드록실 라디칼의 반응은 매우 느려 대류권에서 OCS 유실 경로에서는 중요하지 않은 경로이다. 이 가스는 고등식물에서 통상 이산화 탄소를 대사 작용하는 탄산 무수화 효소에 의해 대사 작용되고, 고등식물에 의해 흡수되는 것이 황화 카보닐 침강에 상당량을 차지하는 것으로 알려져 있다.

황화 카보닐은 수명이 길어 상당량이 성층권에 이른다. 여기서 광분해가 일어나고, 다음의 일련의 반응이 따른다.

$$OCS + h\nu \rightarrow CO + S \tag{10.80}$$

$$O + OCS \rightarrow CO + SO \tag{10.81}$$

$$S + O_2 \rightarrow SO + O \tag{10.82}$$

$$SO + O_2 \rightarrow SO_2 + O \tag{10.83}$$

$$SO + NO_2 \rightarrow SO_2 + NO \tag{10.84}$$

이산화 황은 이들 반응에 의해서 생성되고, 결국에는 황산염과 황산 에어로솔로 산화된다. 이것이 성층권의 바닥부터 약 30 km의 고도까지 펼쳐진 성층권 에어로솔 층을 만든다. 이 층은 1960년에 우주 먼지와 핵폭탄 실험에서 나온 잔해들을 찾다 이 층을 발견한 Christian Junge의 이름을 따서 Junge 층(Junge layer)이라고 한다. Junge 층에는 황산과 황산염 입자가 대부분을 이루고 있지만, 운석이 지구의 대기로 진입하면서 열분해가 진행되는 운석의 잔해 등 다른 것들도 있다. 2000년에서 2010년까지 Junge 층의 광학 깊이는 연간 4~10% 증가했는데, 주로 화산 분출에 의해 황 가스가 성층권으로 유입된 것이 대부분이며, 아시아에서 석탄의 연소에 기인한 인류권의 기여는 작다.[11]

Junge 층의 입자가 태양 에너지를 반사하여 대기의 냉각 효과가 있는데, 2000~2010년의 10년 동안 기후 변화 배후 복사력의 25%가 같은 기간 10년 동안 성층권 입자의 유입 증가로 균형을 맞출 수 있었다.

참고문헌

1. Vallero, Daniel, *Fundamentals of Air Pollution*, 5th ed., Elsevier, Amsterdam, 2014.
2. "Emissions of the Main Air Pollutants in Europe," 2020, https://www.eea.europa.eu/data-and-maps/indicators/main-anthropogenic-air-pollutant-emissions/assessment-6.
3. Penkett, S. A., B. M. R. Jones, K. A. Brice, and A. E. J. Eggleton, "The Importance of Atmospheric Ozone and Hydrogen Peroxide in Oxidising Sulphur Dioxide in Cloud and Rainwater," *Atmospheric Environment*, **41**, S154–S168, 2008.
4. Dawson, Kate Winkler, *Death in the Air: The True Story of a Serial Killer, the Great London Smog, and the Strangling of a City*, Hachette Books, New York, NY, 2017.
5. Lee, Hyun Kyung, and Inkyin Khaine, "The Relationship between SO_2 Exposure and Plant Physiology: A Mini Review," *Horticulture, Environment, and Biotechnology*, **58**, 523–529, 2017.
6. *Vacuum Swing Adsorption on-Demand Oxygen Generation*, Air Liquide Engineering, 2020, https://www.engineering-airliquide.com/vacuum-swing-adsorption.
7. Faulkner, W. B., and B. W. Shaw, "Review of Ammonia Emission Factors for United States Animal Agriculture," *Atmospheric Environment*, **42**, 6567–6574, 2008.

8. Bressan, David, "June 8, 1783, How the Laki Eruptions Changed History," *Scientific American*, **308**, June 8, 2013.
9. Widger, Phillip, and Abderrahmane (Manu) Haddad, "Evaluation of SF6 Leakage from Gas Insulated Equipment on Electricity Networks in Great Britain," *Energies* **11**(8), 2037, 2018, https://doi.org/10.3390/en11082037.
10. Kay, Jane, "Chlorine Accidents Take a Big Human Toll," *Scientific American*, **305**, October 20, 2011.
11. Neely, R. R., "Recent Anthropogenic Increases in SO_2 from Asia Have Minimal Impact on Stratospheric Aerosol," *Geophysical Research Letters*, **40**, 999–1004, 2013.

보충자료

Ashmore, M. R., Lisa Emberson, and Frank Murray, Eds., *Air Pollution Impacts on Crops and Forests*, Imperial College Press, London, 2003.

Bachu, Stefan, and William D. Gunter, "Acid-Gas Injection in the Alberta Basin, Canada: A CO_2-Storage Experiment," *Geological Society Special Publication*, **233**, 225–234, 2004.

Balduino, Sergio P., Ed., *Progress in Air Pollution Research*, Nova Science Publishers, New York, NY, 2007.

Basu, Somnath, "Chemical and Biochemical Processes for NO_x Control from Combustion Off-Gases," *Chemical Engineering Communications*, **194**, 1374–1395, 2007.

Baukal, Charles E., *Industrial Combustion Pollution and Control*, Marcel Dekker, New York, NY, 2004.

Bodine, Corin G., Ed., *Air Pollution Research Advances*, Nova Science Publishers, New York, NY, 2007.

Cheremisinoff, Nicholas P., *Handbook of Air Pollution Prevention and Control*, Butterworth-Heinemann, Boston, MA, 2002.

Cooper, C. David, and F. C. Alley, *Air Pollution Control: A Design Approach*, 4th ed., Waveland Press, Prospect Heights, IL, 2010.

Córdoba, Patricia, "Status of Flue Gas Desulphurisation (FGD) Systems from Coal-Fired Power Plants: Overview of the Physico-Chemical Control Processes of Wet Limestone FGDs," *Fuel*, **144**, 274–286, 2015.

Davis, Wayne T., Ed., *Air Pollution Engineering Manual*, 2nd ed., John Wiley & Sons, New York, NY, 2000.

de Nevers, Noel, *Air Pollution Control Engineering*, 3rd ed., Waveland Press, Prospect Heights, IL, 2016.

Fagan, Richard C., and John H. Seinfeld, *Fundamentals of Air Pollution Engineering*, Dover Publications, Mineola, NY, 2012.

Godish, Thad, and Wayne T. Davis, *Air Quality*, 5th ed., CRC Press, Boca Raton, FL, 2014.

Heck, Ronald M., Robert J. Farrauto, and Suresh T. Gulati, *Catalytic Air Pollution Control: Commercial Technology*, 3rd ed., Wiley, New York, NY, 2009.

Jacobson, Mark Z., *Air Pollution and Global Warming: History, Science, and Solutions*, Cambridge University Press, Cambridge, 2012.

Kidd, J. S., and Renee A. Kidd, *Air Pollution: Problems and Solutions*, Chelsea House, New York, NY, 2006.

Kluiters, S. C., R. W. Van Den Brink, and W. G. Haije, "Advanced Oxygen Production Systems for Power Plants with Integrated Carbon Dioxide Capture," *Woodhead Publishing Series in Energy*, **1**, 320–357, 2010.

Lunt, R. R., Arthur D. Little, and J. D. Cunic, *Profiles in Flue Gas Desulfurization,* American Institute of Chemical Engineers, New York, NY, 2000.

Metcalfe, Sarah, and Dick Derwent, *Atmospheric Pollution and Environmental Change*, Oxford University Press, New York, NY, 2005.

Nadadur, Srikanth S., and John W. Hollingsworth, *Air Pollution and Health Effects*, Springer, Berlin, 2015.

Rao, Shrinivash, *Handbook of Air Pollution Prevention and Control*, Scitus Academics, Wilmington, DE, 2016.

Romano, Gaia C., and Alice G. Conti, Eds., *Air Quality in the 21st Century*, Nova Science Publishers, New York, NY, 2008.

Schnelle, Karl B., and Russell F. Dunn, *Air Pollution Control Technology Handbook*, 2nd ed., CRC Press, Boca Raton, FL, 2017.

Singh, Lamabam Peter, Sanvajeet Singh Gill, Ritu Gill, and Narendra Tuteja, "Mechanism of Sulfur Dioxide Toxicity and Tolerance in Crop Plants," in *Improving Crop Resistance to Abiotic Stress*, Vol. 1, Narendra Tuteja, Ed., Wiley-Blackwell, Weinheim, Germany, 2012, pp. 133–163.

Stevens, Lem B., William L. Cleland, and E. Roberts Alley, *Air Quality Control Handbook*, McGraw-Hill, New York, NY, 1998.

Sullivan, Timothy J., and Charles T. Driscoll, "Air Pollution Success Stories in the United States: The Value of Long-Term Observations," *Environmental Science & Policy*, **84**, 69–73, 2018.

Tiwary, Abhishek, and Ian Williams, *Air Pollution: Measurement, Modelling, and Mitigation*, 4th ed., CRC Press, Boca Raton, FL, 2018.

Tomita, A., *Emissions Reduction: NO_x/SO_x Suppression*, Elsevier, New York, NY, 2001.

U.S. Environmental Protection Agency, *Fate of Nitrogen Oxides in the Atmosphere: Final Report*, Biblio Publishing, Columbus, OH, 2013.

U.S. Environmental Protection Agency, *Flue Gas Desulfurization System Capabilities for Coal-Fired Steam Generators: Technical Report*, Vol. II, Biblio Publishing, Columbus, OH, 2013.

Vallero, Daniel A., *Fundamentals of Air Pollution*, 5th ed., Academic Press, Waltham, MA, 2014.

Zhang, Shi-Han, Ling-Lin Cai, Xu-Hong Mi, Jin-Lin Jiang, and Wei Li, "NO_x Removal from Simulated Flue Gas by Chemical Absorption-Biological Reduction Integrated Approach in a Biofilter," *Environmental Science and Technology*, **42**, 3814–3820, 2008.

연습문제

모든 문제들을 답하기 위해서는 인터넷을 활용해야 할 것이다. 특히 일반적인 정보나 통계, 상숫값, 수식들은 인터넷에서 찾아서 사용하시오. 질문들은 교재 안에 있는 내용을 단순하게 찾아서 쓰는 것보다 호기심과 사고력을 증진시키기 위한 것이다. 그래서 어떤 경우에는 여러 가지 '정답'이 있을 수 있다. 그러므로 만약 자신의 이지적인 사고를 통한 노력과 다양한 문헌으로부터 찾은 정보를 바탕으로 작성한 답은 '정답'으로 간주한다.

1. "도시 지역에서 가장 높은 CO의 농도는 사람들의 활동이 가장 활발할 때 나타난다." 그 이유는 무엇인가?
2. 대기에서 CO를 제거할 수 있는 불안정하고 반응성이 있는 종은 무엇인가?
3. 대기 중 황의 순환에서 flux(유동)이 가장 적은 과정은 어느 것인가?
   a. 빗물에 의해 지면으로 씻겨 내려오는 황
   b. '해염'으로서 대기 중으로 유입되는 황산염
   c. 화산 폭발로 인해 대기 중으로 유입되는 황
   d. 화석 연료의 연소에 의해 대기 중으로 유입되는 황
   e. 해안 지역과 육지에서 생물학적 과정에 의해 대기 중으로 유입되는 황화 수소
4. 대기 중에서 이산화 황이 황산염으로 바뀌는 데 관여하지 않는 화합물은 어느 것인가?
   a. 암모니아
   b. 물
   c. 환원제 오염물
   d. Mn과 같은 전이 금속 이온
   e. 햇빛
5. 이 장에서 논의한 굴뚝 배출 가스 세정 공정들 중에서 SO_2 제거 효율이 가장 낮은 것은 무엇인가?

6. 차고 안의 공기에 표준 상태의 온도와 압력(STP)의 부피비로 CO가 10 ppm 존재한다. CO의 농도를 무게비로 환산하면 몇 mg/L, ppmw인가?
7. 100 km^2 지역에 pH 2.00인 빗물이 3.00 cm 내리는 데 필요한 H_2SO_4를 생산하려면 5%의 황 함유 석탄이 몇 톤 필요한가?
8. 대기 화학 반응에서 NO_2가 SO_2보다 더 중요한 화학종으로 역할을 하는 가장 큰 이유는 무엇인가?
9. 차고 안에서 고장 난 잔디 깎는 기계의 엔진에서 다음과 같은 연소 반응을 일으켰다고 가정하자.

$$C_8H_{18} + {}^{17}\!/_{2}O_2 \rightarrow 8CO + 9H_2O$$

차고 안의 공간이 5 m×3 m×3 m라면, 표준 상태에서 부피비로 CO의 농도가 1,000 ppmv에 도달하기 위해서는 몇 g의 가솔린이 연소되어야 하는가?
10. 제련 공정에서 나오는 폐가스를 25℃, 1.00기압에서 12.0 L 채취해서 SO_2를 제거하였다. SO_2를 제거하고 난 후의 부피가 11.50 L였다면, 이 폐가스 중 SO_2는 무게비로 몇 %인가?
11. Claus 반응에서 산화제는 무엇인가? 이 반응에서 얻는 상업 제품은 무엇인가?
12. 15℃, 1.00기압에서 채취한 공기 속에 CO가 부피비로 10 ppm 존재하고 있다. 이 시료 중 CO의 농도가 10 mg/m^3가 되려면 1.00기압하에서 몇 ℃가 되어야 하는가?
13. 그림 10.1에서 나타난 화석 연료에 의해 배출되는 SO_2를 생산하기 위해서는, 평균 2%의 황을 함유한 석탄이 몇 톤 필요한가? (그림에 주어진 값들은 황 원소에 대한 것들이다.) 또한 배출되는 SO_2는 몇 톤인가? 이 석탄의 양은 현재 세계적으로 사용되고 있는 양과 비교하여 어느 정도인가?
14. 습식-석회석 공정에서 2%의 황 함유 석탄 4톤에서 황을 90% 제거하는 데 $CaCO_3$ 1톤이 필요하다고 가정하자. 이때 반응 생성물이 $CaSO_4$라고 하면, 석회석의 몇 %가 $CaSO_4$로 되는지 계산하시오.
15. 문제 13과 문제 14를 참조하여, 평균 2% 황 함유 석탄 10억 톤(대략 연간 미국 소비량)에서 황을 90% 제거하기 위해 매년 요구되는 $CaCO_3$는 몇 톤인지 계산하시오.
16. 10% 과잉 공기를 공급하면서 석탄을 하루에 10,000톤씩 소비하는 발전소에서, 부피비로 100 ppm의 NO를 함유한 기체를 배출한다면, NO의 하루당 배출량은 얼마인가? 석탄이 순수한 탄소라고 가정한다.
17. 연습문제 16의 발전소에서 배출되는 기체에 NO_x를 0.5 ppm으로 유지하기 위해서, 25℃, 1기압의 공기가 몇 km^3 필요한가?
18. 다음의 기체상 무기 오염 물질과 연관되는 것을 연결하시오.

(a) CO	(1) 광화학 스모그를 발생시키는 물질로 내연 기관에서 생성된다.
(b) O_3	(2) 광화학 스모그와 관련되어 형성된다.
(c) SO_2	(3) 스모그나 산성비의 생성과 특별히 관련되지 않지만, 독성을 가지고 있다.
(d) NO	(4) 스모그 형성과는 무관하나, 산성비를 유발한다.

19. 다음 중 기체상 무기 오염 물질이 아닌 것 하나를 고르고 설명하시오.
   a. 벤조(*a*)-피렌
   b. SO_2
   c. NO
   d. NO_2
   e. H_2S
20. 다음 중 대기 중 일산화 탄소에 대한 설명으로 옳지 않은 것을 고르고, 그 이유를 설명하시오.
   a. HO•에 의해 CH_4에서 H가 떨어져 나오는 과정을 거쳐 성층권에서 생성된다.
   b. 하이드록실 라디칼과의 반응에 의해 주로 대기 중에서 제거된다.
   c. 일부분은 토양 미생물의 대사 작용을 통해 대기 중에서 제거된다.
   d. 오염 물질뿐만 아니라 일부분은 자연에서도 발생한다.
   e. 지구 대기에서의 평균 농도는 인류의 건강에 위협적일 것이다.

11 유기 공기 오염 물질

11.1 대기 중 유기 화합물

유기 오염 물질들은 대기 질에 큰 영향을 미친다. 대기 중 유기 오염 물질의 영향은 크게 세 가지 부류로 나눌 수 있다. 첫 번째 영향으로는 공기 중 오염 물질들로부터 **직접적인 영향(direct effect)**을 받는 것이다. 일례로서 염화 바이닐로 오염된 공기를 들이마시는 것이 원인이 되어 암이 걸리는 것과 같은 것이다. 두 번째 영향은 **수송 오염 물질(transported pollutants)**로, 오염원으로부터 어느 정도 떨어진 것이 대기를 통하여 이동하여 대기 이외의 저장소에 축적되는 오염 물질, 예를 들면 야생동물의 지방 속에 축적된 오염 물질로 야생동물의 지방 조직은 먹이 사슬의 차례로 소비하는 육식동물에게 유독할 수 있다. 마지막으로, 대기로 배출되는 유기 화합물의 가장 중요한 영향은 **2차 오염 물질(secondary pollutants)**의 형성이다. 특히, 대기 화학 반응에 의해서 생성되는 광화학 스모그(12장에서 자세히 다룰 것임)이다. 대기 중 오염 물질인 탄화수소의 경우는 그 자체보다 2차 오염 물질을 생성하는 섯이 더욱 중요한 영향이다. 그러나 작업장과 같이 특이한 경우는 대기 중 유기 오염 물질에 의한 직접적인 영향도 매우 중요하다.

이 장에서는 대기 중 유기 화합물의 분포와 성질에 관하여 알아보겠다. 그리고 12장에서는 광화학 스모그를 다루고 대기 중에서 일어나는 유기 화합물의 광화학 메커니즘에 관해서도 다루겠다.

11.1.1 대기 중 유기 물질의 제거

대기 중에서 유기 오염 물질은 여러 가지 경로를 통해 제거된다. 제거 경로에는 강우에 녹아들어서 제거되는 방법, 건식 침적, 광화학 반응, 입자상 물질로 또는 형성 과정에 참여하여 제거되는 방법과 식물에 의한 흡수가 있다. 대기 중 유기 오염물의 반응들은 대기 중에서 그것들이 제거되는 방법과 속도를 결정하는 데 중요하다. 이러한 반응들을 이 장에서 다루겠다.

삼림의 나무는 대기와 접하고 있는 표면적이 넓어서 공기 중에서 유기 오염 물질을 거르는 데 특히 중요한 역할을 하고 있다. 숲의 나무와 식물들은 활엽의 상부나 침엽의 외부에 있는 생물 고분자 '피부'인 큐티클 층을 통해 대기와 접촉하고 있다. 큐티클 층은 친지성, 즉 유기 물질에 대해 특별히 친화력을 가지고 있는데, 대기 중에 존재하는 유기 물질들에 대해서도 마찬가지이다. 흡수는 화합물의 친지성이 강할수록, 잎의 표면적이 넓을수록 증가한다. 이러한 현상은 대기를 정화시키는 데 숲이 얼마나 중요한가를 잘 말해 주고 있으며, 대기와 생물권 사이에서 일어나는 중요한 상호 작용을 설명하고 있다.

11.1.2 잔류성 유기 오염 물질

잔류성 유기 오염 물질(persistent organic pollutants, POPs)은 화학적, 생화학적으로 분해가 잘 되지

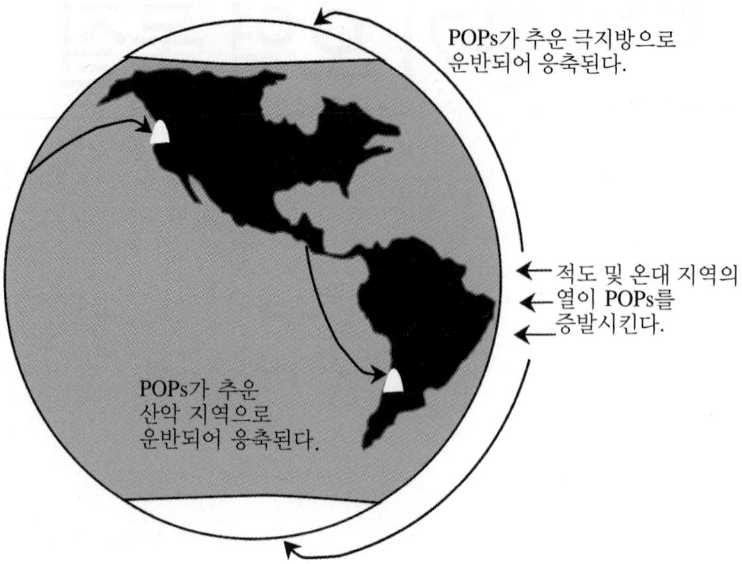

그림 11.1 지구의 따뜻한 지역에서 POPs가 가열되어 대기로 증발되고, 기류에 의해 장거리로 이동하여 극지방 및 눈 덮인 산악 지역에서 응축된다. 이러한 증류 효과로 인해 발생원과 멀리 떨어진 추운 지역에 POPs가 많이 응축하게 된다.

않아, 국제 협약에 의해 지정된 특히 골칫거리인 유기 화합물들인데, 그 이유는 이들이 (1) 장기간 지구 시스템 안에서 잔류하며; (2) 수권, 지권, 생물권, 특히 대기권에서 일어나는 자연 과정을 통해 지구 시스템 전체에 널리 분포되는 경향이 있으며; (3) 인간을 포함한 유기체의 지방 조직에 축적되고, 특히 먹이 사슬의 고차 먹이 단계 생물로 갈수록 농도가 더 높아지며, (4) 인간과 야생동물에게 독성이 있기 때문이다. 잔류성 유기 오염 물질에 관한 Stockholm 협약은 2001년에 합의되어 2004년에 효력이 발생된 POPs의 생산과 사용을 없애거나 줄이는 것에 관한 국제 환경 협약이다. 12 POPs의 초기 목록에는 살충제[알드린(aldrin), 크로르데인(chlordane), DDT, 딜드린(diedlin) 엔드린(endrin), 헵타크로르(heptachlor), 헥사클로로벤젠(hexachlorobenzene), 마이렉스(mirex), 톡사펜(toxaphene)], 산업 화학 물질[헥사클로로벤젠, 다염소화 바이페닐(polychlorinated biphenyls, PCBs)]; 제조 부산물[헥사클로로벤젠, 다염소화 다이벤조-*p*-다이옥신(polychlorinated dibenzo-*p*-dioxins, PCDD), 다염소화 다이벤조퓨란(polychlorinated dibenzofurans, PCDF), PCBs가 포함되어 있었다. 이러한 물질들은 여전히 '더러운 다스'(dirty dozen) POPs로 간주되고 있다. 더러운 다스 목록에는 없지만, 과플루오린화(perfluorinated) 화합물과 브로민계 및 염소계 난연제는 널리 사용되고 매우 난분해성인 화합물로 POPs에 포함된다.[1,2]

11.1.3 잔류성 유기 오염 물질(POPs)의 지구 분별 증류

POPs는 지구의 더운 지역에서 휘발되어 대기로 들어가서 추운 지역에서 응축되고 침적되는, 지구 규모의 증류와 분별 사이클이 일어나기 때문에 대기에서 특별히 중요하다(그림 11.1).[3] 이 현상의 이론은 이러한 오염 물질들의 분포가 오염 물질들의 물리화학적인 성질과 그들이 노출되는 온도 조건들에 의해 좌우된다는 것이다. 결과적으로 가장 휘발성이 적은 POPs가 발생원 근처에 침적되고, 비교적 휘발성이 높은 POPs가 극지방으로 증류된다. 그리고 휘발성이 중간 정도인 것들은 주로 중위도 지역에 침적된다. 이런 현상으로 인해 공업 지역에서 멀리 떨어진 환경학적으로 취약한 극지방에 POP가 축적되는 것을 설명할 수 있다.

11.2 생물 기원 유기 화합물

대기로 방출되는 유기물의 자연 발생원으로는 미생물, 산불, 동물들의 부산물과 화산이 있다. 대기로 방출되는 엄청난 양의 생물 기원 메테인을 고려할 때, 천연자원은 탄화수소가 대기에 가장 중요한 기여를 하는 반면, 인간 활동에 의해 생성되어 방출되는 탄화수소는 대기 중 전체 탄화수소의 1/7에 불과하다.

생물에 의한 유기 화합물의 대기로의 방출은 대기와 생물권 사이의 매우 중요한 상호 작용이다. 유기 화합물의 특히 중요한 자연 발생원은 생물에 의해 생성된 **생물 기원 유기 화합물(biogenic organic compounds)**들이다. 비메테인계 생물 기원 화합물의 가장 중요한 자연 발생원인 식물은 다양한 유기 화합물을 대기로 방출한다.[4] 생물 기원 화합물들은 산림 지역의 대기 중에 많고, 그 지역의 대기 화학에 상당히 많이 관여한다.[5]

식물에서 발생하는 휘발성 유기 화합물은 식물 성장과 발달, 번식, 방어, 식물들 간의 소통, 식물과 곤충 간의 소통에 있어서 많은 기능을 한다. 여러 가지 식물들이 아이소프렌(isoprene), 모노터펜(monoterpene, $C_{10}H_{16}$), 세스퀴터펜(sesquiterpene, $C_{15}H_{24}$)과 같은 탄화수소들을 방출한다. 방출량은 적지만, 산소로 치환된 화합물들의 종류는 매우 다양하여 메탄올과 2-메틸-3-부텐-2-올과 같은 알코올들, 6-메틸-5-헵텐-2-온과 같은 케톤과 헥센 유도체가 있다.

11.2.1 생물 기원 메테인

대기 중에 생물 기원 유기 화합물이 이렇게 많은 것은 물, 퇴적물, 토양 속에 있는 유기 물질이 혐기성 세균에 의해서 분해되어, 배출되는 메테인의 양이 엄청나게 많기 때문이다.

$$2\{CH_2O\}(\text{세균 작용}) \rightarrow CO_2(g) + CH_4(g) \tag{11.1}$$

가축의 위장 속 가스, 즉 사료가 가축의 소화기 속에서 혐기성 세균에 의해 분해되어 발생하는 가스에 의해 매년 대기 중에 유입되는 메테인의 양이 8,500만 톤에 달한다. 혐기성 조건의 논에서도 연간 1억 톤 정도의 많은 메테인이 발생한다. 메테인은 자연적인 대기 조성 성분으로 대류권에 1.8 ppm 정도 존재한다.

대류권의 메테인은 일산화 탄소와 오존이 생성되는 광화학 과정에 참여한다. 그리고 성층권에서는 메테인의 광화학적 산화가 수증기의 중요한 공급원이다.

11.2.2 식물에서 방출되는 생물 기원 탄화수소

식물에서 방출되는 간단한 유기물 중 하나는 에틸렌(C_2H_4)이다. 에틸렌은 식물 성장을 조절하는 전달자 역할을 하며, 다양한 종류의 식물에서 생성되어 대기 중으로 방출되고 있다. 에틸렌은 이중 결합을 가지고 있기 때문에 하이드록실 라디칼(HO•) 및 대기 중 산화종과 반응성이 매우 높다. 그래서 식물에서 배출되는 에틸렌은 대기 중에서 일어나는 화학 반응 과정에 많이 관여하고 있다.

주로 C6-알데하이드, C6-알코올 및 그들의 아세테이트로 구성된 녹색 잎의 휘발성 물질은 갓 깎은 풀에서 생성되는 냄새로 가장 잘 알려져 있다. 식물에서 방출하는 탄화수소의 대부분은 **터펜(terpene)**이며, 이것은 휘발성 식물유(정유, essential oil)에 많이 존재하는 많은 유기 화합물종의 구성 성분이다. 정유는 식물의 일부를 증기 증류시키면 쉽게 얻을 수 있다. 터펜을 생성하는 대부분의 식물은 소나무나 측백나무(cypress) 같은 상록 침엽수로서, 식물은 *Myrtus* 속에 속하고 나무와 관목은 *Citrus* 속에 속한다. 나무에서 방출하는 가장 대표적인 터펜은 터펜틴(turpentine)의 주성분인 α-피넨(α-pinene)이다. 감귤과 소나무 잎에서 발견되는 터펜인 리모넨(limonene)은 이들 발생원 주변 공기 중에서 쉽게 발견할 수 있다. 헤미터펜(hemiterpene)인 아이소프렌(2-methyl-1,3-butadiene)은 사

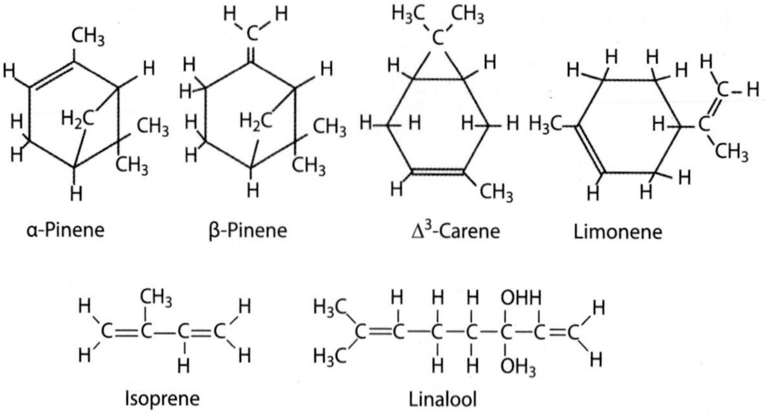

그림 11.2 식물, 주로 소나무나 감귤나무와 같은 수목에서 대기 중으로 배출되는 주요 터펜류들. 이러한 반응성인 화합물들은 대기 중에서 접하는 많은 미세 입자상 물질의 형성에 관여한다. 아이소프렌은 대기 중으로 배출되는 비메테인계 생물 기원의 유기 화합물 중에서 가장 많은 400~600 Tg(탄소)의 연간 배출량을 나타내며, 거의 모든 육상 식물로부터 배출된다.

시나무, 유칼립투스, 참나무, 조록나무, 흰가문비나무에서 많이 방출되는 것으로 알려져 있다. 리나룰(linalool)은 화학식이 $(CH_3)_2C{=}CHCH_2CH_2C(CH_3)(OH)CH{=}CH_2$인 터펜으로, 이탈리아와 오스트리아에서 흔한 식물종인 파니아 소나무와 오렌지 꽃에서 발산된다. 이 외에 나무들에서 방출되는 터펜으로는 β-피넨(β-pinene), 미르센(myrcene), 오시멘(ocimene), α-터피넨(α-terpinene) 등이 있다.

그림 11.2에 나타낸 α-피넨, β-피넨, Δ^3-카렌, 아이소프렌, 리모넨의 구조식이 전형적으로 보여 주는 것같이, 터펜의 구조는 알켄일(올레핀) 결합을 가지고 있으며, 어떤 경우에는 분자당 두 개 이상의 이중 결합을 가지고 있다. 그래서 이러한 이유와 또 다른 구조적 특징 때문에, 터펜들은 대기 중에서 가장 반응성이 큰 화합물이다. 터펜과 HO• 라디칼과의 반응은 매우 빠르고, 대기 중의 여러 가지 산화제, 특히 오존(O_3)과 질산 라디칼(NO_3)과 반응을 한다. 터펜의 혼합물인 터펜틴은 페인트의 원료로 널리 사용되고 있는데, 이는 이것들이 대기 중의 산소와 반응하여 과산화물을 생성함으로써 딱딱한 수지가 되기 때문이다. α-피넨과 아이소프렌도 대기 중에서 이와 비슷한 반응을 거쳐 입자상 물질로 된다. **2차 유기 에어로솔(secondary organic aerosol**, SOA)은 산림이 울창한 지역의 상공에 푸른색 연무가 생기는 것으로 확인할 수 있는데, 이는 식물에서 방출된 유기 물질이 입자화하여 에이트켄(Aitken) 핵 에어로솔(10장 참조)로 되기 때문이다. 이들 SOA 입자는 특히 산림 지역에서 대기 미립자 물질들의 많은 부분을 차지하고 있다.

세스퀴터펜(sesquiterpenes)은 3개의 아이소프렌 단위로 구성된 화합물로 분자식은 $C_{15}H_{24}$이며, 터펜류의 중요한 그룹을 이루고 있다. 세스퀴터펜의 가장 일반적인 예는 δ-카디넨(δ-cadinene)이다.

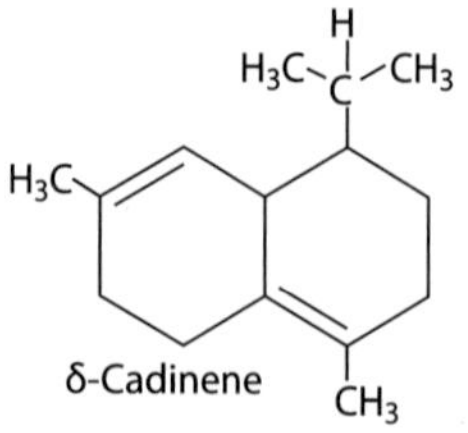

대기 중 터펜의 수명을 측정하기 위해서 스모그 상자를 이용한 실험을 하고 있다. 위에서 나타낸 α-피넨, β-피넨, Δ3-카렌, 리모넨의 네 가지 고리형 모노터펜은 NO_3와의 반응으로 산화가 시작되어 작용기로서 카보닐(C=O) 작용기를 포함하고, 유기적으로 질소와 결합된 유기 질산염을 생성한다. 공기 중에 α-피넨과 NO, NO_2가 혼합되고, 자외선이 조사되면 피논산(pinoic acid)이 형성된다.

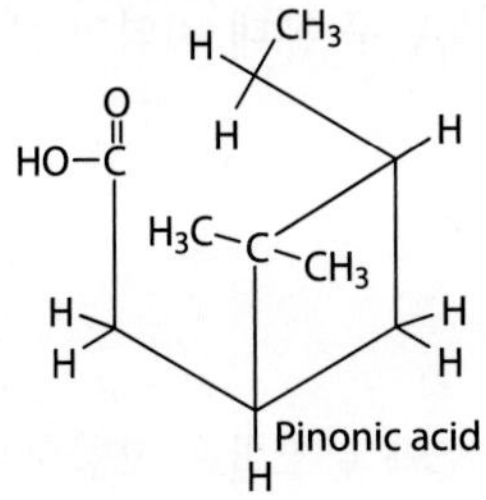

산림 에어로솔 입자들에서 발견되는 이 화합물은 α-피넨이 광화학 과정을 거쳐 생성되는 것으로 알려져 있다.

불포화 생물 기원 탄화수소가 NO_3와 하이드록실 라디칼(HO•)과의 반응과 더불어, 오존과 반응하여 생성되는 생성물이 대기 에어로솔의 상당한 부분을 차지한다. 피논산(위의 그림)은 α-피넨과 오존이 반응하여 생성된다. 리모넨과의 반응으로 생성되는 두 가지 반응 생성물은 폼알데하이드와 4-아세틸-1-메틸사이클로헥센(4-acetyl-1-methylcyclohexene)이다.

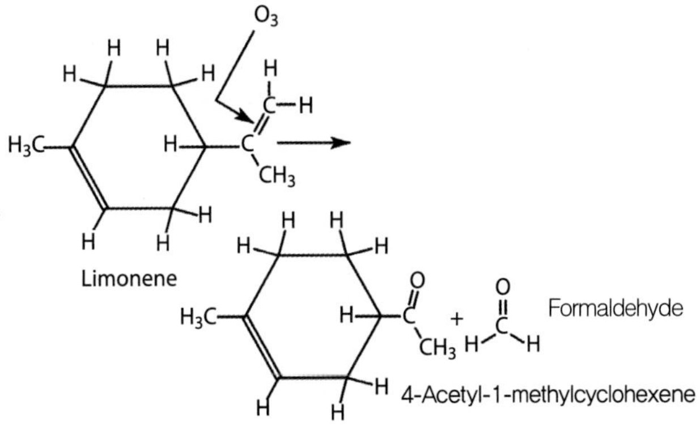

아마도 식물에서 방출되는 화합물 중에서 가장 다양한 종류는 **에스터류(esters)**일 것이다. 그러나 방출되는 에스터류의 양이 작아 대기 화학 과정에는 거의 영향을 미치지 않는다. 이러한 에스터류의 화합물들은 식물에서 내는 향기의 원인 물질들이다. 식물이 대기 중으로 배출하는 대표적인 에스터 화합물들은 다음과 같다.

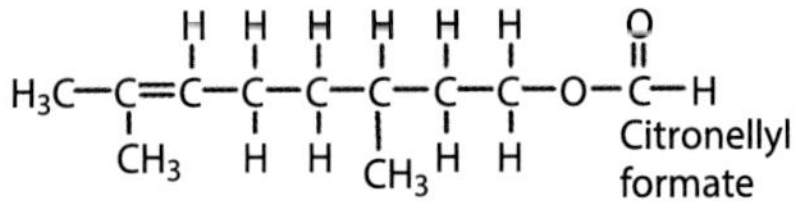

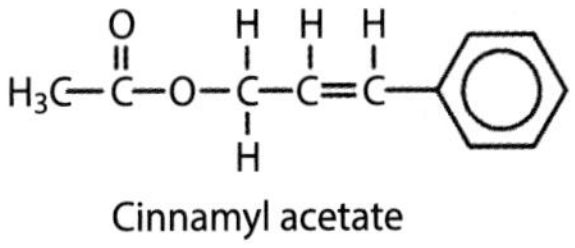

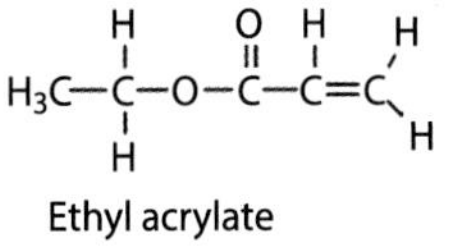

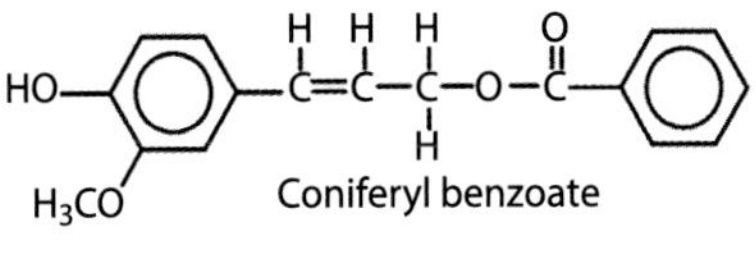

11.2.3 식물에 의한 대기 유기 화합물의 제거

식물들은 앞에서 논의한 것과 같이, 대기 유기 화합물들의 발생원이면서 11.1절에서 언급한 것과 같이 환경 중 POPs의 수명과 수송에 중요한 역할을 하기 때문에 POPs의 저장소이다. 키가 큰 녹색 식물의 잎, 바늘잎(소나무류)과 줄기는 친유기성 에피큐티클(epicuticular) 왁스로 덮혀 있어, 대기 중 유기 화합물들에 대한 친화성을 가지고 있다. 이러한 관점에서 가장 중요한 식물들은 북반구의 북부 온대 지역에 있는 상록 침엽수림이다. 이 숲은 북반구 온대 지역의 큰 산림으로 단위 면적당 잎 면적이 매우 크다.

11.3 탄화수소 오염 물질

11.2절에서 설명한 에틸렌과 터펜은 수소와 탄소만을 포함하는 **탄화수소(hydrocarbon)**이다. 탄화수소의 주종은 2,2,3-트라이메틸뷰테인과 같은 **알케인(alkane)**이고,

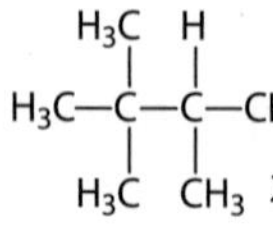
2,2,3-Trimethylbutane

에틸렌과 같은 **알켄**[(**alkene**), 인접한 두 탄소 사이에 이중 결합을 가진 화합물]과 아세틸렌과 같은 **알카인**[(**alkyne**), 삼중 결합을 가진 화합물],

$$H—C\equiv C—H$$

그리고 나프탈렌과 같은 **방향족 화합물**[**aromatic**(aryl) **compound**]이다.

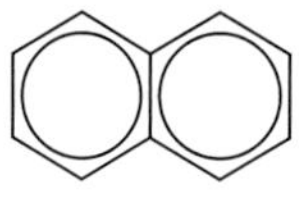

석유 제품들, 그중에서도 가솔린이 대기 중에서 발견되는 인위적인(인간 활동을 통해 발생하는) 탄화수소 오염 물질의 대부분을 차지한다. 탄화수소가 대기 중으로 유입되는 형태는 탄화수소 그 자체가 유입되기도 하지만, 불완전 연소된 형태로도 유입된다. 그런데 두 가지 중에서 부분 연소되어 대기 중으로 유입되는 탄화수소가 더 불포화되어 있어 반응성이 크므로 대기 오염의 측면에서는 더욱 중요하다(12장 광화학 스모그의 형성 부분에서 탄화수소의 반응성 설명 참조). 대부분의 탄화수소 오염원에서 배출되는 탄화수소의 15% 정도가 반응성 탄화수소인 데 반하여, 가솔린이 불완전 연소되어 배출되는 탄화수소들은 그중 약 45% 정도가 반응성이다. 배기가스 처리 장치를 부착하지 않은 자동차에서 배출되는 탄화수소 중에 포함된 알케인류는 1/3 정도에 지나지 않고, 나머지는 알켄류나 방향족 탄화수소들이다. 따라서 자동차에서 배출되는 탄화수소는 반응성이 상당히 높다.

알케인류는 대기 중에서 매우 안정한 탄화수소류인데, 탄소 수 하나에서 30여 개인 직선형 사슬 알케인과 탄소 수 6 이하인 가지 달린 사슬 알케인류들이 오염된 대기 중에 일반적으로 존재하는 것들이다. 탄소 수가 6 이하인 알케인류는 증기압이 높기 때문에 대기 중에서 보통 기체로 존재한다. 그리고 탄소 수 20 이상인 알케인류는 에어로솔의 형태나 대기 중 입자에 흡착되어 존재하고, 탄소 수 6에서 20인 알케인류는 조건에 따라서 증기나 입자의 형태로 대기 중에 존재한다.

대기 중에서 알케인(일반식 C_xH_{2x+2})은 무엇보다도 먼저 하이드록실 라디칼(HO•)의 공격을 받아 수소 원자를 하나 잃고, 아래와 같은 **알킬 라디칼(alkyl radical)**이 되며,

$$C_xH_{2x+1}•$$

계속하여 O_2와 반응하여 **과산화알킬 라디칼(alkylperoxyl radical)**이 된다.

$$C_xH_{2x+1}O_2•$$

이러한 라디칼들은 대기 중에서 산화제로 작용하며, 산소를 잃고(대개 NO를 NO_2로 만듦) **알콕실 라디칼(alkoxyl radical)**로 된다.

$$C_xH_{2x+1}O•$$

위에서 설명한 반응들과 이에 부가적으로 일어나는 반응들에 의해서 저분자량의 알케인들은 결국 산화되어 입자들과 함께 침강할 수 있는 종으로 변하여 대기 중에서 제거되며, 궁극적으로는 토양에서 미생물들에 의해서 분해된다.

알켄류는 내연 기관과 터빈의 배기가스, 주조 공정, 원유의 정유 과정 등 다양한 과정을 통해서 대기 중으로 유입된다. 아래에 나타낸 것들을 포함해서 몇 가지 알켄은 연간 생산량이 상위 50위 이내의 화학 물질에 포함되며, 세계적으로 생산되는 양은 수백억 톤에 달한다.

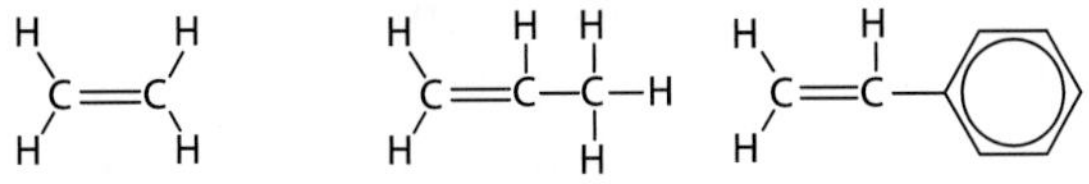

Ethylene (ethene) Propylene (propene) Styrene

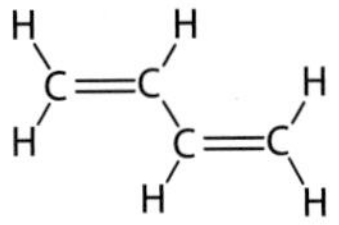

Butadiene

이들 화합물들의 주요한 용도는 단량체(monomer)로서 이들을 중합하여 폴리머로 만드는데, 플라스틱(폴리에틸렌, 폴리프로필렌, 폴리스타이렌), 합성 고무(스타이렌뷰타다이엔, 폴리뷰타다이엔), 라텍스 페인트(스타이렌뷰타다이엔)와 그 외의 여러 가지 다른 제품들이 있다. 이들 화합물들뿐만 아니라, 양은 적지만 다른 화합물들도 생산 과정과 제조 작업에서 대기 중으로 유입된다. 대기 중으로 방출되는 알켄류는 알켄류 그 자체가 대기 중으로 직접 방출되기도 하지만, 내연 기관에서와 같이 일반적으로 부분 산화되거나, 높은 온도에서 알케인의 '크래킹'으로 생성된 알켄이 대기 중으로 방출된다.

일반적으로 대기 중으로 방출되는 알카인류는 알켄류보다 적다. 그렇지만 용접의 연료로 사용되는 아세틸렌이나, 합성 고무의 제조에 사용되는 1-뷰타인은 가끔 대기 중에서 측정되기도 한다.

Acetylene

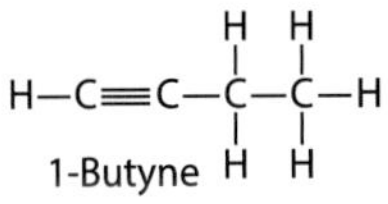

1-Butyne

알켄은 알케인과는 달리, 대기 중에서 질소 산화물(NO_x)과 태양광이 존재하는 조건에서는 높은 반응성을 가지고 있다. 하이드록실 라디칼은 알켄과 쉽게 반응하여 수소 원자를 한 개 빼내거나, 이중 결합에 첨가된다. 예를 들어, 프로필렌의 이중 결합에 하이드록실 라디칼이 첨가된다면 다음과 같은 물질이 생성된다.

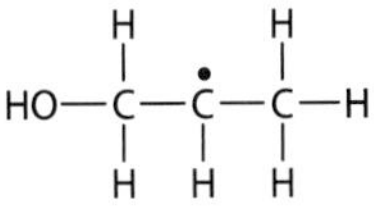

생성된 라디칼에 산소 분자 O_2가 첨가되면 다음과 같은 과산화 라디칼이 된다.

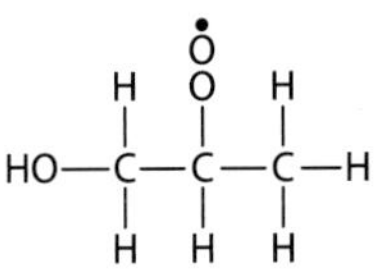

이들 라디칼들은 이용 가능성에 따라 HOO•, 과산화 알킬 라디칼(ROO•) 또는 NO와 반응하여 알데하이드와, 12장에서 설명할 광화학 스모그 생성 과정과 같은 연쇄 반응에 참여할 수 있는 다른 반응성 종들을 생성한다.

오존(O_3)은 이중 결합에 첨가되므로 알켄과 반응성이 있다. 11.2절에서 설명한 알켄 리모넨과 같이, 알데하이드는 알켄과 오존과의 반응에서 생성되는 생성물 중 한 종류이다.

NO_3와 알케인과의 반응은 HO•와의 반응에 비해 매우 느리지만, 밤에는 특히 HO•에 비해 NO_3의

농도가 매우 높기 때문에 대기 알케인과 반응하는 중요한 반응물이다. NO_3 라디칼은 햇빛에 노출되면 매우 빠르게 광분해되기 때문에 대기 중에는 야간에만 감지할 수 있는 수준으로 존재한다. NO_3와의 초기 반응은 NO_3가 자유 라디칼 종이므로 알켄의 이중 결합에 부가되어 라디칼 종을 형성한다. 전형적인 반응 순서는 다음과 같다.

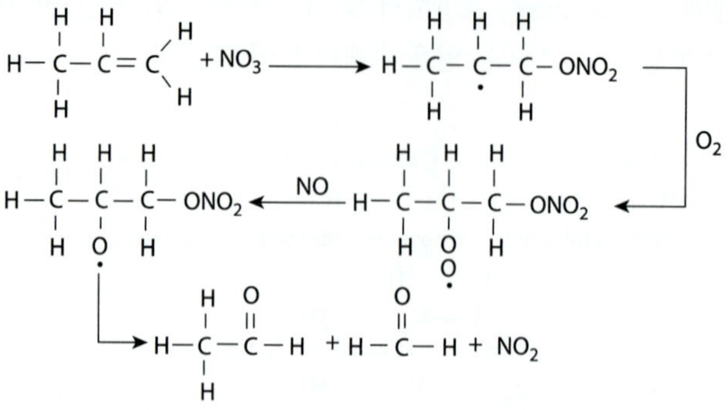

(11.2)

질소 산화물이 존재하면 하이드록실 라디칼과 알켄의 반응으로 β-하이드록시질산염(β-hydroxy nitrate)과 다이하이드록시질산염(dihydroxynitrate)이 생성될 수 있다.[6] 반응 11.3에 1-알켄으로부터 β-하이드록시질산염이 생성되는 예를 보여 주고 있다.

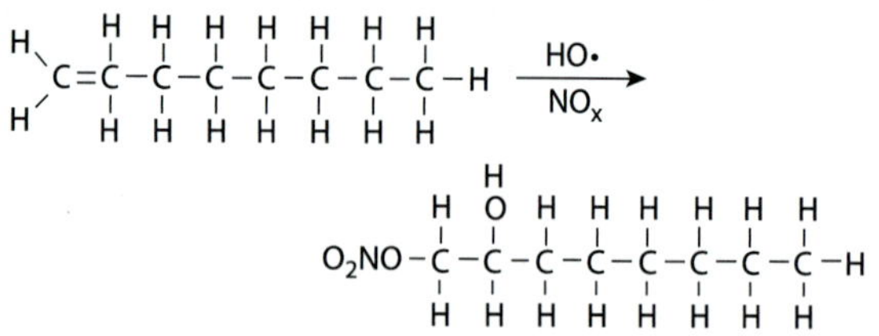

(11.3)

11.3.1 방향족 탄화수소

방향족 탄화수소[aromatic(aryl) hydrocarbon]는 벤젠 고리를 한 개 가지고 있는 종류와 여러 개의 고리를 가지고 있는 종류의 두 가지로 나누어진다. 후자를 다환 방향족 탄화수소(polycyclic aromatic hydrocarbon, PAH)라고 한다. 나프탈렌 같이 고리를 두 개 가진 방향족 탄화수소는 두 종류의 중간적인 성질을 갖고 있다. 대표적인 방향족 탄화수소들은 다음과 같다.

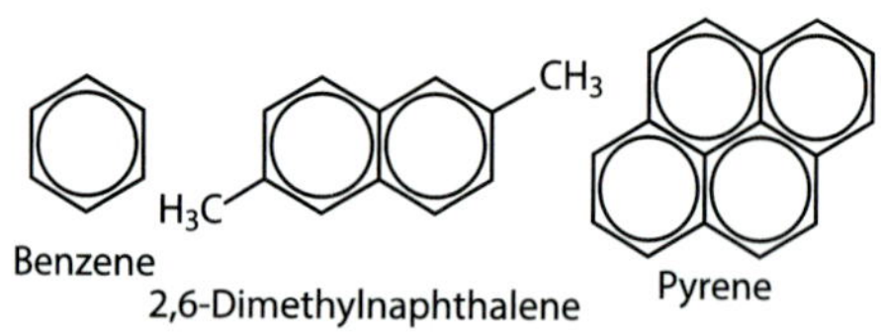

아래 나타낸 방향족 탄화수소는 연간 화학 물질 생산량이 상위 50위 이내에 속하는 것들이다.

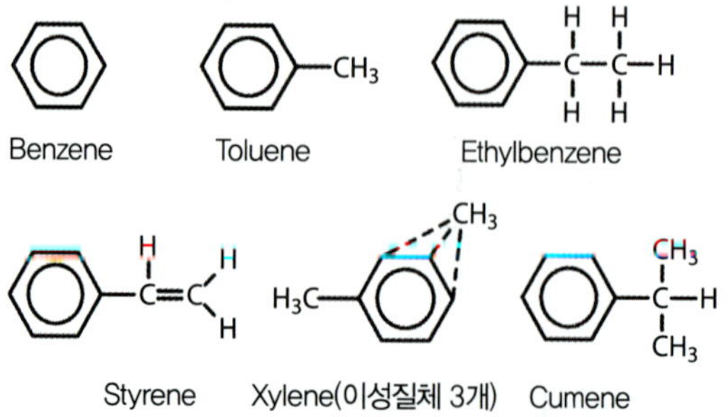

고리가 한 개인 방향족 화합물들은 가솔린의 중요한 구성 성분이지만, 가솔린의 벤젠 함량은 건강에

영향을 미칠 수 있기 때문에 규제하고 있다. 방향족 탄화수소들은 중합체(polymer)의 단량체와 가소제를 만드는 원료들이다. 스타이렌(styrene)은 플라스틱과 합성 고무 제조에 사용되는 단량체이다. 큐멘(cumene)은 산화되어 매우 값진 부산물인 페놀과 아세톤을 생성한다. 이상 설명한 응용 분야들과 연소 과정의 부산물로 이러한 화합물들이 생성되므로, 방향족 화합물들은 일반적으로 대기 중에서 잘 검출되는 오염 물질이다. 도시 대기 오염 물질로서 발견되는 단일 고리 방향족 화합물들의 그룹은 벤젠, 톨루엔, 에틸벤젠, *o*-자일렌(xylene), *m*-자일렌, *p*-자일렌으로 구성된 BTEX로 알려져 있는 것들이다.[7]

단일 벤젠 고리 및 나프탈렌의 탄화수소 유도체를 함유한 많은 탄화수소가 대기 오염 물질로서 발견된다. 더불어, 두 개 혹은 그 이상의 **비접합**(unconjugated, 고리들 간에 동일한 π 전자구름을 공유하지 않음) 벤젠 고리를 가진 여러 화합물들도 대기 오염 물질로서 검출되고 있다. 이들 화합물은 담배 연기에서도 검출되고, 바이페닐은 디젤 엔진 연기에서 발견되고 있다.

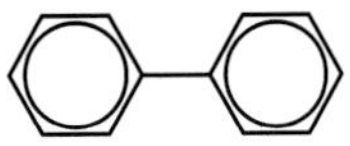

9.8절에서 논의했듯이, PAHs는 극히 낮은 증기압으로 인해 대기 중에 에어로솔로 존재한다. 이 화합물들은 가장 안정한 탄화수소의 형태로 낮은 수소 대 탄소의 비율을 가지고 있고, 산소 결핍 조건하에서 탄화수소의 연소에 의해 생성된다. 수소 대 탄소의 비율이 1 이하인 석탄의 부분 연소는 PAH 화합물의 주요 발생원이다. 탄소질 연료의 불완전 연소에 의해서 인류권에서 생성되는 것 이외에도, 풀과 2020년 California Oregon에서 발생한 파괴적인 산불과 같은 산불에 의해 PAHs가 생성되어 대기 중으로 방출된다.[8]

11.3.2 대기 방향족 탄화수소의 반응

대부분의 대기 중 탄화수소들과 같이 벤젠과 그 유도체도 하이드록실 라디칼과 반응을 하는데, 하이드록실 라디칼(HO•)이 벤젠 고리에 첨가되면 불안정한 라디칼 종으로 변한다.

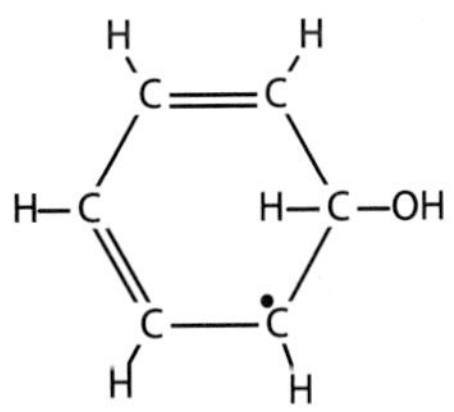

위 그림에서 점은 라디칼의 홀전자를 의미한다. 이 전자는 한 원자에 속박되어 있지 않기 때문에 **비편재화**(**delocalized**)되어 있으며, 방향족 라디칼에서는 반원과 점으로 나타내기도 한다. 위 그림의 라디칼을 아래와 같이 표기하며, O_2와 반응하여

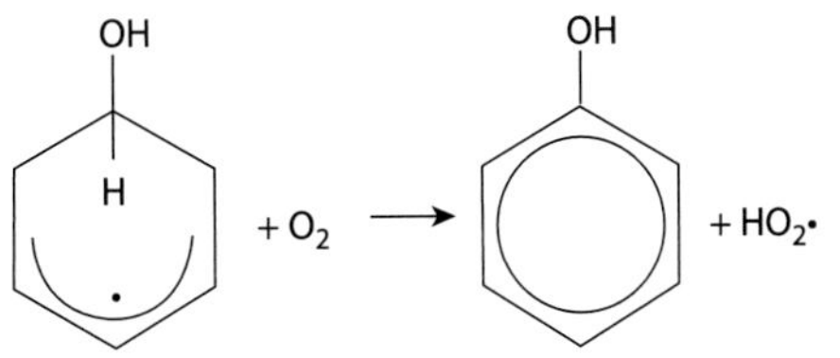

(11.4)

안정한 페놀과 반응성이 큰 하이드로퍼옥실 라디칼(HOO•)로 된다. 알킬 치환된 방향족 화합물들은 고리 외에 알킬기의 반응도 한다. 예를 들어, *p*-자일렌과 같은 화합물은 HO•가 알킬 부분에서 수소 원자를 떼어내 라디칼을 만들고,

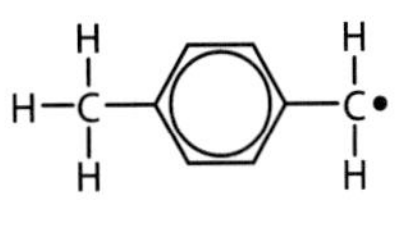

O_2와 더 반응하여 과산화 라디칼이 되고, 이어서 광화학 스모그를 만드는 연쇄 반응에 참여한다(12장 참조).

방향족 화합물들은 대기 중에서 낮에는 하이드록실 라디칼과 반응하여 운명이 결정되고, 야간에는 NO_3와의 반응이 결정한다. 이 질소 산화물(NO_3)은 오존과 NO_2가 반응하여 생성된다.

$$NO_2 + O_3 \rightarrow NO_3 + O_2 \tag{11.5}$$

그리고 NO_2가 첨가된 산물이 되어 대기 중에 얼마간 머무를 수 있다.

$$NO_2 + NO_3 + M \rightarrow N_2O_5 + M \tag{11.6}$$

11.4 카보닐 화합물

카보닐 화합물(carbonyl compounds)로는 알데하이드와 케톤이 있고, 카보닐 골격(C=O)을 가지고 있으며, 대기 탄화수소의 광화학적 산화에 의해서 불안정한 반응 중간물로서 생성되는 첫 번째 화학종이다. 카보닐은 대기 화학에서 매우 중요하다. 왜냐하면 (1) 거의 모든 탄화수소들의 광화학 산화 과정에서 만들어지고, (2) 더 반응하여 매우 반응성이 크고, 유해한 자유 라디칼인 오존과 과산화아실질산염들을 생성하고, (3) 특히 폼알데하이드와 아세트알데하이드 및 아크롤레인(acrolein)과 같은 일부 카보닐들은 유해한 변이원성과 발암 가능성이 있고, 눈을 따갑게 자극하는 물질들이다. 알데하이드와 케톤의 일반식은 아래와 같이 나타내는데, 여기서 R과 R′은 $-CH_3$와 같이 탄화수소 골격(부분)을 나타낸다.

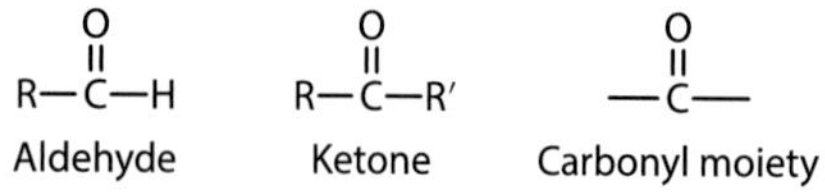

카보닐 화합물들은 유기 알콕실 라디칼(11.3절 참조)이 하이드로퍼옥실 라디칼로 되면서 생성되는 부산물로서, 다음과 같은 반응을 거친다.

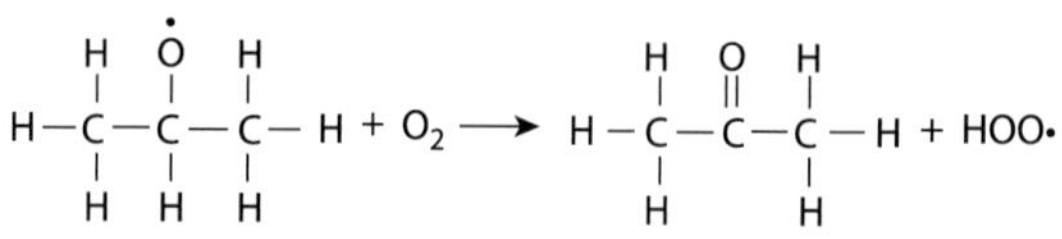 (11.7)

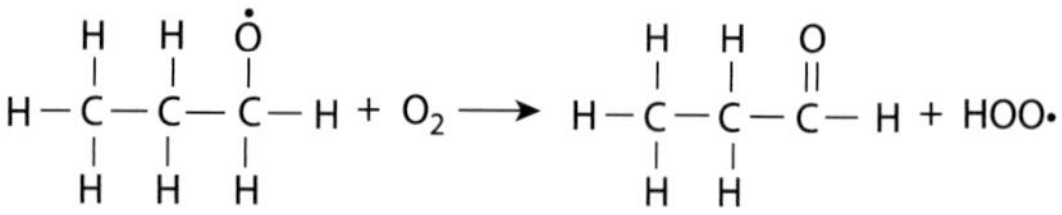 (11.8)

폼알데하이드(formaldehyde)는 카보닐 화합물 중에서 가장 간단하고, 가장 광범위하게 여러 곳에서 생성되는 가장 작은 알데하이드이다.

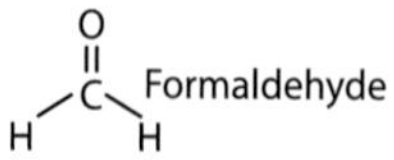

폼알데하이드는 하이드록실 라디칼과의 반응으로 시작되는 대기 중 탄화수소의 반응 생성물로서 대기 중에 생성된다. 예를 들면, 메톡실 라디칼과 O_2와의 반응 산물로서 폼알데하이드가 생성된다.

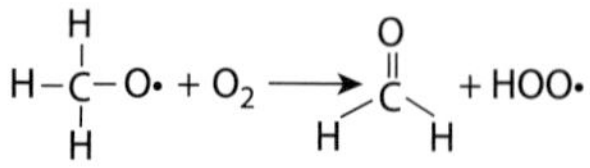 (11.9)

폼알데하이드는 연간 전 세계 공업 생산량이 10억 kg 이상이며, 플라스틱, 수지, 래커, 염료, 폭약의 제조에 사용되며, 독성이 있고, 널리 분포되어 있어 특별히 주목을 받는 물질이다. 사람들은 페놀

수지, 유레아 수지, 멜라민 수지 플라스틱의 제조와 사용 과정에서, 그리고 이동식 주택의 제작에 특히 많이 쓰이고 있는 파티클 보드(particle board)와 같은 압착 나무 제품에 쓰이는 폼알데하이드가 포함된 접착제로부터 폼알데하이드에 노출되고 있다. 그러나 제조 공정이 많이 발전하여 이러한 합성 건축자재로부터 방출되는 폼알데하이드의 양은 많이 줄어들었다. 대기 중에서 폼알데하이드는 주로 기체상 반응을 한다.

여기에 몇 가지 중요한 알데하이드와 케톤의 구조를 나타냈다.

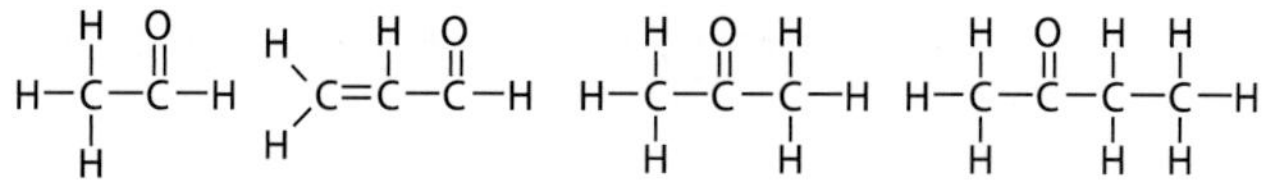

Acetaldehyde Acrolein Acetone Methylethyl ketone

아세트알데하이드(acetaldehyde)는 아세트산, 플라스틱 및 원료를 제조하는 곳에서 사용되는 유기 화학 물질로 널리 생산되고 있다. **아크롤레인(acrolein)**은 아크릴산을 만드는 원료 물질 및 살충제로 사용되며, 조리용 기름이 과열되어 기름 안에 포함된 글리세롤이 분해되어 냄새를 유발하는 물질이기도 하다. 고무, 가죽 및 플라스틱 공장에서 사용되고, 용매로서 사용되는 **아세톤(acetone)**은 연간 약 10억 톤 정도 생산된다. **메틸에틸 케톤(methylethyl ketone)**은 도포제나 접착제에 사용되는 용매 및 다른 화학 물질의 합성에 이용된다.

대기 중 카보닐 화합물들은 탄화수소가 대기 중에서 광화학 산화 과정에 의해 생성되는 것 외에도 많은 배출원과 공정에서 배출되어 유입되고 있다. 내연 기관의 배기가스, 소각로의 배출 가스, 분무 페인트, 고분자 제조, 인쇄, 석유 제품 제조, 래커 제조 과정 등과 같은 곳에서는 대기 중으로 직접 유입된다. 폼알데하이드와 아세트알데하이드는 미생물들에 의해서 생성되기도 하고, 어떤 종류의 초목은 아세트알데하이드를 방출하기도 한다.

알데하이드는 NO_2 다음으로 대기 중에서 빛을 흡수하여 자유 라디칼을 생성하는 물질이다. 이 때문에 카보닐기를 빛을 잘 흡수하는 분자기라 하여 **발색단(chromophore)**이라고 한다. 알데하이드는 주로 근자외선 영역의 빛을 잘 흡수한다. 광자를 흡수하여 활성화된 화합물은 폼일 라디칼과

$$H\dot{C}O \quad \text{Formyl radical}$$

알킬 라디칼로 해리된다. 알데하이드의 광해리 과정은 다음과 같이 두 단계로 진행된다.

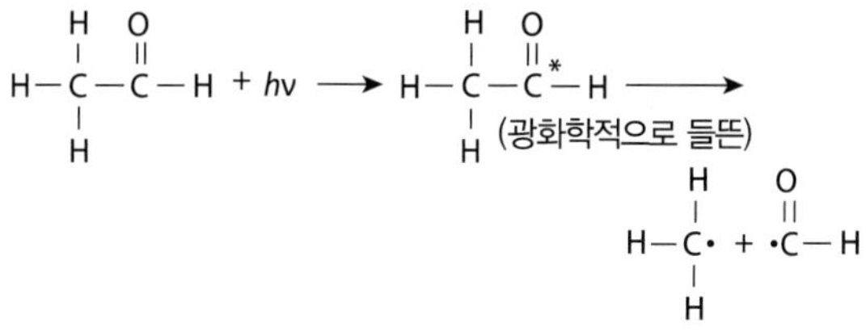

(11.10)

광화학적으로 들뜬 폼알데하이드(CH_2O^*)가 해리되는 방법에는 두 가지가 있다. 첫 번째 방법은 H 원자와 HCO 라디칼을 생성하는 것이고, 두 번째는 화학적으로 안정한 H_2와 CO를 생성하는 방법이다.

알데하이드류는 HO•와 반응한 후 이어서 O_2와 반응하고, 그리고 나서 NO_2와 반응하여 과산화아세틸 질산염(peroxyacetyl nitrate)과 과산화프로피오닐 질산염(peroxypropionyl nitrate)과 같은 매우 산화된 과산화아실 질산염류(peroxyacyl nitrates, PANs)의 전구 물질로 된다. 이 과정은 12.5절에서 다루겠다.

알켄일 알데하이드에는 이중 결합과 카보닐기가 둘 다 존재하므로 대기 중에서 특별히 반응성이 큰 물질이다. 대기 중에서 가장 흔히 발견되는 것이 아크롤레인인데, 강력한 최류 가스(tear producer)이다.

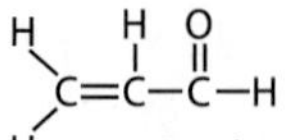

Acrolein

대기 중에 상당량의 아크롤레인이 존재하는 것은 목재 연기에서 발생하는 2-퓨르알데하이드(2-furaldehyde)의 대기 반응 결과에 기인한 것일 수 있다.

대기 중에 가장 많이 존재하는 케톤은 아세톤[$CH_3C(O)CH_3$]이다. 대기 중 아세톤의 절반 정도는 프로페인, 아이소뷰테인, 아이소뷰텐 및 다른 탄화수소들이 대기 중에서 산화되어 생성된 것들이다. 나머지 절반은 생물체에서 대기 중으로 직접 방출되는 것과 생물체의 연소에 기인한 것인데, 두 부분의 기여량은 거의 같고, 약 3% 정도는 인위적 발생원에 기인한 것이다.

아세톤은 대기 중에서 광분해하여 PAN의 전구체인 아세틸 라디칼(acetyl radical)을 생성한다.

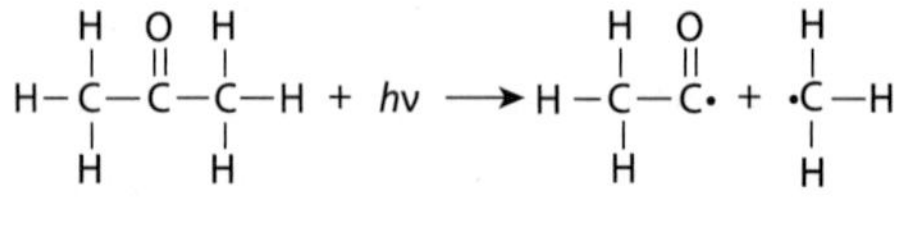

(11.11)

이 반응이 일어나려면 파장이 330 nm보다 짧은 자외선이 필요하다. 아세톤과 고급 케톤들이 대기 중에서 제거되는 주요 메커니즘에는 HO• 라디칼과의 개시 반응이 포함된 것으로 알려져 있다.

카보닐들은 광화학 스모그가 심한 외기에서는 일반적으로 발견되는 물질이다. 대부분 이들 화합물들은 탄화수소의 광화학적 산화 과정을 거쳐 2차 오염 물질로 생성된다.

11.5 산소를 포함한 여러 화합물

대기 중의 유기 화합물로서 산소를 포함하고 있는 알데하이드, 케톤, 에스터에 관해서는 이미 설명하였다. 이 절에서는 산소를 포함한 유기 화합물 중에서 **지방족 알코올(aliphatic alcohol)**, **페놀(phenol)**, **에터(ether)**와 **카복실산(carboxylic acid)**에 관하여 설명하겠다. 이들 화합물의 일반식은 아래와 같으며, 여기서 R과 R′은 탄화수소 부분을 나타내고, Ar은 페닐기(벤젠에서 H 원자 하나가 적은)와 같은 방향족 부분을 나타낸다.

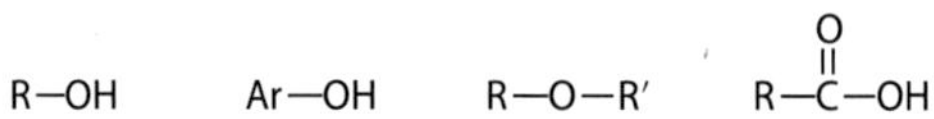

지방족 Alcohols Phenols Ethers Carboxylic acids

이 화합물들 부류에는 중요한 유기 화합물들이 많이 포함되어 있다.

11.5.1 알코올

메탄올, 에탄올, 아이소프로판올, 에틸렌 글라이콜은 전 세계의 연간 생산량이 10억 kg 이상 되는 상위 50위 이내의 화학 물질에 포함된다.

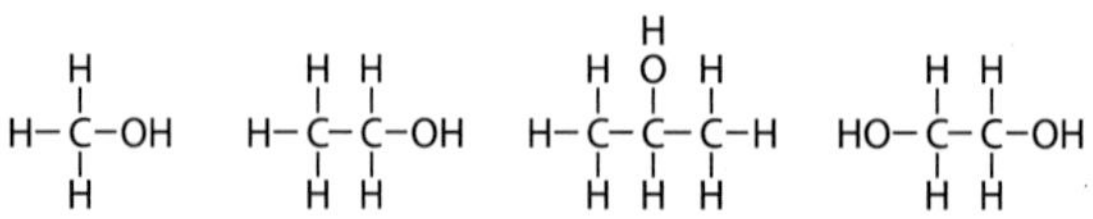

Methanol Ethanol Isopropanol Ethylene glycol

이들 알코올류는 주로 다른 화학 물질 제소의 원료로 사용된다. 메탄올은 폼알데하이드의 제조(11.4절 참조)에서 용매로 물과 함께 혼합하여 부동액으로 널리 사용된다. 에탄올은 용매 및 아세트알데하이드, 아세트산, 에틸 에터, 염화 에틸, 브로민화 에틸과 몇 가지 중요한 에스터의 제조에서 개시 물질로 사용되고 있다. 에탄올과 메탄올은 가솔린과 혼합하여 자동차 연료로 사용되기도 한다. 그리고 에틸렌 글라이콜은 부동액으로 널리 쓰이고 있다.

대기 중에 여러 가지 종류의 지방족 알코올이 존재하고 있는 것으로 알려져 있다. 대기 중에서 발견되는 알코올의 주종을 이루는 것들은 메탄올, 에탄올과 같이 휘발성인 저급 알코올이다. 그 외에 대기 중으로 배출되는 알코올들로는 1-프로판올, 2-프로판올, 프로필렌 글라이콜, 1-뷰탄올 및 식물들로부터 배출되는 옥타데칸올[$CH_3(CH_2)_{16}CH_2OH$]이 있다. 알코올류의 광화학 반응은 하이드록실 라디칼이 알코올류의 수소를 떼어내는 것으로 시작된다. 저급 알코올들은 물에 대한 용해도가 크고, 고급 알코올들은 증기압이 낮기 때문에 대기 중 알코올류들은 잘 제거된다.

대기 중에 알켄일 알코올이 존재하기도 하는데, 이는 대부분이 연소 과정의 부산물들이다. 이들 중 대표적인 2-뷰텐-1-올은 자동차 배기가스에서 검출되는 물질이다.

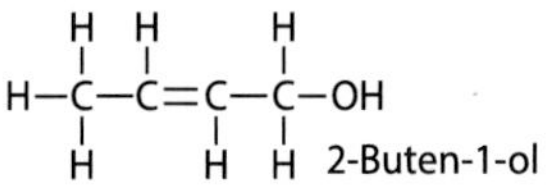

그리고 몇몇 알켄일 알코올들은 식물들에 의해 배출된다. *cis*-3-헥센-1-올($CH_3CH_2CH=CHCH_2CH_2OH$)은 풀, 나무, 농작물들에서 방출되는데, '잎 알코올(leaf alcohol)'로 알려져 있다. 알켄일 라디칼은 HO• 라디칼과는 물론이고 대기 중 오존과도 강하게 반응하는데, 오존이 이중 결합에 걸쳐진 형태로 첨가된다.

11.5.2 페놀

페놀은 아릴 고리에 하나의 −OH기가 붙어 있는 방향족 알코올인데, 대기 오염 물질보다는 수질 오염 물질로 더 알려져 있다. 대기 중 오염 물질로 알려져 있는 몇 가지 대표적인 페놀들은 다음과 같다.

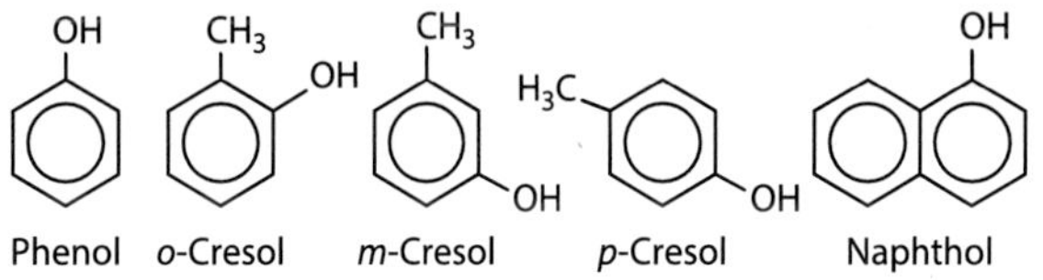

이들 중에서 가장 간단한 화합물인 페놀은 연간 생산량 상위 50위 이내인 물질이며, 주로 베이클라이트(Bakelite)와 페놀−폼알데하이드 공중합체와 같은 수지 및 중합체의 제조에 사용된다. 페놀은 석탄을 열분해하여 만들고, 코크스 생산 때 나오는 주요 부산물이다. 그래서 석탄을 코크스로 만들거나 이와 비슷한 공정을 적용하고 있는 곳에서는 페놀이 골치 아픈 대기 오염 물질이다.

11.5.3 에터

에터류는 비교적 흔치 않은 대기 오염 물질이다. 그러나 밀폐된 작업장에서 다이에틸 에터에 의한 가연 위험성은 잘 알려져 있다. 다이메틸 에터, 다이에틸 에터와 같은 지방족 에터와 함께 바이닐에틸 에터와 같은 몇몇 알켄일 에터는 내연 기관에서 생성된다. 고리형 에터이며 공업용 용매로 중요한 테트라하이드로퓨란 같은 것은 대기 오염 물질로 검출되기도 한다. 메틸*tert*-뷰틸 에터(methyltertiarybutyl ether, MTBE)는 가솔린에 사용하던 사에틸납의 대용으로 옥테인가를 높이기 위해 사용되고 있다. MTBE가 증기압이 낮아 위험성은 적다고 하지만 널리 사용되고 있으므로, 대기 오염 물질로 나타날 잠재력을 가지고 있는 물질이다. 수질 오염의 가능성 때문에 가솔린의 옥테인가를 높이는 데 사용되던 MTBE가 많은 부분 에탄올로 대체되었다. 대기 오염 물질로 나타날 가능성이 있는 또 다른 물질도 옥테인가를 높이는 데 사용되는 다이아이소프로필 에터(diisopropyl ether, DIPE)이다. 앞에서 언급한 에터들의 화학 구조식은 다음과 같다.

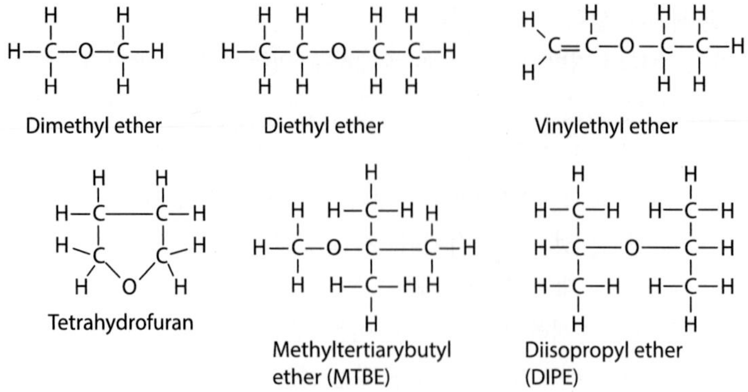

에터는 저급 알코올이나 카복실산에 비해 비교적 반응성이 낮고, 물에 잘 녹지 않는다. 에터 화합물들이 대류권에서 제거되는 지배적인 과정들은 하이드록실 라디칼과의 반응으로 시작된다.

11.5.4 산화물

산화 에틸렌과 산화 프로필렌은 공업용 화학 물질 중에서 생산량이 50위 이내에 포함되는 것들이며, 제한적이기는 하지만 대기 오염 물질로서의 잠재력을 가지고 있다.

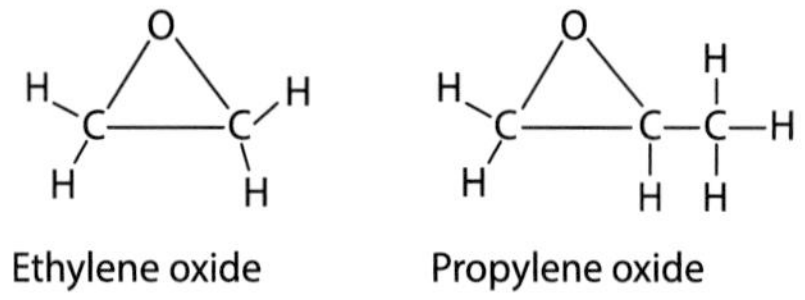

산화 에틸렌은 다소 높은 독성을 가지고 있으며, 달콤한 냄새와 무색, 가연, 폭발성이 있는 기체로 화학 중간물, 살균제, 훈증 소독제로 이용된다. 또 이 기체는 동물 실험에서 변위원성과 발암성을 나타냈다. 산화 에틸렌은 독성과 인화성을 모두 가지고 있어 위험물로 분류된다.

11.5.5 카복실산

카복실산은 아래와 같이 하나 또는 더 많은 작용기가 알케인, 알켄 또는 방향족 탄화수소의 골격에 붙어 있는 것이다.

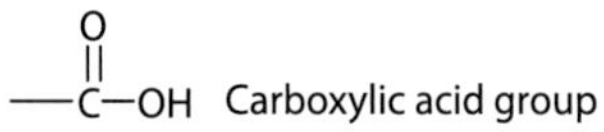

카복실산과 피노닉산은 11.2절에서 설명한 바와 같이, 자연에서 생성된 α-피넨이 광화학 산화되어

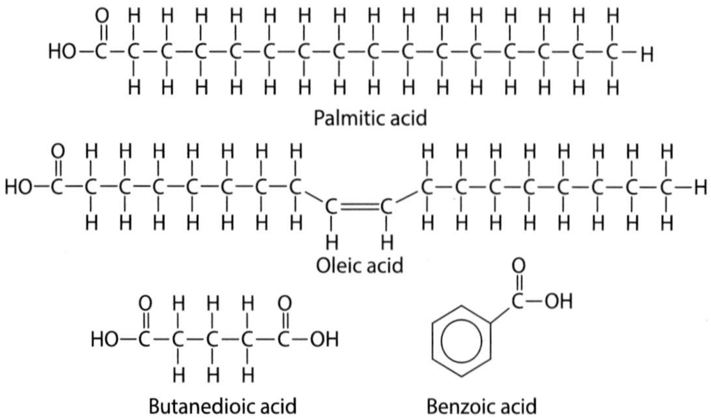

그림 11.3 유기산. 오염된 대기 및 오염되지 않은 대기 중에서 발견되는 50종 이상의 유기산들 중 대표적인 예.

생성된다. 대기 중에 존재하는 많은 카복실산은 기체상 반응으로 진행되는 유기 화합물의 광화학 산화 과정을 통해, 또는 대기 중 액상 에어로솔에 용해된 다른 유기 화합물들의 반응을 통해 생성된다. 종종 광화학 산화 과정의 최종 생성물인 카복실산은 대기 중에서 가장 안정한 화합물에 속하지만, 증기압이 낮고 수용성이 커서 대기 중에서 제거되는 것이다. 카복실산은 대기 중에서 건식 및 습식 침적의 모든 과정을 통해 제거된다.

저분자량인 폼산(HCOOH)과 아세트산(H_3CCOOH)은 기체상으로서, 그리고 안개와 구름의 액상 에어로솔에 녹아 들어가 이들 액적에서 일어나는 화학 과정에 중요한 역할을 한다. 그림 11.3에 나타낸 분자량이 큰 유기산들은 도시 대기의 작은 입자(2차 유기 에어로솔)에 가장 풍부한 구성 성분들이다.

11.6 유기질소 화합물

대기 중 탄화수소와 산소를 포함한 화학종에 작용하는 대기 화학 과정을 통해 생성되는 유기질소 화합물들은 풍부하며, 대기 질소가 수권이나 지권으로 이동되는 과정의 중간 물질로 관여하고 있다. 대기 중 질소 화합물들은 아민과 같은 환원된 질소 화합물과, 질산염과 같은 산화된 유기 화합물의 두 그룹으로 나눌 수 있다. 환원된 종은 대부분이 대기 중으로 직접 유입된 것임에 반하여, 산화된 종은 일반적으로 HO•, O_3, NO_x 및 NO_3 라디칼이 관여하는 광화학 산화 과정에 의해서 생성된 것들이다.

대기 오염 물질로 나타나는 유기질소 화합물들은 아민류, 아마이드류, 나이트릴류, 나이트로 화합물들 또는 헤테로 고리 **질소 화합물(nitrogen compound)**이다. 대기 오염 물질로 보고된 5가지 부류의 화합물 예의 각 화학 구조식들은 다음과 같다.

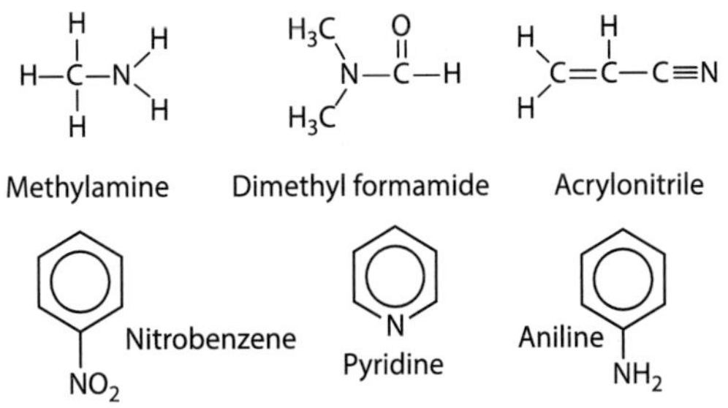

여기에 나타낸 유기질소 화합물들은 인위적인 오염 발생원에서 발생될 수 있는 것들이다. 상당한 양의 인위적 대기 질소가 무기 질소와 반응성인 유기 화학종들의 반응으로부터 발생된다. 대기 NO_3의 반응에 의해서 질산염이 생성되는 것이 좋은 예이다.

아민(amine)은 NH_3에 있는 하나 이상의 수소 원자가 탄화수소 골격으로 치환된 화합물이다. 분자량이 작은 아민은 휘발성이다. 이들 화합물들은 썩은 생선 냄새의 특징을 갖는 화합물로서 유명한 것들이다. 그래서 아민들은 달갑지 않은 대기 오염 물질로 취급된다. 가장 간단하면서 중요한 아릴 아민은 아닐린으로, 염료, 아마이드류, 사진 관련 화학 물질과 의약품의 제조에 사용된다. 다수의 아민들이 공업 화학 약품과 용매로 널리 사용된다. 그래서 이들 화합물들의 산업 관련 발생원들이 대기를 오염시킬 잠재력을 가지고 있다. 아민류의 중요한 발생원으로는 유기 물질들의 부패, 특히 단백질 폐수, 아민 생산, 가죽무두질 공장, 통조림 공장 및 하수 처리 공장들이 있다.

방향족 아민은 노출된 사람들에게서 요도관암의 원인이 되어, 특히 작업장에서 특별하게 주목을 받고 있다. 방향족 아민은 중합체(고무와 플라스틱), 약품, 살충제, 염료, 안료와 잉크 제조에서 화학적 중간물, 산화 방지제 및 경화제로서 널리 사용된다. 아닐린과 더불어 주목 받고 있는 방향족 아민들은 다음과 같다.

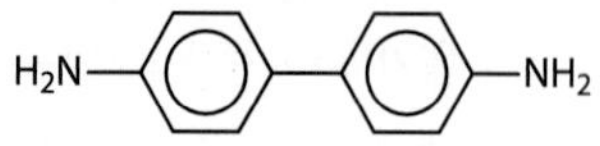

Benzidine

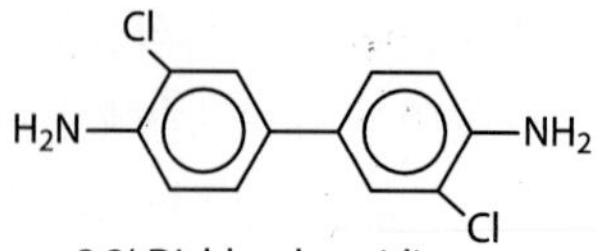

3,3′-Dichlorobenzidine

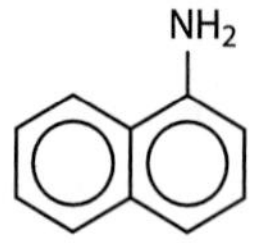

1-Naphthylamine

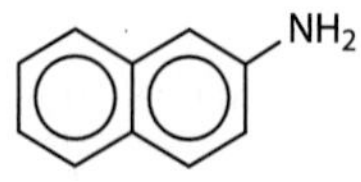

2-Naphthylamine

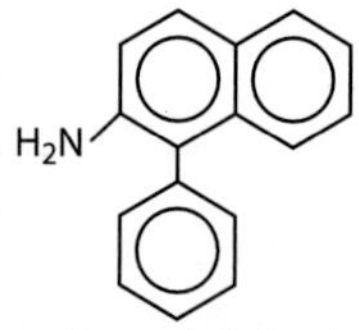

1-Phenyl-2-naphthylamine

대기 중에서 아민은 하이드록실 라디칼에 의해 공격을 받고, 더 반응이 진행된다. 아민은 전자쌍을 제공하는 염기로 작용한다. 그러므로 이들의 대기 중 산–염기 화학은 중요한데, 특히 산성 침적에서 산들이 존재할 때는 더욱 중요하다.

아마이드 중에서 대기 오염 물질로 취급되는 것은 다이메틸폼아마이드이다. 이는 합성 중합체 올론(Orlon)과 다크론(Dacron)으로 알려진 폴리아크릴로나이트릴(polyacrylonitrile)의 용매로 상업적으로 널리 사용되고 있다. 대부분의 아마이드는 비교적 낮은 증기압을 가지고 있어 대기 중으로 유입되기는 쉽지 않다.

나이트릴은 −C≡N기를 가진 것으로 특징지어지는데, 특히 산업 지역에서 발생하는 대기 오염 물질로 알려져 있다. 아크릴로나이트릴과 아세토나이트릴(CH_3CN)은 모두 합성 고무 제조 과정에서 대기 중으로 유입되는 것으로 알려져 있다. 휘발성과 공업 생산량의 관점에서 볼 때, 대기 오염 물질로 보고된 대부분의 나이트릴들은 저분자량의 지방족 또는 알켄일 나이트릴이거나 벤젠 고리를 하나 가진 아릴 나이트릴이다. 폴리아크릴로나이트릴 중합체 제조에 사용되는 아크릴로나이트릴(acrylonitrile)은 질소 함유 유기 화학 물질 중에서 유일하게 연간 전 세계 생산량이 10억 kg을 초과해 상위 50위 안에 포함된다. 아크릴로나이트릴은 유독성이며 2급 발암 물질(probable human carcinogenic)로 분류되고 있다. 2015년 7월 2일 Tennessee 주 Knoxville 근처에서 기차의 부분 탈선으로 아크릴로나이트릴이 유출되고 화재가 발생하여 5000명의 주민이 피난하였다.

나이트로 화합물(RNO_2) 중에서 공기 오염 물질로 보고된 것들은, 나이트로메테인, 나이트로에테인과 나이트로벤젠이다. 이들 화합물들은 산업 자원으로 생산되고 있다. 나이트로기를 포함하며 산소 함량이 높은, 특히 과산화아세틸 질산염(PAN)과 과산화프로피온 질산염 같은 화합물의 알려진 배출원은 없고, 이들은 도시 대기 중에서 탄화수소가 광화학적 산화 과정을 통해 생성되는 2차 오염 물질의 최종 산물이다. 이 화합물들은 눈을 따갑게 하는 자극 물질로 광화학 스모그로 인해 눈이 따가운 것은 이것들 때문이며, 변위원성과 독성이 있으며, 피부암의 원인이 되는 것으로 알려져 있다.

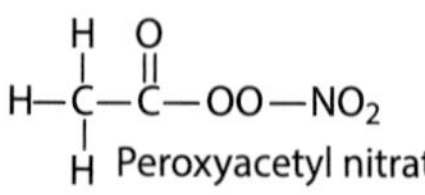

Peroxyacetyl nitrate

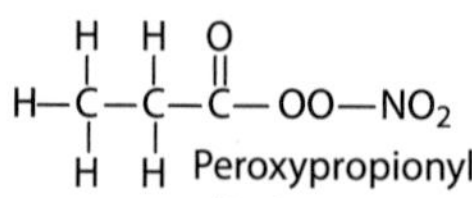

Peroxypropionyl nitrate

담배 연기 속에 많은 종류의 **헤테로 고리 질소 화합물(heterocyclic nitrogen compound)**이 포함되어 있으며, 대기 중에 있는 이들 화합물은 초목의 연소를 통해서 들어간 것으로 추론하고 있다. 코크스로(coke oven)는 이들 화합물들의 또 다른 주요 발생원이다. 헤테로 고리 질소 화합물은 피리딘의 유도체와 함께 일부는 피롤(pyrrole)의 유도체이다.

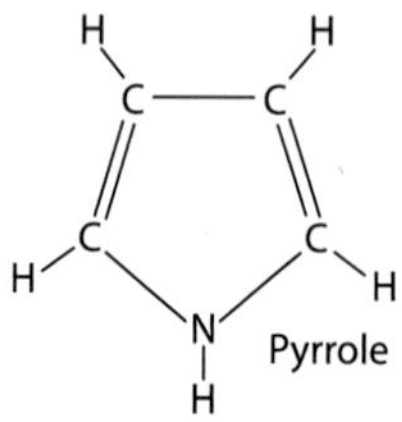

Pyrrole

대기 중 헤테로 고리 질소 화합물은 거의 전부 에어로솔과 연관되어 발생한다.

나이트로소아민(nitrosoamine)은 N−N=O기를 포함하고 있으며, 일반식은 다음과 같다.

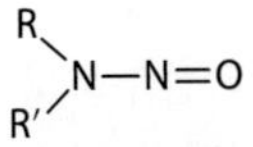

그리고 일부는 발암 물질로 알려져 있어 대기 오염 물질로 간주되고 있다. 나이트로소아민은 알킬기를 DNA에 부착시켜 암으로 이어질 수 있는 변형된 DNA를 만들 수 있는 화합물에 포함된다. *N*-나이트로소다이메틸아민(*N*-nitrosodimethylamine)과 *N*-나이트로소다이에틸아민(*N*-nitrosodiethylamine)들 모두 대기 중에서 검출되고 있다. 2019년에 라니티딘 제산제, 특히 인기 제품인 Zantac은 불순물로 낮은 수준의 *N*-나이트로소다이메틸아민을 포함하고 있어 판매가 금지되었다.

11.7 유기할로젠 화합물

유기할로젠화물(organohalide)은 탄화수소 분자에 할로젠이 치환된 것으로, 각 화합물은 적어도 한 개 이상의 F, Cl, Br, I 원자를 가지고 있다. 이들 화합물이 포화 화합물이면 **알킬 할로젠화물(alkyl halide)**, 불포화 화합물이면 **알켄일 할로젠화물(alkenyl halide)**, 방향족이면 **아릴 할로젠화물(aryl halide)**이라고 한다. 유기할로젠화물의 환경학적 · 독성학적 문제는 이 화합물들의 다양한 물리적 · 화학적 성질들에 따라 다양하게 나타난다. 오염과 관련된 대부분의 유기할로젠 화합물들은 인위적 기원으로부터 발생된다.[9] 그러나 현재는 많은 종류의 화합물이 생물에 의해 발생하는 것으로 알려졌으며, 특히 해조류를 포함한 해양 환경에서 생성되는 것도 밝혀졌다.[10]

대기 중에서 잠재적으로 중요한 몇 가지 알킬 할로젠화물의 구조식을 그림 11.4에 나타냈다. **다이클로로메테인(dichloromethane)**은 휘발성 액체로서 탁월한 용매 특성을 가지고 있으며, 다양한 산업 분야에서 사용되고 있다. 이는 일반적으로 화학 분석에서 유기 용해성 물질을 측정할 때 추출 용매로 사용된다. **다이클로로다이플루오로메테인(dichlorodifluoromethane)**은 한때 냉매로 광범위하게 제조되어 사용되어 오다가, 이후에 성층권 오존 파괴 물질로 밝혀진 클로로플루오로탄소(CFC) 화합물 중 한 가지이다. **HCFC-124, 1-클로로-1,2,2,2-테트라플루오로에테인(1-chloro-1,2,2,2-tetrafluoroethane)**은 냉매와 분사체로 사용되던 CFC 화합물의 대체품으로 개발되었다. 이는 하이드록실 라디칼이 작용할 수 있는 탄소−수소(C−H) 결합을 가지고 있어 대류권에서 많이 제거되지만, 그래도 아직 성층권 오존을 파괴시킬 수 있는 역량을 약간 가지고 있다. **HFC-134a**도 CFC 대체제로 개발되었다. 이것은 대

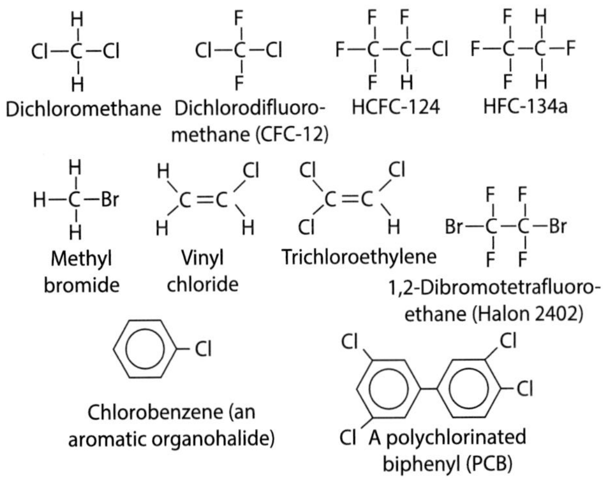

그림 11.4 과거에 혹은 현재 공기 오염 물질로서의 유기할로젠 화합물들.

류권에서 하이드록실 라디칼에 의해서 파괴되어 성층권 오존을 파괴시키지는 않지만, 강력한 온실 가스이다. 2016년에 가정용 에어컨 시스템에 널리 이용되는 냉매는 **R-410A**로, 오존 파괴 물질인 Cl을 포함하고 있지 않으며, HO• 라디칼에 의해 공격받아 비교적 빨리 분해되기 쉬운 수소 원자들을 가지고 있는 다이플루오로메테인(CH_2F_2)과 펜타플루오로에테인(CHF_2CF_3)의 혼합물이다. **염화 바이닐(vinyl chloride)**은 엄청난 양의 폴리염화바이닐 플라스틱 제조에 사용되는 단량체이다. **트라이클로로에틸렌(trichloroethylene)**은 드라이클리닝과 같은 용도에 널리 사용되는 용매이다. PCB 화합물은 두 개의 방향족 고리가 결합된 화합물 군으로서 그림 11.4에 예를 나타냈으며, 1개에서 10개의 염소 원자를 포함하고 있다. 브로민화 알케인은 일반적으로 **할론(halon)**으로 불리며, 불을 효과적으로 소화하고 항공기 소화기로 가장 많이 사용되는 물질이다. 가장 간단한 할로젠 방향족 화합물은 **클로로벤젠(chlorobenzene)**으로, 화학 합성에 사용된다. 다른 일반적인 할로젠 방향족 화합물은 벤젠 및 톨루엔 탄화수소 고리에 부착된 다양한 개수의 염소 및 때로는 브로민 원자도 포함하고 있는 방향족 탄화수소들의 다양한 유도체들을 포함하고 있다. PCBs는 바이페닐의 염소화된 형태의 많은 화합물들의 그룹으로, 매우 높은 물리적 및 화학적 안정성과 다른 성질들을 가지고 있어서 열전달 유체, 유압 유체 및 유전체를 비롯한 많은 응용 분야에서 1970년대 이들 화합물들이 수권, 지권 및 생물권에서의 오염 가능성 때문에 제조와 사용이 금지될 때까지 널리 사용되었다. 그러나 이들은 휘발성이 매우 낮아서 대기 오염 물질로서의 잠재성은 없다.

가벼운 유기할로젠 화합물들은 높은 증기압과 휘발성이 높아서 대기 중에서 검출될 농도 수준으로 많이 발견되고 있다. 전 지구적으로 가장 풍부한 유기 염소 화합물은 클로로 메테인(CH_3Cl)이며, 대기 중 농도는 수십 ppb 수준으로 대부분 바다와 열대 연안 지역 같은 자연적인 발생원에서 발생하고 있다. 메틸 클로로폼(CH_3CCl_3)은 대기 중에서 몇 년의 체류 시간을 가질 정도로 상대적으로 오래 지속되는 물질이다. 따라서 메틸 클로로폼은 성층권에까지 유입되어 CFCs와 같은 방법으로 오존층을 위협할 수 있다. 그 외에 대기 중에서 발견되는 가벼운 유기할로젠화물들로는 염화 메틸렌, 브로민화 메틸(CH_3Br), 브로모폼($CHBr_3$), 여러 가지의 CFCs 및 에틸렌 화합물의 할로젠 치환물로서 트라이클로로에틸렌, 염화 바이닐, 퍼클로로에틸렌($CCl_2{=}CCl_2$)과 다이브로민화 에틸렌($CHBr{=}CHBr$) 용매가 있다.

11.7.1 CFCs와 할론

일반적으로 프레온이라고 하는 다이클로로다이플루오로메테인과 같은 클로로플루오로탄소(CFCs)는 탄소가 한 두 개인 휘발성 화합물로, 탄소에 결합한 Cl과 F를 갖고 있다. 이들 화합물들은 매우 안정하고, 독성이 없으며, 최근 몇십 년 동안 가죽 연화제, 발포제 및 냉장고와 에어콘의 냉매로 널리 사용되어 왔다. 사용이 금지되기 전(아래 참조)까지 클로로플루오로탄소들 중에서 가장 많이 제조된 것으로는 CCl_3F(CFC-11, bp 24°C), CCl_2F_2(CFC-12, bp 28°C), $C_2Cl_3F_3$(CFC-113), $C_2Cl_2F_4$(CFC-114), C_2ClF_5(CFC-115)가 있다.

앞서 언급한 것 같이, 할론(halon)은 브로민을 포함하고 있는 화합물로 $CBrClF_2$(할론-1211), $CBrF_3$(할론-1301), $C_2Br_2F_4$(할론-2402)는 특히 불을 진화하는 데 매우 효과적인 약품이다. 할론은 연소 과정에서 수소 라디칼을 없애는 브로민 원자가 관여하는 연쇄 반응에 작용하여 연소를 중단시킨다. 관련된 반응의 기본 순서는 다음과 같다.

$$CBrClF_2 + H\bullet \rightarrow CClF_2\bullet + HBr \tag{11.12}$$

$$\begin{gathered} HBr + H\bullet \rightarrow Br\bullet + H_2 \\ H\bullet + Br\bullet \rightarrow HBr \end{gathered} \tag{11.13}$$

할론은 자동 소화 시스템, 특히 가연성 용매 저장 구역에 위치한 소화 시스템과 특수 소화기, 특히 항공기에 사용되었다. 아래 논의된 성층권 오존을 파괴할 수 있는 잠재력 때문에 소화기에 할론의 사용은 1994년 1월 1일 선진국에서 금지가 도입되어 급격하게 줄어들었다. 할론 사용 금지는 특히 항공기에서 할론의 우수한 특성으로 인해 우려를 불러 일으켰으며, 항공기 소화 시스템의 적절한 대체품을 찾기가 어렵다는 것이 입증되었다.

CFC 화합물은 대기 중에서 반응성이 없을 뿐 아니라, 세계 각지의 연간 생산량이 150만 입방톤에 달하고 있어, 사고나 사용 중에 대기 중으로 유출되어, 이제는 지구 대기 중 어느 곳에서나 일정한 농도를 나타내는 성분 중 하나가 되었다. 1974년, 노벨상을 수상한 저자들의 전통적인 일을 통해 클로로플루오로메테인류가 태양광 중 암을 유발하는 자외선을 걸러 주는 성층권 오존을 파괴하는 데 촉매 역할을 할 수 있다고 설득력 있게 제안하였다.[11] 성층권의 오존 농도와 지표면의 자외선 증가에 대한 후속 자료들로부터, CFC에 의한 성층권 오존의 위협이 사실이라는 것이 밝혀지게 되었다. 비록 낮은 고도의 대기 중에서는 안정할지라도, 성층권에는 높은 에너지를 가진 자외선이 있어 CFCs의 광분해가 일어난다. 즉, 성층권의 자외선은 CFCs의 강한 C−Cl 결합을 끊을 수 있는 충분한 에너지를 가지고 있어, 아래와 같은 반응으로 염소 원자가 떨어져 나온다.

$$Cl_2CF_2 + h\nu \rightarrow Cl\bullet + ClCF_2\bullet \tag{11.14}$$

Cl 원자는 매우 반응성인 화학종이어서 성층권 오존을 파괴하는 연쇄 반응을 개시하며, 이는 13.8.2절 '오존층 파괴'에서 자세히 설명하고 있다.

1986년에 체결된 오존층 파괴 물질에 대한 Montreal 의정서에 따라, 미국 환경 보호청은 1989년부터 CFCs와 할로카본 생산을 줄이도록 규제하고 있다. 할로카본의 대체 물질로는 수소가 포함된 염화플루오로탄소(HCFCs)와 수소를 함유한 플루오로탄소(HFCs)와 몇 가지 휘발성인 탄화수소 조성물들이 있다. 이러한 대체 물질에는 CH_2FCF_3(HFC-134a, 1,1,1,2-테트라플루오로에테인들이 자동차 에어컨과 냉장 장비에 쓰이던 CFC-12의 표준 대체품으로 됨), $CHCl_2CF_3$(HCFC-123), CH_3CCl_2F(HCFC-141b), $CHClF_2$(HCFC-22)와 CH_2F_2(HFC-152a, 가연성 물질)들이 있다. 이들 대체 물질에는 보다 쉽게 절단되는 C−H 결합이 있기 때문에 성층권까지 도달하기 전에 하이드록실 라디칼과 같은 화학종과 대기 화학 반응을 통해서 분해된다. HFC 화합물들은 탄소에 플루오린과 수소만이 결합되어 있어 오존을 파괴하는 염소 원자를 생성하지 않으므로 CFC 대체 물질로 각광받고 있다. 2020년, 다이플루오로메테인(CH_2F_2, R-32로 불림)과 펜타플루오로에테인(CHF_2CF_3, R-125로 불림)의 혼합물인 R-410이 가장 보편적인 냉매로 사용되고 있다.

HFC 화합물 중 일부, 특히 HFC-134a는 지구 온난화 잠재력(global warming potential, GWP)으로 인해 비판을 받아 왔다. 새로운 대체 물질 중에서 지구 온난화 잠재력(GWP)이 가장 낮은 것은 화학식이 $CF_3CF{=}CH_2$인 HFO-1234yf이다. HFCs는 GWP에 대한 우려가 있어, 유럽 자동차 제조업체들은 냉매로 CO_2를 쓰는 자동차 에어컨 시스템을 개발하고 있다. 이산화 탄소도 지구 온난화에 기여하지만, 자동차 에어컨 시스템에서 누출되어 증가되는 영향은 화석 연료 연소 시 배출되는 양에 비하면 무시할 수 있는 양이기 때문에 극히 미미하다.

11.7.2 수소플루오로탄소와 수소클로로플루오로탄소의 대기 반응

수소플루오로탄소(HFCs)와 수소클로로플루오로탄소(HCFCs)의 대기 화학은 이 화합물들이 오존층에 크게 위험한 물질이 아니지만 중요하다. 특히 중요한 것은 이 화합물들의 광산화, 대기 중 수명 및 광산화 생성물들의 영향들이다. 하이드록실 라디칼이나 염소 원자가 이들 화합물에 처음으로 공격하여 대기 반응이 개시되어 궁극적으로는 파괴시킨다.[12] 대류권에서 HFC-134a(CF_3CH_2F)는 하이드록실 라디칼과 다음과 같이 반응한다.

$$CF_3CH_2F + HO\bullet \rightarrow CF_3CHF\bullet + H_2O \tag{11.15}$$

이 반응으로 생성된 알킬 라디칼은 산소 분자와 반응하여 과산화 라디칼이 되고,

$$CF_3CHF\bullet + O_2 + M \rightarrow CF_3CHFO_2\bullet + M \quad (11.16)$$

과산화 라디칼은 일산화 질소와 반응한다.

$$CF_3CHFO_2\bullet + NO \rightarrow CF_3CHFO\bullet + NO_2 \quad (11.17)$$

이 반응의 생성물은 다음과 같이 분해되거나

$$CF_3CHFO\bullet \rightarrow CF_3\bullet + HC(O)F \quad (11.18)$$

산소 분자와 반응한다.

$$CF_3CHFO\bullet + O_2 \rightarrow CF_3C(O)F + HO_2\bullet \quad (11.19)$$

후자의 두 과정은 거의 같은 정도로 발생한다고 생각된다. 궁극적으로는 대기로부터 정화된 생성물이 형성된다.

11.7.3 과플루오로탄소

과플루오로탄소(perfluorocarbon)란 완전히 플루오린화된 유기 화합물을 말하는데, 가장 간단한 것으로는 사플루오로탄소(CF_4)와 육플루오로에테인(C_2F_6)이 있다. 전자 산업에서 부식제로 이들 화합물들을 연간 수백 톤 생산하고 있다. 그러나 매년 대략 30,000 입방톤에 달하는 CF_4와 CF_4의 약 10%의 C_2F_6이 알루미늄 생산으로 지구 대기 중으로 배출된다.

무독성인 과플루오로탄소는 하이드록실 라디칼, 오존 및 그 외의 대기 중 반응성이 있는 물질들과도 반응을 하지 않으며, 대기 중에서는 오직 파장이 130 nm 이하인 복사선에 의해서 광분해되어 파괴되는 것이 유일하게 알려진 파괴 메커니즘이다. 이와 같이 과플루오로탄소 화합물들은 극단적으로 반응성이 없어서 광화학 스모그나 오존층 파괴의 반응에도 관련하지 않는다. 과플루오로탄소는 이렇게 안정하기 때문에 대기 중 영속 시간이 매우 길다. 대기 중 CF_4의 영속 시간은 놀랍게도 50,000년으로 추정되고 있다. 이 화합물들이 지구 대기에 미치는 영향으로 관심을 끄는 것은 지구 온난화의 원인 물질로서의 가능성이다(13장 참조). 이 화합물들의 비활성과 적외선 복사의 흡수 능력을 고려하면, 과플루오로탄소는 분자당 온난화 능력이 이산화 탄소보다 수천 배 정도 높고, 분해되지 않아서 오랜 시간 동안 대기 중에 머물면서 지구 온난화에 기여할 것이다.

11.7.4 염소화된 다이벤조-*p*-다이옥신과 다이벤조퓨란

다염소화 다이벤조-*p*-다이옥신(PCDDs)과 다염소화 다이벤조퓨란(PCDFs)은 아래와 같은 일반 구조식을 갖고 있는 유해 화합물이다.

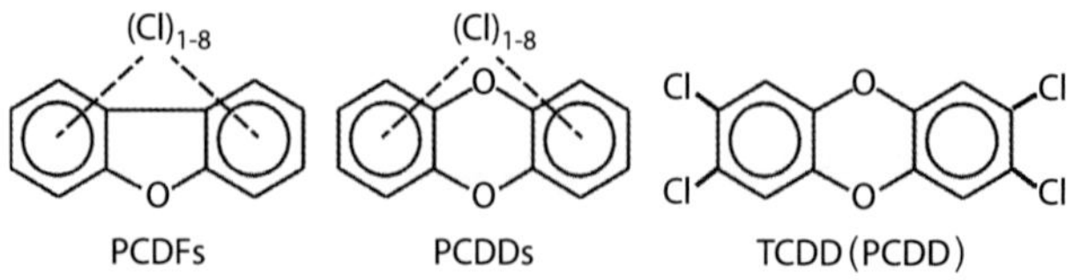

이들은 독성 물질이기 때문에 상당히 우려되는 물질들이다. 이들 중에서도 가장 독성이 강한 환경 오염 물질은 2,3,7,8-테트라클로로다이벤조-*p*-dioxin(tetrachlorodibenzo-*p*-dioxin, TCDD)인데, 보통 간단하게 '다이옥신'이라고 한다.

PCDDs와 PCDFs는 자동차 엔진, 쓰레기 소각로, 철 및 다른 금속들의 생산 과정 등 여러 가지 발생원으로부터 대기 중으로 유입된다. 그중에서도 특히 도시의 쓰레기 소각로가 중요한 발생원이다. 쓰레기 소각로에는 도시 쓰레기 중에 포함된 폴리염화바이닐류 플라스틱에서 발생하는 염소와 금속 촉

매 모두가 존재하므로, PCDDs와 PCDFs가 많이 생성된다. PCDDs와 PCDFs는 소각로 내에서도 약 300℃ 정도로 비교적 온도가 낮고, 염소와 산소가 있고, 수소도 존재하는 후연소 영역에 있는 탄소질 비산재의 표면에서 드 노보(de novo) 합성에 의해서 생성된다.

대기 중 PCDDs와 PCDFs의 농도는 0.4~100 pg/m^3로 매우 낮다. 이 화합물들은 휘발성이 낮기 때문에 염소화가 많이 된 유사체(congener)일수록 화합물들이 입자상 물질로 되어 대기 중에 존재한다. 그래서 대기 중으로부터 PCDDs와 PCDFs를 제거하는 두 가지 주요 메커니즘인 광분해와 하이드록실 라디칼과의 반응이 일어나기 어렵다. 반면에 덜 염소화된 유사체는 좀 더 반응성이 있는데, 이는 화합물 내에 하이드록실 라디칼이 공격하기 쉬운 C−H 결합이 있기 때문이다.

11.8 유기황 화합물

메틸기와 페닐기 같은 알킬이나 아릴 탄화수소기가 황화수소(H_2S)의 H에 치환되면, 유기황 싸이올(머캅탄, R−SH)과 황화물, 즉 싸이오에터(R−S−R)와 같은 여러 가지 종의 유기황 화합물이 된다. (그러나 대한화학회의 유기 화합물 명명법에 따르면 '머캅탄'이라는 이름은 사용하지 않고, '싸이오에터'라는 말도 권장하지 않는다.) 이 화합물들의 구조식은 아래와 같다.

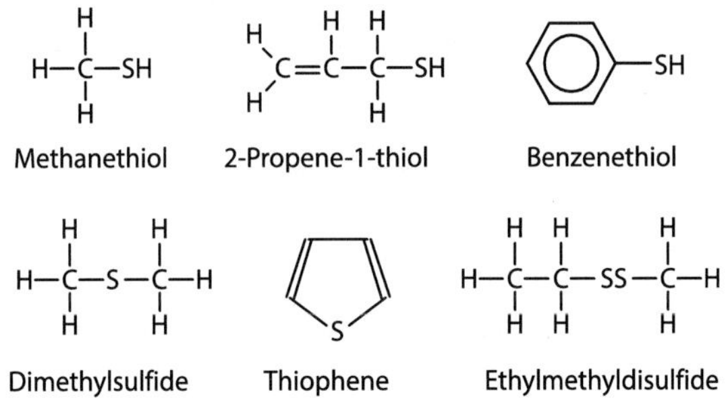

가장 중요한 대기 유기황 화합물은 **다이메틸 설파이드(dimethylsulfide)**로, 해양 생물에 의해 많은 양이 생성되어 대기 중으로 유입되는데, 그 양이 오염 물질 발생원에서 대기 중으로 유입되는 양과 견줄만한 양이다. 해양 대기 중 SO_2의 대부분은 이것들이 산화된 것이다.

메테인싸이올과 같이 가벼운 알킬 싸이올은 독한 마늘 냄새를 내는 매우 흔한 대기 오염 물질이며, 1-뷰테인싸이올과 2-뷰테인싸이올은 스컹크 냄새의 원인 물질이다. 기체상인 **메테인싸이올(methanethiol)**과 휘발성 액체인 에테인싸이올은 천연가스, 프로페인, 뷰테인 가스의 누출 감지용 첨가제로 사용되며, 살충제 합성에도 사용된다. **알릴 머캅탄[allyl mercaptan**, 2-프로펜-1-싸이올(2-propene-1-thiol)]은 독성이 있고, 마늘 냄새가 심하게 나는 자극적이고, 휘발성인 액체이다. **벤젠싸이올(benzenethiol**, 페닐 머캅탄)은 아릴 싸이올 중에서 가장 간단한 화합물인데, 독성이 있으며, 매우 불쾌한 냄새를 내는 액체이다.

알킬 황화물(싸이오에터)은 C−S−C 작용기를 가지고 있다. 이들 화합물 중에서 가장 가벼운 것은 다이메틸 설파이드로서 끓는점이 38℃인 휘발성 액체이며, 해양 미생물에 의해 생성된다고 위에서 언급하였다. 고리형 황화물은 고리 안에 C−S−C 작용기를 가지고 있으며, 가장 일반적으로 사용되는 화합물은 **싸이오펜(thiophene)**이다. 열에 안정한 액체로 벤젠과 유사한 용매 작용을 하는 싸이오펜(끓는점 84℃)은 제약, 염료 및 수지의 제조에도 이용된다.

광역 대기에서는 유기황 화합물이 그다지 중요한 대기 오염 물질은 아니지만, 악취로 인해서 지역 대기 오염 문제를 일으키기도 한다. 대기 중 유기황 화합물의 주요 발생원은 생물학적 분해, 나무의 펄프화 과정, 식물에서 방출되는 휘발성 물질, 동물의 배설물, 통조림 공장과 축산 처리 가공장, 전분 제조, 하수 처리장 및 원유 정제 등이 있다.

유기황 화합물들이 에어로솔 형성이나 산성 강하물 성분의 생성 등 대기 화학에 미치는 영향은 미미하지만, 이들 화합물들은 모두 지독한 악취를 낸다. 따라서 이 화합물들이 대기 중에 유출되지 않도록 해야 한다.

대기 중에 수소를 함유한 모든 유기 화합물 종들과 같이, 유기황 화합물들도 하이드록실 라디칼과 반응하는 것이 대기 광화학 반응들 중 가장 첫 단계이다. 머캅탄이나 황화물에 들어 있는 황은 궁극적으로는 SO_2로 변환된다. 두 가지 경우 모두 산화 중간물인 SO로 쉽게 산화되고, HS• 라디칼도 머캅탄류의 산화 중간체이다. O 원자가 S에 첨가되는 또 다른 가능한 방법은 여기에 나타낸 메틸 머캅탄과 같이 자유 라디칼을 만드는 것이다.

$$CH_3SH + O \rightarrow H_3C\bullet + HSO\bullet \tag{11.20}$$

HSO• 라디칼은 대기 중 O_2에 의해서 쉽게 SO_2로 산화된다.

11.9 유기 입자상 물질

유기 화학종들은 대기 입자상 물질의 중요한 성분이다. 일부 입자들은 거의 전체가 유기 물질로 되어 있다. 다른 것들은 비유기성 물질의 표면에 상당량의 유기 화합물들이 흡착된 것도 있다. 광화학 스모그(12장)의 특징적인 가시성을 방해하는 입자들은 주로 광화학 스모그 과정의 최종 산물인 산소를 포함한 유기 물질로 구성되어 있다. 디젤 엔진과 같은 탄화수소를 불완전 연소 생성물로 생성하는 발생원의 탄소 원소 입자와 고 응축된 PAHs는 대기 중 유기물 증기와의 친화성이 매우 강하다.

유기 입자상 물질에는 발생원에서 직접 방출되는 1차 오염 물질과 유기물 증기들에게 대기 화학 과정의 작용이 일어나 생성된 2차 오염 물질이 있다. 대기 중의 반응성 대기 화학종들, 특히 HO• 라디칼, O_3, NO_x, NO_3 라디칼들의 작용을 통해, 유기물 분자 증기에 산소와 질소가 첨가되어 휘발성이 줄어들게 되고, 응축되어 입자들이 형성된다.

11.10 유해 공기 오염 물질인 유기 화합물

유해 공기 오염 물질(hazardous air pollutant)은 건강에 악영향을 주는 것으로, 1970년에 미국 청정공기법(U.S. Clean Air Act)에 정해져 있다. 이들 물질은 일반적으로 특별한 공장에서 방출되는 것과 같이 특정 배출원에서 나오는 것들이며, SO_2와 NO_x와 같이 광범위하게 여러 발생원에서 배출되는 **기준 대기 오염 물질(criteria air pollutant)**과는 구분된다. 그 이후에 청정공기법은 1990년에 약간 수정되어 공기 오염 물질들의 목록을 규정하고 있다. 유해 대기 오염 물질 목록에 있는 대부분의 물질들은 유기 화합물이며, 완전한 목록이 인터넷에 게재되어 있다.[13] 표 11.1에 예로서 목록에 있는 유기 화합물 몇

표 11.1 미국 환경 보호청(EPA) 목록에 있는 유해 공기 오염 물질 중 유기 화합물의 일례

CAS 번호	화합물 이름	CAS 번호	화합물 이름
75070	아세트알데하이드	50000	폼알데하이드
60355	아세트아마이드	60344	메틸 하이드라진
107131	아크릴로나이트릴	98953	나이트로벤젠
71432	벤젠	100027	4-나이트로페놀
334883	다이아조메테인	108952	페놀
75218	산화 에틸렌	95807	2,4-톨루엔 다이아민

가지를 나열하였으며, 그 밖의 것들과 그것들의 성질은 SciFinder와 같은 데이터베이스를 통해 인터넷에서 찾아볼 수 있을 것이다.

참고문헌

1. U.S. Environmental Protection Agency, *Persistent Organic Pollutants: A Global Issue, A Global Response*, 2020, https://www.epa.gov/international-cooperation/persistent-organic-pollutants-globalissue-global-response.
2. Scheringer, Martin, Sebastian Strempel, Sirja Hukari, Carla A. Ng, Markus Blepp, and Konrad Hungerbuhler, "How Many Persistent Organic Pollutants Should We Expect?," *Atmospheric Pollution Research*, **3**, 383–391, 2012.
3. Pozo, Karla, Tom Harner, Sum Chi Lee, Frank Wania, Derek C. G. Muir, and Kevin C. Jones, "Seasonally Resolved Concentrations of Persistent Organic Pollutants in the Global Atmosphere from the First Year of the GAPS Study," *Environmental Science and Technology*, **43**, 796–803, 2009.
4. Kegge, Wouter, Paulien Gankema, and Ronald Pierik. "Plant-Produced Volatile Organic Compounds." *AccessScience*, McGraw-Hill Education, New York, NY, 2013.
5. Han, Yuemei, Yoko Iwamoto, Tomoki Nakayama, Kimitaka Kawamura, and Michihiro Mochida, "Formation and Evolution of Biogenic Secondary Organic Aerosol over a Forest Site in Japan," *Journal of Geophysical Research: Atmospheres*, **119**, 259–273, 2014.
6. Matsunaga, Aiko, and Paul J. Ziemann, "Yields of β-hydroxynitrates and Dihydroxynitrates in Aerosol Formed from OH Radical-Initiated Reactions of Linear Alkenes in the Presence of NO_x," *Journal of Physical Chemistry A*, **113**, 599–606, 2009.
7. Mansha, Muhannad, Anwar Rashid Saleemi, and Javed Hassan Naqvi, "Status and Spatial Visualization of Toxic Pollutants (BTEX) in Urban Atmosphere," *Advances in Chemical Engineering and Science*, **1**, 231–238, 2011.
8. NASA's Terra Highlights Aerosols from Western Fires in Danger Zone, 2020, https://www.nasa.gov/feature/goddard/2020/nasas-terra-highlights-aerosols-from-western-fires-in-danger-zone.
9. Simpson, William R., Steven S. Brown, Alfonso Saiz–Lopez, Joel A. Thornton, and Roland von Glasow, "Tropospheric Halogen Chemistry: Sources, Cycling, and Impacts," *Chemical Reviews*, **115**, 4035–4062, 2015.
10. Phang, Siew-Moi, and Yong-Kian Lim, "Effect of Irradiance on the Emission of Short-Lived Halocarbons from Three Common Tropical Marine Microalgae," *Peer Journal*, **7**, e6758, 2019, US National Institutes of Health, Library of Medicine, https://www.ncbi.nlm.nih.gov/pmc/articles/PMC6476285/ e6758.
11. Molina, Mario J., and F. Sherwood Rowland, "Stratospheric Sink for Chlorofluoromethanes," *Nature*, **249**, 810–812, 1974.
12. Burkholder, James B., R. A. Cox, and A. R. Ravishankara, "Atmospheric Degradation of Ozone Depleting Substances, Their Substitutes, and Related Species," *Chemical Reviews*, **115**, 3704–3759, 2015.
13. "The Clean Air Act Amendments of 1990 List of Hazardous Air Pollutants," https://www3.epa.gov/airtoxics/orig189.html.

보충자료

Balduino, Sergio P., Ed., *Progress in Air Pollution Research*, Nova Science Publishers, New York, NY, 2007.

Bodine, Corin G., Ed., *Air Pollution Research Advances*, Nova Science Publishers, New York, NY, 2007.

Brasseur, Guy P., and Daniel J. Jacob, *Modeling of Atmospheric Chemistry*, Cambridge University Publishing, Cambridge, UK, 2017.

Cheremisinoff, Nicholas P., *Handbook of Air Pollution Prevention and Control*, Butterworth-Heinemann, Boston, MA, 2002.

Cooper, C. David, and F. C. Alley, *Air Pollution Control: A Design Approach*, 4th ed., Waveland Press, Prospect Heights, IL, 2010.

de Nevers, Noel, *Air Pollution Control Engineering*, 3rd ed., Waveland Press, Prospect Heights, IL, 2016

Desonie, Dana, *Atmosphere: Air Pollution and Its Effects*, Chelsea House Publishers, New York, NY, 2007.

Fagan, Richard C., and John H. Seinfeld, *Fundamentals of Air Pollution Engineering*, Dover Publications, Mineola, NY, 2012.

Godish, Thad, and Wayne T. Davis, *Air Quality*, 5th ed., CRC Press, Boca Raton, FL, 2014.

Granier, Claire, Paulo Artaxo, and Claire E. Reeves, *Emissions of Atmospheric Trace Compounds*, Kluwer Academic Publishers, Boston, MA, 2004.

Heck, Ronald M., Robert J. Farrauto, and Suresh T. Gulati, *Catalytic Air Pollution Control: Commercial Technology*, 3rd ed., Wiley, New York, NY, 2009.

Hewitt, C. Nicholas, Ed., *Reactive Hydrocarbons in the Atmosphere*, Academic Press, San Diego, CA, 1999.

Holloway, Ann M., and Richard P. Wayne, *Atmospheric Chemistry*, Royal Society of Chemistry, London, 2010.

Kidd, J. S., and Renee A. Kidd, *Air Pollution: Problems and Solutions*, Chelsea House, New York, NY, 2006.

Koppmann, Ralf, *Volatile Organic Compounds in the Atmosphere*, Blackwell Publishing, Oxford, 2007.

Livingston, James V., *Air Pollution: New Research,* Nova Science Publishers, New York, NY, 2007.

Nadadur, Srikanth S., and John W. Hollingsworth, *Air Pollution and Health Effects*, Springer, Berlin, 2015.

O'Sullivan, Gwen, and Court Sandau, *Environmental Forensics for Persistent Organic Pollutants*, Elsevier, Amsterdam, 2014.

Phalen, Robert F., and Robert N. Phalen, *Introduction to Air Pollution Science: A Public Health Perspective, Jones & Bartlett Learning*, Burlington, MA, 2011.

Rao, Shrinivash, *Handbook of Air Pollution Prevention and Control, Scitus Academics*, Wilmington, DE, 2016.

Ritchie, Grant, *Atmospheric Chemistry: From the Surface to the Stratosphere*, World Scientific Publishing, Singapore, 2017.

Romano, Gaia C., and Alice G. Conti, Eds., *Air Quality in the 21st Century*, Nova Science Publishers, New York, NY, 2008.

Schnelle, Karl B., and Russell F. Dunn, *Air Pollution Control Technology Handbook*, 2nd ed., CRC Press, Boca Raton, FL, 2017.

Seinfeld, John H., and Spyros N. Pandis, *Atmospheric Chemistry and Physics: From Air Pollution to Climate Change*, 3rd ed., Wiley, Hoboken, NJ, 2016.

Sokhi, Ranjeet S., Ed., *World Atlas of Atmospheric Pollution*, Anthem Press, New York, NY, 2007.

Sullivan, Timothy J. and Charles T. Driscoll, "Air Pollution Success Stories in the United States: The Value of Long-Term Observations," *Environmental Science & Policy*, **84**, 69–73, 2018.

Tiwary, Abhishek, and Ian Williams, *Air Pollution: Measurement, Modelling, and Mitigation*, 4th ed., CRC Press, Boca Raton, FL, 2018.

U.S. Environmental Protection Agency, *Preliminary Scoring of Selected Organic Air Pollutants*, Biblio Publishing, Columbus, OH, 2013.

U.S. Environmental Protection Agency, *Sources of Polynuclear Hydrocarbons in the Atmosphere*, BiblioGov, Columbus, OH, 2013.

Vallero, Daniel A., *Fundamentals of Air Pollution*, 5th ed., Academic Press, Waltham, MA, 2014.
Wardle, Brian, *Principles and Applications of Photochemistry*, Wiley, Hoboken, NJ, 2010.
Waza, Andebo Abesha, *Biogenic Volatile Organic Compounds in Atmosphere: Effect of Green Leaf Volatiles on Secondary Organic Aerosol Formation*, Academic Publishing, Waltham, MA, 2014.

연습문제

모든 문제들을 답하기 위해서는 인터넷을 활용해야 할 것이다. 특히 일반적인 정보나 통계, 상숫값, 수식들은 인터넷에서 찾아서 사용하시오. 질문들은 교재 안에 있는 내용을 단순하게 찾아서 쓰는 것보다 호기심과 사고력을 증진시키기 위한 것이다. 그래서 어떤 경우에는 여러 가지 '정답'이 있을 수 있다. 그러므로 만약 자신의 이지적인 사고를 통한 노력과 다양한 문헌으로부터 찾은 정보를 바탕으로 작성한 답은 '정답'으로 간주한다.

1. 알파벳 글자로 나타낸 왼쪽 목록의 유기 오염물과 숫자로 나타낸 오른쪽 목록의 기대되는 영향을 연결하시오.
   (a) CH_3SH (1) 대기 중에서 간접적인 영향을 미친다.
   (b) $CH_3CH_2CH_2CH_3$ (2) 가장 직접적인 영향을 미친다.
   (c) 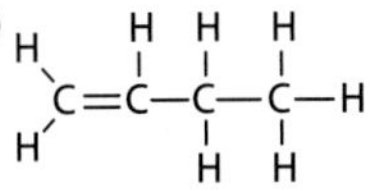 (3) 세 가지 화합물 중에서 미치는 영향이 가장 작다.
2. 불완전 연소된 배기가스 중에 포함된 탄화수소에는 왜 반응성이 큰 것이 많은가?
3. 사고가 발생하여 이른 아침 도시 대기 중으로 기체상 알케인과 알켄의 혼합물이 갑자기 배출되었다. 배출된 도시의 공기 덩어리가 낮 동안 강렬한 햇빛에 노출되고 역전 현상에 의해 정체된 상태로 유지된다고 가정한다. 배출된 지점에서 이들 화합물을 모니터링하였다면, 저녁에 이들 화합물의 총 농도와 상대 농도는 어떻게 변했을지 설명하시오.
4. 왼쪽에 나타낸 각 라디칼과 오른쪽에 나타낸 이름을 연결하시오.
   (a) $H_3C\bullet$ (1) 폼일 라디칼
   (b) $CH_3CH_2O\bullet$ (2) 과산화알킬 라디칼
   (c) $CH_xCH_{2x+1}O_2\bullet$ (3) 알킬 라디칼
   (d) $H\dot{C}O$ (4) 알콕실 라디칼
5. 하이드록실 라디칼과의 반응에서 알켄은 알케인에서는 일어나지 않는 반응 메커니즘을 통해 반응한다. 이 반응 메커니즘 때문에 알켄이 알케인보다 대기 중에서 더 반응성이 있다. 이 반응 메커니즘은 무엇인가?
6. 가장 낮은 수소/탄소 비를 갖는 가장 안정한 탄화수소류는 무엇인가?
7. 대기 중에서 탄화수소의 산화 반응 결과, 첫 번째로 나타나는 안정한 화합물의 종류는 무엇인가?
8. 에테인과 하이드록실 라디칼이 반응하여 아세트 알데하이드가 형성되는 반응을 설명하시오.
9. NO_2와 함께 카보닐 화합물이 광화학 반응에서 갖는 중요한 특성은 무엇인가?
10. 다음 중 대기 오염 물질인 탄화수소에 대한 설명으로 옳지 않은 것은?
    a. 메테인(CH_4)이 일반적으로 자연으로부터 발생한다고 해서 비오염 물질로 생각하고 있지만, 인간 활동으로 대기 중 메테인 농도가 해로울 가능성이 있는 농도까지 증가되고 있다.
    b. 나무로부터 유래된 몇몇 유기종은 대기 중 2차 오염 물질의 형성을 초래할 수 있다.
    c. 알켄일 탄화수소는 C=C 탄소 이중 결합을 포함하고 있어 알케인과는 반응하지 않는 하이드록실 라디칼과 반응한다.
    d. 스모그를 생성할 수 있는 잠재력으로서 측정되는 각 탄화수소들 간의 반응성 차이는 약 ±25% 정도 밖에 되지 않는다.
    e. 대기 중 대부분의 비메테인계 탄화수소는 2차 오염 물질을 생성하기 때문에 중요하다.
11. 다음 중 유기 오염 물질에 대한 설명으로 옳은 것은?
    a. 카보닐 화합물(알데하이드와 케톤)은 탄화수소가 광화학 산화되는 동안 가장 나중에 생성되는 유기종이다.
    b. 카복실산($-CO_2H$ 작용기를 가지는)은 대기 중에서 특히 오래 체류하며 지속성이다.
    c. CCl_2F_2와 같은 CFCs는 2차 오염 물질이다.

d. PAN은 1차 오염 물질이다.

e. HFCs는 성층권 오존층에 대해서 CFCs보다 더 위험하다.

12. 다음 중 대기의 탄화수소에 대한 설명으로 옳은 것은?

a. 알케인은 손쉽게 하이드록실 라디칼과 첨가 반응을 한다.

b. 알켄은 하이드록실 라디칼과 첨가 반응을 한다.

c. 오존은 알케인의 C−H 결합에 첨가되는 경향이 있다.

d. 탄화수소는 식물에 의한 에스터의 화학적 환원 반응이 진행되어 형성되는 경향이 있다.

e. 불포화 알켄은 가솔린이 증발하여 만들어진 것이고, 알케인은 자동차 배기가스 산물로서 생성되는 경향이 있다.

13. 다음 중 대기에 존재하는 탄화수소에 대한 설명으로 옳지 않은 것은?

a. 인간 활동에서 생성되는 탄화수소는 대기 중 총 탄화수소의 약 1/7밖에 되지 않는다.

b. 대기 중 유기물에 가장 크게 기여하는 것은 자연 근원이다.

c. $2\{CH_2O\}$ (세균 활동) $\rightarrow CO_2(g) + CH_4(g)$ 반응은 대기 중 탄화수소에 매우 크게 기여한다.

d. 메테인(CH_4)은 여러 가지 식물들로부터 생성되어 대기 중으로 방출된다.

e. 다수의 식물들은 대기 중 하이드록실 라디칼 및 산화종들과 매우 반응성이 높은 간단한 탄화수소를 발생시킨다.

14. 다음 중 대기 중 카보닐 화합물들의 성질로 옳은 것은?

a. 알데하이드는 카보닐기가 발색단(chromophore)이기 때문에, NO_2 다음으로 빛을 흡수하여 자유 라디칼을 생성하는 대기 근원이다.

b. 일반적으로 대기 탄화수소들이 산화되어 만들어지는 최종 산물이며, 대기 중에서 비교적 해를 끼치지 않는다.

c. 홀전자를 가진 자유 라디칼이다.

d. 자동차 배기가스로부터 방출되는 유기 화합물 중 지배적인 것이다.

e. 아크롤레인 같은 알켄일 알데하이드는 특히 안정하여 대기 중에서 반응하지 않는다.

12 광화학 스모그

12.1 맑은 날 시정 감소

이 장에서는 Los Angeles, Mexico City, Santoago Chile 등 세계 여러 도시에서 나타나는 **산화성 스모그**(**oxidizing smog**) 또는 **광화학 스모그**(**photochemical smog**)에 관하여 다루겠다.[1] 이 책에서 사용하고 있는 **스모그**(**smog**)의 의미는 광화학적으로 산화된 대기를 의미한다. 원래 스모그라는 단어는 런던에서 황 함유량이 높은 석탄을 연료로 사용하던 시절에, 이산화 항으로 이루어진 안개(fog)와 연기(smoke)가 혼합된 불쾌한 상태를 일컫는 것에서 유래한 합성어이다. 런던의 안개와 연기의 혼합물의 특성은 환원성 물질인 이산화 황에 의해 결정되므로, **환원성 스모그**(**reducing smog**) 또는 **유황 스모그**(**sulfurous smog**)였다. 실제로 산화성 광화학 스모그가 존재하는 대기 중에서 이산화 황은 쉽게 산화되어 반감기는 매우 짧다.

광화학 스모그는 긴 역사를 가지고 있다. 1542년에 Juan Rodriguez Cabrillo가 남부 California 지역을 탐험했을 때, 그 지역이 짙은 연무로 덮여 있어 San Pedro Bay, 즉 'Bay of Smokes'라고 불렀다. Los Angeles에서 인위적인 오염 물질로 인해서 눈이 따갑다고 호소했다는 기록은 1868년까지 거슬러 올라간다. 시정 감소, 눈의 자극, 고무의 균열, 건조물들의 노화 등의 특성을 갖는 스모그는, 1940년대에 Los Angeles 지역에서 심각한 문제로 대두되었었다. 현재는 이러한 현상이 세계 곳곳에서 나타나는 대표적인 대기 오염 문제로 대두되고 있다.

한원성 스모그는 구름이 끼고 안개가 낀 습도가 높은 조건에서 다량의 눈에 보이는 연기가 대기 중으로 방출될 때 발생하는 경향이 있는 반면에, 광화학 스모그는 일반적으로 그러한 조건이 없고 강렬한 햇빛에 노출된 상황에서 나타난다. 스모그가 존재하는 상태는 중증부터 심하게 눈이 따갑고, 또는 상대 습도가 60% 이하 조건에서 시정이 3마일 이하인 경우이다. 공기 중 산화제의 생성, 특히 오존은 스모그 생성의 지표종이다. 심각한 광화학 스모그 상태란 산화제가 0.15 ppm 이상의 농도로 한 시간 이상 지속됐을 때를 기준으로 하고 있다. 광화학 스모그가 발생하는 데 필요한 세 가지 요소는 자외선, 탄화수소, 질소 산화물이다. 분석 방법이 발전되어 대기에서 스모그를 형성하는 매우 많은 탄화수소 전구체가 밝혀졌다.

오존은 광화학 스모그로 오염된 대기 중에서 대기 오염 물질로시 그 중요성이 인정되이, 미국과 다른 국가에서는 오존 허용 농도를 더욱 낮추어 규제하고 있다. 허용 가능한 오존의 수준은 2015년에 더 낮아져 3년 동안 평균값인 8시간 최고 농도가 0.070 ppm으로 감소되었다.

지표 오존 이외에 스모그의 또 다른 주요 지표는 지름 2.5 μm 미만이 미세 입자의 존재이다(사람 머리카락의 평균 지름이 60 μm이다). 미국에서 2013년에 $PM_{2.5}$로 표시하는 2.5 μm 미만의 입자상 물질의 24시간 평균 농도 기준을 환경 보호청에서 12 $\mu g/m^3$로 설정하였다. 모든 미세 입자상 물질은 광화학 스모그를 형성하는 전구 물질인 기체상 오염 물질들의 반응으로 생성된 2차 오염 물질이다. 이 미세 입자들은 매우 호흡성이며 큰 입자보다 독성 성분이 더 많이 함유되어 있다. $PM_{2.5}$의 다른 중요한 측면은 이들이 일반적으로 대기 중에서 수일에서 수 주의 비교적 긴 수명을 갖는데, 이는 바람으로 침식되거나 연기와 같은 발생원에서 직접 대기 중으로 유입된 PM_{10} 입자들이 수시간에서 수일의 수명을 갖는 것에 비하면 길다. PM_{10} 입자는 대기 중에서 단순히 중력에 의해 침강되지만, $PM_{2.5}$ 입자는 대기 중에서 비에 의해 제거되거나 지면이나 식생과 같은 표면에 건식 침적에 의해서 제거되기 때문이다.

오존이 심각한 대기 오염 문제로 인식된 1940년대부터, 화학자들이 광화학 스모그 문제를 열심히 연구하여 왔다. 그러한 노력으로 대기 화학의 규칙이 많이 알려지고 밝혀졌다. 이 분야는 가스상 반응 속도론의 진보와 복잡한 계산을 할 수 있는 컴퓨터의 능력과 오염된 대기 중에서 미량의 화학종을 측정할 수 있는 분석 기기의 발전에 힘을 얻어 크게 발전하였다. 이 장에서는 광화학 스모그의 화학에 관해 다루겠다.

대류권에서 광화학 스모그의 형성은 대류권의 조건에 많은 영향을 받는다. 대류권은 두 개의 주요 지역으로 나눌 수 있다. 지표에서 약 1 km 정도 두께의 가장 낮은 층을 **행성 경계층(planetary boundary layer)**이라고 하며, 지표와 대류권 공기 사이에 가장 큰 상호 작용을 하고 있다. 행성 경계층 지역은 기온 역전이 형성되고, 혼합과 확산이 작아 스모그 형성 화학종들을 갖고 있어, 태양광과 각 화학종들이 상호 작용할 수 있기 때문에 스모그가 만들어진다. 이 낮은 층 위부터 성층권이 시작되는 곳까지를 **자유 대류권(free troposphere)**이라고 한다.

12.2 스모그를 형성하는 배출물

자동차와 트럭에 사용되고 있는 내연 기관은 반응성이 있는 탄화수소들과 질소 산화물을 배출하고 있다. 즉, 광화학 스모그가 형성되는 데 필요한 세 가지 성분 중 두 가지를 배출하고 있다. 그러므로 자동차에서 대기로 배출되는 것들에 대해 설명하겠다. 이 설명은 2020년 이후에 전기 자동차가 인기를 얻고 있으며, 독일 발명가 Gottlieb Daimler(1834~1900)와 Carl Benz가 1886년에 독립적으로 최초의 내연 기관 자동차를 선보인 후, 표준으로 된 기존 가솔린 엔진 자동차를 일부 국가에서는 이제 금지하고 전기 자동차로 대체하려고 하는 것을 진지하게 교려하고 있다는 점을 염두에 두고, 기존 내연 기관을 사용하는 구형 자동차를 대상으로 하겠다.

질소 산화물들의 생성에 관해서는 10.6절에서 이미 설명하였다. 고온, 고압하의 내연 기관에서는 가솔린이 불완전 연소된 것들이 화학 반응을 하여 수백 가지의 탄화수소가 생성되며, 이들 중 많은 것이 반응성이 높아 광화학 스모그 형성에 관여한다. 그림 12.1에서 보는 바와 같이, 자동차는 배기구 이외에도 여러 부위에서 탄화수소를 배출하고 있다. 그중 대표적인 것이 크랭크케이스인데, 이곳에서는 윤활유에서 형성된 작은 탄화수소 미스트와 누출 가스(blowby)가 방출된다. 누출 가스는 배기가스와 산화되지 않은 연료/공기 혼합물이 엔진의 연소실에서 피스톤 주위를 통해 크랭크케이스로 유입되었다가 방출된다. 이들 미스트들은 크랭크케이스 배기(positive crankcase ventilation, PCV) 밸브에 의해서 엔진의 흡입 분기관을 통해 순환되어 분해된다.

자동차의 두 번째 탄화수소 발생원으로는 연료 계통인데, 연료 시스템으로 연료 주입이 대중화되기 전에 연료/공기 혼합물을 자동차 엔진에 주입하는 주요 수단이었던 기화기의 연료 탱크와 통풍구를 통해서 탄화수소가 방출된다. 엔진이 꺼지고 엔진 열이 연료 계통을 데우므로 가솔린이 증발하여 대기 중으로 배출된다. 그리고 엔진에 의한 열이 아니더라도, 낮에는 연료 탱크가 가열되고 밤에는 냉각되어 연료 탱크의 부피가 변해서 탱크 내의 가솔린 증기가 방출된다. 연료 계통에서 이렇게 증발하여 배출되는 것은 연료의 휘발성이 낮게 만들면 줄일 수 있다. 그리고 연료 탱크와 연료 계통에서 증발한 연료를 모아 엔진 운전 중에 태워버리는 탄소 캐니스터(carbon canister)를 자동차에 장착하면 연료가

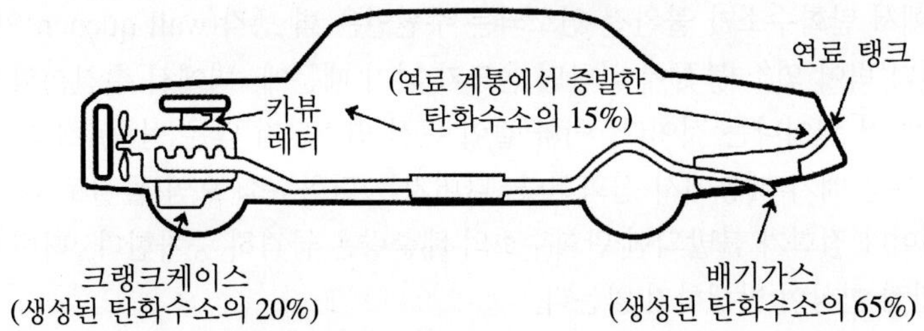

그림 12.1 자동차 공기 오염 물질이 관리되기 전에 제작된 자동차에서의 탄화수소 오염 물질들의 잠재적 오염원.

증발되어 대기 중으로 배출되는 탄화수소를 줄일 수 있다. 최신 자동차 엔진은 연료를 분사하는 시스템으로 카뷰레터(carburetor)를 장착한 이전 모델에 비해 탄화수소 증기를 훨씬 적게 배출한다.

12.2.1 배출 탄화수소 관리

자동차에서 배출되는 탄화수소들의 생성과 제어를 이해하려면, 먼저 내연 기관 엔진의 원리를 이해하는 것이 도움이 될 것이다. 그림 12.2와 같이, 대부분의 자동차 엔진은 4행정의 내연 기관을 사용하고 있다.

1. **흡입(intake)**: 공기가 열린 흡입 밸브를 통하여 실린더로 들어간다. 가솔린은 공기 흡입보다 먼저 주입하거나 실린더 속으로 별도로 주입한다.
2. **압축(compression)**: 혼합 연료를 약 7:1의 비가 되게 압축한다. 압축비가 높으면 열효율이 높고, 탄화수소를 완전 연소시키기 좋다. 그러나 압축비가 높으면 연소 온도가 높아져서 조기 연소('pinging')가 되며, 질소 산화물이 많이 생성된다.
3. **점화와 폭발(ignition and power stroke)**: 실린더 속으로 연료가 주입되어 연료-공기의 혼합물이 형성되고, 실린더 상부의 중앙에 있는 점화 플러그로 점화시키면 연소 온도는 급속히 2,500℃, 압력은 40 atm 정도로 올라간다. 폭발이 일어나면 피스톤이 아래로 내려가서 수천분의 일초 안에 연소 가스의 부피는 증가하고, 온도는 내려간다. 이렇게 냉각 과정이 빠르면 연소 과정에서 생성된 NO가 정상적인 대기의 온도와 압력으로 바뀌어도 열역학적으로 더 안정한 N_2와 O_2로 분해되지 않는다.
4. **배기(exhaust)**: 배기가스는 주로 N_2와 CO_2로 구성되어 있으며, CO, NO, 탄화수소, O_2는 소량 존재한다. 이러한 배기가스가 배기 밸브를 통해서 배출되면 한 사이클이 끝나게 된다.

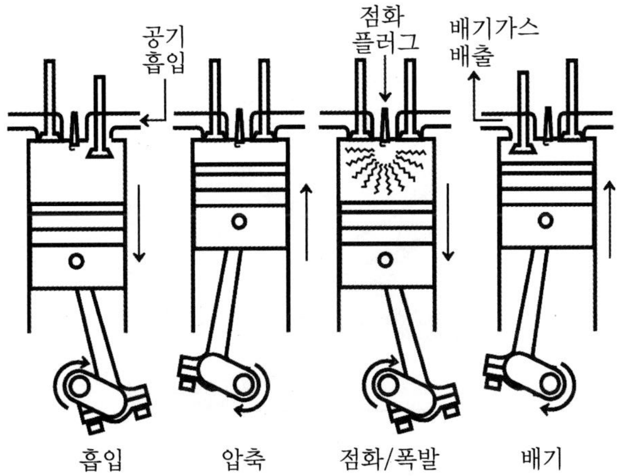

그림 12.2 4행정 내연 기관의 한 사이클에서 일어나는 각 단계. 연료는 흡입 공기에 포함되거나 각 실린더에 각각 주입된다.

엔진의 연소실에서 탄화수소가 불완전 연소되는 주원인은 벽 냉각(wall quench)인데, 이는 내연 기관 연소실의 실린더 벽이 연소 불꽃에 비하면 온도가 낮기 때문에, 벽에서 수천분의 일 센티미터 안에 있는 불꽃이 냉각되어 일어나는 것이다. 이와 같이 완전 연소되지 않은 탄화수소의 일부는 실린더 내에 남게 되고, 일부는 배기 계통에서 산화된다. 나머지는 탄화수소 오염 물질로 대기로 배출된다. 부적절한 엔진 조정이나 점화가 불발되면 탄화수소의 배출량은 급격히 증가한다. 터빈 엔진은 벽면이 뜨겁기 때문에 벽 간섭 현상이 발생하지 않는다.

몇 가지 엔진 설계 특성은 배기 탄화수소 배출량을 낮추는 데 유리하다. 앞에서 설명한 벽 냉각 현상은 엔진 압축비의 감소, 연소실의 구형화, 실린더당 배기량 증가, 실린더 지름에 대한 왕복 거리의 비를 증가시키는 등의 방법을 이용하여 연소실의 표면적 대 부피 비를 줄이는 설계를 통해 감소시키고 있다.

점화를 지연시켜 배기가스 중의 탄화수소의 양을 줄일 수 있다. 엔진의 힘과 경제성을 고려하여 조절한 내연 기관에서는 일반적으로 피스톤의 압축 행정이 끝나기 전에 점화시켜 폭발 행정이 시작된다. 그러므로 압축 행정이 끝나는 지점, 즉 피스톤이 최상부에 도달하였을 때 점화시키면 탄화수소 배출량을 현재보다 많이 줄일 수 있다. 탄화수소가 줄어드는 이유는 첫 번째로 연소실의 표면적 대 부피 비가 줄어들어 벽 냉각 현상이 줄어들기 때문이고, 두 번째로는 점화가 지연되면 연소 가스가 연소된 후 즉시 실린더를 빠져 나오기 때문이다. 따라서 배기가스는 더 뜨거워지고 배기 계통에서 탄화수소를 소비하는 반응이 촉진된다.

그림 12.3에서 보는 것과 같이, 내연 기관에서 공기 대 연료비(공연비)도 탄화수소의 방출에 큰 영향을 미친다. 연료를 더 많이 공급해서 공기 대 연료의 비가 화학량론비(stoichiometric ratio)보다 작아지면 방출되는 탄화수소가 현저하게 증가하며, 연료를 적게 공급하여 공연비가 높아지면 방출되는 탄화수소는 많이 줄어든다. 이렇게 공기에 비해 연료가 적은 상태, 즉 화학량론비보다 커질 때 탄화수소의 방출이 줄어드는 이유는, 연료가 많을 때는 벽 냉각층이 두껍지만 연료가 적게 공급되면 벽 냉각층이 얇아지고, 공기가 많이 공급되어 산소 농도가 높아지며, 화학량론비보다 약간 높은 곳에서 실린더의 온도도 최고가 되기 때문이다.

촉매 변환기는 이제 배기가스의 오염 물질을 파괴하는 데 사용된다. 현재 가장 일반적으로 사용되는 자동차 촉매 변환기(catalytic converter)는 삼원 변환 촉매 장치로, 하나의 촉매 장치가 자동차 배기 오염 물질의 세 가지 주요 종류인 탄화수소, 일산화 탄소 및 질소 산화물을 모두 파괴하기 때문에 그렇게 불린다. 이 촉매는 공기/연료 혼합비를 화학량론비보다 약간 높고 낮은 것 사이에서 앞뒤로 초당 수회씩 순환하는 사이클의 컴퓨터화된 엔진 제어와 결합된 배기가스 중의 정확한 산소 농도를 감지하여 작동하고 있다. 이러한 조건들하에 일산화 탄소, 수소, 탄화수소(C_cH_h)가 산화된다.

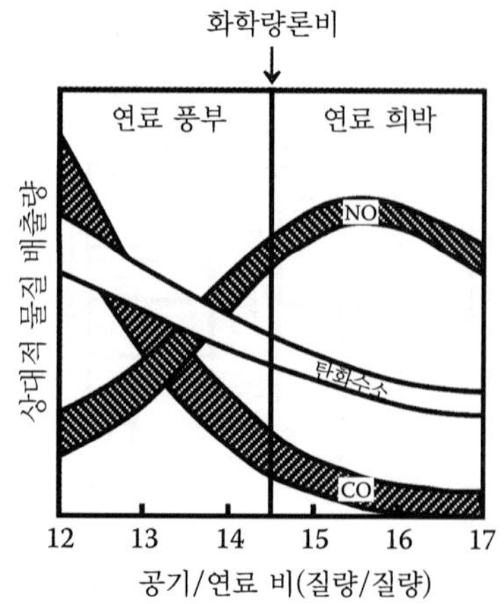

그림 12.3 내연 피스톤 엔진으로부터 오염물 배출에 대한 공기/연료 비의 영향.

$$CO + \frac{1}{2}O_2 \rightarrow CO_2 \tag{12.1}$$

$$H_2 + \frac{1}{2}O_2 \rightarrow H_2O \tag{12.2}$$

$$C_cH_h + (c + \frac{h}{4})O_2 \rightarrow cCO_2 + \frac{h}{2}H_2O \tag{12.3}$$

질소 산화물은 촉매에서 일산화 탄소, 탄화수소, 수소에 의해서 질소(N_2)로 환원되며, CO에 의해 환원되는 과정을 아래에 나타냈다.

$$CO + NO \rightarrow \frac{1}{2}N_2 + CO_2 \tag{12.4}$$

자동차 배기가스 촉매는 매우 넓은 표면적을 가진 기재 위에 분산되어 있으며, 가장 일반적으로 근청석(cordierite), 알루미나(Al_2O_3)로 구성된 세라믹, 실리카 및 산화 마그네슘으로 구성되어 있다. 기재는 벌집 구조와 같은 형태로 되어 있어 배기가스와 최대한 넓은 면적으로 접촉할 수 있게 만들어졌다. 지지체는 자동차의 진동 스트레스를 견뎌낼 수 있을 만큼 기계적으로 강해야 하고, 엔진의 시동을 걸고 나서 약 2분만에 상온에서 900℃가 넘는 온도까지 올라가는 가혹한 열적 스트레스도 견뎌내야만 한다. 촉매 물질은 촉매 자체의 0.10~0.15%를 차지하고, 귀금속의 혼합물로 구성되어 있다. 백금(Pt)과 팔라듐(Pd)은 탄화수소와 일산화 탄소의 산화에 촉매 작용을 하고, 로듐(Rh)은 질소 산화물의 환원에 촉매로 작용한다.

납은 자동차 배기 촉매제의 활성을 떨어뜨리기 때문에, 촉매 장치를 장착한 자동차에는 무연 연료를 사용해야 한다. 녹킹 방지제로서 사에틸납을 포함하고 있는 가솔린이 1970년대까지는 주종의 자동차 엔진 연료로 사용되었으나, 1990년대부터는 무연 연료로 대체되었다. 가솔린에 포함된 황도 촉매 성능을 저하시키는데, 최근에는 디젤 연료의 황 함량이 크게 감소하였다.

내연 기관의 자동차 엔진은 배기가스 부분에서는 매우 높은 정도의 수준까지 괄목할 만한 정도로 발전하였다. 내연 기관 엔진이 최적의 작동 조건에서 고르게 주행할 수 있도록 하는 전기 모터/발전기와 내연 기관을 결합한 하이브리드 자동차의 사용 증가로 배기가스 배출을 더욱더 줄일 수 있게 되었다.

1990년 미국의 공기청정법은 일산화 탄소와 탄화수소 방출을 줄이기 위해 가솔린에 보다 더 많은 과산화물을 첨가하도록 하였었다. 그러나 주요 산소화 첨가제 중 하나인 MTBE(methyltertiarybutyl ether)가 여러 지역에서 공통적인 물 오염 물질로 검출되는 것으로 인해 과산화물의 사용이 더욱 논쟁이 되었고, 문제점으로 부각되었다. 이러한 염려 때문에 가솔린에서 MTBE는 없어지게 되었고, 대신에 에탄올이 산소화 첨가제로 대체되었다.

가솔린 중 에탄올은 몇몇 환경 및 지속 가능성 문제를 야기하였다. 에탄올은 재생 가능한 연료의 원료로 당을 발효하여 만드는데, 일차적으로 미국에서 생산되는 옥수수로부터, 그리고 브라질의 풍부한 사탕수수로부터 만들어진다. 몇몇 연구들이 가솔린 중 옥수수를 기반으로 한 에탄올의 생산과 소비의 전과정을 비교해 보면, 전부 석유를 원료로 만들어진 가솔린 사용과 비교해 미미한 광화학 스모그의 감소 효과뿐이 없다는 지적도 있다. 85% 에탄올과 15% 가솔린으로 만들어진 연료(E85)에서 휘발성 에탄올이 대기 중으로 배출되면 유해한 스모그 성분이며 광화학적으로 생성되는 아세트 알데하이드의 대기 중 농도가 높아질 수 있다.[2]

대부분의 트럭, 농기계, 기차의 기관차 및 기타 중장비 분야에 사용되는 압축-착화식(디젤) 엔진의 배출물 제어는 최근에 시도되고 있으며, 어려움을 겪고 있다. 이러한 엔진은 높은 연소 온도에서 연료가 매우 희박한(공기가 풍부한) 모드로 작동하는데, 이러한 조건은 NO의 형성에 유리하고 배기가스에서 NO의 분해를 어렵게 만든다. 그러한 엔진에 사용되는 한 가지 시스템은 소량의 요소 수용액을 배기가스에 주입하는 것이다. 고온의 배출구에서 요소는 분해되어 암모니아를 생성하고, 다음 반응에 의해서 NO를 처리하는 작용을 한다.

$$4NH_3 + 4NO + O_2 \rightarrow 4N_2 + 6H_2O \tag{12.5}$$

표 12.1 미국 소형 자동차의 배기 배출물 기준[a]

모델 연도	HCs[b]	CO[b]	NO_x[b]
규제 전[c]	10.6	84.0	4.1
1970	4.1	34.0	---
1975(촉매 변환기 도입)	1.5	15.0	3.1
1980	0.41	7.0	2.0
1985	0.41	3.4	1.0
1990	0.41	3.4	1.0
1998	0.41(0.25)[d]	3.4	0.4
2008	0.41(0.25)[d]	3.4	0.4

2008년 이후: 일부 배출량 감소. 2016년 이후: 캘리포니아와 다른 여러 주에서 유지하는 상대적으로 엄격한 기준과 기준을 완화하려는 연방정부의 정치적 이해 관계 사이에서 갈등이 발생하였다. 디젤 배출은 규제되었다.

주: 나타낸 값들은 가솔린 연료 자동차에 대한 기준값이다.
[a] 가솔린 연료 자동차에 대한 기준값
[b] HCs: 배기관의 탄화수소, CO: 일산화 탄소, NO_x: NO와 NO_2의 합, 모든 값의 단위는 마일당 그램수
[c] 관리를 시작하기 전 대당 평균 배출물 추정값
[d] 괄호 안의 값은 비메테인계 탄화수소

12.2.2 자동차 배기가스 기준

미국의 연방정부법이나 California 주정부법은 자동차 배기가스 규제를 의무화하고 있다. 1960년대 중반에 처음으로 배출 허용 기준값이 제정된 이래, 규제가 강화되어 기준값이 계속 낮아지고 있다. 표 12.1은 관리하기 전 연방정부의 자동차 배기가스 기준값과 1970년도부터 몇 년을 단위로 변화된 배기가스 허용 기준값을 나타냈다. 1970년에 처음으로 자동차 오염 제어 조치를 취하면서 기준이 크게 낮아졌고, 배기가스 촉매 컨버터가 새 자동차의 표준 장비가 된 1975년 이후에 또 다시 큰 폭으로 기준이 낮아져 배출량이 크게 감소하였다.

12.2.3 오염 물질 내뿜는 녹색 식물

일부 지역에서는 식물이 대기 중으로 방출하는 생물 탄화수소들이 중요하고, 나아가 지배적인 경우도 있는데, 이러한 탄화수소가 스모그에 기여하는 주요 탄화 수소 공급원이기도 하다. 식물이 방출하는 탄화수소들로 스모그 형성에 기여하는 것은 터펜류로, 반응성이 매우 높은 알켄류들이다. 몇몇 대표적인 생물 터펜류들을 그림 11.2에 나타냈다. 이들 화합물에는 소나무에서 나오는 α-피넨과 감귤류나무에서 나오는 리모넨이 포함되어 있다. 식물에서 가장 널리 방출되는 터펜류는 아이소프렌(isoprene)으로 천연고무의 단량체이다.[3]

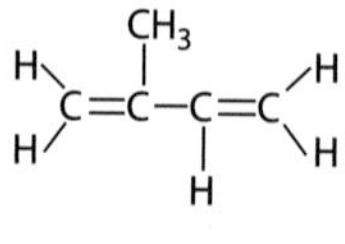
Isoprene

결과적으로 산림 지역에서 발생하는 많은 에어로솔이 아이소프렌이 광화학 산화되어 생성된다. 스모그가 형성되는 조건하에서 아이소프렌의 첫 산화 생성물들은 카보닐로 메타크롤레인(methacrolein)과 메틸바이닐 케톤(methylvinyl ketone)이다.

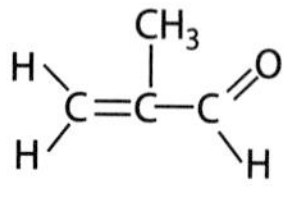
Methacrolein

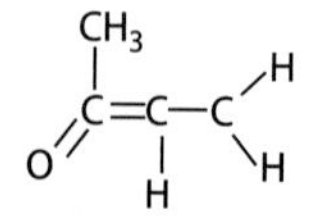
Methylvinylketone

아이소프렌이 대기 중에서 산화되어 생성되는 주요 생성물로는 질산 아이소프렌(isoprene nitrate)이 있는데, 아이소프렌 골격의 여러 군데에 하이드록시기($-OH$)와 질산기($-ONO_2$)를 가지고 있다. 이들 화합물은 아이소프렌과 질소 산화물의 존재하에서 하이드록실 라디칼(HO•)과의 반응에 의해서, 그리고 질산 라디칼(NO_3)과 아이소프렌의 반응에 의해서 생성된다.[4]

이들 화합물은 NO_x와 NO_3 라디칼을 야간에 제거하며, 2차 유기 에어로솔 생성에도 중요하다.

오존이 아이소프렌의 이중 결합에 부가되어 크리에기(Criegee) 중간체라고 불리는 반응성인 종을 생성한다. 이들 종들은 폼알데하이드와 하이드록실 라디칼(HO•)을 생성하며, 아마도 대기 중의 이산화 황과 이산화 질소의 분해와 관련이 있을 것이다.[5]

12.3 대기 중 유기 화합물의 스모그 형성 반응

대기는 O_2의 함량이 높기 때문에 산화 매질이다. 그러므로 대기 중에 있는 탄화수소와 대부분의 유기 화합물은 열역학적으로 불안정해서 산화되는 것이 안정하게 되는 것이다. 대기 온도에서 이들 화합물은 반응이 일어나는 데 필요한 활성화 에너지를 얻지 못한다. 그러나 대기 중 유기 분자들이 자외선 및 하이드록실 라디칼(HO•), 산소 원자(O), 질산 라디칼(NO_3•)과 같은 반응종과 작용을 하면 일련의 단계를 거쳐서 산화된다. 이러한 반응들은 상대적으로 무해한 탄화수소 전구 물질로부터 유해한 2차 오염 물질 및 중간체를 많이 생성해 낸다. 이러한 오염 물질과 알데하이드, 유기질소 화합물, 반응성 유기 산화제, 오존과 같은 중간체들이 광화학 스모그를 만들어 낸다. 산화 과정을 통해서 생성되는 최종 생성물 중에서 CO_2, 고체 유기 입자상 물질은 주로 침적 과정을 통해서, 수용성 물질(예로서 산과 알데하이드)은 비에 의해서 대기로부터 제거된다. 오존, 질산과 같은 무기 화학종들은 이러한 광화학 반응들의 부산물들이다.

12.3.1 메테인의 광화학 반응

대기 중에서 일어나는 주된 탄화수소의 산화 반응 중 일부는 대기 중에서 가장 흔하고 널리 퍼져 있는 탄화수소(대기 중에서 가장 반응성이 낮은 것이기도 함)[6,7]인 메테인의 산화 과정이라고 생각된다. 다른 탄화수소처럼 메테인도 산소 원자(일반적으로 NO_2가 O와 NO로 광화학적 분해에 의해 생성)와 반응하여 하이드록실 라디칼과 알킬(메틸) 라디칼을 생성한다.

$$CH_4 + O \rightarrow H_3C\bullet + HO\bullet \tag{12.6}$$

모든 탄화수소와 마찬가지로 메테인은 하이드록실 라디칼과 반응하여 수소 원자를 빼앗긴다.

$$CH_4 + HO\bullet \rightarrow H_3C\bullet + H_2O \tag{12.7}$$

생성된 메틸 라디칼은 산소 분자와 즉시 반응하여 매우 반응성이 큰 과산화(peroxy) 라디칼을 생성한다.

$$H_3C\bullet + O_2 + M \rightarrow H_3COO\bullet + M \tag{12.8}$$

이 예에서는 과산화 메틸 라디칼(H_3COO•. 이 장의 다른 반응들과 마찬가지로, M은 에너지를 흡수하는 제삼체로서 주로 N_2나 O_2 분자들이다.)이 생성된다. 이러한 라디칼들은 스모그 형성을 이끌어 내는 것을 포함한 다양한 연쇄 반응에 참여한다. 하이드록실 라디칼은 탄화수소와 빠르게 반응하여 탄화수소 라디칼을 만들어 낸다. 이 경우에는 메틸 라디칼(H_3C•)이 생성된다.

$$CH_4 + HO\bullet \rightarrow H_3C\bullet + H_2O \tag{12.9}$$

메테인의 산화 반응에는 다음과 같은 반응들이 더 진행된다.

$$H_3COO\bullet + NO \rightarrow H_3CO\bullet + NO_2 \quad (12.10)$$

(이것은 스모그 형성 과정에서 매우 중요한 반응 중 하나이다. 왜냐하면 과산화 라디칼에 의해서 NO가 산화되는 것은 NO_2가 광해리되어 NO로 분해된 후, 대기 중에서 다시 NO_2로 재생되는 주된 경로이다. 메테인으로부터 H 원자가 추출되어 메틸 라디칼이 형성된 후에 일어나는 몇 가지 반응에 의해 하나 이상의 하이드록실 라디칼이 만들어질 수 있어서, 스모그가 형성되는 것을 포함하여 광화학적으로 활성인 분위기 안에서 NO_2/NO 비를 높게 유지할 수 있다.) 폼알데하이드(CH_2O)는 그 자체가 광화학적 활성종이며, 메톡시 라디칼로부터 생성된다.

$$H_3CO\bullet + O_2 \rightarrow CH_2O + HOO\bullet \quad (12.11)$$

그리고 메톡시 라디칼은 오존과 반응한다.

$$H_3CO\bullet + O_3 \rightarrow \text{여러 가지 생성물} \quad (12.12)$$

첨가 반응을 포함한 다른 반응들이 일어난다.

$$H_3COO\bullet + NO_2 + M \rightarrow CH_3OONO_2 + M \quad (12.13)$$

그리고 직접 광화학 반응도 한다.

$$CH_2O + h\nu \rightarrow \text{광해리 생성물} \quad (12.14)$$

이 장 전체를 통해 언급하는 것처럼, 하이드록실 라디칼(HO•)과 하이드로퍼옥실(hydroperoxyl) 라디칼(HOO•)은 광화학 연쇄 반응 과정 중에서 매우 빈번하게 나타나는 중간 물질이며, 두 종류를 총괄하여 **홀수소 라디칼(odd hydrogen radical)**이라고 한다.

12.3.2 대기 중 첨가 반응

반응 12.6 및 12.7은 유기 화합물이 반응성이 큰 화학종과 반응하여 원자(수소)가 제거되는 **제거 반응(abstraction reaction)**이다. 유기 화합물의 **첨가 반응(addition reaction)**은 흔히 일어나는 반응이며, 일반적으로 C=C인 불포화 결합이 있을 때는 제거 반응보다 더 쉽게 일어난다. 하이드록실 라디칼은 프로필렌과 같은 알켄과 반응하여 반응성이 큰 또 다른 자유 라디칼을 만든다.

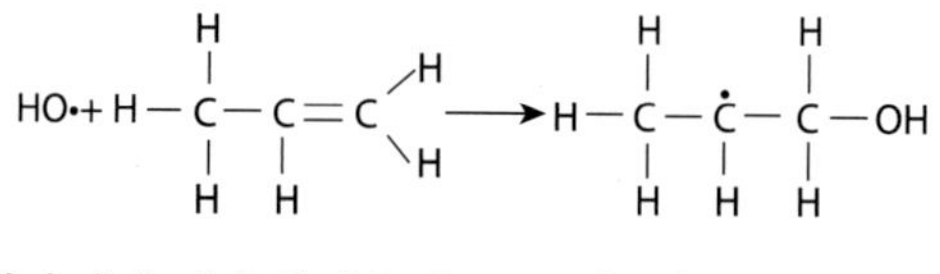
(12.15)

오존은 불포화 화합물에 첨가되어 반응성이 높은 오존화물(ozonide)을 만든다.[8]

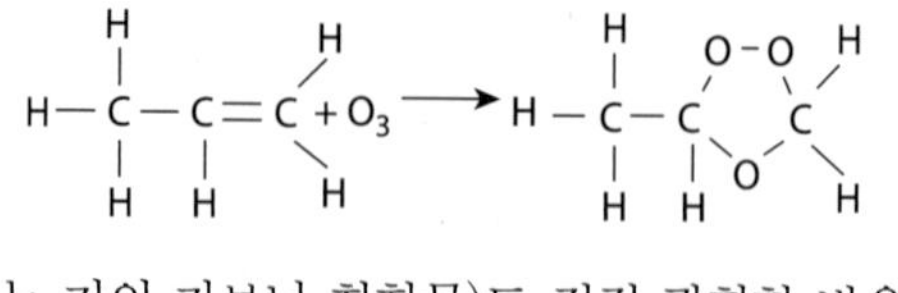
(12.16)

유기 물질들(대류권 내에서는 거의 카보닐 화합물)도 직접 광화학 반응을 통해서 자유 라디칼을 형성할 수 있는데, 이런 것들 중 가장 중요한 반응은 알데하이드의 광화학 분해 반응이다.

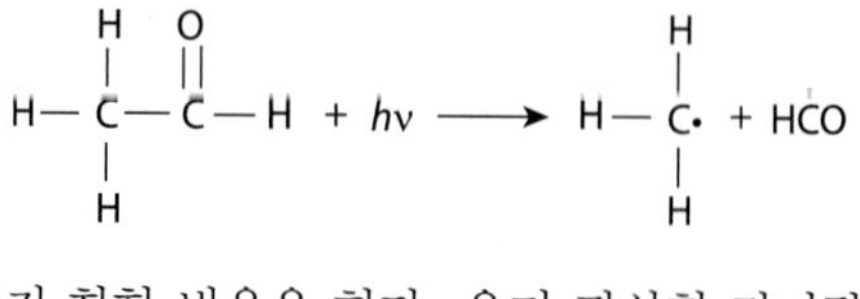
(12.17)

유기 자유 라디칼은 여러 가지 화학 반응을 한다. 유기 과산화 라디칼이 다음과 같이 알데하이드나 케톤으로 바뀌면서 하이드록실 라디칼을 생성하기도 한다.

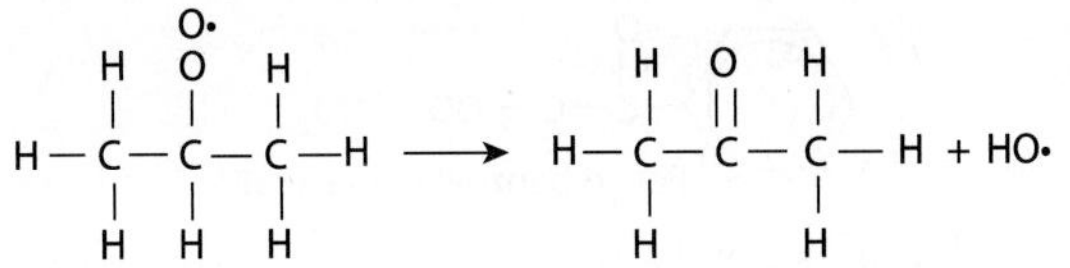

(12.18)

이렇게 생성된 하이드록실 라디칼은 다른 유기 화합물과 반응하여 연쇄 반응을 일으킬 수 있다. 기체상 연쇄 반응은 일반적으로 여러 단계를 거친다. 더욱이, 연쇄 반응 과정 중에서 자유 라디칼이 들뜬 분자들과 반응하여 두 개의 새로운 라디칼을 만들어 내기도 한다. 연쇄 반응의 종결 반응에는 아래 반응식과 같이 두 개의 자유 라디칼이 반응하여 없어지거나,

$$2HO\bullet \rightarrow H_2O_2 \tag{12.19}$$

일산화 질소나 이산화 질소(이들은 홀수개의 전자를 가지고 있어 그 자체가 안정한 자유 라디칼이다.)와 반응하여 첨가 생성물을 형성기도 하며, 고체 입자의 표면과 라디칼이 반응하여 없어지는 등 여러 가지 경로가 있다.

$$HO\bullet + NO_2 + M \rightarrow HNO_3 + M \tag{12.20}$$

탄화수소는 대기 중 입자 위에서 불균일 반응을 할 수 있다. 금속 산화물이나 목탄으로 구성된 입자는 유기 화합물의 산화 과정에 촉매 역할을 한다. 금속 산화물은 광화학 반응에 관여하기도 한다. 일례로, 빛에 노출되어 감광된 산화 아연은 유기 화합물의 산화를 촉진한다.

지금까지 논의된 여러 종류의 반응들은 대기 중에서 광화학 스모그 형성에 관여하는 것들이다. 스모그가 형성되는 대기에서 일어나는 반응들에 관해 알려진 많은 것들은, 고정된 양의 공기가 담긴 큰 챔버에서 일어나는 연구들을 바탕으로 알게 된 것이며, 이는 자외선 복사에 노출되고, 낮은 습도, 반응성이 큰 탄화수소와 질소 산화물들이 존재하는 광화학 스모그가 형성되기 좋은 조건하에서 일어난 것들이다.[6] 다음은 스모그 형성 과정을 살펴보기로 하자.

12.4 스모그 형성의 개요

이 절에서는 대기 스모그의 특성과 스모그 형성에 관련된 전반적인 과정의 조건에 대해 설명한다. 강렬한 태양 빛과 정체된 기단에 탄화수소와 질소 산화물 오염 물질이 유입된 대기가 산화제들이 형성되기 쉬운 조건이다. 대기 오염 용어로 **총 광화학 산화제(gross photochemical oxidant)**란 아이오딘화 이온을 아이오딘 원소로 산화시킬 수 있는 능력을 가진 대기 중 물질이며, 광화학 스모그의 존재와 그 심각성을 나타내는 데 사용된다. 때로는 다른 환원제가 산화 능력을 측정하기 위해 사용되기도 한다. 대기 중에서 가장 기본적인 산화제는 오존이며, 다른 종류의 산화제로서는 H_2O_2, 유기 과산화물(ROOR′), 유기 하이드로과산화물(ROOH), 과산화아세틸 질산[peroxyacetyl nitrate(PAN)]과 같은 과산화아실 질산류 등이 있다.

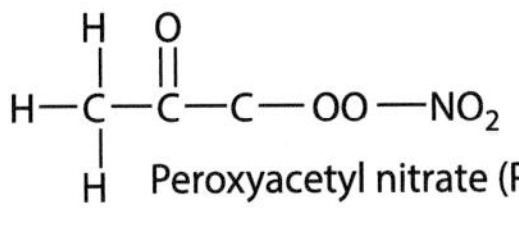

Peroxyacetyl nitrate (PAN)

이산화 질소(NO_2)는 총 광화학 산화제 속에 포함되지 않는다. 그러나 이산화 질소가 아이오딘화 이온을 아이오딘(I)으로 산화시키는 능력은 오존의 약 15% 정도이다. 그래서 산화제를 평가할 때 NO_2의 양(+)의 간섭에 대한 보정을 해야 한다. 그러나 SO_2는 오존을 소비하며 산화되기 때문에 대기 중 총 광화학 산화제 양을 평가할 때 이산화 황이 음(−)의 간섭을 고려해야 한다.

PAN과 과산화벤조일 질산(PBN)과 같은 $-C(O)OONO_2$ 골격을 포함한 유사 화합물은 눈을 자극하거나 눈물이 나게 하는 성질이 있는데, 알켄과 NO_x가 있는 대기 중에서 광화학 반응을 통해서 생성된다.

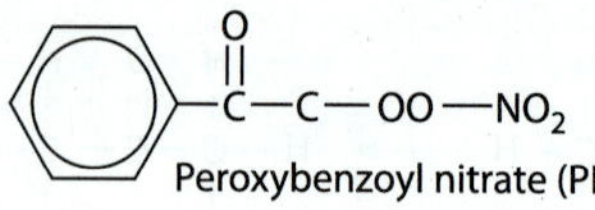

Peroxybenzoyl nitrate (PBN)

PAN은 특히 유해한 유기 산화제인데, 눈을 자극하고, 식물 독성과 돌연변이 같은 몇 가지 유해한 작용을 가지고 있어, 아마 광화학 스모그 조건의 단일 지표로서는 가장 적합할 것이다. PAN 및 PBN과 더불어 오염된 대기에서 중요한 다른 유기 산화제로는 과산화 프로피온일 질산[peroxypropionyl nitrate, (PPN)], 과산화아세트산[peracetic acid, $CH_3(CO)OOH$], 과산화아세틸[acetylperoxide, $CH_3(CO)OO(CO)CH_3$], 뷰틸 하이드로퍼옥사이드[butylhydroperoxide, $(CH_3CH_2CH_2CH_2OOH)$], *t*-뷰틸하이드로퍼옥사이드[*tert*-butylhydroperoxide, $(CH_3)_3COOH$] 등이 있다. 다행스럽게도 PAN,

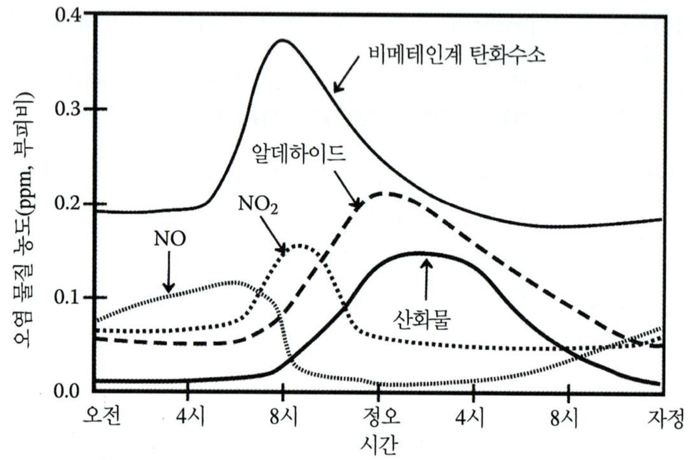

그림 12.4 스모그 형성에 관여하는 오염 물질들의 하루 중 시간별 변화.

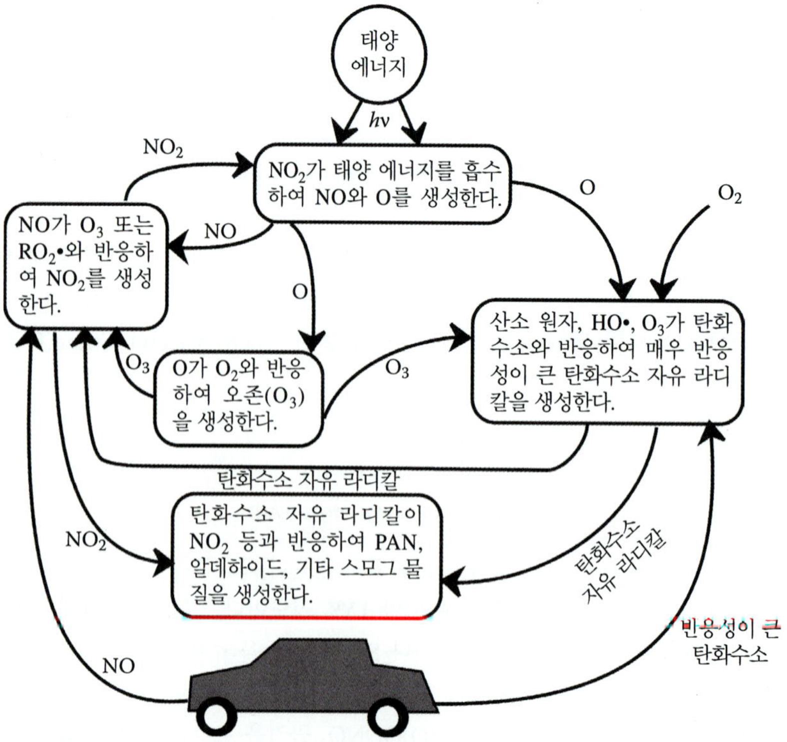

그림 12.5 광화학 스모그 형성의 모식도.

PPN 및 다른 유기산제의 농도 수준은 1960년대부터 현재까지 남부 California와 같이 스모그가 발생하기 쉬운 지역에서 상당히 감소했으며, 이는 배기가스 관리를 철저히 시행해 온 결과이다.

그림 12.4에 스모그가 많은 대기 중에서 시간에 따른 NO, NO_2, 탄화수소, 알데하이드와 산화제들 농도의 특징적인 변화를 나타냈다. 일출 직후의 대기 중 NO 농도는 현격히 감소하고, 이 감소는 NO가 NO_2로 산화되는 것이기 때문에 NO_2 농도가 증가하는 피크를 동반한다. 낮 시간 동안(의미심장하게, NO의 농도가 매우 낮은 수준으로 떨어진 후) 알데하이드와 산화제의 농도 수준이 상대적으로 높아진다. 대기 중 총 탄화수소의 농도는 아침에 급격히 최고조에 달한 다음 낮 시간 동안 감소한다. 이 모든 현상적 과정의 전반적 개념은 그림 12.5에 잘 나타내 있고, 이 그림과 관련된 과정들의 화학적 개념은 12.5절에서 설명하기로 하자.

12.5 스모그 형성 메커니즘

광화학 스모그 형성의 몇몇 기본적인 측면에 대해 여기서 논의하기로 한다. 보다 더 자세한 내용은 이 장 뒤에 첨부된 보충 자료에 소개된 대기 화학과 대기 물리학에 관련된 것들을 참고하기 바란다. 광화학 스모그 형성 과정에서 일어나는 화학 반응들은 매우 복잡하기 때문에, 반응 과정 메커니즘을 하나하나 밝히기보다는 적절한 예를 들어가며 설명하겠다.

광화학 스모그에 관련된 물질들의 농도에 관한 변화를 그림 12.4에서 잘 요약해 놓았는데, 이것들 중 여러 해 동안 과학자들에게 당혹감을 준 이상한 몇 가지 부분들이 있다. 그중 첫 번째는 NO_2의 광분해로 O와 NO가 생기는 조건하에서 NO_2의 농도는 급격히 증가하고, NO 농도는 감소하는 것이었다. 두 번째는 알켄과 그 밖의 다른 탄화수소가 O_3과 O와의 반응이 매우 느린 것으로 알려져 있는데, 예상외로 반응이 빠르다는 것이다. 이렇게 이례적인 현상들에 관해서 현재는 NO와 NO_2가 상호 전환되는 연쇄 반응과 탄화수소의 산화, 반응이 활발한 중간물의 생성, 특히 하이드록실 라디칼(HO•)의 존재가 밝혀져 잘 설명되고 있다.

그림 12.5에서는 스모그를 형성하는 전반적인 반응의 계통 모식도를 나타냈는데, 이것은 질소 산화물과 반응성이 큰 탄화수소와 산소를 중심으로 대기에서 일어나는 광화학 초기 반응들을 기초로 작성하였다. 시간에 따른 탄화수소, 오존, NO와 NO_2의 변화는 아래에 나타낸 종합적인 반응들로 설명할 수 있다.

1. 산소 원자를 생성하는 광화학 반응 첫 단계:

$$NO_2 + h\nu(\lambda < 394\text{ nm}) \rightarrow NO + O \tag{12.21}$$

[이 반응을 통해서 산소 원자가 생성되는데, 바닥상태의 에너지 준위를 갖는 산소인 $O(^3P)$이다.]

2. 산소종들의 반응(M은 에너지를 흡수하는 제삼체이다):

$$O_2 + O + M \rightarrow O_3 + M \tag{12.22}$$

$$O_3 + NO \rightarrow NO_2 + O_2 \tag{12.23}$$

후자의 반응이 빠르기 때문에, O_3가 생성되자마자 NO와 반응하여 NO_2를 생성한다. 즉, NO가 낮은 농도가 될 때까지 O_3이 반응에 참여하여 농도가 낮아진다. 그래서 고속도로 주변 지역은 자동차에서 배출된 NO로 인해서 오존 농도가 낮다.

3. 탄화수소로부터의 유기 자유 라디칼(RH)의 생성:

$$O + RH \rightarrow R\bullet + \text{기타 생성물} \tag{12.24}$$

$$HO\bullet + RH \rightarrow R\bullet + H_2O \tag{12.25}$$

$$O_3 + RH \rightarrow R\bullet + \text{그리고/기타 생성물} \tag{12.26}$$

(R•는 자유 라디칼이며 점은 홀전자를 나타내는데, 산소를 포함하거나 포함하지 않을 수 있다.)

4. 사슬 성장 과정, 사슬 가지화 과정, 사슬 종결 과정이 다음과 같은 여러 가지 반응에 의해서 진행된다.

$$NO + ROO\bullet \rightarrow NO_2 \text{ 그리고/또는 기타 생성물} \tag{12.27}$$

$$NO_2 + R\bullet \rightarrow \text{products (e.g., PAN)} \tag{12.28}$$

후자와 같은 종류의 반응은 NO_2가 높은 농도에서 존재하는 안정한 자유 라디칼이기 때문에 광화학 스모그에서 가장 흔히 일어나는 사슬 종결 반응이다. 사슬 종결 단계는 자유 라디칼과 NO와의 반응이나 두 개의 라디칼(R•)이 반응하여 일어나기도 한다. 그러나 라디칼끼리의 반응은 대기 중 농도가 매우 낮아 NO_2나 NO와 같은 분자들에 의해서 일어나는 종결 반응에 비해서 흔하지 않다. 사슬 종결 반응은 부유 입자상 물질의 표면에 라디칼이 흡착되어 일어나기도 하는데, 이러한 것은 에어로솔 입자 크기의 성장에 기여하는 과정이기도 하다.

광화학 스모그가 생성되는 종합적인 과정 중에는 많은 세분화된 반응들이 관여하고 있다. 광화학 반응의 첫 단계는 산소 원자가 생성되는 반응이며(반응식 12.21), 이 반응에 이어서 산소와 질소 산화물 종들이 관여하는 여러 가지 반응이 일어난다.

$$O + O_2 + M \rightarrow O_3 + M \tag{12.29}$$

$$O + NO + M \rightarrow NO_2 + M \tag{12.30}$$

$$O + NO_2 \rightarrow NO + O_2 \tag{12.31}$$

$$O_3 + NO \rightarrow NO_2 + O_2 \tag{12.32}$$

$$O + NO_2 + M \rightarrow NO_3 + M \tag{12.33}$$

$$O_3 + NO_2 \rightarrow NO_3 + O_2 \tag{12.34}$$

질소 산화물, 물, 아질산, 질산이 관여하는 중요한 대기 반응들은 다음과 같다.

$$NO_3 + NO_2 \rightarrow N_2O_5 \tag{12.35}$$

$$N_2O_5 \rightarrow NO_3 + NO_2 \tag{12.36}$$

$$NO_3 + NO \rightarrow 2NO_2 \tag{12.37}$$

$$N_2O_5 + H_2O \rightarrow 2HNO_3 \tag{12.38}$$

(이 반응은 기체 상태에서는 느리지만, 입자의 표면 위에서는 빠르다.)

매우 반응성이 큰 HO• 라디칼은 물과 들뜬 산소 원자와 반응하여 생성되기도 하고,

$$O^* + H_2O \rightarrow 2HO\bullet \tag{12.39}$$

과산화 수소가 광해리되어 생성되기도 하며,

$$H_2O_2 + h\nu(\lambda < 350 \text{ nm}) \rightarrow 2HO\bullet \tag{12.40}$$

또는 아질산이 광분해되어 생성되기도 한다.

$$HNO_2 + h\nu \rightarrow HO\bullet + NO \tag{12.41}$$

하이드록실 라디칼은 오존의 농도가 낮은 이른 아침 시간에 주로 이 반응을 통해 생성된다. 무기 물질 중에서 하이드록실 라디칼과 반응하는 것으로는 질소 산화물과

$$HO\bullet + NO_2 \rightarrow HNO_3 \tag{12.42}$$

$$HO\bullet + NO + M \rightarrow HNO_2 + M \tag{12.43}$$

일산화 탄소가 있다.

$$CO + HO\bullet + O_2 \rightarrow CO_2 + HOO\bullet \tag{12.44}$$

마지막 반응은 많은 대기 중 CO가 이 과정을 통해 제거되며, 또한 과산화하이드록실 라디칼(HOO•)을 생성한다는 점에서 매우 중요한 반응이다. 과산화하이드록실 라디칼의 주요한 무기 반응들 중 하나가 NO를 산화시키는 것이다.

$$HOO\bullet + NO \rightarrow HO\bullet + NO_2 \tag{12.45}$$

순수하게 무기 화합물만이 관여하는 반응계에서는 광화학 스모그 형성 과정의 대기 중에서는 일어나는 NO가 NO_2로 빠르게 변환되는 현상을 반응 속도론적 계산이나 실험 측정으로 설명할 수 없으며, NO_2 농도가 매우 낮게 유지되는 것으로 예측된다. 그러나 반응성이 큰 탄화수소가 광분해하여 반응이 시작되는 초기 단계에서는 NO_2의 농도가 급격히 증가한다. 이것은 광분해 후에 형성되는 유기 화합물 종이 NO_2보다는 NO와 반응하기 때문이라고 할 수 있다.

그림 12.4에서 나타낸 일반적인 형태의 화학종들의 변화는 수많은 연쇄 반응이 포함되어 나타난 결과이다. 알케인 탄화수소(RH)가 O, O_3, HO• 라디칼과 반응하여

$$RH + O + O_2 \rightarrow ROO\bullet + HO\bullet \tag{12.46}$$

$$RH + HO\bullet + O_2 \rightarrow ROO\bullet + H_2O \tag{12.47}$$

반응성이 있는 산소화된 유기 라디칼(ROO•)이 생성된다. 알켄류들은 반응성이 더 크며, 하이드록실 라디칼과 일차적으로 첨가 반응을 하며(여기에서 R은 탄화수소 골격이나 수소 원자를 나타냄),

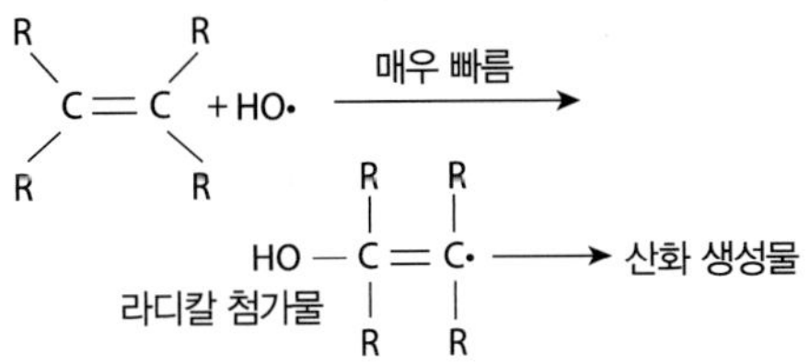

(12.48)

산소 원자와의 반응은 다음과 같고,

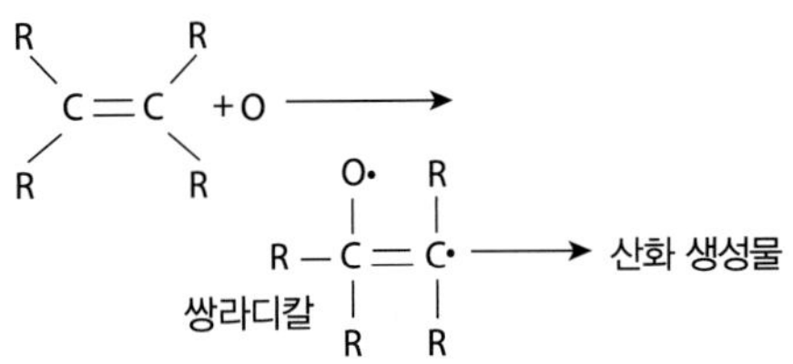

(12.49)

오존과의 반응은 다음과 같다.

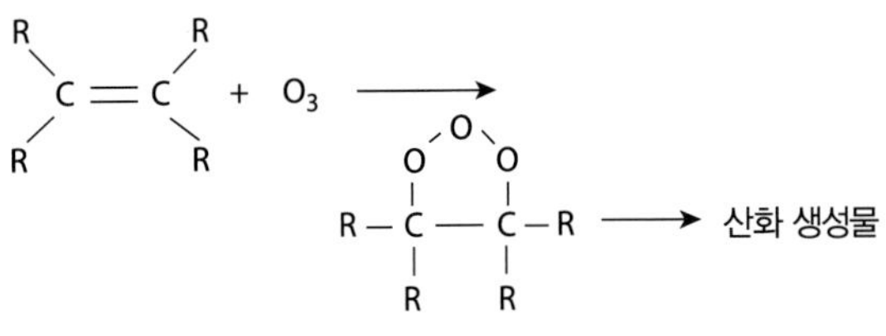

(12.50)

방향족 탄화수소(Ar−H)도 O 및 HO•와 반응할 수 있다. HO•와 방향족 화합물 간의 첨가 반응은 잘 일어난다. HO•와 벤젠의 반응 생성물은 페놀이며, 다음과 같이 반응이 진행된다. 여기서 반원과 육각형 구조 안에 점은 방향족 고리에 HO•이 첨가되어 형성된 자유 라디칼을 나타낸다.

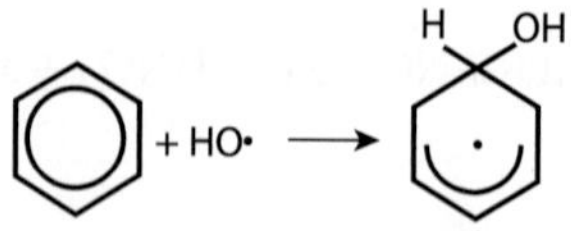

(12.51)

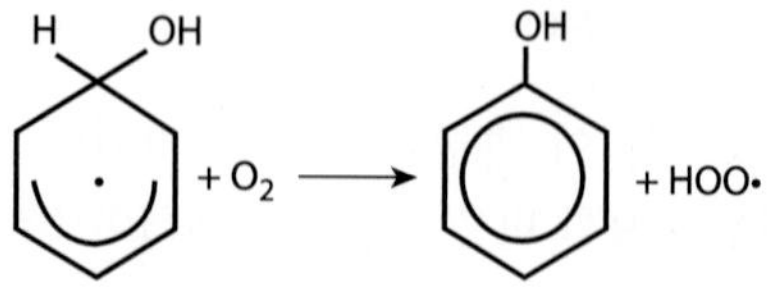

(12.52)

톨루엔과 같은 알킬 벤젠들의 경우에는 하이드록실 라디칼이 알킬기 부분에 반응하여 알케인류의 반응과 같은 반응이 진행된다.

알데하이드가 HO•와 반응하면 다음과 같다.

$$R-C(=O)-H + HO\cdot + O_2 \longrightarrow R-C(=O)-OO\cdot + H_2O \tag{12.53}$$

$$H_2C=O + HO\cdot + \tfrac{3}{2}O_2 \longrightarrow CO_2 + HOO\cdot + H_2O \tag{12.54}$$

그리고 광화학 반응들이 포함되어 진행되면 다음과 같다.

$$R-C(=O)-H + h\nu + 2O_2 \longrightarrow ROO\cdot + CO + HOO\cdot \tag{12.55}$$

$$H_2C=O + h\nu + 2O_2 \longrightarrow CO + 2HOO\cdot \tag{12.56}$$

하이드록실 라디칼(HO•)은 광화학 반응 초기 단계에서 지배적인 반응 물질이며, 탄화수소와의 반응 속도는 라디칼의 확산에 의해 지배된다. 스모그가 잘 형성된 후에는 과산화하이드록실 라디칼(HOO•), O_3, NO_3(야간에)가 주로 반응에 참여한다.

스모그 형성 과정 중에서 가장 중요한 연속 반응 중 하나는 HO•가 탄화수소에서 수소 원자를 빼내어 탄화수소 라디칼을 만들고, 이것이 NO를 NO_2로 산화시키는 반응을 일으키는 것이다.

$$RH + HO\bullet \rightarrow R\bullet + H_2O \tag{12.57}$$

알킬 라디칼(R•)은 O_2와 반응하여 과산화옥실 라디칼(ROO•)을 생성한다.

$$R\bullet + O_2 \rightarrow ROO\bullet \tag{12.58}$$

과산화 라디칼은 매우 강한 산화종으로 NO를 NO_2로 잘 산화시킨다.

$$ROO\bullet + NO \rightarrow RO\bullet + NO_2 \tag{12.59}$$

이러한 반응들로 인해 이제까지 설명하지 못했던 NO가 NO_2로 빨리 산화되는 현상을 설명할 수 있게 되었다. 알콕실(alkoxyl) 라디칼(RO•)은 ROO•처럼 안정하지 않다. 알콕실 라디칼은 다음과 같은 반응을 통해서 탄소 원자에 수소와 산소가 결합된 카보닐 화합물을 생성한다.

$$H_3C-O\cdot + O_2 \longrightarrow H-C(=O)-H + HOO\cdot \tag{12.60}$$

알콕실 라디칼로부터 생성된 감광성인 카보닐 화합물은 대기 광화학 반응을 더욱 전개시키는 중요한 촉진제 역할을 한다. 추출할 수 있는 수소가 없는 경우는 카보닐기를 포함한 라디칼의 분열이 일어난다.

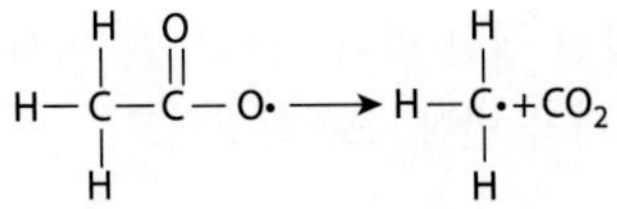

(12.61)

11.4절에서 자세하게 다룬 카보닐 화합물은 스모그 생성의 개시제로, 중간체로, 그리고 최종 생산물로 중요하다. 오염이 심한 대기 중에는 50여 종 이상의 카보닐 화합물이 존재한다. 폼알데하이드와 아세트알데하이드가 오염된 도시 대기 중에서 가장 많은 카보닐이고, 일반적으로 아세톤이 가장 많이 존재하는 케톤이다.

대기 중에서 NO가 NO_2로 산화되는 과정을 앞에서 언급했는데, NO가 산화되는 또 다른 방법으로는 아래와 같은 경로의 반응이 있다.

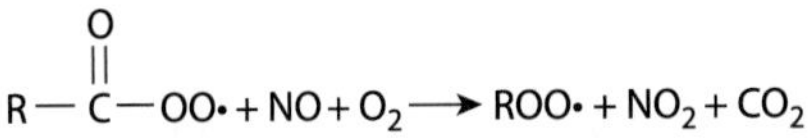

(12.62)

NO_2의 첨가 반응에 의해 과산화아실 질산이 생성된다.

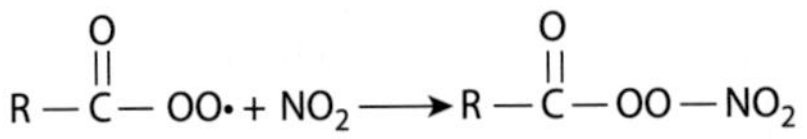

(12.63)

R이 메틸기일 때 생성물은 과산화아세틸 질산(PAN)이다. PAN은 열적으로 불안정하기는 하지만, 광분해가 빨리 일어나지 않고, HO•와 느린 반응을 하며, 물에 대한 용해도가 낮다. 그러므로 대기 중에서 제거되는 주된 경로는 반응식 12.63의 역으로 일어나는 열분해 과정이다.

과산화아실 질산은 광화학 스모그의 증상을 나타내는 매우 중요한 대기 오염 물질이다. 이 화합물들은 눈 자극제이며, 돌연변이 유발 요인 물질이다. 식물 독성이 있어 식물에 피해를 주고, 반응성 질소의 대기 운반자로서의 역할을 한다. 가솔린의 녹킹 방지 첨가제로서 에탄올 사용이 증가되면 PAN의 농도 수준이 증가하게 될 것이라는 우려가 있다. 에탄올이 광화학적으로 산화되어 아세트알데하이드가 되고, 더 광화학 산화되어 PAN을 형성하게 된다.[2]

알킬 질산과 알킬 아질산은 알콕실 라디칼(RO•)과 이산화 질소 또는 일산화 질소와의 반응에 의해 각각 형성된다.

$$RO\bullet + NO_2 \rightarrow RONO_2 \qquad (12.64)$$

$$RO\bullet + NO \rightarrow RONO \qquad (12.65)$$

반응식 12.64와 12.65에 나타낸 것과 같은 NO_2와 NO의 첨가 반응은 스모그 형성 연쇄 반응 과정에서 중요한 종결 반응이다. NO_2가 연쇄 반응의 종결 단계(반응식 12.64)뿐만 아니라 연쇄 반응의 개시 단계(반응식 12.21)에 모두 관여하므로, 적당히 NO_x 방출을 감소시킨다고 해서 스모그 형성을 감소시키는 데 효과적인 영향을 끼친다고 단정할 수 없으며, 어떤 상황에서는 오히려 증가시킬 수도 있다. 질산과 과산화질산은 스모그가 낀 대기의 중요한 구성 성분이다.

반응식 12.60에서와 같이 산소와 알콕시 라디칼과의 반응으로 과산화하이드록실 라디칼이 생성된다. 과산화 라디칼은 서로 반응하여 반응성이 큰 과산화 수소, 알콕시 라디칼, 그리고 하이드록실 라디칼을 생성한다.

$$HOO\bullet + HOO\bullet \rightarrow H_2O_2 + O_2 \qquad (12.66)$$

$$HOO\bullet + ROO\bullet \rightarrow RO\bullet + HO\bullet + O_2 \qquad (12.67)$$

$$ROO\bullet + ROO\bullet \rightarrow 2RO\bullet + O_2 \quad (12.68)$$

12.5.1 질산 라디칼

1980년에 대류권에서 처음으로 관찰된 질산 라디칼(NO_3)은 이제 특히 야간에 더욱 중요한 대기 화학종으로 인식되고 있다. 이 화학종은 다음 반응으로 형성되고,

$$NO_2 + O_3 \rightarrow NO_3 + O_2 \quad (12.69)$$

그리고 NO_2와 평형 상태로 존재한다.

$$NO_2 + NO_3 + M \rightleftharpoons N_2O_5 + M(\text{에너지를 흡수하는 제삼체}) \quad (12.70)$$

낮 동안 NO_3의 농도 수준은 낮게 유지되며, 다음과 같은 두 가지 해리 반응이 일어나기 때문에 정오의 NO_3 수명은 5초 밖에 안 된다.

$$NO_3 + h\nu(\lambda < 700\ \text{nm}) \rightarrow NO + O_2 \quad (12.71)$$

$$NO_3 + h\nu(\lambda < 580\ \text{nm}) \rightarrow NO_2 + O \quad (12.72)$$

일몰 한 시간 전에는 NO_3의 농도 수준이 대류권 화학 과정에 영향을 미칠 수 있을 정도로 충분히 높아진다. 야간에는 NO_3 농도 수준이 하이드록실 라디칼의 농도 1×10^6 molecules/cm^{3}보다 훨씬 높아져 8×10^7 molecules/cm^3 정도까지 올라간다. 하이드록실 라디칼이 NO_3보다 10~1,000배 빠르게 반응하지만, NO_3의 농도가 훨씬 더 높아 야간에 일어나는 대기 화학에 많이 관여할 것이라는 것을 알 수 있다. 질산 라디칼은 알케인의 이중 결합에 걸쳐서 첨가되어 스모그 형성에 관여하는 반응성인 라디칼 화학종을 만든다.

12.5.2 대기 중에 존재하는 광분해성 화합물

대류권 내에 존재하는 물질로서 광분해되어 연쇄 반응의 초기 단계 반응을 일으킬 수 있는 물질들을 다시 한번 정리해 보도록 하자. 대류권의 일반적인 조건에서 이러한 역할에 기여하는 가장 중요한 물질은 NO_2이다.

$$NO_2 + h\nu(\lambda < 394\ \text{nm}) \rightarrow NO + O \quad (12.73)$$

상대적으로 오염된 대기 중에서 이산화 질소 다음으로 광분해 반응을 일으키는 중요한 화합물은 카보닐 화합물들인데, 그중에서도 특히 폼알데하이드이다.

(12.74)

과산화 수소는 광분해되어 두 개의 하이드록실 라디칼을 생성한다.

$$HOOH + h\nu(\lambda < 350\ \text{nm}) \rightarrow 2HO\bullet \quad (12.75)$$

최종적으로는 과산화 유기물이 형성될 수 있으며, 이후에 과산화 라디칼로 시작하는 다음 반응을 통해 해리된다.

$$H_3COO\bullet + HOO\bullet \rightarrow H_3COOH + O_2 \quad (12.76)$$

$$H_3COOH + h\nu(\lambda < 350\ \text{nm}) \rightarrow H_3CO\bullet + HO\bullet \quad (12.77)$$

마지막에 제시한 세 개의 광화학 반응들(반응식 12.74, 12.75, 12.77)은 광자 하나를 흡수하여 두 개의 자유 라디칼을 생성하는 주목할 반응들이다. 오존은 315 nm보다 짧은 파장의 자외선에 의해서

광화학적으로 분해되어 들뜬 산소 원자를 만든다. 이 들뜬 산소 원자는 물과 반응하여 하이드록실 라디칼들을 만든다.

12.6 탄화수소의 반응성

스모그 형성 과정에서 탄화수소의 반응성은 광화학 스모그를 이해하는 측면뿐만 아니라 관리 전략을 수립하는 측면에서도 매우 중요하다. 이들의 배출을 최소화 할 수 있도록, 가장 반응성이 큰 탄화수소를 아는 것은 매우 유용하다. 한편 프로페인과 같이 반응성이 낮은 탄화수소들은 배출된 지점으로부터 풍하측으로 이동하여 풍하측 지역에 스모그 형성을 야기시키는 원인이 되기도 한다.

탄화수소의 반응성은 하이드록실 라디칼과 탄화수소가 반응하는 것을 기준으로 하여 분류한다. 그리고 기체상 탄화수소로서 10일이 넘는 긴 반감기를 갖고 있어 가장 반응성이 낮은 메테인의 반응성을 1로 정했다(메테인은 반응성은 작지만, 대기 중에 많이 존재하므로 총 하이드록실 라디칼 반응에서 차지하는 부분은 크다). 반대로 침엽수 나무나 다른 식물에서 생성되는 β-피넨(pinene)은 반응성이 메테인의 약 9,000배 정도이고, 오렌지 껍질에서 생성되는 *d*-리모넨(limonene)은 약 19,000배 정도이다. 메테인을 기준으로 한 탄화수소의 상대적인 반응성을 요약하면 아래와 같다. 여기서 $T_{1/2}$은 스모그가 형성된 대기에서 탄화수소의 예상 반감기이다.

매우 낮은 반응성, $T_{1/2}$	
10일 이상:	메테인
약한 반응성, $T_{1/2}$	
24시간~10일:	CO, 에테인, 아세틸렌
중간 정도의 반응성, $T_{1/2}$	
2.4~24시간:	벤젠, 프로페인, *n*-뷰테인, 아이소펜테인, *n*-헥세인, 2-메틸펜테인, 3-메틸펜테인, 에틸벤젠, *n*-프로필벤젠, 아이소프로필벤젠, 에텐, 메틸에틸 케톤
높은 반응성, $T_{1/2}$	
15분~2.4시간:	메틸아이소뷰틸 케톤, β-피넨, 1,3-뷰타다이엔, *o*-자일렌, *p*-자일렌, *m*-에틸톨루엔, *o*-에틸톨루엔, 프로펜, *m*-자일렌, 1,2,3-트라이에틸벤젠, 1,3,5-트라이메틸벤젠, 1,2,4-트라이메틸벤젠
매우 높은 반응성, $T_{1/2}$	
<15분:	2-메틸-2-뷰테인, 2,4-다이메틸-2-뷰텐, *d*-리모넨

12.7 NO_x/VOC 비율의 중요성

스모그에서 오존을 생성하기 위한 두 가지 주요 화학 성분은 휘발성 유기 화합물(VOCs, 대부분이 탄화수소)와 NO_2와 NO(이 두 질소 산화물은 오염된 대기에서 서로 교환된다)의 합인 NO_x이다. 스모그에서 지표면 오존의 농도가 VOC의 감소에 의해서 감소되는지, NO_x의 감소에 의해서 감소되는지는 이들 화합물의 상대적인 존재량에 달려 있다. 하이드록실 라디칼(HO•)은 스모그가 형성되는 동안 재생될 수 있고, 경우에 따라서는 하이드록실 라디칼(HO•) 한 개가 **전파 반응(propagation)** 과정을 통해 수많은 오존 분자를 생성할 수 있다. 오존을 생성하는 연쇄 반응은 HO•를 안정한 형태로 바꾸어 제거함으로써 중단시킬 수 있다. 일반적으로 NO_2와 반응하여 질산(HNO_3)을 생성하고, NO_x와 유기 라디칼의 반응에 의해 유기 질산염을 생성하며, 과산화 라디칼과 반응하여 과산화물을 생성하여 중단된다. 이러한 것을 **종결 반응(termination)** 과정이라고 한다. 오존 생성 속도는 전파 반응과 종결 반응의 경쟁에 의해 결정된다.

NO_x에 비해 VOC 농도가 높은 조건에서는 HO• 라디칼 중간체는 일반적으로 NO_x에 첨가되어 HNO_3를 생성하는 종결 과정이 아니라 VOC 분자와 반응하여 오존을 생성하는 연쇄 반응을 지속시킨다. 이러한 지역에서는 NO_x가 오존 생성의 제한 요소이고, VOC를 줄이는 것은 영향을 거의 미치지 않는다.

VOC에 비해 NO_x 농도가 높은 조건에서 NO_2는 VOC와 HO•에 대해 효과적으로 경쟁을 하며, HNO_3를 생성하는 종결 반응이 중요하다. 이러한 지역에서는 VOC 농도가 증가되면 오존 생성을 증가시키지만, NO_x 농도 수준의 변화는 상대적으로 거의 영향을 미치지 않는다.

12.8 스모그로부터 생성되는 무기 생성물

스모그 형성 과정에서 생성되는 대표적인 무기물로서는 황산염과 질산염이 있다. 황 산화물과 질소 산화물들이 산화되어 생성된 무기 황산염과 질산염들은 산성비, 부식, 시정 장애 및 건강에 악영향을 미친다.

깨끗한 대기 중에서는 SO_2가 황산염으로 산화되는 반응이 느리지만, 스모그 조건에서는 굉장히 빠르게 진행된다. 정상적인 대기 조건에서는 산화 속도가 시간당 1% 정도지만, 광화학 스모그 현상이 심할 때는 산화 속도가 시간당 5~10% 정도에 이른다. 따라서 스모그가 형성된 지역에서는 이산화 황이 더욱 빨리 산화되어 국지적으로 매우 높은 황산염을 생성할 수 있으며, 이는 이미 나쁜 대기 조건을 더욱 악화시킬 수 있다.

스모그 내 몇 가지 화학종들도 SO_2를 산화시킬 수 있는데, 이러한 산화제로는 O_3, NO_3, N_2O_5 같은 산화물뿐만 아니라, HO•, HOO•, O, RO•, ROO•와 같은 반응성이 큰 라디칼이 있다. 산화 과정에서 기본적인 두 가지 반응으로는 산소의 전이 반응 또는 다른 화학종의 첨가 반응이 있다.

$$SO_2 + O(O, RO\bullet, ROO\bullet \text{ 으로부터}) \rightarrow SO_3 \rightarrow H_2SO_4, \text{ 황산염} \tag{12.78}$$

후자의 예로 HO•가 SO_2에 첨가되어 산소나 질소 산화물, 또는 다른 화학종과 이어서 반응 가능한 반응성이 큰 화학종이 되어, 황산염이나 기타 황 화합물 또는 질소 화합물이 생성된다.

$$HO\bullet + SO_2 \rightarrow HOSOO\bullet \tag{12.79}$$

HO•가 존재하면(일반적인 대기 중 농도는 3×10^6 radicals/cm^3 정도이며, 스모그 상태에서는 더욱 농도가 높다.) 이러한 과정이 더욱 쉽게 일어나는데, RO•, ROO•에 SO_2가 첨가되면 유기 황 화합물이 생성된다.

H_2S와 HO•의 반응은 주목할 만큼 대단히 빠르다. 정상적인 상태의 대기 중에서는 반감기가 반나절 정도인데, 광화학 스모그 조건에서는 대단히 짧아진다.

스모그 중에서 몇 가지 반응들에 의해서 무기 질산염 또는 질산이 생성된다. 질산이 생성되는 대표적인 반응으로서는 N_2O_5와 물과의 반응(반응식 12.38)과 NO_2에 하이드록실 라디칼이 첨가되는 반응(반응식 12.42)이 있다. NO나 NO_2가 질산염으로 산화되는 반응은 NO_x 가스가 먼저 에어로솔 액적에 흡수된 후에 일어난다. 이러한 반응을 거쳐서 생성된 질산이 대기 중에서 암모니아와 반응하여 질산암모늄이 된다.

$$NH_3 + HNO_3 \rightarrow NH_4NO_3 \tag{12.80}$$

다른 종류의 질산염들도 대기 중에서 반응하여 생성된다.

질산과 질산염은 스모그의 최종 산물들 중에서 아주 위협적인 생성물인데, 이들은 동식물에 악영향을 미치는 것 이외에도 부식 등의 문제를 일으킨다. 이러한 일례로 전기 릴레이의 접점이나 전기 스위치에 들어 있는 작은 스프링이 부식되어 못쓰게 되는 것은 질산염에 기인하여 일어난 부식이다.

12.9 스모그의 영향

스모그가 일으키는 유해한 작용은 주로 (1) 사람의 건강과 안락, (2) 물질들에 대한 손상, (3) 대기에 대한 영향, (4) 식물에 대한 독성의 영역에서 일어난다. 스모그가 물질에 미치는 악영향에 관해서는 잘 알려져 있는 편이지만, 사람의 건강에 미치는 정확한 피해 정도에 관해서는 잘 알려져 있지 않다. 스모그에서 형성된 오존이나 자극적인 냄새는 유해한 것으로 알려져 있다. 오존 농도가 0.15 ppm 정도 되면 기침이 나고, 기관지가 수축하게 되고, 숨이 가파지며, 호흡기 점막을 자극한다. 2008년 3월에 미국 환경 보호청은 오존의 건강 영향에 기초하여 지표면 오존의 8시간 평균 국가 대기질 기준을 0.075 ppm으로 수정해 발표하였다. 동시에 EPA는 지표면 오존에 대한 2차 기준도 동일한 0.075 ppm으로 수정하였다. 2015년도에 EPA는 오존 기준을 0.070 ppm으로 약간만 낮출 것을 제안했지만, EPA의 과학 패널들은 이전에 0.060 ppm의 기준을 제안했었다. 2차 기준이란 풀들과 나무들과 작물들이 생장하는 동안 오존이 미치는 피해를 기본으로 수립한 것이다. 오존과 더불어 스모그 중의 과산화아실 질산과 알데하이드는 눈을 자극하여 따갑게 한다.

스모그의 몇몇 성분은 재료들에 악영향을 미친다. 고무는 오존과 친화력이 커서 오존과 반응하게 되면 갈라져서 노화된다. 예전에는 이러한 고무 갈라짐의 정도를 가지고 오존의 농도를 측정하기도 했다. 오존은 아래와 같은 반응을 통해서 고무 성분인 중합체를 산화시키면서 이중 결합을 파괴하여 고무를 갈라지게 한다.

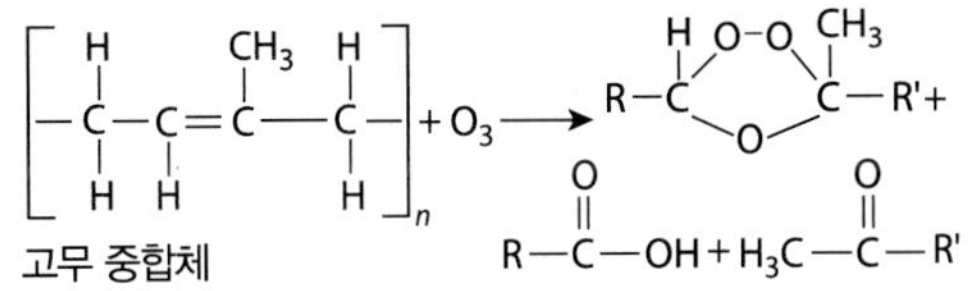

(12.81)

이렇게 산화되면서 절단되는 형태의 반응에 의해 중합체 구조 내의 결합이 끊어지게 되므로 결과적으로 중합체가 노화된다.

시정을 악화시키는 에어로솔 입자들은 광화학 스모그 형성 과정에서 생성된 작은 분자들이 서로 뭉쳐서 성장하여 생성된 것들이다.[9] 이러한 입자화 반응의 대부분이 탄화수소의 산화에 의한 것으로서, 스모그를 통해서 생성된 상당 부분의 입자가 산소를 포함한 유기 물질로 되어 있다. 스모그 대기에서

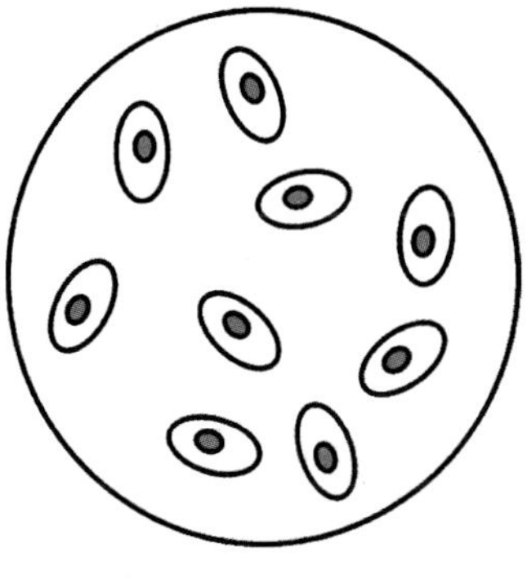

그림 12.6 관성 충돌 방법으로 채취한 스모그 에어로솔 입자들의 전자 현미경 영상을 묘사한 것으로, 충돌한 액적들의 중심에 전자적으로 불투명한 핵의 존재를 보여 준다.

그림 12.7 레몬잎에 나타난 오존 피해. 오존에 노출되어 녹색잎 표면이 황백화 현상으로 얼룩져서 나타남.

에터에 용해되는 에어로솔을 채취하여 분석한 결과, 실험식이 대략 CH_2O로 밝혀졌다. 그 외의 유기 스모그 에어로솔을 구성하는 화학종으로는 알코올, 알데하이드, 케톤, 유기 산, 에스터, 유기 질산염 등이 있다. 식물 기원의 탄화수소들은 광화학 스모그에서 입자를 형성하는 전구 물질 중에서도 중요하다.

스모그 에어로솔 입자는 스모그 반응에서 생성된 분자가 핵으로 작용해서 성장하여 형성되는 것보다는, 이미 존재하고 있던 핵에 응축되어 생성된다. 이들 에어로솔 입자를 현미경으로 보면 그림 12.6에서 보는 것과 같이 액적과 전기적으로 부도체인 무기 물질 핵으로 되어 있다. 따라서 스모그 이외의 발생원에서 배출된 입자상 물질이 스모그 에어로솔의 형성과 특성을 결정하는 데 결정적인 역할을 할 수도 있다.

세계적인 식량 결핍 측면에서 볼 때 스모그로 인한 식물 피해는 매우 크다.[10] 이 영향은 주로 스모그가 많은 대기 중에 존재하는 산화제들에 의한 것인데, 오존을 위시하여 PAN과 질소 산화물이 대표적인 세 가지 산화제이다. PAN은 식물에게 가장 큰 피해를 주는 물질로, 어린 잎의 표면을 '갈변'시키고 '두껍게' 하여 피해를 준다. PAN의 농도가 0.02~0.05 ppm 수준인 대기에 몇 시간만 노출되어도 식물들은 치명적인 피해를 입게 된다. 생체 내 단백질의 설프하이드릴(sulfhydryl)기는 PAN에 의해 손상을 입는데, 이는 PAN이 산화제와 아세틸화제로 작용하여 단백질 내의 이러한 기들과 반응하기 때문이다. 다행히도 PAN은 농도가 대단히 낮다. 스모그 조건 내에서 농도가 매우 높은 질소 산화물은 식물에 미치는 피해가 비교적 적다.

12.4절에서 설명한, 뷰틸 하이드로과산화물(butyl hydroperoxide)과 같은 사슬 길이가 짧은 알킬 하이드로과산화물은 스모그가 발생한 대기 및 이와 떨어진 대기에서도 낮은 수준으로 발생한다. 이러한 물질들은 DNA를 산화시켜 유전자에 악영향을 미칠 수도 있다. 알킬 하이드로과산화물류는 스모그 조건에서 알킬 과산화 라디칼과 하이드로과산화 라디칼($HO_2\bullet$)이 반응하여 생성되는데, 아래에 메틸 하이드로과산화물의 생성 반응을 나타냈다.

$$H_3CO_2\bullet + HO_2\bullet \rightarrow H_3COOH + O_2 \tag{12.82}$$

메틸, 에틸, *n*-프로필 및 *n*-뷰틸 하이드로과산화물의 Ames 분석(18장 참조) 결과 **살모넬라균**(*salmonella typhimurium*)의 특정 균주에서는 돌연변이가 나타났는데, 이러한 결과가 나왔다고 해서 사람의 건강에 똑같이 영향을 미칠 것이라고 단정할 수는 없지만 주의해야 한다(Ames 분석은 돌연변이를 유발하는 화합물의 경향을 측정하고 가능한 발암성을 추론하는 데 사용된다).

질소 산화물은 독성이 작고, PAN, 하이드로과산화물, 스모그 내에 존재하는 다른 산화제들은 농도가 낮으므로, 스모그에서 식물계에 가장 큰 영향을 미치는 것은 오존이다. 칼잎 상추, 검은 밤나무, 퀵위느(quickweed)와 보나보(double-fortune tomato)를 포함한 몇몇 식물종은 오존과 다른 광화학 산화제들의 영향에 매우 민감하여, 스모그를 탐지하는 생물 지표로 사용된다. 오존이 식물에 미치는 전형적인 피해는 그림 12.7에 나타낸 것과 같이, 레몬 잎에 황백화 반점 현상(녹색 잎에 노란 반점이 나타남)을 일으키는 것이다. California의 San Bernardino 산맥의 폰데로사 소나무와 제프리 소나무는 오

그림 12.8 California에서 스모그로 인해 식물 피해가 나타난 지역 분포.

존과 스모그에 노출되어 황백화 반점과 조기 침잎 고사 현상에 시달렸다. 식물 성장의 저해는 눈에 보이는 병변 없이 발생할 수 있다.

약 0.06 ppm의 오존에 잠시 노출된 일부 식물의 광합성 속도가 일시적으로 절반으로 떨어질 수 있다. 그래서 오존 및 다른 광화학 대기 오염 물질로 인한 작물 피해가 California에서만 매년 수백만 달러로 추정하고 있다. 그림 12.8에 California에서 식물 피해가 나타나는 지역 분포를 나타냈다. 오존 농도의 상승은 미국 중서부 북부지역의 대두 작물에 대한 피해와 관련이 있다.[11]

참고문헌

1. U.S. Environmental Protection Agency, *Further Development of the Photochemical Smog Model for the Los Angeles Basin: Final Report*, U.S. Environmental Protection Agency, Washington, DC, 2019.
2. Ginnebaugh, Diana L., and Mark Z. Jacobson, "Examining the Impacts of Ethanol (E85) versus Gasoline Photochemical Production of Smog in a Fog Using Near-explicit Gas- and Aqueous-Chemistry Mechanisms," *Environmental Research Letters*, **7**, 1–8, 2012.
3. Sharkey, Thomas D., Amy E. Wiberley, and Autumn R. Donohue, "Isoprene Emission from Plants: Why and How," *Annals of Botany*, **101**, 5–18, 2008.
4. Perring, A. E., A. Wisthaler, A. M. Graus, P. J. Wooldridge, A. L. Lockwood, L. H. Mielke, P. B. Shepson, A. Hansel, and R. C. Cohen, "A Product Study of the Isoprene + NO_3 Reaction," *Atmospheric Chemistry and Physics*, **9**, 4945–4956, 2009.
5. Nguyen, Tran B., John H. Seinfeld, and Paul O. Wennberg, "Atmospheric Fates of Criegee Intermediates in the Ozonolysis of Isoprene," *Physical Chemistry Chemical Physics*, **18**, 10241–10254, 2016.
6. Lawson, Charlene V., Emily Saunders, William R. Stockwell, and Wendy S. Goliff, "A Review of Tropospheric Atmospheric Chemistry and Gas-Phase Chemical Mechanisms for Air Quality Modeling," *Atmosphere*, **3**, 1–32, 2012.
7. Dlugokencky, Ed, *Trends in Atmospheric Methane*, NOAA Global Monitoring Laboratory, 2020, www.esrl.noaa.gov/gmd/ccgg/trends_ch4/.
8 Long, Bo, Junwei Lucas Bao, and Donald G. Truhlar "Rapid Unimolecular Reaction of Stabilized Criegee Intermediates and Implications for Atmospheric Chemistry," *Nature Communications*, **10**, article number 2003, 2019.
9. Tsigaridis, Kostas, and Maria Kanakidou, "Secondary Organic Aerosol Importance in the Future

Atmosphere," *Atmospheric Environment*, **41**, 4682–4692, 2007.

10. Leung, Felix, Jacky Y. S. Pang, Amos P. K. Tai, Timothy Lam, Donald K. C. Tao, and Katrina Sharps, "Evidence of Ozone–Induced Visible Foliar Injury in Hong Kong Using Phaseolus Vulgaris as a Bioindicator," *Atmosphere* **11**(3), 266, 2020, https://doi.org/10.3390/atmos11030266.
11. Fishman, Jack, John K. Creilson, Peter A. Parker, Elizabeth Ainsworth, Geoffrey G. Vining, John Szarka, Fitzgerald L. Booker, and Xiao–Jing Xu, "An Investigation of Widespread Ozone Damage to the Soybean Crop in the Upper Midwest Determined from Ground-Based and Satellite Measurements," *Atmospheric Environment*, **44**, 2248–2256, 2010.

보충자료

Allaby, Michael, *Fog, Smog, and Poisoned Rain*, Facts on File, New York, NY, 2003.

Balduino, Sergio P., Ed., *Progress in Air Pollution Research*, Nova Science Publishers, New York, NY, 2007.

Bodine, Corin G., Ed., *Air Pollution Research Advances*, Nova Science Publishers, New York, NY, 2007.

Barnes, Ian, *Global Atmospheric Change and Its Impact on Regional Air*, Kluwer Academic Publishers, Norwell, MA, 2002.

Brasseur, Guy P., and Daniel J. Jacob, *Modeling of Atmospheric Chemistry*, Cambridge University Publishing, Cambridge, 2017.

Brasseur, G. P., R. G. Prinn, and A. A. P. Pszenny, *The Changing Atmosphere: An Integration and Synthesis of a Decade of Tropospheric Chemistry Research*, Springer-Verlag, New York, NY, 2003.

Cheng, Jie, Xin Zhang, and Mark Douthwaite, "Recent Advances in the Catalytic Oxidation of Volatile Organic Compounds: A Review Based on Pollutant Sorts and Sources," *Chemical Reviews*, **119**, 4471–4568, 2019.

Colls, Jeremy, and Abhishek Tiwary, *Air Pollution: Measurement, Modeling, and Mitigation*, 4th ed., Taylor & Francis, London, 2019.

Cooper, C. David, and F. C. Alley, *Air Pollution Control: A Design Approach*, 4th ed., Waveland Press, Prospect Heights, IL, 2010.

Desonie, Dana, *Atmosphere: Air Pollution and Its Effects*, Chelsea House Publishers, New York, NY, 2007.

Finlayson-Pitts, Barbara J., "Multiphase Chemistry in the Troposphere," *International Journal of Chemical Kinetics*, **51**, 736–752, 2019.

Finlayson-Pitts, Barbara J., and James N. Pitts, *Chemistry of the Upper and Lower Atmosphere: Theory, Experiments, and Applications*, Academic Press, San Diego, CA, 2000.

George, Christian, Markus Ammann, and Barbara D'Anna, "Heterogeneous Photochemistry in the Atmosphere," *Chemical Reviews*, **115**, 4218–4258, 2015.

Godish, Thad, and Wayne T. Davis, *Air Quality*, 5th ed., CRC Press, Boca Raton, FL, 2014.

Granier, Claire, Paulo Artaxo, and Claire E. Reeves, *Emissions of Atmospheric Trace Compounds*, Kluwer Academic Publishers, Boston, MA, 2004.

Harrington, Winston, and Virginia McConnell, Eds., *Controlling Automobile Air Pollution*, Ashgate, Burlington, VT, 2007.

Heck, Ronald M., Robert J. Farrauto, and Suresh T. Gulati, *Catalytic Air Pollution Control: Commercial Technology*, 3rd ed., Wiley, Hoboken, NJ, 2009.

Hewitt, C. Nicholas, Ed., *Reactive Hydrocarbons in the Atmosphere*, Academic Press, San Diego, CA, 1999.

Holloway, Ann M., and Richard P Wayne, *Atmospheric Chemistry*, Royal Society of Chemistry, London, 2010.

Klán, Petr, and Jakob Wirz, *Photochemistry of Organic Compounds: From Concepts to Practice*, Wiley, Hoboken, NJ, 2009.

Koppmann, Ralf, *Volatile Organic Compounds in the Atmosphere*, Oxford, 2007.

Liu, Zhisong, Feng Yu, and Cunhua Ma, "A Critical Review of Recent Progress and Perspective in Practical Denitration Applications," *Catalysts*, **9**, 771, 2019.

Lynch, Sophie A., and Leah K. Moore, *Air Pollution: New Research*, Nova Science Publishers, Haupauge, NY, 2009.

Nadadur, Srikanth S., and John W. Hollingsworth, *Air Pollution and Health Effects*, Springer, Berlin, 2015.

Pathak, Hemant, *Photochemical Smog*, CreateSpace Independent Publishing Platform, 2016.

Phalen, Robert F., and Robert N. Phalen, *Introduction to Air Pollution Science: A Public Health Perspective, Jones & Bartlett Learning*, Burlington, MA, 2011.

Schnelle, Karl B., and Russell F. Dunn, *Air Pollution Control Technology Handbook*, 2nd ed., CRC Press, Boca Raton, FL, 2017.

Seinfeld, John H., and Spyros N. Pandis, *Atmospheric Chemistry and Physics: From Air Pollution to Climate Change*, 3rd ed., Wiley, Hoboken, NJ, 2016.

Sullivan, Timothy J., and Charles T. Driscoll, "Air Pollution Success Stories in the United States: The Value of Long-Term Observations," *Environmental Science & Policy*, **84**, 69–73, 2018.

Tammemagi, Hans, *Air: Our Planet's Ailing Atmosphere*, Oxford University Press, Oxford, 2009.

Tiwary, Abhishek, and Ian Williams, *Air Pollution: Measurement, Modelling, and Mitigation*, 4th ed., CRC Press, Boca Raton, FL, 2018.

Turro, Nicholas J., V. Ramamuthy, and J. C. Scaiano, *Principles of Molecular Photochemistry: An Introduction*, University Science Books, Sausalito, CA, 2009.

U.S. Environmental Protection Agency, *Spectroscopic Studies of Photochemical Smog Formation and Trace Pollutant Detection*, BiblioGov, 2013.

U.S. Environmental Protection Agency, *Atmospheric Measurement of Photochemical Smog Reactions—A Preliminary Analysis*, BiblioGov, 2019.

U.S. Environmental Protection Agency, *Mathematical Simulation of Smog Chamber Photochemical Experiments*, BiblioGov, 2019.

Vallero, Daniel A., *Fundamentals of Air Pollution*, 5th ed., Academic Press, Waltham, MA, 2014.

Wardle, Brian, *Principles and Applications of Photochemistry*, Wiley, Hoboken, NJ, 2010.

Waza, Andebo Abesha, *Biogenic Volatile Organic Compounds in Atmosphere: Effect of Green Leaf Volatiles on Secondary Organic Aerosol Formation*, Academic Publishing, Waltham, MA, 2014.

Zhang, Renyi, Gehui Wang, and Song Guo, "Formation of Urban Fine Particulate Matter," *Chemical Reviews*, **115**, 3809–3855, 2015.

연습문제

모든 문제들을 답하기 위해서는 인터넷을 활용해야 할 것이다. 특히 일반적인 정보나 통계, 상숫값, 수식들은 인터넷에서 찾아서 사용하시오. 질문들은 교재 안에 있는 내용을 단순하게 찾아서 쓰는 것보다 호기심과 사고력을 증진시키기 위한 것이다. 그래서 어떤 경우에는 여러 가지 '정답'이 있을 수 있다. 그러므로 만약 자신의 이지적인 사고를 통한 노력과 다양한 문헌으로부터 찾은 정보를 바탕으로 작성한 답은 '정답'으로 간주한다.

1. NO_2가 빛의 양자를 흡수하여 생성되는 화학종과 관계가 가장 먼 것은 어느 것인가?
   a. O
   b. 자유 라디칼
   c. NO
   d. NO_2^*
   e. N 원자
2. RO•를 가장 잘 설명하고 있는 것은?
   a. 알킬 질산염을 형성하기 위하여 NO와 반응한다.

b. 자유 라디칼이다.
c. 반응성이 크지 않다.
d. 안정한 탄화수소와 바닥 상태의 NO_2에 의해 쉽게 생성된다.
e. 스모그 형성 과정의 중간 물질이라고 생각되지 않는다.

3. 다음 중 환원성 스모그가 낀 날에 발견할 가능성이 가장 큰 화학종은?
   오존, 비교적 높은 수준의 산소 원자, SO_2, PAN, PBN.
4. 자동차의 배기가스인 탄화수소가 배출되는 양에 비하여 환경에 유해성이 큰 이유는 무엇인가?
5. 스모그 생성 연쇄 반응에서 PAN이 생성되는 단계는 무엇인가?
6. 이 장에서 언급한 스모그 생성물로서, 특별히 자극성이 있고, 벤즈알데하이드와 이산화 질소의 혼합물에 자외선을 쪼여 실험실에서 만들 수 있는 것은 무엇인가?
7. 스모그가 생긴 날 NO, 산화제, 탄화수소, NO_2 중에서 마지막으로 최고 농도를 나타내는 것은 어느 것인가?
8. 스모그 현상이 있는 대기에서 NO를 NO_2로 산화시키는 주 화학종은 무엇인가?
9. 터빈 엔진이 내연 엔진보다 저농도의 탄화수소를 배출하는 두 가지 이유는 무엇인가?
10. 내연 기관으로부터 탄화수소 배출을 억제하기 위하여 이론적 비율보다 연료를 적게 공급(공기의 양을 많이 공급)하였을 때, 이로 인하여 악화될 수 있는 오염 문제는 무엇인가?
11. 왜 최신 자동차 촉매 변환기를 '3원 변환 촉매'라고 하는가?
12. 스모그가 형성된 대기 중에서 화학적으로 반응성이 있는 화학종에 사용하는 용어인 '반응성(reactivity)'과 '불안정성(instability)' 간의 차이는 무엇인가?
13. 스모그가 형성된 대기에서 자동차의 탄화수소 배출량을 비교하는 데 CO를 기준으로 선택한 이유는 무엇인가? 이런 경우의 단점은 무엇인가?
14. 자동차 배기 촉매에서 알루미나의 역할은 무엇인가? 촉매 중에서 실제로 오염 물질의 파괴에 촉매 역할을 하는 것은 어떤 물질인가?
15. 대기 화학 반응에서 제거 반응과 첨가 반응이 있다. 이들 중에서 하이드록실 라디칼과 프로페인의 반응은 어디에 해당한다고 생각하는가? 프로펜(프로필렌)의 경우는?
16. 대기 중에 있는 산화물은 어떻게 검출하는가?
17. 다음은 스모그 형성 과정 동안에 일어나는 것들이다. 처음에 일어나는 과정부터 마지막에 일어나는 과정을 차례대로 1번에서 5번까지 나열하고, 그 이유를 설명하시오.
    a. 알킬 과산화 라디칼(ROO•)이 생성된다.
    b. 대기 중 입자가 시정을 감소시킨다.
    c. NO_2로부터 NO와 다른 산물이 생성된다.
    d. NO가 반응하여 NO_2를 생성한다.
    e. 탄화수소로부터 알킬 라디칼(R•)이 생성된다.
18. 왜 오존이 특별히 고무 제품에 손상을 주는가?
19. 하이드록실 라디칼(HO•)이 에틸렌($H_2C=CH_2$)과 메테인(CH_4)에 반응하는 형태가 다르다. 각각 어떻게 반응하는지 설명하시오.
20. 벤젠과 하이드록실 라디칼(HO•)이 첨가 반응하여 처음으로 생성되는 안정한 생성물은 무엇인가?
21. 다음 중 설명이 옳은 것은?
    a. NO_2는 스모그 형성 개시 반응에 관여하지 않고 종결 반응에 관여한다.
    b. 스모그 형성 과정이 시작될 때 NO는 광해리된다.
    c. NO_2는 자유 라디칼 종과 반응할 수 있어 스모그 형성에서 연쇄 반응의 종결 반응에 관여한다.
    d. 스모그 형성 대기 중에는 NO_2가 한번 광해리되면 이를 다시 재생할 수 있는 메커니즘이 없다.
    e. 스모그가 낀 대기 중에서 NO_2가 가장 식물에 독성이 있는 화학종이다.
22. 다음 중 탄화수소가 대기 오염에 관여하는 설명으로 옳지 않은 것은?
    a. 메테인(CH_4)은 자연 상태에서 발생하는 것이어서 비오염 물질로 간주할 수 있지만, 인간의 활동으로 대기 중 메테인의 양이 증가하여 피해를 줄 가능성이 있다.
    b. 나무에서 방출되는 몇 가지의 유기종은 대기 중에서 2차 오염 물질을 형성시킬 수 있다.
    c. C=C기를 포함하는 알켄일 탄화수소는 알케인과 반응할 수 없는 하이드록실 라디칼과 반응하는 수단을

가지고 있다.

d. 스모그를 형성할 수 있는 잠재력으로서 측정되는 각각의 탄화수소의 반응성은 약 ±25%밖에 차이가 나지 않는다.

e. 대기 중 비메테인계 탄화수소는 2차 오염 물질을 형성시키는 데 관여한다.

23. 다음 중 스모그 형성에 있어서 탄화수소의 반응에 대한 설명으로 옳은 것은?
    a. 알케인이 알켄(올레핀)보다 반응성이 더 크다.
    b. 반응성은 HO•와의 반응을 기초로 한다.
    c. 메테인(CH_4)이 가장 반응성인 탄화수소이다.
    d. *d*-리모넨과 같은 터펜류는 반응하지 않는다.
    e. 하이드록실 라디칼은 탄화수소와 반응하지 않는 것으로 분류된다.
24. 스모그의 에어로솔 방울은 작은 무기물(광물질) 핵을 둘러싼 유기 물질로 구성되어 있다. 이러한 에어로솔이 형성되는 과정을 추측하고, 이 에어로솔의 유기물 부분은 순수한 탄화수소가 될 수 있는지 설명하시오.

13 지구 대기권의 위기

13.1 대기권을 구하여 우리 자신을 구하기

2000년경부터 미국 남서부는 지구 온난화로 인해 악화된 것으로 생각되는 '대가뭄(megadrought)'에 처해 있다. 연구에 따르면 이러한 사건은 지난 1,200년 동안 가끔 나타났으며, 일부는 40년 동안 지속되기도 했다. 대가뭄은 특히 농업, 산업 및 사람들에게 피해를 주며, 미국 남서부의 산불에 기여할 수 있다. 이 지역은 물 공급이 부족해지고 있는 Colorado 강과 Rio Grande 강 및 Utah 주와 Arizona 주 사이의 Colorado 강에 있는 Powell 호수와 같은 큰 저수지에 저장된 물을 통해 물을 공급받고 있다. 2019년의 비교적 시원하고 습한 봄에 이어 겨울에 예년과 같은 적설로, 현재의 대가뭄이 해소될 수 있을 것이라는 낙관적인 기대가 있었다. 그러나 2020년 4월과 5월이 상대적으로 따듯하고 눈도 거의 오지 않는 건조한 날씨로 인해 지난 겨울 적설된 눈을 빨리 녹게 만들어, 빠르고 큰 유거수로 흘러나가 시즌 후반에는 물이 거의 남지 않게 되었다. 유거수 문제는 유난히 건조한 토양과 유거수의 많은 부분을 소비하는 식물들로 인해 악화되었다.

지구에서의 삶을 유지시키는 데 가장 중요한 것은 대기권의 지속 가능성이다. 그리고 지구의 시스템 중에서 인간들의 활동에 의해서 치명적인 손상을 가장 받기 쉬운 것이 대기권이다. 특히 화석 연료의 연소에 의해서 발생하는 이산화 탄소와 같은 에너지를 흡수하는 온실 가스가 대기권으로 계속 배출된 결과, 불행하게도 지구 대기권이 한계점을 넘어 급변환점까지 위험하게 다가오고 있어, 우리가 알고 있는 지구에서의 삶에 도움이 되는 상태로의 보존이 불가능해질 수 있음을 시사하는 증거가 있다.

인간은 호흡하는 공기를 통해 대기권과 가장 친밀한 관계를 맺고 있다. 대기에 독성 오염 물질이 포함되어 있으면 인체 건강에 해를 끼칠 수 있다. 대기 중 독성 물질은 식물에 피해를 줄 수 있으며, 식량 작물과 산림의 성장을 방해할 수 있다. 특히 지구의 온도를 조절하고 유해한 전자기 복사선을 걸러내는 것이야말로 대기권이 지구 시스템을 보호하는 중요한 역할이며, 이 장에서 다룰 내용이다.

대기권의 지속 가능성을 고려할 때, 대기권과 지구의 다른 권역과의 상호 작용을 고려하는 것이 매우 중요하다. 인류권은 대기 오염 물질의 원천으로서뿐만 아니라 대기권 조건에 영향을 주는 두 가지 면에서 모두 중요하다. 인류권/대기권 상호 작용의 두드러진 특징은 인류권에서 에너지의 생산과 이용, 특히 온실 가스인 이산화 탄소를 방출하는 화석 연료의 연소와 연관되어 있다. 생물권은 대기 오염 물질이 생물체에 미치는 독성 영향과 생물 생산량에 미치는 기상 조건의 영향과 관련하여 분명히 대기권으로부터 강한 영향을 받는다. 생물권은 또한 광합성 능력을 가진 생물체들이 대기 중 이산화 탄소를 제거하는 데, 그리고 광화학 스모그 형성에 관여하는 생물성 탄화수소를 방출하는 데 있어 대기권에 큰 영향을 미친다. 수권은 대기권과 밀접하게 연결되어 있는데, 특히 강우 시 대기 조건, 물의 증발, 대기로부터 빛을 흡수하는 물질(검댕)의 침적으로 가속화된 적설의 용해 및 일반적인 물의 순환에 영향을 준다. 지권은 대기권에 의해 강한 영향을 받으며, 특히 대기권의 기후 변화로 인해 넓은 지역이 사막으로 변하는 영향을 받는 것이다. 또한 지권은 이산화 황과 입자들의 화산 배출과, 지표면의 지형이 공기 물질들을 가두어 광화학 스모그가 형성되는 것을 돕는 등 대기권에 영향을 미친다.

13.1.1 대기권 자연 자본의 보존

대기권을 유지하려면 대기권의 자연 자본의 보존이 필요하다. 대기권의 자연 자본에는 생물체에 사용되고 연소에 사용되며, 산업용 화학 물질들의 원자재로 사용되는 산소를 대기에서 얻고, 원소 상태의 질소는 불활성 환경과 극저온 액체로 사용되며, 생물학적으로 화학적으로 고정되어 식물의 필수 영양소 및 산업 화학 물질로 사용되며, 이산화 탄소는 식물의 광합성에 필요하고, 유해한 태양 자외선을 막아 주며, 온실 효과로 온도를 안정화시키고, 가시성이 있어 아름답게 해주며(심미성), 폐기물을 흡수하고 처리하는 능력 등이 있다.

대기권에서 산소, 질소, 또는 이산화 탄소와 같은 주종인 것들이 없어질 염려는 없다. 그러나 인간의 활동은 대기권의 자연 자본 중 다른 것들을 위협하고 있다. 성층권의 오존층을 감소시킬 수 있는 화학종의 방출은 오존층의 귀중한 자외선 필터 역할을 위협하고 있다. 심미성과 가시성은 입자의 배출과 기체가 반응하여 형성되는 입자들에 의해서 망가질 수 있다. 폐기물을 처리하는 대기권의 능력은 산으로 변하는 가스, 입자 및 유기물들이 대기 중으로 배출되면 감소한다. 그리고 모두에게 가장 큰 위협은 이산화 탄소와 다른 온실 가스들의 농도가 증가하여, 지구상의 생명체에 적당한 지구 온도 범위의 한계를 지켜 주고 있는 깨지기 쉬운 평형을 무너트릴 수 있다는 것이다. 이 장에서는 이러한 것들과 대기권의 자연 자본에 관한 지속 가능성 문제를 다룬다.

13.2 지구의 진화하는 대기권과 기후 변화

오랜 기간 동안 대기권과 관련된 지구의 기후는 과거에 많은 변화를 겪었고 앞으로도 계속 변화될 역동적인 시스템이다. 지구 기후 변화의 오랜 기록을 추론하는 데에는 화석 기록뿐만 아니라 극지방 얼음과 산소와 탄소 동위 원소 존재량과, 얼음 속으로 같이 들어간 공기와 이산화 탄소 같은 증거들을 사용하고 있다. 몇 세기 전으로 거슬러 올라간 환경 조건을 이해하는 데에는, 나무 나이테의 크기와 그 속에 포함된 미량 원소가 특별히 유용하다. 나무의 나이테는 생성될 당시의 물이 풍부한 정도, 기온, 공기 조성, 어떤 오염 물질의 존재를 잘 반영하고 있다.[1]

지구상에서 살아가는 생명체들의 생활 양식과 이들 생명체들에게 살아갈 수 있는 적당한 환경을 제공하는 지구의 기후는 매우 깊은 연관을 맺고 있다. 영국 화학자인 James Lovelock은 생물들에 의해서 완성되어 유지되고 있는 대기의 O_2/CO_2 균형이 지구의 기후와 그 밖의 환경 조건들을 결정하고 유지시키고 있다는 **Gaia 가설(Gaia hypothesis)**을 주장하고 있다. 약 35억 년 동안 안정된 피드백 작용을 통해 생명체가 살 수 있는 액체 물의 제한된 조건 범위 내에서 지구/대기의 경계 영역이 유지되어 왔다. 불행하게도, 인류는 매우 짧은 기간 동안에 이 섬세한 균형을 깨뜨리는 경로 위에 서 있다.

지구상에 처음으로 생명체가 나타난 이래로, 대기권은 생물들의 신진 대사의 영향을 받아 왔다. 35억 년 전 처음으로 생명체가 형성되었을 때, 대기권은 지금의 상태와는 매우 달랐다. 그 당시 대기권의 조성은 산소를 포함하고 있지 않았으며, 기본적으로 메테인, 암모니아, 수증기와 수소로 이루어져 있는 화학적으로는 환원된 상태였다. 바다에서 이러한 가스들과 물의 화학 결합을 끊을 수 있는 강력한 자외선을 맞으며, 번개와 방사성 물질에서 나오는 방사선으로부터 얻은 에너지를 이용하여 화학 반응이 일어나게 되었고, 그 산물로서 아미노산류와 당류 같은 비교적 복잡한 분자들도 생성되었다. 이런 화학 물질들이 서로 화학적으로 혼합되어 생명체로 진화되었다. 초기의 이들 원시 생명체는 화학 과정 및 광화학 과정에 의해 형성된 유기 물질의 발효 과정에서 방출되는 에너지를 이용해서 살았지만, 후에 이들 원시 생명체들이 태양광선(hv)을 이용하는 광합성을 통해 유기 물질 '{CH_2O}'를 형성하는 능력을 갖게 되었으며,

$$CO_2 + H_2O + hv \rightarrow \{CH_2O\} + O_2(g) \tag{13.1}$$

이러한 과정에는 수많은 생화학적 변환 단계가 관여되어 있고, 대기권 중 산소의 대부분이 이러한 과정에서 생성되었다.

광합성에 의해서 초기에 생성된 산소는 아마 원시 생명체에게 매우 독성인 물질이었을 것이다. 그러나 이런 많은 산소는 용해성 철(II)과 반응하여 산화 철로 변하여 지구의 수체로 녹아 들어갔다.

$$4Fe^{2+} + O_2 + 4H_2O \rightarrow 2Fe_2O_3 + 8H^+ \tag{13.2}$$

막대한 양의 산화 철이 이렇게 형성되어 축적된 것이 원시 대기권 내에 유리된 산소가 존재했었다는 중요한 증거이다.

결국 생물체 내의 효소 체계는 바다 내에서 산화할 수 있는 유기물체와 부산물인 산소와의 반응을 조절할 수 있게 발전하였다. 이렇게 부산물을 처리하는 방법이 뒤에 생물들이 호흡하여 에너지를 얻는 방법으로 활용되었는데, 이것이 현재 광합성을 하지 않는 생물들이 에너지를 얻는 메커니즘이다.

이렇게 대기권에 축적된 산소를 이용하여 호흡을 할 수 있게 되었고, 또한 자외선을 막아 주는 오존층이 생성될 수 있게 되었다. 이러한 오존층으로 인해 지구는 생명체가 보다 안전하게 살 수 있는 환경을 갖게 되어, 이제까지 바닷물 속 안전한 지역에 살던 생명체들이 육지로 이동하여 살 수 있게 되었다.

대기권에서 다른 변화 사례와 생물체들에 의해 초래된 통제들도 많이 있는데, 중요한 예로서 광합성을 하는 생물체들에 의해서 대기 중의 이산화 탄소의 농도가 낮게 유지되고 있는 것을 들 수 있다(반응식 13.1에서 광합성은 대기권의 CO_2를 제거한다).

13.2.1 기후 변화

1800년대에 시작된 산업 혁명에 이르기까지 약 10,000년간 인류는 홀로세(holocene)라고 불리는 간빙기에서 살고 있었다. 과거의 증거로부터 기후의 주요한 변화가 매우 짧은 기간 내에 매우 신속하게 일어나고 있다는 것을 알 수 있다. 기후 변화는 특정 임계값을 한번 넘어서면 변화가 차체적으로 진행되며, 빠르고 비가역적으로 진행되는 정귀환(positive feedback) 메커니즘을 통해 발생할 수 있다. 카누로 비유를 하자면, 탑승자가 카누의 한쪽 면을 기울이다가 멈추면 카누는 스스로 바르게 돌아온다. 그러나 어느 확실한 임계점을 넘어서면 카누는 완전히 뒤집어진다. 기후가 냉각되면 지구 표면이 얼음과 눈으로 뒤덮히게 되고, 이것이 태양 에너지를 반사시켜 더 차가워지고 더욱더 눈과 얼음으로 덮히게 될 것이다. 가뭄은 식물을 말라 죽게 할 것이며, 대기 중으로 발산되는 수분이 줄어들게 되어 강우량이 줄어들고, 그래서 더 큰 식물의 피해를 초래할 것이다.

일례로, 연구에 따르면 2020년에 아프리카는 지구 온난화로 인한 평균 기온 상승으로 인해서 더 크고, 더 자주, 그리고 더 파괴적인 뇌우가 있었다. 번개로 인해 인간과 동물들이 죽어 나가고 더 크게 파괴되는 영향을 받았다. 주거지에 낙뢰 방전을 안전하게 지면으로 유도할 수 있는 금속 배관 및 배선이 부족한 경우가 많기 때문에, 낙뢰는 아프리카와 같이 가난한 지역에서 특히 큰 피해를 줄 수 있다. 최근 단기적이고 국지적인 기상 현싱(강수량, 적설량, 기온)에 대한 관심사에서 더 큰 규모와 장기간에 걸친 기상 현상으로 관심사가 바뀌어 가고 있다. 지구 규모의 현상, 특히 엘니뇨(El Niño) 남방 진동(Southern Oscillation)과 북대서양 진동(North Atlantic Oscillation)은 지구의 거대한 지역에서 몇 년 동안 지속되는 매우 심각한 생태학적 영향을 미칠 수 있다.

기후의 변동은 직간접적으로 커다란 생태학적 영향을 가져온다. 육상 식물들과 식물들의 생산성에 미치는 효과는 동물의 개체수 및 초식 동물과 육식 동물 사이의 관계에 변화를 일으킬 수 있다. 영양소와 해양 기온의 용승(upwelling)은 해양 환경에서 광합성 활동의 변화를 일으킬 수 있고, 그로 인해

물고기의 개체수와 다른 해양 생물군이 영향을 받는다.

부분적으로는 기후 변화와 기후 변화가 서식지에 미치는 영향으로 인해, 지구는 대량 멸종 사건의 한가운데에 있다. 2020년 한해에 척추동물의 연간 손실만 해도 100년 동안 정상적인 감소로 인해 손실된 것과 맞먹을 것으로 추정된다. 대략 30,000종의 육상 척추동물 중에서 개체수가 약 1,000마리 밖에 남지 않은 500여 종이 멸종 위기에 처한 것으로 분류되며, 이 중 절반은 개체수가 250마리 미만이다. 어떤 한 종이 그러한 적은 개체수의 수준에서 회복되더라도 유전적 다양성이 손실되어, 그 종은 질병에 걸리기 쉬운 문제가 여전히 존재한다. 수생 척추동물, 비척추동물, 식물 및 곤충의 멸종은 생태계 전체의 붕괴로 이어질 수 있다. 이는 인류에게 나쁜 결과를 초래할 수 있다. 예를 들어, 꿀벌이 대량 살상당하면 꿀벌이 농작물, 과일, 너트와 같은 열매를 맺는 나무들을 수분시키는 중요한 역할을 하기 때문에 미국에서만 연간 150억 달러의 손실을 초래할 수 있다.

13.3 인류권이 대기권과 기후에 미치는 영향

지난 200년 동안 인류는 더욱 빠른 속도로 대기권을 근본적으로 변화시키는 많은 활동을 해 왔다. 1장에서 언급했듯이, 인간의 영향력은 환경의 다섯 번째 권역인 인류권을 따로 분류해 지정할 정도로 매우 강력하다.

인류권으로부터 대기권으로 많은 오염 물질이 유입되었다. 이들 물질은 대기의 전체 조성의 비율이 달라지는 데 확연하게 영향을 끼쳤으며, 특별히 다음의 영역에서 많은 변화를 주었다. (1) 우주로의 적외선 방사를 흡수하여 일어나는 대기의 온난화; (2) 태양광의 산란과 반사; (3) 자외선을 흡수하여 활성화되는 NO_2와 같은 광화학적 활성종의 생성; (4) 성층권에서 클로로플루오로카본(CFCs)의 광해리에 의해서 생성되는 Cl 원자와 같은 오존을 파괴시키는 촉매 종의 형성.

대기에 강한 영향을 미치는 인간의 활동으로는 입자와 오염 물질을 방출하는 산업 활동; 입자와 탄소, 황, 질소 산화물을 방출하는 화석 연료의 연소; 대기 오염 물질을 방출하는 화석 연료에 의지하는 교통 수단; 산림 벌채와 사막화를 포함한 지표면의 변경, 숯, 탄소, 질소 산화물을 발생시키는 식물과 바이오매스의 연소; 많은 양의 메테인을 발생시키는 벼의 경작과 같은 농업이 있다. 이런 과정들은 대기의 산도를 증가시키고, 대기 중 산화제의 농도를 증가시키고, 지구 온난화를 가속화하며, 성층권의 오존층을 위협하는 가스들을 증가시키고, 대기의 부식도 증가시키는 등의 중요한 영향들을 미친다.

1957년도에 들어서야 광화학 스모그를 심각하게 인식하게 되었고, 산성비와 지구 온난화 현상을 과학적 측면에서 관심을 가지게 되었으며, CFCs가 오존층을 파괴시킬 줄은 꿈에도 상상하지 못했었다. 그해에 Revelle과 Suess는 지구와 지구의 기후에 관한 인간의 교란을 거대한 '지구물리학적 실험'으로 예언적으로 언급하였다.[2] 지구 대기에 관한 이 실험에서 나타나는 영향에 관해서는 이 장에서 설명하도록 하겠다.

13.3.1 지구의 허파 파괴: Amazon 숲의 파괴

브라질의 광대한 Amazon 숲은 광합성을 통해 산소를 생산하고, 대기에서 이산화 탄소를 제거하는 능력 때문에 지구의 허파로 불리고 있다. 최근 수십 년 동안 숲에서 통나무를 베어 내고 가축을 기를 수 있는 땅을 개척하려는 농업의 확대로 인해 나무와 다른 초목들의 엄청난 성장이 공격을 받아 왔다. 어떤 경우에는 나무를 죽이기 위해 숲의 나무를 베어 내서 건조시킨 후 불에 태워 버리는 '화전(slash-and-burn)' 기술이 사용된다. 2019년에 당선된 Jair Bolsonaro 브라질 대통령은 경제 성장을 방해하고 나쁘다고 생각하는 환경 규제를 완화시키면서 이러한 정책을 장려하였다. 2020년에 미국 이외의 어떤 국가보다 브라질에서 코로나 바이러스 전염병이 창궐하여, Amazon 숲의 불법 벌목, 채광, 토지 개간을 관리하는 법들의 집행이 느슨해져서 Amazon 숲을 파괴하는 것이 가속화되었다.

13.4 대기권과 지구 시스템에 대한 가장 큰 위협: 지구 온난화

대기권과 지구 시스템에 가장 큰 위협은 지구 온난화 효과가 있는 이산화 탄소 및 기타 가스의 배출 때문인 것이 거의 틀림이 없다. 그림 13.1은 지구 대기권에서 주로 대류권의 열 수지를 나타내고 있다. 지구 대류권에 들어오는 태양 에너지의 전자기파는 주로 파장 범위가 400~800 nm의 가시광선이며, 파장 약 500 nm에서 최대 강도를 나타낸다. 정확하게 동등한 양의 에너지가 지구 시스템을 떠나야 하는데, 지구에서 방출되는 적외 복사선의 파장 범위는 2~40 μm이며, 약 10 μm에서 최대 강도를 나타낸다. 적외선 흡수종은 대기 중 수증기(H_2O), 이산화 탄소(CO_2), 메테인(CH_4), 오존(O_3) 및 기타 미량 종들로 지구 시스템 밖으로 나가는 일부 적외선을 흡수하는데, 이들은 결국에는 모두 공간으로 방출된다. 적외선 복사가 일시적으로 흡수되어 대기를 따듯하게 하는데, 이를 온실 효과(greenhouse effect)라고 한다. 이 효과가 없다면 지구 표면의 평균 온도가 현재 평균 온도가 비교적 안락한 약 14°C가 아닌, 약 −18°C로 생활하기에 부적합했을 것이다.

온실 가스 농도의 증가로 인해 적외선이 우주로 방출되는 지역의 고도가 높아졌고, 그 아래의 대류권 온도가 높아졌다. 산업 혁명 이전의 기후 조건과 비교할 때 현재 지구 시스템의 열 수지를 유지하기 위해 방출해야 하는 추가 복사 에너지는 약 2 W/m^2로, 태양열 흐름 1,340 W/m^2에 비하면 작지만,

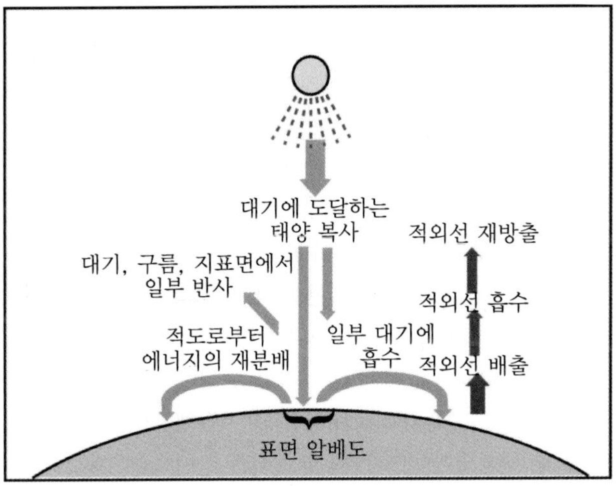

그림 13.1 지구의 복사 에너지 균형을 보여 주는데, 지구에 들어오는 태양 에너지의 전자기파는 주로 파장 범위가 400~800 nm인 가시광선이며, 약 500 nm의 파장에서 최대 강도를 나타낸다. 정확하게 동등한 양의 에너지가 지구 시스템을 떠나야 하는데, 지구에서 방출되는 대부분의 자외선 복사의 파장 범위는 2~40 μm이며, 약 10 μm에서 최대 강도를 나타낸다.

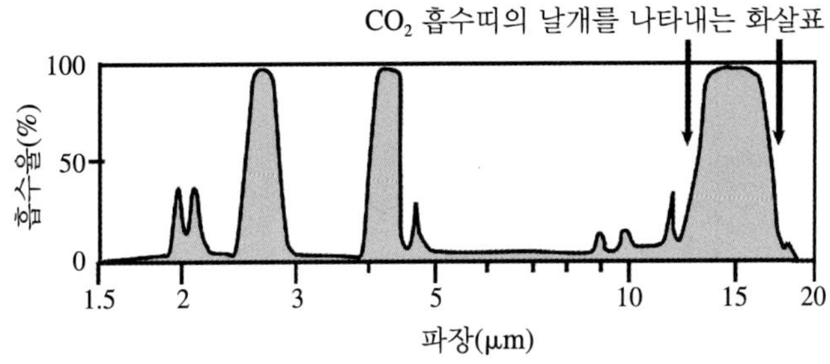

그림 13.2 대기 이산화 탄소의 적외선 흡수 스펙트럼. 오른쪽(수직 화살표)에 큰 띠에 있는 '날개'는 대기의 온난화 측면에서 특히 중요하다. 왜냐하면 이산화 탄소의 농도 증가는 적외선 스펙트럼의 이 영역 흡수를 확장시키고, 대기 가스가 지구 밖으로 나가는 적외선 복사를 흡수하는 파장 영역의 차이를 메꾸어 주는 효과를 가져 오기 때문이다.

대기의 온도를 0.5°C보다 약간 더 올리기에는 충분하다. 기후 변화에 관한 정부 간 패널에서 이 영향을 **복사 강제력(radiative forcing)**이라고 명명하였으며, 2001년에 "대류권의 온실 가스의 변화 또는 도입(즉 온실 가스 농도의 변화)으로 인한 지표 대류권 시스템의 복사 강제력은 성층권의 온도가 복사 평형으로 재조정된 후, 대류권 경계면의 하부층에서 상부층의 복사(태양 + 장파장; W/m^2)를 뺀 순 복사의 변화이며, 여기서 대류권 온도와 상태는 변하지 않는 값으로 고정한다."고 정의하였다.[3] 기본적으로 복사 강제력은 지구 온난화에 영향을 미치는 요인들에 온도 상승 또는 하강 값을 부여할 수 있는 개념이다. 예를 들어, 온난화 효과가 있는 온실 가스(이산화 탄소)의 대기 농도의 증가는 양의 값이고, 복사선을 반사시키는 에어로솔의 증가와 같이 대기 온도를 낮추는 요인에 대해서는 음의 값을 부여한다.

대기 가스는 파장 범위가 8~13 μm 사이의 복사선을 제외하고는 다른 파장들 전체에 걸쳐서 지구 밖으로 방사되는 적외선 복사를 대부분 흡수하고 있다. 이산화 탄소는 농도가 조금 증가하더라도 특히 적외선 흡수에 비교적 큰 영향을 미친다. 이는 다른 가스, 특히 수증기가 강하게 흡수하지 않는 적외선 흡수 범위의 스펙트럼 부분을 흡수하기 때문이다. 그림 13.2에 이산화 탄소의 적외선 흡수 스펙트럼을 보여 주고 있다. 약 3~18 μm에 걸친 강한 흡수띠는 주요 온실 가스인 수증기가 상대적으로 약하게 흡수하는 파장 영역이기 때문에 특히 중요하다. 대기 중 이산화 탄소의 농도 증가는 흡수띠의 '날개'에서 이 대역의 흡수를 효과적으로 확장시켜서 지구 밖으로 나가는 적외선 복사의 흡수를 증가시킨다. Solan과 Wolfendale은 이 현상을 적외선이 지구 시스템을 떠나는 '창문'에 '블라인드를 내려 닫는다.'라고 했다.[4]

대기에서 이산화 탄소보다 훨씬 낮은 농도로 존재하는 메테인과 인류권에서 방출하는 일부 미량 가스들은 분자당 적외선 복사 흡수 능력은 매우 크지만 대기 중 농도가 낮기 때문에, 전체적인 영향은 상대적으로 작다.

그림 13.3에서 볼 수 있듯이, 대기 중 이산화 탄소의 농도는 증가하고 있다. 지난 수십 년 동안 연간 증가량은 1 ppm이었다. 그러나 2021년도의 증가량은 약 2.5 ppm/년이었다. 이 증가는 매우 중요해서 기후 학자들이 인류세 시대로의 지구의 진화를 측정하는 수단으로 사용하였는데, 1장에서 언급한 것과 같이 많은 과학자들은 지난 빙하기가 끝난 이래 문명이 존재해 왔던 홀로세 시대를 대신하여 자리를 차지할 것이라고 믿는다. 인류세의 시작은 일반적으로 약 1800년경으로 거슬러 올라간다. 그 후 인간이 발생시킨 대기 중 이산화 탄소 농도가 인지할 수 있는 수준으로 증가하기 시작하였다. 대기 중 이산화 탄소의 농도는 1800년에 약 280 ppm에서 1950년에 310 ppm에 도달하였다. 이때부터 대기 중 이산화 탄소 농도의 증가 속도가 가속화되어 현재까지 이르며, 이것을 '급속한 가속화(the great acceleration)'라고 부른다. 그래프에서 보듯이, 대기 중 이산화 탄소의 농도는 과거 간빙기 기간에 270

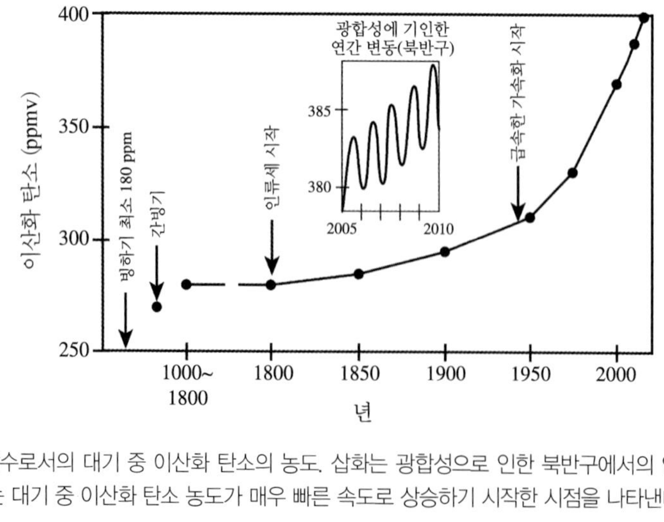

그림 13.3 시간의 함수로서의 대기 중 이산화 탄소의 농도. 삽화는 광합성으로 인한 북반구에서의 연간 변화를 보여 주고 있다. '급속한 가속화'는 대기 중 이산화 탄소 농도가 매우 빠른 속도로 상승하기 시작한 시점을 나타낸다.

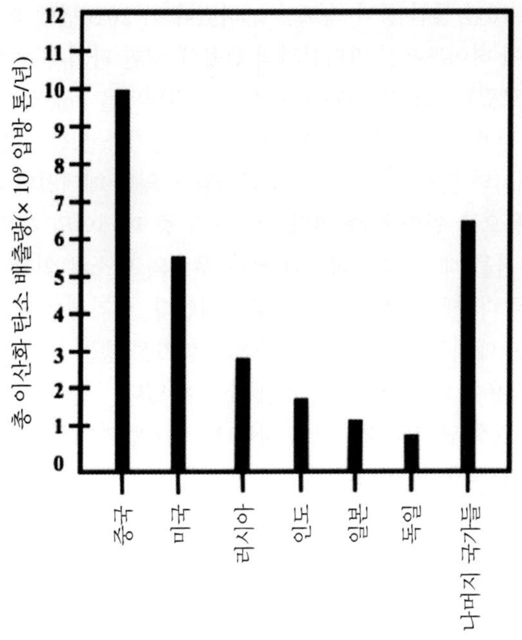

그림 13.4 국가별 화석 연료 사용에 의한 이산화 탄소 배출량.

ppm이었고, 과거 빙하기에 180 ppm 정도로 낮았었다.

최근 대기 중 이산화 탄소의 증가는 화석 연료의 연소와 열대 우림의 감소에 의한 것이다. 후자는 바이오매스의 연소와, 삼림 쓰레기의 바이오매스가 분해되어 이산화 탄소가 대기 중으로 유입되는데, 이는 벌목으로 가속화된다. 식생을 파괴하면 광합성에 의해 대기에서 제거되는 이산화 탄소의 제거 속도가 늦어진다. 이 현상은 북반구의 연간 광합성 주기에 기인하는 대기 중 이산화 탄소의 연간 변동을 보여 주는 그림 13.3의 삽화에 잘 나타나 있다. 이러한 변동 양상은 특히 북반구에서 두드러지게 나타나는데, 북반구에는 산림이 많고, 특히 중위도에서 번창한 산림이 왕성한 광합성을 한다. 북반구의 연간 주기에서 나타나는 대기 중 이산화 탄소의 최솟값은 9월 말에서 10월 초에 생장기가 끝남에 따라 나타나며, 최댓값은 겨울에 비교적 광합성이 적고 이 기간 동안 바이오매스 분해를 포함한 유기체의 호흡과 연소를 통해서 이산화 탄소가 대기 중으로 유입되어 4월에 나타난다. 전 세계적인 산림의 지속적인 파괴와 산림지를 농업 용도로 전환하는 것이 대기 중 이산화 탄소 수준의 전반적인 증가에 실질적으로 기여하고 있다.

이산화 탄소 배출량은 그림 13.4와 같이 국가별로 현저하게 다른데, 국가별 총 이산화 탄소 배출량 순으로 세계 상위 6개국과 나머지 국가들을 나타냈다. 중국과 미국은 다른 국가들에 비해 큰 차이로 배출량이 최상인 국가들이다. 중국은 거대한 인구와 석탄 기반의 에너지에 의존한 급속한 산업화의 배가 효과로 인해 최근 몇 년 동안 최상위 배출국이 되었다(물론 이러한 배출국임에도, 중국은 세계 최대의 태양 전지판 생산국이며, 이것이 온실 가스 배출에 기여하지 않고 태양 에너지를 전기로 전환하는 주요 무기가 되었다). 중요한 예는 총 이산화 탄소 배출량에서는 3위를 차지하는 인도이다. 인도는 빠른 속도로 산업화가 진행 중에 있으며, 이것이 대기의 이산화 탄소 함량에 훨씬 더 큰 부담을 안겨줄 것이다.

13.4.1 메테인과 다른 온실 가스

이산화 탄소 외에도 지구 온난화에 기여하는 기체는 CFCs, 플루오로탄소, 하이드로클로로플루오로탄소(HCFCs), 하이드로플루오로탄소, N_2O와 특히 메테인(CH_4)이 있다. 대기 중 메테인의 수준은 산업혁명 초기 1800년경에 약 0.7 ppm에서 시작하여 1980년대까지 꾸준한 증가 양상을 보이며 1992년까지 증가하였으며, 이후 약 10년 동안 증가 속도가 느려졌다가, 2020년에 최고 농도 기록인 1.88 ppm에 도달하였다. 1992년경에 하이드록실 라디칼과의 반응에 의한 파괴가 증가된 메테인 배출량을 상쇄하여 정상 상태 수준에 이르렀기 때문에 증가되는 것이 둔화되었을 가능성이 있다. 그 후 약 2007년부터 천연가스 채굴에 수압 파쇄 기술이 적용되어, 메테인 천연가스 생산량의 급격한 증가로 방출된 메테인을 포함하여 인류권에서의 활동은 하이드록실 라디칼에 의한 메테인의 파괴를 압도하였다.

천연가스의 생산 및 사용으로 인한 누출 이외에도 대기 중 메테인의 다른 배출원으로는 석탄 광산 및 석유 재생으로 인한 부산물 배출 및 사바나와 열대 우림의 연소로 인한 배출이 있다. 인간 활동의 결과로 인한 생물 발생원은 다량의 대기 메테인을 발생시킨다. 여기에는 매립지의 도시 쓰레기와 같은 유기물의 세균 분해로 인한 메테인, 논에서 유기 물질의 혐기성 생물 분해로부터 생성된 메테인, 반추 동물의 소화관에서 세균 작용에 의해 배출되는 메테인 등이 있다.

대기 내 기체의 농도가 일정 단위로 증가함에 따라 대기를 통과해서 지구 밖으로 나가는 적외선의 감량을 나타내는 것으로 **복사력(radiative force)**이라는 용어를 사용한다. 메테인의 복사력은 이산화 탄소보다 25배나 강하다. 메테인과 몇몇 온실 가스들의 농도가 증가하여 적외선 흡수에 미치는 영향은 이산화 탄소의 증가로 인해 나타나는 영향보다도 훨씬 크다. 왜냐하면 이들 미량 기체들이 흡수하는 적외선은 대기 중 농도가 훨씬 높은 이산화 탄소가 흡수하지 못하는 파장의 적외선을 흡수하기 때문이다. 그러므로 이산화 탄소의 농도가 증가해도 이미 존재하고 있는 이산화 탄소들이 흡수할 수 있는 파장의 적외선의 대부분을 흡수하고 있으므로 증가된 양에 비해 나타나는 영향은 비교적 작다. 반면, 메테인, CFC, 또는 다른 온실 가스의 농도가 증가하면 나타나는 영향력은 크다.

메테인은 온실 기체로서의 역할 이외에도 대기 화학에 큰 영향을 미치고 있다. 하이드록실 라디칼과 오존 농도에 영향을 미치고, 중간 산화 단계인 일산화 탄소는 메테인에 의해 생성된다. 성층권 내에서 메테인은 H_2O와 수소를 생성시키고 오존을 파괴하는 염소를 제거한다.

산화 이질소(N_2O)의 대기 중 농도는 약 0.3 ppm이다. N_2O의 대기 수준은 토양 경작, 비료 사용, 사바나 연소 및 목재와 화석 연료의 연소로 크게 증가하고 있다. 그러나 이 가스의 지구 온난화에 기여율은 아마 5% 미만일 것이다.

13.4.2 입자와 지구 온난화

이산화 탄소나 다른 온실 기체들이 온도에 미치는 효과에 상대적으로 계산하기 쉽다. 그러나 입자에 의한 효과는 훨씬 더 복잡하다. 대기 중 입자는 빛을 산란하거나 흡수하는 직접적인 효과와 간접적인 효과로는 미시 물리학적인 구조, 수명, 구름의 양의 변화(8.5절 응결핵 참조) 등이 있다. 입자는 입자의 크기와 가장 비슷한 파장을 가진 빛과 상호 작용하거나 산란시킨다. 지구로 들어오는 태양 에너지의 파장은 대부분 4 μm 이하이고, 대부분의 입자는 4 μm보다 작다. 그렇기 때문에 대기 중의 대부분의 입자들은 태양 에너지를 산란시켜 지구 대기를 냉각시키는 효과가 있다. 블랙 카본과 검댕으로 구성된 몇 가지 종류의 입자는 태양 에너지를 흡수하여 대기를 따듯하게 한다.

구름을 구성하는 물방울과 작은 얼음은 지구로 들어오는 복사선을 산란시키며 빠져나가는 적외 복사선도 흡수하는데, 그 방법이 복잡하며 아직 완전히 밝혀지지는 않았다.[5] 낮은 고도의 구름은 주로 낮은 곳으로 산란시켜 대기의 온도를 낮추는 역할을 한다. 반면에, 높은 고도의 구름은 빠져나가는 적외선을 흡수하여 기온을 상승시키는 작용을 한다. 대기 중의 수증기가 응축되는 응축핵으로 작용하는 황산염과 같은 에어로솔 입자는 입자의 수를 증가시키는 경향이 있어 입자의 수가 더 많아진다. 보통 이로 인해 냉각 효과가 있다.

전반적으로 대기 중의 입자가 지구 온도에 미치는 영향은 가변적이고 특별히 잘 밝혀져 있지 않다. 냉각 효과나 온난화 효과 모두 발생할 수 있다. 대기 중 입자에 의한 효과를 모델링하는 것은 이산화 탄소와 같은 대기를 구성하는 기체들의 효과를 모델링하는 것보다 더 어렵다.

13.5 지구 기후 변화의 결과

13.5.1 온도의 상승

2023년 현재 지구의 온난화가 일어나고 있으며, 그로 인한 기후 변화가 현실이라는 설득력 있는 증거가 있다. 다음 사항들이 그 증거들이다.

- 2020년이 가장 따듯한 해로 기록되었다.
- 2016년부터 2020년까지의 기간이 가장 더운 5년간으로 기록되었다.
- 2020년 7월 북극 바다 얼음 면적이 사상 최저치를 기록하였다.
- 2020년에 해수면 상승이 가속화되었다.
- 1990년 이후 대기 중으로 배출되는 이산화 탄소의 연간 배출량이 62% 증가하였다.
- 피해를 주는 허리케인의 발생 빈도가 증가하였다.
- 가뭄과 홍수의 심각성이 증가하였다.

지구 기후 변화의 결과는 다양하고 심오하다. 기후 모델에 의하면 대기 중 이산화 탄소의 농도가 두 배가 되면 지구 온도는 1.5~5℃ 정도 상승할 것으로 예측된다. 그 정도의 온난화는 빙하기 마지막부터 현재까지 일어난 온도 상승만큼 크다. 특히 온난화가 예상 범위의 높은 쪽으로 일어난다면 기후와 강우량에 큰 영향을 미친다.

지구가 인류세 시대에 들어서면서 지구 온난화가 이미 진행되고 있다는 것은 의심할 여지가 없다. 지표면의 온도와 해양의 온도 및 지리적 영역의 차이와 함께 지구의 온도를 측정하는 데에는 몇 가지 불확실성이 있다. 백년 전 혹은 그보다 오래된 자료는 지구상에 산재한 여러 곳에서 측정한 지표면 온도를 기반으로 하기 때문에 특히 불확실하다. 그러나 1979년 이래로 지구의 복사조도를 인공위성으로 측정하여 매우 정확한 지구 온도 측정값을 얻고 있다. 그림 13.5는 1960~1990년 평균과 비교한 지구 표면 온도 편차를 보여 주고 있다. 이 그래프는 1975년부터 확실하게 증가하고 있는 것을 보여 준다.[6]

2020년까지 기록된 가장 따듯했던 7년은 표 13.1에 나타냈다.[7] NASA의 분석에 의하면, 2020년 평균 지구 표면 온도는 가장 높았던 해인 2016년과 동일하였다.

2020년 7월에 중동의 여러 국가에서 종종 48℃(118℉)를 초과하는 기록적인 고온을 경험하였다. 이라크는 7월 28일 바그다드의 기온이 사상 최고 값인 51.8℃(125℉)에 도달했을 때 특히 큰 타격을 받았다. 다른 극단적인 기온의 최고 값은 사우디아라비아의 Riyadh와 요르단의 Amman에서 기록하였다. 그달에는 또한 Paris와 Glasgow와 같은 온대 지역에서 새로운 기록적인 고온을 나타냈다. 그해 초, 평소에는 혹한의 시베리아에서도 기록적인 최고 값을 기록하였다. 가장 믿을 수 있게 측정되어 기록된 세계 역사상 가장 뜨거운 기온은 2020년 8월 16일 태평양 여름 시간(PDT)으로 오후 3시 41분에 California 주 Death Valley에 있는 Furnace Creek 방문객 센터에서 기록하였다. 이때 기온은 놀랍게

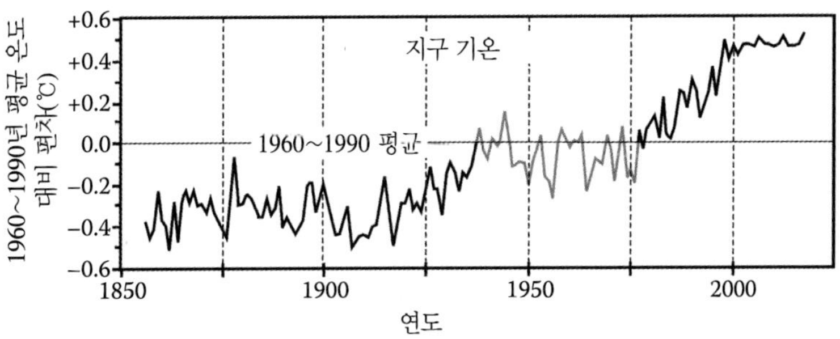

그림 13.5 1975년 이후 상승 추세를 나타내는 1960~1990년 평균과 대비한 지구 지상 기온 변화[자료: 미국 국립 해양 대기 관리국(NOAA) 국가 기후 자료 센터, http://www.ncdc.noaa.gov/sotc/global.] 그림 2020년까지 업데이트됨.

표 13.1 2020년까지 최고 기온을 기록했던 7개년도

순위와 년도	온도, °C 20세기 평균 이상
1/2(2020)	1.00°C
1/2(2016)	1.00°C
3(2019)	0.95°C
4(2015)	0.93°C
5(2017)	0.91°C
6(2018)	0.83°C
7(2014)	0.74°C

도 54.4°C(130°F)까지 올라갔다.

기온은 정상적인 공기 분자의 움직임을 의미하며, 직사광선을 피한 그늘에서 측정한다는 점에 유의해야 한다. 진공 상태에서는 이동할 분자가 없기 때문에 온도를 잴 수 없다. 햇빛에 노출된 자동차 내부의 공기 온도는 햇빛에 노출된 강철 물체의 공기 온도와 마찬가지로 매우 높아질 수 있다(태양에 노출된 차 안에 우발적으로 남겨진 어린이의 비극적인 사망 원인).

지구 평균 기온과 강수량은 기구 기후 변화에 관한 일부일 뿐이며, 지구 시스템의 영향을 평가할 때 그와 같은 예외가 발생하는 지리적 지역은 매우 중요하다(예로, 북극 지방의 비정상적으로 높은 온난화와 북반구 극지방 빙모가 해마다 줄어드는 것). 연도 및 지역별 기온과 강수량 편차에 관한 세부 사항은 국립 해양 대기 관리국(NOAA)이 발표한 보고서 '지구 기후 분석–2020'에서 상세하게 논의되고 있다.

13.5.2 급변환점 통과

그림 13.5에서 나타난 최근 지구의 기온 상승은 기상 온도의 정상적인 단기 변동에 비해 작다. 지구 시스템은 온도 증가를 지연시키려는 거대한 관성을 가지고 있다. 이 관성에 기여하는 주요 요인은 거대한 해양으로 전 세계를 깊이 4 km의 물로 채울 수 있으며, 물은 일반적인 물질 중에서 가장 큰 열용량을 갖고 있다. 지구의 막대한 온도 관성에 기여하는 두 번째 주요 요인은 남극 대륙과 Greenland에 있는 두께 2~3 km의 거대한 얼음 벌판이다. 얼음은 융해열이 매우 커서 융해되기 위해서는 엄청난 에너지를 흡수해야 한다. 지구 시스템의 열관성은 한동안 지구 온난화를 마스킹하는 효과가 있다. 위험은 그것이 존재한다는 것이 명백해지기 전에 기후 **급변환점(tipping point)**을 지나가 버리는 것이다. 급변환점은 특정 수준 이상을 자신으로 다시 유지하게 하는 긍적적인 피드백이 있는 요소이다. 일반적인 예로는 얼음 표면이 녹는 것으로, 이로 인해 열을 흡수한 액체 물, 암석, 토양이 추가적인 얼음의 융해를 일으키는 것이며, 다음에 논의하겠다.

13.5.3 얼음 덮개의 손실

얼음은 특히 눈의 층으로 덮여 있을 때 들어오는 태양 에너지를 반사한다. 얼음이 녹으면 태양 에너지를 더욱 효과적으로 흡수하는 표면이 노출된다. 일례로, 여름철에 일어나는 북극해 얼음(그림 13.6)의 융해는 바닷물을 노출시킨다. 노출된 바닷물은 얼음보다 더 효과적으로 태양 에너지를 흡수하여 얼음 용융과 열 흡수가 증가된다. 두 번째 예는 수천 년 동안 Greenland의 육지를 뒤덮은 얼음이 녹으면서 일어났다. 얼음이 녹아 지표 바위와 흙이 노출되어 얼음보다 더 효과적으로 태양 에너지를 흡수한다. 그 결과 더 많은 열이 흡수되어 더 많은 얼음이 녹게 된다. 더욱이, 얼음이 녹아 생성된 물은 얼음 위에서 낮은 지점으로 흐르며 얼음을 파고들어 얼음 덩어리의 바닥으로 침투하는 빙하구열(moulin)이라고 불리는 수직축을 만든다. 침투한 물은 얼음과 아래 지표면 사이 경계면에 윤활유 역할을 하게 되어

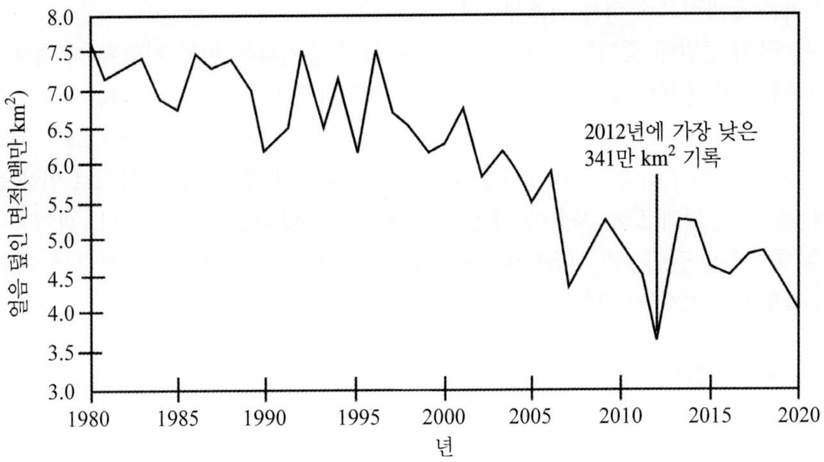

그림 13.6 여름 해빙 후 최소 북극 빙모가 1979년부터 10년간 약 11%씩 감소하고, 약 2000년 이후부터는 큰 속도로 감소하는 것을 보여 주고 있다.

큰 얼음 덩어리가 물리적으로 움직여 해양으로 들어가게 되어 더욱 얼음이 유실되는 데 기여하게 된다. 특히 우려되는 것은 해수면 아래 암석에 놓여 있는 남극 서쪽 빙하가 녹아 없어질 가능성이다.

현재 1970년대 후반 이후 북극 해빙의 위성 측정을 통해 그 기간 동안 늦은 여름의 빙모가 약 30% 줄어든 것을 알게 되었다. 현재 남극 얼음은 연간 100 km^3씩 없어지고 있다. 지난 수십 년 동안 Greenland 빙모가 녹은 지역은 50% 증가하였는데, 연간 약 200 km^3씩 녹아 없어지고 있다(지구 온난화가 대기 중으로 더 많은 물을 올려보내 Greenland의 고도 2,000 m에서는 강설이 증가하고 있다).

13.5.4 빙하와 물 공급

Himalayas, Andes, Alps와 미국과 캐나다의 Rockies 산맥에서 산악 빙하가 줄어든 것으로 인한 부수적인 중요한 영향은 물 공급에 악영향을 미친다는 것이다. 관개용수 및 수자원의 공급원이자 항해 용수로서, 주요한 세계에서 주목받고 있는 일부 강들의 물은 빙하에서 나온 것이다. 이러한 강 중에서 가장 중요한 것 중 하나는 Tibet의 빙하에서부터 2,900 km를 흘러오면서 몇 가지 이름으로 불리며, 인도를 거치고 방글라데시를 거쳐 뱅골만으로 흘러나오는 Brahmaputra 강이다. 대재앙을 불러오는 봄철 홍수가 일어나기 쉬운 이 강은 수백만 명의 사람들이 먹는 작물 관개용수의 원천이며, 항해에도 널리 이용되고 있다. 빙하가 원천인 또 다른 강으로는 3,200 km 길이의 Indus 강으로 Tibet 고원(남극 대륙과 Greenland에 이어 세계에서 3번째로 큰 얼음 저장고)에서 시작하여 인도의 일부와 파키스탄 전역을 통과하여 Karachi 인근의 Arabian 해로 들어간다. 이들 강과 일부 빙하가 원천인 다른 강들의 주요 관심사는 지구 온난화로 인해 늦은 여름에 빙하가 물을 공급을 하지 못하게 되면 관개용수가 심각하게 부족해지고 항해를 할 수 없는 혼란이 야기될까 하는 것이다. 또 다른 가능성은 지구 온난화로 인해 대기 중 수증기가 증가하게 되면, 고원의 빙하 지역에 엄청난 양의 겨울 눈이 축적되어 따뜻한 봄과 초여름에 급속하게 용융되어 재앙적인 하류 범람이 일어날 수 있다는 것이다. 일 년의 사이클 중 일부 기간의 엄청난 홍수가, 연말에는 심한 가뭄과 물 부족을 초래할 수 있다는 것이다.

13.5.5 아열대 건조 지역의 확장과 가뭄

식량 공급에 특별한 영향을 미치는 지구 온난화의 영향은 아열대 건조 지역이 극지방 쪽으로 확장되는 것이다. 이것은 열대 지방에서 공기가 상승하고 아열대 지역에서 내려가는 것이 원인으로 아열대 지방이 더욱 건조해짐에 따라 발생한다. 이 효과는 아열대 범위를 모든 경도(지구 동/서 주위)에서 평균 위도 약 4° 정도 극지방으로 옮긴 것으로 추정된다. 아프리카 지역, 미국 남부 일부, 오스트레일리아 지역과 지중해 지역은 결과적으로 더욱 건조해졌다.

따듯한 지구는 물의 증발이 증가하고 이에 따라 강수량이 증가하여 일부 지역은 더 습해지고 심한 강우를 동반한 폭풍우가 발생하기 쉽겠지만, 위에서 언급한 아열대 지방과 같은 다른 지역은 강우량이 적고 심한 가뭄을 겪을 것이다. 미국에서는 인구 문제로 인해 이미 수자원이 압박 받고 있는 Colorado 강 유역에서 이 문제가 특히 심각할 것으로 예상된다. 물의 증발이 증가하면 가뭄으로 인해 물 부족이 심화될 것이며, 농업, 공업과 도시 사용에 이용할 수 있는 유수량과 물이 줄어든다. 관개용수의 확보를 위해 지하수 대수층을 끌어올려 사용함에 따라 고갈되고 있다. 관개용수와 지하수는 염분이 더 많아질 것이고 수질도 떨어지게 될 것이다.

13.5.6 지구 기후 변화의 다른 영향들

지구 온난화와 관련된 기온 상승 이외에, 환경적으로 놀랄 여러 가지 일들이 벌어질 것이다. 더 따듯한 기후 조건에서 잘 번식할 가능성이 있는 잡초, 곤충 및 설치류와 같은 식물 및 동물 해충들이 만연하는 것이다. 더 따듯한 지역의 확대로 인해 열대 지방과 관련된 일부 질병의 지리적 분포가 더 넓어지고 퍼져나갈 가능성이 있다. 이러한 관심사 중 하나는 모기에 의한 말라리아이다. 지구 온난화로 인해 가능한 또 다른 영향은 해수면이 높아져서 산호초가 망가져 없어지고, 용존 이산화 탄소의 증가로 산호초의 구조 재료인 탄산 칼슘이 용해되는 데 영향을 미칠 수 있다는 것이다.

흥미롭게도 또 다른 공기 오염 물질인 산성비를 만드는 이산화 황(13.7절 참조)은 온실 가스의 반대 영향을 줄 수 있다. 이는 이산화 황이 대기에서 황산으로 산화되어 빛을 반사하는 연무(haze)를 형성하기 때문이다. 또한 황산과 생성된 황산염은 응축핵으로 작용하여 대기 중 수증기가 응축되어 광 반사 구름 덮개의 범위, 밀도 및 밝기가 증가한다. 황산염 에어로솔은 특히 중부 유럽과 미국 동부의 여름철에 온실 가스 온난화를 막는 데 효과적으로 작용한다.

13.6 지구 온난화 경감을 위한 녹색 과학과 기술

지구 온난화에 대한 우려를 신빙성이 없는 것으로 간주하는 '지구 온난화 부정론자'들이 여전히 있지만, 저명한 과학자들의 압도적인 의견 일치 사항은 지구 온난화가 발생하고 있으며, 이산화 탄소와 같은 온실 가스들이 주된 원인이라는 것이다. 책임감이 있는 사람들은 이 문제에 대해 무엇을 해야 하는지가 질문이 된다. 가능성은 크게 3개의 범주로 나뉠 수 있는데, (1) 최소화, (2) 대응 조치, (3) 적응이다.

13.6.1 최소화

최소화(minimization)는 온실 가스의 배출을 줄이기 위해 취해진 조치를 말한다. 대부분 온실 가스의 방출이 화석 연료의 연소로부터 발생하므로 최소화는 에너지의 생산, 이용과 밀접하게 연결되어 있다. 다행스럽게도, 화석 연료는 기존의 에너지 절약 대책을 활용하여 보다 효율적으로 소비될 수 있다. 심각한 경제적 혼란 없이도 화석 에너지의 효율적인 사용을 달성할 수 있다. 주요한 하나의 예는 미국 내의 자가용을 하이브리드 내연/전기 추진 장치로 변환하는 것이다. 하이브리드 차량은 내연 기관이 작동하기 전에 약 65 km 정도 주행에 충분한 충전량을 가정의 전기를 이용하여 충전이 가능한 배터리로 제조할 수 있으므로, 일상적인 통근과 여행의 절반 정도를 감당할 수 있다.[8] 별다른 추가적인 비용 없이 녹색 부가 혜택이 있어 고용주들이 주차 시설에 충전소를 제공하여 일하는 동안 차량을 재충전할 수 있다. 이러한 시스템은 연료 사용량을 50% 이상 줄여, 불과 얼마 전의 자가용 자동차 운송 시스템의 온실 가스 배출량을 줄이고 있다.

현재 미국 화물 운송 시스템을 트럭에서 전기 철도로 최대한 전환하면 온실 가스 배출량을 크게 줄일 수 있다. 1990년경 이후로, 선적 컨테이너나 트럭 트레일러로 운송하던 화물의 양이 일부 철도 화물 노선이 포화될 정도로 운송 수단이 바뀌었다. 유럽과 달리 미국의 대부분의 철도는 전철화되어 있지 않다. 그렇지만 확실히 전철화시킬 수 있고, 아마도 화석 연료를 연소시키지 않고 전기를 발전하는 방법을 만들어 낼 것이다.

냉난방을 위한 화석 연료의 사용은 훨씬 더 효율적으로 이루어질 수 있을 것이다. 가정 난방에 가장 적합한 연료는 천연가스(메테인, CH_4)이다. 천연가스는 상대적으로 수소 함유량이 높기 때문에 단위 열량당 최소량의 이산화 탄소 온실 가스를 배출한다. 가열로 안에서 메테인을 태우는 것보다, 외부의 열을 퍼올리기 위해 열펌프에 연결된 작은 내연 기관의 연료로 사용할 수 있다. 엔진으로부터 나오는 배기가스가 냉각될 수 있고, 그 속에 있는 수증기가 응축되어 추가적으로 열을 잡을 수 있다.

이산화 탄소의 배출을 감소시키기 위한 한 가지 방법은 바이오매스를 연료로 사용하거나 다양한 제품들을 제조하는 원재료로 사용하는 것이다. 바이오매스 연료를 태우면 이산화 탄소가 대기 중으로 배출되지만, 정확히 같은 양의 이산화 탄소가 바이오매스가 만들어지는 광합성 과정을 통해 대기 중으로부터 제거된다. 그래서 이산화 탄소의 순수한 양의 증가는 없다. 공급 원료에 사용된 바이오매스 유래 물질이 연소되지 않는 한, 또는 연소될 때까지 이들의 사용하는 것은 대기로부터 이산화 탄소의 순 저감 양에 해당한다.

이산화 탄소가 대기 중으로 추가되는 것을 방지하기 위한 것으로, 이산화 탄소가 생산되지만 대기 중으로 방출되지 않는 형태로 묶어 **탄소 격리(carbon sequestration)**시키는 녹색 화학은 또 따른 가능성이 있는 방법이다.[9] 이 접근법은 이산화 탄소가 농축된 형태로 생성되는 응용 분야에서 가장 큰 잠재력을 가지고 있다. 산화제를 공기가 아닌 순수한 산소를 사용하면, 공기 중 질소 원소에 의한 막대한 희석 효과가 제거되어 농축된 이산화 탄소의 배기가스를 얻을 수 있다. 순수한 O_2를 이용한 연소는 과도하게 높은 열을 발생시켜 장치를 손상시킬 수 있으므로 연료 가스가 배기가스 또는 증기나 물 미스트로 희석하여 온도를 제어해야 한다. 탄소 격리의 또 다른 이점은 일부 지역의 고갈된 석유 함유 지층에서 지하로 펌핑된 이산화 탄소를 이용하여 추가로 원유를 회수할 수 있다는 가능성이다.

석탄의 기화 과정에서 탄소는 산소와 물과 반응하여 수소와 이산화 탄소를 생산한다. 이 생산 과정의 알짜 반응은 아래와 같다.

$$2C + O_2 + 2H_2O \rightarrow 2CO_2 + 2H_2 \tag{13.3}$$

생성된 수소는 내연 기관이나 연료 전지에서 오염 물질 배출 없는 연료로 사용될 수 있다. 이산화 탄소는 앞에서 설명한 대로 격리할 수 있다.

바람이나 풍부한 지열 에너지로부터 생산되는 여분의 전기를 이용하여 물을 전기 분해하여 얻는 원소 H_2의 풍부하고 저렴한 공급원이 있는 경우 이산화 탄소는 실제로 연료로 전환될 수 있나. 이는 아이슬란드에서 사용되고 있는 공정이다. 저렴하고 풍부한 H_2의 공급원이 있다면 이산화 탄소를 연료로 전환시킬 수 있다. 이 방법은 물과 가스 변환 반응의 반대 방향으로 일어난다.

$$CO_2 + H_2 \rightarrow CO + H_2O \tag{13.4}$$

Fischer–Tropsch 합성은 탄화수소들과 다른 유기 연료 및 화합물을 만들어 내는 데 사용되고 있다.[10] 1930년경부터 상업적인 공정으로 확립된 Fischer–Tropsch 공정은 가솔린 및 디젤 연료를 포함한 탄화수소를 촉매 반응으로 CO와 수소 원소를 결합하여 생산한다. 과거에 사용된 공정은 화석 연료로부터 수소를 만드는 데(반응 13.1) 다량의 이산화 탄소를 방출했지만, 수소의 대제 공급원으로 물의 전기 분해를 이용하고, CO를 만들기 위해 이산화 탄소를 수성 가스 전환 반응과 함께 사용함으로써 이산화 탄소 배출을 최소화하면서 탄화수소 에너지를 생산할 수 있다.

가정 난방으로부터 방출되는 온실 가스를 감소시키는 가장 좋은 방법은 화석 연료를 전혀 사용하지 않는 것이다. 대체 방안으로는 화석 연료를 사용하지 않는 가정용 난방인 태양 난방 시스템을 만드는 것이다. 또 다른 좋은 수단은 난방이나 냉방에 화석 연료에 의해 생산되지 않는 전기를 사용하는 것이다.

이산화 탄소 배출량을 줄이기 위한 녹색 기술 접근법은 대체 에너지 생산 방법을 개발하는 것이다. 매우 유익한 것으로는 더 효율적인 광전지를 개발하는 것이다. 이 장치는 해가 비칠 때는 전기를 생산하는 화석 연료를 대체하여 전기를 생산하는 데 경쟁력이 있다. 매우 유용한 또 다른 장치는 연료 전지에 사용될 수 있는 수소 및 산소를 생산하기 위해 물을 직접 광화학 해리하는 시스템이다. 실용적인 방법은 햇빛이 비치는 동안 어두울 때 필요한 전기를 사용할 수 있도록 전기를 생산하여 많은 전기를 저장하는 것이다. 리튬 이온 배터리의 급속한 발전과 관련하여 큰 진전이 이루어지고 있다.

이산화 탄소를 줄이는 녹색 생화학의 응용은 훨씬 더 높은 광합성 효율을 가진 식물을 개발하는 것이다. 현재 식물은 빛에너지의 약 0.5%만을 화학 에너지로 전환시키고 있다. 이 수치를 단지 1%까지만 올려도 다른 화석 연료를 대체할 수 있는 바이오매스의 생산 경제성은 어마어마하게 달라진다. 최근 40%를 넘어서는 광합성 효율의 증가로 이 분야에서 진전이 좀 있었다.[11]

온실 가스 배출량을 줄이기 위해 사용되는 기술에 관계없이, 정치적 및 경제적인 압력을 가해 기술을 구현하고 유지해야 한다. 가장 직접적이고 효과적인 수단은 차량에 대한 **연비 기준(fuel economy standard)**이다. 이러한 기준은 많은 서방 국가들이 석유가 풍부한 사우디아라비아와 이란으로부터 연료 금수 조치를 받았던 1970년대 초반으로 거슬러 올라간다. 이 석유 금수 조치는 미국대사관 직원을 포로로 잡고 인질로 잡은 이란 인질 위기로 발생한 이스라엘과 아랍 국가들 사이의 갈등으로 인해 발생하였다. 그 이후로 연비 기준은 주로 정치적 고려 사항에 따라 변동하였으며, 매우 유동적인 상태이다. 그러나 전기 자동차로 급속하게 전환되고 있어 점점 무의미해지고 있다.

이산화 탄소 배출을 줄이는 데 유용한 장치는 이산화 탄소를 배출하는 연료에 대한 **탄소세(carbon tax)**이다. 그리고 이산화 탄소의 배출을 감소시키기 위한 또 다른 효과적인 수단은 그들이 탄소를 배출할 수 있는 특정 양을 할당하는 **탄소 배출권 거래(cap and trade)** 제도이다. 만약 그들이 제한량에 비해 적게 배출한다면, 그들은 탄소를 배출할 수 있는 권리를 탄소 배출 제한량을 초과한 기업에 판매할 수 있다. 이러한 조치들은 사용되고 있는 기술에 영향을 주지 않는다는 장점이 있으며, 그 측면은 민간 부문의 독창성에 달려 있다.

온실 가스의 방출에 관련된 더욱 지속적인 관심 중 하나는 미국이 교토 협약과 그 조약의 비준을 거절했다는 것이다. 이 협약은 1997년 일본의 Kyoto에서 160개국의 회의로부터 발전되었다. 이 협약은 온실 가스의 방출을 2008~2012년 동안 1990년대 수준으로 안정화시키는 것이다. 이것은 1990년대의 개선하기 위한 행동이 없던 때의 방출량보다 23%나 적은 양을 방출해야 한다. 미국은 그 조약을 비준하는 것을 거부하고 있는데, 이는 경제적인 이유로 인해 개발도상국, 특히 인도나 중국은 이 조약에 참여하는 데 큰 면제를 해 주기 때문이다. 이러한 국가들은 국민 1인당 온실 가스의 방출량이 매우 적어 온실 가스를 배출하는 것이 미국이나 몇몇 다른 산업화된 국가들에 비하여 적은 부분을 차지한다.[12] 2000년대 초반 인도와 중국은 경제적으로 발전하여 이들 국가의 온실 가스 방출량은 상당히 급속도로 증가하고 있다(그림 13.4 참조).

13.6.2 대응 조치

지구 온난화를 줄이는 **대응 조치(counteracting measure)**는 빛을 반사하는 입자들을 지구의 상층 대기로 주입하는 방법과 같은 계획들이다. 이런 조치를 하기에는 규모가 너무 커서 의미 있는 조치로 실행하기는 아마 불가능할 것이다. 한 가지 가능성은 대기로 방출되는 황 가스의 양을 증가시키거나 최소한 감소시키지는 않는 것이다. 왜냐하면 이산화 황은 대기 중에서 황산으로 산화되는데, 이때 응축핵으로 작용하여 빛을 반사하는 구름을 생성한다. 다른 극단적인 가능성은 고공 비행하는 비행체가 각기 따로 염산과 암모니아 가스를 대기 중으로 주입하는 것이다. 염산과 암모니아 용액이 각각 담긴 비커를 가까이 붙여 놓으면 HCl과 NH_3의 반응은 아래의 식과 같은 반응이 일어나,

$$HCl(g) + NH_3(g) \rightarrow NH_4Cl(s) \tag{13.5}$$

구름의 응결핵으로 작용하는 염화 암모늄 입자의 짙은 안개를 생성한다. 에어버스 A380 점보 비행기에 부식성의 염산과 암모니아 압력 탱크를 잔뜩 싣고 성층권 저층으로 비행하려는 승무원을 찾는 것이 어려운 것처럼, 이 조치법이 공기 오염이라고 하는 명백한 질문이 당연히 야기될 것이다.

빛을 반사시킬 수 있도록 지구의 표면을 변형하는 것이 어떤 의미로는 가능한 대응 조치 방법이다. 이것은 잠재적으로 숲과 초원을 적합한 종류의 식생으로 가꾸고 빛을 흡수하는 갓 경작한 토양의 노출을 최소화하는 농사를 해서 얻을 수 있다. 어떠한 의미 있는 차이를 만들어 내는 데 필요한 규모는 매우 거대하다. 또 다른 작은 효과는 인공 구조물, 지붕이나 주차장 표면을 태양광이 최대로 반사할 수 있도록 표면을 디자인하여 얻을 수 있다. 어두운 지붕을 반사하는 알루미늄으로 지붕을 덮거나, 주차장의 표면의 검은 아스팔트를 밝은 색상의 콘크리트로 덮는 것과 같은 조치들이 바람직하다.

13.6.3 적응

지구 온난화는 실제로 발생하고 있고, 최소화나 대응 조치 어느 것도 지구 온난화를 멈추기에 충분하지 못하므로 기후 온난화에 **적응(adaptation)**할 필요가 있다. 지구 기온이 증가하는 것 외에 지구 온난화의 많은 영향들이 있어 다양한 적응들을 제시하고 있다. 지구 온난화에 적응하는 것이 미래의 녹색 과학과 기술의 가장 중요한 활동들 중의 하나로 예상된다.

물 부족과 가뭄이 아마도 기후 온난화의 가장 골칫거리인 것으로 여겨질 것이다. 물은 이미 세계의 많은 지역에서 공급 부족이고 앞으로 더욱 부족해질 것이다. 앞으로 더 효율적인 관개 방법을 실시하고, 관개가 덜 필요한 작물을 재배하는 것이 필요할 것이다. 상당히 성공할 가능성이 있는 한 가지 접근 방법은 매우 건조한 해안 지역의 땅에서 바닷물로 관개해서 작물을 재배하는 것이다. 염생 식물은 바닷물로 성장할 수 있으며, 밭 면적의 m^2 미터당 1~2 kg의 건조 바이오매스를 생산할 수 있으며, 이는 알팔파(alfalfa) 같은 전통적인 작물을 생산하는 것과 같은 양이다. 바닷물에서 성장하는 가장 생산적인 식물 중 일부는 상대적으로 매력적이지 못한 이름을 가지고 있는 퉁퉁마디(glasswort), 갯솔나물(sea blite), 명아주과 관목(saltbush), 염생초(salt glass)와 같이 것들이 있다. 곡물을 생산하지는 않지만, 이들 중 일부는 동물이 먹을 수 있는 풍부한 사료를 생산한다. 한 가지 작은 문제점은 사료의 염분 함유량이 높아 동물들이 상당히 많은 양의 신선한 물을 반드시 마셔야 한다는 것이다. 풍부한 씨앗을 생산하는 염생 식물인 *Salicornia bigelovii*는 새 진흙 뻘에서 신속하게 군집을 이뤄 서식한다. 소금 농도가 3% 이하이면, 씨앗은 35%의 단백질과 30%의 높은 다불포화성 기름을 가지고 있어 잇꽃의 구성 성분과 유사하다. 씨앗은 씁쓸한 사포닌을 함유하고 있어 기름을 추출한 뒤 남은 찌꺼기나 씨앗을 동물에게 먹일 수 있는 양이 다소 제한된다. 특히 오일 공급원으로서 염분이 섞인 지하수로 채워진 곳 같은 소금물 연못에서 오일을 생산하는 조류의 생산은 유망한 접근 방법이다.

지구 온난화의 가장 부정적인 효과 중 하나는 고온이 사람들, 특히 취약한 노인과 외부에서 일해야 하는 사람에게 미치는 영향이다. 이것은 2021년에 지구 온도가 전 세계적으로 기록적으로 높은 기온을 기록하면서 비극적인 효과로 나타났다.

지구가 온난화되면, 집이나 상업 건물에 에어컨 설치가 일반화되어 있지 않은 지역에서 에어컨이나 다른 냉각 수단을 설치가 필요하게 되는 것이 주요한 적응이다. 예를 들어, 미국의 많은 지역보다 기간이 짧지만, 더운 날씨가 일상적으로 나타나는 유럽에서는 특히 그러하다. 추가적으로 에어컨을 설치하면 이를 운전할 충분한 전력의 공급이 추가로 필요하다. 이는 전기 생산에 필요한 연료 터빈에 첨단 설비 및 핵 원자로용 냉각수를 더 많이 비축해야 할 필요가 있다.

13.7 산성비

강수에 $CO_2(aq)$로 인해서 산성이 된 것보다 더 강한 산이 포함되어 산성인 강수를 일반적으로 **산성비**

(**acid rain**)라고 한다. 이 용어는 안개, 이슬, 눈이나 진눈깨비를 포함한 모든 수용성 산성 강수와 침적을 일컫는다. 대기 중의 산성종을 제거하는 것 이외에도 비와 물의 표면 침적인 습식 침적은 많은 종류의 오염 물질을 제거하고 이들의 운반에 기여하므로, 이들을 분석하면 대기 오염의 증거가 될 수도 있을 것이다.

더욱 넓은 의미로 사용되는 **산성 침적**(**acid deposition**)은 수용성 산, SO_2와 같은 산성 가스, 그리고 NH_4HSO_4와 같은 산성염 등 지구 표면으로 떨어지는 모든 침적을 일컫는다. 이 정의에 따라서 용액의 형태로 강하하는 것을 '습식 침적(wet deposition)'이라고 하며, 건조한 기체나 입자상 물질의 형태로 강하하는 것을 '건식 침적(dry deposition)'이라고 한다. 이산화 황이 대기 중에 더 많이 존재하는 CO_2보다 산성비의 산성에 더 많이 기여하고 있는 데에는 두 가지 이유가 있다. 첫 번째로 이산화 황의 Henry 상수가 1.2 mol L^{-1} atm^{-1}로 CO_2의 상수가 3.38×10^{-2} mol L^{-1} atm^{-1}보다 커서 이산화 탄소보다 물에 더 잘 용해되기 때문이다. 두 번째로 $SO_2(aq)$의 K_{a1}값은 CO_2의 4.45×10^{-7}보다 네 자릿수나 더 크다.

$$SO_2(aq) + H_2O \rightleftharpoons H^+ + HSO_3^- \tag{13.6}$$

$$K_{a1} = \frac{[H^+]\ HSO_3^-}{[SO_2]} = 1.7 \times 10^{-2} \tag{13.7}$$

산성비는 HCl 기체나 황산 미립자와 같은 산성 물질이 직접 방출되어 생성될 수도 있지만, 산성비의 대부분은 다음과 같이 대기 중에서 기체가 산화되어 산성 물질이 생성되어 생긴 2차 대기 오염 물질이다. 두 개의 반응식 모두 몇 단계로 구성된 것을 전체 반응으로 나타내고 있다.

$$SO_2 + \tfrac{1}{2}O_2 + H_2O \rightarrow \{2H^+ + SO_4^{2-}\}(aq) \tag{13.8}$$

$$2NO_2 + \tfrac{1}{2}O_2 + H_2O \rightarrow 2\{H^+ + NO_3^-\}(aq) \tag{13.9}$$

산성 강수의 성질, 수송 및 수명은 이러한 화학 반응들에 의해서 좌우된다. 이러한 반응의 결과로서 대기의 산성 오염 물질의 화학적 특성(산도, 다른 기질들과의 반응성)과 물리적 특성(휘발성, 용해성)이 판이하게 달라질 수 있다. 일례로, 물에 용해되어 있는 NO는 거의 반응하지 않는데, 이것이 산화되어 생성된 최종 생성물인 HNO_3는 원래의 성질처럼 휘발성이지만 물에 매우 잘 용해되며, 강한 산성을 띠고, 다른 물체들과 매우 반응을 잘한다. 그러므로 HNO_3는 대기에서 쉽게 제거될 수 있으며, 식물이나 부식성 물체나 HNO_3와 접촉하는 다른 물체에 큰 피해를 입힐 수 있다.

그림 13.7 미국 48개 주에 내리는 강수의 pH 등고선. 실제 측정값은 계절과 기후 조건에 따라 다양하다.

산성 물질로 바뀌는 기체들은 산업 활동과 화석 연료가 연소되어 배출된 것들이 대부분이지만, 산성비는 그러한 배출원에서 멀리 떨어진 지역에도 내린다. 이는 기체를 포함한 공기가 수천 km 이동하게 되는 동안 이들 기체가 산성 물질로 산화되어 며칠 지나서 침적하기 때문이다. 생물체를 태우는 것, 즉 농지에서 작물을 베어 내 연소시키는 '화전' 농업에서 배출된 가스들은 보다 먼 지역에서 산성 물질을 형성한다. 건조한 지역에서는 건조한 산성 기체 및 산들이 입자들에 흡착되어 침적하게 되는데, 이는 산성비가 내리는 것과 같은 영향을 나타낸다.

산성비는 수백 km에서부터 수천 km까지의 지역에 걸쳐서 광범위하게 내린다. 그래서 스모그와 같이 **국부적**(local) 대기 오염 문제에 필적하는 **지역**(local) 대기 오염 문제로, 그리고 오존을 파괴하는 클로로플루오로탄소 및 온실 기체와 같은 지구적 대기 오염 문제로 구분되기도 한다. 지역적인 대기 오염 문제의 다른 예로서는 검댕, 연기 및 산불과 같은 화재나 연소 배출원에서 방출되는 비산재 등이 있다.

그림 13.7의 미국 대륙 내 강수의 pH 분포와 같이, 산성 강수는 지리적인 요인과 매우 밀접하게 관련되어 있다. 미국 동북부 지역에 산성비가 압도적으로 많이 내리는 것으로 나타나 있는데, 이는 캐나다 동남부 지역에 영향을 미치고 있는 것이 분명하다. 공기의 흐름을 분석해 보면, 산성 강수와 인위적인 황 산화물과 질소 산화물 배출원의 상공을 지나온 공기 사이에는 상관관계가 있음을 알 수 있다. 특히 이러한 현상은 유럽의 인구 밀집 지역과 공장 지대로부터 막대한 대기 오염 물질이 유입되고 있는 스칸디나비아 반도 남쪽 지역에서 잘 나타나고 있다.

산성비는 최근 새로이 나타난 현상이 아니고, 영국에서는 이미 1세기 이전에 많이 관찰되었다. 이런 현상이 처음 나타난 것은 공장 지대에서 채취한 강수 중의 SO_4^{2-}의 농도가 높아진 것이었다. 보다 최근에 증명된 것은 1950년대 스웨덴의 강수에 대한 분석과 10여 년 후에 미국의 강수 성분 분석에 의해 입증되었다. 산성비에 대한 막대한 연구 노력은 1980년도 미국 산성비 법안의 결과로 생겨난 국제 산성비 평가 계획(NAPAP)에 의해 미국 북부 지역에서 실시되었다. 이 프로그램이 종료되었음에도 산성비 자료는 아직까지도 수집되고 있다.

표 13.2는 pH 4.25인 강수에서 주요 양이온과 음이온의 농도를 나타내고 있다. 실측값은 시간과 채취된 장소에 따라 매우 다르게 나타날 수 있지만, 이 표는 강수 중 이온들의 주요 특징을 보여 주고 있다. 황산염이 주종 음이온인 것으로 보아, 황산이 산성 강수를 만드는 주된 물질임을 보여 주고 있다. 질산은 보다 적게 포함되어 있지만, 산성도를 높이는 데 기여하고 있다. 염산은 세 번째로 많은 것으로 나타나 있다.

산성비로 인한 피해 영향을 증명할 증거는 대단히 많은데, 아래에 주요 영향들을 열거하였다.

표 13.2 산성비에 포함된 이온종들의 전형적인 농도

양이온		음이온	
농도, 이온종(당량/L × 10^6)		농도, 이온종(당량/L × 10^6)	
H^+	56	SO_4^{2-}	51
NH_4^+	10	NO_3^-	20
Ca^{2+}	7	Cl_2	12
Na^+	5	합계	83
Mg^{2+}	3		
K^+	2		
합계	83		

- 과도한 산도가 식물에게 직접적으로 미치는 식물 독성(산성비의 직접 또는 간접적인 식물 독성의 증거로 독일의 Black Forest에 대한 피해와 미국의 동부 및 스칸디나비아 반도의 삼림의 피해를 들 수 있다.)
- 산성비의 원인이 되는 산성 물질 유발 기체, 특히 SO_2와 NO_2의 식물 독성
- 간접적인 식물 독성. 산성 강수로 인한 가장 해로운 피해 중 하나가 토양에서 유리된 Al^{3+}로 인해 발생하는 것이다.
- 외부 영향에 민감한 삼림의 파괴
- 인간 및 동물의 호흡기에 미치는 영향
- 호수의 산성화에 의한 호수 내의 식물군 및 동물군, 특히 작은 물고기에 대한 독성 피해
- 구조물, 전기 장치의 접점, 장비 및 장식품 등의 부식. 수소 이온의 영향으로 인해 다음의 반응이 일어난다.

$$2H^+ + CaCO_3(s) \rightarrow Ca^{2+} + CO_2(g) + H_2O$$

  석회석($CaCO_3$)은 특히 산성비의 피해에 민감하다.
- 부수적으로 동반되는 영향으로는 황산염 에어로솔에 의한 시정 감소와 황산염 에어로솔이 구름의 물리적 및 광학적 특성에 미치는 영향(대기 중 산성 황산염에 의해서 일어나는 구름 입자의 광학적 성질의 변화, 특히 빛의 반사력이 증가해서 이로 인해 대기의 온난화 현상을 완화시킬 수도 있다). 대기 내의 산성 황산염과 연무는 밀접한 관계가 있다.

산성 강수에 대한 토양의 민감도는 토양의 양이온 교환 능력(cation exchange capacity)으로 추정할 수 있다. 토양이 유리 탄산염을 가지고 있거나 빈번하게 홍수가 일어나는 곳이라면 일반적으로 산성 강우에 민감하지 않다. 양이온 교환 능력이 높은 토양은 산성 강우에 민감하지 않다. 왜냐하면 토양이 H^+를 잡는 완충 역할을 하기 때문이다. 토양에 유리 탄산염이 존재하지 않고 홍수가 빈번하게 일어나지 않는 곳이라면, 토양의 양이온 교환 능력이 비교적 낮아 산성 강수에 민감하다.

비가 아닌 강수의 형태는 일반적으로 산도가 매우 높다. 산성 안개는 침투력이 커서 특히 큰 피해를 입힐 수 있다. 산성 안개 입자의 물의 pH는 종종 산성비의 pH보다 훨씬 낮다. 종종 대기 중 산과 관련된 암모늄 이온, 황산 이온, 질산 이온을 포함한 또 다른 강수 형태는 **산성 서리(acid rime)**이다. 서리는 구름 표면에 노출되거나, 눈송이에 농축된 구름 내의 물이 얼어 있는 상태이다. 어떤 산악에 적설된 눈의 약 60% 정도가 서리인 지역도 있으며, 시간에 따른 산성 성분의 침적은 어떤 경우에는 산성 대기 성분을 지표 표면으로 옮기는 주요한 매개체이기도 하다.

13.8 성층권 오존 파괴

성층권 오존(O_3)은 성층권에서 유해한 자외선 복사를 흡수하는 방패 역할을 하여 과도한 양의 이러한 복사선에 의한 영향으로부터 지구상의 생명체를 보호해 준다. 성층권 오존은 다음과 같은 두 가지 반응을 통해서 생성된다.

$$O_2 + h\nu \rightarrow O + O \ (\lambda < 242.4 \text{ nm}) \tag{13.10}$$

$$O + O_2 + M \rightarrow O_3 + M(\text{에너지를 흡수하는 } N_2 \text{ 또는 } O_2) \tag{13.11}$$

또한 오존이 소멸되는 것은 광해리이고,

$$O_3 + h\nu \rightarrow O_2 + O \ (\lambda < 325 \text{ nm}) \tag{13.12}$$

다음과 같은 전체 반응으로 표시할 수 있는 일련의 반응들에 의해 소멸된다.

$$O + O_3 \rightarrow 2O_2 \tag{13.13}$$

성층권의 오존 농도는 위에 나타낸 과정들에 의해서 생성되고 분해되는 것이 평형을 이룬 일정 상태의 농도이다. 성층권역에서 상당한 양의 오존이 있는 곳을 **오존층(ozone layer)**이라고 부른다. 오존층의 경계는 고도에 따라 다르다. 그러나 일반적으로 15~35 km의 범위에 위치한다. 35 km보다 높은 고도에서는 대기의 기체의 농도가 매우 낮아 대부분의 산소는 산소 원자의 형태로 분리되어 있어 산소 원자와 결합하여 O_3를 만들어 낼 O_2가 거의 없다. 15 km보다 낮은 고도에서는 오존을 만드는 데 필요한 산소 원자를 생산할 수 있는 단파장의 자외선이 대기를 통과해 오는 동안 걸러져 없어진다.

하루에 약 350,000톤 정도의 오존이 오존층에서 생성되고 분해된다. 오존층 내에서 있는 기체 중에서 오존이 차지하는 비율은 낮다. 사실상, 대기 중 모든 오존을 273 K, 1기압 상태의 순수한 오존으로 구성된 층을 만들면 겨우 3 mm 정도의 얇은 층을 만들 수 있는 정도이다. 이 수치는 0.3 atm-cm의 오존 두께로 표현된다. 특정 지역 상층의 대기에 존재하는 총 오존의 양은 도브슨 단위(Dobson units, DU)로 측정된다. 1 DU는 0.001 atm-cm이고, 오존층의 평균은 약 300 DU이다.

13.8.1 오존층의 가림 효과

오존은 220~330 nm 범위의 파장을 갖는 자외선을 흡수하는 능력이 매우 뛰어나다. 그러므로 파장이 290 nm$<\lambda<$320 nm인 매우 위해한 UV-B선을 매우 효과적으로 거른다. (파장이 320 nm~400 nm인 UV-A선은 비교적 덜 해로우며, $<$290 nm인 UV-C선은 대류권을 통과하지 못한다.) 만약 UV-B가 오존에 의해 흡수되지 않는다면 지구상에 있는 모든 생명체에 심각한 피해를 입힐 것이다. 오존에 의해 흡수된 전자기 복사선은 열로 전환되어 약 50 km 고도에 위치한 성층권과 중간권 사이 경계 부근에서 가장 높은 온도를 나타낸다. 온도가 제일 높은 지점이 오존 농도가 최고인 지점과 일치하지 않는 이유는, 오존이 자외선을 매우 잘 흡수하기 때문에 대부분의 자외선이 성층권 상부에서 흡수되어 열에너지로 변하고 낮은 고도에까지 도달하는 자외선의 분율이 매우 작아 이곳의 온도는 상대적으로 낮기 때문이다.

성층권 오존의 파괴로 인해서 지표면 자외선의 강도가 증가하면 심각한 악영향이 초래될 것이다. 주된 영향 중 하나는 식량으로 이용되는 곡물들을 포함한 식물에 미치는 영향일 것이다. 또한 바다의 먹이 사슬의 기본을 이루는 식물 플랑크톤이 현저하게 줄어들어 바다의 생산성이 감소하게 된다. 인간에게 나타나는 영향으로는 백내장의 증가를 들 수 있으며, 자외선에 노출되었을 때 일어나는 더욱 심각한 영향은 피부암의 증가이다. DNA가 UV-B선을 흡수하면, DNA의 기능을 변화시키는 광화학 반응이 일어나 세포 분열 시 유전 정보를 온전하게 전달할 수 없게 되고, 이로 인해 통제가 불가능한 세포 분열이 일어나 피부암을 초래한다. UV-B선을 흡수하는 멜라닌이 부족한 피부색을 갖고 있는 사람들은 UV-B선에 의한 피해 영향을 받기 쉽다. UV-B선에 의해서 발생하는 피부암은 비늘 모양의 세포암이 일반적인데, 쉽게 제거되고 온몸으로 쉽게 전이되지 않는다. UV-B선에 의해서 전이되기 쉬운 악성 흑색종(melanoma)은 매우 치명적이다. 그러나 다행스럽게도 그러한 종류의 피부암은 일반적으로 잘 발생하지 않는다.

13.8.2 오존층 파괴

환경에 대한 주요한 위협 중 하나는 대기 중으로 방출된 물질들이 O_3를 O_2로 다시 되돌리는 촉매 변환에 의해서 일어나는 성층권 오존의 파괴이다. 오존을 소멸시키는 주범은 흔히 '프레온'이라고 알려진 CFC 화합물이다. 1974년에 Mario Molina와 F. Sherwood Rowland가 클로로플루오로메테인이 촉매 작용하여 성층권 오존을 파괴할 수 있다는 것을 설득력 있게 제시하였다. 성층권의 오존 농도 자료와 지구 표면에서의 자외선 증가에 관한 자료는 CFCs에 의해 성층권 오존이 위기에 처한 것이 사실이라는 것을 보여 준다. 대기 과학자인 Paul Crutzen과 함께 이들 과학자들은 이 대표적인 일의 업적으로 1995년 노벨상을 수상하였다.

해로운 이산화 황과 암모니아 냉매 유체를 대체하는 물질로서 1930년대에 개발된 CFCs는 수십 년 동안 매우 많이 사용되었고 매우 많은 양이 배출되었다. CFCs는 주로 냉장고의 냉매로 사용되며, 다른 용도로서는 세척제, 에어로솔 분무의 추진제 및 발포 플라스틱의 발포제로 사용되어 왔다. CFCs는 매우 비활성인 안정한 화합물이어서 무독성이며, 대기 중에서도 수년간 변하지 않고 존재할 수 있어 성층권으로 유입된다. 성층권 내에서 CFCs는 강한 자외선에 의해서 아래 식과 같이 광해리되는데,

$$CF_2Cl_2 + h\nu \rightarrow Cl\bullet + CClF_2\bullet \tag{13.14}$$

이로 인해 염소 원자가 생성되어, 염소와 오존의 첫 번째 반응을 포함하는 다음과 같은 연쇄 반응에 관여하게 된다.

$$Cl\bullet + O_3 \rightarrow ClO\bullet + O_2 \tag{13.15}$$

아래의 순환 반응에서 성층권 오존의 파괴와 관련된 일반적인 반응 순서는 ClO• 라디칼이 반응하여 이합체를 만들고, 이것이 반응하여 Cl 원자를 재생시키고, 이것이 오존과 반응하여 다시 ClO•를 재생하는 일련의 순환 반응을 한다(여기서 M은 질소 분자와 같은 에너지를 흡수하는 제삼체이다).

$$ClO\bullet + ClO\bullet \rightarrow ClOOCl \tag{13.16}$$

$$ClOOCl + h\nu \rightarrow ClOO\bullet + Cl\bullet \tag{13.17}$$

$$ClOO\bullet + M \rightarrow Cl\bullet + O_2 + M \tag{13.18}$$

$$2Cl\bullet + 2O_3 \rightarrow 2ClO\bullet + 2O_2 \tag{13.19}$$

$$2O_3 \rightarrow 3O_2(\text{알짜 반응}) \tag{13.20}$$

위 반응들의 알짜 효과는 생성된 각 Cl 원자가 수천 개의 O_3 분자를 파괴하는 반응에 촉매로 작용하는 것이다. CFCs 중에서 가장 널리 사용되고 안정성이 있어서 오존층 파괴에 관한 문제에서 가장 주목을 받고 있는 것은 CFC-11($CFCl_3$)과 CFC-12(CF_2Cl_2)이다. 가장 안정한 클로로플루오로탄소는 성층권의 강한 자외선 조건에서도 반감기가 수백 년 정도이다.

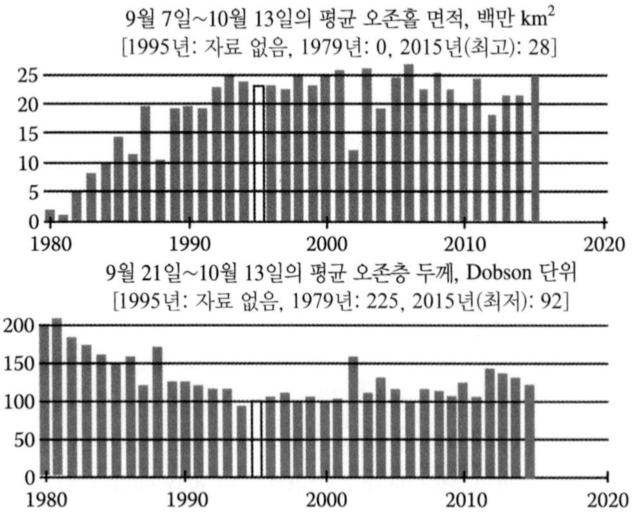

그림 13.8 남극 오존홀의 면적과 밀도는 9월/10월에 최대 규모에 달한다. 오존홀 면적은 1990년 중반까지 꾸준히 증가했으며, 그 이후에는 전 세계적으로 CFC 생산이 금지된 것이 반영되어 상대적으로 일정한 수준을 유지하고 있다. 아래쪽 그림은 DU로 나타낸 오존층의 두께를 보여 주고 있는데, 1990년대 중반까지 감소하다가 그 이후로 2000년까지 일정한 수준을 보인 후 약간 더 높은 값을 나타내고 있다. (Data from NASA, http://ozonewatch.gsfc.nasa.gov/.)

최근에 나타나기 시작한 것으로 일명 '남극 오존홀'이라고 불리는 것이 오존층 파괴의 가장 대표적인 예이다. 남극 오존홀은 1985년 British Antarctic Survey에서 처음 발견되었고, 그 다음 해에도 관찰되어 큰 경고가 되었다(이전 자료의 재검토에서 오존홀이 1985년 수년 전부터 나타나고 있었던 것이 드러났다). 이 현상은 남극 상공에 성층권 오존이 50% 정도까지 심하게 고갈이 되는 9월과 10월, 즉 남극의 늦겨울과 이른 봄에 걸쳐서 나타난다. 오존홀의 경계는 220 DU로 정의되었다. 왜냐하면 1979년 이전에는 220 DU 이하로 오존이 측정된 적이 없기 때문이다.

그림 13.8은 최근 몇 년간 남극 지역 오존홀의 두께와 크기를 나타내고 있다. 2006년에 측정된 오존홀의 최곳값은 27 km^2로 기록되었다. 남극 오존홀의 원인이 되는 CFCs의 생산이 퇴출되고 있기는 하지만, 수십 년간 대기 중에서 지속되고, 그것들의 효과가 남아 있는 대기에서 몇 년간은 높은 수치에 이를 수도 있다. NOAA의 과학자들은 남극의 오존홀이 2050년 이전까지는 완전히 회복되지 않을 것으로 추정한다.

남극 지방에서 오존홀이 발생하는 이유는 겨울철 몇 달 동안 성층권 하부의 기온이 −70°C 이하로 떨어질 때 독특한 구름이 형성되기 때문이다(북극에서도 유사하게 일어나지만, 크게 확대되지 않는다). 겨울철에 태양광이 없는 가운데, 이 구름은 신속하게 소용돌이치는 소용돌이로 지속된다. 구름 입자는 주로 얼음 결정과 HNO_3, $HNO_3 \cdot 3H_2O$, H_2SO_4와 H_2O의 네 가지 혼합물들이 과냉각된 것들로 구성되어 있다. CFCs가 광해리 반응할 때 성층권 CH_4로부터 H가 추출되어 생성된 약간의 HCl이 존재한다. 이 HCl과 아래와 같은 반응을 통하여 생성되는 질산 염소(chroline nitrate)는 오존을 파괴하지 않는 물질이다.

$$ClO + NO_2 \rightarrow ClONO_2 \tag{13.21}$$

남극 겨울의 어두운 기간 동안 남극 지역을 덮는 성층권의 구름에서 격리된 Cl은 일련의 반응을 통해 광화학적으로 반응성인 Cl_2와 HOCl을 생성하여 축적된다. 겨울 동안 이런 종들은 Cl•을 생산할 태양광의 자외선이 없기 때문에 오존에 대해 영향을 미치지 않는다. 몇 가지 중요한 화학 과정들이 얇은 액상의 수분으로 덮여 있을 가능성이 있는 성층권 구름 입지의 표면에서 개시된다. 질산 염소(chlorine nitrate)는 HOCl을 방출할 수 있다.

$$ClONO_2 + H_2O \rightarrow HOCl + HNO_3 \tag{13.22}$$

질산 염소는 몇 단계에 걸쳐서 기체상 HCl과 반응하여 염소 원소를 생성하고, 이것이 광화학적으로 반응성인 Cl_2의 축적으로 이어진다.

$$ClONO_2 + HCl \rightarrow Cl_2 + HNO_3 \tag{13.23}$$

약간의 Cl_2는 물과 반응하여 HOCl을 생성한다.

$$Cl_2 + H_2O \rightarrow HOCl + H^+ + Cl^- \tag{13.24}$$

그리고 HCl로부터 유래된 염화 이온은 HOCl과 반응하여 Cl_2를 생성한다.

$$Cl^- + HOCl \rightarrow Cl_2 + OH^- \tag{13.25}$$

봄철 남극 지역 위의 성층권 저층부까지 태양광이 유입되어 Cl_2와 HOCl이 위의 광해리 반응에 의해 생성되고,

$$Cl_2 + h\nu \rightarrow 2Cl\bullet \tag{13.26}$$

$$HOCl + h\nu \rightarrow HO\bullet + Cl\bullet \tag{13.27}$$

Cl 원자가 생성되어 일련의 연쇄 반응(반응 13.16~13.20)을 통해 오존을 파괴하는 알짜 반응(반응 13.21)이 일어나게 된다. 그러므로 광반응성인 Cl_2와 HOCl은 겨울 동안 태양광이 없는 남극 지역 성

층권에 축적된다. 그 후 봄이 되면 광화학적 활동도가 폭발적으로 높아져, 성층권 오존이 파괴되어 남극 오존홀이 형성된다.

13.8.3 성층권 오존 고갈에 대한 녹색 화학 해결책

오존층 고갈의 중요성 때문에 1986년에 제안된 몬트리올 의정서에 따라서 도입한 U·S EPA 규정은 1989년부터 시작되어 미국에서의 CFCs와 할로카본의 생산을 감소시켰다. 녹색 화학의 노력이 가장 활발한 영역 중 하나는 오존을 고갈시키는 CFCs의 환경적이고 적용 가능한 대체 물질을 찾는 것이다.

CFC를 대체하기에 가장 쉬운 방법 중 하나는 포장, 음식 용기, 절연 처리에 사용되는 폴리스타이렌 플라스틱 폼을 생산하는 데 이산화 탄소를 사용하는 것이다. 폴리스타이렌 폼의 전 세계의 연간 생산량은 1,600만 미터 톤 정도이다. 특히 2020~2021 COVID-19 대유행과 함께 온라인 상품 주문의 인기가 높아지면서 포장재로 폴리스타이렌 폼을 사용하는 것이 최근 몇 년 동안 눈에 띄게 증가하였다. 이 물질의 부피(폐기물 처리 문제)는 폼을 만드는 데 사용되는 발포제 가스가 물질 부피의 95%에 해당하는 것을 고려하면 알 수 있다. 폴리스타이렌 폼을 만드는 과정에서 대기로 추가되는 온실 가스 이산화 탄소는 극히 미미하며, 에탄올을 생산하는 발효 과정과 같이 부산물로 생성되는 이산화 탄소를 사용하여 폼을 발포할 수 있다.

12장에서 언급한 바와 같이, CFCs의 대체 물질로는 수소를 포함하는 클로로플루오로탄소(HCFCs), 수소를 포함하는 플루오로탄소(HFCs), 일부의 휘발성 탄화수소 화학 물질이 있다. 이 화합물들의 H−C 결합에 있는 수소에 하이드록실 라디칼이 공격하여 대류권에서 화합물의 분해가 일어난다.

2023년 현재 미국의 냉장고, 가정용 에어컨, 자동차 에어컨은 HFC-134a(1,1,1,2-tetrafluoroethane)을 냉매로 시용하고 있다. 이 물질은 오존층 파괴에 기여하지 않지만, 지구 온난화에는 아주 미미하게 기여한다. R-134a는 다른 냉매가 사용되는 세계의 많은 지역에서 일반적으로 사용되고 있지 않다. 그 중 하나는 아이소뷰텐과 프로페인의 혼합물이다. 이는 잘 작동하고 무독성이며 환경친화적이다. 누출되었을 경우에는 약간 위험할 수 있다.

13.9 대기 갈색 구름

대기 갈색 구름은 자동차, 화력 발전소, 화전 농업 및 나무나 배설물을 연료로 사용하는 요리 등의 원인에 의해 발생하는 대기 오염 문제이다. 갈색 구름은 오염된 공기층으로 구성되며, 대략 3 km의 두께를 가지고, 아라비아 반도에서 중국을 걸쳐 서태평양까지 덮고 있으며, 간혹 그을음과 다른 입자, 오존과 온실 가스를 포함하는 유해한 공기 오염 물질이 가득한 채로 미국 서부 연안에까지 도달한다. 이 구름은 New Delhi와 Beijing 같은 대도시를 어둡게 하고, Himalaya의 빙하의 녹는 양 증가, 농업 생산성의 감소, 점점 심해지는 기상 이변 등의 많은 악영향을 가지고 있는 것으로 인식되고 있다. Hindu Kush−Himalayan−Tibetan 빙하가 점점 녹는 것은 특별한 걱정거리이다. 왜냐하면 그것들은 10억 명의 사람들에게 물을 제공해 주는 대부분의 아시아 강들의 발원수 역할을 할 뿐만 아니라, 쌀과 다른 작물의 생산에 필수인 관개용수로 사용되기 때문이다. 태양빛을 반사하는 황산염과 다른 입자 성분들로 인해 구름은 온실 가스로 인한 온난화를 20~80%까지 상쇄한다.

갈색 구름 현상의 가장 중요한 원인은 화석 연료, 특히 석탄과 바이오매스의 비효율적이고 지속 불가능한 연소이다. 또한 숲 잔류물의 연소를 포함하는 산림 벌채도 기여한다.

갈색 구름은 아시아에서 집중적으로 연구되고 있다. 왜냐하면 이 지역은 세계 인구의 약 절반이 거주하고 있고, 최근 매우 빠른 경제 성장을 하고 있으며, 매년 발생하는 몬순을 포함한 다양한 기후를 가지고 있기 때문이다. 그러나 유사한 갈색 구름이 유럽과 북아메리카, 남아프리카, Amazon 유역에서도 부분적으로 발생한다. 북아메리카 동부 해안 지방과 유럽에서 발생하는 갈색 구름의 심각성은 겨울철 강우에 의해 하늘의 오염 물질이 제거되면서 감소된다. UN의 보고서는 가장 심각하게 우려되는 갈색 구름이 심한 지역을 아래에 보고하였다.

- 중국 동부를 포함하는 동아시아
- 캄보디아, 인도네시아, 태국, 베트남의 동남아시아 국가
- 파키스탄 동부로부터 인도를 가로질러 방글라데시와 미얀마에 걸친 인도 전역-갠지스 평야 지대
- 앙골라 잠비아, 짐바브웨에 이르는 아프리카의 사하라 사막의 남부 지역
- 남아메리카의 Amazon 유역
- 아시아와 아프리카에 있는 최소 13개의 대도시: 방콕, 베이징, 카이로, 다카, 카라치, 콜카타, 라고스, 뭄바이, 뉴델리, 서울, 상하이, 심천, 테헤란

갈색 구름 입자는 두 가지 주요 효과를 갖고 있다. 황산 액적과 황산 암모늄을 포함하는 황산염은 석탄의 연소에 의해 발생하며, 태양광을 산란시키거나 다시 우주로 반사시킨다. 화석 연료의 불완전 연소로 발생하는 검댕과 탄소 입자는 지구로 들어오는 태양광을 흡수한다. 특히 도시에서 이 현상은 빛을 약화시키는 효과를 일으킨다. 예로, 인도, 중국, 인도네시아 및 칠레 일부에서 관찰되었다. 갈색 구름은 도시 지역에 국한되지 않고 미국 서부 해안의 기록적인 가뭄에 의해 일어난 산불로 인해 2020년과 2021년 여름에는 미국 중부에서 관찰되었다. 갈색 구름이 햇빛을 차단하기 때문에 갈색 구름의 영향을 받는 지역은 최대 4%까지 조도 감소 효과가 있었다. 또한 갈색 구름 입자는 대기 중에 있는 수증기를 작은 구름 물방울로 응축시켜 구름의 양을 증가시키므로 어두움 효과가 더욱 가중된다.

갈색 구름의 어두움 효과는 영향을 받는 지역을 냉각시킨다. 몇몇 기상학자들은 갈색 구름의 영향을 받는 지역은 이로 인해 온실 가스에 의한 온난화 효과를 20~80%까지 낮출 수 있을 것이라고 주장하고 있다. 갈색 구름의 오염 물질이 갑작스럽게 제거되면 기후는 부정적인 영향을 미쳐서 흥미로운 결과가 야기되는데, 영향을 받는 지역의 기온을 2°C 정도 상승시키는 방아쇠가 될 것이다. 전반적으로 인도, 중국 및 주변 지역의 기온 경향은 수십 년간 어떤 지역은 따뜻해지고 다른 지역은 차가워지는 등의 복잡한 경향을 보여 주고 있다. 이것은 아마 갈색 구름의 영향으로 나타난 결과일 것이다.

갈색 구름의 잠재적인 영향에 대한 특별한 우려는 이 지역의 식량 생산에 중요한 아시아 몬순에 미치는 영향과 관련이 있다. 최근 몇 년간 아시아 몬순과 강우에 대한 여러 가지 추세가 관측되었는데, 이는 갈색 구름 현상에 의해 영향을 받을 수 있다. 1950년대 이후 인도와 동남아시아의 몬순 강수량은 5~7% 감소하였으며, 인도 여름 몬순은 비가 오는 날이 줄어들었다. 중국과 인도에서 10 cm 이상의 극심한 비 사건이 증가하였으며, 15 cm/일 이상의 매우 강한 비는 거의 두 배로 증가하였다.

한 가지 특별히 우려되는 것은 갈색 구름이 잠재적으로 빙하에 영향을 미치는 것이다. Brahmaputra, Ganges, Mekong, Yangtze 강의 상류수를 공급하는 Hindu Kush-Himalayn-Tibetan의 빙하는 아시아에서 매우 중요하다. 400만 명 이상의 인구가 거주하고 인도의 경작지의 40%가 위치한 Ganges 강은 빙하로부터 유입되는 유입수가 매우 중요하다. Ganges 강 물의 약 70%는 Gangotri 빙하에서 내려온다. 중국의 47,000개의 빙하는 1980년대부터 약 5%, 3000 km^2 정도 감소하였다. 빙하 표면에 검은 탄소가 침적되면 빛의 흡수력이 증가되어 녹는 속도가 빨라진다.

갈색 구름은 농업과 쌀, 밀, 옥수수, 콩 등의 핵심 식용 작물을 포함한 농업과 식량 생산에 심각한 영향을 줄 수 있다. 지표면의 오존 농도가 40 ppb를 넘으면 작물의 생산이 감소된다. 이런 오존 농도는 아시아의 일부 지역에서 2월부터 6월, 그리고 9월부터 11월에 걸쳐 최곳값을 나타낼 때 도달하는 수준으로, 밀, 쌀, 콩의 수확량을 감소시킨다. 갈색 구름의 다른 부작용은 산성 물질과 독성 물질이 식물에 침적됨으로써 작물의 생산에 영향을 미치는 것과 지구 표면에 도달하는 태양빛을 감소시킴으로 인해 광합성을 감소시키는 것이다.

갈색 구름이 건강에 미치는 몇 가지 중요한 영향은 특히 2.5 μm보다 작은 입자($PM_{2.5}$)가 원인이 되

어 발생한다. 발암 물질을 포함하는 독성 물질은 갈색 구름의 공기와 함께 흡입된다. 갈색 구름 공기 오염 물질은 호흡기 질환, 심혈관 질환과 연관되어 있다. 갈색 구름의 영향을 받은 국가들에서 10만 명에 이르는 조기 사망은 나무, 석탄, 동물의 배설물을 건조한 연료를 실내에서 사용할 때 발생하는 연기의 흡입으로 인해 발생한다.

13.9.1 황사

갈색 구름과 밀접하게 연관되어 있는 **황사(yellow dust)**는 매년 지구의 일부 지역에 피해를 주고 있으며, 막대한 양의 바람에 날려 온 먼지와 모래로 구성되어 있다. 가장 일반적인 황사 현상은 몽골과 중국의 사막들에서 바람을 타고 중국 동쪽으로 퍼져 한반도, 일본, 심지어 러시아의 Vladivostok에까지 영향을 미친다. 황사는 중국의 산업 지역을 통과해 황사와 갈색 구름의 대기 오염 물질과 혼합되어 매우 유독하고 불쾌한 공기로 변질된다. 황사는 3월부터 5월까지 중국에서 발생하는 일반적인 현상이다. 산림 벌채와 사막화는 아마 지구 온난화를 가속시키고 황사 현상을 가중시킬 것이다. 2021년 3월 중국 북부 내륙 사막에서 발생한 매우 강한 황사 폭풍이 한국 전역을 뒤덮어, 한국 정부는 서울에 황사 경보를 발령하였다.

황사로 인한 경제적인 손실은 매년 수백만 달러에 이른다. 깨끗한 환경을 필요로 하는 하이테크 제품 제조업자들이 특히 큰 피해를 입고 있다. 황사가 천식, 폐병, 면역 질환의 발생을 증가시키므로 건강에 미치는 피해도 매우 크다.

동남아시아에 피해를 주는 먼지 폭풍과는 대조적으로, 아프리카의 Sahara 사막에서 발생하는 먼지 폭풍은 세계의 다른 일부 지역에서 생명을 유지하는 데 중요하다. Sahara 사막 먼지의 약 절반 정도는 Bodele 분지라고 불리는 작은 지역으로부터 온다. 이 지역은 Tibesti와 Ennedi 산 사이의 계곡으로 자연적인 바람 터널을 형성하여 부는 바람이 Bodele 분지를 가로질러 하루에 700,000톤을 실어 나른다. 동쪽에서 불어오는 무역풍은 이 먼지들을 날려서 대서양을 가로질러 매년 4,000만 톤의 먼지를 남아메리카의 Amazon 유역으로 실어 나른다. 이 먼지는 Amazon 숲의 중요한 영양원으로 Amazon 산림 지역이 심한 강우로 인해 일어나는 강한 침출 효과에 대응하도록 도와 주고 있다. 남아메리카로 이동되는 동안 대서양에 침적된 Sahara 사막 먼지의 많은 양은 해양 먹이 사슬의 기본을 형성하는 식물성 플랑크톤 유기물의 먹이 역할을 하기도 한다. 바닷물은 철분이 결핍되는 경향을 갖는데, Sahara 사막의 먼지가 침적되어 대서양 지역에 철분을 보충해 주는 것으로 알려져 있다.

13.10 광화학 스모그로 인한 대기의 피해

광화학 스모그는 주요 대기 오염 현상 중 하나로 12장에서 이미 설명하였다. 광화학 스모그는 앞에서 언급된 갈색 구름에 상당한 기여를 한다. 광화학 스모그는 주로 도시 지역에서 발생하는데, 스모그가 형성되는 데 필요한 오염 물질과 적당한 대기 조건을 갖추어야 한다. 질소 산화물과 탄화수소 오염 물질이 있는 비교적 정체된 공기와 강한 태양광과 낮은 습도가 유지되면 높은 농도의 광화학 스모그가 발생한다. 자동차가 이러한 오염 물질의 주요 배출원이지만 탄화수소는 생물 배출원에서 배출되는 것들도 있는데, 특히 나무로부터 방출된 것들은 주로 α-피넨과 아이소프렌이다. 스모그가 형성되는 환경에서 도시의 대기는 탄화수소, 질소 산화물, 황 산화물 및 산소가 들어 있는 큰 화학 반응기의 역할을 하고, 태양광에 의해서 반응이 일어나 오존, 유기 산화물, 알데하이드, 유기 입자, 질산염, 황산염 및 다른 독성 물질을 생성한다. 스모그는 수백만의 인구가 모여 사는 도시 지역에서 일어나므로 이 지역 내에 살고 있는 생물과 물질에 심각한 위험을 초래하고, 스모그에 의해 생성된 산화제들이 작물 생산에 악영향을 미친다.

역설적이게도, 오존은 성층권에서는 생물체를 보호해 주는 없어서는 안 될 것이지만, 대류권 스모그에서 오존은 악영향을 주는 주범이다. 실제로 지표면 오존 농도는 스모그 심각성의 척도로 사용된다. 오존의 식물 독성은 나무와 작물에 미치는 영향을 중심으로 주목을 받고 있다. 오존 및 기타 스모그 성분에 의한 작물 피해는 캘리포니아 주에서만도 수억 달러의 손실을 일으킨다.

오존은 인간이 스모그에 노출되었을 때 호흡기에 고통을 주고 눈을 자극하는 스모그의 주요 성분이다. 호흡은 오존 농도가 약 0.1 ppm 정도에 이르면 저하된다. 오존은 통제 관리하기 가장 어려운 '기준' 대기 오염 물질이다. 왜냐하면 오존은 산화력이 매우 강해서 세포막의 구성 성분인 지방산의 불포화 결합을 공격하기 때문이다. PAN과 같은 다른 산화제들도 스모그의 독성에 기여하고, 알데하이드도 스모그 형성 시 반응성 중간체로 생성되어 스모그의 독성에 기여한다.

스모그는 스모그 형성에 필요한 질소 산화물과 반응성인 탄화수소와 같은 1차 오염 물질이 대기 중으로 유입된 후 어느 정도의 시간이 경과되고, 유입된 지점에서 어느 정도 떨어진 곳에서 생성되는 2차 대기 오염 물질이다. 미국 환경 보호청에서 만든 Empirical Kinetic 모형은 스모그 형성 모형에 **공기 덩어리(air parcel)** 개념을 사용하였다. 이 모형에서는 오염되지 않은 공기 덩어리가 도시 지역을 지나면서 스모그 형성에 필요한 가스들이 유입되어 오염된 공기 덩어리로 변하는 개념을 사용하였다. 공기 덩어리의 상부 경계는 온도 역전과 태양광에 의해서 약 1,000 m 정도로 제한되며, 광화학 반응 과정, 수송, 혼합, 희석 등이 일어나는 시스템 내에서 1차 오염 물질들이 반응하여 스모그가 형성된다. 탄화수소가 대기 내 광화학 산화 과정에 사용되어 소모되고, 질소 산화물이 질산염이나 질산으로 변환되어 제거되며, 오존 농도가 최곳값에 도달하는 시간과 장소는 오염 물질의 배출원으로부터 떨어진 곳이다.

인구가 밀집되지 않은 비공장 지대에서도 인간 활동에 의해 일어나는 스모그의 영향을 받을 수 있다. 특히, 농업적 목적을 위해 사반나 잔디를 태우는 것이 스모그를 야기시킨다. 이 연소를 통해 스모그 형성에 필요한 반응성 있는 탄화수소와 NO_x가 생성된다. 게다가 이러한 잔디는 열대 지방에서 성장하는데, 이곳에는 스모그 형성에 필요한 강한 태양광도 있다. 이런 종합적인 결과로 스모그가 생성될 조건이 잘 갖추어져 실제로 정상적인 배경 값보다 몇 배 높은 오존 농도가 나타나기도 한다.

1970년경부터 스모그 형성의 원인이 되는 NO_x와 유기 화합물의 배출을 줄이는 괄목할 만한 진전이 있었다. 오존 및 스모그로부터 오는 대기 오염의 다른 징후들을 빨리 줄이기 위해, 미국 의회는 새롭고 보다 엄한 법률인 대기청정법 개정안을 1990년에 통과시켰다. 개정안의 주요 골자로는 자동차 배기를 통한 방출량을 줄이는 것, 자동차 연료 계통을 개선하는 것, 고정 오염원의 배출을 줄이는 것과 광화학 스모그 및 다른 형태의 대기 오염들을 줄이기 위한 일련의 개선 명령 등이 포함되어 있다. 대기청정법 아래 강화된 기준과 특히 자동차 배기가스 분야에서의 기술이 진보된 결과, 1990년대 초반부터 미국에서 스모그를 제어하는 데 상당한 진보가 있었다.

13.11 도시 에어로솔

스모그 및 기타 유해한 대기 오염 물질의 가장 가시적인 현상은 **도시 에어로솔(urban aerosol)**이며, 스모그한 도시 대기에서 시정을 크게 악화시키고 있으며, 갈색 구름 현상에 기여한다. 이들 에어로솔을 구성하는 대부분의 입자들은 기체 오염 물질들이 화학 반응 과정을 통해서 만들어지므로 매우 작은 입자들로 보통 2 μm보다 더 작은 입자들이다. 이러한 크기의 입자는 가시광선을 효과적으로 산란시키며, 호흡기 내에 잘 침투하여 매우 해롭다. 스모그에서 생성된 입자는 호흡기를 자극하거나 돌연변이를 일으키는 독성 물질을 포함하고 있기도 하다. 도시 에어로솔 중에는 물론 스모그 형성 과정 이외의 과정에서 생성된 입자들도 포함되어 있다. 광화학 스모그의 강한 산화 분위기에서 이산화 황이 산화되어 황산 및 황산염 입자로 된다.

$$SO_2 + \tfrac{1}{2}O_2 + H_2O \rightarrow H_2SO_4(\text{전체 과정}) \qquad (13.28)$$

질산과 질산염은 태양광이 없는 밤 시간에 생성되는데, 이 과정 중에는 NO_3 라디칼 중간체가 포함되어 있다.

$$O_3 + NO_2 \rightarrow O_2 + NO_3 \tag{13.29}$$

$$NO_3 + NO_2 + M(\text{에너지를 흡수하는 제삼체}) \rightarrow N_2O_5 + M \tag{13.30}$$

$$N_2O_5 + H_2O \rightarrow 2HNO_3 \tag{13.31}$$

$$HNO_3 + NH_3 \rightarrow NH_4NO_3 \tag{13.32}$$

위의 마지막 반응에도 나타낸 것과 같이, 암모늄염은 도시 에어로솔 입자의 주요 구성 요소로서 부식성을 가지고 있다. 입자 중의 금속은 도시 에어로솔 입자의 독성에 기여하거나 입자 표면에서 일어나는 반응의 촉매 역할을 하기도 한다. 물은 항상 존재하는 성분으로 습도가 매우 낮은 대기 중에서도 존재하며, 보통 도시 에어로솔 입자 내에 존재한다. 불완전 연소와 디젤 엔진에서 방출되는 탄소나 다환 방향족 탄화수소(PAHs)는 대기 중에 많이 존재하는데, 탄소 원소는 도시 에어로솔이 빛을 흡수하는 성질을 갖게 하는 요소이다. 공기 덩어리가 바다 위에서 생성되면 NaCl로 구성된 해염 입자를 포함하는데, 스모그에 의해 생성된 비휘발성인 강산에 의해 휘발성인 HCl의 형태로 염소를 잃게 된다. 이러한 현상은 도시 에어로솔 내에서 발견된 Na_2SO_4나 $NaNO_3$로서 나타난다.

다환 방향족 탄화수소(PAHs)는 도시 에어로솔 입자의 구성 요소 중 가장 큰 근심거리인데, 그 이유는 이러한 화합물의 대사산물(특히, 7,8-다이올-9,10-에폭사이드 벤조(*a*)피렌 PAH 화합물)들이 발암물질이기 때문이다. PAHs는 치환되지 않은 화합물뿐만 아니라 알킬, 산소 혹은 질소로 치환된 화합물과 O나 N 같은 헤테로 원자를 포함한 화합물도 포함한다.

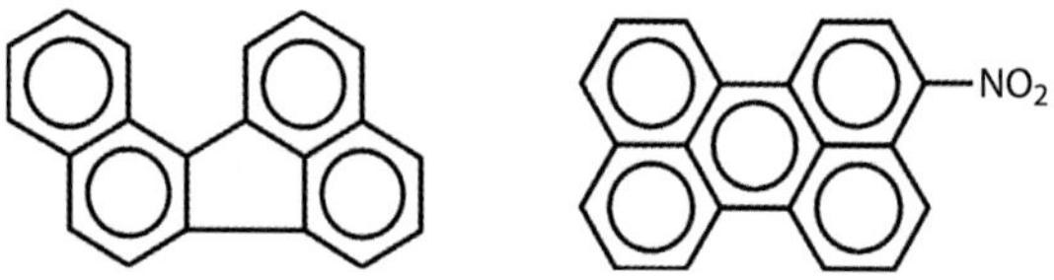

Benzo(*j*)fluoranthene　　3-Nitroperylene (돌연변이 원성)

이러한 화합물들은 내연 기관의 배기가스에서 기체나 입자상의 형태로 방출된다. 이러한 화합물들의 분해나 화학적 변환과 특히 산화종(HO•, O_3, NO_2, N_2O_5 및 HNO_3)과의 반응은 여러 가지 메커니즘이 있다. 이들은 직접적인 광분해 또한 가능하다. 증기 상태의 PAH 화합물은 이러한 방법들에 의해 비교적 빨리 분해되는 반면, 입자에 흡착된 PAH에서는 이러한 반응들이 느리다.

다른 종류의 도시 에어로솔 입자상 물질로 주목할 만한 것으로는 **산성 안개(acid fog)**가 있는데, H_2SO_4나 HNO_3가 존재하여 pH 값이 2보다 낮은 산성 안개도 있다. 산성 안개는 대기의 화학적 물리적 현상들이 복합되어 나타나는 것이다. SO_2나 NO_x는 가스상 산화 반응을 통해 매우 강산인 작은 에어로솔 입자를 생성한다. 이러한 것이 수증기의 응축핵으로 작용하여 작은 물방울이 되며, 물방울 내에서 산-염기 반응이 일어나므로 대기 중의 이온 종을 제거하는 청소부 역할을 한다. 안개 에어로솔 입자는 산성 가스 오염 물질로 많이 오염된 지표면 근처의 지역에서 형성되기 때문에, 안개 에어로솔 입자 내의 산과 이온 종의 농도는 높은 고도에서 생성되는 구름 에어로솔 입자 내의 것보다 훨씬 더 농도가 높다.

13.12 핵겨울

핵겨울(nuclear winter)이란 강대국들 사이에서 핵전쟁이 일어나 많은 핵폭탄을 사용한 후 일어나는 것뿐만 아니라, 소행성 충돌이나 큰 화산의 폭발도 같은 자연적인 현상이 일어나 엄청난 영향을 미칠 수 있는 격변적인 대기의 영향을 나타낼 때 사용하는 용어이다. 핵폭탄이 폭발하여 나오는 열은 위력적인 상승 기류를 만들어 막대한 양의 검댕류의 연소 생성물을 성층권으로 유입시킬 것이다. 그 결과 몇 년 동안 온도가 매우 낮아질 것이고, 심지어 여름에도 영하의 기온이 지속될 것이다. 이러한 영향을 일으키는 것에는 몇 가지 이유가 있다. 무엇보다도 먼저 매우 흡수력이 뛰어나고 검정색인 입자상 물질은 대기 내의 태양광을 흡수함으로써 지표에 태양광이 도달할 수 없게 된다. 온난화 현상의 반대 현상인 한랭 현상이 일어날 것이다. 이는 밖으로 방출되는 적외 복사선이 대기 중의 많은 입자로 인해 대기를 투과하지 못해 훨씬 적어지게 될 것이고, 그로 인해서 이산화 탄소와 수증기가 훨씬 적은 적외선을 흡수하게 되기 때문이다. 이것은 방출되는 적외 복사선으로 인한 대기 온난화 현상을 더 낮추고, 대기에서 지표로 다시 방사되는 적외선이 작아진다는 것을 의미한다. 냉각 현상은 물이 증발하는 것을 방해하므로 대기 내 수증기의 적외선 흡수량도 줄 것이며, 대기 내 입자들이 강우에 의해 제거되는 과정도 느려진다. 추가적으로 수년 동안의 핵겨울로 인해 농작물 경작을 망치고, 결과적으로 수백만의 사람들이 굶주리게 될 것이다.

거대한 화산 폭발로 인해 핵겨울과 유사한 상황이 발생했었다. 1816년에 핵겨울의 현상과 비슷한 현상, 즉 '여름 없는 해'가 발생되었는데, 이는 1815년에 인도네시아의 Tambora 화산 폭발에 의한 것이다. 아이슬란드에서 비슷한 화산 폭발이 있었던 다음 해인 기원전 210경에 잔인하게 추운 해가 있었다고 고대 중국 서기에 기록되어 있다. 필리핀에 있는 Pinatubo 화산의 폭발이 1991년 6월에 있었는데, 이 폭발로 인해 막대한 양의 물질이 대기 중으로 방출되었으며, 그 결과 다음 해는 약 0.5℃ 정도 추워졌다. 화산 폭발로 인해 수백만 톤의 황 가스가 대기 중으로 유입되면, 황산 에어로솔과 황산염 입자들로 변환되어 태양광을 반사하게 되어 기후에 가장 큰 영향을 미친다. Pinatubo 화산에서 1,500~3,000만 톤의 이산화 황이 대기 중으로 유입되어 확연한 냉각 효과가 일어났다. 고위도에서의 분출은 반구에만 영향을 미치지만, 적도 근처의 분출은 전 세계적으로 영향을 미친다. 앞에서 인용된 화산 사건들은 대기의 높은 곳으로 유입된 막대한 양의 입자상 물질이 기후에 영향을 미치고 있다는 것을 명백하게 보여 주고 있다. 그리고 Tambora 분출조차도 소형이라고 느낄 정도의 대형 분출이 다시 발생할 수 있다. 거대하고 파괴적인 분출을 동반하는 초거대 화산 폭발이 발생할 수 있으며, 가장 거대했던 분출 중 하나가 미국에 있는 Yellowstone 화산에서 발생했었다. 50 km 지름의 칼데라를 갖고 있는 이 화산은 다시 심각한 분출을 할 수 있다. "야수가 격분했는가?"란 제목의 기사에서 언급된 내용은 아래와 같다. "Yellowstone 국립공원이 64만 년 전에 분출했을 때 산맥을 없애버리고, 수백 마일 떨어진 곳에 있던 선사시대의 낙타무리가 쓰러졌으며, Los Angeles 분지 크기만 한 연기 구멍을 남겼다."[13] 이런 사건은 지구상의 문명을 충분히 없애버릴 수 있다.

군대의 폭격은 대기 중으로 많은 입자들을 유입시키는데, 예로서 2차 대전 종료 시 독일 Dresden의 비극적 폭격과 같은 도시의 융단 폭격은 심한 열폭풍을 일으키고, 이로 인해 대기 중으로 많은 입자가 가득한 상승 기류를 일으키는 자체 바람을 생성하였다. 물론 전면적인 핵전쟁의 영향은 이보다 몇 배나 훨씬 더 클 것이다.

전면적인 핵전쟁으로 인해 일어날 기후 영향의 잠재력은 그로 인해 일어날 폭발의 정도로 고려한다면 예상할 수 있을 것이다. 전쟁 중에 핵폭탄은 두 번 사용되었는데, 두 개 모두 1945년 일본에 있는 도시에 떨어졌다. Hiroshima에 떨어진 핵폭탄은 TNT 폭탄의 12 kton에 해당하는 위력을 가지고 있었다. 핵폭탄의 폭풍, 불덩어리, 강한 중성자와 감마선의 발산, 그로 인해 발생한 화재와 방사성 핵분열 생성물의 폭뢰에 의해서 폭탄이 떨어진 도시가 파괴되었고, 약 십만 명이 죽었다. 이 12 kton의 폭탄과 비교한다면 최근 핵융합형 핵폭탄은 일반적으로 500 kton 정도이고 10 Mton 정도의 것도 보통이다. 전면적인 핵전쟁이 일어난다면 약 5,000 Mton 정도의 핵폭탄이 사용될 것이다. 그 결과로 나무, 플라스틱, 아스팔트 도로, 석유, 산림과 다른 가연성 물질들이 연소되어 상상할 수도 없는 양의 검댕이 성층권으로 유입된다. 성층권과 같은 높은 고도에서는 대류권과 같이 입자 제거 메커니즘이 원활하지 않다. 왜냐하면, 성층권 내에서는 강수를 생성해 공기로부터 입자를 씻어 내릴 수 있는 물이 충분하지 않으며, 대류 과정도 매우 제한되어 있기 때문이다. 입자의 크기가 μm 정도인 것들은 빛의 반사, 산란 및 흡수에는 가장 효과적이지만 침강 속도는 매우 느리다. 그러므로 지구의 많은 지역이 입자들로 된 안정한 구름으로 가려지게 되고, 지표에 도달하는 태양광의 분율은 점차적으로 감소하므로 결과적으로 한랭 현상이 나타난다. 다른 영향으로는 폭발 시 불기둥 내의 열과 압력으로 다음 반응을 통해 질소가 고정된다.

$$O_2 + N_2 \rightarrow 2NO \tag{13.33}$$

생성된 많은 양의 NO가 성층권 오존을 파괴하는 촉매 역할을 할 것이다.

핵폭발의 시간과 장소에 따라 기후에 미치는 영향은 매우 다르다. 소련이 실험한 58 Mton이라는 막대한 양의 폭발을 포함하여 지상 핵폭발 실험이 대기에 미치는 영향은 거의 없었다. 이러한 핵실험은 사막 또는 열대성 작은 섬과 같이 연소될 것이 거의 없는 장소에서 공간적 간격을 두고 실행한 것이다. 반대로, 군사적으로 핵폭탄을 사용하는 것은 시간, 공간적으로 화력이 집중적으로 사용되고, 연소될 것이 많은 군사 목표물이나 공업 지대를 목표로 하고 있다. 더욱이, 견고한 군사 목표물을 파괴하기 위해서는 많은 양의 흙, 바위와 콘크리트를 붕괴시킬 강력한 폭발력이 필요하고, 이로 인해 이것들이 가루로 되거나 증발되어 대기 중으로 날아들어 간다.

한편 다행스러운 것은 1900년대 중반부터 1990년까지 고조되어 오던 핵전쟁의 위협과 세계 정치를 지배하던 동서 대립 관계가 줄어들어 핵전쟁의 확률이 줄어들었다는 것이다. 그러나 중동에서는 무력 전쟁이 계속되고 있으며, 핵무장한 인도와 파키스탄 사이가 긴장 관계에 있으며, 핵무기를 획득하려는 잠재적으로 불안정한 국가들, '인종 청소'로 귀결되는 인종 차별 및 더 나은 것이 무엇인지를 아는 지식인들 사이에서조차 '호전적인 마음가짐'을 갖고 있는 것 등이 아직 '핵겨울'에 대한 우려를 종식시키지 못하고 있다.

13.12.1 우주로부터 '최후의 심판일 방문자들'

대기에 발생할 수 있는 모든 가능한 재앙 중에서 가장 위협적인 것은 큰 소행성과 지구의 충돌로 인해 발생하는 것일 것이다. 과거에 수 킬로미터의 지름을 가진 소행성이 지구와 충돌해서 많은 종들이 멸종했다는 설득력 있는 증거들이 현존한다. 6천 6백만 년 전 거대한 소행성이 충돌해서 공룡과 다른 대부분의 종들이 멸종되었다는 것은 잘 규명되었다. 화석 증거에 따르면 모든 생물종의 90%에 이르는 종들이 2억 5천만 년 전에 멸종했다는 것을 포함해, 수백만 년 전에 발생했던 더 큰 멸종이 아마도 소행성이 충돌해 일어난 영향의 결과일 것이라는 것을 시사하고 있다. 이런 소행성과의 충돌은 '핵겨울'과 같은 효과를 일으키며, 더 큰 소행성은 더 확실하게 영향을 미칠 것이다.

약 13,000년 전 지구는 신드리아스기(Younger Dryas)나 '대결빙기(Big Freeze)'라고 불리는 1,300년간 지속된 빙하기로 되돌아갔다. 결과적으로 짧은 얼굴 곰, 아메리칸 사자, 마스토돈을 포함하는 큰 포유동물 몇 가지를 포함하는 동물 35종이 멸종하였다. 지질학적으로 신드리아스기의 시작은 아마 산불로 인해 발생했을 큰 불을 나타내는 얇은 검은색 탄소 층으로 나타난다. 이 재앙적인 사건은 큰 혜성이 충돌하여 수많은 운석이 지구 표면 위로 비처럼 쏟아져서 발생했을 수도 있다. 검은 층에서 매우 작은 '다이아몬드(nanodiamond)'가 발견되는 것이 그러한 현상을 시사한다.

최근 역사에서 가장 강력한 운석의 영향은 TNT 10,000~50,000 kton(1945년에 일본 Hiroshima에 투하된 핵폭탄 폭발은 12 ton 규모인 것에 비해)의 위력으로 추정되는 1908년 있었던 러시아 시베리아의 Tunguska 사건으로, 수천 평방 킬로미터의 숲을 평탄하게 만들었다. 더 최근에 있었던 소행성과의 충돌 사건은 2013년 2월 15일에 중앙 러시아 Chelyabinsk에서 발생한 것으로, 약 500 kton의 위력으로 추정된다.[12] 이 소행성은 넓이가 20 km로 추정되며, 약 68,400 km/h의 속도로 지구의 대기로 유입되었다. 이때 발생한 섬광은 지표면에 도달하는 태양광보다 30배 강했으며, 이에 노출된 일부 사람들은 햇볕에 탔다고 주장하는데, 이 시기 러시아에서는 두툼한 옷을 입을 시기라, 아마 일부 지역의 야외에 있었던 사람들에 국한되어 피해를 입었을 것이다. 이 폭발로 인해 약 1,500명이 부상을 입었고 수천 채의 건물이 손상되었다.

13.13 우리가 앞으로 해야 할 일은?

모든 환경 재해 중에서 대기와 기후의 변화는 상상할 수조차 없는 파멸적이며 돌이킬 수 없는 환경 재난을 가져올 것이라는 것은 의심할 여지가 없다. 온실 가스인 이산화 탄소의 농도가 현재 속도로 계속해서 증가한다면, 기후에 미치는 영향은 불을 보듯 자명한 일이며, 2020년과 2021년까지 고통스러울 정도로 분명하였다.

그러나 더욱 어려운 것은 집단 압력과 지구 위에 살고 있는 인간이 보다 나은 삶을 살려고 하는 욕망을 잘 조화시키는 것이다. 예로서 이러한 대립되는 두 요인을 에너지원과 환경의 파괴로 생각해 보라. 인구 밀도가 높은 개발 도상 국가들에서는 에너지로서 황 함량이 높은 가장 값싼 석탄을 이용하려고 한다. 진정으로 기아에 직면한 국가 사람들을 장기간 동안 노력해야 얻어지는 보다 나은 환경 질을 위해 짧은 기간에 이룰 수 있는 경제적 이익을 피하도록 설득하는 것은 실질적으로 매우 어렵다. 나무를 '베어 내고 태워' 우림을 파괴하는 화전식 농법으로 삼림을 목초지로 만들고, 여기서 생산된 패스트푸드용 소고기를 부자 나라에 수출하여 외화를 벌어들일 수 있는 것이 자급자족 농업에 종사하는 사람들에게는 경제적으로 도움이 될 것이다.

무엇을 해야 할 것인가? 무엇보다 먼저 대기는 자체의 오염 물질들을 세척하는 강한 자정 능력을 가지고 있다는 것을 명심하자. 수용성 기체, 즉 온실 기체인 CO_2, 산성 기체인 SO_2와 미세 입자들은 강수에 의해서 제거된다. 대부분의 기체상 오염 물질들은 대기 중에서 제거되기 전에 산화되거나 제거 과정이 같이 신행된다. 어느 정도 O_3에 의해 산화되며, 대부분의 것들은 대기 중에서 가장 유용한 대기 산화제인 하이드록실 라디칼(HO•)에 의해 산화된다. 이런 대기 오염 물질 제기제들은 CO_2와 CFC를 제외한 모든 중요한 미량 기체 종들과 반응한다. 현재 HO•은 광범위한 대기의 청소부로 인식되어 있다. HO•의 이러한 제거 역할을 고려할 때 대기에서 그 농도를 저감시키는 어떠한 오염 물질도 잠재적으로 골칫거리이다. 대기 중으로 배출되는 일산화 탄소에 대한 한 가지 우려는 CO와 HO•과의 반응성인데,

$$CO + HO\bullet \rightarrow CO_2 + H \tag{13.34}$$

이는 대기 중에서 HO•을 제거하는 결과가 된다.

지구의 기후를 위협하는 많은 요인들 중에서도 인류가 지구 온난화 및 이로 인해 발생할 영향에 대처하도록 노력하는 것은 확실한 일이다. 이 문제를 다루는 방법은 크게 3가지로 다음과 같이 분류된다.

- **최소화(minimization)**, 즉 온실 기체 배출량을 줄이는 일, 대체 에너지로의 전환, 에너지 보존의 증대, 산림 벌채의 중단. 지구 온난화 현상을 줄이는 것 이외에도 주요한 혜택을 갖는 조치를 취하는 것이 바람직하다. 그러한 조치에는 재조림, 초원의 복원, 에너지 보존 증가 및 태양과 풍력 에너지원으로의 대전환 등이 있다.
- **대응 조치(counteracting measure)**, 빛을 반사하는 입자들을 지구의 상층 대기로 주입하는 방법과 같은 것.
- **적응(adaptation)**, 기후 온난화의 결과로 인해 지구의 여러 곳에서 물을 매우 제한적으로 공급하게 될 것이므로 특별히 물의 사용과 분배의 유연성과 효율의 증대를 통해서 적응한다. 중요한 예

들로는 더 효율적인 관개 방법의 실행과 관개가 덜 필요한 작물의 재배하는 농업으로 전환하는 것이다. 지구 온난화의 유형과 정도가 아직 확실하지 않아 최소화와 대응 조치에 막대한 지출을 정당화하기에 충분하지 않다고 주장하는 사람들이 적응을 강조하고 선호한다. 어떤 경우에는 적응이 지구 온난화에 대응하는 방법으로 확실하게 적용될 것이다.

잠재적으로 세금 전략은 탄소질 연료의 사용과 온실 CO_2 가스 방출을 효과적으로 줄이는데 매우 효과적일 수 있다. 이것은 다양한 연료의 탄소 함량과 연계된 **탄소세(carbon tax)**의 근거이다. 다른 방법으로는 이산화 탄소를 대기 중에서 다른 곳으로 제거해 처리하는 것인데, 가장 가능성이 있는 곳으로는 해양이고, 또 달리 처리할 곳으로는 깊숙이 존재하는 지하수나 다 퍼버린 유전이나 가스전 같은 곳이다.

대기의 다른 재해, 즉 자외선에 대해 일반적으로 대처하고 있는 대책은 적응하는 방법을 취하고 있다. 이 방법은 UV-B를 걸러내고 어떤 배합은 UV-A 복사선을 거르는 로션을 피부에 발라서 태양광 차단제로 사용하여 피부암의 가능성을 줄이는 것이다. 햇빛을 차단하는 활성 성분은 효과적으로 자외선을 흡수하거나 반사해야 한다. 아연 산화물이나 타이타늄 산화물의 작은 입자들의 현탁액은 자외선을 물리적으로 막는 역할을 한다. 물에 녹지 않는 유기 옥티녹세이트(octylmethoxycinnamate)의 현탁액은 UV-B선을 흡수하고, 옥시벤존(oxybenzone)은 UV-A선을 효과적으로 막는다(아래 구조식 참조). 이 화합물과 관계된 화합물들은 화학 흡수제로 작용을 하며, 일반적으로 카보닐 작용기와 접합된 방향족 화합물이다. 화학 흡수제는 일반적으로 자외선을 흡수하여 들뜬 상태가 된 후 바닥 상태로 되돌아와 흡수종들을 재생하여 흡수된 에너지를 분산시켜 버린다.

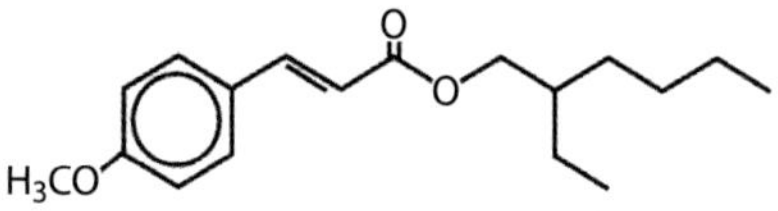

Octinoxate (octylmethoxycinnamate)

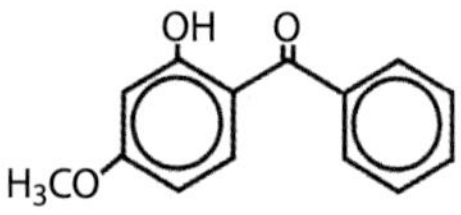

Oxybenzone
(2-hydroxy-4-methoxy-phenyl)phenylmetanone

때때로 후회 없는 정책으로 불리는 '**동결 전략(tie-in strategy)**'은 이 장에서 거론된 지구 환경 문제들을 다루는 합리적인 접근 방법으로서 제안되었다. 이 접근 방식은, 일어날 문제 발생을 방지하고 탄력성과 적응성을 향상시키며, 피하도록 설계된 주요 문제가 실현되지 않더라도 많은 장점들을 가지고 있는 '높은 지렛대 작용'들로 구성된 조치를 취하는 것을 주창한다. 예로서, 대기 중으로 CO_2 방출을 적게 하고 온실 효과에 의한 지구 온난화 현상을 낮추기 위해 화석 연료를 다른 것으로 대체하는 것을 들 수 있다. 비록 온난화 현상이 과장된 것으로 판명될지라도 이러한 대체 물질은 광산에서 채탄으로 인해 토지를 파괴시키고, 석유 운송 시 발생하는 원유 누출을 막는 등 다른 환경 재해로부터 지구를 보호할 것이다. 그리고 공급이 불확실하고 휘발성인 석유의 의존도를 낮추면 경제 전망이 확실해지고 정치적으로 안정되는 이익도 얻을 수 있다. 에너지의 효율을 높이면 온실 가스와 산성비의 생성이 줄어듦과 동시에 제품의 생산 단가가 낮아지고, 비용이 많이 들고 환경 파괴적인 새로운 발전소를 건설할 필요성도 줄어든다.

기후 변화와 같은 변화가 불가피할 때조차 변화를 느리게 하는 수단들이 바람직하다. 왜냐하면 적응은 통상적으로 오랜 기간 동안에 걸쳐서 실현 가능하기 때문이다. 이러한 동결 정책들을 수행하기 위해서는 정상적인 자유 시장 방식을 뛰어넘어 동참할 수 있는 장려책이 있어야 하고, 물론 일부 이데올로기적 근거들로 반대가 있을 수 있다. 좋은 예로서는 자동차의 연비 기준 표시 의무화에 반대를 하고 있는 것이다. 자유 시장 순수주의자들은 연비 표준과 같은 방법에 반대를 하지만, 환경 파괴 단가를 포함시키지 않는 시장은 진정한 자유 시장이라고 부르기 어렵다.

참고문헌

1. Stoller-Conrad, Jessica, "Tree Rings Provide Snapshots of Earth's Past Climate," 2017, https://climate.nasa.gov/news/2540/.
2. Revelle, Roger, and Hans E. Suess, "Carbon Dioxide Exchange between Atmosphere and Ocean and the Question of an Increase of Atmospheric CO_2 during the Past Decades," *Tellus*, **9**, 18–27, 1957.
3. Iturbide, Malalen et al., "An Update of IPCC Climate Reference Regions for Subcontinental Analysis of Climate Model Data: Definition and Aggregated Datasets," *Earth System Science Data*, **12**(4), 2959–2970, 2020, https://doi.org/10.5194/essd-12-2959-2020.
4. Sloan, T., and A. W. Wolfendale, "Man-made Global Warming Explained—Closing the Blinds," *e-Print Archive, Physics Pages 1-7, arXiv:1001.4988v1*, 2010.
5. Tan, Ivy, Trude Storelvmo, and Mark D. Zelinka, "Observational Constraints on Mixed–Phase Clouds Imply Higher Climate Sensitivity," *Science*, **352**(6282), 224–227, 2016.
6. "2020 Tied for Warmest Year on Record, NASA Analysis Shows," https://www.nasa.gov/press-release/2020-tied-for-warmest-year-on-record-nasa-analysis-shows.
7. "Global Climate Report—Annual 2020," NOAA National Centers for Environmental Information, 2013.
8. "Renault Group #1 in Electric Mobility," 2021, https://easyelectriclife.groupe.renault.com/en/.
9. "Carbon Capture from Flue Gas and the Atmosphere: A Perspective10," 2020, https://easyelectriclife.groupe.renault.com/en/.
10. Gongalves dos Santos, Ronaldo, and Andre Cardoso Alencar, "Biomass–Derived Syngas Production via Gasification Process and Its Catalytic Conversion into Fuels by Fischer Tropsch Synthesis: A Review," *International Journal of Hydrogen Energy*, **45**, 2020.
11. Simkin, Andrew J., Patricia E. López-Calcagno, and Christine A. Raines, "Feeding the World: Improving Photosynthetic Efficiency for Sustainable Crop Production," *Journal of Experimental Botany*, **70**, 1119–1140, 2019, https://doi.org/10.1093/jxb/ery445.
12. "What Is the Kyoto Protocol?," https://earth.org/the–kyoto–protocol/, updated annually.
13. Breining, Greg, *Super Volcano: The Ticking Time Bomb beneath Yellowstone National Park*, MBI Pub., Minneapolis, MN, 2010.
14. Vergano, Dan, "Russian Meteor's Air Blast Was One for the Record Books," *National Geographic*, Nov. 6, 2013.

보충자료

Aguado, Edward, and James E. Burt, *Understanding Weather and Climate*, 7th ed., Pearson Education, Upper Saddle River, NJ, 2015.

Ahrens, C. Donald, *Meteorology Today: An Introduction to Weather, Climate, and the Environment*, 13th ed., Brooks/Cole, Belmont, CA, 2022.

Allaby, Michael, *Atmosphere: A Scientific History of Air, Weather, and Climate*, Facts on File, New York, NY, 2009.

Bowen, Mark, *Censoring Science: Inside the Political Attack on Dr. James Hansen and the Truth of Global Warming, Dutton*, New York, NY, 2008.

Burkholder, James B., R. A. Cox, and A. R. Ravishankara, "Atmospheric Degradation of Ozone Depleting Substances, Their Substitutes, and Related Species," *Chemical Reviews*, **115**, 3704–3759, 2015.

Calvert, Jack G., John J. Orlando, William R. Stockwell, and Timothy J. Wallington, *The Mechanisms of Reactions Influencing Atmospheric Ozone*, Oxford University Press, Oxford, 2015.

Casper, Julie Kerr, *Greenhouse Gases: Worldwide Impacts*, Facts on File, New York, NY, 2009.

Committee on Geoengineering *Climate, Climate Intervention: Carbon Dioxide Removal and Reliable Sequestration, Committee on Geoengineering Climate*, National Academies Press, Washington, DC,

2015.

Committee on Understanding and Monitoring Abrupt Climate Change and Its Impacts, *Abrupt Impacts of Climate Change: Anticipating Surprises*, National Academies Press, Washington, DC, 2013.

Desonie, Dana, *Climate: Causes and Effects of Climate Change*, Chelsea House, New York, NY, 2008.

Folger, Peter, *Carbon Capture and Sequestration: Research, Development, and Demonstration at the U.S. Department of Energy*, U.S. Department of Energy, Washington, DC, 2014.

Godish, Thad, and Wayne T. Davis, *Air Quality*, 6th ed., CRC Press, Boca Raton, FL, 2021.

Graedel, T. E., and Paul J. Crutzen, *Atmospheric Change: An Earth System Perspective*, W. H. Freeman and Co., New York, NY, 1993.

Hardy, John T., *Climate Change: Causes, Effects and Solutions*, John Wiley & Sons, New York, NY, 2003.

Hewitt, C. N., and Andrea Jackson, *Atmospheric Science for Environmental Scientists*, 2nd ed., Wiley-Blackwell, Hoboken, NJ, 2019.

Jacobson, Mark Z., *Air Pollution and Global Warming: History, Science, and Solutions*, 2nd ed., Cambridge University Press, Cambridge, 2012.

Kidd, J. S., and Renee A. Kidd, *Air Pollution: Problems and Solutions*, Chelsea House, New York, NY, 2006.

Kolbert, Elizabeth, *Field Notes from a Catastrophe: Man, Nature, and Climate Change*, Bloomsbury, New York, NY, 2015.

Koppes, Steven N., *Killer Rocks from Outer Space: Asteroids, Comets, and Meteorites*, Lerner Publications Co., Minneapolis, MN, 2004.

Kushner, James A., *Global Climate Change and the Road to Extinction*, Carolina Academic Press, Durham, NC, 2008.

Mann, Michael E., and Lee R. Kump, *Dire Predictions, Understanding Climate Change*, 2nd ed., New York, NY, 2015.

Mathez, Edmond A., and Jason E. Smerdon, *Climate Change: The Science of Global Warming and Our Energy Future*, 2nd ed., Columbia University Press, New York, NY, 2018.

Müller, Rolf, and Paul Crutzen, *Stratospheric Ozone Depletion and Climate Change*, Royal Society of Chemistry, London, 2011.

Rohli, Robert V., and Anthony J. Vega, *Climatology*, 2nd ed., Jones and Bartlett Publishers, Sudbury, MA, 2012.

Somasundaram, J. and R. S. Chaudhary, *Conservation Agriculture for Carbon Sequestration and Sustaining Soil Health*, New India Publishing Agency, New Delhi, 2015.

Spalding, Frank, *Under a Black Cloud: Our Atmosphere under Attack*, Rosen Publishing, New York, NY, 2009.

Vallero, Daniel A., *Fundamentals of Air Pollution*, 5th ed., Elsevier, Amsterdam, 2014.

Zedillo, Ernesto, Ed., *Global Warming: Looking Beyond Kyoto*, Brookings Institution Press, Washington, DC, 2008.

연습문제

모든 문제들을 답하기 위해서는 인터넷을 활용해야 할 것이다. 특히 일반적인 정보나 통계, 상숫값, 수식들은 인터넷에서 찾아서 사용하시오. 질문들은 교재 안에 있는 내용을 단순하게 찾아서 쓰는 것보다 호기심과 사고력을 증진시키기 위한 것이다. 그래서 어떤 경우에는 여러 가지 '정답'이 있을 수 있다. 그러므로 만약 자신의 이지적인 사고를 통한 노력과 다양한 문헌으로부터 찾은 정보를 바탕으로 작성한 답은 '정답'으로 간주한다.

1. 현대 수송으로 인한 문제들이 이 장에서 논의된 대기 문제들의 종류에 어떻게 영향을 미치는가?
2. 산성비를 2차 오염 물질로 규정짓는 이론적 근거는 무엇인가?
3. UV-A, UV-B와 UV-C 복사선을 구별하여 설명하시오. 왜 UV-B가 대류권에서 가장 위험한 복사선인지 이

유를 설명하시오.

4. 남극 지역에서 성층권 구름은 매우 차갑다. 이 차가운 구름은 남극의 오존홀이 생성되는 데 어떠한 작용을 하는가?
5. 스모그 중의 산화 작용을 하는 오존은 세포막에 어떠한 해를 미치는가?
6. 스모그를 생성시키는 1차 오염 물질이 배출원에서 방출되어 최대 농도의 오존을 나타내는 스모그가 형성되는 시간과 장소는 배출원이 아닌 다른 곳이다. 언제 어느 곳에서 나타나는가? (서울을 배출원으로 생각하고 서술하시오.)
7. '핵겨울(Nuclear winter)'이란 무엇인가?
8. 큰 소행성이 지구와 충돌했을 때의 효과와 '핵겨울' 사이의 유사점에 대해서 토론하시오.
9. '동결 정책(tie-in strategy)'이란 무엇인가?
10. 다음 중 사실이 아닌 것은?
    a. 산성비는 중성인 pH 7.00보다 낮은 강우를 나타낸다.
    b. 산은 액체 산에 더하여 산성염, 산성 가스로서 침적된다.
    c. 산성비는 국지적인 혹은 전 세계적인 문제와는 구별되는 지역적인 대기 오염 문제이다.
    d. 이산화 탄소는 강우를 조금 산성화시킨다.
    e. 산성비는 종종 황산염 이온의 농도 증가와 연관이 있다.
11. 다음 중 온실 가스, 지구 온난화와 관계된 설명이 사실인 것은?
    a. 대기에서 온실 가스인 메테인의 농도는 1년에 1 ppm씩 증가하고 있다.
    b. 메테인 분자 하나의 온실 가스 효과는 이산화 탄소보다 더 크다.
    c. CO_2의 복사력은 CH_4의 복사력에 비해 25배 크다.
    d. 이산화 탄소는 온실 효과의 원인으로 중요하게 고려되는 유일한 기체이다.
    e. 비록 모형들이 온실 효과를 예측하긴 하지만, 그것이 시작된 것이 최근 몇 년간이라는 증거는 없다.
12. 다음 중 남극의 '오존홀'에 대한 설명이 사실인 것은?
    a. 오존홀의 크기는 남극의 여름철에 최고에 도달한다.
    b. 남극 오존홀은 염소종과는 관련이 없다.
    c. 남극 오존홀은 가스 상태로 발생하는 종들만이 관련하고 있다.
    d. 남극 오존홀은 ClO 라디칼과 관련이 없다.
    e. 남극 오존홀은 성층권 구름 입자 속의 매우 낮은 온도에서 결빙된 종들과 관련이 있다.
13. 다음 중 산성비의 영향이 아닌 것은?
    a. H^+에 의한 직접적인 식물 독성
    b. SO_2와 같은 산을 형성하는 가스에 의한 식물 독성
    c. 유리된 Al^{3+}에 의한 식물 독성
    d. 호수에서 산 축적에 의한 작은 물고기에 대한 독성
    e. 위의 모든 것
14. 다음 중 지구 기후에 대한 부정적인 효과를 감소시키기 위한 조치가 아닌 것은?
    a. 온실 가스의 방출을 줄이는 것과 같은 최소화
    b. 상층 대기로 빛을 반사하는 입자를 주입하는 것과 같은 대응 조치
    c. 화석 에너지를 핵에너지로 대체
    d. 보다 효율이 적은 관개와 같은 적응
    e. 동결 정책
15. 다음 중 '위기에 처한 지구의 대기'에 대한 설명이 사실인 것은?
    a. 대기 중 SO_2는 온실 효과의 감소에 간접적으로 도움을 줄 수 있다.
    b. 대기 중 이산화 탄소의 농도는 2010년 이후 감소할 것으로 예상된다.
    c. '핵겨울'은 온실 효과에 대한 주요 관심사이다.
    d. 화산 분출의 가장 중요한 효과는 지구 온난화이다.
    e. 광화학 스모그는 국지적이거나 지역적인 문제가 아닌 전 세계의 주요한 문제이다.

16. 인터넷을 사용하여 크고, 잠재적으로 매우 파괴적인 소행성과 지구의 충돌이 가장 가까운 곳에서 발생한 대규모의 충돌에 대해서 조사하시오. 그것이 언제 일어났는가? 소행성은 지구에 얼마만큼 가까이 왔었는가? 그것은 얼마나 큰 것이었는가? 충돌에 따른 영향들로는 무엇이 있는가?

14 지권과 지구화학

14.1 지권

그림 14.1에 표현한 대로, **지권(geosphere)**은 (종종 지진이나 화산 분출이 발생할 경우에는 단단하지 않을 수 있으나) 고체 지구(solid earth)를 일컫는다. 지권은 자연 자본의 거대한 원천이며, 이에 대한 운용과 보존은 지속 가능성(sustainability)을 위해 매우 중요하다.[1] 이것은 식량 대부분이 길러지는 토대를 제공하고 인간이 사용하는 식물 비료, 건설 자재, 그리고 화석 연료의 원천이다. 자연 자본의 한 가지 역할로서 지권은 많은 양의 일반 소비 및 산업 폐기물을 수용하고 격리한다. 그림 14.1에 보여준 것과 같이, 지권은 수권, 대기권, 생물권, 그리고 인류권과 강한 상호 작용을 한다.

지권은 층을 가진 구조이며, 내부는 암석을 녹일 만큼 충분히 뜨겁다. 지구의 핵은 철로 이루어진 거대한 구이고, 철의 정상 녹는점보다 높은 온도를 가지지만, 엄청난 압력 아래에 놓여 있기 때문에 고체 상태이다. 핵 위쪽으로 깊이 300~1,890 km에는 암석으로 이루어진 **맨틀(mantle)**이 존재한다. 맨틀의 깊은 쪽인 하부 맨틀은 보통 압력에서 암석이 액체로 존재할 만큼 충분히 뜨겁지만, 엄청난 압력

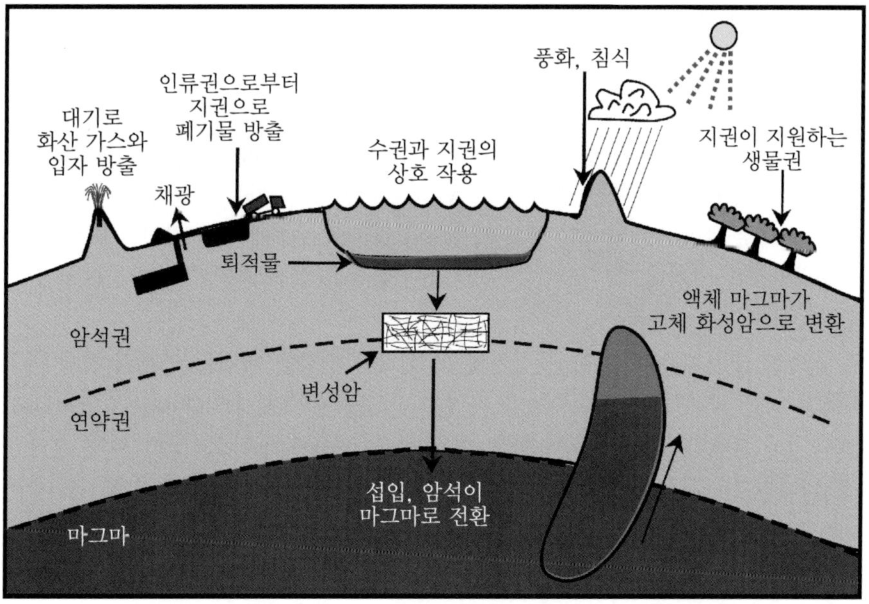

그림 14.1 지권. '고체 지구'는 용융 마그마 위에 평균적으로 약 100 km 두께의 암석 표면층으로 구성된다. 암석 순환은 지권 내에서 일어난다. 지권은 필수적인 광물을 포함한 자연 자본의 거대한 원천이며, 대부분의 식품이 얻어지는 토양이라 불리는 얇은 표면을 제공한다. 또한 지권은 다른 환경권들과 강하게 상호 작용한다.

때문에 고체 상태이다. 하부 맨틀 위쪽 깊이 10~300 km에는 **마그마(magma)**라 불리는 뜨거운 용융 암석으로 이루어진 상부 맨틀이 존재한다. 마그마 위에 떠다니는 고체 **암석권(lithosphere)**은 비교적 튼튼한 암석으로 이루어져 있으며, 두께는 아주 작게는 수 km로부터 크게는 400 km까지이고 약 100 km의 평균값을 가진다. 용융 마그마와 암석권 사이의 전이층은 **연약권(asthenosphere)**이며, 비교적 약하고 형태가 변하기 쉬운 뜨거운 암석으로 이루어져 있다. 지구의 지각은 암석권의 바깥층이며, 두께는 겨우 5~40 km이다.

14.1.1 연약한 고체 지구와 다른 환경권과의 관계

'고체 지구'는 사실 꽤 연약하고 인간 활동에서 오는 교란과 훼손에 취약하다.[2] 지구가 지속 가능세(Sustainocene epoch)에 들어서길 바란다면, 지권을 지구상의 생명과 인간 거주의 지원에 적합한 형태로 보존하는 것은 인류가 직면한 가장 큰 도전 중 하나가 된다. 지속 가능세는 지구가 인류 및 인류권과 조화롭게 서로 이익이 되도록 존재하는 시대를 의미한다.

지권과 **대기권**(*atmosphere*) 사이의 경계면은 환경에서 지극히 중요하다. 지구 표면에서 이루어지는 인간의 활동은 가장 직접적으로 표면 알베도(surface albedo) 변화를 초래하며 기후에 영향을 줄 수 있다. 표면 알베도란 입사된 태양광선 중 땅 또는 물 표면에서 반사되는 비율을 말한다. 예를 들면, 1분당 100 단위의 태양 에너지가 대기권의 바깥층에 복사되고, 그 가운데 60 단위가 지구 표면에 도달된다고 가정하자. 만일 30 단위가 위로 반사된다면 알베도는 50%이다. 지구 표면 여러 지역의 전형적인 알베도 값은 상록수 산림이 7~15%, 경작 지역이 10~15%, 사막 지역이 25~35%, 새로 내린 눈 표면이 85~90%, 아스팔트가 8%이다. 지구 표면 알베도의 변화는 전 세계 기후에 상당한 영향을 미친다. 예를 들어, 인간의 활동으로 북극 빙모(ice cap)가 녹는다는 것은 태양 빛을 반사하는 북극 얼음이 태양열을 흡수하는 북극 해수로 전환되고 있음을 의미한다. 이것은 현재 진행 중인 기후 변화와 함께 일어나고 있는 현상이다. 현대 농업 방식은 전년도 작물의 잔여물이 남은 땅에 새 작물을 바로 심는 무경운 재배를 도입하여 경운에 의한 노출 토양을 줄였다. 하지만 안타깝게도, 현재 북극 빙모의 크기는 1981~2010년 평균에 비해 매년 약 13%씩 감소하고 있다.[3]

두 가지의 대기 오염 현상, 즉 과량의 이산화 탄소와 산성비(13장 참조)는 지권에 큰 변화를 일으킬 수 있는 잠재 요인이다. 대기 중 지나치게 많은 양의 이산화 탄소는 현재 이른바 전 지구적 난방('온실 효과')을 초래하여, 강수 패턴에 심각한 변화를 가져오고 현재 생산성 있는 땅을 사막 지역으로 바꿔놓고 있다. 사막화 현상은 나중에 다시 토의할 것이다. 산성비의 낮은 pH는 광물의 용해도와 산화−환원 반응 속도를 상당히 변하게 할 수 있다. 지구 온난화에 의한 장기 가뭄 때문에 발생하는 토양의 풍식과 더불어 극단적으로 산발적인 강우와 땅의 집중적인 경작으로 초래된 물 침식은 비옥한 농토에서 매년 엄청난 양의 표토를 씻겨내고 있으며, 생물권 생명 유지를 위한 지권의 능력에도 부정적인 영향을 주고 있다.

무더위와 건조한 대기 때문에 악화된 지권에 더 심각한 영향을 미치는 인간의 활동 중 하나는 비가 적은 지역의 땅을 남용하여 새로운 사막 지역을 만드는 것이다. **사막화(desertification)**라고 불리는 이 현상은 지하 수면의 하강, 표토와 물의 염분 상승, 지표수의 감소, 심한 토양 침식, 자연 식물의 황폐화로 나타난다. 지구의 일부 지역에서 이 문제는 매우 심각하다. 대표적인 지역이 아프리카의 Sahel(Sahara 사막 지역의 남부 가장자리)로, 이곳에서 사막은 남쪽으로 전진하고 있다. 미국 서부의 광활하고 건조한 지역에서는 인간의 활동과 극심한 가뭄의 결과로 상당한 사막화가 일어나고 있다. California의 우기가 끝난 2021년 4월에 California의 주요 상수원인 Sierra Nevada 산맥과 Cascade 산맥의 적설량은 예년의 약 60%에 불과하였다. 이것은 물이 부족한 California 주에 가뭄이 계속됨을 의미하는 것이었다. 미국 서부 주들의 인구가 증가함에 따라 주민들이 해결해야 할 가장 큰 문제 중의 하나는 땅이 더 이상 사막으로 변하는 것을 방지하는 것이다.

지권과 **수권(hydrosphere)**은 서로 밀접한 관계를 맺고 있다. 수권의 대부분은 지권의 표면 위에 놓여 있고, 수권 물의 상당 부분은 지하 대수층에 들어가 있다. 흐르는 물은 지권의 표면을 변화시키고 지권의 구조는 지권 내에서 물이 어디에 존재하고 어디로 이동하는지를 결정한다. 지권에서는 물이 취하는 여러 용질에 의해 그 수질이 결정되는데, 그러한 용질에는 일반적으로 요구되는 보통 수준의 알칼리도와 경도를 나타내게 하는 물질, 그리고 지권 형성으로부터 침출된 비소와 같은 해로운 오염 물질 등도 포함된다. 수권에 버려진 오염 물질은 지권을 더럽힐 수 있다. 지권과 상수원 오염은 큰 걱정거리가 될 수 있다. 2021년 4월에 Florida 주 Bradenton의 댐에 누수가 일어났을 때 주변에 심하게 오염된 물이 범람할 위험이 있었다. 이 댐이 인근 폐 인산염 채굴장에서 흘러나온 물과 폐기물을 가두어 두고 있었기 때문이다.

지권과 그 안의 광물의 성질에는 산화-환원 과정, 가수 분해, 산-염기 반응, 침전, 수착, 생화학적 분해를 통해 폐기물을 정화하고 격리시키는 능력이 어느 정도 포함되어 있다.

인류권(*anthrosphere*)의 대부분은 지권 위에 존재하며, 광산의 경우처럼 지권의 내부에 존재할 수도 있다. 예를 들어, 인류권을 충족시키기 위해 광물과 석탄을 추출하는 데 매년 수십억 톤의 물질이 채굴되고 있으며 그 밖에도 기타 다른 방식으로 교란되고 있다. 또 산업화된 국가의 일부 지역에서 지권은 인류권이 배출하는 독성 화학 물질의 쓰레기 처리장 역할을 해왔다.

해양의 생명체를 제외하고 지권은 **생물권**(*biosphere*)의 생명체를 위한 집의 역할을 한다. 지권에서 지구상의 생명을 위한 가장 중요한 부분은 토양이다. 토양은 식물이 자라는 매질이고, 사실상 지구의 모든 생물은 생존을 위해 토양에 의존하고 있다. 토양의 생산성은 환경 조건과 오염 물질에 의해 크게 영향을 받는다. 이러한 토양의 중요성을 고려하여, 16장에서는 토양의 환경 화학을 집중적으로 다룰 예정이다.

생물권과 지권의 생물들 사이에는 강한 공생 관계가 존재한다. 지권에서 번성하는 생물 종류는 지권의 성질에 의해 정해진다. 대체로 생물은 지권 토양의 성질과 생산성을 결정해 왔다. 아주 적절한 예는 시권의 미생물에 의한 식물의 부분적인 생분해로부터 토양 부식 물질(토양 비옥도의 주요 기여 요인)을 생산하는 것이다.

14.2 지권의 물리적 형태

지권의 물리적 형태에 대한 가장 근본적인 측면은 지구의 모양 및 크기와 관련되어 있다. 지구는 **지오이드(geoid**, 대양의 평균 해면과 대륙 밑의 가상적인 해면으로 이어진 표면)의 모양을 가진다. 지구는 지구 표면 여러 곳의 다양한 중력 차이로 인하여 완벽한 구의 모습이 아니다. 이렇게 약간 고르지 못한 모양은 경도, 위도, 그리고 해발 고도에 따라 지구 표면상 점의 위치를 정확히 정하는 조사에 있어 중요한 고려 사항이다. 지권에 대한 인간의 직접적인 관심은 지형과 지형에 일어나는 여러 변화 과정의 근본적인 성질이며. 이 분야에 대한 학문을 **지형학(geomorphology)**이라고 한다.

14.2.1 판 구조론과 대륙 이동

1900년대 중반에 많은 논란을 불러 일으키며 등장한 판 구조론은 지구의 표면을 거대한 암석권의 판들로 구성된 동적인 시스템으로 간주한다. 그리고 이 판들 위에 각 대륙과 태평양이 놓여 있으며, 각각이 하나의 단위체로 거동한다고 본다.[4] 이 판들은 지구의 상부 맨틀의 일부분으로, 비교적 약하고 부분적으로 용융된 층인 **연약권(asthenosphere)**의 맨 위에서 매년 수 cm의 평균 속도로 이동한다. 갑작스럽게 판이 움직일 때는 지진이 발생한다. 마그마가 판 경계를 따라 표면으로 올라오면 뜨겁고 용융된 암석, 재, 가스의 분출이 화산의 형태로 나타난다. 판 구조론에 대한 과학은 해양 바닥이 열리고 넓혀짐에 따른 해양의 생성과 확장, 대륙의 충돌과 분리, 산맥의 형성, 화산섬의 생성 등 지권에 영향

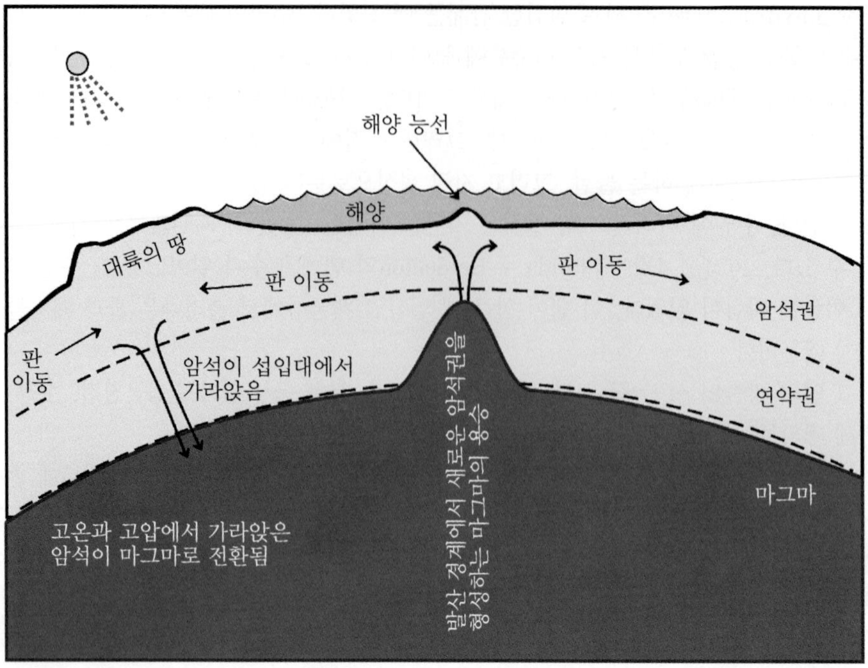

그림 14.2 지권의 구조상 순환. 발산 경계는 멀어져 가는 지각 판 사이의 해저에 형성되고, 뜨거운 마그마가 용승과 냉각을 거쳐 새로운 고체 암석을 형성하는 곳에 존재하면서 해양 능선을 만든다. 수렴 경계는 판이 서로를 향해 접근하는 곳에 존재하면서, 물질을 섭입대의 암석권 아래로 밀어 넣고 새로운 용융 마그마를 형성하거나, 경우에 따라 물질을 위쪽으로 밀어 올려 산맥을 생성한다. 서로에 대해 옆으로 움직이는 두 개의 판은 지진이 발생하는 단층선을 만든다.

을 주는 대규모 현상을 설명한다(그림 14.2).

지권은 대단히 다양하고 지속적으로 변하는 물리적 형태이다. 지구 땅덩어리의 대부분은 방대한 해양에 의해 서로 떨어져 있는 몇몇 대륙에 속한다. 대륙을 가로질러 우뚝 솟은 산맥이 있기도 하고, 어떤 위치에서는 해양의 바닥이 엄청나게 깊다. 멀리 떨어져 있는 대륙들이 한때 서로 연결되어 있었으며, 대륙 이동의 결과로 서로 움직인 것이라는 확실한 증거가 존재한다. 아프리카와 서부 해안 및 남아메리카의 동부 해안이 서로 꼭 들어맞는다는 것이 그 한 가지이다. 현재 우리는 약 2억 년 전에 땅의 지구 대부분이 오늘날 Gondwana 대륙이라 부르는 초대륙(supercontinent)의 일부였다고 믿는다. 이 대륙은 갈라져서 Madagascar, Seychelle 제도(인도양 서부의 92개 섬으로 된 공화국), 인도뿐만 아니라 남극 대륙, 오스트레일리아, 아프리카, 남아메리카의 현재 대륙을 형성하였다.

판 사이의 경계는 지진, 화산 활동과 같은 대부분의 지질학적 활동이 일어나는 곳이다. 이러한 경계는 지각 구조상 순환(tectonic cycle)의 일부분이며, 다음 세 가지 유형이 있다.

- **발산 경계(divergent boundary)** 이 경계에서는 판들이 서로 멀리 이동한다. 주로 해양 바닥에서 일어나며, 이곳에서 뜨거운 마그마가 솟아 나오고 식으면서 새로운 고체 암석권을 생성한다. 이 새로운 고체 물질은 **해양 능선(ocean ridge)**을 만든다.
- **수렴 경계(convergent boundary)** 이 경계에서는 판들이 서로를 향해 이동한다. 하나의 판이 **섭입대(subduction zone)**에서 다른 판 밑으로 눌리기도 한다. 섭입대에서는 물질이 연약권 안에 묻혀 결국 다시 용융되어 새로운 마그마를 형성한다. 이런 일이 일어나지 않을 때는 충돌 경계를 따라 암석권이 밀어 올려져 산맥을 형성한다.
- **변환 단층 경계(transform fault boundary)** 이 경계에서는 두 개의 판이 수평 방향으로 서로를 스쳐 지나간다. 이때 경계에서는 단층이 생기고, 그 결과 지진이 일어난다.

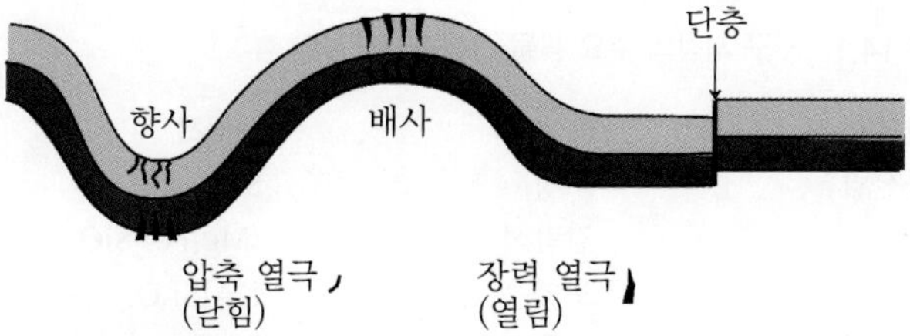

그림 14.3 습곡(향사와 배사)은 암석층이 구부러지면서 형성된다. 단층은 암석층이 서로에 대해 수직으로 또는 옆으로 밀리면서 형성된다.

14.2.2 구조 지질학

지구 표면의 모양은 지질학적 과정에 의해 계속해서 변하고 있다. 산의 형성과 같은 과정에서 암석이 이동하게 되면 원래 암석의 형태는 크게 바뀔 수 있다. 반대로 매우 작은 규모, 즉 미시적인 수준에서는 물질의 결정 구조에 결함이 생길 수 있다. **구조 지질학(structural geology)**에서는 광범위한 지질학적 구조의 기하학적 형태, 지질학적 과정에 의해 생성된 구조의 성질, 그리고 습곡, 단층, 그 밖의 지질학적 구조의 형성을 연구한다.

1차 구조(primary structure)는 원래의 물질에서 바위 덩어리가 형성되면서 결과로 나타나는 것들이다. 1차 구조가 수정되고 변형되어 **2차 구조(secondary structure)**가 된다. 구조 지질학의 기본 전제는 층을 가진 바위 대부분이 수평적 배치를 통해 쌓인 것이라는 것이다. 만일 이렇게 형성된 조직의 서로 다른 부분이 분리되지 않은 상태로 금이 가면, **절리(joint)**가 형성된다. 반면, 서로 분리되어 움직인다면 **단층(fault)**이 생성된다(그림 14.3).

구조 지질학에서는 지질학적 형태 또는 대상 물질에 놓이는 힘, 즉 **스트레스(stress)**와 그것으로 인해 생성되는 **변형(strain)** 간의 관계를 매우 중요시한다. 따라서 구조 지질학의 중요한 분야 중의 하나는 고체와 반고체의 변형과 흐름을 다루는 **유변학(rheology)**이다. 지구 표면의 조건에서 암석은 강하고 단단하며 잘 부서지는 경향이 있으나, 지구의 깊은 곳, 즉 높은 온도와 압력 조건에서는 약하고 유연해지는 유변학적 특징을 보인다.

14.3 지권에서 고체의 본질

환경 화학은 지구의 바깥 피부에 해당하는 **지각(crust)**에 주로 관심을 두며, 인간은 주로 지각의 윗부분에 접근할 수 있다. 지각은 지구의 시름에 비해 극히 얇은 층으로 두께가 5~40 km이다.

대부분의 고체 지구 지각은 암석으로 이루어져 있고, 암석은 광물로 구성되어 있다. **광물(mineral)**이란 뚜렷한 내부 결정 구조와 화학 조성을 지니는, 자연적으로 생성되는 무기 고체를 말한다. **암석(rock)**은 순수한 광물 또는 둘 이상의 광물이 모인 것이 단단하게 응집된 덩어리이다.

14.3.1 광물의 구조와 성질

광물은 두 가지 특성을 나타낸다. 하나는 광물의 **화학식(chemical formula)**으로 표현되는 화학 조성이고, 다른 하나는 광물 결정에서 원자와 이온이 서로 배열되어 있는 방식인 고유의 **결정 구조(crystal structure)**이다. 광물의 특징을 규정하는 광물의 물리적 성질에는 경도, 광택, 색, 조흔(streak), 비중, 쪼개짐(cleavage), 깨짐(fracture), 점착성(tenacity) 등이 있다.[5]

14.3.2 광물의 종류

광물의 종류는 2천여 종으로 알려져 있으나, 대부분의 지구 지각을 이루는 광물은 약 25개의 **암석 형성 광**

표 14.1 지구 지각의 주요 광물 그룹

광물 그룹	예	화학식
규산염	수정	SiO_2
	감람석	$(Mg,Fe)_2SiO_4$
	포타슘 장석	$KAlSi_3O_8$
산화물	강옥	Al_2O_3
	자철광	Fe_3O_4
탄산염	방해석	$CaCO_3$
	백운암	$CaCO3 \cdot MgCO_3$
황화물	황철광	FeS_2
	방연광	PbS
황산염	석고	$CaSO_4 \cdot 2H_2O$
할로젠화물	암염	NaCl
	형석	CaF_2
원소 광물	구리	Cu
	황	S

물(**rock forming mineral**)이다. 이러한 광물의 본질은 지각의 원소 조성을 살펴봄으로써 더욱 쉽게 이해할 수 있다. 지구 지각에 포함된 원소 중 산소와 규소의 질량비는 각각 49.5%, 25.7%이다. 그러므로 대부분의 광물은 석영(quartz, SiO_2), 정장석(orthoclase, $KAlSi_3O_8$)과 같은 **규산염(silicate)**이다. 이 두 원소 이외에 지각을 이루는 원소는 알루미늄(7.4%), 철(4.7%), 칼슘(3.6%), 소듐(2.8%), 포타슘(2.6%), 마그네슘(2.1%), 그 밖의 다른 미량 원소들(1.6%)이다. 표 14.1은 지각의 주요 광물을 정리한 것이다.

2차 광물(secondary mineral)은 모체 광물이 변화되면서 생성된다. **점토(clay)**는 2차 광물 중 가장 중요한 부류로서, 대개 알루미늄이 함유되어 있는 규산염 광물이다. 감람석, 휘석, 각섬석, 장석은 모두 점토의 구성 성분이다. 점토는 14.5절에서 상세히 살펴볼 것이다.

증발물(evaporite)이란 건조한 조건에서 침전된 가용성 염을 말하는데, 대개 바닷물이 증발하면서 생성된다. 가장 대표적인 증발물은 **암염(halite**, NaCl)이고, 또 다른 예는 경석고(anhydrite, $CaSO_4$)이다. 많은 증발물은 수화물의 형태로도 존재하며, 석고(gypsum, $CaSO_4 \cdot 2H_2O$)가 한 가지 예이다. 매우 중요한 수화 증발물은 탄산 소다석(trona, $Na_2CO_3 \cdot NaHCO_3 \cdot 2H_2O$)으로, 미국 Wyoming 주에 대량으로 존재하고, 이로 인해 많은 양의 $CaCl_2$ 폐기물이 나오는 오래된 Solvay 과정을 대체하게 되었다.

칠레 초석($NaNO_3$)으로 불리는 증발물은 북부 칠레의 고온 건조한 지역에 존재하고, 산화 질산염으로서의 뛰어난 안정성 때문에 화학적으로 독특하다고 할 수 있다. 이것은 한때 폭발물과 다른 질소 함유 화학 물질의 제조를 위한 인류권 사용의 세계 최고 원천이었다. 그 근원에 대해서는 아직 논쟁의 여지가 있지만, 대부분은 질산 이온이 풍부한 물 비말(water spray)의 건조에 기인하는 것으로 생각된다.

화산에서 분출되는 마그마 온도에서는 여러 광물이 기체상으로 존재하며, 화산 가스와 함께 이동된다. 이러한 종류의 물질들은 화산 입구 근처에서 응축되는데, 이것을 **승화물(sublimate)**이라고 한다. 황 원소는 대표적인 승화물이다.

14.3.3 암석 순환과 화성암, 퇴적암, 변성암

지구 표면 아래의 깊은 곳에는 온도가 매우 높아 암석과 광물이 녹아 형성된 **마그마(magma)**라 불리는 용융 물질이 있다. 이 마그마가 냉각되고 고형화되면 **화성암(igneous rock)**이 형성된다. 대표적인 화성암은 화강암, 현무암, 석영(SiO_2), 휘석[$(Mg,Fe)SiO_3$], 장석[$(Ca,Na,K)AlSi_3O_8$], 감람석[$(Mg,Fe)_2SiO_4$], 자철광(Fe_3O_4) 등이다. 화성암은 온도와 압력이 높고, 물이 부족하며, 화학적으로 환원 조건이 되면 형성된다. 지표면에 노출된 화성암은 습하고 산화성이며, 낮은 온도와 낮은 압력의 조건에 놓이게 된다. 이 조건은 화성암이 형성될 때의 조건과 반대되는 것으로, 화성암이 그 주위 환경과 화학적 평형을 이루지 않는다는 것을 의미한다. 결과적으로, 이러한 조건에 노출된 화성암은 **풍화 작용(weathering)**이라고 불리는 과정에 의해 조각조각 부서진다. 화성암은 대체로 단단하고 기공이 없으며 반응성이 낮기 때문에, 풍화 작용은 매우 느리게 일어나는 경향이 있다. 풍화 작용으로 부서진 물질들은 바람, 물, 또는 빙하에 의한 침식 과정을 통해 이동되며, **퇴적물(sediment)** 또는 **토양(soil)**으로 퇴적된다. **암석화(lithification)**는 퇴적물이 **퇴적암(sedimentary rock)**으로 변환되는 과정을 의미한다. 퇴적물과 퇴적암은 원래의 화성암과는 달리 다공성이고, 부드러우며, 화학적으로 활성을 띤다. 퇴적암은 열과 압력에 의해 **변성암(metamorphic rock)**으로 변환된다.

퇴적암은 화성암이 풍화 작용에 의해 침식되면서 생기는 고체 입자로 구성된 **쇄설암(detrital rock)**일 수도 있다. 석영은 풍화 작용의 영향을 가장 덜 받고 화학적 변화를 거의 겪지 않으며 이동된다. 퇴적암의 두 번째 종류는 가용성 풍화 산물이나 콜로이드성 풍화 산물이 침전하거나 정전기적으로 응집하여 생성된 **화학적 퇴적암(chemical sedimentary rock)**이다. **유기 퇴적암(organic sedimentary rock)**에는 식물과 동물의 잔류물이 포함되어 있다. 칼슘과 마그네슘의 탄산 광물인 **석회석(limestone)**과 **백운암(dolomite)**은 퇴적암 가운데 특히 풍부한 종류이다. 퇴적암의 중요한 예는 다음과 같다.

- 석영과 같은 모래 크기의 광물 입자로부터 생성된 사암(sandstone)
- 다양한 크기의 비교적 큰 입자로 구성된 역암(conglomerate)
- 매우 미세한 미사(silt) 또는 점토(clay) 입자로 형성된 세일(shale)
- 탄산 칼슘($CaCO_3$)의 화학적 또는 생화학적 침전으로 생성된 석회암(limestone)

$$Ca^{2+} + CO_3^{2-} \rightarrow CaCO_3(s)$$

$$Ca^{2+} + 2HCO_3^- + h\nu(\text{조류 광합성}) \rightarrow \{CH_2O\}(\text{바이오매스}) + CaCO_3(s) + O_2(g)$$

- SiO_2의 미세 결정으로 구성된 규질암(chert)

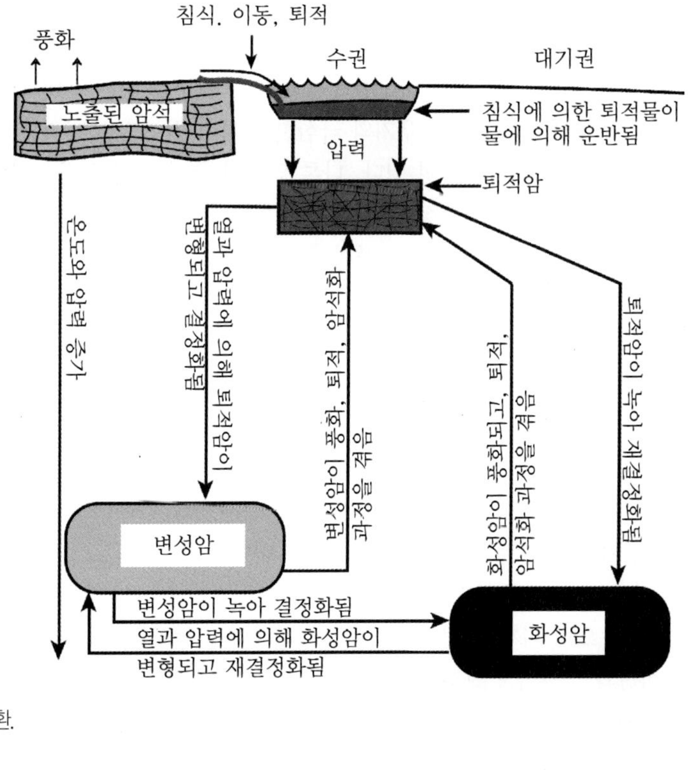

그림 14.4 암석 순환.

14.3.4 암석의 순환

화성암, 퇴적암, 변성암 사이에서 일어나는 상호 교환과 변환 및 그에 따르는 과정은 **암석 순환(rock cycle)**에 의해 설명된다. 이러한 세 종류의 암석은 다른 형태의 암석으로 변화될 수 있다. 또 암석 순환 과정에서 같은 종류의 다른 암석으로도 변화될 수 있다. 그림 14.4는 암석의 순환을 나타낸다.

14.4 지구화학과 암석의 풍화 작용

지구화학(geochemistry)은 암석권의 화학종, 화학 반응, 화학 과정, 그리고 이들이 대기권 및 수권과 이루는 상호 작용을 다룬다. 지표면 환경의 화학적 특성을 결정하는 암석/물/공기/생명 시스템 사이의 복잡한 상호 작용을 연구하는 지구화학 분야를 **환경 지구화학(environmental geochemistry)**이라고 한다.[6] 지구화학과 하위 학문인 환경 지구화학은 다양한 환경 관련 응용 가능성을 지닌 환경 화학의 매우 중요한 분야이다.

암석의 해체를 의미하는 **풍화 작용(weathering)**은 암석 순환과 관련지어 앞에서 언급하였듯이 중요한 지구화학 현상의 하나이다. 광물이 겪은 풍화 작용은 크게 초기 단계, 중간 단계, 후기 단계로 분류할 수 있다. 풍화 작용의 단계는 첫째로 시간, 둘째로 공기, 이산화 탄소, 물과 같은 화학적 조건, 셋째로 온도, 물, 공기와의 혼합, 생물학적 영향과 같은 물리적 조건에 따라 결정된다.

탄산염, 석고, 감람석, 장석, 철(II)이 풍부한 물질처럼 반응성과 가용성이 좋은 광물은 그 반응성 때문에 초기 풍화 단계에서만 그 형태가 유지된다. 이 단계의 특징은 건조한 조건, 낮은 침출률, 유기 물질의 부재, 환원 조건, 그리고 제한된 노출 시간이다. 석영, 질석(vermiculite), 녹점토(smectites)는 중간 단계까지 그 형태가 유지되는데, 실리카, 소듐, 포타슘, 마그네슘, 칼슘, 철(II)이 유지되어 있는 것으로 확인될 수 있다(단, 여기서 철(II)이 산화물에 들어 있는 경우는 제외함). 이러한 물질들은 마지막 단계인 후기 단계에서 이동된다. 이 단계의 특징으로는 담수에 의한 집중적인 침출, 낮은 pH, 철(II)을 철(III)으로 변하게 하는 산화 조건, 알루미늄의 하이드록실 중합체의 존재, 실리카의 분산을 들 수 있다.

14.4.1 풍화의 물리적 측면

풍화 작용의 대부분은 큰 암석이 매우 작은 알갱이, 모래, 그리고 곱게 다져진 가루와 같은 작은 것들로 단순히 부서지는 물리적 과정이다. 암석이 노출되어 있는 물리적 조건은 풍화 작용에 큰 영향을 줄 수 있다. 암석은 결빙과 해빙이 반복되거나 우기와 극심한 건기가 반복되는 것과 같은 연중 물리적 조건이 크게 변할 때 더 빨리 풍화되는 경향이 있다. 다른 역학적 측면은 광물의 수화와 탈수에 따른 팽창과 수축, 바위 틈새로 자라는 뿌리의 성장이 있다. 온도도 풍화에 기여하는데, 이는 낮은 온도와 높은 온도가 번갈아 나타나는 순환에 의해 물리적 풍화가 촉진되기 때문이다.

14.4.2 화학적 풍화

화학 현상으로서의 풍화 작용은 암석/물/광물 시스템이 평형을 이루려는 경향의 결과로 간주할 수 있다. 화학적 풍화 작용은 용해/침전, 산-염기 반응, 착물화, 가수 분해, 그리고 산화-환원의 일반적인 화학 메커니즘을 통해 일어난다.

풍화 작용은 건조한 공기에서 매우 더디게 일어나지만, 물이 존재하면 엄청나게 빠르게 일어난다. 물은 그 자체가 화학적 활성이 있는 풍화 물질이기도 하지만, 좋은 용매로서 그 안에 풍화를 일으키는 물질을 담고 있으면서 암석 광물의 화학 활성 자리로 이동시킨다. 물은 이 풍화 물질을 광물 표면에 분자와 이온 크기 수준으로 가까이 접촉시키는 역할을 한다. 풍화를 일으키는 대표적인 물질로는 CO_2, O_2, 유기산(부식산과 풀빅산도 포함. 2.17절 참조), 황을 포함하는 산($SO_2(aq)$, H_2SO_4), 그리고 질소를 포함하는 산(HNO_3, HNO_2)이 있다. 또한 물은 다음과 같이 기체가 물에 녹아 산이 될 때 필요한 H^+를 공급하기도 한다.

$$CO_2 + H_2O \rightarrow H^+ + HCO_3^- \quad (14.1)$$

$$SO_2 + H_2O \rightarrow H^+ + HSO_3^- \quad (14.2)$$

빗물은 근본적으로 광물 용질을 포함하지 않지만, 보통 용존 이산화 탄소로 인해 약한 산성을 나타내거나 산성비를 형성하는 성분으로 인해 꽤 강한 산성을 띠기도 한다. 빗물은 약한 산성을 띠고 알칼리도가 낮으며 용존 칼슘염이 부족하기 때문에 여러 종류의 광물에 대하여 **화학적으로 공격적**이다. 따라서 광물은 빗물에 의한 화학적 풍화 과정을 통해 분해된다. 이와 같은 과정의 결과로, 강물에는 빗물보다 무기 고체가 더 높은 농도로 녹아 있게 된다.

화학적 풍화 과정은 아래와 같은 주요 범주로 분류할 수 있다.

- **수화/탈수(hydration/dehydration)**

$$CaSO_4(s) + 2H_2O \rightarrow CaSO_4 \cdot 2H_2O(s)$$

$$2Fe(OH)_3 \cdot xH_2O(s) \rightarrow Fe_2O_3(s) + (3+2x)H_2O$$

- **용해(dissolution)**

$$CaSO_4 \cdot 2H_2O(s)(\text{물}) \rightarrow Ca^{2+}(aq) + SO_4^{2-}(aq) + 2H_2O$$

- **산화(oxidation)**

  예) 황철광 용해

$$4FeS_2(s) + 15O_2(g) + (8+2x)H_2O \rightarrow 2Fe_2O_3 \cdot xH_2O + 8SO_4^{2-}(aq) + 16H^+(aq)$$

  예) 2가 철(II) 광물이 용해된 후 2가 철(II)이 3가 철(III)로 되는 산화 과정

$$Fe_2SiO_4(s) + 4CO_2(aq) + 4H_2O \rightarrow 2Fe^{2+} + 4HCO_3^- + H_4SiO_4$$

$$4Fe^{2+} + 8HCO_3^- + O_2(g) \rightarrow 2Fe_2O_3(s) + 8CO_2 + 4H_2O$$

  위의 두 번째 반응은 첫 번째 반응이 일어난 곳에서 멀리 떨어진 장소에서 일어날 수도 있는데, 만일 그렇다면 이는 철의 이동을 의미하는 것이다. 철, 망가니즈, 황은 풍화 과정의 일부로서 산화 과정을 겪는 대표적인 원소들이다.

- **가수 분해에 의한 용해(dissolution with hydrolysis)**

  예) 탄산 광물의 용해와 함께 일어나는 탄산 이온의 가수 분해

$$CaCO_3(s) + H_2O \rightarrow Ca^{2+}(aq) + HCO_3^-(aq) + OH^-(aq)$$

  예) 가수 분해는 규산염이 풍화 작용을 겪는 주요 수단이며, 그 대표적인 예로는 고토감람석(forsterite)의 가수 분해 반응이다.

$$Mg_2SiO_4(s) + 4CO_2 + 4H_2O \rightarrow 2Mg^{2+} + 4HCO_3^- + H_4SiO_4$$

  규산염의 풍화 작용을 통해 H_4SiO_4와 같은 가용성 규소와 규소가 포함된 잔류 광물(점토 광물)이 생성된다.

- **산 가수 분해(acid hydrolysis)**

  예) CO_2가 풍부한 물에서 많은 양의 $CaCO_3$와 $CaCO_3 \cdot MgCO_3$의 용해

$$CaCO_3(s) + H_2O + CO_2(aq) \rightarrow Ca^{2+}(aq) + 2HCO_3^-(aq)$$

- **착물화(complexation)**
  예) 백운모[$(K_2(Si_6Al_2)Al_4O_{20}(OH)_4$]의 알루미늄과 옥살산 이온($C_2O_4^{2-}$)의 반응

$$K_2(Si_6Al_2)Al_4O_{20}(OH)_4(s) + 6C_2O_4^{2-}(aq) + 20H^+ \rightarrow 6AlC_2O_4^+(aq) + 6Si(OH)_4 + 2K^+$$

지금까지 예로 든 것과 같은 반응들은 지표수와 지하수에 존재하는 용질의 종류와 농도를 결정한다. 특히, 산 가수 분해는 규산염 광물로부터 Na^+, K^+, Ca^{2+}와 같은 원소가 방출되도록 하는 주 과정이다.

14.4.3 풍화의 생물학적 측면

생물, 특히 지의류는 풍화 작용과 토양의 형성에 큰 역할을 한다. 암석 표면의 작은 구멍에는 풍화 생성물과 더불어 물, 무기 및 유기 물질 부스러기가 축적되어 아주 작은 생태계가 형성될 수 있다(그림 14.5). 지의류 이외에도, 질소를 고정하는 남세균, 녹조류, 진균, 세균, 곤충들이 이 생태계의 구성원이 될 수 있다. 생물체는 유기산을 방출하고 식물 물질 일부를 생분해하여 부식 물질을 생성한다. 이들 물질은 암석을 풍화시키고 구멍을 크게 만드는 역할을 한다. 이런 과정이 일어날 때 암석으로부터 작은 광물 결정이 떨어져 나와 추가의 풍화 과정을 겪을 수 있다. 궁극적으로 풍화 생성물, 바람에 날려 온 먼지, 그리고 유기 물질이 구멍 속에서 토양을 만든다. 이것으로 관다발 식물이 이 작은 생태계에 자리 잡고 자랄 수 있으며, 뿌리와 관련된 세균 작용을 통해 암석의 추가 풍화에 기여하게 된다.

풍화 작용은 영양분과 독성 물질을 포함한 미량 원소를 물과 토양으로 방출하는 중요한 과정이다. 부식 물질의 한 형태인 풀빅산은 철분이 풍부한 광물의 풍화 작용에서 철을 킬레이트하며, 조류의 성장을 돕기에 충분히 높은 미량 영양소의 농도를 유지하는 역할을 할 수 있다. 황철석(FeS_2) 광물의 세균 매개 풍화 작용은 황산과 과도한 수준의 용존 철을 물에 방출할 수 있으며, 이들은 수생 생명체에 독성을 나타낸다. 산성비와 같은 산성 물에 의한 알루미늄 함유 광물의 용해는 Al^{3+}의 농도를 식물 독성을 띠기 충분한 정도까지 높일 수 있다. 일부 독성 원소는 풍화 작용에 의해 방출된다. 이들 중 하나가 방사성 라듐으로, 특정 종류의 셰일의 풍화 작용으로 방출되는 유해한 물 오염 물질이다. 또 하나는 주로 철분이 풍부한 광물과 관련된 독성 비소이다. 방연석(PbS) 광물에서 침출된 납은 사람과 동물이 소비하는 물에 독성을 부여할 수 있다.

풍화 작용은 필수 식물 영양소를 토양 용액에 방출하며, 이것은 식물 뿌리에 의해 흡수된다. 이 중 가장 중요한 것 중 하나가 포타슘 장석($KAlSi_3O_8$)과 같은 광물의 풍화 작용으로 용액에 들어오는 K^+

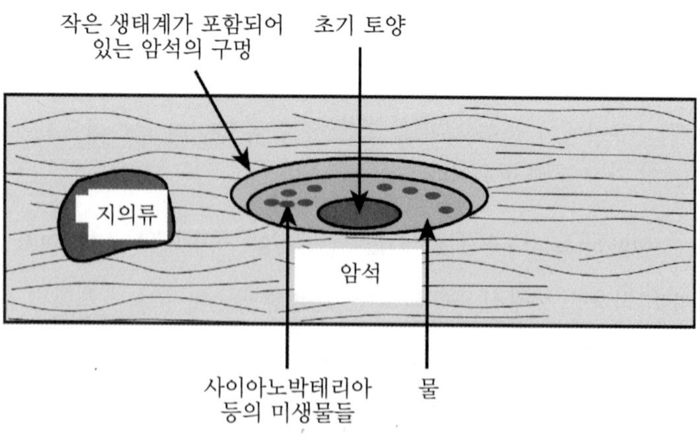

그림 14.5 암석 표면의 구멍에 쌓인 물, 여러 종류의 고체 및 생물들은 풍화 작용에 기여한다. 이러한 구조에는 생물체가 암석의 풍화에 기여하고 풍화에 의해 생성된 물질을 이용하는 작은 생태계가 만들어질 수 있다.

가 이온이다. 인 영양소는 수산화 인회석[$Ca_5OH(PO_4)_3$]의 풍화 작용에 의해 방출된다. 셀레늄은 셀레늄 성분을 많이 함유한 광물에서 침출되며, 과다한 섭취는 독성을 나타낼 수 있고, 그 결핍도 건강(특히 가축의 건강)에 악영향을 미칠 수 있다.

14.5 점토: 특히 중요한 풍화 생성물인 2차 광물

점토(clay)는 광물학에서 매우 흔하고 중요한 물질이다. 점토는 대부분의 토양에 포함된 무기 성분의 주종이며, 수분을 유지하거나 식물의 영양소를 이온 교환하는 데 매우 중요한 역할을 담당한다(15장 참조). 모든 점토는 규산염으로 이루어져 있으며, 대부분의 점토에는 알루미늄과 물이 포함되어 있다. 물리적으로, 점토는 얇은 층 구조를 지니는 매우 미세한 알갱이로 구성되어 있다. 여기에서는 점토를, 얇은 층 구조를 갖는 수화 규산 알루미늄으로 구성된 미세 결정성 2차 광물 그룹으로 정의하기로 한다. 점토 광물은 화학식, 구조, 화학 및 물리적 성질에 따라 구별된다. 점토 광물의 세 가지 주요 그룹은 다음과 같다.

- **몬모릴론석[montmorillonite**, $Al_2(OH)_2Si_4O_{10}$]
- **일라이트[ilite**, $K_{0.2}Al_4(Si_{8-6}Al_{0-2})O_{20}(OH)_4$]
- **카올리나이트[kaolinite**, $Al_2Si_2O_5(OH)_4$]

대부분의 점토에는 많은 양의 소듐, 포타슘, 마그네슘, 칼슘, 철, 미량의 다른 금속들이 포함되어 있다. 점토에 결합된 Ca^{2+}, Mg^{2+}, K^+, Na^+, NH_4^+와 같은 양이온들은 물에 의해 쉽게 침출되지 않고 토양 내에 유지되어 있으며, 식물 영양소로 유용하게 쓰인다. 많은 점토는 물에서 콜로이드 입자의 상태로 부유하기 때문에 토양으로부터 침출되거나 낮은 토양층으로 이동되기도 한다.

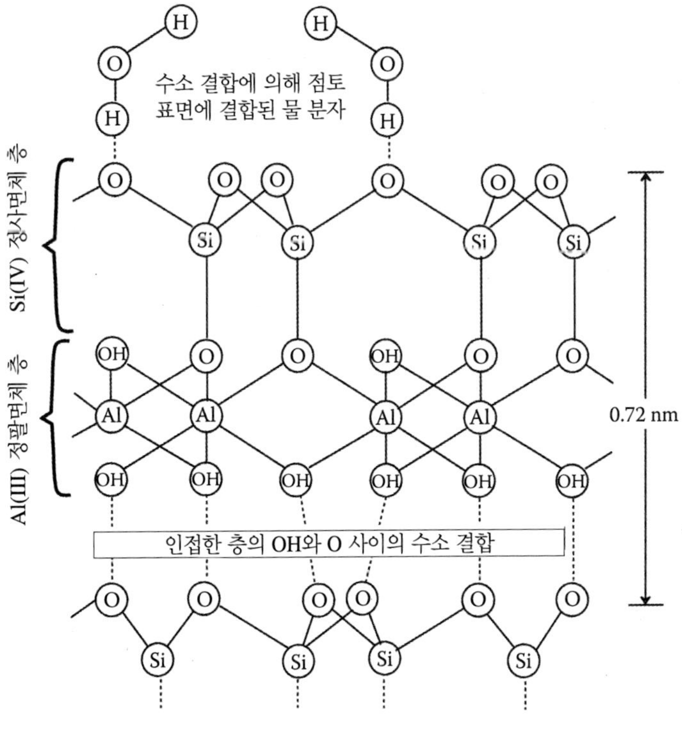

그림 14.6 이중층 점토 구조를 가진 카올리나이트.

감람석, 휘석, 각섬석, 그리고 장석은 모두 점토를 형성하는 모체 광물이다. 점토가 형성되는 한 가지 예로 포타슘 장석암($KAlSi_3O_8$)에서 카올리나이트[$Al_2Si_2O_5(OH)_4$]가 형성되는 것을 들 수 있다.

$$2KAlSi_3O_8(s) + 2H^+ + 9H_2O \rightarrow Al_2Si_2O_5(OH)_4(s) + 2K^+(aq) + 4H_4SiO_4(aq) \quad (14.3)$$

점토의 층 구조는 번갈아 놓여 있는 규소 산화물의 얇은 판과 알루미늄 산화물의 얇은 판으로 구성되어 있다. 규소 산화물의 얇은 판은 규소 원자가 4개의 산소 원자로 둘러싸여 있는 정사면체 형태로 되어 있기 때문에 **정사면체 얇은 판(tetrahedral sheet)**이라고 한다. 알루미늄 산화물은 **정팔면체 얇은 판(octahedral sheet)**의 형태를 이루며, 각각의 알루미늄 원자가 6개의 산소 원자로 둘러싸여 있다. 산소 원자가 알루미늄 원자 사이에 공유되기도 하고, 규소 정사면체 얇은 판 사이에 공유되기도 한다.

구조적으로 볼 때, 점토는 서로 인접한 정사면체 얇은 판과 정팔면체 판 사이에 산소 원자들이 공유된 **이중층 점토(two-layer clay)**와, 하나의 정팔면체 얇은 판이 양쪽 면에 위치한 정사면체 얇은 판과 산소 원자들을 공유하고 있는 **삼중층 점토(three-layer clay)**로 분류된다. 두 개 또는 세 개의 얇은 층을 한 단위로 하여 **단위층(unit layer)**이라고 한다. 이중층 점토의 단위층 두께는 대개 0.7 nm이고, 삼중층 점토의 두께는 0.9 nm를 넘는다. 그림 14.6은 이중층 점토인 카올리나이트를 나타낸다. 어떤 점토, 특히 몬모릴론석의 단위층 사이에는 많은 양의 물이 흡수되는데, 이에 따라 점토는 부풀려진다. 이 현상이 건축물의 지하 벽에 일어나면 그 벽에 엄청난 압력이 가해져 심각한 손상이 발생할 수 있다.

점토 광물은 **이온 치환(ion replacement)**을 통해 음전하를 띨 수도 있다. 예를 들면 Si(IV)와 Al(III) 이온은, 크기는 비슷하고 전하 값이 작은 다른 금속 이온에 의해 치환될 수 있다. 이와 같이, 음전하를 띠는 점토는 전기적 중성을 유지하기 위해 점토의 층 표면에 양이온이 결합되어야 한다. 이때 양이온들은 점토의 결정 격자 내에서 특정한 자리를 차지할 필요가 없으므로, K^+, Na^+, NH_4^+와 같이 비교적 큰 이온일 수도 있다. 이러한 양이온을 **이온 교환성 양이온(exchangeable cation)**이라고 하며, 물속에 있는 다른 양이온들과도 교환된다. 이온 교환성 양이온의 양을 **양이온 교환 용량(cation exchange capacity, CEC)**이라고 하는데, CEC는 100 g의 건조한 점토에 교환될 수 있는 양이온(1가 양이온)의 밀리당량으로 표현된다. CEC는 이온 교환 용량을 지니는 콜로이드와 퇴적물의 매우 중요한 특징이다.

14.6 퇴적물

호수와 하천의 퇴적물과 마찬가지로, 광활한 면적의 땅도 퇴적암으로부터 형성된다. 이러한 많은 물질의 성질은 그 물질의 출처와 이동에 크게 의존한다. 바람도 이동을 위해 중요한 역할을 하지만, 주로 물이 퇴적물의 이동 수단이다. 매년 수억 톤의 퇴적물이 큰 강에 의해 이동된다.

하천에서 흐르는 물은 강기슭을 갈아내어 퇴적 물질을 먼 거리로 운반한다. 퇴적 물질은 하천의 흐르는 물에 의해 다음과 같은 방식으로 운반될 수 있다.

- 용액에 존재하는 퇴적물 형성을 위한 광물의 **용해 하중(dissolved load)**
- 퇴적물이 부유한 상태로 운반되는 **부유 하중(suspended load)**
- 하천의 바닥을 따라 끌리는 **하상 하중(bed load)**

용해 하중의 직접적인 예 중 하나는 '용해된 탄산수소 칼슘 형태로서 탄산 칼슘이 이동'하는 것으로, 이것이 가장 일반적인 유형이다. 탄산 칼슘과 접촉하고 있고 충분한 용존 이산화 탄소(대개 세균의 작용에 의해 생성됨)를 갖고 있는 물은 Ca^{2+}와 HCO_3^-를 포함하고 있다. 이렇게 **일시적 경도**(*temporary hardness*)를 나타내는 칼슘 이온을 포함하고 있는 물이 흐를 경우, 물은 대기권에 CO_2를 잃거나 조류가 CO_2를 소모하거나 용존 염기와 접촉하여 보다 염기성을 띨 수 있으며, 이에 따라 불용성 $CaCO_3$의 퇴적이라는 결과가 나타날 수 있다.

$$Ca^{2+} + 2HCO_3^- \rightarrow CaCO_3(s) + CO_2(g) + H_2O \quad (14.4)$$

용해 하중을 지니고 있는 흐르는 물 상당량은 지하로부터 스며나온 것인데, 그 이유는 지하에서는 물이 암석층을 흐르면서 암석으로부터 광물을 용해할 수 있는 기회가 있기 때문이다.

대부분의 퇴적물은 부유 하중으로 하천에 의해 이동된다. 부유 하중의 모습은 농업 지역에서 유출되어 강으로 흐르는 물에 포함된 '진흙더미', 또는 빙하가 녹아 생기는 Alps 지역의 하천에서 발견되는 미세하게 다져진 암석에서 확인할 수 있다. 보다 큰 입자들은 빠르게 흐르는 물에서 이동될 수 있으나, 보통의 조건에서 대부분의 부유 하중은 미세하게 다져진 미사, 점토, 또는 모래로 이루어져 있다. 하천에서 부유 퇴적 물질이 이동되는 정도와 속도는 물 흐름의 속도와 부유 입자의 퇴적 속도에 의존한다.

하상 하중은 하천이 흐르는 방향으로 물이 '미는' 작용에 의해 하천 바닥을 따라 이동한다. 하상 하중으로서 이동하는 입자는 쉼 없이 지속적으로 이동하는 것이 아니다. 그러한 입자의 분쇄 작용은 하천 침식의 중요한 원인 중 하나이다.

일반적으로 하천 퇴적물의 약 2/3는 부유 하중으로, 약 1/4은 용해 하중으로, 나머지 비교적 작은 비율은 하상 하중으로 운반된다. 하천이 퇴적물을 운반할 수 있는 능력은 질량 유량과 부피 유량 모두에 의존하는데, 홍수철에는 이 두 인자가 모두 증가한다. 그러므로 홍수는 퇴적물의 이동에 있어 특히 중요한 자연 현상이다.

하천은 **침식(erosion)**을 통해 퇴적 물질을 동원하고, 강의 흐름에 따라 물질을 **운반(transport)**하며, **침적(deposition)** 과정에서 고체 형태로 내려놓는다. 하천에 의해 운반되는 퇴적층을 **충적토(alluvium)**라고 한다. 강물이 천천히 흘러 퇴적에 유리한 조건이 생성되면, 크고 쉽게 가라앉는 입자들이 우선적으로 쌓이게 된다. 이것은 충적토 퇴적층에 비슷한 크기와 형태의 입자들이 함께 나타나는 **분급(sorting)** 현상을 가져온다. 하천이 제방을 넘쳐 흐르는 범람원 지역에는 많은 퇴적물이 퇴적된다.

14.7 지권의 지하수

지하수(그림 14.7)는 2차 광물의 생성과 같은 지구화학 과정에 결정적인 역할을 수행하는 매우 중요한 자원이다. 지하수의 본질과 수질, 이동성은 모두 물을 유지하고 있는 암석층에 크게 의존한다. 암

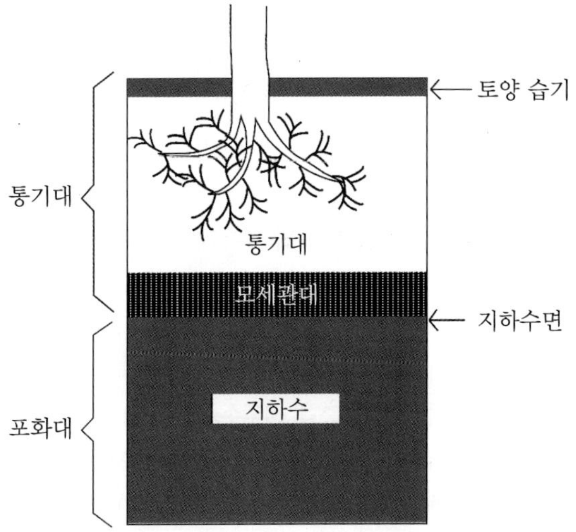

그림 14.7 지하 물 분포의 주요 특징.

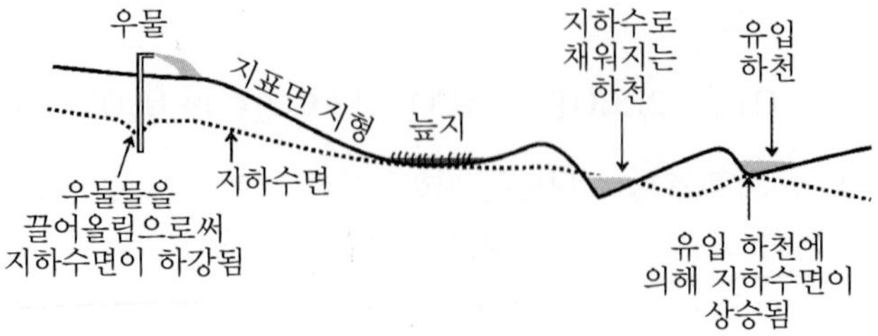

그림 14.8 지하수면과 지하수면에 영향을 미치는 지표면 특징 요소들.

석층이 갖는 중요한 물리적 특성 중 하나는 **공극성(porosity)**으로, 이것은 물을 담아낼 수 있는 암석의 부피 비율을 결정한다. 두 번째 중요한 물리적 특성은 **투과성(permeability)**으로, 이것은 암석을 통과하는 물 흐름의 정도를 결정한다. 높은 투과성은 대체로 높은 공극성과 함께 나타난다. 그러나 점토는 그 부피에 물이 큰 비율로 채워져 있지만 낮은 투과성을 보이는 경향이 있다.

대부분의 지하수는 비 또는 눈의 형태로 땅에 떨어지는 **기상상의 물(meteoric water)**에 근원을 둔다. 이러한 물이 증발, 증산, 하천 유출로 손실되지 않는다면, 땅속으로 스며들 것이다. 건조한 토양에 떨어진 물의 초기 양은 토양 표면의 막을 형성하거나 **토양 수분 층(belt of soil moisture)**에 존재하는 토양 입자의 미세한 구멍에 들어가서 매우 강하게 유지될 것이다. 중간 정도의 깊이에서는 토양 입자들이 물의 막으로 덮이지만, 공기가 토양의 큰 공간에 여전히 남아 있을 것이다. 이러한 지역을 **불포화대(unsaturated zone)** 또는 **통기대(zone of aeration)**라고 하며, 이 안에 존재하는 물을 **순환수(vadose water)**라고 한다. 적절한 양의 물이 존재하는 더 깊은 곳에서는 모든 공간이 물로 채워져 있어 **포화대(zone of saturation)**를 이루고, 이 지대의 위층을 **지하수면(water table)**이라고 한다. 포화대에 존재하는 물을 **지하수(groundwater)**라고 한다. 물은 표면 장력 때문에 모세관 크기의 통로를 통해 지하수면의 어느 정도 위로 끌어 당겨지는데, 이 지역을 **모세관대(capillary fringe zone)**라고 한다.

지하수면(그림 14.8)은 우물과 샘의 물 흐름과, 하천과 호수의 수위를 설명하고 예측하는 데 중요하다. 이것은 지하에서 오염 물질과 유해 화학 물질이 물에 의해 이동되는 정도를 결정하는 데에도 중요한 고려 사항이다. 지하수면은 본질적으로 포화대의 윗면과 같은 우물의 평형 상태 수면을 관찰한 후 도표로 나타낼 수 있다. 지하수면은 보통 높이가 일정하지 않고, 표면 지형의 일반적인 등고선을 따르는 경향이 있다. 또 투과성과 물의 침투성의 차이에 따라 다양하게 변한다. 지하수면은 늪지에서는 표면 수위와 같으며, 호수나 하천에서는 지표면보다 대체로 높다. 그러한 곳의 수위는 지하수면에 의해 유지된다. **유입 하천(influent stream)** 또는 저수지는 지하수면보다 위쪽에 위치하며, 아래쪽의 대수층으로 물을 잃고 지표수 밑에 있는 지하수면을 위쪽으로 일부 상승시킨다.

지하수 흐름(groundwater flow)은 지하수의 이용 가능성과 지하 폐기물 쪽으로부터 오염물의 이동을 가늠하는 데 있어서 중요한 고려 사항이다. 지하수의 여러 부분은 서로 수력학적 접촉 상태에 있기 때문에, 지하수의 한 부분에서 수압이 변하면 다른 곳의 수압과 수위도 변하는 경향이 있다. 예를 들어, 어떤 지역에 큰 비가 내려 침투되면, 그곳과 멀리 떨어진 곳의 지하수 수위가 변화될 수도 있다. 지하수 흐름은 중력의 작용에 의해 지하수면이 같은 수위를 유지하려는 경향의 결과로 나타난다.

암석의 투과성은 지하수 흐름에 큰 영향을 미친다. 다공성이거나 심하게 균열된 암석은 비교적 **통과성(pervious)**이 좋다. 이는 물이 구멍, 갈라진 틈, 암석의 흡수공을 통해 이동할 수 있다는 의미이다. 물은 그러한 층에서 추출될 수 있는데, 이 층을 **대수층(aquifer)**이라고 한다. 이에 비해 불투과성이거나 균열되지 않아 지하수를 얻기 어려운 암석층을 **난투수층(aquiclude)**이라고 한다. 불포화대의 통과성이 없는 암석층에서는 표면에서 침투되는 물이 유지되어 **둥지형 지하수면(perched water table)**이 형성되는데, 이 면은 주 지하수면의 위에 위치하며, 그곳에 있는 물은 쉽게 추출될 수도 있다. 그러나 그곳에 있는 물의 양은 제한되어 있고, 오염이 되기도 쉽다.

14.7.1 우물

대부분의 지하수는 포화대에 구멍을 뚫어 만든 우물에 수도꼭지를 연결하여 사용할 수 있다. 지하수의 이용과 남용은 많은 환경적인 영향을 초래한다. 미국에서는 지하수의 약 2/3가 관개용수로 소모되고 있으며, 나머지 적은 양은 산업 지역과 도시에서 소모된다.

지하수를 끌어 쓰면 쓸수록, 그 주위의 지하수면은 낮아진다. 이러한 물의 **수위 저하(drawdown)**는 **침하대(zone of depression)**를 만든다. 극단적인 경우, 지하수가 심하게 고갈되면 지표면이 침강될 수도 있다(이탈리아의 Venice 지역이 홍수에 피해를 입기 쉬운 이유 중의 하나). 심한 수위 저하로 인해 정화조, 쓰레기 매립지, 유해 폐기물 더미와 같은 오염원으로부터 오염물이 침투하여 나오는 결과가 초래될 수 있다. 지하수에 존재하는 용존 철(II)과 망가니즈(II)가 우물 벽에서 공기에 노출되면, 세균의 촉매 과정에 의해 불용성인 철(III)과 망가니즈(IV)의 산화물 퇴적물이 형성될 수 있다.

$$4Fe^{2+}(aq) + O_2(aq) + 10H_2O \rightarrow 4Fe(OH)_3(s) + 8H^+ \tag{14.5}$$

$$2Mn^{2+}(aq) + O_2(aq) + (2x+2)H_2O \rightarrow 2MnO_2 \bullet xH_2O(s) + 4H^+ \tag{14.6}$$

앞서 설명한 과정에 의한 철(III)과 망가니즈(IV)의 퇴적물은 우물 벽에 물이 비교적 통과할 수 없는 얇은 막을 형성한다. 이러한 퇴적물은 물이 우물로 들어가기 위해 지나야 할 공간을 채우며, 이에 따라 물이 함유된 대수층으로부터 우물로 물이 흐르는 것을 방해한다. 이 현상은 지하수를 물 공급원으로 사용하는 지방의 자치제 당국에 큰 문제로 다가온다. 이 문제의 해결을 위해 화학적 또는 기계적 세척, 새로운 우물 개발, 새로운 수원지의 확보까지도 요구된다.

14.7.2 우물과 비소 문제

우물물과 관련된 한 가지 비극적인 문제로 방글라데시의 우물물 비소 오염을 들 수 있다. 이것은 병원균이 없는 음용수를 공급하기 위해 관정을 파는 프로젝트의 결과로 발생하였다. 이 우물들은 대수층에서 침출된 비소로 오염되어 수많은 중독 환자를 초래하였다. 세계보건기구(WHO)가 '역사상 가장 많은 인구의 중독'으로 표현한 이 사건에서, 비소로 오염된 물로 국가 인구의 절반에 해당하는 7천 7백만 명이나 되는 사람들이 독성 수준의 비소에 노출되었다.[7] 1970년대 들어 많은 우물이 제대로 건설된 이후 약 10년 간, 이들 수원에서 나오는 식수를 소비한 주민의 사망 원인 중 20% 이상이 비소 중독에 기인한 것으로 추정된다. 비소 노출량의 상위 25%에 속하는 사람들은 일반적 노출 한도로 받아들여지는 10 μg/L 미만의 사람들에 비해 6년 동안 사망률이 거의 70%가 높았다. 흔히 비소에 기인하는 질환은 방광, 신장, 간, 피부에 발생하는 암이며, 심장 질환의 증가도 포함한다. 주로 음용수에서 발견되는 비소에 대한 과도한 노출은 아르헨티나, 방글라데시, 칠레, 중국, 헝가리, 인도, 멕시코, 네팔, 대반, 미국 등 약 70개국의 일부 지역에서 발생하고 있다고 추정된다.

비소가 지권으로부터 물에 들어갈 수 있는 메커니즘은 여러 가지가 있다. 아마 가장 흔한 것은 철(III) 산화물[침철석, FeO(OH)]에 축적된 비소의 방출이다. 그림 14.9에서 알 수 있듯이, 유기물({CH_2O})에 대한 무산소 세균의 작용에 의해 불용성 철(III)이 가용성 Fe^{2+}로 환원되면, 비소는 가용성 As(III)이나 As(V) 화학종으로 방출된다. 황비철석(arsenopyrite, FeAsS)이 산화되면 비소가 방출될 수 있는데, 이는 지하 매장지에 비소로 오염된 유기 물질(이탄)이 분해되어 비소가 방출될 수 있는 것과 유사하다.

14.8 자연 자본의 원천인 지권

지권은 대부분의 인간을 위한 생활 환경, 현대 문명에 필요한 광물, 그리고 폐기물 처리 공간을 제공하는 엄청난 천연 자원의 원천이다. 지속 가능성과 관련하여 가장 큰 관심사 중 하나는 대체할 수

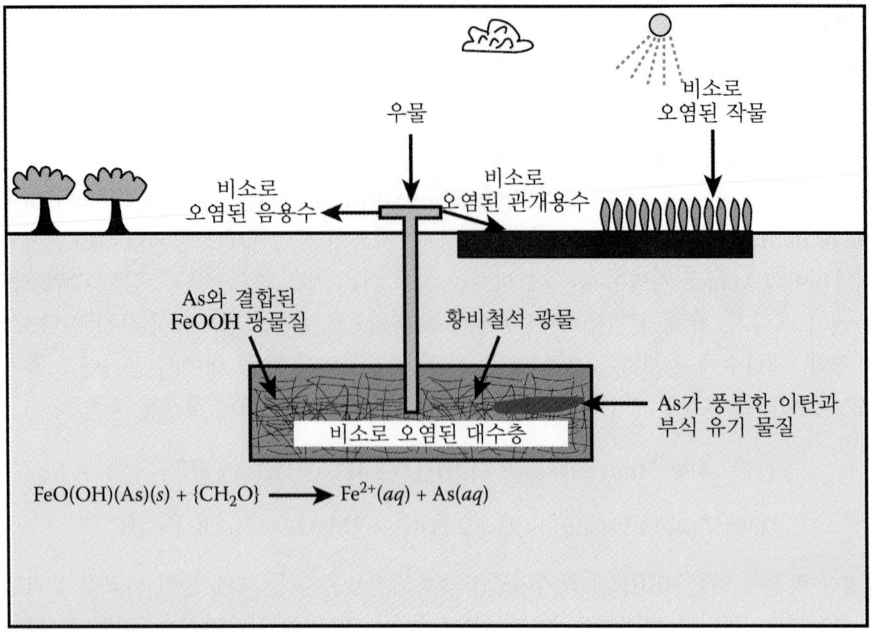

그림 14.9 비소 함유 대수층으로 파 내려간 관정은 용해성 독성 물질인 비소로 오염된 물을 생산할 수 있다. 관개를 위해 물을 사용하면 토양이 비소로 오염되고 비소가 쌀과 같은 작물에 들어갈 수 있다. 이 문제는 방글라데시에서 특히 심각했지만, 전 세계 다른 지역에서도 발생하였다.

없는 필수 자원을 지속 가능한 방식으로 가능한 한 최대로 지권으로부터 취하는 것이다. 기술이 진보함에 따라 특정 지권 자원에 대한 우선순위가 변하고 있다. 최근 몇 년간 **희토류 원소(rare earth element)**에 대한 수많은 용도가 등장하였다. 희토류 원소는 15개의 란타넘족 원소(주기율표상 57번부터 71번까지의 원소)와, 화학적 성질이 란타넘족과 유사한 스칸듐 및 이트륨(원자 번호 21번과 39번인 전이 원소)으로 구성된다. 희토류 원소의 화학적 성질은 일반적으로 매우 유사하기 때문에 서로 분리하는 것은 어려울 수 있다.

희토류를 이용하기 위해 등장한 용도는 다양하다. 다양한 희토류에 대한 응용은 금속 합금, 초전도체, 발광 다이오드에서 다양한 색상으로 빛나는 인광체, 전극, 전해질, 전자 필터, 레이저, 특수(색이 들어간) 안경, X선 관, 수은 증기 램프, 컴퓨터 메모리, 산화제, 환원제 등을 만드는 데에서 찾아볼 수 있다. 희토류는 하이브리드 자동차 및 풍력 터빈에 널리 사용된다. 전하는 바에 따르면, Toyota Prius 하이브리드 자동차 한 대는 전기 모터용으로 자성을 유지하기 위해 소량의 터븀과 디스프로슘이 첨가된 네오디뮴 1 kg과 배터리용으로 란타넘 10~15 kg을 필요로 한다고 알려져 있다.

희토류 원소와 리튬에 대한 새로운 응용 분야가 다소 급격하게 증가함에 따라 공급 문제는 최근 더욱 중요해졌다. 2010년까지 중국(볼리비아에 비하면 작은 규모이지만 상당히 큰 리튬 공급 국가임)은 희토류 원소에 대하여 거의 독점 공급원이었고, 중국 내에서 이 원소들 상당량을 소비하는 첨단 기술 산업이 발달하고 있기 때문에, 다른 나라들은 사용할 수 있는 희토류의 확보에 대하여 우려를 표시하였다. 특히 2010년 중국이 희토류의 수출을 제한했을 때, 이 주요 원소들의 가격이 매우 높은 수준으로 급등하는 매수 공황이 발생하였다. 다행스럽게도 희토류 원소는 심각하게 희귀한 편은 아니어서 중국의 공급 제한은 오히려 다른 국가의 생산량을 늘어나게 하였다. 또한 많은 응용 분야에서 희토류를 적게 사용하도록 하는 방법들이 개발되었다. 가장 주목할 만한 사건은 미국 기업 Molycorp가 투자자들로부터 10억 달러 이상의 자금을 조달받아 California의 Mountain Pass 시설에 대한 거대한 현대화 프로그램을 착수했다는 것이다. 이 회사는 인건비가 싼 중국과의 경쟁의 결과로 폐쇄되기 전까지는 최대의 희토류 공급 회사였었다. 그러나 미국, 일본 등 여러 기술 선진국의 주요 관심사가 된 금속류에 대한 중국의 독점을 극복하기 위해 2021년에 Mountain Pass 광산을 다시 활성화하기 위한 노력이 진행되고 있다.

14.8.1 매우 특별한 리튬

가장 가벼운 금속 원소인 리튬은 기후 변화에 대항하는 싸움에서 매우 중요하다. 그 이유는 인류가 의존하는 에너지를 탄소 배출이 없는 재생 에너지로 대규모로 전환하려면, 전 세계 재생 에너지 생산량의 대부분을 전기 에너지로 저장하고 이동할 수 있는 수단이 필요하기 때문이다. 그리고 지금까지 가장 좋은 방법은 다른 어떤 장치보다 단위 질량당 더 많은 에너지를 저장할 수 있는 충전식 리튬 배터리를 사용하는 것이다.

지금 현재에도 전 세계적으로 충전식 리튬 배터리를 사용하는 많은 장치를 헤아려 볼 수 있는데, 여기에는 휴대전화, 디지털 시계, 랩탑 컴퓨터, 하이브리드 또는 전기 자동차를 들 수 있다. 누구나 자기 집에서 충전식 리튬 배터리의 수를 세어 볼 수 있는데, 이를 굳이 실행에 옮기면 계속 늘어나는 그 총 숫자에 놀랄 수밖에 없다. 이처럼 리튬 전지를 제조하고 응용하는 산업은 금세기 후반까지 매우 빠르게 성장할 것이다.

가장 큰 도전은 적절한 리튬 공급원을 찾는 것이다. 다행히도 리튬은 지구의 지각에 상대적으로 풍부하다. 그런데 이 금속이 부족하다고 인식하는 가장 큰 이유는 최근까지 리튬을 찾아야 할 동기가 상대적으로 거의 없었기 때문이다. 리튬의 가장 풍부한 천연 공급원은 광물 스포듀민(spodumene)인데, 이 광물을 채굴하는 과정은 환경을 파괴한다. 이 원소를 함유한 소금물에서 리튬을 추출하는 것이 더 쉬운 일이지만, 이 또한 환경 문제를 일으킨다.[8]

14.9 지권의 환경 현상

이 장의 후반부에서는 지질학의 환경적인 측면과, 지권과 인간의 상호 작용을 다룬다. 화산 폭발은 엄청난 양의 입자상 물질과 산성 기체를 대기에 분출하여 일시적으로 전 세계적 기후에 영향을 줄 수 있다. 큰 지진은 표면 지형을 망가뜨리고, 지하수 및 지표수의 흐름과 분포를 교란할 수 있다. 또 지권에 대한 인간의 영향, 그리고 지권과 인류권의 강한 상관관계에 대해서도 다룬다.[9]

수십억 년 전 우주에서 먼지 입자가 모여 중력에 의해 유지되는 구 형태를 가지게 된 지구는 지속적인 환경 변화와 붕괴를 겪었다. 초기의 무한히 긴 시대 동안 지구는 인간을 비롯한 그 어떤 생명체도 살기 힘든 곳이었다. 원시 지구에서 작용하는 중력의 압박과 지구 내부의 방사성 원소에 의해 생성되는 열로 인해 행성에 존재하는 대부분의 물질은 액체화되있다. 상대적으로 밀도가 높은 철은 중심에 가라앉았고, 가벼운 광물(주로 규산염)은 고형화되어 표면에 떠 있었다.

사람의 수명을 감안할 때 지구는 거의 감지될 수 없을 정도로 느리게 변하지만, 실제로는 지구가 지속적인 변화와 교란의 상태에 놓여 있다. 지구의 대륙이 생성되고, 서로 떨어져 나가고, 움직이고 있다는 것은 알려진 사실이다. 고대의 해양에서 생성된 암석층은 대륙으로 나왔고, 현재 화산 활동이 알려져 있지 않은 곳에서 거대한 화산 암석이 발견되기도 하였다. 오늘날 성난 지구는 용융 암석을 지표면으로 밀어내고 대륙을 지속적으로 움직이는 엄청난 힘을 풀어놓고 있으며, 이 힘은 화산 활동이나, 매우 큰 땅 덩어리들이 서로 어긋남에 따라 발생하는 지진에서 확인할 수 있다. 지구의 표면은 새로운 산맥이 솟아오르기도 하고 오래된 산맥은 닳아 내려앉기도 하는 등 계속해서 변하고 있다.

인간은 지구의 자원을 개발하고 자연의 과정과 현상을 인류의 이익을 위하여 이용하고자 자연과 함께 하거나, 대항하거나, 아니면 피하며 일하는 법을 배워 왔다. 인간의 노력은 수년 후에 가끔 예측하지 못한 해로운 결과로 나타나기도 했지만, 자연의 지권 현상으로 일어나는 큰 재해 일부를 완화하는 데 어느 정도 성공을 거두었다. 현대 문명과 사실상 인류의 생존은 인간이 얼마나 지혜롭게 지구와 함께 살아가

느냐에 달려 있다. 인간이 지권 환경을 근본적으로 이해하는 것이 매우 중요한 이유는 이 때문이다.

14.9.1 자연 재해

지구는 그 위에 살고 있는 모든 생명체에 다양한 자연 재해를 보여 준다. 어떤 재해는 땅덩어리들이 서로 상대적으로 운동하고 표면 아래로부터 용융 암석이 열과 함께 뚫고 올라오는 것에 기인한 내부 과정의 결과이다. 그러한 재해 중 가장 일반적인 것은 지진과 화산이다. 역사적 기록, 그리고 지구의 표면과 지표 밑을 조사해 보면 파괴적인 지진과 화산 폭발에 대한 많은 예를 찾아볼 수 있다. 지진은 대개 본질적으로 아무런 경고 없이 발생하지만, 화산은 임박한 폭발에 대하여 훨씬 긴 경고 시간을 우리에게 제공한다.

이런 내부 과정은 물질을 위로 밀어내는 경향이 있고, 대부분 악영향을 끼친다. 이에 비해, 표면 과정은 물질이 아래로 내려가려는 경향에 일반적으로 기인한다. 표면 과정에는 침식, 산사태, 눈사태, 이류(mudflow), 함몰 등이 포함된다.

여러 자연 재해는 고체인 땅과, 액체이거나 고체인 물 사이의 상호 작용 및 대립에 기인한다. 아마도 가장 뚜렷한 재해는 너무 많은 물이 내려 하천을 통해 낮은 지역을 흘러나가는 홍수일 것이다. 바람은 물과 협동하여 해변을 침식하고, 해안가 재산 파괴와 같은 파괴적 효과를 증폭할 수 있다. 얼음도 고체인 땅에 큰 영향을 미칠 수 있다. 빙하기에 있었던 이러한 영향의 증거는 빙하가 녹아 표력토(till)가 퇴적되면서 남은 거대한 빙퇴석(glacial moraines)과 빙상(ice sheet)이 이동하면서 남긴 특색 있는 경관이다.

14.9.2 인위적 재해

인간의 요구에 맞게 지권을 조절하고 개척하려는 시도는 너무나도 자주 지권을 손상시키고 인류의 삶과 복지에 위험을 가해 왔다. 이러한 시도는 해로운 자연 현상을 악화시킬 수 있다. 이러한 상호 작용의 대표적 예는 강을 일직선으로 만들고 제방을 건설함으로써 강물의 흐름을 제어하는 것과 같은 시도이다. 인위적으로 조성된 하천이 수십 년간 존재하며 안정적으로 흐르고 인간이 부여한 제한 조건 안에 머무르기 때문에, 적어도 초기 결과는 현혹될 정도로 좋아 보일 수 있다. 그러나 궁극적으로 자연의 힘이, 인간이 자연을 조절하려는 노력을 능가하여, 기록적인 홍수가 제방을 무너뜨리고 홍수에 취약한 지역에 건설된 구조물을 파괴할 수 있다. 광산에서 높게 쌓아 올린 흙더미가 쓸려 내려가는 것도 매우 파괴적일 수 있다. 농경지를 늘리기 위해 습지를 파괴하는 것도 야생 동식물과 생태계의 건강에 악영향을 미칠 수 있다. 미국에서는 습지를 연방법에 의해 보호하고 있다.

14.10 화산

2010년 4월 14일에 아이슬란드의 Eyjafjallajokull 화산의 엄청난 폭발로 인해 화산재가 대기권의 11,000 m까지 치솟았고, 이어지는 며칠 동안에도 화산재는 계속해서 하늘 높이 날아갔다. 화산재는 제트 엔진을 손상시키고 심지어 그 동작을 멈추게 할 수도 있기 때문에, 화산재의 기둥이 영국 제도와 북부 및 중부 유럽을 가로질러 동쪽으로 퍼짐에 따라 이것은 항공 산업에 중요한 문제가 되었다(1982년에 British Airways 747 항공기가 인도네시아의 Galunggung 산의 화산재 구름으로 무심코 날아 들어갔을 때, 항공기 4개의 엔진이 모두 멈춰 섰다. 무시무시한 수분 동안 갑자기 세계에서 가장 무거운 무동력기가 된 기체가 11,000 m에서 4,100 m로 하강하였을 때, 엔진이 재시작되어 Jakarta에 비상 착륙할 수 있었다). Eyjafjallajokull 화산의 폭발로 인해, 2일 동안 유럽의 주요 공항 대부분이 폐쇄되고 수천의 항공편이 취소되었다. 전 세계에 미치는 파급 효과로 인해, 이 사건은 수백만 여행자의 발을 묶고 상당수의 사람들에게 예상치 못한 여행 예산 부족을 겪게 하는 등 역사상 최악의 평시 여행 혼란을 야기하였다. 그 결과, 여행자들을 최종 목적지로 보낼 항공편을 다시 마련하는 기나긴 여행 혼란 기간이

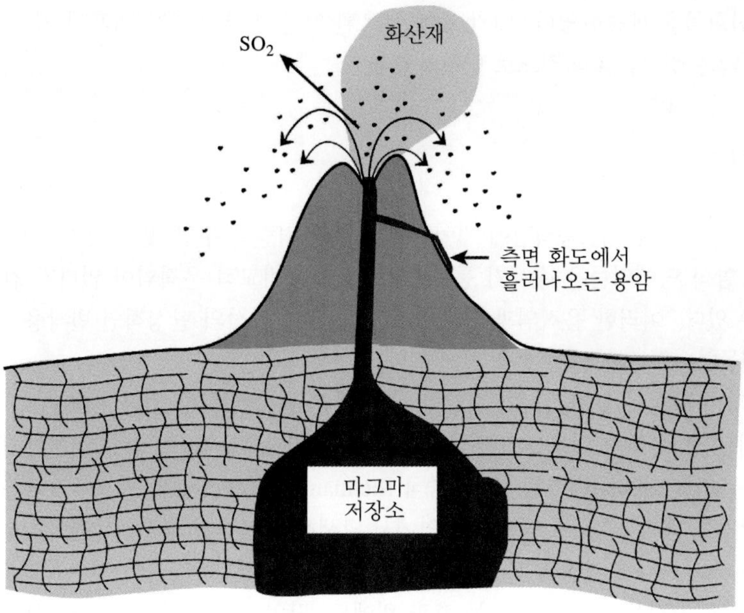

그림 14.10 용융 용암과 화산재가 지하의 마그마 저장소에서 분출될 때 만들어지는 전형적인 원뿔 모양의 화산.

필요하였다. 항공사들은 상당히 많은 항공편 취소로 인해 약 17억 달러의 재정 손실을 추정하였다.

화산이 폭발하기 쉬운 일부 지역은 다시 폭발하기 전에 수세기 동안 휴면 상태에 있을 수 있다. 그러한 사건은 2021년 3월에 아이슬란드의 수도 Reykjavik 근처에서 일어났다. Krysuvik 화산계는 900년 동안 잠복해 있다가 갑자기 주변 지역에 대량의 용암을 내뿜으며 살아났다. 한 달도 채 지나지 않아 Caribbean 동부 St. Vincent 섬에 있는 La Soufriere 화산이 폭발하여 화산재 기둥을 6 km 상공으로 날려보냈다. 이것은 1979년 이후 처음으로 발생한 것이었다. 4월 12일에 또 한 번의 거대한 화산 폭발이 일어났고 당국은 산 꼭대기에서 중턱까지 인간이 살아남을 수 없었을 것이라고 발표하였다. 이 화산은 나쁜 평판을 가지고 있는데, 1902년 분화로는 약 1,600명이 죽었다.

그림 14.10에 표현된 것처럼, 화산은 액체 암석 마그마의 존재에 기인한다. 화산은 흘러나오는 500~1,400℃의 용암(lava)으로 불리는 액체 암석 이외에도 보통 가스, 증기, 재, 입자의 배출 등 매우 해로운 현상을 포함한다. 화산 재해는 항상 인류를 괴롭혀 왔다. AD 79년 고대 로마 Vesuvius 산의 화산 폭발은 Pompeii 시를 화산재로 덮어 버렸고, 그 당시 로마의 삶을 순간 사진으로 보존하게 되었다. 1815년에 인도네시아의 Tambora 화산의 놀라울 정도로 거대한 분출은 물이 화산 아래의 뜨거운 마그마에 침윤하여 1억 톤의 TNT에 해당하는 폭발과 대략 30 km^3의 고체 물질을 대기권에 분출하였다. 1980년 5월 18일 미국 Washington 주의 St. Helens 화산은 약 1 km^3의 물질을 대기권에 분출하여 62명의 사망자와 약 10억 달러의 피해를 초래하였다.

화산은 주변 지역에 미치는 즉각적인 영향 이외에도 대기권과 기후에 영향을 줄 수 있다. 기록된 역사상 이러한 재앙 중 가장 큰 사례는 1783년 아이슬란드의 Laki 화산 분출이며, 인구 밀도가 낮은 이 국가에 적어도 9,000명의 사망자를 초래하였다. 방출된 화산재와 가스의 태양 차단 효과는 북반구 전체에 영향을 주어 수세기 동안 가장 파괴적인 겨울 중 하나가 되고 말았다. 유럽의 작물 흉작으로 인한 대량 기근은 유럽의 많은 사람들을 얼어 죽게 하였다. 아프리카에서는 계절풍이 발생하지 않고 이집트에서는 Nile 강의 연례적인 홍수가 발생하지 않아 수천 명 이상이 굶주림으로 사망하였다.

화산 분출로 엄청난 양의 수증기, 고밀도 이산화 탄소 가스, 일산화 탄소, 황화 수소, 이산화 황, 그리고 염화 수소가 방출될 수 있다. 염화 수소와 함께 대기에서 황산으로 산화되는 황화 수소와 이산화 황은 산성 강우에 기여할 수 있다. 화산 폭발의 대기 화학적 영향은 다양하다. 1982년 멕시코의 El Chichón의 분출은 입자성 광물성 물질은 거의 만들어 내지 않았지만, 대기 중에 황산으로 산화된 방대한 양의 황 산화물을 배출하였다. 대기 중에 부유된 작은 황산 방울은 기후의 기온 저하를 느낄 정도까지 충분히 많은 햇빛을 효과적으로 반사하였다.

14.11 지진

지진은 지각 판들의 상대적인 움직임에 기인한 지표면의 격렬한 수평 및 수직 이동으로 일어난다. 지각판의 거대한 암석 덩어리들은 수세기 동안 서로 맞물려 비교적 움직임이 없다가 갑자기 단층 선을 따라 움직일 수 있다. 이러한 움직임과 그 결과로 발생하는 암석의 탄성적인 반작용으로 인해 지구는 종종 거칠게 진동하여 치명적인 손상을 입게 된다.

역사에서 우리는 엄청나게 파괴적인 지진의 많은 사례를 찾아볼 수 있다. 100만 명 이상의 생명(현재보다 훨씬 적은 당시 세계 인구를 고려할 것)이 AD 1201년에 이집트와 시리아에서 발생한 지진으로 인해 목숨을 잃었다. 2008년 5월 12일, 중국 Sichuan 성 Wenchua의 규모 7.9 지진은 80,000명의 사망 또는 실종자를 냈다. 고도로 발달된 지역에서 발생하는 지진의 경제적 비용은 막대하다. 1989년 California 주 Loma Prieta 지진의 복구 비용은 약 70억 달러였다. 지진의 부수적인 영향은 파괴력을 증가시킬 수 있다. 지진은 직접적인 진동 효과 외에도, 땅이 파열되거나 가라앉거나 상승하게 할 수 있다. 부실하게 굳은 지반의 액상화, 특히 지하 수위가 얕은 경우, 지진으로 인해 토양 입자가 분리되어 물과 혼합되고 액체처럼 작용하여 구조물을 침하 또는 붕괴시킬 수 있다. 토양 액상화는 2011년 2월에 240명의 사망자를 내고 수십 억 달러의 재산 피해를 입힌 뉴질랜드 Christchurch의 6.3 규모 지진에서 주요 파괴 원인이었다. 규모 7.0 이상의 대지진은 전 세계적으로 매년 발생하고 있는데, 2020년에는 8회 일어났다.

지진의 보다 무서운 영향 중 하나는 **쓰나미(tsunami)**라고 불리는 거대한 파도로서, 이것은 높이가 30 m에 이를 수 있다. 2004년 12월 26일에 Sumatra 해변에서 발생한 거대한 지진이 30 m 높이의 쓰나미를 발생시켜 인도양 주변의 국가들에서 150,000명 이상의 사람들이 사망하였다. 2011년 3월 11일에 일본에서 기록된 것 중 가장 큰 8.9 규모의 지진이 Tokyo 북동쪽에 있는 일본 Sendai 연안에서 발생하였다. 이 대지진은 매우 강력해서 일부 연안 지역에서는 해저가 10~20 m 정도 수평으로 움직였고, 일본의 해안 지역의 해안선은 0.5 m나 가라앉았으며, 일본의 Honshu 섬의 많은 잔해는 동쪽으로 떨어졌다. 그리고 수 미터 높이의 파괴적인 쓰나미가 해안으로 밀려들어 선박, 자동차, 건물 등을 휩쓸었고, 해안을 따라 일부 일본 내륙까지 상당한 피해를 입혔다. 최소 19,000명의 사람들이 목숨을 잃은 것으로 알려졌으며, 재산 피해액은 약 3천 억 달러에 달하였다. 이 지진의 위력으로 가동 중인 원자로들이 모두 자동 정지되었다. 그러나 쓰나미로 인한 피해로 Tokyo Electric Power Company의 Fukushima Daiichi 원자로 단지의 원자로 4개에서 냉각수가 상실되어 원자로 노심 용융, 수 차례의 수소 가스 폭발, 그리고 상당한 양의 방사능이 유출되었다. 이로 인해 수천 명의 사람들이 그 지역으로부터 대피해야 했고, 2021년까지도 많은 사람들이 돌아오지 못하고 있다. 일본 정부는 2021년 4월에 오염수 저장 공간 부족을 이유로 Fukushima 원전의 처리 폐수를 2년 이내에 방류한다는 계획을 발표하였다. 적절하게 처리된다면, 이 물은 바닷물에 거의 위험을 주지 않는다. 개연성 있는 유일한 위협은 12.3년의 반감기를 가진 인공적으로 생성된 수소의 동위 원소인 삼중수소(tritium)가 대기 중으로 방출되는 것인데, 희석되기 때문에 위험하다고 볼 수 없다. 그럼에도 불구하고, 중국과 한국을 비롯한 다른 주변 국가들은 이 계획에 강하게 반대하고 있다.

지금까지 지진을 예측하려는 우리의 노력이 사실상 자연에 의해 거부되어 왔기에 지진이 더욱 무섭게 느껴지는 것이 사실이다[2011년 3월 11일, 지진 인근 지역의 많은 주민들은 지진이 임박했음을 알리는 경보(지진이 발생하기 30초 전에 경보)를 전달받지 못하였다]. 현재 쓰나미가 임박했음을 알리는 경보 시스템이 존재하고, 많은 지역에는 사이렌을 포함한 경보 시스템이 설치되었다. 지진의 진원지로부터 수천 마일 떨어진 지역은 지진이 발생하기 몇 시간 전에 임박한 쓰나미의 소식을 받을 수 있게 되었는데, 일본의 큰 지진이 있은 후 Hawaii가 바로 이런 상황이다. 그러나 이번 지진의 진앙지는 일본의 Honshu 해안에 매우 인접해 있기 때문에 해안 지역, 특히 Sendai 근처 주민들은 지진에 의한 거대한 쓰나미가 해안에 도착하기 전에 경보를 거의 받지 못하였다. 남부 California를 포함한 지진이 발생하기 쉬운 지역들은 잘 알려져 있으므로, 이러한 지역에서 적절한 조치를 취한다면 생명과 재산의 손실을 최소화할 수 있을 것이다. 건물은 오랜 세월 동안 습득한 방법을 사용하여 지진의 영향을 견딜 수 있도록 건축될 수 있다. 예를 들어, 일본 Niigata의 일부 건물들은 1950년대에 내진 설계로 건설되었다. 1964년에 그 도시에 파괴적인 지진이 발생했을 때, 몇몇 건물들은 액상화된 토양에 넘어졌지만, 구조적으로 손상되지 않은 채로 남았었다(현재의 관행은 지진으로 건물에 전달되는 에너지를 제거하기 위해 설계된 좀 더 유연한 구조물을 건설하는 것이다). 지진의 파괴적 영향을 견딜 수 있는 건물, 도로, 철도, 기타 구조물을 건설하는 것은 지권과 지권이 부여하는 자연 재해와 가능한 한 조화로운 방식으로 인류권을 만들어 나가는 훌륭한 예이다.

인간은 지진을 예방하기 위해 아무것도 할 수 없지만, 인류권 활동이 지진을 일으키는 데 기여를 하였다는 몇몇 증거가 있다. 일부 지진학자들은 앞서 언급한 Wenchuan 지진에서는 새로 건설된 저수지의 수압이 지하 암석층 사이에 땅의 움직임을 가능하게 하는 윤활유를 제공하였을 것으로 추정하였다. 심각한 지질학적 결함이 있는 것으로 알려진 지역인 스위스 Basel 근처에서는 전력 생산용 증기를 얻기 위해 뜨거운 암석층에 물을 주입하는 실험을 했었는데, 이것이 여러 차례 아주 작은 지진을 유발한 것으로 여겨졌기 때문에 결국 실험을 중단해야만 하였다. 실험을 수행한 회사의 수석 지질학자는 지진을 일으킨 혐의로 2009년 재판에 회부되었지만 무혐의로 풀려났다. 역사적으로 큰 지진 활동이 없었던 미국의 Oklahoma 주에서 비교적 작은 지진의 숫자가 눈에 띄게 증가한 것은 석유와 천연가스를 추출하기 위하여 지하 셰일층의 수압 파쇄(hydrofracking, 고압력으로 압축된 모래가 첨가물을 포함한 물에 분산된 형태로 균열을 형성하는 것) 작업에 물이 사용된 것에 기인하는 것으로 해석되고 있다. 2021년에도 Oklahoma에서는 소규모의 지진이 여전히 일어나며 작은 피해를 입히고 있다.

14.12 지표면의 이동

지권에서 질량을 가진 **물체의 이동**(**mass movement**)은 지표면의 암석과 토양에 작용하는 중력의 결과이다. 이로 인해 경사면에 위치한 흙으로 된 물질에 가해진 층밀림 변형력이 그 물질의 층밀림 세기를

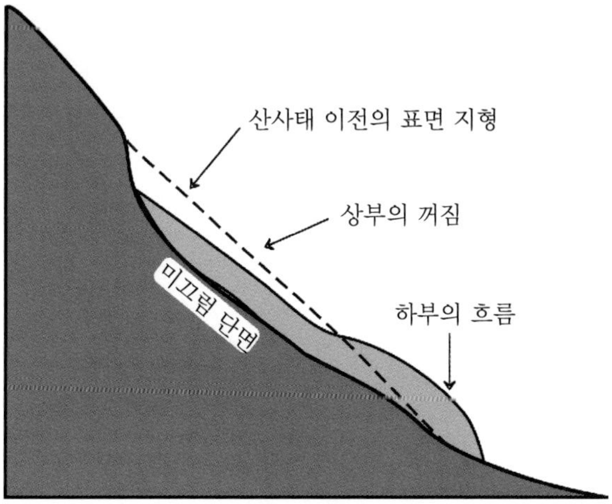

그림 14.11 산사태는 땅이 미끄럼 단면을 따라 이동할 때 발생한다. 산사태는 전형적으로 상부의 꺼짐과 하부의 흐름으로 구성된다. 하부에 쌓인 흙은 산사태를 안정화하는 역할을 하며, 도로 건설 등의 이유로 이를 제거하게 되면 산사태가 계속해서 일어날 수 있다.

초과할 수 있고, 산사태와 기타 지질학적 물질의 하향 이동을 유발한다. 이러한 현상은 물질의 종류와 강도, 경사의 가파름, 그리고 물에 의해 포화된 정도 등 여러 요인에 영향을 받는다. 보통, 특정한 사건 하나가 매우 큰 이동을 개시할 수 있는데, 인간에 의한 굴착으로 경사면이 더 가파르게 되거나, 폭우로 인한 급류 또는 지진이 그러한 사건이다.

그림 14.11에서 보는 바와 같이, 산사태는 큰 덩어리의 암석과 흙이 빠르게 아래쪽으로 내려가는 사건을 말한다. 이러한 사건은 경사면에 **안식각(angle of repose)**으로 놓인 물질에 중력이 작용하여 **층밀림 변형력(shear stress)**을 만들어 낼 때 발생한다. 이 변형력은 마찰력, 즉 **층밀림 세기(shear strength)**를 초과할 수 있다. 풍화 작용, 균열, 물 등과 같은 요인으로 **미끄럼 단면(slip plane 또는 failure plane)**의 형성이 유도될 수 있고, 그 결과 산사태가 발생할 수 있다.

산사태로 인한 생명과 재산의 손실은 상당할 수 있다. 1970년에 페루에서는 지진으로 시작된 엄청난 양의 흙, 진흙, 암석, 눈이 Huascaran 산 아래로 미끄러져 내려와 약 2만 명이 사망하였다. 좀 더 최근인 2014년 3월 22일에 Washington 주 Oso 시는 진흙 산사태로 인해 부분적으로 매몰되었으며, 44명의 사망자를 냈다. 진흙 산사태는 8년 전 산사태가 일어났던 현장에 며칠 동안 비가 흠뻑 내린 후 발생하였다. 2015년 10월에 과테말라의 Guatemala City 외곽의 Santa Catarina Pinula 지역에 며칠 동안 폭우가 쏟아져 파괴적인 산사태가 발생하였고, 확인된 253명을 포함하여 수백 명의 사망자를 냈다. 이 재해 사건으로 산사태에 취약한 것으로 알려진 지역의 깊은 협곡 아래에 주거지 건설을 허용한 것에 대하여 형사 조사가 이루어졌다. 때로는 산사태의 효과가 간접적일 때도 있다. 1963년에 이탈리아에서는 갑자기 산사태로 Vaiont 댐 저수지가 토사로 메워져 인근에서 총 2,600명이 사망하였다. 댐이 닫혀 있었음에도 불구하고, 댐의 받침대 위로 넘쳐난 물은 90 m 높이의 파도가 되어 그것이 지나가는 자리에 있던 건축물과 생명을 쓸어버리고 말았다.

개발자들은 종종 무시하지만, 산사태가 일어날 가능성은 예측 가능하고, 주택과 기타 건축물을 건설하면 안 되는 지역을 가려내는 데 참고 사항이 될 수 있다. 경사도, 아래쪽 지층의 성질, 기후 조건 등에 기초한 경사면 안정성 지도는 산사태의 위험성을 평가하는 데 이용될 수 있다. 산사태의 징후는 이러한 지역에 세워진 건물 벽의 변형, 땅의 균열, 기울어진 전봇대와 같이, 기존 구조물에 미친 중력의 영향에서 찾아볼 수 있다. 산사태의 가능성은 경사면의 상부에서 하부로 물질을 이동시켜 경사면의 부하를 줄이거나 경사면 물질에 침투하는 물의 양과 물길을 바꾸는 조치를 통해 최소화할 수 있다. 위험이 그리 심각하지 않은 경우 산사태의 영향을 줄이는 옹벽이 설치될 수 있다.

산사태를 알리기 위해서는 몇몇 방법이 있을 수 있다. 표면의 변화를 시각적으로 관찰하는 것만으로도 산사태가 임박했음을 알 수 있다. 좀 더 세련된 조치를 위해서는 경사계와 흙 물질의 움직임으로 인한 진동을 감지하는 장치를 이용할 수 있다.

산사태 외에도, 위험 가능성이 있는 대규모 물질의 이동에는 몇 가지 종류가 더 있다. **낙석(rockfall)**은 암석이 너무 가파른 경사면에서 떨어져 잠시라도 지면과 접촉하지 않을 때 발생한다. 떨어진 물질은 낭떠러지 밑에 누적되어 반원추형의 지형, 즉 **애추(talus)**를 형성한다. 훨씬 덜 극적인 일은 이동이 느리고 점진적인 **포행(creep)**이다. 서리의 작용(서릿발 융기)은 흔한 형태의 포행이다. 이 현상은 보통 생명에 위협적이지는 않지만, 시간이 흐르면서 지반을 망가뜨리고 도로와 철도의 정렬 불량을 초래하며 종종 심각한 재산 피해 결과에 이르게 한다.

함락공(sinkhole)은 지표면의 땅이 지하의 공간으로 떨어질 때 생기는 땅 움직임의 한 종류이다. 이것으로 사람들이 다치는 일은 많지 않지만 큰 재산 피해로 이어질 수 있다. 함락공의 원인이 되는 지하의 공간은 여러 가지 원인에 의해 형성될 수 있는데, 이산화 탄소가 용해된 물이 석회석에 작용하거나, 가뭄 또는 지나친 양수 행위로 지하수가 고갈되어 토양과 암석을 받쳐 주던 지지층이 제거되거나, 지층에서 고체 물질을 제거하는 다른 요인들이 그것들이다.

Alaska나 Siberia와 같은 북극 기후 지역의 영구적인 얼어붙은 땅에서는 특별한 문제들이 나타난

그림 14.12 지구 온난화의 결과로 영구 동토층이 해동되면서 Siberia 북부와 같은 북극 지역에서 건축물의 구조적 피해가 발생하고 있다.

다. 그러한 지역에서는, 땅이 여름 동안 얕은 깊이로만 녹을 수 있을 뿐 영구적으로 얼어붙은 채로 남아 있다. 이 상태를 **영구 동토층(permafrost)**이라고 한다. 영구 동토층에 세워진 건축물은 해동을 유발하며, 결과적으로 물과 토양이 얼어붙은 미끄러운 표면 위의 흠뻑 젖은 흙 웅덩이에 놓이게 된다(그림 14.12). 이런 지역의 경우 건설은 매우 특수한 문제가 된다. 고속 도로, 철도, 그리고 Alaska의 Trans-Alaska와 같은 송유관의 건설과 유지는 영구 동토층의 존재로 인해 꽤 어려울 수 있다.

어떤 종류의 토양, 특히 팽창성 점토들은 물에 흠뻑 젖고 말랐을 때 눈에 띄게 팽창하고 수축한다. 본질적으로 생명을 위협하는 것은 결코 아니지만, 건축물의 흔들림과 팽창성 점토에 의한 구조물 피해는 매우 클 수 있다. 재앙적인 홍수와 지진이 발생한 해를 제외하고는, 팽창성 토양의 작용으로 인한 금전적 피해가 지진, 산사태, 홍수, 그리고 해안 침식을 합친 것을 초과한다.

14.13 인간 활동의 영향

인간의 활동은 지권에 심각한 영향을 미친다. 이러한 영향은 스트립 채굴, 또는 도로나 댐과 같은 건설 프로젝트를 위해 방대한 지역을 재조정하는 것과 같이 분명하고 직접적일 수 있다. 또 지하 대수층에서 너무 많은 물을 끌어올려 땅이 가라앉거나 식물이 더 이상 자라지 못하고 침식이 일어날 정도로 토양을 남용하는 간접적인 영향이 있을 수 있다. 지권은 광물과 인간이 사용하는 기타 자원의 원천으로서, 파내지고, 뚫어지고, 벗겨지고, 재배열되는 등 많은 종류의 수모로 시달리고 있다. 땅은 종종 심각하게 황폐화되고, 채굴되는 동안 공기는 먼지 입자로 오염될 수 있으며, 물도 오염될 수 있다. 인간의 활동에 의해 야기되는 토양 침식과 같은 이러한 많은 영향은 이 책의 다른 부분에서 다룬다.

14.13.1 지권 자원의 추출: 지표면 채굴

지권에 미치는 많은 인간의 영향은 지구의 지각에서 자원을 추출하는 것과 관련이 있다. 이것은 여러 가지 방식으로 시행되고 있는데, 그중에서 가장 해로울 수 있는 것은 지표면 채굴이다. 미국에서 지표면 채굴은 채굴되는 사실상 모든 암석과 자갈, 그리고 석탄의 절반 이상과 기타 많은 다른 자원을 얻기 위해 이용된다. 만일 환경 영향이 최소화되도록 채굴이 이루어지고 적절한 복구 수단이 뒤따른다면 지표면 채굴은 최소한의 피해를 가져올 것이며, 경우에 따라서는 암석과 자갈이 채굴된 장소에 저수지를 개발하는 등 지표면의 질이 개선될 수도 있다. 초기에 엄격한 개발 법령이 시행되기 전에는 지표면 채굴, 특히 석탄의 경우, 많은 땅이 상처를 입고 초목이 없는 채로 남겨졌으며 침식의 대상이 되었다.

지표면 채굴에는 몇 가지 접근법이 사용된다. 물 아래에 위치한 모래와 자갈은 준설선이나 큰 컨베이어에 부착된 체인 버킷을 이용하여 **준설(dredging)** 채굴된다. 대부분의 경우, 자원은 찾고 있는 자원이 포함되지 않은 **덮인층(overburden)**이라는 흙 물질로 덮여 있다. 이 물질은 **사토(spoil)**라 불리며 보통 버려진다. **노천 채굴(open-pit mining)**은 자갈, 석재, 철광석, 그 밖의 광물들을 땅의 큰 구멍에서 채취하는 과정이다. 미국에서 구리 광석을 캐내었던 일부 구덩이의 크기는 실로 엄청나다.

지표면 채굴의 가장 잘 알려진(때로는 악명 높은) 방법은 **스트립 채굴(strip mining)**인데, 이 채굴법은 굴착기와 기타 흙 운반용 중장비를 동원하여 덮인층 흙 물질을 띠 형상으로 제거하고 석탄층, 인산염 암석, 또는 기타 물질을 노출시킨다. 덮인층의 흙 물질을 제거하기 위해 중장비를 이용하고, 노출된 광물 자원은 꺼내져 실려 간다. 퍼 올린 흙은 이전에 자원을 추출한 장소에 매립된다. 이러한 과정은 계속해서 여러 번 되풀이된다. 예전에는 퍼 올린 덮인층 흙 물질을 비교적 쉽게 침식에 취약한 두둑 상태로 남겨 두는 것이 관행이었다. 경사가 심한 지형에서는 더 높은 계단층에서 제거된 덮인층을 바로 아래 계단층에 옮겨 놓는다.

14.13.2 채굴과 광물 추출의 환경 효과

지표면 채굴의 일부 환경적 영향은 위에서 논의하였다. 환경적 영향에 대하여 지금까지 주로 지표면 채굴을 고려해 왔지만, 지하면 채굴도 여러 영향을 미칠 수 있으며, 이 중에는 즉각적으로 나타나지 않고 수십 년 후에 나타나는 것들도 있다. 지하 광산은 붕괴되는 경향이 있으며, 이에 따라 땅이 심각하게 침하될 수도 있다. 지하 대수층은 광산으로 인해 오염될 수 있고, 광산과 광물 찌꺼기를 통과한 물은 오염된 것일 수 있다. 물에 미치는 가장 흔하고 치명적인 영향의 예는 6장에서 논의한 것처럼, 석탄에 포함된 황철광(FeS_2)이 공기에 노출되면서 세균의 작용에 의해 황산으로 산화되어 산성 광산 배수가 생성되는 것이다. 이보다 더 심한 환경 영향은 채굴된 물질을 제련하는 과정에서 초래된다. 대개 유용한 광석은 전체 채굴되는 암석에서 매우 작은 부분을 차지한다. 따라서 유용한 광석을 분리하기 위해서는 **선광(beneficiation)** 공정이 수행되어야 하는데, 이 과정에서 불필요한 **광미(tailing)**가 남게 된다. 부산물의 환경 노출은 여러 가지 원하지 않는 결과를 일으킬 수 있다. 예를 들면, 석탄 선광 과정에서 남는 잔류물은 종종 황철광(FeS_2)으로 농축되는데, 이것은 미생물에 의해 또는 화학적으로 산화되어 치명적인 산성 배출수(산성 광산 배수)가 된다. 우라늄 광석의 선광 공정에서 남는 잔류물을 건축 자재로 사용하면 건축물을 방사성 라돈 기체로 오염시킬 수 있다.

14.14 대기 오염과 지권

지권은 대기 오염 물질의 심각한 오염원이 될 수 있다. 이들 중 가장 흔한 오염원 하나는 화산 활동이다. 화산 폭발, 화산 분기공, 온천, 간헐천은 일산화 탄소, 염화 수소, 황화 수소 등의 유독하고 산성인 가스를 분출한다. 이산화 탄소와 메테인과 같이 지구 온난화 현상을 증가시키는 경향의 온실 가스는 화산 지대에서도 유출될 수 있다. 대규모 화산 분출은 엄청난 양의 입자상 물질을 대기로 내보낼 수 있다. 1883년 인도네시아 Krakatoa 화산의 거대한 폭발으로 약 2.5 km^3의 고체 물질이 대기권에 분출하였고, 그중 일부는 위로 올라가 성층권까지 도달하였다. 이 화산에서 분출된 물질은 높은 곳에 오랫동안 머물러 있으면서 지구를 여러 번 순환하였으며, 이로 인해 붉은 해넘이 현상과 지구의 기온 하강이 초래되었다.

1982년 멕시코 남부의 El Chicón 화산 폭발은 기후에 미치는 영향을 가늠함에 있어 입자상 물질 유형의 중요성을 보여 주었다. 이 화산 폭발로 인해 분출된 물질에는 유난히 황이 풍부하여 황산 에어로

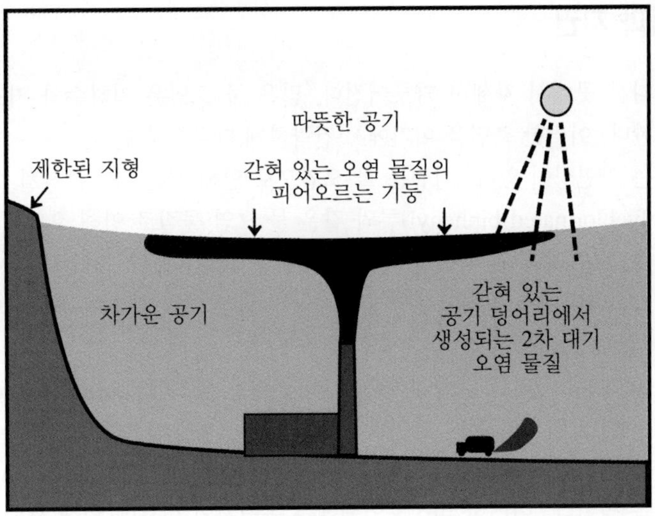

그림 14.13 산등성이로 제한되는 것과 같은 지형학적인 영향은 기온 역전 현상과 더불어 대기 오염을 가중시킬 수 있다.

솔이 생성되었으며, 이 황산 에어로솔은 약 3년 동안 대기에 머물러 있었다. 이 기간 동안 대기 황산의 존재로 말미암아, 지구의 평균 온도는 소수점 아래 첫 번째 숫자 정도만큼 낮아졌었다. 이에 비해, 이보다 2년 전 미국의 Washington 주 St. Helens 화산 폭발에서는 거의 같은 양의 물질이 분출되었지만, 기후 변화에는 감지할 수 없는 정도의 영향을 끼쳤다. St. Helens 화산 폭발로 분출된 물질은 상대적으로 적은 양의 황이 포함되어 있었기 때문에 기후 변화에 대한 영향이 작았던 것으로 판단된다.

광석에 포함된 금속을, 사용할 수 있는 형태로 변환하는 열 제련 공정은 지권에 영향을 미치는 여러 종류의 심각한 대기 오염 문제를 일으킨다. 금속을 포함한 광석 대부분은 황화물의 형태로 존재하며, 제련 과정은 많은 양의 이산화 황과 광석 속에 있던 비소, 카드뮴, 납과 같은 중금속이 포함된 입자를 방출한다. 이때 생성되는 산과 중금속에 인해 오염된 주변의 땅은 크게 손상되어 초목이 성장할 수 없게 되며, 결국 황폐화되어 침식이 일어난다. 이러한 지역의 대표적인 곳은 캐나다 Ontario의 Sudbury에 있는 대규모의 니켈 제련소이다. 이곳의 주변 지역은 초목이 자랄 수 없는 맨땅이 되었다. 미국 Tennessee 주와 동유럽 및 구소련 지역의 구리 제련소 부근 지역도 이와 같이 죽음의 지역이 형성되었다.

토양과 토양의 경작은 많은 양의 대기 오염 물질 방출을 일으킨다. 물이 잠긴 토양, 특히 벼를 경작하는 논에서는 온실 가스인 메테인을 많이 만들어 낸다. 토양에서 질산 이온은 미생물 환원에 의해 아산화 질소(N_2O) 기체로 대기로 방출된다. 그러나 토양과 암석은 내기 오염 물질을 제거하는 역할도 한다. 토양의 미생물은 대기 중의 일산화 탄소를 일부 제거하는 역할을 하는 것으로 믿어지는데, 일부 진균류와 세균이 일산화 탄소를 대사하는 것으로 판단된다. 탄산 칼슘($CaCO_3$)과 같은 탄산염 암석은 대기로 유입되는 대기 황산과 산성 가스를 중화할 수 있다.

8장에서 논의한 바와 같이, 대기 중 기단은 기온 역전 조건에서 움직이지 않고 정체되어 있게 된다. 이 조건에서는 아래의 공기는 차갑고 위의 공기는 상대적으로 따뜻하기 때문에 수직적인 공기의 순환이 이루어지지 않는다. 이 기온의 역전 현상은 공기의 순환이 제한되는 경향이 있는 지형에서 더욱 악화될 수 있다. 그림 14.13은 주변의 산등성이로 인해 수평적인 공기의 흐름이 제한되는 지역에 기온 역전 현상이 일어날 때의 상황을 보여 준다. 이러한 조건에서는 대기 오염 물실이 오염된 지역에서 높은 고도의 산등성이에까지 다다를 수도 있다. 이러한 '굴뚝 효과(chimney effect)' 때문에, 대기 오염 물질은 오존과 같은 오염 물질을 포함한 광화학 스모그에 취약한 산 속 소나무 숲에 도달할 수 있다.

14.15 물 오염과 지권

물 오염은 이 책의 다른 곳에서 자세히 다루어진다. 많은 물 오염은 지하수와 지표수가 지권과 상호작용함에 따라 발생한다. 이러한 측면을 여기에서 간략하게 다루고자 한다.

물과 지형의 관계는 양면성이 있다. 지권은 물 오염으로 인해 심각하게 손상될 수 있다. 예를 들어, 중금속이나 PCB(polychlorinated biphenyl)류와 같은 물 오염 물질로 인해 오염된 퇴적물이 있다. 어떤 경우에는 지권이 물 오염의 원인 역할을 하기도 한다. 이러한 예로는 지권의 금속 황화물이 노출되면서 생성되는 산과, 쓰레기 매립지에 아무렇게나 버려진 합성 화학 약품이 침출되어 지하수를 오염시키는 것 등이 있다.

물 오염의 원인은 크게 두 가지로 나눌 수 있다. 첫 번째는 **점오염원(point source)**으로서 오염 물질이 환경에 진입하는 하나의 점으로 쉽게 확인할 수 있다. 점오염원의 대표적인 예는 하수 유출구이다. 점오염원은 인간 활동이 원인이 된 것으로 직접 확인할 수 있다. **비점오염원(nonpoint source)**은 보다 넓은 지역의 오염원을 말한다. 이러한 비점오염원에는 농경지의 비료에 의해 오염된 물, 또는 알칼리 토양으로부터 침출된 과량의 알칼리로 오염된 물이 있다. 비점오염원은 상대적으로 확인하거나 감시하기가 어렵다. 지권과 관련된 오염 물질은 대개 비점오염원에서 비롯된 것이다.

매우 흔하고 위험한 지권의 물 오염원 한 가지는 물에 의해 땅에서 수체의 바닥으로 이동되는 퇴적물로 만들어진다. 대부분의 퇴적물은 농경지의 토양 입자가 침식되어 물로 유입될 때 생성된다. 대개 이러한 퇴적 물질은 물속에서 물을 불투명하게 하며, 이것은 물의 심미학적 가치를 심각하게 떨어뜨린다. 저수지 또는 수로에 퇴적된 퇴적 물질은 물의 통로를 막히게 하며, 궁극적으로는 물 공급, 홍수 조절, 항해, 그리고 여가 활동을 적절하지 못하게 한다. 급수에 사용되는 물속에 부유된 퇴적물은 여과 장치를 막히게 하고 물 처리 비용을 크게 증가시킬 수 있다. 퇴적 물질은 먹이 공급을 줄이고 보금자리를 망침으로써 야생 생물의 서식지를 파괴할 수 있다. 지권에서 침식되어 지표수로 들어간 고체로 인한 물의 혼탁도는 광합성을 심각하게 억제할 수 있기 때문에, 수생 생태계의 먹이 사슬을 유지하는 데 필요한 1차 생산성을 떨어뜨리게 된다.

14.16 폐기물 처분과 지권

앞서 논의한 바와 같이, 광물 처리는 많은 양의 고체 폐기물을 만들어 낸다. 그 외 고체 폐기물의 오염원으로는 석탄 연소에 따른 재, 도시 쓰레기, 그리고 다양한 산업 공정에서 발생하는 고체 폐기물을 들 수 있다. 궁극적으로, 이러한 폐기물들은 지권 위 또는 지권 내부에 저장되나, 이러한 관행은 지권

그림 14.14 위생 매립지. 쓰레기는 일반적으로 매일 처리한 후 투과성이 떨어지는 흙으로 분리하여 구획에 배치한 다음, 흙으로 덮는다. 더 크고 더 발전된 매립지에서는 바이오매스의 생분해 무산소 발효로 발생하는 메테인을 수집하여 연료로 사용한다.

을 오염시킬 가능성이 있다.

지권의 일부로 귀결되는 가장 흔한 폐기물 중 하나는 인간의 활동에 의해 발생하는 **도시 쓰레기(municipal refuse)**이며, 대개 **위생 매립지(sanitary landfill)**에서 처리된다. 위생 매립지에서는 땅 위나 땅의 오목한 부분에 고체 폐기물을 놓고 바람에 날리는 종이와 플라스틱 폐기물, 악취 물질의 대기 배출, 물 오염과 같은 영향을 최소화하기 위해 토양으로 덮는다(그림 14.14). '쓰레기 처리장'은 특히 보기 흉하고 오염을 일으키지만, 현대적인 위생 매립 관행은 이곳을 나중에 주차장, 골프장, 또는 비교적 매력적인 개방 공간으로 사용될 수 있도록 하고 있다. 부패하는 쓰레기의 잘 굳어지지 않는 성질과 매립지를 덮는 토양으로 인해 그 위에 건설 공사를 하는 것은 일반적으로 부적당하다. 무산소 유기 물질($\{CH_2O\}$)의 생물학적 분해는 다음과 같은 과정에 의해 메테인 가스를 만든다.

$$2\{CH_2O\} \rightarrow CO_2 + CH_4 \tag{14.7}$$

메테인은 대기 중의 강력한 온실 가스로, CO_2보다 적외선 흡수 능력이 훨씬 더 좋다. 따라서 CH_4를 대기 중에 방출하는 것은 바람직하지 않다. 하지만 많은 현대적 위생 매립지들은 파이프와 수집 시스템을 갖추고 메테인을 수집하여 연료로 사용되도록 하고 있다.

가스, 특히 메테인을 대기로 방출하는 것은 위생 매립지와 관련된 잠재적인 대기 오염 문제인 반면, 매립 폐기물을 통해 스며 나오는 물로 이루어진 오염된 **침출수(leachate)**는 물, 특히 지하수를 오염시킬 수 있다. 이 물은 중금속, 유기산, 악취 유발 유기물, 그리고 기타 바람직하지 않은 오염 물질을 포함할 수 있다. 오염된 쓰레기 매립지의 침출수로부터 생기는 문제를 최소화하기 위한 두 가지 일반적인 접근법이 알려져 있다. 하나는 물의 침투를 최소화하는 방식으로 매립지를 건설하여, 생성되는 침출수의 양을 가능한 한 최저 수준으로 줄이는 것이다. 침출수가 지하수에 유입되는 것을 방지하기 위해서는 투과성이 좋지 않은 점토층에 매립지를 두는 것이 바람직하다. 어떤 경우에는 쓰레기 매립지의 바닥에 침출수가 지하수에 유입되는 것을 방지하는 불침투성의 합성 중합체 깔판을 댈 수 있다. 오염된 침출수가 상당히 많이 발생하는 경우에는 주로 생물학적 처리 과정을 통해 침출수를 수집하여 처리하는 것이 최선의 선택이다.

산업 생태학과 녹색 화학의 최선의 실천으로서, 위생 매립 처리가 필요한 오염물의 양을 최소화하는 것은 매우 바람직하다. 가급적 오염원에서 그 물질의 양을 줄이고, 궁극적으로 폐기될 물질을 덜 사용하는 것이 그러한 관행에 해당된다. 가능하면, 궁극적으로 쓰레기 매립지로 향하게 될 포장재와 같은 물질들은 생물 분해되어야 한다. 쓰레기 처리 전에 유리, 플라스틱, 종이, 캔을 쓰레기에서 분리하는 재활용 제도는 매립지에서 처리해야 할 물질의 양을 줄이는 데 효과적이다. 적절한 오염 관리 조치와 함께 쓰레기를 소각하는 것은 부피를 줄인 재 형태로 쓰레기 매립지에 보낼 수 있음을 의미한다. 비록 광범위하게 실천되고 있지는 않지만, 산소가 없는 소화조(digester) 속에서 물에 불려 젖은 쓰레기가 무산소 소화를 거치게 되면 연료용 메테인을 발생시키고 폐기물의 양을 현저히 줄일 수 있다.

위생 매립지는 위험한 물질을 처리하는 데에는 적합하지 않다. 이러한 물질들은 폐기물과 침출수를 담을 수 있도록 설계된 특수 **안전 매립지(secure landfill)**에 두어 물, 공기, 지권이 오염되는 것을 방지해야 한다. 이것이 이루어지는 한 가지 방법은 물이 속으로 스며들지 못하게 하고 침출수가 지하수로 빠지는 것을 막는 불투과성 합성 막을 갖추는 것이다. 이런 쓰레기 매립지들은 종종 침출수가 배출되기 전 그것의 처리를 위한 수처리 시스템을 갖추고 있다. 안타깝게도 많은 위험한 화학 물질들은 **결코** 분해되지 않으며, 이른바 '안전한' 화학적 매립지라 하는 것도 문제를 미래 세대가 다루도록 남겨둘 뿐이라는 것이다. 녹색 화학의 주요 목표 중 하나는 땅에서 처리해야 할 위험 물질의 생성을 막는 것이다. 그렇게 하는 가장 좋은 방법은 그러한 물질들을 만들거나 사용하는 것을 피하는 것이다. 이를 수행할 수 없고 위험한 물질이 이미 생성된 경우에는 그 물질을 폐기하기 전에 유해하지 않은 상태로 만들어야 한다.

참고문헌

1. Desonie, Dana, *Geosphere: The Land and Its Uses (Our Fragile Planet)*, Chelsea House Publications, New York, NY, 2008.
2. Manahan, Stanley, *Environmental Geology and Geochemistry: A Brief Introduction*, Amazon Kindle, 2011.
3. "Global Climate Change," published annually, https://climate.nasa.gov/vital-signs/arctic-sea-ice/.
4. Molnar, Peter, *Plate Tectonics: A Very Short Introduction*, Amazon Kindle, 2015.
5. "Using Characteristics of Minerals to Identify Them," Illinois State Geological Survey, 2021, https://isgs.illinois.edu/outreach/geology-resources/using-characteristics-minerals-identify-them.
6. White, William M., *Encyclopedia of Geochemistry*, Springer, Berlin, 2018.
7. Ahmad, Akhtar, Manzurul Haque Khan, and Mushfiqul Haque, "Arsenic Contamination in Groundwater in Bangladesh: Implications and Challenges for Healthcare Policy," *Risk Management and Health Care Policy*," **11**, 251–261, 2018.
8. Murodjon, Samadiy, Xiaoping Yu, Mingli Li, Ji Duo, and Tianlong Deng, "Lithium Recovery from Brines Including Seawater, Salt Lake Brine, Underground Water and Geothermal Water," DOI: 10.5772/intechopen.90371.
9. Reichard, Jim, *Environmental Geology*, 4th ed., McGraw Hill, New York, NY, 2021.

보충자료

Atkinson, David, *Weathering, Slopes and Landforms*, Hodder & Stoughton, London, 2004.

Bashkino, Vladimir N., *Modern Biogeochemistry: Environmental Risk Assessment*, 2nd ed., Springer, Dordrecht, Netherlands, 2010.

Best, David M., and David B. Hacker, *Earth's Natural Hazards: Understanding Natural Disasters and Catastrophes*, Kendall Hunt Publishing, Dubuque, IA, 2010.

Chamley, Herve, *Geosciences, Environment and Man*, Elsevier, New York, NY, 2003.

Chu, Jian, and Sri P. R. Wardani, *Geotechnical Predictions and Practice in Dealing with Geohazards*, Springer, Berlin, 2013.

Coch, Nicholas K., *Geohazards: Natural and Human*, Prentice Hall, Upper Saddle River, NJ, 1995.

Das, Braja M., and Khaled Sobhan, *Principles of Geotechnical Engineering*, 8th ed., Cengage Learning, Stamford, CT, 2013.

De Boer, Jelle Zeilinga, and Donald T. Sanders, *Volcanoes in Human History: The Far Reaching Effects of Major Eruptions*, Princeton University Press, Princeton, NJ, 2004.

Eby, G. Nelson, *Principles of Environmental Geochemistry*, Thomson-Brooks/Cole, Pacific Grove, CA, 2004.

Faure, Gunter, *Principles and Applications of Geochemistry: A Comprehensive Textbook for Geology Students*, Prentice Hall, Upper Saddle River, NJ, 1998.

Frisch, Wolfgang, Martin Meschede, and Ronald C. Blakey, *Plate Tectonics: Continental Drift and Mountain Building*, Springer, Berlin, 2010.

Gates, Alexander E., and David Ritchie, *Encyclopedia of Earthquakes and Volcanoes*, 3rd ed., Facts on File, New York, NY, 2007.

Holland, H. D., and K. K. Turekian, *Treatise on Geochemistry*, 2nd ed., Elsevier, Amsterdam, 2013.

Hyndman, Donald, and David Hyndman, *Natural Hazards and Disasters*, 4th ed., Thomson Brooks/Cole, Belmont, CA, 2013.

Keller, Edward A., and Duane E. DeVecchio, *Natural Hazards: Earth's Processes as Hazards, Disasters, and Catastrophes*, 4th ed., Prentice Hall, Upper Saddle River, NJ, 2014.

Macdougall, Doug, *Frozen Earth: The Once and Future Story of Ice Ages*, University of California Press,

Berkeley, CA, 2013.

Marti, Joan, and Gerald Ernst, Eds., *Volcanoes and the Environment*, Cambridge University Press, Cambridge, 2005.

McCollum, Sean, *Volcanic Eruptions, Earthquakes, and Tsunamis*, Chelsea House, New York, NY, 2007.

Merritts, Dorothy, Kirsten Menking, and Andrew DeWet, *Environmental Geology: An Earth Systems Approach*, 2nd ed., W. H. Freeman, New York, NY, 2014.

Misra, Kula C., *Introduction to Geochemistry: Principles and Applications*, Wiley-Blackwell, Hoboken, NJ, 2012.

Montgomery, Carla W., *Environmental Geology*, 10th ed., McGraw-Hill, New York, NY, 2013.

Nash, David J., and Sue J. McLaren, Eds., *Geochemical Sediments and Landscapes*, Blackwell Publishing, Malden, MA, 2007.

Oppenheimer, Clive, *Eruptions that Shook the World*, Cambridge University Press, Cambridge, 2011.

Pipkin, Bernard W., *Geology and the Environment*, 7th ed., Thomson Brooks/Cole, Belmont, CA, 2013.

Pugh, David, and Philip Woodworth, *Sea-Level Science: Understanding Tides, Surges, Tsunamis and Mean Sea-Level Changes*, 2nd ed., Cambridge University Press, Cambridge, 2014.

Savino, John, and Marie D. Jones, *Supervolcano: The Catastrophic Event that Changed the Course of Human History (Could Yellowstone Be Next?)*, New Page Books, Franklin Lakes, NJ, 2007.

Scheffers, Anja M., and Simon M. May, L*andforms of the World with Google Earth: Understanding Our Environment*, Springer, Berlin, 2015.

Schlesinger, W. H., and Emily S. Bernhardt, *Biogeochemistry: An Analysis of Global Change*, 3rd ed., Academic Press/Elsevier, Cambridge, MA, 2013.

Sigurdsson, Haraldur, Bruce Houghton, Steve McNutt, Hazel Rymer, and John Stix, Eds., *The Encyclopedia of Volcanoes*, 2nd ed., Academic Press, Waltham, MA, 2015.

Skinner, H. Catherine W., and Anthony R. Berger, Eds., *Geology and Health: Closing the Gap*, Oxford University Press, New York, NY, 2003.

Stone, George W., *Raging Forces: Life on a Violent Planet*, National Geographic, Washington, DC, 2007.

Van der Pluijm, Ben A., and Stephen Marshak, *Earth Structure: An Introduction to Structural Geology and Tectonics*, W.W. Norton, New York, NY, 2004.

Waltham, Tony, *Foundations of Engineering Geology*, 3rd ed., Taylor & Francis, London, 2009.

White, William M., *Geochemistry*, Wiley-Blackwell, Hoboken, NJ, 2013.

연습문제

모든 문제들을 답하기 위해서는 인터넷을 활용해야 할 것이다. 특히 일반적인 정보나 통계, 상수값, 수식들은 인터넷에서 찾아서 사용하시오. 질문들은 교재 안에 있는 내용을 단순하게 찾아서 쓰는 것보다 호기심과 사고력을 증진시키기 위한 것이다. 그래서 어떤 경우에는 여러 가지 '정답'이 있을 수 있다. 그러므로 만약 자신의 이지적인 사고를 통한 노력과 다양한 문헌으로부터 찾은 정보를 바탕으로 작성한 답은 '정답'으로 간주한다.

1. 다음 중 사막화 현상과 관련이 없는 것을 고르고, 그 이유를 설명하시오.
   a. 지하수면의 하강
   b. 표토와 물의 염류화
   c. 혐기성 과정에 의한 MnO_2와 $Fe_2O_3 \cdot H_2O$ 퇴적물 생성
   d. 지표수의 감소
   e. 비자연적으로 심한 토양 침식
2. 다음은 오염 물질의 해를 줄이기 위해 토양에서 일어날 수 있는 화학적 또는 생화학적 현상이다. 각각에 대한 예를 제시하고 설명하시오.
   a. 산화–환원 과정
   b. 가수 분해

c. 산-염기 반응
d. 침전
e. 수착
f. 생화학적 분해
3. 지구의 광물 중 규산염과 산화물이 특히 풍부한 이유는 무엇인가?
4. 다음의 화학식으로 표현되는 각각의 광물이 공통적으로 나타내는 특성을 쓰시오.
$NaCl$, Na_2SO_4, $CaSO_4 \cdot 2H_2O$, $MgCl_2 \cdot 6H_2O$, $MgSO_4 \cdot 7H_2O$, $KMgClSO_4 \cdot \frac{1}{4}H_2O$, $K_2MgCa_2(SO_4)_4 \cdot 2H_2O$
5. 다음의 사항들이 어떻게 관련되어 있는지 설명하시오.
풍화 작용, 화성암, 퇴적암, 토양
6. 왼쪽의 암석과 오른쪽의 설명을 적절히 연결하시오.

(a) 변성암	(1) 가용성 또는 콜로이드성 풍화 산물이 침전 또는 정전기적으로 응집되어 생성된다.
(b) 화학적 퇴적암	(2) 식물과 동물의 잔류물을 포함한다.
(c) 쇄설암	(3) 퇴적암에 열과 압력이 작용하여 형성된다.
(d) 유기성 퇴적암	(4) 풍화 작용의 결과로서 화성암으로부터 침식되어 나온 고체 입자들로 형성된다.

7. 용해 하중 물질을 포함하는 흐르는 물의 대부분은 어디에서 유래하는가? 왜 그 원천으로부터 나오는 경향이 있는지 설명하시오.
8. 용해 하중 물질이 생성될 때, 또 이 물질로부터 2차 광물이 침전될 때 물 오염 물질의 역할은 무엇인가?
9. 이 장에서 정의한 것을 토대로 할 때, 이온 치환에 관여하는 이온은 교환성 양이온과 같은 것을 의미하는가? 그렇지 않다면, 그 이유는 무엇인가?
10. 약한 토양층에 존재하는 물은 지진에 의한 피해를 더 악화시킬 수 있다고 한다. 그 이유를 추측해 보시오.
11. 화산은 어떤 의미에서 대기 오염에 기여하는가? 화산 폭발이 기후에 미치는 영향은 무엇인가?
12. 지하수를 과도하게 퍼 올릴 경우, 하천, 특히 소하천의 흐름에 어떠한 부정적 영향을 주는지 설명하시오.
13. 화학적 풍화 작용의 일부분으로서 산화 과정을 겪을 가능성이 가장 큰 세 원소는 무엇인가? 각각에 대하여 반응의 예를 드시오.
14. 왼쪽과 오른쪽을 적절히 연결하시오.

(a) 지하수	(1) 비 또는 눈의 형태로 떨어지는 물
(b) 순환수	(2) 포화대에 존재하는 물
(c) 기상상의 물	(3) 불포화대 혹은 통기대에 있는 물
(d) 모세관대의 물	(4) 표면 장력에 의해 지하수면 위로 약간 끌려 유지되는 물

15. Kansas 주의 중앙에 위치한 넓은 지역에는 방대한 양의 암염(halite) 퇴적층이 있다. 암염은 무엇인가? 또 암염이 이 지역에 존재한다는 것은 이 지역의 지질학적 역사가 어떠하다는 것을 의미하는가?
16. 풍화 작용과 침식의 차이점은 무엇인가? 또한 대기 오염이 어떻게 두 현상에 기여할 수 있는지 설명하시오.
17. 석탄 등의 화석 연료를 온실 가스인 이산화 탄소 농도의 증가에 기여하지 않도록 하면서 사용할 수 있는 방법 중 하나로서, 이산화 탄소를 지하의 광물 층으로 펌핑해 집어 넣는 탄소 격리(carbon sequestration)가 알려져 있다. 이 목적을 위하여 석회석(탄산 칼슘) 형성이 어떻게 이용되는지 화학 반응식을 사용하여 설명하시오. 이 방법이 지표면에 일으킬 수 있는 문제들을 제시하시오.
18. 철 광물의 퇴적물은 대개 지하수가 지표면으로 흘러나오는 곳에서 볼 수 있다. 화학 반응식을 사용하여 이 현상을 설명하시오.

15 토양

지구의 생명줄

15.1 오늘 흙덩어리에 감사드렸나요?

자주 눈에 띄는 어떤 범퍼 스티커 중 하나에는 이런 질문이 적혀 있었다. "오늘 녹색 식물에 감사드렸나요?" 이것은 인간과 동물의 삶이 달려 있는 식량을 생산하는 광합성 식물을 명백하게 언급한 것이다. 보다 근본적인 질문은 우리가 녹색 식물 존재의 기반이 되는 토양, 즉 흙덩어리에 감사해 왔느냐 하는 것이다. 인간과 땅에 사는 생물에게 있어, 토양은 문자 그대로 지구가 내려준 생명줄이다. 적절한 기후와 충분한 물과 더불어, 지권에서 생산성이 좋은 토양은 한 나라가 가질 수 있는 가장 귀중한 자산이다. 전 세계의 상당히 방대한 지역은 이런 근본적인 자산이 부족하고, 결과적으로 그 형편없는 땅에 사는 사람들은 대개 가난과 영양실조로 고통을 겪는다. 게다가 한때 적절한 토양을 가졌던 지역에서도 그 땅이 더 이상 생산적이지 않을 정도로 남용되어 척박해지고 있다. 지구에서 생명을 지원하는 토양의 층은 매우 얇고 연약하다. 만약 지구가 지리 수업 시간에 보는 지구본 크기라면, 지구 표면의 생산적인 토양의 평균 두께는 인간의 세포 하나 크기보다 작을 것이다. 환경 화학의 핵심적인 과제 중 하나는 토양의 생산성을 유지하고 강화하는 것이다. 이 장에서는 토양, 그리고 토양과 밀접하게 관련된 농업의 여러 면모를 다룬다.

유엔 총회는 지구와 인류를 지속시키는 데 있어 토양의 중요성을 인정하여, 2015년을 국제 토양의 해로 지정하였다. 그 목적은 사회와 의사 결정자들에게 식량 안보, 인간 생명의 유지, 필수적인 생태계 기능, 지속 가능한 개발, 그리고 빈곤 완화에 있어서 토양의 필수 역할에 대한 인식을 높이는 것이었다. 국제 토양의 해를 지정한 이유 중 하나는 지속 가능한 토양 관리를 장려하고 토양 자원을 보호하는 것이었다.[1]

15.1.1 토양이란 무엇인가?

토양에는 땅 위에 자라는 식물의 뿌리를 유지하고 영양을 공급하는 유기 물질과 물이 다양한 비율로 포함되어 있다. **토양(soil)**은 이러한 유기 물질과 물을 함유하고 있는 미세 광물을 폭넓게 표현하는 용어이다. 토양은 주로 식물의 성장 지원을 위한 매질로서 물리적, 화학적, 생화학적 과정에 의해 생성된 암석 풍화 작용의 산물이다. 건강한 토양은 식물이 이용할 수 있는 물을 포함하고 있으며, 공기 공간이 존재하기 때문에 다소 느슨한 구조를 가진다. 이러한 토양은 활발한 토양 생물 개체군을 지원하게 되는데, 이 생물 개체군에는 죽은 식물의 바이오매스와, 지렁이를 비롯한 죽은 동물을 분해하는 곰팡이와 세균 등이 속한다. 전형적인 토양에 존재하는 고체의 약 95%는 무기물이지만, 어떤 토양은 주로 유기 물질로 구성되기도 하며, 유기 물질이 거의 없는 모래 성분의 토양도 알려져 있다.

토양은 다양한 특성을 가지고 있어 작물 생산, 도로 건설, 폐기물 처리 등 여러 가지 목적에 따라 분류할 수 있다. 토양을 만드는 모암은 토양의 구성 성분을 결정하는 데 있어 분명히 중요한 역할을 한다. 토양의 기타 특성으로는 강도, 가공성, 토양 입자 크기, 투과성, 성숙도 등을 들 수 있다.

15.1.2 농업과 토양

토양의 성질을 상세히 다루기 전에, 지구상에 인간을 지속시키기 위해 토양이 제공하는 가장 중요한 배려인 농업을 고려해 볼 필요가 있다. 농작물과 가축을 길러 식량을 생산하는 **농업(agriculture)**은 인간의 가장 기본적인 욕구를 충족시킬 뿐 아니라, 현재 지구상에 살고 있는 인구를 유지하는 데 필수적이며, 인간 활동에 의해 토양이 인류권에 통합되는 것을 가능하게 하였다. 그 어떤 산업도 토양만큼 환경에 큰 영향을 미치지 않는다. 토착 식물의 제거, 야생 동식물 서식지의 파괴, 침식, 살충제 오염, 기타 농업의 환경적 영향은 환경 손상을 일으킬 가능성이 매우 크다. 지구상의 인류 생존을 위해서는 농업 활동은 가능한 한 환경 친화적이어야 한다. 토양의 적절한 관리는 지구 환경에 긍정적인 영향을 줄 수 있다. 지속 가능한 경작 활동은 황폐한 토양을 건강한 상태로 되돌릴 수 있다. 작물 재배는 대기 중 온실 가스인 이산화 탄소를 (적어도 일시적으로) 제거하고 석유에서 비롯된 연료와 재료를 대체할 수 있는 재생 가능한 에너지와 섬유를 제공할 수 있다.

농업은 식물 광합성으로부터 식량과 섬유를 얻는 **작물 재배(crop farming)**과, 가축으로부터 육류, 우유, 기타 가축 제품을 얻는 **목축(livestock farming)**의 두 가지 범주로 나눌 수 있다. 작물 재배에서는 인간이 직접 섭취하는 식품, 가축을 위한 먹이, 섬유를 생산한다. 목축은 고기, 낙농 제품, 계란, 양모, 가죽을 얻기 위해 동물을 기르는 것이다. 이 안에는 민물고기, 그리고 심지어 가재 등의 '양식장' 사육과 꿀 채취를 위한 양봉도 포함된다.

농업은 초기 농부들이 야생종 식물로부터 개량한 재배용 식물에 기초한다. 초기 농부들은 자신들이 무엇을 하고 있었는지에 대한 많은 이해 없이, 식량 생산을 위해 바람직한 특성을 지닌 식물을 선택하였다. 이렇게 선택된 재배용 식물은 매우 엄청난 진화적 변화를 겪게 되어 대개 그 야생종과 거의 닮지 않게 되었다. 유전의 과학적 원리에 기초한 식물 육종은 약 1900년부터 시작된 현대 농업 개발법이다. 식물 육종의 주요 목표 중 하나는 수확량을 늘리는 것이었다. 작물의 수확량은 해충, 가뭄, 추위에 대한 저항력을 높이는 방향으로 품종을 개량함으로써 증가시킬 수 있다. 어떤 경우에는 목표가 필수 아미노산의 함량을 올리는 것과 같은 영양적 가치를 증대하는 것이 되기도 한다.

잡종의 개발을 통해 수확량이 급격히 증가되었고, 여러 중요한 곡물들이 좋은 특성을 지니게 되었다. 근본적으로 **잡종(hybrid)**이란 서로 다른 두 순종을 교배하여 얻어낸 새로운 품종을 말한다. 대개 두 모품종과 상당히 다른 잡종은 이른바 '잡종 강세(hybrid vigor)' 형질을 나타내고, 수확량을 크게 향상시키는 경향을 보인다. 잡종 작물의 대표적인 성공 사례는 옥수수에서 찾아볼 수 있다. 옥수수는 가장 손쉽게 잡종 교배될 수 있는 작물 중의 하나이다. 그 이유는 싹트는 옥수수 이삭에 붙은 암꽃과 옥수수 식물 꼭대기에 핀 수꽃이 서로 떨어져 있기 때문이다. 과거의 전통적인 육종법의 성공과 '유전 공학'에 대한 초기의 실망에도 불구하고, 재조합 DNA 기술을 적용한다면 궁극적으로 과거 식물 육종으로 이룬 모든 성과를 넘어설 수도 있을 것이다.

작물 생산에는 식물 품종과 다양성 이외에도 많은 다른 인자들이 관련되어 있다. 날씨는 명백한 요인이며, 그 중요성은 진행 중인 기후 변화로 인하여 더 강조되고 있다. 전 세계 많은 지역에서의 만성적이고 심각한 물 부족은 관개 시설에 의해 완화되고 있다. 필요한 물의 양을 최소화하기 위하여 관개 시설에 자동화 기술과 컴퓨터 제어를 사용하는 것은 매우 중요하고 더 환경 친화적인 것으로 해석할 수 있다. 화학 비료의 사용으로 인해 작물 수확량은 크게 늘었다. 주로 제초제이지만 살충제와 살균제도 적절히 함께 사용하면서, 농약은 작물 수확량을 늘리고 손실을 크게 줄였다. 제초제의 사용으로 그동안 필요했던 토양의 기계적 경작을 줄이고 환경적 이익을 가져왔다. 실제로, '무경운(no-till)'과 '저경운(low-till)' 농업은 현재 대규모로 널리 시행되고 있다.

가축을 사육하는 것은 상당한 환경 영향을 일으키게 한다. 집중적인 가축 사육 작업과 관련된 폐기물 못(waste lagoon)에서 발생한 유출은 심각한 물 오염 문제를 야기할 수 있다. 염소와 양은 근동(중동), 북아프리카, 포르투갈, 스페인에 있는 목초지를 파괴해 왔다. 특별한 관심사로 등장한 것은 소 사육의 환경적 영향이다. 넓은 면적의 산림이 쇠고기의 양을 늘리기 위하여, 환경적으로는 덜 중요하게 간주되는 목초지로 전환되었다. 1파운드의 쇠고기를 생산하기 위해서는 같은 양의 닭고기를 얻는 데 비하여 약 네 배의 물과 네 배의 먹이가 필요하다. 이 문제의 흥미로운 측면은 소와 반추 동물의 소화계에서 무산소 세균에 의해 온실 가스인 메테인이 만들어지고 방출된다는 것이다. 이 방출량은 습지와 논에서 방출되는 양을 제외하고는 가장 많다. 반추 동물의 소화계에서 나오는 메테인 가스의 방출은 지구 온난화를 부정하는 사람들에게 웃음거리로 간주되지만, 실제로는 전 세계 온실 가스 중 상당히 중요한 부분을 차지한다. 하지만 위에 존재하는 특화된 세균 덕분에, 소와 기타 반추 동물은 소화할 수 없었던 셀룰로스를 먹이로 전환할 수 있고, 이것은 소화되어 동물의 단백질과 지방이 된다.

15.2 토양의 구조

일반적인 많은 토양에는 점토 광물이 포함되어 있다. 그리고 건강한 토양 대부분은 일부 구성 물질로 다양한 부패 단계에서 생성되는 식물 바이오매스를 가지고 있다. 토양에는 수많은 세균, 곰팡이류, 지렁이 등의 동물들을 찾아볼 수 있다. 토양은 공기가 존재할 수 있는 공간이 있으며, 일반적으로 느슨한 조직 구조를 가진다(그림 15.1).

일반적으로, 생산성이 좋은 토양의 고체 성분은 대략 5%의 유기 물질과 95%의 무기 물질로 구성된다. 이탄토(泥炭土, peat soil)와 같은 일부 토양에는 95%나 되는 유기 물질이 포함되기도 한다. 또 1% 정도 밖에 안 되는 적은 양의 유기 물질이 포함되어 있는 토양도 있다.

전형적인 토양은 깊이에 따라 **지평층(horizon)**이라고 하는 뚜렷한 층이 존재한다(그림 15.2). 지평층은 암석이 풍화 작용을 거치면서 겪는 복잡한 상호 작용, 즉 물리적, 화학적, 생물학적 과정에 의한 암석의 붕괴로 인해 만들어진다. 토양에 스며드는 빗물에 실려 용해성 고체와 콜로이드성 고체는 더 깊은 지평층으로 운반되어 퇴적된다. 잔류 식물 바이오매스가 세균에 의해 분해되면, 약산인 CO_2와 유기산, 착물화제(complexing compound)가 되는데, 이 물질들은 빗물에 의해 더 깊은 지평층으로 운반되어 점토, 기타 광물과 상호 작용을 하고, 광물의 성질을 변화시킨다. 토양의 가장 위층을 A 지평층(A-horizon) 또는 표토라고 하는데, 그 두께는 일반적으로 10~20 cm이다. 이곳은 토양 유기 물질 대부분을 포함하고 있으며, 생물학적 활동이 가장 활발한 식물 생산성에 필수적인 토양층이다.

식물 성장에 가장 중요한 토양 지평층은 **표토(topsoil)**이다. 식물의 뿌리는 표토에 스며들어 거기에

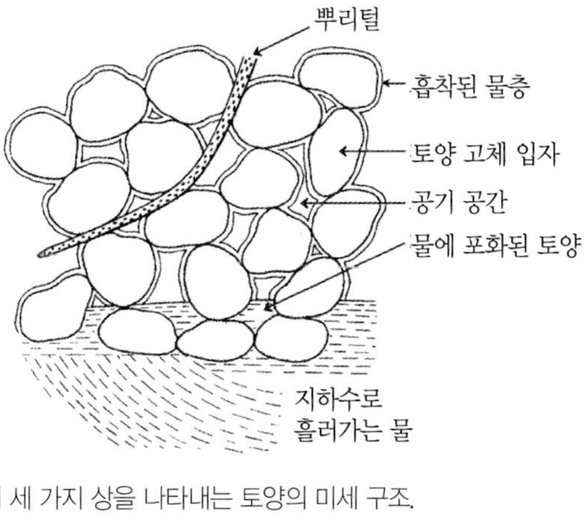

그림 15.1 고체, 물, 공기의 세 가지 상을 나타내는 토양의 미세 구조.

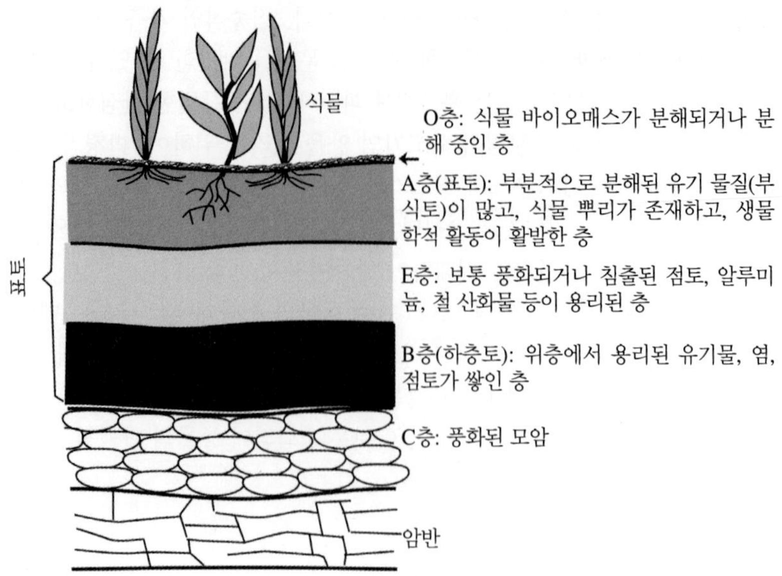

그림 15.2 토양 지평층을 나타내는 토양의 단면도. 지평층은 헐겁고 굳지 않은 물질로서, 암반을 덮고 있는 표토(regolith)의 일부이다.

서 물과 식물 영양분을 흡수한다. 표토는 생물학적 활동이 가장 활발한 층이다. **근권(rhizosphere)**은 표토의 일부로서, 이곳에서는 식물 뿌리의 활동이 특별히 활발하고, 식물의 뿌리와 뿌리에 관련된 미생물로 구성된 바이오매스의 수치가 높다. 근권에서 식물 뿌리는 미생물과 강력한 시너지 효과를 나타낸다. 뿌리털의 표면에는 대개 미생물이 대량 서식하며 뿌리에서 분비되는 탄수화물, 아미노산, 뿌리 성장 점액질로 인해 번창하게 된다. 미생물은 뿌리털의 영양소 흡수를 돕고, 콩과식물의 경우에는 뿌리혹에서 자라는 세균이 N_2 기체를 영양소로 쓸 수 있는 질소 화합물로 변환한다.

토양의 비근권 지대에 비해 근권의 단위 부피당 미생물 바이오매스 양이 10배 이상이다. 이 농도는 토양의 특성, 식물과 그 뿌리의 특성, 수분 함량, 산소에 대한 노출에 따라 다양하게 변할 수 있다. 이 지대가 오염 물질에 노출되는 경우, 오염 물질의 생분해에 적응한 미생물도 존재할 수 있다. 근권은 토양에 뿌려지는 유기 오염 물질과 농약의 미생물 생분해를 위한 중요한 지대이다.

15.3 토양의 구성

15.3.1 토양의 물

물은 토양을 구성하는 3상, 즉 고체-액체-기체 시스템의 일부이다. 이것은 고체 토양 입자에서 식물 뿌리 안으로, 그리고 식물 잎 구조의 가장 먼 곳까지 필수 영양소를 운반하는 근본적인 이동 매질이다(그림 15.3). 식물의 물은 식물의 잎에서 공기 중으로 증발하는데, 이것을 **증산 작용(transpiration)**이라고 한다. 대부분의 식물성 자원 생산에는 많은 양의 물이 필요하다. 예를 들어, 마른 건초 1 kg을 생산하기 위해서는 수백 kg의 물이 필요하다.

일반적으로 토양 입자는 작고, 토양 속은 작은 모세관과 공극이 존재하기 때문에, 토양에 존재하는 물의 성질은 토양의 고체 물질과 완전히 따로 생각할 수는 없다. 식물에 대한 물의 이용률은 모세관 현상과 중력으로 인해 만들어진 역학적 기울기에 의해 결정된다. 물에 포함된 영양 용질의 이용률은 그 물질이 놓인 농도 기울기와 전위 기울기에 의존한다. 토양의 큰 공간에 존재하는 물은 식물이 흡수하기 좋은 반면에, 쉽게 흘러 내려갈 수 있다. 작은 구멍 또는 점토 입자의 단위 층 사이에 유지되어 있는 물은 훨씬 더 강하게 붙들려 있다. 유기 물질이 많이 포함된 토양에는 그렇지 못한 토양보다 많

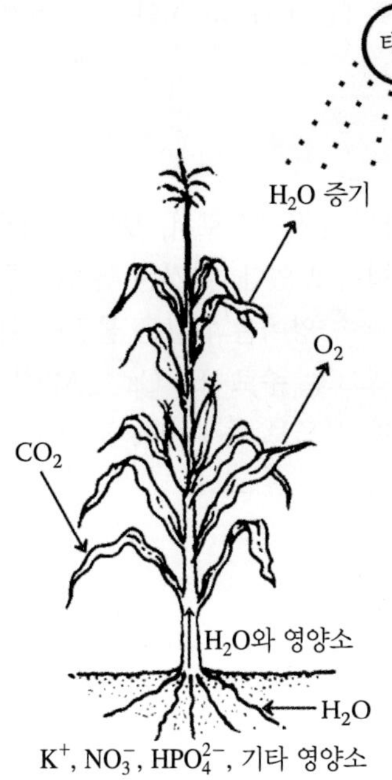

그림 15.3 식물은 증산 작용을 통해 물을 토양에서 대기로 이동시킨다. 이 작용에 의해 토양의 영양물질도 식물의 말단까지 운반된다. 식물은 광합성 작용을 통해 대기의 CO_2를 제거하고, O_2를 생산한다. 이 과정의 반대 현상이 식물의 호흡 과정에서 일어난다.

은 물이 포함될 수도 있으나, 유기 물질에 의한 물리적, 화학적 수착으로 인해 식물에 대한 이용률은 비교적 떨어진다.

토양에서 점토와 물 사이에는 매우 강한 상호 작용이 존재한다. 물은 점토 입자의 표면에 흡수된다. 콜로이드 점토 입자는 높은 표면적/부피 비를 가지기 때문에, 많은 양의 물이 이와 같은 방식으로 결합될 수 있다. 물은 몬모릴로나이트 점토와 같이 확장성 점토의 단위층 사이에 유지될 수도 있다. 토양이 **물로 침수(waterlogged)**(포화)되면 토양의 물리적, 화학적, 생물학적 성질은 급격히 변한다. 그러한 토양에 포함된 산소는 유기 물질을 분해하는 미생물의 호흡에 의해 빠르게 고갈된다. 그러한 토양에서는 토양의 콜로이드 입자들을 뭉치게 하는 결합이 끊어져 토양 구조가 붕괴된다. 따라서 토양에 존재하는 과량의 물은 식물 성장을 저해하며, 대부분의 식물 뿌리가 필요로 하는 공기를 유지할 수 없다. 따라서 벼를 제외한 대부분의 작물은 물이 포화된 토양에서 성장할 수 없다.

침수의 가장 뚜렷한 화학적 영향은 유기 환원세 작용에 의한 pE의 감소이며, 이 과정은 세균 촉매 작용을 통해 일어난다. 토양의 pE는 공기와 평형을 이루는 물이 나타내는 값(pH 7에서 pE는 +13.6)에서 1 또는 그 이하로 떨어진다. 즉, 토양은 보다 더 환원성이 된다. 이러한 변화로 인해 철(II)과 망가니즈(II)의 이동성이 증가된다는 것은 중요한 사실인데, 불용성 철과 망가니즈의 환원은 다음과 같이 일어난다.

$$MnO_2 + 4H^+ + 2e^- \rightarrow Mn^{2+} + 2H_2O \tag{15.1}$$

$$Fe_2O_3 + 6H^+ + 2e^- \rightarrow 2Fe^{2+} + 3H_2O \tag{15.2}$$

가용성 망가니즈는 일반적으로 Mn^{2+}로 존재하는 데 비해, 용해성 철(II)은 음전하를 띤 철-유기 킬레이트 이온으로 존재한다. 철(II)이 토양에 존재하는 풀빅산(2장)에 의해 강한 킬레이트를 형성한다는 것은, 더 양의 pE 값에서 철(III) 산화물을 환원시킬 수 있음을 의미한다. 이 결과는 그림 3.4에 표시한 철의 pE–pH 도표에서 Fe(II)–$Fe(OH)_3$ 경계선을 위쪽으로 이동하게 한다.

Fe^{2+}와 Mn^{2+} 같은 용해성 금속 이온은 그 농도가 높으면 식물에 유독하다. 이러한 물질들이 공기에

노출되면서 산화되어 불용성 산화물, 즉 Fe_2O_3와 MnO_2와 같은 퇴적물이 형성된다면, 들판의 토관 배수(tile drain)를 막히게 할 수도 있다.

15.3.2 토양 용액

토양 용액(soil solution)은 토양에 포함된 수용액으로서, 토양에 이용할 수 있는 물을 제공하고, 식물 영양분을 포함한 많은 용존 물질을 포함하고 있다. 이것은 뿌리를 통해 식물에 물을 제공하는 것 외에도, 뿌리와 고체 토양 사이에서 용존 금속 양이온과 같은 물질을 이동시키는 데 필수적인 역할을 한다. 토양 용액에 흔히 존재하는 양이온으로는 주로 H^+, Ca^{2+}, Mg^{2+}, Na^+, K^+, NH_4^+ 등이 있으며, 이와 함께 Fe^{2+}, Mn^{2+}, Al^{3+}가 매우 낮은 농도로 존재한다. 또한 주로 발견되는 음이온으로는 HCO_3^-, CO_3^{2-}, HSO_4^- SO_4^{2-}, Cl^-, F^- 등이 있다.

15.3.3 토양의 공기

일반적인 토양은 그 부피의 약 35%가 공기로 채워져 있다. 보통의 건조한 대기는 21%의 O_2와 0.04%의 CO_2를 포함하고 있으나, 토양 속에 포함된 공기는 유기 물질의 분해로 인해 그 함유량이 상당히 다를 수 있다.

$$\{CH_2O\} + O_2 \rightarrow CO_2 + H_2O \qquad (15.3)$$

이 과정을 통해 산소가 소모되고 CO_2가 생성된다. 결과적으로 토양 속의 산소 함유량은 15%까지 떨어질 수 있고, 이산화 탄소는 수%까지 상승할 수도 있다. 이렇게 토양에서 발생하는 이산화 탄소는 광합성을 위한 원천으로도 사용될 수 있는데, 특히 땅속에서 성장하는 식물의 경우에 그러하다. 그리고 토양 속에서 유기 물질이 분해되면 지하수에 용존된 CO_2의 평형 농도는 증가한다. 이 결과로 pH가 낮아지며, 탄산염 미네랄, 특히 탄산 칼슘의 풍화 작용(반응 2.7)이 가속화된다. 15.4절에서 논의하겠지만, CO_2는 뿌리가 토양으로부터 금속 이온을 흡수하는 과정의 평형에도 영향을 줄 수 있다.

15.3.4 토양의 무기 성분

지각의 가장 많은 두 원소가 산소와 규소라는 사실을 고려할 때, 규산염은 토양의 가장 흔한 광물 성분이다. 여기에는 미세하게 부서진 석영(SiO_2), 정장석(orthoclase, $KAlSi_3O_8$), 조장석(albite, $NaAlSi_3O_8$)이 포함된다. 지구의 지각에 상대적으로 풍부한 다른 원소로는 알루미늄, 철, 칼슘, 소듐, 포타슘, 마그네슘이 있으며, 이들의 풍부함은 토양에서 녹렴석[epidote, $4CaO \cdot 3(AlFe)_2O_3 \cdot 6SiO_2 \cdot H_2O$], 침철광[goethite, FeO(OH)], 자철광(magnetite, Fe_3O_4), 탄산 칼슘과 탄산 마그네슘($CaCO_3$, $CaCO_3 \cdot MgCO_3$), 망가니즈 산화물과 타이타늄 산화물로 나타난다. 토양의 모암은 미세하게 부서진 콜로이드 입자가 되기 위해 풍화 작용을 겪으며, 그중에서 가장 풍부한 입자는 점토이다. 이러한 2차 광물은 식물 뿌리가 접근할 수 있는 수분과 미네랄 영양소(식물 성장에 필요한 K^+와 같은)를 보유하며 식물 영양소의 보고 역할을 한다. 무기 토양 콜로이드는 토양의 독성 물질을 흡수하여 식물을 해칠 수 있는 독성 물질을 줄인다. 토양에 풍부한 무기 콜로이드 물질이 이러한 성질을 나타내는 것은 명백히 토양의 생산성을 결정짓는 중요한 인자이다.

15.3.5 토양과 유기 물질

유기물은 토양에서 작은 부분(일반적으로 질량 5% 이하)을 차지하며, 토양의 물리적, 화학적, 생물학적 특성에 큰 영향을 미치고, 토양 생산성을 결정하는 데 큰 역할을 한다. 토양에 미치는 중요한 영향 중에서 유기물은 토양 수분을 유지하는 데 효과적이고, 식물의 영양분으로 필요한 일부 이온을 보유하면서 이를 식물의 뿌리와 교환한다. 토양의 유기물은 미생물의 먹이 공급원이 되고, 이온 교환과 같은 화학 반응을 겪으며, 토양의 물리적 성질에 영향을 미친다. 어떤 유기 화합물들은 심지어 광물의 풍화 작용에까지 기여하며, 그 과정에서 토양이 형성된다. 온도, 습기, 그리고 기후 조건은 토양 유기물의 종류와 농도에 크게 영향을 미친다. 토양이 습기로 흠뻑 젖어 있는 춥고 습한 환경에서는 산소에 대한 미생물의 접근이 어렵기 때문에, 토양 유기물을 구성하는 식물 잔여물의 완전한 생분해가 방지되고 유기물이 축적되는 경향이 있다. 이는 아일랜드와, 기후 조건이 그와 유사한 기타 지역에서 이탄(peat)이 축적된 것으로 명확하게 설명된다. 이들 지역에서는 대부분의 고체 토양이 유기 물질로 구성되어 있다. 열대 조건, 특히 습한 계절과 건조한 계절이 번갈아 오는 경우에는 토양 유기물의 손실이 야기될 수 있다. 열대 우림을 지탱하는 토양이 나무가 제거될 때 그토록 빨리 황폐화되는 이유 중 하나는 숲의 윗부분이 제거될 때 토양의 유기물이 빠른 생물 분해를 겪기 때문이다.

토양 유기물을 형성하는 식물 바이오매스 잔여물은 세균과 곰팡이의 작용으로 생분해되며, 이 과정에서 바이오매스의 셀룰로스가 쉽게 분해되어 셀룰로스에 결합된 리그닌을 잔여 물질로 남기는 것이다. 이것이 **부식질화(humification)** 과정이며, 잔류물은 **토양 부식토(soil humus)**로서, 매우 다양한 화학 구조를 가진 검은 유기 물질이다.[2] 토양 부식토 중 일부는 물, 특히 염기가 존재하는 물에 녹을 수 있다(3장의 물에 녹는 부식 물질에 대한 논의 참조). 부식토 중 또 다른 일부인 **휴민(humin)**은 녹지 않으며 고체 토양에 남아 있게 된다.

비록 토양의 수%밖에 되지 않지만, 토양 부식토는 토양의 특성에 매우 큰 영향을 미친다. 이것은 물에 큰 친화성을 보이고, 일반적인 토양에 상당한 물이 유지되게 한다. 주로 카복실산($-CO_2H$) 작용기 때문에 토양(토양 용액)에서 부식 분자는 H^+를 교환하고 토양 속 물의 pH를 완충하는 작용을 한다. 부식 물질은 금속 이온과 기타 이온성 식물 영양소와 결합한다. 또 토양 부식토는 토양에 뿌려지는 제초제와 같은 유기 물질과 결합하여 떠내려가지 못하게 한다. 토양의 물 저장 용량은 부식 물질에 의해 상당히 증가된다. 이 물질은 또한 토양 입자들이 뭉치는 것을 안정화하고 토양에 유기 화합물이 수착되는 것을 향상시킨다.

토양의 부식 물질은 토양수의 많은 용질을 강하게 수착하고, 다가 양이온에 특별한 친화성을 가진다. 토양 부식 물질과 물 사이의 평형에서 우라늄의 농도는 물에서보다 부식 물질에서 10^4배 이상 높다. 따라서 물이 부식 물질이 풍부한 토양을 통과하면 그 안의 양이온은 고갈된다. 즉 물이 정화된다. 또한 토양의 부식 물질은 옥수수 밭에서 잡초를 제거하기 위해 광범위하게 사용되는 제초제인 DDT나 아트라진(atrazine)과 같이, 물에서 용해도가 작은 유기 화합물에 강한 친화성을 지닌다.

부식토 이외에, 토양에서는 다양한 종류의 유기 화합물들이 비교적 소량으로 발견된다. 여기에서 주요 성분으로는 (1) 유기 용매로 추출할 수 있는 지방, 수지, 왁스, (2) 토양 미생물의 먹이원이 되는 당류, 특히 셀룰로스, (3) 토양 비옥도에 질소를 제공하는 질소성 부식질, 아미노산, 아미노당 등의 질소 함유 화합물, (4) 식물에 대하여 인산 영양소의 공급원이 되는 인산 에스터(phosphate ester), 인산 이노시톨(inositol phosphate), 인지질(phospholipid) 등 인 화합물이 있다.

어떤 유기 화합물들은 광물의 풍화 작용에 기여하며, 그 과정에서 토양이 형성된다. 예를 들면, 토양 진균의 대사 물질인 옥살산 이온($C_2O_4^{2-}$)은 Fe와 Mn 같은 토양 광물 양이온과 결합하여 물에 녹는 킬레이트 화학종을 형성하고, 이에 따라 풍화 작용을 가속화하고 이온 영양소의 이용률을 증가시킨다. 어떤 토양 진균은 구연산과 기타 킬레이트 유기산을 만들어 내어, 이들 산이 규산염 광물과 반응함으로써 그 안에 들어 있는 포타슘과 기타 영양 금속 이온들을 방출하게 한다. 강력한 킬레이트제인 2-케토글루콘산(2-ketogluconic acid)은 몇몇 토양 세균에 의해 생성된다. 이 물질은 금속 이온을 용해시킴으로써 광물의 풍화 작용에 기여하고, 불용성 인산 화합물로부터 인산 이온이 방출되는 것에 관여한다.

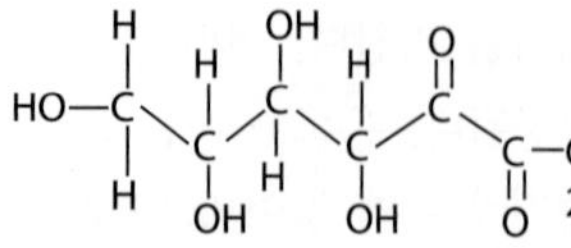

토양에 유기물이 축적되는 것은 온도와 산소의 이용률에 의해 크게 영향을 받는다. 생분해 속도는 온도가 감소함에 따라 감소하기 때문에, 유기물은 더 추운 기후에서 빠르게 분해되지 않고 토양에 쌓이는 경향이 있다. 물속과 침수된 토양에서는 식물의 부패에 필요한 산소가 부족하기 때문에 유기 물질이 축적된다. 물로 포화되어 있는 토양에서 식물이 자라고 분해될 때, 토양에서 유기 물질의 양은 90%에 이를 수도 있다.

토양에 PAH(다핵 방향족 탄화수소) 화합물이 자연적으로 발생하여 존재한다는 것은 토양 유기물의 흥미로운 특징이다. 그 일부가 발암성인 이 화학종은 10장과 12장에서 대기 오염 물질로 논의된다. 토양에서 발견되는 PAH 화합물은 플루오르안텐(fluoranthene), 피렌(pyrene), 크리신(chrysene) 등이다. PAH 화합물의 생성은 자연적인 원인과 인위적인 원인으로 분류하지만, 두 가지 모두의 연소로 인한 경우가 많다. 자연적인 경우의 예는 잔디와 같은 풀밭에 화재가 발생하는 것이다. 터펜(terpene)과 β-카로틴(β-carotene) 같은 식물 색소도 토양 유기 물질에서 발견된다.

어떤 경우에는 토양의 유기 성분과 무기 성분 사이에 강한 상호 작용이 존재하기도 한다. 대표적인 예는 점토와 부식산(풀빅산) 사이에 형성된 강하게 결합된 착물이다. 많은 토양에서는 50~100%의 토양 탄소가 점토와 착물을 이룬다. 이러한 착물들은 토양의 물리적 성질, 토양의 비옥도, 토양 유기 물질의 안정화를 좌우하는 역할을 한다. 점토의 콜로이드 입자와 부식 유기 입자 사이에 이루어지는 화학 결합의 메커니즘 중 하나는 물리적 응집 유형(flocculation type, 4장 참조)일 것으로 추측되는데, 이것은 카복실산 작용기를 가진 음이온성 유기 분자가 양이온과 함께 다리 역할을 하여 점토의 콜로이드 입자들이 한데 뭉쳐 플록(floc)을 형성하는 것이다. 이 가설은 NH_4^+, Al^{3+}, Ca^{2+}, Fe^{3+}와 같은 양이온이 점토-유기 착물의 형성을 촉진한다는 사실에 의해 뒷받침된다. 부식 물질의 합성, 화학 반응, 생분해는 점토와의 상호 작용에 의해 영향을 받는다. 분자량이 작은 풀빅산은 점토에 결합되어 점토의 층 사이에 있는 공간을 차지할 수도 있다.

15.4 토양의 산-염기 반응과 이온 교환 반응

토양의 중요한 화학적 기능 중 하나는 양이온을 교환하는 것이다. 4장에서 논의된 바와 같이, 일정량의 퇴적물 또는 토양이 양이온을 교환할 수 있는 용량을 양이온 교환 용량(cation-exchange capacity, CEC)이라고 한다. CEC는 건조된 100 g의 토양이 교환할 수 있는 1가 양이온의 밀리 당량수(meq, miliequivalents)로 나타낸다. CEC는 pE와 pH 같은 토양 매질의 조건이 변함에 따라 그 값이 변하기 때문에 조건적인 상수로 보아야 한다. 토양의 광물 부분과 유기물 부분은 모두 양이온을 교환한다. 점토 광물은 그 안에 음의 전하를 띠는 자리가 존재하기 때문에 양이온 교환을 한다. 이 음전하는 높은 산화 상태의 원자가 낮은 산화 상태의 원자로 치환될 때 생긴다. 예를 들면, 광물에 포함되어 있던 알루미늄 이온(Al^{3+})이 마그네슘 이온(Mg^{2+})으로 치환될 경우, 음전하가 생성된다. 토양에 포함된 유기 물질은 카복실레이트($-CO_2^-$)와 같은 염기성 작용기가 존재하기 때문에, 양이온을 교환하는 역할을 한다. 부식 물질은 전형적으로 매우 높은 양이온 교환 용량을 가진다. 이탄의 CEC는 300~400 meq/100 g이다. 이에 비해 일반적인 수준의 유기 물질을 포함하는 토양의 CEC 값은 약 10~30 meq/100 g이다.

토양의 양이온 교환은 포타슘, 칼슘, 마그네슘, 그리고 기타 필수 미량 금속이 식물에 흡수될 수 있게 하는 메커니즘이다(그림 15.4). 식물의 뿌리가 금속 이온 영양소를 취할 때, 수소 이온이 금속 이온과 교환된다. 이 과정은 탄산을 함유한 물에 의해 토양으로부터 칼슘, 마그네슘, 기타 금속 이온이 침출되는 것과 더불어, 토양을 산성으로 만들 수 있다.

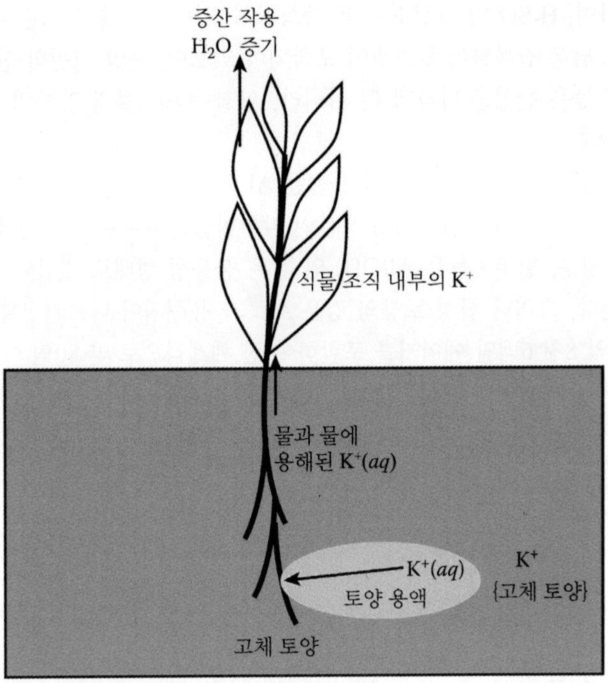

그림 15.4 식물에 의한 토양 양이온 교환과 흡수. 이 예에서는 영양소 K^+가 토양에서 탈착되어 토양 용액으로 흡수되고, 여기에서 식물 뿌리에 흡수되어 삼투압성 물의 흐름에 실린 후에 위쪽 식물 조직으로 옮겨진다. 물은 결국 증산 작용을 통해 수증기 상태로 대기에 배출되고, 식물에 K^+를 남기며, 이 이온은 식물에 필수적인 물질대사 과정에 참여하게 된다. H^+는 식물에서 토양으로 교환되어 빠져 나오고, 토양을 산성으로 만드는 경향이 있다.

$$\{\text{토양}\}Ca^{2+} + 2CO_2 + 2H_2O \rightarrow \{\text{토양}\}(H^+)_2 + Ca^{2+}(\text{뿌리}) + 2HCO_3^- \qquad (15.4)$$

15.4.1 토양의 산-염기 반응

토양은 H^+를 흡수하고 방출하는 능력 때문에 완충 작용을 하고 pH의 변화에 저항한다. 완충 용량은 토양의 유형에 따라 다르다.

토양에 포함된 황철광(pyrite)이 산화되면, 때로는 '특이 산성토(cat clay)'라고도 불리는 산-황산염 토양이 생성된다.

$$FeS_2 + 7/2\,O_2 + H_2O \rightarrow Fe^{2+} + 2H^+ + 2SO_4^{2-} \qquad (15.5)$$

특이 산성토 토양의 pH는 매우 낮은 값인 약 3.0 정도를 나타낼 수도 있다. Delaware, Florida, New Jersey, North Carolina 지방에서 흔히 볼 수 있는 이러한 토양은 FeS_2가 포함된 중성 또는 염기성 해양 퇴적물이 공기 중에 노출되어 산화되면서 산성을 나타내게 된다. 예를 들어, 늪지대를 매립하여 감귤류 나무를 심은 땅은 높은 산성을 나타내기 때문에 식물이 성장하기 어렵다. 또한 FeS_2가 산과 반응하여 H_2S가 방출되면 감귤류의 뿌리에 매우 유독하다.

어떤 토양이 산-황산염 토양으로 변환될 가능성을 테스트하기 위해서는 과산화물 시험법을 사용할 수 있다. 이 시험법은 30%의 H_2O_2를 첨가함으로써 FeS_2가 산화되어 생성되는 산과 황산 이온의 양을 측정하는 것이다.

$$FeS_2 + 15/2\,H_2O_2 \rightarrow Fe^{3+} + H^+ + 2SO_4^{2-} + 7H_2O \qquad (15.6)$$

만일 상당량의 황산 이온이 측정되고, 동시에 pH가 3.0 이하를 나타낸다면, 시험 토양은 산-황산염 토양으로 변화될 가능성이 크다. pH가 3.0 이상일 때는 토양 속 FeS_2의 양이 매우 적거나 토양 속에

$CaCO_3$의 양이 충분하여, H_2SO_4와 산성 Fe^{3+}를 중화할 수 있다는 것을 의미한다.

광산 발굴 작업으로 남은 잔류물에 황철광이 포함되어 있으면, 해양 기원의 산-황산염 토양과 비슷한 토양이 생성된다.[3] 높은 산성을 나타낼 뿐 아니라, 황철광 폐기물과 강산의 반응으로 식물에 유독한 H_2S가 방출될 수 있다.

산성 토양과 관련된 물질 중 식물에 유독한 물질은 Al^{3+}로 존재하는 알루미늄이다.[4] 지구 지각을 구성하는 세 번째로 풍부한 원소이며 점토의 주성분인 알루미늄은 대부분의 토양에 포함되어 있다. 알칼리 또는 중성 토양의 경우, 알루미늄은 $Al(OH)_3$와 같은 불용성 형태로 결합되어 있기 때문에 아무런 문제를 일으키지 않는다. 그러나 산성 토양의 경우 Al^{3+}가 용해되어 나오기 때문에 식물에 독성을 나타내게 된다. 미국의 약 8천 6백만 에이커를 포함하여 전 세계적으로 약 80억 에이커에 달하는 경작지가 과량의 산성도에 시달리고 있는 것을 감안할 때, 식물에 대한 알루미늄 독성은 문제가 된다. 알루미늄은 뿌리 끝에 부정적인 영향을 끼치기 때문에 식물에 독성을 나타낸다고 알려져 있다. 보리는 알루미늄의 독성에 특히 민감하며, 밀과 옥수수는 알루미늄 독성에 비교적 저항력이 강하다. 알루미늄 독성에 내성이 강한 식물은 식물의 뿌리 끝에서 유기산을 분비하는데, 이 유기산이 Al^{3+}와 착물을 이루어 뿌리에 미치는 부정적 영향을 제거하는 역할을 한다. 유전 공학을 통해, 알루미늄에 강한 식물 품종을 개발하고, 알루미늄 독성 때문에 사용할 수 없는 땅을 경작하는 것을 가능하게 할 수도 있다.

15.4.2 토양 산도 조절

대부분의 식물은 중성 근처의 pH에서 가장 잘 자란다. 토양이 식물의 최적 성장에 장애가 될 정도로 지나치게 산성화된다면, 아래 반응식과 같이 석회를 뿌려 생산성을 회복시킬 수 있다.

$$\{\text{토양}\}(H^+)_2 + CaCO_3 \rightarrow \{\text{토양}\}Ca^{2+} + CO_2 + H_2O \tag{15.7}$$

강우량이 적은 지역에서 Na_2CO_3와 같은 염기성염이 존재한다면 토양은 강한 염기성(알칼리성)을 나타낼 수도 있다. 알칼리성 토양은 황산 알루미늄 또는 황산 철로 처리할 수 있으며, 다음과 같이 가수 분해를 통해 산을 방출한다.

$$2Fe^{3+} + 3SO_4^{2-} + 6H_2O \rightarrow 2Fe(OH)_3(s) + 6H^+ + 3SO_4^{2-} \tag{15.8}$$

토양에 첨가된 황은 세균 매개 반응에 의해 황산으로 산화된다.

$$S + {}^{3}\!/_{2}O_2 + H_2O \rightarrow 2H^+ + SO_4^{2-} \tag{15.9}$$

따라서 알칼리성 토양을 산성화하기 위해 황이 사용될 수도 있다. 이산화 황에 의한 대기 오염을 줄이기 위하여 화석 연료에서 황이 제거되는데, 이 황을 사용하여 알칼리성 토양을 중화 처리하는 것은 경제적으로 매우 매력적인 일이다.

15.4.3 토양의 이온 교환 평형

토양은 이온과 유기물을 포함한 많은 물질들을 수용하고 방출한다. 가장 많이 교환되는 종은 양이온이며, 이것은 토양의 음전하를 띤 자리에 수용된다. 이 양이온 교환 자리는 보통 토양의 점토와 유기 물질이 제공한다. 점토는 그 안에 존재하는 광물의 Si(IV)를 Al(III)로 치환하여 음전하를 띤 자리를 만들고, 유기 물질은 보통 부식 물질이 $-CO_2^-$ 작용기로 음전하를 띤 자리를 제공한다. 음전하를 띤 이온도 토양에 의해 교환될 수 있으나, 토양 고체에 양전하를 띤 자리가 부족하기 때문에 양이온에 비해 그 정도는 덜하다.

식물 뿌리가 영양소를 취하는 과정에는 대개 물과 무기물 상의 복잡한 상호 작용이 관여한다. 예를 들면, 무기 콜로이드에 유지되어 있는 영양소는 광물/물 경계, 그 다음에는 물/뿌리 경계를 이동해야 한다. 이 과정은 대개 토양 무기 물질의 이온 구조에 의해 크게 영향을 받는다.

토양이 보유하는 양이온 교환 자리에 대한 서로 다른 양이온 사이의 경쟁은 '교환 상수'를 사용하여 반정량적으로(semiquantitatively) 설명될 수 있다. 바닷물에 침수된 지역에서 복원된 토양은 Na^+가 대부분의 양이온 교환 자리를 차지하고 있을 것이고, 토양의 비옥함을 회복하려면 K^+와 같은 양이온 영양소가 필요하다.

$$\text{토양}\{Na^+ + K^+ \rightleftharpoons \text{토양}\}\, K^+ + Na^+ \tag{15.10}$$

이 반응에 대한 교환 상수 K_c는 다음과 같다.

$$K_c = \frac{N_K[Na^+]}{N_{Na}[K^+]} \tag{15.11}$$

K_c는 토양이 K^+와 Na^+를 유지하려는 상대적인 경향을 나타낸다. 이 식에서 N_K와 N_{Na}는 각각 토양에 결합된 포타슘과 소듐의 이온 분율을, $[Na^+]$와 $[K^+]$는 주위 토양수에 있는 각각의 농도를 나타낸다. 예를 들면, Na^+가 토양의 양이온 교환 자리를 모두 차지하고 있다면, N_{Na}는 1.00이고, 양이온 교환 자리의 반을 차지하고 있다면 N_{Na}는 0.5이다. 토양에서 일어나는 음이온 교환은 양이온 교환처럼 뚜렷이 정의될 수 없다. 많은 경우, 음이온의 교환은 간단한 이온 교환 과정으로 일어나지 않는다. 오쏘인산(orthophosphate) 이온이 토양에 강하게 유지되는 것은 이에 해당한다. 반면에, 질산 이온은 토양에 매우 약하게 유지된다.

음이온 교환은 토양의 광물 부분에 존재하는 산화물 표면에서 일어나는 것으로 설명할 수 있다. 금속 산화물이 표면 전하를 얻는 메커니즘은 MnO_2를 예로 들어 그림 4.5에 나타냈다. 낮은 pH에서는 금속 산화물 표면이 양전하를 띨 수 있기 때문에, 아래 그림(M은 금속을 나타냄)과 같이 Cl_2와 같은 음이온을 정전기적 인력으로 붙들 수 있다.

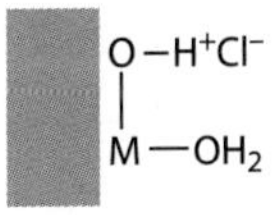

높은 pH에서 금속 산화물 표면은 그 표면에 결합된 물 분자가 H^+를 잃고, OH^-가 되기 때문에 음전하를 띠게 된다.

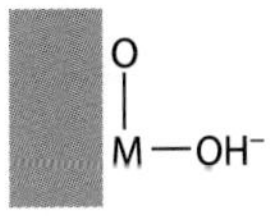

이런 경우에는 HPO_4^{2-}와 같은 음이온이 수산화 이온을 치환하고, 금속 산화물 표면에 직접 결합할 수 있다.

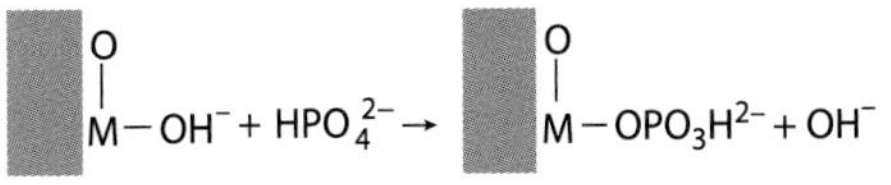

(15.12)

15.5 토양의 다량 영양소

식물 성장을 지원하는 토양의 가장 중요한 역할 중의 하나는 식물에 필수 영양소를 공급하는 것이다. 필수 영양소는 다량 영양소(macronutrient)와 미량 영양소(micronutrient)로 구분된다. 다량 영양소는 식물 바이오매스와 식물 액체에 풍부하게 포함된 원소이다. 미량 영양소(15.7절)는 매우 낮은 농도로만 필수 영양소 역할을 하며, 대개 필수 효소의 작용을 위해 필요한 원소이다.

식물에 필요한 필수 다량 영양소로 알려진 원소로는 탄소, 수소, 산소, 질소, 인, 포타슘, 칼슘, 마그네슘, 황이 있다. 탄소, 수소, 산소는 대기에서 공급되지만, 그 밖의 다른 영양 원소들은 토양에서 공급되어야 한다. 이들 중 질소, 인, 포타슘은 결핍되기 쉽고, 그렇기 때문에 흔히 토양에 비료로 투여된다. 이 세 가지 원소는 중요하기 때문에 15.6절에서 각각 분리하여 논의한다.

칼슘이 결핍된 토양은 비교적 드물게 발견된다. 산성 토양을 처리하기 위해 사용되는 과정(15.4절 참조)인 석회 도포는 식물에 적당량 이상의 칼슘을 공급한다. 그러나 식물의 칼슘 흡수와 탄산에 의한 침출(반응 15.4)로 인해 칼슘이 결핍될 수도 있다. 산성 토양은 칼슘을 상당량 포함할 수도 있으나, 이러한 칼슘은 수소 이온과의 경쟁 때문에 식물이 이용하기 어렵다. 이러한 산성 토양의 pH를 중성 근처로 올린다면, 대체로 칼슘의 결핍 현상을 없앨 수 있다. 알칼리 토양에 높은 농도의 소듐, 마그네슘, 포타슘이 존재한다면, 이들 이온들이 식물에 필요한 칼슘과 경쟁하기 때문에 식물에서 칼슘 결핍이 발생할 수도 있다.

지구 지각의 2.1%를 차지하는 마그네슘의 대부분은 광물에 다소 강하게 결합되어 있다. 식물은 유기 물질 또는 점토에 유지되어 있는 교환 가능한 마그네슘을 흡수하는 것으로 판단된다. 식물에 대한 마그네슘의 이용률은 칼슘/마그네슘의 비율에 의존한다. 만일 이 비율이 너무 크면 마그네슘은 식물에 이용되지 못하고, 따라서 마그네슘 결핍이 초래된다. 마찬가지로, 포타슘 또는 소듐이 과량 존재해도 마그네슘 결핍이 초래될 수 있다.

15.5.1 다량 영양소로서의 황

황은 SO_4^{2-}로 식물에 흡수된다. 황은 일부 필수 아미노산, 티아민, 비오틴의 구성 성분이기 때문에, 황이 결핍된 토양에서는 식물의 성장이 저해된다. 황은 보통 토양에 유기 황, 불용성 황산염 광물, 또는 용해 가능한 염으로 존재한다. 유기 황은 황이 식물에 흡수될 수 있도록 미생물 작용에 의해 무기 황산염으로 전환되어야 한다. 용해 가능한 염은 토양에서 쉽게 침출되어 토양수 유출을 따라 유실된다. K^+와 같은 양이온 영양 원소와는 달리, 황산 이온은 극히 소량만이 토양에 흡착(즉, 이온 교환 결합에 의해)된다. 이와 같이 토양에 흡착된 황산 이온은 쉽게 침출되지 않고, 식물의 뿌리에 흡수될 수 있다.

토양의 황 결핍은 세계 도처에서 발견된다. 과거에는 석탄 코킹에서 나온 황산 암모늄 부산물을 비료에 넣었기 때문에 대부분의 비료에 황이 포함되어 있었으나, 상업 비료의 황 성분은 점차 줄어드는 추세이다. 황이 부족한 비료를 계속 사용하게 되면, 대부분의 경우 황이 식물 성장의 제한 영양소가 될 수 있다. 화석 연료 연소로 인한 황 배출을 제한하려는 노력은 성공적이었지만, 이것이 토양의 황 결핍에 기여했다는 점은 주목할 만하다.

15.4절에서 논의한 바와 같이, 산-황산염 토양에서 FeS_2와 산이 반응하면 H_2S가 방출될 수 있으며, 이것은 식물에게 매우 유독할 뿐만 아니라 많은 이로운 미생물을 죽인다. 유독한 황화 수소는 황산 이온이 유기 물질과의 미생물 매개 반응을 통해 환원되어 생성되기도 한다. 범람된 토양에서 황화 수소가 발생하는 것은 산화제 화합물로 처리함으로써 억제될 수 있으며, 가장 효과적인 물질 중 하나가 KNO_3이다.

15.6 토양의 질소, 인, 포타슘

질소, 인, 포타슘은 토양에서 얻을 수 있는 식물 영양소이다. 이 영양소들은 농작물 생산성에 매우 중요하기 때문에, 보통 비료의 형태로 토양에 뿌려진다. 이 원소들의 환경 화학적 측면은 이 절에서 다루고, 비료로 생산하는 것은 15.8절에서 따로 논의한다.

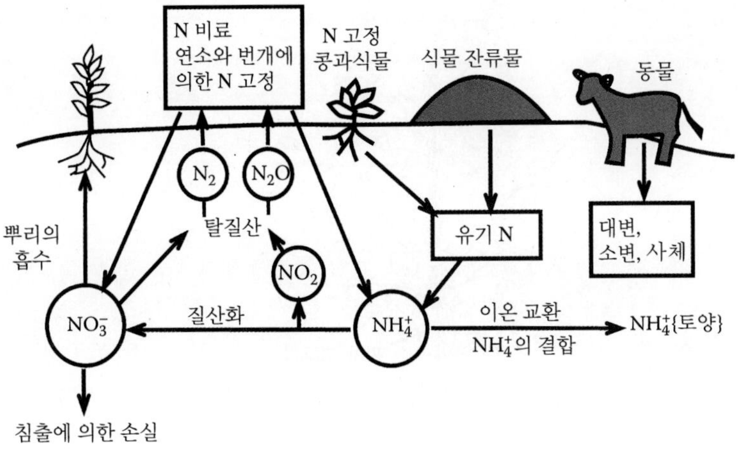

그림 15.5 토양의 질소 흡수와 토양 내에서 이루어지는 질소의 이동 경로.

15.6.1 질소

그림 15.5는 질소의 1차 흡수원(sink)과 토양 질소의 경로를 보여 준다. 대부분의 토양에서 질소는 90% 이상이 유기 질소 형태로 존재한다. 유기 질소는 주로 죽은 동물과 식물의 생분해를 통해 생성되는 물질이다. 이러한 유기 질소는 가수 분해를 통해 NH_4^+로 변하고, 계속해서 토양에 존재하는 세균의 작용에 의해 NO_2로 산화된다.

토양 부식토에 결합된 질소는 토양 비옥도를 유지하는 데 특히 중요한 원소이다. 질소는 포타슘이나 인산염과는 달리, 광물의 풍화 작용으로 만들어지는 주요 생성물이 아니다. 질소를 고정하는 생물들은 식물의 순간 최대 질소 수요를 충족시킬 만큼 충분한 질소를 공급할 수 없다. 비료와 강우를 통해 공급되는 무기 질소는 대개 침출되어 손실된다. 그러나 토양 부식토는 식물에 필요한 질소의 저장소 역할을 한다. 여기에는 부식토의 분해, 즉 식물에 대한 질소 공급이 대략적으로 식물의 성장과 병행되는 추가적인 이점이 있다. 즉, 부식토의 분해 속도는 따뜻한 성상 시기 동안에는 빠르고, 겨울철에는 느리다.

질소는 생명체 내의 단백질을 비롯한 여러 구성 물질의 필수적인 성분이다. 질소가 풍부한 토양에서 자라는 식물과 곡물은 더 많은 수확량을 제공해 줄 뿐만 아니라, 단백질이 상당히 풍부하기 때문에 영양도 더 높다. 질소는 대개 NO_3^-의 형태로 식물에 흡수된다. 벼와 같은 식물들은 암모니아성 질소를 이용할 수도 있지만, 벼 이외의 다른 식물들은 암모니아성 질소에 의해 해를 입는다. 질소가 암모니아성 질소의 형태로 토양에 뿌려지면, 질산화 세균이 암모니아성 질소를 식물에 유용한 질산 이온으로 변환하는 필수적인 역할을 수행한다.

식물은 토양에서 질산 형태의 질소를 과량으로 흡수하기도 한다. 이 현상은 가뭄과 같은 건조한 상황에서 과도하게 비료가 뿌려진 토양에 많이 일어난다. 질산 이온이 과량 포함된 꼴(말, 소 등에 먹이는 풀)은 소 또는 양과 같은 반추 동물을 중독시킬 수 있다. 질산 이온 수치가 과도한 식물이 곡물 저장고(silo)에서 발효되어 목초(ensilage, 완전히 익지 않은 전작 옥수수 등의 식물을 잘게 다져 만든 동물 사료)로 사용된다면 사람에게도 위험할 수 있다. 환원 조건의 발효 과정에서 목초에 포함된 질산 이온은 환원되어 유독한 NO_2 가스가 될 수 있으며, 경우에 따라서는 옥수수 식물이 발효되어 목초(엔실리지, ensilage)라 불리는 소의 사료가 만들어지는 폐쇄형 저장고에 높은 수치로 축적될 수도 있다. 이와 같이 저장고에 누적된 NO_2 가스에 의해 사람이 희생당한 사례는 여러 차례 보고된 바 있다.

질소 고정(nitrogen fixation)은 대기 중의 N_2가 식물이 이용할 수 있는 질소 화합물로 변환되는 과정이다. 인간의 활동은 다른 어떤 활동에 비해서도 더 많은 질소를 고정시키고 있다. 현재 고정되는 총 질소의 30~40%가 인공적인 수단에 의한 것이며, 산업화된 경제에서는 이보다 더 높은 수치를 보일 것으로 예상할 수 있다. 인공적인 질소 고정의 예로는 화학 비료 제조, 연료의 연소를 통해 고정되는

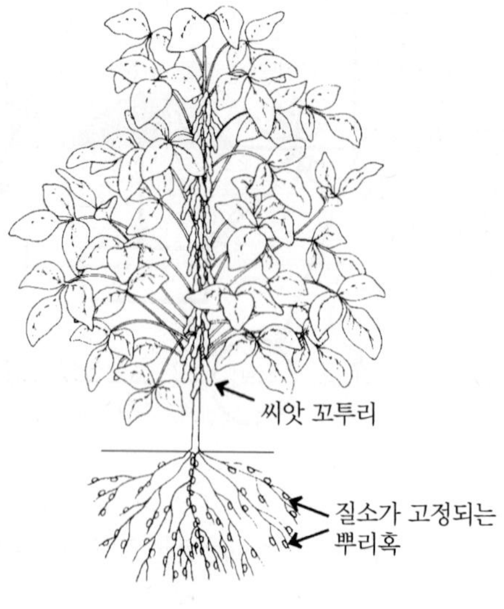

그림 15.6 질소가 고정되는 뿌리혹을 표시한 콩과식물 그림.

질소, 질소를 포함하는 연료의 연소, 증가되는 질소 고정 콩과식물의 경작(다음 문단 참조) 등이 있다. 이와 같이 고정된 질소는 탈질산화 반응을 거쳐 N_2O로 변환되며, 이로 인해 대기 오존층에 영향을 미칠 가능성이 있다.

질소 비료가 널리 사용되기 전까지는 주로 콩과식물에 의해 질소가 공급되었다. **콩과식물(legumes)**이란 콩, 자주개자리, 클로버 등을 말하며, 이러한 식물의 뿌리에는 대기 질소를 고정할 수 있는 세균이 서식한다. 콩과식물은 질소를 공급해 주는 세균과 공생 관계에 있으며, 상당한 양의 질소를 토양에 첨가해 주는 역할을 한다. 그 양은 매년 1에이커당 약 10파운드에 도달하기도 하므로 합성 비료로 첨가되는 양과 필적될 만한 수준이다. 토양에 적절한 양의 질소를 유지하기 위한 조치로서 질소를 소비하는 식물과 콩과식물을 번갈아 가며 재배하는 방법이 있다. 농학자들은 이 방법의 유래가 로마 시대까지 거슬러 올라가는 것으로 확인하고 있다.

질소 고정 세균은 콩과식물의 뿌리혹(root nodule)이라고 하는 특수한 조직 내에 서식하고 있다(그림 15.6 참조). 질소를 고정하는 막대 모양의 세균은 **뿌리혹균**(*Rhizobium*, 뿌리혹 박테리아)이라고 하는 특별한 속(屬)에 속한다. 이 세균은 독립적으로 존재하기도 하지만, 식물과 공생하지 않고는 질소를 고정할 수 없다. 뿌리혹균의 모든 종(種)은 그 모양이 서로 비슷하지만, 각기 다른 특정 숙주를 선택한다. 흥미롭게도 콩과식물 뿌리혹에는 헤모글로빈이 포함되어 있는데, 이 헤모글로빈은 질소 고정의 과정에 참여하는 것으로 생각된다. 일부 연구에 의하면 어떤 뿌리혹균은 식물 뿌리 근처에서 식물의 성장을 촉진시킬 수 있는 물질을 분비한다고 한다. 또 숙주 식물은 이 분비물에 자극 받아 특정 물질을 분비하면서 영양소 흡수를 원활히 하거나 병원균을 억제한다고 한다.[5]

지표수와 지하수의 질산염 오염은 일부 농업 지대에서 심각한 문제로 대두되고 있다(6장 참조). 비료가 그런 질산염 오염에 관계가 없는 것은 아니지만, 주로 가축 사육장이 오염원이라는 증거가 존재한다. 가축 개체수의 증가와 사육장 내 가축의 지나친 밀도는 이 문제를 더욱 악화시키고 있다. 비육우라 불리는 거세된 황소는 인간보다 약 18배의 배설물을 만들기 때문에, 좁은 면적에서 많은 소가 사육된다면 인구 밀도가 낮은 시골 지역에는 심한 물 오염이 초래될 것이다. 이러한 지역의 하천과 저수지는 인구 밀도가 높고 상당히 산업화된 지역과 마찬가지로 심각한 오염 문제를 안고 있다.

농촌의 우물에서 질산 이온은 흔히 검출된다. 가축 사육장에 기인하는 우물의 질산 이온 오염은, 특히 질산염 중독에 민감한 반추 동물의 피해로 이어질 수 있다. 소나 양과 같은 반추 동물의 위에는 환원성 매질(낮은 pE)로 작용하는 물질이 존재하며, 질산 이온을 유독한 아질산 이온으로 환원시키는 세균이 포함되어 있다.

$$NO_3^- + 2H^+ + 2e^- \rightarrow NO_2^- + H_2O \quad (15.13)$$

가축 사육장 폐기물에서 생성되는 대부분의 질산염은 폐기물에 존재하는 아미노 질소에서 비롯된다. 가축에서 배설되는 질소의 반 정도는 가축의 소변에 포함되어 있다. 이 질소의 일부분은 단백질성이고, 다른 일부분은 요소(NH_2CONH_2)의 형태이다. 분해 과정의 첫 단계로서, 아미노 질소가 가수 분해 과정을 통해 암모니아 또는 암모늄 이온으로 변환되는 것을 추정할 수 있다.

$$RNH_2 + H_2O \rightarrow R-OH + NH_3(NH_4^+) \quad (15.14)$$

이어서 생성물은 미생물 촉매 반응을 통해 질산 이온으로 변환된다.

$$NH_3 + 2O_2 \rightarrow H^+ + NO_3^- + H_2O \quad (15.15)$$

어떤 조건에서는 축산 폐기물의 분해로부터 발생한 상당량의 질소가 암모늄 이온의 형태로 존재하게 된다. 암모늄 이온은 토양에 다소 강하게 결합되어 있고(토양은 일반적으로 좋은 양이온 교환기라는 것을 상기하라), 그중 일부 적은 양은 점토 광물의 결정 격자에 이온 교환이 불가능한 형태로 고정되어 있다. 질산 이온의 경우는 토양에 강하게 결합되지 않으므로, 물에 의해 토양층을 통하여 쓸려 내려간다. 토양의 종류, 습기, 유기 물질의 양 등 여러 인자가 가축 사육장에서 나오는 암모늄 이온과 질산 이온의 생성에 영향을 미치기 때문에, 가축 사육장 인근 지역에서 이러한 물질의 분포와 농도는 매우 다양하게 나타난다.

15.6.2 인

식물 물질에 포함된 인의 비율은 상대적으로 낮지만, 인은 식물의 필수 성분이다. 인은 질소와 마찬가지로 식물에 흡수되기 전에는 간단한 무기물의 형태로 존재한다. 인의 경우 유용한 화학종은 오쏘인산(orthophosphate) 이온의 형태이다. 대부분의 토양이 나타내는 pH에서는 $H_2PO_4^-$와 HPO_4^{2-}가 주로 존재하는 오쏘인산 화학종이다.

오쏘인산 이온은 중성 근처의 pH 값에서 식물에 가장 많이 이용될 수 있다. 비교적 산성인 토양에서는 오쏘인산 이온이 Al^{3+}, Fe^{3+} 등에 의해 침전 또는 수착된다고 추정하고 있다. 알칼리성 토양에서는 오쏘인산 이온과 탄산 칼슘이 반응하여 상대적으로 불용성인 수산화 인회석(hydroxyapatite)이 생성된다.

$$3HPO_4^{2-} + 5CaCO_3(s) + 2H_2O \rightarrow Ca_5(PO_4)_3(OH)(s) + 5HCO_3^- + OH^- \quad (15.16)$$

일반적으로 이와 같은 반응 때문에 비료로 뿌려지는 인이 토양으로부터 침출되는 양은 매우 적다. 이러한 사실은 물 오염과 인산염 비료의 사용 양 측면에 모두 중요하다.

15.6.3 포타슘

식물의 성장에는 비교적 많은 양의 포타슘이 필요하다. 포타슘은 일부 효소를 활성화하고, 식물 내부의 물 균형에 중요한 역할을 한다. 또한 이것은 일부 탄수화물의 변환에도 필수적이다. 일반적으로 작물 수확량은 포타슘이 부족한 토양에서 크게 감소한다. 작물의 생산성이 높을수록 토양에서 포타슘이 더 많이 제거된다. 생산성을 높이기 위해 질소 비료를 첨가하면, 포타슘의 제거는 강화된다. 그러므로 포타슘 이외의 다른 영양분이 풍부한 토양에서는 포타슘이 식물 성장의 제한 영양소가 될 수 있다.

포타슘은 지구 지각에 풍부한 원소 중의 하나로서 그 비율이 2.6%에 이르지만, 식물이 쉽게 이용할 수 있는 포타슘의 양은 매우 제한되어 있다. 예를 들어, 백류석(leucite, $K_2O \cdot Al_2O_3 \cdot 4SiO_2$)과 같은 규산 광물은 강하게 결합되어 있는 포타슘을 포함하고 있다. 반면, 점토 광물에 들어 있는 교환 가능한 포타슘은 비교적 쉽게 식물이 이용할 수 있다.

15.7 토양의 미량 영양소

붕소, 염소, 구리, 철, 망가니즈, 몰리브데넘(질소 고정을 위한), 아연은 식물에게 필수적인 **미량 영양소(micronutrient)**로 간주된다. 이러한 원소들은 미량만이 식물에 필요하며, 만일 그 농도가 필요 이상으로 높으면 유독해진다. 특정 원소가 없는 환경에서도 식물을 재배하는 기술이 발전함에 따라, 다른 원소들도 미량 영양소의 목록에 추가될 수 있다. 이러한 원소의 대부분은 필수 효소의 구성 성분으로서 작용한다. 망가니즈, 철, 염소, 아연은 광합성에 관여되어 있을 수 있다. 소듐, 규소, 니켈, 코발트도 일부 식물에 필수적인 영양소가 될 수 있다.

철과 망가니즈는 많은 토양 광물에 존재한다. 소듐과 염소(염화물의 형태로서)는 토양에 자연적으로 함유되어 있으며, 해양 비말(marine spray)에서 비롯된 대기 입자상 물질 형태로 이동되어 오기도 한다(9장 참조). 그 밖에 다른 종류의 미량 영양소와 미량 원소들은 토양 속 1차(풍화 작용을 겪지 않은) 광물에서 발견된다. 미량 원소 대부분은 광물에서 상대적으로 적은 양으로 발견되며, 광물의 특정 자리에 있는 주 원소의 일부를 동형적으로 치환해 들어가 있다. '붕소'가 일부 운모에 포함된 Si를 치환하는 것은 이러한 동형 치환(isomorphic substitution)의 대표적인 예이다. 이러한 치환의 또 다른 예로는 장석(feldspar), 각섬석(amphibole), 감람석(olivine), 휘석(pyroxene), 운모(mica)에 존재하는 '구리', 그리고 산화물, 휘석, 각섬석, 운모에 존재하는 '몰리브데넘'(Fe, Al과 동형 치환), 또한 산화물, 각섬석, 감람석에 존재하는 '아연'(Mg, Fe, Mn과 동형 치환)이 있다.

위에서 열거한 미량 원소들은 토양 형성에 관여하는 2차 광물과 공침(coprecipitation, 공동 침전)될 수도 있다. 이러한 2차 광물에는 (1) 알루미늄, 철, 망가니즈의 산화물, (2) 칼슘, 마그네슘의 탄산염, (3) 녹점토(smectite), (4) 질석(vermiculite), (5) 일라이트(illite)가 있다. 예를 들어 철과 망가니즈를 수화 산화물 형태로 공동 침전으로 가라앉히는 것은 용액에서 미량의 금속 이온을 제거하는 매우 효과적인 방법이다.

일부 토양에서는 미량 영양소의 결핍이 발생하기도 했다. 어떤 경우에는 미량 영양소의 결핍이 pH, p*E*, 생물학적 활성도, CEC, 토양의 유기 물질과 점토 함유량 등의 토양 인자에 문제가 생겨 일어난다. 식물 및 식물의 뿌리 시스템과 관련된 인자는 미량 영양소 흡수에 변화를 일으킨다. 이러한 인자에는 뿌리, 뿌리털의 조직 형태와 표면적, 미생물과 뿌리의 상호 작용이 있다. 또한 H^+, OH^-, HCO_3^-와 같은 이온; 시트르산, 옥살산 등의 유기산; 인산 분해 효소(phosphatase)와 같은 효소를 포함한 뿌리 분비물도 그러한 인자들에 포함된다. 미량 영양소 결핍에 관련된 주원인에는 표토의 유실, 토양으로부터 영양소의 침출, 산성 토양의 석회 중화(뿌리가 흡수하는 작용에 대하여 Ca^{2+}가 미량 금속 이온 영양소와 경쟁함), 집중적인 경작, 미량 영양소가 부족한 정제 비료의 집중적 사용이 포함된다.

일부 식물들은 특정 미량 금속을 매우 높은 농도로 축적한다.[6] 건조 중량으로, 식물 1 g당 1.00 mg 이상의 미량 금속을 축적하는 식물을 **과축적 식물(hyperaccumulator)**이라고 한다. 니켈과 구리는 일부 식물 종에 의해 과축적된다. 대표적인 예는 구리가 풍부한 자이르 Shaba 지방에서 자라는 *Aeolanthus biformifolius* DeWild로서, 이 식물은 구리의 함량을 1.3%(건조 중량비)까지 축적한다. 이 식물은 '구리 꽃'으로 알려져 있다.

금속을 과축적하는 식물은 **식물 복원(phytoremediation)**의 개념을 만들어 냈다. 이 방법은 오염된 토양에 과축적 식물을 심어 금속을 흡수하게 하고 식물 바이오매스와 함께 토양에서 제거하는 것이다. 식물 복원에 사용될 수 있는 식물은 뿌리가 깊고, 오염 물질이 축적되는 바이오매스를 많이 생산해야 한다. 대표적인 예로는 브로콜리와 양배추의 일종인 *Thlaspi caerulescens*(alpine pennycress)로서, 이 식물은 많은 양의 아연과 카드뮴이 포함된 토양에서 자랄 수 있으며, 어린 가지와 잎에 아연과 카드뮴을 축적할 수 있다. 우라늄으로 오염된 토양을 복원하기 위해서는 우라늄을 식물 뿌리가 흡수할 수 있는 형태를 만들기 위해 시트르산염을 첨가하여 이동성을 증가시킨다.

15.8 비료

농작물 **비료(fertilizer)**는 필요한 영양소를 공급하고 작물 생산력을 향상시키기 위해 토양에 첨가하는 물질이다. 비료의 주요 성분은 질소, 인, 포타슘이다. 그 밖에 마그네슘, 황산염, 미량 영양소가 비료에 첨가되기도 한다. 비료는 6-12-8과 같은 숫자로 표기되는데, 각 숫자는 질소, 인, 포타슘의 함유량을 표시한다. 6은 N이 6%, 12는 P_2O_5가 12%, 8은 K_2O가 8% 포함되어 있음을 의미한다. 농장의 거름은 대략 0.5-0.24-0.5에 해당하는 비료이다. 거름과 같은 유기 비료는 식물이 동화할 수 있는 간단한 무기 화학종(NO_3^-, $H_XPO_4^{X-3}$, K^+)으로 전환되기 위해 반드시 생분해를 거쳐야 한다.

오늘날 사용하는 대부분의 질소 비료는 Haber 공정에 의해 생산되며, 이 과정은 약 500℃의 온도, 1000 atm에 이르는 높은 압력 조건에서 촉매 작용을 통해 N_2와 H_2를 반응시키는 것이다.

$$N_2 + 3H_2 \rightarrow 2NH_3 \tag{15.17}$$

무수 암모니아 생성물은 질소의 함량이 82%로 매우 높다. 암모니아는 토양에 직접 뿌려질 수 있으며, 물에 대한 용해도가 크고 쉽게 암모늄 이온이 되기 때문에 토양에 대하여 강한 친화성을 띤다.

$$NH_3(g)(\text{토양 속 물}) \rightarrow NH_3(aq) \tag{15.18}$$

$$NH_3(aq) + H_2O \rightarrow NH_4^+ + OH^- \tag{15.19}$$

그러나 암모니아 기체는 독성 때문에 특별한 장비가 필요하다. 따라서 안전성을 고려하여 30% NH_3의 암모니아수가 대신 사용될 수도 있다. 때때로 이러한 암모니아수가 관개용수에 직접 첨가된다. 암모니아 증기는 유독하고 다른 물질과의 반응성이 크다는 점에 주의해야 한다. 암모니아수가 아무렇게나 버려지거나 저장된다면 위험한 폐기물이 될 수 있다.

질산 암모늄(NH_4NO_3)은 일반적으로 사용되는 고체 질소 비료이다. 질산 암모늄은 암모니아를 백금 촉매하에 산화시켜 생성된 질소 산화물을 질산으로 변환시킨 후, 질산과 암모니아를 반응시켜 얻는다. 용융 질산 암모늄이 **프릴 타워**(*prilling tower*)의 꼭대기에 있는 노즐을 통해 아래로 분사되면, 탑 밑으로 떨어지면서 고형화되어 작은 알갱이 형태로 된다. 그런 다음, 이 입자에 방수 가공제로 코팅을 한다. 질산 암모늄에는 33.5%의 질소가 포함되어 있다. 이 물질은 토양에 살포하기 쉽지만, 폭발성을 띠기 때문에 제조 과정과 저장 과정에서 상당히 주의를 기울여야 한다. 이것이 연료로 사용되는 기름과 섞이면 폭발물이 되므로, 채석장에서 다이너마이트의 대용품으로 사용되기도 한다. 이 혼합물은 1995년에 Oklahoma 시 연방 정부 건물의 폭파 사건에 사용되어 168명의 사망자를 내는 참혹한 결과를 초래하였다. 폭발 가능성은 질산 암모늄의 저장 및 운반에 있어 항상 고려해야 할 사항이며, 과거에도 그러한 폭발 사례는 많이 있었다. 독일의 Oppau에서는 1921년에 소량의 다이너마이트가 저장고에 들러붙은 질산 암모늄과 황산 암모늄의 혼합물 4,500톤을 분리하는 데 사용되었다. 이 임무는 완수되었지만, 질산 암모늄의 대규모 2차 폭발로 인하여 561명이 목숨을 잃게 되었다. 가장 최근에는 2020년 8월 4일에 레바논의 Beirut 항구에서 질산 암모늄의 대규모 화학 폭발이 발생하였다. 인접한 창고에서 발생한 통제되지 않은 화재는 2,750톤의 질산 암모늄에 불을 붙였고, 이것은 근래의 역사에 가장 파괴적인 폭발 중 하나로 기록되었다. 폭발성 초음속 압력과 복사열로 인하여 순간적으로 220명이 사망하고 6,500여 명이 순간적으로 부상당하였으며, 인근의 밀집된 주거 및 상업 지역에 심각한 피해를 입었다.

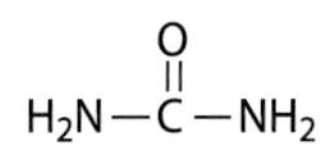

요소는 질산 암모늄보다 제조하고 취급하기 쉽다. 이에 따라, 요소는 현재 가장 선호되는 질소 비료가 되었다. 요소 합성에 대한 전체 반응은 다음과 같다.

$$CO_2 + 2NH_3 \rightarrow CO(NH_2)_2 + H_2O \qquad (15.20)$$

중간 과정에서 CO_2와 NH_3로부터 카밤산 암모늄($NH_2CO_2NH_4$)이 합성된 후 H_2O를 잃고 요소가 된다.

질소 비료로 사용되는 다른 화합물에는 질산 소듐(주로 칠레 초석으로부터 얻어짐, 14.3절 참조), 질산 칼슘, 질산 포타슘, 인산 암모늄이 있다. 코크스 오븐의 부산물인 황산 암모늄은 비료로 널리 사용되기도 했었다. 알칼리 금속 질산염은 토양을 알칼리성으로 만드는 경향이 있고, 황산 암모늄은 산성 잔류물을 남긴다.

인산염 광물은 여러 나라에서 발견되며, 미국에서는 Idaho, Montana, Utah, Wyoming, North Carolina, South Carolina, Tennessee, 그리고 특히 Florida 주가 주 생산지이다. 핵심 광물은 플루오르인회석[$Ca_5(PO_4)_3F$]이다. 플루오르인회석은 용해도가 낮기 때문에 이 물질의 인산 이온은 식물에 거의 이용될 수 없으며, 대개 인산 또는 황산으로 처리하여 과인산염(superphosphate)으로 변화시킨다.

$$2Ca_5(PO_4)_3F(s) + 14H_3PO_4 + 10H_2O \rightarrow 2HF(g) + 10Ca(H_2PO_4)_2 \cdot H_2O \qquad (15.21)$$

$$2Ca_5(PO_4)_3F(s) + 7H_2SO_4 + 3H_2O \rightarrow 2HF(g) + 3Ca(H_2PO_4)_2 \cdot H_2O + 7CaSO_4 \qquad (15.22)$$

과인산염 생성물은 원래의 인산염 광물보다 훨씬 잘 용해된다. 과인산 생성 과정 중에 생성되는 부산물인 HF는 대기 오염 문제를 일으킬 수도 있다. 17.7절에 설명하겠지만, 인회암의 채굴과 처리는 상당한 환경 오염과 폐기물 문제를 야기한다.

인산염 광물에는 식물의 성장에 필요한 붕소, 구리, 망가니즈, 몰리브데넘, 아연 등의 미량 원소가 풍부하게 포함되어 있다. 얄궂게도 이러한 원소들은 인산염 광물이 비료 제조를 위해 처리되는 과정에서 많이 손실된다. 인산 암모늄은 효율이 좋고 용해성이 큰 인산염 비료이다. 액체 폴리인산 암모늄 비료는 파이로인산, 트라이인산, 소량의 폴리머인산 음이온의 암모늄염을 수용액으로 만든 것으로, 인산염 비료로서 매우 효과적으로 작용한다. 폴리인산염의 장점으로 추정되는 것은, 이 물질이 철 등의 미량 영양소 금속 이온들과 킬레이트를 형성하여, 그 금속들이 식물에 더 잘 이용될 수 있도록 하는 것이다.

포타슘 비료는 포타슘염(일반적으로 KCl)으로 구성된다. 이러한 염은 땅에서 퇴적물로 발견되기도 하고 소금물에서 얻을 수도 있다. 캐나다의 Saskatchewan 주에는 매우 많은 양의 퇴적물이 존재한다. 이러한 염은 물에 잘 녹는다. 포타슘 비료와 관련된 문제점 중 하나는 일부 농작물이 최대 성장에 필요한 양 이상의 포타슘을 흡수한다는 것이다. 어떤 농토에서 어떤 농작물로부터 곡물만 수확하고 그 식물 자체는 남겨둔다면, 대부분의 포타슘이 죽은 식물과 함께 흙으로 돌아가기 때문에 과다한 흡수는 그리 큰 문제가 되지 않는다. 그러나 식물을 건초 또는 꼴로 거두게 되면, 토양에서 포타슘이 없어지는 결과가 초래될 것이다.

15.8.1 비료 오염

최근 비료 사용의 증가로 인해 보다 심각한 문제가 등장하고 있다. 그중 하나는 비료에서 비롯된 질소, 인, 포타슘이 풍부한 물이 농경지로부터 흘러나가며 일으키는 물 오염이다. 국지적으로, 비료 유출의 결과로 호수와 저수지는 부영양화된다. 비료에 포함된 영양소로 인해 과도한 조류의 성장이 초래되고, 조류의 바이오매스가 부패되면서 산소를 소모하여, 수체는 산소 고갈로 인해 심하게 손상된다. 비점오염원인 비료의 유출은 제어하기 어려운 문제를 야기한다.

농업 비료 오염의 더 주목할 만한 증상 중 하나는 Mississippi 강의 물이 바다로 유입되는 멕시코 만의 죽음의 지대에서 찾아볼 수 있다. 이 지대는 매년 여름마다 그 크기가 증가하고 있는데, 이러한 지역이 생성되는 원인은 비옥한 Mississippi 강 유역에서 비료(특히 질소가 풍부한)가 풍부한 물이 바다로 흘러 들어가고, 이로 인해 멕시코 만에 광합성 미생물(식물 플랑크톤)이 과도하게 성장하기 때문이다. 이러한 식물 플랑크톤 바이오매스는 이 식물 플랑크톤을 먹고 사는 동물 플랑크톤과 동물 플랑크톤의 폐기물과 함께 멕시코 만 바닥에 퇴적되어 쌓이고, 그곳에서 미생물 분해를 겪는 과정으로 용존 산소를 고갈시켜(저산소증으로) 물고기와 기타 해양 동물을 죽게 한다. 낮은 산소 농도 현상을 더욱 악화시키는 것은 냄새 나고 유독한 황화 수소를 함유한 무산소성 퇴적물이 형성되는 것이다. 이 지대의 형성은 Mississippi 강 쪽의 밀도가 낮은 담수층에 의해 강화되는데, 담수는 해수 위에 놓인 채 해수와 혼합되지 않아 사실상 산소가 바닥 해수층까지 전달되는 것을 불가능하게 한다. 2017년, 부영양화되어 산소가 고갈된 이 죽음의 지대는 사상 최대인 9,780 mi^2에 이르렀다. 2020년에 죽음의 지대 면적은 그때까지의 5년 평균보다 더 큰 약 6,700 mi^2에 달했다. 2021년에는 비료 유출을 줄이는 개선된 농업 관행이 반영되어 죽음의 지대 면적이 축소될 것으로 예상되었다. 이러한 농업 관행에는 비료를 적게 사용하거나 적은 양을 더 자주 뿌리는 방식이 포함된다. 멕시코만 죽음의 지대는 비료로 오염된 수역 중 세계 최대이다. 하지만, 또 다른 죽음의 지대가 미국과 세계 곳곳의 여러 해안 지역에서 발견되고 있다. 심지어는 담수호와 저수지에서도 이런 현상이 발견되고 있다.

15.9 농약과 그 잔류물

토양은 작물과 가축 생산량을 증가시키는 데 사용되는 상당한 양의 제초제와 기타 물질의 수용체이다. 다음은 토양에 사용되는 농약의 허가와 규제에 대한 네 가지 주요 유의 사항이다.

- 농약과 생물학적 활성이 있는 분해 생성물이 다음 계절의 농작물 재배에 미치는 영향
- 지상 생태계와 수생태계의 생물에 미치는 생물학적 영향(생물 축적과 먹이 사슬을 통한 물질 전달을 포함한)
- 지하수 오염
- 토양 비옥도에 미치는 영향

제초제는 그 효능을 나타내기 위해 토양에 직접 접촉되어야 하고, 목표 잡초를 제거하기 위해 오랫동안 지속되어야 하기 때문에, 토양과 생물에 영향을 미치는 가장 흔한 화학 물질이다.

농약과 기타 외부 화합물이 토양에 장기간 남아 있는 경우, 다음과 같은 현상이 발생한다.

- 물질은 추출과 탈착 과정에 대하여 점점 더 크게 저항한다.
- 물질이 생물에게 이용될 수 있는 가능성은 현저히 낮아진다.
- 물질의 전체적인 독성은 감소한다.

이러한 생물학적 이용률과 추출 가능성 효과는 대개 오염 물질과 토양 유기 물질의 상호 작용에 기인하며, 유기 물질의 함량이 높은 토양에서 더 뚜렷하게 나타난다. 분자들은 유기 물질의 미세 기공에 갇히게 되고, 이 때문에 환경적으로 반응성이 약해진다. 시간에 따라 결합의 정도가 세어지는 것은 분자들이 더 멀리 떨어져 있는 더 작은 미세 기공으로 천천히 이동하는 것에 부분적으로 기인한다. 또 다른 중요한 원인은 유기 물질과의 공유 결합 형성이다. 공유 결합은 토양에 흡착되는 **결합 잔류물(bound residue)**이 형성될 때 만들어진다. 이러한 잔류물은 토양 속에서 아직 분해되기 전의 농약 화합물이나 토양에 서식하는 생물이 만들어 내는 대사 물질을 이르며, 일반적인 추출 방법으로 추출되지 않는다.[7]

토양에 살포되는 농약 제제의 비소와 납은 특히 과수원 토양에서 오염 물질이다. 놀랍게도, 비산 납은 식용 작물, 특히 과실수에 가장 널리 사용되는 살충제 중 하나였다. 유독한 비산 납은 1892년 미국 Massachusetts에서 집시 나방을 막는 데 처음으로 사용되었다. 미국 농무부의 권고에 따라, 많은 양의 비산 납과 이보다 적은 양의 비산 칼슘과 아세토아비산 구리('Paris green') 비소계 농약이 1940년대까지 수백만 에이커의 곡물 밭에 살포되었다. 비산 납은 심지어 1970년대까지도 곡물에도 사용되었으며

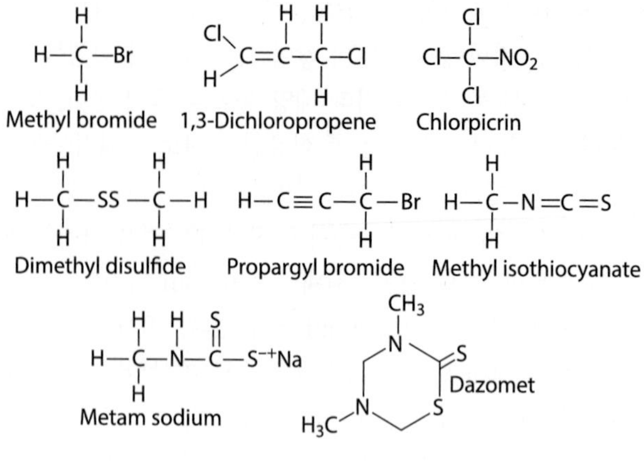

그림 15.7 토양 훈증제. 브로민화 메틸은 가장 널리 사용되던 훈증제였으나, 현재는 성층권의 오존을 파괴할 가능성이 있다는 이유로 사용이 금지되었다.

1988년에 이르러서야 금지되었다.

토양 비소의 또 다른 공급원은 닭의 배설물을 토양에 살포한 것이다. 닭의 사료에 포함되는 유기비소 화합물은 질병(콕시디아증)을 예방하고, 성장을 촉진하며, 사료 이용의 효율을 향상시키고, 달걀 생산을 늘리고, 고기의 외양을 보기 좋게 하기 위해 첨가되었다. 이 화합물 중 세 가지인 록사손, 카바르손, 아르사닐산은 미국 식품 의약국이 닭의 간에서 비소 수치가 증가한 것을 발견한 후인 2011년에 이르러 사용이 중단되었다. 네 번째 유기비소 화합물인 니타르손은 2015년에 금지되었다.

15.9.1 토양 훈증제

토양 훈증제(fumigant)는 세균, 진균, 선충류, 절지동물, 잡초 등을 죽이는 데 사용되는 휘발성 물질로서, 주로 감자, 토마토, 딸기, 당근, 고추를 기르는 밭에 뿌려진다. 식용 작물에 사용된다는 점과 농작물을 돌보고 수확하는 노동자에 노출 가능성이 크다는 점에서, 훈증제에 대한 안전성의 문제는 상당한 관심의 대상이 되었다. 일반적으로 사용되는 훈증제들의 구조식은 그림 15.7에 나타냈다. 가장 널리 사용되던 토양 훈증제는 브로민화 메틸(H_3CBr)이었지만, 일부 매우 제한적인 '중대한 용도에 대한 허용'을 제외하고는 2005년에 미국이 그러했던 것처럼 대부분의 산업화된 국가에서 점차 사용이 금지되었다. 메탐 소듐(metam sodium)은 전 세계적으로 가장 널리 사용되는 훈증제이며 미국에서 세 번째로 많이 사용되는 농약으로, 주로 감자 농사에 사용된다. 메탐 소듐은 토양에서 활성이 큰 아이소싸이오사이안산 메틸(methyl isothiocyanate) 이온으로 분해된다(그림 15.7). 2007년에 미국 EPA는 아이오딘화 메틸(H_3CI)의 제한적인 사용을 허용하였다. 다이메틸 다이설파이드(이황화 메틸)는 클로로피크린(chloropicrin)과 함께 널리 사용되는 비교적 새로운 훈증제이다.

토양 훈증제에는 보통 활성 성분으로 클로로피크린, 메탐 소듐, 메탐 포타슘, 브로민화 메틸, 1,3-다이클로로프로펜, 다조멧(dazomet) 중 하나 이상이 포함되어 있다.

토양 훈증제는 휘발성이 크기 때문에 땅에 오래 남아 있지 않아 지하수 오염 문제를 일으키지 않는다고 생각됐지만, C-14 동위 원소로 표지된 훈증제로 수행된 연구에서 훈증제에 기인하는 결합 잔류물이 토양에 존재함이 드러나게 되었다. 토양에서 검출되는 이러한 결합 잔류물의 농도는 토양에 존재하는 유기 물질과 큰 상관관계를 가지며, 이 잔류물은 토양의 부식 물질과 결합하고 있는 것으로 보인다. 토양 훈증제가 해충에게 독성 물질로 작용하는 방식은 DNA와 단백질 등의 생물학적 거대 분자를 알킬화(alkylating)하는 것에 기인하는 것으로 추정된다. 토양 훈증제의 결합 잔류물은 풀빅산 분자의 알킬화 결과로서 토양에 형성되며, 이렇게 결합 잔류물이 형성됨에 따라 훈증제는 효과적으로 제거되고 무독화된다는 보고가 있다.

15.10 폐기물과 오염 물질, 그리고 분해

토양은 많은 양의 폐기물을 받아들인다. 황이 포함된 연료를 태울 때 발생되는 많은 양의 이산화 황은 결국 토양 황산염으로 남는다. 대기의 질소 산화물은 대기 중에서 질산염으로 변환되고, 질산염은 결국 토양에 퇴적된다. 토양은 NO와 NO_2 가스를 수착하고, 수착된 가스는 토양 내에서 질산염으로 산화된다. 일산화 탄소는 CO_2로 변환되고, 변환된 CO_2는 토양 세균과 진균에 의해 바이오매스로 변환될 것이다. 납 성분이 휘발유 사용에 금지되기 전, 자동차 배기가스에서 나오는 입자성 납 성분은 교통이 혼잡한 고속도로 주변의 토양에서 높은 농도로 검출되었다. 또 납 광산과 제련소 부근의 토양에서는 높은 농도의 납이 검출된다.

토양은 쓰레기 매립지의 침출수, 오수 처리장 등의 오염원에서 유출되는 많은 유해 폐기물을 받아들이는 수용체이다(20장 참조). 어떤 경우에는 폐기 처분과 분해를 목적으로 유해 유기 폐기물을 이용하여 땅을 경작하기도 한다. 분해성 유해 유기 물질은 토양 속으로 들어가고, 미생물 과정을 통해 분해된다. 7장에서 논의한 바와 같이, 하수, 특히 비료 성분이 풍부한 하수 슬러지가 토양에 뿌려지기도 한다.

토양의 다양한 구성 성분은 유기 오염 물질에 대하여 각기 다른 친화도를 가진다. 천연 유기 물질, 특히 부식 물질은 유기 오염 물질과 중금속에 대하여 비교적 높은 친화도를 가진다. 많은 토양에는 사탕수수 껍질, 밀짚, 볏짚 등의 농작물 잔류물을 태우고 남은 재에 포함된, 흔히 **블랙 카본**(**black carbon**)이라 불리는 탄소 원소가 포함되어 있다. 이 물질은 토양에서 유기 오염 물질의 중요한 저장고 역할을 할 것으로 예상된다.

벤젠, 톨루엔, 자일렌, 다이클로로메테인, 트라이클로로에테인, 트라이클로로에틸렌 등 휘발성 유기 화합물(volatile organic compounds, VOCs)은 산업화되고 상업화된 지역의 토양을 오염시킬 수 있다. 이러한 오염 현상은 법률 규제가 엄중히 지켜지지 않은 나라에서 특히 심하게 나타난다. 더 심각한 유기 물질 오염원 중의 하나는 지하 저장 탱크로부터 유출이 일어나는 것이다. 현재와 같은 강력한 규제가 이루어지기 전에 건설된 쓰레기 매립지와 아무렇게나 버려진 용매도 토양 VOCs의 중요한 오염원이다.

수십 년에 걸쳐 토양에 축적된 다염소화 바이페닐(PCBs)의 농도 측정을 통해, 오염 화학 물질에 의한 토양 오염과 그 이후에 이들 물질이 토양으로부터 제거되는 것에 대한 흥미로운 통찰을 얻을 수 있다.[8] 영국에서 1940년대 초부터 1992년까지 토양을 분석한 연구에 따르면, PCB의 농도는 1940년대 이후 급격히 증가하여 1970년에 최대 농도를 보였다. 그 이후에는 농도가 급격히 줄어들어 1992년에는 1940년대 초의 농도 수준에 이르렀다. 이러한 경향은 1940년대 초부터 현재까지 영국에서 나타난 PCB 제조와 사용량에 병행한다. 1970년 이후 토양 PCB 농도의 감소는 더 심하게 염소화된 PCB가 더 많이 제조되고 유통되는 것과 관련이 있고, 이 더 가벼운 물질이 휘발성을 띠어 원래의 토양으로부터 멀리 장거리 이동을 하기 때문인 것으로 연구자들은 판단하였다. 이는 먼 거리에 있는 극지방과 극지방의 주변 지역에서 상대적으로 높은 농도의 PCB가 검출되어, 온대 지역에서 증발한 PCB가 추운 기후에서 응축하는 결과로 해석하는 것과 일치한다.

어떤 유기 오염 물질들은 부식토 형성 과정에서 부식토에 결합되는 것으로 추정된다. 부식토에 결합된 유기 오염 물질은 대개 이동성이 없으며, 독성도 줄어든다. 부식 물질과 구조적으로 유사한 페놀 화합물, 아닐린 화합물 등은 특히 부식토에 쉽게 결합될 수 있는 오염 화합물로 두 가지 예를 다음에 나타냈다.

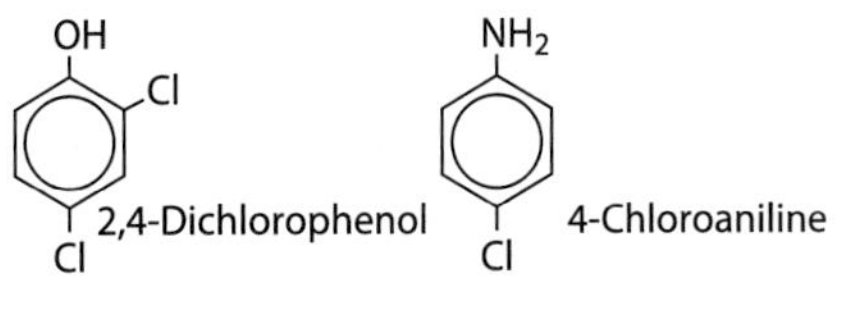

이러한 화합물들은 결합 잔류물로서 부식 물질 분자와 공유 결합을 할 수 있다.

토양은 농작물 재배를 위해 사용되는 엄청난 양의 농약을 받아들인다. 대개 농약이 토양에서 분해되어 최종적인 상태가 되었을 때의 성분으로 농약이 궁극적으로 환경에 미치는 영향을 판단할 수 있다. 이제 새로운 농약을 허가받기 위해서는 이러한 영향에 대한 자세한 지식이 필요하다. 미국에서는 FIFRA(Federal Insecticide, Fungicide, and Rodenticide act)가 시행되고 있다. 이 허가 제도에서 고려되는 사항으로는 토양에 의한 농약의 수착, 농약의 유출로 인한 물 오염, 토양에 서식하는 미생물과 동물에 대한 영향, 독성이 더욱 강한 분해 산물의 생성 가능성 등이 있다.

토양에 의한 농약의 흡착은 핵심적인 농약의 분해 과정으로서, 분해 속도와 정도를 결정하는 데 중요한 역할을 한다. 흡착 정도, 궁극적인 분해 속도와 규모는 다른 여러 인자에 의해 영향을 받는다. 이러한 인자 중에는 용해도, 휘발성, 전하, 극성, 분자 구조, 크기 등과 같은 매질의 성질이 포함된다. 토양 성분에 의한 농약의 흡착은 농약의 분해에 여러 영향을 미친다. 어떤 조건에서는 농약이 미생물 효소로부터 분리됨으로써 분해가 방해받기도 하고, 이와는 반대로 다른 조건에서는 농약의 분해가 촉진되기도 한다. 순수한 화학 분해 반응은 흡착에 의해 촉진될 수도 있다. 농약이 토양에 흡착되면 휘발 또는 침출에 의한 농약의 손실이 줄어든다. 제초제가 토양에 흡착되면 식물에 대한 제초제의 독성은 줄어들 수 있다. 농약을 토양 입자에 붙들어 놓는 힘에는 여러 가지 유형이 있다. 물리적 흡착에는 농약 분자와 하전된 토양 입자 간의 쌍극자–쌍극자 상호 작용에 기인하는 van der Waals 힘이 작용하고 있다. 이온 교환은 파라콰트(paraquat) 제초제와 같은 양이온성 유기 화합물을 토양의 음이온성 입자에 붙잡아 놓는 데 특히 효과적이다.

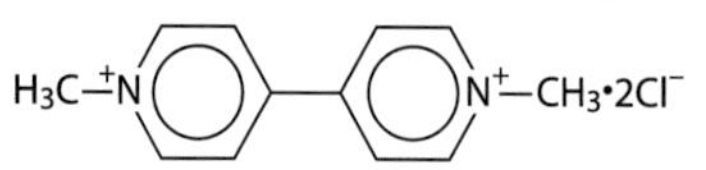

어떤 중성 농약은 양성자 첨가 반응(protonation)에 의해 양이온성이 되어 양전하를 띤 형태로 결합된다. 수소 결합은 일부 농약이 토양에 유지되는 데 작용하는 또 다른 유형의 메커니즘이다. 어떤 경우에는 농약이 리간드 역할을 수행하여 토양의 광물에 존재하는 금속과 배위 결합을 한다.

농약이 토양 속 또는 토양 위에서 분해되는 주요 방식 세 가지는 **화학적 분해**, **광화학 반응**, 그리고 가장 중요한 **생분해**이다. 이 세 과정은 농약이 분해되는 과정에서 다양하게 복합적으로 일어날 수 있다.

농약의 **화학적 분해(chemical degradation)**는 모든 미생물의 활동을 없앤, 즉 살균된 토양 또는 살균된 점토에서 실험적으로 관찰되었다. 토양에서는 농약의 순수한 화학적 가수 분해 반응이 많이 일어난다. 예를 들어, 점토는 *o*,*o*-dimethyl-*o*-2,4,5-trichlorophenyl thiophosphate(Trolene, Ronnel, Etrolene, trichlorometafos라고도 함)의 가수 분해 반응을 촉진한다는 것이 보고되었으며, 이 촉매 효과는 반응 초기에 광물 표면에 존재하는 −OH 작용기에 물질이 결합되는 것에 기인한다.

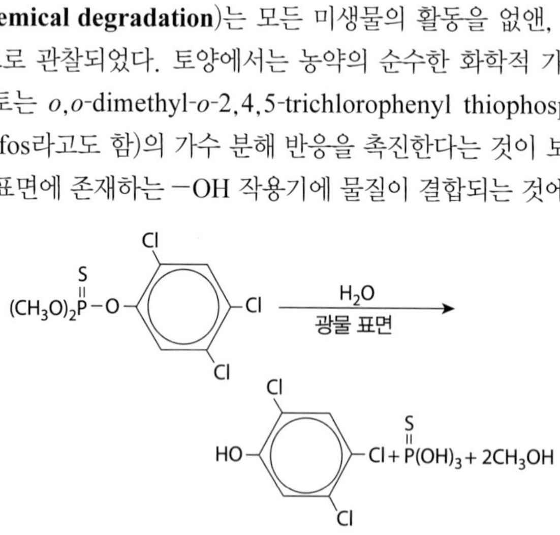

(15.23)

많은 농약은 빛의 흡수에 의한 **광화학 반응(photochemical reaction)**을 겪는다고 보고되었다(8장 참조). 보통, 광화학 반응의 생성물로 농약 화합물의 이성질체가 만들어진다. 현재까지 광화학 반응과 관련된 많은 연구는 물속 또는 얇은 막 위에 존재하는 농약에 관한 것이며, 토양과 식물 표면에서 일어나는 농약의 광화학 반응에 대해서는 비교적 알려진 것이 적다.

15.10.1 가축 생산으로 인한 토양 오염 물질

우리가 현재 잘 알고 있듯이, 가축 생산은 상당한 양의 환경 오염 물질을 발생시킨다. 가축 배설물은 매우 높은 생화학적 산소 요구량을 필요로 하며, 이것이 수로로 들어갈 때 물에서 급속히 산소를 고갈시킬 수 있다. 가축의 소변은 포타슘, 무기 인, 질소(대개 요소) 비료의 원천으로서 사실은 토양을 비옥하게 하는 데 도움이 되지만, 수로에 부영양화를 유발할 수 있다. 음용수 속에서 질소 폐기물은 소와 같은 반추 동물에게 유독한 질산염을 생성할 수 있다. 대략 2010년까지는 돼지 사료에 비소 화합물이 사용되었지만(앞서 설명한 가금류 사료와 마찬가지로), 땅에 처리된 돼지 배설물이 더 이상 토양 오염 물질인 비소의 공급원이 되지 않도록 사용이 금지되었다.

가축 폐기물 분해 과정에서 대기 중으로 방출되는 아산화 질소(N_2O)는 대기 오염 물질이 될 수 있다. 가축 폐기물의 무산소 분해 과정에서 생성된 메테인은 강력한 온실 가스이다.

15.10.2 생분해와 근권

곤충, 지렁이, 식물들도 농약과 기타 오염성 유기 화합물의 **생분해(biodegradation)**에 일정 역할을 담당하지만, 생분해에 가장 중요한 역할은 미생물의 몫이다. 유기 화학 물질에 대한 미생물 매개 분해 반응의 여러 예는 5장에 제시되어 있다.

15.2절에 기술한 바와 같이, 토양에서 특히 뿌리가 활동적인 표토의 층인 **근권(rhizosphere)**은 폐기물의 생분해와 관련하여 특히 중요한 토양의 일부분이다. 이곳은 바이오매스가 많은 지대로서 식물 뿌리 시스템과 식물 뿌리와 관련된 미생물의 강한 영향을 받는다. 근권은 토양의 비근권 지대에 비해 단위 부피당 미생물 바이오매스가 10배 이상 많다. 이 개체수는 토양 특성, 식물 및 뿌리 특성, 수분 함량, 산소에 대한 노출에 따라 달라진다. 이 영역이 오염성 화합물에 노출되는 경우, 그 물질의 생분해에 적응한 미생물이 존재할 수도 있다.

많은 종의 지렁이는 특히 근권 지역의 토양 특성을 결정짓는 데 매우 중요하고, 토양 화학에 큰 영향을 미치기 때문에 '시하의 화학 공학자'라고 불린다.[9]

많은 합성 유기 화합물이 근권에서 생분해된다는 것은 이미 입증되었다. 당연하지만, 이 분야의 연구는 작물에 널리 사용되는 제초제와 살충제에 집중되어 왔다. 근권에서 생분해가 증진되는 것이 입증된 유기 화합물로는 2,4-D 제초제, 파라싸이온(parathion), 카보퓨란(carbofuran), 아트라진(atrazine), 다이아지논(diazinon), 휘발성 방향족인 알킬 및 아릴 탄화수소, 클로로카본, 계면 활성제 등이 있다.

15.11 토양의 유실과 손상

토양은 침식에 의해 유실되거나 심하게 손상되어 더 이상 농작물을 재배할 수 없게 될 수 있는 연약한 자원이다. 토양의 물리적 성질과 그에 따른 침식 가능성은 토양에 가해지는 경작과 방목 행위에 의해 크게 영향을 받는다. 토양의 손상에 대해서는 여기서 논의하고, 토양의 손실을 방지하고 원래 상태로 되돌리는 것에 대한 조치는 15.12절에서 다룬다.

사막화(desertification)는 토양에서 식물의 충분한 성장을 불가능하게 만드는 가뭄과 토양 비옥도 상실 과정을 말한다. 인간의 활동에 의해 야기되는 사막화는 전 세계적으로 흔히 발생하는 문제로 아르헨티나, 사하라, 우즈베키스탄, 미국의 남서부, 시리아, 말리 등 여러 지역에서 일어나고 있다. 사막화는 수세기 전부터 강우량과 지피 식물이 적은 지역에 길들여진 초식 동물을 방목한 이래로 매우 오래된 문제이다. 가장 주목할 만한 사례는 Sahara 지역에서 길들인 염소를 방목하면서 악화된 사막화 현상이다. 사막화에는 여러 상호 관련성이 있는 인자들, 즉 침식, 기상 변화, 물 이용률, 비옥함 상실, 부식토 상실, 토양의 화학적 성질 악화 등이 관여되어 있다.

사막화와 관련 있는 한 가지 심각한 문제는 **삼림 벌채(deforestation)**, 즉 숲의 유실이다. 특히 이 문

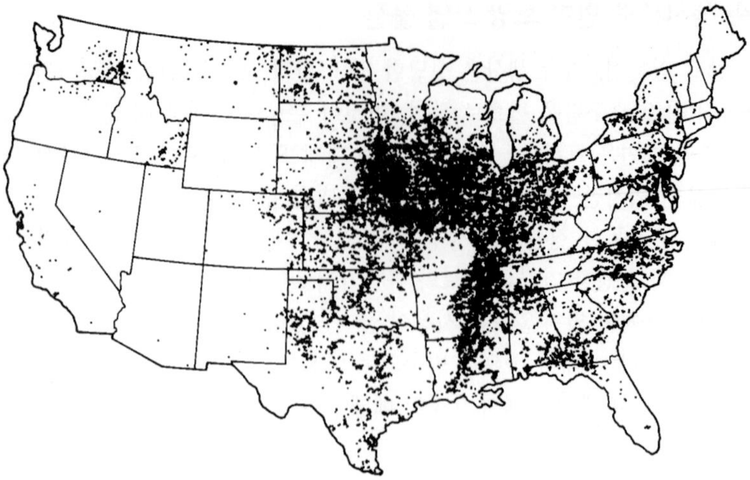

그림 15.8 1977년 미국 대륙의 토양 침식 양상. 검은 부분은 심각한 침식이 일어난 지역을 나타낸다.

제는 현존하는 대부분의 식물과 동물 종이 서식하는 열대 지방에서 심각하다. 삼림 벌채는 이러한 동식물의 멸종뿐만 아니라, 침식과 영양소 손실을 통해 토양의 파괴적인 악화를 초래할 수 있다.

토양 침식(soil erosion)은 물과 바람의 작용에 의해 토양이 유실되는 것을 말한다. 이 중에서, 특히 물이 일차적인 침식의 원인이다. 매년 수백만 톤의 표토가 Mississippi 강물에 실려 이동되어 강 하구에서 쓸려나간다. 미국 대륙에서는 경작이 시작된 이래 약 1/3의 표토가 유실되었다. 그림 15.8은 1977년 미국 대륙의 토양 침식 양상을 보여 준다.

바람에 의한 침식도 위협적인 피해를 가져올 수 있다. 이 현상은 미국의 Colorado 동쪽 지역과 같이 일반적으로 건조하고 높은 고원의 토양에서 나타날 수 있다. 1930년대의 황진 폭풍(Dust Bowl) 시기 이후, 이 땅의 많은 부분이 초원으로 회복되었고, 표토는 풀의 강한 뿌리에 의해 유지되었다. 그러나 더 많은 밀을 재배하고, 땅의 가격을 올리기 위하여 많은 부분이 다시 경작되고 있다. 새로 경작된 초지는 1~2년 동안 좋은 생산성을 얻을 수 있으나, 영양소와 토양 수분은 빠르게 고갈되어 바람에 의해 쉽게 침식될 수 있다.

15.11.1 토양 지속 가능성과 수자원

토양 보존과 수자원의 보호는 밀접한 관계가 있다. 대부분의 담수는 먼저 토양에 닿게 되는데, 대개 토양의 조건에 따라 물의 최종 상태, 특히 얼마 만큼의 물이 사용 가능한 상태인지가 결정된다. 빗물이 떨어지는 땅의 일정 지역을 **유역(watershed)**이라고 한다. 유역은 물을 모으는 것과 아울러, 물 흐름의 방향과 속도, 지하수 대수층으로 침투되는 정도를 결정한다(2장 그림 2.1의 수문학적 순환 참조). 물의 흐름이 매우 빠르면 토양 속으로 물이 침투되지 못하기 때문에 갑작스런 홍수가 유발될 수 있고, 토양 침식의 원인이 된다. 다행히도 유역으로서 땅의 효용을 높이기 위한 조치들은 침식을 예방하는 데 도움이 된다. 15.12절에서 설명되는 이러한 조치에는 계단식 구조와 같은 토양의 등고선 개선, 수로 건설, 저류 연못 건설이 포함된다. 침식을 방지하기 위해 물이 흐를 수 있는 수로에는 풀을 심고, 경사면 고랑이나 두둑에는 물을 유지하는 농작물과 나무를 심을 수 있다. 손상된 목초지에 나무를 재조림하고 관리하는 것은 토양과 물을 동시에 보존하는 방법이다.

토양을 불투과성 자재로 포장하여 덮으면 지하수로 물이 스며드는 것이 방지되고, 넘쳐흐르는 물의 규모와 속도가 증가한다. Chicago를 비롯한 미국의 여러 도시에서는 이러한 문제를 경감하기 위해 혁신적인 '녹색의 골목(Green Alley)' 프로젝트를 시작하였다. 이 프로젝트는 골목을 다공성의 콘크리트로 포장하여 물이 쉽게 스며들어 여과되어 지하수까지 도달하도록 하게 하는 목적을 갖고 있다. 이것은 지하수 수위를 유지하는 데 도움이 되고, 홍수 대비용 물 저장 장치의 부담을 줄이는 역할을 한다. 다공성 콘크리트에 들어 있는 미생물은 스며드는 물에 포함된 석유 제품 등의 유기 물질을 분해하는 역할을 한다.

15.12 토양 보존

식품은 인간이 필요로 하는 가장 기본적인 물질이기 때문에, 식품 생산을 위한 수단의 지속 가능성은 최우선적으로 고려해야 할 사항 중 하나이다. 식품의 지속 가능성을 위해 필요한 가장 기본적인 것은 침식 등으로부터 토양을 보호하는 것과 식물을 키워 내는 토양의 능력을 유지하는 것이다. 침식으로부터 토양을 보존하는 것을 흔히 **토양 보존(soil conservation)**이라고 한다. 토양 침식을 막기 위한 방법은 여러 가지가 있다. 잘 알려진 전통적인 농법으로는 계단식 경작, 등고선 작물 재배(그림 15.9), 주기적인 피복 작물(흙을 보호하기 위해 밭에 심는 클로버 따위) 심기 등이 있다. 일부 작물을 위해 사용되는 무경운 농법(no-till agriculture)은 침식을 크게 줄인다. 이 농법은 경작하지 않고, 전년도 곡물의 잔류물 사이에 새로운 곡물을 심는 방식이다. 새로운 곡물을 심을 장소에 있는 잡초는 곡물을 심기 전에 제초제를 뿌려 죽인다. 토양 위에 남아 있는 식물 물질의 잔류물은 침식을 방지하는 역할을 한다.

California 주 Napa Valley의 포도원 중 적어도 한 군데에서는 겨울철마다 줄지어 늘어선 포도나무 사이에 겨울 피복 작물로 클로버, 귀리, 완두콩, 겨자를 심는다. 클로버와 콩은 대기 질소를 고정하여 토양을 비옥하게 하는 콩과식물이다. 이러한 작물은 여름 성장기 초기에 잘려지게 되며, 토양 위에 남은 그 잔류물은 잡초가 자라지 못하게 하고, 침식을 줄이며, 토양을 비옥하게 한다. 잘려진 식물 잔류물 속에는 쥐 등의 설치류가 사는데, 흥미로운 사실은 이러한 포도 농장에 새가 앉을 수 있는 홰를 설치하여 이 설치류를 잡아먹는 매와 올빼미를 유도한다는 것이다.

토양 침식 문제에 대한 더 실험적인 해결책 한 가지는 다년생 식물을 경작하는 것이다. 다년생 식물은 큰 뿌리 구조를 가지고 있으며, 전년도 가을 추수 후 이듬해 새로운 봄에 다시 돋아 나오는 식물이다. 현재까지 일년생 재배 작물과 이들의 야생 원종을 교배하여 밀과 옥수수 등의 몇몇 다년생 밭 작물이 시험적으로 개발되었으나, 안타깝게도 이 다년생 작물의 수확량은 좋지 못했다. 일년생 식물의 번식은 많은 양의 씨를 생산하는 것에 달려 있는데, 이것이 바로 추수철에 많은 낟알(씨)을 제공하는 식물이 일년생인 이유이다. 이에 비해, 다년생 식물은 이듬해를 위해 영양을 저장하는 근경(뿌리 줄기)이라 불리는 알뿌리의 성장과 더불어 강한 뿌리 구조를 발달시킨다. 그러나 유전 공학을 이용하여 다년생 작물이 많은 씨를 맺도록 개발할 수도 있을 것이다. 만일 이와 같이 생산성이 높은 다년생 식물이 개발된다면 토양 침식도 크게 줄어들 것이다. 다년생 품종 개량의 주요 대상은 곡류(밀, 쌀, 보리), 씨가 꼬투리에서 성장하는 콩류(완두콩, 깍지콩, 편두, 병아리콩), 그리고 주로 기름을 생산하는

그림 15.9 경사지를 계단식 지형으로 바꾸고, 등고선 재배 농업을 함으로써 토양 침식을 효과적으로 줄일 수 있다.

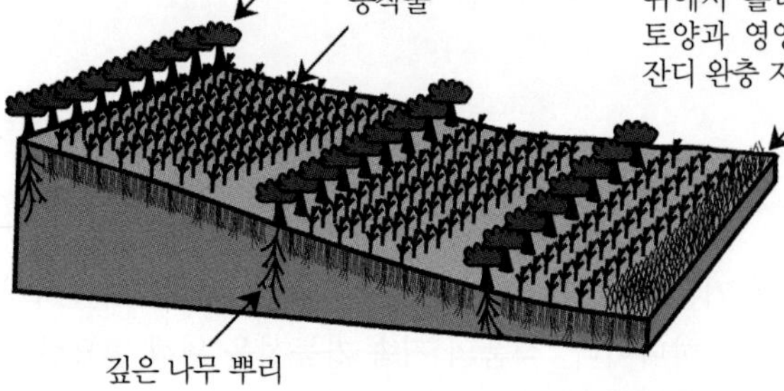

그림 15.10 경사면의 복도식 농작물 재배. 위 재배 지역과 아래 재배 지역 중간에 일렬로 나무를 심는 것은 산림농업을 효과적으로 적용하는 방법이다.

식물(해바라기, 평지씨, 땅콩, 대두, 콩류)이다.

15.12.1 산림농업

가장 잘 알려진 다년생 식물은 나무이며, 이것은 토양 침식을 멈추는 데 매우 효과적이다. 나무에서 얻는 목재는 연료, 원자재, 건축, 식품(나무의 셀룰로스로부터 얻는 포도당, 더 많은 내용은 이 절의 뒷부분 참조)으로 사용될 수 있다. 나무 바이오매스 생산은 아직 실현되지 않은 엄청난 잠재적 증가의 가능성이 있다. 과거에 나무는 자연 그대로의 다양성이 유지된 상태에서 비료 주기와 같은 어떤 특별한 농업 행위의 혜택 없이 자연적으로 자라도록 내버려 두었다. 나무 바이오매스의 생산성은 유전 공학 등을 이용하여 다양성을 증진시키고 효과적인 경작과 비료 주기를 통해 크게 증가할 수 있다.

지속 가능한 농업에 있어 기대되는 대안 중의 하나는 **산림농업(agroforestry)**을 실행하는 것으로, 그림 15.10에 보인 바와 같이 일련의 나무를 심은 후, 그 사이의 구간에서 농작물을 재배하는 것이다. 나무는 토양을 안정화하며, 특히 경사 지역에서 그 효과가 크다. 질소를 고정할 수 있는 나무를 선택함으로써 농경지는 필수적인 영양소인 질소를 자체적으로 충당할 수도 있다.

'**경사면의 복도식 작물 재배(alley cropping across the slope)**'라 불리는 경작(그림 15.10)은 빨리 자라고 질소를 고정하는 나무를 중간중간에 심어 토양이 제자리에 유지되도록 한다. 농작물을 재배하지 않는 기간에 영양소가 풍부한 나무를 가지치기 한 후 토양에 퍼뜨리면 토양을 비옥하게 할 수 있고, 유기 물질도 더해지며, 토양을 제자리에 유지시킬 수도 있다. 나무는 건설 자재, 땔나무, 과일, 견과류 등을 얻을 수 있는 등 경제적 가치를 지닌다. 미래에는 유전 공학적으로 개량된 나무에서 부가 가치가 높은 의약품과 전문 화학 약품을 얻을 수도 있다. 경사면의 최하단은 좁고 길게 잔디를 심어 경작지에서 흘러 내려올 수 있는 영양소와 부유 토양을 거두는 완충 지대 역할을 하게 할 수 있다. 이 완충 지대에 쌓인 흙은 상단의 경작지에 다시 뿌려 토양을 비옥하게 할 수도 있다.

목재의 가장 중요한 용도는 물론 건축 자재로 쓰일 때이다. 강철, 알루미늄, 시멘트 등의 건축 자재 생산을 위한 에너지 비용이 증가하면서, 이 용도는 계속 중요한 비중으로 남게 될 것이다. 목재는 약 50%가 셀룰로스로 구성되어 있으며, 이것은 효소 과정에 의해 가수 분해되어 포도당이 될 수 있다. 포도당은 직접 식품으로, 발효시켜 에틸알코올 연료인 가소홀(gasohol)로, 또는 단백질을 만드는 효모에 탄소와 에너지원으로 이용될 수도 있다. 이런 용도와 기타 다른 잠재적 용도들을 감안한다면, 나무는 환경적으로 바람직하고 이윤을 추구할 수 있는 작물로서 그 미래가 매우 밝다고 할 수 있다.

15.12.2 토양 복원

토양은 비옥도 손실, 침식, 염도 증가, 식물 독소에 의한 오염, 하수 슬러지로부터의 아연과 같은 중금속 오염 등 여러 요인으로 인해 손상될 수 있다. 토양은 어느 정도의 자체적인 회복력이 있어, 손상을 유발하는 조건이 제거되면 일반적으로 회복될 수 있다. 하지만 많은 경우 토양의 생산성을 회복하려면 **토양 복원(soil restoration)**이라고 하는 더 적극적인 조치가 필요하다. 토양 복원에는 생태학이 고려되어야 한다. 토양 복원을 위한 조치로는 대상 지역이 침식되지 않도록 토양을 파내어 계단식 단지를 만들거나, 비교적 평평하게 하는 물리적 변경 방법 등이 있다. 한편, 농작물의 잔류물이 부분적으로 분해되어 바이오매스가 되도록 농작물을 심고 경작하여 토양의 유기 물질을 회복시킬 수 있다. 또 영양 물질을 첨가하고, 오염 물질은 중화시킬 수 있다. 과량의 산이나 염기는 중화시키고, 염분은 토양에서 침출되게 한다. 일부 독성 물질은 식물을 심어 식물 복원(phytoremediation)을 통해 제거할 수 있다(15.7절). 식품 요구량이 증가하고 토양 피해가 더 뚜렷해짐에 따라, 토양 복원은 더욱 노력이 필요한 매우 중요한 분야가 되고 있다.

15.12.3 깍지밭 재배

깍지밭 재배(poduculture)는 활발한 식물 성장에 적합하지 않은 황폐한 토양, 자갈, 모래가 대부분인 밭에 표토의 영역을 만들어 주는 방법이다.[10] 이 방법의 기초는 일정한 간격으로 떨어진 위치에 일련의 구덩이를 파고 그 안에 인공 표토를 채우는 것이다. 그리고 구덩이 사이의 공간은 그대로 두되, 해로운 식물이 자라는 것을 막기 위해 필요할 때마다 풀베기만을 해준다. **깍지밭(podfield)**은 이런 방식으로 파서 만든 구덩이를 배열하여 조성한 밭이다. 이 방식의 재배법이 실시되는 지역을 그림 15.11에 나타냈다.

일반적으로 깍지밭은 황폐하고 암석이 많은 토양에 굴착 기계를 사용하여 깊이와 지름이 각각 0.75 m인 구덩이를 파서 만든다. 굴착된 물질의 일부는 잘게 다져 구덩이에 채워 넣을 흙을 만들며, 남은 물질은 구덩이 사이의 땅 위에 뿌린다. 그림 15.12는 인공 표토로 채운 깍지밭 하나를 나타낸다. 깍지밭의 바닥에는 점토를 깔아 암석이 많은 지역에서 물이 과도하게 손실되는 것을 막는다. 구덩이의 나머지 부분은 인공 표토를 채우며, 이는 보통 부피비로 1/3씩 (1) 구덩이에서 파내어 분쇄된 광물, (2) 점토, (3) 이탄(peat) 또는 곡물 부산물 바이오매스(예: 곱게 간 옥수수대)와 같은 식물성 물질로 구성된다. 구덩이의 중간 정도에는 식물 바이오매스를 탄화시켜 만든 **바이오 숯(biochar)**과 질소, 인, 포타슘

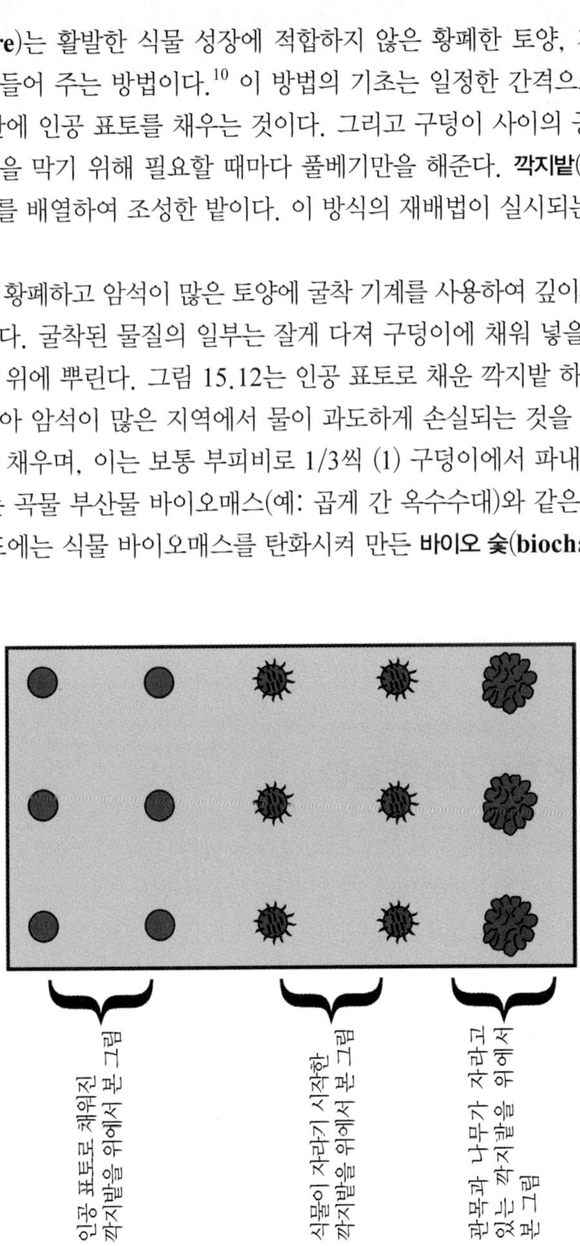

그림 15.11 인공 표토로 채워진 깍지밭, 식물이 자라기 시작한 깍지밭, 관목이나 나무가 자란 깍지밭(깍지밭 재배의 가장 좋은 사례)을 위에서 본 그림.

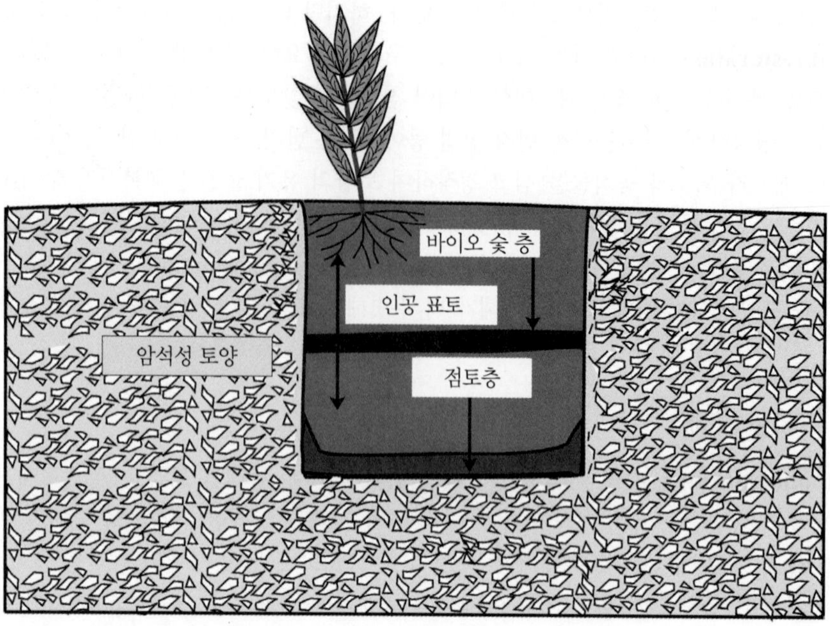

그림 15.12 자갈밭에 만들어진 깍지밭 구덩이의 단면. 구덩이는 깊이와 지름이 각각 0.75 m가 되도록 판다.

공급을 위한 상업용 비료를 혼합한 층이 있다.

그림 15.12는 자갈 바닥에 건설된 깍지밭을 보여 준다. 일반적으로 구덩이를 채우는 데 사용되는 물질은 1/3이 석회석 등의 암석을 곱게 다진 물질, 1/3이 붉은색 점토, 1/3이 곱게 다져진 식물성 물질이다. 인공 표토의 조성은 인공 표토를 만들 때 들어가는 물질의 이용률에 따라 달라지며, 해마다 조금씩 다른 성분이 인공 표토에 추가될 수 있다. 표토에 추가해야 할 가장 바람직한 물질은 토양의 부식 함량을 증가시키기 위한 식물성 물질과 질소, 인, 포타슘 비료 성분이 풍부한 바이오 숯이다. 깍지밭은 베리류의 관목, 나무, 호박 등의 넝쿨 식물을 심는 데 특히 적당하다. 이런 식물은 깍지밭 구덩이 하나의 경계를 넘어 자라기 때문에 그 잎들은 인공 표토가 없는 곳에서도 광합성을 할 수 있다. 그리고 지름이 작은 호스로 간헐적으로 행하는 이른바 세류(細流) 관개(trickle irrigation)를 적용하면 매우 효율적으로 구덩이 내부의 토양 수분을 적절한 수준으로 유지할 수 있다.

15.13 녹색 화학과 지속 가능한 농업

녹색 화학(green chemistry)을 실행하면 농업 생산성과 농업의 지속 가능성이 크게 향상될 수 있다. 그 이유를 이해하기 위해서는 지난 100년에 걸쳐 발전된 기술의 적용으로 농업 생산성이 극적으로 향상된 것에 대한 문제점을 지적해 볼 필요가 있다.

- 농약, 제초제, 비료와 이로 인한 생성물이 농경지와 농업용수에 축적되었고, 이로 인해 야생 동식물, 환경, 인간에게까지 악영향을 끼쳤다.
- 박멸 대상이 아닌 생물이 피해를 입고, 해충과 잡초는 농약 등에 내성이 생겼다.
- 저개발국에서 충분한 교육과 적절한 보호를 받지 못한 관계자들은 현대 농업용 제품으로부터 해로운 영향을 받았다.
- 더 이상 생산되거나 사용되지 않는 농약의 처분 문제가 발생하였다.

농업에 녹색 화학이 접목된다면 위에서 열거한 문제가 방지되거나 경감될 수 있다는 희망을 가질 수 있다.

농업은 인간에게 필요한 식품과 섬유를 얻기 위해 살아 있는 생명체를 다루는 과학으로 볼 수 있다. 따라서 농업에서 보다 지속 가능하고 환경 친화적인 접근 방법을 찾고자 한다면, 무한히 긴 시대에 걸쳐 다양한 식물과 동물이 번성할 수 있도록 진화를 거듭해 온 자연 생태계를 둘러보는 것은 타당하다. 이러한 접근 방법은 인간이 자연의 생명체를 모방하는 **생물 모방(biomimetics)**에 기초하는 것이다.[11]

농약은 자연에서 작물 생산성을 증가시키는 지속 가능한 방법이다. 식물 또는 세균과 같은 자연 원천에서 얻는 농약을 **생물 농약(biopesticide)**이라고 한다. 이러한 물질은 대개 합성 농약보다는 더 환경 친화적이지만, 자연 원천에서 얻은 것은 무엇이든 합성 물질보다 안전하다는 맹목적인 가정은 하지 말아야 한다[**보툴리누스 박테리아**(*botulinus bacteria*)로부터 얻은 보툴리늄, 아주까리 열매로부터 얻은 리신과 같은 물질들은 현재까지 알려진 가장 독성이 강한 물질에 포함된다]. 유전적 물질이 식물에 도입된 경우, 이 물질이 잡초와 같은 야생종에 들어갈 수도 있으며, 그 때문에 의도하지 않은 결과가 나타날 수도 있다. 또한 생물 농약에 포함된 단백질은 알러젠(allergen, 알레르기를 일으키는 물질)일 수도 있다는 우려가 있다. 생물 농약은 다음 세 범주로 나눌 수 있다.

- 미생물로 구성된 미생물 농약: (예) *Bacillus thuringiensis*(Bt) 세균의 살충 성분을 만드는 세포
- 식물 내재 보호제: (예) 유전 공학이 적용된 식물이 자체적으로 만드는 (Bt의 것과 같은) 살충 성분
- 무독성 생화학 농약: (예) 곤충의 생식 활동을 교란하는 성 유인 물질

생물 농약은 일반적으로 기존의 농약에 비해 독성이 약하고, 없애고자 하는 특정 해충에 대한 선택성이 좋으며, 매우 적은 양으로도 효과가 좋고, 분해가 빠르다는 장점이 있다. 생물 농약은 일반적으로 통합 해충 관리 프로그램으로 함께 사용될 때 그 효과가 극대화될 수 있다.

가장 유망한 생물 모방 접근법은 자연적으로 생성되는 농약과 페로몬을 사용하는 것이다. 페로몬은 생물, 특히 곤충에 의해 생성되는 물질로서, 적은 양으로 정보 교환, 특히 번식에 관련된 의사소통에 사용된다. 이러한 페로몬은 독성이 낮고, 같은 종의 곤충에 대한 선택적 반응성이 있으며, 또 적은 양만이 필요하기 때문에 매우 환경 친화적이다. 일부 곤충은 단 한 개의 페로몬 분자를 감지할 수 있을 정도로 민감하다.

일부 페로몬은 비교적 간단한 화합물이다. 식물에 기생하는 진디와 같은 곤충이 방출하는 메틸살리실레이트(methylsalicylate)가 그 한 가지 예이다. 이 화합물은 짝짓기하는 동안 암컷 진디가 다른 수컷 진디에게 이끌리지 않도록 수컷 진디가 방출하는 발정 억제 물질이기에, 진디가 만연한 농작물 주변에 이 물질을 뿌리면 진디 번식이 억제된다.

페로몬을 적용하는 또 다른 방법에는 살충제가 들어 있는 덫에 이 물질을 함께 넣어 두는 것이다. 하나의 덫에 필요한 페로몬의 양은 50 mg 이하로 매우 적다. 예를 들어, 양배추의 해충인 배추 좀나방은 이 나방의 페로몬을 미끼로 넣고 퍼메트린 살충제를 사용한 덫을 이용하여 제어할 수 있다.

페로몬을 이용한 해충 제어는 많은 농작물의 해충인 나방을 제어하는 데 특히 효과적으로 밝혀졌다. 이러한 해충에는 산림의 나무에 심각한 피해를 끼치는 매미 나방(gypsy moth)이 있다. 또 미국 Washington 주의 사과 농장에서 가장 큰 피해를 주는 해충인 사과 좀나방류(coddling moth)도 있다.

곤충을 제어하기 위해 페로몬을 널리 사용하는 데 있어 가장 큰 장애가 되는 것은 비용이다. 현재 효모와 같은 미생물이 페로몬을 생성하도록 하는 데 재조합 DNA 기술이 이용되고 있고, 이에 따라 가까운 미래에는 해충 제어를 위한 페로몬의 가격이 크게 낮아질 것으로 기대된다.

살충제의 성질을 가진 천연 물질을 발견하고자 하는 노력은 계속 진행되고 있다. 현재까지 가장 큰 성과는 Bt가 만들어 내는 단백질성 물질의 발견이다. 해를 입히는 여러 종류의 곤충에 대해 선택성이 좋은 단백질 군으로 구성되어 있는 Bt는 유충의 소화관을 손상시킴으로써 곤충의 유충을 죽인다. Bt는 곤충이 아닌 생물에는 특별한 해를 끼치지 못하며, 환경에서 쉽게 분해된다. 현재 재조합 DNA 기술을 이용해 Bt를 만드는 유전자가 주입된 옥수수 등의 농작물이 재배되고 있으며, 미국과 또 일부 다

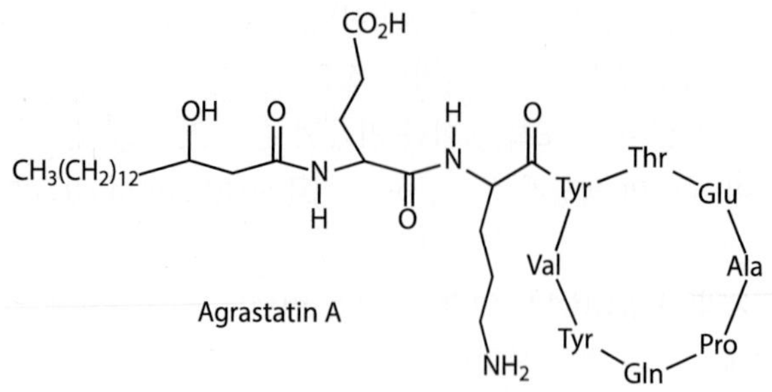

그림 15.13 살진균제 Serenade에 포함된 30개 이상의 지질펩타이드(lipopeptide) 중의 하나인 아그라스타틴 A. 고리 구조의 세 글자 약어는 펩타이드 사슬의 아미노산 종류를 나타낸다(21장 참조).

른 국가에서 생산되는 옥수수와 목화 작물에는 이렇게 유전자가 수정된 종이 많이 포함되어 있다.

버려진 럼주 증류 공장 토양으로부터 처음 분리된 스피노새드(Spinosad)는 천연물인 스피노신(Spinosyn)에서 유래하며, 이것은 **사카로폴리스포라 스피노사**(*Saccharopolyspora spinosa*) 박테리아가 그 먹이를 발효시켜 만들어 낸 폐기물이다. 과일, 야채, 나무, 목화 등을 공격하는 많은 경제 해충(경제적 손실을 입히는 해충)을 괴롭히는 이 물질은 해충의 신경을 마비시키는 독소이다. 스피노새드는 비휘발성이고, 생축적되지 않으며, 포유류에 낮은 독성을 나타낸다.

스피노새드는 채소에 매우 효과적이고 안전하며 환경적으로 무해한 살충제이지만, 과일과 견과류 나무 해충의 통제에는 효과가 없다. 스피노신의 화학적 변형인 스피네토람(Spinetoram)은 스피노새드의 좋은 환경적 성질을 지니고 있지만 과일이나 견과류 해충의 통제에 효과적이다. 스피네토람의 포유동물에 대한 급성 경구 독성은 이 물질이 대체하기로 한 두 유기인산염 살충제인 아진포스메틸과 포스멧에 비해 각각 1/1,000, 1/44 정도에 불과하다.

Rohm and Haas 사는 곤충의 탈피를 촉진하는 호르몬인 엑디손(ecdysone)을 모방한 다이아실하이드라진(diacylhydrazine)을 개발하였다. 이 물질은 'CONFIRM'이라는 상품명으로 판매되고 있다. CONFIRM을 섭취한 애벌레는 식욕을 잃어, 탈수와 굶주림으로 죽게 된다. 이와 같은 메커니즘으로 작용하는 또 다른 살충제는 님 나무(neem tree, 멀구슬나뭇과의 열대산 나무; margosa라고도 함)에서 추출된 아자디락틴(azadirachtin)이다.

천연 자원으로부터 추출 개발된 살진균제인 AgraQuest 사의 Serenade는 2003년 미국 녹색 화학 대통령상의 수상 품목 중의 하나이다. Serenade는 30개가 넘은 지질펩타이드의 혼합물이다. 이러한 지질펩타이드 중의 하나는 California의 한 과수에서 분리되어 *Bacillus subtilis*, strain QST-713로 명명된 세균이 만들어 내는 아그라스타틴 A이다(그림 15.13). 이 살진균제의 장점은 제어 대상이 아닌 생물에 대한 독성은 무시할 만하고, 쉽게 생분해된다는 것이다. 이 물질의 유효 성분은 천연 물질의 발효, 즉 본질적으로 '녹색'인 과정에 통해 제조될 수 있다.

잡초는 농작물에 대한 또 다른 주요 해악이다. 잡초를 없애기 위해 수많은 제초제들이 개발되어 왔다. 아마도 가장 안전한 것 중 하나이고, 동시에 분명히 가장 널리 사용되는 것 중 하나는 Monsanto 사가 개발한 글라이포세이트(glyphosate) 성분의 라운드업(Roundup)일 것이다. 라운드업과 기타 많은 제초제의 문제점은 보호해야 할 작물을 죽일 수도 있다는 것이다. 콩, 목화, 옥수수 등의 작물들은 라운드업에 의해 해를 받지 않도록 유전적으로 설계되었다. 이에 따라 이 제초제를 작물에 직접 살포하여 경쟁 잡초를 없앨 수 있기에 기계 경작에 의한 잡초 제거의 필요성이 사라졌다. 1990년대 후반부터 유전자가 수정된 이른바 라운드업-레디(Roundup-ready) 작물들이 재배됨으로써, 몇 년 후에 미국에서 재배되는 이러한 작물의 대부분, 특히 옥수수, 콩, 목화 등이 제초제에 내성을 갖게 되는 혁명이 가능해졌다. 그러나 2015년에 이르러 명아주(pigweed)를 포함한 일부 잡초 종들이 라운드업에 대한 저항력을 갖게 되었다. 또, 라운드업은 비호지킨 림프종(Non-Hodgkin's Lymphoma, NHL)이나 만성

림프구성 백혈병(Chronic Lymphocytic Leukemia, CLL)을 유발한다는 의혹을 받아왔으며, 이로 인해 많은 소송의 대상이 되어 왔다. 그러나 라운드업은 시장에 여전히 남아 있으며, 일반적으로 지침에 따라 사용한다면 안전한 것으로 간주된다.

식물은 다양한 진균, 세균, 바이러스에 의해 질병에 걸리기 쉽다. 그러한 질병과 싸우는 흥미로운 방법은 식물들의 자연 방어 기제를 활성화하는 것이다. 사과와 배에 화상병을 일으키는 *Erwinia amylovora* 세균이 만드는 하핀(Harpin) 단백질은 그러한 성공 사례 중 하나이다. 대장균 *Escherichia coli*는 유전학적으로 수정되어 하핀을 만드는 데 이용되었고, 이 하핀은 Eden Bioscience 사의 Messenger라는 생화학적 농약으로 판매되어 작물이 병에 내성이 강하면서 더 잘 자라게 하는 것으로 명성을 쌓았다.

녹색 화학은 비료에도 적용될 수 있다. 질소 영양소로 선호되는 요소의 문제점은 생물 매개 가수 분해가 너무 빠르게 일어나고, 암모니아의 증발로 많게는 30% 정도의 질소를 잃는다는 것이다.

$$CO(NH_2)_2 + H_2O \rightarrow CO_2 + 2NH_3 \tag{15.24}$$

그런데 요소 분해 효소 억제제인 *N*-(*n*-butyl)thiophosphorictriamide를 소량 첨가하면, 요소의 미생물 가수 분해가 감소되어 요소 비료 활용의 효율을 높일 수 있다.

15.14 유전학과 농업

농업의 기초는 야생 원종으로부터 재배 식물을 개발하는 것이다(동물의 경우는 제한된 수의 동물 종들만이 가축이 되었지만, 각 종에 다양한 품종이 있다는 점이 다르다). 선사 시대의 우리 조상들은 식량과 섬유 생산에 필요한 특성을 지닌 식물을 선택하여 새로운 종을 개발하였다. 이 종의 야생 원종을 찾아내는 데에는 현대 전문 식물학자에게조차 상당한 주의력이 요구된다. 야생종을 재배종으로 만드는 것을 시작으로, 선택과 번식 통제를 통하여 높은 수확량, 열과 가뭄에 대한 내성, 내한성, 미생물 또는 해충에 대한 저항과 같은 좋은 성질을 이끌어 냈다.

1900년경에서야 비로소 유전의 과학적 원리가 식물 품종 개량에 적용되었고, 종국에는 훌륭한 결과를 낳게 되었다. 과학적 방법을 사용하여 농업 관계자들은 1950년대와 1960년대에 '녹색 혁명'을 달성하였으며, 특히 수확량이 크게 늘게 된 다양한 종류의 쌀과 밀을 얻게 되었다. 작물 생산량을 훨씬 더 높이기 위해, 화학 비료와 농약과 더불어 선발 육종(selective breeding), 잡종 교배(hybridization), 타화 수분(cross-pollination), 역교배(backcrossing) 등의 새로운 기술을 이용하였다. 1940년대 기아에 직면한 인도는 곡물 생산량을 50%만큼 늘렸다. 수확량이 많고 빨리 자라는 키 작은 벼 품종 개발 등의 노력으로 늘어나는 세계 인구에 더 나은 영양을 공급할 수 있었고, 지나친 인구 증가에서 발생하는 피할 수 없는 여러 문제들을 비록 풀지 못했지만 적어도 연기할 수 있었다.

이 장의 앞부분에서 지적했듯이, 식물의 순수 육종을 가로질러 생산된 **잡종**(**hybrid**)은 식물 품종 개량의 주요한 발전 중 하나이다. 실질적으로, 잡종 농업 작물의 개발은 1900년대 중반부터 시작되었다. 이른바 잡종 강세라 하는 것은 잘 알려져 있고, 많은 잡종은 바로 전 세대의 품종보다 훨씬 더 많은 수확량을 제공한다. 놀라울 정도로 생산적인 광합성 식물인 옥수수는 싹트는 옥수수 이삭에 붙은 암컷 꽃과 옥수수 식물 꼭대기에 핀 수컷 꽃이 비교적 멀리 떨어져 있기 때문에 잡종 생산에 가장 적합하다는 것이 입증되었다. 다른 두 품종의 옥수수를 번갈아 줄 세워 심고 옥수수 씨 생산을 위한 식물의 꼭대기 술을 잘라내면, 잡종 옥수수를 쉽게 생산할 수 있다. 좀 더 최근에, 다른 종류의 식물의 잡종을 키우기 위한 기술이 개발되었다.

15.14.1 재조합 DNA와 유전 공학

1900년대 후반까지 개량 작물의 육종은 더딘 과정이었다. 수천 년 동안, 인간은 야생종을 길들이는 것을 시작으로 재배종에 보다 많은 수확량 등의 원하는 성질을 포함시키는 개발을 해왔다. 전통적인 육종은 무작위적 돌연변이에 의해 원하는 특성이 나타나기를 바라기 때문에 대개 오랜 시간이 걸린다. 또한 육종의 가장 심각한 한계 중 하나는 본질적으로 동일한 종에 제한된다는 점이지만, 사실상 그러한 원하는 특성은 육종되는 종과는 다른 종에서 자주 나타날 때가 많다. 하지만 약 1970년대부터 인간은 식물이 특정 단백질을 합성하여 다른 물질대사 기능을 할 수 있도록 DNA 변형 기술을 개발하기 시작하였다. 어렵고 정교한 DNA 조각 '잘라 붙이기' 절차에 의해 DNA 분자를 변형하는 것은 일반적으로 **유전 공학**(**genetic engineering**)과 **재조합 DNA 기술**(**recombinant DNA technology**)로 알려져 있다. 재조합 DNA 기술에 의해 만들어진 다른 생물의 DNA를 가진 생물을 **형질 전환 생물**(**transgenic organism**)이라고 한다. 재조합 DNA 기술을 이용하면 특정 단백질의 합성 정보를 담고 있는 DNA 조각을 다른 생물체에 이식할 수 있다.

1995년에 형질 전환 작물이 상업화된 이후로, 재조합 DNA 기술은 농업에서 급속히 성장하는 분야이다. 그림 15.14는 형질 전환 작물을 심은 농지의 면적을 보여 준다. 원하는 형질이 이식된 식물이 만들어지면, 철저한 평가 과정을 거친다. 이 과정에는 몇 가지 목표가 있으며, 그중 가장 중요한 것은 이후 계속된 아래 세대로 유전자가 신뢰할 만한 수준으로 전달되는가이다. 또한 유전적으로 수정된 식물이 잘 자라 좋은 수확량을 내는지, 그리고 그 상품의 질이 좋은지를 가리는 것도 이 과정에서 중요하다.

재조합 DNA 조작에 있어서 식물의 장점은 첫째, 수많은 식물 세포가 적절한 매개체에서 자랄 수 있고, 둘째, 수십억 개의 세포로부터 바이러스 저항성과 같은 좋은 성질을 지닌 돌연변이를 선택할 수 있기 때문이다. 각각의 식물 세포는 식물 전체로 성장시킬 수 있다. 따라서 원하는 성질을 지닌 세포를 선택하여 그 성질을 지닌 식물을 기를 수 있다. 이상적이긴 하지만, 이는 전통적인 식물 품종 육종 기술로 수십 년이 걸리던 작업을 몇 주 만에 완수할 수 있음을 의미한다.

일부 품종의 식물만이 이식 유전자 삽입에 적합하며, 보통 이들의 직계 세대들은 상업적 작물에 필요한 바람직한 생산성 등의 특성을 갖고 있지 않다. 따라서 형질 전환 작물은 다수확 품종과 이종 교배한다. 이의 목적은 상업적으로 성공할 수 있는 작물의 좋은 특성을 갖는 동시에 이식 유전자를 지닌

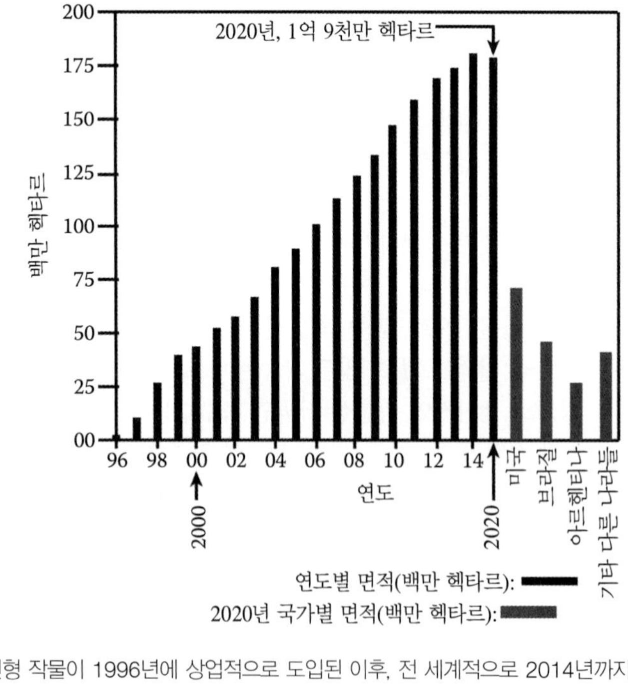

그림 15.14 유전자 변형 작물이 1996년에 상업적으로 도입된 이후, 전 세계적으로 2014년까지 매년 꾸준히 증가하는 것을 보여 주는 도표. 2015년에는 이 작물을 심은 경작지의 면적이 전년도에 비해 다소 감소하였다. 또한 2015년 국가별 유전자 변형 작물의 면적은 미국, 브라질, 아르헨티나 순으로 크다.

잡종을 개발하기 위함이다. 개선된 품종은 온실과 노지의 밭에서 수년간 광범위한 생산력 시험을 받게 된다. 마지막으로, 많은 수의 유전적으로 동일한 식물들을 길러 상업적 사용을 위한 씨앗을 생산하기도 한다. 지금까지 많은 종류의 유전자 변형 식물이 개발되어 왔고, 점점 더 많은 식물들이 매년 상업적으로 판매되고 있다.

유전 공학의 초기에는 이 기술이 '괴물 생명체'나 새롭고 끔찍한 질병을 만들어 낼 수 있다는 우려가 있었다. 이러한 우려가 모두 해소되지는 않았지만 최근에는 꽤 완화되었다. 그럼에도 불구하고, 일부에서는 재조합 DNA 기술의 적용에 대한 저항이 여전히 강하다. 2020년 미국에서는 유전자 조합 작물에 대한 규제를 완화하기 위한 규제 정비가 제안되었다. 유전자 변형 작물에 대한 반대는 특히 유럽에서 강했고, 유럽 연합의 집행 기관인 유럽 위원회(European Commission)는 많은 형질 전환 작물들을 인정하지 않았다. 하지만 이 기술을 사용할 때에는 여전히 주의해야 할 것이 있다. 문제가 되는 한 가지 예는 가장 자주 사용되는 제초제인 글라이포세이트(glyphosate)에 내성이 있는 잡초의 출현이었다. 애초에 글라이포세이트는 형질 전환 작물에는 무해하고 잡초에는 유해한 제초제였다. 이러한 우려에도 불구하고, 형질 전환 작물은 점점 더 중요해지고 있다. 특히 중국과 인도를 비롯한 인구 밀도가 높은 국가들에서 형질 전환 작물은 많은 사람의 식량 문제를 해결하는 수단으로 간주되어 널리 활용되고 있다.

15.14.2 주요 형질 전환 작물과 특성

형질 전환 작물에서 가장 흔히 개발되는 두 가지 특성은 작물과 경쟁하는 잡초를 없애는 제초제에 대한 내성, 그리고 해충과 바이러스를 포함한 유해 동물에 대한 저항력이다. 형질 전환 작물 재배 초창기에는 대부분의 작물이 이러한 특성 중 한 가지만을 가지고 있었지만, 이후로는 두 가지 이상의 특성을 가진 이른바 **더미 품종(stacked varieties)**이 더 많아지고 있으며 현재 가장 빠르게 성장하고 있는 작물 군이다. 가장 일반적인 생명공학 작물은 콩, 옥수수, 목화, 카놀라이다. 형질 전환 품종이 개발된 다른 작물로는 사과, 감자, 토마토, 포플러, 파파야, 피망, 사탕무, 알팔파, 호박이 있다. 작물의 제초제 내성은 제초제(주로 글리포세이트를 이르지만 점차 글루포시네이트 등 다른 제초제까지 확장되고 있음. 그림 15.15 참조)를 뿌려 성장 경쟁을 하는 잡초를 없애고 작물을 보호한다. 작물의 이 중요한 특성은 생물공학 기술에 의해 도입된 것으로 미국의 거의 모든 콩 작물에 적용되어 있다. 두 번째로는 Bt 박테리아에서 얻어지는 것과 같은 농약을 작물이 만들어 내도록 유전 공학적으로 작물을 개발하는 것이다. 2015년에는 미국의 거의 모든 목화가 해충에 대한 저항력이 있는 품종으로 재배되었다.

제초제 내성의 형질 전환 작물은 주로 합성 화학 물질인 글라이포세이트에 대한 저항을 위하여 유전공학적으로 만들어진다. 또 글라이포세이트에 대한 내성이 있는 잡초가 나타남에 따라, 다른 제초제에 저항하는 작물들이 개발되어 왔다. 이들 중 하나는 넓은 스펙트럼을 가진 체계적인 제초제인 글루포시네이트(glufosinate)로, 구조적으로 글라이포세이트와 유사하지만, 토양 박테리아 **스트렙토미세스**(*Streptomyces*)가 생산하는 천연 물질이다.

15.14.3 작물 대 해충

땅을 경작하고 농작물을 심음으로써 자연 생태계를 교란하게 되면 기회주의적 식물인 잡초에게 작물과 경쟁하며 성장할 수 있는 기회를 주게 된다. 잡초를 없애기 위하여 농부들은 여러 가지 제초제를 많은 양 사용한다. 제초제의 지나친 사용으로 일련의 심각한 문제들이 야기된다. 많은 경우, 과도한 환경 손상을 일으키지 않으면서 제초제가 효과적으로 작용하려면 제초제는 명시한 방법으로, 그리고 특정한 시기에 사용돼야 한다. 작물에 대한 부수적인 손상, 환경적 피해, 부족한 생분해에서 비롯된 제초제 잔류물 누적과 물 공급 오염은 모두 제초제와 관련된 문제이다. 이러한 많은 문제들은 특정 제초제, 특히 글라이포세이트에 내성이 있는 형질 전환 작물을 심음으로써 누그러뜨릴 수 있다.

글라이포세이트는 접촉하는 대부분의 식물들을 죽인다는 것을 의미에서 스펙트럼이 넓은 제초제로

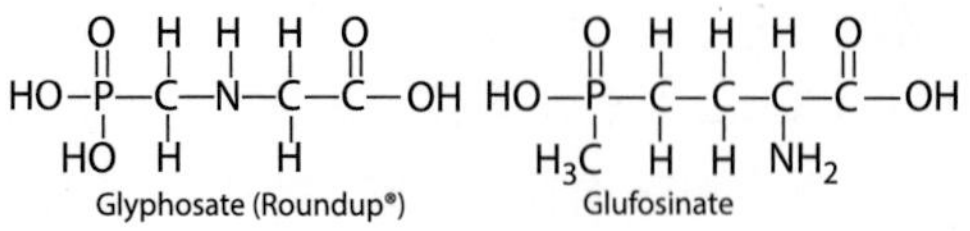

그림 15.15 일부 형질 전환 작물이 내성을 나타내는 글라이포세이트 및 글라이포세이트의 대안으로 개발된 글루포시네이트의 구조식.

간주된다. 환경적인 관점에서 볼 때 장점 중 하나는 토양에서 무해한 물질로 빠르게 분해되어 환경에 미치는 충격과 잔류물 영향 관련 문제를 최소화한다는 것이다. 가장 흔한 형질 전환 작물인 콩을 비롯한 이른바 '라운드업-레디' 작물을 심으면, 이 제초제를 작물에 직접 뿌려 경쟁적인 잡초를 없앨 수 있다. 잡초가 겨우 자라기 시작하고, 작물이 아직 덜 자란 시점에 제초제를 사용하면 잡초를 없애고 농작물이 더 빨리 자라게 할 수 있다. 작물이 상당히 크게 자란 후에는 작물 자체가 햇볕을 가로막아 그늘을 만들기 때문에 경쟁하는 잡초의 성장을 저해한다.

안타깝게도 라운드업-레디 씨앗이 등장한 지 얼마 지나지 않아, 미국에서 재배되는 옥수수, 콩, 목화의 상당량에 피해를 입힌 쥐꼬리망초, 단풍잎돼지풀, 그리고 **비름**(*Amaranthus*)(명아주) 속(屬)의 여러 종 등 글라이포세이트 내성의 잡초들이 나타나기 시작하였다.[13] 명아주는 하루에 7~8 cm가 자라고 2 m까지 성장하며, 추수용 기계에 피해를 입힐 정도로 굵고 강한 줄기를 가진다. 잡초를 제거하기 위한 끊임없는 분투 속에서 글라이포세이트 이외의 제초제에 내성이 있는 작물을 개발하는 노력은 계속되고 있다.

잡초를 제외하고 농작물을 괴롭히는 다른 주요 유해 동식물류는 다양한 종류의 해충이다. 이들 중 가장 해로운 두 가지는 유럽 옥수수 좀(European corn borer)과 목화 다래 벌레(cotton bollworm)이다. 이 둘은 매년 농작물 피해액과 통제 조치 비용으로 수백만 달러를 쓰게 하고, 심지어 한해 전체 농작물 생산을 위협할 수도 있다. 형질 전환 작물이 만들어지기 전에는 Bt가 해충을 통제하는 데 사용되었다. 토양에 사는 이 세균은 델타 엔도톡신(delta-endotoxin)이라는 단백질을 만든다. 해충이 먹은 델타 엔도톡신은 곤충의 장내 벽을 부분적으로 분해하여 이온 불균형을 유발하고, 소화계를 마비시키고, 결국 곤충을 죽인다. 다행히도, 이 독은 포유동물이나 새에게는 영향을 주지 않는다. 천연 물질인 Bt는 쉽게 분해되며, 대개 '천연' 물질이면 쉽게 받아들여지는 경향이 있기 때문에 인기 있는 살충제였다(그러나 천연 물질의 다수는 치명적임).

유전 공학 기술로 농작물에 Bt를 만드는 유전자의 이식이 가능해졌다. 이는 보호해야 할 작물이 자체적으로 살충제를 생산하면서도, 그 살충제가 광범위한 지역으로 퍼지지 않는다는 점에서 이상적인 상황이다. 살충제 역할을 하는 Bt는 여러 종류가 있으며, 각각은 고유한 유전자에 의해 만들어진다. 몇몇 해충들은 유전자가 이식된 Bt에 의해 잘 통제된다. 이 해충들에는 앞서 언급된 유럽 옥수수 좀 이외에도 남서부 옥수수 좀(옥수수대에 구멍을 뚫는 날개벼명나방 벌레)과 옥수수 이삭벌레(큰담배밤나방 벌레)가 포함된다. Bt를 만들어 내는 목화 품종은 목화 다래 벌레에 내성이 있다. Bt를 만들어 내는 담배는 회색담배나방 벌레를 막아낸다. Bt를 만들어 Colorado 감자잎벌레를 죽이는 감자 품종이 개발되었지만, 인간이 직접 소비하는 감자 제품에 포함될 수 있는 Bt에 대한 우려 때문에 제한되었다. 비록 인간의 소화기 계통은 Bt에 의해 부정적인 영향을 받지 않지만, 단백질 특성으로 인한 알레르기 유발 물질이 될 수 있다는 우려가 존재한다.

바이러스에 대한 저항성은 특히 파파야의 형질 전환 작물에 적용되었다. 이 열대 과일은 다량의 바이타민 A와 C를 함유하고 있으며, 열대 지역에서 중요한 영양 공급원이다. 파파야 윤문병 바이러스(papaya ringspot virus)는 파파야에 파괴적인 질병의 원인으로, 이 바이러스에 내성이 있는 형질 전환 품종은 현재 하와이에서 재배되고 있다. 바이러스에 내성이 있는 형질 전환 작물에 대한 한 가지 우려는 잡초로 간주되며, 바이러스에 의해 억제되고 있는 작물의 야생 동족들에게 저항력의 유전자가 전이될 가능성이다. 예를 들어 형질 전환 호박의 바이러스 저항 유전자가 생존 경쟁을 함께 하는 박으로 옮겨 갈 수 있으며, 이렇게 되면 식품으로 재배되는 호박이 설 자리를 잃게 된다.

15.14.4 미래 작물

형질 전환 작물의 초창기는 제초제와 해충에 저항력이 있는 콩, 옥수수, 목화로 상당히 잘 요약될 수 있다. 돌이켜 보면, 이러한 작물들은 거의 확실히 거칠고 단순해 보인다. 이러한 단순함은 저항 형질의 유전자가 대체적으로 식물의 모든 조직에서, 그리고 성장 주기 동안 내내 발현된다는 사실에 부분적으로 기인한다. 이는 모나크 나비(Monarch butterfly)를 위협할 수 있는 'Bt로 오염된 옥수수 꽃가루', 또는 인간이 섭취하기에 부적당한 'Bt가 함유된 감자'와 같은 문제를 야기할 수 있다. 미래에는 점점 더 정교한 기술을 사용하여 이러한 종류의 문제들이 해결되고 훨씬 더 향상된 작물 품종을 얻을 수 있을 것으로 예상된다.

녹색 화학 측면에서 농작물에 대한 유전 공학 적용은 잠재적으로 몇 가지 이익을 제공한다. 한 가지 유망한 가능성은 대부분의 식물에서 겨우 0.1% 수준에 불과한 광합성의 효율성을 증가시키는 것이다. 재조합 DNA 기술을 사용하면 이 효율을 배가하는 것이 가능해질 것이며, 식물의 식품과 바이오매스의 생산이 크게 증가할 것이다. 예를 들어, 빠르게 성장하는 잡종 포플러 나무와 사탕수수 등 더 생산적인 몇몇 식물 종을 이용한다면, 에너지원으로서 바이오매스가 화석 연료와 경쟁할 수 있을 것이다. 유전 공학적으로 광합성 효율성을 증가시킴으로써 바이오매스는 연료와 원자재를 위한 값비싼 석유와 천연가스의 대체제가 될 수 있을 것이다. 유전 공학의 두 번째 가능성으로는 현재로서는 이를 할 수 없는, 식물이 그 뿌리에 질소 고정 세균을 지원할 수 있는 능력을 더 강화하는 것이다. 이러한 잠재력을 가진 옥수수, 쌀, 밀, 목화가 개발될 수 있다면, 현재 암모니아를 합성하는 데 사용되고 있는 엄청난 양의 에너지와 (수소 원소의 원천인) 천연가스를 절약할 수 있을 것이다.

다양한 종류의 기타 형질 전환 작물들도 개발 중에 있다. 널리 알려진 작물 중 하나는 낟알에 β 카로틴이 함유된 '황금 쌀'로, 이것은 보통의 흰색이 아닌 노란색을 띤다. 인간의 몸은 β 카로틴을 바이타민 A로 변환하는데, 바이타민 A가 부족하게 되면 시력이 손상되고 호흡기 질환, 홍역, 설사 등의 질병 가능성이 증가한다. 쌀은 많은 아시아 국가에서 주식이기 때문에, 황금 쌀의 광범위한 유통으로 이 지방 사람들의 건강이 상당히 증진될 것으로 기대된다. 형질 전환 작물에 관련된 연구에는 사실 복잡한 사정이 숨겨져 있을 수도 있는데, 한 가지 예는 황금 쌀 육종에 사용된 세 가지 유전자 중에서 두 가지는 수선화에서 나왔고 한 가지는 세균에서 나왔다는 것이다. 비록 한 컵의 쌀로부터 하루 권장량의 바이타민 A를 제공해 주는 황금 쌀이 개발되었지만, 형질 전환 식품 반대 세력은 이 곡물이 인간의 먹이사슬에 들어가는 것을 지금까지 반대해 왔다. 또 일부 전문가들 사이에서는 막을 수 있었던 많은 소아 시각 상실 사례가 이 쌀로 인해 발생했다는 공포가 존재한다.

형질 전환 작물을 향상시키는 연구는 계속되고 있으며, 그중 가장 많은 관심을 받아 온 것은 카놀라유의 원료인 카놀라이다. 현재까지 카놀라유의 영양 가치를 높이기 위하여 카놀라에서 지방 종류의 비율을 수정하는 여러 연구가 진행되어 왔다. 다른 한 가지는 형질 전환 카놀라에서 바이타민 E 함유량을 늘리는 것이다. 또 다른 식물성 기름의 원천인 해바라기도 형질 전환 품종의 향상을 위한 연구 주제이다. 형질 전환 해바라기의 특성으로 제초제 내성과 흰 곰팡이에 대한 저항력도 연구 개발되어 왔다.

카페인을 제거한 커피나 차는 중요한 음료이긴 하지만, 안타깝게도 커피콩과 찻잎에서 카페인을 제거하는 과정은 풍미까지 세거한다. 또 일부 제거 과정에는 바람직하지 않은 잔여 물질을 남기는 유기 용매가 사용되기도 한다. 이제 커피와 차에서 카페인을 만드는 유전자가 발견되었기 때문에 카페인 없이 완전한 풍미를 간직한 커피콩과 찻잎을 생산하기 위해 카페인 유전자를 제거하거나 차단할 수 있을 것이다. 모든 콩이 동시에 익는 커피 나무에 대한 유전 공학 연구가 추가로 진행되고 있으며, 이에 따라 콩이 서로 다른 시기에 익는 이유로 현재처럼 여러 번 수확하는 번거로움이 사라질 수도 있다.

잔디밭의 잔디는 필수 작물로 간주되지 않지만, 엄청난 양의 물과 비료가 골프 코스와 기타 다른 장소에서 잔디를 유지하는 데 소비되고 있다. 건강한 잔디는 확실히 '녹색'에 대한 공동체의 심미적 만족감에 기여하고 있고, 생물권 천연자원의 일부로 간주될 수 있다. 그런데 잔디에 뿌려지는 제초제, 살충제, 살균제는 환경적으로 해로울 수 있는 잔여물을 남긴다. 따라서 잔디와 기타 지피 작물의 형질 전환 품종 개량은 상당히 유용할 수 있다. 잔디에 도움이 될 수 있는 여러 가지 바람직한 형질 중에는 무더위와 가뭄의 예와 같이, 물과 온도의 극단적인 조건에 대한 내성이 포함된다. 질병과 해충에 대한 저항력도 바람직한 형질이다. 또 잔디의 성장 속도가 느려지면 전동 잔디깎기를 덜 사용하게 되어 에너지를 절약할 수 있다. 계단식 지형에서 넘치는 빗물의 배수를 위하여 건설되는 수로에 많은 잔디 뿌리로 이루어진 침식에 강하고 튼튼한 잔디밭을 조성하는 것은 매우 중요하다. 이러한 형질을 가진 형질 전환 품종의 잔디를 육종하는 연구가 현재 진행 중에 있다. 또한 글라이포세이트 제초제에 면역성을 지닌 잔디에 대한 유전 공학적 연구도 진행 중이다. 앞서 논한 바와 같이 이 제초제는 오랫동안 잔디에 사용되어 온 2,4-D 등의 일부 제초제보다 환경적으로 덜 유해하다.

형질 전환 식품에 대한 여러 가능성 중 흥미로운 것 한 가지는 질병에 대한 백신이 포함된 식품을 생산하는 것이다. 어떤 유전자가 식품에 도입되어 감염성 물질의 단백질과 유사한 단백질을 생산한다면, 인간의 몸은 그러한 물질에 대한 항체를 만들게 된다. 그러한 백신이 가능한 질병으로는 콜레라, B형 간염, 그리고 여러 종류의 설사 등이다. 백신 운반체로서 가장 유력한 식품은 바나나이다. 이는 아이들이 일반적으로 바나나를 좋아하고 이 과일이 백신이 가장 필요한 열대 지방에서 쉽게 재배되기 때문이다.

15.15 농업과 건강

토양, 그리고 그 위에 자라는 식물과 식물을 섭취하는 동물은 지권과 생물권 사이를 밀접하게 연결하고 있으며, 이 연결 관계는 토양 위에 사는 동식물의 건강에 영향을 미칠 수 있다. 이 연결이 중요한 것은 인간의 건강에 필수적인 미량 영양소를 식품에 포함시키기 때문이다. 그러한 영양소의 한 예는 (과다 복용 수준에서는 유독한) 셀레늄이다. 셀레늄이 결핍된 경우에도 과다한 경우만큼 동물의 건강에 부정적인 영향을 주는 것으로 알려져 있다. 인간의 건강도 이와 유사한 영향을 받는 것으로 생각된다.

토양의 아이오딘 결핍과 이에 따른 음식의 아이오딘 결핍은 인간의 갑상샘으로 하여금 아이오딘 성분을 가진 티록신(thyroxine, T4)과 트라이아이오도사이로닌(triiodothyronine, T3) 호르몬을 더 많이 만들게 한다. 이들 호르몬을 과다하게 생산함에 따라 갑상샘이 확장되기 때문에 아이오딘 결핍은 갑상샘종의 원인이 된다. 해수는 아이오딘의 원천이고, 이에 따라 해안 지역 주민들은 아이오딘을 충분히 섭취하여 갑상샘종의 고통을 받지 않는 경향이 있다. 식품, 특히 식탁용 소금으로 아이오딘을 보충하는 것은 갑상샘종을 예방하는 것은 성공적인 일이었다.

제련소에서 배출되는 비소에 기인한 낙진 등으로 토양의 비소 수치가 증가하면, 몇몇 종류의 암에 걸릴 위험성은 증가할 수 있다. 그러나 이 위험성은 일부 음용수의 비소 위험성보다는 크지 않을 것이다. 방글라데시를 비롯한 일부 지역에서는 비소로 오염된 우물의 물을 음용수로 사용하고 있어 암에 걸릴 확률이 매우 높다.

토양의 영향은 암 발생 증가 속도에 기여하는 한 가지 인자로 추측되는데, 몇몇 종류의 암 다발 지역에 대한 연구 보고는 이러한 추측에 불을 붙였다. 그러한 조사에서 암이 토양과 명확하게 관련되어 있다는 결과는 거의 나오지 않았지만, 암 발병률에 대한 토양의 영향 가능성은 여전히 흥미로운 주제이다.

15.15.1 식품 오염

식품은 잘못된 농업 활동에 의해 오염되기 쉽다. 가장 흔한 종류의 오염은 미생물 오염으로, 대개 인간과 동물의 배설물에서 식품으로 이동하는 세균에 의한 것이다. 대장균(*E. coli*)의 일부 종인 **살모넬라**(*Salmonella*)와 병원성 장내 원생동물은 보통 소화기 질환을 유발하는 흔한 미생물로, 토양이나 식물에서 인간으로 이동한다.

식품에 대한 화학 오염의 가장 흔한 원인은 농약 살포에 있다. 많은 양의 제초제와 토양 훈증제는 대개 토양에 적용되지만, 이와 다르게 살충제는 그 효과가 발휘되기 위해 식물에 직접 살포되기 때문에 식품에서 검출될 확률이 더 크다. 토양에 뿌려진 하수 슬러지는 식물에 유독한 아연과 기타 중금속 등과 같은 화학 오염의 원인이 될 수도 있다.

15.16 공격으로부터 식품 공급의 보호

농업 시스템은 모든 인간의 생존을 위해 필요한 식품의 근본적인 공급원이기 때문에 의심할 여지없이 가장 중요하며, 오염 가능성에 대해서는 최대한의 방어가 필요하다. 미국과 같이 현대의 산업화된 국가에서 농업은 고도로 전문화되어 있으나, 잘 자란 여러 작물에 피해를 입히는 병원균 침입으로부터 자신을 보호할 수 있는 품종의 다양성은 부족하다. 2001년에 영국에서 나타난 구제역(입발굽병) 만연의 예에서 보듯이, 과거에 발생한 질병은 농업 부문의 취약성을 상기시켜 주는 역할을 한다. 2015년 2월에 캐나다 Alberta 주에서 2011년 이후 처음으로 광우병에 걸린 소가 발견되었는데, 이런 단 한 건의 사건으로도 대중에게 불안감을 유발하고 가축 시장에 영향을 미칠 수 있다(캐나다에서 광우병이 처음 발견된 이후인 2003년에는 캐나다산 쇠고기 수출이 심각하게 제한되었다).

농업 시스템에 대한 화학적 공격도 가능하지만, 큰 피해를 입힐 수 있는 규모의 공격을 상상하기는 어렵다. 추수 전에 작물에 유해 화학 약품을 뿌려, 이러한 물질이 식품 공급에 유입되면, 상당한 우려와 경제적 혼란이 야기될 수 있다. 그러나 이와 같은 공격을 비밀리에, 그것도 중대한 해를 끼칠 수 있는 규모로 자행하기는 어려울 것이다.

농작물을 해치는 해충의 출현은 엄청난 손실을 가져올 수 있으며, 역사적으로 이러한 사례는 많다. 지나는 경로에 있는 모든 식물 물질을 먹어 치우는 거대한 메뚜기 떼는 성경에 묘사되어 있으며, 지금도 여전히 농업 지역을 황폐화시키고 있다. 목화 바구미(어린 목화의 둥근 꼬투리를 손상시키는 해충) 떼는 1800년대의 미국 목화 농장을 거의 전멸시켰다. 가장 큰 피해를 가져온 해충 출몰의 예를 들자면, 그것은 과거에는 발견된 적이 없는 외래 곤충류가 나타난 것이라 할 수 있다. 구체적 사례 중의 하나는 미국 숲에서 수백만 그루의 나무를 죽인 솜 종(소나무좀, 피수나무좀)의 출현이다.

미생물이 유발하는 병은 농업에 중대한 위협이 되며, 공격용 질병으로 이용될 수도 있다. 현재 식물로 범위를 한정했을 때 가장 큰 위협이 되는 미생물 중의 하나는 진균이다. 진균의 포자는 쉽게 퍼지고 상당히 오래 살아남기 때문에, 이러한 포자를 엄청나게 많이 만들어 내는 진균류는 매우 악명이 높다. 이러한 미생물들은 가축에 더 심한 위협이 된다. 수만 마리의 동물을 폐기 처분해야 했던 영국의 구제역은 이미 앞에서 논의되었다. 동물은 바이러스와 세균에 기인하는 병에 취약하며, 이러한 병 중 테러 공격용으로 가장 악명 높은 탄저병은 인간에게도 전염될 수 있다.

식품 공급원에 대한 가장 큰 테러 위협은 식용 식품을 병원균으로 오염시키는 것이다. 식품의 세균 오염에 기인하는 인간의 병은 매년 발생한다. 이들 중 가장 심각한 것은 식품 매개 살모넬라(*Salmonella*) 세균으로서 인간에게 설사, 고열, 구토, 복통을 일으키며, 미국 질병통제예방센터(US Centers for Disease Control and Prevention)에 따르면 미국에서 매년 질병 사례가 1,000,000건, 입원 사례가 19,000건, 사망 사례가 거의 400건 정도에 이른다고 한다. 테러리스트들은 식품을 살모넬라와 같은 병원균으로 의도적으로 오염시킬 수 있겠지만, 상당히 많은 사람들을 병들게 할 만큼 충분히 큰 규모로 실행하는 것은 어려울 것이다.

참고문헌

1. "2015 International Year of Soils," Food and Agriculture Organization of the United Nations, http://www.fao.org/soils-2015/about/en/.
2. Ersek, Kaitlyn, "What Is Humus?," 2021, https://www.holganix.com/blog/what-is-humus.
3. Ersek Martin, F., I. Garcia, M. Diez, M. Sierra, M. Simon, and C. Dorronsoro, "Soil Alteration by Continued Oxidation of Pyrite Tailings," *Applied Geochemistry*, **23**, 1152–1165, 2008.
4. Shetty, Raipal, "Aluminum Toxicity in Plants and Its Possible Mitigation in Acid Soils by Biochar, *Science of the Total Environment*, **765**, 2021.
5. Hossain, Shakhawat, and Anna Martensson, "Potential Use of Rhizobium spp. to Improve Fitness of Non-Nitrogen-Fixing Plants," *Acta Agriculturae Scandinavica, Section B: Soil and Plant Science*, **58**, 352–358, 2008.
6. Reeves, Roger D., Alan J. M. Baker, Tanguy Jaffré, Peter D. Erskine, Guillaume Echevarria, and Antony van der Ent, "A Global Database for Plants that Hyperaccumulate Metal and Metalloid Trace Elements," *New Phytologist*, 2017 https://doi.org/10.1111/nph.14907.
7. Riedo, Judith, "Widespread Occurrence of Pesticides in Organically Managed Agricultural Soils—the Ghost of a Conventional Agricultural Past?" *Environmental Science and Technology*, **55**, 2919–2928, 2021.
8. Alcock, R. E., A. E. Johnston, S. P. McGrath, M. L. Berrow, and Kevin C. Jones, "Long-term Changes in the Polychlorinated Biphenyl Content of United Kingdom Soils," *Environmental Science and Technology*, **27**, 1918–1923, 1993.
9. Medina-Sauza, Regina M., et al., "Earthworms Building Up Soil Microbiota, a Review," *Frontiers of Environmental Science*, 2019, https://doi.org/10.3389/fenvs.2019.00081.
10. Manahan, Stanley E., *Biochemchar and Poduculture: From Food to Waste to Fertile Soil*, ChemChar Research, 2014. Amazon.com.
11. Bar-Cohen, Yoseph, *Biomimetics: Nature-Based Innovation*, CRC Press, Boca Raton, FL, 2011.
12. Stokstad, Erik, "United States Relaxes Rules for Biotech Crops," 2020, https://www.sciencemag.org/news/2020/05/united-states-relaxes-rules-biotech-crops.
13. Bomgardner, Melody M., "*Palmer Amaranth*, the King of Weeds, Cripples New Herbicides," *Chemical and Engineering News*, **97**, 2019.

보충자료

Batish, Daizy Rani, and Ravinder Kumar Kohli, *Ecological Basis of Agroforestry*, CRC Press, Boca Raton, FL, 2007.

Bleam, William F., *Soil and Environmental Chemistry*, Academic Press, Waltham, MA, 2011.

Coyne, Mark S., and James A. Thompson, *Fundamental Soil Science*, Thomson Delmar Learning, Clifton Park, NY, 2006.

Dang, Yash, Ram Dalal, and Neal W. Menzies, *No-till Farming Systems for Sustainable Agriculture Challenges and Opportunities*, Springer, New York, NY, 2020.

Essington, Michael E., *Soil and Water Chemistry: An Integrative Approach*, 2nd ed., Taylor & Francis/CRC Press, Boca Raton, FL, 2015.

Farooq, Muhammad, and Kadambot Siddique, *Conservation Agriculture*, Springer Publishing, New York, NY, 2014.

Hamilton, Stephen K., Julie E. Doll, and G. Philip Robertson, Eds., *The Ecology of Agricultural Landscapes: Long-Term Research on the Path to Sustainability*, Oxford University Press, Oxford, UK, 2015.

Hendrichs, Jorge, Rui Pereira, and Marc J. B. Vreysen, *Area-Wwide Integrated Pest Management: Development and Field Application*, Taylor & Francis, London, 2021.

Jayaraman, S., R. C. Dalal, A. K. Patra, and S. K. Chaudhari, *Conservation Agriculture: A Sustainable Approach for Soil Health and Food Security*, Springer Publishing, New York, NY, 2021.

Morgan, R. P. C., *Soil Erosion and Conservation*, 3rd ed., Blackwell Publishing, Malden, MA, 2005.

Mukhtar, Ahmed., and Claudio O. Stockle, *Quantification of Climate Variability, Adaptation and Mitigation for Agricultural Sustainability*, Springer International, Switzerland, 2017.

Norris, Robert F., P. Caswell-Chen, and Marcos Kogan, *Concepts in Integrated Pest Management*, Prentice Hall, Upper Saddle River, NJ, 2003.

Paul, Eldor A., *Soil Microbiology, Ecology, and Biochemistry*, 4th ed., Academic Press, Boston, MA, 2014.

Pereira, Paulo, *Soil Degradation, Restoration and Management in a Global Change Context*, Academic Press, Boston, MA, 2019.

Plaster, Edward J., *Soil Science and Management*, 6th ed., Delmar Cengage Learning, Clifton Park, NJ, 2013.

Qaim, Matin, *Genetically Modified Crops and Agricultural Development*, Palgrave Macmillan, London, 2015.

Russo, Anna, and Gian Pietro Carrozza, *Plant Biotechnology: Current and Future Applications of Genetically Modified Crops*, ML Books International, New Delhi, India, 2020.

Singer, Michael J., and Donald N. Munns, *Soils: An Introduction*, 6th ed., Pearson Prentice Hall, Upper Saddle River, NJ, 2006.

Sposito, Garrison, *The Chemistry of Soils*, 2nd ed., Oxford University Press, Oxford, UK, 2008.

Strawn, Daniel G., and Hinrich L. Bohn, *Soil Chemistry*, 4th ed., Wiley-Blackwell, Hoboken, NJ, 2015.

Strawn, Daniel G., Hinrich L. Bohn, and George A. O'Connor, *Soil Chemistry*, 5th ed., Wiley-Blackwell, Hoboken, NJ, 2020.

Tabatabai, M. A., and D. L. Sparks, Eds., *Chemical Processes in Soils*, Soil Science Society of America, Madison, WI, 2005.

The Biochar Solution: Carbon Farming and Climate Change, New Society Publishers, Gabriola Island, British Columbia, Canada, 2010.

Van Elsas, Jan Dirk, Janet K. Jansson, and Jack T. Trevors, Eds., *Modern Soil Microbiology*, 2nd ed., Taylor & Francis/CRC Press, Boca Raton, FL, 2007.

Wang, Henry, *Soil Erosion*, CallistoCalisto Reference, New York, NY, 2015.

Wesseler, J. H. H., *Environmental Costs and Benefits of Transgenic Crops*, Springer, Dordrecht, Netherlands, 2005.

White, Robert E., *Principles and Practice of Soil Science: The Soil as a Natural Resource*, 4th ed., Blackwell Publishing, Malden, MA, 2006.

Wolf, Benjamin, and George Snyder, *Sustainable Soil Science: Using Organic Matter to Improve Crop Production*, Food Products Press, New York, NY, 2003.

연습문제

모든 문제들을 답하기 위해서는 인터넷을 활용해야 할 것이다. 특히 일반적인 정보나 통계, 상숫값, 수식들은 인터넷에서 찾아서 사용하시오. 질문들은 교재 안에 있는 내용을 단순하게 찾아서 쓰는 것보다 호기심과 사고력을 증진시키기 위한 것이다. 그래서 어떤 경우에는 여러 가지 '정답'이 있을 수 있다. 그러므로 만약 자신의 이지적인 사고를 통한 노력과 다양한 문헌으로부터 찾은 정보를 바탕으로 작성한 답은 '정답'으로 간주한다.

1. 침수된 토양에서 망가니즈와 철 화합물이 관련된 화학 반응 두 개를 쓰시오.
2. 토양에서 유기 물질이 축적되기 위한 온도와 습기 조건은 무엇인가?
3. '특이 산성토'는 많은 양의 황철광(FeS_2)을 포함하고 있는 토양이다. 이 토양을 확인하기 위해서는 토양에 과산화 수소(H_2O_2)를 첨가하여 황산염이 형성하는지를 살펴본다. 이 시험 방법과 관련된 화학 반응을 제시하시오.
4. 질산 암모늄 비료가 과량 투여된 토양이 공기에 노출되어 호기성 세균의 작용이 일어난다면, 토양 산도에 어떤 영향이 있겠는가?
5. 200 kg의 $NaNO_3$가 토양에서 탈질산화 과정을 겪을 때 소요되는 H^+의 몰수는 얼마인가?
6. 토양에 있는 유기 물질이 양이온과 교환되는 주 메커니즘은 무엇인가?
7. 오랫동안 침수된 토양이 보이는 현상이 아닌 것은?
   a. NO_3^-의 생성이 증가한다.
   b. Mn^{2+}의 농도가 증가한다.
   c. Fe^{2+}의 농도가 증가한다.
   d. 대부분의 식물에 해로운 영향을 끼친다.
   e. NO_3^-로부터 NH_4^+의 생성이 증진된다.
8. 다음의 현상 중 토양을 궁극적으로 더욱 염기성으로 만드는 것은?
   a. 뿌리에 의한 금속 양이온의 제거
   b. CO_2가 포화된 물에 의한 토양의 침출
   c. 황철광 토양의 산화
   d. $(NH_4)_2SO_4$ 비료 투여
   e. KNO_3 비료 투여
9. 10−5−10 비료 100 kg에 해당하는 농장의 거름은 몇 톤인가?
10. 토양 미생물이 생성하는 킬레이트제는 어떻게 토양의 형성에 관여하는가?
11. 동물의 폐기 산물이면서 주요 합성 비료인 것은 어떤 화합물인가?
12. 토양에서 유기 물질이 분해되면 질소/탄소 비는 어떻게 되는가?
13. 화분용 토양을 만들기 위해 온실 관리자는 75%의 보통 토양과 25%의 토탄을 혼합한다. 이 혼합물의 CEC(meq/100 g)를 예측하시오.
14. 과도한 산성 또는 과도한 염기성 토양에서 자라는 식물은 왜 칼슘 결핍 증세가 나타나는지 설명하시오.
15. 음이온이 토양 광물에 유지되도록 하는 두 가지 메커니즘은 무엇인가?
16. 토양 속에서 또는 토양 위에서 농약이 분해되는 세 가지 주요 경로는 무엇인가?
17. 0.5%의 납을 포함하는 납 광산 폐석에서 얻은 생석회(lime)를 토양 1에이커당 10톤의 비율로 깊이 20 cm까지 골고루 뿌렸다. 토양의 밀도가 2.0 g/cm^3이면, 토양은 어느 정도의 납 누적량을 보유하는가? 1 $mile^2$은 640 acres이며, 1 mile은 1,609 m이다.
18. 왼쪽에 나열한 토양 또는 토양 용액 성분과 오른쪽에 기술한 토양의 조건을 옳게 연결하시오.

(a) 토양수에 포함된 높은 농도의 Mn^{2+}	(1) 초기에 상당량의 FeS_2를 함유하는 '특이 산성토'
(b) 과량의 H^+	(2) 생분해가 크게 활발하지 않는 토양
(c) 높은 농도의 H^+와 SO_4^{2-}	(3) 침수된 토양
(d) 높은 농도의 유기 물질	(4) 석회석을 첨가하여 비옥도를 증진시킬 수 있는 토양

19. 토양에서 오염 물질의 해로운 영향을 감소시키는 과정은 무엇인가?
20. 토양에서 다음의 두 반응이 일어나기 위한 조건은 무엇인가? 이러한 반응의 결과로 발생하는 해로운 영향 두 가지는 무엇인가?

$$MnO_2 + 4H^+ + 2e^- \rightarrow Mn^{2+} + 2H_2O$$

$$Fe_2O_3 + 6H^+ + 2e^- \rightarrow 2Fe^{2+} + 3H_2O$$

21. 토양에서 유기 물질의 중요한 영향 네 가지는 무엇인가?
22. 포타슘과 암모니아를 함유한 비료로 처리된 관개용수가 부식토가 풍부한 토양을 통과한다면 이러한 영양소들은 고갈될 수도 있다. 왜 그러한가를 설명하시오.

16 인류권

산업 생태학과 녹색 화학

16.1 낡고 나쁜 방식 바꾸기

W. Haynes가 그의 저서 "**미국 화학 산업과 역사**(*American Chemical Industry*—A History, Van Nostrand Publishers, 1954)"에서 "상식적인 측면에서, 화학 공정에서 생성되는 부산물 중 이익을 위해 사용되지 않는 모든 부산물은 폐기물이다. 소위 폐기물이라 불리는 이러한 물질들을 가장 편리하고 가장 값싸게 처분하는 가장 좋은 방법은 굴뚝 위로 배출하거나 강에 버리는 것이다."와 같은 놀라운 주장을 펼친 이후로 화학 산업에 대하여 약 반세기의 긴 시간이 흘렀다. 다행스럽게도 폐기물에 대한 이렇게 완전히 잘못된 야만적인 태도는 더 이상 수용할 수 없게 된 지 오래되었다. 환경 화학은 인류권에서 다른 환경 권역으로 무분별하게 배출되는 오염 물질로 인한 문제와 깊이 관련되어 있는 학문이다. 이 장에서는 환경 문제가 발생되기 전에 그것을 피할 수 있는 방법에 대하여 자세히 다루고자 한다.

화학과 관련된 산업이 환경에 영향을 미치는 것을 인식하고 많은 법규가 제정되었다. 이러한 법규는 전 세계적으로 화학 공정과 생성물을 규제하는 데 효력을 지니게 되었다. 이러한 법규는 환경 문제가 발생한 후에 '지휘 통제(command and control)' 방식으로 그 문제를 다루는 것을 강조하였다. 지난 수십 년에 걸쳐 환경 법규를 이행하는 데 전 세계적으로 수조 달러 이상의 비용이 소요되었다. 이러한 법규는 의심의 여지 없이 환경의 질에 매우 긍정적인 효력을 나타냈고, 멸종 위기의 생물종을 구하는 데 효과적이었으며, 인류의 건강과 삶의 질을 향상시켰고, 온실 가스 규제로 지구 온난화를 조금이라도 지연시켰다. 그러나 이러한 규제 방식은 환경의 질을 증진시키기 위해 필요하기는 하지만 분명히 결점도 가지고 있다. 이러한 법규를 효과적으로 적용하고 관리하기 위하여 수많은 규제 담당자나 기관이 필요하였다. 또 환경 질 증진에 직접 투자될 수도 있었던 엄청난 양의 자금이 소송 비용으로 사용되었다. 특히 규제 대상의 관점에서 본다면, 몇몇 규제는 사소하고 비용 효과도 거의 없을 뿐더러 최악의 경우에는 역효과를 내는 것으로 보일 수 있다.

현대 산업 사회는 환경의 질을 유지하고 그 사회의 존속을 보장하기 위하여 항상 다양한 종류의 규제를 요구하고 있다. 그러나 일부 규제에 대해서는 이를 대신할 다른 방법이 있지 않을까? 가장 좋은 대안은 '자연적이고' 스스로 규제할 수 있는 수단에 의해 환경 질을 보장하도록 하는 것이다. 환경과 지속 가능성에 엄청난 영향을 미칠 수 있는 화학 관련 산업에 대하여, 과거에는 규제 일변도의 접근법이 사용된 경향이 있다. 그러나 최근 몇 년 동안, 최소한 어느 정도는 다른 대안도 있다는 것이 점점 더 분명해지고 있다.

오염 통제를 통한 규제적인 접근 방법에 대한 한 가지 대안은 **산업 생태학(industrial ecology)**의 실행을 통해 부분적으로 대체할 수 있다. 이 산업 생태학의 현대적 형태는 Frosch와 Gallopoulos의

1989년 논문에 기원한다.[1] 산업 생태계에서 산업 시스템들은 서로 이익이 되는 상호 작용을 하는 것으로 해석되며, 그 방식은 자연 생태계의 물질과 에너지 대사와 유사하게, 물질과 에너지 처리에 있어 효율을 극대화하고 낭비를 최소화하여 환경과 지속 가능성에 대한 부정적 영향을 최소화하는 것이다. **녹색 화학(green chemistry)**은 지속 가능한 화학의 실천을 다루는 학문이며, 1990년대 중반부터 시작하여 역동적으로 빠르게 성장해 왔다. 녹색 화학과 산업 생태학은 서로 밀접한 관련이 있으며, 독자적으로는 효과적으로 실천될 수 없다. 이 장은 환경의 질을 유지하기 위해 필수적인 학문으로서 녹색 화학과 산업 생태학을 다룬다.

16.2 녹색 화학

녹색 화학은 **산업 생태학을 적절하게 실천하는 틀 안에서 화학의 과학과 기술을 지속 가능하게 실천하는 것으로 정의할 수 있다. 녹색 화학의 실천 방식은 안전하고, 오염 물질을 만들어 내지 않으며, 폐기물을 거의 또는 전혀 만들지 않고, 재료와 에너지를 최소로 사용하며, 유해 물질 사용과 취급을 최소화하여 환경에 배출하지 않는 것**이다.[2] 이 정의에 산업 생태학을 포함시키는 것은 많은 함축적 의미를 수반한다. 여기에는 원재료의 최소 소비, 재료의 최대 재활용, 사용 불가능한 부산물의 최소 생산, 지속 가능성 유지에 유리한 기타 환경 친화적인 요소 등이 포함된다. 그림 16.1은 녹색 화학의 주요 모습을 보여 주고 있다.

녹색 화학의 핵심은 **지속 가능성(sustainability)**이다. 이상적으로, 녹색 화학이 자체적으로 지속 가능한 이유 몇 가지를 들 수 있다. 하나는 경제성으로, 가장 발전된 형태의 녹색 화학은 기존의 전통적인 방식의 화학에 비해 비용이 적게 든다. 재료의 측면에서, 녹색 화학은 원재료를 최소한으로, 그러나 높은 효율로 이용한다는 점에서 지속 가능하다. 또 폐기물 측면에서, 녹색 화학은 허용 정도 이상의 유해 폐기물이 축적되지 않도록 한다는 점에서도 지속 가능하다고 할 수 있다.

녹색 화학의 실행 방식을 구현하는 데 있어서 두 가지 상호 보완적인 접근법은 다음과 같다.

- 기존의 화학 물질을 사용하되, 환경적으로 무해한 합성 조건에서 그 물질을 만든다.
- 기존의 화학 물질을, 환경적으로 무해한 합성 조건에서 만든 다른 화학 물질로 대체한다.

이 두 가지 접근법은 모두 사용될 필요가 있는 것이기 때문에, 화학 산업에서 발생하는 환경 문제의 혁신적인 해결책 마련을 위하여 화학자와 화학 공학자의 독창성이 필요하다.

녹색 화학은 이 장에서 논의되는 **녹색 화학의 12가지 원리(Twelve Principles of Green Chemsitry)**[3]에 바탕을 두고 있다.

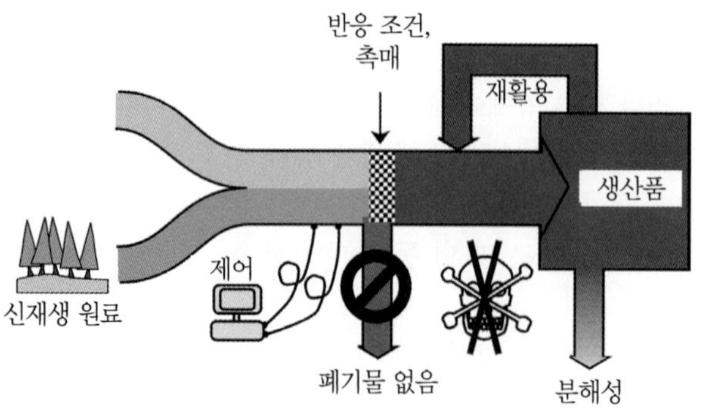

그림 16.1 녹색 화학의 정의를 표현한 그림. 녹색 화학에서는 신재생 원료, 정확한 제어, 온화한 반응 조건, 물질 재활용의 극대화, 폐기물의 최소화, 환경에 유입되는 물질의 분해성이 강조된다.

1. **폐기물이 생성되지 않는** 화학 제품을 설계하고 생산하라. 우리 삶에는 “치우는 것보다 어지럽히지 않는 편이 낫다”라는 한 가지 중요한 교훈이 있다. 이 간단한 교훈을 따르지 않았기 때문에, 현재 유해 화학 폐기물 처분장이 전 세계적으로 많이 생겨났다.
2. 효율성을 유지하면서 **최대한의 안전**이 보장되는 화학 물질과 생산품을 설계하라.
3. 화학 합성에서 독성과 환경 위험이 최소화된 물질을 사용하거나 제조하여 **위험 요소를 최소화**하라. 가능한 한 피해야 할 물질로는 작업자에게 건강 위험을 야기하는 독성 화학 물질, 대기나 물 오염을 일으킬 가능성이 있는 물질, 환경이나 그 안에 살고 있는 생물에 해가 되는 물질을 들 수 있다. 만일 유해 물질을 피할 수 없을 때에는 반드시 필요한 시점에만 최소한의 필요한 양을 사용하거나 생산해야 한다.
4. 가능한 한 **재생 가능한 공급 원료**를 사용하라. 바이오매스는 그것이 사용되는 분야에서 매우 선호되는 공급 원료이다. 지구에서 추출되어야 하는 원재료를 고갈시키는 대신, 가능한 한 최대한 재활용을 실행해야 한다.
5. 효율적인 화학 합성과 최소 부산물의 최적 조건을 위해 **촉매를 사용**하라. 시약은 그 시약의 특정 기능을 수행하기 위한 선택성이 있어야 한다.
6. 과량의 부산물이 생성되는 것을 방지하기 위해, 화학 합성에서 차단제 또는 다른 목적으로 사용되는 **화학 유도체의 사용을 피하라.** 가능하다면, 화학 합성에서 특정 작용기를 보호하기 위해 투입되었다가 나중에 제거되어 불필요한 부산물이 될 시약은 피하라.
7. **원자 경제를 극대화**하라. 폐기물 생성을 방지하는 가장 효과적인 방법 중의 하나는 생산품을 제조하는 데 소모된 물질의 최대량을 최종 상품으로 변환시키는 것이다.
8. **안전한 반응 매질을 사용**하라. 최종 제품에 포함되지 않고 위험이나 처리 문제를 내포하고 있는 용매와 같은 보조 물질의 사용을 피하라.
9. **에너지 효율을 증가**시켜라. 가능하면, 심하지 않은 온도와 압력 조건에서 반응을 일으켜, 에너지를 절약하고 안전성을 높여라. 생물학적 과정은 본질적으로 온화한 조건에서 일어나기 때문에 자주 이용되어야 한다.
10. 분해되면서 무해한 생성물이 되도록, 화학 물질과 생산품의 **분해성을 고려하여 설계**하라. 이를 위해서는 환경 화학적 이해를 통해 생산품이 이후 환경에서 겪는 운명을 조심스럽게 고려해야 한다.
11. 폐기물과 오염을 줄이고, 안전을 극대화하고, 에너지 소비를 최소화할 수 있도록 **실시간 모니터링과 제어**를 하라. 이 목적은 현대의 컴퓨터 제어를 통해 쉽게 성취될 수 있다.
12. 폭발, 화재, 유독 물질의 방출을 일으킬 가능성이 없는 물질이 사용되는 공정을 설계함으로써 **사고의 가능성을 최소화**하라. 이와 같은 사고들은 화학 산업의 주요한 위험 요인이고, 독성 물질을 환경으로 퍼지게 하는 경향이 있으며, 해로운 물질에 대한 인간과 다른 생물의 노출을 증가시킨다.

녹색 화학은 지속 가능성의 화학이다. 녹색 화학이 지속 가능함을 나타내는 세 가지 중요한 사항은 다음과 같다.

- 경제성: 고도로 정교한 수준의 녹색 화학은 일반적으로 행해지는 화학보다 (환경적으로는 말할 것도 없고) 경제적으로 비용이 보통 적게 든다.
- 물질: 물질을 효율적으로 사용하고, 최대한 재활용하며, 최소한의 원재료를 사용한다는 점에서 녹색 화학은 물질에 대하여 지속 가능하다.
- 폐기물: 폐기물을 가능한 한, 최대한 줄이거나 생성 자체를 없앤다는 점에서, 녹색 화학은 폐기물에 대하여 지속 가능하다.

합성과 공정에 녹색 화학을 반영하고 적용하는 사례 중 몇 가지 두드러지게 유익한 조치를 들자면, 여기에는 녹색 용매로 초임계 또는 미임계 이산화 탄소 유체를 사용하는 것,[4] 용매 없이 합성하는 것, O_2 분자나 과산화 수소 용액을 산화제로 사용하는 것, 광학 활성이 있는 순수한 물질을 만들기 위해 원하는 거울상 이성질체를 분리해야 하는 라셈 혼합물을 사용하지 않고 비대칭 합성법에서 수소를 사용하는 것, 열 가열 대신 마이크로파 가열과 같이 반응에 에너지를 직접 주는 방법 등이 있다.

16.3 위험성 감축: 위험 인자와 노출 인자

상업용 생산품의 제조와 사용에 있어서, 그리고 실로 인간의 노력이 투여되는 사실상 모든 분야에서, 주요한 목표 한 가지는 위험을 줄이는 것이다. 녹색 화학의 설계와 실천의 대부분은 위험 감소에 관한 것이다. 위험에는 두 가지 주요 측면, 즉 생산품이나 과정에 기인하는 **위험(hazard)** 인자와 이러한 위험에 대한 인간이나 다른 잠재적 목표물의 **노출(exposure)** 인자가 있다.

$$\text{위험성} = F\{\text{위험} \times \text{노출}\} \tag{16.1}$$

이 관계식은 위험성이 위험 인자와 노출 인자의 곱으로 나타낼 수 있다는 것을 단순히 의미한다. 따라서 위험성은 위험 인자 줄이기, 노출 인자 줄이기, 또는 이 둘의 다양한 조합에 의해 감소될 수 있음을 보여 준다.

위험성을 줄이기 위한 '지휘 통제' 방식은 노출 인자를 줄이는 데 집중하는 방식이다. 이러한 노력은 노출을 제한하기 위해 다양한 종류의 통제와 보호 조치를 사용해 왔다. 이러한 수단에 대한 대표적인 예로는, 교육 기관의 화학 실험실에서 눈을 보호하기 위해 보호 안경을 착용하는 것을 들 수 있다. 보호 안경을 착용한다고 해서 얼굴에 산이 퍼지는 것을 막을 수 없지만, 연약한 눈 세포 조직에 산이 닿는 것은 막을 수 있다. 폭발 보호막은 폭발 자체를 방지할 수는 없지만, 화학자 또는 주위의 다른 사람들에게 해를 입힐 수 있는 유리 조각을 막을 수 있다.

부상과 해를 방지하기 위해서는 노출 인자를 줄이는 것이 효과적일 수 있다. 그러나 지속적인 경계와 관계자의 잔소리가 필요하다. 예를 들어 실험실 강사는 실험을 수행하는 모든 학생들이 보호 안경을 계속 착용하고 있는지 철저히 확인해야 한다. 하지만 실험실에서는 반드시 눈을 보호해야 하는 경고를 무시한 채, 맨 얼굴로 화학 실험실에 들어오는 방문자가 뜻하지 않은 사고를 당하는 것까지 막을 수는 없을 것이다. 거시적으로, 이와 같은 보호적인 수단은 화학 제조 작업을 수행하는 작업자에게는 매우 효과적일 수 있으나, 제조 작업 장소를 벗어난 곳에서나 공장 밖의 환경에서 보호 장비를 착용하지 않은 사람들에게는 소용이 없다. 보호적인 조치는 급성 인자의 차단에 대해서는 매우 효과가 크지만, 수년에 걸쳐 유독성 반응을 유발할 수 있는 장기 만성적인 노출에는 효과가 작다. 또 보호 장비가 기능을 하지 못할 때도 있고, 사람이 보호 장비를 올바로 사용하지 않을 가능성도 있다.

가능하다면 위험 인자를 줄이는 것이 노출 인자를 줄이는 것보다 훨씬 더 확실한 방법이다. 위험 인자를 줄인다면, 노출 인자를 줄이는 데 중요한 역할을 하고 지속적인 노력이 요구되는 **인적 인자(human factor)**가 크게 중요하지 않을 수 있다. 예를 들어, 기기의 금속 부품을 세척하고 기름을 제거하기 위해, 한 경우는 휘발성이고 가연성인 독성 유기 용매를, 다른 경우는 독성이 없는 수용액 세척제를 사용하는 것을 비교해 보자. 독성 용매 주위에서 안전하게 작업하기 위해서는, 공기와의 폭발성 혼합물 형성, 화재를 일으킬 수 있는 발화 물질의 존재, 말초 신경 장애를 유발할 수 있는 흡입이나 피부 흡수에 의한 과도한 노출 등과 같은 위험 인자를 피하기 위하여 끊임없이 노력해야 하고 지속적으로 조심해야 한다. 만일 보호적인 조치가 실패한다면 심각한 사고로 이어지거나 작업자의 건강을 크게 해칠 수 있다. 그러나 수용액 세척제는 이러한 위험을 야기하지 않고 보호 조치에 실패하더라도 문제를 만들지 않는다.

일반적으로 노출 인자를 줄임으로써 위험성을 줄이는 조치는 경제적 비용을 수반하게 된다. 그러나 그 비용은 더 낮은 생산 비용이나 향상된 제품 가치를 통해 회수할 수 없다. 물론, 노출 인자를 줄이는 데 실패한다면, 작업자에 대한 보상 비용으로 인해 더 많은 경제적인 비용이 소모된다. 이와는 반대로, 위험 인자를 줄이는 것은 운전 비용을 줄이는 데 크게 기여할 수도 있다. 원재료로서 안전한 공급 원료는 때때로 비용을 적게 한다. 비싼 제어 조치가 필요 없기 때문에 전체적인 비용이 절감될 수 있다. 다시 말해 유기 용매를 수용액 세척제와 비교하면, 유기 용매는 낮은 농도의 세제와 첨가제가 포함된 수용액에 비해 더 많은 비용이 들 것이 거의 확실하다. 유기 용매의 경우 최소한 재활용을 위한 정제 과정, 그리고 아마도 유해 폐기물로 처분하는 과정까지 요구된다. 수용액의 경우, 상대적으로 간단한 공정에 의해 정제될 수 있고, 아마도 생물학적 처리를 통해 도시의 폐수 처리 설비로 안전하게 방류될 수도 있을 것이다. 그러나 유해성이 낮은 물질이 모두 값싼 것은 아니며, 경우에 따라서는 유해성이 낮은 물질이 유해한 물질보다 훨씬 더 비쌀 수도 있다는 것에 주의해야 한다. 어떤 경우에는 유해성이 없는 물질이 아예 존재하지 않을 수도 있다.

유해 물질은 화학 반응과 화학적 특성을 통해 유해성을 나타내기 때문에 화학적으로 분류하는 것이 편리하다. 유해 물질의 화학적 다양성으로 인해 분류 체계가 다소 부정확할 수는 있지만, 화학적 거동에 근거하여 다음과 같은 범주를 정의할 수 있다.

- **가연성 물질**: 대기 산소의 존재하에서 쉽게 또는 격렬하게 불타는 강한 환원제임
- **산화제**: 환원제의 연소에 산소를 공급함
- **반응성 물질**: 빠르고 격렬한 반응을 일으킬 가능성이 큼. 때때로 예측할 수 없는 방식으로 일어남
- **부식성 물질**: H^+ 또는 OH^-의 일반적인 공급원이며, 물질(특히 금속)과 파괴적인 반응을 하는 경향이 있음

일부 유해 물질은 두 개 이상의 범주에 속할 수도 있는데, 이 경우에는 위험성이 가중될 수 있다.

우리가 유해 물질에 대해 큰 관심을 두는 주된 이유는 그 물질의 독성 때문이다. 그러나 독성 물질은 앞서 분류된 물질과는 달리, 화학적 성질로 분류하는 것이 쉽지 않다. 독성 물질은 생화학적 성질을 따라 분류하는 것이 더 적절하다. 독성 물질을 분류하는 좋은 방법 중 하나는 **구조-활성 관계(structure-activity relationship)**를 이용하는 것이다. 이 방법은 물질의 구조적인 특징과 작용기를 독성 효과와 연관시키는 것이다.

녹색 화학의 실행을 위해 세 종류의 유해 물질이 줄여야 할 대상으로 눈에 띈다. 첫 번째 종류는 납, 수은, 카드뮴 등의 **중금속(heavy metal)**이다. 이러한 물질은 원소이기 때문에 더 이상 파괴되지 않으며, 광범위하게 생물학적으로 부정적인 영향을 끼친다. 다른 종류는 다염소화바이페닐(PCB)과 같이, **지속성이 강하고 생물학적 분해가 되지 않는 유기 물질(persistent, nonbiodegradable organic material)**이다. 이러한 물질은 대개 심한 독성을 나타내지 않을 수 있으나, 환경에서 오랫동안 존재하면서 생물학적 먹이 사슬을 통해 증폭되는 경향을 보이고, 먹이 사슬의 상위에 있는 생물에 부정적인 영향을 끼친다. 이러한 화합물의 전형적인 예는 DDT 살충제로, 이 화합물은 먹이 사슬의 최상위를 차지하는 매 또는 독수리와 같은 새의 생식 계통에 문제를 일으켰다. 문제를 일으키는 유해 물질의 세 번째 종류는 **휘발성 유기 화합물(volatile organic compounds, VOCs)**이다. 이 화합물은 유기 반응, 자동차 페인트와 코팅제, 세척제의 용매로 사용되기 때문에 산업체에서 특히 많이 사용된다. 페인트와 코팅, 그리고 세척제의 용매를 처분하는 가장 편리한 방법은 용매를 증발되도록 하는 것인데, 이 경우 많은 양이 대기로 방출되어 광화학 스모그 형성에 원인이 될 수 있다.

16.3.1 위험을 감수하지 않는 위험성

위험을 줄이는 데는 한계가 있으며, 그 한계를 넘어선 노력을 한다면 역효과가 일어날 수도 있다. 경

우에 따라서는 유해 물질을 반드시 취급해야만 하는 상황도 있다. 본질적으로 위험한 물질들은 철저한 교육, 잠재적 유해성에 대한 지속적인 주의, 유해성에 대한 지식과 유해 물질을 취급하는 최선의 방법을 통해 안전한 상태로 만들 수 있다. 우리는 상업 항공기와의 유사성을 고려해 볼 수 있다. 큰 여객기 한 대가 착륙한다는 것은 사실상 알루미늄, 강철, 가연성 연료, 인간의 유약한 육체로 구성된 100톤짜리 미사일이 고속도로 제한 속도의 두 배에 달하는 속력으로 차가운 콘크리트 활주로에 갑자기 떨어지는 것을 의미한다. 이 과정은 본질적으로 위험하다! 그러나 전 세계적으로 매년 수십만 번 수행되는 동안 부상자와 사망자는 극히 적은데, 이는 비행기의 설계, 제작, 유지 보수가 최고 수준이고 승무원의 기술과 훈련이 뛰어난 덕택이라 할 수 있다. 같은 원리가 유해 화학 물질을 취급하는 데에도 적용된다. 즉, 철저히 제한된 조건에서 올바르게 훈련된 관계자가 유해 물질을 취급한다면 위험성은 줄어들 것이다.

환경 화학과 관련이 있기에 이 책의 많은 부분에서 위험성을 줄이는 방법을 다루고 있지만, 우리는 위험을 감수하지 않으려는 위험성에도 주의해야 한다. 만일 모든 기업체에서 사람들이 지나치게 소극적인 나머지, 위험을 감수하지 않으려고 한다면, 과학과 경제 발전은 정체를 면치 못할 것이다. 만일 우리가 합성 과정에서 잠재적인 독성 또는 유해성 물질이 사용되는 것 때문에 더 이상 화학 약품을 만들 수 없는 정도에 이른다면, 화학 발전과 생산품 개발(예: 생명을 살리는 의약품 또는 물 오염 물질을 처리하는 혁신적인 화학 약품 등)은 퇴보하게 될 것이다. 많은 사람들은 핵발전소는 에너지원으로서 큰 위험성이 있기 때문에 핵발전소 건설은 중단되어야 한다고 주장한다. 그러나 (지구 온난화를 일으키는 온실 가스를 배출하는) 화석 연료를 계속 사용하는 것에 따른 확실한 위험과 핵에너지의 잠재적 위험을 견주어, 강력한 안전 기능이 추가된 보다 새로운 반응기 설계를 통해 핵에너지의 개발을 계속하는 우수한 사례도 만들 수 있다. 또 다른 예로는 유해 폐기물 처리를 위해 열 공정을 이용하는 것이다. 이 공정은 독성 물질 또는 대기 오염 물질을 방출할 수 있기 때문에 다소 위험성이 따르나, 여전히 여러 종류의 유해 폐기물을 무해한 물질로 바꾸는 최선의 방법이기도 하다.

16.4 폐기물 생성 방지와 녹색 화학

녹색 화학 실천의 기본적인 목표 중 하나는 폐기물을 줄이는 것이다. 폐기물을 방지하는 것이 폐기물을 처리하거나 정화하는 것보다 낫다. 화학 제조업의 초기에는 공장에서 발생하는 폐기물이 수로 속으로, 땅 위에, 또는 굴뚝 배출로 공기 중에 버려졌기 때문에, 많은 양의 폐기물 처리에 관련된 직접 비용은 매우 적었다. 그러나 대략 1970년 이후, 환경 법규의 제정과 집행으로 인해 폐기물 처리 비용은 꾸준히 증가하고 있다. 폐기물에 대한 고비용 복원으로 가장 흔히 인용되는 예 중의 하나는, 미국 NewYork 시의 Hudson 강의 퇴적물에서 전기 장비 제조 과정의 부산물로서 방출된 PCB를 일소하는 사업이다. General Electric 사는 65 km의 강을 따라 약 250만 m^3의 물질을 파내어 퇴적물에서 PCB를 제거하는 데 동의하였고, 그 비용은 2015년까지 약 10억 달러에 이르렀다. 비록 이 폐기물이 발견된 장소를 청소하고 다시 덮어두는 작업이 완료되지만, 계속될 누출 가능성에 대비하여 그 자리는 주기적으로 감시되어야 한다. 석면, 다이옥신, 살충제 제조 잔류물, 과염소산염, 수은의 오염 물질을 제거하는 데는 수억 달러의 비용이 소요된다. 그러므로 순전히 경제적인 관점에서 보면 이러한 비용을 피할 수 있는 녹색 화학의 접근법은 매우 매력적이고 환경적으로도 이익이 지대하다.

공학적 제어, 법규 준수, 작업자 보호, 폐수 처리, 유해 고형 폐기물 처분 등에 소요되는 비용은 사회와 환경을 위해 충분히 가치가 있다. 그러나 이러한 비용은 이제 전체 사업 비용의 큰 부분을 차지하게 되었다. 오늘날의 회사는 오염 물질 배출, 폐기물 처분, 오염 정화, 작업자와 환경 보호 등을 포함한 **종합 원가 계산(full cost accounting)**을 수행해야 한다. 산업화된 국가에서 환경과 직업 보건 규정을 준수하는 데 드는 비용은 산업 전반의 연구와 개발 비용과 비슷한 규모일 정도이다.

폐기물 방지는 환경을 위해서뿐만 아니라 오로지 경제적 비용만을 고려할 때에도 우선시되어야 한다. 그러므로 녹색 화학의 실행을 위해 최우선 사항은 폐기물 생성을 피하는 것이다. 과거에 최우선 사항은 대개 평상시처럼 폐기물을 만들고 나서 그것의 유해성을 낮추거나, 그것으로부터 가치 있는 무언가를 회수하기 위해 처리하는 것을 의미하였다. 그러나 녹색 화학의 올바른 실행으로서 최우선 사항은 본질적으로 폐기물을 생성하지 않는 통합 시스템을 설계하고 운영하는 것을 의미한다.

16.5 녹색 화학과 합성 화학

합성 화학(synthetic chemistry)은 새로운 화학 물질을 만드는 방법과 기존 화학 물질에 대하여 개선된 합성 방법을 개발하는 것을 다루는 화학 분야이다. 환경 화학의 실행을 위해 합성 화학자들이 참여하고 있다는 점은 녹색 화학의 핵심 사항이다. 합성 화학자들의 주목적은 항상 새로운 물질을 만들고 그것을 더 싸고 더 좋게 하는 것이다. 그런데 이들이 환경 화학과 녹색 화학의 실행에 대하여 깨달은 것은 비교적 뒤늦은 최근이다. 이에 비해 화학의 다른 분야는 오염 방지와 환경 보호에 대하여 훨씬 오래 전부터 관여해 왔다. 분석 화학은 처음부터 오염 문제의 심각성을 발견하고 감시하는 데 핵심적인 역할을 해왔다. 물리 화학은 환경 화학 현상을 설명하고 모델링하는 데 큰 역할을 해 왔다. 물리 화학을 대기 광화학 반응에 적용함으로써, 광화학 스모그와 오존층 파괴와 같은 대기 화학 영향을 이해하고 예방하는 데 큰 도움을 주었다. 다른 화학 분야들도 다양한 환경 화학 현상을 연구하는 데 도움을 주었다. 합성 화학자들은 화학 물질을 만들고 화학 공정을 운영하는 활동을 하는데, 이제 이들도 화학 물질의 제조, 사용, 그리고 궁극적인 폐기 과정을 가능한 한 환경 친화적으로 만드는 데 더 많이 참여하게 되었다.

환경과 보건 및 안전 문제의 중요성이 현재와 같이 인식되기 전에는 화학 제품 제조와 유통의 경제적인 측면은 상대적으로 단순하였다. 관련된 경제 요소에는 원재료 가격, 에너지, 상품의 시장성이 포함되어 있었다. 그러나 현재는 법규 준수, 책임 부담, 배출구 끝(end-of-pipe) 폐기물 처리, 폐기물 처분에 소요되는 비용이 부가적으로 포함되어야 한다. 녹색 화학은 독성 또는 유해 원재료, 촉매, 반응 매질 등을 없애거나 크게 줄이고, 위험한 중간 생성물과 부산물의 생성을 피하는 합성을 추구한다. 녹색 화학은 이를 통해 전통적인 화학 물질 제조업에서 요구되는 환경과 안전 관련 추가 비용을 제거하거나 대폭 절감한다.

그림 16.2는 화학 합성 분야에서 녹색 화학을 이행하는 두 가지 상호 보완적인 접근 방법을 보여 주며, 이 방법들을 실천하기 위하여 화학자와 화학 공학자의 많은 상상력이 요구된다. 첫 번째는 기존의 원료 물질을 사용하는 것이지만 좀 더 환경적으로 무해한 과정으로 만드는 것이다. 두 번째 접근법은 환경적으로 무해한 방법으로 만들어진 다른 원료 물질로 대체하는 것이다. 경우에 따라, 두 가지 접근 방법이 동시에 사용되기도 한다.

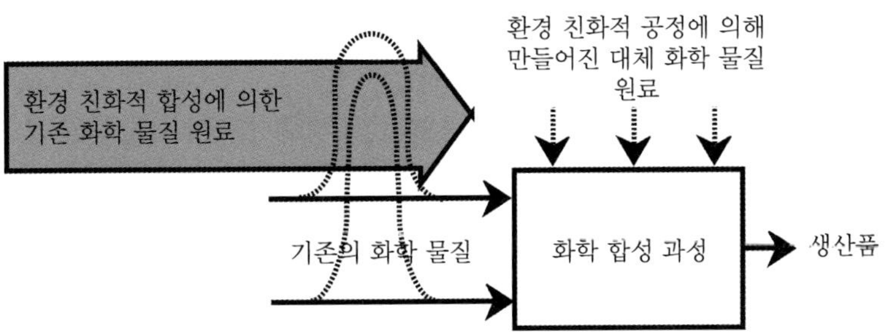

그림 16.2 녹색 화학의 이행을 위한 두 가지 접근 방법. 왼쪽에 표시한 점선은 화학 합성 과정에 사용되는 기존 화학 물질을 환경 친화적인 방법으로 합성하는 것을 나타낸다. 두 번째 접근 방법은 전적으로 다른, 환경에 더 안전한 원료 물질로 대체하는 것이다.

식물에 의해 생산되는 가장 풍부한 생물학적 재료는 셀룰로스이다. 셀룰로스는 현재 공급 원료로서 다양한 용도로 사용되고 있다. 미래에는 식물 바이오매스가 석유 공급 원료를 대신하게 됨에 따라 셀룰로스의 용도는 계속해서 더 늘어날 것이다.

셀룰로스 이외에 식물 바이오매스에서 매우 풍부한 물질로 리그닌이 있다. 리그닌은 높고 가변성이 있는 분자량을 지닌 복잡한 중합체로서, 목재와 기타 식물 물질을 한데 묶는 역할을 한다. 그러나 리그닌은 분자량 가변성과 생화학 반응에 대한 큰 저항성 때문에 공급 원료로 사용되는 것이 제한받고 있다.

21장에서 자세히 설명할 예정인 지질(lipid)은 유기 용매에 의해 생물학적 물질로부터 추출될 수 있는 물질이다. 식물에 의해 생산되는 지질과 터펜 탄화수소는 공급 원료가 되어 다양한 용도에 제공될 가능성이 있다. 수소와 탄소의 함량이 산소의 함량보다 상대적으로 많은 지질에는 기름, 그리스, 왁스가 있으며, 이러한 물질들은 석유에 포함된 많은 물질과 유사한 성질을 지닌다. 어떤 지질은 디젤 연료로 직접 사용 가능한 합성 액체 연료로 합성될 수 있다. 1900년 Paris의 전시회에서 대상을 수상한 초기의 디젤 엔진에는 땅콩기름이 사용되었는데, 이는 그 당시 프랑스 정부가 아프리카의 식민지에서 다량으로 생산되는 이 물질을 홍보하려고 했기 때문이다.

생물학적 자원에서 얻는 기름과 지방은 화학 산업과 합성 연료 생산에 매우 중요한 원재료이다. 이러한 물질에는 올레산(해바라기), 리놀렌산(콩, 아마인), 리놀산(피마자 오일), 에루크산(평지씨), 그리고 새롭게 개발된 식물의 다양한 지방산이 포함된다. 천연자원에서 얻는 지방산에는 카복실산기가 있고, 그중 일부에는 탄소 사슬에 반응성이 큰 C=C 이중 결합이 포함되어 있기 때문에 이들 물질은 화학 합성에 장점을 제공한다고 할 수 있다.

16.7 시약

시약(reagent)은 합성 과정에서 공급 원료에 작용하는 화학 약품이다. 시약은 부분적으로 또는 전체적으로 생성물에 포함될 수 있다. 또 공급 원료에 화학 변화를 가져오게 할 수도 있다. 성공적인 녹색 화학 과정의 개발을 위해서는 최소한의 폐기물을 생성하면서 유해하지 않은 시약을 현명하게 선택하는 것이 매우 중요하다.

시약을 선택함에 있어 고려해야 하는 두 가지 중요한 사항은 **생성물 선택성(product selectivity)**과 **생성물 수득률(product yield)**이다. 생성물 선택성이 높다는 것은 원재료가 원하는 생성물로 변환되는 비율이 높고, 부산물의 생성은 최소화된다는 것을 의미한다. 생성물 수득률이 높다는 것은 화학량론 계산의 최대 수득률에 가깝게 높은 비율로 생성물이 생성된다는 것을 의미한다.

공급 원료 또는 시약의 구조적 특징이나 작용기에 따라 유해성은 다른 유형으로 나타날 수 있다. 예를 들어, 산소와 질소(특히 여러 개의 질소 원자)가 분자 내의 근접한 곳에 존재할 경우, 그 물질은 반응성이 크거나 심지어는 폭발성을 띨 수 있다. 생체 분자에 메틸기를 부여하는 화합물은 돌연변이나 암을 유발할 수도 있다.

시약의 안전성을 평가하고 더 안전한 대안을 선택하기 위해서는 원자들의 특정한 구성인 **작용기(functional group)**에 특별한 주의를 기울여야 한다. *N*-나이트로소(N−N=O) 작용기는 일부 발암성 화합물에서 발견된다. 알데하이드는 동물에 자극성을 나타내는 경향이 있고 광화학적 활성이 큰 물질로서, 대기에 방출될 경우 스모그 형성에 기여한다. 가능하면, 특정 작용기에 문제의 소지가 있는 경우에는 대체 화합물을 사용하는 것이 최선이다.

산화(oxidation)는 화학 합성에서 가장 흔한 작업 중 하나이다. 산화는 본질적으로 종종 아주 강한 조건과 과망가니즈산 이온(MnO_4^-)이나 다이크로뮴산($Cr_2O_7^{2-}$)과 같은 센 시약을 필요로 한다. 따라서 녹색 화학의 주요 목표 중 하나는 보다 순한 산화제와 산화 반응을 개발하는 것이 된다.

환원(**reduction**)은 화학 합성의 흔한 작업이다. 산화의 경우와 같이, 환원에 사용되는 시약은 반응성이 크고 취급하기 힘든 경향이 있다. 가장 대표적인 환원 시약으로는 가연성이고 다소 유해한 수소화 알루미늄 리튬($LiAlH_4$)이 있다. 화학 합성 과정에서 사용되는 산화와 환원 시약은 부산물을 만들어 내며, 이를 조심스럽게 처분하는 데는 상당한 비용이 소요된다.

알킬화(**alkylation**)는 다양한 화합물의 합성에서 유기 분자에 메틸기($-CH_3$)와 같은 알킬기를 결합시키는 것이다. 이것은 흔히 잠재적으로 유독성인 알킬 할로젠화물이나 황산염을 사용하여 수행되며 상당한 양의 폐기물을 만들어 내는 경향이 있다. 탄산 다이메틸(아래)과 같은 상대적으로 비유독성 탄산 다이알킬은, 일반적으로 안전하고 잠재적으로 재활용이 가능한 이산화 탄소와 알코올을 부산물로 생성하기 때문에, 일부 알킬화 반응에서 대안이 될 수 있다.

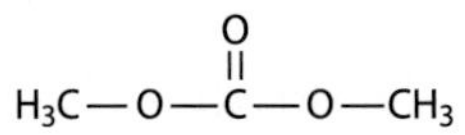

Dimethylcarbonate

16.8 화학량론 시약과 촉매 시약

녹색 화학에 대한 논의에 있어 화학량론 반응과 촉매 반응은 구분해 둘 필요가 있다. **화학량론 반응**(**stoichiometric reaction**)은 다음과 같은 일반적인 형태로 표현될 수 있다. 화학량론 반응은 두 개 또는 그 이상의 물질이 반응에 참여하여 원하는 생성물이 만들어지는 반응을 말한다.

$$A + B + C \rightarrow \text{생성물} + D + E \tag{16.4}$$

만일 어떤 반응이 단순히 A와 B 사이에서 이루어지고, 이 둘이 모두 소모되면서 생성물이 만들어진다면, 이 반응은 100% 원자 효율을 나타낸다고 할 수 있다. 이러한 반응은 실제로 거의 일어나지 않는데, 그 이유는 실제 반응의 경우 (1) A 또는 B 중 하나가 한계 시약으로 작용하여 나머지 시약이 남게 되고, (2) 시약의 일부만이 생성물로 변화되며, (3) 반응이 진행되기 위해 추가 시약이 필요하기 때문이다.

이런 화학량론 반응은 가능하다면 **촉매 반응**(**catalytic reaction**)으로 바꾸는 것이 바람직하다. 촉매는 자신이 소모되지 않으면서 반응을 빠르게, 선택적으로, 그리고 100%의 원자 효율로 진행시킬 수 있다. 화학량론 반응과 촉매 반응의 구별은 에틸렌 글라이콜(부동액), 에틸렌 글라이콜 에스터 용매,

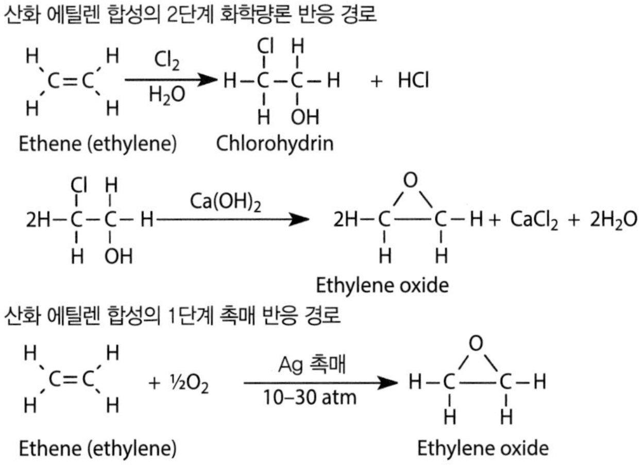

그림 16.5 산화 에틸렌 합성에 대한 화학량론 반응과 촉매 반응의 경로.

폴리에스터, 에탄올아민 등의 합성에 사용되는 물질인 산화 에틸렌(ethylene oxide) 합성의 예로 설명될 수 있다(그림 16.5). 산화 에틸렌을 합성하는 경로 중 화학량론 반응의 경로, 즉 클로로하이드린이 중간 물질로 생성되는 경로는 상대적으로 높은 수득률을 나타낸다. 그러나 유해하고 비싼 염소 기체를 필요로 하며, 산화 에틸렌 생성물 1 kg당 3.5 kg의 염화 칼슘 폐기물이 생성된다. 촉매 반응의 경로에서는 다소 낮은 80%의 수득률을 나타내지만, 부산물이 생성되지 않으며, 또 반응하지 않고 남아 있는 시약은 합성 과정을 통해 쉽게 재활용될 수 있다. 1975년에 이르러 클로로하이드린이 만들어지는 합성 경로는 모두 촉매를 이용한 반응으로 대체되었다.

16.9 매질과 용매

매질(media)은 화학 과정이 일어나는 모체(matrix)를 이르는 용어이다. 화학 과정의 유형, 정도, 속도는 매질과 반응물의 상호 작용 유형과 세기에 크게 의존한다. 고체도 그 표면에서 반응이 일어나기 때문에 매질로 간주될 수 있지만, 대부분의 매질은 시약이 녹는 액체 **용매(solvent)**를 말한다. 용매는 그 안에 녹아 있는 용질과 다양한 방식과 크기로 상호 작용한다. 상호 작용은 특히 **용매화(solvation)**를 통하여 이루어지는데, 이는 용매 분자들이 용질 분자 주위에 모여 결합하는 것을 이르는 용어이다. 극성 분자인 물은 용존 양이온과 음이온을 용매화할 수 있기 때문에 화학 반응에서 자주 사용되는 산, 염기, 염과 같은 이온성 물질에 지극히 좋은 용매이다. 수소 결합을 형성하는 물의 능력은 수소 결합이 가능한 광범위한 생물학적 물질을 용해시키는 데 특히 중요하다.

용매는 반응 매질뿐만 아니라 분리, 정화, 세척 등 다른 용도로도 쓰인다. 물은 가장 풍부하고, 가장 안전한 용매이기 때문에, 가능하다면 최우선적으로 사용되어야 한다. 사실 녹색 화학 실천의 주요 목표 중 하나는 화학 과정의 용매를 가능한 한 물을 사용하는 것으로 바꾸는 것이다. 그러나 물은 산업적으로 사용되는 다양한 유기 물질에 대하여 적당한 용매가 아니다. 따라서 탄화수소와 염소화 탄화수소 같은 탄화수소 유도체가 성분인 유기 용매의 사용을 피할 수 없는 경우가 많다. 유기 용매는 반응 매질뿐만 아니라 세척제, 그리스 제거제, 그리고 고체에서 유기 물질을 제거하는 추출제로도 사용된다. 유기 용매의 또 한 가지 주요 용도는 페인트, 코팅 물질, 잉크 등을 만들 때 사용되는 액체 **전색제(vehicle)**이다. 액체 전색제는 용해되어 있거나 부유되어 있는 염료를 (천 등에) 바르고 퍼뜨리고 젖어들게 하는 역할을 한다.

화학 합성 과정에서 용매는 다른 참여 물질에 비해 본질적으로 더 많은 환경 문제와 독성 문제를 일으킨다. 대부분의 용매는 휘발성이며 업무 현장과 대기에 증기로 유출되는 경향이 있다. 탄화수소 용매는 가연성이며, 공기와 함께 폭발성 혼합물을 형성할 수 있다. 대기에서 탄화수소 증기는 광화학 스모그(12장 참조)를 유발할 수 있다. 보통 용매 증기의 흡입으로 인해 많은 부정적 건강 문제가 발생할 수 있다. 사염화 탄소(CCl_4)는 몸 안에서 지질 과산화를 일으켜 간에 심각한 손상을 입힐 수 있다. 벤젠은 혈액 질환을 일으키며, 백혈병을 유발하는 물질로 의심받고 있다. 휘발성 C_5~C_7 알케인은 신경을 손상시켜 말초 신경 장애를 유발할 수 있다. 일부 용매는 발암성이거나 그렇게 의심되는 물질이다.

녹색 화학의 적절한 실천을 위하여 용매를 선택하고 사용할 때 주요 고려 사항이 되는 것은 생물학적 시스템에 대한 용매의 독성과 환경 영향이다. 휘발성, 밀도, 용해도와 같은 용매의 물리적 성질은 용매의 환경 및 생물학적 영향을 평가하는 데 중요하다. 지질 세포 조직을 용해시키는 경향, 즉 친유성(lipophilicity)은 용매가 피부를 침투할 수 있는 능력의 척도이기 때문에 용매의 생물학적 영향을 평가하는 중요한 요소이다. 환경에서 용매의 지속성과 생분해성은 반드시 고려되어야 한다. 광화학 스모그를 일으킬 수 있는 유기 용매는 사용하지 않거나 대기로 방출되지 않도록 해야 한다. 다공성 플라스틱과 플라스틱 폼을 제조하기 위해 과거에 널리 사용되던 휘발성 클로로플루오로탄소(CFC)는 대기로 방출되어 널리 퍼져 나가 오존을 파괴하였다(13장 참조).

녹색 화학의 목표를 위해 이룬 많은 성과는 잠재적 유해 용매를 덜 위험한 것으로 대체하는 것으로부터 비롯되었다. 많은 사용처에서 독성 벤젠은 훨씬 덜 유독한 톨루엔으로 대체되었는데, 톨루엔은 메틸기 때문에 자연 대사물인 마뇨산(hippuric acid)으로 대사 작용에 의해 산화되게 된다. 신경 독성인 *n*-헥세인은 더 안전한 2,5-다이메틸헥세인으로 대체될 수 있다. 상대적으로 안전한 1-메톡시-2-프로판올은 동물에서 생식 및 발달에 부정적인 영향을 미치는 것으로 나타난 에틸렌 글라이콜 모노메틸에터를 대체할 수 있다. 가연성이고 유독성이며 생분해가 어렵고 스모그를 형성하기까지 하는 탄화수소 용매 대신 이산화 탄소 초임계 유체를 사용할 수 있다.

16.9.1 물, 가장 좋은 녹색 용매

불연성이고 무독성이며 저렴한 물은 가능한 경우라면 최대한 유기 화학 반응과 공정을 위한 매질로 사용되고 있다. 물은 소수성 유기 물질을 잘 용해시키지 않지만, 그러한 물질을 부유 상태로는 가지고 있을 수 있기 때문에 반응 매질로 이용될 수 있다. 물은 유기 합성에 쓰이는 일부 반응물과 격렬한 반응을 한다는 단점이 있다. 예를 들면 Friedel−Crafts 반응에 사용되는 $AlCl_3$, 강한 환원제인 $LiAlH_4$, 기타 용도로 쓰이는 소듐 금속 등이 이에 해당한다. 그러나 물이 일반적으로 유기 물질(**소수성 효과, hydrophobic effect**)에 대하여 좋은 용매가 아니더라도, 일부 유기 반응은 유기 용매에서보다 물에서 더 잘 진행한다. 물은 녹색 화학 과정의 반응물로 사용되는 글루코스와 같은 친수성 생물학적 분자에 대해 훌륭한 용매이다. 물은 열용량이 매우 크기 때문에 열과 온도 조절에 사용되는 가장 좋은 용매이다. 또 물에 녹지 않는 유기 화합물은 유기 용매를 사용했을 때와 달리, 용매를 증류해 날릴 필요 없이 물에서 쉽게 분리할 수 있다.

16.9.2 농축상 이산화 탄소 용매

보통 기체로 간주되는 물질은 매우 높은 압력으로 압축될 때 특별한 성질을 나타낸다. 그림 16.6의 일반적인 도해에서 보인 바와 같이, 임계 온도(T_c)와 임계 압력(P_c)을 초과하는 온도와 압력 조건에서 물질은 액체와 기체의 구분이 되지 않는 **초임계 유체(supercritical fluid)**가 된다. 초임계 유체로 가장 널리 연구되고 사용되는 물질은 이산화 탄소이며, $T_c = 31.1°C$, $P_c = 73.8$ atm의 값을 갖는다. 초임계 유체는 용매로서 많은 유용한 성질을 나타낸다. 임계점 아래에서 고압으로 압축된 이산화 탄소는 초임계 유체가 아닌 액체와 기체의 혼합물로 존재할 수도 있는데, 이 물질 또한 훌륭한 용매 성질을 지닌다. **농축상 유체(dense phase fluid)**라는 용어는 고압으로 압축된 농축 물질을 이르는 것으로, 초임계 유체, 고압으로 압축된 기체, 기체와 액체의 혼합물이 이에 속한다.

농축상 유체는 여러 가지 흥미로운 용매의 성질을 나타내며, 특히 추출제와 크로마토그래피 분리(초임계 유체 크로마토그래피) 분야에서 광범위하게 연구되었다. 이러한 유체의 중요한 특성 중 하나는

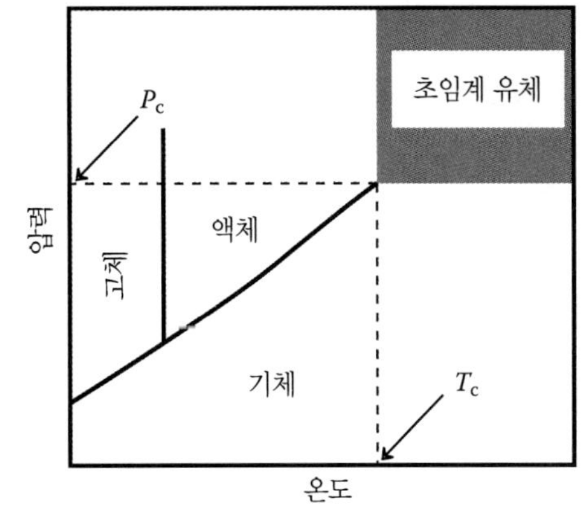

그림 16.6 초임계성을 나타내는 온도–압력 그래프.

기존의 액체보다 훨씬 낮은 점도를 나타낸다는 것이다. 초임계 CO_2의 점도는 일반적으로 용매로 사용되는 액체의 점도의 약 1/30에 불과하다. 이것은 초임계 유체에서 용질이 더욱 쉽게 확산되고, 이에 따라 반응이 더 빠르게 일어난다는 것을 의미한다. 농축상 유체의 온도와 압력은 넓은 범위에서 변화될 수 있으며, 이에 따라 그 성질도 크게 변화시킬 수 있다.

이산화 탄소 초임계 유체는 매우 높은 압력에서 다루어야 하는 다소 어려운 점이 있지만, 유기 용질에 대하여 훌륭한 용매이다. 또 낮은 가격, 무독성, 비가연성이면서 휘발성 유기 용매가 아니라는 사실은 장점으로 간주된다. 이런 특성으로 인해 금속 부품 세척과 드라이클리닝 분야에서 유기염소 용매 대신 이 용매를 점점 더 많이 사용하게 되었다. 또 이산화 탄소 초임계 유체는 압력을 낮추면 용질을 남기고 쉽게 증발하는 큰 장점이 있기 때문에 페인트와 코팅제의 전색제(vehicle)로 관심을 끌고 있다. 어떤 응용에서는, 방출된 이산화 탄소는 적절한 장비가 사용되어 회수될 수 있고, 초임계 상태로 다시 압축되어 재활용될 수도 있다. 이산화 탄소 초임계 유체는 극성 또는 이온성 용질이 사용되는 응용 분야에 사용하기에는 지나치게 높은 친유기성 성질을 띤다. 그러나 메틸 알코올과 같은 극성 공용매(co-solvent)가 첨가되면 이와 같은 단점은 해결될 수 있다. 기체를 용해시키는 용매로 사용될 수 있다는 것도 이산화 탄소 초임계 유체의 장점이다. 기체의 용해 효과는 이산화 탄소 초임계 유체가 유지되는 매우 높은 압력에 의해 더 향상된다. 따라서 이산화 탄소 초임계 유체 내에서는 다른 방법으로 불가능했던 기체상 반응물 간의 반응이 효율적으로 일어난다.

16.9.3 기체 팽창 용매

이산화 탄소 초임계 유체의 사용과 관련된 취급 및 안전 문제는 **기체 팽창 용매(gas-expanded solvent)**를 사용하여 해결할 수 있다. 기체 팽창 용매는 임계점보다 낮은 압력으로 압축된 기체(대개 이산화 탄소)와 유기 용매가 혼합되어 있는 물질이다. 이산화 탄소는 유기 액체에 용해되어, 액체의 부피를 수 배로 팽창시킨다. 이 방식은 현재 사용되는 유기 용매의 80%까지 대체할 수 있다. 유기 용매의 성질은 이산화 탄소에 의해 크게 변화된다. 이산화 탄소가 화재 소화기에 사용된다는 점은 흥미로운 사실인데, 이것은 휘발성 탄화수소 용매의 가연성을 크게 줄일 수 있다는 것을 의미한다. 따라서 이산화 탄소를 포함한 기체 팽창 용매는 환경 및 독성 문제를 일으키는 염소화 탄화수소 액체를 대체할 수 있다.

16.10 반응의 증진

녹색 화학의 중요한 목표 중 하나는 화학 반응의 속도와 완결성을 향상시키는 것이다. 반응 시스템에 에너지를 가하거나 반응 진행에 필요한 활성화 에너지를 낮추는 것은 이를 달성하기 위한 두 가지 방법이다.

촉매는 반응을 더 빠르게 하거나, 일어나지 않는 반응을 진행하도록 만드는 물질이다. 촉매는 산화, 환원, 유기 반응 등 모든 종류의 반응에서 사용된다. 촉매는 반응 과정의 유해성을 증가시킬 수 있고 불필요한 부산물과 오염 물질도 생성할 수 있다. 이 때문에 녹색 화학을 실천하는 데 있어서는 촉매의 선택이 매우 중요하다. 균일 촉매가 화학 합성에 사용되는 시약과 심하게 혼합되는 것은 대표적인 촉매 부작용의 예이다. 녹색 화학의 실행에 가장 부합되는 촉매는 분자체(molecular sieve)와 같은 불균일 촉매이며, 이러한 촉매는 생성물로부터 완전히 분리될 수 있다. 그리고 녹색 화학에 어울리는 촉매는 가능한 한 독성이 없어야 한다.

일반적으로 가장 녹색이라고 칭할 수 있는 촉매는 생물 내에서 생성되어 생화학적 과정을 수행하는 효소이다.[6] 이러한 효소는 생명에 도움이 되는 조건으로 유기체 내부에서 발달했기 때문에, 효소가 관여하는 반응은 본질적으로 보통의 온도와 압력 조건의 물에서 일어난다고 말할 수 있다. 이 반응은 일반적으로 매우 빠르고 선택적으로 진행한다. 이러한 반응은 지난 수천 년 동안 발효 과정에서 이용되었다. 예를 들어, 사탕수수 설탕은 **전화 효소**(invertase)에 의해 글루코스와 프룩토스로 바뀌고, 글루코스와 프럭토스는 효모의 **치마제**(zymase) 효소에 의해 에탄올로 발효된다. 최근 DNA 조합(유전 공학) 기술의 도움으로 매우 다양한 화학 과정의 수행에 효소 과정이 이용되고 있다. 효소 촉매가 수행할 수 있는 반응들로는 산화와 환원 반응, 가수 분해 반응, 유기 분자 간의 작용기 이동 반응, 이중 결합 사이의 작용기 첨가/분리 반응을 들 수 있다.

반응계에 에너지를 넣는 가장 기본적인 방법은 외부에서 열을 가하는 것이다. 이는 외부에서 반응 용기를 가열하거나, 증기 코일을 반응 용기에 담그거나, 반응 시스템에 잠겨 있는 큰 저항의 코일에 전기를 흐르게 하는 것으로 달성 가능하다. 반응 시스템에 에너지를 넣는 경우에 녹색 화학을 적용한다는 것은 외부 가열을 대신하는 더 세련되고 효율적인 수단을 개발하는 것을 의미한다.

마이크로파(microwave)는 화학 반응에 에너지를 가해 반응 속도를 향상시키기 위해 사용된다. 전형적으로 초당 2.45×10^9회(2.45 GHz, 약 12 cm의 파장)의 주파수로 작동하는 마이크로파는 물과 같은 극성 분자에 흡수되어 분자를 빠르게 회전시켜 분자의 방향을 바꾸도록 한다. 이 과정에서 높은 에너지가 물질로 유입되고, 반응이 빠르게 진행된다. 마이크로파 에너지는 비교적 작은 부피의 반응 매질에도 직접 사용 가능하기 때문에 물질의 양을 줄일 수 있고 폐기물을 최소화할 수 있다. 마이크로파는 (1) 물 매질을 이용한 반응, (2) 다이메틸폼아마이드(DMF)와 같은 극성 유기 용매를 이용한 반응, (3) 고체 혼합 반응물과 같이 매질이 없는 반응의 속도를 빠르게 하는 데 사용될 수 있다.

음파 화학(sonochemistry)에서는 반응 매질에 20~100 kHz 진동수의 초음파를 가하여 매질에 매우 높은 에너지 펄스를 전달할 수 있다. 일반적으로 초음파는 압전 효과에 의해 생성되는데, 이 효과를 이용하면 전기 에너지를 소리 에너지로 95%에 이르는 효율로 변환할 수 있다. 이 효과는 세라믹으로 침윤된 타이타늄산 바륨과 같은 결정 물체를 전기장에 놓고 전기장의 방향을 빠르게 바꿀 때 나타난다. 음파 화학의 장점은 반응 매질 전체를 가열하지 않고도 매우 작은 영역에 높은 에너지를 전달하고 반응이 일어날 수 있도록 한다는 것이다.

전기 분해(electrolysis)는 반응 매질에 직류를 흐르게 하는 것으로 산화와 환원 반응이 동시에 일어나도록 할 수 있다. 환원, 즉 전자(e^-)의 획득은 상대적으로 음전하를 띤 환원 전극에서 일어나고, 산화, 즉 전자의 손실은 상대적으로 양전하를 띤 산화 전극에서 일어난다. 산업 화학 약품을 제조하는 데 사용되는 전기 화학 과정의 한 가지 예는 용융 염화 소듐(NaCl)에 직류를 흐르게 하여 소듐과 염소를 원소 형태로 생산하는 것이다. 환원 전극에서 소듐 이온이 환원되고,

$$Na^+ + e^- \rightarrow Na(l) \tag{16.5}$$

산화 전극에서는 염화 이온이 염소 기체로 산화된다.

$$2Cl^- \rightarrow Cl_2(g) + 2e^- \tag{16.6}$$

위의 두 반응을 합한 알짜 반응은 다음과 같다.

$$2Na^+ + 2Cl^- \rightarrow 2Na(l) + Cl_2(g) \tag{16.7}$$

이 반응은 전기 에너지를 효율적으로 활용하고 100%의 원자 경제로 진행한다.

전기 화학에 의한 산화와 환원은 전압, 사용 매질, 전극에 의해 쉽게 조절될 수 있다. 어떤 의미에서 전기 화학 과정은 '물질이 없는(matter-free)' 시약을 사용한다고 할 수 있다. 이보다 더 이상적으로 녹색 화학을 실현하는 과정은 없을 것이다.

광화학 반응(photochemical reaction)에서는 반응을 일으키기 위해 가시광선이나 자외선의 광자 에너지가 사용된다. 진동수가 ν인 전자기 복사선에서 한 개의 광자는 $E = h\nu$의 에너지를 가진다. 여기에서 비례 상수 h는 Planck 상수라고 한다. 한 개의 광자가 한 개의 분자나 작용기에 직접 흡수될 수 있기 때문에, 전자기 복사선을 적절히 사용한다면 반응 매질을 가열하지 않고도 반응물에 많은 양의 에

너지를 공급할 수 있다. 광화학 에너지를 사용하면 기존의 반응 과정에 비해 합성 반응을 더욱 효율적으로 일어나게 할 수 있고, 부산물 폐기물도 줄어들게 된다.[7] 한 가지 예로, 벤조퀴논(benzoquinone)을 알데하이드로 아실화(acylation)하여 몇몇 특수 중합체를 만드는 데 사용되는 중간체 아실하이드로퀴논(acylhydroquinone)을 만드는 것을 들 수 있다.

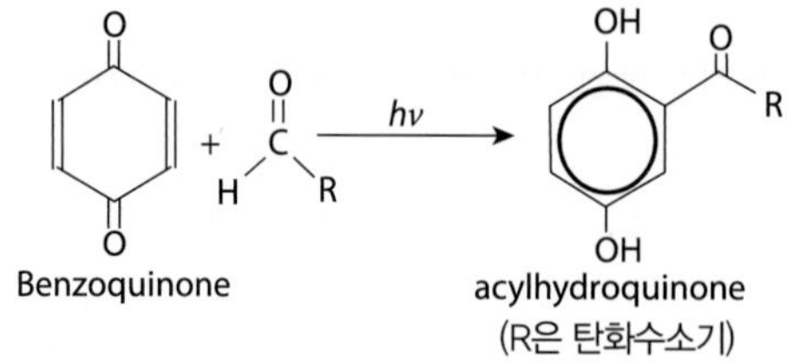

(16.8)

광화학 에너지가 사용된 이 반응의 원자 경제는 100%이다. Lewis 산 유형의 산성 할로젠화물, 특히 염화 알루미늄($AlCl_3$)을 사용하는 표준 Friedel–Crafts 반응 형태와는 달리, 광화학 과정은 촉매 물질을 필요로 하지 않는다. 촉매 물질은 수분과 공기에 민감하고 반응성이 클 수 있기 때문에, 촉매를 사용하는 반응보다 광화학 반응이 더 바람직한 반응이라 할 수 있다.

광화학적으로 유도되는 화학 반응에서 시약은 광자를 직접 흡수하지 않아도 된다. 이 경우에는 광자를 흡수할 수 있는 화학종을 반응 매질에 첨가하여, 반응성이 큰 들뜬 화학종이나 자유 라디칼을 생성하게 하고, 이어서 이들이 반응을 일으키도록 유도하는 것이다. 예를 들어, 과산화 수소에 광자가 흡수되면 많은 다른 화학종들과 반응을 할 수 있는 반응성이 큰 하이드록실 라디칼이 생성된다.

$$H_2O_2 + h\nu \rightarrow HO\bullet + HO\bullet \quad (16.9)$$

광촉매(photocatalysis) 작용은 고체 표면, 특히 다양한 용도의 불균일 촉매인 TiO_2 표면에서 일어날 수 있다.[8] TiO_2 표면에 떨어지는 자외선 복사는 전자–정공 쌍을 생성할 수 있는데, 이는 고체 표면과 접촉하고 있는 화학 물질에 전자를 주거나 받음으로써 산화와 환원이 동시에 일어나게끔 한다. TiO_2의 표면에 질소를 도핑하면 가시광선을 이용한 광촉매로 기능할 수 있으며, 이것은 광촉매 작용에 효율적인 복사선 범위로 용도가 더 확대됨을 의미한다.

16.11 산업 생태학

산업 혁명 초기에 유행하던 옛 산업 생산 방식은 원재료와 에너지를 재생 가능하지 않은 공급원에서 추출하였다. 농업을 위해 숲 지역을 밀어내고 수령이 오래된 수목으로부터 목재를 취하는 것이 그 한 가지 예이다. 그리고 이 방식은 생산품 생산에서 발생하는 폐기물이나 오염 물질을 전혀 고려하지 않았다. 대기 오염 물질과 물 오염 물질은 각각 대기와 수로에 방출되었고, 생산품을 만들 때 발생하는 부산물과 소비자가 사용한 소비재들은 환경 영향을 고려하지 않고 버려졌다. 그 당시에 지속 가능성의 개념은 전혀 찾아볼 수 없었다. 결과적으로, 공기와 물이 오염되었고 땅은 쓰레기 더미와 버려진 소비재로 뒤덮였다.

1990년경에 하나의 학문으로 인식되기 시작한 산업 생태학은 지속 가능하지 않은 오래된 방식에 대하여 실행 가능한 대안을 일부 제공한다. **산업 생태학(industrial ecology**, 그림 16.7)은 상품과 서비스의 생산, 유통, 활용, 폐기에 대한 포괄적 접근법으로서 기업 간 원료와 에너지 활용을 서로 유익하게 되도록 극대화하고, 재생 불가능한 원료와 에너지의 소비를 최소화하며, 폐기물과 오염 물질의 발생을 막는 것을 목표로 한다.[9] 산업 생태학의 실천에는 원재료부터 시작하여 처리된 재료를 통해 상품, 그리고 궁극적으로 폐기된 상품과 그 부품의 최종 운명에 이르기까지를 아우르는 물질 활용의 최적화가 포함된다. 산업 생태학에서는 물질과 자원 이외에 에너지와 자본도 중요하게 고려한다.

산업 생태학은 자연의 생태학과 유사하다. 자연 생태계에서 생물들은 복잡하게 얽힌 서로 의존적인 관계를 형성하며, 각각의 생물은 이 관계 속에서 자신의 필요에 따라 다른 생물의 폐기 생성물을 이용한다. 이러한 자연 생태계에서는 자원이 매우 효율적으로 이용되며, 실질적으로 폐기물이 전혀 생성되지 않는다고 할 수 있다. 생물이 자연 생태계를 운영하는 것처럼, 산업 생태학을 실행하는 기업은 **산업 생태계(industrial ecosystem)**를 운영하는 역할을 한다.

산업 생태학과 자연 생태학은 몇 가지 중요한 유사성을 공유한다. 한 가지 유사성은 자연 선택에 의해 진화한다는 것이다. 생물과 생태계는 특정 환경에 가장 잘 적응하는 생물이 유전 과정을 겪으며 진화하는 방식으로 변화해 왔다. 마찬가지로, 산업 생태계의 주체들도 자연 선택 과정을 통해 진화한다. 만일 폐기 생성물이 발생한다면, 기업은 그 폐기 생성물을 이용하는 방법을 개발하려 할 것이다. 어떤 기업이 더욱 효율적으로 폐기물을 이용할 수 있다면, 그 기업이 지배적인 기업이 될 것이다. 이러한 생존 경쟁은 산업이 겨우 나타나기 시작하던 무렵, 즉 산업 생태학이 공식적으로 대두되기 수세기 전부터 계속되고 있다. 주목할 것은 산업 생태학의 본질을 충분히 이해할 때 이른바 '지혜로운 설계'와 같은 것을 산업 생태계에 적용할 수 있다는 것이다. 기업 자체에 대한 정보와 기업이 요구하는 바, 그리고 기업의 시장을 이해하는 동시에, 최근 개발된 엄청난 계산 설비를 이용하여 기획자들은 효율적으로 작동하는 산업 생태학의 시스템(기업)을 계획하고 건설하고 운영할 수 있다.

자연 생태계가 정적이지 않고 지속적인 천이 과정(예: 잔디 → 초목 → 숲)을 거치는 것처럼, 산업 생태계도 유사한 과정을 거친다. 제조 기술의 급속한 발전, 원재료나 에너지 공급원의 변화, 그리고 변화하는 시장은 지속적으로 산업 생태계에서 기업 구성과 그들이 상호 작용하는 방식을 바꾼다. 따라서 자연선택은 가능한 한 가장 효과적인 산업 생태학의 시스템을 만들도록 작동할 것이 분명하다.

16.12 산업 생태계의 다섯 가지 주요 구성 요소

그림 16.7에 보인 바와 같이, 산업 생태계는 (1) 1차 원료의 생산자, (2) 에너지 공급원, (3) 재료 처리와 제조 부문, (4) 폐기물 처리 부문, (5) 소비자 부문의 다섯 가지로 구성되어 있다. 시스템의 각 구성

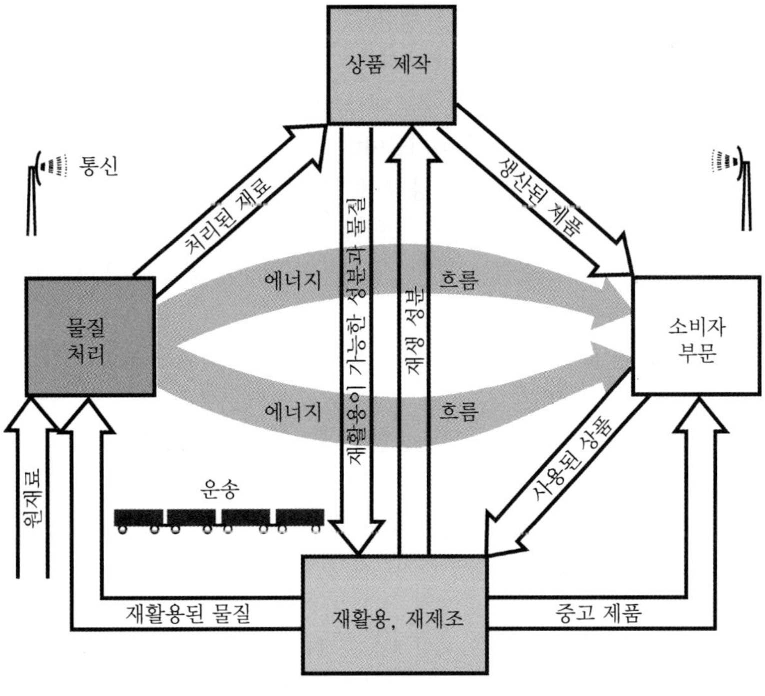

그림 16.7 산업 생태계 안에서 최대의 물질 이동을 나타내는 주요 요소들.

성분은 시스템의 원료와 에너지 사용 효율을 극대화하고 시스템 내부의 원료 흐름 또한 극대화하는 방식으로 진화한다. 상당한 양의 원료는 재활용 공급원에서 나오고, 가능한 곳이라면 어디에서나 폐기물 에너지가 사용된다.

원재료가 시스템에서 사용되는 과정은 소재의 종류에 따라 달라질 수 있지만, 일반적으로 몇 가지 주요 단계로 나눌 수 있다. 이 과정은 크게 (1) 공급원에서 원하는 물질 추출, (2) 원재료의 농축, (3) 처리 및 최종 제품 생산으로 구성된다. 추출, 농축, 분리, 정제, 처리, 제조, 마감의 다양한 단계에서 여러 가지 물리적, 화학적 공정이 사용된다. 이때 처분이 필요한 폐기물도 만들어지지만, 산업 생태학의 적절한 실행에 통하여 최소화한다. 재활용 재료는 제조 작업 자체에서 발생하는 **공정 재활용(process recycle)**과 다른 제조업체 또는 소비 후 제품에서 발생하는 **외부 재활용(external recycle)**으로부터 얻을 수 있다.

1차 원료 생산자로부터 마무리된 재료는 **재료 처리와 제조 부문(materials processing and manufacturing sector)**에서 가공되어 상품으로 만들어진다. 이 부문은 자동차 제조와 같이 일반적으로 매우 복잡한 시스템이다.

소비자 부문(consumer sector)에서는 상품이 그것을 사용하는 소비자에게 팔리거나 임대된다. 사용 기간과 사용 정도는 상품에 따라 크게 다르다. 종이 수건이 일회용인 데 비해, 자동차는 여러 해에 걸쳐 수천 번 사용된다. 그러나 어떤 경우든지 상품의 사용 기한은 있으며, 결국 (1) 버려지거나, (2) 재활용된다. 산업 생태 시스템의 성공 여부는 대개 폐기 대비 재활용 정도에 의해 결정된다고 할 수 있다. **폐기물 처리 부문(waste processing sector)**은 재활용 재료의 수집, 분리, 처리와 이를 최종 사용자에게 보내는 일을 구체적으로 다룬다.

16.13 산업 물질대사

산업 물질대사(industrial metabolism)는 산업 생태계 내에서 이루어지는 재료와 성분의 처리 과정을 말한다. 이것은 생물학적 시스템에서 일어나는 식품과 영양소의 대사 작용과 유사하다고 할 수 있다. 녹색 화학이 특별히 작용하는 산업 물질대사는 분자 수준에서 일어난다. 이 미시적 수준에서 물질은 화학적으로 변환되어 원하는 물질과 에너지를 생성하게 된다. 산업 물질대사는 공장의 개별적인 단위 공정에서, 또는 산업 생태계 수준에서, 경우에 따라서는 전 지구적 규모로 다루어질 수 있다.

현재 실행되고 있는 산업 물질대사와 자연 물질대사의 큰 차이점은 각 시스템이 생성하는 폐기물과 관련되어 있다. 자연 생태계에서는 진정한 폐기물이라고 할 만한 것이 사실상 없는 상태로 발전되어 왔다. 이에 비해, 인류의 산업 시스템은 많은 양의 폐기물이 생성되는 방식으로 성장해 왔다. 더구나, 인간은 물질을 사용한 후 환경에 흩어 뿌리고 퍼뜨리는 경향이 있다. 에너지와 비용 문제로 인해, 물질은 결국 물리적 또는 화학적으로 사실상 복원이 불가능한 형태에 놓일 수 있다. 그러나 성공적인 산업 생태계에서는 이러한 경향을 극복할 수 있다.

물질대사 작용을 수행하는 생물은 에너지를 취하고(분해 대사) 새로운 물질을 합성하기(합성 대사) 위하여 물질을 분해한다. 산업 생태계도 가능한 한 부산물과 폐기물의 양을 최소화하며 이와 유사한 기능을 수행한다. 재활용은 본질적으로 재활용 순환을 통하여 물질의 지속적인 공급원이 되기 때문에 재활용이 강조되는 산업 물질대사 과정은 바람직하다고 할 수 있다.

자연 생태계에는 **자체 조절(self-regulating)** 기능이 내재되어 있지만, 산업 생태계는 본질적으로 자체 조절 방식으로 운영되지 않는다. 산업 생태계의 자체 조절 방식은 주변 환경, 그리고 길게는 그 생태계 자체에도 도움이 된다. 산업 생태계도 자체 조절 기능을 지니게 할 수 있는데, 이 조절 기능이 가장 잘 작동하기 위해서는 생태계가 고갈되는 원재료와 에너지에 의존하지 않는 최대 재활용의 조건이 필요하다.

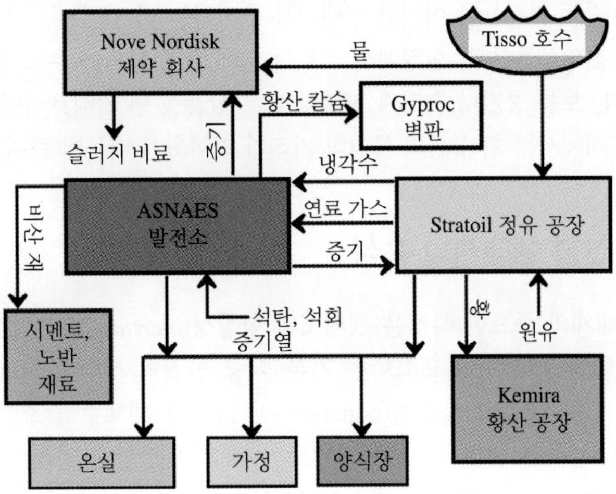

그림 16.8 산업 생태학 실행의 성공 사례로 가장 많이 인용되는 덴마크 Kalundborg 산업 생태계.

16.14 Kalundborg 산업 생태계

정상적으로 작동하는 산업 생태계로 가장 많이 인용되는 예는 덴마크의 Kalundborg 산업 생태계(industrial ecosystem)이다. 그림 16.8은 Kalundborg 산업 생태계의 여러 구성 요소를 나타낸 것이다. Kalundborg 시스템은 처음부터 산업 생태계로 계획된 것이 아니라, 어느 정도는 자연 발생적으로 성장했다고 한다. Kalundborg 시스템은 두 개의 에너지 공급 회사에 기반을 두고 있다. 하나는 1,500-MW ASNAES 석탄 화력 발전소이며, 다른 하나는 일 년에 4~5백만 톤의 석유를 정제하는 Statoil 석유 정제 회사로, 이 둘은 덴마크에서는 각 해당 분야의 가장 큰 회사이다. 발전소는 정유 공장에 공정용 증기를 팔고, 정유 공장으로부터 연료 가스와 냉각수를 받는다. 석유로부터 제거된 황은 Kemira 황산 공장으로 이송된다. 두 에너지 생산 공장에서 부수적으로 발생되는 열은 가정과 상업 지역, 온실, 양식장 등에 난방용으로 공급된다. 발전소의 증기는 연 매출 20억 달러의 Novo Nordisk 제약 회사에 보내져 산업용 효소와 세계 시장의 40%의 인슐린을 생산하는 데 쓰인다. 이 공장에서는 생물학적 슬러지가 발생되는데, 이 슬러지는 액체 또는 고체 상태로 근처의 농장에서 비료로 사용된다. 발전소에서 생석회 처리로 제거되는 황의 부산물인 황산 칼슘은 석고 벽판을 제조하는 Gyproc 회사에서 사용된다. 이 회사는 정유 공장에서 생성되는 가스를 연료로 사용한다. 석탄 연소 과정에서 생성되는 비산 재는 시멘트와 노반 재료를 만드는 데 사용된다. Tisso 호수는 담수의 공급원 역할을 한다. 효율적으로 물질 자원을 사용하는 또 다른 예로는 양식장의 물과 폐기물을 처리하는 공장에서 나오는 슬러지를 비료로 만들고, Novo Nordisk 회사의 인슐린 생산 과정 중 발생하는 과잉의 효모를 돼지 사료의 보충제로 사용하는 것과 같은 것이 있다.[10]

Kalundborg 생태계 단지는 1960년대에 발생하여 장기간에 걸쳐 성장하였다. 이 단지는 산업 생태계가 자연적으로 진화할 수 있는 방법에 대한 어떤 가이드라인을 제공한다. (상호에게 유리하게 작용하는) 많은 상승 효과를 만든 것 중 가장 첫 번째는 ASNAES 발전소에서 전기와 증기를 함께 생산한 것이었다. 증기는 가장 먼저 Statoil 정유 공장에 팔렸으며, 그 후 가정, 온실, 제약 회사, 양식장에도 공급되었다. 황이 많이 포함된 석탄이 연소되면 이산화 황 가스가 발생하는데, 이 가스의 배출을 제어하기 위하여 발전소에 생석회 살포 장치가 설치되었다. 이로 인해 만들어진 황산 칼슘은 Gyproc 사의 벽판을 만드는 데 사용되었다. 정유 회사에서 부산물로 발생되는 깨끗한 가스는 발전소에서 사용되어 오염을 줄이는 데 도움이 되었다.

Kalundborg 생태계가 성공할 수 있었던 주된 이유는 장기간에 걸쳐 각 설비의 책임자들이 사회적으로, 또 직업적으로 긴밀한 소통을 하였기 때문이다. 모든 소통은 각 기관의 사업적 목적에서, 또 동등한 관계가 성립된 상태에서 이루어졌다. 각 회사는 자사의 사업적 이득을 추구하고자 했을 뿐, 전체적인 종합적 계획은 없었다. 감독 기관들은 이러한 생태계를 추진하는 데 있어서 협조적이었지만, 전혀 강압적이지 않았다. 관련된 산업체들은 각 협정에서 서로 공급에 잘 부합되는 수요가 있었기에 잘 어울리는 관계를 형성하게 되었다. 보통 증기나 슬러지 비료와 같은 상품을 먼 거리로 수송하는 것은 경제적으로 의미가 없지만, 이 생태계에서는 회사 간의 물리적 거리가 가까웠기 때문에 큰 문제가 되지 않았다.

16.15 성공적인 산업 생태계의 속성

성공적인 생물학적 생태계의 중요한 특징은 생태계의 **항상성**(*inertia*)으로, 이것은 변화와 손상에 대한 저항을 의미한다. 항상성의 주요 요소로는 기본 식량 물질의 **생산성**(productivity), 종의 **다양성**(diversity), 다양한 생물 개수의 **불변성**(constancy), 그리고 개체수 감소를 극복하는 **회복 능력**(resilience)을 들 수 있다. 산업 생태계도 마찬가지로, 생태계의 안녕을 위해 요구되는 핵심적인 속성이 있다. 여기에는 **에너지(energy)**, **물질(material)**, **다양성(diversity)**이 포함된다.

사용 가능한 에너지가 충분하다면, 거의 모든 것이 가능하다. 따라서 가능한 한 최소한의 환경적 손상이 동반된 적절한 양의 에너지를 공급하는 것이 산업 생태계가 작동하도록 하는 데 있어 필수적이다. 그러한 에너지의 공급은 인류가 직면하고 있는 핵심적인 도전 과제이다. 화석 연료의 사용은 지구 자원을 고갈시키고 대기 중에 온실 가스를 배출한다. 재생이 가능함에도 불구하고, 바람과 태양 에너지는 공간적으로 분산되어 있고 시간적으로 간헐적인 공급원이다. 많은 측면에서 원자력은 대체로 재생 가능하고 환경 친화적인 에너지원의 기준을 만족시킨다. 그러나 가장 최근인 2011년에 일본 Fukushima의 Daiichi 원자력 발전소에서 발생한 재난 등의 여러 사고로 인하여 원자력 에너지 자원의 개발은 잠시 중단되기도 하였다.

재료를 지속 가능하게 제공하는 데에는 몇 가지 접근법이 있다. 여기에는 특정 목적을 위해 적은 양의 재료를 사용하는 **탈물질화(dematerialization)**, 희소한 재료를 풍부한 물질로 **대체(substitution)**, **재료 재활용(recycling materials)**, 폐기물에서 필요한 재료를 추출하는 **폐기물 채굴(waste mining)**이 포함된다.

자원 고갈로 인해 감당하기 어려웠던 재료의 수요를 탈물질화와 대체를 통해 해결한 사례는 최근 수십 년간 매우 많다. 가장 눈부신 발전은 전자 산업에서 일어났다. 이 산업에서 재료 대체는 예전 회로에 비하여 여러 자릿수나 더 큰 용량의 전자 회로를 가능하게 만들었다. 1950년대 탁상용 라디오 수신기 회로에서 번쩍이며 전기를 소비하던 진공관, 축전기, 저항, 변압기는 인간의 눈에 거의 보이지 않는 작은 회로로 교체되었다. 1940년대에 전신과 전화 메시지를 전했던 수많은 구리선은 현재 광섬유 신호 전달 물질로 교체되었다. 광섬유의 단위 질량당 정보 수송 능력은 상상할 수 없을 만큼 크다. 물과 폐수의 수송을 위한 구리와 강철은 폴리염화바이닐(PVC) 관으로 대체되었다. PVC는 전 세계에 고갈되지 않을 만큼 충분한 염소와 바이오매스 공급원에서 얻을 수 있는 탄화수소로부터 합성될 수 있다.

재활용은 당연히 산업 생태계의 주요 목표 중 하나이며, 상당한 진전이 진행 중인 지속 가능 방법이다. 우선, 재활용이 불가능하고 재활용이 필요 없을 만큼 원재료가 풍부한 일부 소모성 제품들도 있다. 가정용 세제가 바로 이 범주에 속한다. 두 번째 그룹은 특별히 드물지는 않지만 재활용이 실현 가능하고 바람직한 것들이다. 목재와 종이가 이 범주에 속한다. 세 번째 그룹에는 크로뮴, 백금, 팔라듐과 같은 특별히 가치가 있으면서 희소한 금속이 속한다. 이 금속들은 확실히 재활용되어야 한다. 네 번째 그룹에는 재생되거나 재사용될 수 있는 부품과 기구가 속한다.

폐기물에서 유용한 재료를 추출하는 폐기물 채굴은 환경에 도움이 되면서도 많은 재료를 제공한다. 폐기물 채굴의 몇 가지 중요한 예 중 하나는 도시의 쓰레기 매립지에서 저공해 고급 화석 연료인 가연성 메테인 가스를 추출하는 것이다. 메테인 가스는 산소가 없는 상태에서 유기물이 생분해될 때 발생한다. 황이 함유된 석탄을 태울 때 발생하는 연도 가스(flue gas)로부터 얻는 이산화 황의 황은 회수되어 황산을 만드는 데 사용될 수 있다. 석탄 연소 시 발생하는 미세하게 분산된 석탄 비산 재로부터 알

그림 16.9 인류권의 산업계는 다른 환경권을 오염시키는 경향이 있다. 산업 생태학을 최선을 다해 실행함으로써 이러한 오염을 제거할 수 있다.

루미늄을 추출하는 방법도 개발되었다. 이 경우 미세하게 분산되어 있고, 균일하며, 건조한 비산 재의 성질은 추출 처리에 있어 확실한 장점으로 작용한다.

16.15.1 다양성

산업 생태계의 다양성은 생태계에 어떤 **강력한(robust)** 특성 한 가지를 부여한다. 이것이 의미하는 바는, 만약 생태계의 한 부분이 약해지면 다른 부분이 그 자리를 차지하여 그 생태계가 올바르게 계속 작동하도록 한다는 것이다. 주요 기업 하나 또는 몇몇에만 의존하게 되는 많은 지역 사회에서는 주요 고용주 하나가 떠나거나 비용을 줄일 때 심한 경제 위기로 고통을 받곤 하였나. 예를 들어, 이러한 상황은 2020~2021년 코로나바이러스 유행 기간 동안 미국 자동차 제조업체와 관련하여 발생하였다.

16.16 산업 생태학과 환경 영향

원료 물질은 추출, 처리, 사용되고, 결국 처분할 때마다 환경에 어느 정도 영향을 미칠 수 있다(그림 16.9). 산업 생태계를 설계할 때 몇 가지 주요한 종류의 환경 영향을 고려해야만 하는데, 그 목적은 그 영향을 최소화하여 허용 한계 이내로 유지하는 것이다. 이러한 영향과 이를 완화시키기 위한 조치들은 아래에서 논의된다.

대부분의 산업 공정에서 첫 번째 환경적 영향은 원료 물질을 추출하는 작업이다. 직접적인 예는 광물질을 추출하는 것이고, 조금 덜 직접적인 예는 숲 또는 농경지에 자라는 바이오매스를 활용하는 것이다. 따라서 기본적인 결정은 사용할 재료의 종류를 선택하는 것이다. 가능한 한, 가까운 미래에 공급 부족이 될 가능성이 없는 재료를 선택해야 한다. 예를 들면, 광섬유 통신 케이블의 제조에 사용되는 실리카는 거의 무제한 공급이 될 수 있는 물질이기 때문에, 제한적인 자원인 구리 광석에서 얻는 구리선보다 훨씬 좋은 선택이다.

산업 생태계는 대기 오염 물질의 방출을 줄이거나 없앨 수 있도록 설계되어야 한다. 최근 용매 증기(VOCs)의 방출, 특히 유기염소 용매로부터 생성되는 증기의 방출(휘발성 유기 탄소)을 크게 줄이거나 전혀 방출시키지 않는 기술이 개발되었다. 이 분야에서 유기 증기를 더 효율적으로 포획하는 방법에 대해서는 일정 정도의 발전이 있었다. 다른 경우에서는 용매 사용을 완전히 제거하였다. 이는 CFCs의 경우에 해당하는데, 이 물질은 성층권 오존에 영향을 미칠 수 있기 때문에 더 이상 플라스틱 폼 제조나 부품 세척에 사용되지 않는다. 앞으로 대기 방출이 전적으로 금지되어야 하는 대기 오염 물질은 메테인(CH_4) 등의 탄화수소 기체와 질소나 황의 산화물이다.

물 오염 물질의 유출은 가능한 한 완전히 금지되어야 한다. 수십 년 동안 사용되어 온 효율적이고 효과적인 수처리 시스템은 물 오염을 최소화하였다. 그러나 이러한 처리 방식은 '배출구 끝(end of pipe)' 처리 수단이다. 따라서 앞으로는 잠재적인 물 오염 물질이 발생하지 않고 물이 완전히 재활용될 수 있도록 하는 산업 시스템을 설계하는 것이 더 바람직하다.

산업 생태계는 폐기물 처리 장치로 보내져야 하는 수성 액체와 유기 액체가 생성되지 않도록 설계되어야 한다. 현재 상황에서 이른바 '유해 폐기물' 중 가장 큰 단일 구성 성분은 물이다. 따라서 폐수에서 물이 제거된다면 자동적으로 오염이 방지될 것이고, 처분되어야 하는 폐기물의 양도 줄어든다. 유기 폐기물의 용매는 대개 재활용 가능성이 크며 연소 가능한 물질이다. 적절하게 설계된 산업 생태계에서는 그러한 폐기물이 생성되거나 공장 부지를 떠나는 것이 허용되지 않는다.

액체 폐기물 외에도 산업 생태계에서는 많은 고체 폐기물을 고려해야 한다. 가장 부담스러운 것은 안전한 유해 폐기물 매립지에 묻어야 하는 독성 고체이다. 이 문제는 특히 쓰레기 매립지 공간이 심각하게 제한적인 몇몇 선진국에서 더욱 심각해졌다. 일반적으로, 고체 폐기물은 적절히 활용되지 못한 자원으로 간주할 수 있다. 공급 업체, 제조업체, 소비자, 규제 기관, 재활용 업체 간의 긴밀한 협력이 가능해진다면 고체 폐기물의 양과 유해성을 최소화할 수 있을 것이다.

에너지는 보통 비용이 많기 들기 때문에, 에너지 효율은 산업 생태계를 적절하게 설계하는 데 있어 우선 사항 중 하나가 된다. 최근 수십 년 동안 이 분야는 중대한 발전이 이루어졌다. 고효율 전기 모터와 같은 더욱 효율적인 장치와 에너지 자원을 최적으로 사용할 수 있는 전기와 열의 병합 발전과 같은 접근 방식이 크게 선호되고 있다. 보다 효율적인 에너지 활용은 온실 가스를 포함한 대기 오염 물질의 배출도 줄인다.

16.17 상품 수명 순환: 물질 순환의 확장과 완결

생산품 활용에 대한 전통적인 관점은 일반적으로 그림 16.10의 위쪽에 보인 바와 같이 추출 → 생산 → 소비 → 처분으로 이어지는 일방적인 처리 과정이다. 물질이 추출되고 정제되어 생산품의 일부로 바뀌는 과정에서 종종 많은 양의 폐기 부산물이 만들어진다. 생산품은 사용되어 수명이 다 된 후에는

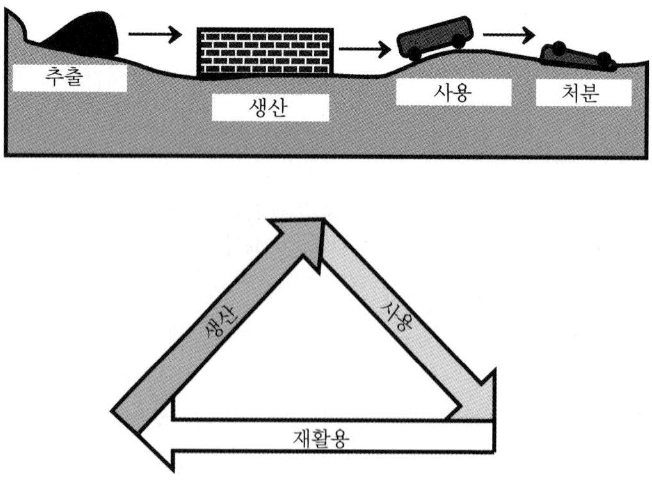

그림 16.10 일방적인 경로의 전통적 자원 활용에서는 많은 양의 재료가 소비되고 많은 양의 폐기물이 생성된다(위). 이상적인 산업 생태계에서는 닫힌 순환 구조가 만들어져, 사용된 제품은 생산 과정에 재활용된다(아래).

버려진다. 이렇게 본질적으로 일방적인 경로를 통해 금속 광석과 같은 자원은 상대적으로 지나치게 개발되고 폐기물은 지속적으로 축적된다. 그러나 이와 같은 일방적인 경로는 그림 16.10의 아래쪽에 나타낸 것처럼, 제조된 제품이 사용되고 수명이 다할 때 재활용되는 순환 과정으로 전환될 수 있다. 이러한 순환 체계의 한 가지 모습으로서 제조업체가 제품에 대하여 책임을 지는 것, 즉 '관리자 정신(stewardship)'을 갖는 것이 대체로 유익하다. 이상적인 시스템의 경우, 생산품과 그 속의 재료는 끝이 없는 상품 수명 순환에 들어가게 된다. 즉, 생산품이 수명을 다하는 경우에는 새롭게 재생되거나 다른 생산품으로 전환되게 된다.

상품 수명 순환을 고려할 때, 상업이 두 가지 광범위한 범주인 **상품(product)**과 **서비스(service)**로 구분될 수 있다는 점을 주목해야 한다. 대부분의 상업 활동은 많은 양의 상품을 공급하는 것에 집중되어 왔지만, 수요는 대체로 전체 인구 중 일부분에게만 충족되어 왔다. 이제 더 부유해진 경제는 보다 서비스 기반 시스템 쪽으로 향하고 있다. 현대 사회에서 일어나는 상업은 서비스와 상품의 조합으로 구성된다. 서비스업 경제 쪽으로 이동하는 경향은 폐기물을 최소화하는 데 있어 두 가지 주요한 이점을 제공한다. 첫 번째는 명백한 말이지만 순수한 서비스가 물질적인 것을 거의 사용하지 않는다는 것이다. 두 번째는 서비스 공급자가 재료를 관리하여 그 재료를 재활용하고 폐기물을 제어하기에 더 좋은 위치에 있다는 점이다. 또 서비스 공급자는 폐기물을 적절히 처분하기에도 더 유리하다. 이에 대해 흔히 인용되는 예는 복사기이다. 복사기는 서비스를 공급하는 상품이며, 오래 사용된 복사기의 경우 유지 관리가 필요하다. 복사기의 부품과 토너 같은 소비성 물질은 종국에는 처분되거나 재활용되어야 한다. 이 경우, 사용자는 복사기를 임차하여 사용할 수 있으며, 공급자는 복사기의 유지 관리와 궁극적인 처분에 대하여 책임을 진다.

16.17.1 상품에 대한 관리 책임

상품이 재활용되는 정도는 상품을 어떻게 관리하느냐에 따라 결정된다고 할 수 있다. 배터리를 예로 들어 보자. 대중은 계산기, 카메라 등의 다양한 제품에 사용되는 배터리를 구입한다. 이 배터리에는 카드뮴이나 수은이 포함되어 있는데, 이것들이 도시 쓰레기 매립지에 버려진다면 심각한 오염 문제가 발생할 수 있다. 그러나 만일 어떤 한 조직 내에서 배터리가 사용된다면, 대부분의 배터리는 쉽게 수거되고 재활용될 수 있을 것이다. 이와 같은 경우 마케팅 담당자나 제조업자가 상품에 대한 관리의 상당 부분을 담당하는 관리 시스템을 만들 수 있다. 이를 수행하는 방법은 여러 가지가 있으며, 이 중 하나는 복사기의 경우처럼 제조업체가 제품의 소유권을 가지는 경우이다. 또 소비자가 판매자로부터 신

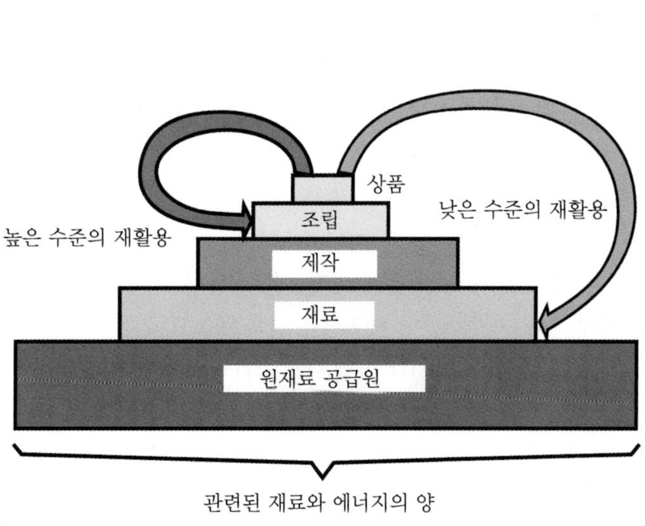

그림 16.11 재료 흐름도 또는 에너지/재료 피라미드. 재료 흐름도의 끝 부근에서 재활용이 이루어지면, 더 적은 에너지, 더 적은 물질이 사용되며 내재적 유용성이 유지된다.

품을 구입할 때 구입 대금의 일부로 중고품을 건네주는 방식도 있다. 중금속을 포함하는 배터리의 경우는 이러한 접근 방식이 매우 효과적으로 적용될 수 있다. 즉, 소비자가 폐배터리를 판매업체에게 되돌려 줌으로써 새 배터리의 가격을 할인받을 수 있게 하는 것이다.

16.17.2 내재적 유용성

그림 16.11의 '에너지/재료 피라미드'는 원재료가 최종 상품으로 전환되면서 이와 관련된 에너지와 재료의 양이 감소하는 것을 보여 준다. 이 그림으로부터 재활용이 재료 흐름도의 바닥보다는 상단에서 이루어질 때 훨씬 더 적은 에너지와 확실히 더 적은 추가 재료가 사용된다는 것을 알 수 있다.

낮은 수준의 재활용에서는 사용된 재료나 성분이 그것을 만드는 과정의 거의 시작 단계까지 되돌아간다. 예를 들어, 자동차 엔진 블록은 새 블록을 주조하는 데 사용되는 금속 용융물로 녹일 수 있다. 높은 수준의 재활용에서는 상품이나 재료가 가능한 최종 제품에 가깝게 재활용된다. 자동차 엔진 블록의 경우에는 세척할 수 있고 실린더 벽을 다시 설치할 수 있으며, 평평한 표면은 교체할 수 있고, 중고 엔진을 조립하기 위한 플랫폼으로 사용할 수 있다. 이 사례와 기타 많은 예에서 높은 수준의 재활용은 에너지와 재료를 훨씬 적게 사용하고 본질적으로 더 효율적임을 알 수 있다.

재료 흐름도 상단에서 이루어지는 상품 재활용의 높은 활용도와 낮은 에너지 요구 조건을 **내재적 유용성(embedded utility)**이라고 한다. 상품의 내재적 유용성을 유지하는 것은 산업 생태계의 주요 목표 중 하나이며, 상품 수명 순환 평가의 주요 이유 중 하나이다. 내재적 유용성은 가능한 한 재료 흐름도 끝부분에서 재활용하고 닳아서 없어지거나 수명이 다한 구성 성분만 교체하는 조치에 의해 유지될 수 있다. 1960년대에 있었던 항공기 수명과 관련된 사례는 후자의 경우에 해당한다. 이 사례에서는 여전히 사용 가능한 상용 항공기 기체에 상대적으로 복잡한 피스톤 엔진을 효율적이고 신뢰성이 높은 터보프로펠러 엔진으로 교체 장착하여 항공기 수명을 10년 이상 늘렸다.

16.18 환경을 위한 설계

환경을 위한 설계(design for environment)는 다양한 환경 악영향을 최소화하고 가능한 한 환경에 도움이 되도록 생산품, 공정, 설비를 설계하는 방법을 이르는 용어이다. 현대 산업 운영에서, 환경을 위한 설계는 'X를 위한 설계'라는 보다 큰 계획의 일부이며, 여기에서 'X'는 조립, 제조 가능성, 신뢰성, 사용 가능성과 같은 여러 특성 중 하나일 수 있다. 이러한 설계를 수행할 때는 궁극적인 용도, 성질, 비용, 외관 등 수많은 유용한 특성을 고려해야 한다. 환경을 위한 설계에서 요구되는 사항들은 환경의 질 유지를 위해 설정된 적절한 환경 목표와 규제에 부합하는 상품의 설계, 제조 공정, 제조 설비이다. 또한 상품의 궁극적인 운명, 특히 상품의 정상 수명이 다했을 때 재활용이 가능한지도 고려해야 한다.

16.18.1 생산품, 공정, 설비

환경을 위한 설계를 논할 때는 생산품, 공정, 설비의 구분을 명확히 해 두어야 한다. 자동차 타이어, 세탁 세제, 냉장고와 같은 **생산품(product)**은 소비자들에게 팔리는 품목이다. **공정(process)**은 생산품과 서비스를 생산하는 수단이다. 예를 들어, 타이어는 탄화수소 단량체가 중합되어 고무가 되고, 합성섬유와 강철선으로 강화된 카커스(carcass)와 함께 타이어의 형태로 형상화되는 공정으로 만들어진다. **설비(facility)**는 생산품 또는 서비스를 공급하기 위하여 공정이 수행되는 곳이다. 서비스가 생산품으로 간주되는 경우, 생산품과 공정 사이의 구분은 모호하게 된다. 예를 들어, 잔디 관리 서비스는 비료, 살충제, 잔디 씨 형태의 생산품뿐만 아니라, 잔디를 깎고, 가장자리를 매만지며, 토양을 통기하는 순수한 서비스도 제공한다.

환경 문제를 고려할 때 주로 **생산품**이 대중의 주목을 가장 많이 받는 경향이 있지만, **공정**이 더 큰

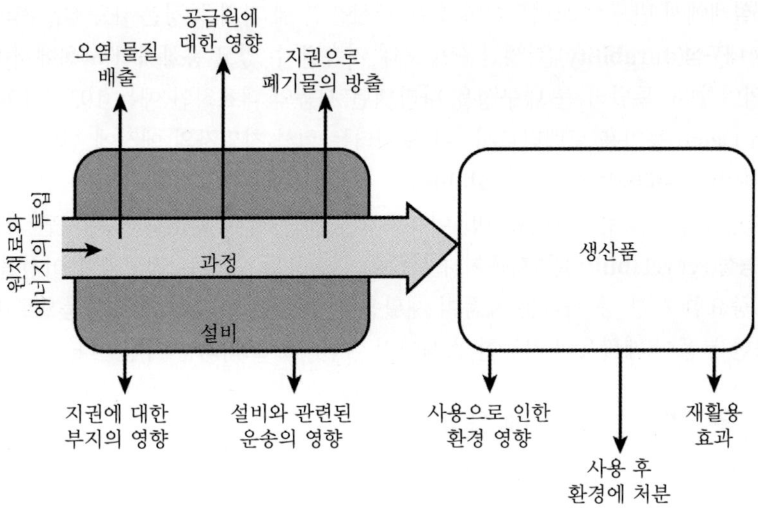

그림 16.12 상품 수명 순환 평가와 환경을 위한 설계에서는 공정, 설비, 생산품이 환경과 공급원에 미치는 영향을 고려해야 한다.

환경 영향을 미치는 경우가 많다. 성공적으로 설계된 공정은 여러 해 동안 계속 적용되고 다양한 생산품을 만드는 데 이용되는 경향이 있다. 어떤 공정의 경우, 그 생산품은 환경에 미미한 영향을 줄 뿐이지만, 공정 자체는 심각한 환경적 영향을 미칠 수 있다(그림 16.12). 그 대표적인 예는 종이의 제조이다. 생산품으로 종이의 환경 영향은 그리 크지 않지만, 종이를 만드는 공정은 숲에서 나무를 벌목하고, 많은 양의 물을 사용하며, 많은 대기 오염 물질을 방출하고, 기타 심각한 환경 영향을 동반한다.

어느 한쪽이 다른 쪽에서 활용할 수 있는 생산품이나 서비스를 제공하는 경우, 공정은 공생 관계를 발전시킨다고 할 수 있다. 강철을 생산하기 위하여 용융된 철 속의 탄소와 규소 불순물을 산화시키는 공정에는 산소가 필요하다. 따라서 철 제조와 산소 생산 공정은 이런 공생 관계의 한 가지 예로 간주될 수 있다. 수요가 많은 공정은 지속적으로 광범위하게 사용되기 때문에, 그 공정에 대하여 환경을 위한 설계를 하는 것은 지극히 중요하다.

적절하게 작동하는 산업 생태계의 특징은 공정들이 매우 밀접하게 서로 연결되어 있다는 것이다. 이것은 일부 공정에서 발생하는 부산물이 다른 공정에서 사용되기 때문이다. 따라서 그러한 생태계에서 이용되는 여러 공정과 그들 사이의 상호 관계, 그리고 상호 의존성은 특별히 중요하다. 한 공정에서 중대한 변화가 일어나면 다른 공정들에 '도미노 효과'를 미칠 수 있다.

16.18.2 환경을 위한 설계의 핵심 요소들

환경을 위한 설계를 수행할 때, 재료와 에너지에 대한 선택을 고려하는 것은 필수적이다. 자동차의 재료 선택 과정에서 재료와 에너지에 대한 장단점을 고려하고 이에 대한 균형 유지의 가능성을 따져 볼 수 있다. 자동차 차체의 구성 성분인 강철은 제조하는 데 많은 양의 에너지가 필요한 재료이며, 철광석은 채굴하고 제련하는 과정에서 큰 환경 파괴를 유발할 수 있다. 강철은 상대적으로 무거운 재료이기 때문에 강철로 만든 자동차를 움직이는 데는 많은 에너지가 사용된다. 그러나 강철은 내구성이 크고 재활용률이 높으며, 애초부터 풍부한 철광석 원료로부터 생산된다. 알루미늄은 강철에 비해 훨씬 가볍고 내구성도 꽤 뛰어나며, 가장 흔하게 재활용되는 재료 중 하나이다. 그러나 좋은 알루미늄의 1차 공급원인 보크사이트(bauxite) 광석은 철광석만큼 풍부하지 않으며, 알루미늄을 생산하는 데는 많은 에너지가 소요된다. 플라스틱은 자동차 부품의 또 다른 공급원이다. 플라스틱의 가벼운 중량은 자동차의 연료 소모량을 줄이고, 원하는 특성을 지닌 플라스틱은 쉽게 만들어지며, 플라스틱 부품을 만드는 것은 매우 간단한 공정이다. 그러나 플라스틱 자동차 부품은 재활용률이 낮다.

환경을 위한 설계에서 반드시 고려되어야 하는 생산품의 세 가지 특징은 내구성, 수리 가능성, 재활용 가능성이다. **내구성(durability)**은 생산품이 오래 지속될 수 있고 통상적인 사용에서 파손의 가능성이 작은 것을 의미한다. 특별히 큰 내구성을 나타냈던 제품의 대표적인 예는 1930~1940년대에 생산된 2-기통 John Deere 농업용 트랙터로서, 이 트랙터는 회사 창업자의 애정에 힘입어 업계에 내구성의 전설로 남아 있다. **수리 가능성(repairability)**은 제품을 수리하는 것이 얼마나 쉽고 저렴한가를 나타내는 척도이다. 수리 가능한 제품은 어떤 이유로 기능에 문제가 생겼을 때 폐기될 가능성이 상당히 작다. **재활용 가능성(recyclability)**은 제품이나 부품이 재활용될 수 있는 정도와 용이성을 의미한다. 재활용 가능성의 중요한 사항 중 하나는 제품이 재활용할 수 있는 단일 소재의 부품으로 나눠는 분해의 용이성이다. 또한 부품이 재활용이 가능한 소재인지 아닌지도 고려되는 사항이다.

16.18.3 환경을 위한 설계와 유해 물질

환경을 위한 설계에서 고려되어야 하는 또 다른 핵심 사항은 유해 물질과 오염 물질의 분산을 줄이는 것이다. 이를 위해서는 제조 과정에서 사용되는 유해 물질을 줄이거나 없애야 한다. 예를 들어, 거품 플라스틱 제조에 사용되는 성층권 오존 파괴 물질인 CFCs를 대체하는 것이다. 적절한 대체제를 개발하여 부품 세척과 같은 공정에서 유독하고 지속성이 강한 염소계 용매를 더 이상 사용하지 말아야 한다. 배터리에 포함된 유독성 카드뮴, 수은, 납과 같이 제품에 유해 물질을 사용하는 것을 금지하거나 최소화해야 한다. 사용 가능한 대체제가 조금이라도 있는 경우, 중금속 카드뮴이나 납이 함유된 색소를 사용해서는 안 된다. 냉장고와 에어컨과 같은 제품에 들어 있는 오존 파괴 물질 CFCs를 수소클로로플루오로탄소(HCFC)와 수소플루오로탄소로 대체하는 것은 환경적으로 파괴적인 물질을 크게 줄이는 예이다. 전기 변압기에서 매우 지속적으로 사용되어 왔던 PCBs를 제거하면서, 일상적인 전기 제품 사용으로 인해 발생하는 주요 유해 폐기물 문제는 사라졌다.

16.19 본질적 안전성

1860년대에 California의 Central Pacific Railroad 건설에 사용된 나이트로글리세린(nitroglycerin)으로 인한 피해 사례는 재료의 안전한 취급에 대한 교훈을 남겼다. 1866년 4월 3일에 California를 출발한 증기선 European에 적재된 70개의 나이트로글리세린 상자가 파나마의 Caribbean 해안가에서 폭발하여, 50명의 사람이 희생되었고 많은 재산 피해가 발생하였다. 그로부터 겨우 2주 후, 이와 같은 위험성 때문에 선적이 거부되었던 또 다른 두 개의 나이트로글리세린 상자가 불행히도 San Francisco의 Wells Fargo 회사의 사무실에서 폭발하였으며, 이 사고로 인해 15명이 희생되었고 엄청난 재산 피해가 초래되었다. 이틀 후에는 Sierra Nevada 산맥의 Central Pacific Railroad 작업 중, 효과가 작은 흑색 화약 대신 나이트로글리세린을 사용하는 과정에서 폭발 사고가 일어났고, 이로 인해 여섯 명의 작업자가 희생되었다. 이러한 사고가 연이어 발생하자, California 입법 관계자들은 San Francisco와 Sacramento를 통해 나이트로글리세린을 수송하는 것을 금지하는 법안을 신속히 통과시켰다.

California 당국이 취한 조치로 인해 폭발력이 강한 나이트로글리세린의 사용이 어렵게 되고, 이로 인해 Central Pacific Railroad 건설이 지연되는 것처럼 보였다. 하지만 영국의 화학자인 James Howden은 대규모 Central Pacific Railroad 건설 프로젝트를 위해 나이트로글리세린을 현장에서 생산하는 계약을 따냈고, 폭발 사고로 인한 부상 사고 없이 이 폭발물을 하루에 100파운드까지 만들어 냈다. 이것은 재료의 안전 취급에 대한 초기 예라 할 수 있다. 나이트로글리세린을 제조하기에 필요한 물질들인 글리세린, 황산, 질산은 비교적 안전하게 현장까지 운반될 수 있다. 진짜 위험한 나이트로글리세린은 폭발을 일으킬 수 없도록 한 장소에 절대로 많은 양을 두지 않고 필요한 경우에만 제조되었다. 마지막으로 나이트로글리세린은 짧은 거리만 운송되어 악명 높은 민감한 폭발물로 인한 수송 사고

가능성을 크게 줄일 수 있었다.

화학 공정에 특정 위험을 줄이거나 제거하는 영구적 조치를 통합시켰을 때, 그 화학 공정은 본질적으로 안전하다고 말할 수 있다. 다음과 같은 5가지 접근 방식을 통하여 본질적으로 안전한 화학 공정을 확보할 수 있다.

1. 유해 물질은 **최소량**만 사용하라. 방금 설명한 예에서, 나이트로글리세린은 필요한 때에 한번에 사용되는 비교적 적은 양으로 만들어졌다.
2. **위험성이 작은 물질**을 사용하라. 1867년에 Alfred Nobel은 다이너마이트를 발명하였다. 이것은 톱밥과 같은 운반체에 흡수된 나이트로글리세린으로 만들어져 있고, 순수한 나이트로글리세린과 같은 폭발력을 지니지만 훨씬 안전하게 취급될 수 있었다.
3. **안전한 조건**을 이용하라. 이것은 화학 공정에서 낮은 온도와 압력에서 촉매 작용하에 반응을 수행하는 것으로, 이 경우에는 문제가 발생하더라도 그 위험성은 덜 치명적이다.
4. **단순화**하라. 일반적으로 더 단순한 공정이 더 안전한 공정이다. 공정의 단계가 추가될수록, 문제가 발생할 가능성도 커진다.
5. 지속적인 **일정 상태 운영(steady-state operation)**을 극대화하라. 연속적인 공정으로 시동과 종료 시에 발생할 수 있는 문제를 피할 수 있다.

16.19.1 규모 축소를 통한 안전성 향상

안전성은 '녹색 반응조'를 사용하여 향상시킬 수 있다.[11] 녹색 반응조는 **소형화(minimization)** 전략으로, 공정 운영과 재료의 양을 줄이는 단순한 처방이다. 최소화의 일반적인 예는 대형 회분식 공정(batch process)을 소형 연속 흐름 반응조(continuous flow reactor)로 대체하는 것이다(그림 16.13). 회분식 실험실 공정에서 상업적 생산으로 확장할 때, 대형 회분식 반응로를 사용하는 경우가 많았다. 많은 양의 물질을 포함하는 반응로는 고장이 발생할 경우, 제어되지 않은 폭주 반응 같은 매우 큰 문제를 일으킬 수 있다. 그러한 반응로는 반응 물질이 오랜 시간 동안 접촉해야 하는 느린 혼합과 가열 때문에 많이 사용되어 왔다. 하지만 실제 반응은 반응 물질이 접촉하면 매우 빠르게 일어나는 경우가 많다. 따라서 반응 공정에서 물질의 양을 상당히 많이 줄이도록 효율적인 혼합과 빠른 에너지 전달이 가능한 매우 작은 순환 회로 반응조(loop reactor)를 사용하는 것이 종종 바람직하다(그림 16.13). 그러한 경우에는 훨씬 더 적은 양이 사용되며, 만약 문제가 발생할 경우, 처리해야 할 물질의 양도 훨씬 더 적게 된다.

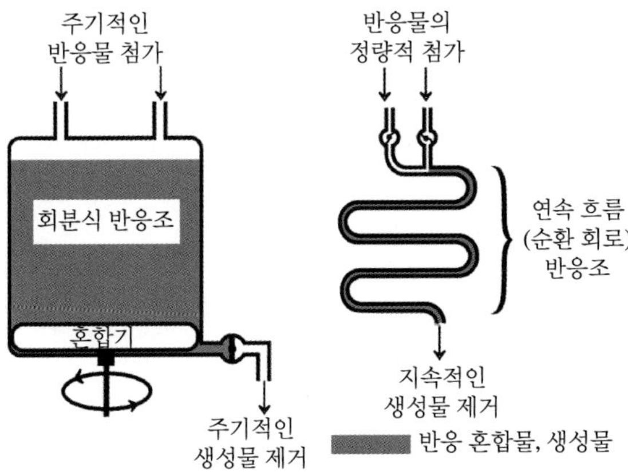

그림 16.13 화학 합성을 위한 회분식 반응조(왼쪽)와 연속 흐름 반응조(오른쪽). 연속 흐름 반응조의 경우, 반응 혼합물과 생성물의 부피가 회분식 반응조보다 훨씬 작다(일반적으로 1/100 정도)는 것을 주목하라.

16.20 산업 생태학과 생태 공학

생태 공학(ecological engineering)은 인류권, 그리고 인류권의 활동을 자연 생태계와 통합하여 상호 이익을 추구한다. 생태 공학은 산업 생태학과 많은 공통점을 가지고 있다. 생태 공학은 생태학과 공학을 결합한 것이다. 이 학문은 자연 생태계와 인류권을 통합하여 설계, 구축, 관리함으로써 생태 기술을 발전시킨다.

생태 공학 분야에서 가장 큰 성공을 이룬 예는 폐수를 처리하기 위해 습지를 건설하고 운영하는 것이다. 인공적으로 건설된 습지는 살아 있는 생물종 등의 자연 습지 성질을 그대로 흉내 내어 건설될 필요는 없다. 경우에 따라서는 전에 습지가 없었던 곳에 조성될 수도 있다. 하지만 인공 습지는 습지 기반의 생태계가 발전하고 번성할 수 있도록 해 주는 세 가지 필수 성분인 얕은 물, 햇빛, 영양분을 충분히 제공한다. 생태 공학의 다른 분야로는 복원 생태학, 식물 복원, 하천 복원, 토양 생명 공학 등이 있다. 복원 생태학은 개발로 피해를 입은 지역의 복원에 대한 학문이다. 식물 복원은 오염 지역으로부터의 오염 물질 제거를 위해 식물을 이용하는 것이며, 토양 생명 공학은 지속 가능한 방식으로 토양 침식을 줄이고 농업 생산성을 증가시키기 위해 생태계와 식물을 활용하는 응용 학문이다.

미국에서 현재까지 생태 공학을 기반으로 한 가장 야심찬 프로젝트는 Florida 습지(Everglades)의 복원이다. 미 육군 공병단이 수행한 수로 건설 프로젝트에 의해 이 습지는 물이 빠지고 손상된 거대한 땅이 되었다.[12] 이제 그 피해를 되돌리기 위한 엄청난 노력이 진행 중이다. 복원될 습지는 결코 인간이 개입하기 전의 모습이 아닐 것이지만, 프로젝트가 성공적으로 완료되면 악어와 다른 야생 동물, 그리고 궁극적으로 인간의 이익에 맞도록 습지의 기능이 회복될 것이다.

참고문헌

1. Frosch, Robert A., and Nicholas E. Gallopoulos, "Strategies for manufacturing," *Scientific American*, **261**, 94–102, 1989.
2. Manahan, Stanley E., *Green Chemistry and the Ten Commandments of Sustainability*, 3rd ed., ChemChar Research, Columbia, MO, 2011.
3. Anastas, Paul T., and John C. Warner, *Green Chemistry: Theory and Practice*, Oxford University Press, New York, NY, 2000.
4. Wu T., and B. Han, "Supercritical Carbon Dioxide (CO_2) as Green Solvent," *Encyclopedia of Sustainability Science and Technology*, Springer, New York, NY, 2019, https://doi.org/10.1007/978-1-4939-2493-6_391-3.
5. Zhen, Fang, Richard L, Smith, and Lujiang Xu, *Production of Biofuels and Chemicals with Pyrolysis*, Springer, New York, NY, 2020.
6. Punekar, N. S., *Enzymes: Catalysis, Kinetics and Mechanisms*, Springer, New York, NY, 2018.
7. Bonfield, Holly E., et al., "Photons as a 21st Century Reagent, Nature Communications," **11**, 2020, https://doi.org/10.1038/s41467-019-13988-4.
8. Sicre, Salvatore, *Catalytic Applications of Titanium Dioxide*, Elsevier, New York, NY, 2021.
9. Weisz, Helga, Sangwon Suh, and Thomas E. Graedel, "Industrial Ecology: The Role of Manufactured Capital in Sustainability," *Proceedings of the National Academy of Sciences of the United States of America*, **112**, 6260–6264, 2015.
10. Tolstykh, Tatyana, Nadezhda Shmeleva, and Leyla Gamidullaeva, "Evaluation of Circular and Integration Potentials of Innovation Ecosystems for Industrial Sustainability," *Sustainability*, 2020.
11. Mosher, Christopher Z., et al., "Green Electrospinning for Biomaterials and Biofabrication," *Science*

Daily, **13**, 2021, 035049 DOI: 10.1088/1758-5090/ac0964.

12. "Recent Developments in Everglades Restoration," Special Report from the Congressional Research Service, 2021.

보충자료

Abraham, Martin, *Encyclopedia of Green Technologies, Elsevier*, Amsterdam, the Netherlands, 2017.

Allen, David T., and David R. Shonnard, *Green Engineering: Environmentally Conscious Design of Chemical Processes*, Prentice Hall, Upper Saddle River, NJ, 2002.

Anastas, Paul, Ed., *Handbook of Green Chemistry*, Wiley-VCH, New York, NY, 2013.

Ayres, Robert U., and Leslie W. Ayres, Eds., *A Handbook of Industrial Ecology*, Edward Elgar Publishing, Cheltenham, UK, 2002.

Ayres, Robert U., and Benjamin Warr, *The Economic Growth Engine: How Energy and Work Drive Material Prosperity*, Edward Elgar, Northampton, MA, 2009.

Beer, Tom, and Alik Ismail-Zadeh, *Risk Science and Sustainability: Science for Reduction of Risk and Sustainable Development for Society*, Kluwer Academic, Boston, MA, 2003.

Blewitt, John, *Understanding Sustainable Development*, 3rd ed., Routledge, New York, NY, 2017.

Boodhoo, Kamelia, and Adam Harvey, Eds., *Process Intensification Technologies for Green Chemistry: Engineering Solutions for Sustainable Chemical Processing*, Wiley, Hoboken, NJ, 2013.

Clark, James, and Duncan MacQuarrie, *Handbook of Green Chemistry and Technology*, Blackwell Science, Malden, MA, 2002.

Curran, Mary Ann, *Life Cycle Assessment Handbook*, Wiley, New York, NY, 2021.

Deutz, Pauline, and Donald Lyons, *International Perspectives on Industrial Ecology*, Edward Elgar Publishing, Cheltenham, UK, 2015.

Doble, Mukesh, and Anil Kumar Kruthiventi, *Green Chemistry and Processes*, Elsevier, Amsterdam, 2007.

Doxsee, Kenneth M., and James E. Hutchison, *Green Organic Chemistry: Strategies, Tools, and Laboratory Experiments*, Thomson-Brooks/Cole, Monterey, CA, 2004.

El-Haggar, Salah M., *Sustainable Industrial Design and Waste Management: Cradle-to-Cradle for Sustainable Development*, Elsevier Academic Press, Amsterdam, 2007.

Graedel, Thomas E., and Braden R. Allenby, *Industrial Ecology*, 2nd ed., Prentice Hall, Upper Saddle River, NJ, 2003.

Graedel, Thomas E., and Braden R. Allenby, *Industrial Ecology and Sustainable Engineering*, Prentice Hall, Upper Saddle River, NJ, 2009.

Graedel, Thomas E., and Jennifer A. Howard-Grenville, *Greening the Industrial Facility: Perspectives, Approaches, and Tools*, Springer, Berlin, 2005.

Green, Ken, and Sally Randles, Eds., *Industrial Ecology and Spaces of Innovation*, Northampton, MA, 2006.

Gupta, Surendra M., and A. J. D. Lambert, Eds., *Environment Conscious Manufacturing*, Taylor & Francis/CRC Press, Boca Raton, FL, 2008.

Hauschild, Michael Z., Ralph K. Rosenbaum, and Stig Irving Olsen, *Life Cycle Assessment: Theory and Practice*, Springer, New York, NY, 2017.

Hendrickson, Chris T., Lester B. Lave, and H. Scott Matthews, *Environmental Life Cycle Assessment of Goods and Services: An Input–Output Approach*, Resources for the Future, Washington, DC, 2006.

Horvath, Istvan T., and Paul T. Anastas, "Innovations and Green Chemistry," *Chemical Reviews*, **107**, 2169–2173, 2007.

Hunkeler, David, Kerstin Lichtenvort, and Gerald Rebitzer, Eds., *Environmental Life Cycle Costing*, Taylor & Francis/CRC Press, Boca Raton, FL, 2008.

Islam, M. Rafiqul, Ed., *Nature Science and Sustainable Technology*, Nova Science Publishers, New York,

NY, 2007.

Jiménez-González, Concepción, and David J. C. Constable, *Green Chemistry and Engineering: A Practical Design Approach*, Wiley, Hoboken, NJ, 2011.

Jolliet, Olivier, and Myriam Saade-Sbeih, *Environmental Life Cycle Assessment*, CRC Press, Boca Raton, FL, 2015.

Kaliaguine, Serge, and Jean-Luc Dubois, Eds., *Industrial Green Chemistry*, De Gruyter, Berlin, 2021.

Keeler, Marian, and Prasad Vaidya, *Fundamentals of Integrated Design for Sustainable Building*, 2nd ed., John Wiley & Sons, Hoboken, NJ, 2016.

Kerton, Francesca, and Ray Marriott, *Alternative Solvents for Green Chemistry*, 2nd ed., Royal Society of Chemistry, London, 2013.

Krasny, Marianne E., and Keith G. Tidball, *Civic Ecology: Adaptation and Transformation from the Ground Up (Urban and Industrial Environments)*, MIT Press, Cambridge, MA, 2015.

Kutz, Myer, Ed., *Environmentally Conscious Transportation*, Wiley, Hoboken, NJ, 2008.

Lankey, Rebecca L., and Paul T. Anastas, Eds., *Advancing Sustainability through Green Chemistry and Engineering*, American Chemical Society, Washington, DC, 2002.

Lifset, Reid, and Thomas E. Graedel, "Industrial Ecology: Goals and Definitions," in *A Handbook of Industrial Ecology*, Robert U. Ayres and L. Ayres, Eds., Edward Elgar, Cheltenham, UK, 2002.

McDonough, William, and Michael Braungart, *Cradle to Cradle: Remaking the Way We Make Things*, North Point Press, New York, NY, 2002.

Nelson, William M., *Green Solvents for Chemistry: Perspectives and Practic*e, Oxford University Press, New York, NY, 2003.

Nelson, William M., Ed., *Agricultural Applications in Green Chemistry*, Oxford University Press, New York, NY, 2004.

Roorda, Niko, *Fundamentals of Sustainable Development*, Routledge, New York, NY, 2012.

Sachs, Jeffrey D., *The Age of Sustainable Development*, Columbia University Press, New York, NY, 2015.

Schniederjans, Marc J., and Stephen B. LeGrand, *Reinventing the Supply Chain Life Cycle: Strategies and Methods for Analysis and Decision Making*, FT Press (Pearson Education), Upper Saddle River, NJ, 2012.

Sellers, Kathleen, *Product Stewardship: Life Cycle Analysis and the Environment*, CRC Press, Boca Raton, FL, 2015.

Socolow, Robert, Clinton Andrews, Frans Berkhout, and Valerie Thomas, Eds., *Industrial Ecology and Global Change*, Cambridge University Press, New York, NY, 1994.

Tundo, Pietro, Alvise Perosa, and Fulvio Zecchini, *Methods and Reagents for Green Chemistry*, Wiley-Interscience, Hoboken, NJ, 2007.

Tundo, Pietro, and Vittorio Esposito, Eds., *Green Chemical Reactions*, Springer, Dordrecht, the Netherlands, 2008.

Viegas, Jennifer, Ed., *Critical Perspectives on Planet Earth*, Rosen Publishing Group, New York, NY, 2007.

Von Gleich, Arnim, Robert U. Ayres, and Stefan Gössling-Reisemann, Eds., *Sustainable Metals Management: Securing Our Future—Steps towards a Closed Loop Economy*, Springer, Dordrecht, the Netherlands, 2006.

Washington, Haydn, *Demystifying Sustainability: Towards Real Solutions*, Routledge, New York, NY, 2015.

Wypych, George, *Databook of Green Solvents*, 2nd ed., Elsevier, Amsterdam, the Netherlands, 2019.

연습문제

1. 리그린(lignin)은 풍부함에도 불구하고, 원재료가 되기 힘든 이유는 무엇인가?
2. 다음 화합물이 위험물로 분류될 수 있는 구조적 특징은 무엇인가? 또 위험성의 본질은 무엇인가?

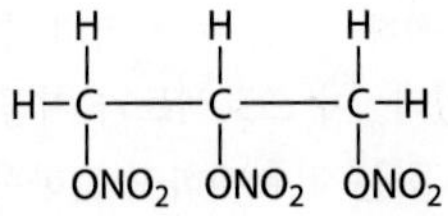

3. 녹색 화학 합성에 있어, 탄산 다이메틸과 같은 탄산 다이알킬의 잠재적 용도는 무엇인가?
4. 유기 용매는 반응 매체 용도 이외에 어디에 사용될 수 있는가? 그러한 사용에 대한 유기 용매의 단점에는 어떠한 것들이 있는가?
5. 반응 시약과 상호 작용함에 있어 물의 가장 큰 단점은 무엇인가? 다양한 생물학적 근원의 용질을 위한 용매로서 물의 가장 큰 장점은 무엇인가?
6. 농축상 유체란 무엇인가? 매우 높은 압력과 다소 높은 온도에서 생성되는 농축상 이산화 탄소는 어떤 형태인가?
7. 초임계 유체 이산화 탄소 용매는 어떤 장점이 있는가? 어떤 경우에 이산화 탄소의 휘발성이 장점으로 작용하는가?
8. 전자와 광자가 촉매로 작용할 수 있음을 설명하시오. 이들은 어떠한 관점에서 '질량이 없는' 시약인지 설명하시오.
9. 인터넷을 참조하여 암모니아 합성에 사용되는 Haber 공정을 살펴보시오. Haber 공정과, 이를 대신할 수 있는 생물학적 대안에 대하여 녹색 화학의 틀 안에서 그 반응 조건과 장단점을 비교하고 논하시오.
10. 인터넷을 참조하여 '녹색 화학 대통령상'에 대해 살펴보시오. 얻은 정보로부터 산업적 규모로 적용 가능한 녹색 화학의 예들을 열거하시오.
11. 산업 생태학과 녹색 화학의 관계는 무엇인가? 또 산업 생태학과 녹색 화학이 어떤 점에서 서로 보완적인지 설명하시오.
12. '지휘 통제'의 의미는 무엇인가? 오염 제어에 있어 이 방법의 한계는 무엇인가?
13. 녹색 화학의 적용은 어떤 의미에서 '자연스러운' 자체 조절 수단으로 환경의 질을 개선할 수 있는지를 설명하시오.
14. 녹색 화학의 적용에 있어 지속 가능성의 역할은 무엇인가?
15. 원자 경제를 정의하시오. 또 원자 경제는 어떤 의미에서 녹색 화학의 적용에 핵심 인자로 작용하는지를 설명하시오.
16. 생물학적 생태계에서 일어나는 무기물화의 현상을 살펴보시오. 이 무기물화 현상과 유사한 과정으로 산업 생태학에서 일어나는 과정 한 가지를 들고 설명하시오.
17. 산업 물질대사, 산업 생태계, 지속 가능한 개발이라는 용어는 산업 생태학과 어떻게 관련되어 있는가?
18. 공생의 정의를 참조하고, 산업 공생의 의미가 무엇인지 설명하시오. 또 산업 공생은 산업 생태학과 어떤 관련이 있는지 설명하시오.
19. "운영 중인 산업 생태계에서는 에너지만 소비된다."는 진술을 정당화하거나 반박하시오.
20. 어떤 의미에서 소비자 부문이 산업 생태계에서 가장 어려운 부분인지 설명하시오.
21. 어떤 의미에서 '달 정거장'이나 화성 식민지가 산업 생태학 실행을 발전시킨다고 할 수 있는지 설명하시오.
22. 1940년대와 1950년대의 전자 기기의 특성에 관한 정보를 찾아보시오. 어떤 의미에서 현대의 전자 기기가 탈물질화(적은 물질 사용)와 물질 대체(희소 물질을 더 흔한 물질로 교체)의 두 가지 효과를 실현할 수 있는지 설명하시오.
23. Kalundborg 산업 생태계를 뒷받침하는 기업들은 어느 기업들인가? 이 기업들을 Iowa 주 시골 지방에 구성된 산업 생태계의 기본적인 기업들과 비교하여 설명하시오.
24. '재활용을 위한 설계(design for recycling, DFR)'는 내재적 유용성과 어떤 관계가 있는지 설명하시오.
25. 소비성 상품, 내구성 상품, 재활용 가능한 상품을 구별하여 설명하시오.
26. 소비성 상품으로서의 비누가 '환경 친화적인' 상품으로 분류될 수 있는 기준을 나열하시오.
27. 대학교를 산업 생태계로 간주할 때, 궁극적인 '소비자'는 교육받은 졸업생을 채용하여 활용하는 사회라고 할 수 있다. 대학교가 산업 생태계의 모델에 들어맞을 수 있는 방식과 그럴 수 없는 방식에 대하여 설명하시오. 재활용의 개념은 존재하는가? 또 대학교가 더욱 효율적인 생태계가 될 수 있는 방법을 제안할 수 있는가?
28. Mississippi 강 어귀 근처의 많은 양의 물을 우회시켜 미국 남부를 가로질러 남부 California 및 북부 멕시코

에 공급하는 엄청난 시스템의 건설을 가정해 보자. 두 지역의 중간에 위치한 Texas 주의 거대한 풍력 발전소 전력은 이 프로젝트를 가능하게 할 수 있다. 이 프로젝트가 어떻게 하나의 산업 생태계를 만들 수 있는지, 그리고 이 산업 생태계는 무엇을 포함해야 하는지에 대하여 논하시오. 장점과 단점을 제시하시오.

29. 앞 문제에서 제시된 프로젝트에서 사용되는 Mississippi 강물은 인산염, 무기 질소, 포타슘의 조류(식물) 영양소를 포함하고 있다. 이것은 강어귀인 멕시코 만의 넓은 지역에 과도한 식물 생장(부영양화)을 유발한다. 이 물은 산소 요구량이 높은 유기 물질, 실트, 산업 화학 약품을 상당량 포함하고 있으며, 부영양화와 함께 연중 특정 시기에 멕시코 만에 '죽음의 지대(dead zone)'를 만든다. 이러한 물 오염 문제를 완화하고 최종 사용자에게 깨끗한 물을 제공하기 위해, 위에서 제안된 물 프로젝트에 생태 공학은 어떻게 적용될 수 있을지 설명하시오.
30. 경제의 세계화는 논쟁의 여지가 있는 주제이다. 세계화가 산업 생태학의 실행과 어떻게 관련이 될 수 있는지 설명하시오. 또 세계화가 산업 생태학의 실행에 도움이나 해를 줄 수 있는 경우를 설명하시오.

17 자원과 지속 가능한 물질

17.1 우리는 필요한 물질들을 어디에서 얻을 수 있는가?

인류에게 직면한 가장 큰 도전 과제 중 하나는 물질적으로 더욱 풍요로운 생활을 영위하고자 하는 욕망을 충족하기 위해 인간이 필요로 하는(또는 최소한 요구되는) 물질에 대한 수요가 다양해지고 증가한다는 것이다. 이러한 수요의 증가가 경제에 미치는 영향으로, 특히 2005~2008년 동안 원유, 알루미늄, 구리, 납, 아연, 비료용 인산염 광물 및 기타 원자재 가격을 증가시켜 많은 다른 상품들의 가격을 급등하게 하였다. 이 수요는 인구 밀도가 높은 중국과 인도의 급속한 경제 발전과 주택 가치의 급상승, 주가 상승 및 신용 카드 간편 결제로 인해 경제적으로 지나친 자신감을 갖게 된 미국 소비자들의 폭증 등, 전 세계적으로 다양한 요인들에 의해 촉진되었다. 2008년 초 원유 가격이 배럴당 150달러를 웃돌면서 미국에서 휘발유 가격이 갤런당 5달러(유럽 기준으로는 여전히 저렴한)를 초과하였고, 식품 및 사료용 곡물에 대한 수요는 기록적인 수준 이상으로 계속해서 증가할 것으로 전망되었다. 심지어 도둑들이 빈집에서 알루미늄과 구리를 훔치거나 자동차의 촉매 변환기를 절단하여 귀금속을 얻을 만큼 금속 가격이 상승하였다. 2008년 중반 경, 이러한 가격 상승이 지속 불가능하게 되었고, 원유와 같은 원자재 가격이 급격히 하락하고 미국 주택 가격의 붕괴를 시작으로 급격한 조정 국면에 들어섰으며, 전 세계 대부분의 국가에서 1930년대 대공황 이후 최악의 경제 침체(매우 큰 경기 침체 또는 소규모의 공황)를 경험하게 되었다. 2023년 현재 원자재 가격이 다소 회복되었지만, 특히 공급 과잉인 일부 곡물과 석유는 가격이 여전히 낮은 수준이다.

이러한 사건은 현대 사회에서 물질의 중요성을 명확히 보여 준다. 물질의 수집, 활용 및 폐기 과정은 환경적으로 엄청난 영향을 초래한다. 지구는 더 이상 2005~2008년 동안 발생하였던, 그리고 이후 또 일어날지 모르는 물질의 과다한 소비를 감당할 수 없다. 이러한 면은 인구 수가 많고 증가하고 있는 미국, 캐나다 및 호주와 같은 현대 산업 국가에서 국민들이 높은 생활 수준을 영위하고자 하는 열망이 크다는 것을 고려하면 특히 그렇다고 할 수 있다. 전 세계 모든 사람이 보통의 미국인과 같은 생활 수준을 누리는 데 필요한 물질 수요를 충족하기 위해서는 단순한 계산으로도 '지구'와 같은 행성이 10개 이상 필요하다. 이러한 삶을 지속할 수 있게 하려면 물질이 가장 중요한 요소라는 것은 명백하다. 이 장에서는 물질과 얻어진 자원에 관해서 설명하고자 한다. 특히 에너지는 우리에게 중요한 자원으로 18장 '지속 가능한 에너지: 모든 것에 대한 열쇠'에서 에너지를 주제로 다룰 것이다.

현대 사회에서 필요한 물질은 재생이 불가능하여 **채굴(extractive)**해야 하는 것과, **재생 가능한(renewable)** 것으로 나눌 수 있는데, 채굴 산업은 지구 지각에 존재하는 대체할 수 없는 광물 자원들을 끊임없이 소모한다. 이러한 광물 자원을 이용하는 데에는 기술, 에너지 및 환경 문제 등이 서로 밀접하게 관련되어 있으며, 일반적으로 이들 중 하나의 변화는 다른 것들에 변화를 일으킨다. 예를 들어, 대기 오염을 개선하기 위해 자동차 배기가스의 오염 물질을 줄이려면, 귀중하고 한정적인 천연자원인 백금족 금속을 포함하는 촉매 장치를 사용해야 한다. 재생 불가능한 물질 자원의 소비를 줄이면서 환경 문제를 해결하기 위해서는 산업 생태 및 친환경 화학에 대한 이해가 필요하다.

재생 불가능한 광물 자원과 에너지를 같이 논의할 때, 사용 가능한 양과 관련된 두 가지 용어를 정의하는 것이 유용하다. 첫 번째는 궁극적으로 사용 가능한 것으로 추정되는 모든 양을 뜻하는 **자원(resource)**이며, 두 번째는 현재 기술로 수익성 있게 활용할 수 있는 자원을 의미하는 **매장량(reserves)**이다.

17.2 지권에서의 물질 채굴

수많은 광물이 지권에서 채굴되어 유통되는데, 예를 들어 아래의 긴 목록은 세계 광물 거래소(World Mineral Exchange)에서 발행한 채굴되는 광물 목록이다:[1] 명반석(alunite), 홍주석(andalusite), 안드라다이트(andradite), 인회석(apatite), 아라고나이트(aragonite), 비소(arsenic), 석면(asbestos), 아스팔트(asphalt), 볼 클레이(ball clay), 중정석(barites), 보크사이트(bauxite), 벤토나이트(bentonite), 녹주석(beryl), 베릴륨(beryllium), 흑운모(biotite), 비스무트(bismuth), 붕산염(borates), 붕사(borax), 반동석(bornite), 붕소(boron), 염수(brines), 황화 카드뮴(cadmium sulfide), 텔루르화 카드뮴(cadmium telluride), 방해석(calcite), 카보나타이트(carbonatite), 석석(cassiterite), 천청석(celestite), 황동석(chalcopyrite), 고령토(china clay), 크로뮴철석(chromite), 녹옥수(chrysoprase), 석탄(coal), 코발트(cobalt), 컬럼브석(columbite), 구리(copper), 강옥(corundum), 빙정석(cryolite), 규조토(diatomite), 다이아몬드(diamond), 규격치수 석재(dimension stone), 투휘석(diopside), 백운석(dolomite), 녹렴석(epidote), 철감람석(fayalite), 장석(feldspar), 내화 점토(fire clay), 부싯돌(flint), 형석(fluorite), 방연석(galena), 갈륨(gallium), 석류석(garnet), 금(gold), 화강암(granite), 흑연(graphite), 석고(gypsum), 암염(halite, 염화 소듐), 각섬석(hornblende), 타이타늄철석(ilmenite), 아이오딘(iodine), 이리듐(iridium), 철광석(iron ore), 산화철 안료(iron oxide pigment), 카올리나이트(kaolinite), 남정석(kyanite), 천남석(lazulite), 납(lead), 석회석(limestone), 리튬(lithium), 마그네사이트(magnesite), 망가니즈(manganese), 대리석(marble), 수은(mercury), 운모(mica), 휘수연석(molybdenite), 모나즈석(monazite), 니켈(nickel), 황토(ochre), 오팔(opal), 팔라듐(palladium), 팰리고르스카이트(palygorskite), 진주석(perlite), 인산염(phosphate), 백금(platinum), 칼리(potash), 부석(pumice), 황철석(pyrite), 파이로클로르(pyrochlore), 연납석(pyrophyllite), 석영(quartz), 희토류(rare earths), 셀레늄(selenium), 능철석(siderite), 실리카(silica), 규선석(sillimanite), 은(silver), 점판석(slate), 소듐(sodium), 중탄산 소듐(sodium bicarbonate), 탄산 소듐(sodium carbonate), 황산 소듐(sodium sulfate), 십자석(staurolite), 스트론튬(strontium), 황(sulfur), 활석(talc), 주석(tin), 전기석(tourmaline), 울렉사이트(ulexite), 우라늄(uranium), 갈연석(vanadinite), 질석(vermiculite), 규회석(wollastonite), 수연석(wulfenite), 인산이트륨석(xenotime), 제올라이트(zeolites), 아연(zinc), 지르콘(zircon) 및 유렴석(zoisite). 인간은 지구 지각을 형성하고 있는 위와 같은 수많은 광물을 채굴함으로써 지권에 큰 영향을 끼치고 있다.

광물 자원을 채굴하는 데 있어 잠재적으로 가장 피해를 주는 채굴 방법은 미국에서 석탄이나 다른 자원을 채굴하기 위해 사용되는 방법으로, 주위의 거의 모든 암석과 자갈이 같이 채굴되는 **지표면 채굴(surface mining)**이나 **스트립 채굴(strip mining)**이다. 엄격한 토지 복원법이 시행되기 이전인 초기에는 주로 석탄을 얻기 위한 지표면 채굴로 토지가 심하게 훼손되어 식물이 살 수 없었으며, 침식이 쉬운 지역으로 그대로 방치되었다. 그러나 계획된 최소한의 굴착과 토지 복원 작업이 병행되면 지표면 채굴로 인한 피해를 최소화할 수 있으며, 암석이나 자갈이 채굴된 자리를 저수지로 재사용할 수도 있다.

지표면 채굴에는 다양한 접근 방법이 사용된다. 호수나 강 아래에 있는 모래와 자갈을 채취하기 위해서는 대형 컨베이어 벨트에 부착된 드래그라인(dragline: 흙이나 모래를 파내기 위해 버킷이 달린 굴착기)이나 체인 버킷(chain buckets)으로 **준설(dredging)**하여 채굴한다. 대부분의 경우, 우리가 채굴하고자 하는 자원은 자원이 전혀 포함되지 않는 **상부 퇴적물(overburden)** 아래에 존재하여 자원을 채굴하기 위해 이 **폐기 흙(spoil)**을 제거해야 한다. 이름에서 알 수 있듯이, **노천 채굴(open-pit mining)**은 자갈, 건축용 석재, 철광석 및 기타 광물들을 간단히 땅에 큰 구멍을 파서 채굴하는 방법이다. 실제로 미국의 구리 광물 채취용 구덩이 중 일부는 그 크기가 매우 크다.

과거 관행적으로 행해진 지표면 채굴은 환경 파괴적인 채굴 방법이었다. 스트립 채굴의 경우, 일반적으로 미세하게 쪼개진 폐기 상부 퇴적물을 여러 개의 더미 형태로 경사가 가파르게 무작위로 쌓아 버리는 것이 일반적이다. 이렇게 형성된 **폐기 흙더미(spoil banks)**를 구성하는 암석과 토양은 침식과 물리 · 화학적 풍화에 매우 취약하다. 폐기 흙더미 상층부를 표토(topsoil)로 대체하지 않아 빠르게 침식되었고, 식물이 살지 못하는 척박한 곳으로 방치되었다. 그러나 이제는 현대적인 복원 기법을 적용하여, 초기 제거된 표토를 상부 퇴적물 더미 상층부에 다시 쌓고 경사를 완만하게 하여 배수가 적절히 이루어지도록 처리한다. 토양의 침식을 막기 위해 종종 계단식으로 쌓아 올린 폐기 흙 상층부에 표토를 깔고, 그 위에 자생종 풀이나 기타 식물을 심고, 필요한 경우 퇴비를 주거나 물을 뿌려 성장을 촉진시킨다. 이렇게 신중하게 이뤄진 **광산 복원(mine reclamation)** 작업이 완료되면, 이 지역은 야생 동물 서식지나 휴양지, 임업 및 기타 유익한 목적에 적합한 식물이 풍부한 지역으로 변하게 된다.

최근 몇 년 동안 미국 서부 Virginia에서 주로 행해졌고, 그 정도는 다소 덜하지만 Kentucky 및 Virginia 일부 지역에서 시행된 **산 정상 제거 스트립 채굴(mountaintop removal strip mining)**은 많은 논란을 불러왔다.[2] 산 정상부를 폭파하고 상부 퇴적물을 골짜기로 밀어낸 후 거대한 드래그라인으로 석탄층을 파서 발전소로 보내는 방법이다. 산 정상 제거 스트립 채굴을 지지하는 사람들은 이 방법이 환경에 최소한의 피해를 끼치며, 심지어 평지가 현저히 부족한 이 지역에 평지를 제공할 수 있는 이점이 있다고 주장한다. 이 방법을 반대하는 사람들은 활엽수 숲이 파괴되고 수자원에 피해를 주는 것을 주요 문제점으로 언급하고 있다.

강물의 퇴적물에 의해 형성된 **사광상(placer deposits)** 층에서 광물을 채굴하는 방법은 명백하게 환경에 영향을 끼친다. 사광상은 바지선으로 준설하여 채굴하거나, 또 다른 방법으로 강 물줄기를 이용한 수력 채굴(hydraulic mining)을 한다. 더욱 균일한 매장층에 사용되는 흥미로운 채굴 방법으로 고압의 물을 분사하여 퇴적 광석을 자르고 생성된 작은 입자를 펌프 시스템으로 빨아들이는 방법이 있다.

많은 광물에 있어 지하 채굴(underground mining)만이 유일한 실용적인 채굴 수단일 수 있다. 지하 광산의 구조는 매우 정교하고 복잡하다. 광산의 구조는 매장된 광물의 특성에 의존하며, 기본적으로 매장된 광석에 도달할 수 있는 갱도가 필요하다. 수평 터널이 매장된 광물까지 연결되어야 하고, 지하수를 제거하고 환기가 되도록 집수 갱도가 설치되어야 한다. 지하 광산을 설계할 때 고려해야 하는 요소에는 광석층의 깊이, 형태 및 방향뿐만 아니라 광석층 안과 주변 암석의 성질과 강도 및 상부 퇴적물의 두께와 지표면에서의 깊이 등이 포함된다.

일반적으로 채굴된 제품을 사용하거나 채굴 현장에서 이송하기 전까지 여러 단계의 가공 공정이 필요하다. 이러한 가공 공정과 공정 과정에서 생성된 부산물이 환경에 심각한 영향을 미칠 수 있다. 골재나 도로 공사용으로 쓰이는 암석조차도 사용하기 위해 적절한 크기로 분쇄되어야 하는데, 이 과정에서 대기 오염 물질인 먼지 입자를 대기 중으로 방출할 가능성이 있다. 보통 분쇄 공정은 광석을 추가 가공하기 위해 필요한 첫 번째 단계이다. 일부 광물은 광산에서 채취한 암석에 수 퍼센트 혹은 그 이하로 소량 함유되어 있더라도 잔류물이 광산 주변으로 멀리 퍼지지 않게 농축 처리해야 한다. 금속 광물을 채광하는 경우, **추출 야금(extractive metallurgy)**[3] 범주에 속하는 배소(roasting), 추출(extraction) 및 이와 유사한 과정들이 포함된다.

17.3 채굴과 광물 추출이 환경에 끼치는 영향

지표면 채굴이 환경에 끼치는 영향에 대해서 일부 위에서 언급하였다. 지표면 채굴의 환경 영향에 대해서는 잘 알려졌지만, 지하 채굴(subsurface mining) 또한 여러 가지 영향을 끼칠 수 있으며, 그중 일부는 바로 나타나지 않고 수십 년이 지난 후에 지연되어 나타날 수 있다. 지하 광산은 붕괴되어 침하 현상이 심하게 발생할 수 있다. 또한 채굴은 지하수의 흐름을 방해하며, 광산과 광미에 스며든 물이 오염될 수 있다. 광산에 존재하는 물이 끼치는 일반적인 해로운 영향 중 하나로 보통 석탄에 포함된 황철석(FeS_2)이 석탄 채굴 과정에서 공기에 노출되고 세균 작용에 의해 황산으로 산화되어 산성의 광산수를 생성하게 된다. 채굴이 환경에 끼치는 보다 심각한 영향 중 일부는 채굴된 물질을 가공하는 과정에서 일어난다. 보통 우리가 얻고자 하는 광물은 굴착한 물질의 단지 일부분에 해당한다. 광석에서 필요한 부분을 분리하기 위해 다양한 **선광(beneficiation)** 공정이 사용되며, 일반적으로 미세하게 분쇄되고 물리 · 화학적으로 풍화 과정을 거치기 쉬운 **광미(tailing)** 잔류물이 남는다. 광미 잔류물이 환경에 노출되면 다양한 부작용이 발생할 수 있다. 예로, 석탄의 선광 작업에서 남은 잔류물에는 앞서 설명한 산성 광산 오염수를 생성하는 황철석(FeS_2)이 다량 함유되어 있으며, 우라늄 광석 광미 잔류물을 건축 자재로 잘못 사용하면 방사성 라돈 기체로 건물을 오염시킬 수 있다. 금속 광석에 포함된 중금속은 광미 잔류물에서 침출되어 카드뮴, 납, 또는 기타 중금속으로 오염된 물을 생성할 수 있다. 이 외에 광석을 제련하는 일부 공정에도 문제점이 있다. 독성학적으로 명백한 위험을 초래하는 다량의 사이안화물 용액이 금 함량이 낮은 광석에서 금을 추출하는 데 사용된다.

17.4 지권 광물 자원의 지속 가능한 활용

지구의 천연자원 중 중요한 자원은 인간이 사용할 수 있는 지권 내의 금속과 기타 필수 물질을 함유한 광물이다. 광물 자원을 활용함에 있어 중요한 고려 사항들로는 필수 광물의 한정된 공급, 함량이 높은 자원이 고갈되면 함량이 낮은 광물 자원으로 대체할 필요성, 광물 개발과 관련된 환경 파괴 등이 있다. 다양한 분야에 사용되는 수많은 종류의 광물 매장 층이 존재하고, 쉽게 채굴할 수 있는 매장 층은 이미 개발하여 사용하였다. 보다 채굴이 쉬운 광물 자원이 이미 개발됨에 따라, 인류에게 맞닥친 주요 과제는 자원의 최대 보존과 환경 보호 및 자원의 재활용 등을 고려하여 저비용의 효율적인 방식으로 가용 자원을 활용할 수 있는 지속 가능한 방법을 찾는 것이다.

경제적으로 가치 있게 자원을 채굴하려면 특정 지역에서 광석 내 광물 함량이 지각에서의 평균 함량보다 높아야 한다. 일반적으로 금속에 적용되는 이러한 농축된 퇴적물을 광석이라 하고, 광석의 가치는 **농축 계수(concentration factor)**로 표현된다.

$$\text{농축 계수} = \frac{\text{광석 내 물질의 농도}}{\text{지각 내 평균 농도}} \tag{17.1}$$

농축 계수가 높을수록 바람직하며, 채광을 하는 데 필요한 농축 계수는 해당 광물의 지각 내 평균 농도가 높고 채광된 원재료의 가치가 클수록 감소한다. 지구의 지각에 비교적 높은 함량으로 존재하는 철의 경우, 농축 계수 4가 적절하다. 지각 내에 매우 높은 농도로 존재하지 않으면서 상대적으로 가치가 낮은 금속의 경우, 농축 계수는 수백 또는 수천일 것이다. 그러나 백금처럼 경제적 가치가 매우 큰 귀금속은 상대적으로 농축 계수가 낮은데, 이는 금속 추출로 얻은 재정적인 수익 때문이다.

농축 계수는 광석에 따라 커다란 편차를 보이며, 광물 자원의 지리적 분포 또한 심한 차이를 보인다. 미국의 경우 아마도 광물 자원 측면에서 모든 국가의 평균치일 가능성이 큰데, 구리, 납, 철, 금, 몰리브데넘 등 자원들은 상당량 보유하고 있으나, 크로뮴, 주석, 백금족 금속 등 중요한 전략 금속 자

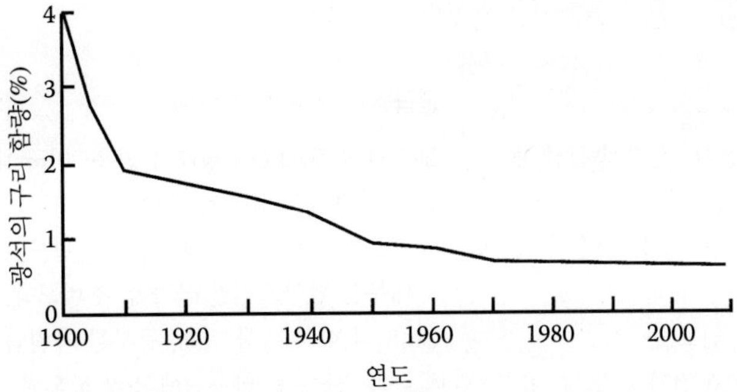

그림 17.1 채굴된 광석의 연도별 평균 구리 함량(%).

원들은 거의 매장되어 있지 않다. 반면, 남아프리카 공화국은 그 크기와 인구수에 비해 일부 중요한 금속 광물 자원이 풍부하게 매장되어 있다.

17.4.1 금속

중요 원소들과 에너지가 적절히 공급된다면 인류가 필요로 하는 거의 모든 물질을 생산해 낼 수 있다. 물질을 생산하는 데 있어 실제 공급이 부족한 원소 대부분은 금속이다. 특히 일부 금속은 산업화된 사회에서의 중요도, 공급원의 불확실성, 그리고 세계 시장에서의 큰 가격 변동성 때문에 중요하게 여겨지고 있다. 그중 하나는 자동차 배터리, 내화 섬유, 그리고 고무를 생산하는 데 필요한 금속인 안티모니이다. 또 다른 중요 금속 중 하나인 크로뮴은 스테인리스강(특히 고온이나 부식성 기체에 노출되는 부품으로 사용할)이나 제트기, 자동차, 병원용 기기 및 광산용 장비를 제조하는 데 사용된다. 백금족 금속(백금, 팔라듐, 이리듐, 로듐)은 화학 산업, 석유 정제 및 자동차 배기가스 오염 방지 장치에서 촉매로 사용된다. 미국의 경우 사용되는 이런 금속 중 약 90%가 수입되며 나머지 10%는 재활용된 것이다.

금속 광석의 채굴과 가공 공정 중에 발생하는 토양 오염, 분진과 제련소 배출물로 인한 대기 오염, 광산 지하수로 인한 수질 오염과 같은 주요 환경 문제들이 일반적인 추세인 광물 함량이 낮은 광석을 사용하기 시작하면서 더 심각해졌다. 이러한 사실은 1900년 이래 채광된 구리 광석의 평균 구리 함량의 추이를 도시한 그림 17.1에도 잘 나타난다. 1900년에 채광된 광석 내 평균 구리 함량은 약 4%로 높았지만, 1982년에는 구리 함량이 미국 내 광석은 약 0.6%, 함량이 높은 수입 광석은 1.4%였다. 구리 함량이 0.1% 이하로 낮은 광석은 경제적으로 가치가 없다. 특정 금속에 대한 수요가 증가하면 등급이 낮은 광석의 사용이 증가되고, 이에 따라 채굴과 가공 과정을 기쳐야 하는 광석의 양을 크게 증가시켜 수반되는 환경적 결과에 배가된 영향을 끼친다.

금속은 특성과 쓰임새가 매우 다양하다. 금속은 광석 내에 다양한 화합물로 존재하는데, 어떤 경우 두 가지 이상의 화합물이 동일한 금속을 얻는 중요한 광물 공급원이 되기도 한다. 일반적으로 이러한 화합물은 대부분 산화물이나 황화물이다. 그러나 일부 광물 공급원은 다른 형태의 화합물로 존재하거나, 금이나 백금족 금속들의 경우 원소 상태의 천연 금속 자체가 광석이 된다. 표 17.1에 주요 금속에 대한 특성과 주용도 및 공급원을 나타냈다.

17.5 금속 자원과 산업 생태계

금속 자원을 폭넓게 효율적으로 활용하기 위해서는 산업 생태계를 고려해야 한다. 금속은 다른 어떤 종류의 자원들보다 재활용이 쉽고 산업 생태학적 적용에 적합하다. 이 절에서는 일부 주요 금속의 산업 생태계에 대해 간략하게 설명하고자 한다.

표 17.1 지권 내 금속 자원

금속과 주 용도	공급원
알루미늄: 금속 제품, 자동차, 전기 송전선 등	보크사이트(Al_2O_3) 형태로 얻음. 미국 내에서는 제한된 자원임. 전 세계에서 풍부한 자원임
크로뮴: 금속 도금, 스테인레스강, 특수 합금, 화학 제품 등	아크로뮴산염에서 얻음. 산화물 광물, 미국 내에는 거의 없음. 대부분 남아프리카 공화국, 짐바브웨, 러시아에서 채광됨.
코발트: 합금, 자석 합금, 안료 등	Co_3S_4나 다른 광물 형태, 풍부한 자원임
구리: 우수한 연성, 우수한 전기 전도체, 용도가 많은 유용한 금속	황화물, 산화물, 탄산염에 소량 함유됨, 공급이 부족한 자원임
금: 보석, 화폐, 전자, 산업 및 첨단 기술에 사용됨	다양한 광물에 수 ppm 포함되어 있음. 최근 몇 년 동안 가격이 크게 상승함. 공급이 제한적임
갈륨: 반도체 분야에 상대적으로 소량 사용됨	알루미늄과 화학적으로 유사하고 알루미늄 정제 과정에서 회수됨
철: 가장 널리 사용되는 금속, 강철은 보통 0.3~1.7%의 탄소를 함유함	적철광(Fe_2O_3), 침철광($Fe_2O_3 \cdot H_2O$), 자철광(Fe_3O_4) 형태로 미국을 포함한 전 세계에서 풍부한 자원임
납: 배터리, 전자 제품, 화학 제품 등(독성 때문에 사용이 제한됨)	방연광(PbS) 형태로 얻음. 미국 내에서는 제한적이나 전 세계적으로 적절한 양이 존재하는 자원임. 다량이 재활용되고 있음
리튬: 다양한 세라믹, 윤활제 등 용도가 많은 금속으로 리튬 이온 전지의 급속한 성장에 의해 사용량 증가	볼리비아의 Uyuni 소금 사막에서 채취. 칠레, 중국, 미국의 부존 자원. 이외 다양한 지역에 미개발된 자원이 존재할 것으로 추정됨
망가니즈: 합금, 건전지, 화학 제품 등	미국 내에서는 드물지만 전 세계적으로 적절한 양 존재
수은: 과학 기구, 전자, 화학 제품 등, 독성으로 인해 사용이 줄어듦	진사(HgS) 형태로 얻음. 미국 내에는 거의 없음. 주로 중국에서 채광됨. 다량이 재활용되고 있음
몰리브데넘: 합금, 화학 제품 등	미국을 포함한 전 세계에서 풍부한 자원임
니켈: 스테인레스강, 합금, 이차 전지, 촉매 등	철광석의 부산물로 주로 러시아, 호주, 캐나다에서 한정적으로 공급됨
포타슘: 식물 비료, 일부 화학 제품 등	캐나다 Saskatchewan 주 및 러시아와 벨라루스에 매우 큰 KCl 매장지가 존재하며 몇몇 다른 나라에도 많은 양 매장되어 있음. 전 세계적으로 수천 년 사용할 매장량이 존재함
은: 보석, 베어링, 땜납, 전자 제품 등, 사진 현상에는 더 이상 많이 사용되지 않음	Cu, Pb, Zn을 포함하는 황화물, 비교적 공급이 부족함
주석: 코팅, 땜납, 청동, 합금, 유기주석을 포함한 화학 제품 등	미국에서는 생산되지 않음. 중국, 인도네시아, 페루에서 주로 생산됨. 다량이 재활용되고 있음
타이타늄: 단단하고 부식에 강함, 합금 및 흰색 페인트 안료로 이용	TiO_2 형태로 얻음. 지표에 풍부한 자원. 미국을 포함한 전 세계에서 생산됨
텅스텐: 매우 단단하여 녹는점이 높은 합금, 드릴 날, 터빈, 원자로 등에 사용	회중석($CaWO_4$) 형태로 얻음. 미국을 포함한 전 세계에 풍부한 자원임
바나듐: 강철 합금 제조에 사용됨	주로 중국, 러시아, 남아프리카 공화국에서 생산
아연: 합금, 아연 도금 강판, 페인트 안료, 화학 제품, 금속 생산량 4위로, 철, 알루미늄과 구리 다음으로 많이 생산됨	미국과 다른 나라에서 다양한 형태의 광석으로 발견됨. 상대적으로 공급이 부족함

금속은 두 공급원인 채굴이 행해지는 지권과, 사용된 금속이 재활용되는 인류권으로부터 제공된다. 광석에서 경제적으로 추출할 수 있고 폐기물을 처리할 때 심각한 환경 문제를 발생시키지 않는, 상대

적으로 매장량이 풍부한 금속(철과 같이)은 지권이 주공급원이다. 납과 같이 공급량이 제한적이며, 환경에 끼치는 영향이 커서 폐기해서는 안 되는 금속의 경우 재활용이 주로 이루어진다. 미국의 경우 인류권에서 재활용되는 철의 양은 30억 톤 이상으로 추정된다. 이론상으로 폐차, 건물, 교량 등에 포함된 모든 철을 재활용할 수 있다면 그 양이 매우 커서 철광석을 추가로 채굴할 필요가 없을 것이다.[4]

17.5.1 알루미늄

알루미늄 금속은 밀도가 낮으면서 강도가 높고, 가공성과 내부식성이 우수하며, 전기 전도성이 뛰어나 광범위한 분야에서 쓰임새가 큰 금속이다. 대체로 알루미늄은 활용과 폐기 과정에서 심각한 환경 문제를 일으키지 않으며, 모든 금속 중에서 재활용률이 가장 높다.

알루미늄과 관련된 환경 문제는 40~60%의 알루미나(Al_2O_3)를 함유한 알루미늄 광석인 **보크사이트(bauxite)**를 채굴하고 가공하는 과정에서 발생한다. 보크사이트에서 순수한 형태로 회수된 Al_2O_3는 NaOH와 반응하여 알루민산 소듐($NaAlO_2$)으로 변환되어 '붉은색 진흙' 형태의 다량의 부식성 폐기물과 분리된 후, 용융된 빙정석(Na_3AlF_6)에서 고온에서 전기 분해하여 순수한 알루미늄 금속으로 얻어진다. 알루미늄을 생산하는 전반적인 공정은 에너지를 많이 소비하고 다량의 폐기물을 생성하기 때문에 그다지 환경 친화적이지 않다. 따라서 금속을 재활용하여 알루미늄을 얻는 것이 유리하다. 또한 현재까지는 아직 경제적으로 경쟁력이 떨어지지만, 풍부한 석탄재로부터 Al_2O_3를 얻을 수도 있다.[5]

17.5.2 크로뮴

크로뮴은 제트 엔진, 원자력 발전소, 내화학성 밸브 및 내열성과 내화학성이 요구되는 부품이 필요한 기타 응용 분야에서 사용되는 스테인레스강이나 초합금(superalloy)을 만드는 데 활용되기 때문에, 현대 산업 사회에서 매우 중요한 금속이다. 전 세계적으로 크로뮴의 공급원은 특정 지역에 편중되어 있으며 공급량도 부족하다. 산업 생태학적인 모범 사례가 될 수 있도록 발암성이 있는 6가 크로뮴(크로뮴산염)과 가죽 무두질에 화학적으로 사용되는 것을 가능한 한 제한해야 한다. 크로뮴과 크로뮴 합금의 경우 재활용하는 것이 매우 중요하다.

17.5.3 구리

구리는 가공성(연성과 전성), 전기 전도성 및 열전도성이 우수하여, 인류가 광범위하게 사용하고 있는 독성이 낮고 부식에 강한 금속이다. 일부 응용 분야에서 알루미늄으로 대체되고 있지만, 여전히 구리는 전선으로 주로 이용되며, 이 외에도 배관, 끼움쇠, 개스킷 등 다양한 용도로 사용된다.

구리를 추출하고 정제하는 과정에서 두 가지 주요 환경 문제를 일으킨다. 첫 번째는 현재 사용되고 있는 구리 광석의 구리 함량이 매우 낮아(그림 17.1 참조), 미국의 경우 1톤의 금속 구리를 생산하기 위해 150~175톤의 광석(스트립 채굴에서 제거된 상부 퇴적물은 제외)이 처리되어 폐기되고 있다. 두 번째 문제는 구리 광석이 주로 황화물 형태여서, 구리를 생산하는 과정에서 부산물로 발생하는 다량의 황을 회수해야 하지만, 일부 저개발 국가에서 대기 중으로 오염 물질인 SO_2로 방출하고 있다는 것이다.

구리를 재활용해서 얻을 수 있는 장점은 구리가 주로 금속 형태로 사용되어, 광석을 금속으로 환원시키기 위한 추가적인 에너지가 필요하지 않다는 점에서 '저장된 에너지'(내재된 유용성, 그림 16.11)를 가지고 있다고 할 수 있다. 구리를 재활용하는 데 있어 어려운 부분은 회로, 배관 및 기타 응용 장비에서 구리 부품을 수거하기가 어렵다는 점이다.

17.5.4 코발트

코발트는 합금, 특히 제트 엔진과 같은 내열성 응용 분야에 쓰이는 재료로 중요한 '전략적' 금속이다. 코발트는 니켈이나 납을 생산하는 과정의 부산물로도 얻을 수 있지만, 주된 공급원은 구리를 제련하는

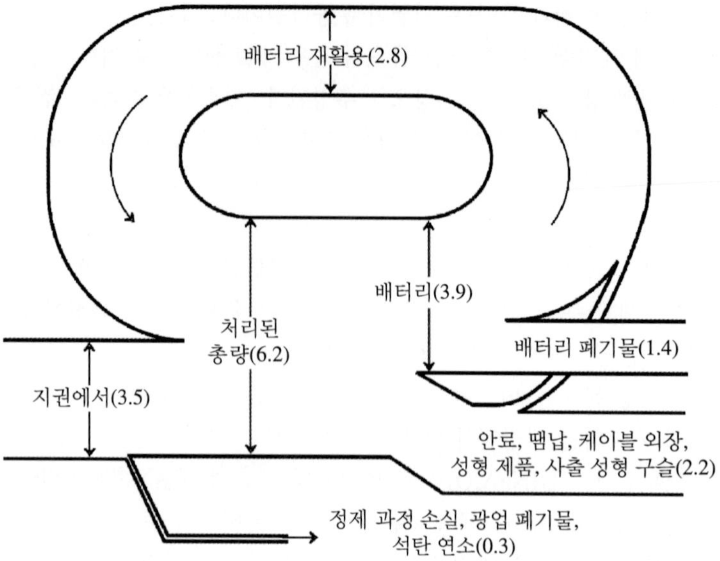

그림 17.2 지권에서 채굴된 납과 석탄 연소 과정에서 소실된 소량의 납을 포함한, 연간 100만 톤 단위로 나타낸 인류권에서의 납의 흐름도.

과정에서 부산물로 얻는다. 공급원으로부터 코발트를 추출하는 과정에서 코발트의 약 50%가 광미 잔류물이나 슬래그 형태로 손실되므로 코발트 회수율을 향상하는 것이 큰 과제이다. 코발트는 다른 금속에 비해 상대적으로 재활용되는 비율이 낮다.

17.5.5 납

납은 독성을 지니며 광범위하게 사용하고 있어 산업 생태학적으로 매우 중요하다. 납의 인류권에서의 전 세계적 흐름도는 그림 17.2와 같다.

인간이 처리하는 납의 절반 이상이 지권에서 주로 납 광석으로부터 채광되어 가공된 것이고, 나머지는 재활용된 납이다. 납의 가장 큰 사용처는 전지이며, 매년 폐전지에서 재활용되는 납의 양은 지권에서 채취한 양에 근접한다. 납 중 일부는 채광, 제련 및 사용 과정에서 폐기물로 버려진다. 안료, 땜납, 전선 피복, 탄환이나 심지어 어린이 장난감 병정 등 전지 이외의 납을 재활용하기 어려운 응용 분야에서의 납 사용은 현저하게 줄어들었다. 전지에 사용된 납의 상당 부분은 재활용되고 있으나,[6] 약 1/3 가량은 손실되고 있어 잠재적으로 개선해야 할 부분이다.

17.5.6 리튬

원자 번호가 3이고 원자 질량이 6.941인 **리튬(lithium)**은 에너지 지속 가능성 측면에서 특히 중요한 금속으로 부상하고 있다. 리튬은 주기율표에서 첫 번째 금속이며, 금속일 때 밀도가 0.531 g/cm^{3}에 불가한 가장 가벼운 금속이다. 최근까지 안경, 에나멜, 특수 세라믹스, 윤활제에 사용되거나 일부 정신 질환 치료제로 사용되는 등 수요가 상대적으로 적었다. 리튬은 Li^+를 잘 형성하는데, 이 이온은 질량이 작아서 전해질을 통해 전극 사이 분리막을 가로질러 작동하는 리튬 이온 전지에서 매우 효율적인 전하 운반체이다. 리튬 이온 전지는 상대적으로 소형이며 재충전할 수 있고 많은 양의 전기 에너지를 저장할 수 있어, 노트북과 같은 휴대용 전자 기기에 주로 사용된다.

휴대용 전자 기기에 리튬 이온 전지가 사용되면서 리튬 수요가 증가했지만, 전기 자동차나 전기 모터와 내연 기관을 함께 사용하는 하이브리드 자동차가 개발됨에 따라 여기에 장착할 리튬 이온 전지용 리튬 수요에 비하면 상대적으로 작은 양이다.[7] 리튬은 그다지 희귀한 금속이 아니며, 과거에 이 원소에 대한 수요가 한정적이었기 때문에 활발히 개발되지도 않아, 아직 발견되지 않은 상당량의 리튬 자원이 세계 곳곳에 매장되어 있을 가능성이 높다. 현재 기술로 수익성 있게 채굴할 수 있는 리튬 공급원은 주로 아르헨티나, 볼리비아, 칠레에서 발견되는 농축된 해수에 포함된 리튬염이다. 이 외에 중국에도 상당한 리튬 자원이 매장되어 있는 것으로 추정되며, 2016년 현재 미국의 Arkansas 지역에서 해수 리튬염 퇴적물에서 리튬을 추출하기 위해 시험 공장을 가동하고 있다. 전력 설비의 백업용 전원으로 사용되는 양까지 포함하여 리튬 축전지의 사용이 증가하면서, 전지에서 재활용되는 리튬이 리튬 공급의 상당량을 차지할 것으로 예측된다.

17.5.7 아연

아연은 매장량이 적당히 풍부하고 독성이 없어, 산업 생태학적으로 매장량이 부족한 크로뮴이나 독성이 심한 납에 비교해 관심이 덜하다. 다른 금속들과 마찬가지로, 아연을 캐거나 가공하는 과정은 환경 문제를 일으킬 수 있다. 아연은 주로 섬아연석이라 불리는 ZnS 광물에서 얻어지며, 아연 제련 과정에서 황이 SO_2로 변환된다. 또한 아연 광석은 종종 상당량의 납과 구리뿐 아니라 독성이 심한 비소나 카드뮴을 함유하기도 한다. 일반적으로 대략 6% 정도의 아연을 함유한 아연 광석이 미세하게 분쇄된 후 특수 화학 물질로 처리된 물에 첨가되어 공기 거품으로 띄우는 부유 공정(flotation process)에 의해 농축되는데, 최대 50%의 아연을 함유한 황화 아연이 거품과 함께 용액 상단에서 수거된다. 이 공정으로 광석 내 아연의 최대 90%가 회수된다.

아연은 금속과 합금으로 널리 사용되는데, 특히 재활용이 활발한 구리와의 합금인 황동을 만드는 데 사용된다. 일부는 아연 화학 물질을 만드는 데도 사용된다. 아연의 중요한 용도 중 다른 하나는 강철 표면에 내부식성 코팅제로의 사용으로, 최근 몇 년간 자동차 산업 분야에 적용되어 자동차 차체와 뼈대의 수명을 상당히 연장시켰다. 도금된 아연에서 순수한 아연을 재생하기는 어렵다. 그러나 아연은 휘발성이 큰 원소로, 폐강철 재처리 과정에서 전기 아크로(electric arc furnace)에 결합된 집진기(baghouse)에 분진 형태로 회수할 수 있다.

아연 화합물 중에서 가장 중요한 화합물은 산화 아연(ZnO)으로, 예전에는 페인트 안료로 널리 사용하였지만, 현재는 특히 타이어와 같은 고무 제품을 단단하게 하는 촉진제나 활성화제로도 쓰인다. 상업적으로 사용되는 다른 두 가지 주요 아연 화합물에는 건전지, 살균제 및 고무 가황 처리제로 쓰이는 염화 아연($ZnCl_2$)과, 아연 전기 도금조에 사용되는 황화 아연(ZnS)이 있다.

아연은 산업 생태학적으로 두 가지 측면에서 관심을 가져야 하는데, 첫 번째는 아연이 동물에게는 독성이 크지 않지만, 식물에는 독성이 있어 아연 제련 과정이나 아연 함량이 높은 하수 침전물에 의해 아연이 토양에 노출되면 토양이 '독성을 띠게' 된다는 점이다. 두 번째는 다른 금속들에 도금되어 섞여 있으면 아연 재활용이 복잡하다는 점이다. 그러나 위에서 언급한 바와 같이, 전기 아크로 등의 장비를 이용하여 대부분의 아연을 재생할 수도 있다.

17.5.8 희토류 원소

최근 몇 년 동안, 15개의 란타넘족 원소(주기율표에서 원자 번호 58~71까지의 원소)와 원자 번호 21과 39인 전이 원소 스칸듐, 이트륨으로 구성된 **희토류 원소(rare earth element)** 금속에 대한 새로운 용도가 많이 개발되었다. 란타넘족 원소들은 일반적으로 화학적 특성이 서로 매우 유사하여 분리가 어렵다. 또한 스칸듐과 이트륨은 화학적 성질이 란타넘족 원소들과 비슷하여 일반적으로 희토류로 분류된다.

희토류의 새로운 응용 분야는 다양하다. 합금 재료, 초전도체, LED에서 다양한 색상으로 빛나는 형광체, 전극, 전해질, 전자 필터, 레이저, 특수 안경, X선 관, 수은 증기 램프, 컴퓨터 메모리, 산화제 및 환원제 등의 다양한 새로운 용도가 개발되었다. 희토류는 하이브리드 자동차와 풍력 발전기 터빈에도 널리 이용되고 있다.

희토류 원소에 대한 쓰임새가 빠르게 증가함에 따라 원활한 공급이 중요한 문제가 되었다. 대부분의 희토류 원소는 중국에서 공급되는데, 중국의 첨단 기술 산업이 발전함에 따른 수요로 다른 나라들로의 수입이 제한될 것으로 전망된다. 다행히 희토류 원소는 매우 희귀한 원소는 아니며, 미국의 Mountain Pass의 광대한 지역에 매장되어 있다. 이곳은 인건비가 낮은 중국과의 경쟁으로 생산 시설이 폐쇄되기 전까지 희토류의 최대 공급처였다. 이 시설은 현대화되어 생산이 재개되었지만, 2015년 경영 압박으로 생산이 중단되었고 현재는 '유지 관리' 상태에 있다.

17.6 비금속 광물 자원

금속을 생산하는 데 사용되는 광물 이외에도 중요한 많은 광물 자원이 있다. 금속과 마찬가지로, 이런 다양한 광물을 채굴하는 것 역시 환경적 측면에서 중요하다. 일반 암석과 자갈을 채취하는 것조차 환경에 큰 영향을 미칠 수 있다.

주로 규소, 알루미늄 및 산소로 이루어진 수화된 형태의 2차 광물로서 암석의 풍화 작용으로 생성되는 **점토(clay)**는 충진제를 포함하여, 벽돌, 타일, 시멘트, 내화물, 하수관, 도자기, 식기류, 석유 크래킹 촉매, 시추용 점토, 살충제 운반체, 밀봉제 및 오일 정화제 등 다양한 용도로 사용된다. 미국의 점토 생산량은 연간 약 4,200만 톤이며, 그중 상당 부분이 수출된다. 점토는 전 세계적으로 매우 풍부한 자원 중 하나이다.

플루오린 화합물(fluorine compound)도 산업에서 널리 이용되는데, 다량의 형석(CaF_2)이 강철 생산 과정에 융제(flux)로 사용된다. 합성 및 천연 빙정석(Na_3AlF_6)은 전기 분해로 알루미늄 금속을 생산하는 데 산화 알루미늄의 용매로 사용된다. 플루오린화 소듐의 경우 충치 예방을 위해 음용수에 첨가되기도 한다. 고품질 형석의 전 세계 매장량은 약 1억 9천만 톤으로 미국에는 약 13% 정도가 매장되어 있는데, 이는 수십 년 동안 사용할 충분한 양으로 추정된다. 또한 인 생산에 사용되는 플루오린화 인회석[$Ca_5(PO_4)_3F$]으로부터 상당량의 플루오린이 부산물로 회수된다(17.7절 참조).

운모(mica)는 투명하고, 단단하며, 유연하고, 탄성이 있는 알루미늄 규산염 광물로 백운모($K_2O \cdot 3Al_2O_3 \cdot 6SiO_2 \cdot 2H_2O$)가 대표적이다. 고품질의 운모는 층과 층이 잘 분리되며, 전자 기기, 축전기, 발전기, 변압기 및 모터 등에 사용된다. 미세하게 분리된 운모는 지붕 재료, 페인트, 용접봉 및 기타 여러 응용 분야에 널리 사용된다. 미국에 수입된 판형 운모는 사용 후 잘게 분쇄되어 재활용된다. 운모는 매장량이 풍부하여 인류가 사용하기에 부족하지 않다.

점토를 비롯한 다양한 종류의 **안료(pigment)**와 **충진제(filler)**가 대량으로 사용된다. 안료 중에서 여전히 광범위하게 사용하고 있는 유일한 천연 안료에는 철이 함유되어 있는데, 화학식이 $2Fe_2O_3 \cdot 3H_2O$인 무정형의 황갈색 화합물인 갈철석(limonite)과 흑회색의 Fe_2O_3로 구성된 적철석으로 인해 색깔을 띤다. 황토, 농황토, 또는 엄버(갈색 안료용 흙)와 같은 천연 안료들에는 다양한 양의 점토와 망가니즈 산화물이 포함되어 있다. 이 외에 생산되는 안료에는 카본 블랙, 이산화 타이타늄, 아연 안료가 포함된다. 매년 미국에서 천연가스의 부분 연소로 약 150만 톤의 카본 블랙이 생산되며, 주로 타이어 고무 강화제로 사용된다.

미국에서는 매년 700만 톤 이상의 광물이 종이, 고무, 지붕 재료, 배터리 보관함 및 기타 제품의 충전제로 사용되는데, 카본 블랙(carbon black), 규조토(diatomite), 중정석(barite), 풀러토(fuller's earth), 고령토(kaolin clay), 운모(mica), 석회석(limestone), 엽납석(pyrophyllite) 및 규회석(wollastonite, $CaSiO_3$) 등이 사용된다.

모래(sand)와 **자갈(gravel)**은 톤당 가격이 매우 싼 광물이지만, 몇 가지 광물을 제외하면 소비량이 매우 많아 소비량을 연평균 달러 가치로 환산하면 매우 큰 광물이다. 톤수로 비교하여도 모래와 자갈 생산량은 연료로 사용되지 않는 광물 중에서 가장 많다. 미국에서 매년 약 10억 톤의 모래와 자갈이 주로 콘크리트 구조물을 만들거나 도로 포장이나 댐을 건설하는 데 사용된다. 이 양보다 약간 많은 양의 모래와 자갈이 건축 공사에 쓰이는 포틀랜드 시멘트(portland cement)를 제조하는 데 사용된다. 일반적인 모래의 주성분은 실리카(SiO_2)이지만, 매년 미국에서 이보다 순도가 더 높은 실리카 약 3천만 톤 가량이 유리, 고순도 실리카, 규소 반도체 및 연마재를 만드는 데 소비된다.

현재, 오래된 하천 수로와 빙하 퇴적물에서 모래와 자갈이 골재로 채취되어 건설과 개발 과정에 사용된다. 채취원에서 모래와 자갈을 사용하기 위해 운송하는 방법과 거리는 특히 중요하다. 모래와 자갈 채취로 만들어진 호수는 낚시나 기타 놀이 용지로 사용되지만, 토지 오염과 같은 심각한 환경 문제를 일으킬 수 있다.

17.7 인산염

인산염 광물(phosphate mineral)은 농작물의 생산성을 높이기 위한 비료를 제조하는 데 원료로 사용되기 때문에 특히 중요하다(15.8절 참조). 또한 인은 동물 사료의 영양 보충제, 세제 합성 및 농약이나 의약품과 같은 화학 물질을 제조하는 데도 사용된다. 전 세계 인산염 매장량의 약 90%가 모로코, 요르단, 남아프리카 공화국, 미국, 중국 등 5개국에 있다. 가장 흔한 인산염 광물은 수산화 인회석[hydroxyapatite, $Ca_5(PO_4)_3(OH)$]과 플루오린화 인회석[fluorapatite, $Ca_5(PO_4)_3F$]이다. Na, Sr, Th, U의 양이온이 인회석 광물의 칼슘 이온과 일부 치환되어 존재하기도 한다. 소량의 PO_4^{3-} 음이온이 AsO_4^{3-} 음이온으로 치환된 형태로 존재할 수 있어 식품용으로 사용할 때에는 비소를 제거해야 한다. 전 세계 인산염 생산량의 약 17%는 화산 광물(igneous mineral)로 주로 플루오린화 인회석이고, 약 3/4은 해양에서 유래한 퇴적물이며, 나머지 약 5%는 바닷새와 박쥐의 배설물이 퇴적되어 형성된 구아노(guano)이다. 현재 미국의 인산염 생산량은 연간 약 3,300만 톤으로, 대부분 Florida에서 생산되며 나머지는 Idaho, North Carolina, Utah 순으로 생산된다. 사용 가능한 인산염 광석은 대부분이 등급이 낮아 인산염 생산 과정에서 부산물로서 주성분이 황산 칼슘이고, 방사성 라듐, 금속 및 기타 오염 물질이 미량 함유된 인산석고(phosphogypsum)가 다량 생성된다. 현재, 세계에서 가장 큰 인산염 생산지인 Florida 주의 채광 지역에서는 다량의 인산석고 폐기물이 주변으로 흩어져서 문제를 일으켜 해결책 마련이 시급한 실정이다. 매년 생성되는 2억 톤 이상의 인산석고 폐기물 중 약 5% 미만이 농경지에 사용되고 있어, 인산석고의 안전한 사용처를 찾는 것이 산업 생태학적으로 큰 과제 중 하나이다.[8]

자연적으로 생성된 인산염 광물은 물에 잘 녹지 않아 인산염 비료로 사용하기에 적합하지 않다. 상업용 인산염 비료를 생산하기 위해 15.8절에서 설명한 것처럼, 이러한 인산염 광물은 인산이나 황산으로 처리하여 용해성이 우수한 과인산염으로 변환시킨다. 플루오린화 인회석으로부터 과인산염을 생산하는 과정의 부산물로 생성되는 플루오린화 수소(HF)는 대기 오염을 일으킬 수 있어, 인산염 생산 과정에서 플루오린화물을 회수하는 것이 산업 생태학적으로 중요하다.

인이 산업 생태학적으로 중요한 이유는 적어도 두 가지를 들 수 있다. 첫 번째는 현재 인산염 사용 추세로 볼 때, 2~3세대 후에는 고갈될 위험에 놓였다는 것이다. 추가로 인광이 발견되어 개발될지라도 인간의 소비량을 따라가지 못해 공급이 부족할 것으로 예측된다. 인산염 부족은 급격한 가격 상승과 더불어 궁극적으로 식량 생산에 위기를 초래할 것이다. 두 번째 중요한 측면은 버려진 인산염에 의한 수질 오염 문제이다. 결과적으로 물속의 조류가 과도하게 성장하고, 식물성 바이오매스의 부패가 증가하여 용존 산소 소비와 부영양화를 초래한다. 인산염의 과도한 사용으로 생성된 인산염 폐기물이 끼치는 환경 오염을 고려하여 식물 비료용으로 대체할 방법이 개발되어야 한다. 인산염 부족 문제를 해결할 수 있는 몇 가지 방법은 다음과 같다.

- 인산염의 효율적인 활용을 극대화할 수 있는 비료 응용 방법의 개발과 실행
- 유전 공학을 이용하여 최소량의 인산염을 필요로 하고 최대 효율로 인을 사용하는 식물 개발
- 인 함량이 높은 축산 폐기물 활용을 극대화하기 위한 시스템 개발

17.8 황

황(sulfur)은 중요한 비금속 중 하나로, 황산을 제조하는 데 가장 많은 양이 소비되며, 이 외에도 다양한 산업과 농산물에 사용된다. 현재 전 세계 황 소비량은 연간 약 7천만 톤으로, 네 가지 주요 황 공급원으로는 원소 상태 황 퇴적물, 천연가스로부터 회수된 H_2S, 석유 정제 과정에서 회수된 유기 황, 황철석(FeS_2) 등이 있다. 또한 황은 연료로 사용되는 석탄에서 회수할 수도 있다.

황 자원 현황은 몇 가지 측면에서 인 자원 현황과 다르다. 황은 인과 같이 생명체에게 필수적인 영양소이지만, 토양에 충분한 양의 황이 포함되어 있으며 황의 주 사용처는 산업 분야이다. 황의 공급원은 다양하고 풍부하며, 미국을 포함한 전 세계에서 화석 연료에 포함된 황을 대기 오염 제어 수단으로 회수하고 있어서 안정적으로 공급되어 공급면에서 문제가 없다.

전 세계 황 사용량의 약 90%는 황산 제조에 쓰이며, 제조된 황산의 약 2/3는 17.7절에서 논의한 바와 같이 인산염 비료를 만드는 데 사용되어, 최종적으로 인산석고($CaSO_4 \cdot xH_2O$) 폐기물로 전환된다. 이 외 다른 용도로 황산은 납축전지, 강철 산 세척, 석유 정제, 구리 광석에서 구리 추출 및 화학 산업 등에 사용된다.

산업 생태학적으로 황은 공급 측면보다 폐기물 감소나 황에 의한 오염에 대해 다루어야 한다. 일반적인 금속 자원과는 달리 황은 대부분 사용 과정에서 소실되는데, 농지, 종이 제품, 석유 제품, 또는 기타 환경 흡수원에 의해 '손실'된다. 황은 두 가지 중요한 환경 문제를 일으킨다. 첫째, 대기 중으로 방출된 황은 주된 환경 오염 물질인 이산화 황 형태로 변환되어 산성 침전이나 산성 건식 침적을 일으킨다. 둘째, 황은 주로 황산을 제조하는 데 이용되어 물을 오염시키고 산성 폐기물을 만들 가능성이 있다. 산성 정화 장치를 이용하면 산성 폐 용액에서 상당량의 황을 수거하여 재활용할 수 있다.

17.8.1 석고

황산 칼슘 이수화물($CaSO_4 \cdot 2H_2O$)은 황 폐기물에서 생산되는 가장 일반적인 형태 중 하나인 **석고(gypsum)**이다. 앞에서 언급했듯이, 석고는 인산 비료 제조 과정의 부산물로 다량 생산된다. 또 다른 석고의 주 생산원은 발전소 굴뚝 배출 가스에서 이산화 황을 제거할 목적으로 사용된 석회가 반응하여 생성되는데, 아래 반응에 의해 황산 칼슘으로 산화될 수 있는 아황산 칼슘 생성물을 생성한다.

$$Ca(OH)_2 + SO_2 \rightarrow CaSO_3 + H_2O \tag{17.2}$$

매년 약 1억 톤의 석고가 포틀랜드 시멘트 생산, 벽판 제작, 단단한 점토로 된 토양을 무르게 하기 위한 토양 개량제 및 기타 용도로 채광된다.

산업적으로 생산된 석고나 천연에서 채취된 석고는 159℃의 낮은 온도에서 열처리하여 건축물의 벽에 주로 사용되는 파리 석고($CaSO_4 \cdot ½H_2O$)를 만드는 데 사용되기도 한다. 파리 석고를 물과 혼합하면 마른 후 이수화물 고체인 석고가 될 수 있는 반고체의 가소성 물질을 형성한다.

$$CaSO_4 \cdot \tfrac{1}{2}H_2O + \tfrac{3}{2}H_2O \rightarrow CaSO_4 \cdot 2H_2O \tag{17.3}$$

이 물질을 종이로 코팅된 판에 주조하여 주택이나 건물 내벽에 주로 사용되는 석고보드를 생산한다. 역사적으로 Paris의 석고는 회반죽으로 사용되거나 기타 구조물을 제작하는 데 사용되었으며, 오늘날에도 이와 같은 분야에 여전히 사용하고 있다.

인산염 비료를 생산하는 과정이나 연도 가스(flue gas)의 탈황 과정의 부산물인 황산 칼슘을 재생시키는 것은 산업 생태학적으로 적절한 방안이다. 폼 형태로 발포된 저밀도 석고와 단단한 보강재가 함께 첨가된 복합 석고를 충진재로 사용하면 건물의 보온성, 내화성 및 구조적 특성을 향상시킬 수 있다.

17.9 목재: 풍부한 재생 가능 자원

목재는 세계에서 가장 중요한 재생 가능한 자원 중 하나이다. 목재와 목재 제품 생산은 미국에서 다섯 번째로 큰 산업으로, 미국 국토의 1/3이 삼림으로 덮여 있다. 목재는 재목, 합판, 파티클 보드, 셀로판, 인조견사, 종이, 메탄올, 플라스틱 및 테레빈유를 포함한 다양한 제품을 제조하는 원료 물질이다.

화학적으로 목재는 글루코스 중합체인 셀룰로스와 같은 다당류로 구성된 두꺼운 벽을 가진 세포로 구성된 복잡한 물질이다. 셀룰로스와 중합체 이외에도 다양한 탄닌, 색소, 당류, 전분, 시클리톨, 고무, 점액질, 펙틴, 갈락탄, 터펜, 탄화수소, 산, 에스터, 지방, 지방산, 알데하이드, 수지, 스테롤 및 왁스 등이 물, 알코올–벤젠, 에터 용매나 증기 증류법으로 목재에서 추출할 수 있다. 한때 일반적으로 **목정**(wood alcohol)으로도 불렸던 유용한 합성 화학 물질이며 연료인 메탄올이 목재의 열분해로부터 상당량 얻어진다.

목재의 주된 사용처는 종이를 제조하는 데 있다. 종이는 산업화한 사회의 상징처럼 광범위하게 사용되었고, 종이 제조 공정에는 첨단 기술이 사용된다. 종이는 기본적으로 서로 단단히 밀착된 셀룰로스 섬유로 구성되어 있다. 종이를 만들기 위해서는 목재에서 리그닌 부분은 제거하고 셀룰로스 부분만 남겨야 한다. 리그닌을 제거하기 위해 수행된 아황산염 공정과 알칼리 공정은 모두 심각한 물 및 대기 오염을 일으켰으나, 현재는 발달한 처리 기술을 적용하여 오염 문제가 현저히 완화되었다.

목재 섬유 및 조각은 섬유판, 종이 기반 박판(수지와 함께 고온 고압을 가해 원하는 구조로 만든 종이판), 파티클 보드(목재 조각을 페놀–폼알데하이드 수지나 요소–폼알데하이드 수지와 섞어 만든), 목재 섬유를 접착제로 연결한 부직포 대체품 등을 제조하는 데 사용될 수 있다. 미국에서 매년 생산되는 6천만 톤의 목제 폐기물을 잘 활용한다면 글루코스와 셀룰로스를 포함한 부산물을 얻을 수 있다.

17.10 산업 생태학적 자원 확장

산업 생태학을 생산에 적용하면 원료 물실 획득 측면과 에너지원에 대한 부담을 줄일 수 있다. 산업 생태학적 접근법에는 물질 사용량을 줄이는 것(탈물질화)과 희소하거나 독성이 있는 물질을 상대적으로 풍부하고 안전한 물질로 대체하는 것, 폐기물(광산 폐기물)에서 유용한 물질을 추출하는 것, 그리고 물질을 재활용하는 것 등이 포함된다. 산업 생태학을 적절히 적용하면 점점 희소해지는 원자재를 보존할 수 있을 뿐 아니라 생산 비용을 절감할 수 있다.

인류가 물질 자원을 확장하여 사용할 수 있는 잠재력이 가장 큰 방법은 산업 생태학적 실천을 통해 물질을 재활용하는 것이다. 물질을 재활용하여 가장 크게 얻을 수 있는 이점은 에너지 절감이다.

물질의 종류에 따라 재활용 가능성이 다른데, 순수한 금속은 상대적으로 재활용이 쉽다. 금속은 쉽게 녹일 수 있어 다른 유용한 물질로 재사용할 수 있다. 이에 반해 혼합된 고분자나 복합 재료의 경우 개별 구성 성분으로 쉽게 분리하기 어려워 재활용률이 낮다. 일부 고분자는 화학적 측면에서 한번 단량체가 중합되면 쉽게 분해되지 않아 유용한 형태로 재형성할 수 없다. 이 절에서 재활용되고 있거나 산업 생태학 시스템을 적용하여 재활용할 가능성이 있는 물질의 종류에 대해 간략히 설명하고자 한다.

산업 생태학적 측면에서 물질을 재활용하는 데 중요한 부분은 사용 후 제품에서 재활용을 위해 필요한 물질을 '혼합 해제(unmix)'하는 분리 과정이다. 예를 들면, 탄소 섬유 복합 재료에서 탄소 섬유를 서로 결합하기 위해 사용했던 에폭시 수지를 제거하고 순수한 탄소 섬유를 분리하는 것이다. 화학 산업에는 이러한 분리 과정이 필요한 다양한 예들이 있다. 용액이나 슬러지에서 독성 있는 중금속을 분리하면 안전하게 폐기하거나 재사용할 수 있는 무독성의 물과 기타 물질을 남기고 금속을 얻을 수 있다.

17.10.1 금속

금속은 상대적으로 재활용이 쉽지만, 재활용 시 문제점은 금속을 순수한 상태로 분리해 내는 것이다. 금속 재활용과 관련된 보다 어려운 문제 중 하나는 금속이 다른 금속 표면에 도금되어 있거나 분리하기 어려운 두 가지 이상의 금속으로 구성된 합금에서 순순한 금속을 얻는 일이다. 분리가 어려운 가장 흔한 예는 철로 만들어진 부품이 구리 배선이나 구리로 만들어진 부품에 의해 오염된 경우이다. 불순물로 구리가 소량 섞이면 강철의 기계적 특성을 약화시킨다. 또 다른 문제로, 강철 부품에는 도금 과정에서 사용한 유독성 카드뮴이 존재할 수 있다는 점이다.

금속 재활용 기술 분야에는 광석에서 순수한 금속을 분리하기 위해 다년간 개발된 기술을 활용할 수 있다. 다른 금속의 정제 과정에서 부산물로 회수되는 금속의 예로는 알루미늄 생산 과정의 부산물인 갈륨, 납이나 구리 생산 과정의 부산물인 비소, 그리고 이리듐, 오스뮴, 팔라듐, 로듐 및 백금과 같은 귀금속 생산 과정의 부산물인 루테늄, 마지막으로 아연 생산 과정의 부산물인 카드뮴, 저마늄, 인듐, 토륨 등이 있다.

17.10.2 플라스틱 및 고무

최근 몇 년 동안 플라스틱을 재활용하기 위한 연구가 활발히 수행되었으나, 금속과 비교하여 재활용이 기술적으로 더 어렵고 금속보다 가치가 떨어져 재활용 가능성이 상대적으로 낮았다. 플라스틱은 재활용성에 크게 영향을 미치는 두 가지 분류로 나눌 수 있다. 열가소성 플라스틱은 가열하면 유동성을 가지며 냉각되면 다시 고체 상태로 변한다. 일반적으로 열가소성 플라스틱은 가열과 재성형을 여러 번 반복할 수 있어서 재활용이 가능하다. 재활용이 가능한 열가소성 플라스틱에는 폴리알켄(저밀도 및 고밀도 폴리에틸렌과 폴리프로필렌)과, 파이프, 집 외벽 및 기타 내구성 재료를 생산하기 위해 대량으로 사용되는 폴리염화바이닐(PVC), 폴리에틸렌 테레프탈레이트(PET), 폴리스타이렌 등이 있다. 플라스틱 포장재는 일반적으로 열가소성 플라스틱으로 만들어져 재활용할 수 있다. 재활용 관점에서 다행히도 대부분의 플라스틱은 열가소성이다.

열경화성 플라스틱은 가열하면 고분자 단위 사이에 가교 결합이 형성된다. 이렇게 형성된 결합 때문에 플라스틱은 다시 가열해도 녹지 않는다. 따라서 열경화성 플라스틱은 쉽게 재성형할 수 없어 재활용하기 어렵고, 태워서 유일하게 열원으로만 사용할 수 있다. 중요한 종류의 열경화성 플라스틱에는 인접한 탄소 원자 사이에 산소 원자가 결합하고 있는 (1,2-에폭사이드 또는 옥시레인) 에폭시 수지가 있다. 에폭시 수지는 유리 섬유나 흑연 섬유와 결합하여 복합 재료를 만드는 데 널리 사용된다. 이 외에도 열경화성 플라스틱에는 가교화된 페놀계 고분자와 일부 폴리에스터 및 실리콘 고분자가 포함된다. 열경화성 플라스틱을 사용할 때에는 재활용 측면을 고려해서 전체 구성 성분을 재활용할 수 있도록 제작하는 것이 필요하다.

플라스틱 재활용에 있어 오염 물질은 중요한 고려 사항이다. 가장 일반적인 오염 물질은 플라스틱 제품에 색을 입히는 데 사용된 페인트이다. 이 외에도 다양한 종류의 접착제나 코팅제가 오염 물질로 작용할 수 있다. 오염 물질은 재활용된 플라스틱의 강도를 약화시키거나 재활용하기 위해 플라스틱을 가열할 때 기체를 발생시키며 분해될 수 있다. 재활용에 관한 전문 용어로 '떠돌이 원소(tramp element)'인 유독성 카드뮴은 플라스틱 중합 과정에 사용되었다가 제품에 남아 플라스틱 재활용을 어렵게 하고 재활용된 제품의 사용처를 제한할 수 있다.

플라스틱 병을 재활용하여 얻어진 폴리에스터 중 다량이 카펫, 직물 및 기타 제품을 만드는 데 사용될 수 있다. 플라스틱을 녹여 실 모양으로 압출시키고 얻어진 실로 직물을 짠다. 미국에서는 생수병에 사용되는 플라스틱 용기 단일 품목을 생산하기 위해 연간 약 1억 7천 5백만 리터의 석유를 사용하고 있으며, 연간 약 150만 톤의 폐기물이 발생한다. 이 플라스틱 병 중 약 1/4만이 재활용된다.

천연고무의 경우 제2차 세계 대전 동안 널리 재활용되었지만, 전쟁 중 대체 물질로 개발된 합성 고무는 재활용하기가 상대적으로 훨씬 어려웠다. 전 세계 여러 국가에서 수백만 개의 폐타이어가 생성되고 있으며 심각한 환경 문제를 일으킬 수 있어서, 일반적으로 연료로 재사용하고 있다. 한 가지 효과적인 처리 방법은 폐타이어를 절단해 얻은 고무를 액체 질소로 동결시키고 매우 미세한 분말로 분쇄하는 것이다. 이렇게 얻은 분말 재료를 도료, 코팅제 및 밀봉재에 첨가제로 사용하면, 제품을 자외선이나 오존으로부터 보호하는 동시에 탄성과 내충격성을 부여할 수 있다. 또한 분말 고무 재료는 새 타이어를 만드는 원료에 첨가되기도 한다. 파쇄된 고무는 축구장(고무 조각으로 만든 인조 잔디)과 같은 경기장 표면에 널리 사용되었으나, 표면과의 접촉이 많은 운동선수의 건강에 악영향을 줄 우려가 제기되기도 하였다.[9]

17.10.3 윤활유

인류는 방대한 양의 윤활유를 사용하고 있으며, 이는 재활용해야 할 자원 중 하나이다.[10] 윤활유를 재활용하는 가장 단순한 방법은 태우는 것으로, 다량의 윤활유가 연료로 재사용되고 있다. 이 방법은 가장 낮은 수준의 재활용 방법으로, 이 절에서는 다루지 않겠다.

수년 동안 폐윤활유를 재생하기 위해 황산으로 처리한 다음, 점토로 후처리하는 공정을 사용하였는데, 이 공정은 다량의 폐기물이 생성되는 공정이었다. 현재 윤활유 재생에 관한 최신 기술로 폐윤활유로부터 유용한 물질을 얻기 위해 용매를 사용하거나, 진공 증류법 및 촉매를 이용한 수소 처리법 등이 사용되고 있다.

참고문헌

1. *World Mineral Exchange*.
2. Copeland, Claudia, *Mountaintop Mining: Background on Current Controversies*, Congressional Research Service through Amazon Kindle, Washington, DC, 2013.
3. Anderson, Corby G., and Robert C. Dunne, *Mineral Processing and Extractive Metallurgy: 100 Years of Innovation*, Society for Mining, Metallurgy, and Exploration, Englewood, CO, 2014.
4. Mueller, Daniel B., Tao Wang, Benjamin Duval, and Thomas E. Graedel, "Exploring the Engine of Anthropogenic Iron Cycles," *Proceedings of the National Academy of Sciences of the United States of America*, **104**, 16111–16116, 2006.
5. Yaoa, Z. T., M. S. Xiab, P. K. Sarkerd, and T. Chen, "A Review of the Alumina Recovery from Coal Fly Ash, with a Focus in China," *Fuel*, **120**, 74–85, 2014.
6. Genaidy, A. M., R. Sequeira, T. Tolaymat, J. Kohler, and M. Rinder, "An Exploratory Study of Lead Recovery in Lead-Acid Battery Lifecycle in U.S. Market: An Evidence-Based Approach," *Science of the Total Environment*, **407**, 7–22, 2008.
7. Grosjean, Camille, Pamela Herrera Miranda, Marion Perrin, and Philippe Poggi, "Assessment of World Lithium Resources and Consequences of Their Geographic Distribution on the Expected Development of the Electric Vehicle Industry," *Renewable and Sustainable Energy Reviews*, **16**, 1735–1744, 2012.
8. Fuleihan, Nadim F., "Phosphogypsum Disposal—The Pros and Cons of Wet versus Dry Stacking," *Procedia Engineering*, **46**, 195–205, 2012.
9. Ginsberg, Gary, Brian Toal, and Tara Kurland, "Benzothiazole Toxicity Assessment in Support of Synthetic Turf Field Human Health Risk Assessment," *Journal of Toxicology and Environmental Health*, **74**, 1175–1183, 2011.
10. Durrani, Hassan Ali, "Life Cycle Used Lubricating Oil Management Options," *International Journal of Current Research*, **6**, 6160–6165, 2014.

보충자료

Albanese, Jimmy Alexander Faria, and M. Pilar Ruiz, *Solid Waste as a Renewable Resource: Methodologies*, CRC Press, Boca Raton, FL, 2015.

Aswathanarayana, U., *Mineral Resources Management and the Environment*, Taylor & Francis, London, 2003.

Clark, James H., and Fabien Deswarte, Eds., *Introduction to Chemicals from Biomass*, 2nd ed., Wiley, Hoboken, NJ, 2015.

Craig, James R., and David J. Vaughan, *Earth Resources and the Environment*, 4th ed., Prentice Hall, Upper Saddle River, NJ, 2010.

Dewulf, Jo, and Herman Van Langenhove, Eds., *Renewables-Based Technology: Sustainability Assessment*, Wiley, Hoboken, NJ, 2006.

European Environment Agency, *Sustainable Use and Management of Natural Resources*, European Environment Agency, Copenhagen, 2005.

Franks, Daniel M., *Mountain Movers: Mining, Sustainability and the Agents of Change*, Routledge, New York, NY, 2015.

Grafton, R. Quentin, *The Economics of the Environment and Natural Resources*, Blackwell Publishing, Malden, MA, 2004.

Hendee, John C., Chad P. Dawson, and Wenonah F. Sharpe. *Introduction to Forests and Renewable Resources*, 8th ed., Waveland Press, Long Grove, IL, 2012.

Johnsen, Ole, *Minerals of the World*, Princeton University Press, Princeton, NJ, 2002.

Johnson, Kathleen M., *USGS Mineral Resources Program—Supporting Stewardship of America's Natural Resources*, U.S. Department of the Interior Geological Survey, Reston, VA, 2006.

Journel, André G., and Phaedon C. Kyriakidis, *Evaluation of Mineral Reserves: A Simulation Approach*, Oxford University Press, Oxford, 2004.

Kesler, Stephen, and Adam Simon, *Mineral Resources, Economics and the Environment*, 2nd ed., Cambridge University Press, New York, NY, 2015.

Kozlowski, Ryszard, Gennady Zaikov, and Frank Pudel, Eds., *Renewable Resources: Obtaining, Processing, and Applying*, Nova Science Publishers, Hauppauge, NY, 2009.

Kozlowski, Ryszard, Gennady E. Zaikov, and Frank Pudel, Eds., *Renewable Resources and Plant Biotechnology*, Nova Science Publishers, New York, NY, 2006.

Marjoribanks, Roger, *Geological Methods in Mineral Exploration and Mining*, 2nd ed., Springer, Berlin, 2010.

Rajendran, S., K. Srinivasamoorthy, and S. Aravindan, Eds., *Mineral Exploration: Recent Strategies*, New India Publishing Agency, New Delhi, 2007.

Roonwal, G. S., K. Shahriar, and H. Ranjbar, Eds., *Mineral Resources and Development*, Daya Publishing House, Delhi, India, 2005.

Rossi, Mario E., and Clayton V. Deutsch, *Mineral Resource Estimation*, Springer, Berlin, 2014.

USGS, http://minerals.usgs.gov/ (*The Mineral Resources Program presented on this website provides and communicates current, impartial information on the occurrence, quality, quantity, and availability of mineral resources.*)

Yu, Long, *Biodegradable Polymer Blends and Composites from Renewable Resources*, Wiley, Hoboken, NJ, 2009.

연습문제

모든 문제들을 답하기 위해서는 인터넷을 활용해야 할 것이다. 특히 일반적인 정보나 통계, 상숫값, 수식들은 인터넷에서 찾아서 사용하시오. 질문들은 교재 안에 있는 내용을 단순하게 찾아서 쓰는 것보다 호기심과 사고력을 증진시키기 위한 것이다.

그래서 어떤 경우에는 여러 가지 '정답'이 있을 수 있다. 그러므로 만약 자신의 이지적인 사고를 통한 노력과 다양한 문헌으로부터 찾은 정보를 바탕으로 작성한 답은 '정답'으로 간주한다.

1. 일반적으로 납, 아연, 구리는 수열 퇴적 과정으로 금속 황화물을 생성한다. 수열 조건에서 금속 황화물을 형성하기 위한 pE 조건(3장 참조)은 무엇인가?
2. 전 세계에서 가장 큰 중탄산소다석(trona) 매장층이 미국의 Wyoming 주의 그린리버 분지에 존재한다. 인터넷을 사용하여 trona에 대해 알아보고, 이 매장층이 어떻게 형성되었는지 제안하시오.
3. 생물이 살기 이전 바다에는 많은 양의 Fe^{2+}가 포함되어 있었다고 여겨진다. 생화학 및 화학 반응으로 철 이온이 어떻게 철광석인 Fe_2O_3 침전물로 변환되었는지를, $Fe(OH)_3$의 용해도와 $Fe(OH)_3$가 가열될 때 일어나는 현상을 고려하여 화학 반응으로 설명하시오.
4. 사이안화물로 광석에서 금을 추출할 때 일어나는 화학 반응을 인터넷에서 검색하시오. 추출 과정에서 용액의 pH가 상대적으로 높게 유지되는 이유는 무엇인가? 이 화학 반응이 환경에 끼칠 수 있는 영향은 무엇인가?
5. 1900년과 비교하여 현재에는 구리 광석에서 구리 1톤을 얻을 때 발생하는 광미 잔류물의 양이 몇 톤인지를 대략 계산하시오. 이 잔류 물량이 환경에 미치는 영향은 무엇인가?
6. 금은 매장량이 매우 적은 금속임에도 불구하고, 왜 금이 인류가 발견하여 사용한 최초의 금속 중 하나였는지 설명하시오. 구리와 철의 화학적 성질을 바탕으로, 철보다 구리가 먼저 발견되어 사용하게 된 이유를 제시하시오. 철은 지각에서 원소 상태로는 거의 발견되지 않는다. 어떤 조건에서 철이 원소 상태로 발견될 수 있는지 제시하시오. 지구상 어느 지역에서 자연적으로 원소 상태의 철이 드물게 발견되는가?
7. 보크사이트로부터 침전된 알루미늄 화합물의 열처리 과정에서 어떠한 화학 반응이 일어나는가? 광석으로부터 알루미늄을 생산하는 방법이 에너지를 많이 소모하는 이유를 두 가지 측면에서 설명하시오. 알루미늄 금속 재활용 방법이 알루미늄 생산 측면에서 어떻게 에너지 소비를 줄일 수 있는가?
8. 1970년대까지 환경에 광범위하게 영향을 끼친 납의 주된 두 가지 용도는 무엇이었는가?
9. 환경 대책 중 잉여의 황이 발생할 가능성이 있는 조치는 무엇인가?
10. 종이를 만들기 위해 목재에서 셀룰로스를 추출하는 화학 공정들은 무엇인가? 왜 이 공정들이 환경에 문제를 일으키는가? 면화의 화학 조성을 조사하고, 왜 면화가 비싸지만 좋은 등급의 종이를 만드는 데 사용될 수 있는지 설명하시오.
11. 더욱 쉽게 얻을 수 있는 물질을 더 적은 양 사용하고자 하는 산업 생태학에 적용된 두 가지 주요 접근 방법은 탈물질화(dematerialization)와 물질 대체(material substitution)이다. 1950년대에 사용했던 전자 및 통신 장비의 구성 물질과 오늘날 사용되는 장비의 구성 물질을 비교해 보시오. 그리고 전자 및 통신 분야에서 어떻게 탈물질화와 물질 대체가 적용되어 물질 사용을 크게 줄였는지 설명하시오.
12. 미국의 국립 신재생 에너지 연구소(National Renewable Energy Laboratory, NREL)의 연구 결과에 따르면 "산업용 바이오 정제 방법은 새로운 바이오 기반 산업을 창출하기에 가장 유망한 것으로 확인되었다." 바이오 정제란 무엇인가? 일반적인 석유 정제 방법과 비교하시오. 바이오 정제 방법이 보급되면 지속 가능성에 어떤 영향을 끼치는가?
13. 합금은 금속의 유용성을 매우 증가시킨다. 그러나 합금 형태의 금속은 재활용이 어려운데, 그 이유는 무엇인가?
14. 일반적으로 플라스틱이 금속보다 재활용률이 낮은 두 가지 이유는 무엇인가? 왜 열경화성 플라스틱이 열가소성 플라스틱보다 재활용이 힘든지 설명하시오.
15. 왜 현재 사용되는 윤활유 재활용 방법이 지난 수십 년 동안 사용한 재활용 방법보다 지속 가능한가?

18 지속 가능한 에너지

모든 것에 대한 열쇠

18.1 에너지 문제

지속 가능한 에너지가 '모든 것에 대한 열쇠'라는 것은 다소 대담한 주장이다. 그러나 물리적 환경 내에서 발생하는 대부분의 문제는 충분한 에너지를 소비할 수 있고, 비용이 충분히 저렴하면서 환경에 피해를 주지 않고 사용할 수 있다면, 적어도 상당 부분 해결할 수 있다는 주장은 설득력이 있다. 지속 가능한 충분한 에너지로 해결할 수 있는 환경과 지속 가능성에 관한 문제들은 다음과 같다.

- 물: 에너지가 충분하면 증류, 역삼투 및 기타 에너지를 사용하는 기술을 적용하여 폐수를 음용수 수준으로 재생할 수 있으며, 바닷물을 담수화할 수도 있다.
- 식량: 에너지가 충분하면 한계 수준에 도달한 토지를 평지화, 계단 형태화 또는 암석 제거 등의 조치로 개간할 수 있으며, 원거리에서 관개용수를 펌프로 끌어오거나 해수를 담수화하여 식량을 재배할 수 있다. 또 온실을 난방하면 겨울철에도 고부가 가치의 특산 식품을 재배할 수 있다.
- 폐기물: 토지에 유해 폐기물을 매립하는 것이 일반적이지만, 결코 좋은 방법은 아니다. 충분한 에너지를 소비하여 이러한 폐기물을 해가 되지 않는 형태로 전환시킬 수 있다.
- 운송: 지속 가능한 에너지가 충분하면 전철과 같은 기술을 이용해서 운송 문제를 완화할 수 있다.
- 연료: 대기 중 온실 가스인 이산화 탄소를 증가시키지 않고서도 다른 대안이 별로 없는 응용 분야(2021년까지 전기 여객기 개발에 일부 진전이 있었지만 항공기와 같은)에 탄소가 고정된 바이오매스 발생원을 탄화수소 연료로 변환해 사용할 수 있다.

위의 목록은 지속 가능성 및 환경 문제와 결부된 여러 분야로 확장될 수 있다. 물론 문제는 지금까지 지속 불가능한 에너지 이용 시스템이 개발되었다는 점이다. 지속 가능성에 대한 가장 명백한 문제 중 하나는 인류의 경제 시스템의 기반이 된 에너지원이 가까운 장래에 고갈될 것이라는 점이다. 특히, 자원 빈국에서 석유를 에너지원으로 소비하는 것은 불규칙한 시장과 가격 급등으로 인해 경제를 불확실하게 만든다. 아직은 매장량이 풍부한 석탄 자원이 있지만, 현재의 기술로 이를 에너지로 사용하는 것은 지구 온난화를 가속시키는 일일 것이다. 그러므로 다음 수십 년 동안 인류가 당면할 커다란 과제는 지구와 지구의 기후를 파괴하지 않고 에너지 수요를 충족시킬 수 있는 에너지원을 개발하는 것이다.

환경적으로 안전하고(혹은 그렇게 할 수 있고), 전체로 통합하면 에너지 수요를 충당하기 충분한 화석 연료를 대체할 수 있는 에너지가 있다. 이러한 에너지에는 풍력, 태양, 바이오매스, 지열 및 원자력 등이 있다. 이 외에도 조력 에너지와 같은 다른 다양한 에너지원도 기여할 수 있다. 화석 연료 또한 지구 온난화를 줄이기 위해 온실 가스인 이산화 탄소를 제거하는 방향으로 수십 년 동안 계속해서 사용될 것이다. 물론, 에너지 절약과 에너지 효율성 증대 또한 상당한 기여를 할 것이다. 이 장에서는 에너지의 지속 가능성에 중점을 두고, 앞에서 언급한 에너지 대안에 대해 논의하고자 한다.

18.2 에너지의 본질

에너지(energy)는 원자와 분자의 운동 형태로 일을 하거나(기본적으로 물질을 이동시키는) **열(heat)**을 낼 수 있는 능력을 의미한다. **운동 에너지(kinetic energy)**는 움직이는 물체에 내재되어 있다. 한 예로, 태양과 풍력으로부터 간헐적으로 발생한 에너지 흐름을 일정하게 해 주는 에너지 저장 분야에 잠재적으로 매우 중요한 장치인 빠르게 회전하는 플라이휠(flywheel)에 내재된 에너지를 들 수 있다.[1] **위치 에너지(potential energy)**는 수력 발전 터빈으로 필요에 따라 전기를 생산할 수 있도록 수력 에너지를 저장하는 수단으로 사용되는 높은 위치의 저수지의 물과 같이 저장된 에너지를 뜻한다.

위치 에너지의 매우 중요한 형태 중 하나는 분자 결합으로 저장되었다가 화학 반응이 일어날 때 주로 열로 방출되는 **화학 에너지(chemical energy)**이다. 천연가스인 메테인(CH_4)을 예로 들면, 메테인이 연소하면 생성물인 CO_2 및 H_2O와, 반응물인 CH_4 및 O_2의 결합 에너지 차이가 주로 열 형태로 방출된다.

$$CH_4 + 2O_2 \rightarrow CO_2 + 2H_2O \tag{18.1}$$

가스 터빈에서 메테인의 연소로 열이 방출되면 발생된 열에너지 일부가 발전기가 부착된 터빈을 빠르게 회전시키는 **역학 에너지(mechanical energy)**로 변환될 수 있다. 이때 발전기는 다시 역학 에너지를 **전기 에너지(electrical energy)**로 변환한다.

에너지의 표준 단위는 **줄(joule, J)**이다. 4.184 J의 열에너지는 물 1 g의 온도를 1°C 올릴 수 있다. 이 열량은 이전의 과학 분야에서 사용되었던 에너지 단위인 1**칼로리(calorie)**의 에너지(1 cal = 4.184 J)와 같다[일반적으로 음식의 열량(혹은 지방을 생성할 수 있는 능력)을 표현하는 데 사용되는 '칼로리'는 실제로는 1,000칼로리에 해당하는 킬로칼로리(kcal)이다]. 줄은 작은 양의 에너지를 나타내는 단위로 1,000 J에 해당하는 킬로줄(kJ)이 화학 공정을 설명하는 데 널리 사용된다. 1×10^{18} J에 해당하는 엑사줄(EJ)은 많은 양의 에너지를 나타내는 데 사용되는데, 예로 지구의 연간 총 1차 에너지 소비량은 약 450 EJ이다.

전력(power)은 단위 시간당 생성, 전송 또는 소비되는 에너지를 나타낸다. 전력의 단위는 **와트(watt)**로, 초당 1줄의 에너지($J\ s^{-1}$) 흐름과 같다. 책상을 비추기 적당한 소형 형광등은 약 21 W 전력을 소비하며, 대형 발전소는 1000**메가와트(megawatt, MG**, 1 MW는 100만 와트)의 전력을 공급할 수 있다. 국가적 또는 세계적 규모의 전력은 10억 와트인 **기가와트(gigawatt, GW)**나 심지어는 1조 와트와 같은 **테라와트(terawatt, TW)**로 표현된다.

에너지의 다양한 형태와 일과의 관계를 다루는 과학이 **열역학(thermodynamics)**이다. 열역학에는 몇 가지 중요한 법칙이 있다. **열역학 제1법칙(first law of thermodynamics)**에 따르면 에너지는 생성되거나 파괴되지 않는다. 이 법칙은 **에너지 보존 법칙(law of conservation of energy)**으로도 알려져 있다. 친환경 기술을 실천하는 데 있어서는 열역학 제1법칙을 항상 고려해야 하며, 최상의 실천 방법은 에너지를 가장 효율적으로 소비하는 것이다. 열역학을 적용하면 사용 가능한 에너지의 양을 계산할 수 있다. 열역학 법칙에 기술한 것처럼, 상대적으로 연료 내 잠재 에너지 중 소량만이 역학 에너지나 전기 에너지로 변환될 수 있으며, 잔여 에너지는 연료의 연소 과정에서 열로 낭비된다. 친환경 기술을 적용하면 이 열의 대부분을 가정의 지역 난방과 같은 용도로 활용할 수 있다.

에너지는 생성되거나 파괴되지는 않지만, 계(system)에서 얻을 수 있는 유용한 에너지의 양은 줄어들 수 있다. 예를 들어, 열 엔진의 고온부에서 저온부로 흐르는 에너지 일부를 이용하여 유용한 역학 에너지를 생산할 수 있다(18.5절 및 식 18.2). 이 유용한 에너지의 양을 **유효 에너지(exergy)**라고 하며,

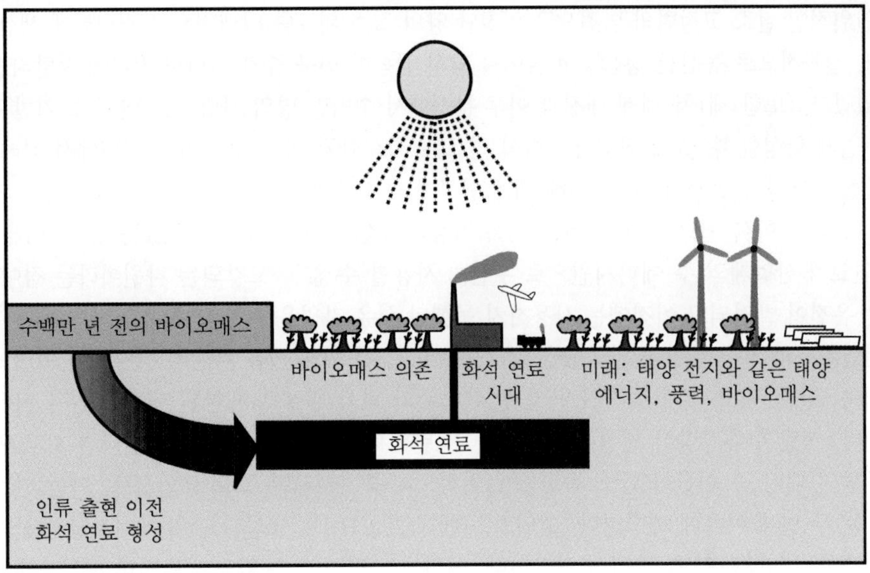

그림 18.1 태양 및 바이오매스 에너지를 소비하는 방식의 화석 연료 시대에서 태양 에너지에 기반을 둔 재생 에너지 시대로의 단순하면서도 극적인 발전.

에너지 흐름이 평형 상태에 도달한 계에서는 0이 될 수 있다.

18.3 지속 가능한 에너지: 태양으로부터 멀어진 후 다시 태양으로

지속 가능성의 핵심은 풍부하고 환경적으로 안전한 에너지여야 한다는 것이다. 인류의 에너지 소비 발전 역사를 그림 18.1에 나타냈다. 최근까지 인류 역사에서 우리는 태양에 의존하여 우리가 필요로 하는 에너지를 충족해 왔다. 태양 에너지는 지구의 육지 대부분 지역을 인간이 살 수 있을 정도의 온도로 유지해 준다. 태양 복사 에너지는 대기 중 이산화 탄소를 식물 바이오매스로 전환시키는 광합성 반응의 에너지원으로, 인간에게 식량, 섬유 또는 건축용 및 연료용 목재를 제공하였다. 또한 이 바이오매스를 먹고 사는 동물들은 인간에게 음식과 고기 및 옷을 만드는 데 사용될 수 있는 가죽이나 양모를 제공해 왔다. 결국, 인간은 태양 에너지를 간접적으로 사용하는 방법을 개발하였다. 공기가 태양열에 의해 데워져 형성되는 풍력을 이용하여 배를 운항하거나 풍차를 돌리는 데 사용했던 것이 이러한 예에 해당된다. 태양 에너지에 의한 수권의 순환으로 물이 흐를 수 있으며, 이 에너지는 수차의 동력원으로 이용되었다. 사실상 거의 모든 생활 필수품은 태양 에너지를 이용해서 얻은 것이다.

18.3.1 화석 연료의 짧은 역사

1800년경부터 인간은 에너지 수요를 충족시키기 위해 화석 연료 소비를 매우 빠르게 증대시키기 시작하였다. 초기에는 제조, 증기선 및 증기 기관차의 역학 에너지를 위해 새로 개발된 증기 기관에 동력을 공급하기 위해 석탄을 사용하였다. 1900년경 이후 연료로서의 석유 소비가 급속히 증가하였고, 내연 기관의 발전으로 인해 운송 수요를 충족하기 위한 에너지원으로 사용되었다. 이후에 천연가스도 새로운 에너지원으로 개발되었다. 결과적으로 태양과 바이오매스 에너지원에서 화석 연료로의 큰 전환이 이루어졌다.

화석 연료인 탄소 기반 물질을 활용하게 된 것은 단지 에너지를 소비하는 것을 뛰어넘는 혁명적인 일이었다. 한 가지 중요한 예가 1900년대 초 독일의 Carl Bosch와 Fritz Haber가 N_2와 H_2의 반응으로 공기 중의 원소 상태 질소를 암모니아(NH_3)로 변환시키는 공정을 발명한 것이다. 이 고압, 고온 공정에 에너지를 공급하고 수증기를 반응시켜 원소 상태의 수소를 생산하는 데 다량의 화석 연료가 필요하였다. 인위적인 질소 고정법의 발견으로 엄청난 양의 질소 비료를 상대적으로 저렴하게 생산할 수 있게 되었고, 결과적으로 농산물 생산량이 늘어나 당시 급속한 인구 증가로 인해 기근에 시달리던 유럽을 구할 수 있었다. (또한 제1차 세계 대전과 이후 분쟁에서 수백만 명의 사망자를 낸 질소 기반 폭발물을 대량으로 쉽게 합성할 수 있게 되었다.) 화석 연료는 '화석화된 태양 빛'이라는 의미에서 전례 없이 풍요로운 물질 시대를 열었으며, 이로 인해 세계 인구가 약 10억에서 60억 이상으로 증가하게 되었다.

2021년이 되자 화석 연료 시대가 더는 지속 가능하지 않다는 것이 명확해졌는데, 그 이유 중 하나는 화석 연료가 산업계의 주 에너지원으로 무한히 사용할 수 없는 고갈되는 자원이라는 점이다. 최근에 새로운 유전이 발견되고 이전에는 사용하지 못했던 석유 자원을 활용할 수 있는 신기술이 개발되어 석유와 천연가스의 부족 현상을 완화했음에도 불구하고, 전 세계 석유 자원의 상당량이 이미 소비되어 석유가 더욱 희소해지고 값이 비싸져 단지 연료와 유기 화학 원료로 제한된 시간 동안만 지속할 것으로 예상된다. 석탄은 매장량이 훨씬 풍부하지만, 석탄의 사용은 지구 온난화와 심각한 기후 변화를 일으키는 주범인 대기 중 이산화 탄소 농도를 인위적으로 증가시키는 주요 요인으로, 화석 연료 시대가 끝나야 하는 두 번째 이유에 해당한다. 천연가스(메테인, CH_4)는 생성된 단위 에너지당 이산화 탄소를 최소로 배출하는 이상적인 청정 화석 연료이다. 예전에는 접근할 수 없었던 단단한 셰일층에서 새로운 천연가스 유정의 발견이 크게 늘어, 다른 대체 에너지가 개발될 때까지 수십 년 동안 '가교 연료'로서의 역할을 할 것으로 여겨진다. 핵연료 재처리 과정과 더불어 원자력 에너지가 적절히 사용된다면, 현재 전기를 생산하는 과정에 걸리는 부하를 일정 정도 상쇄해 지금보다도 에너지 생산에 더 많은 기여를 할 수 있다. 그러나 에너지를 얻고 소비하는 방식에서 지금과는 다른 과감한 변화가 일어나야 한다는 것은 분명한 사실이다.

18.3.2 다시 태양으로

화석 연료인 탄화수소의 짧지만 장엄한 시대가 끝나면서, 인류의 역사와 지구 및 인간의 관계는 '태양에서 화석 연료로, 그리고 다시 태양으로'처럼 인류가 모든 에너지의 근원이며, 대기 중의 이산화 탄소를 바이오매스 원료로 변환시키는 광합성 에너지원인 태양으로 되돌아감을 의미한다. 태양열 난방이나 태양광 발전과 같이 태양을 직접 사용하는 방법 이외에도, 태양은 더욱 덜 직접적인 방법으로 에너지나 물질을 생산할 수 있는 잠재력이 높다. 이와 관련해서 전 세계적으로 가장 빠르게 성장하고 있는 에너지원 중 하나는 풍력 발전이다. 태양에 의해 다량의 공기를 가열되면 공기가 팽창되고 이때 바람이 생성된다. 한때 지배적인 에너지와 물질 공급원이었던 태양의 광합성에 의해 생성된 바이오매스는 석유 화학 제품 제조 분야와 합성 연료 분야에서 석유를 대체할 원료로 사용될 수 있는 잠재력을 발휘하기 시작하였다. 바이오매스는 액체 연료 분야에서 실용적인 원료 물질로 개발되고 있으며, 이 중에서 두 가지 주요한 부분은 에탄올을 생산하기 위한 발효와 식물 지질을 이용한 바이오디젤 연료의 합성이다. 불행히도 브라질과 같은 일부 지역에서 잘 자라는 사탕수수에서 추출한 설탕으로 만든 에탄올은 경제적인 휘발유 대체재이지만, 옥수수 전분에서 추출한 에탄올에서 얻은 순 에너지는 식물을 경작하는 가장 중요한 점인 식량 및 동물 사료로도 사용될 수 있다는 측면을 생각해 보면, 곡물 생산에 의존하게 되며, 따라서 옥수수 기반 에탄올에 의한 순 에너지 이득에는 한계가 있다. 콩과 같은 원료로부터 합성 바이오디젤 연료를 생산하는 것은 어느 정도 경제성이 우수할 수 있다. 그러나 말레이시아와 같은 나라의 야자나무 기름에서 이 연료를 생산하면 열대 우림이 파괴되고 야자 기름의 식량으로 공급이 제한된다. 그러나 18.15절에서 논의한 바와 같이, 식량 공급에 심각한 혼란을 일으키지 않으면서 바이오매스를 활용하여 에너지와 물질을 생산할 수 있는 실질적인 수단이 존재한다.

현재와 미래의 과학적 발견과 기술의 발전은 특히 태양 에너지 분야에서 지속 가능한 에너지를 찾는 데 중요한 역할을 할 것으로 기대된다. 이를 위해 다음 각 부분에서 노벨상 수준의 연구 결과가 필요하다. (1) 에너지 획득과 변환 효율의 획기적 향상, (2) 에너지 변환과 출력의 지속성과 일관성, (3) 특히 바이오매스를 생산하는 광합성 과정 동안 태양 에너지를 화학 에너지로 변환시키는 효율 향상, (4) 개선된 에너지 저장 수단, (5) 에너지 생성과 저장의 불필요한 중복 개선.

현재 사용되는 상업용 태양광 설비는 약 15% 또는 이보다 약간 낮은 효율로 태양 에너지를 전기로 변환한다. 보다 최근에 개발된 태양 전지는 이보다 높은 약 20%의 변환 효율을 가지고 있다. 미래의 태양 전지는 합리적인 가격으로 약 50%의 광변환 효율을 가질 것으로 예견된다.[2] 세 배 정도의 태양 전지 효율 향상은 수년 안에 실현 가능할 것으로 예상하며, 태양 전지 시스템의 유용성을 크게 향상시킬 것이다.

광전지와 태양열 시스템의 단점은 정오에 최대의 출력 피크를 보이며, 야간에는 작동하지 않는 간헐적인 특성을 보인다는 것이다. 이 때문에 현재 사용되는 리튬 이온 전지와 같은 소형의 효율적인 축전지뿐만 아니라, 운동 에너지를 저장할 수 있는 고속 플라이휠과 같은 역학 에너지 저장 시스템을 포함하는 별도의 에너지 저장 시스템이 필요하다. 효율성의 비약적인 발전이 필요한 또 다른 분야는 훨씬 높은 효율로 광합성에 의해 태양 에너지를 바이오매스 형태인 화학 에너지로 변환할 수 있도록 개선된 작물을 개발하는 것이다. 이 경우 대부분의 식물이 광합성을 통해 태양 에너지의 1% 미만을 화학 에너지로 변환하기 때문에 개선 가능성이 매우 큰 분야라고 할 수 있다. 유전 공학을 이용하여 이 효율성을 몇 배 향상할 수 있고, 이에 따라 바이오매스 생성량을 크게 증가시킬 수 있다. 분명한 것은 앞으로 수십 년 동안 높은 수준의 과학 발전을 바탕으로 지속 가능성을 달성하기 위한 인류의 노력이 계속될 것이다.

18.4 인류권에서 소비된 에너지원: 현재와 미래

2020년 현재, 연간 세계 전력 소비량은 약 14,000 Mtoe(백만 톤의 석유에 해당하는 양) 또는 연간 18.6 TW이다. 그림 18.2는 2020년 현재 미국과 전 세계에서 연간 소비된 에너지원을 나타내고 있다. 석유, 천연가스 및 석탄과 같은 **화석 연료(fossil fuel)**가 우세한 것을 알 수 있다. 또한 다양한 대안 에너지의 잠재력도 제시되어 있다. 전 세계 에너지 자원에 대한 광범위한 조사를 통해 이 주제에 대한 자세한 내용이 출판물로 공개되어 있다.

전 세계 에너지 자원은 제한된 양만을 사용할 수 있는 **유한 자원(finite resource)**과, 지속해서 재생되는 영구 자원으로 나눌 수 있다(표 18.1). 유한 자원은 원자로 연료로 사용할 수 있는 우라늄과 토륨뿐만 아니라 석탄과 석유 등 화석 연료가 주를 이룬다. 영구 자원은 태양열 난방이나 태양 전지와 같이 직접 에너지를 제공하거나, 바람이나 파도와 같이 간접적으로 에너지를 제공하는 태양 에너지를 기반으로 한다. 다른 영구 자원으로는 지열과 조력 에너지가 있다. 유한 자원과 영구 자원의 중간적인 자

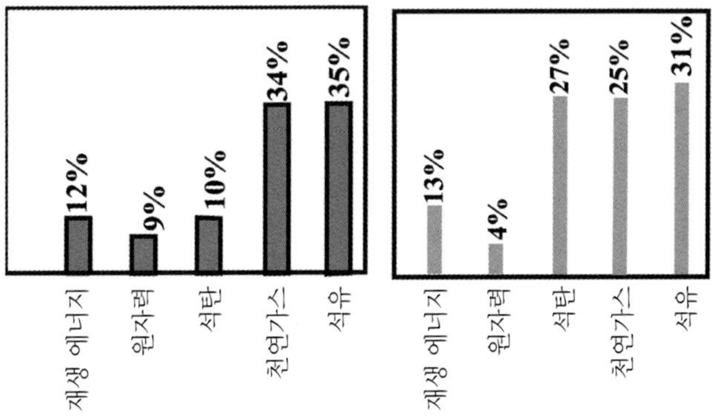

그림 18.2 2020년 미국(왼쪽)과 전 세계(오른쪽)의 에너지 자원. 1% 단위로 반올림한 백분율. 재생 에너지에는 에탄올과 바이오디젤 연료가 포함된 바이오매스가 주된 에너지이며, 태양열, 풍력 및 지열 에너지가 포함되어 있다. (미국 에너지 정보 관리국에서 2020년에 발표한 '미국 에너지 진실에 대한 설명' 참조, http://www.eia.gov/energyexplained/.)

표 18.1 지구의 주요 에너지 자원

자원	유용성 및 잠재력
	유한 자원
석탄	전 세계 매장량 약 8,600억 톤. 약 절반이 역청탄이며 나머지가 아역청탄, 아탄, 갈탄임
원유, 천연가스 및 액체 탄화수소	확인된 전 세계 매장량은 약 12억 배럴. 현행 하루 8,500만 배럴 생산량 기준으로 약 40년간 공급
셰일 오일	유기 케로젠을 포함한 오일 셰일을 가열하여 얻음. 전 세계 자원 규모가 약 5조 배럴 정도이지만, 지금은 대규모로 생산되지 않음
여분의 중유 및 역청	중금속과 화학적으로 결합한 질소, 산소 및 황이 포함된 점성 있는 탄화수소. 전 세계적으로 유용한 양이 5.5조 배럴에 달함
천연가스	2014년에 187조 m^3의 천연가스 매장량이 확인되었음(이 수치는 추가 매장량이 확인되면서 매년 크게 증가하고 있음)
이탄	춥고 습한 환경이나 일부 열대성 환경에서 축적된 식물 잔류물. 전 세계 이탄 자원량 약 5,000억 톤(탄소 기준). 일정 정도 재생 가능
우라늄	확인된 전 세계 자원량 약 540만 톤
	영구 자원
수력	2008년 기준 전 세계 생산 능력 875 GW(875,000 MW)
바이오 에너지	연간 전 세계적으로 50엑사줄(EJ, 1 EJ = 10^{18} J), 혹은 전 세계 총 1차 에너지 소비량인 약 450 EJ의 10%에 해당
태양열 에너지	잠재적으로 방대한 에너지 자원. 지구 표면에 전달되는 총 태양 에너지는 1차 에너지 소비량의 약 7,500배
지열 에너지	실제 추정치로 최대 210 GW의 전력 생산
풍력 에너지	2011년 기준 총 239 GW 용량
조력 에너지	Brittany의 La Rance에 있는 240 MW 조력 발전소는 1968년부터 가동되었으며, 2010년 254 MW의 조력 발전소가 대한민국의 시화에서 가동되기 시작했음. 더 높은 잠재력을 가지고 있음
파력	전 세계 전력 생산량과 동등한 잠재력
해양 온도차 발전	따뜻한 표면수와 심해수의 최소 20°C 이상의 온도 차를 이용하여 역학적 에너지를 생성함. 실제 운영되는 곳은 없지만 무한한 잠재력을 가지고 있음

주: 줄(J)은 에너지의 기본 단위이다; 엑사줄(EJ)은 1×10^{18}줄이다; 와트(W)는 전력의 기본 단위이다(단위 시간당 에너지); 메가와트(MW)는 1,000 W이고, 기가와트(GW)는 1,000 MW이다. 연간 1 GW는 0.03156 EJ과 같다.

원으로는 이탄(peat)이 있으며, 이것은 수천 년 된 퇴적물에서 얻을 수 있지만 끊임없이 새로운 식물체에 의해 재생된다. 만일 수소의 동위 원소인 중수소를 이용한 핵융합 발전을 실용적인 에너지원으로 개발한다면, 지구 전체에 한정된 양의 중수소가 존재한다는 점에서 유한한 에너지원이라고 할 수 있지만, 실제 전부를 소비할 수 없을 만큼 그 양이 매우 많아 영구 자원이라고 볼 수 있다.

특히 2000년 이후 성장하고 있는 에너지 분야 중 지속 가능한 두 가지 에너지원이 출현했다는 점은 주목할 가치가 있다. 이 중 첫 번째는 천연가스로, 이전에는 접근하기 어려웠던 자원이 새로 개발됨으로써 공급이 크게 증가하였다. 두 번째는 풍력으로, 매우 빠르게 발전하였으며 다른 에너지원과 비교하여 경제적으로 경쟁력이 있다. 다행히도 이러한 에너지원은 지속 가능성 측면에서 유리한 에너지원이다. 천연가스는 이산화 탄소를 포함한 온실 가스 배출 측면에서 최상의 화석 연료로, 화석 연료에서 완전한 재생 에너지로 변환하는 과정의 가교 역할을 할 수 있다. 풍력 에너지는 완전한 재생 에너지이며, 영구 자원으로 환경에 미치는 영향이 가장 적다. 풍력 발전 터빈의 설치 공간은 매우 작으며, 식량 생산 능력에 거의 영향을 주지 않고 농지에 설치할 수 있다. 풍력 발전은 가장 일반적으로 사용되고 있는 영구 자원인 수력 발전과는 달리, 하천에 댐을 설치할 필요가 없으며 수생 생태계에 손상을 주지 않는다.

18.5 에너지 장치 및 변환

에너지는 여러 가지 형태로 발생하며, 그림 18.3과 같은 장치들을 이용하여 다른 형태로 변환해야 한다. 사용 가능한 에너지의 종류, 활용되는 형태 및 다른 형태로 변환되는 과정에 따라 녹색 기술과 지

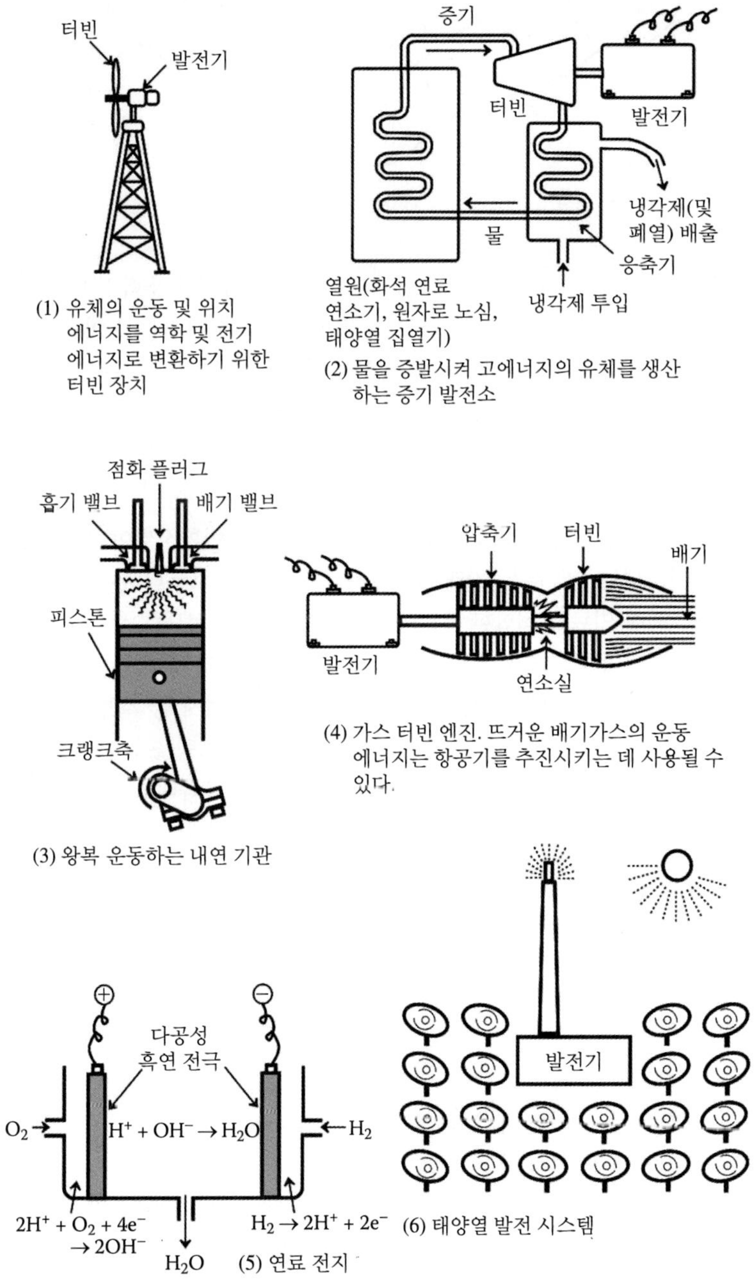

그림 18.3 에너지를 수집하고 다른 형태로 변화시키는 다양한 장치들의 예.

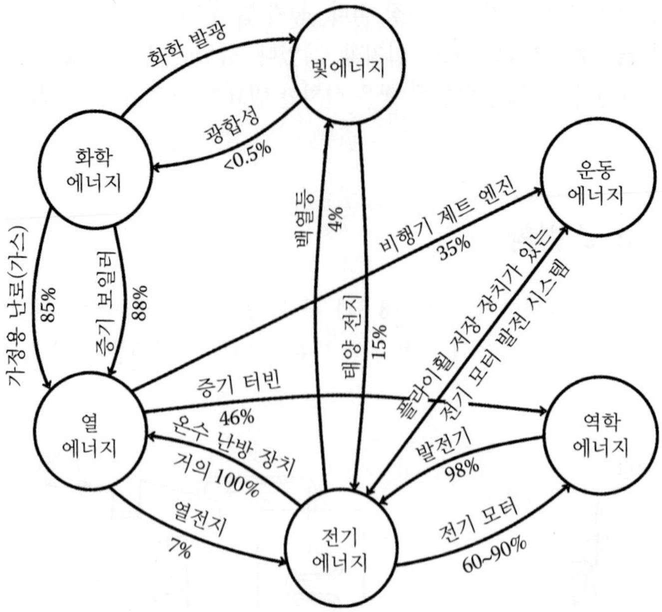

그림 18.4 에너지의 주요 유형들과 효율이 포함된 그들 사이의 변환.

속 가능성에 크게 영향을 미친다. 예를 들어, 그림 18.3의 (1)에 제시된 풍력 터빈은 환경에 거의 영향을 끼치지 않고(비록 어떤 사람들은 흉물스럽다고 생각하지만 다른 사람들은 아름다운 풍경으로 여긴다) 전력망에 전기를 공급한다. 반면, 그림 18.3의 (2)에 제시된 증기 발전소는 고갈될 수 있는 자원인 석탄을 채굴해야 하며, 대기 오염을 일으킬 수 있는 화석 연료를 연소시키고, 발생한 대기 오염 물질을 제어할 필요가 있으며, 터빈에서 배출되는 뜨거운 증기를 냉각하기 위해 수로를 열 오염시킬 가능성이 있다.

에너지 활용에 있어 중요한 점은 사용 가능한 형태로 에너지를 변환시켜야 한다는 것이다. 예를 들어, 자동차 엔진에서 연소되는 휘발유는 원래 지하에서 채굴된 석유로부터 유래하였고, 채굴된 석유는 성분에 따라 분리되고, 엔진 연료로 적합한 특성을 가진 분자로 화학적으로 생산되었으며, 휘발유 제품은 내연 기관 내에서 연소되어 화학 에너지를 역학 에너지로 변환시키고, 역학 에너지는 다시 자동차를 움직이는 운동 에너지로 자동차 휠에 전달된다. 실제로 휘발유 에너지 중 절반 미만이 자동차 운행에 소비되는 역학 에너지로 변환되고, 나머지 에너지는 엔진의 냉각 시스템을 통해 폐열로 버려진다.

그림 18.4는 에너지의 주요 형태들과 그들 사이의 변환에 대해 나타내고 있다. 이 그림에서 중요한 점은 에너지 변환 효율이 단지 수 %에서 100%에 가까운 매우 큰 범위를 가지고 있다는 것이다. 이러한 차이는 개선이 필요한 영역을 제시한다. 가장 놀라운 비효율성 중 하나는 광합성에 의해 빛에너지가 화학 에너지로 변환되는 효율이 0.5% 미만임에도 불구하고, 광합성에 의해 산업화된 사회에 현재 에너지를 제공하는 화석 연료가 생성되었으며, 목재와 농업 폐기물이 소비되는 지역에서 상당한 에너지를 제공하고 있다. 유전자 조작 식물을 이용하여 광합성 효율을 배가시키면 바이오매스를 보다 바람직한 에너지원으로 만들 수 있다. 매우 비효율적인 백열전구를 형광등이나 LED 전구로 교체하면 5~6배 더 효율적으로 전기 에너지를 빛으로 변환하여 많은 양의 에너지를 절약할 수 있다.

인류권에서 일어나는 특히 중요한 에너지 변환 중 하나는 연료의 화학적 연소로부터 차량을 운행하거나 발전기를 작동시키는 데 사용되는 역학 에너지를 얻는 과정과 같은, 열의 에너지로의 변환이다. 예를 들어, 엔진의 휘발류가 연소하면 크랭크축이 연결된 엔진의 피스톤을 움직일 수 있는 고온의 가스가 생성되며, 피스톤의 상하 운동은 차량의 바퀴를 움직이는 회전 운동으로 변환된다. 연소실의 고압하에서 생성된 고온의 증기가 발전기가 연결된 터빈을 흐를 때도 이러한 에너지 변환이 일어

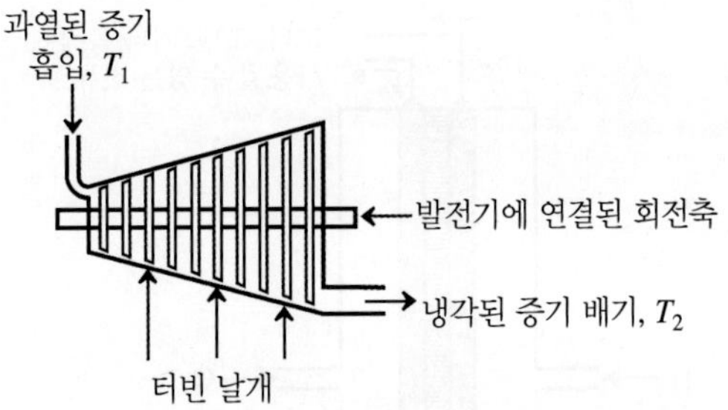

그림 18.5 증기 터빈은 과열된 증기가 축에 달리 날개와 충돌하여 역학 에너지를 생성한다. 전기를 생성하기 위해 축은 발전기에 연결된다.

난다. 열에너지가 역학 에너지로 변환되는 증기 터빈과 같은 장치를 열기관이라고 한다. 불행히도, 열역학 법칙에 따르면 열이 역학 에너지로 변환되는 효율은 항상 100%보다 훨씬 낮다. 이 변환 효율은 Carnot 방정식으로 나타낼 수 있다.

$$퍼센트\ 효율 = \frac{T_1 - T_2}{T_1} \times 100 \tag{18.2}$$

여기에서 T_1은 입구 온도(예: 증기 터빈으로 유입되는 증기의 온도)이고 T_2는 출구 온도이며, 둘 다 켈빈 온도(℃ + 273)로 표시된다. 그림 18.5와 같은 증기 터빈을 생각해 보자. T_1(875 K)과 T_2(335 K)를 Carnot 방정식에 대입하면 최대 이론적 효율이 62%가 된다. 그러나 모든 증기를 최고 온도에 이르게 할 수 없으며, 마찰 손실이 발생하여 대부분의 현대식 증기 터빈의 에너지 변환 효율은 50% 미만이다. 연소실에서 화석 연료의 연소로 방출된 화학 에너지의 약 80%가 실제 물로 전달되어 증기를 생성하므로, 화석 연료의 화학 에너지를 전기를 생산하기 위한 역학 에너지로 변환하는 순 효율은 약 40%이다. 발전기가 회전하는 터빈의 거의 모든 에너지를 전기로 변환하기 때문에 화학 에너지의 전기로의 전체 변환율은 본질적으로 같다. 안전상의 이유로 원자로의 최고 온도가 제한되기 때문에 원자력의 전기 변환율은 약 30%에 불과하다.

화학 에너지를 역학 에너지로 변환하는 특히 중요한 기계는 그림 18.6에 나타낸 내연 기관이다. 대부분의 내연 기관은 4행정 사이클로 작동한다. 첫 번째 행정은 피스톤이 아래쪽으로 이동하여 공기나 공기/연료 혼합물을 실리더로 주입되게 한다. 다음 행정으로는 두 밸브를 모두 닫은 상태에서 피스톤이 위쪽으로 움직여 공기나 공기/연료 혼합물이 압축된다. 피스톤이 실리던 맨 꼭대기 근처(만약 공기만 압축되었다면 연료가 분사될 수 있는 지점)까지 올라가면 세 번째 행정으로 점화가 일어나고 실린

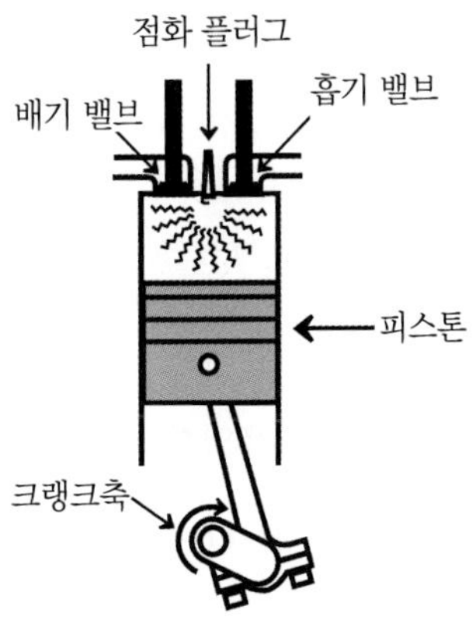

그림 18.6 매우 빠르게 연소하는 공기와 연료 혼합물이 동력 생성 과정에서 피스톤을 아래로 구동시키고, 이 운동이 크랭크축에 의해 회전 역학 운동으로 변환되는 피스톤 내연 기관.

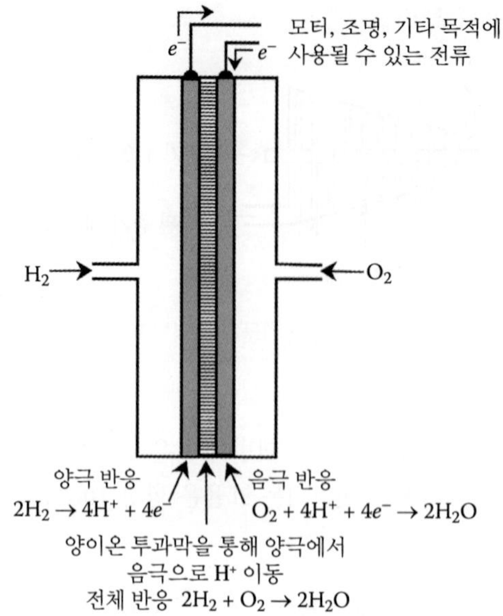

그림 18.7 원소 상태의 수소가 원소 상태의 산소와 반응하여 물을 형성하면서 전기를 생산할 수 있는 연료 전지의 단면도.

더 내부에서 연소한 연료가 고압의 연소 가스를 대량으로 생성하여 피스톤을 아래쪽으로 밀어낸다. 그런 다음 배기 밸브가 열리고 배기 행정 과정에서 피스톤이 위쪽으로 움직이면서 배기가스가 배출된다.

내연 기관의 효율은 압축 행정 동안 압축 정도에 따라 증가되는 연료의 연소로 도달한 최고 온도에 의존하여 증가한다. 최고 온도는 디젤 엔진이 가장 높은데, 압축 정도가 매우 높아(약 20 : 1) 점화원인 점화 플러그 없이 연소실에 분사되는 연료만으로도 점화가 된다. 일반적으로 표준 가솔린 엔진은 연료의 화학 에너지를 역학 에너지로 변환하는 효율이 약 25%인 반면, 디젤 엔진은 일반적으로 효율이 37%이며 일부는 더 높은 값을 갖는다.

디젤 엔진은 효율성면에서 월등히 우수하지만, 배기가스 측면에서 몇 가지 단점을 가지고 있다. 첫 번째는 연료가 압축 행정 과정에서 피스톤 상단부의 매우 압축된 공기에 분사되어 불완전한 연소와 탄소 입자의 생성으로 연소 영역이 균일하지 않기 때문에 불완전한 연소를 일으키며, 탄소 입자를 생성한다는 점이다. 부적절하게 조절된 디젤 엔진은 도시 지역의 입자상 대기 오염의 주원인이다. 또한 연소 온도가 높고 점화 압력이 높아 대기 오염 물질인 질소 산화물을 많이 배출하는 경향이 있다. 그러나 최근에 디젤 엔진 설계, 컴퓨터 제어 및 배기가스 오염 제어 장치의 발전으로 디젤 엔진에 의한 배출물을 크게 감소시켰다.

18.5.1 연료 전지

연료 전지는 연소 과정과 발전기를 거치지 않고 전기 화학 반응에서 방출되는 에너지를 전기로 직접 변환하는 장치이다. 연료 전지는 주로 수소 연료(18.16절 참조)를 사용하며 발전기로 점차 보편화되고 있다. 연료 전지는 그림 18.7의 반쪽 반응식에 표시된 것과 같이, 양극에서 원소 상태의 수소가 산화되어 전자를 외부 회로를 통해 전달하며, 음극에서 원소 상태의 산소가 외부 회로에서 전달된 전자에 의해 환원된다. 양극에서 생성된 H^+는 양성자가 투과할 수 있는 고체막을 통과하여 음극으로 이동한다. 알짜 반응식은 다음과 같고 연료 전지 반응의 유일한 생성물은 물이다.

$$2H_2 + O_2 \rightarrow 2H_2O + \text{전기 에너지} \tag{18.3}$$

원소 상태의 수소가 연료 전지의 최적 연료이지만, 메테인, 메탄올, 심지어 휘발유와 같이 수소가 풍부한 연료를 화학적으로 분해하여 생성할 수도 있으며, 이 과정에서 이산화 탄소가 생성된다. 고체 산화물 연료 전지는 약 650∼800°C의 고온에서 작동하여 잠재적으로 터빈을 돌리거나 열병합 발전에까지 사용될 수 있는 충분히 뜨거운 배기가스를 생성한다. 이러한 연료 전지에서, 원소 상태의 산소는 외부 회로를 통해 흐르는 전자에 의해 음극에서 산화 이온(O^{2-})으로 환원되며, 산화 이온은 전지 내의 고체 세라믹 전해질을 통해 양극으로 확산되고, 여기서 H_2, CO, 또는 탄화수소와 반응하여 물(탄소질 연료가 소비되는 경우는 CO_2)을 생성하며, 생성된 전자는 외부 회로를 통해 음극으로 전달되어 O_2^-를 재생성한다. 이러한 연료 전지 시스템의 전체 효율은 최대 50%에 이른다.

18.6 에너지 절약과 재생 가능한 에너지원

에너지를 소비하거나 생산할 때는 에너지 절약에 대해 고려해야 한다. 미국과 일부 국가들이 비슷한 높은 생활 수준을 가진 다른 국가들보다 1인당 에너지를 더 많이 소비한다는 사실은, 높은 생활 수준을 유지하면서도 에너지를 보다 절약할 수 있다는 것을 시사한다. 그림 18.8은 에너지 절약이 반드시 경제 활동에 악영향을 미치지 않는다는 사실을 보여 주고 있다.

운송 분야는 효율성을 크게 증대시킬 수 있는 잠재력을 지닌 경제 분야이다. 자가용과 비행기의 운송 효율은 버스나 기차 운송보다 약 3분의 1에 불과하다. 트럭으로 화물을 운송하는 데에는 약 3,800 Btu/톤-마일이 필요하지만, 기차의 경우에는 670 Btu/톤-마일이 소비된다. 트럭 운송은 철도 운송보다 매우 비효율적이다(또한 위험하고 노동 집약적이며 환경 파괴적이다). 미국에서 현재 교통수단의 변화가 쉽게 일어나지 않겠지만, 에너지 절약을 위해 꼭 필요한 변화이다.

그림 18.9는 최근 수십 년간 미국 내 자동차의 연비 추세를 보여 준다. 1990년경까지는 매우 인상적으로 연비가 향상되었지만, 이후 고효율 차량이 대중화되면서 향상 정도가 감소하였다. 이 기간과 비

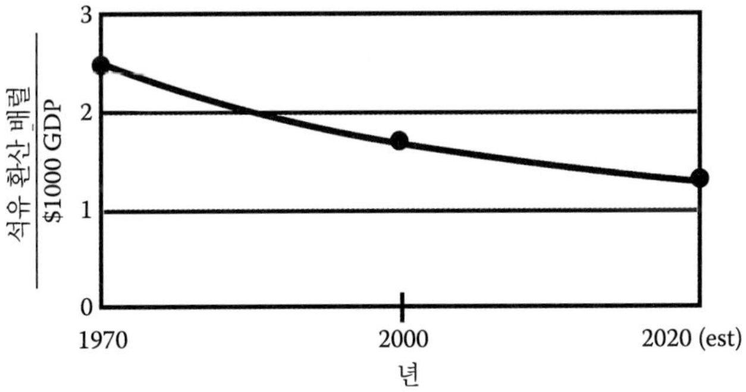

그림 18.8 선진국의 연간 국내 총생산(GDP) 1000달러당 필요한 석유 환산 배럴 도표. 단위 GDP당 석유의 감소량의 추세는 에너지 절약이 경제 활동에 악영향을 주지 않는다는 것을 나타낸다.

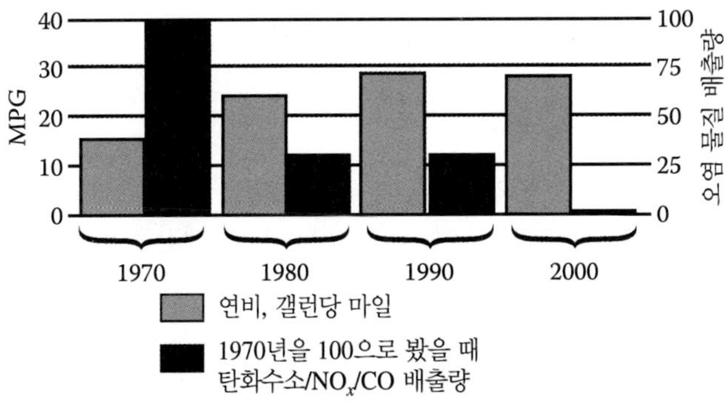

그림 18.9 30년간 미국 자동차 연비와 오염 물질 배출량. 연비는 현저히 향상되었지만, 배출량은 매우 감소하였다.

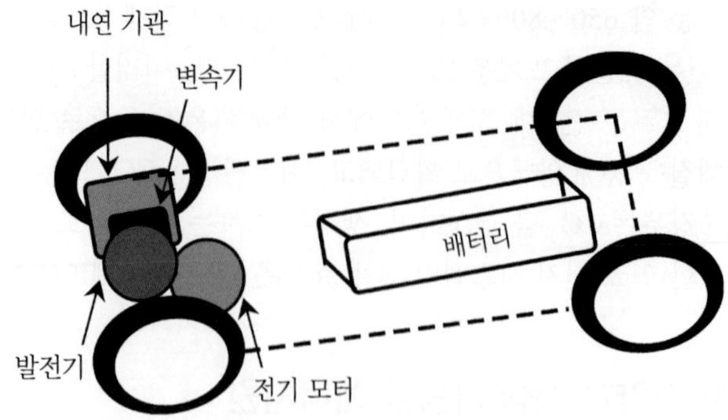

그림 18.10 내연 기관이 발전기를 가동하여 차량을 구동하는 전기를 생산하는 하이브리드 자동차의 주요 구성 요소. 전기 에너지는 배터리에 저장된다. 전기 에너지는 또한 차량 제동 시 회수되어 저장된다.

슷한 추세가 유지되었더라면, 미국 내 자동차는 2012년경에 갤런당 40마일에 근접했을 것이다. 이러한 수치는 그림에서 1970년과 비교해 오염 물질 배출량이 확연히 줄었음에도 안전성과 안락함을 유지하면서 쉽게 달성할 수 있다. 2007년 미 의회는 미국에서 판매되는 자동차의 연비 기준을 더 높이는 법안을 통과시켰다. 2016년까지 승용차와 경량 트럭의 평균 연비를 35.5 mpg로 높였다. 또한 2012년에 자동차와 경량 트럭의 연비 기준을 2025년까지 54.5 mpg로 높이는 지침이 발표되었다.

가정용과 상업용 에너지 소비는 상대적으로 효율적이다. 그러나 여기에서도 상당한 절감 효과를 얻을 수 있다. 전기로 난방하는 가정은 화석 연료로 난방하는 가정보다 더 많은 에너지를 사용한다(발전에 낭비되는 비율 고려). 제멋대로 지어진 랜치하우스(ranch house)형 주택은 아파트, 연립 주택, 심지어는 조밀한 형식(보다 정사각형 모양의)으로 지어진 바닥 면적이 비슷한 집보다 1인당 더 많은 에너지를 소비한다. 향상된 단열재, 창문 주위 밀봉 및 기타 조치를 통해 많은 양의 에너지를 절약할 수 있다. 도시 중앙에 건설된 발전소는 상업 및 주거 지역의 난방과 냉방에 폐열을 제공할 수 있으며, 공해 물질을 적절히 관리하면서 연료의 일부로 도시 쓰레기를 사용할 수 있어 처리해야 할 고형 폐기물량을 줄일 수도 있다.

최근 몇 년간 에너지 절약과 에너지 소비 효율 부분에 가장 크게 기여한 것 중 하나는 내연 기관에서 니켈-금속 수소화물 배터리나 최신 모델에는 리튬 이온 배터리를 사용하여 차량의 추진력을 얻기 위해 전기를 생산하고 저장하는 **하이브리드 자동차(hybrid vehicle)**이다(그림 18.10). 비록 고속으로 장시간 주행하는 것은 비효율적이지만, 정차와 주행을 반복하는 교통 혼잡 상황에서 효율이 50%까지 개선된다. 통상적인 작동에서 내연 기관은 모든 동력과 필요에 따라 배터리(기존의 자동차 배터리보다 크지만, 전기 자동차 배터리보다는 상당히 작음)를 충전하기 위해 발전기 가동에 필요한 추가적인 전력을 공급한다. 급하게 동력이 필요할 때에는 배터리에 저장된 전기가 전기 모터를 구동하여 추가 전력을 생산한다. 제동 시스템도 전기를 생산하여 배터리에 저장할 수 있다. 차량이 정지하면 내연 기관이 작동하지 않아 연료가 절약된다.

일체형 엔진과 외부 전원으로 충전 가능한 배터리를 장착한 하이브리드 자동차는 연료 소비를 대폭 절감할 수 있다. 이러한 차량은 밤새 충전으로 40∼50 km 정도의 일상적인 주행이 가능하다. 배터리가 소모되면 내연 기관이 배터리를 충전한다.

현재 하이브리드 자동차에는 가솔린 엔진이 사용되고 있지만, 내연 기관 구성 요소로서 더욱 효율적인 디젤 엔진을 사용하면 더 높은 연비를 달성할 수 있다. 디젤 엔진을 일정한 속도로 구동하면, 엔진 속도가 변하는 과정에서 생성되는 배기가스 오염 물질의 배출량을 크게 줄일 수 있다. 더욱이, 디젤 엔진은 현저히 적은 양의 연료로도 공회전할 수 있어 차량 정지 시 디젤 엔진을 끄지 않아도 되므로, 엔진 온도가 뜨겁게 유지되어 다시 속도가 빨라질 때 배출되는 배기가스가 감소하게 된다.

더 높은 연비는 일반적인 엔진에서는 스파크로 점화되기 너무 희박한 연료/공기 혼합물을 점화 플러그 근처에 직접 분사하여 점화시킬 수 있는 층상 급기 엔진(stratified charge engine)을 사용하여 달성할 수 있다. 또한 메테인과 디젤 이중 연료 시스템 및 배터리를 갖춘 '3원 하이브리드' 자동차를 설계하는 것도 좋은 대안이다. 제안된 엔진 시스템에서 스파크로 점화되기 어려운 낮은 농도의 메테인-공기 혼합물이 엔진 실린더실로 흡입되어 기존의 디젤 엔진에서처럼 압축된다. 압축 행정의 상단에 최소량의 디젤 연료가 분사되어 폭발 행정이 일어날 수 있도록 혼합물의 점화를 유도한다. 두 개의 연료 체계가 복잡할 수 있지만, 만일 디젤 연료가 다 소모되었다면 상대적으로 충분한 공기와 메테인 점화 혼합물을 사용하거나, 혹은 메테인이 다 소모되었다면 일반적인 디젤 모드로 일시적으로 작동하도록 설계할 수 있다. 엔진은 3기통 공랭식으로 설계할 수 있는데, 수랭식보다 높은 온도로 효율적으로 작동할 수 있으며 3기통이면 충분하여 대형 엔진보다 상대적으로 비용이 적게 들고 덜 복잡하다.

과학자들과 공학자들은 에너지 절약에 중점을 두고, 공급이 줄고 있는 석유와 천연가스를 대체할 대체 에너지원을 개발해야 한다. 실제 적어도 1인 기준 에너지 소비량을 제로로 만드는 목표는 가치 있고 달성할 수 있다. 이러한 정책을 통해서 다양한 환경 문제를 해결할 수 있다. 독창성과 산업 생태학적 모범 사례를 적용하면 생활 수준과 삶의 질을 높이는 동시에 이 목표를 달성할 수 있다.

18.6.1 재생 에너지

고갈되지 않는 자원으로부터 **재생 에너지(renewable energy)**를 얻는 개념은 에너지 절약과 밀접한 관련이 있다. (1) 직접적인 태양 에너지를 포함하여, (2) 기단의 태양열 가열에 의해 발생하는 바람, (3) 태양력에 의한 물의 순환 과정에서 떨어지는 물(수력 발전), (4) 광합성으로 생성된 바이오매스 등, 본질적으로 이 모든 것은 태양으로부터 오는 에너지에 의존한다. 지열 에너지는 태양 에너지에 의존하지 않지만 재생 에너지원으로 간주한다. 석탄은 전통적으로 전력 생산에 주 에너지원으로 여겨져 왔으나, 2020년 상반기에는 재생 에너지원보다 90일 더 적은 에너지를 생산하였다. 석탄이 미국 전력의 거의 절반을 생산했던 2010년 이후, 미 전력 생산량에서 석탄이 차지하는 비중은 2020년 약 19%로 지속적으로 감소하였다. 인류가 지구상에 존재한 대부분의 기간 동안 재생 에너지원에 의존해 왔으며, 대부분의 국가에서 다시 이러한 에너지원에 주목하고 있다.

2020년 전 세계에 설치된 새로운 발전 용량의 약 80%는 재생 에너지원으로 이루어졌다.[3] 태양 에너지, 특히 태양광 발전 에너지는 세계에서 가장 빠르게 성장하고 있는 재생 에너지 분야이다. 재생 에너지의 경제성은 매년 계속해서 향상되고 있다.

지속 가능한 계몽된 에너지 정책이 많은 개발 도상국에서 시행되고 있다. 재생 에너지에 대한 중국의 정책 대안으로는 풍력, 바이오매스 에너지, 바이오메테인 발전 등이 포함된다. 채소를 재배하기 위해 인간의 배설물을 비료로 사용하는 것을 포함하여 오랫동안 폐기물을 활용해 왔던 중국은 농촌 지역에 폐기물을 메테인으로 전환하는 수백만 개의 발전기를 건설하였으며, 많은 농가에서 이러한 시설을 이용하고 있다.[4]

액체 상태의 **석유(petroleum)**는 10%에서 30%의 다공성 범위를 갖는 암반층에서 얻어진다. 이 기공 공간의 절반 이상은 물로 차 있다. 이 지층 안의 원유를 지름 약 15 cm의 유정으로 채굴할 시 원유가 먼 거리를 흘러야 한다. 채굴 시 유량은 암반층의 투과성, 원유의 점도, 원유를 채굴하기 위한 구동 압력 및 기타 요소들에 따라 달라진다. 이런 요소들의 한계로 인해 **1차 회수(primary recovery)** 기술을 사용하면 평균적으로 지층에 존재하는 원유의 약 30%를 얻을 수 있다. 고압의 물을 주입하는 **2차 회수(secondary recovery)** 기술을 적용하면 원유의 거의 50%를 회수할 수 있다. 마지막으로 일반적으로 세제를 포함한 다른 화학 물질들이 함유된 고압 상태의 이산화 탄소를 주입하는 **3차 회수(tertiary recovery)** 기술을 사용하면, 유정을 더 쉽게 흐를 수 있는 이동성 용액을 형성하여 더 많은 원유를 추출할 수 있다. 고급 회수 기술은 석유 회수량을 두 배로 늘릴 수 있으며, 이러한 기술은 이미 폐기되었거나 1차 회수 기술로 완전히 고갈된 석유 채굴 현장에 상당 부분 적용하여 석유를 더 채취할 수 있다.

전 세계 확인된 원유와 액화 천연가스 매장량이 정확하게 알려져 있지는 않지만, 대략 1조 5천억 배럴로 추정된다. 이러한 추정치는 현재 재생 에너지원으로의 대규모 전환이 일어나고 있기 때문에 아마도 크게 의미가 없을 수 있다.

전 세계 원유 자원의 추정치는 유동적이며, 일반적으로 2000년 이후 새로운 유전의 발견과 함께 증가하는 추세이다. 알래스카 북부, 캐나다, 노르웨이, 러시아에 걸친 북극권 지역에는 매우 많은 석유 자원이 매장되어 있을 것으로 여겨진다. 북극에서 석유를 개발하는 데 있어 주요 과제는 도전적이고 때로 잔인한 추위와 환경에서, 파괴되기 쉬운 북극 환경에 해를 끼치지 않고 석유를 생산해야 한다는 것이다.

18.6.2 중유

천연 역청(natural bitumen)은 수세기 동안 채굴되어 밀봉재와 도로 포장재로 사용되어 온 타르 물질이다. 천연 역청과 **초중질유(extra-heavy oil)**는 원유의 가벼운 부분이 생분해되고 남은 잔류물로, 중금속과 화학적으로 결합한 질소, 산소 및 황이 함유된 비교적 밀도가 높고 점도가 큰 탄화수소 물질이다. 초중질유는 주로 탄화수소 액체를 얻기 위해 코크스화(탄소 고체 잔류물을 남기는 열분해) 과정이 필요하기 때문에 석유 정제업체에 큰 어려움을 주고 있지만, 구하기 쉽고 가격 경쟁력이 뛰어나 점차 더 많이 사용되고 있다. 전 세계적으로 총 약 5.5조 배럴의 역청과 중유를 공급할 수 있다. 캐나다 Alberta의 타르 샌드(tar sands)로부터의 중유 생산이 북미 지역에서 석유의 가장 큰 단일 공급원이 되었다. 불행하게도 천연 역청은 환경 오염을 가장 심하게 일으키는 화석 연료 공급원으로 아마도 도로 포장재로만 사용해야 할 것이다.

타르 샌드로부터 중유를 얻는 과정은 중유를 뜨거운 물로 추출하고 남은 많은 양의 모래 잔류물과 탄화수소를 제거하는 과정에서 파내고 이동하는 많은 양의 고체 물질 때문에 환경적으로 문제를 일으킨다. 환경적으로 수용 가능한 대안으로 그림 18.11에 나타낸 바와 같이, 수평 시추 기술(horizontal drilling technique)로 사암층에서 가열된 역청을 추출하기 위해 개발 중인 **증기 보조 중력 배수 장치(steam-assisted gravity drainage)**를 이용하는 것이다. 중유를 추출하기 위해, 역청층에 수평으로 두

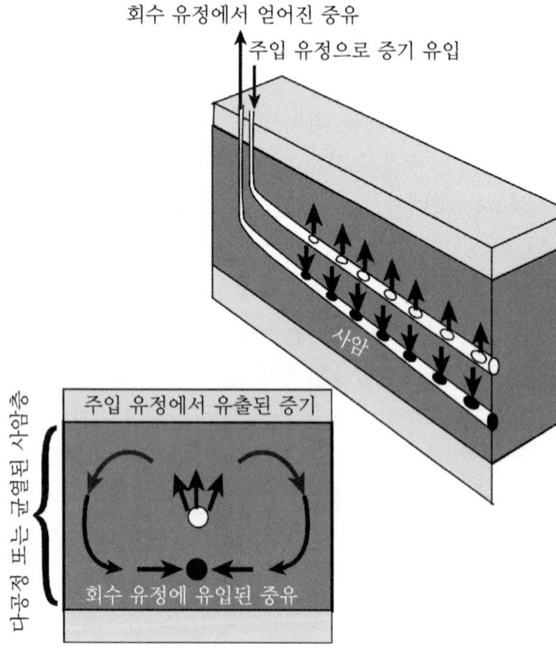

그림 18.11 사암층에서 증기로 가열된 역청을 실시간으로 추출하는 증기 보조 중력 배수 장치.

개의 유정 구멍을 뚫는데, 상부 유정 구멍이 하부 유정 구멍 바로 위 약 5 m 위치에 위치되게 한다. 상부 구멍에 증기가 주입되면 가열된 역청이 액화되어 중력에 의해 하부 구멍으로 흐를 수 있게 된다. 세제나 역청에 유동성을 증가시키는 첨가제로 흐름을 빠르게 할 수 있다.

18.6.3 셰일 오일

셰일 오일(shale oil)은 주로 탄화수소로 구성된 혼합물이지만, 세립 퇴적물인 오일 셰일을 약 500°C로 가열하는 과정에서 생성된 질소 화합물을 포함한 이종 원소가 함유되어 있다. 오일 셰일 내의 탄소 함유 물질로는 **케로젠(kerogen)**이라는 물질이 있다. 셰일 오일은 암석이 채광되어 증류기에서 처리되기 때문에 엄청난 양의 온실 가스인 이산화 탄소를 방출하며, 물에 침출되는 경향이 큰 염분이 포함된 잔류물이 남기 때문에 액체 석유보다 비용이 많이 들고 환경에 해를 끼친다. 1970년대 초반 미국의 대규모 셰일 오일 생산에 대한 낙관적 예측은 낮은 경제성과 환경적 영향 때문에 빗나갔다. 브라질, 중국, 에스토니아, 독일, 이스라엘에서 일부 제한적으로 생산되고 있다. 전 세계에 잠재적으로 사용 가능한 셰일 오일 추정량은 약 5조 배럴로 엄청나지만 환경적인 이유로 개발되지 않을 것으로 예측된다.

18.6.4 액화 천연가스

액화 천연가스(natural gas liquid)는 에테인, 프로페인, 뷰테인, 펜테인 및 천연 가솔린을 포함한 천연가스(메테인)가 응축된 것이다. 이러한 탄화수소는 모두 청정 연료이다. 에테인은 이중 결합을 갖는 알케인 중 하나인 에틸렌(C_2H_4)으로 전환될 수 있는데, 에틸렌은 폴리에틸렌 플라스틱과 기타 여러 중요한 석유 화학 제품을 생산하는 가치 있는 원료 물질이다. 2000년 이후 천연가스 자원의 급속한 개발로 천연가스 생산이 증가할 것으로 예상된다.

18.7 천연가스

대부분이 메테인(CH_4)으로 구성된 **천연가스(natural gas)**는 다른 어떤 화석 연료보다도 단위 에너지당 오염 물질을 거의 생성하지 않고 이산화 탄소를 적게 배출하는 매우 매력적인 연료이다. 2000년대 초반까지 천연가스에 대한 수요가 증가하여 미국을 비롯한 전 세계에서 공급이 부족한 상태였으나, 지층 안에 수평으로 시추공을 설치하고 고압의 물, 모래 및 첨가제를 이용한 수력 파쇄법으로 천연가스를 채취하는 방법이 개발되어 미국과 일부 다른 국가에서 천연가스 공급이 증가하였다. 이로 인해 일부 국가에서 천연가스 생산이 크게 증가하였는데, 2019년 천연가스를 생산하는 전 세계 주요 국가로는 (1) 미국: 9,210억 m^3, (2) 러시아: 6,790억 m^3, (3) 이란: 2,440억 m^3, (4) 카타르: 1,780억 m^3, (5) 중국: 1,780억 m^3, (6) 캐나다: 1,730억 m^3 순이다. 천연가스의 전 세계 매장량 추정치는 특히 조밀한 셰일 퇴적층에 존재하는 새로운 천연가스 공급원의 주된 개발로 인해 소비 증가에도 불구하고 일정한 유동 상태에 있다. 천연가스 매장량 추정치와 연간 소비량은 모두 계속 증가할 것으로 보인다.

환경적 고려 사항은 천연가스 자원 개발에서 중요한 점이다. 가장 풍부한 새로운 자원 중 일부는 취약하거나 까다로운 환경에 놓여 있다. 예를 들어, 노르웨이 회사 Statoil은 북극권에서 340마일 북쪽에 있는 Barents Sea에 Snow White라는 가스전을 운영하고 있다. 지구 온난화로 북극 빙하가 녹으면서 북부 지역 깊숙한 곳에 있는 천연가스 매장지의 발견과 개발 가능성이 증가하였다. Wyoming의 석탄층에서 천연가스를 생산하기 위해서는 물 오염 문제를 일으킬 수 있는 염분이 함유된 알칼리성 물을 지하 암반 경계선으로부터 퍼올려야 한다. 단단한 셰일층에서 천연가스 성분을 추출하기 위해 사용한 수력 파쇄법은 물 오염을 일으킨다는 비난을 받았으며, 심지어는 수도꼭지에서 흐르는 물에서 메테인 가스를 발화시켜 불을 내려는 일부 극단적인 시위까지 발생하였다. Oklahoma 주에서는 수력 파쇄법으로 천연가스를 회수하는 과정에 사용된 물을 지하에 폐기하였는데, 이 결과 역사적으로 지진이 사실상 거의 일어나지 않았던 이 주에서 지진이 많이 증가한 원인으로 판단된다.

온실 가스인 이산화 탄소의 배출량을 줄이고 이산화 탄소를 방출하지 않는 에너지원을 개발하려는 노력이 진행됨에 따라, 천연가스는 생성된 단위 열에너지당 이산화 탄소를 석유보다 적게 배출하고 석탄보다 훨씬 적게 배출하기 때문에 '가교 연료'로 역할을 할 수 있다. 메테인은 현재 석유나 석탄을 연료로 사용하는 기존 발전 설비의 연료로 사용할 수 있다. 발전기에 연결된 가스 터빈의 연료로 메테인을 사용하고 발생한 뜨거운 배기가스를 증기 터빈을 운전하는 증기를 발생시키는 데 사용하는 복합 발전 주기로 매우 높은 메테인 이용 효율을 달성할 수 있다. 18.6절에서 논의한 바와 같이 메테인은 자동차 연료로도 사용될 수 있으며, 특히 하이브리드 자동차에서 높은 효율을 달성할 수 있다. 2020년에 천연가스는 미국 전체 전력의 38%를 담당하였다. 천연가스는 앞으로 수십 년 동안 전 세계 에너지의 중요한 부분을 차지할 것이다.

18.8 석탄

일반적인 용어로 **석탄(coal)**은 식물이 부분적으로 분해되어 만들어진 광범위한 고체 화석 연료를 의미한다. 석탄은 고정 탄소의 비율, 휘발성 물질의 비율 및 발열량을 기준으로 한 **석탄 등급(coal rank)**에 따라 크게 구별되며, 역청탄, 무연탄, 아역청탄 및 갈탄 등 여러 범주로 나누어 분류한다. 석탄의 평균적인 실험식은 $CH_{0.8}$이고 일반적으로 1%에서 수%의 황, 질소 및 산소를 함유하고 있다. 이들 원소 중에서도 유기 석탄 분자에 결합되어 있거나 광물인 황철광(FeS_2) 형태로 함유된 황은 연소 과정에서 대기 오염 물질인 이산화 황을 형성하기 때문에 주요한 환경 문제를 일으킨다. FeS_2의 대부분은 연소되기 전 석탄에서 물리적으로 제거할 수 있으며, 이산화 황은 다양한 세정 과정을 통해 굴뚝 배출 가스에서 제거할 수 있다.

남북 전쟁부터 제2차 세계 대전까지, 석탄은 미국과 선진국 대부분의 산업 발전의 주된 에너지원이었다. 그러나 제2차 세계 대전 이후에는 저가의 석유에서 얻는 이익이 커짐에 따라 결과적으로 미국과 여러 다른 나라에서 에너지를 얻기 위한 석탄 사용이 감소하게 되었다. 석탄의 환경적 영향에 대한 우려가 커짐에 따라, 2020년에 미국의 석탄 생산량이 사상 최저 수준인 5억 3500만 숏톤(MMst)으로 감소하였다.

18.8.1 석탄 변환

석탄은 열분해와 증기 혹은 수소 원소와의 화학 반응을 포함한 고온 공정에 의해 기체, 액체 또는 황이나 재(ash) 함량이 적은 코크스(coal char, coke)나 용제 정제탄(solvent-refined coal)과 같은 고체 연료로 변환될 수 있다. 석탄 변환은 오래된 개념이다. 영국 Cornwall 주 Redruth의 발명가 William Murdock은 1792년에 석탄에서 얻은 가스를 이용한 조명 기기로 자신의 집을 밝히는 데 최초로 사용하였다. 최초로 도시에 적용된 석탄 가스 시스템이 1807년 런던 Pall Mall 거리를 밝히는 데 사용되었다. 미국에서 석탄 가스 산업은 1816년에 시작되었다. 초기 석탄 가스 생산 공장에서는 석탄 열분해(공기 없이 가열)를 이용하여 특히 조명용으로 유용한 탄화수소가 풍부한 제품을 생산하였다. 이후 1800년대에, 가열된 석탄 코크스를 수증기와 반응시켜 주로 H_2와 CO 혼합물(치명적인)로 구성된 가스를 생성하는 수성 가스 공정(water-gas process)이 개발되었다. 석탄의 열분해로 제조된 가스를 이용한 조명의 밝기를 높이기 위해 '탄화된(carbureted)' 수성 가스에 휘발성 탄화수소를 첨가하는 것이 필요하였다. 1920년대에 미국은 11,000개의 석탄 가스화 장치를 운영하였다. 1947년에 가스화 장치 사용이 최고조에 달했을 때, 미국에서 제조된 가스의 57%가 수성 가스법으로 제조되었다. 현대의 기준으로는 저압하에서 기능이 떨어지는 가스화 장치로 만들어진 가스는 비효율적이며 환경적으로 용인되기 어렵다(이러한 오래된 공장이 있는 많은 지역이 콜타르와 기타 폐기물로 인해 유해 폐기물 지역으로 지정되었다). 제조된 가스 제품에 독성이 강한 일산화 탄소가 혼합되어 있기 때문에 녹색 기술이 결코 아니었으며, 많은 사람이 CO 배출로 집에서 사망하였다. 독일은 제2차 세계 대전 동안 석탄을 원료로 하는 주요 합성 석유 산업을 발전시켰는데, 이를 통해 1944년에 일일 최대 10만 배럴의 합성 석유를 생산하였다. 남아프리카 공화국 기업 Sasol사는 합성 석유 공장을 운영하고 있다. Sasol사는 남아프리카 정부로부터 막대한 보조금을 받고 있으나, 이 공장에서 생산되는 제품을 사용하고 있는 고객들은 본질적으로 비효율적이고 환경 오염을 일으키는 공정으로 생산된 제품을 구매하기 위해 높은 가격을 지불하고 있다.

석탄 변환을 폭넓게 사용하는 데에는 많은 환경적 영향이 뒤따른다. 여기에는 스트립 채굴, 건조 지대에서의 물 소비, 석탄을 직접 연소시키는 것보다 낮은 전체 에너지 변환율, 그리고 대기 중 이산화 탄소 배출량의 증가와 같은 다양한 영향이 포함된다. 여기에 경제적인 요인이 더해져 석탄 변환이 대규모로 수행되는 것을 막아 왔다. 그러나 석탄 변환은 상대적으로 탄소 격리(18.9절 참조)가 쉬워 석탄 이용을 보다 더 지속 가능하게 할 수 있으나 그럴 가능성은 낮다.

18.9 화석 연료 이용을 위한 탄소 격리

화석 연료에 의해 생성된 이산화 탄소가 대기로 유입되는 것을 방지하는 **탄소 격리(carbon sequestration)**는 온실 가스에 의한 온난화에 기여하지 않으면서 화석 연료, 특히 석탄 소비를 가능하게 할 것으로 기대된다. 제안된 여러 가지 계획은 기본적으로 제품이나 폐기물에서 이산화 탄소를 포집하고 대기로 흘러 들어갈 수 없는 장소에서 격리하는 것이 포함된다. 이산화 탄소를 포집하는 몇 가지 접근법이 제안되었거나 시도되었으며, 고정하는 방법에는 여러 가지가 있다. 탄소 격리(carbon sequestration)라는 용어는 특히 광합성과 같이 대기에서 이산화 탄소를 제거하는 과정을 설명하기 위해 보다 일반적인 의미로 사용된다.

이산화 탄소를 격리할 수 있는 몇 가지 가능한 흡수원이 있다. 이들 중 가장 큰 것은 기체의 천연 흡수원인 해양이다. 지구의 해양은 이산화 탄소에 대해 거의 무한한 처리 용량을 가지고 있다. 그러나 산성인 이산화 탄소의 첨가로 해양의 평균 pH를 0.1 pH 정도만 낮춰도 해양 생물과 생산성에 심각한 악영향을 미칠 수 있다. 해수에서 용해된 이산화 탄소의 농도가 높아져 일부 작은 바다 생물의 껍질이 더 얇아졌음을 암시하는 몇 가지 증거가 있다. 심부 염수층(deep saline formations) 또한 이산화 탄소 격리면에서 매우 높은 처리 용량을 가지고 있다. 고갈된 석유나 가스층, 그리고 채굴 불가능한 석탄층은 이보다 훨씬 낮지만, 여전히 중요한 이산화 탄소 처리 용량을 가지고 있다.

지질학적인 이산화 탄소 격리는 대략 1,000 m 이상 깊이의 다공성 퇴적층에 가스를 주입함으로써 이루어질 수 있다. 이산화 탄소의 지하 처리와 석유 회수를 위해 원유 함유층에 가스를 주입하던 석유 산업에서의 경험이 지질학적으로 이산화 탄소를 고정하는 데 필요한 기술을 제공하였다. 퇴적층에 주입된 이산화 탄소는 불투과성의 덮개암(cap-rock)으로 가둔다. 버려진 유전에서도 일어나는 것처럼 덮개암이 파괴되면 이산화 탄소가 방출될 수 있다. 결국, 이산화 탄소는 일반적으로 주입된 퇴적층의 염분 공극수에 녹아 안정화된다. 이산화 탄소는 물과 주변 지층과의 화학 반응으로 장기적으로 안정화될 수 있다. 이산화 탄소를 가압하여 지하에 압축된 기체 형태로 저장하는 것보다 불포화된 염분 지하수에 녹이는 것이 훨씬 효과적이며 경제적이다.

최초로 상업적으로 이산화 탄소를 격리한 사례는 1996년부터 Sleipner 유전과 가스전으로 알려진 지역인 노르웨이 해안에서 대략 240 km 떨어진 북해에서 운영되고 있다. 이 산출 지대에서 생산되는 천연가스에는 약 9%의 이산화 탄소가 있어, 상업적으로 유통하기 위해서는 이 값을 2.5%로 낮춰야만 했다. 다른 모든 가스 생산 공정에서는 이산화 탄소를 제거한 후 대기 중으로 단순히 배출하지만, Sleipner에서는 해저 약 1,000 m 아래에 존재하는 200 m 두께의 사암층인 Utsira층에 생산 과정에서 포집한 이산화 탄소를 압력을 가해 밀어 넣는다. 이 작업으로 연간 약 백만 톤의 이산화 탄소가 격리된다. 캐나다 Alberta 주에 풍부한 천연가스로부터 제거된 이산화 탄소와 황화 수소 혼합물이 현재 지하 공간에 격리되어 있다.

포집하기 가장 쉬운 이산화 탄소 배출원은 고농도의 이산화 탄소 기체가 생성되는 산업 공정에서 발생한 배출원이다. 이러한 공정의 예로, 연료나 기타 용도로 에탄올을 생산하는 탄수화물의 발효 공정을 들 수 있다. 현재 상업적으로 이용되는 많은 양의 이산화 탄소가 이러한 배출원에서 얻어진다. 대기로 방출되는 가장 큰 인위적인 이산화 탄소 배출원은 화석 연료를 연료로 사용하는 발전소이다. 이러한 배출원은 이산화 탄소가 너무 희석되어 제거하기가 상당히 어렵다. 탄소 함량이 높은 석탄을 연료로 사용하는 발전소는 13~15%의 이산화 탄소 배기 흐름을 형성하지만, 수소 함량이 높은 메테인을 연료로 사용하면 3~5%의 이산화 탄소만을 생성한다. 세 번째 가능성은 화석 연료, 특히 석탄의 가스화 과정에서 방출된 이산화 탄소를 포집하는 것이다(18.10절 참조). 일반적으로 가스화는 산소를 산화제로 사용하며, 초기 생성물은 이산화 탄소와 가연성의 H_2 및 CO 가스로 구성된다. 합성 가스 생성물 중 일산화 탄소는 수증기와 반응하여 비오염성 원소인 수소 연료와 격리 가능한 농축된 이산화 탄소를 생성할 수 있다.

$$CO + H_2O \rightarrow H_2 + CO_2 \tag{18.4}$$

2007년 말에 미국 에너지부(Department of Energy)는 Illinois 주 Mattoon에 위치한 FutureGen 석탄 발전소를 미국에서 최초로 이산화 탄소를 격리하는 발전소로 만들기 위한 재정 지원 계획을 발표하였다. 몇 차례 개시에 실패한 후, 2015년에 이 계획은 영구적으로 취소되었다.

그림 18.12는 FutureGen 발전소와 같은 탄소 격리용 석탄 화력 발전소의 모식도이다. 석탄 가스화에 의해 생성된 수소 연료에 의해 구동되는 가스 터빈이 전기를 생성한다. 가스 터빈의 뜨거운 배기가스가 보일러에서 증기를 발생시키는 데 사용되고, 이 증기는 발전기가 연결된 증기 터빈에 동력을 공급한다. 이러한 조합은 매우 효율적으로 전력을 생산할 수 있다. 중간 생성물인 수소는 부가적으로 연료 전지에 전력을 공급하거나 혹은 화학 물질 합성이나 합성 탄화수소 연료 제조에 사용될 수 있다.

부산물인 황화 수소는 생성물인 수소에서 반드시 제거되어야 하며, 중요한 공업용 화학 물질인 황산을 제조하는 데 사용되거나 이산화 탄소와 함께 격리될 수도 있다. 이산화 탄소 부산물은 약 2,000 m

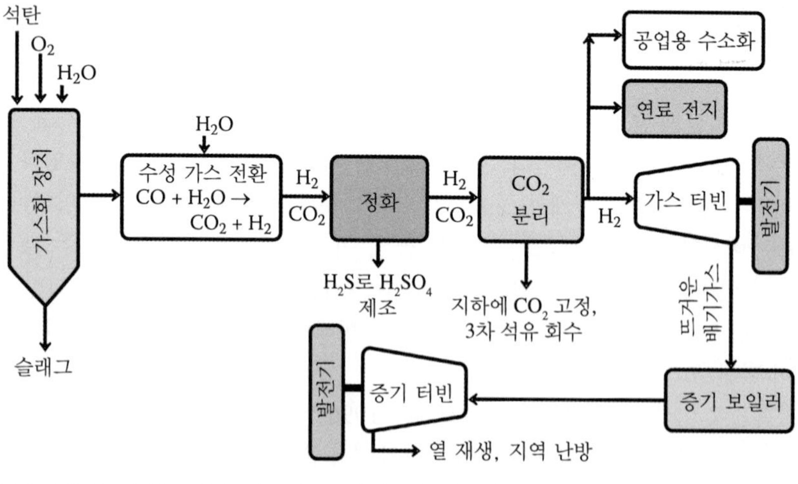

그림 18.12 석탄 기반 탄소 격리 작업. 전기는 가스 터빈과 증기 터빈 양쪽에 연결된 발전기에서 생성된다. 재생된 황화 수소는 황산을 제조하는 데 사용된다. 수소 생성물은 연료 전지나 산업용 수소화 반응뿐만 아니라 가스 터빈에 동력을 공급하는 데 사용될 수 있다. 격리된 이산화 탄소는 석유 회수에 사용되거나 단순히 지하에 폐기될 수 있다. 폐열은 지역 난방이나 산업 난방 분야에 응용된다.

깊이의 광물층에 격리될 수 있다. 석유 함유층 근처에 있는 발전소의 경우, 3차 석유 회수를 위해 이산화 탄소를 원유를 함유한 광물층으로 밀어 넣을 수도 있다.

18.10 Great Plains 합성 연료 공장: 에너지와 화학 제품을 동시에 생산하기 위한 산업 생태학

화석 연료의 지속 가능한 소비를 위한 산업 생태학적 우수 사례로, Dakota 가스 회사에서 운영 중인 Great Plains 합성 연료 공장을 들 수 있는데, 이 공장은 메테인을 합성하는 유일한 미국의 상업 시설로 North Dakota 주 Beulah 근처에 위치해 있다. 이 복합 단지는 상대적으로 발열량이 적고 수분 함량이 높은, North Dakota 주에서 풍부한 갈탄을 활용할 수 있도록 설계되었으며, 2023년 현재 일일 18,000톤의 갈탄을 원료로 사용하고 있다. 이 공장은 1980년대 초 21억 달러를 투자하여 건설되었으며, 1984년부터 운영되고 있다. 1988년 이래로 효율을 향상시키고 신제품 개발 및 환경 법규를 준수하기 위해 수억 달러에 달하는 투자가 이루어졌다. 2016년에 시작된 비료로 쓰이는 요소를 만드는 공장을 건설하는 프로젝트에 5억 달러가 신규로 투자되었으며, 이 시설에는 질소 산화물 오염 물질을 줄이기 위한 디젤 엔진 설비가 갖춰져 있다. 요소의 원료는 암모니아와 이산화 탄소로 모두 Great Plains 공장에서 자체 생산된다.

Great Plains 가스화 장치 시스템의 개략도가 그림 18.13에 제시되어 있다. 공장 심장부에 지름 4 m, 높이 13 m인 14개의 러기형 가스화 장치(Lurgi-type gasifier)가 있으며, 1,200°C에서 일일 16,000톤의 갈탄을 처리하여 합성 가스 혼합물인 가연성 H_2와 CO를 생산하며, 부산물로 CO_2, 수증기, 그리고 미량의 타르, 오일, 페놀 화합물, 암모니아 및 H_2S를 생성한다. 유용한 연료인 탄화수소, 페놀, 크레솔, 암모니아 및 황 화합물들이 냉각수로 사용했던 물에서 추출된다. 가스 혼합물은 CO에 대한 H_2의 비율을 증가시키기 위해 전환 반응(shift reaction)이 일어나도록 처리하며, 이후 반응을 거쳐 천연가스 수송관에 공급되는 메테인(CH_4)을 생성한다. 수소 가스 중 일부가 유용한 비료 제품을 만들기 위해 암모니아 합성 공장으로 전달된다.

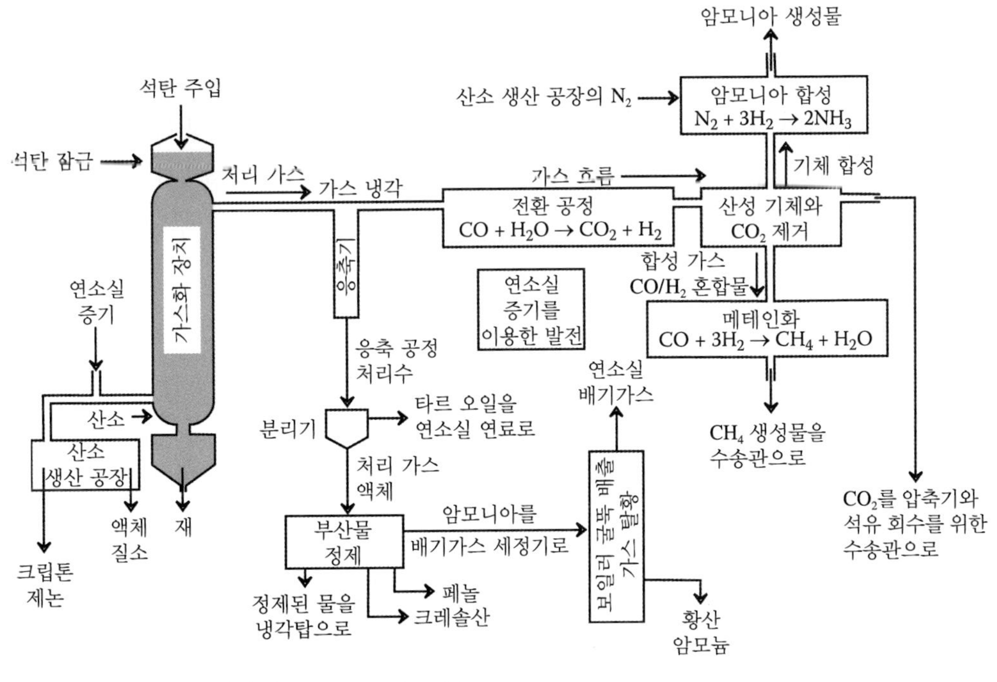

그림 18.13 Great Plains 갈탄 가스화 복합 단지의 개략도.

Great Plains 합성 연료 공장의 핵심 기능은 합성 가스에서 CO_2를 추출하는 것이다. 2000년부터 Great Plains 공장에서 생성된 이산화 탄소의 약 절반이 원유 생산을 향상시키기 위해(18.7절 참조) 수송관을 통해 캐나다의 Saskatchewan 유전으로 운송되고 있다. 현재 일일 430만 m^3(연간 250~300만 톤)의 양이 보내지고 있으며, 2011년까지 2천만 톤 이상의 CO_2를 포집하였다. 일반적인 연소 과정에 발생하는 이산화 탄소와는 달리, Great Plains 공장에서 생성된 이산화 탄소는 질소로 희석되어 있지 않고 다량의 수증기를 함유하지 않아 수송관으로 운송하는 데 매우 유용하고 경제적이다. 미래에는 이 CO_2 중 상당량이 요소를 합성하는 데 사용될 것이다.

Great Plains 합성 연료 공장은 다양화된 산업 생태학적 복합 단지의 훌륭한 본보기이다. 이 공장은 풍부한 자원인 갈탄을 온실 가스 배출 및 다른 잠재적 환경 영향을 크게 줄이면서 활용하고 있다. 다량의 갈탄을 멀리 떨어진 발전소까지 철도로 운송하는 것보다, 갈탄의 에너지양을 가장 환경 친화적 화석 연료인 메테인으로 변환시켜, 수송관을 통해 최소한의 환경 파괴로 이동시키는 것이 효율적이다. 부가 가치가 더 높은 생산품인 암모니아 비료는 갈탄의 가스화로 만들어진 수소 원소를 가스화에 사용되는 산소 원소를 제조하는 데 필요한 공기 액화 과정에서 남은 원소 상태 질소와 현장에서 반응시켜 합성한다. 이산화 탄소 부산물은 지구 온난화 문제를 악화시킬 수 있으므로 대기로 방출되지 않고, 유전까지 수송관으로 운송되어 원유 회수량을 늘리기 위해 지하로 밀어 넣어지며, 미래에 요소 합성에 사용될 예정이다. 토양 영양분인 질소와 황의 유용한 원천으로 상업적 가치가 있는 황산 암모늄 부산물은 갈탄 가스화 과정에서 배출되는 물에 녹은 상태로 회수된다. 물 부족이 발생할 수 있는 지역에서는 갈탄(일반적으로 35%의 수분이 포함됨)의 가스화 공정에서 방출되는 상대적으로 많은 양의 물이 냉각수나 연소실 급수로 사용된다.

18.11 원자력 에너지

제2차 세계 대전이 끝날 즈음에 밝혀진 원자핵의 어마어마한 힘은 풍부하고 값싼 에너지 생산에 대한 엄청난 가능성을 제시하였다. 현재 많은 국가에서 원자력이 전기 에너지의 상당한 부분을 차지하며, 특히 온실 가스 발생과 같은 심각한 환경 파괴 없이 전 세계 수요를 충족시킬 수 있는 유일한 전력원일 수 있으나, 이 가능성은 실제로 완전한 결실을 보지는 못하였다.

전력을 생산하기 위한 **핵분열(nuclear fission)** 반응은 우라늄-235나 플루토늄의 핵이 분열하는 원자로에서 수행된다. 이러한 각각의 분열 반응은 평균 2.5개의 중성자와, 일반적인 화학 반응과 비교하여 엄청난 양의 에너지를 방출하면서 핵질량의 대략 절반에 해당하는 두 개의 방사성 핵분열 생성물 원자를 발생시킨다. 빠르게 움직이고 높은 에너지를 가진 입자로 초기에 방출되는 중성자는 감속재 매질하에서 열에너지를 내고 느려진다. 정상 상태(steady state)에서 작동하는 원자로의 경우, 각 핵분열 과정

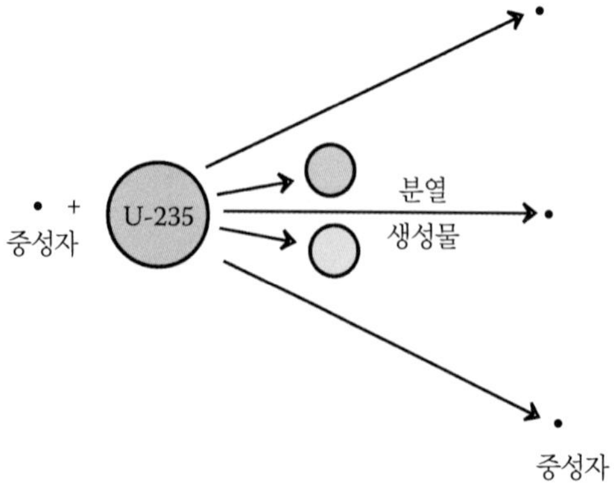

그림 18.14 우라늄-235 핵의 분열.

에서 생성된 정확히 한 개의 중성자 생성물이 연쇄 반응으로 다른 핵분열 반응을 유도하는 데 사용된다(그림 18.14).

이러한 핵반응 과정에서 발생한 에너지는 그림 18.15에서 볼 수 있듯이, 원자로 노심의 물을 가열하여 증기 터빈을 구동하는 증기를 생산한다. 온도 한계(Carnot 방정식, 18.5절 참조)로 인해 원자력은 화석 에너지 변환 공정보다 열을 역학 에너지로 변환시키는 데 효율적이지 못해 전기 생산면에서 덜 효율적이다.

핵분열 원자로의 한계는 천연 우라늄의 0.71%에 해당하는 우라늄-235의 핵분열만이 사용 가능하다는 사실이다. 이러한 문제는 우라늄-238(자연적인 존재량 99.28%)을 핵분열성 플루토늄-239로 변환시키는 **증식로(breeder reactor)**를 개발하여 해결할 수 있다.

원자력 발전을 광범위하게 사용하는 데 있어 주요하게 고려해야 할 사항은 다량의 고준위 방사성 폐기물이 생성된다는 것이다. 이러한 방사성 폐기물들은 수천 년 동안 치명적인 채로 남는다. 따라서 안전한 장소에 보관하거나 영구적으로 안전하게 폐기해야 한다. 현재 사용 후 핵연료봉은 원자로 현장의 수조 아래에 저장된다. 대부분의 국가에서 현행 법규에 따라 핵연료에서 발생한 폐기물은 결국 매장되어야 한다. 많은 연구자들이 선호하는 대안은 우라늄 연료에서 방사성 생성물을 제거하고, 상대적으로 수명이 짧아 수백 년 내에 자발적으로 붕괴하는 핵분열 생성물을 분리하며, 수명이 더욱 긴 핵폐기물을 원자로 안에서 중성자로 폭파하는 방법으로, 사용 후 핵연료봉 내 물질을 처리하는 방법이다. 핵폐기물 원소의 핵이 중성자를 흡수하면, 다른 원소나 반감기가 더 짧은 핵분열 생성물로 바뀌는 **변환(transmutation)**이 일어나 결과적으로는 상대적으로 안정한 동위 원소를 생성한다. 변환이 가능한 방사성 폐기물 원소에 플루토늄, 아메리슘, 넵투늄, 퀴륨, 테크네튬-99 및 아이오딘-129가 포함된다. 플루토늄, 아메리슘, 넵투늄 및 퀴륨은 원자로 안에서 연료 가치를 높이고 핵분열할 수 있는 무거운 악티늄족 원소이다.

핵분열 원자로가 직면하는 또 다른 문제는 결국에 실행해야 하는 원전 폐로(decommissioning)에 있다. 여기에는 세 가지 가능한 해결책이 있다. 첫 번째는 폐쇄된 직후 해체하는 방법으로, 핵연료봉이 제거된 후 다양한 부품들을 세정액으로 씻고 원자로를 원격 제어로 절단하여 묻는다. 두 번째는 '안전한 저장'으로 자연적으로 방사성 붕괴가 일어나도록 원자로를 30~100년 동안 보존한 후 해체하는 방법이다. 세 번째 대안은 1986년에 Chernobyl 사건(자세한 내용은 뒷부분 참조)으로 파괴되고 남겨진 원자로에 행해진 방법으로, 원자로를 콘크리트 구조물로 감싸 매몰하는 것이다.

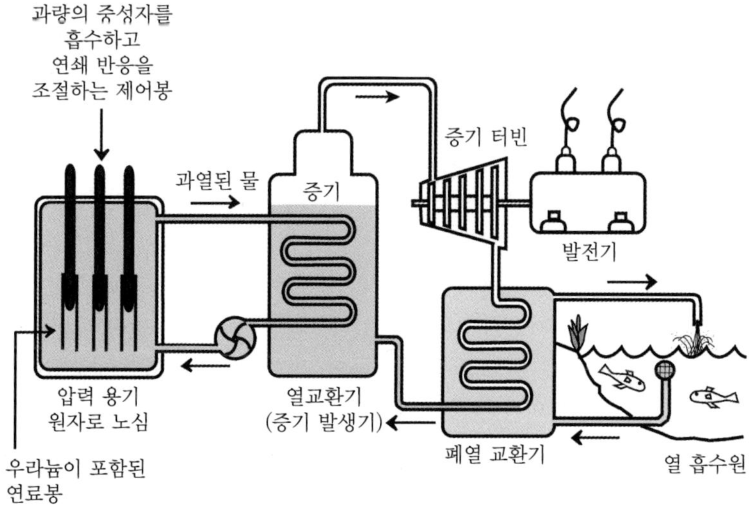

그림 18.15 전형적인 핵분열 발전소.

원자력 개발 방향은 세 건의 사고로 크게 바뀌었다. 이들 중 첫 번째는 1979년 3월 28일에 Pennsylvania 주 Harrisburg 외곽 28마일 거리의 Susquehanna 강 Three Mile 섬에 있는 Metropolitan Edison Company 원자로에서 냉각수가 부분적으로 손실되어 발생하였다. 그 결과 원자로 노심이 통제 불능 상태가 되어 과열되고 부분적으로 붕괴되었다. 일부 방사성 제논과 크립톤 기체가 방출되었고, 일부 방사성 물이 Susquehanna 강에 버려졌고, 결국 원자로 건물이 봉인되었다. 훨씬 더 심각한 사고가 1986년 4월에 구소련의 Chernobyl에서 발생하였다. 원자로가 폭발하고 불에 타 방사성 잔해가 넓은 지역에 걸쳐 퍼졌으며, 많은 사람이 급성 방사능 중독으로 사망하였다(공식적으로는 30명, 그러나 아마도 그 이상으로 추정됨). 수천 명의 사람들이 대피하였고 원자로 구조 전체를 콘크리트와 철판으로 매몰시켰다. 식품은 멀리 스칸디나비아 북부까지 심각하게 오염되었다. 좀 더 최근인 2011년 3월 11일에 일본 도쿄에서 북동쪽으로 약 373 km(231마일) 떨어진 Honshu 해안에서 발생한 진도 9.0 규모의 엄청난 지진의 여파로 생성된 파괴적인 쓰나미로, 일본의 Fukushima Daiichi 원자력 발전소가 파괴되었다. 발전소에서 가동 중이던 세 기의 원자로는 지진 발생과 동시에 설계한 대로 작동이 정지되었다. 그러나 지진으로 발전소에 연결된 전력 기반 시설이 파괴되어 원자로 노심과 노심 인근 수조에 주로 보관하던 사용 후 핵연료봉을 식히는 냉각수가 펌프로 공급되지 않았다. 뜨거운 연료봉을 감싸고 있던 지르코늄 금속 합금 피복관이 물과 반응하여 수소 기체를 발생시켰고, 폭발하여 원자로를 보호하던 구조물을 파괴하였다. 다량의 방사능이 누출되어 발전소 주변 반지름 20 km 내에 거주하던 사람들이 강제로 피난하였으며, 해당 지역에서 재배된 작물의 판매가 금지되었다.

미국은 1958년부터 상업용 원자력 발전소에서 전력 생산을 시작하였다. 미국은 2020년 12월 말을 기준으로 28개 주의 56개 원자력 발전소에서 94개의 상업용 원자로를 운영하고 있다. 이러한 원자로의 평균 수명은 약 39년이다. 현재 운영 중인 가장 오래된 원자로는 뉴욕의 Nine Mile Point Unit 1으로 1969년 12월에 상업 운전을 시작하였다. 가동에 들어간 최신 원자로는 Watts Bar Unit 2로 2016년에 가동되었으며, 이는 Watts Bar Unit 1이 가동된 1996년 이후 처음으로 가동된 원자로이다. 미국 원자력 규제 위원회(US Nuclear Regulatory Commission)에 따르면 2019년 11월 기준, 다양한 해체 단계에 있는 19개 지역에 23개의 상업용 원자로가 정지된 상태에 있다.

미국의 원자력 발전 용량은 104기의 원자로가 가동 중이었던 2012년에 102,000 MW로 최고조에 달하였다. 2020년 말 기준 총 발전 용량이 약 96,555 MW로 94기의 원자로가 가동 중이다. 2014년부터 2018년까지 가동 중인 원자로의 수는 감소하였지만, 연간 원자력 발전 용량과 전기 생산량은 매년 증가하였다. 발전 용량을 증대시키기 위한 원자력 발전소 보수 작업으로 전체 운영 원자로가 비교적 일관된 총 발전 용량을 유지할 수 있게 되었다. 발전 용량 증대에 따른 이러한 증가율은 원자력 발전소가 1990년부터 2019년까지 연간 미국 전체 전기 생산 부분에서 약 20%를 유지할 수 있게 하였다. 또한 일부 원자로는 연료 주입을 위해 원자로가 정지되는 시간을 단축하여 연간 전력 생산량 증대에 기여하였다.

2021년 5월 기준 전 세계에서 가동 가능한 원자력 발전소의 수는 미국 93기, 프랑스 56기, 중국 50기, 러시아 38기, 일본 33기, 한국 24기, 인도 23기, 캐나다 19기, 영국 15기, 우크라이나 15기 및 나머지 국가에 약 71기이다.

새로운 설계를 원자력 발전소에 적용하면 이전의 기술로 세워진 원자로보다 훨씬 안전하고 환경적으로 수용 가능한 발전용 원자로를 지을 수 있다. 최신 설계에는 구형 원자로가 있던 TMI나 Chernobyl에서처럼 사고로 이어질 수도 있는 문제들이 발생하면 자동으로 작동하는 내장형 수동 안전 기능이 포함되어 있다. 중력에 의한 냉각재 공급, 냉각수의 증발 또는 유체의 대류 흐름과 같은 수동적인 현상에 의존하는 이러한 장치는 원자로에 바람직한 특성인 **수동적 안정성(passive stability)**을 부여한다. 또한 기존의 발전용 원자로에 장착되었던 펌프, 파이프, 또는 열교환기의 수가 약 절반에 불과해 장치를 크게 단순화할 수 있다.

원자력의 획기적인 적용은 선박, 특히 잠수함에 사용되는 원자로에서 이루어졌다. 원자로는 공기를 필요하지 않고 배기가스를 발생하지 않기 때문에 수중에서 무한히 머물 수 있는 우수한 잠수함을 제조할 수 있게 되었다. 최초의 원자력 잠수함인 USS Nautilus는 1955년 바다에 배치되었으며, 2021년 현재 160척 이상의 선박이 200개 이상의 소형 원자로의 동력으로 운항 중이다.

18.11.1 토륨 핵연료 원자로

원자 번호가 90인 토륨(Th)은 알파 붕괴로 감쇠하며 반감기가 140억 년으로 약간의 방사능을 띠는 ^{232}Th 동위 원소로 주로 존재한다. 이 형태의 토륨은 그 자체로 핵분열성은 아니지만 ^{232}Th 핵은 중성자를 흡수할 수 있으며, 두 번의 연속적인 베타 붕괴로 핵발전 원자로의 연료로 쓰일 수 있는 핵분열성 ^{233}U를 생성한다. 토륨이 '미래의 핵연료'라고 주장하는 토륨 핵연료 원자로 지지자들은 우라늄보다 토륨이 더 안전하고 풍부하다는 점을 지적한다(지구 지각에 우라늄보다 약 3배나 많은 양). 또한 우라늄 핵연료 주기보다 토륨 핵연료 주기에서 위험한 플루토늄과 악티늄족이 생성될 가능성이 훨씬 낮아, 핵무기로 사용될 수 있는 핵분열성 물질을 생산할 잠재력이 낮다. (토륨이 핵무기를 생산하는 데 쉽게 사용될 수 없다는 사실은 무기급의 핵분열 가능 물질을 생성하는 능력이 중요했던 1945년 이후인 원자력 개발 초기에 토륨 주기가 주요 요인이 되어 핵연료로 선택되지 않았다.) 또한 토륨 핵연료 주기의 결과로 생성되는 핵분열 생성물은 ^{235}U나 ^{239}Pu를 기반으로 한 핵분열 생성물보다 훨씬 길게 지속되지 못해 불과 수백 년 후에는 안전한 수준까지 감소할 것이다. 발전용 원자로의 핵연료로 토륨을 지속적으로 적용할 수 있는 잠재적인 방법은 순환하는 고온의 액체 플루오린화 토륨 염을 핵연료로 사용하는 것이다. 불행히도 이러한 잠재적 특성에도 불구하고 토륨 원자로는 소형화 단계를 넘어서지 못하고 있다.

18.11.2 핵융합

중수소 핵과 삼중수소 핵의 융합은 아래에 표시된 것처럼 많은 에너지를 방출하는데, 여기에서 MeV는 에너지의 표준 단위인 백만 전자볼트를 의미한다.

$$\begin{gathered}{}_{1}^{2}\mathrm{H}+{}_{1}^{3}\mathrm{H}\rightarrow{}_{2}^{4}\mathrm{He}+{}_{0}^{1}n\\+17.6\,\mathrm{MeV}\left(\text{융합 반응당 방출된 에너지}\right)\end{gathered}\tag{18.5}$$

이 반응으로 '수소 폭탄'이 엄청난 폭발력을 일으킨다. 지금까지 에너지 실용화를 위한 노력을 포기하지 않고 있고, 물리학자들이 지난 약 50년 동안 실용적으로 작동하도록 노력해 왔음에도 불구하고 성공하지 못했기 때문에 아마도 절대 성공하지 못할 것이다. 그러나 핵융합에 사용되는 수소의 동위원소인 중수소를 지구의 해양에서 근본적으로 무한히 공급받을 수 있다는 기대 부푼 가능성이 여전히 몇몇 연구자들에게 실용적인 핵융합로에 대한 희망을 주고 있으며, 일부 연구가 그 목표를 향해 지속되고 있다.

18.12 지열 에너지

증기를 만드는 데 사용되는 증기, 뜨거운 물, 혹은 뜨거운 암석 형태로 된 땅속의 열은 대략 1세기 동안 에너지 자원으로 활용되었으며, 대체로 재생 가능하다고 간주할 수 있다. 이 에너지는 1904년에 이탈리아의 Larderello에서 전기를 생산하기 위해 처음으로 사용되었으며, 이후 일본, 러시아, 뉴질랜드, 필리핀 및 북부 California의 간헐천에서도 개발되었다.

상대적으로 드물기는 하지만, 지하 건식 증기가 발전 관점에서 가장 바람직하다. 보다 일반적으로 에너지는 과열된 물과 수증기 형태로 지표면에 도달한다. 어떤 경우에는 물이 매우 순수하여 관개용이

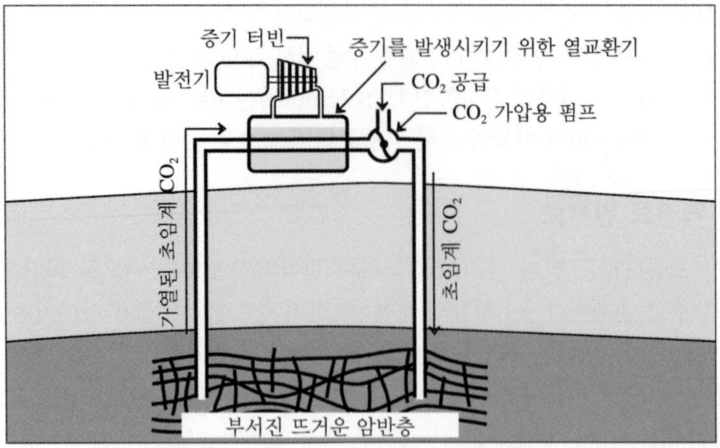

그림 18.16 초임계 상태나 고농도 이산화 탄소를 사용하여 뜨거운 건성 암반층에서 열을 추출하는 시스템. 이산화 탄소는 주입정을 통해 뜨거운 암석층으로 밀어 넣고 생산정을 통해서 제거한다. 고온의 이산화 탄소는 터빈을 가동하기 위해 발전기가 연결된 열교환기로 흐르고 수증기를 발생시키는 열교환기에서 물과 수증기가 순환한다. 이산화 탄소 공급은 열교환기를 빠져나온 이산화 탄소 관에 첨가되어 이루어지고, 이산화 탄소는 다시 가압되어 뜨거운 암석으로 재순환하게 된다. 지하 암석층으로 이산화 탄소가 빠져나가기 때문에 이 시스템은 탄소 격리 시스템과 가장 잘 결합할 수 있다(18.10절 참조).

나 가축 사육에 사용될 수 있다. 다른 경우에는 부식성의 스케일을 형성하는 염이 포함되어 있다. 오염된 지하수의 열을 이용하려면 일반적으로 표층수의 오염을 막기 위해 열을 제거한 후 뜨거운 지층에 물을 재주입해야 한다.

고온의 건성 암반에서 에너지로 활용하려면 뜨거운 지층을 부순 후 물을 주입하고 수증기를 회수해야 한다. 이 기술은 아직 실험 단계에 있지만, 수증기나 온수를 이용하는 것보다 약 10배 많은 에너지를 생산할 수 있다. 2021년 기준 전 세계 지열 발전 용량은 15.4 기가와트(GW)에 달하며, 이중 23.86%인 3.68 GW가 미국에 설치되었다.

결과적으로 파손되어 있는 뜨거운 건성 암반층 안으로 매우 높은 압력으로 물을 밀어 넣을 때 발생하는 소규모 지반 침하나 지진에 의한 영향은 지열 발전을 저해할 수 있는 환경 요인이다. 그러나 이 에너지원이 상당한 가능성을 지니고 있어 계속해서 발전하고 있다.

아직 잘 알려지지 않은 흥미로운 가능성 중 하나는 고온의 암석으로부터 에너지를 추출하기 위한 유체로 초임계 이산화 탄소를 사용하는 것이다(그림 18.16).

18.13 태양: 이상적인 재생 가능한 에너지원

태양광은 무제한으로 공급할 수 있고 폭넓게 사용 가능할 수 있는 값싼 이상적인 에너지원이다. 태양광은 지구에 총 열 부담을 증가시키거나 대기와 수질에 화학적 오염 물질을 배출하지 않는다. 범지구적으로 지구에 도달하는 태양 에너지 일부분만 활용해도 모든 에너지 수요를 충족시킬 수 있다.

미국과 전 세계 곳곳에는 전기를 생산하기에 적합한 특별히 높은 조사량의 태양 에너지를 받는 광활한 토지가 있다. 태양 에너지를 생성하기 유리한 요소로는 적도에서 근접한 거리, 상대적으로 높은 고도 및 구름의 방해가 없는 상태 등이 있다. 아프리카 남동부 니제르 공화국의 Sahara 사막은 최적의 조건을 가진 육상 지역으로, 일일 평균 6.78 kWh/m^2의 태양 에너지를 받는데, 이 에너지는 일반 미국 가정에서 물을 가열하는 데 필요한 에너지의 양과 가깝다.

일반적으로 태양 에너지에서 전기를 생성하는 방법은 태양열 에너지의 집광과 전기 에너지로의 변환에 의존한다. 가장 간단한 접근법은 햇빛을 증기 발생 보일러에 집속시키는 것이다[그림 18.3 (6) 참조]. 운영 중인 세계 최대 용량의 태양열 시설은 California의 Mojave 사막에 있는 Ivanpah Solar

Power 설비로 최대 392 MW 용량으로 설계되었다. 전 세계 최대의 운영 중인 태양열 발전소 가운데 하나로 스페인 남부 Granada의 150 MW급의 Andasol 복합 단지가 있다. 이 발전소는 태양열 에너지를 수집하기 위해 열에 안정한 합성 기름이 흐르는 관에 초점을 맞추고 있는 수 제곱킬로미터의 영역을 덮고 있는 포물면의 거울을 일렬로 나열하여 태양열을 모으고 집광시킨다. 뜨거운 기름 일부가 열교환기를 통과하고 물을 가열하여 전기를 생산할 수 있는 수증기를 생성한다. 뜨거운 기름의 또 다른 일부가 다른 열교환기로 흘러, 햇빛이 없을 때에도 발전할 수 있도록 열에너지를 제공하기 위해 단열 탱크에 저장된 60%의 질산 소듐과 40%의 질산 포타슘 용융 혼합물을 290~390°C로 가열한다. 열을 저장하는 데 사용되는 비교적 저렴한 액체 염 혼합물은 600°C까지 안정하고, 밀도가 높고 열용량이 크며, 관으로 쉽게 퍼 올릴 수 있고, 상대적으로 작은 부피로 열에너지를 모으고 저장할 수 있는 훌륭한 매체이다.

전기를 생산하는 데 사용되는 또 다른 태양열 열엔진은 **스털링 엔진(stirling engine)**으로, 태양 에너지를 전기로 변환하는 전체 효율이 30% 가까이 된다. 스털링 엔진은 수소 기체를 작동 유체로 사용하며, 실린더 안의 막대로 연결된 피스톤이 시스템 내 기체를 앞뒤로 퍼 올리거나 퍼내는 밀폐된 구조로 되어 있다. 수소 기체는 반사 거울이 배열된 형태로 배치하여 한곳으로 집광시킨 햇빛에 의해 비교적 고온으로 유지되는 가열기 상단부에서 가열된다. 결과적으로 생성된 압력은 동력 행정에서 피스톤 중 하나를 강제로 하강시킨다. 그런 다음 수소 기체는 다음 주기에 사용될 열의 일부를 흡수하는 물질로 구성된 재생기를 통해 엔진의 냉각된 쪽의 피스톤으로 전달되어 효율성을 크게 높인다. 태양 전지 시스템의 비용을 줄이려는 노력이 지금까지 상용 태양열/스털링 시스템의 개발을 막아 왔다.

18.13.1 태양 전지 에너지 시스템

태양광을 전기로 직접 변환하는 태양 발전 전지(광전지)가 개발되어 우주선용 에너지로 널리 사용되었다. 대규모 발전과 소규모 옥상 발전에 광전지 사용이 꾸준히 증가하고 있다.

태양 전지는 일반적으로 3세대로 나뉜다. **1세대 태양 전지(first-generation photovoltaic cell)**는 실리콘(규소) 결정을 절단한 웨이퍼로 생산한다. 실리콘 웨이퍼는 일반적으로 가장 효율적인 태양 전지이지만 제조가 어렵고 비용이 비싼 편이다. **2세대 태양 전지(second-generation photovoltaic cell)**는 일반적으로 약 350 μm 두께의 실리콘 웨이퍼 전지와 비교하여 약 1 μm의 매우 얇은 광 흡수면을 가지고 있다. 이러한 전지의 광전극은 비정질 실리콘, 텔루르화 카드뮴, 또는 다이셀레늄화 구리-인듐-

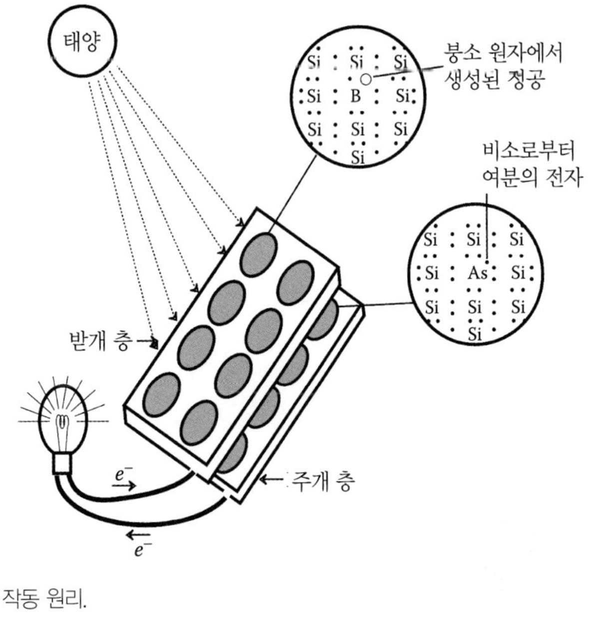

그림 18.17 광전지의 작동 원리.

갈륨으로 구성할 수 있다. 이러한 태양 전지는 실리콘 웨이퍼로 만든 전지보다 저렴하고 만들기 쉽지만, 빛에너지를 전기 에너지로 변환하는 효율이 상대적으로 낮다. **3세대 태양 전지(third-generation photovoltaic cell)**는 대부분 개발 단계에 있다. 이들 중 가장 일반적인 전지는 (1) 고분자 기반, (2) 나노 결정 기반, (3) 염료 감응형, (4) 집광형 태양 전지이다.

광전지 유형의 대부분은 낮은 농도로 다른 원소를 포함하고 있는 규소 원자의 전기적 특성에 의존한다. 전형적인 광전지에서, 전지는 약 1 ppm의 비소 원자로 도핑된 전자 주개 층과 약 1 ppm의 붕소 원자로 도핑된 전자 받개 층의 두 개의 규소층으로 구성되어 있다. Lewis 기호는 점을 사용하여 원자의 최외각 원자가 전자를 나타내며, 잃어버리거나, 얻거나, 혹은 화학 결합을 통해 공유할 수 있다. 규소, 비소 및 붕소의 Lewis 기호를 보면, 주개 층의 원자가 전자가 4개인 규소 원자가 5개인 비소 원자로 치환된다면 1개의 전자가 남게 되는 반면, 단지 3개의 원자가 전자를 갖는 붕소 원자가 받개 층의 규소와 치환되면 전자가 결핍된 '정공'이 생성된다.

$$\cdot\dot{\mathrm{Si}}: \qquad \cdot\dot{\underset{\cdot}{\mathrm{As}}}: \qquad \dot{\mathrm{B}}:$$

받개 층과 접합된 주개 층의 표면에는 받개 층 쪽으로 끌리는 여분의 전자들이 포함되어 있다. 이 영역에 빛을 비추면 빛의 광자 에너지가 이 전자들을 다시 주개 층으로 밀어 넣어, 그림 18.17과 같이 외부 회로를 통해 받개 층으로 되돌아갈 수 있다. 이 전자의 흐름이 에너지로 사용될 수 있는 전류를 만든다.

대부분의 상업용 태양 전지 패널의 효율은 15%에서 20% 수준이지만, 일부 연구자들은 효율이 50%에 가까운 광전지를 개발하였다. 광전지를 이용한 전기 생산 단가는 지속해서 감소하는 추세를 보이며, 일반적인 재래식 발전에 경쟁력을 갖게 되었다.[5]

규소 합금 결정을 절단해서 만든 얇은 웨이퍼 대신 비정질 규소 합금을 사용하는 박막 태양 전지 개발로 인해 비용과 기술이 크게 향상되었다. 이 전지는 결정성 규소로 만들어진 전지의 약 절반의 효율에 불과하지만, 값은 단지 약 25% 정도이다. 비정질 규소 막 광전지 소자를 설계하고 제작하는 새로운 접근법 중 하나로, 그림 18.18에 나타냈듯이 단파장('청색'), 중간 파장('녹색'), 장파장('적색')의 빛을 연속적으로 흡수할 수 있는 세 개의 비정질 규소층을 사용한 소자가 있다. 이 방법으로 제조된 박막 태양 전지 패널은 태양-전기 에너지 전환율이 결정성 규소를 사용한 전지보다 낮지만, 다른 비정질 막을 사용한 소자보다 10% 이상 높다. 이러한 태양 전지 패널의 저렴한 비용과 허용 가능한 수준의 변환율은 기존 전력 생산 단가와 유사한 비용으로 전기를 생산할 수 있으며, 일부 상황에서는 경쟁력이 있다.

현재, 일정 정도 광합성을 모방하고 넓은 범위에서 태양광 스펙트럼을 흡수하는 염료 감응형 태양

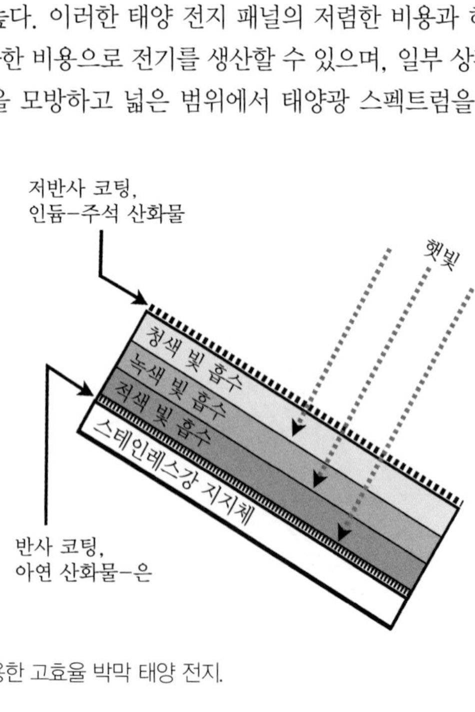

그림 18.18 비정질 규소를 이용한 고효율 박막 태양 전지.

전지에 관심이 집중되고 있다.[6] 이러한 전지에는 전지의 반도체 광양극(photoanode)으로 작용하는 TiO_2 나노 물질 표면 위에 유기 염료 분자가 단일층으로 입혀져 있다. 염료는 빛을 흡수하고 광양극 반도체의 전도대(conduction band)에 전자를 주입하는 전하 수송체로서 작용한다.

유리관으로 감싼 태양 전지가 전기를 생성하는 시스템이 개발되었다. 이러한 구성은 옥상에 적용하기에 적합한데, 심지어 전지 아래쪽의 흰색 옥상에서 반사된 빛을 비롯한 모든 각도의 빛을 흡수할 수 있기 때문이다. 미국의 모든 평평한 옥상에 이 전지 시스템을 도입하면 대략 150 GW의 전기를 공급할 수 있을 것으로 추산되며, 이는 미국 전체 소비의 15%에 해당한다.

태양 에너지의 가장 큰 단점은 간헐적이라는 점이다. 그러나 전력망이 지닌 고유의 탄력성으로, 에너지를 저장할 특별한 설비 없이도 태양 에너지 장치로부터 전지의 총 입력 전력의 15%까지 수용할 수 있다. 기존의 수력 발전 시설이 태양광 발전과 함께 사용되면 물을 퍼 올려 에너지를 저장할 수 있다. 열과 냉기는 물(얼음)이나 공융염(eutectic salt) 혹은 암석층에 잠재된 형태로 저장할 수 있다. 엄청난 양의 열을 고온, 고압 조건의 지하 깊숙한 곳의 초임계 유체 상태로 존재하는 물에 저장할 수 있다. 역학 에너지는 압축된 공기나 플라이휠을 사용하여 저장할 수 있다. 18.16절 이후에 논의한 바와 같이, 에너지를 저장, 이동 및 활용하기 위해 태양 에너지를 활용하여 수소 원소를 생산하는 방법이 아마도 널리 보급될 것이다.

핵융합 발전과는 달리, 태양 에너지의 발전을 가로막는 장벽들은 극복될 수 있다. 실제로 1970년대 후반에 우주 공간에서 태양열과 온수기 설치 장비가 널리 보급되었고, 1980년 이후까지 자유 시장 세력이 '에너지 위기'를 극복했다고 믿어질 때까지 미국에서는 태양 에너지에 관한 연구를 활발히 지원하였다. 현재 화석 연료의 소비가 지구 온난화에 끼치는 영향이 우려되기 때문에, 특히 태양 에너지에 관한 관심이 증가하고 있다. 더 많은 난방 장치가 설치되고, 저렴하고 직접적인 태양 전기 발전 능력을 개발할 가능성이 커지면, 다가오는 다음 세기 동안 풍부한 햇빛을 받는 지역에서 에너지 필요량의 상당량을 태양 에너지가 제공하게 될 것이다.

18.13.2 태양 에너지를 포집하기 위한 인공 광합성

바이오매스 연료를 생산하는 것은 태양 에너지를 간접적으로 이용하는 주된 방법의 하나이다. 실제로 생물에 의해 생산된 모든 바이오매스는 태양광 에너지($h\nu$)를 사용하여 이산화 탄소의 탄소를 고정하는 광합성 과정에서 생성된다. 대부분의 광합성 반응에서 초기 생성물은 녹말, 셀룰로스, 단백질 및 기타 생체 분자를 생합성하는 과정에 쓰이는 에너지와, 탄소가 풍부한 글루코스($C_6H_{12}O_6$)이다. 광합성에 대한 전체 화학 반응식은 다음과 같다.

$$6CO_2 + 6H_2O + h\nu \rightarrow C_6H_{12}O_6 + 6O_2 \quad (18.6)$$

간단한 화학 반응식으로 기술된 광합성은 실제로는 일반적인 대기 조건에서 값비싼 귀금속 촉매 없이 매우 복잡한 생화학 과정을 거쳐 일어난다. 광합성을 인공적으로 일어나게 하는 것, 즉 **인공 광합성(artificial photosynthesis)**은 지금까지 전 세계 많은 과학자들의 노력에도 불구하고 에너지 연구의 '성배(holy grail)'와도 같은 것이었다.[7] 인공 광합성으로 글루코스와 다른 생화학 물질을 만드는 것에는 별다른 이점이 없다. 식물은 그렇게 잘 합성한다. 그러나 인공 광합성으로 H_2O와 CO_2로부터 산소 원소(O_2)와 함께 얻어진 수소 원소(H_2), 그리고 아마 일산화 탄소(CO)조차 매우 유용할 것이다. 얻어진 수소 원소는 연료 전지에서 전기를 발생시키는 무공해 연료로 사용될 수 있으며, CO와 H_2는 메테인화 반응이나 메테인, 메틸 알코올이나 에틸 알코올, 또는 연료로 사용할 수 있는 더 높은 분자량의 탄화수소를 생산하는 Fischer–Tropsch 합성의 공급 원료로 쓰일 수 있다. 실제로 특정 조건에서 일부 남세균은 광합성으로 H_2를 생성한다.

생물학적 광합성의 초기 단계는 안료(안테나 시스템) 배열로 가시광선 에너지를 하베스팅

(harvesting)해 물 분자를 분해하고 O_2, H^+ 및 전자를 생성하는 과정이다. 이 과정에서 생성된 전자는 화학적 환원제 역할을 할 수 있으며, 전자 전달계로 전달되어 CO_2 고정, H_2 생성 또는 인공 광합성에 적용 가능성이 있는 CO_2를 CO로 환원하는 과정에 에너지를 추가로 제공하기 위해 두 번째 태양빛 하베스팅 과정에 참여한다. 이상적으로 인공 광합성 시스템이 합성 연료를 생산하기 위해서 물에서 H_2 원소를 생성하는 반응이 효율적으로 일어나도록 만들 수 있으며, 전체 반응식은 다음과 같다.

$$2H_2O + h\nu \rightarrow 2H_2 + O_2 \tag{18.7}$$

가능성이 훨씬 낮지만, 광합성으로 CO_2와 H_2O로부터 CO를 생산하는 것이 가능하다면 합성 연료 제조에 공급 원료로 사용될 수 있어 잠재적으로 매우 유용하다.

$$2CO_2 + h\nu \rightarrow 2CO + O_2 \tag{18.8}$$

18.14 지구의 두 거대한 유체의 운동으로부터의 에너지

지구에는 대기와 지표수에서 일정하게 움직이는 두 개의 '거대한 유체'가 있다. 대기에서의 바람의 움직임, 파도와 조수를 일으키는 바닷물, 흐르는 지표수는 엄청난 양의 포획 가능한 에너지를 포함하고 있다. 인류권에서 사용하기 위한 이러한 재생 에너지원을 하베스팅하는 것에 대해 여기서 논의하고자 한다.

18.14.1 풍력의 성공

발전기와 연결되어 높은 타워에 장착된 거대한 터빈을 사용하는 풍력은 재생 에너지원 중 다소 놀라운 속도로 부상하고 있는 에너지원이다. 수 세기 동안 곡물을 갈고 물을 퍼 올리는 작업에 풍차를 사용하거나, 1900년대 초반에, 특히 외딴 곳에서 소규모 전기 발전에 사용되었지만 1990년대에 들어 현대의 대규모 풍력 발전기가 경제적인 전기 생성 수단의 하나로 부상하였다. 풍력 발전은 완전히 재생 가능하며 무공해 공정이다. 태양열로 가열된 기단이 움직여 바람이 생성되기 때문에 풍력은 태양 에너지를 간접적인 수단으로 이용하는 것이다(그림 18.19).

풍력의 에너지 공급 잠재력은 엄청나다. 풍력 자원에 대한 보수적인 추정치로 지구 전체 육지의 단지 1% 면적에 풍력 발전기가 설치되어도 인류권의 필요한 모든 전기 에너지를 충당할 수 있다(풍력 발전기는 차지한 공간이 작고 본질적으로 어느 곳에나 세울 수 있으며, 발전기가 배치된 모든 장소는

그림 18.19 타워에 설치된 풍력 발전기는 실용적인 무공해 재생 에너지원으로, 일정한 바람이 부는 전 세계 여러 지역에서 점점 보편적인 광경이 되고 있다.

계속해서 농업이나 기타 목적으로 사용될 수 있다). 2020년에 총 풍력 에너지 설비 용량은 743 GW이며, 중국은 풍력 용량이 56%로 세계에서 풍력 에너지 용량이 가장 높았고, 미국은 풍력 용량이 18%로 2위를 차지하였으며, 나머지 용량은 전 세계에 분산되어 있다.

일부 농업 지대에서는 특히 풍력이 매력적이다. 이유 중 하나는, 이러한 지역은 상대적으로 인구 밀도가 낮아 풍력 설비에 대한 반대가 적다는 것이다. 일반적으로 높은 고도에서 바람이 더 빠르고 더 일정한 풍속으로 흐르기 때문에 3 MW급 상업용 풍력 터빈은 이를 활용할 수 있는 약 100 m 높이의 타워에 설치되며, 50 m 길이의 날개를 가질 수 있는 거대한 기계이다. 그러나 이러한 구조가 차지하는 공간이 상대적으로 작아 많은 농지를 차지하지 않는다. 생산된 전기는 터빈에서 지하 선로를 통해 전달되므로 지상의 동력선이 필요하지 않다. 농업 지대에서 풍력의 잠재적인 장점에 더해서 풍력으로 생산된 전기를 물을 분해하는 데 사용하여 H_2와 O_2를 생산할 수 있다는 점은 바람의 간헐적이라는 단점을 극복할 수 있는 응용 분야이다. 현재 NH_3 비료를 만드는 데 사용되는 H_2는 일반적으로 메테인(천연가스)과 수증기의 반응으로부터 생산되며, 상대적으로 값비싼 공정이다. 수소 원소를 저렴한 풍력으로 물로부터 생산하면 암모니아 비료의 가격을 적당한 수준으로 유지하는 데 도움을 줄 수 있다. 또한 H_2와 O_2는 모두 18.16절에서 논의한 바와 같이, 농작물의 바이오매스 부산물을 탄화수소 연료로 전환하는 데 사용할 수 있다

Alaska 일부를 포함한 캐나다, 스칸디나비아 국가들, 그리고 러시아와 같은 북부 지역은 풍력 발전에 유리한 조건인 지속적이고 강한 바람이 부는 지역이다. 다른 적절한 에너지원이 부족한 이러한 지역 중 많은 지역에서 풍력 발전은 매력적인 대체 에너지이다. 이러한 지역의 극심한 기후 조건은 풍력 발전에 큰 어려움을 안겨 준다. 문제 중 한 가지는 공기 중 과냉각된 안개로부터 구조물에 직접 응축된 얼음에 의해 서리가 자라날 수 있다는 점이다(더 따뜻한 지역에서는 회전하는 터빈 날개로 죽은 곤충 잔해가 터빈 날개의 공기 역학적 효율을 감소시키는 문제가 발생한다).

풍력 터빈의 크기가 커지면서 전력 생산의 경제성이 크게 향상되었으나, 가정집이나 상업용 건물에 사용할 만한 소형 풍력 터빈 시장도 있다. 소형 풍력 터빈은 Boston의 Logan 국제공항과 Brooklyn 해군 시설을 비롯한 여러 위치에 설치되었다. 소형 터빈의 가격은 상업용 대형 터빈보다 훨씬 싸지만, 규모가 작아서 소형 터빈을 이용한 전기 생산 단가가 훨씬 높다.

18.14.2 이동하는 물로부터 얻는 에너지

수차라고 불리는 장치와 접촉하여 흐르는 물은 사람이나 동물 이외의 가장 오래된 동력 중 하나이다. 고대 그리스와 Roma에는 수력으로 작동하는 곡물 제분소가 있었으며, 중세에는 최대 50마력의 대형 수차가 건설되었었다. 식민지 시대 북미에서는 수차로 제분소와 제재소를 운영하였으며, 가죽, 섬유 및 기계 공장 운영에도 많이 적용되었다. 여름철에는 흐르는 물의 수위가 낮아지고, 겨울철에는 얼음이 형성되는 문제들로 인해 1800년대 초에 증기 기관이 출시되면서 빠르게 대체되었다.

1800년대 후반에 전력의 개발로 인해 수력으로 전기 발전기를 운영하는 놀라운 부흥 시대를 들어서게 되었다. 1882년에 Wisconsin 주 Appleton 근처의 Fox 강에서 최초로 실용적인 수력 발전소가 가동되었다. 그때부터 수력 발전이 에너지원으로 빠르게 성장하였으며, 1980년까지 전 세계 전기 생산량의 약 25%, 전 세계 에너지 소비량의 5%를 차지하게 되었다. 전 세계에서 비교적 쉽게 찾을 수 있는 큰 강 계곡을 끼고 있는 산악 지형이 수력 발전소를 건설하기에 잠재력이 큰 지역이다. 중국은 수력 발전이 가능한 전 세계 지역 중 약 1/10을 차지하고 있다. 노르웨이는 전력의 약 99%가 수력 발전으로 생산되며, 이는 전체 에너지 소비량의 약 50%에 해당한다. 전 세계 추가된 연간 순 수력 발전량이 2020년에 18 GW를 넘어섰고, 총 26 GW 용량의 두 개 발전소가 중국에서 시운전 중으로 앞으로도 계속 증가할 것으로 예상된다.

전 세계에서 가장 큰 수력 발전 계획으로 중국의 거대한 Yangtze 강에 있는 'Three Gorges' 시설

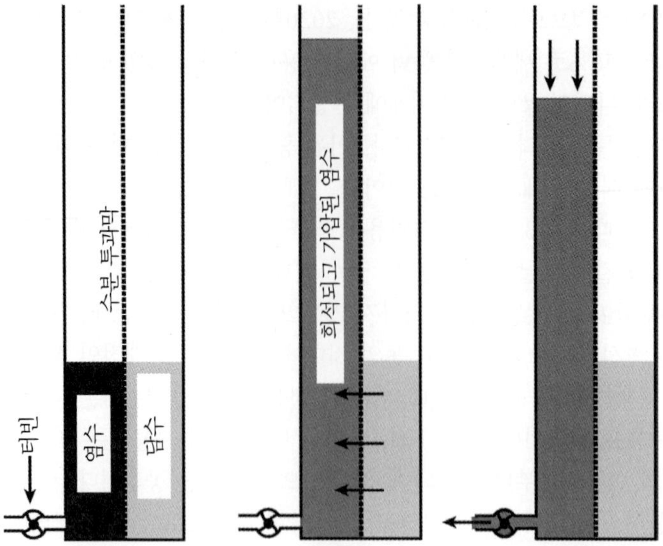

(1) 수분 투과막으로 분리된 염수와 담수 (2) 물의 삼투 흐름이 가압된 물기둥을 만든다. (3) 가압된 물이 터빈을 통해 흘러 전기를 발생시킨다.

그림 18.20 해수와 담수 사이의 삼투압 차를 이용한, 압력이 지연된 삼투 발전의 원리. 여기에서는 비록 단계식 공정으로 나타냈지만, 실제 발전 상태에서는 연속적으로 작동한다.

이 있다. 가파른 협곡의 끝부분에 있는 이 댐은 2.3 km에 걸쳐 강 계곡을 가로지르고 있으며, 높이가 185 m에 이른다. 만수 시 댐에 의해 형성된 저수지는 평균 너비 1.3 km로 630 km에 이른다. 2009년에 댐이 완공되었을 때, 대당 발전량 700 MW를 생성할 수 있는 26대의 발전 설비에 의해 총 18.2 GW의 수력 발전이 가능하게 되었다. 2009년 이후 지하 발전기 6대가 추가로 건설되어 2012년 총 발전 용량이 22.4 GW에 이른다.

수력 발전은 지속 가능성과 환경 수용성이 혼재된 형태를 보인다. 현대 시대에 저수지 건설은 중국의 Three Gorges 계획에서처럼 1백만 명이 넘는 수많은 사람이 이주해야 하는 문제가 발생할 수 있다. 또 하천의 흐름이 바뀌면 수생 생태계가 변할 수 있다. 아름다운 강 계곡이 물로 수몰되면 자연 경관을 해칠 수 있다. 미국의 경우 강 유역을 이전 상태로 복원하기 위해 댐을 해체하는 경우도 있다. 그러나 수력 발전은 화석 에너지 발전소에서는 배출되는 온실 가스에 대한 염려가 없다. 저수지는 복지 시설로 활용할 수 있고 지자체, 산업체 및 농업 분야에 어류나 물 공급원으로 사용될 수 있다.

18.14.3 댐을 활용하지 않고 이동하는 물로부터 얻는 에너지

댐을 건설하지 않고 이동하는 물의 에너지를 활용하는 유용한 접근법은 강물의 흐름, 조수(tides), 또는 파랑(ocean waves) 등 움직이는 물의 운동 에너지를 활용하는 **유체 동역학(hydrokinetic)**이나 **파동 에너지 변환(wave energy conversion)** 장치를 이용하는 방법이다. 이러한 장치는 자연적인 물의 흐름, 조수가 생기는 강어귀, 해류 및 건설된 수로에 설치할 수 있다. 유망한 장치 중 하나는 상대적으로 멀리 떨어져 있고 강과 같이 물이 흐르는 곳에 설치할 수 있는 발전기에 직접 연결된 커다란 날개가 달린 터빈으로 구성되어 있다. 이러한 터빈은 수로 바닥에 건설된 구조물에 직접 부착하거나 교량 지지대에 부착할 수 있다. 양방향 터빈은 앞뒤로 흐르는 조류에 사용하기 알맞도록 설계되어 있다.

물 에너지를 이용하는 흥미로운 한 가지 방법은 염분 농도가 높은 해수와 담수가 수분 투과막에 의해 분리되어 있고 담수에서 해수 쪽으로 막을 통과해 흐르는 물이 압력을 발생시켜 나중에 전기를 생산하는 데 활용되는 **압력이 지연된 삼투(pressure-retarded osmosis)**를 이용한 방법이다.[8] 압력이 지연된 삼투는 그림 18.20에 나타냈다. 2009년 11월에 노르웨이의 Tofte에 있는 세계 최초의 삼투압 발전소에서 용량이 작은 시험용 장비가 가동되었다. 압력이 지연된 삼투 설비는 담수가 바다로 흘러 들어가는 전 세계 어느 지역에나 건설될 수 있다.

18.15 바이오매스 에너지: 바이오 연료와 그 자원에 관한 개요

약 1800년까지만 해도 인간은 **전근대적인 바이오매스 경제(premodern biomass economy)**로 불릴 만한 환경에서 살고 있었는데, 에너지 대부분은 나무를 태워서 얻거나 인간과 동물의 근력에 의존했으며, 풍력과 수력이 보조하는 정도였다. 바이오매스가 다양한 사회에서 조리용 연료로 쓰이는 주된 용도를 포함하여 모든 용도를 다 고려해 볼 때 가장 중요한 재생 에너지원이며 훨씬 더 많은 에너지를 공급할 잠재력을 가지고 있다.[9] 2020년에 바이오매스는 거의 5조 Btu(British Thermal Unit)에 해당하는 에너지와 미국의 총 1차 에너지 사용량의 약 5%를 제공하였다. 에너지용 바이오매스 공급원으로는 (1) 목재 및 목재 가공 폐기물–장작, 목재 펠릿 및 목재 칩, 목재와 가구 공장 톱밥 및 폐기물, 펄프와 제지 공장의 흑액(black liquor), (2) 농작물 및 폐기물–옥수수, 대두, 사탕수수, 건초용 수수, 목본성 식물, 조류(algae) 및 작물과 식품 가공 잔류물, (3) 도시 고형 폐기물 속 생물기원 물질–종이, 면, 양모 제품, 음식, 뜰 및 나무 폐기물, 동물 배설물과 인간 오수 등이 있다.

2021년 바이오 에너지는 전 세계적으로 가장 큰 재생 에너지원이며, 혼합 재생 에너지의 2/3 이상을 차지하였다.[10] 전 세계적으로 바이오 에너지는 총 1차 에너지 생산량의 약 10%를 차지한다. 개발도상국에서 바이오 연료는 1차 에너지 생산량의 약 20%를 차지하는 반면, 선진국에서는 겨우 3%에 불과하다. 바이오 연료의 가장 큰 단일 사용 부분은 주로 목재를 태워 그 열을 이용하는 것으로, 개발도상국에서 상대적으로 비효율적인 요리나 난방용 난로에 주로 사용된다. 예전부터 행해져 온 것처럼, 목재 연료의 이러한 응용은 Sahara 사막 이남의 아프리카, Haiti, 혹은 요리에 주로 목재를 연료로 사용하는 다른 지역에서 이러한 용도로 사용되어 넓은 지역의 토지의 나무가 베어져 황폐해지고 토지가 침식되기 때문에 전적으로 '녹색' 기술은 아니다. 또한 연기 입자, 발암성 다환 방향족 탄화수소 및 일산화 탄소의 흡입이, 통풍이 잘 되지 않는 곳에서 연료로 나무를 사용하여 요리하는 사람들에게 폐병 및 기타 건강에 해로운 영향의 원인이 되는 것으로 의심된다.

풍부한 리그노셀룰로스와 조류 바이오매스를 포함한 바이오매스 원료를 혼합하는 것을 시작으로 하여, 통합적인 바이오 정제를 통해 액체 수송 연료, 화학 원료, 전력 및 열을 포함한 바이오 연료를 생산할 수 있다. 미국과 같이 농업과 임업 잠재력이 큰 나라에서는 바이오매스 연료가 다음에 기술된 것

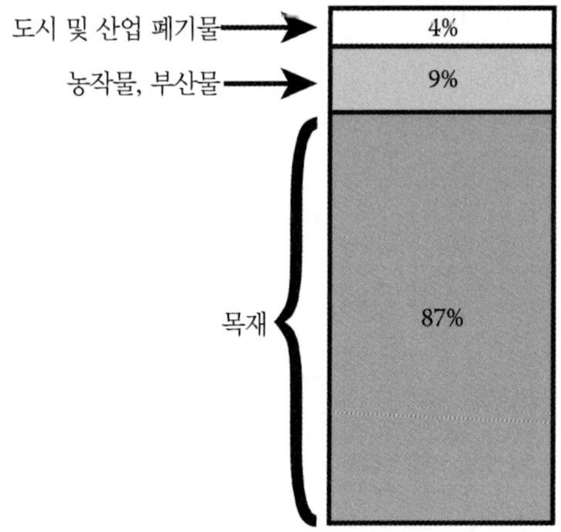

그림 18.21 바이오매스에서 얻는 합성 연료를 제외한 전 세계 바이오 에너지원의 분포(설탕 발효로 얻은 에탄올과 식물유로 합성된 바이오디젤 연료를 합쳐서 목재만큼의 연료를 얻을 수 있다). 저개발국에서는 주로 요리와 난방에 목재 에너지를 주로 사용한다.

들을 제공한다.

- 개선된 에너지 안보와 국제 수지로 인한 에너지 공급의 현저한 증가
- 에너지원의 다양성, 융통성 및 중복성 증가
- 온실 가스 배출을 크게 줄이는 등의 환경적 이익
- 농촌 사회의 향상된 경제적 기회와 개선된 사회적 상황
- 가축 사료 공급과 같은 부분에서 폐기물 감소

그림 18.21은 전 세계의 바이오 에너지원 분포를 보여 준다. 목재를 비롯한 짚, 톱밥, 땅콩 껍데기, 사탕수수 찌꺼기(사탕수수 줄기 잔류물) 및 부레옥잠 등 방대한 종류의 바이오매스가 연료로 사용될 수 있다. 일반적으로 보다 시골이고 산업화가 덜 된 사회에서 난방과 요리에 주로 사용되는 목재는 오랫동안 바이오 에너지의 주된 원천이었다. 에너지 전용 작물과 식용 작물 부산물이 바이오 에너지 생산에 점점 더 많이 사용되면서, 농작물과 부산물 일부분이 바이오 에너지 공급의 일부를 증가시킬 것이다.

화석 연료는 본래 광합성 과정에서 생성되었다. 광합성은 운송 연료를 포함하여 에너지 생산에 사용되는 가연성 화학 물질을 얻을 수 있는 유망한 원천이며, 현재의 석유 화학 산업에서 석유를 대체하여 필요한 모든 유기 원료 물질을 확실히 생산해 낼 수 있다. 단점은 매우 비효율적으로 태양 에너지를 수집한다는 것이다(광합성에 의해 겨우 몇 퍼센트의 수집률을 보이는 것이 가장 일반적인 식물에서 보이는 전형적인 효율이다). 그러나 사탕수수와 같은 몇몇 식물들의 전체 에너지 전환율은 약 0.6%이다. 또한 California 야생에서 자라는 작은 관목인 **속수자**(*Euphorbia lathyris*, gopher plant로도 불림)와 같은 일부 식물들은 탄화수소 에멀션을 자체적으로 생산한다. 필리핀 식물인 **섬엄나무**(*Pittosporum resiniferum*)의 열매에는 주로 α-피넨 및 미르센과 같은 탄화수소 터펜 함량이 높아서, 태워서 불을 밝히는 데 사용할 수도 있다. 농작물 잔류물을 에너지로 전환하면 농업 생산에 필요한 많은 에너지를 제공하는 데 사용될 수 있다. 사실 약 1900년까지, 말의 사료인 건초와 귀리, 인부들을 위해 집에서 기른 식량, 식물에서 유래한 가정 난방용 목재 등과 같이 실제로 농업에 필요한 모든 에너지가 토지에서 생산되었다. (Los Angeles 분지에서 현재 교통수단에 사용되는 에너지와 똑같은 양의 에너지를 공급하는 데 필요한 말의 수를 계산하는 흥미로운 행사가 있었다. 이렇게 많은 수의 말들이 사용되었다면 Los Angeles 분지 전체를 하루에 수 피트씩 말 분뇨로 채울 수 있다는 것을 알 수 있다.)

연간 세계 바이오매스 생산량은 대부분이 자연적인 식물의 성장으로 인해 1,460억 톤으로 추정된다. 많은 농작물과 수목들은 에이커(acre)당 연간 약 2톤의 건조 상태의 바이오매스를 생산할 수 있으며, 일부 조류와 풀은 훨씬 더 많은 양을 생산할 수 있다. 이 바이오매스의 발열량은 석탄의 전형적인 발열량의 약 절반인 5,000~8,000 Btu/lb(11,600~18,600 kJ/kg)이다. 그러나 대부분의 바이오매스는 석탄에서 문제가 되는 재나 황을 실제로 포함하고 있지 않다. 바이오매스의 또 하나의 지속 가능한 장점은, 바이오매스를 구성하는 모든 탄소가 대기 중 이산화 탄소로 만들어졌기 때문에 바이오매스의 연소로 인해 대기 중 이산화 탄소 총량이 증가하지 않는다는 것이다. 사실, 부산물인 이산화 탄소를 격리하고 수소가 풍부한 메테인이나 수소 원소를 생산하는 데 바이오매스를 사용하면 결론적으로 대기 중 이산화 탄소 총량은 줄어들 것이다.

역사적으로 볼 때, 바이오매스는 난방 연료로 주로 사용되었고, 세계 일부 지역에서는 요리할 때 가장 널리 사용하는 연료이다. 핀란드의 에너지 수요량의 약 15%는 목재나 목재 제품(펄프나 종이 제조 시 흑액 부산물 포함)에서 얻고 있다. 목재 화염 특유의 아름다움과 목재 연기의 때로는 향긋한 냄새에도 불구하고, 목재를 사용한 난로와 난방로로 인한 대기 오염이 일부 지역에서 심각한 문제를 일으킨다. 현재 목재는 전 세계 에너지 수요의 약 8%를 공급하고 있다. 이 비율은 에너지만을 얻기 위해 재배된 나무로 구성된 에너지 농장의 개발로 증가시킬 수 있다.

바이오매스 연료는 신뢰할 만한 추정치로 연간 1500 EJ에 달할 만큼 잠재력이 매우 큰 에너지원이

다. 지속 가능성을 고려한 육상 자원으로서 더 현실적인 추정치는 연간 200~500 EJ이다. 연간 50~150 EJ의 에너지는 도시의 고형 폐기물, 농산물 부산물(짚, 옥수숫대) 및 잉여 삼림 생산과 에너지 전용 작물에 의해 남겨진 삼림 잔류물에 포함된 유기성 폐기물에서 얻을 수 있다. 이러한 추정치에는 잠재력이 매우 큰 조류에 의한 생산력이 빠져 있다. 바이오매스의 원천 중에 에너지와 화학 물질 생산에 사용될 수 있는 것으로는 곡류와 당료 작물(sugar crop, 에탄올 제조용), 지방 종자(oilseed), 동물 부산물, 분뇨 및 하수(마지막 두 가지는 무산소성 발효 과정으로 메테인 생성) 등이 있다. 화학 물질 생산 잠재력이 가장 큰 원천은 식물체의 대부분을 구성하고 있는 리그노셀룰로스이다(자세한 내용은 이 장의 뒷부분 참조). 공급 원료 중에서 부피가 가장 큰 원료로, 연간 전 세계 소비량이 1억 톤을 조금 넘는 에틸렌과 같은 비연료 1차 화학 물질을 제조하는데, 현재 전 세계에서 매년 소비되고 있는 석유와 천연가스 대부분을 바이오매스가 확실히 대체할 수 있다.

목재와 같은 바이오매스는 연료와 공급 원료 측면에서 상대적으로 높은 존재량, 경쟁력 있는 가격, 탄소 중립성(대기 온난화를 일으키는 이산화 탄소의 순 생산이 없는)을 포함한 몇 가지 중요한 장점이 있다. 바이오매스 연료의 단점은 낮은 발열량과 에너지 밀도, 높은 수분 함량, 그리고 연소 중 그을음을 생성하는 경향이 있다는 점이다.

18.15.1 보다 조밀한 형태를 얻기 위한 바이오 연료 가공

산지로부터 얻어진 형태 그대로의 바이오매스는 에너지 함량이 상대적으로 낮고, 수분 함량이 높으며, 미생물에 의해 부패되거나 습기를 흡수하는 경향이 있는 부피가 큰 물질이다. 이러한 모든 요인이 연료로서, 그리고 가스와 액체 연료 및 공급 원료로 가공되는 데 있어 바이오매스의 가치를 떨어뜨린다. 더욱이 수분 함량이 높고 부피가 큰 바이오매스는 운송하는 데 상대적으로 비용이 많이 든다. 따라서 바이오매스를 운송하거나 연료 또는 공급 원료로 사용하기 전에 건조하거나 보다 조밀한 형태로 변환하는 것이 바람직하다. 이를 위한 단계가 그림 18.22에 요약되어 있다. 짚이나 옥수숫대와 같이 느슨한 형태의 바이오매스의 부피는 곤포(baling) 형태로 묶어 반으로 줄일 수 있으며, 이 물질을 다시 펠릿 형태로 압축해서 반으로 더 줄일 수 있다. 이 두 과정에는 모두 비용이 추가된다.

수 세기 동안, 위에서 설명한 바이오매스 연료의 문제점은 약 500℃, 산소가 부족한 환경에서 목재를 열분해하여 주로 탄소 원소와 재로 이루어진 숯(charcoal)으로 변환시킴으로써 많은 부분이 해결되었다. 이 과정에서 형성된 가연성 가스는 숯을 만드는 열을 제공하면서 연소된다. 숯은 수 세기 동안 여러 사회에서 조리용 연료로 사용되었다. 숯의 단점으로는 기껏해야 바이오매스가 가지고 있던 원래 열량의 50%를 조금 넘는 정도만이 숯에 남아 있다는 점이다.

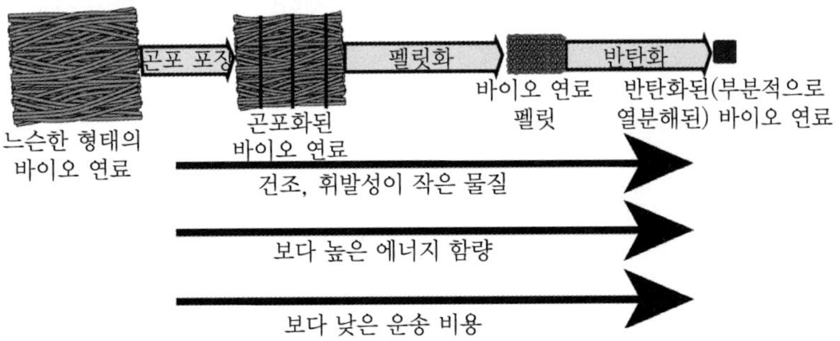

그림 18.22 단위 부피 및 질량당 에너지 함량이 더 높은 보다 조밀한 형태의 바이오 연료 가공. 밀짚이나 옥수숫대와 같은 느슨한 형태의 바이오 연료를 시작으로, 단위 부피 및 질량당 에너지 생산량은 (1) 물리적 노후화나 부패에 강하게 만들기도 하는 건조와 압축, (2) 노(furnace)에 사용되거나 석탄과 함께 연소되기 쉬운 펠릿 형태로 만들기 위한 분쇄와 압축, (3) 연소나 가스화 과정에서 최소한의 그을음 발생하며 깨끗하게 타는 우수한 품질의 저휘발성 물질을 만드는 부분 열분해, 반탄화 과정을 통해 점진적으로 증가한다.

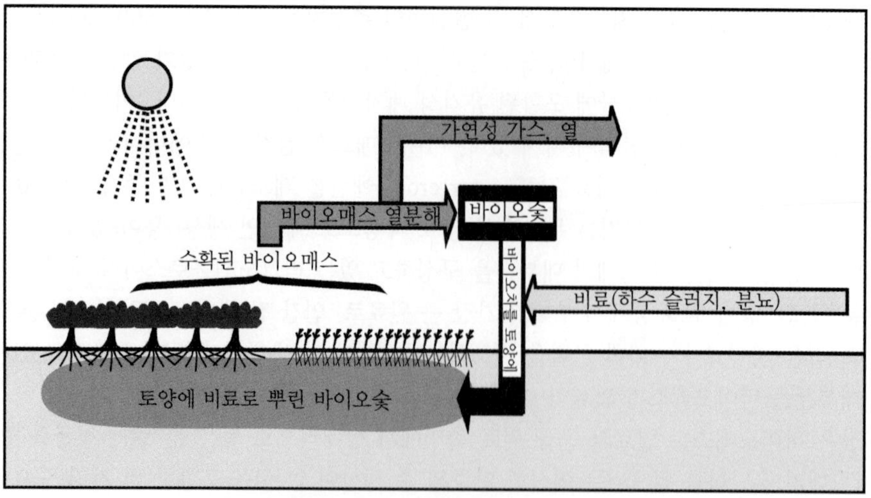

그림 18.23 식물 바이오매스로부터 바이오 숯이 생성되고 하수 슬러지나 동물성 분뇨와 혼합된 후 토양에 뿌려져 비옥도를 증가시키는 시스템. 지역 난방에 사용될 수 있는 가연성 가스와 열은 바이오 숯 생성 공정 중 일부 회수될 수 있다.

18.15.2 바이오매스 활용을 위한 탈탄소화

대기의 탈탄소화는 연료 생산과 같은 바이오매스의 수확 및 이용의 주된 목적 중 하나이다. 바이오매스를 활용하는 것은 바이오매스를 태우면서 방출되는 이산화 탄소가 원래 광합성 작용으로 대기에서 얻어졌던 것이라는 점에서 탄소 중립적이다. 바이오매스를 활용하는 과정에서는 두 가지 방법으로 대기 중 탄소를 제거할 수 있다. 첫 번째로, 바이오매스를 O_2와 수증기로 반응시켜 H_2를 얻고, 이산화 탄소 부산물은 펌프로 지하에 격리하는 방법이다. 두 번째로, 바이오매스를 열분해하여 일부 가연성 가스 연료를 생성하고 흔히 **바이오 숯(biochar)**이라고 하는 비분해성 탄소 잔류물을 남겨 이를 토양에 뿌리는 방법으로 토양의 질을 높이고 비옥하게 할 수 있다.[11] 바이오 숯에 비료를 첨가하여 그 가치를 더해 토양 비옥도를 향상하는 데 사용될 수도 있다. 그림 18.23에서 바이오 숯이 동물과 인간의 폐기물로부터 영양분을 흡수하고 토양을 비옥하게 해주는 지속 가능한 바이오 숯 기반 시스템을 제시하고 있다.

숲이 대기 중 이산화 탄소를 제거하고 바이오 연료를 생성하는 능력을 크게 향상하려면 적절한 관리가 필요하다. 연료 수집용으로 삼림 잔류물을 제거해 주면 추가로 나무를 심을 수 있는 부지 조건을 개선할 수 있다. 지나치게 빽빽하게 심어진 나무를 성글게 만들면 남겨진 나무들의 생산성이 향상되고 화재 위험성이 줄어든다. 고목은 대기 중의 이산화 탄소를 제거하고 추가로 바이오매스를 생산하는 데 더는 효과적이지 않다. 따라서 이러한 나무들을 제거하면 광합성을 더 활발히 할 수 있는 새로운 나무와 초목을 심는 것이 가능해진다. 그러나 노숙림에서의 노목을 벌채하여 방치하면 바이오매스의 부패 과정과 이러한 삼림 폐기물에 의한 통제 불가능한 산불로 단기적으로 이산화 탄소 방출을 증가시킬 수도 있다.

18.15.3 바이오매스의 다른 연료로의 변환

특히 당류를 발효시켜 생산한 에탄올과 식물성 기름을 화학적으로 처리하여 얻은 바이오디젤 연료처럼, 일부의 식품 바이오매스로 만들어진 1세대 바이오 연료와, 나무나 짚의 구조를 구성하는 리그노셀룰로스를 효소로 분해하여 얻은 당류를 발효시켜 만든 에탄올의 예처럼, 리그노셀룰로스로부터 만들어진 2세대 바이오 연료로 분류하는 것이 점차 표준적인 분류 방법이 되었다. 이 두 가지 부류의 바이오 연료를 각각 2세대와 3세대 바이오 연료라고 하고, 바이오매스 그 자체 또는 건조되었거나 부분적으로 열분해된 고체 바이오매스로 구성된 연료를 1세대로 분류하는 것이 더 정확한 분류 방법이다. 앞서 언급했듯이, 1세대 바이오 연료는 간단한 요리나 난방 시설에서, 또는 전력을 생산하기 위해 증기를 발생시키는 연소실에서 주로 소비된다.

18.15.4 에탄올 연료

광합성으로 생산된 생화학적 에너지를 내연 기관에 적합한 형태로 변환하는 주요한 방법은 바이오매스의 당류를 발효시켜 에탄올(C_2H_6O)을 생산하는 방법이다. 앞에서 정의했던 용어를 사용하면 이렇게 얻은 에탄올은 2세대 바이오 연료로 분류된다. 적합하게 설계된 내연 기관은 순수한 에탄올이나 E85라고 불리는 85% 에탄올과 15%의 가솔린 혼합물을 연소할 수 있다. 좀 더 일반적으로는 에탄올이 가솔린에 약 10%의 비율로 혼합된 **가소홀(gasohol)**이 제공되는데, 이 연료는 현재 사용되는 내연 기관을 그대로 사용하거나 거의 조금만 조정하면 사용할 수 있다.

가소홀은 옥테인가를 올리고 일산화 탄소 배출량을 줄인다. 자원 측면에서, 광합성 과정으로부터 얻어진 알코올은 고갈될 수 있는 화석 연료가 아니라 재생 가능한 자원으로 생각할 수 있다. 에탄올은 가장 일반적으로 탄수화물의 발효에 의해 생화학적으로 생산된다. 사탕수수에서 많은 양의 발효 가능한 설탕을 생산하는 브라질은 연료용 에탄올 제조에서 연간 생산량(2020년)이 약 25억 L로 이 분야의 선두 주자이다.[12]

브라질의 모든 모터용 연료에는 최대 27%의 에탄올을 함유하고 있으며, 일부 연료는 필수적으로 순수한 에탄올을 사용한다. 미국에서 소비되는 휘발유 대부분에는 법에 따라 에탄올을 첨가해야 한다.

연료로 생산된 에탄올의 대부분이 곡물이나 설탕의 발효로 만들어졌지만, 곡물 에탄올을 생산하는 데 들어가는 에너지를 고려해 보면 순 에너지 이득은 없을 수 있다는 타당한 우려를 할 수 있다. 잠재적으로 더욱 풍부하고 값싼 에탄올 원천으로는 밀이나 쌀을 생산하고 남은 짚 또는 옥수수 재배 과정에서의 옥수숫대를 포함한 농작물 생산에서 발생한 부산물에서 얻어진 바이오매스로, 3세대 바이오 연료로 분류된다. 과거 미국에서는 상업적 생산 과정에서 발생한 많은 양의 볏짚을 다시 토양에 되돌리기보다는 중경(cultivating) 비용을 절감하기 위해 단순히 태웠다. 볏짚은 직접 발효될 수는 없어서 발효되려면 육탄당이나 오탄당으로 분해해야 한다. 전통적으로 산 처리 공정으로 이 과정이 일어나는데, 산을 재활용하는 기술이 있지만 이 공정은 비싼 공정이다. 따라서 효소를 이용한 가수 분해로 필요한 당을 생산하는 공정이 주요 대안으로 떠오르고 있다. 2020년에 미국은 바이오매스로 530억 L의 에탄올을 생산하였으며, 나머지 세계 각국(주로 브라질)에서 약 210억 L를 생산하였다.

18.15.5 바이오디젤 연료

바이오디젤 연료(biodiesel fuel)는 재생 가능한 액체 탄화수소 연료원으로 성장하고 있는 연료이다. 부식 방지용 탱커 트럭 트레일러나 철도 유조 차량으로 운송해야 하는 에탄올 연료와는 달리, 바이오디젤 연료는 기존의 수송관을 통해 쉽게 운반할 수 있다. 루돌프 디젤(Rudolf Diesel)은 1800년대 후반에 고압축, 압축 점화 디젤 엔신을 개발하였으며, 1893년에 독일 Augsburg에서 처음으로 엔진을 시험 작동하였다. 1900년에 파리에서 열린 국제 박람회에서 디젤 엔진이 시연되어 발명품 분야에서 '그랑프리(최고상)'를 수상하였다. 흥미롭게도 디젤 엔진 첫 시연에 땅콩기름이 사용되었으며, 처음 20년 동안 디젤 엔진의 연료는 식물성 기름이었다.

식물성 기름은 이후 결국 석유계 탄화수소로 대체되었다. 보다 최근에는 기름 중 지방산 유도체인 식물성 기름에서 유래된 디젤 연료가 개발되었다. 식물성 기름이나 지질(lipid oil)은 3-OH기가 결합된 3-탄소 알코올인 글리세롤의 지방산 에스터이다. 바이오디젤 연료를 생산하기 위해 글리세롤 에스터는 메탄올($HOCH_3$) 존재하에 강염기(NaOH)로 가수 분해되고, 지방산은 바이오디젤 연료를 구성하는 분자인 메틸 에스터로 변환된다. 바이오디젤 연료의 메닐 에스너의 일반식은 아래와 같으며, 어기에서 R은 스테아르산, 리놀레산, 올레산, 로르산 및 베헨산을 포함하는 수많은 지방산 중 하나로, 긴 탄화수소 사슬을 나타낸다. 예를 들어, 스테아르산에서 R은 17개의 탄소 원자로 구성된 직선형의 알케인 사슬($C_{17}H_{35}$)을 뜻한다. 바이오디젤 연료를 만드는 데 사용되는 지질은 유채(rapeseed), 콩, 해바라기, 또는 옥수수를 포함한 다양한 식물의 씨앗에서 추출된다. 지질을 얻을 수 있는 가장 중요한 원천 중 하나는 오일야자 열매에서 추출한 팜유이다.

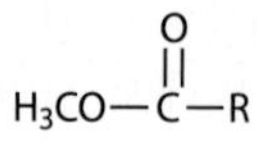

바이오디젤 연료의 지방산 메틸 에스터. 여기에서 R은 지방산의 긴 사슬 형태의 탄화수소기를 나타낸다.

18.15.6 조류에서 얻어진 연료

바이오디젤 연료 생산 측면에서 조류, 특히 기름 함량이 50%를 초과할 수 있고 성장이 매우 빠른 단세포 미세 조류(그림 18.24)가 흥미로운 가능성을 지니고 있다.[13] 이러한 조류는 폐수 처리장으로부터 영양분이 풍부한 유출수를 공급받아 연못에서 잘 자랄 수 있다. 기름을 만드는 조류는 발전소 굴뚝 배출 가스에 의해 이산화 탄소 농도가 높은 대기 환경에서도 자랄 수 있다. 성장을 위해 담수가 필요한 육상 식물과는 달리, 조류는 해양성 염수, 기수성(해수와 담수가 섞인) 염수 및 폐수에서도 잘 자란다. 발전소에서 발생한 이산화 탄소 농도가 높은 대기하에서 처리된 폐수에 조류를 재배하면, 조류가 폐수의 영양분을 제거하여 방출수의 부영양화를 줄일 수 있으며 굴뚝 배출 가스의 이산화 탄소 일부를 제거할 수 있다.

바이오매스 연료 생산 측면에서 조류의 잠재적 생산성은 놀랍다. 콩과 야자기름은 원재료로부터 일반적으로 각각 연간 200~2,500 L/acre의 바이오디젤 연료를 생산할 수 있지만, 조류는 연간 40,000 L/acre의 연료를 생산할 수 있다. 현실적으로 조류에 의한 합리적인 생산 목표는 25%의 트라이글리세라이드(triglyceride) 기름이 함유되어 있다고 생각했을 때 헥타르당 연간 50톤의 건조 바이오매스를 생산하는 것이며, 여기서 헥타르당 연간 14,000 L의 기름을 얻을 수 있다. 또한 충분한 물 공급이 필요한 토양 기반 작물을 재배하기에 적합하지 않은 사막 지대에서도 조류를 재배할 수 있다.

조류는 잠재적인 바이오매스 생산성이 육상 식물보다 매우 높지만, 실제 조류에서 바이오매스 연료를 생산하는 데에는 어려움이 있다. 조류를 재배하는 가장 간단한 방법은 햇빛과 광합성에 필요한 대기 중 이산화 탄소에 최대한 노출될 수 있는 개방형 연못(open ponds)에서 재배하는 방법이다. 이러한 시설은 물의 증발에 따른 염분의 증가, 빗물에 의한 희석 및 야생 조류나 바람직하지 않은 조류의 균주로 오염되어 영향을 받을 수 있다. 상당한 비용을 들여서 조류를 투명한 덮개로 덮인 얇고 평평한 울타리 안이나 유리 또는 투명 플라스틱 튜브에서 재배할 수도 있다. 미세 조류를 활용하여 연료를 생산하려면 적어도 30배 이상 물기적으로 응집되고 농축되어야 한다. 따라서 건조된 형태의 조류 세포를 분리해 내는 기술이 조류 배양에 있어 어려운 부분이다.

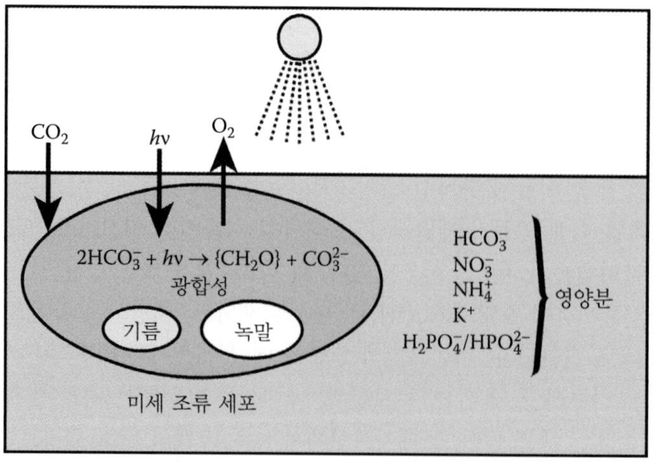

그림 18.24 광합성에 의해 대량의 바이오매스, 기름 및 녹말을 생성하기 위해 태양 에너지와 간단한 무기 영양분을 사용해서 빠르게 재생산하는 단세포 미세 조류.

잠재적으로 조류가 바이오 연료를 생산할 수 있는 경로에는 몇 가지가 있다. 가장 직접적인 방법은 건조한 후 1세대 바이오 연료로 직접 사용할 수 있는 바이오매스를 생산하는 방법이다. 조류 바이오 연료를 생산하기 위한 두 번째 주요 경로는 조류를 활용한 바이오 연료 생산에 관한 대부분의 연구에서 집중하고 있는, 특히 지질 기름처럼 일부 조류에 의해 다량 생산되고 바이오디젤 연료로 변환할 수 있는 기름을 직접 생산하는 방법이다. 지금까지는 연구자들의 노력에도 불구하고 실질적인 의미의 결과를 얻지는 못했으나, 조류를 이용하여 직접 수소(H_2)를 생산하고자 하는 흥미로운 연구도 실행되고 있다.

사용한 조류의 균주는 바이오 연료 생산에 중대한 영향을 끼친다. 주요 기준으로 바이오매스 생산성, 기름 함량, 수확 능력, 오염에 대한 저항성, 그리고 광합성 과정에 생산되는 높은 산소 농도에 대한 내성이 포함되어야 한다. 유전 공학을 통해 바이오 연료에 특화된 조류의 개선된 균주를 생산할 수 있을 것으로 예상한다. 유전 공학적으로 개선된 균주와 관련하여 미세 조류 개발이 갖는 주요 장점은 조류의 세대 시간(generation time)이 시간 단위에 불과하다는 것이다. 심지어 성장의 최적 상태인 온실과 인공조명하에서도 연간 3~4세대의 성장에 불과한 지상 식물과는 달리, 개선된 조류는 연간 수백 세대의 성장이 가능할 수 있다

18.15.7 리그노셀룰로스 연료의 잠재력

바이오디젤 연료를 만드는 데 사용되는 곡물 혹은 당류 기반 에탄올과 식물성 기름은 식품, 동물 사료, 그리고 원료로서 가치가 더 크고, 식물의 극히 일부분만을 사용하기 때문에 바이오물질 연료로서 최선의 후보 물질은 아니다. 이 장에서 사용한 용어로 3세대 바이오 연료에 속하며 훨씬 더 풍부한 연료원은 식물의 **리그노셀룰로스(lignocellulose)** 부분이다. 리그노셀룰로스는 나무의 목질, 줄기, 짚, 옥수수자루 및 잎을 포함한 식물의 구조를 구성하는 물질로, 대략적인 실험식이 CH_2O인 큰 고분자로 이루어져 있다. 리그노셀룰로스의 세 가지 주요 성분과 각각의 대략적인 실험식은 셀룰로스/녹말 $[C_6(H_2O)_5]_n$, 헤미셀룰로스 $[C_5(H_2O)_4]_n$, 그리고 리그닌 $[C_{10}(H_{12}O)_3)]_n$이다.

매년 다량의 작물 부산물 바이오매스가 생성된다. 미국에서 사용 가능한 부산물의 양이 생산된 옥수수 곡물 무게와 같다고 보수적으로 가정하면, 매년 대략 2억 3천만 톤의 작물 부산물 바이오매스를 연료로 사용할 수 있으며, 이 양은 잠재적으로 작물에서 얻을 수 있는 부산물의 양을 과소평가해서 얻은 수치이다. 작물 바이오매스 부산물인 리그노셀룰로스를 바이오 연료로 사용하는 장점은 수집이 쉽다

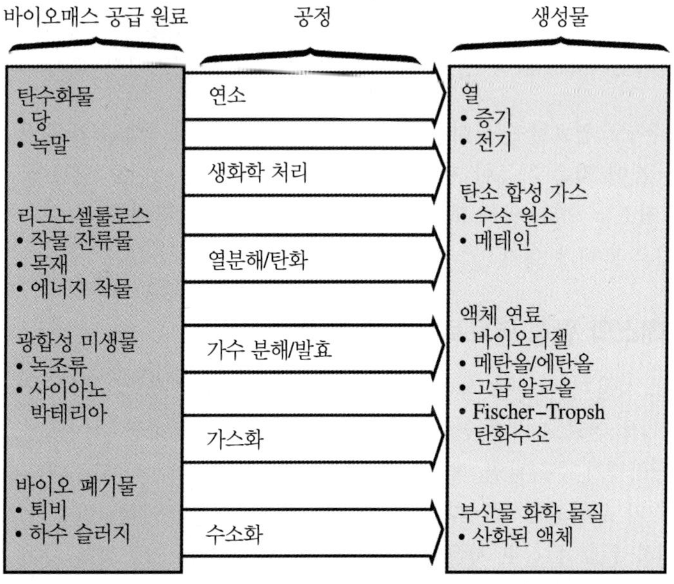

그림 18.25 바이오매스를 연료와 에너지로 변환시키는 데 포함되는 공급 원료, 공정 및 생성물.

는 점이다. 옥수수나 밀에서 곡물을 얻는 것처럼, 작물을 수확하는 과정은 일반적으로 복식 수확기로 농지를 가로지르면서 작물을 심고 곡물을 분리하는 작물 가공 과정이 필요하다. 곡물에서 분리된 작물 바이오매스를 땅에 버리는 현재의 방법 대신, 수확하는 과정에서 따로 수집하여 바이오 연료를 생성하는 데 사용할 수 있다.

전용 나무와 풀에서 생성할 수 있는 바이오매스의 양은 미국에서만 연간 22억 4천만 톤으로 추정된다. 이러한 원천의 가장 큰 장점은 많은 부분이 정부 프로그램의 결과로 농업 생산에서 쓰였던 침식 가능한 땅에서 자랄 수 있는 다년생 식물이라는 점이다. 바이오매스의 생산성이 현저히 높은 식물 중 하나는 미루나무와 백양나무를 포함한 **포플러**(*Populus*) 속에 속하는 혼성 포플러종이다. 이러한 나무들은 연간 2 m 이상 자라며, 수확되고 남겨진 나무 그루터기가 토양 침식을 방지하는 뿌리를 그대로 유지한 체 다시 성장할 수 있다.

풀 중에 바이오매스 생산성이 가장 큰 종은 지팽이풀(switchgrass)이다. 북미 지역이 원산지인 지팽이풀은 질병과 해충에 저항성이 크며, 비료가 거의 필요하지 않은 식물이다. 또한 가뭄과 홍수에도 잘 견딘다. 고지대 품종의 지팽이풀은 배수가 잘 되는 토양에서 한 번의 성장 시기 동안 2 m 이상 자란다. 저지대 품종은 4 m 높이까지 자랄 수 있으며, 저지대의 중토(heavy soil)에서 가장 잘 자란다. 개량된 지팽이풀 품종은 동물 사료와 일반 삼림 바이오매스 생산량의 2배인 에이커당 약 8톤의 바이오매스를 생산하기 위해 개발되었다.

Florida의 everglades와 같은 늪지대에서 자생하는 또 다른 생산성이 높은 풀로, 톱니 모양의 잎사귀에서 이름을 따온 소그래스[참억새류 풀, sawgrass(Cladium jamaicense)]가 있다. 이 풀은 다른 농작물들이 자랄 수 없는 습지에 잘 적응하며, 추가로 야생 동물을 보호할 수 있는 은신처를 만드는 이점이 있다.

바이오매스나 바이오 폐기물(하수나 동물 폐기물 포함)을 에너지, 연료 및 공급 원료로 변환할 수 있는 다양한 경로는 다음과 같다(그림 18.25에도 요약되어 있다).

- 열을 생성하고 전기를 발생시키는 증기를 만드는 직접 연소
- 에탄올(당으로부터) 또는 메테인을 생산하기 위한 발효
- 기체 연료(특히 메테인), 액체(탄화수소 및 산화된 종 포함) 및 고체 탄소를 생성하는 열분해
- CO, H_2, CH_4, 부산물 액체 및 고체 탄소를 생산하는 열화학적 가스화
- 바이오매스에서 유도된 CO와 H_2를 이용한 Fischer−Tropsch 탄화수소 합성
- 탄화수소 생산을 위해 바이오매스에서 얻은 산화된 액체의 수소화
- 메틸 에스터 바이오디젤 연료를 생산하기 위한 기름의 메틸 에스터화

바이오매스에서 바이오 연료를 생산하는 과정에 인, 포타슘, 미량 영양소와 같은 영양분을 회수해서 토양에 되돌려 주는 것이 지속 가능한 제조 공정으로 바람직하다. 바이오 연료에 주로 단백질 형태로 화학적으로 고정된 질소는 연료 생산 과정에서 손실되지만, N_2의 광대한 대기 저장소의 질소 공급으로 이러한 질소 손실은 문제가 되지 않는다.

18.15.8 바이오매스의 합성 연료로의 화학적 변환

바이오매스를 연료로 사용하는 가장 직접적인 방법은 건조 질량을 기준으로 석탄의 절반 정도의 발열량을 갖는 1세대 바이오 연료로 직접 연소하는 것이다. 석탄과 비교하면 바이오매스는 황과 재 함량이 낮고(볏짚은 주로 실리카가 주성분인 재 함량이 높지만), 바이오매스 재에는 대다수 석탄에 함유된 비소와 같은 독성 원소가 포함되지 않는다. 바이오매스 열분해로 얻어지는 탄소 원소는 농축된 형태의 연료나 가스화를 위한 원료 물질로 사용할 수 있다. 바이오매스는 가스화를 통해 탄화수소를 포함한 다른 고부가 가치 연료로 변환될 수도 있다.

바이오매스의 가스화 및 합성 연료로의 전환 과정에는 몇 가지 반응이 포함될 수 있다. 아래에 반응 번호별로 각각 간략히 설명되어 있으며, 여기서 $\{CH_2O\}$는 바이오매스의 단순화된 일반적인 화학식을 나타낸다. (18.9) 후속 가스화 공정에 필요한 열을 얻기 위한 바이오매스 일부의 순수한 산소 분자 산화제로의 연소(공기 중의 N_2에 의한 생성 기체의 희석을 방지하기 위한), (18.10) 가연성의 CO를 생산하기 위해 산소가 희박한 조건에서 바이오매스의 부분적인 연소, (18.11) 반응 18.9의 열을 이용한 바이오매스의 열분해로 고온 탄소, 가연성 기체 및 액체 부산물 생산, (18.12) 고온의 탄소와 증기의 반응으로 CO와 H_2의 **합성 가스(synthesis gas)** 혼합물 생산, (18.13) 뜨거운 바이오매스에서 직접 합성 가스 생산, (18.14) H_2 원소를 생성하는 수성 가스 전환 반응, (18.15) **합성 천연가스(synthetic natural gas**, SNG)를 생성하는 CO와 H_2 혼합물의 메테인화 반응, (18.16) CO와 H_2의 **Fischer−Tropsh 반응(Fischer−Tropsh reaction)**으로 가솔린, 제트 연료, 디젤 연료 및 알코올과 같은 다양한 탄화수소 생산, (18.17) H_2(및 O_2) 원소를 생산하기 위한 물의 전기 분해, (18.18) 바이오매스와 H_2의 직접 반응은 이상적으로는 탄화수소를 생성하지만, 알코올과 다른 화합물들이 혼합되어 생성된다.

$$\{CH_2O\} + O_2 \rightarrow CO_2 + H_2O + \text{열} \tag{18.9}$$

$$\{CH_2O\} + 1/2O_2 \rightarrow CO_2 + H_2O + \text{열} \tag{18.10}$$

$$\{CH_2O\} + \text{열} \rightarrow C(\text{뜨거운}) + H_2O \tag{18.11}$$

$$C(\text{뜨거운}) + H_2O + \text{열} \rightarrow CO + H_2 \tag{18.12}$$

$$\{CH_2O\} + \text{열} \rightarrow CO + H_2 \tag{18.13}$$

$$CO + H_2O \rightarrow CO_2 + H_2 \tag{18.14}$$

$$CO + 3H_2 \rightarrow CH_4 + H_2O \tag{18.15}$$

$$8CO + 17H_2 \rightarrow C_8H_{18} + 8H_2O \tag{18.16}$$

$$2H_2O + \text{전기 에너지} \rightarrow 2H_2(g) + O_2(g) \tag{18.17}$$

$$\{CH_2O\} + 2H_2 \rightarrow CH_4 + H_2O \tag{18.18}$$

반응 18.9와 18.14에서 생성된 CO_2는 석유를 회수하기 위해 지하 석유층에 밀어 넣는 과정처럼, 분리되거나 격리되어 온실 가스가 내기로 방출되는 것을 방지할 수 있다.

풍력에 의해 생성된 전기로 물을 전기 분해하여 생성된 H_2를 바이오매스로부터 운송이나 다른 목적에 사용될 수 있는 고에너지의 탄화수소 연료를 만드는 데 중간체로 사용할 수도 있다. 수소 원소는 가스 터빈과 다른 열엔진에서 연료로 직접 사용되거나 연료 전지에서 전기를 생성할 수도 있으며, H_2는 또한 산업에서 중요한 화학 물질이며 비료인 암모니아(NH_3)를 합성하는 데 사용될 수 있다.

18.15.9 바이오가스

다양한 종류의 무산소성 세균의 바이오매스 발효 과정이 청정 연소하는 메테인을 얻는 중요한 공급원이 될 수 있다. 바이오매스를 $\{CH_2O\}$로 표시하면 생화학 반응은 다음과 같다.

$$2\{CH_2O\} \rightarrow CH_4 + CO_2 \tag{18.19}$$

이 반응은 하수 처리 공장의 무산소성 소화조에서 처리할 유기 물질의 양을 줄이기 위해 오랫동안 사용되었던 반응이다. 균형 잡힌 공장에서는 모든 에너지 수요를 충족시키기 충분한 양의 메테인을 생산한다. 대형 가축 사료 공급 작업에는 사료 공급과 관련된 가축 분뇨와 기타 생물학적 폐기물로부터 메테인을 생산하는 소화조를 보유하고 있을 수 있다. 대형 낙농장 또한 바이오가스 시설을 설치한 좋은 장소이다. 무산소성 발효 과정으로 메테인을 생성하는 또 다른 공급원은 도시의 고형 폐기물 더미에 수집관을 묻고 배출 가스를 모으는 방법으로 얻어진다.

'풀뿌리(grass root)' 에너지 지속 가능성에 대한 탁월한 예로, 만성적으로 연료가 부족한 중국의 농촌 지역에서 바이오가스 발전기가 광범위하게 사용되고 있다는 사실이다. 중국인들은 지면 바로 아래에 동물성 폐기물, 인간 배설물 및 야채와 작물 폐기물을 포함한 모든 종류의 바이오매스가 공기가 없는 환경에서 분해되어 연소성 메테인 가스를 생산할 수 있는 수백만 개의 무산소성 소화조를 건설하였다. 일반적으로 소화조는 주거지 근처와 변소 및 돼지우리를 포함한 폐기물 발생지 근처에 근접해 있다. 얇은 토양층으로 덮여 있는 이 설비는 발효를 촉진하는 데 태양열을 사용한다. 연료를 생산하는 것 외에도, 무산소성 소화는 대부분의 병원성 유기체를 죽일 수 있는 일정 정도 높은 온도에서 종종 일어나는 발효 과정을 수반해, 폐기물 속 병원균을 파괴하여 폐기물 처리와 건강 문제를 완화시킨다. 추가로 폐기물의 비료 가치가 보존되어 소화조 내의 잔류물을 병원균 확산에 대한 우려 없이 작물용 비료로 사용할 수 있다. 소화조 잔류물의 질소와 인 함량은 대기 환경하에서 덮기(mulching) 처리된 바이오매스보다 훨씬 높다.

중국의 바이오가스 시설에서 발생한 가스는 주로 요리나 조명용으로 사용된다. 더 큰 설비의 경우, 바이오가스가 부분적으로 내연 기관에 사용되고 있다. 바이오가스는 가솔린 엔진의 경우에는 조절식 공급 밸브를 통해 기화기로 공급되고, 디젤 엔진의 경우에는 엔진 작동 중 연소를 시작하기 위해 연소실에 분사되는 최소량의 디젤 연료를 보충하기 위해 매니폴드에 공급된다. 2020년 기준 전 세계에 5천만 개에 가까운 소규모 크기의 소화조가 운영되고 있으며, 그중 4천 2백만 개는 중국에서, 490만 개는 인도에서 운영 중이다. 총 700,000개의 바이오가스 시설이 아시아의 나머지 지역, 아프리카 및 남미에 설치된 것으로 추정된다.

18.15.10 바이오정제와 에너지용 바이오매스의 활용

바이오정제(biorefineries)는 생물권에서 얻은 물질에서 유용한 제품을 생산하기 위해 추출하고, 분리하고, 정제하고, 그리고 가공하는 시설들을 뜻한다.[14] 그림 18.26에 바이오매스로부터 연료나 기타 물질을 생산하는 데 사용될 수 있는 바이오정제의 개요도를 나타냈다. 여기에는 사탕수수 줄기에서 설탕이 풍부한 수액을 얻거나, 지방종자(oilseed)에서 기름을 단순히 짜내는 것부터 알코올이나 기타 합성 연

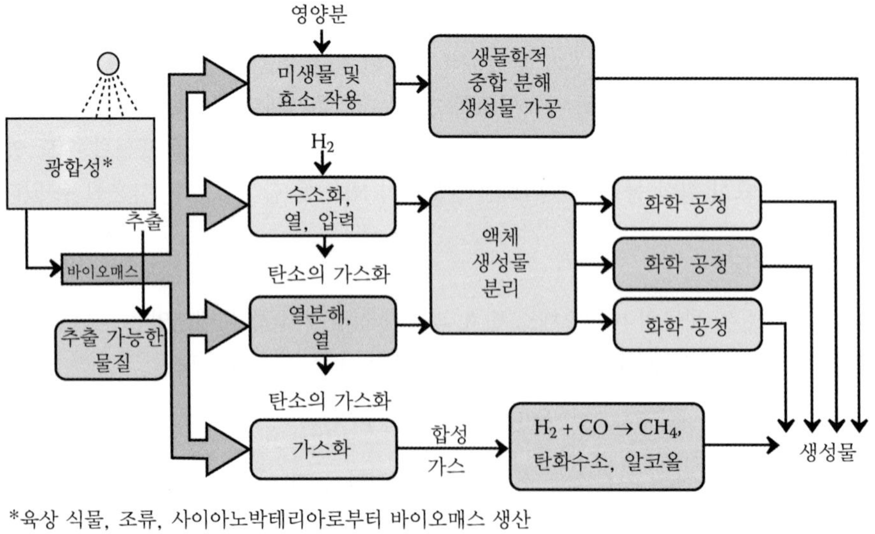

그림 18.26 바이오매스 자원을 연료 및 기타 물질로 변환하는 바이오정제.

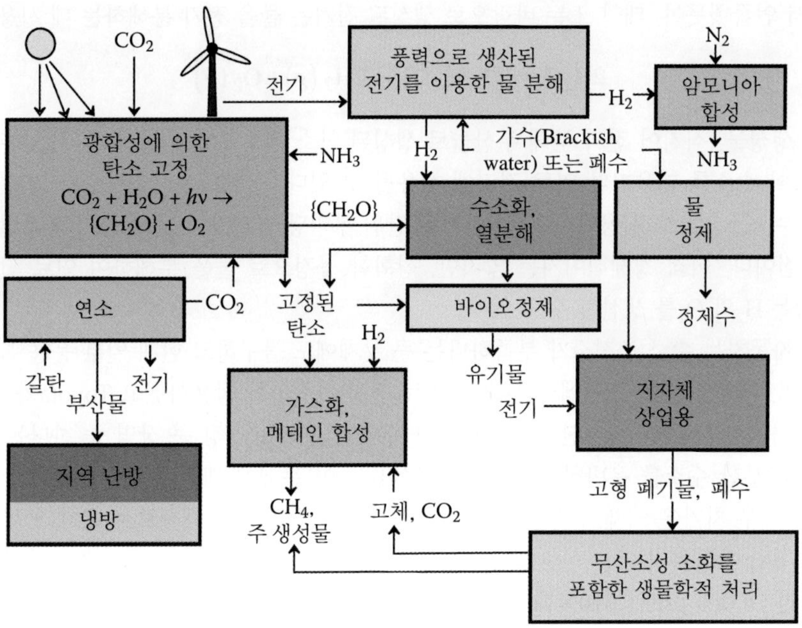

그림 18.27 풍력 발전 전력을 주 에너지원으로 사용하여 바이오매스로부터 메테인과 기타 연료를 합성하는 과정의 산업 생태계.

료를 포함한 생산품을 얻기 위해 바이오매스를 처리하는 정교한 생화학 공정까지 다양한 범위에서 바이오매스가 활용될 수 있는 여러 경로를 보여 주고 있다.

18.15.11 재생 가능한 자원에서 메테인을 생산하는 산업 생태계 시스템

그림 18.27은 재생 가능한 바이오매스 및 풍력 에너지원으로부터 메테인 연료를 생산하는 산업 생태계를 나타내고 있다. 메테인은 현재 항공기를 제외한, 화석 연료를 사용하는 거의 모든 응용 분야에 이상적인 청정 연소 연료이다. 고효율의 하이브리드 자동차 기술의 모터 연료로 연료 공급이 허용되는 범위 내에서 메테인이 사용될 수 있다. 미국과 다른 여러 나라에서는, 이전에는 개발하지 못했던 자원이 실시간으로 알려져서 메테인은 상대적으로 이용하기 쉽고 값이 싸다. 천연가스에 사용되는 수송관 시스템이 널리 분포되어 있고, 만일 메테인 자원이 고갈되면 그림 18.27과 같이 바이오매스와 물을 전기 분해하여 생성된 수소 원소로부터 지속해서 합성될 수 있다.

그림 18.27에 보이는 바와 같이, 바이오매스는 메테인을 생산하기 위해 재생 가능한 풍력을 동력으로 물을 전기 분해하여 만들어진 수소 원소와 반응하는 고정된 탄소의 공급원으로 사용된다. 이 시스템에서 또 다른 메테인 공급원은 하수를 포함한 폐기물의 무산소성 발효 공정이다. 지자체의 도시 쓰레기가 매립지에 버려지는 대신, 먼저 무산소성 발효 과정을 거쳐 메테인을 생성한 후, 잔류물은 열화학적으로 가스화하여 화학 합성을 위한 원료 물질로 사용된다. 그림의 시스템에는 주거 생활에 필요한 전기와 부산물로 열을 생산하는 화석 연료(갈탄)가 포함되어 있다. 연료의 연소로 발생한 이산화 탄소 농도가 높은 배기가스는 바이오매스의 주요 공급원인 조류를 성장시키는 연못에 사용된다. 이 시스템의 다른 여러 가지 측면은 그림에 자세히 설명되어 있다.

18.16 에너지를 저장하고 활용하는 수단인 수소

수소 기체(H_2)는 태양 에너지와 풍력 에너지를 포함한 간헐적인 에너지원에서 생성된 에너지를 저장하는 매체로 사용할 수 있는 이상적인 화학 연료이다. 수소 원소를 생성하는 방법에는 여러 가지가 있다. 앞 절에서 언급했듯이, 태양 또는 바람으로 생성된 전기는 물을 전기 분해하는 데 사용할 수 있다.

$$2H_2O + \text{전기 에너지} \rightarrow 2H_2(g) + O_2(g) \tag{18.20}$$

수소 연료 생성물, 심지어 전기 분해 부산물로 생성된 산소 원소조차도 일정 거리를 배관을 통해 운반해 오염 없이 수소를 태우거나 연료 전지에 사용될 수 있다. 실제로 이것이 '수소 경제'를 가능하게 할 수 있다. 수소를 연료로 사용했을 때의 단점은 단위 부피당 발열량이 낮고 공기와 폭발성 혼합물을 형성한다는 점이다. 아직 경제적이지는 않지만, 광화학 공정으로 물을 분해하여 연료 전지에 동력을 공급할 수 있는 H_2와 O_2를 생산할 수도 있다.

연료 전지 자동차는 수소 충전소가 부족하다는 큰 문제에도 불구하고 현재 일부 응용 분야에서 실용화되고 있으며, Honda는 2008년에 처음으로 연료 전지 자동차를 상용화했고 Toyota와 현대도 이 전원 공급 장치를 적용한 차량을 생산하고 있다.[15] 모두가 인정하는 가장 큰 장벽 중 하나는 수용 가능한 범위 내에서 충분한 수소를 운반하기 어렵다는 점이다. 이 문제에 대한 여러 가지 해결 방법이 현재 연구 중이다. 매우 차가운 액체 수소를 연료 공급원으로 사용할 때 잠재적으로 문제가 될 수 있다. 또 하나는 탄소 복합체로 싸인 다층 실린더에, 자동차가 300마일을 운행할 수 있는 충분한 수소를 포함한 것으로 알려진 10,000 psi(약 670×대기압!)의 압력으로 수소를 채운 매우 고압의 용기를 사용하는 것이다. 다른 시스템은 메탄올이나 휘발유와 같은 액체 연료를 분해하여 수소를 발생시키는 촉매를 연료 전지에 이용하는 것이다.

수소 연료와 새로운 수소 경제에 대한 예측에 일부 사람들이 매우 열의에 차 있지만, 이 열광적인 주장 중 일부는 너무 낙관적인 생각일 수 있다. 가장 중요한 점은 화석 연료와 달리, 수소는 에너지의 일차적 공급원이 아니라 물을 전기 분해하는 것처럼 다른 에너지원을 사용하는 과정을 거쳐 만들어져야 한다는 점이다. 미국에서 매년 사용되는 6백만 톤의 수소 원소는 천연가스로 얻어진 메테인의 수증기 변성 공정으로 만들어진다.

$$CH_4 + H_2O \rightarrow 3H_2 + CO \tag{18.21}$$

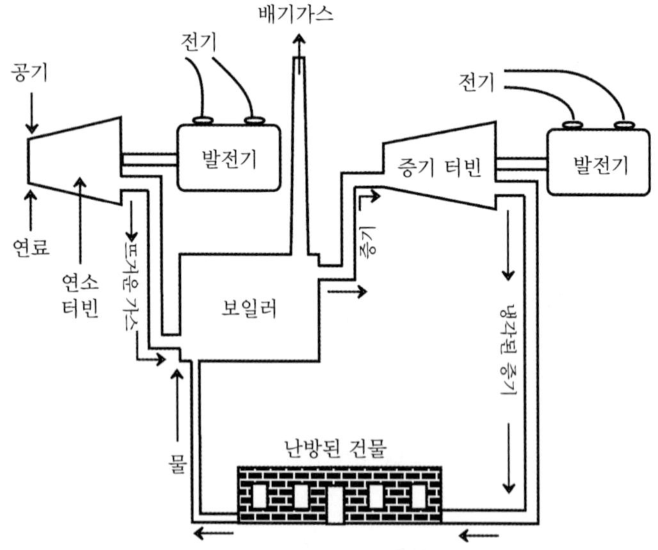

그림 18.28 발전기에 연결된 가스 터빈을 연소시키기 위해 가연성 가스나 기름을 먼저 사용하는 복합 발전 사이클. 증기 터빈에서 배출된 아직 뜨거운 증기가 후속 공정의 열로 사용되거나, 상업용 또는 주거용 건물을 난방하기 위해 운송된다. 최종적으로 증기가 응축된 물은 더 많은 증기를 생성하기 위해 발전소로 보내져 물이 절약되고, 보일러에 사용되는 고순도 기준에 맞는 물을 따로 처리할 필요가 없다.

일산화 탄소 생성물은 이전 절에서 언급한 바와 같이, 증기와 반응하여 추가로 H_2를 생산할 수 있으며 이 반응의 CO_2 생성물은 18.10절에서 논의된 것처럼 격리될 수 있다.

$$CO + H_2O \rightarrow CO_2 + H_2 \tag{18.22}$$

원칙적으로, 위에서 설명한 공정과 연료 전지에서의 수소 원소의 활용은 무공해 운송 연료를 제공할 수 있다. 그러나 널리 사용되는 메테인 가스는 수소 원소보다 저장이 쉽고 배기가스 제어 장비가 갖춰진 현대적인 내연 기관에서는 사실상 무공해라고 할 수 있다. 따라서 수소 원소를 중간 생성물로 생산하는 것은 가장 실용적인 접근법이 되기는 어려울 것 같다. 광전지와 풍력 발전 같은 재생 가능한 에너지원의 전기를 사용한 물의 전기 분해로 수소 원소를 생산하는 것은 본질적으로 무공해지만, 상대적으로 비효율적인 전기 분해 공정과 소비되는 전기의 비용 사이의 균형을 맞춰야만 한다.

18.17 복합 발전 사이클

복합 발전 사이클(combined power cycle)은 발전기가 결합된 터빈에서 연소열을 먼저 사용하고, 이 터빈에서 배출된 뜨거운 배기가스로 보일러에서 증기를 발생시키며, 이 증기가 다시 두 번째 터빈에 동력을 공급하고, 마지막으로 증기 터빈에서 배출된 증기와 뜨거운 물을 화학 산업의 공정, 상업용 건물 난방이나 가정용 난방과 같은 응용 분야에 사용함으로써, 가연성 연료를 보다 효율적으로 활용할 수 있게 한다. 그림 18.28에 복합 발전 사이클 시스템의 개략도가 나타나 있다. 난방에 사용된 증기에서 응축된 물은 순수하므로 보일러에 재활용되어, 보일러에 사용하기에 적합하도록 고비용의 처리가 필요한 보충 보일러 급수의 양을 최소화한다. **지역 난방(district heating)**으로 알려진 개념으로 난방을 위해 증기 터빈에서 나오는 증기를 사용하는 것은 유럽(및 미국의 많은 대학 캠퍼스)에서 일반적으로 실행되고 있으며, 난방에 필요한 다량의 연료를 절약할 수 있다. 기술된 것과 같은 시스템은 산업 생태계의 모범 사례로 실용적일 때마다 적용되어야 한다.

참고문헌

1. "Flywheel Energy Storage," *Market Watch*, August 23, 2021.
2. Chandler, David L., "Researchers Improve Efficiency of Next-Generation Solar Cell Material," *MIT News Office*, 2021, https://news.mit.edu/2021/photovoltaic-efficiency-solar-0224.
3. World Adds New Renewable Energy Capacity in 2020, International Renewable Energy Agency, April 2021.
4. Giwa, Abdulmoseen Segun, et al., "Prospects of China's Biogas: Fundamentals, Challenges and Considerations," *Energy Reports*, **6**, 2273–2987, 2020.
5. Photovoltaic Energy Factsheet," Center for Sustainable Systems, 2021.
6. Sharma, Khushboo, Vinay Sharma, and S. S. Sharma, "Dye-Sensitized Solar Cells: Fundamentals and Current Status," *Nanoscale Research Letters*, **13**, 381, 2018.
7. Acar, Canan, and Ibrahim Dincer, "Artificial Photosynthesis," *Comprehensive Energy Systems*, 2018.
8. Arar, Ozgur, Ipek Idil, and Sarper Sarp, "Synthesis of Nanomaterial–Incorporated Pressure Retarded Osmosis Membrane for Energy Generation," in *Advanced Nanomaterials for Membrane Synthesis and Its Applications*, 353–270, 2019.
9. "Biomass Explained," U.S. Energy Information Administration, 2020, https://www.eia.gov/energyexplained/biomass/.

10. World Bioenergy Association, 2021, http://www.worldbioenergy.org/uploads/201210%20WBA%20GBS%202020.pdf.
11. Manahan, Stanley E., *Biochemchar and Poduculture from Food to Waste to Fertile Soil*, Taylor & Francis, London, 2014.
12. Kelly, Stephanie, Marcelo Teixeira, and Mark Weinraub, "U.S., Brazil Expected to Constrain Ethanol Output in Coming Months," *Reuters*, June 22, 2021, https://www.reuters.com/world/americas/us-brazil-expected-constrain-ethanol-output-coming-months-2021-06-22/.
13. Khan, M. I., J. H. Shin, and J. D. Kim, "The Promising Future of Microalgae: Current Status, Challenges, and Optimization of a Sustainable and Renewable Industry for Biofuels, Feed, and Other Products" *Journal of Microbial Cell Factories* **17**, 2018. https://doi.org/10.1186/s12934-018-0879-x.
14. Hingsamer, Maria, Gerfried Jungmeier, *Biorefineries*, in The Role of Bioenergy in the Bioeconomy, 2019, https://www.sciencedirect.com/topics/engineering/biorefineries.
15. Energy Efficiency and Renewable Energy, U.S. Department of Energy, 2021, https://afdc.energy.gov/vehicles/how-do-fuel-cell-electric-cars-work.

보충자료

Anderson, Colin, *Wind Turbines: Theory and Practice*, Cambridge University Press, Cambridge, 2020.

Botkin, Daniel B., *Powering the Future: A Scientist's Guide to Energy Independence*, F. T. Press, Upper Saddle River, NJ, 2010.

Boxwell, Michael, *The Solar Electricity Handbook*, Greenstream Publishing, Birmingham, 2021.

Boyle, Godfrey, *Renewable Energy: Power for a Sustainable Future*, 4th ed., Oxford University Press, Oxford, 2018.

Capehart, Barney L., William J. Kennedy, and Wayne C. Turner, *Guide to Energy Management*, 8th ed., Taylor & Francis, London, 2020.

Coley, David A., *Energy and Climate Change: Creating a Sustainable Future*, Wiley, Hoboken, NJ, 2008.

Dahiya, Anju, *Bioenergy: Biomass to Biofuels*, Academic Press, Cambridge, MA, 2014.

Eidmuller, Dirk, *Nuclear Power Explained*, Springer, New York, NY, 2021.

El-Sharkawi, Mohamed A., *Wind Energy: An Introduction*, CRC Press, Boca Raton, FL, 2015.

Fleming, Desiree, *Wind Energy: Developments, Potential and Challenges*, Nova Science Publishers, Hauppauge, NY, 2016.

Galena, Francesco, Angelo Basile, and Claudio Rossi, *Prospects for Biofuels and Biohydrogen*, Woodhead Publishing, Cambridge, 2017.

Ginley, David S., and David Cahen, Eds., *Fundamentals of Materials for Energy and Environmental Sustainability*, Cambridge University Press, Cambridge, 2011.

Häberlin, Heinrich, *Photovoltaics System Design and Practice*, Wiley, Hoboken, NJ, 2012.

Lund, Peter, and John A. Byrne, *Advances in Bioenergy: The Sustainability Challenge*, Wiley, Hoboken, NJ, 2016.

Manwell, James F., Jon G. McGowan, and Anthony L. Rogers, *Wind Energy Explained: Theory, Design, and Application*, 2nd ed., Wiley, Hoboken, NJ, 2010.

Manzella, Adele, Agnes Allansdottir, and Anna Pellizone, *Geothermal Energy and Society*, Springer, New York, NY, 2019.

Martinez, Daniel, Ben Ebenbach, and Travis Wagner, *Energy Efficiency*, Elsevier Science, New York, NY, 2019.

Murray, Raymond, and Keith E. Holbert, *Nuclear Energy: An Introduction to the Concepts, Systems, and Applications of Nuclear Processes*, 7th ed., Butterworth-Heinemann, Oxford, 2014.

O'Hayre, Ryan, Suk-Won Cha, Whitney Colella, and Fritz B. Prinz, *Fuel Cell Fundamentals*, 3rd ed.,

Wiley, Hoboken, NJ, 2016.

Pires, Carlos Magalhaes, and Ana Luisa Da Cunha Goncalves, *Bioenergy with Carbon Capture and Storage*, Academic Press, New York, NY, 2019.

Sorenson, Bent, and Giuseppe Spazzafumo, *Hydrogen and Fuel Cells*, 3rd ed., Academic Press, New York, NY, 2018.

Suppes, Galen J., and Truman S. Storvick, *Sustainable Nuclear Power*, Elsevier/Academic Press, Amsterdam, 2007.

Twidell, John, and Tony Weir, *Renewable Energy Resources*, 3rd ed., Routledge, New York, NY, 2015.

U.S. Energy Information Agency, "Energy Explained, Your Guide to Understanding Energy," http://205.254.135.7/energyexplained/.

Wachtel, Alan, *Geothermal Energy (Energy Today)*, Chelsea House Publications, New York, NY, 2010.

Wang, Lijun, Ed., *Sustainable Bioenergy Production*, CRC Press, Boca Raton, FL, 2014.

Wolfson, Richard, *Energy, Environment, and Climate*, 2nd ed., W.W. Norton, New York, NY, 2011.

Yergin, Daniel, *The Quest: Energy, Security, and the Remaking of the Modern World*, Penguin Press, London, 2011.

연습문제

모든 문제들을 답하기 위해서는 인터넷을 활용해야 할 것이다. 특히 일반적인 정보나 통계, 상숫값, 수식들은 인터넷에서 찾아서 사용하시오. 질문들은 교재 안에 있는 내용을 단순하게 찾아서 쓰는 것보다 호기심과 사고력을 증진시키기 위한 것이다. 그래서 어떤 경우에는 여러 가지 '정답'이 있을 수 있다. 그러므로 만약 자신의 이지적인 사고를 통한 노력과 다양한 문헌으로부터 찾은 정보를 바탕으로 작성한 답은 '정답'으로 간주한다.

1. 반딧불이의 꼬리 부분은 뜨겁지는 않지만, 빛을 낸다. 반딧불이가 빛을 생성하는 과정과 관련된 에너지 변환의 종류에 관해 설명하시오.
2. 표준 에너지 단위는 무엇인가? 대체 가능한 단위로 어떤 것이 있는가? 이 두 단위 사이의 관계는 무엇인가?
3. 에너지가 생성되지 않거나 파괴되지 않는다는 법칙은 무엇인가?
4. 잠재적인 에너지원과 관련하여 1,340 W가 특별히 중요한 이유는 무엇인가?
5. 자연계에서 태양 에너지가 화학 에너지로 변환되는 반응으로는 어떤 것이 있는가?
6. 어떤 측면에서 풍력이 가장 오래된 에너지원과 가장 새로운 에너지원 모두에 해당하는가?
7. 상대적으로 매장량이 많음에도 불구하고, 에너지원으로 석탄과 석유에 의존하는 것의 두 가지 주요 문제점은 무엇인가?
8. 왜 천연가스의 온실 효과가 석유보다 작고 석탄보다 훨씬 작은가?
9. 온실 가스인 탄소를 발생하지 않고서 어떻게 석탄을 에너지로 활용할 수 있는가?
10. 바이오매스 연료 사용을 증가시키는 데 가장 큰 제한 요소는 무엇이며, 이 제한 요소를 해결할 방법이 있는가?
11. 열에너지가 역학 에너지로 변환될 때 한계를 나타내는 관계식은 무엇인가?
12. 왜 디젤 구동 차량이 비슷한 크기의 휘발유 구동 차량보다 연비가 월등히 좋은가?
13. 왜 원자력 발전소가 화석 연료 발전소보다 열에너지를 전기로 변환하는 것이 덜 효율적인가?
14. 연료를 점화시키는 점화 플러그 대신 디젤 엔진에는 시동 중에만 작동하는 예열 플러그(glow plug)가 있다. 예열 플러그의 작동 원리를 설명하시오.
15. 1900년대에 에너지 활용 효율을 크게 향상한 두 가지 예를 제시하시오.
16. 복합 발전 사이클에 관해 기술하시오. 지역 난방과 어떻게 연결될 수 있는가?
17. 바이오매스 가스화에서 사용되는 3가지 반응은 무엇인가?
18. 미래의 연료로서 액체 메탄올의 제안된 주요 용도는 무엇인가?
19. 태양 에너지로부터 전기를 생산하는 직 · 간접적인 방법에 관해 설명하시오.
20. 광전지에서 주개 층과 받개 층의 차이점은 무엇인가?
21. 인터넷을 이용하여 태양 복사로부터 생성된 에너지를 저장하는 방법 몇 가지를 열거하시오.
22. **섬엄나무**(*Pittosporum resiniferum*)와 **속수자**(*Euphorbia lathyris*)는 바이오매스 에너지 생산 측면에서 어떤

이점이 있는가?

23. 옥수수는 재배 기간 동안 대량의 바이오매스를 생산한다. 하나는 옥수수 곡물에 의존하고, 다른 하나는 그렇지 않은 옥수수에서 나오는 바이오매스 연료의 두 가지 잠재적인 공급원은 무엇인가?
24. 연료용 바이오매스를 사용하면 온실 가스인 이산화 탄소가 발생하는가? 설명하시오.
25. 동물 폐기물과 같은 폐기물에서 연료를 생성하기 위해 어떤 발효 과정이 사용되는가?
26. 지열 에너지를 사용하여 전기를 생산하는 과정에서 발생하는 두 가지 잠재적 오염 문제는 무엇인가?
27. 원자력 에너지에서 발생하는 기본적인 현상은 무엇인가? 공정이 계속해서 진행되는 이유는 무엇인가?
28. 원자력 에너지의 가장 큰 문제점은 무엇인가? 핵연료를 옮기기 전 수년 동안 원자로 현장에 사용 후 핵연료를 저장하는 것이 그렇게 나쁜 생각이 아닌지 설명하시오.
29. 원자로 설계에서 수동적 안정성이란 무엇을 의미하는가?
30. 전력 생산을 위한 열핵융합의 현황은 무엇인가?
31. 다음의 에너지 변환 과정을 효율이 낮은 것부터 높은 순서대로 배열하시오.
    a. 전기 온수기
    b. 광합성
    c. 태양 전지
    d. 발전기
    e. 항공기 제트 엔진
32. Carnot 방정식과 일반적인 에너지 변환 수단을 고려할 때, 에너지 변환 효율을 높이기 위해 사용된 향상된 재료(금속 합금, 세라믹)의 역할은 무엇인가?
33. 현재 사용되듯이, 우라늄의 핵분열로 에너지를 생산하는 원리나 기초는 무엇인가? 이 과정이 실제로 에너지 생산에 사용되는가? 환경적 단점은 무엇인가? 주요 장점 하나는 무엇인가?
34. 핵융합이 통제 가능한 방식으로 대규모로 이루어질 수 있다면, 핵융합의 두 가지 매우 바람직한 특징은 무엇인가?
35. 태양을 '이상적인 에너지원'이라고 설명하는 것을 정당화하시오. 태양 에너지의 두 가지 큰 단점은 무엇인가?
36. 바이오매스를 에너지로 사용하는 것에 대한 더 큰 의미는 무엇인가? 폭넓게 사용되면 온실 효과에 어떤 영향을 미칠 수 있는가? 식품을 위한 농산물 생산에 어떤 영향을 미칠 수 있는가?
37. 인터넷에서 새로운 유전인 North Dakota의 Bakken 치밀 셰일층(tight shale formation)에 대해 찾아보시오. 2000년에 석유를 생산했는가? 현재 생산 속도는 얼마인가? 1970년대에 첫 번째 '에너지 위기' 때와 같이 더 일찍 개발되지 않은 이유는 무엇인가?
38. 인터넷 검색에서 미국 최대 규모의 석탄 기반 합성 연료 공장에 대해 찾아보시오. 어디에 있는가? 그 공장에서 무엇을 생산하는가? 얼마 동안 가동했는가? 세계에서 가장 큰 석탄 기반 합성 연료 공장에 대해 같은 정보를 구하시오. 전 세계에 적어도 천연가스를 원료로 사용하는 합성 연료 공장이 하나 이상 있는가? 최근 이전에는 개발하지 못하던 천연가스 자원 개발의 증가가 이러한 공장의 미래에 어떠한 영향을 끼치는가?
39. '저온 핵융합' 에너지 발전을 하려면 무엇이 해결되어야 하는가? 언제, 어디서 발표했는가? 왜 이 일이 '과학적으로 가장 당황스러운 사건 중 하나'가 되었는가?

19 유해 폐기물의 성질, 발생원 및 환경 화학

19.1 개요

유해 물질(hazardous substance)이란 살아 있는 생명체, 물질, 건물, 또는 환경에 폭발이나 화재 위험, 부식, 생명체에 대한 독성, 또는 기타 해로운 영향을 끼쳐 위험을 초래할 수 있는 물질을 뜻한다. 그러면 유해 폐기물이란 무엇인가? **유해 폐기물(hazardous waste)**의 간단한 정의는 폐기물로 폐기되었거나, 버려졌거나, 방치되었거나, 배출되었거나, 지정된 또는 다른 물질들과 상호 작용하여 유해할 수 있는 모든 물질을 뜻한다. 유해 폐기물의 정의는 19.2절에서 더욱 자세하게 다루겠지만, 단순한 의미에서 유해 폐기물은 존재해서는 안 되며 접촉 시 해를 끼칠 수 있는 물질이다.

19.1.1 유해 물질의 역사

인간은 항상 유해 물질에 노출됐는데, 선사 시대로 되돌아가 보면 인간은 해로운 화산 가스를 흡입했거나, 빙하기 동안의 추위를 이기기 위해 살았던 밀폐된 동굴에서 환기가 잘 되지 않는 상황에서 피운 모닥불에서 발생한 일산화 탄소 때문에 사망하기도 하였다. 고대 그리스의 노예들은 마모에 강한 천을 만들기 위해 석면 섬유로 천을 짜다가 폐병에 걸리기도 하였다. 일부 고고학 및 역사적 연구에 따르면, 납으로 만든 포도주 용기를 사용하는 것이 로마 제국의 부유했던 지배 계급의 납 중독의 주요 원인으로 작용하였으며, 웅장한 스포츠 행사에 대한 집착, 관리 불능의 만성적 재정 적자, 과대평가된 비축물에 대한 투기적인 구매, 정부 기관의 부패, 그리고 먼 나라에까지 무모한 군사 원정 등과 같은 비정상적인 행동 양식을 이끌었던 것으로 설명하기도 한다. 중세 시대 동안 활동했던 연금술사들은 폭발성과 독성이 있는 화학 물질로 인해 치명적인 부상과 질병에 시달렸다. 1700년대에 유럽에서는 광산 폐기물이 유출되어 심각한 오염 문제를 일으켰다. 1800년대에 독일의 콜타르 산업에서 파생된 염료와 기타 유기 화학 물질 생산으로 콜타르 부산물에 의한 오염과 중독이 관찰되었다. 약 1900년경에는 폐철강 및 철 산성 세척액, 납축전지 폐기물, 크로뮴 폐기물, 석유 정제 폐기물, 라듐 폐기물이나 알루미늄 광석 정제 과정의 플루오린화물 폐기물과 같은 폐기물이 추가됨에 따라 매년 발생하는 화학 폐기물의 양과 종류가 급격하게 증가하였다. 이후 제2차 세계 대전 시대로 진입하면서 염소계 용매 제조, 살충제 합성, 중합체 제조, 플라스틱, 도료 및 목재 방부제와 같은 발생원으로 인해 폐기물과 유해한 부산물이 현저하게 증가하였다.

1970년대와 1980년대의 Love Canal 사건에 의해, 유해한 폐기물이 미국의 주요 정치적 문제로 대중의 관심을 끌었다. 1940년부터 New York 주의 Niagara 폭포 인근 지역에 적어도 80여 가지의 서로 다른 화학 물질로 구성된 약 2만 톤의 화학 폐기물이 버려졌다. 1994년까지 주 정부와 연방 정부가 이 지역을 정화하고 거주자를 이전시키는 데 1억 달러 이상을 지출하였으며, 이후에도 지출 비용이 지속

해서 증가하였다.[1]

유해 폐기물 문제가 심각했던 다른 지역으로는 약 1850년부터 제혁소, 접착제 제조 공장 및 화학 물질 제조 회사 등에서 배출된 폐기물로 오염되었던 공업 지대인 Massachusetts 주 Woburn 지역을 포함하여, California 주 Riverside 근처의 Stringfellow Acid Pits 지역; Kentucky 주의 Drums 계곡; TCDD(다이옥신) 오염으로 마을 전체가 버려진 Missouri 주의 Times Beach 등이 있다. 2016년에 St. Louis 국제공항 북서부에 있는 Missouri 주 Bridgeton 근처 West Lake와 Bridgeton Landfills 근방에서 발생한 지하 화재가 Manhattan 프로젝트(Manhattan Project) 시기(1940년대와 1950년대) 우라늄 처리 과정에서 불법적으로 투기했던 방사성 폐기물 근처로 확산될 수 있는 위험한 상황도 벌어졌다.

유해 폐기물 처리는 국제적인 문제이다. 개발 도상국의 유해 폐기물 투기에 관한 문제를 해결하기 위해, 1989년에 스위스 Basel에서 유해 폐기물의 국가 간 이동 및 처리에 관한 Basel 협약이 체결되었으며, 이후 100개국 이상이 서명하였다. 이 협약에서는 폐기물을 유해 폐기물 목록 A, 비유해 폐기물 목록 B 및 아직 분류되지 않은 물질 목록 C로 정의하였다. 목록 C에 속한 물질의 한 예는 폴리염화바이닐로, 이것으로 코팅된 전선은 무해하지만 열처리하면 다이옥신이나 중금속이 방출될 수 있다.

Basel 협약 이후 조치들은 특정 종류의 폐기물을 처리하는 데 초점이 맞춰졌는데, 그중 하나는 2001년에 잔류성 유기 오염 물질에 대해 다룬 Stockholm 협약이 있다. 잔류성 유기 오염 물질은 농약, 산업 제품 및 물리적, 화학적, 생물학적 과정에 내성을 지녀 환경에 지속되는 제조 부산물 등에 포함된 유기 화합물이나 혼합물이다. 생산과 사용 과정에서 제거 대상이 되는 잔류성 유기 오염 물질에는 알드린(aldrin), 클로르데인(chlordane), 딜드린(dieldrin), 엔드린(endrin), 헵타클로르(heptachlor), 헥사클로로벤젠(hexachlorobenzene), 미렉스(mirex), 톡사펜(toxaphene), 다염소화 바이페닐(polychlorinated biphenyls, PCBs) 등이 있다. DDT의 생산과 사용은 제한되었다. 최소화시키거나 궁극적으로 제거되어야 하는 제조 부산물에는 PCBs, 다이벤조-*p*-다이옥신(dibenzo-*p*-dioxin) 및 다이벤조퓨란(dibenzofuran) 등이 있다.

산업 경제가 급속히 발전함에 따라 유해 폐기물 문제가 증가하고 있다. 인구가 많은 중국과 인도처럼 급속히 성장하는 경제에서는 특히 그렇다. 2021년까지 중국에서는 5,400만 톤의 유해 폐기물이 발생할 것으로 예상된다.[2]

19.1.2 법률 제정

여러 국가의 정부가 유해 물질 및 폐기물 처리법을 통과시켰다. 미국에서는 이러한 법률에 대해 미국 환경 보호청(Environmental Protection Agency, EPA)의 최신 정보에 다음 사항이 포함되어 있다.

- 1976년에 제정된 독성 물질 관리법
- 1976년에 제정된 자원 보존 및 복구법(RCRA, 1984년 유해 및 고체 폐기물 개정법에 따라 개정되고 재승인됨)
- 1980년에 제정된 포괄적 환경 처리, 보상 및 책임법(CERCLA)

RCRA법은 미국 EPA에 유해 폐기물에 관한 규정을 공포하고 집행할 권한을 부여하여, 유해한 폐기물의 부적절한 관리와 처분으로부터 인류의 건강과 환경을 보호하도록 하고 있다. RCRA법은 유해 폐기물과 유해 폐기물의 특성을 폐기물 발생부터 적절히 처리되거나 폐기될 때까지 등록하고 관리하도록 하고 있다. 유해 폐기물을 발생시키거나 운송하는 회사에 관한 강력한 규정으로, 운송 시스템을 통해 유해 폐기물을 추적할 수 있도록 모든 활동 내역과 적재 목록에 관한 보고서를 포함한 상세한 기록을 보관하도록 하고 있다. 승인된 용기와 라벨을 사용해야 하며, 폐기물은 관리, 저장 및 폐기가 승인된 시설로만 운송할 수 있다. 미국에서 RCRA법의 규제를 받는 폐기물 양과 발생원에 대한 합리적인 추정치는 RCRA 폐기물 관리, 저장 또는 폐기에 참여하는 2,000~3,000개 시설의 수천 개의 폐기물 발생기에서 매년 수천만 톤의 폐기물이 발생한다.

CERCLA(슈퍼펀드, Superfund)법은 미국에서 관리되지 않거나 방치된 유해 폐기물 폐기장에서 사람들이나 주변 환경을 위험하게 할 가능성이 있는 유해 물질을 실제적이거나 잠재적으로 처리하는 방안에 대해 다루고 있다. 이 법에 따르면 책임 당사자나 정부가 폐기장을 정화해야 한다. CERCLA 법안의 주요 목적은 다음과 같다.

- 폐기장 식별
- 폐기장의 위험성 평가
- 천연자원에 대한 피해 평가
- 폐기장으로부터의 유해 물질 배출 모니터링
- 책임 당사자나 정부에 의한 폐기물의 제거 또는 정화

CERCLA법은 1986년 슈퍼펀드 개정 및 재승인법(SARA)의 통과로 5년간 연장되었으며, 적용 범위가 크게 확장되고 재정이 추가로 투입되었다. SARA법에서는 CERCLA법보다 장기간 폐기장에 버려진 폐기물의 부피, 이동성 및 독성을 줄이기 위한 영구적인 해결 방법을 개발하도록 장려하고 있다. 특히, 지하(석유) 저장 탱크의 유출을 막기 위한 새로운 계획 수립을 포함한 공중 보건, 연구, 훈련 및 주 정부와 시민의 참여를 강조하고 있다. 1986년 이후 미국에서 유해 폐기물을 다루는 새로운 입법 조치는 거의 이루어지지 않고 있다.

슈퍼펀드법 초창기에는 독성이 있고 유해한 화학 물질을 사용하거나, 폐기하거나, 또는 이로부터 이익을 얻는 기업들에 부과된 세금으로 기금의 대부분을 충당하였다. 1995년부터 의회에서 기업에 부과되었던 수수료 갱신을 거부하여 38억 달러에 이르던 기금이 점차 줄어 2003년에 고갈되었다. 슈퍼펀드 정화 프로그램은 불법적으로 폐기물을 처리한 업체에 부과된 일반 수입과 벌금으로 유지되고 있지만, 연간 약 10억 달러의 기금 감소율을 보인다. 이로 인해 폐기장을 정화하는 데 필요한 자금 수요가 현재 시용할 수 있는 기금을 상당히 초과한다. 해마다 일부 지역은 정화가 되어 슈퍼펀드 목록에서 빠지지만, 다른 새로운 지역들이 목록에 추가되고 있다. 아직도 약 천 개가 넘는 지역들이 여전히 슈퍼펀드 목록에 남아 있다. 슈퍼펀드 프로그램은 2021년 9월 9일에 연방 정부 공보에 게시된 규칙 제정의 국가 우선순위 목록(National Priorities List, NPL)에 4개의 폐기장을 추가하였다. 이 규칙 제정 당시 총 1,331개의 방치된 유해 폐기물 폐기장이 NPL에 등록되어 있다.

19.2 유해 물질 및 폐기물의 분류

폭넓게 사용되고 있는 많은 화학 물질이 화학 반응성, 화재 위험, 독성 등의 위험 요소를 지니고 있다. 일반적으로 특정 화학 물질이 혼합된 형태의 수많은 종류의 유해 물질이 있다. 여기에는 폭발물, 인화성 액체, 마그네슘 금속과 수소화 소듐과 같은 인화성 고체, 과산화물과 같은 산화물, 강산과 같은 부식성 물질, 질병을 일으키는 병원성 물질 및 방사성 물질 등이 있다.

19.2.1 특성 및 폐기물 목록

미국의 규제와 법은 유해 물질을 일반적인 특성에 따라 정의하고 구체적으로 나열하고 있다. RCRA의 인가하에 미국 EPA는 다음과 같은 **특성(characteristic)**에 따라 유해 물질을 정의한다.

- **가연성(ignitability)**, 점화원이 존재하면 연소하기 쉬운 액체나 기체, 마찰이나 물과 접촉 시 화재를 일으킬 수 있고, 격렬하게 또는 지속적으로 타는 비액체(nonliquid), 가연성 압축 기체 및 산화제의 특성

- **부식성(corrosivity)**, 강한 산성 또는 염기성을 띠거나 강철을 부식시키는 경향이 있는 물질의 특성
- **반응성(reactivity)**, 격렬한 화학적 변화를 일으키는 경향이 있는 물질(예: 폭발물, 발화성 물질, 물과 반응성이 있는 물질, 또는 사이안화물이나 황화물을 포함한 폐기물)의 특성
- **독성(toxicity)**, 표준 추출 과정 후 특정 물질에 대한 화학 분석을 통해 정의된 특성

EPA에서는 특성별 분류 이외에도, 유해한 것으로 알려진 특정 물질들과 물질군을 450가지가 넘는 **폐기물 목록(listed waste)**으로 지정하고 있다. 이러한 각 물질은 특성에 따라 아래 나열된 네 가지 다른 문자가 각각 부여되고, 그 문자 뒤에 세 개의 숫자를 붙여 EPA **유해 폐기물 번호(hazardous waste number)**를 지정한다.

- 불특정 발생원에서 배출된 F형 폐기물: 예를 들면 사이안화물이 사용된 금속 열처리 공정에서 발생한 냉각용 폐수 처리 슬러지(F012)
- 특정 발생원에서 배출된 K형 폐기물: 예를 들면 이염화 에틸렌 생산 과정에서 이염화 에틸렌 증류 후 남은 잔여물(K019)
- P형의 심각한 유해 폐기물: 저용량으로도 인체에 치명적이거나 완치 불가능한 심각한 질병, 혹은 완치될 수 있으나 요양이 필요한 질병을 일으키거나 악화시키는 데 크게 기여할 수 있는 폐기물. 플루오린(P056)이나 3-클로로프로페인 나이트릴(P027)과 같은 특정 화학종이 여기에 속한다.
- U형의 기타 유해 폐기물: 크로뮴산 칼슘(U032)이나 프탈산 무수물(U190)과 같은 특정 화합물이 여기에 속한다.

RCRA법과 비교하여 CERCLA법에서는 다음과 같이 유해 물질을 보다 광범위하게 정의한다.

- 유출되면 공중 보건, 공공복지, 또는 환경 중 어느 하나라도 실질적으로 위험하게 할 수 있는 모든 원소, 화합물, 혼합물, 용액, 또는 물질
- CERCLA법 제102조에 지정한 보고 가능한 양의 모든 원소, 화합물, 혼합물, 용액, 또는 물질
- 연방 수질 오염 관리법에 따라 지정된 특정 물질 또는 유해 오염 물질
- 대기 오염 방지법의 제112조에 열거된 모든 유해 대기 오염 물질
- 유독물 관리법 제7조에 따라 정부가 즉시 조치해야 하는 유해 화학 물질 또는 혼합물
- 고형 폐기물 처리법에 따라 의회에서 유예한 물질을 제외한 RCRA §3001에서 명시된 특성을 갖는 모든 유해 폐기물

19.2.2 유해 폐기물

유해 폐기물을 정의하기 위한 3가지 기본적인 접근법은 (1) 발생지, 유형 및 구성 성분에 대한 정성적 기술, (2) 주로 시험 절차에 기초한 특성별 분류, (3) 특정 유해 물질의 농도 표현 등이다. 폐기물은 '폐할로젠화 용매'와 같은 일반적인 유형으로 분류하거나 '강철 제조 과정에서 나오는 산성 세척액'과 같이 산업 발생원에 따라 분류할 수 있다.

19.2.3 유해 폐기물과 대기 및 수질 오염 제어

다소 역설적으로 대기 및 물 오염을 줄이는 제어 방법(그림 19.1)들은 유해 폐기물의 발생을 증가시키는 면이 있다. 대부분의 수처리 공정은 안정화와 폐기가 필요한 슬러지나 농축액을 발생시킨다. 공기 세정 방식도 슬러지를 생성한다. 대기 오염을 제어하기 위해 사용되는 여과 집진기나 침전기는 모두 다량의 고형물을 생성하며, 그중에 일부는 유해하다.

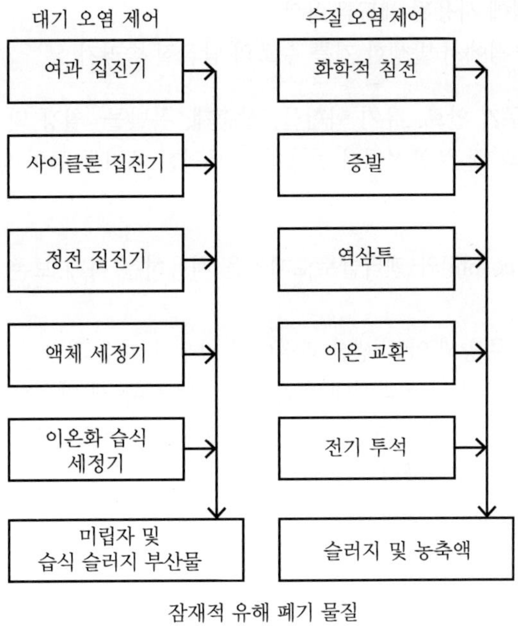

그림 19.1 유해 폐기물 발생에 대한 일반적인 공기 및 물 오염 제어 방법.

19.3 폐기물 발생원

매년 발생하는 유해 폐기물의 양은 부정확하고 유해 폐기물의 정의에 따라 달라진다. 2020년 미국의 RCRA법의 규제를 받는 폐기물의 양은 약 4억 톤에 달한다. 하지만 이 폐기물의 구성 성분은 대부분이 물이고 고형물은 단지 수백만 톤에 불과하다. 일부 수분 함량이 높은 폐기물은 폐기물 처리를 위해 다량의 물이 첨가되는 공정에 의해 직접 생성되기도 하며, 유해 폐기물을 폐수와 혼합하는 과정에서 생성되기도 한다.

유해 정도에 따라 일부 폐기물은 RCRA 규제에서 제외된다. 제외될 수 있는 폐기물은 아래와 같다.

- 공공 발전소에서 발생하는 연료 회분과 세정기 슬러지
- 석유와 가스 시추니(drilling muds)
- 석유 생산에서 발생한 부산물인 염수
- 시멘트로 번시(Cement kiln dust, CKD)
- 인산염 채굴이나 선광(beneficiation) 과정에서 발생하는 폐기물 및 슬러지
- 우라늄 및 기타 광물의 광산 폐기물
- 가정용 쓰레기

19.3.1 유해 폐기물의 종류

유해 폐기물 중 질량 측면에서 가장 많은 양을 차지하는 것들은 폐기물 번호에서 각각 F와 K 범주에 속하는 것들이다. F 범주에 속하는 것들은 불특정 발생원으로부터 배출된 것으로, 예로 아래의 것들을 들 수 있다.

- F001: 탈지(degreasing) 공정에 사용되는 폐할로젠화 용매: 사염화 에틸렌, 삼염화 에틸렌, 염화 메틸렌, 1,1,1-트라이클로로에테인, 사염화 탄소 및 염소화 플루오로탄소 및 탈지 공정에 사용된 용매를 회수하고 남은 슬러지
- F004: 폐비할로젠화 용매: 크레솔, 크레실산, 나이트로벤젠 및 용매 회수 후 잔여물

- F007: 전기 도금 공정에 사용된 폐도금 용액
- F010: 금속 열처리 공정에서 발생한 기름 수조의 담금질 슬러지

'K형' 유해 폐기물에는 무기 안료, 유기 화합물, 살충제, 폭발물, 철강 및 비철 금속 생산이나 석유 정제 또는 목재 보존 작업과 같은 공정에서 발생하는 특정한 폐기물 등이 있으며, 몇 가지 예는 아래와 같다.

- K001: 크레오소트(creosote)와 펜타클로로페놀을 사용하는 목재 보존 처리 공정에서 발생한 폐수 처리 침전 슬러지
- K002: 황색 크로뮴과 주황색 안료 생산 과정에서 발생한 폐수 처리 슬러지
- K020: 염화 바이닐 단량체 생산 과정에서 염화 바이닐 증류 시 발생하는 잔류물
- K043: 2,4-다이클로로페놀 생산 과정에서 발생한 2,6-다이클로로페놀 폐기물
- K047: TNT 생산 과정에서 발생한 분홍색/적색 폐수
- K049: 석유 정제 공업에서 발생한 폐오일 유액 고형물
- K060: 코크스 공정에서 발생한 암모니아 석회 슬러지
- K067: 전해전지법으로 1차 아연을 생산하는 과정에서 양극에 생성된 침전물 또는 슬러지

나머지 폐기물에는 반응성 폐기물, 부식성 폐기물, 유독성 폐기물, 인화성 폐기물, 'P' 폐기물(폐기된 상업용 화학 제품, 규격 외 화학종, 용기 및 유출 잔여물), 'U' 폐기물 및 구별되지 않는 유형 등이 있다.

19.3.2 유해 폐기물 배출업체

미국에서는 수십만 개의 회사가 유해 폐기물을 배출하고 있으나, 대부분 회사에서는 소량만 발생하고 있다. 유해 폐기물 배출업체는 미 대륙 전역에 고르게 분산되어 있으며, Illinois, Indiana, Ohio, Michigan 및 Wisconsin 주를 비롯한 산업화한 중서부 지역에 상대적으로 많은 업체가 분포되어 있다.

유해 폐기물 배출업체는 산업별로 7가지 주요 범주(화학 물질 및 관련 제품 제조 산업, 석유 관련 산업, 금속 생산 산업, 금속 관련 제품 제조 산업, 전자 장비 제조 산업, '이외 기타 모든 제조 산업' 및 비제조 산업과 불특정 배출업체)로 나눌 수 있으며, 각각의 범주에는 배출업체 10~20% 정도가 속해 있다. 전체 배출업체 중 약 10%가 발생한 모든 유해 폐기물 중 95% 이상을 배출한다. 앞서 언급했듯이, 유해 폐기물 발생 업체의 수는 여러 주요 산업 분야에 비교적 균일하지만, 전체 유해 폐기물 **양**의 70~80%는 화학 및 석유 산업에서 발생한다. 나머지 중 약 3/4은 금속 관련 산업에서 발생하고, 약 1/4은 다른 모든 산업에서 발생한다.

가정용 유해 폐기물은 각 지자체에서 별도로 분리해서 수거해야 하는 도시 쓰레기의 잠재적 오염원이다. 가정용 유해 폐기물의 문제점은 실제로 수백만의 각기 다른 가정에서 발생하며, 시민들이 폐기물을 수집하고 분리하는 정도가 달라 매우 복잡하다는 점이다. 가정용 유해 폐기물에는 살충제, 세제, 기름, 배터리, 형광 전구(소량의 수은이 포함된) 등 다양한 물질들이 포함될 수 있다. 일반적인 가정용 유해 폐기물 중 또 다른 하나는 쓰고 남은 페인트이다. 페인트 폐기물은 대부분 중금속을 함유하지 않으며, 실제 유해하지 않은 수성 페인트로 이루어진 경우가 많다.

19.4 인화성 및 가연성 물질

부주의로 화재가 일어날 가능성이 있는 대부분의 화학 물질은 액체이다. 액체는 공기보다 밀도가 높은 **증기(vapor)**를 형성하기 때문에 주위에 머물러 있는 경향이 있다. 액체가 점화되는 정도는 액체를 가

표 19.1 몇몇 일반적인 유기 액체의 인화성

액체 종류	인화점(°C)[a]	공기중 부피 백분율 LFL	공기중 부피 백분율 UFL
다이에틸 에터	−43	1.9	36
펜테인	−40	1.5	7.8
아세톤	−20	2.6	13
톨루엔	4	1.27	7.1
메탄올	12	6	37
가솔린(2,2,4-트라이메틸펜테인)	–	1.4	7.6
나프탈렌	157	0.9	5.9

주: LFL: 인화성 하한치, UFL: 인화성 상한치(25°C에서의 측정값)
[a] closed-cup 인화점 시험기로 측정

열하여 액체 표면에 형성된 증기와 공기 혼합물이 발화될 때까지 주기적으로 불꽃에 노출하는 시험을 통해 측정한다. 이러한 조건에서 점화를 일으키는 온도를 **인화점(flash point)**이라고 한다.

이 정의를 바탕으로, 가연성 물질을 네 가지로 나눌 수 있다. **인화성 고체(flammable solid)**는 마찰이나 제조 과정의 남은 열에 의해 점화되거나 점화될 경우 심각한 위험을 초래할 수 있는 고체이다. 이 분류에 폭발성 물질은 포함되지 않는다. **인화성 액체(flammable liquid)**는 인화점이 60.5°C(141°F) 이하인 액체이다. **가연성 액체(combustible liquid)**는 인화점이 60.5°C 이상 93.3°C(200°F) 이하인 액체이다. 0°C, 1 atm에서 완전한 기체상으로 존재하는 기체인 **인화성 압축 기체(flammable compressed gas)**는 인화성 하한치, 인화성 범위(아래 참조) 및 화염 분출 등의 특정 기준을 충족해야 한다.

증기가 점화할 때에는 두 가지 중요한 개념인 인화성 한계와 인화성 범위를 고려해야 한다. 연료가 부족하여 점화가 일어날 수 없는 증기/공기 비율 값을 **인화성 하한치(lower flammability limit, LFL)**라고 정의한다. 유사하게, 공기가 부족하여 점화가 발생할 수 없는 증기/공기 비율 값을 **인화성 상한치(upper flammability limit, UFL)**라고 정의한다. 특정 온도에서의 UFL과 LFL의 차이를 **인화성 범위(flammability range)**라고 한다. 표 19.1에는 일반적인 액체 화학 물질들에 대한 이러한 값의 예가 제시되어 있다. 최대 연소(대부분의 폭발성 혼합물)가 가능한 인화성 물질의 퍼센트 비율을 '최적'으로 표시한다. 예를 들어, 아세톤의 경우 최적 인화성 혼합물은 5.0% 아세톤이다.

인화성 액체에서 발생할 수 있는 가장 심각한 문제 중 하나는 끓는 액체의 팽창에 의한 증기 폭발이다. 이는 밀폐된 용기 안의 인화성 액체가 외부에서 가열되면 용기 안의 급격한 압력 상승으로 인해 발생한다. 압력 증가가 용기 벽을 부수기에 충분할 때 폭발이 발생한다.

19.4.1 미세하게 분쇄된 입자의 연소

미세하게 분쇄된 가연성 물질 입자는 인화성 측면에서 증기와 다소 유사하다. 하나의 예로, 분무된 액제 탄화수소는 표면적이 넓어져 공기 중의 산소 분자와 접촉할 기회가 많아 인화점 이하의 온도에서 점화될 수 있다.

미세한 입자로 분쇄된 다양한 종류의 고체 물질도 **분진 폭발(dust explosion)**을 일으킬 수 있다. 특히 마그네슘과 그 합금, 지르코늄, 타이타늄 및 알루미늄과 같은 많은 금속 분진들은 공기 중에서 폭발할 수 있다. 예로, 알루미늄 분말의 반응은 다음과 같다.

$$4Al(\text{분말}) + 3O_2(\text{공기 중}) \rightarrow 2Al_2O_3 \quad (19.1)$$

표 19.2 몇 가지 산화제의 예

이름	화학식	물질의 상태
질산 암모늄	NH_4NO_3	고체
과염소산 암모늄	NH_4ClO_4	고체
브로민	Br_2	액체
염소	Cl_2	기체(액화시켜 저장)
플루오린	F_2	기체
과산화 수소	H_2O_2	수용액
질산	HNO_3	농축 용액
아산화 질소	N_2O	기체(액화시켜 저장)
오존	O_3	기체
과염소산	$HClO_4$	농축 용액
과망가니즈산 포타슘	$KMnO_4$	고체
다이크로뮴산 소듐	$Na_2Cr_2O_7$	고체

석탄 분진과 곡물가루는 각각 탄광과 곡물 창고에서 다양한 화재나 폭발 사고를 일으켰으며, 아세트산 셀룰로스(cellulose acetate), 폴리에틸렌(polyethylene), 폴리스타이렌(polystyrene)과 같은 고분자 분진도 폭발 위험성이 있다. 2018년에 12건, 10년에 평균 8.5건의 폭발 사고와 비교하여 2019년 미국에서 보고된 곡물 분진에 의한 폭발 사건은 8건이었다.

19.4.2 산화제

가연성 물질은 **산화제(oxidizer**, oxidizing agent, oxidant)와 반응하여 열을 발생하는 환원제이다. 공기 중에 존재하는 이원자 분자인 산소 분자(O_2)는 가장 일반적인 산화제이다. 대부분의 산화제는 화학식에 산소를 포함하고 있는 화합물이다. 주기율표 17족에 속하는 할로젠 원소와 그 화합물들도 산화제이다. 표 19.2는 산화제의 몇 가지 예를 나타내고 있다.

산화제의 반응의 한 예로, 농축된 질산 용액과 구리 금속이 반응하면 유독성의 이산화 질소 기체를 생성한다.

$$4HNO_3 + Cu \rightarrow Cu(NO_3)_2 + 2H_2O + 2NO_2 \tag{19.2}$$

19.4.3 자연 발화

발화원 없이 공기 중에서 자발적으로 화재를 일으키는 물질을 **자연 발화성(pyrophoric)** 물질이라고 한다. 여기에는 백린, 알칼리 금속(1족) 및 분말 형태의 마그네슘, 칼슘, 코발트, 망가니즈, 철, 지르코늄 및 알루미늄 등 여러 원소가 포함된다. 또한 에틸리튬(LiC_2H_5)이나 페닐리튬(LiC_6H_5)과 같은 유기 금속 화합물과, 펜타카보닐 철[$Fe(CO)_5$]과 같은 일부 금속 카보닐 화합물도 포함된다. 자연 발화성 물질 중 하나인 위험한 *t*-뷰틸리튬(*tert*-butylithium)은 2008년 말에 California UCLA 캠퍼스에서 발생한 화학 실험실 화재 사건과 관련된 시약으로, 실험실의 과학자가 시약 용기에서 주사기로 *t*-뷰틸리튬을 옮기는 과정에서 사고로 과학자의 옷에 엎질러졌고, 과학자는 화상에 의해 2009년 초에 사망하였다.

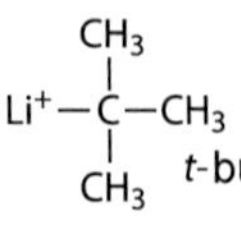

t-butylithium

자연 발화성 화합물의 또 다른 주요 부류로는 수소화 리튬(LiH), 펜타보레인(B_5H_9) 및 삼수소화 비소(AsH_3)를 포함하는 금속과 준금속 수소화물이 있다. 공기 중 수분이 종종 자발적 발화의 한 요인이 된다. 예를 들어, 수소화 리튬은 습한 공기의 물과 다음과 같은 반응을 일으킨다.

$$LiH + H_2O \rightarrow LiOH + H_2 + \text{열} \tag{19.3}$$

위 반응 과정에서 생성된 열은 수소화물을 발화시켜 공기 중에서 태우기에 충분한 에너지를 공급한다.

$$2LiH + O_2 \rightarrow Li_2O + H_2O \tag{19.4}$$

다이에틸에톡시알루미늄의 예와 같이 일부 유기 금속 화합물들도 자연 발화성을 지닌다.

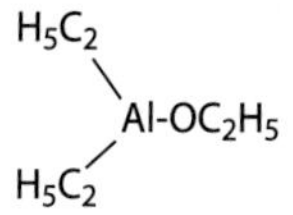

diethylethoxyaluminum

산화제와 산화 가능한 화학 물질의 다양한 혼합물도 자발적으로 화재를 일으키는데, 이러한 물질을 **자연 발화성 혼합물(hypergolic mixture)**이라고 부른다. 대표적으로 질산과 페놀이 이러한 혼합물을 형성한다.

19.4.4 연소에 의한 독성 생성물

화재에 의한 중대한 위험 중 하나는 화재로 발생한 독성 생성물과 연소 부산물에서 기인한다. 이것 중 가장 명백한 유독물은 일산화 탄소(CO)로, 질식시켜 죽음에 이르게 할 수 있다. 독성이 있는 SO_2, P_4O_{10}, HCl 등은 각각 황, 인, 유기 염소 화합물의 연소 과정에서 발생한다. 연소 부산물로 알데하이드와 같은 다양한 유해 유기 화합물이 생성된다. 산소가 부족한 조건에서 연소되면 일산화 탄소 형성 이외에도, 연결된 고리 구조로 이루어진, 발암 가능성이 있는 다환 방향족 탄화수소가 생성된다.

19.5 반응성 물질

반응성 물질(reactive substance)이란 특정 조건에서 빠르거나 격렬하게 반응이 진행되는 경향이 있는 물질을 의미한다. 이러한 물질에는 물과 격렬하게 반응하거나 잠재적인 폭발 혼합물을 형성할 수 있는 것들이 포함된다. 예를 들면 금속 소듐이 있는데, 다음과 같이 물과 강하게 반응한다.

$$2Na + 2H_2O \rightarrow 2NaOH + H_2 + \text{열} \tag{19.5}$$

이 반응은 보통 소듐과 수소를 발화시키기에 충분한 열을 발생한다. 폭발물은 이와는 다른 종류의 반응성 물질로 분류된다. 규제 목적으로 물, 산, 또는 염기와 반응하여 유독 기체나 증기를 생성하는 물질도 반응성 물질로 분류된다. 황화 수소나 사이안화 수소는 이러한 방식으로 배출되는 가장 일반적인 독성 물질이다.

열과 온도는 일반적으로 반응성에 매우 중요한 요소이다. 대다수 반응에서 반응이 시작하려면 활성화 에너지가 필요하다. 대부분의 반응의 속도는 온도가 증가함에 따라 급격히 증가하는 경향이 있으며, 대부분의 화학 반응은 열을 방출한다. 따라서 효과적으로 방열이 되지 않는 반응 혼합물에서는 반응이 한 번 시작되면 시간이 지남에 따라 반응 속도가 기하급수적으로 증가하여 제어할 수 없는 상황이 발생할 수 있다. 반응 속도에 영향을 끼치는 다른 요인으로는 반응물의 물리적 형태(예: 산소와 폭발적인 반응을 하는 금속 미세 분말. 반면 단일 덩어리 형태의 금속은 거의 반응하지 않음), 반응물의 혼합 속도 및 정도, 비반응성 매질(용매)로 희석된 정도, 촉매의 존재 및 압력 등이 있다.

일부 화합물은 화합물 내에 산화제와 환원제를 포함하고 있어 자가 반응성이 있다. 화학식이 $C_3H_5(ONO_2)_3$인 나이트로글리세린은 강력한 폭발물로, 매우 많은 양의 에너지를 빠르게 방출하면서 자발적으로 CO_2, H_2O, O_2 및 N_2로 분해된다. 순수한 나이트로글리세린은 매우 불안정하여 약간의 충격만으로도 폭발할 수 있다. 트라이나이트로톨루엔(TNT)도 강력한 반응성을 가진 폭발물이지만, 폭발시키기 위해 일종의 기폭 장치가 필요하다는 점에서 본질적으로 상대적으로 안정하다.

19.5.1 화학 구조와 반응성

표 19.3에서 볼 수 있듯이, 일부 화학 구조는 높은 반응성과 연관이 있다. 일부 유기 화합물의 높은 반응성은 특히 다중 결합이 인접해 있거나(알렌, C=C=C), 하나의 탄소-탄소 단일 결합으로 분리된 경우(다이엔, C=C−C=C)와 같이 탄소 골격의 불포화 결합과 관련이 있다. 산소가 포함된 일부 유기 구조는 반응성이 매우 크다. 예로, 옥시레인(oxirane)의 일종인 산화 에틸렌(ethylen oxide), 수산화 과산화물(ROOH) 및 과산화물(ROOR′)을 들 수 있다. 여기에서 R과 R′은 메틸기($-CH_3$)와 같은 탄화수소기를 나타낸다.

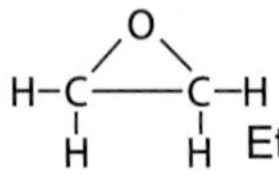
Ethylene oxide

탄소 및 수소와 함께 질소를 포함하고 있는 많은 유기 화합물들도 매우 반응성이 크다. 이러한 화합물

표 19.3 반응성 화합물 및 화학 구조의 예

	유기물
알렌	C=C=C
다이엔	C=C−C=C
아조 화합물	C−N=N−C
트라이아젠	C−N=N−N
수산화 과산화물	R−OOH
과산화물	R−OO−R′
산화물	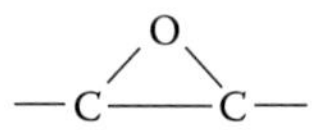
질산 알킬	$R-O-NO_2$
나이트로 화합물	$R-NO_2$
육각 구조가 아닌 고리 화합물	
헤테로 고리 화합물	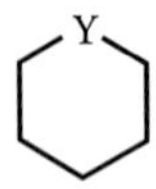
	무기물
산화 이질소	NO_2
할로젠화 질소	NCl_3, NI_3
할로젠 간 화합물	BrCl
산화 할로젠	ClO_2
아자이드화 할로젠	ClN_3
하이포아할로젠화물	NaClO

에는 세 개의 질소 원자로 이루어진 작용기를 가지고 있는 트라이아젠(R−N=N−N), 일부 아조 화합물(R−N=N−R′) 및 질소 원자와 탄소 원자 사이에 삼중 결합이 있는 나이트릴(nitrile) 일부가 포함되어 있다.

$$R-C\equiv N \quad \text{Nitrile}$$

산소와 질소를 모두 포함하는 작용기는 유기 화합물에 반응성을 부여하는 경향이 있다. 그러한 작용기의 예로는 질산 알킬($R-ONO_2$), 아질산 알킬(R−O−N=O), 나이트로소 화합물(R−N=O), 나이트로 화합물($R-NO_2$) 등이 있다.

다양한 종류의 무기 화합물들도 반응성이 있다. 여기에는 질소를 포함하는 일부 할로젠 화합물[적절한 예로 충격에 민감한 트라이아이오딘화 질소(NI_3)], 금속−질소 결합을 가진 화합물(NaN_3), 할로젠 산화물(ClO_2) 및 할로젠 옥시 음이온을 포함하는 화합물 등이 있다. 이 외에도 마지막 그룹에 속하는 화합물의 예로 과염소산 암모늄(NH_4ClO_4)이 있는데, 이 화합물은 1988년에 Nevada 주 Henderson 근처의 미국 로켓 연료 공장에서 일어난 일련의 대규모 폭발 사고의 원인 물질로, 사고로 인해 8백만 파운드의 화합물이 파괴되었고 300명의 근로자가 다쳤으며, 7,500만 달러의 피해를 입었고 연간 4,000만 파운드 생산 시설을 갖춘 공장이 철거되었다(이 사건으로 인해 1989년 말까지 Utah 주 남서부의 Cedar 시 근처에 9천 2백만 달러를 들여 과염소산 암모늄을 생산하기 위한 새 공장이 건설되었으며, 신축 공장 건물들은 서로 멀리 떨어지게 건설되었다).

나이트로글리세린이나 TNT와 같은 폭발물들은 분자 내에 산화 작용기와 환원 작용기를 모두 가지고 있는 단일 화합물이다. 일반적으로 이러한 물질을 **산화-환원 화합물(redox compound)**이라고 한다. 일부 산화−환원 화합물은 화합물 내에 반응이 완결되는 데 필요한 양보다 훨씬 많은 산소를 가지고 있어 양의 균형의 산소를 가지고 있다고 말하며, 일부는 화학량론에서 요구되는 정확한 양의 산소를 가지고 있으며(제로 균형, 최대 에너지를 방출), 나머지는 음의 균형의 산소를 가지고 있어 모든 구성 요소를 완전히 산화시키기 위해서는 외부의 산소가 필요하다. TNT의 경우, 실제 음의 균형의 산소를 가지고 있다. 다이크로뮴산 암모늄[$(NH_4)_2Cr_2O_7$]은 화학량론적으로 정확히 반응하여 H_2O, N_2 및 Cr_2O_3를 생성하는 제로 균형을 갖는다. 위험한 폭발물인 나이트로글리세린은 아래의 반응과 같이 양의 균형을 갖는다.

표 19.4 몇몇 부식성 물질의 예

이름 및 화학식	성질 및 영향
질산(HNO_3)	강산이며 강한 산화제, 금속을 부식시킴, 조직 내 단백질과 반응하여 노란색의 크산토프로테인산을 형성함, 상처 치유가 느림
염산(HCl)	강산, 금속을 부식시킴, HCl 증기를 발생시켜 호흡기 조직을 훼손할 수 있음
플루오린화 수소산(HF)	금속을 부식시킴, 유리를 녹임, 피부에 심각한 화상을 일으킴
알칼리 금속 수산화물(NaOH와 KOH)	강염기이나 아연, 납 및 알루미늄 등을 부식시킴, 조직을 녹여 심한 화상을 유발함
과산화 수소(H_2O_2)	산화제, 매우 희석된 용액을 제외하고 모두 심각한 화상을 유발함
ClF, BrF_3와 같은 할로젠 간 화합물	조직을 산성화, 산화 및 탈수시키는 강력한 부식성 자극물
OF_2, Cl_2O, Cl_2O_7과 같은 할로젠 산화물	조직을 산성화, 산화 및 탈수시키는 강력한 부식성 자극물
원소 상태의 플루오린, 염소, 브로민(F_2, Cl_2, Br_2)	점막과 촉촉한 조직에 강한 부식성, 강한 자극성

$$4C_3H_5N_3O_9 \rightarrow 12CO_2 + 10H_2O + 6N_2 + O_2 \quad (19.6)$$

19.6 부식성 물질

부식성 물질(corrosive substance)은 금속을 녹이거나 금속 표면에 산화물을 형성하는 물질을 뜻하며, 녹슨 철이 그 대표적인 예로, 보다 광범위하게는 접촉 시 생체 조직을 포함한 물질에 손상을 일으킨다. 대부분의 부식성 물질은 다음의 네 가지 화학적 분류 중 하나에 속한다. (1) 강산, (2) 강염기, (3) 산화제, (4) 탈수제. 표 19.4에는 주요 부식성 물질과 그 영향이 나열되어 있다.

19.6.1 황산

황산은 대표적인 부식성 물질이다. 강산일 뿐만 아니라 진한 황산은 탈수제 및 산화제이기도 하다. 황산은 물에 대해 엄청난 친화력을 갖기 때문에 물과 진한 황산을 혼합하면 열이 발생한다. 잘못해서 황산에 물을 가하면 국부적으로 끓고 용액이 튀어 상해를 입을 수도 있다. 황산이 피부 조직에 접촉되면 열과 함께 조직 내 물을 제거하여 조직을 파괴한다. 황산이 탄수화물과 반응하면 탄수화물에서 물을 제거하여 분해한다. 예를 들어, 진한 황산이 설탕과 반응하면 탄화물만 남으며, 반응은 다음과 같다.

$$C_{12}H_{22}O_{11}\ (H_2SO_4) \rightarrow 11H_2O\ (H_2SO_4) + 12C + \text{열} \quad (19.7)$$

황산의 일부 탈수 반응은 매우 격렬하게 일어날 수 있다. 예를 들어, 과염소산과 반응하면 불안정한 Cl_2O_7을 생성하며, 격렬한 폭발이 발생할 수 있다. 진한 황산은 옥살산($H_2C_2O_4$)과 반응하여 독성이 있는 일산화 탄소(CO)를, 브로민화 소듐(NaBr)과 반응하여 독성이 있는 브로민(Br_2)과 이산화 황(SO_2)을, 염소산 소듐($NaClO_3$)과 반응하여 독성이 있고 불안정한 이산화 염소(ClO_2)를 생성하는 것처럼, 다양한 물질과 반응하여 위험하거나 독성이 있는 생성물을 만든다.

황산에 접촉되면 조직에 심한 손상을 일으켜 심각한 화상이 발생하며 치유가 어려울 수 있다. 황산 증기나 안개를 흡입하면 상기도나 눈 조직에 손상을 입을 수 있다. 또한 황산 증기나 안개에 장기간 노출되면 치아가 침식된다.

19.7 독성 물질

유해 물질을 다룰 때 최대 관심사는 독성이다. 여기에는 저농도의 독성 물질에 지속적이고 주기적인 노출로 인한 장기간의 만성 영향과, 한 번에 많은 양의 노출로 인한 급성 영향 모두가 포함된다. 독성 물질에 대해서는 22장과 23장에서 자세히 다룰 것이다.

19.7.1 독성 용출 시험법

규제 및 복원 목적으로 독성 물질이 환경에 유입되어 생명체에 해를 끼칠 가능성을 측정하는 데 표준 시험법이 사용된다. 미국의 EPA에서는 유해 폐기물의 독성을 평가하기 위해 특별히 고안된 **독성 용출 시험법(Toxicity Characteristic Leaching Procedure, TCLP)**을 규정하고 있다.[3] 이 시험법은 액체, 고체 또는 여러 상의 혼합물 형태로 존재하는 유해 물질에 포함된 무기 또는 유기 종들에 대한 생명체의 이용 가능성을 평가하기 위해 고안되었으며, 폐기물의 직접적인 독성 효과는 시험하지 않는다. 기본적으로 이 시험법은 도시 쓰레기 처리장 침출수를 모방해서 만든 용매로 폐기물을 침출시킨 다음, 특정한 독성 물질에 대해 침출수를 화학적으로 분석하는 과정으로 구성되어 있다.

19.8 폐기물의 물리적 형태와 분리

폐기물은 물리적 형태에 따라 **유기 물질**(**organic material**), **수성 폐기물**(**aqueous waste**) 및 **슬러지**(**sludge**) 등 세 가지 주요 군으로 나뉜다. 이러한 형태에 따라 폐기물 폐기 및 처리 방법이 결정된다. 그림 19.2에서 설명한 **분리 수준**(**level of segregation**) 개념에 따라 여러 종류의 폐기물을 처리, 저장 및 처분한다. 다른 폐기물들, 즉 고도로 분리된 폐기물들과 혼합되지 않은 폐기물을 처리하는 것은 상대적으로 수월하다. 예를 들어, 폐탄화수소 용매는 보일러 연료로 재사용할 수 있다. 그러나 이러한 용매가 폐유기염소 용매와 혼합되어 있으면 연소 과정에서 염화 수소를 생성할 수 있어서 연료로서의 사용이 제약될 수 있으며, 특수한 유해 폐기물 소각로에서 처리될 수도 있다. 여기에 무기물 슬러지가 혼합되어 있다면 광물질과 물이 추가된다. 이러한 불순물이 존재하면 소각 시 무기물 재를 생성하거나, 포함된 물로 인해 소각 물질의 발열량을 낮춰 폐기물 처리 공정을 복잡하게 만든다. 취급과 처리가 가장 어려운 유형은 그림 19.2에 도시된 것처럼, '가장 최악의 시나리오'로 '유기 또는 무기 혼합 폐기물로 구성된 슬러지 희석액'이다.

폐기물의 분리 및 혼합과 관련된 중요한 요소는 **폐기물 간 비호환**(**waste incompatibility**) 가능성이다. 폐기물이 서로 반응하여 위험물을 형성하거나 한 폐기물이 다른 폐기물의 문제를 악화시킬 수 있을 때에는 서로 혼합하지 않는 것이 중요하다. 예를 들면, 금속 황화물 폐기물에 산을 혼합하면 독성의 H_2S 기체를 방출할 수 있다. 또한 중금속 염과 혼합된 에틸렌다이아민테트라아세트산(EDTA)과 같은 킬레이트제는 음이온성 킬레이트제에 의해 중금속의 이동성을 증대시킬 수 있다.

폐기물의 **농도**(**concentration**)는 폐기물 관리 측면에서 중요한 요소이다. 농축되어 있거나, 바람직하게는 희석되지 않은 상태의 폐기물은 다량의 물이나 토양에 분산된 것보다 일반적으로 취급하기가 훨씬 쉽고 경제적이다. 유해 폐기물 처리는 발생한 폐기물량이 최대한 분리된 상태에서 최소화되고 농축되어야 쉽다.

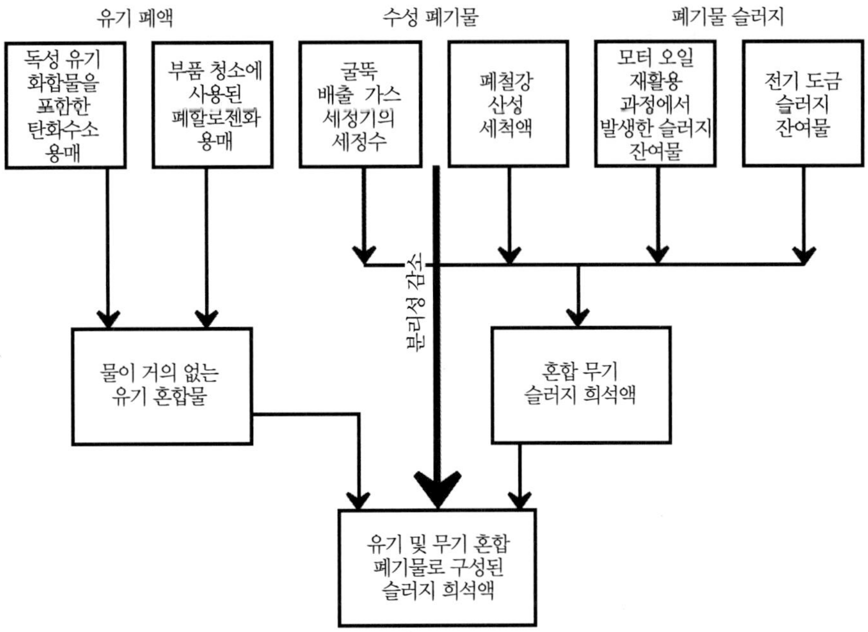

그림 19.2 폐기물 분리 모식도.

19.9 유해 폐기물의 환경 화학

유해 물질의 일반적인 성질과 그 생산 및 유해 물질이 유해 폐기물로 바뀌는 과정에 대해서는 이 장 앞부분에서 논의하였다. 일반적으로 유해 물질은 환경에 유출되어 문제를 일으키거나 유기체 또는 환경에 해로운 영향을 줄 때 문제를 일으킨다. 따라서 이 장에서는 유해 물질의 환경 화학적 측면에 관해 다루고자 한다. 유해 물질의 환경 화학적 측면을 논의할 때는 환경 화학적 정의를 바탕으로 다음 다섯 가지 측면을 고려하는 것이 편리하다.

- 발생원
- 이동
- 반응
- 영향
- 운명

또한 1장에서 정의했던 다섯 가지 환경 분야를 고려하는 것도 유용하다.

- 인류권
- 지권
- 수권
- 대기권
- 생물권

유해 물질은 거의 항상 인류권에서 유래되어 종종 지권에 버려지고, 주로 수권이나 대기를 통해 이동한다. 유해 물질이 끼치는 영향 중 가장 우려가 큰 권역은 생물권이며, 특히 인간에 대한 영향에 관심이 크다. 그림 19.3은 이러한 관계를 요약한 것이다.

유해 폐기물은 다양한 방법으로 환경에 유입된다. 유해 물질은 오염 방지법에 따라 잘 통제되고 있지만, 인간에 의해 의도적으로 환경에 유출되고 있다. 다양한 독성 물질을 포함한 폐수가 하천에 대량으로 방류되고 있다. 해로운 기체나 미세 먼지가 발전소, 소각장 및 다양한 산업 공정 중에 발생하여 대기로 배출된다. 유해 폐기물이 토양에 의도적으로 뿌려지거나 지권에 매립식 쓰레기장에 버려진다. 증발 과정이나 바람에 의한 침식으로 폐기물 더미에서 유해 물질이 대기로 확산되거나 지하수나 지표수로 유출될 수 있다. 지하 저장소나 수송관의 누출로 인해 다양한 물질이 토양으로 흘러 들어가기도 한다. 사고, 화재 및 폭발에 의해서도 위험한 물질이 환경에 노출될 수 있다. 유해 물질은 또한 적절히 운영되지 않는 폐기물 처리장이나 저장 시설로부터 유출될 수도 있다.

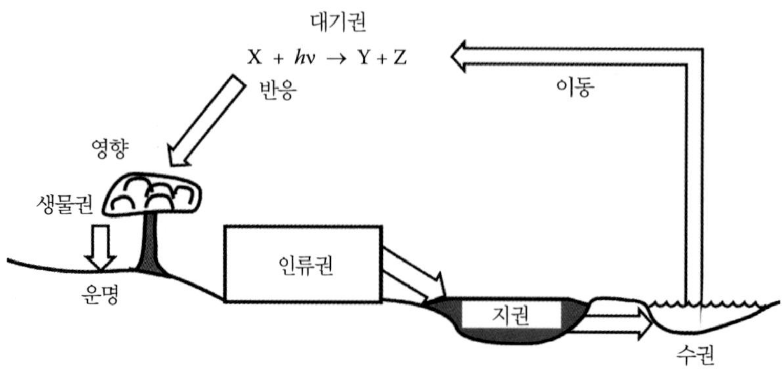

그림 19.3 환경에서 유해 폐기물의 상호 작용 모식도.

19.10 유해 폐기물의 물리적 및 화학적 성질

인류권에서의 유해 폐기물의 발생을 고려한 다음, 고려해야 할 사항은 폐기물의 이동과 행동을 결정하는 특성을 파악하는 것이다. 이러한 특성은 일반적으로 물리적 성질과 화학적 성질로 나눌 수 있다.

대기 중 폐기물의 거동은 크게 폐기물의 휘발성에 의존한다. 또한 폐기물의 물에 대한 용해도는 침전으로 제거되는 정도를 결정한다. 물에 대한 용해도는 수권에서 가장 중요한 물리적 성질이다. 지권에서의 물의 작용에 의한 물질의 이동성은 토양, 광물층 및 퇴적물에 대한 흡착 정도에 크게 의존한다.

휘발성은 화합물의 증기압의 함수이다. 특정 온도에서의 증기압은 물질에 따라 수십 배 차이로 다양할 수 있다. 일반적인 유기 액체 중에서 다이에틸 에터는 증기압이 가장 높은 물질 중 하나이지만, PCB는 매우 낮은 증기압을 갖는다. 토양이나 물에 존재하는 휘발성 액체의 물에 대한 용해도는 액체가 얼마나 잘 증발할 수 있는지를 결정한다. 예를 들어, 메탄올은 벤젠보다 끓는점이 낮지만, 물에 대한 용해도는 벤젠이 메탄올보다 훨씬 낮아 수권이나 지권에서 대기권으로 이동하려는 경향성이 더 크다.

유해 폐기 화합물의 환경 내에서의 이동, 영향 및 운명은 화합물의 화학적 성질과 밀접한 관련이 있다. 예를 들어, Pb^{2+}와 같은 독성 중금속 양이온 종은 음으로 하전된 토양 고형물에 강하게 결합할 수 있다. 반면, 납 이온이 Y^{4-}로 표현되는 킬레이트 EDTA 음이온과 결합한 음이온 형태인 PbY^{2-}의 경우 이동성이 훨씬 높아진다. 코발트(II)와 코발트(III) 이온이 나이트릴로트라이아세트산 음이온(2.14절)과 배위 결합하면 광물층에서의 금속의 이동성이 훨씬 높아진다. 산화 상태 또한 유해 물질의 이동에 매우 중요할 수 있다. 철과 망가니즈의 환원 상태인 Fe^{2+}와 Mn^{2+}는 수용성으로 수권과 지권에서 상대적으로 이동성을 갖는다. 그러나 일반적인 산화 상태인 Fe(III)와 Mn(IV)는 실제 이동성이 없는 불용성의 $Fe_2O_3 \cdot xH_2O$와 MnO_2로 존재한다. 더 나아가 이들 철과 망가니즈 산화물은 Pb^{2+} 및 Cd^{2+}와 같은 중금속 이온을 격리함으로써 물에 녹아 이동되는 것을 방지할 수도 있다.

유해 물질의 주요 성질과 환경에서의 이동성을 결정하는 주변 환경적 요소는 다음과 같다.

- 증기압 및 용해도를 포함한 물질의 물리적 성질
- 주변 매질의 물리적 성질
- 폐기물이 처한 물리적 환경. 온도가 높아지고 바람에 침식되는 조건에서는 휘발성 물질이 더 쉽게 이동한다.
- 폐기물의 화학적, 생화학적 성질. 화학적으로 반응성이 작고 생분해성이 낮은 물질은 분해되기 전 더 멀리 이동하는 경향이 있다.

19.11 유해 폐기물의 이동, 영향 및 운명

유해 폐기물의 이동성은 주로 폐기물의 물리적 성질, 주변 매질의 물리적 성질, 폐기물이 처한 물리적 환경, 화학적 요인 등에 의해 결정된다. 휘발성이 강한 폐기물은 대기권을 통해 이동할 가능성이 크며, 물에 잘 녹는 폐기물은 물에 의해 운반될 가능성이 크다. 폐기물은 밀도가 높은 토양보다 모래와 같은 다공성의 매질에서 더 빨리 이동할 것이다. 휘발성 폐기물은 덥고 바람이 많이 부는 환경에서 좀 더 이동성이 증가하며, 수용성 폐기물은 폭우가 심한 기간에 더욱 이동성이 증가한다. 화학적 및 생화학적으로 반응성이 더 큰 폐기물은 분해되기 전까지 반응성이 낮은 폐기물보다 이동성이 작다.

19.11.1 폐기물의 물리적 성질

이동의 적합성을 결정하는 폐기물의 주된 물리적 성질에는 휘발성, 용해도 및 토양과 퇴적물을 포함한 고체에 흡착되는 정도 등이 있다.

대기권과 지권 혹은 수권 사이의 유해 폐기 화합물의 분포는 대체로 화합물의 휘발성에 의존한다. 일반적으로 수권에서, 그리고 종종 토양에서 유해 폐기 화합물은 물에 용해되어 존재한다. 따라서 물이 화합물을 보유하려는 경향이 화합물의 이동성을 결정짓는 한 요인이다. 예를 들어, 에탄올은 톨루엔(110.6°C)보다 증기압이 높고 끓는점(77.8°C)이 낮지만, 톨루엔 증기가 물과 완전히 섞일 수 있는 에탄올과 비교하여 물에 대한 용해도가 낮아서 토양에서 더욱 쉽게 방출된다.

19.11.2 화학적 요인

폐기물 이동에 관한 화학적 요인의 예로서 일반적인 금속 이온으로 구성된 양이온성 무기물 종을 고려할 수 있다. 이 무기물 종들은 점토 광물에 머무르는 정도에 따라 세 가지 그룹으로 나눌 수 있다. 점토에 오래 머무르는 경향이 있는 원소들에는 카드뮴, 수은, 납 및 아연이 포함된다. 포타슘, 마그네슘, 철, 규소 및 NH_4^+는 점토에 적당히 머무르지만, 소듐, 염화물, 칼슘, 망가니즈 및 붕소 이온은 잘 머무르지 않는다. 마지막 세 원소의 머무름 경향은 아마도 점토로부터 침출되는 점이 반영되기 때문에 종종 음의 머무름(용출)이 관찰된다. 그러나 철과 망가니즈의 머무름 경향은 산화 상태에 크게 의존하는데, 환원된 형태의 망가니즈와 철은 상대적으로 잘 머무르지 않지만, $Fe_2O_3 \cdot xH_2O$ 및 MnO_2와 같이 산화된 형태는 불용성으로 고체 상태로 토양에 잔류한다.

19.11.3 유해 폐기물의 영향

환경에 대해 유해 폐기물이 끼치는 영향은 생명체에 미치는 영향, 물질에 미치는 영향 및 환경에 미치는 영향으로 나눌 수 있다. 이들에 대해 여기에서는 간단히 다루고, 이후 장에서 자세히 설명하고자 한다.

폐기물에 대한 궁극적인 관심사는 동물, 식물, 또는 미생물에 미치는 독성이다. 거의 모든 유해 폐기물이 일정 정도의 독성을 지니고 있으며, 일부는 매우 심한 독성을 나타낸다. 폐기물의 독성은 폐기물의 화학적 특성, 폐기물이 함유된 매질, 노출 환경, 노출된 종, 노출 방식, 노출 정도 및 노출 시간을 포함한 다양한 요인에 따라 결정된다. 유해 폐기물의 독성에 대해서는 22장과 23장에서 보다 자세히 논의될 것이다.

19.6절에서 정의된 것처럼, 많은 유해 폐기물은 일반적으로 극단적인 pH 값을 가지고 있거나 용해된 염분 함량 때문에 물질에 대해 부식성을 갖는다. 산화성 폐기물은 가연성 물질을 통제할 수 없게 연소시킬 수 있다. 반응성이 큰 폐기물은 폭발하여 재료와 구조물에 손상을 가할 수 있다. 곡물에 잔류하는 유독성 살충제와 같은 폐기물에 의한 오염은 물질을 사용하기에 부적합하도록 만들 수 있다.

생물권에서의 독성 영향 이외에도 유해 폐기물은 대기, 물 및 토양을 오염시킬 수 있다. 대기 중으로 배출된 폐기물은 직접 혹은 2차 오염 물질을 형성하여 대기 질을 악화시킬 수 있다. 용해되어 있거나, 부유하거나, 또는 물 표면에 얇은 층 형태로 떠다니는 유해 폐기 화합물은 물의 이용 및 수생 생물의 생활 환경을 부적합하게 만들 수 있다.

유해 폐기물에 노출된 토양은 물리적 성질 및 화학적 성질이 변하고, 식물을 지탱할 수 있는 능력이 심하게 훼손될 수 있다. 예를 들어, 석유 생산 과정에서 발생한 진한 염수에 노출된 토양은 침식에 매우 취약해져 식물이 성장하지 못할 수 있다.

19.11.4 유해 폐기물의 운명

유해 폐기 물질의 운명은 후속 절에서 더욱 자세히 다루어질 것이다. 유해 폐기물은 모든 환경 오염 물질과 마찬가지로, 수 세기가 걸리더라도 결국에는 물리적으로나 화학적으로 안정한 상태가 된다. 경우에 따라 유해 폐기물의 운명은 폐기물의 물리적 성질과 주변 환경의 영향을 받는다.

물에서의 유해 폐기물의 운명은 폐기물의 용해도, 밀도, 생분해성 및 화학 반응성에 의존한다. 밀도가 높고 물에 대한 친화성이 없는 액체는 단순히 물이나 대수층의 바닥으로 가라앉을 수 있으며, 액체 '방울(blob)' 형태로 축적될 수 있다. 생분해성 물질은 세균에 의해 분해되는데, 이때 산소 이용 가능성이 중요한 변수이다. 생체에 농축되기 쉬운 물질은 생명체에 의해 흡수되고, 교환성 양이온 물질은 퇴적물에 결합하며, 유기물 친화성(organophilic) 물질은 퇴적물 내 유기 물질에 의해 흡착될 수 있다.

대기권에서 유해 폐기물의 운명은 종종 광화학 반응으로 결정된다. 궁극적으로 이러한 물질은 비휘발성의 불용성 물질로 바뀌어 대기권에서 토양이나 식물에 침전될 수 있다.

19.12 유해 폐기물과 인류권

인간이 물질을 가공하는 것도 환경의 일부분으로, 인류권은 가장 핵심적인 유해 폐기물의 발생원이다. 이러한 폐기물은 제조, 운송 과정, 농업 및 인류권에서 행해지는 여러 가지 활동에서 비롯될 수 있다. 유해 폐기물은 탈지용 부품에서 사용된 폐할로젠화 용매와 같은 액체, 석유 정제에서 석유/물/고체 혼합물의 중력 분리 과정에서 생성된 반고체 슬러지, 고체 살충제 생산에서 발생한 집진기 먼지와 같은 고체 등과 같이 어떠한 물리적 형태로도 존재할 수 있다.

인류권으로부터의 유해 폐기물의 유출은 주로 액체의 누출, 우발적인 기체나 증기의 배출, 화재 및 폭발과 같은 사고에 의해 발생한다. 유해 물질의 우발적 유출과 처리 방법은 RCRA 규정의 적용을 받는다. 이 규정에 따라 유해 폐기물 배출업체는 지정된 장비, 숙련된 인력 및 유출 발생 시 인간의 건강을 보호하기 위한 절차와 복원을 쉽게 하는 절차를 갖춰야 한다. 사건 발생 시 도움을 청하고 긴급히 지시할 수 있는 효과적인 의사 전달 수단이 마련되어야 한다. 또한 소화기와 충분한 양의 물을 포함한 소방 능력을 갖추어야 한다. 유출에 대비해서 시설물에는 입자상의 질석(vermiculite) 점토와 같은 흡수제 또는 베개(pillow)나 패드 형태의 흡수제를 갖추어야 한다. 부식성 물질의 유출을 대비한 중화제도 비치해야 한다.

앞서 언급한 것처럼, 유해 폐기물은 인류권에서 유래된다. 그러나 발생된 유해 폐기물의 상당량이 이동하고, 영향을 끼치며, 결국 인류권에서 소멸한다. 다량의 유해 물질이 트럭, 철도, 선박 및 수송관으로 운송된다. 작은 컨테이너에서 발생한 사소한 누출부터 파손된 유조선으로부터의 재앙 수준의 석유 유출까지, 운송 과정에서 유출 사고는 흔히 발생한다. 인류권에서의 유해 물질의 운송에 대한 안전성 증내와 운송량 최소화에 환경 보호 분야에서의 많은 노력이 이루어지고 있다.

미국에서 유해 물질의 운송은 미국 교통부(US Department of Transportation, DOT)에서 통제하고 있다. DOT에서는 충돌, 유출, 화재 또는 폭발과 같은 응급 상황에서 취해야 하는 적절한 조치에 관한 상세 정보뿐 아니라 폐기물의 생성, 이동, 처리 및 처분 과정을 추적하기 위해, 문서화, 기록 보관 및 보고에 관한 **매니페스트(manifest)** 시스템을 의무화하고 있다.

유해 물질의 다양한 부작용이 인류권에서 발생하고 있다. 이러한 영향의 주된 사례로, 강산성 혹은

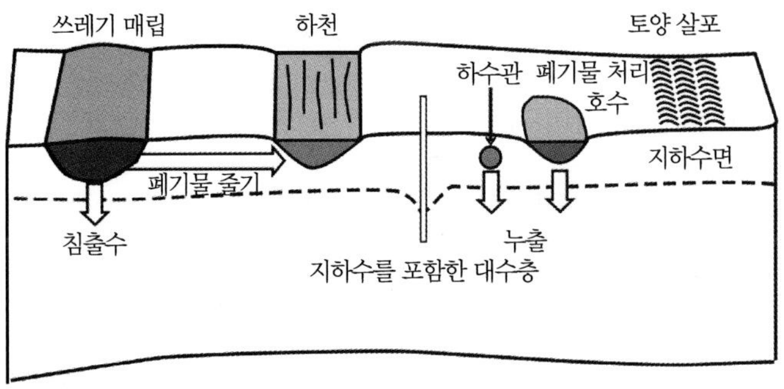

그림 19.4 지권에서의 유해 폐기물의 발생원과 이동.

강염기성 물질에 의한 재료의 부식을 들 수 있다. 또한 화재나 유해 물질의 폭발로 인류권의 기반 시설이 심각하게 손상될 수도 있다.

유해 물질은 종종 인류권에서 종말을 맞이한다. 인류권에 살포된 물질의 주요 사례로, 부식 방지용으로 강철 구조물에 도포된 납 기반 페인트가 있다.

19.13 지권에서의 유해 폐기물

지권에서 오염된 유해 폐기물의 발생, 이동, 상호 작용 및 운명은 복잡한 과정을 거쳐 일어나는데, 그 중 일부를 그림 19.4에 표현하였다. 그림에 나타나 있듯이, 다양한 방법으로 유해 폐기물들이 지하수에 유입될 수 있다. 매립지에서 발생한 침출수가 폐기물 줄기(plume) 형태로 지하수에 유입될 수 있으며, 심각한 경우 하천으로 유입되거나 우물을 오염시킬 수도 있다. 하수구나 수송관을 통해 유해 물질이 지권으로 누출될 수도 있다. 유해 물질이 폐기물 오수 처리용 호수에서 지층으로 스며들어 결국에는 지하수를 오염시킬 수도 있다. 폐기 또는 처리를 목적으로 살포된 토양에서 침출된 폐기물이 지권과 지하수를 오염시킬 수 있다. 어떤 경우에는 폐기물을 깊은 우물에 채워 처분하기도 한다.

지권의 유해 폐기물 구성 성분은 그림 19.4와 같이 주로 폐기물 줄기에서 흐르는 물에 의해 이동한다. 폐기물 흐름 속도와 정도는 여러 가지 요인에 의존한다. 폐기물 줄기가 이동하는 고체 지형의 지하수 경사나 침투성과 같은 수문학적 요인이 중요하다. 보통 유속은 하루에 수 센티미터로 매우 느리다. 지권을 통한 폐기물 이동의 중요한 측면은 광물층에 의한 **희석(attenuation)**이다. 이 현상은 폐기물 화합물이 다양한 메커니즘을 통해 고체에 흡착되기 때문에 발생한다. 희석의 정도는 **분배 계수(distribution coefficient**, K_d)로 나타낼 수 있으며,

$$K_\mathrm{d} = \frac{C_\mathrm{s}}{C_\mathrm{w}} \tag{19.8}$$

여기에서 C_S와 C_W는 각각 고체와 용액에서의 특정 성분의 평형 농도이다. 이 관계식은 유해 물질이 물과 고체(소르빈산염)에 분배되는 상대적으로 이상적인 상황을 가정한 것이다. 좀 더 실증적인 식은 Freundlich 식을 기반으로 한다.

$$C_\mathrm{S} = K_\mathrm{F} C_\mathrm{w}^{1/n} \tag{19.9}$$

여기에서 K_F와 $1/n$은 실험적으로 얻어진 상수이다.

고체 물질의 몇 가지 중요한 성질이 흡착 정도를 결정한다. 중요한 요소는 고체의 표면적와 표면의 화학적 특성이다. 흡착 가능한 점토, 수화된 금속 산화물, 그리고 부식 물질(특히 유기 물질의 흡착에 중요)의 존재 여부가 중요한 화학적 요인이다.

일반적으로 유해 폐기 용질의 흡착은 지하수면보다 높은 위치에서 이루어진다. 이 지역은 상대적으로 더 넓은 표면적을 가지고 있으며, 호기성 생분해 과정이 주로 일어난다.

지권에서 발생하는 유해 물질의 흡착 과정에서 침출수의 화학적 성질은 매우 중요하다. 침출수에 포함된 유기 용매나 세제는 유기 물질을 녹여 그것이 고체에 흡착되어 잔류하는 것을 방해한다. 또한 산성 침출수는 금속 산화물을 용해시켜 불용성 형태로 금속이 흡착되는 것을 막는다.

$$\mathrm{M(OH)_2}(s) + 2\mathrm{H}^+ \rightarrow \mathrm{M}^{2+} + 2\mathrm{H_2O} \tag{19.10}$$

이것이 약한 유기산을 포함하는 도시 매립지의 침출수가 특히 금속을 쉽게 이동시키는 이유이다. 산에 의한 용해성은 중금속 이온의 이동면에서 특히 중요하다.

지권에서 운송되고 있는 가장 위험한 유해 폐기물 중 하나는 중금속이다. 다양한 요인들이 중금속의 이동과 희석에 영향을 미친다. 용매로 작용하는 매질의 온도, pH, 환원 특성[전자 활동도의 음의 로그

(pE)로 표현됨] 등이 중요하다. 특히 고체 표면에 존재하는 무기 및 유기 화학 작용기, 양이온 교환 능력 및 고체의 표면적과 같은 고체의 특성들이 중금속 이온의 희석 정도에 큰 영향을 미친다. 중금속이 지권의 고체상에 흡착되고 이온 교환되는 성질 이외에도 산화–환원 과정을 거쳐 난용성 고체(특히 황화물)로 침전될 수 있으며, 수은의 경우와 같이 미생물에 의해 메틸화 반응이 일어나 이동성이 큰 유기 금속종으로 변하기도 한다.

금속과 결합하여 금속의 이동도를 증가시킬 수 있는 킬레이트제의 중요성은 특히 ^{60}Co와 같은 방사성 중금속의 이동성에 대한 EDTA의 킬레이트 효과로 설명할 수 있다. EDTA와, 다이에틸렌트라이아민펜타아세트산(diethylenetriaminepentaacetic acid)이나 나이트릴로트라이아세트산(nitrilotriacetic acid, NTA)과 같은 기타 킬레이트제는 방사능 시설의 오염 제거를 위해 금속을 녹이는 용도로 사용되었으며, 특히 1951～1965년 동안 Tennessee 주 Oak Ridge 국립 연구소에서 방사성 물질과 함께 사용되었었다. ^{60}CoT^{-}(여기에서 T^{3-}는 NTA 킬레이트제의 음이온이다)와 같이, 킬레이트제에 결합한 방사성 음이온 종이 예상치 못한 높은 속도로 이동하는 것이 관찰되기도 하였다. 킬레이트와 결합하지 않은 양이온성 금속 종은 침전 반응이나 양이온 교환 과정에 의해 토양에 강하게 유지되는 반면, 킬레이트와 결합한 음이온 금속 종은 토양과 강하게 결합하지 않는다.

$$Co^{2+} + 2OH^{-} \rightarrow Co(OH)_2(s) \qquad (19.11)$$

$$2\{Soil\}^{-}H^{+} + Co^{2+} \rightarrow (\{Soil\}^{-})_2Co^{2+} + 2H^{+} \qquad (19.12)$$

자연적으로 생성된 휴믹산 킬레이트제도 방사성 금속의 지표면 이동에 관여할 수 있다. 일반적으로 EDTA처럼 생분해성이 어렵고 강한 킬레이트 결합을 하는 물질은 금속 방사성 핵종의 이동을 촉진하는 반면, 옥살산염이나 구연산염은 상대적으로 결합이 약한 착화합물을 형성하고 쉽게 생분해되기 때문에 그렇지 않으리라고 여겨진다. 지하 조건에서 킬레이트제는 느리게 생분해되는 경향이 있다.

토양은 유해 폐기 물질에 의해 심하게 손상될 수 있다. 이러한 물질이 토양의 물리적 성질 및 화학적 성질을 변화시켜 토양이 식물의 성장을 돕는 능력을 떨어뜨릴 수 있다. 유해 물질의 노출로 인한 토양 손상의 더욱 치명적인 사고는 구리나 납 제련소에서 배출된 SO_2나 석유 생산 과정에서 나오는 염수에 의한 토양 오염이다. 이 두 가지 오염 물질은 모두 식물의 성장을 멈추게 하고 표토를 빠르게 침식하여, 식물 생존에 필요한 뿌리와 토양 간의 결합력을 약화시킨다.

19.14 수권에서의 유해 폐기물

유해 폐기 물질은 폐기물 매립지에서의 침출수, 폐기물 처리 연못의 배수, 하수구에서의 누출, 토양으로부터의 유출 등 여러 방식으로 수권에 유입될 수 있다. 또한 환경 규제가 느슨한 국가에서는 유해 폐기 물질을 고의적으로 수로로 방출하는 일이 발생하는데, 이것이 특히 문제가 된다.

대부분 수권은 역동적으로 움직이는 시스템으로, 유해 폐기물 종들이 환경에 유입될 수 있는 가장 중요하고 다양한 경로를 제공한다. 유해 폐기물 종들이 수권에 일단 유입되면 분해되거나, 유지되거나, 변형되는 등 수많은 과정을 거칠 수 있다. 여기에는 침전과 용해, 산–염기 반응, 가수 분해 및 산화–환원 반응 등과 같은 일반적인 화학 반응들이 포함된다. 또한 대부분은 유해성을 감소시키는 다양한 생화학 과정들이 일어나지만, 일부의 경우 수은의 미생물에 의한 메틸화와 같은 유해 폐기물의 위험성을 크게 증대시키는 반응이 일어나기도 한다.

물이 가지고 있는 독특한 성질들은 수권에서의 유해 폐기물의 환경 화학에 큰 영향을 미친다. 수환경은 끊임없이 변화한다. 물은 지하수 흐름, 하천 흐름, 대류 흐름의 형태로 이동한다. 수역은 용존 산소량이 적은 환원 조건이 물 바닥 영역에서 우세할 수 있도록 층으로 나뉘어 있으며, 수권과 다른 환경권 사이에 일정한 상호 작용이 일어나고 있다. 물과 다른 환경권 사이에서 끊임없는 물질 교환이 일

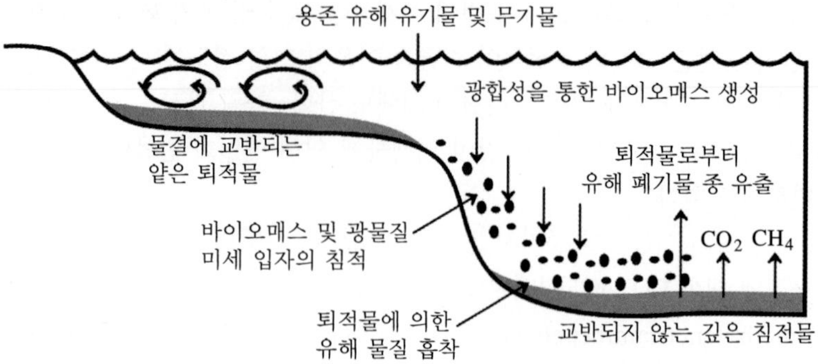

그림 19.5 수권 지표수에서의 유해 폐기물의 양상. 일부 침전물이 존재하는 교반되지 않는 깊은 지역은 무산소 환경으로 가수 분해 반응과 침전물에 흡수된 유해 폐기물 성분이 영향을 받을 수 있는 환원 과정이 일어난다.

어난다. 물에서 사는 생명체는 생체 축적 과정을 통해 생분해성이 매우 낮은 유해 폐기물 종으로부터 큰 영향을 받을 수도 있다.

그림 19.5는 침전물의 역할이 강조된 수체 내 유해 폐기 물질의 몇 가지 특성을 나타내고 있다. 침전물에 축적될 수 있는 종류의 유해 폐기 물질들은 수체나 대수층 바닥에 가라앉을 수 있도록 밀도가 높고 물과 혼합되지 않는 액체로 구성되며, New York 주의 Hudson 강에 버려졌던 PCB 폐기물처럼 액체 '방울(blob)' 형태로 남을 수 있다.

유해 폐기물 종들은 수권에서 다양한 물리적, 화학적, 생화학적 과정을 거치면서 그 영향과 운명이 크게 바뀐다. 발생하는 주요 과정들은 아래와 같다.

- **가수 분해 반응(hydrolysis reaction)**은 H_2O 분자가 첨가되어 분해되는 반응이다. 가수 분해 반응의 한 예는 유해 폐기물 번호가 U069인 다이뷰틸 프탈레이트의 가수 분해이다.

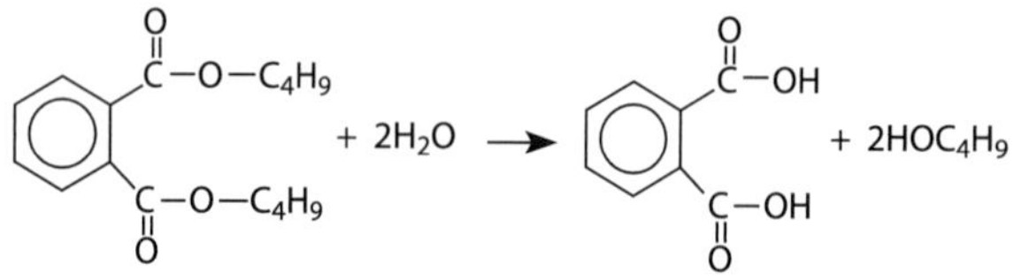

- 수체의 무산소 지역에서 물에 녹아 있는 납(II) 이온이 불용성 황화 납을 형성하는 것과 같은 **침전 반응(precipitation reaction)**.

$$Pb^{2+} + HS^- \rightarrow PbS(s) + H^+$$

침전 과정에서 중요한 점은 먼저 콜로이드 입자가 형성되고, 이후 서로 **응집(aggregation)**이 되어 침전물을 형성한다는 점이다. 침전물은 탄산 납의 염기성 염[$2PbCO_3 \cdot Pb(OH)_2$]과 같이 종종 상대적으로 복잡한 종을 형성하기도 한다. 수권에서 침전되는 유해 폐기물 종의 공통 성분인 중금속은 물에 일반적으로 존재하는 OH^-, HCO_3^-, SO_4^{2-} 이온들과 수산화물, 탄산염, 황산염을 형성하며, 수체의 바닥 영역에서 무산소성 세균에 의해 형성된 S^{2-}와 황화물을 형성하는 경향이 있다. 중금속은 다른 화합물의 미량 성분으로 종종 공침(coprecipitated)되거나 다른 고체 표면에 흡착되기도 한다.

- **산화–환원 반응(oxidation–reduction reaction)**은 일반적으로 미생물의 매개하에 수권의 유해 폐기 물질에서 종종 일어난다. 이런 과정의 예로는 **아질산균**(*Nitrosomonas bacteria*)에 의해 매개되는 암모니아의 독성 아질산염 이온으로의 산화 과정이 있다.

$$NH_3 + {}^3\!/_2 O_2 \rightarrow H^+ + NO_2^-(s) + H_2O$$

- **생화학 과정(biochemical process)**에는 종종 가수 분해와 산화−환원 반응이 포함된다. 세균 작용에 의해 생성되는 구연산염과 같은 유기산이나 킬레이트제는 중금속 이온을 용해할 수 있다. 또한 세균은 특히 수은과 비소 같은 중금속을 메틸화된 형태로 바꿀 수 있다.
- **광분해 반응(photolysis reaction)**과 기타 화학 현상. 수권에서의 유해 폐기 화합물의 광분해 반응은 일반적으로 햇빛에 노출된 물 윗부분의 표면층에서 발생한다.

유해 폐기 화합물은 수권에 많은 영향을 미친다. 아마도 가장 심각한 영향은 지하수의 오염으로 어떤 경우에는 되돌릴 수 없을 정도로 심각하게 오염되기도 한다. 폐기 화합물은 강이나 강어귀 퇴적층에 축적된다. 물에 녹아 있거나, 부유하거나, 혹은 물 표면 위에 떠다니는 유해 폐기 화합물은 수생 생물에 악영향을 끼칠 수 있다.

물속 유해 폐기 물질의 운명은 여러 요인에 인해 결정된다. 여기에는 물질의 용해도, 밀도, 생분해성 및 화학 반응성 등이 속한다. 앞에서 언급했고 19.16절에서 논의되는 것처럼, 주로 생분해 과정이 수권 내의 유해 폐기물의 운명을 결정한다. 일부 물질은 생분해 이외에 생물 농축 과정으로 생명체에 축적되며, 결과적으로 침전물로 퇴적될 수 있다. 유기물 친화성 물질은 침전물의 유기 물질에 흡착될 수 있다. 양이온 교환성 침전물은 양이온성 금속 이온이나 양이온을 형성하는 유기물과 같은 양이온 종과 결합할 수 있는 능력을 가지고 있다.

19.15 대기권에서의 유해 폐기물

유해 폐기 화학 물질은 폐기물 처리장에서의 증발, 바람에 의한 침식, 또는 직접 유출되어 대기 중으로 유입될 수 있다. 일반적으로 유해 폐기 화학 물질은 대기 중 대기 오염 물질과 반응하여 생성되는 스모그와 같은 2차 대기 오염 물질을 형성하기에 충분한 양이 방출되지는 않는다. 그러므로 유해 폐기 발생원에서 생성된 종들은 대기권에서 주로 폐기물 처리장 주위의 국지적인 영역에 배출되는 1차 오염 물질로 주로 고려된다. 1차 대기 오염 물질로서의 유해 폐기 화학 물질의 예로는 HCl과 같은 부식성 산성 기체, 염화 바이닐(U043)과 같은 독성 유기물 증기, 사고로 폐사이안화물과 강산이 혼합되었을 때 유출될 수 있는 HCN과 같은 독성 무기 증기 등이 있다.

$$H_2SO_4 + 2NaCN \rightarrow Na_2SO_4 + 2HCN(g) \tag{19.13}$$

이와 같은 1차 대기 오염 물질은 거의 언제나 처리장 인근이나 처리장 복원에 참여하는 근로자들에게만 중요하다. 일반적으로 화학 물질 탱크 정화 과정이나 철거 과정과 같은 유해 폐기물 처리장에서 치명적인 독성을 일으키는 물질 중 하나는 매우 독성이 강한 황화 수소(H_2S) 기체이다.

대기권으로 유입되는 유해 폐기 물질의 중요한 특성 중 하나는 1차 오염 물질로 작용하거나 2차 오염 물질을 생성하는 경향성과 같은, 물질의 **오염 가능성(pollution potential)**이다. 더불어 중요한 특성은 대기 중 반감기($t_{1/2}$)로 추정할 수 있는 **체류 시간(residence time)**이며, 물에 대한 용해도, 강우 수준 및 대기 혼합율의 영향을 받는다. 물에 대한 높은 용해도를 가진 대기 폐기물은 일반적으로 매우 작은 구름 입자나 안개 입자 혹은 빗방울 형태로 물에 **용해(dissolution)**되어 대기권으로부터 제거된다.

대기권에서 일부 유해 폐기물 종들은 벤조(*a*)피렌의 예처럼, **에어로솔 입자에 흡착(adsorption onto aerosol particle)**된 후 일반적으로 단 수일 내에 제거된다. **건식 침적(dry deposition)**은 지표면의 토양, 물, 식물에 충돌하여 발생할 수 있는데, 이때 물질의 종류, 접촉하는 표면의 성질 및 기상 조건에 따라 침적 속도가 달라진다.

대기권에서 폐기물은 화학 반응을 통해 위에서 설명한 것보다 빠르게 제거되는데, 그중 가장 중요한 반응이 광화학 반응이며, 반응 과정에 일반적으로 반응성이 높은 수산화 라디칼(HO•)이 관여한다.

HO•보다 느리게 반응이 진행되지만 유해 폐기 화합물을 제거할 수 있는 다른 반응성 대기 화학종에는 오존(O_3), 산소 원자(O), 과산화 라디칼(HOO•), 알킬과산화 라디칼(ROO•) 및 NO_3가 있다. 수산화 라디칼은 유기 화합물에서 H 원자를 제거하는 **제거 반응(abstraction reaction)**을 일으키며,

$$R-H+HO\bullet \rightarrow R\bullet + H_2O \qquad (19.14)$$

아래에 예시된 것처럼 불포화 결합을 지닌 유기 화합물에 첨가되는 반응을 할 수도 있다.

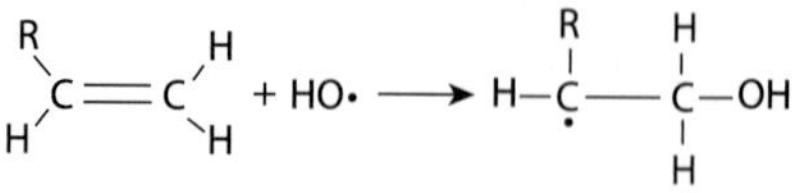

(19.15)

자유 라디칼 생성물은 반응성이 매우 크다. 이들은 알데하이드, 케톤, 탈할로젠화 유기물과 같이 산소화된 종들을 형성하기 위해 더 반응하여, 결국 대기권에서 더욱 쉽게 제거되는 입자나 수용성 물질을 형성한다.

대기권 중 유해 폐기 화합물의 직접적인 광분해 반응은 **발색단(chromophore)**이라고 하는, 빛을 흡수하는 작용기를 가지고 있는 분자가 더욱 짧은 파장의 빛을 흡수하여 일어날 수 있다.

$$R-X+h\nu \rightarrow R\bullet + X\bullet \qquad (19.16)$$

대기권으로부터 화학종을 제거하기 위한 빛의 직접 흡수 유효성 평가에 포함되는 요인들에는 빛의 세기, 양자 수율(흡수된 양자당 화학 반응) 및 대기 혼합 등이 있다. 보통 유해 폐기물에서 발견되는 콘쥬게이션 알켄, 카보닐 화합물, 일부 할로젠화물 및 특히 나이트로 화합물을 포함한 일부 질소 화합물 이외의 대부분의 화합물들은 분자 내에 적절한 발색단이 없어 직접적인 광분해 반응이 제한적이다.

19.16 생물권에서의 유해 폐기물

미생물, 세균, 곰팡이, 그리고 원생동물 중 일부는 대사 과정에서 환경에 유해 폐기 물질이 사용될 수 있다. 따라서 유해 폐기물의 생태 독성학, 즉 생태계 내에서 유해 폐기물이 생명체에 끼치는 독성 영향은 매우 중요하다. 이러한 물질의 대부분이 **인위적**(anthropogenic, 인간 활동으로 만들어진)인 물질로, 대부분 생명체 시스템에 이질적인 **생체 이물**(xenobiotic) 분자로 분류된다. 생체 이물 화합물은 성질에 따라 분해에 대한 저항성을 갖지만, 비할로젠화 알케인, 할로젠화 알케인(트라이클로로에테인, 다이클로로메테인), 비할로젠화 아릴 화합물[벤젠, 나프탈렌, 및 벤조(*a*)피렌], 할로젠화 아릴 화합물(헥사클로로벤젠, 펜타클로로페놀), 페놀류(페놀, 크레졸), PCBs, 프탈레이트 에스터 및 농약류(클로르데인, 파라싸이온) 등은 다양한 미생물에 의해 적어도 부분적으로 분해될 수 있다.

생물 축적(bioaccumulation)은 폐기물이 유기체 조직 내에 축적되어 발생한다. 이 과정을 통해 폐기물이 먹이 사슬로 들어가게 된다. **생분해(biodegradation)**는 생물학적 과정을 거쳐 폐기물이 일반적으로 더욱 간단한 분자로 변환될 때 일어난다. CO_2, NH_3, SO_4^{2-} 및 $H_2PO_4^-/HPO_4^{2-}$와 같은 단순한 무기 화학종으로의 완전한 변환을 **무기물화(mineralization)**라고 한다. 생화학적 과정에 의해 독성이 적은 생성물로 전환되는 것을 **해독화(detoxification)**라고 한다. 예를 들어, 독성이 매우 강한 유기인산염 살충제인 파라옥손을 *p*-나이트로페놀로 생전환시키면 독성이 약 1/200에 불과하다.

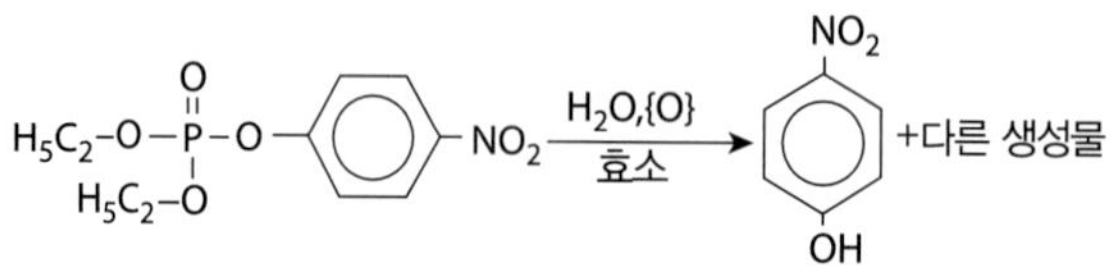

(19.17)

19.16.1 미생물 대사에 의한 폐기물 분해

유해 폐기물종이 작용하는 두 가지 주요한 생화학적 대사 과정은 산소 공급원으로 산소 분자를 사용하는 **산소성(호기성) 과정**[**oxic(aerobic) process**]과, 환원되면 H_2S가 생성되는 황산 이온(SO_4^{2-})과 같은 다른 산화제를 사용하는 **무산소성(혐기성) 과정**[**anoxic(anaerobic) process**]이다. (후자는 유해 폐기 중금속이 존재할 때 불용성 금속 황화물을 침전시키는 이점이 있다.) 산소 분자는 이렇게 깊숙이 침투하지 못하기 때문에 그림 19.5와 같이 깊은 곳의 침전물에서는 혐기성 과정이 우세하다.

인위적 화합물의 대부분은 자연 발생 화합물보다 훨씬 더 생분해되기 어렵다. 생체 이물 특성을 고려하면 이러한 물질에 특이적으로 작용할 미생물 효소 시스템은 극히 적으며, 특히 반응을 위해 분자에 초기 공격이 이루어지는 경우 더욱 그렇다. 따라서 대부분의 생체 이물 화합물은 정상적인 대사 과정과 동시에 일어나는 **공동 대사**(**cometabolism**)라고 불리는 과정에 의해 분해된다. 공동 대사의 흥미로운 예로, 흰색 부패 곰팡이인 **파네로카에테 크리소스포륨**(*Phanerochaete chrysosporium*)의 대사 과정에서 PCBs, DDT, 클로로다이옥신과 같은 유해 유기 염화물의 처리가 촉진된다. 이 곰팡이는 죽은 나무를 탄소 공급원으로 사용하는데, 나무의 셀룰로스를 묶어 분해되는 것을 방지하는 역할을 하는 생체 고분자인 리그닌을 분해하는 효소 시스템을 가지고 있다. 적절한 조건에서 이 효소 시스템은 유기 염화물을 공격하고 무기물화가 가능하게 한다.[4]

생체이물 유해 폐기 화합물의 생분해성에 대한 민감성은 물리적 또는 화학적 성질에 달려 있다. 중요한 물리적 특성에는 물에 대한 용해도, 소수성(물을 배척하는), 휘발성, 친유성(지질에 대한 친화성) 등이 포함된다. 가지달린 탄소 사슬, 에터 결합, 메타 위치가 치환된 벤젠 고리, 염소, 아민, 메톡시기, 술폰산염 및 나이트로기 등의 특정 구조의 작용기를 가진 유기 화합물은 생분해에 저항하는 특성이 있다.

미생물은 유해 폐기 화합물을 분해하는 능력이 다양하다. 미생물 한 종에 의해 폐기 화합물이 완전히 무기물화될 수 없다. **슈도모나스**(*Pseudomonas*) 계열의 다수의 산소성 세균은 바이페닐, 나프탈렌, DDT 및 기타 여러 화합물과 같은 합성 화합물을 분해하는 데 적합하다. **방선균**(*Actinomycetes*)류는 형태학적으로 세균이나 진균과 유사한 미생물로, 피리딘, 페놀, 비염소화 아릴 및 염소화 아릴뿐 아니라 분해 저항성이 있는 알케인 및 리그노셀룰로스를 포함한 다양한 유기 화합물을 분해한다. 진균은 특히 긴 사슬이나 복잡한 구조의 탄화수소를 공격하는 능력이 뛰어나 PCB 화합물에 대한 초기 공격 능력이 세균보다 우수하다.

19.16.2 유해 폐기물의 생태 독성학

생물학적으로 폐기물에 대한 가장 큰 우려는 동물, 식물, 또는 미생물에 끼치는 독성 영향이다. 거의 모든 유해 폐기 물질은 일정 정도의 독성을 지니고 있고 일부는 독성이 매우 크다. 독성은 폐기물의 물리적 또는 화학적 본질, 폐기물이 함유되어 있는 매질, 노출된 종의 유형과 상태, 노출 방식, 정도 또는 시간에 따라 현저하게 달라진다.

화학 물질이 환경에 있는 생명체에 미치는 영향에 관해 연구하는 **생태 독성학**(**ecotoxicology**)은 유해 폐기물 위험 평가에서 중요한 부분을 차지한다. **생태 역학**(**eco-epidemiology**)에서는 이질적인 화학 물질의 유입으로 인한 환경의 물리적 및 화학적 변화가 생물학적 공동체의 건강에 어떻게 영향을 끼치는지를 상대적으로 오랜 기간에 걸쳐 평가하는 보다 광범위한 영역을 다룬다. 생태 독성학의 관점에서 유해 폐기물의 중요한 점은 화학 물질이 환경의 생명체에 중대한 영향을 미치기 시작하는 농도를 결정하는 것이다. 환경에 유출될 가능성이 있는 생성물의 생태 독성 연구는 화합물이 생명체의 생존, 성장 또는 생식에 미치는 영향을 평가하기 위한 정량적[QSAR(구조-활성 간의 정량적 관계)]인 접근(주로 계산으로)을 시작으로, 급성, 만성 및 생태계 모형 시험 순으로 진행(단계별 영향 평가)된다. 단계별 접근법에서 높은 수준의 시험을 수행하기 위해서는 시험 비용과 복잡성이 증가하기 때문에, 시험 배열의 초기 단계에서 문제가 없으면 이후 단계 시험이 필요하지 않을 수 있다. 가장 널리 사용되고 있는 화합물만 비용이 많이 드는 만성 독성이나 생태계 모형 시험을 진행할 수 있다.

19.17 테러 위험 유해 물질

일상적인 상거래에서 사용되고 있거나 파괴나 독성 효과를 내기 위해 특별히 만들어진 다양한 물질들이 테러 공격에 사용될 가능성이 있다. 이러한 물질 중 일부에 대해 논의하고자 한다. 테러에 이용될 가능성이 있는 독성 물질은 23장에서 더 자세히 논의할 것이다.

인간을 공격하는 데 사용되는 물질은 공기, 음식, 식수, 또는 의약품을 포함한 다양한 방법으로 살포될 수 있다. 이러한 물질은 쇼핑몰, 극장, 또는 교통 시설과 같이 사람들이 많이 모인 곳에서 특히 효과적이다. 부분적으로 화학 작용제는 바람이나 기류에 의해 위험하지 않은 수준으로 쉽게 희석될 수 있기 때문에, 생물학적 작용제나 핵무기보다 야외에 분산된 사람들을 대상으로 한 공격에 대한 우려가 적다. 효과적인 공격에 필요한 화학 작용제의 양은 신경 가스의 경우 단 수 그램부터 암모니아나 염소의 경우 수백 킬로그램에 이르기까지 다양하다. 일반 대중의 화학 물질 혐오증으로 인해, 상대적으로 해가 작은 화학 물질 공격에도 노출된 개인에게는 심각한 공황 상태를 일으킬 수 있다.

테러 공격에 사용될 가능성이 있는 유해 화학 물질은 다음과 같다.

1. 독성 또는 기타 유해한 공업 화학 물질
2. 군용 독극물
3. 가연성 물질 및 산화제
4. 부식성 물질
5. 폭발물을 포함한 고반응성 물질

현대 산업 사회는 특징적으로 상대적으로 많은 양의 유해 공업 화학 물질을 사용하고 있다. 이러한 화학 물질이 초래할 수 있는 잠재적인 위험성은 1984년에 인도 Bhopal에서 일어난, 아이소사이안화 메틸이 우발적으로 유출되어 3,500명이 사망한 비극적인 사건에서도 알 수 있다. 다양한 용도로 사용되고 있는 포스겐과 원소 상태의 염소는 제1차 세계 대전에서 최초로 사용된 군용 독극물 중 하나였다. 보다 최근의 예로는 2003년 12월에 중국 남서부의 Chuandongbei 천연가스전에서 독성이 높은 황화 수소(H_2S)가 고농도로 포함된 고압의 천연가스 지역을 드릴로 뚫다가 발생한 사건으로, 대규모의 유해 화학 물질 중독 사례가 발생하였다. 가스정에서 분출된 유독 기체가 가스정에서 가장 가깝고 인구 밀도가 높은 Xiaoyang 마을을 덮쳐 191명이 사망하였다. Zhonghe 시에서는 약 600명이 중독 치료를 받았고 수천 명이 대피하였다. 추가적인 중독을 막기 위해 가스를 발화시켰고, 엄청난 화재와 더불어 황화 수소가 상대적으로 유해성이 낮은 이산화 황으로 전환되었다.

공업용 화학 물질은 공장 벽 내부에서 매우 잘 제어되기 때문에 이로 인한 피해는 상대적으로 드물다. 반면, 철도, 트럭, 또는 다른 수단으로 이러한 화학 물질을 운송하는 과정이 더 큰 위험을 초래한다. 유해 화학 물질이 유출되는 대형 교통사고는 비교적 자주 발생한다. 이러한 화학 물질을 운반하는 열차와 트럭 및 다수의 사람을 화학 물질에 노출할 수 있는 비행기 공중 납치조차도 테러 공격에 취약하다. 이러한 점에서 산업 생태학과 친환경 화학 실천은 위험을 감소시킬 수 있는 무한한 잠재력을 지니고 있다고 할 수 있다. 대부분은 위험한 화학 물질 중간체를 필요할 때마다 현장에서 바로 제조하여 생산물을 생산하면, 다량의 화학 물질을 운반할 필요가 없을 뿐더러 위험을 초래할 수 있는 양의 화학 물질을 저장할 필요가 없어진다.

연소 과정에 필요한 연소 물질과 산화제는 광범위하게 사용되고 있으며, 생산업체에서 사용자에게 운송된다. 인화성 물질이 사망과 파괴를 일으킬 가능성은 2001년 뉴욕 세계 무역 센터에 인화성 항공유로 가해진 비극적인 공격에서도 알 수 있다. 인화성 물질에는 지하철 터널이나 하수구와 같은 관을

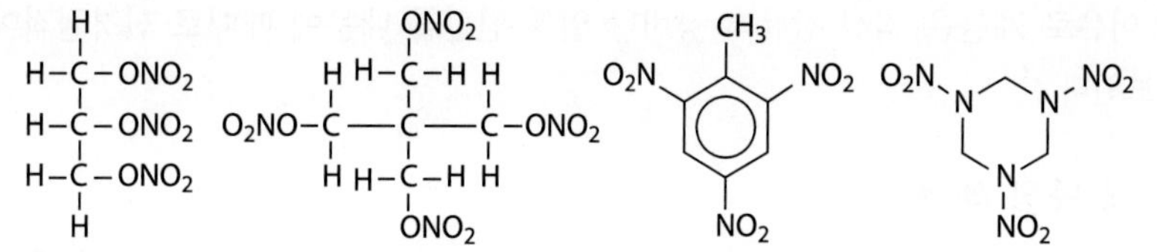

그림 19.6 일반적인 군용 폭발물.

통해 일정 정도 퍼질 수 있는 기체나 휘발성 액체가 포함된다. 다량의 인화성 물질을 운반하는 수송관은 테러 공격에 취약하다. 공기와 혼합된 인화성 증기는 큰 폭발을 일으킬 수 있다.

산화제는 인화성 물질의 연소를 크게 가속화할 수 있다. 이 현상은 1997년에 Florida 주 Everglades에서 발생한 Valujet 여객기 추락 사고에서 비극적으로 나타났다. 항공기의 산소 발생기에 사용되었던 염소산 소듐이 수화물 보관 창고에 비치되어 있었고, 산화제로 작용하여 타이어와 다른 인화성 물질을 태워 비행기 추락으로 이어졌다. 2016년 초에 유엔 국제 민간 항공 기구에서는 화재 위험 때문에 여객기 화물로 리튬 이온 배터리가 선적되는 것을 금지한다고 발표하였다.

물질과 피부를 공격하는 부식성 물질도 테러 공격에 사용될 수 있다. 산성의 무수 황산은 범죄 현장에서 사람들의 눈을 멀게 하는 데 사용되기도 한다. 산과 기타 부식성 물질은 통신 장비와 같은 인프라를 공격하는 데 사용될 수도 있다.

폭발물은 테러 공격에서 가장 널리 사용되는 물질이다. 상대적으로 적은 양의 폭발물에 의한 폭발로도 항공기를 추락시킬 수 있다. 1995년 Oklahoma 시의 Murrah 연방 건물 폭파 사건과 케냐 주재 미국 대사관 폭파 사건을 포함한, 최근에 빈번하게 일어나는 테러 공격에 훨씬 더 많은 양이 사용되었다.

불법적인 목적에 사용될 수 있는 다양한 종류의 폭발물들이 개발되었다. 여기에는 화약, 나이트로글리세린(다이너마이트의 폭발물), TNT(2,4,6-트라이나이트로톨루엔), RDX(1,3,5-트라이나이트로-1,3,5-트라이아자사이클로헥세인), PETN(펜타에리스리톨 테트라나이트레이트) 등이 있다. 몇몇 위험한 폭발물의 구조식이 그림 19.6에 나와 있다. 쉽게 구할 수 있는 물질로 폭발물을 제조할 수도 있는데, 특히 질산 암모늄 비료와 연료 기름의 혼합물은 Oklahoma 시의 Murrah 연방 건물 테러에 사용되었다.

19.17.1 유해 물질 검출

폭발물 또는 기타 유해 물질을 검출하는 것은 테러 위협에 대항할 수 있는 중요한 과제이다. 항공기 승객과 그들의 수하물에서 무기나 폭탄을 찾는 표준 방법이었던 금속 탐지기와 X선 영상 기법은 유해 물질 검출에 제한적이다. 정지 이온 이동도 분광계(Stationary ion mobility spectrometer)와 화학 발광 센서는 RDX, PETN, TNT와 같은 폭발물의 잔류물을 검출할 수 있다. 일반적으로 시료 채취는 수화물을 닦는 방식으로 수행한다. 수화물을 너무 세심히 청소하면 검출 가능성이 줄어들 수도 있다. 천연에 존재하는 질소의 99.6%를 차지하는 ^{14}N 원자의 핵에서 발생하는 신호인 핵 사중극자 공명(nuclear quadrupole resonance) 현상은 특히 유망한 폭발물 탐지 기술로 응용될 수 있다. 이 정보는 특정 종류의 폭발물 내부의 작용기와 관련이 있으며, 해당 폭발물 탐지를 가능하게 한다.

테러 공격과 관련된 유해 화학 물질을 탐지하는 가장 민감한 방법의 하나는 '개 후각 검출법'이다. 이 검출법은 매우 낮은 농도의 물질 냄새를 검출하는 데 개를 이용하는 방법이다. 이 검출 시스템은 약 220만 개의 점액으로 입혀진 개의 후각 수용체(사람의 약 40배)를 이용하여 냄새를 검출하는데, 인간이 개발한 그 어떤 냄새 검출기보다 정교하다. (그러나 개 후각 분야 전문가의 말을 인용한 한 권위 있는 출처 "개들의 거짓말. 우리는 그들이 한 일을 알고 있다."에 따르면, 보상을 받으려는 욕구를 포함한 여러 가지 이유로 개들은 최신 컴퓨터 장비나 일부 인간들 때문에 때때로 신경질적이고 예측 불가능한 성향을 보인다.)[5]

19.17.2 유해 물질 제거

일부 유해 물질에 의한 공격의 영향을 줄이는 중요한 방법은 오염된 공기 또는 표면을 제염하거나 오염을 제거하는 것이다. 다양한 종류의 필터를 사용하여 공기나 물로부터 입자를 제거할 수 있다. 활성탄과 분자체를 포함한 흡착제는 분자 형태의 오염 물질을 격리하는 데 사용할 수 있다. 오염 물질을 흡수할 수 있거나 화학적으로 반응할 수 있는 액체나 용액은 세정기 또는 충진형 수착 반응기에 사용할 수 있다.

오염 제거에 있어 공통적인 문제는 제거 목적으로 사용된 물질이 전자 장비와 같은 오염된 장치에 사용할 수 없을 수 있다는 것이다. 염소, 플루오린화 수소, 황화 수소 및 다른 수용성 물질로 오염된 대기는 미세한 분무 형태의 물이 효과적인 제거제일 수 있으나, 민감한 컴퓨터 장비에는 적합하지 않다. 반응성 폼(foam)이 때에 따라 다소 더 바람직할 수 있다.

로봇은 공격 장소를 평가하고, 몇 가지 유형의 수색과 구조 작업을 수행하며, 컨테이너를 검사하고, 일상적인 감시를 수행하며, 노동 집약적이고 지루한 오염 제거 작업을 수행하는 등 대테러 작업에 상당한 잠재력을 가지고 있다. 인간을 거의 완벽히 대체할 수 있는 로봇들이 개발되었다. 컴퓨터 제어 또는 인공 지능의 지속적인 발전으로 미래의 대테러 활동에서 로봇의 역할이 계속 증가하고 있다.

참고문헌

1. Bergeron, Emily, "Human Rights Hero: The Mother of Superfund," American Bar Association, May 21, 2021, americanbar.org.
2. Wong, Samantha, "Dangerous Waste Disposal Volume in China 2016–2021," *Statistica*, August 23, 2021, https://www.statista.com/.
3. SW-846 Test Method 1311: Toxicity Characteristic Leaching Procedure, U.S. Environmental Protection Agency, 2021, https://www.epa.gov/hw-sw846/sw-846-test-method-1311-toxicity-characteristic-leaching-procedure.
4. Fulekar, M. H., Bhawana Pathak, Jyoti Fulekar, and Tanvi Godambe, "Bioremediation of Organic Pollutants Using *Phanerochaete chrysosporium*," *Soil Biology*, **32**, 135–157, 2013.
5. Derr, Mark, "With Dog Detectives, Mistakes Can Happen," *New York Times*, December 24, 2002, p. D1, https://www.nytimes.com/2002/12/24/science/with-dog-detectives-mistakes-can-happen.html.

보충자료

Albright, Richard, *Cleanup of Chemical and Explosive Munitions*, 2nd ed., William Andrew, Norwich, NY, 2011.

ASTM Committee D-18 on Soil and Rock, *ASTM Standards Relating to Environmental Site Characterization*, 2nd ed., ASTM International, West Conshohocken, PA, 2002.

Barth, Richard C., Patricia D. George, and Ronald H. Hill, *Environmental Health and Safety For Hazardous Waste Sites*, American Industrial Hygiene Association, Fairfax, VA, 2002.

Cabaniss, Amy D., Ed., *Handbook on Household Hazardous Waste*, Government Institute/Scarecrow Press, Lanham, MD, 2008.

Carson, Phillip A., and Clive Mumford, *Hazardous Chemicals Handbook*, 2nd ed., Elsevier, Amsterdam,

2002.

Cheremisinoff, Dalvetshina, *Fire and Explosion Hazards Handbook of Industrial Chemicals*, Jaico Publishing House, Mumbai, India, 2005.

Cheremisinoff, Nicholas P., *Handbook of Industrial Toxicology and Hazardous Materials*, Marcel Dekker, New York, NY, 1999.

Cheremisinoff, Nicholas P., *Industrial Solvents Handbook*, 2nd ed., Marcel Dekker, New York, NY, 2003.

2020 Emergency Response Guidebook (ERG), J. J. Keller and Associates, jjkeller.com

Gantt, Paul, Hazardous Materials: Regulations, Response, and Site Operations, Amazon Digital Services, 2016.

Garrett, Theodore L., Ed., *The RCRA Practice Manual*, 3rd ed., American Bar Association, Section of Environment, Energy, and Resources, Chicago, IL, 2013.

Hawley, Chris, *Hazardous Materials Air Monitoring and Detection Devices*, 2nd ed., Thomson/Delmar Learning, Clifton Park, NY, 2018.

Hawley, Chris, *Hazardous Materials Handbook: Awareness and Operations Levels*, Delmar Cengage, Clifton Park, NY, 2008.

Hawley, Chris, *Hazardous Materials Incidents*, 3rd ed., Thomson/Delmar Learning, Clifton Park, NY, 2008.

Hazardous Materials Publishing, *Hazardous Materials Substances and Wastes Compliance Guide*, Hazardous Materials Publishing, Kutztown, PA, 2015.

LaGrega, Michael D., Phillip L. Buckingham, and Jeffrey C. Evans, *Hazardous Waste Management*, Reissue ed., Waveland Press, Long Grove, IL, 2010.

LandMark Publications, *Hazardous Waste Cleanup*, Amazon Digital Services, 2013.

Meyer, Eugene, *Chemistry of Hazardous Materials*, 7th ed., Prentice-Hall, Upper Saddle River, NJ, 2020.

Murray, Raymond, and Keith E. Holbert, *Nuclear Energy: An Introduction to the Concepts, Systems, and Applications of Nuclear Processes*, 8th ed., Butterworth-Heineman, Oxford, 2019.

Office of Technology Assessment, *Technologies and Management Strategies for Hazardous Waste Control*, University Press of the Pacific, Honolulu, HI, 2005.

Pichtel, John, *Waste Management Practices: Municipal, Hazardous, and Industrial*, 2nd ed., CRC Press, Boca Raton, FL, 2014.

Pohanish, Richard P., *Sittig's Handbook of Toxic and Hazardous Chemicals and Carcinogens*, 6th ed., Elsevier, Amsterdam, 2011.

Urben, P. G., Ed., *Bretherick's Handbook of Reactive Chemical Hazards*, 8th ed., Elsevier, Amsterdam, 2017.

U.S. Environmental Protection Agency, *Protecting Health and Safety at Hazardous Waste Sites: An Overview*, BiblioGov, Washington, DC, 2013.

VanGuilder, Cliff, *Hazardous Waste Management: An Introduction*, 2nd ed., Mercury Learning and Information, Herndon, VA, 2018.

Wang, Lawrence K., and Yung-Tse Hung, *Handbook of Advanced Industrial and Hazardous Wastes Treatment*, 2nd ed., CRC Press, Boca Raton, FL, 2009.

연습문제

모든 문제들을 답하기 위해서는 인터넷을 활용해야 할 것이다. 특히 일반적인 정보나 통계, 상숫값, 수식들은 인터넷에서 찾아서 사용하시오. 질문들은 교재 안에 있는 내용을 단순하게 찾아서 쓰는 것보다 호기심과 사고력을 증진시키기 위한 것이다. 그래서 어떤 경우에는 여러 가지 '정답'이 있을 수 있다. 그러므로 만약 자신의 이지적인 사고를 통한 노력과 다양한 문헌으로부터 찾은 정보를 바탕으로 작성한 답은 '정답'으로 간주한다.

1. 다음 왼쪽의 유해 물질 종류와 오른쪽의 특정 예를 옳게 연결하시오.

(a) 폭발물	(1) 발연 황산, 황산, 가성 소다
(b) 압축 가스	(2) 백린
(c) 방사성 물질	(3) NH_4ClO_4
(d) 인화성 고체	(4) 수소, 이산화 황
(e) 산화성 물질	(5) 나이트로글리세린
(f) 부식성 물질	(6) 플루토늄, 코발트-60

2. 다음 중 나열된 다른 성질들과 같은 그룹에 속하지 않는 것은?
   a. 발화원이 존재하면 증기가 점화될 수 있는 액체 물질
   b. 마찰 또는 물과 접촉하여 화재를 유발할 수 있고 격렬하게 또는 지속적으로 타는 비액체
   c. 발화성 압축 기체
   d. 산화제
   e. 극단적인 산성 또는 염기성을 나타내는 물질
3. 어떤 경우에 대기 및 수질 오염을 완화하려는 조치가 유해 폐기물 문제를 악화시키는 경향이 있다고 할 수 있는가?
4. 왜 산성 침출수에서 금속의 희석이 매우 어려운가? 왜 토양에서 음이온 종의 희석이 양이온 종의 희석보다 작은가?
5. 유기 액체의 인화성 위험을 결정할 때 LFL, UFL 및 인화성 범위의 중요성에 대해 논하시오.
6. 진한 질산과 그 반응 생성물은 여러 종류의 위험을 일으킨다. 어떤 것들이 있는가?
7. 점화원 없이 공기 중에 자연적으로 불이 붙는 물질은 무엇인가?
8. 연소로 인해 발생하는 유해 생성물 4~5가지를 나열하고, 각각의 물질에 의해 야기되는 유해성에 대해 설명하시오.
9. 산소와 질소를 모두 포함하고 있는 유기 화합물 작용기는 어떤 종류의 성질이 부여되는 경향이 있는가?
10. 아래 왼쪽의 부식성 물질과 오른쪽의 특성을 바르게 연결하시오.

(a) 알칼리 금속 수산화물	(1) 산화제
(b) 과산화 수소	(2) 강염기
(c) 플루오린화 수소산(HF)	(3) 유리 용제
(d) 질산(HNO_3)	(4) 조직과 반응하여 노란색의 크산토프로테인산을 형성한다.

11. 다음 폐기물을 분리성이 증가하는 순서대로 나열하시오.
    a. 수분을 거의 함유하지 않은 할로젠화 및 탄화수소 혼합 용매
    b. 폐강철 산성 세척액
    c. 유기와 무기 혼합 폐기물로 이루어진 슬러지 희석액
    d. 할로젠화 물질이 없는 폐탄화수소 용매
    e. 혼합 무기 슬러지 희석액
12. 무기 화학종은 점토에 대한 머무름을 기준으로 세 가지 그룹으로 나눌 수 있다. 각 그룹에는 어떤 원소들이 속해 있는가? 이러한 분류의 화학적 기본 개념은 무엇인가? 음이온(Cl^-, NO_3^-)은 어떻게 분류되는가?
13. 어떤 형태로 유해 폐기물인 PCB가 대량으로 수권에서 발견될 수 있는가?
14. 독성 용출 시험법은 원래 유해 폐기물이 생분해성 유기물 쓰레기와 함께 처리되는 '잘못된 관리 시나리오'를 모방하여 고안되었다. 이 시험법이 유해 폐기물과 지속적으로 감소하고 있는 도시 쓰레기가 함께 처리됨으로써 발생할 수 있는 상황을 어떻게 반영하고 있는지 토의하시오.
15. 운송 적합성을 결정짓는 폐기물의 세 가지 주요 특성은 무엇인가?
16. 유해 폐기물의 기원에 대한 주요 발생원, 즉 환경으로 유입되는 주된 방식의 중요성을 나열하고 토의하시오. 이들 각각이 지닌 상대적 위험은 무엇인가? 각각 환경의 어느 부분이 오염될 가능성이 가장 큰가?
17. 유기 유해 폐기 구성 물질의 희석에 침출수에 포함된 유기 용매가 미치는 영향은 무엇인가?
18. 대기권으로부터 화합물을 제거하는 데 있어 직접적인 광분해가 중요한 요인이 되기 위해 화합물이 가져야 할 특성은 무엇인가?
19. 강한 킬레이트제를 방사성 핵종 폐기물과 함께 폐기했을 때 발생할 수 있는 특별한 위험성에 관해 설명하시오. 이 위험성과 관련하여 생성물의 화학적 성질에 관해 설명하시오.

20. 수중 유해 폐기물에 대한 $Fe_2O_3 \cdot xH_2O$ 또는 $MnO_2 \cdot xH_2O$ 침전으로 발생할 수 있는 유익한 효과에 관해 설명하시오.
21. 유해 폐기물 폐기장에서 2차 대기 오염 물질이 1차 대기 오염 물질과 비교해 관심이 덜한 이유는 무엇인가? 이 두 종류의 차이점은 무엇인가?
22. 아래의 왼쪽에 기술된 수권에서 유해한 화학종의 변화와, 오른쪽에 기술된 궁극적인 운명이 결정되는 물리적, 화학적, 생화학적 과정을 옳게 연결하시오.

(a) 침전 반응	(1) H_2O를 첨가하여 분자를 분해한다.
(b) 생화학적 과정	(2) 종종 가수 분해와 산화–환원 반응이 포함된다.
(c) 산화–환원	(3) 침전물과 부유 물질에 의해 일어난다.
(d) 가수 분해 반응	(4) 일반적으로 미생물에 의해 매개된다.
(e) 흡착	(5) 일반적으로 물에 부유하는 콜로이드 입자의 응집 과정이 수반된다.

23. 생물권에 유해 폐기물을 적용할 때 일어나는 생분해, 생물 변환, 해독화 및 무기물화를 구별하여 설명하시오.
24. 유해 폐기 화합물의 처리에 **파네로카에테 크리소스포륨**(*Phanerochaete chrysosporium*, 흰색 부패 곰팡이)의 잠재적인 역할은 무엇인가? 어떤 종류의 화합물을 처리하는 것이 가장 유용한가?
25. 수권의 어느 구역이 유해 폐기물의 부적절한 처리로 인해 장기간에 걸쳐 돌이킬 수 없는 오염이 가장 많이 발생할 수 있는가?
26. 유해 폐기 화합물의 생분해 적합성을 결정하는 데에는 소수성, 용해도, 휘발성 및 지질에 대한 친화성과 같은 몇 가지 물리적 및 화학적 성질이 관련되어 있다. 각 요인이 생분해성에 영향을 끼칠 수 있는 방법을 제안하고 토론하시오.
27. 수권에서 유해 화학종의 변형과 궁극적인 운명을 결정하는 몇 가지 중요한 과정을 열거하고 토론하시오.

20 폐기물 최소화, 활용 및 처리를 위한 산업 생태학

20.1 개요

19장에서 유해 폐기물의 본질과 생성 과정 및 환경적 거동에 대해 다루었다. 유해 폐기물에 대한 문제가 미국과 전세계에 걸쳐 심각한 정도에 이르고 있다는 것은 분명한 사실이다. 유해 폐기물을 감축하고 정화하는 실질적인 노력이 시작된 시기는 1970년대 이후부터이다. 폐기물을 다루는 법률이 통과되었고, 규제가 제정되고 개선되고 있으며, 수많은 폐기물 현장이 특성화되고 처리되고 있다. 유해 폐기물 관리에 지출되는 재원 중 많은 부분이 폐기물 발생의 원인을 제공하는 당사자에 대한 소송 비용으로 사용되고 있다. 이 장에서는 화학 폐기물을 최소화, 재활용, 처리 및 처분하는 수단을 개발하기 위해, 또 유해 폐기물 관리에 적용할 수 있는 환경 화학, 산업 생태학, 녹색 화학에 대해 살펴볼 것이다. 유해 폐기물의 관리를 위한 사항을 폐기물이 생성되는 순서대로 정리하면 다음과 같다.

- 폐기물을 생성시키지 말라.
- 폐기물 생성을 피할 수 없다면, 최소한의 양을 생산하라.
- 재활용하라.
- 재활용할 수 없다면, 폐기물을 무해한 수준으로 처리하라.
- 무해한 수준으로 처리할 수 없다면, 안전한 방법으로 처분하라.
- 처분된 폐기물에 대해서는 침출수 및 폐기물에 의한 악영향을 예측하기 위해 지속적으로 모니터하라.

유해 폐기물 관리의 **효율성(effectiveness)**은 폐기물의 양과 유해성을 줄이는 척도가 된다. 그림 20.1은 폐기물 관리의 절차 예를 나타낸 것이다. 폐기물 관리의 가장 이상적이고 우선적인 고려 사항은 폐기물 생성을 방지하는 것이다. 만일 그렇게 할 수 없다면, 폐기물 성분을 회수하거나 재활용해야 한다. 이 또한 여의치 않다면, 유해한 폐기물을 파괴하거나 적절한 처리를 통해 무해한 폐기물로 변환해야 한다. 유해 폐기물을 단순히 저장하거나 매립지에 처분하는 것은 가장 바람직하지 못한 방법이다.

20.2 폐기물 감축과 최소화

지난 수십 년에 걸쳐, 폐기물의 양을 줄이고 폐기물 취급의 부담을 줄이기 위한 적극적인 노력이 이루어지고 있다. 이러한 노력의 일환으로, 폐기물을 제한하는 법률이 제정되었고 규제가 강화되고 있으며, 이에 따라 폐기물과 관련된 법적 조치와 소송 사건이 늘어나고 있다. 한편, 폐기물의 양을 최소화하는 일은 좋은 사업으로 연결될 수도 있다. 폐기물은 물질이며, 물질은 가치가 있다. 모든 물질은 이

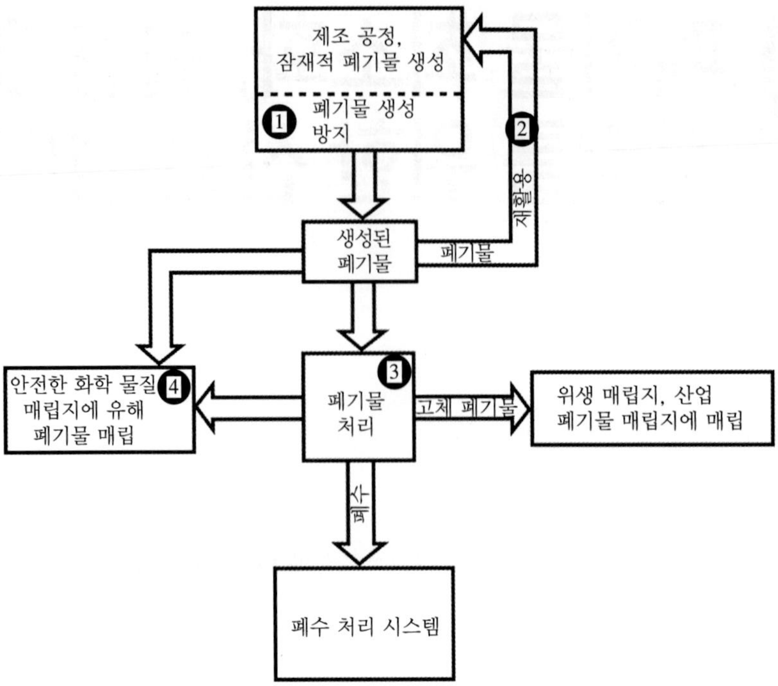

그림 20.1 폐기물 처리의 효율적 관리를 위한 계통도. 검은 원 안의 숫자는 이상적인 폐기물 처리의 순서를 나타낸 것이다.

로운 목적으로 사용되어야 하며, 폐기물을 처분하기 위해 많은 비용을 들이지 말아야 한다.

산업 생태학(**industrial ecology**)은 산업체에서 물질의 효율적 사용을 취급하는 것이 전부인 새로운 학문 분야이다. 산업 생태학 시스템은 폐기물 감축과 폐기물 축소 시스템이다.[1] 폐기물의 양을 줄이는 것에 대해 넓은 시각을 갖는 것은 중요하다. 그 이유는 한 장소에서 폐기물 문제를 해결하는 것이 다른 곳으로 폐기물 문제가 전가될 수도 있기 때문이다. 대기 오염과 수질 오염을 제어하기 위한 초기의 노력은 폐기물을 배출하는 산업 현장과는 떨어진 곳에 유해 폐기물 문제를 야기시키곤 하였다. 산업 생태학의 핵심적인 측면은 산업 시스템을 전체로 보고, 산업체 내에서 폐기물을 발생하지 않도록 하는 것이다. 폐기물 취급의 가장 좋은 수단은 폐기물 생성을 억제하는 것이다.

많은 유해 폐기물 문제는 초기 단계에서 폐기물 축소와 폐기물 최소화를 통해 피할 수 있다. **폐기물 감축**(**waste reduction**)은 발생원에서 폐기물의 양을 줄이는 것을, **폐기물 최소화**(**waste minimization**)는 처리 과정을 통해 폐기물 양을 최소화하는 것을 의미한다.[2]

발생원에서 폐기물의 감축, 폐기물 분리와 농축, 자원 회수 및 폐기물 재활용은 폐기물의 양을 줄이기 위한 방법이다. 폐기물을 최소화하는 가장 효율적인 방법은 각각의 제조 공정 단계에서 폐기물 발생의 최소화 가능성과 최종 처분의 가능성을 고려하여 모든 제조 공정을 철저히 제어하는 것이다. 각각의 공정을 전체 공정의 한 부분으로 볼 때(그림 20.2에서 일반화된 화학 제조 공정에 대해 설명한 대로), 원자재에 포함된 불순물, 촉매, 또는 용매와 같은 폐기물의 발생 원인을 규명할 수 있다. 발생 원인을 안다면, 폐기물을 없애거나 줄이기 위한 수단을 찾는 것은 훨씬 쉬울 것이다. 폐기물 최소화의 가장 효과적인 방법은 폐기물 최소화 공정을 공장 설계의 필수 요소에 포함하는 것이다.

제조 공정을 개선함으로써 상당한 양의 폐기물을 줄일 수 있다. 화학 반응을 개선하는 것은 좋은 예이다. 화학 반응 조건의 변화는 유해한 부산물의 생성을 줄일 수 있다. 예를 들어, 독성 물질로 제조된 유해한 촉매를 해롭지 않거나 버려지기보다는 재활용될 수 있는 촉매로 바꾸는 것이다. 폐기물의 부피를 줄임으로써 그 양을 최소화할 수 있다. 예를 들어, 탈수와 슬러지 건조를 하는 것이다. 여러 폐기물 흐름 과정에서 폐기물의 양을 최소화할 수 있다.

폐기물을 감축하고 최소화하는 공정에서, 산업 생태학을 실천하는 필수 요소로 물질 수지를 개선하

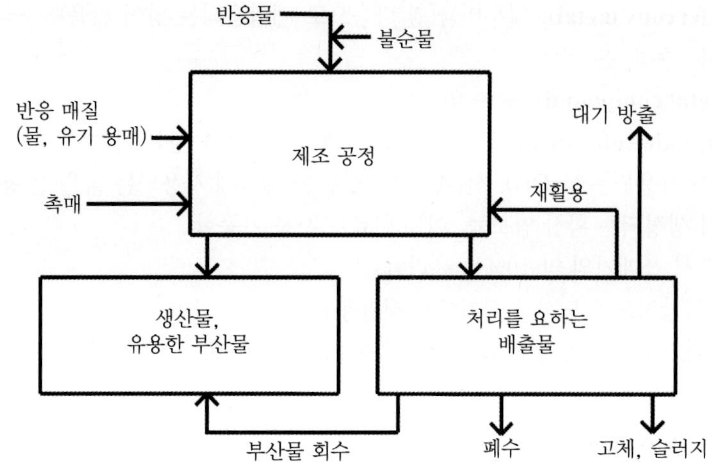

그림 20.2 배출과 폐기물 최소화의 관점에서 나타낸 화학 제조 공정.

고 확립하는 것은 매우 중요하다. 물질 수지를 정확히 세우기 위해서는 폐기물 흐름의 다양한 측면을 고려해야 한다. 발생원, 유해 물질의 존재 여부 및 폐기물 양을 정확히 아는 것뿐만 아니라 취급, 처리, 재활용 및 처분 비용을 감안해야 한다.

폐기물 최소화 분야에 고무적인 신호가 여러 곳에서 감지되고 있다. 현재, 모든 대규모 산업체에서는 폐기물을 최소화하기 위한 프로그램을 적용하고 있다. 예를 들어, 석유 정제 폐기물 슬러지의 약 97%를 상회하는 양이 유용한 탄화수소류의 액체, 기체, 코크, 고체 탄소 물질 등을 생산하는 데 사용되고 있다. 예전에는 석유 정제 폐기물 슬러지를 재활용하지 않고 단순히 매립지에 매립하였다. 그 밖에 예전엔 폐기물이었던 것들을 재활용하는 데 성공적인 사례가 많다.

20.3 재활용

재활용과 재이용은 가능한 한 폐기물 발생 현장에서 이루어져야 한다. 그 이유는 폐기물의 이동을 피할 수 있고, 재활용되는 물질은 같은 현장에서 사용될 가능성이 많기 때문이다. 아래에 폐기물의 가치를 높일 수 있는 4개의 재활용 분야를 정리하였다.

- 합성 과정에서 완전히 소모되지 않고 남은 물질(공급 원료와 같음)은 직접 재활용하라.
- 폐기물을 다른 공정의 원료 물질로 이송하라. 현재 공정에서 유출되는 폐기물은 다른 공정 또는 전혀 다른 산업체에서 원료 물질로 사용할 수도 있다.
- 폐기물을 이용하여 오염 제어 또는 다른 폐기물을 처리하라. 예를 들어, 폐알칼리는 폐산을 중화하는 데 사용할 수 있다.
- 가연성 유해 폐기물은 소각을 통해 에너지 회수에 활용하라.

20.3.1 재활용의 예

산업체에서는 산업 폐품 조각과 생산품 등의 많은 물질이 큰 규모로 재활용되고 있다. 재활용에 이용되는 대부분의 물질은 유해하지 않을 수 있다. 그러나 큰 규모의 산업체에서 수행하는 재활용에는 유해한 물질이 사용될 수 있고, 또 재활용 과정에서 유해 물질이 생성될 수도 있다. 산업체에서 재활용되는 유용한 물질에 대해 아래에 정리하였다.

- **철 금속(ferrous metal)**: 주로 철이 주성분이며, 전기 아크 가마에 공급 원료로 사용

- **비철 금속(nonferrous metal)**: 알루미늄(철 다음으로 재활용되는 양이 많음), 구리, 구리 합금, 아연, 납, 카드뮴, 주석, 은, 수은
- **금속 화합물(metal compound)**: 금속 염
- **무기 물질(inorganic substance)**: 알칼리 화합물(예: 석유 제품 생산 과정에서 발생하는 황 화합물을 중화하는 데 사용되는 NaOH), 산(예: 철의 불순물 제거에 사용되는 묽은 산 용액), 염(예: 석탄 코킹 과정에서 생성되는 황산 암모늄, 이는 비료로 사용 가능함)
- **유리(glass)**: 도시 쓰레기의 약 10%는 유리임
- **종이(paper)**: 일반적으로 도시 쓰레기에서 재활용됨
- **플라스틱(plastic)**: 변형 가능한 다양한 고분자 물질, 도시 쓰레기의 주성분
- **고무(rubber)**
- **유기 물질(organic substance)**: 특히 용매, 유압유와 윤활유와 같은 오일
- **촉매(catalyst)**: 화학 합성 또는 석유 정제 과정에서 사용
- **농업 활동에 사용되는 물질(agricultural use)**: 석회 또는 인을 포함하는 슬러지(산성 토양을 처리하거나 토질 개선을 위해 사용)

20.3.2 폐오일의 활용과 회수

윤활유와 유압유에서 비롯되는 **폐오일(waste oil)**은 재활용되는 흔한 물질 중의 하나이다. 미국에서 발생되는 폐오일의 양은 연간 약 40억 L이다. 이 중 약 절반에 해당하는 폐오일은 연료로 사용되며, 나머지는 재활용되거나 처분된다. 발생원이 다양하고, 여러 종류의 유해 물질이 포함되어 있는 폐오일을 수집, 재활용, 처리 및 처분하는 일은 매우 복잡하다. 폐오일에 포함된 유해 물질은 크게 유기 성분과 무기 성분으로 구분된다. 유기 성분의 예는 다환 방향족 탄화수소, 염소화 탄화수소 등이며, 무기 성분의 예는 금속 장비가 닳은 결과로 유출되는 알루미늄, 크로뮴, 철과, 오일 첨가제에 포함된 바륨, 아연 등이다. 예전에는 가솔린에 포함된 납도 무기 성분으로 포함되어 있었다.

그림 20.3은 폐오일을 탄화수소 액체(공급 원료)로 변환하는 주요 과정을 나타낸 것이다. 첫 번째 단계는 불순물과 물을 제거하는 증류 과정이다. 두 번째 처리 과정은 진공 증류를 통해 다음 단계에서 처리될 오일, 연료 오일 및 잔류물을 생산하는 과정이다. 이 과정에서 혼합 용매(아이소프로필 알코올, 뷰틸 알코올, 메틸에틸 케톤 등)를 사용하여 오일을 녹이고, 오염 물질을 슬러지로 남기도록 할 수 있다. 또, 황산과 접촉시켜 무기 불순물을 제거하고, 산과 냄새와 색을 유발하는 불순물을 없애기 위해 점토 처리를 할 수도 있다. 이 처리는 처분해야 할 폐기물이 많아지기 때문에 더 이상 선호되는 처리는 아니다. 그림 20.3에 나타낸 세 번째 단계는 진공 증류를 통해 연료와 잔류물을 분리하고 윤활유를 분리하는 과정이다. 이 단계의 처리 과정에서 오일 분자에 수소를 첨가하여 반응을 시키고, 점토 처리와 여과를 할 수도 있다.

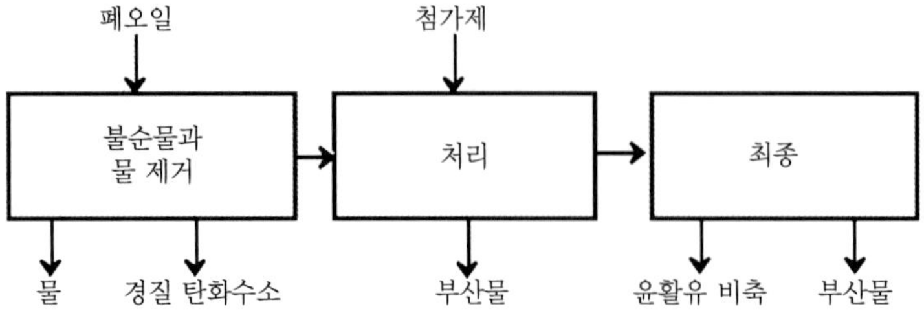

그림 20.3 폐오일 재처리를 위한 주요 처리 단계.

20.3.3 폐오일 연료

경제성을 고려하여, 연료로 사용할 수 있는 폐오일에는 침전, 물 제거, 여과 등의 간단한 물리적 처리가 수행된다. 한편, 폐연료 오일에 포함된 중금속은 연료 사용 후 남는 재에 높은 농도로 농축되는데, 이는 해로울 수 있다.

20.3.4 폐용매의 회수 및 재활용

폐용매의 회수와 재활용 과정은 폐오일을 회수하고 재활용하는 것과 유사하다. 유해 폐기물로 지정되어 있으나 재활용이 가능한 용매의 예로는 다이클로로메테인, 테트라클로로에틸렌, 트라이클로로에틸렌, 1,1,1-트라이클로로에테인, 벤젠, 액체 알케인, 2-나이트로프로페인, 메틸아이소뷰틸 케톤, 사이클로헥사논 등을 들 수 있다. 현재, 많은 산업체는 경제적인 측면과 오염 제어 측면을 고려하여 용매를 재활용하는 장비를 갖추고 있다. 그림 20.4는 용매 회수와 재활용의 전과정을 나타내는 대략도를 나타낸 것이다.

물질에 대한 용매의 중요성과 환경적 영향을 고려할 때, 용매의 효율적 사용과 처리는 녹색 화학을 실천하는 데 우선적으로 수행되어야 하는 사항이다.[3] 현재, 용매의 회수와 정제를 위해 많은 방법이 적용되고 있다. 용매에 포함된 고체는 침전, 여과, 또는 원심 분리를 통해 제거될 수 있다. 용매에서 물을 제거하기 위해 건조제가 사용될 수 있으며, 용매에 포함된 불순물을 제거하기 위해 여러 흡착 기술과 화학적 처리가 행해진다. 단계별 증류 과정을 거치는 분별 증류(fractional distillation)는 용매를 정제하고 재활용하는 가장 좋은 수단이다. 이 방법은 불순물, 물 및 다른 용매로부터 용매를 분리하는 데 사용된다.

20.3.5 폐수에서 물 회수

폐수에서 물을 회수하는 것은 가치가 있는 일이다. 물의 회수는 물이 부족한 지역에서 특히 중요하다. 물이 풍부한 지역이라 하더라도, 물을 재활용하는 것은 방류수의 양을 줄인다는 점에서 중요하다.

미국에서 사용하는 물의 양 중 절반을 상회하는 정도가 농업 활동(특히, 관개)에 사용된다. 증기 발생을 이용한 발전소에서 약 1/4이 사용되고, 나머지는 산업 용수, 가정 용수 등으로 사용된다.

산업체에서 물을 가장 많이 사용하는 3개의 분야는 약품과 그에 관련된 제품, 종이와 그에 관련된 제품, 그리고 금속을 제조하는 분야이다. 이러한 산업체에서는 물을 냉각수로, 제품 공정에서, 그리고 보일러를 작동하는 데 사용한다. 물을 재사용하는 잠재적 가치는 크다. 물의 재활용 정도가 증가함에 따라 총 물 소비량이 줄어들고 있다.

폐수를 처리하는 정도는 처리한 물을 사용하는 목적에 따라 다르다. 산업체에서 담금질과 세척의 목적으로 사용할 물은 최소한의 폐수 처리를 하면 된다. 단순한 처리 과정을 거친 폐수도 부가적인 처리 없이 이러한 목적으로 사용될 수 있다. 반면에, 보일러 보충수, 먹는 물, 하천으로 방류되는 물 및 사

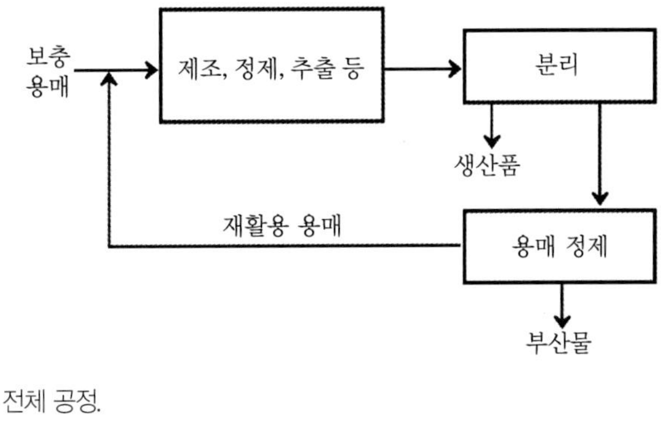

그림 20.4 용매 재활용의 전체 공정.

람이 직접적인 접촉을 할 수 있는 물(뱃놀이, 수상스키 등 레크리에이션 활동에 사용되는 물)은 매우 깨끗한 수질이 요구된다.

재활용과 재활용 목적으로 폐수를 처리할 경우, 폐수의 처리 과정은 폐수의 특성과 처리되는 물의 사용 목적에 따라 다르다. 고체는 침전 또는 여과 과정을 통해 제거될 수 있다. 생화학적 산소 요구량은 살수 여상법과 활성 슬러지 공정과 같은 생물학적 처리로 감소될 수 있다. 성가신 조류(algae)의 성장을 막기 위해 영양물질도 제거해야 할 필요가 있다. 이를 위한 가장 쉬운 방법은 인산염을 석회로 침전시키는 것이다. 질소는 탈질산화 과정을 통해 제거될 수 있다.

물을 재활용할 때 고려해야 하는 두 가지 사항은 유해 중금속과 독성을 나타내는 유기 화학종이 존재할 가능성이다. 중금속은 이온 교환을 통해, 또는 염기와 황화물을 첨가함으로써 생성되는 침전으로 제거될 수 있다. 유기 화학종은 활성탄 여과로 제거된다. 일부 유기 화학종은 생물학적 처리 과정에서 세균에 의해 생물학적으로 분해된다.

유해 폐수는 오일/물 분리 장치의 부품에서, 또 물질을 세척하는 과정에서 발생될 수 있다. 계면 활성제와 용매가 포함된 세척수를 사용하면, 오일/물이 불완전하게 분리되어 물에 에멀션화된 오일이 포함되는 경향이 있다. 분리 장치의 바닥에 축적되는 슬러지에는 중금속 및 유해한 유기 화합물과 같은 유해 성분이 포함되어 있을 수 있다. 이러한 문제점에 대해서는 산업 생태학의 개념이 도입된 처리 수단으로 해결할 방안을 찾아야 한다. 예를 들어, 계면 활성제와 용매의 사용을 금지하거나, 쉽게 분리와 처리가 용이한 계면 활성제와 용매로 대체해야 한다. 또는, 유해한 성분을 제거한 후 재활용할 수 있는 적절한 처리 방법을 강구해야 한다. 물을 아끼고 처분 비용을 줄이며, 계면 활성제와 첨가물을 재활용하는 것은 중요하다.

물에서 모든 용질을 제거하고 물만을 남기는 처리 과정이 있다면, 이 과정을 통해 얻은 처리수의 수질은 순수한 물에 가까울 것이다. 유기물을 활성탄으로, 용존 양이온을 양이온 교환 수지로, 용존 음이온을 음이온 교환 수지로 제거한다면, 매우 양호한 수질의 처리수를 얻을 수 있다. 역삼투압(7장 참조) 방법으로도 매우 좋은 수질의 처리수를 얻을 수 있다. 그러나 이러한 처리에는 활성탄과 이온 교환 수지를 재생해야 하는 과정이 필요하고, 역삼투압 과정에서 생성되는 농축된 소금물을 처분해야 하는 문제점은 여전히 남는다.

20.4 물리적 폐수 처리 방법

이 절에서는 주로 물리적인 처리 방법에 대해 강조하고, 화학적 처리 방법에 대해서는 다음 절에서 논의할 것이다. 대부분의 폐기물 처리에는 물리적 관점과 화학적 관점의 처리 과정을 동시에 고려해야 한다. 유해 폐기물의 적절한 처리 기술을 선정하기 위해서는 폐기물의 특성을 올바로 파악해야 한다. 유해 폐기물에 따라 물리적 형태, 밀도, 화학적 구성 성분, 물에 대한 용해도, 유기 용매에 대한 용해도, 휘발성 등이 다를 수 있다.

그림 20.5에 나타낸 바와 같이, 폐기물 처리는 크게 **1차 처리(primary treatment)**, **2차 처리(secondary treatment)** 및 **최종 후처리(polishing)** 과정으로 구분된다. 이러한 처리 과정은 7장에서 논의한 폐수 처리의 경우와 유사하다. 1차 처리 과정에서 부산물의 제거, 유해 폐기물의 양과 유해성을 감소시킬 수 있으나, 1차 처리는 대부분 2차 처리를 위한 전처리 과정이다. 2차 처리는 유해 성분의 해독화, 파괴 및 제거를 목적으로 하는 주처리이다. 최종 후처리는 2차 처리에서 처리된 폐기물에서 나온 물을 처리하는 과정으로 최종 방류를 위해, 또는 재활용을 위해 수행하는 과정이다. 이 용어는 다른 물질의 처리에도 적용할 수 있는데, 이는 안전한 방류 또는 안전한 재활용을 하기 위함이다.

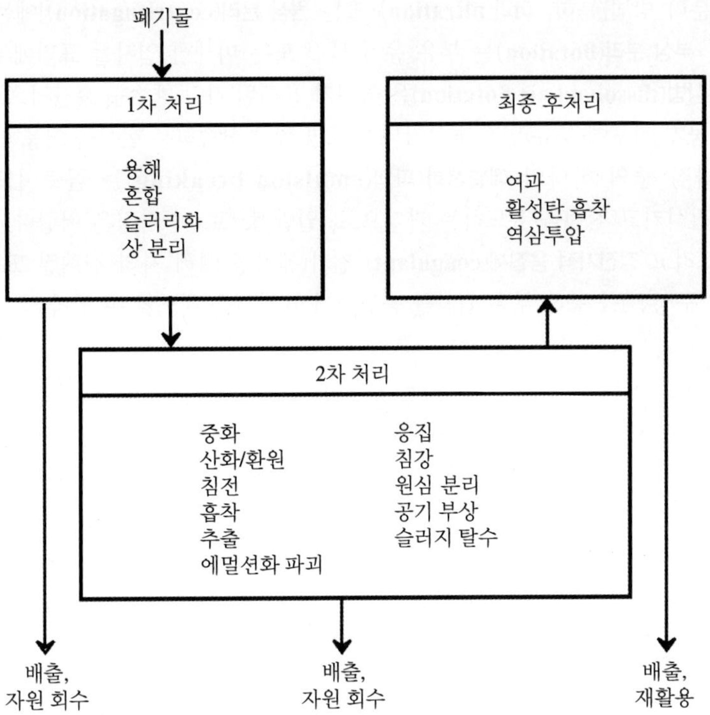

그림 20.5 단계별 폐기물 처리의 구분.

20.4.1 물리적 처리 방법

폐기물의 물리적 성질에 근거한 폐기물 처리의 여러 단위 공정을 개발하기 위해서는 폐기물의 물리적 거동을 올바로 파악해야 한다. 아래에 각종 폐기물에 적용 가능한 물리적 공정을 정리하였다.

- 상 분리(phase separation)
  - 여과법(filtration)
  - 침강 분리법(sedimentation)
  - 부상 분리법(flotation)
- 상 이동(phase transfer)
  - 추출(extraction)
  - 수착(sorption)
- 상전이(phase transition)
  - 증류(distillation)
  - 증발(evaporation)
  - 물리적 침전(physical precipitation)
- 막 분리(membrane separation)
  - 역삼투압법(reverse osmosis)
  - 극초 여과법(hyperfiltration)과 한외 여과법(ultrafiltration)

20.4.2 상 분리

물리적 처리의 가장 간단한 예는 서로 다른 두 개의 상으로 구성된 혼합물의 성분을 분리하는 것이다. **침강(sedimentation)**과 **디캔팅(decanting**, 침전물을 거르는 것)에는 간단한 장비가 사용된다. 그러나 많은 경우의 상 분리 방법[특히, **여과(filtration)** 또는 **원심 분리(centrifugation)**]에는 기계적 수단이 동원되어야 한다. **부상 분리(flotation)**는 부유 유기 물질 또는 미세한 입자를 표면에 부상시키는 방법이다. **용존 공기 부상법(dissolved air flotation)**은 공기가 용해된 가압 폐수를 순간적으로 감압하였을 때 발생되는 미세한 공기 기포에 부유 입자가 부착되어 표면 위로 상승하는 현상을 이용하는 방법이다.

중요한 처리 과정 중의 하나인 **에멀션화 파괴(emulsion breaking)**는 콜로이드 크기의 **에멀션(emulsion)**을 응집시키고 침전을 유도하는 과정으로, 일반적으로 이 과정은 어렵다. **교반(agitation)**, 가열, 산 첨가, 그리고 **정전기적 응집제(coagulant)** 첨가(유기성 여러 자리 전해질 또는 알루미늄염과 같은 무기 물질로 구성된)를 통해 부유 입자를 응집시키고 침전을 유도할 수 있다.

20.4.3 상전이

물리적 분리의 두 번째 중요한 부류에는 물질이 다른 물리적 상태로 전이되는 **상전이(phase transition)** 현상을 이용하는 분리 방법이 있다. 가장 대표적인 방법은 **증류(distillation)**를 이용하는 분리이다. 예를 들어, 증류는 용매, 폐오일, 페놀류의 폐기물, 에틸벤젠과 스타이렌 혼합물 등을 처리하고 재활용하는 데 이용된다. 증류가 완료되면, 증류기의 바닥에 **증류 잔류물(distillation bottom)**이 남게 된다. 일반적으로, 증류 잔류물은 증발되지 않는 고체, 반고체성 타르, 슬러지 등으로 유해할 수 있다. 에틸렌(유해 폐기물 K009)에서 아세트알데하이드를 분리할 때 남는 증발 잔류물, 다이설포톤(disulfoton, K036)의 생산에서 톨루엔 회수를 위한 증류 과정에서 남는 증발 잔류물 등은 특수한 예이다. 이러한 유해 증발 잔류물들은 한때 매립지에 처분되었으나, 현재는 매립 자체가 철저히 제한되고 있다.

증발(evaporation)은 수용성 폐기물에서 물을 제거하는 방법으로 이용된다. 증발의 특수한 경우는 **박막 증발(thin-film evaporation)** 방법이다. 이 방법은 넓은 판 위에 폐기물 또는 슬러지를 골고루 분포시킨 후, 판을 가열하여 폐기물 또는 슬러지에 포함된 휘발성 성분을 제거하는 데 이용된다.

건조(drying)는 고체 또는 반고체(슬러지)에서 용매와 물을 제거하기 위해 이용되며, 액체 또는 현탁액(suspension)에서 용매를 제거할 때에도 이용된다. 이 과정은 매우 중요한 과정인데, 그 이유는 폐기물의 주요 성분이 물이기 때문이다. 에멀션 파괴를 통해 생성되는 슬러지와 같이, 물이 포함된 폐기물에서 물을 제거하는 건조 과정은 매우 중요하다. **동결 건조(freeze drying)**는 용매(대개는 물)를 포함하는 폐기물을 동결시키고, 동결된 고체로부터 용매(대개는 물)가 승화 제거되는 현상을 이용한 처리 방법이다. 유해한 고체 폐기물과 슬러지를 건조하는 이유는 폐기물의 양을 줄이고, 주처리 과정에서 방해 인자로 작용할 수 있는 물과 용매를 제거하며, 유해 휘발성 성분을 제거하기 위함이다. 여과 과정에서 규조토와 같이 보조 여과 역할을 하는 물질을 사용함으로써 탈수 효율을 증진시킬 수 있다.

벗김(stripping) 방법은 기체상(공기상) 또는 스팀(스팀 벗김)에 휘발성이 큰 물질을 분리시키는 방법으로, 액체 혼합물에 포함된 휘발 성분을 분리 제거하는 데 이용된다. 벗김 방법에는 주로 내부에 여러 개의 차단 판 또는 플라스틱이나 유기 알갱이로 충진된 벗김 타워를 제작하여 사용한다. 벗김 타워 내부에 폐기물을 포함하는 수용액 또는 현탁액을 넣고, 공기를 주입시켜 공기와 액체 간에 최대한의 난류가 발생하도록 하여 휘발성 물질이 공기상에 편승되어 타워 밖으로 배출되도록 한다. 휘발성 물질은 응축된 증기로 제거되며, 벗김 타워 밑에는 잔류물이 남게 된다. 벗김 방법으로 제거할 수 있는 휘발성 물질의 예는 벤젠과 다이클로로메테인이다. 이 두 물질이 포함된 물을 벗김 처리하면 휘발성인 벤젠과 다이클로로메테인을 제거할 수 있다. 또, 물에서 암모니아를 제거하는 경우에도 벗김 방법을 이용할 수 있는데, 이 경우는 폐수에 염기를 가해 암모늄 이온을 휘발성인 암모니아로 변환시켜야 한다.

물리적 침전(physical precipitation)은 용액 내에서 물리적 변화로 인해 액체 중의 용질이 고체 형태로 바뀌는 과정을 말한다. 이 현상은 화학 반응을 통해 불용성 물질이 생성되는 화학적 침전(20.5절 참조)과 비교된다. 용액의 냉각, 용매의 증발, 또는 용매의 성분 변화로 인해 물리적 침전이 생길 수 있다. 용매의 조성을 변화시킴으로써 물리적 침전을 유도하는 방법의 흔한 예는 물과 섞이는 유기 용매를 수용액에 첨가하여 염의 용해도를 낮추어 침전을 도모하는 것이다.

20.4.4 상 이동

상 이동(phase transfer)이란 혼합물에 포함된 용질이 다른 상으로 이동하는 현상을 말한다. 상 이동 현상을 이용한 처리 방법의 대표적인 예는 **용매 추출(solvent extraction)**이다. 용매 추출 처리 방법은 원래의 용액(대개는 수용액)에 있는 물질을 화학적 변화 없이 다른 용매 층(대개는 유기 용매)으로 이동시키는 방법이다. 고체 또는 슬러지 폐기물에서 침출 가능한 물질을 추출하기 위해서 용매를 사용할 수도 있다. 그림 20.6은 용매 추출과 이와 관련된 주요 용어를 정리한 것이다. 용매 추출과 관련된 용어와 추출의 일반적인 원리는 침출 과정에도 적용된다. 폐기물 처리에 적용되는 용매 추출의 대표적인 예는 석탄 코킹, 석유 정제, 화학 합성 과정에서 생성되는 부산물에서 페놀을 제거하는 것이다.

초임계 유체(supercritical fluid)를 추출 용매(주로 CO_2를 사용)로 사용하는 용매 추출(또는 침출)은 고도로 발전된 유해 폐기물 처리 방법으로 각광을 받고 있다. 초임계 유체는 임계 온도와 임계 압력 위의 영역에 존재하는 유체로, 액체와 기체의 특성을 동시에 지닌다. 예를 들어, CO_2는 31.1°C보다 높은 온도와 73.8 atm보다 높은 압력 조건에서 초임계 유체로 존재한다. 높은 압력 조건에서 초임계 유체로 추출된 유해 물질은 압력을 낮추어 추출 물질만을 따로 회수할 수 있다. 유체는 다시 압축하여 추출 시스템으로 순환시킬 수 있다. 초임계 CO_2 유체를 사용한 용매 추출법은 폐수에서 유기 오염 물질의 제거, 토양에서 유기 할라이드 농약의 추출, 알루미늄과 철 제련 과정에서 생성되는 에멀션에서 오일 추출, 활성탄의 재생에 활용 가능성을 보이고 있다. PCB, 중금속, 물 등 불순물을 포함하는 폐오일은 에테인 초임계 유체로 정화될 수 있다.

용액에서 고체상으로 이동되는 현상을 **수착(sorption)**이라고 한다. 가장 중요한 수착제는 **활성탄(activated carbon)**이다. 활성탄 흡착은 역삼투압의 처리 효율 향상과 막힘 현상을 줄이기 위해 역삼투압을 적용하기 전의 전처리 과정으로 활용할 수 있고, 유해 폐기물의 완전한 처리를 위한 주처리 방법으로 이용할 수도 있다. 또한, 분해 가능한 유기 용질의 생물학적 처리와 같은 다른 처리 과정에서 유출되는 유출수의 최종 처리 수단으로도 이용할 수 있다. 활성탄은 자일렌, 나프탈렌(U165), 염소가 치환된 탄화수소, 페놀(U188), 아닐린 등의 고분자이며, 물에 난용성인 물질을 물에서 제거하는 데 특히 효과가 있다. 반면, 물에 잘 녹거나 극성을 나타내는 유기 화합물의 흡착에는 효과가 없다.

활성탄 이외의 고체 물질도 액체 폐기물에 포함된 오염 물질을 수착시키는 데 사용할 수 있다. 예를 들어, 유기성 고분자 또는 미네랄 물질로 구성된 합성 수지는 수착제로 사용할 수 있다. 미네랄 물질로 구성된 수착제, 예를 들어 점토는 오일 재활용 과정에서 생성되는 폐윤활유에서 불순물을 제거하는 데 효과적이다.

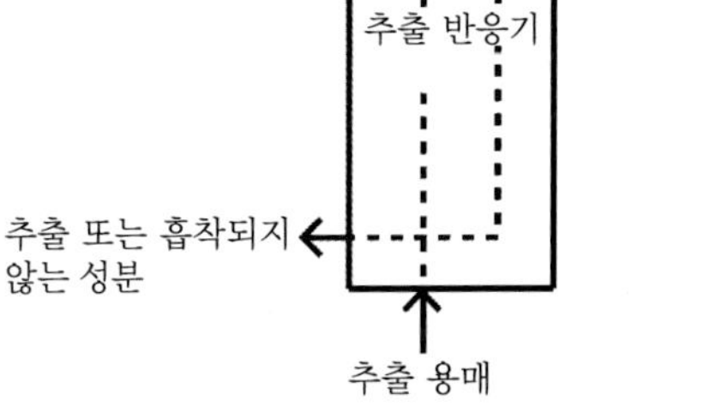

그림 20.6 용매 추출/침출 과정의 개요.

20.4.5 분자 분리

물리적 분리의 세 번째 부류는 흔히 **막 공정(membrane process)**에 기초한 **분자 분리(molecular separation)**이다. 막 공정은 입자의 크기에 선택적인 막의 한쪽 편에 용존 오염 물질을 포함하는 폐수를 높은 압력을 가하면서 흘려 주어, 막을 통과하는 비교적 순수한 용매(대개는 물)와 막을 통과하지 못하는 물질(오염 물질)을 분리하는 방법이다. 널리 사용되는 막 공정을 7.6절에서 논의하였고, 표 7.1에 정리하였다. 한외 여과법과 극초 여과법은 농축된 부유 물질성의 오일, 그리스 및 미세한 입자를 포함하는 물에 특히 유용하다. 이러한 공정은 분자량이 큰 유기 분자와 중금속 이온 착물을 농축하는 데에도 이용될 수 있다.

20.5 화학 처리: 개요

폐기물의 화학 처리는 폐기물을 구성하는 성분의 화학적 성질에 의존한다. 폐기물에서 산–염기 반응, 산화–환원 반응, 침전 반응, 또는 착물화 반응이 진행될 수 있다. 또한, 각각의 반응성, 가연성/연소성, 부식성, 호환성이 다를 수 있다. 화학 폐기물 처리의 주요 단위 공정은 다음과 같다.

- 산/염기 중화
- 화학적 침전
- 화학적 추출 및 침출
- 산화
- 이온 교환
- 환원

20.5.1 산/염기 중화

폐산과 폐염기는 **중화 반응(neutralization)**에 의해 처리될 수 있다.

$$H^+ + OH^- \rightarrow H_2O \tag{20.1}$$

간단한 중화 반응 처리에는 휘발성 오염물의 방출, 용해성 물질의 이동성, 과도한 열 발생 및 장치의 부식과 같은 여러 문제가 유발될 수 있다. 너무 많은 양 또는 너무 적은 양의 중화제를 투여할 경우, 산성 또는 염기성이 강한 생성물이 남을 수 있다. 산 폐기물을 처리하기 위해 가장 널리 사용되는 중화제는 석회[$Ca(OH)_2$]인데, 석회는 용해도가 작기 때문에 많은 양을 투여해도 높은 염기성의 pH를 나타내지 않는다. 비교적 저렴한 황산(H_2SO_4)이 염기성 폐기물을 중화 처리하기 위해 사용되는데, 만일 과도한 양을 사용할 경우 산성이 매우 높은 생성물이 남게 된다. 황산 대신에 약산인 아세트산(CH_3COOH)을 사용하는 경우가 있다. 아세트산은 다소 과도한 양을 투여한다 해도 해로운 영향이 적으며, 반응 후 생분해성인 물질로 남는다.

중화 또는 pH 조절은 다른 폐기물 처리 과정의 전처리 과정으로 이용되는 경우가 많다. 산화/환원, 활성탄 수착, 습식 공기 산화, 벗김 및 이온 교환 공정은 대개 중화 전처리 과정이 필요하다. 또한, 대부분의 미생물은 pH 6~9의 영역에서 활동하므로, 생화학적 처리를 하기 위해서는 중화 전처리 과정이 필요할 수도 있다.

일부 산 폐기물의 경우, 중화 반응으로 처리하지 않고 산을 회수하는 경우가 있다. **산 회수(acid recovery)**에는 경제적인 가치를 부여할 수도 있고, 녹색 화학을 실천하는 일환으로 산을 회수하기도 한다. 산 회수의 예로는 액정(liquid crystal)을 제조하는 데 필요한 에칭(etching) 공정에서 산 혼합 폐기물에 트라이옥틸 인산 에스터[trioctyl phosphate ester, $(C_3H_{17})_3PO_4$]를 첨가한 후 아세트산과 질산을 회수하는 것이다.

20.5.2 화학 침전

화학 침전법(chemical precipitation)은 주로 폐수에 포함된 중금속을 제거하기 위해 사용된다. 금속 이온의 침전에 가장 널리 사용되는 방법은 금속 수산화물을 생성시키는 것이다. 예를 들어, 크로뮴(III) 이온과 수산화 이온이 반응하면 크로뮴(III) 수산화물 침전이 생성된다.

$$Cr^{3+} + 3OH^- \rightarrow Cr(OH)_3 \qquad (20.2)$$

수산화 소듐(NaOH), 탄산 소듐(Na_2CO_3), 또는 석회[$Ca(OH)_2$]는 물에서 이온화되어 수산화 이온(OH^-)을 생성한다. 이 중 석회가 폐수 처리에 가장 널리 사용된다. 대부분의 금속 이온은 수산화 이온이 있으면 염기성 염 침전을 이루는 경향이 있다. 예를 들어, Cu^{2+}와 SO_4^{2-}가 포함된 용액에 수산화 이온을 첨가하면 염기성 황산 구리[$CuSO_4 \cdot 3Cu(OH)_2$] 침전이 생성된다. 많은 중금속 수산화물 침전은 pH 9~11의 영역에서 최소 용해도를 나타내며, pH가 이보다 상승하면 하이드록소 착물(hydroxo complex)의 형태로 변환되면서 용해도가 증가한다. 하이드록소 착물이 생성되는 예는 다음과 같다.

$$Zn(OH)_2(s) + 2OH^-(aq) \rightarrow Zn(OH)_4^{2-}(aq) \qquad (20.3)$$

탄산 소듐(Na_2CO_3)을 첨가하면, 불용성의 수산화물[$Fe(OH)_3 \cdot xH_2O$], 탄산염($CdCO_3$) 또는 염기성 탄산염[$2PbCO_3 \cdot Pb(OH)_3$]이 생성될 수 있다. 탄산 이온(CO_3^{2-})은 물과 가수 분해 반응을 하여 수산화 이온(OH^-)을 생성한다.

$$CO_3^{2-} + H_2O \rightarrow HCO_3^- + OH^- \qquad (20.4)$$

탄산 이온 자체로는 알칼리 금속 수산화물(예: NaOH)과 달리 높은 pH를 나타내지 않는다. 따라서, 탄산 소듐은 상대적으로 다소 낮은 염기성 pH에서 침전을 이루는 중금속 이온을 침전시키는 데 사용된다.

일부 중금속 황화물은 극히 낮은 용해도를 나타낸다. 이러한 중금속 이온은 H_2S 또는 황화물을 첨가하면 효과적으로 제거될 수 있다. 예를 들어, 납 이온(Pb^{2+})을 H_2S로 처리하면 극히 용해도가 낮은 PbS 침전이 생성된다. 불행히, 황화 수소(H_2S)는 그 자체가 독성 기체를 유발하는 유해 폐기물(U135)이다. 따라서 황화 이온의 안전한 출처로 H_2S 대신 철 황화물(FeS)을 사용할 수 있는데, 이는 FeS보다 용해도가 낮은 금속 황화물을 제거하는 데 유용하다. 그러나 이 물질 또한 산과 접촉된다면, 여전히 독성의 H_2S가 생성될 수도 있다.

$$MS + 2H^+ \rightarrow M^{2+} + H_2S \qquad (20.5)$$

일부 금속은 환원제와 반응하여 원소 상태의 금속으로 침전된다. 예를 들어, Cu^{2+}를 강한 환원제인 붕소수소화 소듐(sodium borohydride)와 반응시키면, 원소 상태의 Cu 금속이 생성된다.

$$4Cu^{2+} + NaBH_4 + 2H_2O \rightarrow 4Cu + NaBO_2 + 8H^+ \qquad (20.6)$$

또는 처리 대상의 금속 이온을 다른 원소 상태의 금속과 반응시켜 침전을 생성시킬 수 있다. 이 과정을 **시멘트화(cementation)**라고 한다.

$$Cd^{2+} + Zn \rightarrow Cd + Zn^{2+} \qquad (20.7)$$

금속 이온의 제거를 위한 화학 침전법을 적용하기 전에 반드시 고려해야 하는 사항은 폐기물 용액에 존재하는 금속의 형태이다. 예를 들어, 킬레이트 금속 착물은 제거하기 매우 어렵다.

20.5.3 금속의 공동 침전

어떤 물질이 침전될 때 용해도에 이르지 않은 다른 물질이나 이온이 함께 침전되는 현상을 공동 침전(coprecipitation)이라고 하는데, 이러한 공동 침전 현상을 이용하면 폐기물 중 금속 이온을 제거할 수 있다. 예를 들어, 전지 산업 폐수에 포함된 납 이온이 철(III) 수산화 침전과 함께 공동 침전되는 것을 이용하여 납 이온을 제거할 수 있다. 납 이온을 포함하는 묽은 황산 폐수의 pH를 높이면 납 이온은 $PbSO_4$, $Pb(OH)_2$ 및 $Pb(OH)_2 \cdot 2PbCO_3$로 침전된다. 만일 철(III) 이온이 존재하여 젤라틴 형태의 $Fe(OH)_3$가 생성되면, 납 이온이 $Fe(OH)_3$ 침전과 공동 침전된다. 이러한 경우 납 이온의 제거율을 한층 더 높일 수 있다(0.2 ppm 이하).

20.5.4 산화/환원

표 20.1에 나타낸 바와 같이, **산화(oxidation)** 반응과 **환원(reduction)** 반응은 다양한 무기 폐기물과 유기 폐기물을 처리하는 데 이용될 수 있다. 폐수에 존재하는 산화성 폐기물과 사이아나이드(CN^-)를 산화 처리하기 위해 다른 폐수에 존재하는 산화제를 이용할 수도 있다. 매우 강한 산화제인 오존(O_3)을 이용하여 폐기물을 처리할 수도 있다. 강한 산화제인 오존은 처리 현장에서 건조 공기 또는 산소에 전기 방전을 이용하여 생산할 수 있다. 공기를 사용할 경우 1~2 무게 %의 오존을, 산소를 사용할 경우 2~5 무게 %의 오존을 생산할 수 있으며, 산화성 오염 물질, 유출수 및 산화성 성분을 포함하는 폐수와 슬러지 폐기물에 적용할 수 있다. 유기 폐기물에는 생물학적 처리 전에 부분적으로 오존 처리를 적용할 수도 있다.

펜톤 산화(fenton oxidation)는 유기 물질을 산화시키는 데 이용될 수 있는데, 처리된 최종 유출수에 최종 처리 단계로 이용하는 경우가 종종 있다. 펜톤 과정은 $FeSO_4$ 등의 철(II) 첨가, 산성화, H_2O_2 첨가, 그리고 산 중화 과정이 수반된다. 과산화 수소는 철(II)과 반응하여 반응성이 매우 큰 하이드록실 라디칼(HO•)을 생성한다.

$$Fe(II) + H_2O_2 \rightarrow Fe(III) + OH^- + HO\bullet \tag{20.8}$$

이 과정에서 생성되는 하이드록실 라디칼은 반응성이 극히 낮은 유기 물질까지도 산화시킬 수 있다. 펜톤 과정의 단점은 산이 중화되면서 철을 포함하는 슬러지가 발생된다는 것이다.

표 20.1 폐기물 처리에 사용되는 산화/환원 반응

폐기물	산화제 또는 환원제와의 반응
	유기물의 산화
유기 물질($\{CH_2O\}$)	$\{CH_2O\} + 2\{O\} \rightarrow CO_2 + H_2O$
알데하이드	$CH_3CHO + \{O\} \rightarrow CH_3COOH$ (산)
	무기물의 산화
사이안화물	$2CN^- + 5OCl^- + H_2O \rightarrow N_2 + 2HCO_3^- + 5Cl^-$
철(II)	$4Fe^{2+} + O_2 + 10H_2O \rightarrow 4Fe(OH)_3 + 8H^+$
이산화 황	$2SO_2 + O_2 + 2H_2O \rightarrow 2H_2SO_4$
	무기물의 환원
크로뮴산	$2CrO_4^{2-} + 3SO_2 + 4H^+ \rightarrow Cr_2(SO_4)_3 + 2H_2O$
과망가니즈산	$MnO_4^- + 3Fe^{2+} + 7H_2O \rightarrow MnO_2(s) + 3Fe(OH)_3(s) + 5H^+$

20.5.5 전기 분해

그림 20.7에 나타낸 바와 같이, **전기 분해(electrolysis)**는 **음극(cathode)**에서 한 화학종(대개는 금속 이온)이 전자를 받는 환원 과정이, **양극(anode)**에서 다른 화학종이 전자를 내놓는 산화 과정이 일어나는 화학 과정이다. 전기 분해는 유해 폐기물에 포함된 카드뮴, 구리, 금, 납, 은 및 아연을 회수하기 위한 방법으로 널리 이용되고 있다. 사이안화 이온(CN^-)이 포함된 폐기물에서는 금속의 회수가 어려운데, 그 이유는 $Ni(CN)_4^{2-}$와 같은 안정한 사이안화 착물이 형성되기 때문이다.

직접적인 전기 분해를 통해 중금속을 전극에 석출시켜 제거할 수 있다. 또는 전기 분해에 의해 생성된 침전제와 2차적인 반응을 유도하여 중금속을 제거할 수 있다. 이러한 두 과정을 겪는 좋은 예는 섬유상 탄소 전극을 사용하는 Ni/Cd 전지 제조 과정에서 발생되는 폐수에서 카드뮴과 니켈을 제거하는 공정이다. 음극에서 카드뮴은 직접 환원되어 Cd 금속으로 변환된다.

$$Cd^{2+} + 2e^- \rightarrow Cd \tag{20.9}$$

한편, 비교적 높은 음극 전위 조건에서는 물이 환원되어 수산화 이온이 생성되거나,

$$2H_2O + 2e^- \rightarrow 2OH^- + H_2 \tag{20.10}$$

산소 분자가 환원되어 수산화 이온이 생성된다.

$$2H_2O + O_2 + 4e^- \rightarrow 4OH^- \tag{20.11}$$

이러한 결과로 음극 표면의 pH가 높아지면, 카드뮴 이온은 OH^-와 반응하여 콜로이드성 $Cd(OH)_2$ 침전으로 변환되어 제거될 수 있다. 니켈의 직접적인 환원을 통한 Ni 금속의 석출 반응은 매우 느리다. 반면에, 음극에서 생성되는 OH^-로 인해 음극 표면의 pH가 7.5 이상이 되면 $Ni(OH)_2$ 침전이 생성된다.

금속 도금 반응조에 카드뮴과 니켈 이외에 사이아나이드(CN^-)가 포함되어 있는 경우가 있는데, CN^-는 양극에서 생성되는 염소 분자에 의해 산화되어 제거될 수 있다. 염소는 양극에서 염화 이온이 산화되어 생성된다.

$$2Cl^- \rightarrow Cl_2 + 2e^- \tag{20.12}$$

이와 같이 생성된 염소는 사이아나이드와 일련의 반응을 진행하며 C−N 결합을 끊어뜨린다. 전체적인 빈응은 다음과 갈다.

$$2CN^- + 5Cl_2 + 8OH^- \rightarrow 10Cl^- + N_2 + 2CO_2 + 4H_2O \tag{20.13}$$

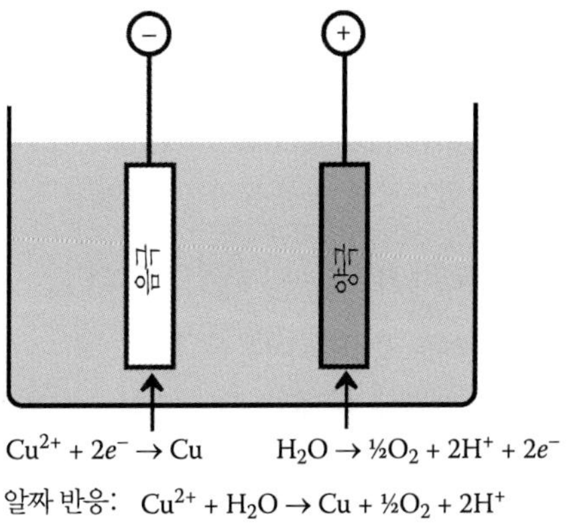

그림 20.7 구리 용액의 전기 분해.

표 20.2 가수 분해로 처리될 수 있는 무기 화학 물질

화학 물질 분류	물과의 반응
활성 금속(칼슘)	$Ca + 2H_2O \rightarrow H_2 + Ca(OH)_2$
수소화물(알루미늄 수소화 소듐)	$NaAlH_4 + 4H_2O \rightarrow 4H_2 + NaOH + Al(OH)_3$
탄화물(탄화 칼슘)	$CaC_2 + 2H_2O \rightarrow Ca(OH)_2 + C_2H_2$
아마이드(아마이드화 소듐)	$NaNH_2 + H_2O \rightarrow NaOH + NH_3$
할로젠화물(사염화 규소)	$SiCl_4 + 2H_2O \rightarrow SiO_2 + 4HCl$
알콕사이드(에톡시화 소듐)	$NaOC_2H_5 + H_2O \rightarrow NaOH + C_2H_5OH$

20.5.6 가수 분해

물 분자가 작용하여 일어나는 분해 반응을 **가수 분해(hydrolysis)**라고 한다. 물과 반응하는 화학 물질은 적절한 조건에서 물과 반응하도록 하면 제거될 수 있다. 가수 분해 반응에 의해 처리할 수 있는 무기 화합물의 예는 금속, 금속의 카바이드, 하이드라이드, 아마이드, 알콕사이드, 할라이드, 비금속 옥시할라이드, 황화물 등이다. 표 20.2는 이러한 종류의 무기 화학종과 가수 분해 반응을 나타낸 것이다.

유기 화합물도 가수 분해에 의해 제거될 수 있다. 예를 들어, 독성의 아세트산 무수물(acetic anhydride)을 가수 분해시켜 상대적으로 안전한 아세트산으로 변환시킬 수 있다.

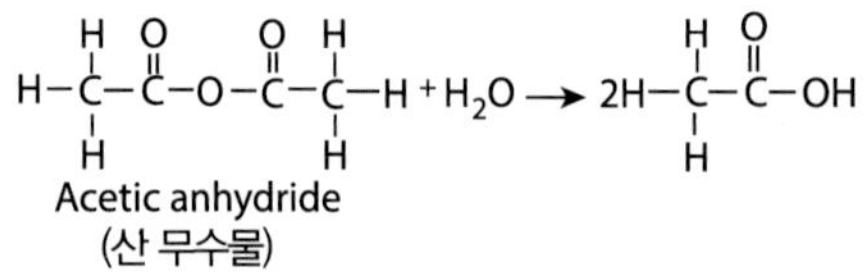

(20.14)

20.5.7 화학 추출과 침출

유해 폐기물 처리에서 사용되는 **화학 추출(chemical extraction)** 또는 **침출(leaching)**은 추출제(extractant)를 첨가한 화학 반응을 통해 유해 성분을 제거하는 데 이용된다. 용해도가 낮은 중금속 염은 염의 음이온과 H^+의 반응을 통해 추출될 수 있다.

$$PbCO_3 + H^+ \rightarrow Pb^{2+} + HCO_3^- \quad (20.15)$$

아닐린과 아민 등의 유기 화합물도 산에 의해 용해된다. 폐기물에 사이아나이드와 설파이드가 존재할 경우는 유독성의 HCN과 H_2S 기체가 생성될 수 있으므로 산 추출은 피해야 한다. 무해한 약산을 사용하는 것이 가장 안전하다. 예를 들어, 아세트산(CH_3COOH)과 NaH_2PO_4는 상대적으로 무해한 약산이다.

에틸렌다이아민테트라아세트산염(ethylenediaminetetraacetate, EDTA, HY^{3-})과 같은 킬레이트제는 금속 이온과 용해성 화학종을 생성함으로써 불용성의 금속 염을 녹인다.

$$FeS + HY^{3-} \rightarrow FeY^{2-} + HS^{2-} \quad (20.16)$$

유해 폐기물에 오염된 토양에 존재하는 중금속 이온은 불용성의 철(III) 산화물(Fe_2O_3) 또는 망가니즈(IV) 산화물(MnO_2)과 공동 침전의 형태로 존재할 수도 있다. 이러한 산화물은 다이싸이오산 소듐/시트르산 소듐(sodium dithionate/citrate) 또는 하이드록실아민과 같은 환원성 시약으로 용해시킬 수 있다. 환원성 시약으로 처리할 경우, 용해성 Fe^{2+}, Mn^{2+}와 더불어 Cd^{2+}, Ni^{2+} 등의 중금속 이온이 방출될 수 있으며, 방출된 유해 중금속 이온은 다른 수처리 과정을 통해 제거될 수 있다.

20.5.8 이온 교환법

이온 교환법(ion exchange)은 고체 수지(solid resin)를 사용하여 용액 중의 양이온 또는 음이온을 제거하는 방법이다. 이온 교환 수지는 산, 염기 또는 염을 사용하여 재생이 가능하다. 유해 폐기물 처리에 가장 널리 이용되는 이온 교환법의 예는 폐수에서 저농도의 중금속 이온을 제거하는 것이다.

$$2H^{+-}\{CatExchr\} + Cd^{2+} \rightarrow Cd^{2+-}\{CatExchr\}_2 + 2H^+ \tag{20.17}$$

이온 교환법은 금속 도금 업체에서 세척수와 폐도금 용액을 정화하는 데 이용된다. 양이온 교환 수지는 Cu^{2+}와 같은 양이온 화학종을 제거하는 데 사용된다. 음이온 교환 수지는 음이온성 사이아나이드 금속 착물[예: $Ni(CN)_4^{2-}$]과 Cr(VI) 화학종(예: CrO_4^{2-})을 제거하는 데 사용된다. 방사성 폐기물과 방사성 폐기물이 섞인 유해 폐기물에 포함된 이온도 이온 교환 수지를 사용하여 제거될 수 있다.

20.6 광분해와 초음파 분해: 녹색 폐기물 처리

광분해와 초음파 분해는 폐기물 처리의 원리가 유사하다. 두 방법 모두 약품을 첨가하지 않거나 또는 비교적 유해성이 없는 약품을 최소한으로 첨가함으로써 녹색 화학을 실천할 수 폐기물 처리 방법이다. 따라서 이 두 방법에 대해서는 같은 맥락으로 다룰 것이다. 두 방법 모두 높은 에너지를 처리 시스템에 가한다는 특징이 있다. 광분해는 자외선, X-선 또는 감마선의 광자(photon)를 이용하며, 초음파 분해는 높은 주파수의 초음파에 의한 '음향 양자(phonon)'를 이용한다. 이러한 과정에서 화학적으로 반응성이 큰 중간 화학종이 생성되는데, 이를 이용함으로써 폐기물 분자를 깨뜨릴 수 있다.

8장에서 다룬 **광분해(photolysis)**와 **광분해 반응(photolytic reaction)**은 여러 종류의 유해 폐기물을 파괴하는 데 이용된다. 광분해 반응은 난분해성 유기 화합물 중의 화학 결합을 깨뜨리는 데 효과적이다. 환경에서 가장 문제되는 화학종의 하나인 TCDD(6.12절 참조)는 수소 원자 주개({H})가 존재하면, 자외선으로 처리될 수 있으며, 아래와 같은 반응 결과가 나타난다.

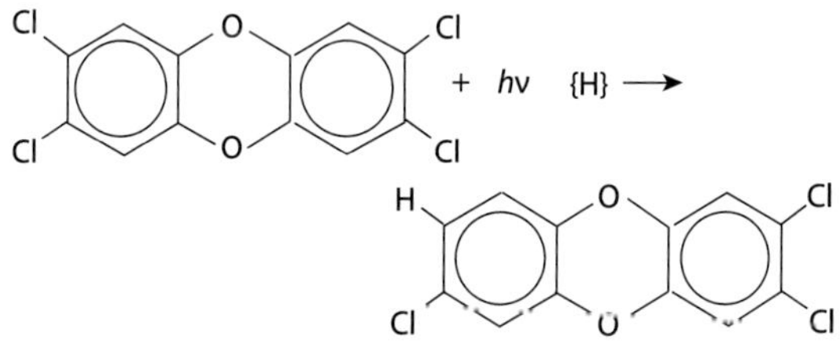

(20.18)

광분해가 진행됨에 따라, H−C 결합과 C−O 결합이 깨지고 덜 유해한 유기 고분자가 생성된다.

광분해 개시 반응에서 반응성이 큰 중간체가 형성되는데, 이 중간체가 **연쇄 반응(chain reaction)**에 참여하면서 화합물을 파괴한다. 하이드록실 라디칼(HO•)은 현재까지 알려진 반응성이 큰 중간체 중 가장 중요한 자유 라디칼이다. 고체 이산화 타이타늄(TiO_2)은 활성 라디칼이 관여하는 연쇄 반응에서 광촉매로 사용된다. TiO_2의 표면에 자외선을 쪼여 주면, 에너지화된 전자(e^-)가 방출되면서 그 자리에 '구멍'(h)이 생성된다.

$$TiO_2 + h\nu \rightarrow TiO_2(h) + e^- \tag{20.19}$$

방출된 전자가 용존 O_2와 반응하면 반응성이 큰 O_2^-가 생성된다.

$$TiO_2(e^-) + O_2 \rightarrow O_2^- \tag{20.20}$$

표면의 구멍은 용존 하이드록실 이온으로부터 전자를 받아 채워지고, TiO_2의 표면에는 반응성이 큰 하이드록실 라디칼이 생성된다.

$$TiO_2(h) + OH^- \rightarrow HO\bullet \tag{20.21}$$

이때 생성된 하이드록실 라디칼은 반응을 개시하여 폐기물 화합물의 파괴 반응에 참여한다. 또는 $TiO_2(h)$ 자리가 폐기물 분자로부터 전자를 받아 반응이 개시될 수도 있다.

위의 예에서 보인 바와 같이, 고체 TiO_2는 복사선을 흡수하고 폐기물을 파괴하는 반응성이 큰 화학종을 생성하는 **증감제(sensitizer)**의 역할을 한다. TiO_2 이외의 증감제를 용액에 첨가하여 폐기물 처리를 위한 하이드록실 라디칼을 생성시킬 수도 있다. 과산소이황산 포타슘(potassium peroxydisulfate, $K_2S_2O_8$) 등의 화학 산화제를 첨가하여 활성적인 광분해 생성물을 산화시킴으로써 폐기물의 파괴 반응을 증진시킬 수도 있다. 하이드록실 라디칼의 생성을 수반하는 반응 중, 가장 널리 이용되는 반응의 하나는 철(II)를 과산화 수소와 반응시키는 **펜톤 반응(fenton reaction)**이다(반응 3.90 참조). 철을 포함하는 용액에 햇빛을 쪼이면 Fe(II)와 과산화 수소가 생성될 수 있는데, 이 과정은 폐기물을 처리하는 데 이용될 수 있다.

TCDD 이외에, 아트라진(atrazine), 2,4-다이클로로페녹시아세트산(2,4-dichlorophenoxyacetic acid, 2,4-D), 2-(2,4-다이클로로페녹시프로피온산[2-(2,4-dichlorophenoxy)propionic acid], 2,4-다이클로로페놀(2,4-dichlorophenol), 2,4,6-트라이나이트로페놀(2,4,6-trichlorophenol), 2,4,6-트라이나이트로톨루엔(2,4,6-trinitrotolue, TNT), 다염소화 바이페닐류(polychlorinated biphenyls, PCBs) 등의 유해 폐기물이 광분해에 의해 처리될 수 있다.

초음파(일반적으로 660 kHz의 주파수 사용)를 이용하는 **초음파 분해(sonolysis)**에서는 반응성이 큰 하이드록실 라디칼이 생성된다.

$$HOH \xrightarrow{\text{초음파}} HO\bullet + H\bullet \tag{20.22}$$

하이드록실 라디칼은 폐기물 화합물과 반응하여 폐기물을 파괴한다. 폐기물 용액을 O_2 기체에 포화시켜 폐기물 산화를 유도할 수 있다. 초음파 분해는 광분해와 병행하여 보다 효과적인 폐기물 파괴에 이용될 수도 있다.

20.7 열처리 방법

폐기물 처리의 주목적은 부피 감소, 휘발성, 가연성, 이동성 유기 물질의 제거, 독성 및 병원성 물질을 파괴하는 것이다. 이러한 관점에서 볼 때, 유해 폐기물의 열처리 공정은 폐기물 처리의 거의 모든 목적을 충족할 수 있다. 폐기물을 파기하기 위한 **소각(incineration)**은 높은 온도(900°C 이상), 산화 조건 및 난류성 연소 조건에서 이루어진다.[4] 소각 이외에 높은 온도를 이용하여 유해 폐기물을 파기하거나 중화하는 방법 등은 이 절의 끝에서 간략히 논의된다.

폐기물 또는 보조 연료에 포함되어 있는 유기 물질을 소각하면, 유기 물질에 결합된 탄소와 수소가 산화되면서 폐기물 파괴 반응(흡열 반응)에 필요한 열이 발생된다. 파괴 반응의 한 예는 유기염소 화합물 중의 C−Cl 결합이 끊어지는 것이다.

$$C(\text{유기물}) + O_2 \rightarrow CO_2 + \text{열} \tag{20.23}$$

$$4H(\text{유기물}) + O_2 \rightarrow 2H_2O + \text{열} \tag{20.24}$$

이상적으로, **소각 가능한 폐기물(incinerable waste)**은 주로 유기 폐기물인데, 최소한 5,000 Btu/lb의 발열량을 나타낼 수 있는 폐기물이어야 한다. 일반적으로 8,000 Btu/lb 이상의 발열량을 지닌 유기 폐기물이 소각에 선호되는 물질인데, 이러한 폐기물에는 메탄올, 톨루엔, 에탄올, 아세톤 등의 유기 용매 함량이 높다. 스스로 타지 않는 불연성의 유기 염소계 폐기물, 수용액 폐기물 및 오염 토양을 소각하기 위해서는 메탄올, 석유 등과 같은 **보조 연료(supplemental fuel)**가 필요하다. 액체 폐기물에 포함된 무기 물질, 물, 유기성 이종 원소(O, N, S)의 함량은 소각 정도를 결정하는 데 중요한 인자이다.

에너지 회수를 위해, 유해 폐기물이 포함된 산업 폐기물을 화로와 보일러에서 **유해 폐기물 연료(hazardous waste fuel)**로 소각하고, 하수 슬러지와 같은 일반 폐기물을 다른 소각로에서 소각할 수도 있다. 이러한 과정을 **혼합 소각(coincineration)**이라고 하는데, 단순히 폐기물을 파기하기 위한 소각보다 더 많은 가연성 폐기물이 소모된다. 혼합 소각은 유해 폐기물 소각장을 따로 건설하지 않고, 기존의 폐기물 처분장에서 수행될 수도 있다. Portland 시멘트 제조 공장에서 유기염소 용매를 포함하는 많은 양의 유해 폐기물을 소각하는 것은 혼합 소각의 좋은 예이다. 아래에 이에 대한 사항을 논의하였다.

20.7.1 소각 시스템

그림 20.8은 유해 폐기물의 소각 시스템을 4개의 주요 구성 성분으로 구분하여 나타낸 것이다. 액체 폐기물의 소각을 위한 **준비 과정(waste preparation)**에는 여과, 고체 물질과 물을 제거하기 위한 침전, 최적의 소각 가능한 혼합물을 얻기 위한 혼합 및 점도를 낮추기 위한 가열이 필요하다. 고체는 분쇄와 체거름 과정이 필요할 수 있다. 미립화 과정(atomization)은 액체 폐기물을 이송하기 위해 필요하고, 램(ram)과 오거(auger)와 같은 기기 장치는 고체를 소각로에 이송하기 위해 사용된다.

유해 폐기물 소각로는 **연소실(combustion chamber)**의 종류에 따라 4종류로 구분된다. (1) **회전로(rotary kiln)**는 회전하는 원통형 연소실로 구성되어 있으며, 수평면에 대해 약간 기울어진 형태로 설치되는 소각로이다. 내화재가 투입되면 에프터버너(afterburner) 하류 과정(예열–환원–용융)을 통해 순차적으로 폐기물이 처리된다(미국에서 처리되는 유해 폐기물 소각 용량의 약 40%를 처리). (2) **액체 주입 소각로(liquid injection incinerator)**는 펌프가 가능한 액체 폐기물이 작은 물방울 형태로 분산되면서 로에 주입되는 방식을 이용하는 소각로이다(이 또한 미국에서 처리되는 유해 폐기물 소각 용량의 약 40%를 처리). (3) **고정 난로 방식 소각로(fixed-hearth incinerator)**는 단일 또는 다중 난로로 구성되어 있는 소각로이며, 주로 액체 또는 고체 폐기물을 처리하는 데 사용된다. (4) **유동층 소각로(fluidized-bed incinerator)**는 석회암과 같은 입상 조직으로 만들어진 지지체 위에 공기를 주입하고, 유체 상태로 만들어 폐기물을 연소하는 방식을 이용하는 소각로이며, 주로 산 기체 또는 재를 처리하기 위해 사용된다. 그 밖에, 고도로 발전된 열처리 시스템을 적용하는 소각로의 예는 플라즈마 소각로, 전기 반응조, 적외선 시스템, 용융 염 연소 시스템 및 용융 유리 공정 등이다. **플라즈마 소각로(plasma incinerator)**는 이온화된 기체의 뜨거운 플라즈마를 전기적 아크에 주입하는 방식을 이용한다. **전기 반응조(electric reactor)**는 복사선 열전달(radiative heat transfer)을 통해 폐기물을 열분해하기 위해 약 2,200°C의 고열로 가열된 소각로 벽을 이용한다. **적외선 시스템(infrared system)**은 탄화 규소 저항 발

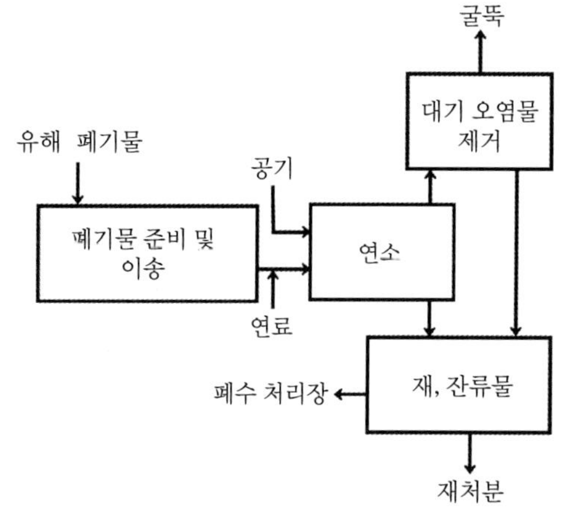

그림 20.8 유해 폐기물 소각 시스템의 주요 처리 단계.

열선에 전기를 가함으로써 강력한 적외선을 발생시킨다. **용융염 연소(molten salt combustion)**는 폐기물을 파괴하고 기체상 오염물을 가둬 두기 위해 약 900°C로 가열된 용융 탄산 소듐층을 이용한다. **용융 유리 공정(molten glass process)**은 폐기물에 열을 전달하고 폐기물을 유리 형태로 가둬 두기 위해 용융 유리를 이용한다.

유해 폐기물 소각 시스템의 가장 복잡한 부분은 여러 작동 과정이 필요한 **대기 오염 제어 시스템(air pollution control system)**이다. 대기 오염 방지 시스템에는 연소 기체를 냉각, 열 회수, 입자상 물질 제거, 산 기체 제거, 부산물로 생성되는 고체, 슬러지 및 액체를 처리할 수 있도록 설계/운영되어야 한다.

뜨거운 재는 물을 이용하여 수집될 수 있다. 이 경우 최종 처분을 위해 물을 제거하고 화학적 안정화 과정을 거쳐야 한다. 유해 폐기물 소각의 큰 문제점 중의 하나는 남은 재를 처리하는 것인데, 그 이유는 남은 재에 포함된 중금속이 침출되지 않도록 해야 하기 때문이다.

연소 조건(combustion condition)은 유해 폐기물의 소각 효율을 결정하는 중요한 인자이다. 성공적인 폐기물 연소를 위해서는 (1) 폐기물의 확실한 연소를 위해 연소 구역에 충분한 산소의 공급, (2) 폐기물, 산화제 및 보조 연료가 완전히 섞일 수 있는 난류 생성 조건, (3) 열 저항성 화합물의 연소 반응을 위해 약 900°C 이상의 높은 연소 온도, (4) 연소 반응이 일어나기 위한 충분한 체류 시간(최소한 2초)을 확보해야 한다.

미국 환경 보호청(EPA)은 **주 유기성 유해 폐기물 구성 성분(principal organic hazardous constituents, POHC)**의 파괴 효율을 기초로, 유해 폐기물 소각에 대한 기준을 설정하였다. 유해 폐기물에 대한 **파괴 제거 효율(destruction removal efficiency, DRE)**은 소각 전과 소각 후에 질량 유속을 측정하여 다음의 식으로 나타낸다.

$$\mathrm{DRE} = \frac{W_{\mathrm{in}} - W_{\mathrm{out}}}{W_{\mathrm{in}}} \times 100 \qquad (20.25)$$

여기에서 W_{in}과 W_{out}은 각각 소각로에 공급되는 POHC의 질량 유속과 소각 후 유출되는 POHC의 질량 유속이다. 미국 EPA에서는 일반적인 POHC에 대해 99.99%의 파괴 효율을 권고하고 있다. 특히, '다이옥신'이라 불리는 2,3,7,8-테트라클로로다이벤조-*p*-다이옥신(2,3,7,8-tetrachlorodibenzo-*p*-dioxin, TCDD)에 대해서는 99.9999%(소숫점 4자리까지)의 제거 효율을 권고하고 있다.

20.7.2 습식 공기 산화

수용액 중의 유기 화합물과 산화성 무기 화학종은 산소(보통 공기에서)에 의해 산화된다.[5] 습식 산화에는 일반적으로 높은 온도(175~327°C)와 300~3,000 psig(2,070~20,700 kPa)의 압력 범위의 극한 조건이 필요하다. 높은 압력은 용존 산소의 농도를 높일 수 있으며, 높은 온도는 반응이 일어나도록 한다.

습식 공기 산화는 전기 도금 폐수에 포함된 사이아나이드를 파괴하기 위해 적용되어 왔다. NaCN의 산화 반응은 다음과 같다.

$$2\mathrm{Na^+} + 2\mathrm{CN^-} + \mathrm{O_2} + 4\mathrm{H_2O} \rightarrow 2\mathrm{Na^+} + 2\mathrm{HCO_3^-} + 2\mathrm{NH_3} \qquad (20.26)$$

유기 폐기물은 초임계 물에서 산화될 수 있다. 초임계 물에서는 유기 화합물이 쉽게 녹는다(20.4절 참조). 이 방법에서는 폐기물을 물과 혼합하고, 그 혼합물을 초임계 조건으로 도달하도록 온도와 압력을 높인다. 또, 폐기물을 산화하기에 충분한 양의 산소를 펌프한다. 이 과정에서 매우 작은 양의 CO가 생성되며, SO_2와 NO_x는 발생되지 않는다. PCB류, 다이옥신, 유기염소계 살충제, 벤젠, 요소 등도 이 방법을 통해 제거될 수 있다.

20.7.3 UV 촉진 습식 산화

과산화 수소(H_2O_2)는 UV 복사선($h\nu$)을 쪼여 주면 더욱 강한 산화제로 변환된다. $\{CH_2O\}$로 대표되는 유기 화학종의 산화에 대한 전체 반응은 다음과 같다.

$$2H_2O_2 + \{CH_2O\} + h\nu \rightarrow CO_2 + 3H_2O \quad (20.27)$$

UV 복사선은 H_2O_2의 화학 결합을 깨뜨리고 HO•와 같은 반응성이 큰 산화제를 생성시키는 역할을 한다.

20.7.4 시멘트 제조 공장에서 유해 폐기물의 파괴

유해 폐기물을 없애기 위한 가장 좋은 방법 중의 하나는 폐기물을 Portland 시멘트 제조에 필요한 보조 연료로 사용하는 것이다. 이와 같이 폐기물을 없앰과 동시에 연료로 사용하는 시멘트 제조업체는 산업 생태학을 실천하는 산업체의 매우 좋은 예이다.[6] Portland 시멘트는 약 2,000°C의 높은 온도에서 석회석과 점토와 모래를 가열할 때 생성되는 용융 상태의 미네랄 혼합물을 냉각하고 곱게 분쇄함으로써 제조된다. 시멘트 가마 안에서 유해 폐기물을 연료와 함께 연소할 때, 매우 높은 온도와 강한 산화 조건, 그리고 비교적 긴 체류 시간을 유지한다면 이상적으로 유기성 폐기물을 파괴할 수 있다. 또한, 시멘트 제조 과정에서 생성되는 염기성 고체는 유기할라이드 화합물의 연소에서 생성되는 HCl과 같은 산성 기체를 중화하는 데 사용될 수 있다. 마지막으로, 시멘트 가마에서 고체를 수집한다면 오염 물질인 재 성분의 대기 유출을 방지할 수 있다.

20.8 폐기물의 생분해

폐기물의 **생분해(biodegradation)**란 효소의 생물학적 과정에 의해 폐기물이 간단한 무기 분자(미네랄화)로 변환되는 과정을 말한다. 이 과정 중에 폐기물의 일부가 생물학적 물질로 변환되기도 한다. 일반적으로, 생분해의 산물은 자연에 있음직한 분자 형태이며, 본래 물질에 비해 주변 환경과 열역학 평형을 이루는 정도가 크다. **해독화(detoxification)**란 독성 물질을 독성이 적은 화학종으로 변환시키는 것을 말한다. 폐기물의 생분해를 위해서는, 유해 폐기물 매립지에 토착화되어 특정 종류의 분자를 분해할 수 있는 세균과 진균(각각은 효소 시스템을 지니고 있음)을 이용하는 것이 가장 좋다. 생물학적 처리 방식은 유해 폐기물을 분해하는 데 큰 장점을 제공하고 있으며, 잠재적 이용 가능성 또한 높다. 이 방식은 폐기물이 유출된 본래의 장소에서도 적용될 수 있다.

유해 폐기물이 분해되는 미생물 과정을 **생물 정화(bioremediation)**의 수단으로 이용하기 위한 집중적인 연구가 진행되어 왔는데,[7] 이 수단의 효율성에 대해서는 여전히 의심의 여지가 남아 있다. 그러나 처리 과정이 성공적이지 못하는 데에는 여러 인자가 작용하고 있다는 것을 명심해야 한다. 혼합, 영양물질, 전자 수용체 화학종(예: 산소) 등의 물리적 조건을 최적화하지 못한다면, 생분해 과정이 매우 느리게 진행될 수 있다. 또, 온도가 낮으면 미생물 반응이 매우 느리게 진행될 수도 있다. 중금속과 같은 독성 물질은 생물학적 활동도를 억제할 수 있으며, 경우에 따라서는 반응 과정에서 생성되는 대사 물질이 독성을 나타낼 수도 있다.

화합물의 **생분해(biodegradability)**에 영향을 미치는 물리적 특징은 물에 대한 용해도와 증기압 등이고, 화학적 특징은 분자량, 분자 구조, 다양한 종류의 작용기(functional group) 등이다. 어떤 작용기는 생분해의 개시 반응을 위한 생화학적 핸들(biochemical handle) 역할을 한다. 적절한 미생물이 최적 조건에서 활동한다면, 미생물을 죽이는 것으로 알려진 페놀과 같은 물질도 생분해된다.

일반적으로 **생물학적 난분해성 물질[recalcitrant(또는 biorefractory) substance]**은 생분해되지 않고, 환경에 지속적으로 유지되어 축적되는 경향이 있다. 이러한 물질 모두가 반드시 생물체에 독성을 나타내는 것은 아니지만, 대사 작용에 장애를 일으킬 수 있다. 만일 생물학적 난분해성 물질에 적응된 박테리아가 있다면, 생물학적 난분해성 물질이라도 생분해가 진행될 수 있다. 예를 들어, DDT에 적응된

Pseudomonas 박테리아는 DDT를 생분해한다. 화학적 전처리, 특히 부분 산화 반응을 통해 일부 생물학적 난분해성의 폐기물이 쉽게 생분해되는 경우가 있다.

유해 폐기물의 성질과 매질을 변화시켜 생분해성을 증진시킬 수도 있다. 이를 위해서는 온도, pH(일반적으로 6~9), 교반, 산소 농도, 영양물질 첨가 등을 최적 조건으로 조절해야 한다. 독성 유기 물질과 독성 무기 물질(예: 중금속 이온)을 제거한다면, 생분해성이 증진될 수 있다.

산소성(호기성) 폐기물 처리[oxic(aerobic) waste treatment]에는 산소(O_2) 분자를 필요로 하는 산소성 세균과 진균이 이용된다. 이 과정은 미생물이 선호하는 과정이라 할 수 있는데, 그 이유는 산소 분자가 유기 물질과 반응하여 많은 에너지가 생성될 수 있기 때문이다. 산소성 폐기물 처리는 활성 슬러지 공법으로 개발되어 하수 및 폐수 처리에 널리 이용되고 있다. 화학 과정에서 생성되는 폐기물 및 쓰레기 매립지 침출수에도 산소성 폐기물 처리 기법이 적용될 수 있다. 처리 시스템에 따라서는 분말 활성탄을 첨가하여 미생물에 의해 생분해되지 않는 유기 폐기물을 흡착시키기도 한다.

오염된 토양을 물과 혼합하여 생물 반응조에서 넣고 처리하면, 토양에 포함된 생분해성 오염 물질을 제거할 수 있다. 원리적으로, 오염된 토양에 산소와 영양물질이 풍부한 물을 순환 시스템의 펌프로 공급한다면 오염된 토양을 본래의 장소에서 처리할 수 있다.

무산소성(혐기성) 폐기물 처리[anoxic(anaerobic) waste treatment]는 산소가 없는 조건에서 폐기물을 분해 처리하는 방법이다. 이 방법은 다양한 종류의 유기 폐기물에 적용될 수 있는데, 산소성 활성 슬러지 공법에 비해 에너지 소모와 슬러지 부산물의 생성이 적다는 장점이 있다. 이 과정에서 황화 수소와 메테인 기체가 발생된다. 황화 수소(H_2S)는 중금속 이온을 침전시키는 침전제로, 메테인(CH_4) 기체는 에너지원으로 사용될 수 있다.

무산소성 분해의 전체 과정은 유기 물질의 산화와 환원이 동시에 일어나는 발효 과정이다. 가상적인 유기 물질($\{CH_2O\}$)의 무산소성 발효 반응은 다음과 같다.

$$2\{CH_2O\} \rightarrow CO_2 + CH_4 \quad (20.28)$$

실제로, 관련된 미생물의 과정은 매우 복잡하다. 무산소성 소화가 적절한 대부분의 폐기물은 아세트알데하이드나 메틸에틸 케톤과 같은 산소화 화합물로 구성된다.

환원성 탈할로젠화(reductive dehalogenation)는 무산소성 세균이 유기 할라이드에서 할로젠 원자를 제거하는 반응이다. 예전에 많은 양이 버려졌던 알킬 할라이드(특히 용매), 아릴 할라이드, 유기염소계 농약 등은 환원성 탈할로젠화 반응을 통해 제거될 수 있다. 환원성 탈할로젠화는 여러 할로젠이 결합된 화합물을 제거하는 주요 수단이다. 여러 할로젠이 결합된 할로젠 화합물의 예는 테트라클로로에텐, 헥사클로로벤젠, 펜타클로로페놀, PCB 동종체 등이다.

환원성 탈할로젠화 반응의 대표적인 두 가지 예는 **가수소 분해 반응(hydrogenolysis)**과 인접한 탄소에 결합된 두 개의 할로젠이 환원되어 C=C 결합이 되는 **이웃 자리 환원(vicinal reduction)**이다.

가수소 분해 반응 (20.29)

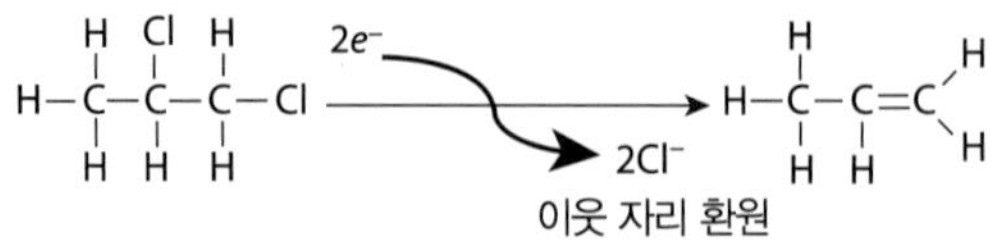

이웃 자리 환원 (20.30)

20.9 식물 복원

식물 복원(phytoremediation)은 식물을 이용하여 유기 물질, 중금속 및 방사성 물질로 오염된 토양과 물을 처리하는 방법이다.[8] 일반적으로, 식물 정화법은 식물을 이용하여 토양에 유출된 오염 물질을 제거하고, 제거에 사용된 식물을 폐기하는 전체 과정을 의미한다. 이와 더불어, 오염된 토양에 식물을 심고, 그 식물로 하여금 오염 물질을 제거하도록 하는 것도 식물 정화법에 속한다. 폐기물 위에 식물 군집을 이루게 하여 폐기물을 처리하는 방법을 **식물 안정화법(phytostabilization)**이라고 하는데, 이 방법은 수질 오염 물질의 손실 또는 바람에 의한 침식을 현저히 줄이면서 토양 매질에서 일어나는 오염 물질의 생분해를 간접적으로 돕는다. 식물 뿌리가 자라는 토양층인 근권(rhizosphere)에서 서식하는 미생물의 생분해는 15.10절에서 논의하였다.

식물은 뿌리를 통해 오염 물질을 흡수하고, 흡수된 오염 물질을 식물의 다른 부분으로 이동시키면서 토양의 오염도를 줄인다. 식물 복원에 사용된 식물 바이오매스를 소각하여 없애거나, 다른 과정을 통해 오염 물질을 제거할 수 있다. 귀중한 금속인 니켈을 '채굴'하기 위해 식물을 이용하기도 한다. 오염 물질을 단순히 흡수하는 것 이외에, 식물은 유기 오염 물질을 분해할 수 있는 나이트로 환원 효소(nitroreductase), 이산소화 효소(dioxygenase)와 라케이스(laccase) 같은 효소 시스템을 지니기도 한다. 벤젠, 톨루엔, 에틸벤젠, 자일렌, 메틸삼차뷰틸에터(methyl*tert*-butyl ether) 등의 휘발성 유기 오염 물질을 흡수하는 식물에서 일단 흡수된 물질이 대기로 재방출되는 경우는 드물다.

성장 속도가 빠르고 깊게 뿌리를 내리는 나무는 식물 복원에서 선호되는 식물이다. 매우 빠르게 성장하는 나무의 예는 버드나무와 포플러 등이다. 자주개나리, 클로버, 옥수수, 호밀, 수수, 콩 등의 작물들은 석유계 탄화수소로 오염된 토양에 이용되고, 담배 식물은 카드뮴, 구리, 아연 등으로 오염된 토양에 이용될 수 있다.

20.10 토지 처리 및 퇴비화

20.10.1 토지 처리

토양은 폐기물을 거르는 천연 필터로 사용될 수 있다. 토양은 폐기물의 독성을 없애고, 생늘 분해, 화학적 분해 및 물리적 고정과 화학적 고정을 가능하게 하는 물리적, 화학적, 생물학적 특성을 지니고 있다. 따라서 폐기물의 **토지 처리(land treatment)**는 적절한 조건에서 토양과 폐기물을 혼합함으로써 폐기물 처리의 목적을 달성할 수 있다. 오염된 토양을 재생하여 토양의 생산성을 회복하는 것은 중요하다.

토양은 유해 폐기물의 생분해에 영향을 미치는 많은 생물이 살아가는 천연 매질이다. 토지 처리에 가장 중요한 미생물은 *Agrobacterium*, *Arthrobacteri*, *Bacillus*, *Flavobacterium*, *Pseudomonas*, *Actinomycetes* 등의 세균이다. 진균은 식물을 분해하는 데 중요한 역할을 하는 미생물로 분류되는데, 세균과 더불어 폐기물의 생분해에도 관여를 하고 있다.

토지 처리에 사용되는 미생물은 비교적 쉽게 구할 수 있으며, 이러한 미생물들은 배지 배양을 통해 토지 처리에 이용될 수 있다. 폐기물 매립지에 토착화된 미생물의 군집은 영양물질과 산화제 역할을 하는 전자 수용체(무산소성 분해에 필요함)를 첨가하고 혼합함으로써 늘릴 수 있다. 가장 흔히 첨가되는 영양물질은 질소와 인이다. 산소는 펌프를 이용하여 공기를 불어넣어 주거나, 과산화 수소(H_2O_2)의 첨가를 통해 공급될 수 있다. 토양의 표면 위에서 또는 토양의 얕은 곳에서 탄화수소를 처리하는 경우, 단순한 경작 활동(땅을 뒤엎는 행위 등)을 통해 토양을 혼합함으로써 미생물의 성장에 필요한 산소를 공급하고 미생물의 성장에 필요한 최적 조건을 유도할 수 있다.

생분해성 유기 물질이 포함되어 있는 폐기물은 토지 처리에 적절하다. 그런데 유해 폐기물에 오염된 토양에는 난분해성 화합물이 효율적으로 분해될 수 있도록 장기간의 적응 기간을 거쳐 배양된 세균이 이용된다. 토지 처리는 석유 정제 과정에서 생성되는 폐기물을 처리하는 데 가장 널리 이용되고, 연료와 지하에 설치된 연료 탱크에서 유출되는 폐기물 처리에도 적용 가능하다. 그 밖에, 생분해성 유기 화학 폐수(유기 할라이드 화합물)도 토양 처리가 가능하다. 토양 처리는 산, 염기, 독성 무기 화합물,

염, 중금속 및 일부 유기 화합물(물에 대한 용해도가 크고, 휘발성이 있거나 가연성이 큰 유기 화합물)의 처리에는 적절하지 않다.

20.10.2 퇴비화

유해 폐기물의 **퇴비화(composting)**란 고체 또는 고형화된 물질을 토양이 아닌 매질에서 생분해시키는 방법을 말한다. 퇴비화에는 식물 잔류물, 종이, 도시 쓰레기, 톱밥 등의 팽화제가 물을 유지하고 폐기물에 공기가 통하도록 하기 위해 사용된다. 유해 폐기물의 효율적인 퇴비화를 이루기 위해서는 이전에 토지 처리에서 논의된 것들을 포함하여 여러 인자를 고려해야 한다. 우선, 적절한 미생물 또는 **접종물(inoculum)**을 선택해야 한다. 퇴비화 작업을 성공적으로 진행한다면, 이때 생성된 퇴비는 새로운 폐기물을 퇴비화하는 데 사용될 수 있다. 적절한 미생물 외에, 산소, 수분(최소 40%를 유지해야 함), pH(대개 중성 부근) 및 온도는 퇴비화에 영향을 끼치는 중요한 인자들이다. 퇴비화 과정에서 열이 발생하는데, 만일 퇴비의 양이 충분히 많다면 퇴비화 과정에서 발생한 열은 자체적으로 이용될 수도 있다. 질소 등의 영양물질이 부족한 폐기물에는 외부에서 영양물질이 공급되거나 영양물질이 풍부한 다른 폐기물과 혼합되어야 한다.

20.11 처분을 위한 폐기물 준비

부동화, 안정화, 고정화, 고형화는 유해 폐기물을 장기간 저장하기 위해 적절한 형태로 바꾸는 방법을 의미하는 용어들로, 방법 간에 서로 겹치는 내용이 있다. 각 용어에 대한 설명과 폐기물 처리 및 관리에 대한 예를 아래에 정리하였다.

부동화(immobilization)는 침출을 최소화하기 위해 폐기물의 표면적을 줄이는 물리적 과정과 화학적 과정이다. 부동화는 주위 환경(특히 지하수)에서 폐기물을 격리하여 폐기물의 이동 가능성을 줄이는 방법이다. 물리적으로 폐기물을 격리시키는 방법, 용해도를 감소시키는 방법, 그리고 표면적을 줄이는 방법이 부동화에 속한다. 부동화는 폐기물을 손쉽게 관리할 수 있게 하고, 폐기물의 물리적 특성을 변화시켜 최종 처분을 용이하게 한다.

안정화(stabilization)는 취급과 처분 과정에서 발생될 수 있는 문제를 줄이고, 처분 이후에도 이동성을 감소시키기 위해, 본래의 폐기물을 물리적/화학적으로 안정한 형태의 물질로 변환시키는 과정이다. 안정화 방법에는 고형화(아래 참조)와 휘발성, 용해성, 반응성이 작은 생성물을 생성하기 위해 화학 반응을 적용하는 방법이 있다. 안정화는 폐기물을 땅에 처분하는 과정이 필요하다. 한편, **고정화(fixation)**는 유해 폐기물을 이동성이 적고 덜 유독한 형태로 결합시키는 안정화 과정이다.

고형화(solidification)는 약품을 사용한 화학 반응, 기기적 분리, 또는 복합적인 물리적 및 화학적 과정을 통해 이루어진다. 고형화 방법으로는 액체 폐기물 또는 슬러지에서 물을 증발시키는 방법, 고체 물질에 수착시키는 방법, 시멘트와 반응시키는 방법, 규산염과 반응시키는 방법, 캡슐화하는 방법, 그리고 고분자 또는 열가소성 플라스틱에 가두는 방법 등이 있다.

Portland 시멘트 제조 반응과 같은 고형화 과정에는 물이 필수적으로 필요하다. 물은 수화된 고체 매트릭스의 중요한 성분이다. 만일 고체에 포함된 물이 손실되면, 고체 본래의 구조가 변형되고 손상된다. 따라서 고체를 과도하게 가열하거나 극히 건조한 조건에 노출시켜도 안 된다. 그러나 경우에 따라서는 고형화된 폐기물을 가열하는 것이 전체적인 고형화를 이루는 과정의 중요한 부분이기도 하다. 예를 들어, 철 수산화물 매트릭스가 가열되면 용해도가 극히 낮고 고온에 강한 철 산화물로 변환된다. 가열은 고형화된 폐기물의 유기 성분을 반응성이 없는 탄소로 변환시킬 수 있다. 가열은 유리화(아래 참조)의 핵심적인 과정이다.

유해한 액체 폐기물, 에멀션, 슬러지 및 액체를 고체 **수착제(sorbent)**에 고정시킴으로써 고형화와 안정화를 이룰 수 있다. 고체 흡착제로는 활성탄(유기 물질 흡착), 날재(fly ash), 가마 먼지(kiln dust), 점토(clay), 질석(vermiculite, 화강암 속의 흑운모가 분해된 것) 및 상표 등록이 되어 있는 여러 물질 등이 있다. 수착(sorption)은 액체 폐기물과 반고체 폐기물을 고체로 변환시킬 수 있다. 이 과정은 폐기물 취급을 용이롭게 하고, 폐기물 구성 성분의 용해도를 감소시키며, 고형화에 사용되는 Portland 시멘트화에서 반응을 증진시키는 데 이용될 수 있는 과정이다. pH와 p*E*(산화성/환원성의 척도)를 안정화시키는 데 이용되는 특별한 수착제도 있다(3장 참조).

수착제는 폐기물을 단순히 유지하기 위해 사용되거나, 물리적 수착 또는 화학 반응이 진행되도록 하는 데 사용될 수 있다. 폐기물의 특성에 맞는 흡착제를 사용하는 것은 중요하다. 물과 강한 친화도를 나타내는 흡착제는 과량의 물을 포함하는 폐기물에, 유기 물질에 강한 친화도를 나타내는 흡착제는 과량의 유기 용매가 포함된 폐기물에 적용되어야 한다.

유해 폐기물을 고온의 **열가소성(thermoplastic)** 액체와 섞은 다음, 이를 냉각하여 단단히 굳었지만 변형이 가능한 열가소성 플라스틱 매트릭스의 형태로 고형화시킬 수 있다. 열가소성 플라스틱 물질로 가장 널리 사용되는 물질은 아스팔트 역청(asphalt bitumen)이다. 그 밖에, 파라핀, 폴리에틸렌도 유해 폐기물을 고정화하기 위해 사용된다.

열가소성 플라스틱 물질로 부동화시킬 수 있는 폐기물 중에는 중금속 이온을 포함한 전기 도금 폐수가 있다. 유기성 열가소성 플라스틱은 물과 친화력이 없으며, 지하수로의 침출을 줄이는 효과가 있다. 시멘트와 비교할 때, 열가소성 플라스틱은 비교적 적은 양이 필요하다.

위에서 논의한 기술과 유사한 방법으로, 바이닐 에스터-스타이렌 고분자(vinyl ester-styrene polymer) 등의 **유기성 중합체(organic polymer)**를 사용하여 중합체 매트릭스에 폐기물을 가두는 고정화 방법이 있다.

유리화(vitrification 또는 **glassification)**란 유리 물질에 폐기물을 가두는 것을 말한다. 여기서 유리는 높은 용융 온도를 나타내는 무기성 열가소제를 의미한다. 용융 유리를 사용할 수도 있고, 유리 성분(SiO_2, Na_2CO_3, CaO)을 혼합하고 가열함으로써 폐수와 접촉하는 과정에서 유리가 합성될 수도 있다. 산화 보론(B_2O_3)을 사용하여 붕규산 유리(borosilicate glass)를 생성시킬 수도 있는데, 붕규산 유리는 열 변화에 큰 내성이 있고 화학적 변화를 하지 않는다. 열을 가해 폐기물을 파괴하는 과정(thermal waste destruction process) 중에 유리를 사용하기도 하는데, 이는 유해 폐기물의 재성분을 고정화시키기 위함이다. 폐기물에 따라서는 유리의 질을 손상시킬 수 있다. 예를 들어, 산화 알루미늄은 유리가 용융되는 데 방해 작용을 한다.

유리화는 비교적 복잡하고, 유리를 녹이는 네 소모되는 에너지 비용이 크게 든다는 단점이 있다. 이러한 단점에도 불구하고, 특정 폐기물에 대해서는 선호되는 고정화 기술이다. 예를 들어, 방사성 폐기물을 고형화시키는 방법으로 선호되는 방법인데, 이는 유리가 화학적으로 반응성과 침출 가능성이 거의 없기 때문이다. 그러나 높은 수준의 방사능 폐기물인 경우, 유리가 손상되거나 침출의 가능성이 다소 높아질 수는 있다.

Portland 시멘트화는 금속과 유기성 오염 물질이 포함된 유해 폐기물의 고형화에 사용되는 방법이다. Portland 시멘트는 슬러지 폐기물의 물과 화학적으로 결합하고, 폐기물과 화학적으로 반응하여 폐기물을 격리시키는 고체 매트릭스 역할을 한다. 화학 반응의 예는 Portland 시멘트에 포함된 칼슘과 염기가 무기 비소 폐기물과 반응하여 용해도를 감소시키는 것이다. 그러나 대부분의 폐기물은 Portland 시멘트 매트릭스에 단순히 물리적으로 유지되어 있으며, 이로 인해 향후 침출될 가능성이 있다.

Portland 시멘트화는 중금속 이온이 포함된 무기성 슬러지 처리에 가장 널리 사용되는데, 그 이유는 시멘트에 포함된 염기성 탄산 매질에서 중금속 이온이 불용성 수산화물과 탄산염으로 변환될 수 있기 때문이다. Portland 시멘트를 이용한 고형화의 성공 여부는 처리 대상의 폐기물이 콘크리트 생성물의 강도와 안정성에 미치는 영향 정도에 따라 크게 좌우된다. 석유 또는 석탄이 포함된 유기 물질,

일부 실트와 점토, 소듐염[예: 비산염(arsenate), 붕산염(borate), 인산염(phosphate), 아이오딘산염(iodate) 및 황화물(sulfide)], 금속 염(예: 구리, 납, 마그네슘, 주석 및 아연 염) 등이 포함된 폐기물에는 Portland 시멘트의 적용이 추천되지 않는다. 그 이유는 위에서 열거한 폐수에 적용할 경우, 안정화된 최종 시멘트 생성물을 얻기 어렵고, 시간이 경과함에 따라 시멘트 매트릭스가 손상되기 때문이다. 그러나 고체 물질이 포함된 유기성 폐기물이 흡수됨으로써 비교적 양호한 처분 형태의 시멘트가 생성되기도 한다.

산소 음이온성 실리콘(예: SiO_3^{2-})이 포함된 불용성 **규산염(silicate)**은 폐기물의 고형화에 사용된다. 이와 유사한 작용을 하는 물질은 날재(fly ash), 굴뚝 먼지(flue dust), 점토(clay), 규산 칼슘(calcium ates), 슬래그 가루(ground-up slag, 용광로에서 금속을 빼내고 남은 찌꺼기) 등으로, 이 중 일부는 폐기물 생성물이다. 규산 소듐(sodium silicate) 등의 용해성 규산염도 사용될 수 있다. 규산염 고형화에는 일반적으로 Portland 시멘트(위 참조), 석고(수화된 $CaSO_4$), 석회, 또는 알루미늄, 마그네슘, 철 화합물 등의 유착제(setting agent)가 필요하다. 고형화 생성물은 알갱이 형태의 고체에서 콘크리트 등의 고체에 이르기까지 다양하다. 경우에 따라서는 유화제, 계면 활성제, 활성제, 염화 칼슘, 점토, 탄소, 제올라이트, 그리고 상표 등록이 된 다양한 물질들의 첨가제를 투여하여 생성물의 질을 증진시킬 수 있다.

규산염을 사용하여 무기성 폐기물과 유기성 폐기물(기름 투성이의 슬러지 포함)의 고형화에 성공한 사례는 많이 보고되고 있다. 규산염 고형화의 장점과 단점은 위에서 논의한 Portland 시멘트화의 경우와 유사하다. 날재(fly ash)를 사용할 경우, 비소와 셀레늄 등의 중금속이 포함되어 있을 수 있다는 것에 유의해야 한다.

이름에서 알 수 있듯이, **캡슐화(encapsulation)**란 불침투성의 물질에 폐기물을 코팅하여 주변 환경과 접촉하지 않게 하는 것을 의미한다. 예를 들어, 용해성 폐기물이 아스팔트로 캡슐화되고 아스팔트층이 온전하게 유지만 된다면 용해성 물질이 녹아 나오지 않을 것이다. 캡슐화의 일반적인 수단은 열가소성 플라스틱, 아스팔트, 또는 왁스 등을 가열하여 녹인 상태에서 폐기물을 가둔 다음, 냉각하여 고형화시키는 것이다. 이러한 방법보다 더 좋은 방법은 폐기물이 존재하는 상태에서 단위체 물질을 투여하여 고분자 수지를 생성시키는 방법이다.

화학 고정(chemical fixation)은 화학 반응을 통해 유해 폐기물을 결합시키는 과정으로, 유해 폐기물의 이동성과 독성을 감소시키기 위해 이용된다. 물리적 고정과 화학적 고정이 동시에 진행되는 경우가 있는데, 이러한 경우 두 과정을 서로 구분하는 것은 쉽지 않다. 고분자성 무기 규산염(칼슘과 알루미늄이 포함된 경우가 있음)은 고정 매트릭스로 가장 널리 사용되는 무기 물질이다. 많은 종류의 중금속은 이러한 고정 매트릭스에 화학적으로 결합되고, 물리적으로 유지된다. 일부 유기성 폐기물도 매트릭스 구성 성분과 반응하여 결합되기도 한다.

20.12 폐기물의 최종 처분

분해, 처리, 고정화 등 유해 폐기물을 처리하기 위해 어떤 방법을 사용하든지 간에, 최종적으로 항상 남는 물질이 있을 수 있다. 최종적으로 남는 물질은 어떻게 하든 처분되어야 하는데, 이러한 최종 처리 과정을 폐기물의 최종 처분이라고 한다. 이 절에서는 유해 폐기물 처리 후 남는 재, 염, 액체, 고형화된 액체 및 기타 잔류물들로 인한 해로운 영향을 최소화하기 위해 행해지는 최종 처분 방법에 대해 간략히 논하기로 한다.

20.12.1 지상 처분

고체 폐기물을 저장하기 위한 가장 좋은 방법은 폐기물을 더미 형태로 쌓고, 침식과 물 침투가 방지되도록 디자인된 지상 처분 방식이다. 이 방식의 가장 큰 장점은 지하수 침투에 의한 침출과 구덩이나 매립지에 저장할 때 발생할 수 있는 일반적인 지하수 오염을 방지할 수 있다는 것이다. 올바로 디자인된 지상 처분장에서는, 침출된다 하더라도 침출수가 중력에 의해 밑으로 흐르기 때문에, 침출수를 침출수 수집 시스템에 쉽게 모을 수 있으며, 수집된 침출수에 대한 분석과 처리를 용이롭게 할 수 있다.

지상 처분장은 지표면보다는 다소 높은 장소에 설치된다. 물이 침투하지 못하는 막으로 덮힌 점토층 위에 폐기물 더미를 쌓는 방식으로 설계되는데, 특히 침출수의 흐름과 수집이 쉽게 이루어져야 한다. 폐기물 더미의 가장자리에는 경사를 둠으로써 침출수가 쉽게 흐르게, 그러나 침식이 억제되도록 하여야 한다.

20.12.2 쓰레기 매립지

많은 나라에서 새로운 규제 및 높은 토지 비용으로 인해 제한적이긴 하나, 고체성 유해 폐기물 및 일부 액체 폐기물을 처분하는 가장 일반적인 방식은 **쓰레기 매립지(landfill)**에 처분하는 것이다. 쓰레기 매립지에는 인위적으로 땅을 파낸 지표면 아래의 공간부터 폐기물을 쌓는다. 경우에 따라서는 채석장, 또는 자연적으로 침하된 장소가 쓰레기 매립장으로 이용되기도 한다. 일반적으로, 폐기물 매립은 매립장을 효율적으로 사용하기 위해, 또 배수를 원활하게 하기 위해 지상 위까지 계속된다.

유해 폐기물이 매립된 쓰레기 매립장에 대한 가장 큰 환경적 관심사는 지표수와 지하수의 침투를 통해 생성되는 침출수로 인해 발생되는 지하수 오염 문제이다. 현재, 최신 시설을 갖춘 유해 폐기물 매립지에는 침출수가 유출되지 않도록 설계되어 있으며, 침출수를 모으고 제어하는 시설이 있다.

현대적인 쓰레기 매립지에는 투과성이 적은 점토 층에 물이 새지 않으면서 신축성이 뛰어난 막 깔판을 깔고, 이곳에 2차 배수 시스템을 갖춘 후 입상 물질을 깔아 둔다. 그 위에 또 막 깔판을 깔고 1차적인 배수 시스템을 갖춘 후 입자상의 필터 매질 층으로 덮는다. 폐기물은 입자상의 필터 매질 위에 처분된다. 서로 다른 종류의 폐기물들은 점토와 토양으로 쌓은 둑턱(berm)으로 분리되고, 둑턱은 깔판으로 덮는다. 매립이 완료된 구간에는 밀도가 높은 토양으로 덮어 지표수의 침투를 방지한다. 매립지에는 침출수를 일정한 장소로 모을 수 있도록 설계하고, 매립지에서 방출되는 기체를 처리하는 시스템도 갖추어야 한다. 메테인을 생성하는 생분해성 유기 물질이 매립되는 경우는 유기 물질이 환원되면서 메테인이 방출된다.

첨단 기술을 갖춘 매립장의 핵심 설비 중 하나는 신축성이 좋은 막 깔판이다. 깔판은 고무[예:클로로설폰 폴리에틸렌(chlorosulfonated polyethylene)] 플라스틱[예: 염소화 폴리에틸렌(chlorinated polyethylene), 고밀도의 폴리에틸렌(polyethylene), 폴리염화바이닐(PVC, polyvinylchloride) 등으로 제조된 것이 사용된다. 깔판은 액체 또는 기체가 빠져나가는 것(삼출, seepage)과 물이 침투되어 들어오는 것을 제어할 수 있어야 한다. 따라서 깔판은 이러한 목적에 부합되도록 엄격히 제조되어야 하는데, 특히 생물 분해가 되지 않고, 화학적으로 반응성이 없어야 하며, 쉽게 찢기지 않아야 한다.

캡핑(capping)이란 과량의 지표수가 침투되는 것을 방지하고, 매립된 폐기물이 토양과 대기에 방출되지 않도록 폐기물을 덮는 것을 말한다. 폐기물을 덮는 데 사용하는 물질은 다양한 형태로 제조되는데, 대개 여러 층이 겹겹이 쌓인 형태의 제품이 사용된다. 캡핑에 관련된 문제는 침강, 침식이 일어나는 경우에 발생하는 문제, 물이 고이는 문제, 설치류에 의한 손상 문제 및 식물 뿌리가 관통하는 것이다.

20.12.3 저류지

유해한 액체 폐기물, 슬러리 및 슬러지는 인공 저류지를 건설하여 그곳에 가두어 둘 수 있다. 인공 저류지는 폐기물 처리를 위해 사용될 수 있으며, 궁극적으로는 쓰레기 처분장으로 사용될 수 있도록 디자인되기도 한다. 대부분의 유해한 액체 폐기물과 상당한 비율의 고체 폐기물이 처리 단계, 보관 단계, 또는 최종 처분 단계에서 인공 저류지로 이송될 수 있다.

인공 저류지는 '구덩이'를 파내어 연못 형태로 조성되는데, 도랑으로 연결된 구조이다. 인공 저류지는 바닥과 벽에 액체가 침투되지 못하도록 해야 한다는 점과 침출수를 수집하는 설비가 갖추어져야 한다는 점에서 위에서 논의한 매립지를 건설하는 것과 유사하다. 인공 저류지는 적절한 지질 구조(침투성이 낮은 점토/토양 층)를 나타내는 부지에 건설되어야 하며, 깔판과 차단판 또한 침투성이 낮은 제품이 사용되어야 한다.

20.12.4 깊은 우물 처분

깊은 우물 처분 공법(deep-well disposal)이란 대수층과 분리된 불투수성 암석층의 지하 깊숙한 곳에 우물을 파고, 그곳에 액체 폐기물을 강제로 주입하여 처분하는 방식을 말한다. 이 방식은 일찍이 석유업계에서 원유를 파내는 과정 중에 발생하는 많은 양의 염 폐수를 처분하기 위해 개발되었다. 이 방식이 개발된 이후, 화학업계에서 소금물, 산, 중금속을 포함한 용액, 유기 용액 등을 처분하기 위한 방법으로 사용되고 있다.

깊은 우물 처분 공법을 적용하기 위해서는 여러 인자를 고려해야 한다. 폐기물은 높은 온도와 압력을 나타내는 지대에 주입되어야 하는데, 이곳에서는 폐기물 구성 성분과 미네랄 층이 화학 반응을 진행할 가능성이 있다. 액체 폐기물에 포함된 오일, 고체 및 기체로 인해 막힘 현상이 유발될 수도 있다. 부식은 심각한 문제일 수 있다. 또, 미생물이 영향을 줄 수도 있다. 이러한 대부분의 문제점은 폐기물의 적절한 전처리를 통해 완화될 수 있다.

깊은 우물 처분 공법의 가장 큰 문제점은 지하수가 오염될 가능성이 있다는 것이다. 비록 폐기물이 대수층과는 분리된 염수층으로 주입된다 해도, 대수층이 오염될 가능성을 완전히 배제할 수는 없다. 깊은 우물에 균열이 생길 수 있고, 단층을 통해, 또 주변의 다른 우물과 연결되어 문제가 발생될 수 있다. 특히, 올바로 건설되지 않았거나 폐기물을 이송하는 파이프 라인이 손상이 될 경우, 폐기물이 처분된 깊은 우물 자체가 오염원이 될 수도 있다.

액체를 깊은 우물 처분 공법으로 처리하는 데 발생되는 문제점은 미국 Oklahoma 주에서 지진 활동이 현저하게 증가하고 있다는 것에서 찾을 수 있다. Oklahoma 주는 역사적으로 큰 지진이 발생하지 않은 지역이다. 이러한 현상은 지하의 셰일층에 매장된 석유와 천연가스를 추출하기 위해, 셰일층에 첨가물과 모래가 포함된 물을 고압으로 주입하여 수압 파쇄(hydrofracking) 과정에 기인하는 것으로 판단하고 있다.[6] 이에 대한 해결책은 산업 생태학의 실천을 염두에 두고 수압 파쇄의 공정에 사용된 물을 부분적으로 정화하고, 그 물을 다시 수압 파쇄 공정에 재활용하는 것이다. 수압 파쇄란 첨가물과 모래가 포함된 물을 강제로 셰일층에 주입하여 고압의 조건에서 셰일층을 파쇄시키는 것을 말한다.

20.13 침출과 기체 방출

대부분의 쓰레기 처리장에서는 오염된 침출수가 생긴다.[7] 따라서 새로 건설되는 폐기물 처리장에는 반드시 침출수 수집/처리 시스템을 갖추어야 한다(20.12절 참조). 침출수 수집/처리 시스템이 없는 오래된 처리장에는 이러한 시스템을 보강해야 한다.

침출수 수집 시스템에는 화학적 과정과 생화학적 과정으로 인해 여러 문제가 야기될 수 있다. 예를 들어, 공기에 노출될 경우 생성되는 불용성 망가니즈(IV) 산화물과 철(III) 산화물에 의해 막힘 현상이 발생될 수 있다.

침출수는 폐기물 처리장을 흐르는 물이 폐기물에 오염된 결과물이다. 침출수에는 토양에 유지되지 않는 용해성 물질과 화학적 또는 생화학적으로 분해되지 않는 물질이 포함되어 있다. 침출수에 포함된 유해 물질은 폐기물이 화학적 또는 생화학적 변환을 겪은 생성물이다.

침출수 관리에 가장 좋은 방법은 폐기물 처리장으로 들어오는 물의 유입을 최소화하는 것이다. 폐기물 처리장의 장소를 올바로 선택하고, 침출수 생성이 최소화될 수 있도록 설계하여 건설한다면, 침출수의 생성 속도를 현저히 늦출 수 있다. 폐기물 처리장을 올바로 관리하고 투수성이 낮은 덮개를 폐기물 위에 덮는 것은 침출수의 최소화를 이루는 데 매우 중요하다.

유해 폐기물 처리장에서 유출되는 침출수는 수질 오염을 방지하기 위해 처리되어야 한다. 이를 위한 첫 번째 단계는 철저한 분석을 통해 침출수의 구성 성분, 화학적 산물 및 대사 산물의 특성을 조사하는 것이다. 침출수 구성 성분의 생분해성 또한 조사되어야 한다. 침출수를 처리하는 방법에는 7장에서 논의한 산업 폐수 처리에 사용되는 물리적 과정, 화학적 과정 및 생화학적 과정이 있다.

폐기물 처리장은 기체 방출원이 될 수 있다. 생분해성 폐기물이 존재한다면 무산소성 분해에 의해 메테인과 이산화 탄소가 생성된다(반응 20.28 참조). 기체는 올바른 폐기물 처리 과정을 거치지 않은 화학적 과정에 의해서도 생성될 수 있다. 예를 들어, 칼슘 카바이드의 가수 분해로 인해 아세틸렌이 생성된다.

$$CaC_2 + 2H_2O \rightarrow C_2H_2 + Ca(OH)_2 \tag{20.31}$$

악취가 나는 유독성 황화 수소(H_2S)는 황화물이 산과 반응하거나, 황산 이온이 분해성 유기 물질의 존재하에 무산소성 세균(*Desulfovibrio*)에 의해 생화학적으로 환원되어 생성된다.

$$SO_4^{2-} + 2\{CH_2O\} + 2H^+ \xrightarrow[\text{세균}]{\text{무산소성}} H_2S + 2CO_2 + 2H_2O \tag{20.32}$$

이러한 기체는 유독하고 연소될 수 있으며, 폭발성이 있을 수 있다. 유해 폐기물을 통과하면서 스며나오는 기체에는 폐기물 증기(예: 휘발성 아릴 화합물, 분자량이 작은 할로젠화 탄화수소)가 포함될 수 있다. 이러한 물질의 예는 벤젠, 1,2-다이브로모에테인, 1,2-다이클로로에테인, 사염화 탄소, 클로로폼, 다이클로로메테인, 테트라클로로에테인, 1,1,1-트라이클로로에테인, 트라이클로로에틸렌 및 염화 바이닐 등으로 유독성이 강하다. 따라서 기체의 생성이 최소화되어야 한다. 발생된 기체는 환기시키거나 활성탄 흡착 또는 연소를 통해 처리되어야 한다.

20.14 현장 처리

폐기물이 유출된 장소에서 폐기물의 처리가 가능하다면, 폐기물이 유출된 장소를 복원하는 데 가장 바람직한 방법일 것이다. 폐기물이 유출된 본래의 장소에서 폐기물을 처리하는 것을 **현장 처리(*in situ* treatment)**라고 한다.

현장 부동화(*in situ* immobilization)는 폐기물이 유출된 본래의 처분 장소에서 폐기물이 침출되지 않도록 폐기물을 불용성 형태로 변환시키는 방법이다. 납, 카드뮴, 아연, 수은 등의 중금속은 기체상의 H_2S 또는 알칼리성 Na_2S 용액으로 처리하면 황화물 침전으로 부동화될 수 있다. 이 방법은 H_2S의 높은 독성과 용해성 황화물로 인한 2차적인 오염이 유발될 수 있다는 단점이 있다. 금속 황화물 침전은 무산소성 조건에서 고체의 형태로 유지되지만, 공기에 노출될 경우 산화되어 용해성 황산염으로 바뀔 우려가 있다.

유해 중금속을 고정시키기 위해 **산화/환원 반응**이 이용될 수 있다. 용해성인 Fe^{2+}, Mn^{2+}는 산화되어 불용성의 수화 산화물인 $Fe_2O_3 \cdot xH_2O$, $MnO_2 \cdot xH_2O$ 침전으로 각각 변화된다. 이러한 산화 침전 과정에서 다른 중금속 이온들도 동시에 침전될 수 있다. 한편, 지표 밑의 환원 조건에서는 용해성 환원종으로 다시 바뀔 수 있다. 환원 반응을 통해 용해성 금속 이온이 불용성 침전으로 제거될 수도 있다. 예를 들어, 유독한 6가 크로뮴 이온이 환원되면 불용성의 3가 크로뮴 화합물이 생성된다.

킬레이트화(chelation)는 금속 이온의 이동성을 감소시킬 수 있다. 예를 들어, 토양의 휴믹 물질 중 휴민은 금속 이온과 킬레이트를 이루어 금속 이온을 부동화시킨다.

비교적 높은 증기압을 나타내는 폐기물은 **증기 추출(vapor extraction)**에 의해 제거될 수 있다. 이 기법은 지하수면 위의 토양, 즉 통기대(vadose zone)로 유입된 폐기물을 처리하는 데 유용하다. 증기압 추출법의 예는, 오염된 통기대에 구멍을 뚫고, 펌프를 이용하여 그 구멍에 공기를 주입함으로써 휘발성 성분이 공기에 포함되도록 하고, 휘발성 성분이 포함된 공기가 지표면으로 회수될 수 있도록 하는 방법이다. 토양에서 증발되는 물질은 활성탄 및 다른 수단에 의해 제거될 수 있다. 경우에 따라서는 오염된 공기를 공기 펌프를 작동하는 데 사용하는 엔진에 통과시켜, 엔진의 연소 기관에서 휘발성 증기를 분해시킬 수도 있다. 공기를 펌프하는 것은 지하수를 펌프하는 것에 비해 큰 유속을 얻을 수 있기 때문에 상대적으로 효율적인 방법이다. 이와 같은 증기 추출법은 클로로메테인, 클로로에테인, 클로로에틸렌(예: 트라이클로로에틸렌), 벤젠, 톨루엔, 자일렌 등의 휘발성 유기 화합물을 제거하는 데 유용하다.

현장 고형화(*in situ* solidification)는 유해 폐기물 처리장에서 오염된 토양의 복원 수단으로 사용될 수 있다. 오염된 토양에 용해성 규산염과 시약을 순차적으로 주입함으로써 고형화를 이룰 수 있다. 예를 들어, 용해성 규산염과 염화 칼슘 또는 석회(lime)를 주입하여 고체의 칼슘 규산염을 생성시킬 수 있다.

폐기물 처리 현장에 유해 성분이 하나이거나 많지 않다면, 유해한 성분만 선별적으로 **현장 무독화(detoxification *in situ*)**시키는 방법을 고려할 수 있다. 이러한 방법은 농약(예: 유기인산 에스터와 카바메이트), 아마이드, 에스터 등의 유기 오염 물질을 제거하는 데 유용하다. 이러한 물질들을 무독화하는 데 이용하는 화학적/생화학적 과정은 화학적/효소 산화, 환원 및 가수 분해 반응 등이다. 과산화수소, 오존 및 하이포아염소산염(hypochlorite) 등도 이러한 목적으로 사용하는 산화제로 보고되었다.

생물 배양으로 얻은 정제된 효소 추출물을 현장 해독화에 사용할 수도 있다. 예를 들어, 파라싸이온 가수 분해 효소(parathion hydrolase)는 유기인산계 살충제의 해독에 사용된다. 화학 폐기물 처리장에는 효소의 작용을 억제하는 중금속 이온이 많아 생물학적 처리 방식에 장애가 될 수 있다. 뿐만 아니라, 대부분의 처리장에는 많은 유해 성분이 혼합물의 형태로 존재할 수 있기 때문에, 여러 종류의 효소가 필요할 수도 있다.

용해성 폐기물에 오염된 지하수를 처리하기 위해 **지표면 위 침투성 반응 장벽(subsurface permeable reactive barrier)**을 설치할 수도 있다. 침투성 반응 장벽이란 지하수가 흐르는 중간의 구덩이에 오염 물질을 처리할 수 있는 침투성 물질을 채운 것을 말한다. 침투성 물질로 사용되는 석회석은 산을 중화할 수 있고, 중금속 이온을 불용성 수산화물 또는 탄산염으로 침전시킬 수 있다. 침투성 물질로 합성 이온 교환 수지를 이용하여 중금속 양이온과 일부 음이온 화학종을 제거할 수도 있지만, 지하수에 자연적으로 존재하는 이온종과의 경쟁으로 몇 가지 문제가 발생할 수 있다. 또, 활성탄을 이용하여 유기 물질(특히, 용해도가 낮고 분자량이 큰 유기 화합물)을 제거할 수도 있다.

침투성 물질로 사용되는 과립상의 **영가 철[zerovalent iron**, Fe(0)]은 환원제의 역할을 한다는 점에서 장점이 있다. 예를 들어, 생분해가 되지 않는 유기염소계 화합물은 철(0)과 반응하여 염소를 잃는다. 유기염소계 화합물 이외에도 무기 물질, 금속, 군대 폐기물, 방사성 물질 및 다양한 오염 물질이 철(0)에 의해 처리될 수 있다.

침투층 처리 방법에는 상대적으로 많은 양의 약품이 필요하다는 단점이 있다. 예를 들어, 활성탄과 이온 교환 수지의 이용에는 논란의 소지가 있다. 침투성 물질로 사용된 활성탄과 이온 교환 수지를 재생하여 다시 이용한다는 것은 매우 어려운 일이다. 또, 활성탄과 이온 교환 수지에 의해 흡착된 오염 물질이 나중에 유출되어 지하수를 오염시킬 수 있는 가능성도 있다. 마지막으로, 폐기물을 수집하는 데 매우 효과적인 침투층 처리는 특별한 처리 및 처분을 필요로 하는 유해 폐기물에 적용하는 것을 고려할 만하다.

20.14.1 현장에서 수행하는 열처리 공정

유해 물질 중에는 그 물질이 배출되는 현장에서 열처리 공정을 통해 제거되거나 분해될 수 있는 물질이 있다. 스팀 주입, 고주파 가열 및 마이크로파 가열 방법이 이러한 물질을 제거하는 목적으로 제안되었다. 예를 들어, 휘발성 폐기물을 가열하여 폐기물 표면으로 휘발시켜 포집하거나 응축 액체로 만들 수 있다. 또는 활성탄에 흡착시킬 수 있다.

폐기물을 고정화시키는 방법 중의 하나는 전기 가열을 하여 고온에서 유리화시키는 방법이다. 이 방법은 두 전극 사이의 표면에 전도성이 높은 흑연 가루를 뿌리고, 두 전극 사이에 전류를 가하는 방법이다. 원리적으로는, 전류를 가해 흑연을 매우 뜨겁게 달구어 흑연을 토양에 '녹이고', 유리 슬래그(glassy slag)가 생성되도록 하는 것이다. 만일 이 과정이 성공적이라면, 휘발성 화학종이 유리 슬래그에 고정되어 유리화될 수 있다. 그러나 이 방법에는 균일한 용융 상태의 흑연을 얻기 어려운 점, 지하수가 스며들 수 있다는 점, 그리고 전기 소모가 매우 많다는 점이 단점이 있다.

유해 폐기물에 오염된 토양에 다양한 첨가제가 포함된 물을 첨가하여 유해 폐기물을 추출하는 방법도 있다. 오염된 토양 속에 물을 펌프하여 펌프된 물에서 토양 속의 유해 폐기물을 추출하는 방법을 **플러싱(flushing)**이라고 한다. 오염된 토양을 퍼낸 후 액체에 접촉시키면서 유해 폐기물을 제거하는 방법을 **세척(washing)**이라고 한다. 세척이란 용어는 이 두 과정 모두에 적용되는 포괄적인 용어로도 사용된다.

토양 세척에 사용되는 유체의 구성 성분은 제거 대상이 되는 오염 물질에 따라 다르다. 세척에 사용되는 유체는 순수한 물, 산(금속 용출 또는 알칼리성 오염 물질을 중화), 염기(산 오염 물질 중화), 킬레이트제(중금속을 용해), 계면 활성제(유기성 오염 물질의 제거를 증진, 불용성 유기 화학종의 용해 촉진), 환원제(산화성 화학종 감소) 등이다. 토양 오염 물질은 용해되거나, 에멀션을 형성할 수도 있으며, 또 화학 반응을 진행할 수도 있다. 중금속 염, 톨루엔과 자일렌 등의 가벼운 방향족 탄화수소, 트라이클로로에틸렌, 테트라클로로에틸렌 등의 가벼운 유기 할로젠, 비교적 분자량이 작은 알데하이드와 케톤은 세척 과정에 의해 토양에서 제거될 수 있다.

참고문헌

1. McAfee, Andrew, *More from Less: The Surprising Story of How We Learned to Prosper Using Fewer Resources—and What Happens*, Scribner, New York, NY, 2019.
2. Hussain, Chaudhery, *Concepts of Advanced Zero Waste Tools*, Elsevier, New York, NY, 2020.
3. Kerton, Francesca, and Ray Marriott, *Alternative Solvents for Green Chemistry*, 2nd ed., Royal Society of Chemistry, London, 2013.
4. Pandey, Vimal Chandra, and Vijai Singh, *Bioremediarion of Pollutants*, Elsevier, New York, NY, 2020.
5. Pandey, Vimal Chandra, and D. P. Singh, *Phytoremediation Potential of Perennial Grasses*, Elsevier, New York, NY, 2020.
6. Kuchment, Anna, "'Even If Injection of Fracking Wastewater Stops,' Quakes Won't," *Scientific American*, September 9, 2019.
7. Kremen, Arie, "Getting a Handle on Landfill Leachate," Tetratech, 2020, https://www.tetratech.com/en/blog/getting-a-handle-on-landfill-leachate.

보충자료

ACS Task Force on Laboratory and Chemical Waste Management, *Laboratory Waste Management: A Guidebook*, 2nd ed., American Chemical Society, Washington, DC, 2012.

Albright, Richard, *Cleanup of Chemical and Explosive Munitions*, 2nd ed., William Andrew, Norwich, NY, 2011.

Buekens, Alfons, *Incineration Technologies*, Springer, Berlin, 2013.

Cabaniss, Amy D., Ed., *Handbook on Household Hazardous Waste*, 2nd ed., Barnes & Noble, New York NY, 2018.

Chen, Jiaping Paul, *Decontamination of Heavy Metals: Processes, Mechanisms, and Applications*, CRC Press, Boca Raton, FL, 2012.

Chermisinoff, Nicholas P., and Tatyana A. Dalvetshina, *Fire and Explosion Hazards Handbook of Industrial Chemicals*, Jaico Publishing House, Mumbai, India, 2005.

Gallant, Brian, *Hazardous Waste Operations and Emergency Response Manual*, Wiley−Interscience, Hoboken, NJ, 2006.

2020 Emergency Response Guidebook, J. J. Keller & Associates, Neenah, WI, 2020.

Guyer, J. Paul, *An Introduction to Applications of Carbon Adsorption for Waste Treatment*, CreateSpace, Seattle, WA, 2015.

Hackman, Christian L., E. Ellsworth Hackman, III, and Matthew E. Hackman, *Hazardous Waste Operations and Emergency Response Manual and Desk Reference*, McGraw-Hill, New York, NY, 2002.

Hawley, Christopher, *Hazardous Materials Monitoring and Detection Devices*, 3rd ed., Jones & Bartlett Learning, Burlington, MA, 2018.

Hawley, Chris, *Hazardous Materials Incidents*, 3rd ed., Thomson/Delmar Learning, Clifton Park, NY, 2008.

Hocking Martin B. B., *Handbook of Chemical Technology and Pollution Control*, 3rd ed., Elsevier, Boston, MA, 2006.

LandMark Publications, *Hazardous Waste Cleanup*, Amazon Digital Services, Miami, FL, 2013.

Letcher, Trevor, and Daniel Vallero, *Waste: A Handbook for Management*, Academic Press, Burlington, MA, 2011.

Meyer, Eugene, *Chemistry of Hazardous Materials*, 6th ed., Prentice-Hall, Upper Saddle River, NJ, 2013.

National Institute for Occupational Safety and Health, *Occupational Safety and Health Guidance Manual for Hazardous Waste Site Activities*, Create Space, Miami, FL, 2012.

National Institute for Occupational Safety and Health, *Hazardous Waste Operations and Emergency Response*, ehsMaterials, Du Quoin, IL, 2010.

Nemerow, Nelson Leonard, Ed., *Industrial Waste Treatment*, Elsevier/Butterworth-Heinemann, Amsterdam, the Netherlands, 2007.

2021/2022 Hazardous Materials, Substances and Wastes Compliance Guide, 2020, https://www.hazmat-tsp.com/hazardous-materials-publishing-co.

Niessen, Walter R., *Combustion and Incineration Processes: Applications in Environmental Engineering*, 4th ed., CRC Press, Boca Raton, FL, 2010.

Pichtel, John, *Waste Management Practices: Municipal, Hazardous, and Industrial*, 2nd ed., CRC Press, Boca Raton, FL, 2014.

Pohanish, Richard P., *Sittig's Handbook of Toxic and Hazardous Chemicals and Carcinogens*, 7th ed., Elsevier, New York, NY, 2017.

Sheha, Reda R., and Hanan H. Someda, Eds., *Hazardous Waste: Classifications and Treatment Technologies*, Nova Science Publishers, New York, NY, 2008.

Singh, Ram Lakhan, *Advances in Biological Treatment of Industrial Waste Water and Their Recycling for a Sustainable Future*, Springer, New York, NY, 2018.

Urben, P. G., Ed., *Bretherick's Handbook of Reactive Chemical Hazards*, 8th ed., Elsevier, Amsterdam, the Netherlands, 2017.

VanGuilder, Cliff, *Hazardous Waste Management: An Introduction*, Stylus Publishing, Herndon, VA, 2018.

Wang, Lawrence K., Nazih K. Shammas, and Yung-Tse Hung, Eds., *Advances in Hazardous Industrial Waste Treatment*, CRC/Taylor & Francis, Boca Raton, FL, 2008.

Wang, Lawrence K., and Yung-Tse Hung, *Handbook of Advanced Industrial and Hazardous Wastes Treatment*, CRC Press, Boca Raton, FL, 2009.

Woodard & Curran Inc., *Industrial Waste Treatment Handbook*, 2nd ed., Elsevier, Amsterdam, the Netherlands, 2006.

연습문제

모든 문제들을 답하기 위해서는 인터넷을 활용해야 할 것이다. 특히 일반적인 정보나 통계, 상숫값, 수식들은 인터넷에서 찾아서 사용하시오. 질문들은 교재 안에 있는 내용을 단순하게 찾아서 쓰는 것보다 호기심과 사고력을 증진시키기 위한 것이다. 그래서 어떤 경우에는 여러 가지 '정답'이 있을 수 있다. 그러므로 만약 자신의 이지적인 사고를 통한 노력과 다양한 문헌으로부터 찾은 정보를 바탕으로 작성한 답은 '정답'으로 간주한다.

1. 폐기물을 취급하는 방법을 아래에 나타냈다. 가장 바람직한 방법부터 내림차순으로 나열하시오. 또, 나열한 순서에 대한 적절한 이유에 대해 설명하시오.
   a. 소각과 같은 수단으로 남은 폐기물의 부피를 감축
   b. 잔류 물질이 침출 또는 방출되지 않도록 쓰레기 매립지에 매립
   c. 가능한 한 침출되지 않고 무해한 정도까지 잔류 물질을 처리
   d. 발생원에서 폐기물의 감축
   e. 가능한 한 많은 폐기물 재활용
2. 왼쪽에 나타낸 폐기물 재활용 과정(또는 산업)과 오른쪽에 나타낸 재활용 가능한 물질을 옳게 연결하시오.
   (a) 원재료를 재활용하여 발전기에 사용　(1) 폐알칼리
   (b) 오염 제어 또는 폐기물 처리를 위한 활용　(2) 유압유와 윤활유
   (c) 에너지 생산　(3) 소각 가능한 물질
   (d) 농업용 물질　(4) 불완전하게 소모된 공급 원료 물질
   (e) 유기 물질　(5) 폐석회 또는 인산을 포함하는 슬러지
3. 오일 분자에 수소를 첨가하여 반응시키고(hydrofinishing), 점토 처리 및 여과를 사용하여 재활용될 수 있는 물질은 무엇인가?
4. 불순물, 물, 기타 용매로부터 용매를 분리하는 데 사용되는 '용매의 정제와 재활용에 사용하는 가장 중요한 공정'은 무엇인가?
5. 용존 공기 부상법은 폐수의 2차 처리에서 사용된다. 이 기술의 원리는 무엇인가? 또, 이 방법으로 처리될 수 있는 유해 폐기물의 종류는 무엇인가?
6. 왼쪽에 나타낸 공정과 오른쪽에 나타낸 '폐기물 처리'를 옳게 연결하시오.
   (a) 활성탄 수착　(1) 1차 처리
   (b) 침전　(2) 2차 처리
   (c) 역삼투압　(3) 최종 처리
   (d) 에멀션 파괴
   (e) 슬러리 생성
7. 증류법은 용매, 폐오일, 수용성 페놀류 폐기물 및 에틸벤젠과 스타이렌 혼합물의 처리와 재활용에 사용되는 방법이다. 폐기물 처리에 증류법을 적용할 때 일어나는 주요 유해 폐기물 문제는 무엇인가?
8. 초임계 유체 기술은 유해 폐기물 처리에 잠재적 가능성이 크다. 초임계 유체를 사용한 폐기물 처리의 원리는 무엇인가? 이 기법이 지니는 특별한 장점은 무엇인가? 초임계 유체로 가장 널리 사용될 수 있는 물질은 무엇인가? 초임계 유체를 사용한 처리의 대상이 되는 대표적인 폐기물류는 무엇인가?
9. 폐알칼리 물질을 처리하는 데 사용할 중화제로 황산 대신 아세트산을 사용할 경우의 장점은 무엇인가?
10. 다음 중 중금속 이온을 침전시켜 제거하는 데 사용할 가능성이 가장 적은 것은 어느 것인가? 설명하시오.
    a. Na_2CO_3,
    b. CdS

c. $Cr(OH)_3$
d. KNO_3
e. $Ca(OH)_2$

11. $BaBH_4$와 Zn은 용액에서 금속을 제거하는 데 사용된다. 이러한 물질은 어떻게 금속을 제거하는가? 생성물의 형태는 무엇인가?
12. 다음 중 열처리로 얻을 수 있는 효과가 아닌 것은? 또, 그 이유를 설명하시오.
    a. 부피 감소
    b. 중금속 파괴
    c. 휘발성, 연소성, 이동성 유기 물질의 제거
    d. 병원성 물질의 파괴
    e. 독성 물질의 파괴
13. 소각에 가장 적당하지 않는 액체 폐기물은 무엇인가? 또, 직접 소각하지 않는 이유를 설명하시오.
    a. 메탄올
    b. 테트라클로로에틸렌
    c. 아세토나이트릴
    d. 톨루엔
    e. 에탄올
    f. 아세톤
14. 폐기물 파괴를 위한 목적으로 단순히 태우는 것이 아닌, 열처리 수단을 이용하여 더 유해한 폐기물을 파괴하는 공정의 이름은 무엇인가? 또, 장점은 무엇인가?
15. 오염 부산물의 제어 관점에서 유동층 소각로의 주요 장점은 무엇인가?
16. 생물학적 분해에 의한 유해 폐기물 처리에 사용될 수 있는 미생물을 얻는 가장 좋은 방법은 무엇인가?
17. 퇴비화의 원리는 무엇인가? 퇴비화는 유해 폐기물에 어떻게 사용되는가?
18. Portland 시멘트화는 처분을 위한 유해 폐기물 처리에 어떻게 사용되는가? 이 방법의 단점은 무엇인가?
19. 쓰레기 매립지에 묻는 방법에 비해, 유해 폐기물의 지상 처분의 장점은 무엇인가?
20. 유해 폐기물 장소에서 침출수를 관리하는 가장 좋은 방법을 기술하시오.
21. POHC류와 같은 클로로페놀류를 파괴하기 위해 덜 유해한 구성 성분과 함께 10 kg/h의 유속으로 폐기물을 소각로에 주입하여 소각하였다. 소각로 굴뚝에서 1 $\mu g/m^3$의 클로로페놀류를 포함하는 배출 기체가 10 m^3/min의 속도로 배출 기체가 분출되었다면, POHC에 대한 소각로의 DRE는 얼마인가?
22. 식물 복원을 생물 복원 과정으로 설명할 수 있는가? 식물 복원은 생분해 과정인가? 만일 그렇지 않다면, 어떻게 유해 폐기물을 처리하는 데 사용되는가?

21 생물권

환경 생화학

21.1 생명과 생물권

생물권과 이와 관련되어 있는 환경 화학은 1장의 1.9절에서 간략하게 언급되었다. 이 장에서는 생물권에 대해 자세하게 다룰 예정이다. 이 장에서는 특히 생물권이 환경, 그리고 특히 생물체에 영향을 미칠 수 있는 독성 물질과 생화학적으로 어떻게 연관 있는지를 중점적으로 살펴볼 예정이다.

생물권(**biosphere**)은 물이 풍부한 지구 표면과 대기의 경계면에 있는 생물체가 살아가는 장소로서 지구나 지구 대기와 비교하면 매우 얇은 지역이다.[1] 생물권은 식물이 자라는 토양, 나무가 자라고 새가 날아가는 대기, 바다 및 기타 다양한 수역으로 구성되어 있다. 비록 생물체의 개체수와 종류는 지표면으로부터의 거리가 멀어짐에 따라 매우 빠르게 감소하지만, 대기는 위쪽으로 수 킬로미터에 걸쳐 산소의 공급원, 수분 이동의 매개체, 지구 외부로 발산되는 적외선을 재흡수하여 온도를 유지하는 담요, 고에너지 자외선에 대한 보호 필터 등 생명 유지에 필수적인 역할을 하고 있다. 사실, 성층권에 자외선을 흡수하는 오존층이 없었다면 지구상의 생물체는 현재의 형태로 존재할 수 없었을 것이다.

생명 현상을 이해하려면 생명이 무엇인지를 정의할 수 있어야 하고, 생물체 내에서 일어나는 화학 작용을 이해해야 한다. 생물체는 세포로 구성되어 있는데, 세포는 막으로 둘러싸여 있고, 핵산이라고 하는 유전 물질(DNA)을 가지고 있으며, 세포가 기능을 수행할 수 있도록 해주는 특별한 구조들을 가지고 있다. 생물체는 단일 세포로 구성되어 있기도 하고, 특정 형태의 수십억 개의 세포로 구성되어 있기도 한다. 모든 생물체는 공통적인 두 가지 특징이 있다. (1) 대사 과정을 통해 물질과 에너지를 처리하고, (2) 번식한다. 물질과 에너지를 활용하는 생물체의 능력을 **물질대사**(**metabolism**, 21.14절 참조)라고 한다. 생물체의 또 다른 중요한 특성은 외부 환경으로부터 대사 과정에 유리하도록 내부 환경을 유지하는 능력이다. 예를 들면, 온혈동물의 경우 주위 온도보다도 더 따뜻하게, 또는 더 서늘하게 내부 온도를 유지한다. 마지막으로, 생물체는 세대를 거듭하면서 종들이 환경에 좀 더 잘 적응할 수 있는 방향으로 유전적 변화를 가져올 수 있다.

현재의 종들이 생물권에 존재할 수 있는 이유는 생존하고 번식할 수 있도록 진화했기 때문이다. 생물권에 존재하는 모든 종들은 이러한 두 가지 능력에 있어서 탁월했다고 볼 수 있다. 그렇지 않았더라면 현재의 생물권에 존재할 수 없었을 것이다. 최소한 번식이 가능한 시기까지 생존하기 위한 핵심 요소는 에너지를 얼마나 효율적으로 사용하고 물질을 어떻게 효과적으로 처리할 수 있는가이다. 그런 과정에서 생태계와 대사 과정은 열역학 법칙과 물질 보존 법칙의 지배를 받는다. 생물체들은 다양한 방식으로 에너지와 물질을 처리한다. 예를 들면, 식물은 광합성을 통해 태양 에너지를 처리하고 대기 중 이산화 탄소와 기타 단순한 무기 영양소를 활용하여 바이오매스를 만들어 낸다. 초식 동물은 식물이 만들어 놓은 물질을 섭취하여 생명 유지를 위한 에너지와 영양분을 얻는다. 육식 동물은 초식 동물을 먹이로 하여 생존한다.

생물체는 존재하기 위해 몇 가지 조건을 필요로 한다. 적절한 화학적 요소가 있어야 하고 또한 이용 가능해야 한다. 대부분의 생물체의 경우 광합성을 위한 에너지는 적당한 햇빛이면 된다. 온도는 적절한 범위 내에서 유지되어야 하며, 되도록이면 크고 갑작스런 온도 변동이 없어야 한다. 액체 상태의 물을 사용할 수 있어야 하며, 앞서 언급한 바와 같이 보호막이 되어 줄 대기가 필요하다. 대기는 상대적으로 독성 물질이 없어야 한다. 대기는 예를 들어 광화학 스모그를 통해 형성된 오존과 같이 독성이 있는 대기 오염 물질이나 독성 물질을 형성할 수 있는 물질의 배출을 통해 인간의 활동에 막대한 피해를 입힐 수 있는 영역이기도 하다.

생명의 특징은 생명체(life-form)가 존재하는 환경에 의해서 결정된다. 생물체가 사는 환경의 대부분은 주변이 주로 수생 생태계이든 육지 환경이든 상관없이 물리적인 요소들로 기술된다. 육지 환경의 경우 이용 가능한 토양의 성질, 물의 가용성 및 영양소의 가용성 등이 중요한 물리적 요소가 된다. 이들은 모두 **무생물적 요소(abiotic factor)**이다. 또한 배설물과 분해 산물, 영양 공급원으로서의 가용성 및 포식성 또는 기생성과 같은 **생물적 요소(biotic factor)**들도 중요하다.

21.1.1 지구 생태계를 안정화시키는 생물권: 가이아 가설

지상에 있는 생물 형태와 지구 기후의 특성 간에는 매우 깊은 연관성이 있는데, 그것이 생물체로서의 적합성을 결정한다. 영국의 화학자인 James Lovelock이 제안했던 것처럼, 이러한 연관성이 **가이아 가설(Gaia hypothesis)**의 근거가 된다. 그 가설에서는 생물체로 인해 조성되고 유지하고 있는 대기 중 O_2/CO_2 균형(대부분 광합성을 통해 이루어진다.)이 지구의 기후와 다른 환경 조건들을 결정하고 유지한다고 주장한다.[2] 약 35억 년 동안 안정화 피드백 메커니즘은 지구/대기 경계 영역을 액체 상태의 물이 존재하고 생물체가 존재할 수 있는 매우 좁은 범위의 환경으로 유지해 왔다. 현재 진행 중인 지구 온난화로 인해 바로 몇 년 이내로 어떤 특정한 현상이 발생함으로써 대기의 이 미묘한 균형이 깨지는 것을 막는 것이 인류에게 주어진 사명이다.

21.2 생물체의 물질대사와 관리

생화학적인 관점에서 보면 생물체는 끊임없이 물질과 에너지를 사용하게 되는데, 이러한 과정을 **물질대사(metabolism)**라고 한다. 생물체의 물질대사에 있어 환경 오염 물질의 생물체에 대한 영향은 특히 중요하다. 앞에서 언급하였던 **광합성(photosynthesis)**은 모든 생물체의 먹이 사슬에서 가장 기본이 되는 물질대사 과정이다. 동물은 **소화(digestion)** 과정을 거쳐 복잡한 음식물을 작은 분자 단위로 분해한다. **호흡(respiration)**을 통해 영양물질이 대사되어 에너지를 만들어 낸다.

$$C_6H_{12}O_6(\text{글루코스}) + 6O_2 \rightarrow 6CO_2 + 6H_2O + \text{에너지} \qquad (21.1)$$

생물체는 작은 분자를 조립하는 **합성(synthesis)** 과정을 거쳐 단백질과 같은 생체 분자를 만든다.

물질대사는 개별 생물체 내에서 이루어지는 현상으로 보는 것 외에도, 생태계 내의 생물체 그룹 내에서 발생하는 것으로도 볼 수 있다. 생태계 내에서 일어나는 질소의 물질대사 과정(질소 순환)을 예를 들어 보자. 대기권의 질소는 콩과식물의 뿌리에 공생하는 세균에 의해 유기 질소로 고정된다. 그 후 질소를 함유하고 있는 바이오매스가 분해되어 질산염으로 변환된다. 질산염은 다른 식물에게 흡수되어 단백질을 합성하는 데 쓰인다. 그러한 단백질을 동물이 섭취하게 되고, 단백질 속의 질소는 요소의 형태로 동물의 소변을 통해 배출되었다가 생물학적인 분해 과정을 거쳐 다시 질소(N_2) 형태로 대기로 되돌아간다. 대기 중 이산화 탄소에 포함된 탄소는 식물의 광합성에 의해 바이오매스로 변환되고, 동물의 식량원으로 사용되었다가 결국에는 이산화 탄소의 형태로 대기로 되돌아간다.

21.2.1 물질대사에 관여하는 효소

효소(enzyme)는 생화학적 촉매로, 물질대사에서 매우 중요한 역할을 담당한다. 효소는 거의 십억 배 정도로 물질대사 속도를 촉진시킨다. 반응을 훨씬 더 빠르게 진행시키는 것 외에도, 효소는 종종 그들이 관여하는 촉매 반응에서 매우 특이적으로 작용한다. 효소가 이러한 특이성을 나타내는 이유는 효소가 작용하는 물질에 맞는 매우 특정한 구조를 가지고 있기 때문이다.

많은 요소들이 효소 반응에 영향을 미치는데, 그중에서 가장 중요한 요소는 온도이다. 온도 조절 메커니즘이 없는 생물체에서는 효소가 열손상을 입게 되는 온도 이전까지는 온도가 증가함에 따라 효소의 활동도는 증가한다. 이후 효소에 손상을 입힐 수 있는 온도 이상에서는 온도 증가에 따라 효소의 활동도가 급격히 떨어진다. 포유류의 효소는 체온(인간의 경우 37°C)에서 최적의 기능을 발휘하고, 60°C 가까운 온도에서 완전히 파괴된다. 온천 지대나, 물의 끓는점 근처의 뜨거운 열수에서 생존하는 세균에서 작용하는 효소에 연구자들의 관심이 집중되고 있다. 이러한 효소들은 온도가 더 높을수록 반응이 더 빠르게 진행되는 상업 수준의 생합성 과정에서 매우 유용하게 활용될 수 있다. 산의 농도에 따라서도 효소 기능은 영향을 받게 되는데, 산성 조건에서는 활성화되지만 소장과 같은 약염기성 조건에서는 활성화가 억제되는 경우도 있다(만약 그렇게 되지 않는다면, 내장의 내부가 녹아내릴 수도 있을 것이다).

효소는 독성 물질의 생화학 작용과도 매우 중요하게 얽혀 있다. 독성 물질은 효소에 대해 악영향을 줄 수 있어 우려스럽다. 예를 들어, 살충제 파라싸이온이라든지 군사용 독성 '신경가스' 사린(sarin)과 같은 유기인계 화합물은 신경계의 작동에 필요한 아세틸콜린 가수 분해 효소(acetylcholinesterase)와 결합하여 정상적인 신경 작용을 중지시키거나 방해한다. 몇몇 독성 물질들은 복잡하게 감긴 구조의 단백질 효소를 분해하는 변성(denaturation)을 통해 효소 작용을 멈춘다. 기질을 인식하는 효소 활성 부위에는 −SH 그룹이 많이 존재한다. 납이나 카드뮴과 같은 중금속은 −SH기와 강한 결합력을 가지기 때문에 효소의 활성화 자리를 차지함으로써 효소의 기능을 마비시킬 수 있다.[3] 효소가 독성 화학에서 자주 다루어지는 두 번째 영역은 독성 물질과 독성 전구 물질(protoxicant)의 효소적인 변이(enzymatic modification)이다. 몇몇 경우에 효소 작용으로 독성 물질의 독성이 약화되기도 한다. 또 다른 경우에는 효소 작용으로 인해 독성 전구 물질(protoxicant)이 물질대사적으로 활성인 독성 형태로 변환되기도 한다.

효소는 녹색 화학과 지속 가능한 과학 및 기술 분야에서 상당히 관심 있는 주제이기도 하다. 녹색 화학 공정 수행 간 비교적 독성이 큰 화합물은 가능하다면 사용을 피하는 것이 바람직하다. 또 하나는 화학 공정으로 수행하는 것보다는 생물학적인 공정을 활용하고자 하는 경우인데, 그 이유는 화학 공정에 비해서 생물학적 공정이 좀 더 온화하고 환경친화적이라고 받아들여지기 때문이다. 생화학적 공정에는 반드시 효소가 관여하게 된다. 예를 들어, 탄수화물 포도당(glucose)으로부터 에틸 알코올을 만들어 내는 생화학적 발효 공정은 헥소카이네이스(hexokinase)를 시작으로 하여 몇 가지 효소가 순차적으로 관여한다. 유전자 재조합 기술을 이용하여, 원하는 생화학적 과정을 수행하도록 설계된 효소 체계를 다른 생물체로부터 세균에 삽입하는 것이 가능해졌다. 설계된 효소 시스템을 가진 유전자를 생물체로부터 얻는 것보다 세균으로부터 얻는 것이 훨씬 더 다루기도 용이하고 일반적으로 좀 더 효율적이다. 또 다른 접근법은 생물체를 직접 개입시키지 않고, 생화학적 공정을 수행하기 위해 고체 지지체에 효소만 고착시켜 활용하는 것이다.

21.2.2 영양소

생물체가 물질대사를 하는 데 필요한 원료를 **영양소(nutrients)**라고 한다. 산소, 수소, 탄소, 질소, 인, 황, 포타슘, 칼슘 및 마그네슘 등을 포함하고 있는 생존에 많은 양이 필요한 영양소를 주영양소라고 한다. 식물과 그 외의 독립영양 생물체(autotrophic organism)들은 H_2O나 CO_2와 같은 무기 화학 물질 형태의 영양소를 토양, 수계 및 대기로부터 얻어 영양소로 이용한다. 종속영양 생물체들은 탄수화물, 단백질 및 지방의 형태로 생물체 먹이로부터 필요한 주영양소를 얻는다. 식물은 질소, 인 및 포타슘을 포함하는 비료를 영양소로 공급하는 것이 중요하다.

또한 생물체는 매우 적은 양의 **미량 영양소(micronutrient)**도 필요한데, 이러한 미량 영양소는 물질대사를 원활하게 하는 필수 효소로 사용된다. 식물에서 반드시 필요한 필수 영양소는 붕소, 염소, 구리, 철, 마그네슘, 소듐, 바나듐 및 아연 등이다. 공중 질소 고정 박테리아는 미량의 몰리브데넘을 필요로 한다. 동물은 철, 셀레늄 등 원소 형태의 미량 영양소와 분자량이 작은 유기 분자들로 구성된 바이타민을 섭취하여야 한다.

21.2.3 생물체의 조절 기능

생물체가 온전히 기능을 유지하기 위해서는 주의 깊게 조절되고 관리되어야 한다. 여러 가지 조절 기능 중에서도 가장 중요한 것은 내부 환경의 **항상성(homeostasis)**을 유지하는 것이다. 동물은 **신경계(nervous system)**를 통해 **신경 신호(nerve impulse)**를 여러 기관으로 매우 신속히 전달하여 조절을 한다. 고등동물은 뇌와 척수(spinal cord)로 구성된 **중추 신경계(central nervous system)**를 가지고 있다. 이 정교한 시스템은 동물의 행동과 기능을 조절하는 신경 신호를 수신, 처리 및 전송한다. 독성 물질의 신경계에 관한 영향은 매우 관심 있는 부분이다. 예를 들어, 신경 섬유 주변의 보호 지질이 유기 용매에 노출되었을 경우 지질이 녹아 사지가 제대로 기능하지 않는 상태가 될 수 있는데, 이러한 증상을 **말초 신경병증(peripheral neuropathy)**이라고 한다.[4] 녹색 화학의 중요한 목표는 이러한 일이 발생하지 않도록 가급적 유기 용제의 사용을 제한하거나 인간이 용제에 노출되지 않도록 차단하는 것이다.

동물이나 식물은 모두 조절할 필요성이 있을 경우 한 부분에서 다른 부분으로 정보를 실어 나르는 분자 전령을 사용하는 전략을 취한다. 이러한 방법으로 기관으로 보내지는 정보는 신경 신호로 전달되는 정보에 비해 상당히 더 느린 편이다. 동물의 경우에는 보통 조절 호르몬이 내분비샘에서 분비되는데, 인간인 경우에는 뇌하수체 전엽에서는 성장 호르몬이, 췌장에서는 인슐린이 분비되어 혈당을 줄이도록 자극하는 역할을 한다. 호르몬은 생물체 내에서 피와 같은 유동성 매질을 타고 세포까지 전달되며, 세포 내의 **수용체 단백질(receptor protein)**과 결합하여 작동하게 된다. 예를 들면, 전달된 호르몬은 세포가 단백질을 합성하도록 하여 균형이 깨진 항상성을 바로잡을 수 있게 한다(21.4절 참조). **페로몬(pheromone)**이라고 하는 몇몇 호르몬은 한 생물체에서 다른 생물체로 정보를 전달한다. 페로몬은 일반적으로 성적 유인 물질로 작용한다. 병충해 방제를 위한 생물학적 조절 수단으로 성페로몬이 이용되기도 하는데, 살충제 농약이 해충의 자웅착란을 유발시켜서 해충의 번식을 방제하는 방식이다. 그림 21.1은 일반적인 식물 호르몬과 동물 호르몬의 예를 보여 준다.

21.3 번식과 유전 특성

21.2절에서 언급된 것처럼, 물질대사는 물질과 에너지를 얻는 생물체의 중요한 활동 중 하나이다. 그 다음으로 중요한 활동 중 하나가 번식이다. 대부분의 생물체들은 가능한 한 초과 번식하려는 경향이

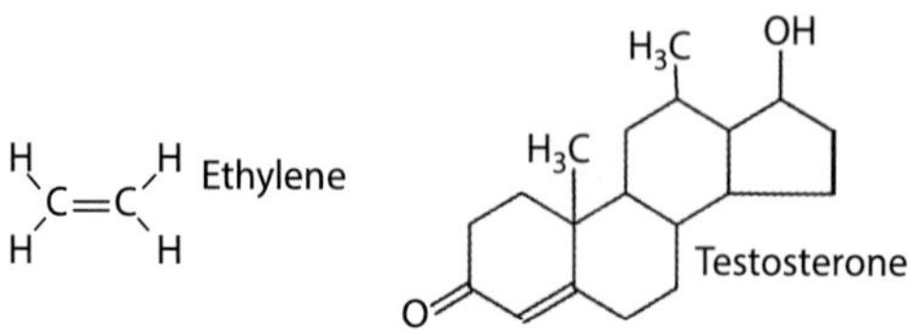

그림 21.1 숙성 과정을 촉진시키는 식물 호르몬으로서의 간단한 분자(에틸렌)와 일반적인 동물 호르몬인 테스토스테론(남성 성호르몬).

있는데, 그 이유는 포식자들과 혹독한 환경으로부터 종을 존속시키기 위해서는 어린 개체수를 많이 확보하는 것이 유리하기 때문이다. 특히, 인간에 의한 무제한 번식은 지구의 가용 자원을 초과하는 인구 과잉의 심각한 문제를 야기하므로, 번식 및 환경은 주요 관심사이다. 다음으로 고려해야 할 사항은 화학 물질이 번식에 미치는 잠재적 영향과 이러한 화학 물질들에 의한 선천성 기형이다. 따라서 녹색 화학 분야에서는 번식에 영향을 미치는 화학 물질들에 대한 관심이 높아지고 있다.

세균과 같은 원시 단세포 생물은 하나의 세포가 분열하여 두 개의 세포를 형성하는 **무성 생식(asexual reproduction)**을 한다. 인간을 비롯한 대부분의 다세포 생물체들은 수컷의 정자 세포가 암컷의 난자 세포와 수정된 뒤 수정된 세포가 세포 분열하여 새로운 개체를 생산하는 **유성 생식(sexual reproduction)**으로 번식한다.

번식은 21.11절에서 다룰 DNA 내의 유전자(gene)에 따라 이루어진다. 양쪽 부모로부터 물려받은 한 개체의 DNA는 신체적, 생화학적, 그리고 행동 특징을 결정짓는다. DNA는 **돌연변이**(mutation)로 인해 변형될 수 있다. 돌연변이는 극히 일부만이 바람직하며, 개별 개체에게 이득을 가져오는 경우에 한하여 자손에게 유전적인 특징으로 전달될 수 있다. 이런 자연 선택 과정을 거쳐 수백만 종의 서로 다른 생물체가 존재할 수 있게 되었다.

몇몇 화학 물질은 돌연변이를 유발한다. **돌연변이 유발 물질(mutagen)**의 생산 및 노출 통제는 환경화학의 주요 관심 분야이다. 그 이유는 돌연변이를 유발하는 물질이 일반적으로 암을 유발하는 것으로 생각되고, 돌연변이 검사에서 양성 결과를 받은 물질들은 발암 의심 물질이기 때문이다.

21.4 생물권에서의 안정성과 평형

한 생물체가 생존하고 번창하기 위해서는 그 개체가 속한 환경에서 안정성과 평형을 유지할 수 있어야 한다. 그러한 안정하게 유지되는 상태를 전문 용어로는 **항상성(homeostasis**, '동등한 상태')이라고 한다. 항상성을 유지하려면, 생물체는 자기를 둘러싸고 있는 주변 환경이나 인근의 다른 생물체들과 상호 작용을 하고, 물질(영양소 포함)이나 에너지를 서로 주고받으면서 균형을 맞추어야 한다. 하나의 개체만 살펴보면, 생물체는 생체 내 수분이나 혈중 칼슘과 같은 물질들의 농도 및 체온을 안락함을 느낄 수 있는 일정한 범위 이내에서 놀라울 정도로 세밀하게 잘 유지하고 있다. 포유류는 항상성을 유지함에 있어 특별한 능력을 지니도록 진화해 왔다. 건강한 개체는 십 분의 몇 도 이내의 정밀도로 체온을 유지한다. 이러한 항상성에 대한 개념은 생태계 내에서 공존하는 전체 집단뿐만 아니라, 궁극적으로는 전체 생물권에까지도 확장하여 적용할 수 있다. 따라서 환경 과학을 공부하는 핵심 목적은 실질적인 녹색 화학을 포함하여 생태계가 항상성을 유지할 수 있도록 지원해 주고 향상시켜 주는 데 있다.

생태학(ecology)은 생물체와 주변 환경, 그리고 생물체 상호 간의 상호 작용을 다룬다.[5] 생태학에서는 생물체가 물질과 에너지를 처리하는 방법을 주로 다룬다. **생태계(ecosystem)**에서는 환경과 그 안에서 서식하는 생물체들의 상호 작용과 연계성의 단편들을 잘 설명해 준다. 생태계는 거의 대부분 식물과 조류의 광합성 작용으로 에너지를 포획한다. 햇빛, 기온, 습도 및 영양소가 생태계의 중요한 요소들이다. 생태계에서는 필수 영양소인 탄소, 산소, 질소, 인, 황 및 극미량 원소들을 재활용한다. 어떤 생태계에서든지 **먹이 사슬(food chain)**, 또는 좀 더 복잡하게는 **먹이 그물(food web)**이 중요한데, 그런 관계 속에서 광합성으로 만들어진 영양소가 다른 수준의 생물체에게 먹이로 이용된다. 지방 조직 속에 용해된 난분해성 유기 화합물이 먹이 사슬에 있는 동물들의 먹힘의 연쇄 현상(물속 작은 생물체를 작은 물고기가 섭취하고, 작은 물고기는 좀 더 큰 물고기에게 먹히고, 큰 새가 큰 물고기를 잡아 먹음)을 통해 분해되지 않고 축적된다는 관점에서 먹이 사슬이 중요하게 생각되고 있다. 따라서 수중 오염물질은 먹이 사슬의 최상위에 있는 생물체의 지방 조직에 더 많이 농축되는데, 이러한 과정을 **생물 농**

축(biomagnification)이라고 한다.[6] 녹색 화학의 실질적인 목적이 환경 중에서 생물 농축이 일어날 수 있는 화학 물질의 생산과 사용을 방지하는 데 있다.

21.5 생화학

오염 물질과 잠재적으로 해로운 화학 물질이 생물체에 미치는 영향은 생물권과 환경 화학에 매우 중요한 주제이다. 이러한 물질들의 영향을 22장의 '독성 화학'에서 다루고 있으며, 23장에서는 몇몇 화학 물질의 독성에 대해 다룰 예정이다. 현재 장 '생물권: 환경 생화학'의 나머지 부분은 독성 화학을 이해하는 데 필요한 생명 내의 화학 작용, 즉 **생화학(biochemistry)**의 기본을 이해할 수 있도록 설계되었다. 화학의 한 분야인 생화학은 생물체 내의 물질에 대한 화학적 성질이나 조성, 생물학적 과정을 다룬다.[7] 이 장에서는 세포막, DNA, 효소 관련 부분을 살펴볼 예정이며, 특히 환경적으로 유해하고 유독한 물질과의 관련성 부분에 중점을 두고 살펴볼 것이다.

살아 있는 생물체에서 일어나는 생화학 현상은 매우 복잡하지만, 정교하게 일어난다. 인체 내에서 복잡한 대사 과정을 통해 다양한 음식물이 단순한 화학 물질로 분해되고, 그 과정에서 에너지가 생산되며, 분해된 물질을 이용하여 근육, 혈액, 뇌 조직과 같은 몸 구성 성분이 만들어진다. 크기가 1㎛ 정도로 매우 작고 보잘 것 없는 남세균(cyanobacteria)을 살펴보자. 인상적이게도 이 세균은 몇 개의 간단한 무기 화합물과 햇빛만 있으면 생존할 수 있다. 이 세포는 햇빛 에너지를 이용하여 CO_2에서 탄소를, H_2O에서 수소와 산소를, NO_3^{2-}에서 질소를, SO_4^{2-}에서 황을, 무기 인산 이온에서 인을 얻은 뒤 이러한 물질들을 조합하여 단백질, 핵산, 탄수화물 등을 만들어 생존하고 번식한다. 세균, 원생동물 및 단세포 곰팡이 등 매우 간단한 세포에서조차 수천 만의 화학 반응이 일어나는데, 이러한 반응은 인간이 수십억 달러를 투자하여 건설한 화학 공장에서도 해낼 수가 없다.

생화학 과정은 환경에 존재하는 화학종들에 의해 심각하게 영향을 받을 뿐만 아니라, 수환경과 토양 환경에서 화학종들의 성질, 분해, 합성에 영향을 미친다. 이러한 현상을 이해하는 것이 **환경 생화학(environmental biochemistry)**의 기본이다.[8]

21.5.1 생체 분자

생체 분자(biomolecule)는 살아 있는 생물체 안에서 물질을 구성하고 있는 대개 수백만 또는 그 이상의 분자량을 가진 중합체이다. 이 단원의 후반부에서 논의하겠지만, 이러한 생체 분자는 탄수화물, 단백질, 지질, 핵산으로 구분할 수 있다. 단백질과 핵산은 통상 거대 분자로, 지질은 비교적 작은 분자로, 탄수화물은 작은 당 분자부터 셀룰로스처럼 큰 거대 분자로 구성되어 있다.

생물계에서 물질의 거동은 주로 그 물질이 **친수성(hydrophilic)**인지, **소수성(hydrophobic)**인지에 따라 다르게 나타난다. 몇몇 유독한 물질은 소수성이라 세포막을 쉽게 통과한다. 생물체가 수행하는 해독 과정의 하나는 소수성 물질을 친수성으로 변화시키는 것인데, 이를 통해 물에 용해되어 체내에서 쉽게 제거되도록 한다.

21.6 생화학과 세포

생화학 및 독성 물질의 생화학적 관점의 초점은 **세포(cell)**이다. 세포는 살아 있는 생명의 근본을 이루는 것으로서, 대부분의 생명 과정이 수행되는 곳이다.[9] 세균, 효모균, 그리고 일부 조류들은 단세포로 되어 있다. 그러나 대부분의 살아 있는 것들은 수많은 세포로 구성되어 있다. 좀 더 고등한 생물체에서 세포들은 서로 다른 기능을 한다. 인간의 몸에 있는 간 세포, 근육 세포, 뇌 세포, 피부 세포는 각기 다르며, 서로 다른 역할을 담당한다. 세포는 핵을 갖고 있느냐 없느냐에 따라 크게 두 부류로 구분된다. **진핵 세포(eukaryotic cell)**는 핵이 있고, **원핵 세포(prokaryotic cell)**는 핵이 없다. 원핵 세포는 게균과 같은 단세포 생물체에서 흔히 볼 수 있으며, 진핵 세포는 다세포 식물과 동물, 즉 고등 생물체에서 볼 수 있다.

21.6.1 세포의 주요 특징

그림 21.2는 진핵 세포의 주요 특징을 나타내는 기본 구조를 보여 준다. 진핵 세포의 특징에 대해 구체적으로 살펴보자.

- **세포막(cell membrane)**은 세포를 둘러싸고 있으며, 이온, 영양소, 지질 용해성('지방 용해성') 물질대사 생성물, 독성 물질, 유독한 대사 물질들에 대한 각기 다른 **투과성(permeability)**을 나타내어 세포의 안팎으로 이동하는 것을 조절한다. 세포막은 세포의 내용물을 외부와 격리하여 보호하는 역할 또한 담당한다. 세포막은 인지질(phospholipid)로 구성되어 있는데, 그것은 다시 세포막 표면에 있는 친수성('물을 끌어당기는') 머리와 세포 안에 있는 소수성('물을 밀어내는') 꼬리로 구분된다. 세포막에는 막을 통해 물질을 이동시키는 데 관여하는 단백질 덩어리가 있다. 세포막이 독성학과 환경 생화학에서 매우 중요한 이유 중의 하나는 독성 물질과 그 산물을 세포의 안과 밖으로 통과시키는 것을 조절하기 때문이다. 독성 물질에 의해 세포막이 손상되면, 세포는 그 기능을 제대로 발휘하지 못하고, 결국 생물체가 손상된다.
- **세포핵(cell nucleus)**은 세포의 '지휘 통제소' 역할을 담당한다. 세포핵은 세포가 번식하는 데 필요한 유전 명령을 포함한다. 핵에서 핵심이 되는 물질은 **데옥시리보핵산(deoxyribonucleic acid, DNA)**이다. 세포핵 내의 **염색체(chromosome)**는 DNA와 단백질의 조합으로 만들어진다. 각각의 염색체에는 서로 다른 유전 정보가 저장된다. 인간의 세포에는 46개의 염색체가 포함되어 있다. 핵 내부의 DNA가 외부 물질에 의해 손상되면, 돌연변이, 암, 선천적 기형, 면역 결핍과 같은 다양한 독성 영향이 나타날 수 있다.
- **세포질(cytoplasm)**은 핵이 차지하고 남은 세포의 공간을 채운다. 세포질은 다시 수용성 단백질 충전 용액인 **세포액(cytosol)**과 미토콘드리아나 광합성 생물체에서 볼 수 있는 엽록체(chloroplast)와 같은 **세포 소기관(celluar organelle)**으로 구분된다.
- **미토콘드리아(mitochondria)**는 소위 '세포의 발전소' 역할을 담당한다. 그 이유는 세포 안에서 에너지를 변환하고 이용하는 역할을 담당하기 때문이다. 미토콘드리아는 음식물(탄수화물, 단백질, 지방 등)을 분해하여 이산화 탄소, 물, 에너지를 생성하고, 세포가 이러한 산물을 이용하도록 한다. 미토콘드리아에서 일어나는 대표적인 반응의 예는 글루코스($C_6H_{12}O_6$)의 산화 반응이다.

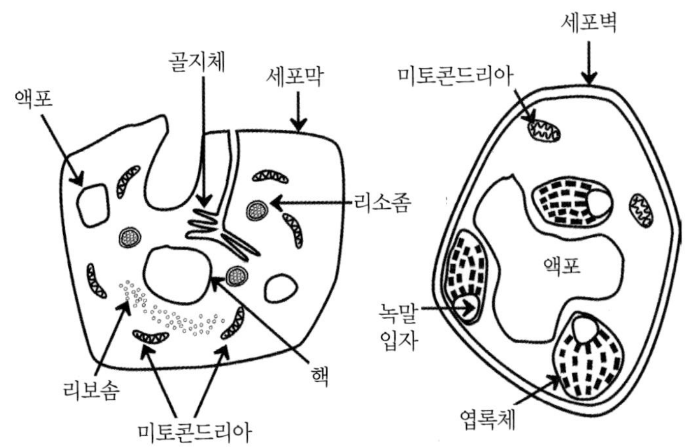

그림 21.2 동물(왼쪽)과 식물(오른쪽)의 진핵 세포의 주요 특징.

$$C_6H_{12}O_6 + 6O_2 \rightarrow 6CO_2 + 6H_2O + \text{에너지}$$

위와 같은 과정을 **세포 호흡(cellular respiration)**이라고 한다.

- **리보솜(ribosome)**은 단백질의 합성에 관여한다.
- **소포체(endoplasmic reticulum)**는 효소 작용을 통해 독성 물질의 대사에 관여한다.
- **리소좀(lysosome)**은 세포 소기관의 한 종류로서, 액체 음식물을 소화할 수 있는 물질을 지니고 있다. 이 물질은 세포벽의 '움푹 패인 곳'을 통해 세포로 들어가서 세포 물질에 둘러싸인다. 이때 둘러싸는 물질을 **식포(food vacuole)**라고 한다. 식포는 리소좀과 융합하게 되는데, 리소좀이 가지고 있는 물질이 음식물을 소화시킨다. 이 소화 과정은 주로 가수 분해 반응(hydrolysis reaction)으로 물을 첨가하여 크고 복잡한 음식 분자를 더 작은 분자로 분해하는 반응이다.
- **골지체(golgi body)**는 여러 종류의 세포에서 찾아볼 수 있다. 이것은 세포에서 생성된 물질을 저장하거나 방출하는 역할을 한다.
- 식물 세포의 **세포벽(cell wall)**은 빳빳하고 강한 구조로 되어 있다. 세포벽의 대부분은 셀룰로스로 구성되어 있다.
- **액포(vacuole)**는 식물의 세포 안에 있으며, 종종 물속에 용해된 물질을 포함한다.
- 엽록체(chloroplast)는 식물의 세포 안에 있으며, 광합성 작용에 관여하고 있다. 광합성은 태양 에너지를 이용하여 이산화 탄소와 물을 유기 물질로 변환하는 화학 작용이다. 광합성은 엽록체에서 일어나며, 광합성 작용을 통해 생성된 음식은 **녹말 입자(starch grain)**의 형태로 엽록체에 저장된다.

21.7 단백질

단백질(protein)은 생명체의 기본 단위로서, 질소를 포함하는 유기 화합물이다. 세포의 내부를 채우는 젤리와 같은 액체, 즉 세포질은 주로 단백질로 구성되어 있다. 생명 반응에서 촉매로 작용하는 효소 또한 단백질이다. 단백질은 큰 사슬로 서로 연결된 아미노산(amino acid)이다. 아미노산은 카복실산과 아민의 혼성체로, 카복실기($-CO_2H$)와 아미노기($-NH_2$)를 포함하는 유기 화합물이다. 단백질은 약 40개에서 수천 개의 아미노기가 **펩타이드 결합(peptide linkage)**으로 연결된 아미노산 중합체 또는 **거대 분자(macromolecule)**이다. 중합 반응에서 H_2O가 제거된 후 남아 있는 아미노산의 일부를 **잔기(residue)**라고 한다. 분자당 약 10~40개의 아미노산을 포함하는 아미노산 중합체를 폴리펩타이드(polypeptide)라고 한다. 이러한 잔기로서의 아미노산은 세 개의 알파벳으로 된 약자로 표시한다.

자연에 존재하는 아미노산은 모두 다음과 같은 작용기를 갖는다.

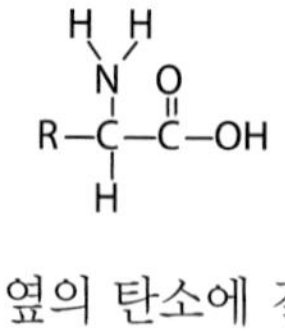

이 구조에서 $-NH_2$기는 항상 $-CO_2H$기 옆의 탄소에 결합된다. 이것을 '알파' 위치라고 한다. 따라서 천연 아미노산은 알파 아미노산이다. 'R'로 지정된 다른 작용기는 기본 알파-아미노산 구조에 부착된다. R기는 글라이신에서 볼 수 있는 것과 같이, 가장 간단한 형태인 H 원자일 수도 있고,

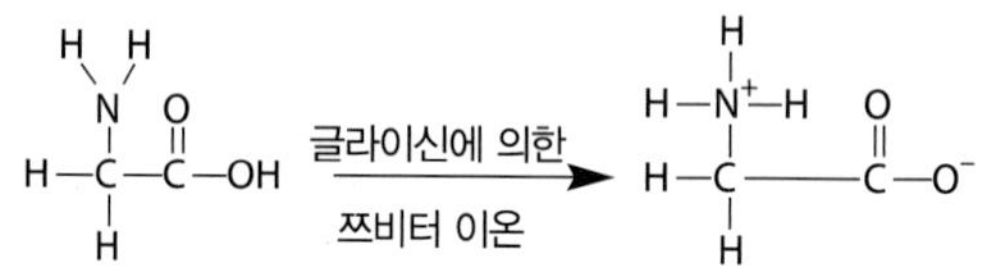

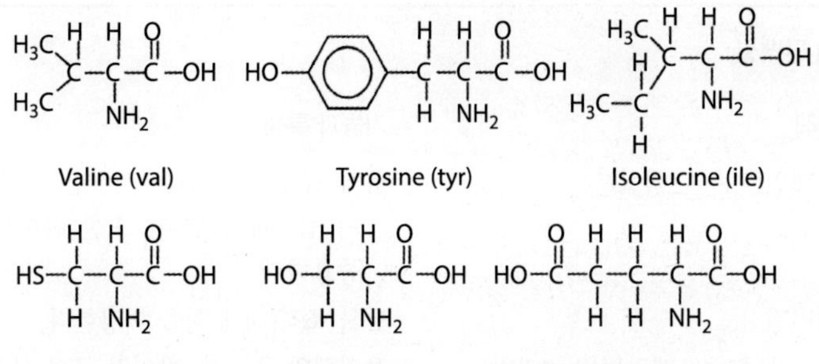

그림 21.3 자연 발생적 아미노산의 실례.

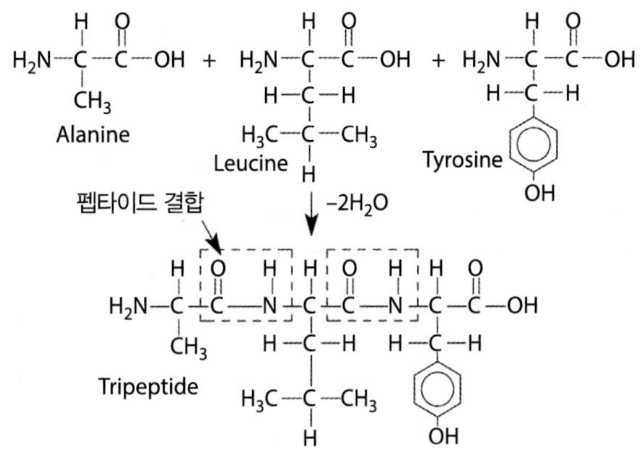

그림 21.4 알라닌, 루신, 타이로신의 축합 반응으로 생성된 펩타이드 결합을 보여 주는 세 종류의 아미노산으로 이루어진 트라이펩타이드 구조.

트립토판(tryptophan)에서 볼 수 있는 것과 같이 복잡한 구조일 수도 있다.

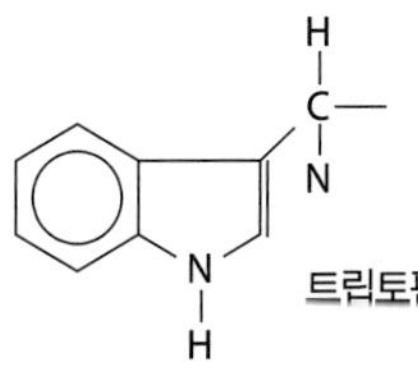

단백질에는 20종의 아미노산이 있는데, 그림 21.3에 몇 가지 아미노산의 실례를 나타냈다. 아미노산은 전하를 띠지 않은 $-NH_2$ 및 $-CO_2H$기로 표시하였으나, 실제로는 위의 글라이신에서 보는 바와 같이, 하전된 **쯔비터 이온(zwitterion)** 형태로 존재한다.

그림 21.4는 탈수 축합 반응을 통한 펩타이드 결합의 형성을 통해 아미노산이 폴리펩타이드와 단백질을 형성과는 과정을 보여 주고 있다. 이 예는 알라닌, 류신 및 타이로신의 트라이펩타이드이다. 3개의 아미노산이 관련되어 있기 때문에 트라이펩타이드라고 한다. 단백질의 아미노산은 이 트라이펩타이드에 대해 표시된 것과 동일하게 연결되어 있다. 다만 더 많은 아미노산 단량체들이 관여하고 있을 뿐이다.

단백질은 기능에 따라 몇 가지 유형으로 구분할 수 있는데, 이것한 것들을 표 21.1에 정리하였다.

표 21.1 중요한 형태의 단백질

단백질 형태	실례	기능과 특성
영양 단백질	카제인(우유 단백질)	음식 공급원. 인간은 적절한 양의 영양 단백질을 반드시 섭취해야 한다. 또한 아미노산과의 균형은 매우 중요하다.
저장 단백질	페리틴	동물 조직 내에 철을 저장한다.
구조 단백질	콜라젠(힘줄), 케라틴(머리카락)	유기체의 구조적, 방어적 구성 성분
수축 단백질	액틴, 마이오신	강한 섬유 단백질의 구성 성분으로서 수축성과 이동성에 중요하다.
수송 단백질	헤모글로빈	세포막 사이에, 혈액 중에, 기관 사이에 무기 물질과 유기 물질을 수송한다.
방어 단백질	—	면역계에 의해 생산되는 바이러스와 같은 외부 물질에 저항하는 항체이다.
조절 단백질	인슐린, 사람 성장 호르몬	당 대사 작용과 같은 과정을 조절하거나, 호르몬 세포 안에서 또는 세포 위에 결합함으로써 성장을 조절한다.
효소	아세틸콜린에스터 가수 분해 효소	생화학 반응을 촉매한다(21.6절 참조).

21.7.1 단백질의 구조

아미노산의 배열에 따라 형성되는 단백질의 3차원 구조는 **단백질 구조(protein structure)**가 매우 다양하게 나타날 수 있음을 말해 준다. 이를 통해 생명이 매우 다양해졌다. 단백질은 1차, 2차, 3차, 4차 구조를 가지고 있다. 이러한 단백질의 구조는 단백질의 거동을 결정한다. 예를 들어, 면역계에 있는 단백질이 외부 물질을 인식하는 과정은 그 구조와 관련되어 있고, 단백질성 효소의 특별한 선택성 또한 그 구조에 의존한다.

단백질 분자에서 아미노산의 배열은 **1차 구조(primary structure)**를 결정한다. **2차 구조(secondary protein structure)**는 폴리펩타이드 단백질 사슬이 접힘으로써 형성되는데, 이를 통해 펩타이드 결합 간 최대 수의 수소 결합이 생성된다.

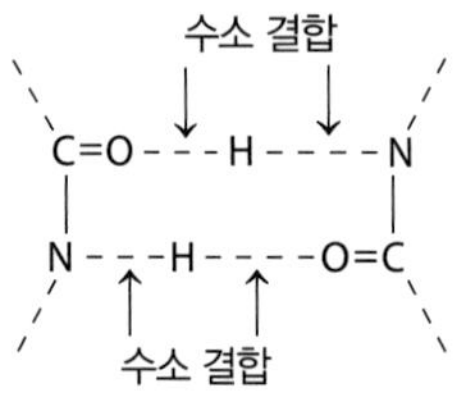

펩타이드 결합 내에 있는 N 원자와 O 원자 간의 수소 결합을 도식적으로 나타낸 것으로, 단백질의 2차 구조를 구성한다.

아미노산에 있는 R기의 특성에 의해 2차 구조가 결정된다. 단백질 분자는 작은 R기를 가지고 있으면 평행한 배열로 수소 결합을 하며, 큰 R기를 가지고 있는 경우 ***α* 나선(α-helix)** 구조라고 하는 나선 형태의 구조를 나타내는 경향이 있다.

3차 구조(tertiary structure)는 α-나선이 얽혀 특정한 형태로 꼬여 형성된다. 이들은 거대 단백질 분자를 구성하는 아미노 잔기와 아미노산 곁사슬과의 상호 작용에 의해 생성되고 제자리에 고정된다. 단백질의 3차 구조는 효소가 특정 단백질 및 기타 분자를 식별하는 과정에서 매우 중요하다. 이는 외래 단백질을 형태로 구분하여 이에 반응하는 혈액 내 항체의 작용과도 관련되어 있다. 이것은 기본적으로 혈액 내의 항체가 바이러스나 세균의 특정 단백질을 인식하고 거부하는 면역 반응에 주로 작용한다.

두 개 이상의 단백질 분자는 별도의 폴리펩타이드 사슬로 구성되어 있는데, 단백질 분자들이 결합하여 **4차 구조(quaternary structure)**를 형성한다.

피부, 머리카락, 양모, 새의 깃털, 실크, 힘줄 등에 존재하는 단백질은 **섬유상 단백질(fibrous protein)**이다. 이러한 단백질의 분자들은 길고 실의 묶음과 같은 형태를 하고 있다. 섬유상 단백질은 매우 단단하며, 물에 녹지 않는다.

섬유상 단백질 이외의 다른 주요 단백질의 형태는 **구상 단백질(globular protein)**이다. 이 단백질은 공 또는 직사각형의 형태를 하고 있다. 구상 단백질은 비교적 물에 잘 녹는다. 전형적인 구상 단백질은 적혈구 세포에서 산소를 운반하는 단백질, 즉 헤모글로빈이다. 효소는 일반적으로 구형 단백질이다.

21.7.2 단백질의 변성

2차, 3차, 4차 단백질 구조는 **변성(denaturation)** 과정을 통해 쉽게 변할 수 있다. 이러한 변화는 매우 손상적이다. 가열, 산 또는 염기에 노출, 격렬한 물리적 작용은 단백질의 변성을 초래한다. 달걀 흰자의 알부민 단백질은 가열되면 반고체질이 된다. 머랭(설탕과 달걀의 흰자위로 만든 과자)을 만들기 위해 달걀의 흰자위를 교반기에 넣고 격렬한 물리적 작용을 가하면 역시 같은 결과를 가져온다. 납, 카드뮴과 같은 중금속에 중독되면, 금속이 단백질 표면에 있는 작용기와 결합함으로써 단백질의 구조를 변화시킨다.

21.8 탄수화물

탄수화물(carbohydrate)은 CH_2O가 실험식이며, 글루코스와 같이 단순당(sugar)으로 이루어져 있는 물질이다.

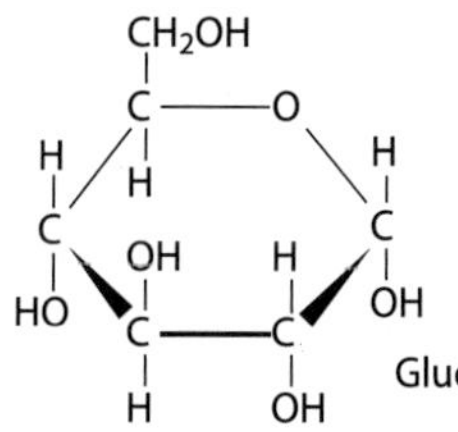

Glucose 분자

녹말 및 글리코젠('동물성 녹말')과 같은 고분자량 **다당류(polysaccharides)**는 단순당의 생중합체이다.

식물 세포에서 광합성이 일어나면, 태양 에너지는 탄수화물 내의 화학 에너지로 변환된다. 이 탄수화물은 에너지원으로서 식물의 다른 부분으로 이동되기도 하며, 에너지가 필요할 때까지 저장을 위해 불용성 탄수화물로 변환되거나 세포벽 물질로 변환되어 식물 구조의 일부가 되기도 한다. 동물이 식물을 섭취하는 경우, 탄수화물은 동물의 에너지원으로 사용된다.

가장 단순한 탄수화물을 **단당류 또는 단순당(monosaccharides 또는 simple sugar)**이라고 하는데, 6개의 탄소 원자를 가지고 있기 때문에 **육탄당**(hexoses)이라고 한다. 위에서 보인 포도당은 세포 과정에 관여하는 가장 일반적인 단당류이다. 분자식은 $C_6H_{12}O_6$로 포도당과 같지만, 구조가 다소 다른 단당류로 과당(fructose), 만노스(mannose), 갈락토스(galactose)가 있다. 이들은 세포에서 사용되기 전에 포도당으로 바뀌어야 한다. 포도당은 혈액 속에 존재하며 에너지로 사용된다. 대개 정상인의 혈액 100 mL당 65~110 mg의 포도당이 함유되어 있다. 이보다 높은 수치를 나타내면 당뇨병의 증세를 보인다.

두 개의 단당류로 이루어진 당류를 **이당류(disaccharides)**라고 한다. 이당류는 두 분자의 단당류가 서로 결합하여 생성되는데, 이 과정에서 물 분자 하나가 손실된다.

$$C_6H_{12}O_6 + C_6H_{12}O_6 \rightarrow C_{12}H_{22}O_{11} + H_2O \tag{21.2}$$

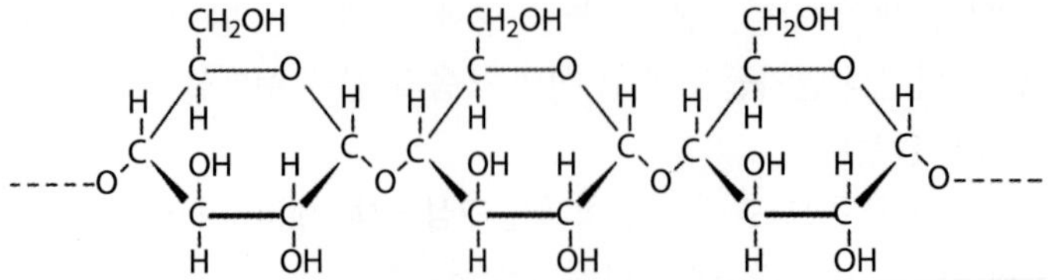

그림 21.5 녹말 분자의 일부분. $C_6H_{10}O_5$의 단위가 서로 응축되는 것을 보여 준다.

아미노산 분자가 탈수 축합 반응을 거쳐 단백질을 생성할 때도 물 분자가 소실되는 것을 기억하라. 이당류에는 슈크로스(sucrose, 자당; 감미료로 사용되는 사탕수수 설탕), 락토스(lactose, 젖당), 말토스(maltose, 맥아당; 녹말의 분해 산물) 등이 있다.

다당류(polysaccharides)는 여러 개의 단순당 단위가 서로 얽혀 있는 것이다. 가장 중요한 다당류의 하나는 **녹말(starch)**인데, 이것은 식물이 음식을 저장하기 위해 만든다. 동물은 녹말에 해당하는 글리코젠(glycogen)을 만든다. 녹말의 화학식은 $(C_6H_{10}O_5)_n$이며, 여기서 n은 수백일 수도 있다. 이것이 의미하는 것은 여러 개의 $C_6H_{10}O_5$가 서로 모여 하나의 매우 큰 녹말 분자가 형성된다는 것이다. 예를 들어, n이 100이면 탄소의 수는 6 곱하기 100, 수소의 수는 10 곱하기 100, 산소의 수는 5 곱하기 100이며, 그 화학식은 $C_{600}H_{1000}O_{500}$이 된다. 녹말 분자의 원자들은 그림 21.5에 나타낸 구조처럼, 고리 결합으로 존재한다. 녹말은 빵, 곡물류와 같은 음식에 많고, 인간을 포함하여 동물에 의해 쉽게 소화된다.

셀룰로스(cellulose)도 녹말처럼 $C_6H_{10}O_5$의 단위로 구성된 다당류이다. 셀룰로스는 분자량이 약 400,000 정도의 거대한 분자이며, 그 구조는 녹말과 비슷하다(그림 21.6). 셀룰로스는 식물이 생산하며, 세포벽을 이루는 주요 구조 물질이다. 나무는 약 60%, 목화는 90% 이상의 셀룰로스를 함유한다. 나무로부터 추출된 셀룰로스 섬유는 종이를 만드는 데 사용된다.

인간과 대부분의 동물은 포도당 분자 사이의 산소 결합을 가수 분해하는 효소가 없기 때문에 셀룰로스를 소화할 수 없다. 그러나 반추 동물(소, 양, 염소, 무스 등)은 위 속에 셀룰로스를 동물이 이용할 수 있는 생성물로 분해할 수 있는 세균이 있다. 셀룰로스가 단당류로 변환되는 화학 과정은 다음과 같다.

$$\underset{\text{cellulose}}{(C_6H_{10}O_5)_n} + nH_2O \rightarrow \underset{\text{glucose}}{nC_6H_{12}O_6} \tag{21.3}$$

여기에서 n은 2000~3000 정도이다. 이 반응에는 $C_6H_{10}O_5$ 단위 사이의 결합을 깨뜨리는 과정이 포함되어 있는데, 각각의 결합에 해당하는 수의 H_2O가 가수 분해 반응에 필요하다. 나무, 사탕수수, 농산물 등에서 얻어지는 많은 양의 셀룰로스가 매년 폐기되고 있다. 이러한 생산물을 가수 분해하여 단당으로 바꾼다면 동물을 먹이는 데 사용할 수 있다.

탄수화물은 단백질 분자와 결합하여 **당단백질(glycoprotein)**이라고 불리는 물질을 만든다. 콜라젠(collagen)은 당단백질의 일종으로서, 우리 몸의 구조를 이루는 데 필수적인 성분이다. 피부, 뼈, 힘줄, 연골 조직의 주요 성분이 콜라젠이다.

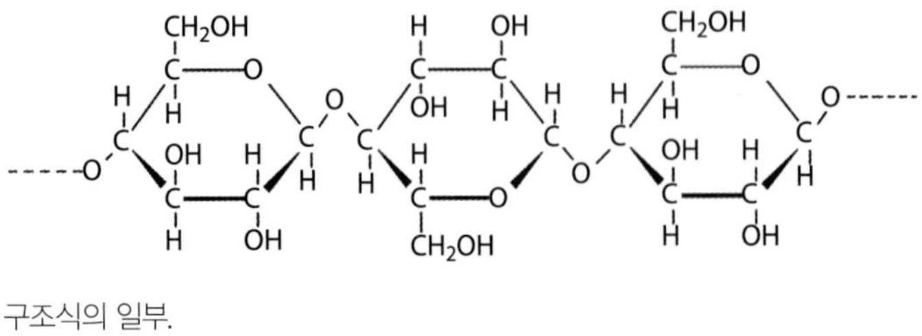

그림 21.6 셀룰로스 구조식의 일부.

21.9 지질

지질(lipid)은 분자 구조나 용해도가 탄화수소와 유사하기 때문에, 식물이나 동물로부터 클로로폼, 다이에틸 에터나 톨루엔 같은 유기 용매를 이용하여 추출할 수 있는 물질이다. 고전적인 추출 방법은 추출기 바닥의 플라스크(용매 저장소)에 들어 있는 유기 용매를 가열하여 연속 증류하고 다시 액체로 응축하여 저장소로 다시 순환시키는 반복 추출법이다. 용매와 함께 추출 중인 조직 샘플로 응축된 용매를 순환시키고 증류를 반복하여 용매를 이용하여 추출한 지질을 농축한다. 이 장치를 속슬렛(Soxhelet) 추출기라고 한다. 추출기 구조를 파악할 수 있는 자세한 그림과 동영상 자료는 인터넷에서 찾아볼 수 있다.[10] 탄수화물과 단백질은 단위체(단당류, 아미노산)로 특징지을 수 있는 반면, 지질은 물리적 성질인 유기 친화성으로 정의될 수 있다. 가장 일반적인 지질은 그림 21.7의 알코올 글리세롤 $[CH_2(OH)CH(OH)CH_2OH]$, 스테아르산$[CH_3(CH_2)_{16}COOH]$처럼 긴 사슬 지방산에서 생성되는 **트라이글리세라이드(triglyceride)**로 구성된 지방(fat)과 기름(oil)이다. 왁스, 콜레스테롤, 바이타민, 호르몬과 같은 생물학적 물질과, 흔히 볼 수 있는 버터, 샐러드유와 같은 음식물도 지질이다. 스테아르산과 같은 긴 사슬 지방산은 유기물에 용해되며, 지질로 분류된다.

지질은 독성학적으로 여러 면에서 중요하다. 어떤 독성 물질은 지질 대사 작용을 방해하여 지질을 축적시킴으로써 해로운 영향을 초래하기도 한다. 많은 독성 유기 화합물들은 물에 용해되지 않으나 지질에 용해된다. 따라서 생물체 내에 있는 지질은 독물을 용해하고, 저장하는 역할을 수행하기도 한다.

포스포글리세라이드(phosphoglyceride; glycerophosphatide)는 지질의 한 부류로서 중요한 위치를 차지하고 있다. 오쏘인산이 글리세롤에 결합된 구조로 되어 있어 이 또한 트라이글리세라이드로 간주된다. 지질은 세포막의 필수 구성 성분이므로 특히 중요하다. 세포막은 이중층으로 구성되어 있는데, 막의 바깥에는 분자의 한쪽 끝인 친수성 인산염이 자리 잡고, 그 안쪽에는 분자의 소수성 '꼬리'가 있다.

왁스도 지방산 에스터이다. 그러나 왁스의 알코올은 글리세롤이 아니라 매우 긴 사슬형 알코올이다. 예를 들어 밀랍(beeswax)의 주된 화합물 중 하나는 myricyl palmitate로, 에스터의 알코올 부분이 매우 긴 사슬형 탄화수소로 되어 있다.

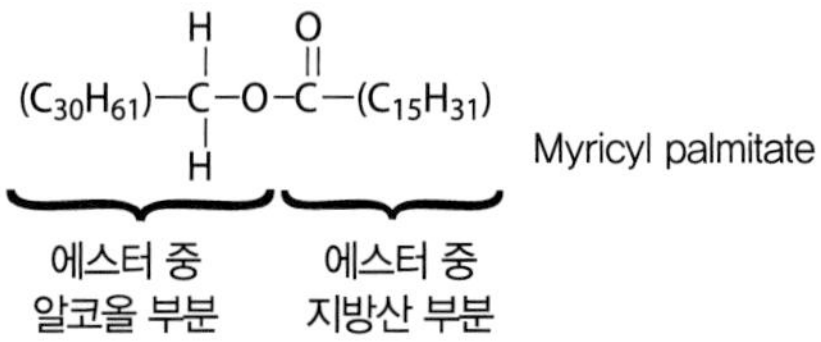

왁스는 식물과 동물 모두에서 생산되며, 주로 보호막 역할을 수행한다. 왁스는 양모(wool)의 라놀린과 향유고래 지방에서 추출한 세틸 팔미테이트(아래)와 같은 여러 일반 제품에서 발견된다. 향유고래의 추출물은 일부 화장품 및 의약품 제조에 매우 유용하게 사용된다.

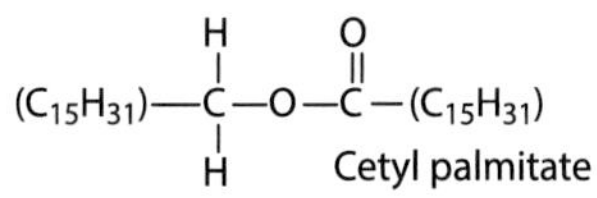

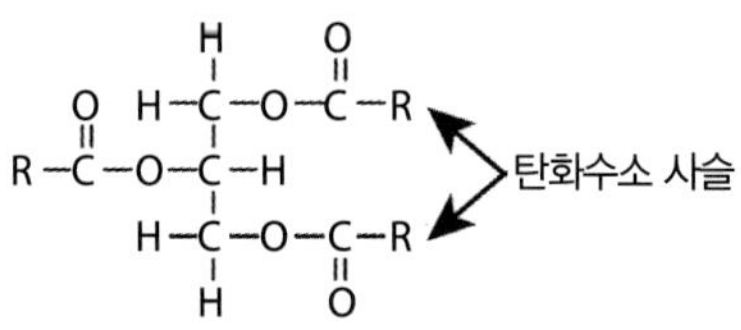

그림 21.7 생체 조직에서 가장 일반적인 지질인 트라이글라이세라이드의 일반적인 구조식. R기는 스테아르산과 같은 지방산에 붙어 있는 탄화수소 사슬이다.

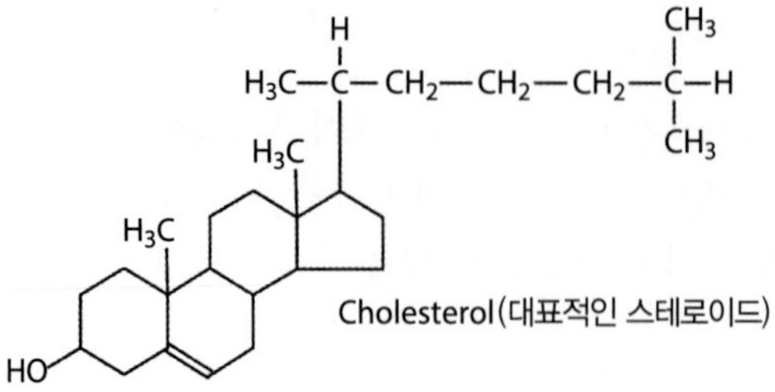

그림 21.8 스테로이드는 콜레스테롤에서 보여 주고 있는 고리 구조가 특징적이다.

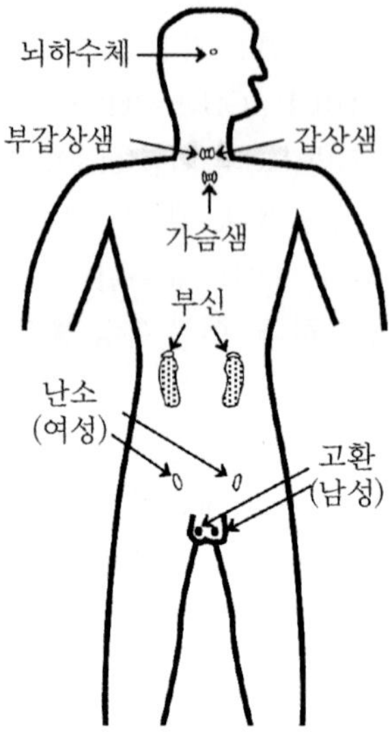

그림 21.9 중요한 내분비샘의 위치.

스테로이드는 그림 21.8의 콜레스테롤처럼 고리형 탄화수소를 가지고 있는 지질이다. 스테로이드는 간에서 생성된 후 장으로 분비되는 담즙산염에 존재한다. 이것의 분해 산물이 대변의 색깔을 결정짓는다. 담즙산염은 장에서 지방에 작용하여 지방을 콜로이드 에멀션의 형태의 매우 작은 지방 방울로 분산시킨다. 이로써 지방이 화학적으로 쉽게 분해되고 소화되도록 돕는다.

호르몬(hormone)은 스테로이드의 한 종류로, 몸의 한 부분에서 다른 부분으로 이동하면서 '전령(messenger)'의 역할을 한다. 이를 통해 여러 신체 기능을 시작하거나 정지하는 구실을 한다. 성호르몬(estrogen)은 스테로이드 호르몬의 좋은 예이다. 호르몬은 **내분비샘(endocrine gland)**으로 불리는 체내의 샘에서 분비된다. 그림 21.9는 중요한 내분비샘의 위치를 보여 준다.

21.10 효소

촉매(catalyst)는 화학 반응의 속도를 증가시키지만, 그 자신은 반응에서 소모되지 않는다. 모든 촉매 가운데 가장 정교한 촉매는 살아 있는 생명체에 있는 것들이다. 촉매는 살아 있는 생물체 밖에서는 전혀 일어나지 않거나, 일어나기 힘든 화학 반응을 촉진시킬 수 있다. 이러한 촉매를 **효소(enzyme)**라고 한다. 효소는 반응 속도를 수십 배에서 수억 배 정도까지 빠르게 할 뿐만 아니라, 매우 선택적으로 작용한다.

효소는 특정 물질 또는 특정 부류의 물질[**기질(substrate)**이라고 함]과만 반응하는 특별한 구조를 가진 단백질성 물질이다. 효소는 촉매로 작용하여 생화학 반응을 일어나도록 하며, 반응 후에는 본래대로 재생되어 새로운 반응에 다시 참여한다. 효소의 매우 높은 선택성은 효소와 기질의 반응이 이른바

'자물쇠와 열쇠' 작용을 하는 것으로 설명할 수 있다. 그림 21.10은 독특한 모양의 효소가 특정한 기질하고만 반응하는 것을 잘 보여 준다. 이 예는 효소가 특정한 분자 구조를 가진 기질만을 '인식'하고, 그것과 반응하여 **효소-기질 착물(enzyme-substrate complex)**을 만드는 것을 보여 준다. 일단 생성된 착물은 본래의 기질을 분해하여, 원래의 기질과는 다른 하나 또는 두 개 이상의 생성물을 만드는 반면, 효소는 본래의 형태로 재생된다. 이 효소는 계속해서 새로운 반응을 위한 촉매 작용을 한다. 효소 반응에 대한 근본적인 과정을 정리하면 다음과 같다.

$$\text{효소} + \text{기질} \rightleftharpoons \text{효소-기질 착물} \rightleftharpoons \text{효소} + \text{생성물} \tag{21.4}$$

이 반응에 대해 여러 가지 중요한 점을 강조하고자 한다. 효소는 그림 21.10에서 보인 것처럼, 구조적으로 알맞은 특정 기질과 반응하여 효소-기질 착물을 형성한다. 결과적으로, 기질 분자에 변화를 가져오게 된다. 예를 들어, 기질은 특정 부위가 절단되어 두 개로 분리될 수도 있다. 이후 효소-기질 착물은 분리되면서 효소와 생성물을 생성한다. 효소는 반응에서 변화되지 않으므로 다시 반응에 참여할 수 있다. 위에서 보인 효소 반응의 화학식에서 화살표가 양쪽으로 표시된 것을 주목하라. 이것은 반응이 **가역적(reversible)**이라는 것을 의미한다. 즉, 효소-기질 착물은 다시 효소와 본래의 기질로 되돌아갈 수도 있다. 또한 효소 반응의 최종 생성물은 효소와 다시 결합하여 효소-기질 착물을 형성할 수 있고, 처음 상태인 효소와 기질을 다시 형성할 수 있다. 이것은 효소가 반응을 양쪽 방향으로 모두 진행시킬 수 있다는 것을 의미한다.

어떤 효소는 그 단독으로 기능을 발휘할 수 없다. 효소로 작용하기 위해서는 우선 **조효소(coenzyme)**에 부착되어 있어야 한다. 일반적으로 조효소는 단백질 물질이 아니다. 어떤 바이타민은 중요한 조효소이다.

효소는 기능에 따라 명명된다. 예를 들어, 위에서 분비되어 소화 과정 중 단백질을 쪼개는 역할을 하는 효소를 **위 단백 분해 효소**(gastric proteinase)라고 한다. 'gastric'은 효소의 근원지, 즉 위를 의미하며, 'proteinase'는 단백질 분자를 분해함을 표시한다. 이 효소의 일반명은 펩신이다. 췌장(pancreas)에서 생성되어 지방(지질)을 분해하는 효소를 **췌장 지방 분해 효소**(pancreatic lipase)라고 한다. 이 효소의 일반명은 스테압신(steapsin)이다. 일반적으로 지방 분해 효소는 트라이글리세라이드 지질을 분해하여 글리세롤과 지방산을 생성하는 역할을 담당한다.

위에서 언급한 효소들은 **가수 분해 효소(hydrolyzing enzyme)**이기 때문에, 큰 분자량의 생화학 물질을 분해하기 위해서는 물이 필요하다. 가수 분해 반응은 소화 과정에 관여된 가장 중요한 반응 중의 하나이다. 동물이 섭취하는 음식물 가운데 에너지를 생산하는 세 가지 부류는 탄수화물, 단백질, 지방

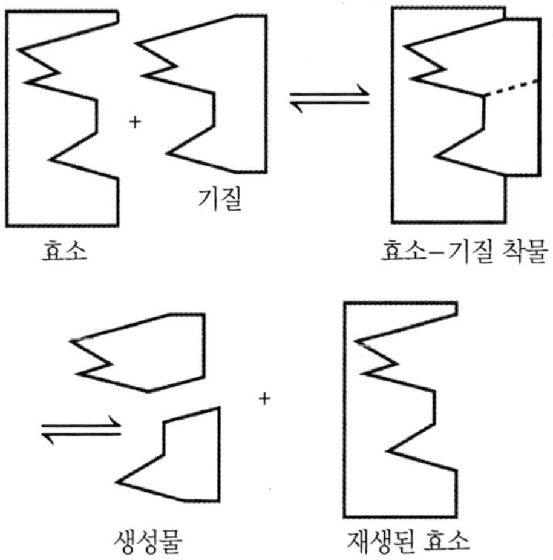

그림 21.10 효소 촉매 반응이 고도의 선택성을 가능하도록 하는 효소 활동에 대한 자물쇠와 열쇠 형태의 도식적 개념.

이다. 인간이 먹는 고탄수화물은 주로 이당류(sucrose 또는 table sugar)와 다당류(녹말)이다. 이러한 것들은 단당($C_6H_{12}O_6$)의 단위체를 서로 연결함으로써 생성되는데, 이때 결합수에 해당하는 수만큼의 H_2O 분자가 제거된다. 단백질은 아미노산의 축합에 의해 생성되며, 이 과정에서도 각 결합수에 해당하는 수만큼의 H_2O 분자가 제거된다. 지방은 글리세롤과 지방산이 결합하여 생성되는 에스터이다. 단백질, 지방, 탄수화물이 합성될 때, 결합 1개당 1개의 물 분자를 잃는다. 이러한 물질이 음식으로 사용되기 위해서는 역반응이 일어나야 한다. 즉, 크고 복잡한 분자인 단백질, 지방 또는 탄수화물이 작은 분자량의 용해성 물질로 분해되어야 세포막을 통과하고, 세포 내에서 화학 과정에 참여할 수 있다. 이러한 역과정은 가수 분해 효소에 의해 수행된다.

긴 사슬형 탄소 원자를 가진 생물학적 화합물은 탄소–탄소 결합이 깨지면서 짧은 사슬 분자로 된다. 이것은 일반적으로 카복실산에서 CO_2를 제거함으로써 일어난다. 예를 들어, **피루브산 탈카복실화 효소**(pyruvate decarboxylase)는 피루브산에 작용하여 CO_2를 방출하고 탄소가 한 개 적은 화합물을 생성한다.

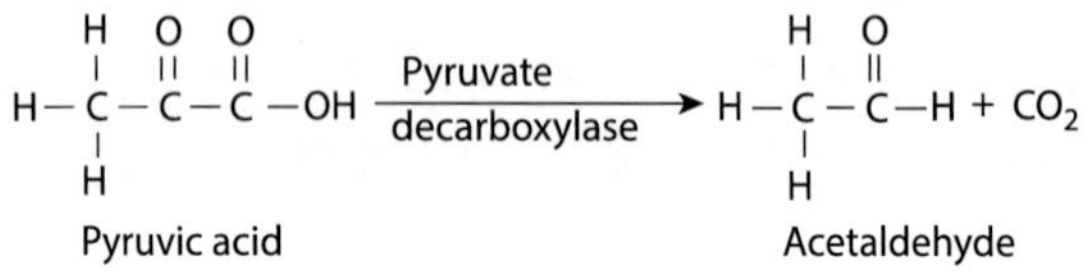

(21.5)

긴 사슬형 분자가 결국 체내에서 CO_2로 분해되거나 물과 토양 환경에서 미생물의 작용에 의해 생분해되는 것은 이러한 탄소–탄소 분해 반응에 의한 것이다.

산화 반응과 환원 반응은 생명체의 에너지 교환에 참여하는 주된 반응이다. 세포 호흡은 탄수화물($C_6H_{12}O_6$)이 분해되어 이산화 탄소와 물을 생성하고 에너지를 방출하는 산화 반응이다.

$$C_6H_{12}O_6 + 6O_2 \rightarrow 6CO_2 + 6H_2O + \text{에너지} \tag{21.6}$$

실제로, 생명체에서 일어나는 모든 반응은 복잡한 여러 단계의 복잡한 과정을 통해 일어난다. 이러한 과정 중 일부는 산화 반응을 포함한다. 자유 산소(O_2) 존재하에 산화 반응을 일으키는 효소를 **산화 효소**(**oxidase**)라고 한다. 일반적으로, 생물학적 산화–환원 반응은 **산화–환원 효소**(**oxidoreductase enzyme**)에 의한 촉매 작용을 통해 일어난다.

위에서 논의한 여러 종류의 효소 이외에도, 생명체 내에서 잡다한 임무를 수행하는 효소가 많이 있다. 대표적인 예로, 특별한 화합물의 이성질체를 생성하는 **이성질화 효소**(**isomerase**)를 들 수 있다. 예를 들어, $C_6H_{12}O_6$의 화학식으로 나타낼 수 있는 간단한 단당류 가운데 포도당만이 세포에서 직접 이용될 수 있다. 다른 이성질체들은 이성질화 효소에 의해 포도당으로 변환된다. **전이 효소**(**transferase enzyme**)는 작용기를 한 분자에서 다른 분자로 이동시킨다. **분해 효소**(**lyase enzyme**)는 가수 분해 없이 화학 작용기를 제거하며, C=C 결합의 생성에 참여하거나, 또는 C=C 결합에 화학종을 첨가시킨다. **연결 효소**(**ligase enzyme**)는 ATP와 함께 작용하여 분자들을 연결시켜 탄소–탄소 또는 탄소–황 결합과 같은 결합을 형성한다. ATP(adenosine triphosphate)는 에너지 생산 및 포도당 산화 대사 과정 등에서 결정적인 역할을 하는 고에너지 물질이다.

효소의 작용은 다른 인자에 의해 영향을 받을 수도 있다. 효소는 굉장히 좁은 범위의 수소 이온 농도(pH)에서 그 기능이 최적화된다. 예를 들어, 위 단백 분해 효소가 제대로 작용하기 위해서는 산성이어야 한다. 이 물질이 덜 산성인 장을 통과할 경우 그 작용이 중지된다. 만일 효소 활동이 장에서도 계속된다면 장의 벽이 손상될 수도 있는데, 다행히 그러한 일은 일어나지 않는다. 온도 역시 효소의 작용에 결정적인 영향을 미치는 요소이다. 인체 내의 효소는 인간의 정상 체온인 약 37°C(98.6°F)에서 가장 잘 활동한다. 만일 60°C까지 온도를 높이면, 효소는 활성을 잃게 된다. 온천에서 성장하는 세균은 비교적 높은 온도에서 활발히 활동할 수 있는 효소를 지니고 있다. 이 이외에도 '추위를 좋아하는' 세균은 물의 어는점 근처에서도 작동하는 효소를 지니고 있다.

효소의 활성에 미치는 주위 환경의 영향 중 독성 물질의 영향 또한 큰 관심 대상이다. 독성의 주요 메커니즘은 사이안화물, 중금속, 파라싸이온(parathion)과 같은 독성 유기 화합물에 의해 효소가 변질 또는 손상되는 것이다. 손상된 효소는 그 기능을 올바로 발휘하지 못하며, 변질된 효소 또한 효소의 기능을 전혀 발휘하지 못하거나 부적절하게 발휘할 것이다. 독성 물질이 효소에 미치는 해로운 영향은 22장에서 자세히 논의한다.

21.11 핵산

핵산(nucleic acid)은 생체 세포 내의 거대 분자로서, 세포의 기능과 세포의 번식을 주관하고 있다. 핵산의 종류는 두 가지인데, 하나는 **DNA**로서 세포 기능에 대한 설계도를 가지고 있고, 다른 하나는 **RNA(ribonucleic acid)**로서 DNA에 의해 지시된 임무를 수행하는데, 주로 생물체 내의 여러 가지 단백질을 합성하는 작업을 한다. 이러한 중합된 거대 분자 한 개는 수많은 **뉴클레오타이드(nucleotide)** 작용기들이 사슬로 연결된 형태로 구성되어 있다. 그림 21.11은 뉴클레오타이드의 단위체 성분의 구조식을 보인 것으로서, 5탄당(2-데옥시-*β*-D-리보퓨라노스를 간략하게 데옥시리보스라고 하며 DNA에 속하고, *β*-D-리보퓨라노스를 리보스라고 하며 RNA에 속함), 인산기 및 네 개의 질소 염기 중 하나(DNA에서는 아데닌, 구아닌, 사이토신, 타이민이고, RNA에서는 아데닌, 구아닌, 사이토신, 유라실)로 구성되어 있다. 거대 분자인 핵산을 구성하는 뉴클레오타이드의 결합 형태를 그림 21.12에서 보여주고 있다.

DNA는 10억 이상의 분자량을 갖는 거대한 분자이고, RNA도 매우 큰 분자이다. DNA의 구조는 '이중 나선'으로 널리 알려져 있다(그림 21.13). 이 구조는 1953년에 미국 과학자 James D. Watson과

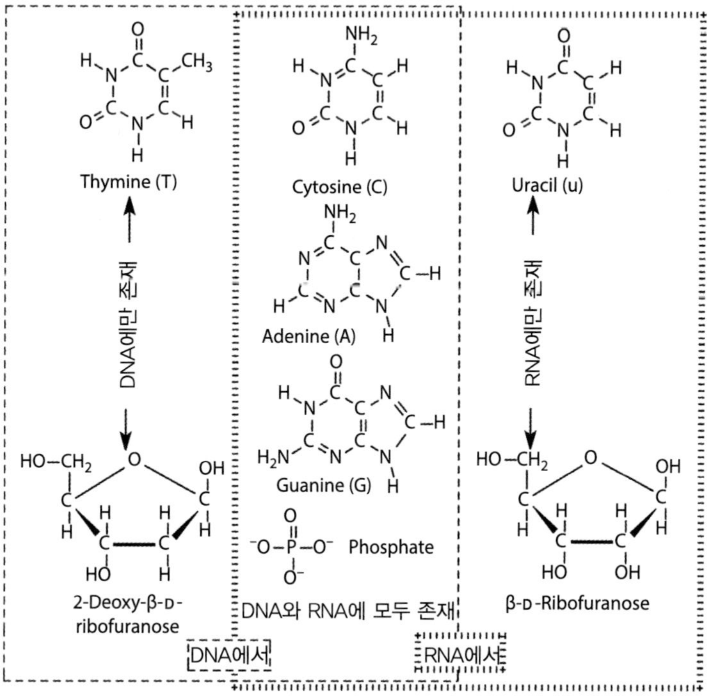

그림 21.11 DNA의 구성 성분(---로 둘러싸인)과 RNA의 구성 성분 (''''''로 둘러싸인). 데옥시리보스는 DNA의 당이고, 리보스는 RNA의 당이다. 타이민은 DNA에만 존재하고, 유라실은 RNA에만 존재한다. 반면에 사이토신, 아데닌 및 구아닌은 두 종류의 핵산 모두에 공통적으로 존재한다. DNA 및 RNA를 이루고 있는 각각의 뉴클레오타이드 단위체는 당 분자, 인산염 및 네 가지 질소 함유 염기 중 하나로 구성되어 있다.

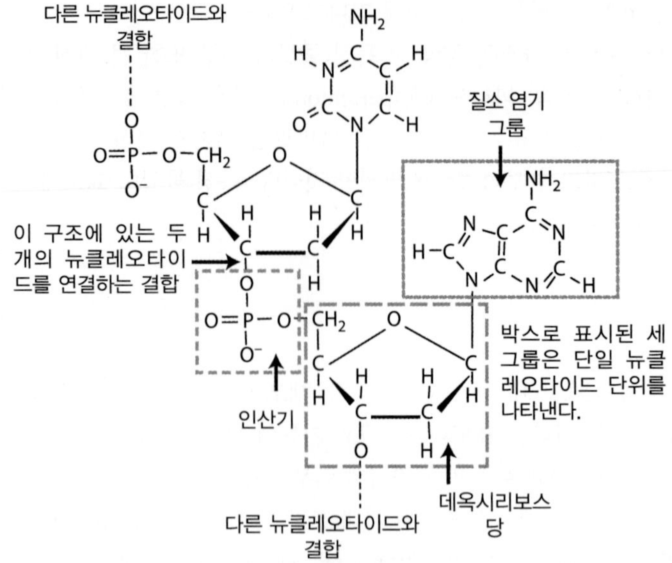

그림 21.12 DNA 분자 사슬 중 두 개의 뉴클레오타이드 연관(linkage)을 보여 주는 DNA 분자 조각. 한 개의 뉴클레오타이드는 세 가지 구성 요소로 이루어지는데, 각각의 구성 요소를 점선으로 윤곽을 만들어 박스 안에 나타냈다.

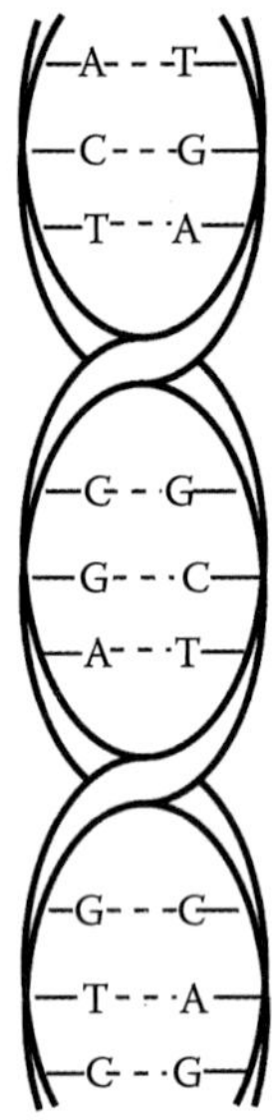

그림 21.13 DNA의 이중 나선 구조. DNA의 두 가닥인 인산염/당 중합체 '골격' 사이에 수소 결합으로 유지되어 있는 염기쌍을 보여 준다. A, C, G, T는 각각 아데닌, 사이토신, 구아닌, 타이민을 말하며, 점선은 수소 결합을 의미한다.

영국 과학자 Francis Crick이 X선 결정학자 Rosalind Franklin의 구조 데이터 분석을 통해 알아냈다. 그들은 이 공로로 1962년에 노벨상을 수상하였다. 이 모형은 이중 α 나선 구조의 형태로 중합체 가닥이 서로 반대 방향으로 감겨 있으며, 피리미딘과 퓨린 원자단 사이에 수소 결합으로 결속되어 있다. 결과적으로, DNA는 1차 구조와 2차 구조로 나뉘는데, 전자는 개별적인 DNA 가닥으로 되어 있는 뉴클레오타이드 구조이고, 후자는 두 가닥의 α 나선 상호 작용에 의한 구조이다. DNA의 2차 구조에서는 사이토신과 구아닌, 타이민과 아데닌이 서로 쌍을 이루어 상호 작용을 한다. 근본적으로, DNA의 구조는 두 개의 나선형 리본이 서로 '반대 방향'으로 감긴 것과 같다(그림 21.13). DNA의 두 가닥은 **상보적(complementary)**이다. 이것이 의미하는 것은 한 가닥의 특정 부분이 다른 가닥의 대응하는 부분에 자물쇠의 열쇠와 같이 꼭 들어맞는다는 것이다. 만일 두 가닥이 떼어져 분해되면, 각각은 새롭게 대응하는 새로운 상보적인 가닥을 만들어 본래의 이중 나선을 복제한다. 이 과정이 세포 번식 중에 일어난다.

DNA 분자는 일종의 암호문과 같다. 이 '암호문'은 유전 정보를 담고 있으며 핵산에 의해 전달되는데, 그 특성은 염기의 배열에 의존한다. 이것은 마치 점, 선, 그리고 그 사이의 공란으로 구성된 전보의 소식문과도 같다. 위에서 언급한 바와 같이, 이른바 DNA의 이중 나선 구조는 유전 정보의 저장과 복제를 가능케 하는 핵심적인 요소이다.

21.11.1 핵산과 단백질 합성

생명 현상은 세포 내 DNA에 암호화된 명령에 따라서 단백질 합성이 정확하게 이루어져야 정상적으로 기능한다. 하나의 세포에 있는 DNA로부터 최대 3,000개 또는 그 이상의 다른 단백질 합성을 지시할 수 있다. 하나의 단백질 합성을 위한 정보는 **유전자(gene)**라고 하는 DNA의 한 부분에 포함되어 있다. 단백질 합성은 DNA가 직접 수행하는 것은 아니며, DNA에 암호화된 명령대로 엄격하게 절제된 복잡한 과정을 거쳐 세포 내부에서 진행된다. DNA에서 새로운 단백질을 합성하라는 유전 정보를 전달하는 과정은 두 단계를 거친다. 첫 단계는 **전사(transcription)**라고 하는 과정으로, DNA 이중 나선 중 일부분이 풀어져서 단일 가닥 DNA가 단일 가닥 RNA를 생성하는 과정이다. 이렇게 생성된 **전령 RNA(messenger RNA)**를 주형으로 활용하여 아미노산을 서열대로 조립하여 특정한 단백질을 합성하게 되는 과정을 **번역(translation)**이라고 한다.

21.11.2 변형된 DNA

DNA는 우연히 뉴클레오타이드가 첨가 또는 삭제되거나, 하나의 뉴클레오타이드가 다른 것으로 치환됨으로써 변형될 수 있다. 그 결과로 자손 대대로 유전될 수 있는 **돌연변이(mutation)**가 나타날 수 있다. 돌연변이는 자발적으로 발생하며 화학 물질에 의해 유도될 수도 있는데, 많은 돌연변이의 해로운 영향과 돌연변이를 유발하는 물질이 종종 암을 유발하기 때문에 독성학적 관점에서 주요 관심사이다. DNA가 그 기능을 발휘하지 못하면 선천적 기형을 초래할 수도 있으며, 세포 번식의 조절에 실패하면 암을 유발할 수도 있다. 또 DNA에 X선과 방사능을 복사하면, DNA가 분열되어 돌연변이의 원인이 될 수도 있다.

21.12 재조합 DNA와 유전 공학

앞에서 언급한 대로, DNA 단편들은 특정 단백질을 선택적으로 합성하기 위한 정보를 가지고 있다. 1900년대 후반 이후, **유전자 재조합 기술(recombinant DNA technology)**을 이용한 생물체 간의 유전 정보 전달이 가능해짐에 따라 **유전 공학(genetic engineering)**을 근간으로 하는 새로운 산업이 태동하게 되었다. 주로 대부분의 숙주 생물체는 세균인데, 원하는 특성이 나올 때까지 재조합된 DNA를 가진 세균을 수없이 증식시킬 수 있기 때문이다. 따라서 인간에게 필요한 인슐린이나 성장 호르몬과 같은 특정 단백질을 합성하고자 한다면, 그런 유전 정보를 가진 사람의 유전자를 세균 세포로 이동시킨 뒤 세균의 물질대사 결과물로 원하는 물질을 얻을 수 있다.

유전자 재조합 기술의 첫 번째 단계는 원하는 유전 물질을 가지고 있는 세포를 용해시키거나 '절개'하는 과정이다. 효소를 이용하여 원하는 유전자를 기증자 DNA 사슬로부터 절단한다. 그 다음으로 작은 DNA 분자로 얇게 조각을 낸다. 조각낸 분자를 **복제 운반체(cloning vehicles)**라고 하는데, 분자 조각이 숙주세포를 뚫고 들어가 숙주세포 유전 물질과 결합된다. 그런 다음, 목적 유전자가 결합된 숙주세포를 배양하여 여러 차례 번식시키면 원하는 생물 합성이 완료되는 것이다.

유전 공학이 '괴물 생물체'나 새로운 무서운 질병을 양산할 수도 있다는 초창기의 우려는 상당히 가라앉았지만, 유전 공학 기술은 여전히 조심스럽게 다루어질 필요가 있다. 환경적인 측면에서, 유전 공학은 유해한 폐기물을 안전하게 분해하고, 환경에 해로운 합성 살충제에 대한 생물학적 대체물을 생산하도록 조작된 세균 생산이 가능할 것이라는 희망을 제공한다.

생물학과 화학을 융합하여 새로운 화학 원료를 생성하거나 여러 가지 합성 물질을 생산해 낼 수 있는 가능성은 무한하다. 한 가지 사례로서 효소를 활용하여 옥수수로 젖산을 생성하고, 이것을 표준화된 화학 공정으로 합성하여 생분해성 젖산 중합체를 생산한 것을 들 수 있다. 다양한 화학적 변환 공정을 수행하는 효소 개발에 많은 관심을 기울여 왔다. 또 다른 관심 분야는 형질 전환 생물(transgenic organism)을 이용하여 천연 살충제, 특별히 투린지엔시스균(*Bacillus thuringiensis*)으로부터 살충제를 만들어 내는 식물 품종 개량(breeding) 분야이다.

21.13 대사 과정

21.2절에서 생명체가 물질과 에너지를 지속적으로 처리하는 과정으로 소개된 **물질대사(metabolism)**는 생체 분자를 변화시키는 생화학적 과정으로 이루어진다. 물질대사 과정은 크게 **동화 작용(anabolism**, 합성)과 **이화 작용(catabolism**, 분해)으로 분류된다. 생물체는 물질대사 과정을 통해 에너지를 얻거나 생체 분자의 구성 성분을 수정할 수 있다.

21.13.1 에너지를 얻는 과정

생물체는 다음과 같은 세 가지 과정으로 에너지를 얻는다.

- **호흡(respiration)**: 유기 화합물은 산소 분자를 필요로 하는 **호기성 호흡(oxic respiration)**에 의해 분해 대사를 하거나, 산소 분자가 없을 때 수행하는 **혐기성 호흡(anoxic respiration, 무산소성 호흡)**에 의해 분해 대사를 한다. 호기성 호흡은 아래의 반응을 통해 에너지를 얻는 **Krebs 사이클(Krebs cycle)**을 사용한다.

$$C_6H_{12}O_6 + 6O_2 \rightarrow 6CO_2 + 6H_2O + \text{에너지}$$

  이 반응에서 생성되는 에너지의 절반 정도는 단기 에너지 저장용으로 **ATP**(아데노신 트라이인산) 뉴클레오타이드로 변환된다. 에너지를 장기간 저장하기 위해서는 글리코겐 또는 녹말 다당류가 합성되고, 그보다 더욱 장기간 저장하기 위해서는 지질(지방)이 생성되어 생물체에 보존된다.
- **발효(fermentation)**: 발효는 전자 전달 사슬이 없다는 점에서 호흡과 다르다. 효모는 이 과정을 통해 당으로부터 에탄올을 생성한다.

$$C_6H_{12}O_6 \rightarrow 2CO_2 + 2C_2H_5OH$$

- **광합성(photosynthesis)**: 식물과 조류의 엽록체는 햇빛 에너지를 받아들여 이산화 탄소와 물로부터 포도당을 합성한다. 식물은 항상 햇빛을 이용하여 필요한 에너지를 얻을 수는 없다. 식물도 어두울 때는 저장된 영양소를 에너지원으로 사용해야 한다. 식물 세포에는 동물 세포처럼 세포 호흡에 의해 저장된 영양소를 에너지로 변환하는 미토콘드리아가 포함되어 있다.

$$6CO_2 + 6H_2O + h\nu \rightarrow C_6H_{12}O_6 + 6O_2$$

식물 세포는 에너지원으로 햇빛을, 탄소 공급원으로 CO_2를 이용하므로 **독립영양(autotrophic)** 세포라고 한다. 이에 반해, 식물이 생산한 유기 물질에 의존하는 동물 세포를 **종속영양(heterotrophic)** 세포라고 한다. 동물 세포는 생명 과정을 수행하는 반응에서 얻어진 에너지를 이용하여 산소와 음식물 사이의 화학 반응을 매개하는 역할을 한다.

21.14 생체 이물 화합물의 대사 작용

독성 물질 또는 대사 전구 물질[독성 전구 물질(protoxicant)]이 살아 있는 생물체에 들어가면, 그 물질들의 독성을 더욱 강화시키거나 그들을 해독하는 과정과 같은 여러 가지 과정을 겪는다. 독성 물질이 겪는 대사 과정과 생물체를 손상시킬 수 있는 독성 메커니즘에 대해서 22장에서 논의할 것이다. 이 절에서는 살아 있는 생물체에 대해 일반적으로 외부 물질인 **외인성 화합물(xenobiotic compound)**의 화학적 측면, 그리고 생물체에서 생산물이 제거되는 과정 중점으로 살펴보고자 한다. 특히 중요한 것은 **중간 생체 이물 대사(intermediary xenobiotic metabolism)**인데, 이 과정을 통해 섭취된 물질과 배설되는 물질과는 다른 다소 일시적인 중간종이 형성된다. 이러한 화학종들은 중요한 독성학 효과를 지니고 있다. 일반적으로 외인성 화합물은 자연적으로 체내에 존재하는 물질, 즉 **내인성 기질(endogenous substrate)**에 작용하는 효소에 의해 분해된다. 예를 들어, 플라빈을 포함하는 산화 효소는 내생성 시스테아민을 시스타민으로 변환하는 데 작용하는데, 또한 외인성 질소 및 황 화합물을 산화하는 기능도 수행한다.

생물 변환(biotransformation)은 효소의 작용으로 외인성 화합물이 변화하는 것을 말한다. 효소에 의해 매개되지 않는 반응도 일어날 수 있다. 비효소 변환의 예로서, 일부 외인성 화합물은 효소 촉매 없이 내인성 생화학 종과 결합하거나, 체액 매질에서 가수 분해를 거치거나, 산화 또는 환원 과정을 거친다. 생체 이물 화합물의 제1상 대사 과정과 제2상 대사 과정은 여기에서 논의하고, 22장에서는 효소 반응을 논의하기로 한다.

외인성 화학 물질이 체내에서 효소 대사 과정을 겪을 가능성은 화학 물질의 성질에 달려 있다. 비교적 쉽게 이온화되는 높은 극성을 띠는 카복실산은 체내에 유입될 가능성이 적으며, 일단 들어온다 하더라도 쉽게 배설된다. 그러므로 이러한 화합물이 효소 대사 작용에서는 거의 사용되지 않거나, 사용되더라도 일시적이다. 다이클로로메테인 또는 다이에틸 에터와 같은 휘발성 유기 화합물은 폐에서 쉽게 배출되므로, 효소 대사 작용을 겪을 가능성이 희박하다. 한편 **무극성의 친유성 화합물(nonpolar lipophilic compound)**은 비교적 생물 수액에 적게 용해되고 지질에 쉽게 결속되기 때문에, 효소 대사 반응을 겪을 가능성이 가장 많다. 이러한 것들 가운데, 효소에 의한 분해 반응이 잘 안되는 물질들(예: PCBs)은 지질 조직에 축적되는 경향이 있다.

외인성 화학종은 다양한 체조직과 기관에서 대사될 수 있다. 외인성 화학종의 대사 작용이 주로 발생하는 자리는 외부 물질이 체내로 들어올 수 있는 통로에 위치하는 기관들로서, 피부와 폐를 그 예로 들 수 있다. 창자 벽도 외인성 화학종이 체내로 들어올 수 있는 곳이기 때문에 외인성 화합물의 대사가 일어나는 중요한 곳이다. 간은 특히 중요한데, 그 이유는 위장관에서 순환되어 들어가는 물질은 가장 먼저 간을 통과하기 때문이다.

21.14.1 제1상 반응과 제2상 반응

대부분의 외인성 화학종이 체내에서 겪는 과정은 두 가지 반응으로 구분할 수 있다. **제1상 반응(phase I reaction)**에서는 반응성이 크고 극성인 작용기가 친유성 독성 분자에 접근한다. 변형되기 전의 독성 물질 분자는 지질로 된 세포막을 통과하는 경향이 있고 지질 단백질에 결합하기도 하므로, 그 형태로 체내를 돌아다닌다. 제1상에서의 생성물은 작용기로 인해 원래의 물질보다 더 수용성이다. 특히 이 작용기는 체내의 기질 물질이 결합할 수 있는 '화학적 손잡이(chemical handle)' 역할을 하고, 화학적 손잡이에 독성 물질이 결합하여 체내에서 제거된다. 기질이 결합하는 과정을 **제2상 반응(phase II reaction)**이라고 하는데, 이 반응을 통해 체내에서 제거되기 쉬운 **접합 생성물(conjugation product)**이 생성된다.

일반적으로, 제1상 반응의 결과로 생성되는 화합물의 구조와 성질의 변화는 그리 크지 않으나, 제2

상 반응에서 생성되는 물질은 원래의 화합물과 매우 다른 것이 일반적이다. 모든 외인성 화합물이 제1상 반응과 제2상 반응을 모두 거치지는 않는다. 어떤 화합물은 제1상 반응만 거친 후 체내에서 배설된다. 이미 적당한 작용기를 갖고 있는 화합물은 제1상 반응을 거치지 않고 제2상 반응으로 곧바로 진행될 수도 있다. 제1상 반응과 제2상 반응은 독성 화학과 관련이 있기 때문에 22장과 23장에서 더 자세히 논의될 것이다.

참고문헌

1. Kaufman, Donald G., *The Biosphere: Protecting Our Global Environment*, 4th ed., Kendall Hunt Publishing, Dubuque, IA, 2011.
2. Lovelock, James, *The Vanishing Face of Gaia: A Final Warning, Basic Books*, New York, NY, 2009.
3. Gasser, Gilles, and N. Metzler-Nolte, "Metal Compounds as Enzyme Inhibitors," in *Bioinorganic Medicinal Chemistry*, Enzo Alessio, Ed., Wiley-VCH, Weinheim, Germany, 2011, pp. 351–382.
4. Donofrio, Peter D., *Textbook of Peripheral Neuropathy*, Springer, Berlin, 2012.
5. Molles, Manuel, *Ecology: Concepts and Applications*, 7th ed., McGraw-Hill, New York, NY, 2015.
6. Drouillard, K. G., "Biomagnification," in *Ecotoxicology*, Sven Erik Jorgensen, and Brian D. Fath, Eds., Elsevier, Amsterdam, 2010, pp. 92–98.
7. Voet, Donald, and Judith G. Voet, *Fundamentals of Biochemistry: Life at the Molecular Level*, 4th ed., Wiley, Hoboken, NJ, 2015.
8. Krauss, Gerd-Joachim, and Dietrich H. Nies, *Ecological Biochemistry: Environmental and Interspecies Interactions*, Wiley-Blackwell, Hoboken, NJ, 2015.
9. Alberts, Bruce, Alexander Johnson, Julian Lewis, David Morgan, Martin Raff, Keith Roberts, and Peter Walter, *Molecular Biology of the Cell*, 6th ed., Garland Science, New York, NY, 2014.
10. https://en.wikipedia.org/wiki/Soxhlet_extractor

보충자료

Berg, Jeremy Mark, and John L. Tymoczko, *Biochemistry*, 8th ed., W.H. Freeman, New York, NY, 2015.

Bettelheim, Frederick A., and William H. Brown, *Introduction to General, Organic and Biochemistry*, 11th ed., Brooks/Cole, Belmont, CA, 2007.

Bowsher, Caroline, Martin Steer, and Alyson Tobin, *Plant Biochemistry*, Garland Science, New York, NY, 2008.

Campbell, Mary K., and Shawn O. Farrell, *Biochemistry*, 8th ed., Thomson-Brooks/Cole, Belmont, CA, 2014.

Cox, Michael M., Jennifer Doudna, and Michael O'Donnell, *Molecular Biology: Principles and Practice*, 2nd ed., W.H. Freeman, New York, NY, 2015.

Elliott, William H., and Daphne C. Elliott, *Biochemistry and Molecular Biology*, 4th ed., Oxford University Press, New York, NY, 2009.

Ferrier, Denise, *Biochemistry*, Lippincott Williams & Wilkins, Philadelphia, PA, 2013.

Garrett, Reginald H., and Charles M. Grisham, *Biochemistry*, 4th ed., Brooks/Cole, Belmont, CA, 2009.

Horton, H. Robert, *Principles of Biochemistry*, 4th ed., Prentice Hall, Upper Saddle River, NJ, 2006.

Kuchel, Philip W., Katherine E. Cullen, and Gregory B. Ralston, *Schaum's Easy Outline of Biochemistry*, McGraw-Hill, Boston, MA, 2002.

McKee, Trudy, and James R. McKee, *Biochemistry: The Molecular Basis of Life*, 4th ed., Oxford University Press, New York, NY, 2009.

Moore, John T., and Richard Langley, *Biochemistry for Dummies*, Wiley Publishing, Inc., Indianapolis, IN, 2008.

Moran, Laurence A., Robert A Horton, Gray Scrimgeour, and Marc Perry, *Principles of Biochemistry*, 5th ed., Pearson, London, 2011.

Papachristodoulou, Despo, Alison Snape, William H. Elliott, and Daphne C. Elliott, *Biochemistry and Molecular Biology*, 5th ed., Oxford University Press, Oxford, UK, 2014.

Sparling, Donald W., *Ecotoxicology Essentials: Environmental Contaminants and Their Biological Effects on Animals and Plants*, Academic Press, Cambridge, MA, 2016.

Tymoczko, John L., Jeremy M. Berg, and Lubert Stryer, *Biochemistry: A Short Course*, W.H. Freeman and Co., New York, NY, 2009.

Voet, Donald, and Judith G. Voet, *Fundamentals of Biochemistry: Life at the Molecular Level*, 4th ed., Wiley, Hoboken, NJ, 2015.

연습문제

모든 문제들을 답하기 위해서는 인터넷을 활용해야 할 것이다. 특히 일반적인 정보나 통계, 상숫값, 수식들은 인터넷에서 찾아서 사용하시오. 질문들은 교재 안에 있는 내용을 단순하게 찾아서 쓰는 것보다 호기심과 사고력을 증진시키기 위한 것이다. 그래서 어떤 경우에는 여러 가지 '정답'이 있을 수 있다. 그러므로 만약 자신의 이지적인 사고를 통한 노력과 다양한 문헌으로부터 찾은 정보를 바탕으로 작성한 답은 '정답'으로 간주한다.

1. 지질(lipid)의 독성학적 중요성은 무엇인가? 또, 지질은 어떤 점에서 소수성 오염 물질 및 소수성 독성 물질과 관련이 있는가를 설명하시오.
2. 가수 분해 효소의 기능은 무엇인가?
3. 왼쪽에 나타낸 세포 구조와 오른쪽에 나타내 기능을 옳게 연결하시오.

(a) 미토콘드리아	(1) 독성 물질 대사
(b) 소포체	(2) 세포를 채움
(c) 세포막	(3) 데옥시리보핵신(DNA)
(d) 세포질	(4) 에너지 변환과 그 이용을 매개
(e) 세포핵	(5) 세포를 둘러싸고, 세포의 안팎으로 이동하는 물질을 조절

4. 단순당의 화학식은 $C_6H_{12}O_6$이고, 고탄수화물의 간단한 화학식은 $C_6H_{10}O_5$이다. 녹말 분자 또는 셀룰로스 분자는 이러한 단위가 모여서 생성된다. 만일 단순당 분자들이 모여 고탄수화물을 형성한다면, 왜 C, H, O 원자의 비율이 다른가를 설명하시오.
5. 나무는 왜 많은 셀룰로스를 함유하는가?
6. 세 개의 단순당 분자가 결합하여 생성된 trisaccharide의 화학식은 무엇이겠는가?
7. 셀룰로스의 일반식은 $(C_6H_{10}O_5)_x$로 표현할 수 있다. 만일 셀룰로스 분자의 분자량이 400,000이라면, x는 얼마인가?
8. 셀룰로스의 가수 분해를 통해 단순당인 $C_6H_{12}O_6$을 생산하는 공장이 한 달 동안 백만 파운드의 셀룰로스를 가공한다고 하자. 셀룰로스의 가수 분해율이 40%라면, 매달 이 공장에서 셀룰로스의 가수 분해를 위해 필요한 물은 몇 파운드인가?
9. 모든 아미노산 분자에 공통적으로 포함된 원자단 중 가장 큰 원자단의 구조는 무엇인가?
10. 글라이신과 페닐알라닌은 서로 합쳐져서 두 개의 다른 다이펩타이드를 형성한다. 각각의 구조는 어떠한가?
11. 두 개의 평행한 단백질 사슬이 서로 연결되거나, 또는 교차되어 연결되는 방법 중의 하나는 −S−S− 고리를 이루는 것이다. 이러한 고리를 형성하는 가장 대표적인 아미노산은 무엇이라고 생각하는가? 또, 그 이유는 무엇인지 설명하시오.
12. 나무, 밀짚, 그리고 그 밖의 식물 물질을 분해하는 진균류는 '외부 효소(exoenzyme)'라 불리는 것을 함유하고 있다. 진균류는 이가 없으므로 물리적으로는 식물 물질을 쪼갤 수 없다. 이러한 사실을 전제로 외부 효소란 무엇이라고 생각하는가? 또, 진균류가 나무와 같이 단단한 것들을 분해하는 과정을 설명하시오.
13. 분자량이 작은 지방산은 나쁜 냄새를 내는 것이 많다. 썩은 버터가 고약한 냄새를 풍기는 이유에 대해 추정

해 보시오. 어떤 화학 물질이 이러한 고약한 냄새를 만들어 내는 것일까? 또, 이 생성물에는 어떤 종류의 화학 반응이 관여하는가?

14. 10개의 탄소를 가진 긴 사슬 알코올을 데칸올(decanol)이라고 한다. decyl stearate의 화학식은 무엇이며, 이 화합물은 어떤 부류의 화합물인가?
15. 수산화 소듐과 cetyl stearate 사이의 화학 반응식을 쓰시오. 생성물은 무엇인가?
16. 여성에게서만 있는 두 개의 내분비샘은 무엇이며, 남성에게서만 있는 내분비샘은 무엇인가?
17. 담즙염의 작용은 비누의 작용과 다소 비슷하다. 담즙염이 장(intestine)에서 수행하는 기능은 무엇인가? 6장에서 설명한 비누의 작용을 참조하고, 담즙염이 비누와 같은 기능을 하는 이유에 대해 설명하시오.
18. 만일 효소의 구조를 다음과 같이 나타낼 수 있다면, 기질의 구조는 어떻게 나타낼 수 있는가?

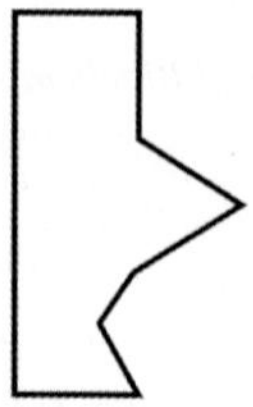

19. 리보스(ribose)와 데옥시리보스(deoxyribose)의 구조를 살펴본 후, '데옥시(deoxy)'가 의미하는 것이 무엇인지 설명하시오.
20. 효소와 그 기질은 DNA의 서로 반대되는 두 개의 가닥과 비교된다. 어떤 점에서 그러한가?
21. Watson과 Crick이 발견한 것은 무엇인가?
22. 효소가 변성되면 더 이상 작동하지 않는다. 그 이유는 무엇인가?

22 독성 화학

22.1 독성학과 독성 화학의 개요

대부분의 오염 물질과 독성 물질은 사실상 독성 효과 때문에 관심을 받는다. 이러한 독성 효과에 대한 일반적인 양상을 독성 화학이라는 제목으로 이 장에서 다룬다. 몇몇 화학종에 의한 독성 화학은 23장에서 좀 더 자세히 다룰 예정이다. 독성 화학을 이해하기 위해서는 생화학을 어느 정도 이해하는 것이 필수적이다. 생화학은 생체 조직 내에서의 화학적 과정과 물질에 대해서 다룬 과학이다. 생화학에 대해서는 21장에서 다룬 바 있다.

22.1.1 독성학

독극물(**poison**) 또는 **독성 물질**(**toxicant**)은 조직이나 기관 또는 생물학적 반응 과정에 악영향을 미치기 때문에 살아 있는 생물체에 유해한 물질이다. 독성 물질의 일반적인 최종 효과(end point effect)는 세포 파괴, DNA의 돌연변이로 인한 발암 및 세포 발달과 기능을 조절하는 신호 전달 시스템 차단 등으로 나타난다. 대부분의 독성 물질은 외인성 물질이라 악영향(22.5절 외인성 물질 참조)을 미치게 되고 지질에 농축되는 경향이 있다. 따라서 세포막의 지질을 관통하여 독성 농도를 높일 수 있다. 많은 경우, 독성 물질은 물질대사를 통해서 중독의 원인이 되는 활성 물질을 생성한다.

독성학(**toxicology**)은 독극물을 다루는 과학이다. 물질의 유독성 여부는 노출된 생물체의 형태, 물질의 양 또는 노출 경로에 따라 달라진다. 인간의 경우, 독극물에 의해 해를 입는 정도는 노출 경로가 피부 흡수, (폐) 흡입, (경구) 섭취인지에 따라 크게 달라질 수 있다.

환경 또는 작업 환경을 통해 직업적으로 노출되는 독성 물질은 다양한 물리적 형태를 띤다. 흡입 경로를 통해 체내로 들어오는 독성 물질을 예로 들어 보자. 일산화 탄소와 같은 **기체**(**gas**)는 통상의 대기압과 온도에서 기체 상태로 존재한다. **증기**(**vapor**)는 액체나 고체 물질로부터 증발되었거나 승화된 기체상 물질이다. **먼지**(**dust**)는 큰 고체 덩어리가 마모되면서 생성된 고체 입자인 반면, **연무**(**fume**)는 증기나 때때로 금속이나 금속 산화물이 응축되면서 생성되는 고체 입자이고, **미스트**(**mist**)는 액체 방울이다.

가끔 독성 물질은 용액으로 존재하거나 다른 물질과의 혼합물로 존재한다. 독성 물질이 함유된 물질(독성 물질이 용해된 용액이나 분산된 고체 매질)을 **기질**(**matrix**)이라고 한다. 기질은 독성 물질의 독성에 강한 영향을 미칠 수 있다.

생물체가 독성 물질에 노출될 때에는 수많은 변수가 작용한다. 이들 중 가장 중요한 것 중 하나가 22.2절에서 논의되는 **용량**(**dose**)이다. 또 다른 중요한 요소는 **독성 물질의 농도**(**toxicant concentration**)로서, 순물질(100%)에서부터 매우 강력한 독극물의 극히 희박한 용액까지의 범위를 가진다. **노출 지속**

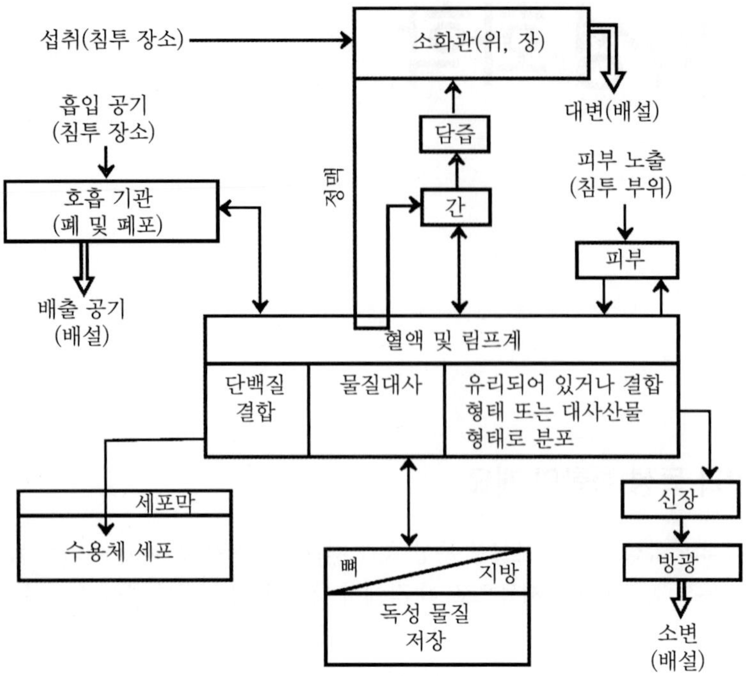

그림 22.1 체내 독성 물질의 노출, 물질대사, 저장에 대한 주요 위치, 분포 및 제거 경로.

기간(**duration of exposure**)과 **노출 주기**(**frequency of exposure**)는 둘 다 중요하다. **노출 속도**(**rate of exposure**)와 유기체가 노출되는 총 주기 시간 모두 중요한 상황적 변수이다. **노출 위치**(**exposure site**)와 **노출 경로**(**exposure route**)도 독성에 영향을 미친다.

급성 대 만성, 국부적 대 전신적의 분류에 따라 네 가지 일반적인 영역으로 노출을 분류할 수 있다. **급성 국소**(**acute local**) 노출은 수 초 또는 수 시간 동안 특정 부위에서 발생하며, 특히 피부, 눈, 또는 점막 등의 부위에 영향을 끼친다. **만성 국소**(**chronic local**) 노출로 동일한 신체 부위가 독성 물질에 수 년 동안 노출되는 경우도 있다. **급성 전신**(**acute systemic**) 노출은 독성 물질이 호흡이나 섭취로 인해 신체 내부로 유입되고, 유입 장소로부터 떨어진 간과 같은 기관에 영향을 끼치는 단순 노출 또는 일회량 노출을 일컫는다. **만성 전신**(**chronic systemic**) 노출은 장기간에 걸쳐 노출이 이루어진다는 점에 있어서 다르다.

독성 물질에 대한 노출을 논의할 때, 그림 22.1에 보이는 것처럼 신체 내부에서 독성 물질에 노출되고 분배되고, 배출되는 주요 경로와 부위를 고려하는 것이 유용하다. 인간이나 동물이 우연에 의해서 또는 의도적으로 독성 물질에 노출되는 경우 주요 노출 경로는 피부(경피 또는 진피 경로), 폐(흡입, 호흡, 폐 경로), 입(경구 섭취 경로)이다. 드물게 직장, 질을 통하거나 및 비경구적 경로(역자 주: 주사에 의한 노출을 의미한다. 시험 대상체에게 약품이나 독성 물질을 투여하기 위해 일반적으로 정맥 또는 근육에 주사한다)로 노출되기도 한다. 이러한 노출 경로들 중에서 피부 경로로 노출되는 경우 노출된 독성 물질의 양을 추정하는 것이 매우 어렵다. 어린아이의 경우 피부 경로에 의한 노출이 가장 중요한데, 그 이유는 어린아이의 행동 특성상 오염된 먼지, 농약, 가정용 화학 제품들, 기타 환경 오염 물질에 쉽게 접촉하기 때문이다. 더군다나 어린아이의 피부는 독성 물질이 비교적 용이하게 침투될 수 있어서 피부 노출에 대한 위해성이 증폭되고 있는 설정이다.

독성 물질이 복잡한 생물체 내로 유입되는 경로는 그 물질의 물리 · 화학적 성질에 크게 의존한다. 폐는 독성 기체나 호흡으로 흡입될 수 있는 매우 미세한 고체 입자나 액체 입자에 가장 접촉하기 쉽다. 고체는 호흡 이외의 방법으로는 통상 구강으로 체내에 침투한다. 액체, 용액 중의 용질 및 슬러지와 같은 반고체는 피부를 통한 흡수가 가장 용이하게 일어난다.

독성 물질이 거쳐야 할 장벽은 노출 경로에 따라 다르다. 구강으로 섭취된 독성 물질은 내장의 상피 세포를 통해서 흡수되는데, 그 부위에서 독성 효과를 저감시킬 수 있는 해독 기전이 존재한다. 독성 원소인 수은은 피부나 소화 기관보다는 허파의 폐포를 통해 훨씬 더 쉽게 흡수된다. 동물에 대한 대부분의 노출 시험은 섭취하게 하거나 위관 영양(gavage: 관을 통해 위에 집어 넣음)을 통해 이루어지는 것이 대부분이다. 독성 물질 투여 시 대상체의 저항이 심해 통제가 잘 안될 경우 용이하게 투입하기 위한 방법으로 호흡 경로 노출이 종종 유용하다. 혈중 외인성 물질(xenobiotic substance)의 농도를 정확하게 정량하고, 이에 따른 영향을 알고자 할 경우, 즉 실험, 연구 등의 목적으로 계획적인 노출이 필요한 경우 정맥주사가 선호된다. 우연 노출(accidental exposure)의 경우, 대상체가 통상적인 상황에서 거의 노출되지 않는 경로를 실험 노출 경로로 선택하는 경우, 피실험체의 자연 방어 메커니즘에 의해 왜곡된 결과가 도출될 수 있다.

노출 경로의 중요성에 대한 역사적 사례로, 콜타르의 피부 접촉에 의한 암 유발을 들어보려 한다. 독성 물질이 피부 경로로 침투할 때 주된 장벽은 **피부 각질층(straum corneum)**이다. 피부의 투과성은 각질층의 두께에 반비례하는데, 신체 부위별로 다음의 순서를 따른다: 발바닥, 손바닥 > 복부, 등, 다리, 팔 > 생식기(회음부) 부위의 순으로 층이 두껍다. 생식기 부위가 독성 물질을 흡수하는 데 민감하다는 증거로서는 영국 국왕 George 3세의 통치 기간 중 영국의 군의관이었던 Percival Pott에 의해 기술된 바와 같이, London의 굴뚝 청소부의 음낭암 발생 빈도가 높다는 데 근거를 들 수 있다. 이 경우 발암 물질은 굴뚝 안에 응축되었던 콜타르였다. 콜타르는 신체의 다른 그 어떤 부위보다 생식기 부위의 피부를 통해 훨씬 더 용이하게 흡수되어 음낭암의 발생 빈도를 높였다(굴뚝 청소부의 암 발생 빈도는 목욕과 정기적 내복 환복과 같은 기본적인 위생 습관을 지키지 않음으로써 더욱 악화되었다).

생물체는 여러 종류의 오염 물질에 대한 환경 지표로 이용될 수 있다. 이것을 응용하여 여러 생물이 **생물 감시자(biomonitor)**로 알려져 있다. 예를 들면, 고등식물, 버섯류, 지의류 및 이끼 등이 중금속 오염에 대한 중요한 생물 감시자가 될 수 있다.

22.1.2 상승 작용, 강화 작용 및 길항 작용

두 가지 이상의 독성 물질들이 생물체에 미치는 영향은 한 가지 독성 물질의 영향과는 차이가 있을 수 있다. 이러한 현상은 22.7절과 그림 22.9에서 설명한 바와 같이, 한 물질이 다른 물질이 겪고 있는 반응의 특정 단계에 작용하여 반응 속도에 영향을 미치는 경우에 나타난다. 물질들 간의 화학적 상호 작용은 독성에 영향을 미칠 수 있다. 두 종류의 물질이 모두 같은 생리적 기능을 가지는 경우도 있고, 두 종류의 물질이 같은 수용체(receptor, 독성 물질에 의해 영향을 받는 분자나 다른 대상체)와 결합하기 위해 경쟁하는 경우도 있다. 두 가지 물질이 동일한 생리적 기능을 할 경우에도 이들의 영향이 단순히 **가산적(additive)**일 수도 있고, **상승 작용(synergistic**, 전체적 영향이 각각의 영향의 단순 합보다 더 큰 경우)을 나타낼 수도 있다. **강화 작용(potentiation)**은 비활성 물질이 활성 물질의 작용을 증대시킬 때 발생하는 것이고, **길항 작용(antagonism)**은 활성 물질이 다른 활성 물질의 영향을 감소시킬 때 발생한다.

22.2 용량-반응 관계

독성 물질은 생물에 따라 미치는 영향이 크게 다르다. 정량적으로 이러한 변이성(variation)은 초기 효과가 관찰되는 최소 수준, 독성 물질의 미소 증가분에 대한 생물의 감수성을 나타내는 수준 및 노출된 대부분의 생물체에서 최종 효과(특히 사망)가 발생하는 수준 등을 포함한다. 무기 영양물과 같은 몇몇 필수 물질은 범위를 벗어나는 경우 악영향이 관찰되는 최적의 상한 및 하한 범위를 가지고 있다(22.5절과 그림 22.4 참조).

방금 개략적으로 언급했던 것과 같은 요소를 독성학의 핵심 개념 중의 한 부분인 **용량-반응(dose-**

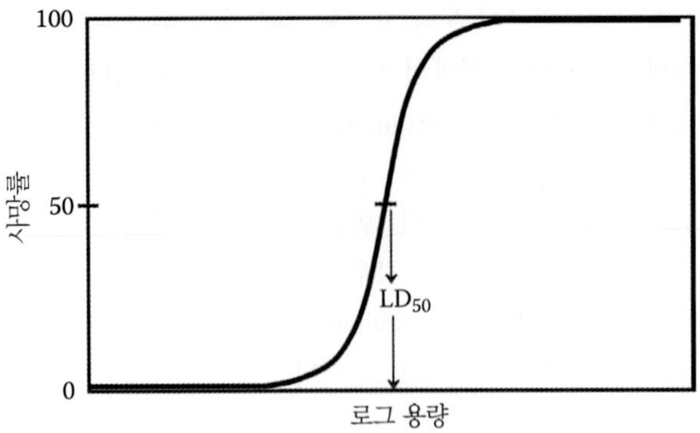

그림 22.2 반응이 유기체의 사망으로 표현되는 용량–반응 곡선의 도해. 유기체의 사망 누적 사망 백분율을 *y*축상에 도식화한다.

response) 관계라고 한다. **용량(dose)**은 보통 노출된 생물의 단위 체중당 독성 물질의 양으로 나타낸다. **반응(response)**은 독성 물질에 노출됨으로써 생물에 미치는 영향을 의미한다. 용량–반응 관계를 명확하게 정의하기 위해서는 유기체의 사망과 같은 반응을 특정하고 용량을 투여한 전체 소요 시간과 같이 반응이 얻어지는 조건을 명시할 필요가 있다. 같은 종류의 개체군에 대한 반응을 예를 들어 보자. 비교적 낮은 용량에서 모든 생물체는 무반응(예를 들면 모두 생존)이고, 높은 용량에서는 모든 생물이 반응(예를 들면 모두 사망)을 한다. 이 중간 지점에서 어떤 개체는 반응을 나타내고, 다른 개체들은 반응을 나타내지 않을 수 있다. 이에 따라 용량–반응 곡선을 그릴 수 있게 된다. 용량–반응 관계는 생물체의 종류와 계통, 조직 유형 및 세포의 개체군에 따라 달라질 수 있다.

그림 22.2는 표준화된 용량–반응 곡선을 보여 준다. 이 용량–반응 곡선은, 예를 들면 균일한 개체군으로 구성된 실험 동물들에게 독극물 용량을 늘려가며 투여하면서 누적 사망 백분율을 용량의 지수 함수로 도식화하여 획득한다. S자형으로 나타나는 곡선의 중간점(변곡점)에 해당하는 용량은 실험 대상물의 50%를 죽일 수 있는 용량을 통계적으로 평가한 것으로, LD_{50}이라고 표현한다. 시험 대상물 중 5%(LD_5) 및 95%(LD_{95})가 죽을 수 있는 용량은 그래프에서 각각 5%와 95% 사망률에 해당하는 용량 수준을 읽음으로써 알 수 있다. LD_5와 LD_{95} 간의 차이가 비교적 작은 경우 가파른 S형 곡선으로 나타나고, 차이가 큰 경우 S형 곡선은 완만하게 표현된다. 통계적으로 용량–반응 곡선에 대한 모든 값의 68%가 LD_{50}에서 평균값의 표준 편차 ±1 이내에 있으며, LD_{16}에서 LD_{84}까지의 범위를 포함한다. (역자 주: 다시 말해 전체 인구의 68%가 LD_{50} 용량으로부터 평균값의 표준편차 ±1에 해당하는 범위, 즉 LD_{16}에서 LD_{84}까지에 분포함을 의미한다. 나머지에 해당하는 32%의 절반에 해당하는 16%는 LD_{50}보다 훨씬 낮은 용량에서도 사망하고, 최종적으로 남은 16%는 LD_{50}보다 높은 용량에서도 사망하지 않고 생존할 수 있다는 통계적 해석이다. 물론 이러한 농도에서 사망을 하지는 않지만, 다른 생리학적 작용으로 인해 심각한 부작용을 겪을 수는 있다.)

22.3 상대적인 독성

표 22.1은 여러 가지 물질의 인간에 대한 독성을 평가하는 데 쓰이는 표준 **독성 등급(toxicity rating)**을 보여 준다. 평균 체구의 성인에 대한 치사 용량의 견지에서 맹독성 물질은 '맛'만 보아도 (단지 몇 방울 또는 그 이하라도) 치명적이다. 매우 유독한 물질은 한 숟갈의 양으로 같은 증상을 보일 수 있다. 그러나 약간 유독한 물질인 경우에는 성인을 사망에 이르게 하려면 1/4갤런 정도가 필요하다.

다른 두 가지 물질의 LD_{50} 값이 상당한 차이를 보일 때 낮은 수치를 가진 물질이 더 독성이 강하다. 다만 이러한 비교는 두 가지 물질에 대한 용량–반응 곡선이 비슷한 기울기를 가졌다고 가정한 경우에 가능하다.

22.3.1 비치명적 증상

지금까지는 독성을 극단적인 증상, 즉 유기체의 사망 또는 치사율(lethality)의 견지에서만 다루어 왔다. 이런 것들은 명확하게 노출에 의한 중독의 비가역적인 결과이다. 하지만 많은 경우, 아마도 대부분의 경우에는 치사량보다 낮은 수준에서의 가역적 효과가 더 중요하다. 약이 이런 경우에 해당된다.

표 22.1 몇 가지 실례를 든 물질에 대한 독성 척도[a]

물질	예상 LD_{50}	독성 등급
	-10^5	1. 실제로 무독성, $>1.5\times10^4$ mg/kg
DEHP[b] →	–	
Ethanol →	-10^4	2. 약한 독성, $5\times10^3\sim1.5\times10^4$ mg/kg
Sodium chloride →	–	
Malathion →	-10^3	3. 보통 독성, 500~5000 mg/kg
Chlordane →	–	
Heptachlor →	-10^2	4. 고독성, 50~500 mg/kg
	–	
Parathion →	-10	
	–	
TEPP[c] →	-1	5. 맹독성, 5~50 mg/kg
Tetrodotoxin[d] →	-10^{-1}	
	–	
	-10^{-2}	6. 초맹독성, <5 mg/kg
	–	
TCDD[e] →	-10^{-3}	
	–	
	-10^{-4}	
	–	
Botulinus toxin →	-10^{-5}	

[a] 용량은 체중 kg당 독성 물질의 mg 단위이다. 오른쪽의 독성 등급은 mg/kg 단위로 사람에 대해 산출된 치사 경구 투여량에 따라 1(실제로 무독성)부터 6(맹독성)까지의 범위에 걸쳐 숫자로 나타낸 것이다. 왼쪽에 있는 물질들에 대해 산출된 LD_{50} 값들은 보통 흰쥐와 같은 동물 실험을 통한 경구 투여량으로부터 측정된 것이다.

[b] Bis(2-ethylhexyl)phthalate.

[c] Tetraethylpyrophosphate.

[d] 복어의 독소(toxin)

[e] TCDD는 2,3,7,8-tetrachlorodibenzodioxin을 나타내며, 일반적으로 '다이옥신'이라고 한다.

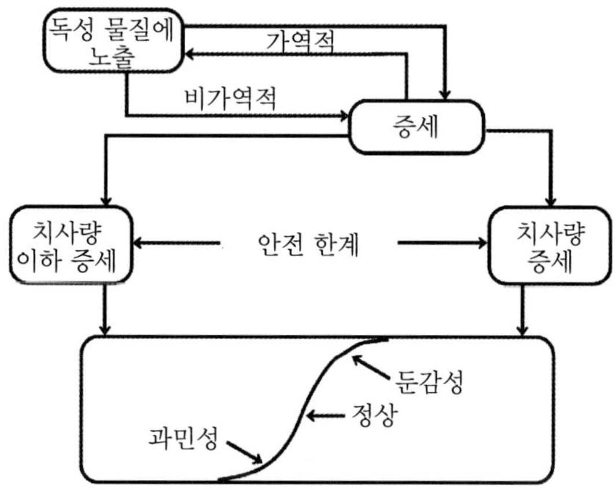

그림 22.3 독성 물질에 대한 증세와 반응.

등록된 약품을 복용해서 사망하는 경우는 매우 드물며, 통상 부작용이 발생하거나 유익한 증상을 보이는 것이 일반적이다. 약은 생화학적 과정을 변경시키는 특성을 가지고 있다. 따라서 비록 약일지라도 생물체에 잠재적으로 위해를 일으킬 가능성은 항상 존재한다. 약을 사용할 때 용량 결정에 있어 가장 중요한 고려 요소는 바람직하지 않은 부작용 없이 적당한 치료 효과를 나타내는 용량을 찾는 것이다. 약물에 대한 용량–반응 곡선은 효과가 없는 수준에서부터 시작해서 유효한 수준, 유해한 수준 및 치사량 수준까지 용량을 증가시키면서 획득한다. 이 곡선에서 기울기가 낮다는 것은 유효 용량의 범위가 넓으며, 안전한 범위(안전역, margin of safety, 그림 22.3 참조)가 넓다는 것을 의미한다. 이러한 조건은 농약과 같은 물질에도 적용하게 되는데, 목표 종에 대한 치사량과 주변 종에게 해를 끼치는 용량 간에 차이가 큰 것이 바람직하다.

22.4 가역성과 민감성

치사량보다 적은 용량의 독성 물질들은 결국 생물체 외부로 대부분 배출된다. 노출 이후로부터 지속적인 증세를 보이지 않고 한시적인 경우 **가역적(reversible)**이라고 한다. 그러나 증세가 영구적인 경우 **비가역적(irreversible)**이라고 한다. 비가역적 증세는 독성 물질이 생물체에서 제거된 이후에도 남아 있다. 그림 22.3은 이러한 두 종류의 증세를 도식적으로 설명한다. 독성 증세는 화학 물질과 대상체에 따라 완전히 가역적인 것에서부터 완전히 비가역적인 것까지의 범위에 걸쳐 나타낼 수 있다.

22.4.1 과민성과 둔감성

그림 22.2에서 나타낸 용량–반응 곡선에서 보다시피, 어떤 대상체는 특정 독극물에 매우 민감한 반면(예를 들면 LD_5에 상응하는 용량에서도 사망하는 대상체), 또 다른 대상체는 동일 물질에 대해 매우 저항력이 크다(예를 들면 LD_{95}에 상응하는 용량에도 살아남는 대상체). 이러한 두 가지 종류의 반응을 각각 **과민성(hypersensitivity)**과 **둔감성(hyposensitivity)**이라 하고, 용량–반응 곡선에서 중간 범위에 속하는 대상체들을 **표준 대상체(normals)**라고 한다. 반응에 있어서 이러한 다양성이 존재하기 때문에 균일한 집단 내에서도 어떠한 반응을 이끌어 내기 위한 명확하게 보장된 용량이 없을 수밖에 없고, 이로 인해 독성학이 매우 복잡하고 어려운 학문이 된다.

어떤 경우 과민성은 유도되는(induced) 경우가 있다. 첫 노출에는 반응이 없다가 화학 물질에 한 번이나 그 이상으로 노출된 이후 대상체의 반응이 극단적으로 변하는 경우가 있다. 페니실린 투여 시 이러한 증세가 발현되는 경우가 있는데, 이때 대응 조치를 취하지 않는다면 페니실린에 투여 시 치명적인 수준의 격렬한 알레르기 반응을 보일 수 있다.

22.5 외인성 및 내인성 물질

생체 기관에 대해 이질적인 물질을 **외인성(xenobiotic)** 물질, 생체 기관 내에서 자연적으로 발생하는 물질은 **내인성(endogenous)** 물질이라고 한다. 내인성 물질은 통상 핵심적인 기능을 수행하고, 보통 물질대사 과정이 정상적으로 진행하기 위한 일정한 농도 범위 이내로 존재한다. 정상 범위 이하일 경우 결핍 반응이나 심지어는 사망에 이를 수 있으며, 정상 범위를 초과하는 경우 부작용이 나타날 수 있다. 그림 22.4에 위의 설명을 도식하였다.

생체 내 내인성 물질의 예로 여러 가지 호르몬, 포도당(혈당) 및 Ca^{2+}, K^+, Na^+ 등의 몇몇 필수 금속 이온을 들 수 있다. 인간의 혈장 내 칼슘은 데시리터당 9~9.5밀리그램(mg/dL)의 다소 좁은 최적 범위를 가진다. 이 수준에 미치지 못하면 저칼슘혈증(hypocalcemia)으로 알려진 결핍 반응이 일어나는데, 이는 근육 경련을 초래한다. 혈장의 칼슘 농도가 약 10.5 mg/dL를 초과하게 되면 과칼슘혈증

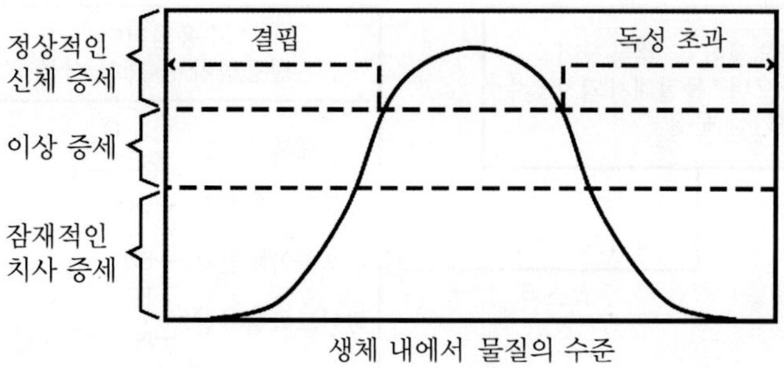

그림 22.4 최적 수준, 결핍 및 초과 수준을 보이는 생체 내에서의 내인성 물질의 생물학적 효과.

(hypercalcemia)이 나타나며, 신장의 기능 저하가 주로 발생한다.

외인성 화학종은 생물체 내부에서 생성되지 않고 생물체가 섭취하는 정상적인 식단에도 없으면서 생물체 내에서 발견되는 화학종을 말한다.[1] **외인성 환경 물질(environmental xenobiotics)**은 환경에 노출되어 유입되는데, 오염된 공기 중에 존재하여 흡입되는 폼알데하이드가 그 예이다. 대부분의 외인성 화학종은 인류권 내에서 합성된 화학 물질이지만, 몇몇 생물체가 포식자로부터 자신을 방어하기 위한 수단으로 생물학적으로 합성하는 화학 물질과 같이 자연적 발생원인 경우도 있다. 또 다른 예로, 오수가 유입되는 수계의 물고기들이 인간 호르몬에 노출되는 경우이다. 대부분의 의약품과 그것들의 대사산물은 외인성 화학종이며, 하수가 유입되는 몇몇 수계에서 문제의 원인이 될 수 있다.

이 장의 후반부에서 다룰 몇몇 대사 과정에 의해 외인성 물질들은 체내 대사 과정을 거치게 된다. 일반적으로 성인에 비해서 태아, 신생아, 또는 노인의 경우 대사 속도가 느린 편이다. 어떤 경우에는 외인성 물질이 물질대사 작용에 의해서 독성이 강화되기도 하고, 또는 독성이 없는 물질을 독성 형태로 변환시키기도 하지만, 물질대사 과정을 통해서 독성을 약화시키거나 배설에 유리한 형태로 변환되기도 한다. 그러한 물질대사 과정은 주로 간에서 간 효소 반응을 통해 일어나게 되는데, 생화학적 산화–환원 반응, 가수 분해 반응 및 수화 작용을 거쳐 내인성 접합제인 글루쿠론산, 글루타싸이온, 또는 황산 이온과 결합한다. 간에서 생성된 물질은 담즙을 통해, 또는 소변을 통해 체내로부터 배설된다. 덜 일반적인 경우이지만 배변, 타액, 땀, 날숨, 또는 아주 특별한 경우이지만 수유 중인 여성의 경우 모유를 통해서도 배설된다. 경우에 따라서는 외인성 화학종의 일부는 변형 없이 원래의 형태로 체외로 배설되기도 한다. 대표적 사례로서 휘발성 물질인 다이에틸 에터(한때 마취제로 많이 사용되었던)는 폐에서 날숨에 포함되어 배출된다.

22.6 독성 화학

독성 화학(toxicological chemistry)은 독성 물질의 화학적 성질과 반응을 다루는 학문으로서, 독성 물질의 기원, 용도와 노출의 화학적 측면, 운명(최종 상태) 및 폐기 등을 다룬다.[2] 독성 화학은 분자의 화학적 성질 및 구조, 그리고 독성 효과 간의 상관관계를 다룬다. 그림 22.5는 위에서 논의된 용어 및 용어들 간의 관계를 도표화한 것이다.

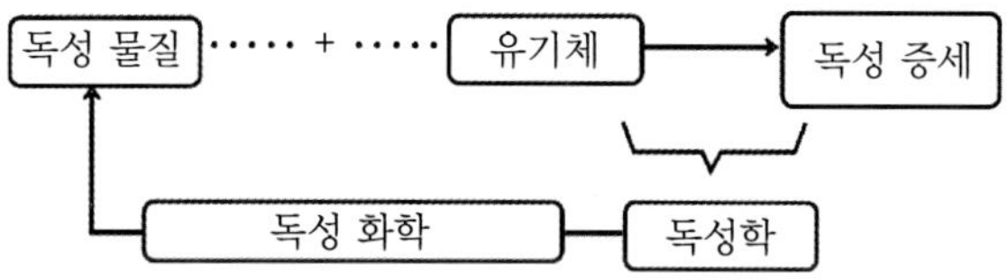

그림 22.5 독성학은 독극물에 대한 학문이다. 독성 화학은 독성학을 독성 물질의 화학적 성질과 결부시켜 생각할 수 있다.

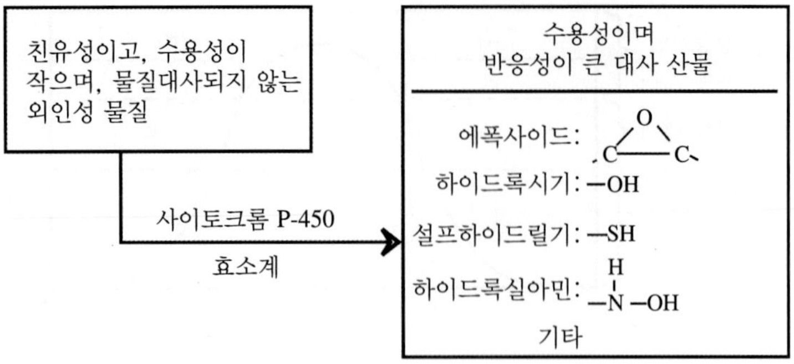

그림 22.6 제1상 반응의 도식적 설명.

생명체에 유입된 외인성 물질에 대해서 알려진 사실의 대부분은 생물체의 약리학적 반응에 대한 심도 깊은 연구의 결과로 얻어진 것이다. **약력학(pharmacodynamics)**은 용량–반응 관계, 신체 부위와 약리학적 작용 메커니즘, 치료 효과 및 부작용과 같이 약물이 어떻게 신체에 작용하는가에 대한 모든 것을 다루는 학문이다. **약동학(pharmacokinetics)**이란 약물의 섭취, 분포, 대사 작용, 체류 및 배설과 같이 신체가 약물에 어떻게 대응하는가를 다루는 학문이다.

22.6.1 생체 내에서의 독성 물질

생물체가 외인성 물질을 대사시키는 과정은 효소 촉매에 의한 제1상 및 제2상 반응으로 구분되며, 이 절에서 간단히 설명하고자 한다. 이러한 반응을 거치는 물질들은 이론적으로는 정량적 구조–활성 관계 모델(quantitative structure–activity relationship, QSAR)로 살펴볼 수 있다. 이 모델은 물질의 화학적 성질과 생화학적 반응 간의 상관관계를 보여 준다.

22.6.2 제1상 반응

생체 내에서의 친유성 외인성 물질은 **제1상 반응(phase I reaction)**을 통해 $-OH$(그림 22.6)와 같은 극성 작용기가 첨가되어 좀 더 물에 잘 용해되고, 반응성이 증가되게 된다. 대부분의 제1상 반응은 사이토크롬 P-450 효소 시스템에 의해 촉매되는 '마이크로솜 혼합 기능 산화 효소' 반응으로, 척추동물의 간 세포의 소포체(endoplasmic reticulum)에서 가장 많이 발생한다.[3] 외인성 물질에 대한 제1상 반응의 예로서 내용제성 합성 고무를 생산하는 데 사용되는 클로로프렌(chloroprene)이 에폭사이드를 형성하는 반응을 들 수 있다.

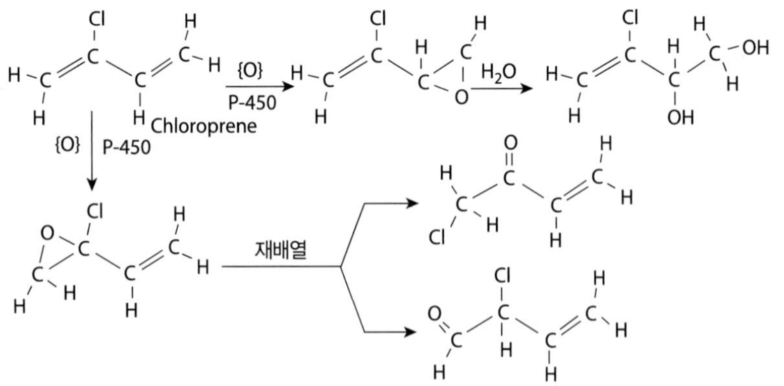

(22.1)

22.6.3 제2상 반응

제1상 반응의 결과로 외인성 물질에 극성 작용기가 부착된다. 꼭 일어나는 것은 아니지만, 이 극성 작

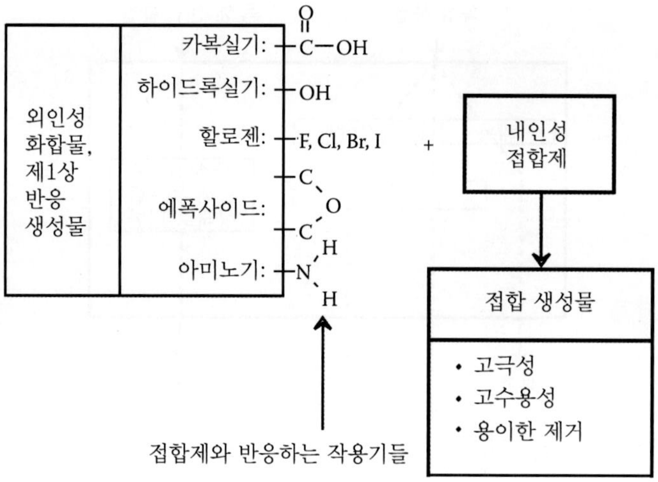

그림 22.7 제2상 반응의 도식적 설명.

용기에 효소 반응에 의해 내인성 화학종이 부착되는 **제2상 반응(phase II reaction)**이 종종 일어난다. 제2상 반응은 **포합 반응(conjugation reaction)**으로서, 효소 반응을 통해 제1상 반응 생성물 및 외인성 화합물(그림 22.7)에 **접합제(conjugating agent)**를 부착시킨다. 그런 반응의 **포합 대사체(conjugation product)**는 일반적으로 원래의 외인성 화합물보다는 독성이 덜하고, 친유성이 약해지며, 좀 더 수용성이어서 체외로 훨씬 용이하게 배출된다. 제2상 반응을 촉진시키는 주된 접합제와 효소들로는 글루쿠로나이드(glucuronide, UDP glucuronosyltransferase enzyme), 글루타싸이온(glutathione, glutathione *S*-transferase enzyme), 황산 작용기(sulfotransferase enzyme), 아세틸 작용기(acetylation by arylamine *N*-acetyltransferase enzymes) 및 메틸 작용기(methylatransferase) 등이 있다.[4] 가장 많이 생성되는 접합 생성물은 글루쿠론산 화합물(glucuronide)이다. 글루쿠론산 접합물은 그림 22.8에서 도식적으로 나타내었는데, 여기서 −X−R은 글루쿠론산 화합물에 접합된 외인성 물질이며, R은 유기물을 표현한다. 예를 들면, 접합된 이생물적 화합물이 페놀이라면 HXR은 HOC_6H_5이며, X는 O 원자이고, R은 페닐기인 $-C_6H_5$를 나타낸다.

22.7 약동학 단계 및 약역학 단계

22.7.1 약동학 단계

생체 내에서 독성 물질의 흡수, 물질대사, 결합 및 배설에 대한 주된 경로 및 위치를 그림 22.1에서 이미 도식적으로 설명하였다. 생체 내에서 독성 물질은 물질대사되고 이동되어 배설된다. 독성 물질은 생화학적 부작용을 나타내고, 중독(poisoning)을 유발한다. 이러한 과정을 두 가지 주된 상인 약동학 단계와 약역학 단계로 구분하는 것이 편리하다.

약동학 단계(toxicokinetic phase)에서 독성 물질이나 독성 물질의 대사 전구 물질[**독성 전구 물질**

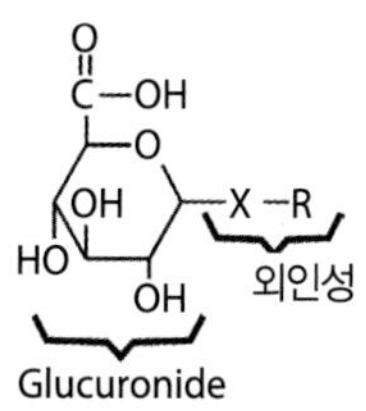

그림 22.8 외인성 물질(HX−R)로부터 형성된 glucuronide 접합.

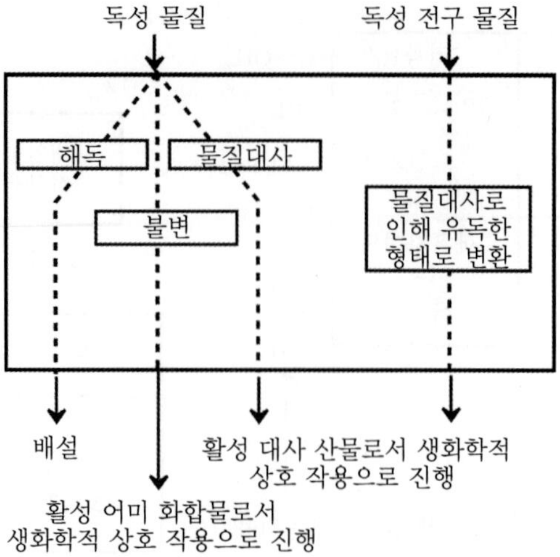

그림 22.9 약동학 단계에서 독성 물질이나 독성 물질을 포함하는 반응 과정.

(**protoxicant**)]은 그림 22.9에서 도식적으로 설명한 것처럼, 흡수, 물질대사, 임시 저장, 분포 및 배설을 거치게 된다. 흡수된 독성 물질은 **활성 어미 화합물**(**active parent compound**) 상태로부터 변형됨이 없이 약동학 단계를 지나고, 이후에 **무독성 대사 산물**(**detoxified metabolite**)로 물질대사되어 배설되거나 독성 활성 대사 산물(active metabolite)로 변형된다. 이런 과정이 위에서 언급한 제1상 및 제2상 반응을 거쳐 발생한다.

22.7.2 약역학 단계

약역학 단계(**toxicodynamic phase**, 그림 22.10)에서 독성 물질이나 독성 대사 산물은 생체 내의 세포,

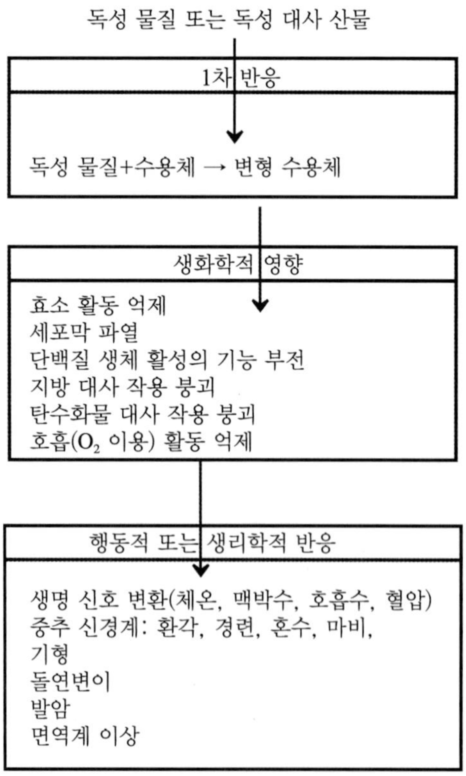

그림 22.10 독성 물질 반응의 약역학 단계.

조직이나 기관과 상호 작용하여 몇 가지 독성 효과를 일으킨다. 동역학 단계를 주요 세 부분으로 세분하면 다음과 같다.

- 수용체 또는 표적 기관과의 **초기 반응(primary reaction)**
- **생화학적 반응(biochemical response)**
- 주목할 만한 증상(observable effect)

22.7.3 약역학 단계에서의 초기 반응

독성 물질이나 활성 대사 산물은 수용체(receptor)와 반응한다. 독성 효과는 이렇게 수용체와의 결합이 시작되면서부터 시작된다. 예를 들면, 벤젠의 제1상 반응의 초기 생성물인 벤젠 에폭사이드(23장, 그림 23.1 참조)는 DNA(수용체) 내의 핵산 단위체에 첨가 생성물을 형성하여 DNA에 변형을 가한다(독성 효과를 일으키는 수많은 화학종들이 반응 중간체들이며, 이들은 벤젠 에폭사이드와 같이 수명은 짧지만 강한 반응성을 지니고 있다). 벤젠 에폭사이드와 DNA의 결합은 **비가역적(irreversible)** 결합이다. **가역적(reversible)** 반응의 예는 혈액 중 일산화 탄소와 산소를 운반하는 헤모글로빈(Hb) 간의 결합이다.

$$O_2Hb + CO \leftrightarrow COHb + O_2 \tag{22.2}$$

22.7.4 약역학 단계에 있어서의 생화학적 영향

독성 물질과 수용체의 결합은 몇몇 생화학적 효과를 가져온다. 주요한 생화학적 효과들은 다음과 같다.

- 효소, 보조 효소, 효소의 금속 보조인자 및 효소 기질에 결합함으로써 효소 기능 손상
- 세포막이나 세포막 내 운반체 변형
- 탄화수소 물질대사 방해
- 지질 물질대사 방해로 지질 과다 축적 야기('지방간')
- 호흡 작용, 즉 에너지를 생산하는 기질의 생화학적 산화 작용에 있어서 전자가 산소 분자로 이동하는 전자 전달 과정 방해
- 독성 물질이 DNA에 작용함으로써 단백질 생합성 중지 또는 방해
- 호르몬이나 효소가 개입하는 조절 작용 방해

22.7.5 독성 물질에 대한 반응

좀 더 빠르고 쉽게 관찰되는 중독 증상으로 체온, 맥박, 호흡 속도 및 혈압과 같은 **생명 징후(vital sign)**의 변화가 있다. 어떤 물질들은 비정상적인 피부 색깔(CCl_4 중독으로 황달에 걸린 황색 피부)이나 과도한 습성 또는 건성 피부를 유발하는 중독 증세를 나타낸다. 몇몇 물질이나 이들의 대사 산물에 대한 중독은 비정상적인 **체취(odor)**를 풍기게 한다. 사이안화물 중독으로 인한 희생자에게 HCN에 의한 씁쓸한 아몬드 향이 나는 것이 그 예이다. 눈 부위에 나타나는 중독 징후는 **축동증(miosis**, 동공의 과대 위축 또는 장기 위축), **산동증(mydriasis**, 과도한 동공 비대), **결막염(conjunctivitis**, 안구 앞쪽과 눈꺼풀 내벽을 감싸고 있는 점막의 염증), **안구 진탕증(nystagmus**, 불수의적 안구 운동) 등이 있다. 어떤 독극물은 입안을 습하게 하는 반면, 또 다른 독극물은 입안을 마르게 한다. 통증, 구토 또는 마비성 장폐색(장이 정상적인 연동 운동을 멈춤)을 비롯한 위장 기관 증상은 수많은 독성 물질에 의한 중독의 결과이다.

중추 신경계 중독은 동요(agitation), 과잉 행동(hyperactivity), 방향 감각 상실(disorientation)

및 섬망(delirium)을 비롯한 비정상적 행동뿐만 아니라, **경련(convulsion)**, **마비(paralysis)**, **환각(hallucination)**, **운동 실조(ataxia**, 신체의 자율 운동에 대한 조정 결핍) 등의 증상으로 나타난다. 유기인 및 카바메이트를 비롯한 몇몇 물질에 심하게 중독되는 경우 **혼수 상태(coma**, 의식이 혼미해지는 것을 표현하는 데 쓰이는 용어)에 빠질 수도 있다.

독성 물질 노출에 대한 만성적 증상 중에서 눈에 띄는 것은 돌연변이, 암 및 선천적 결함과 면역 체계에 대한 영향 등이 있다. 달리 관찰되는 증상으로는 위장병, 심혈관 질환, 간장(liver)병, 신부전(kidney), 신경학적 이상 증상(중추 및 말초 신경계), 피부 이상(발진, 피부염)을 들 수 있는데, 이들 중 몇 가지는 노출 즉시 발병하기도 한다.

종종 독성 물질에 노출된 증세는 사실상 임상적으로 발견되기 어려운 것들도 있다. 이러한 증세 중 가장 일반적인 것은 면역계에 대한 손상, 염색체 이상, 간 효소 기능의 변화, 신경 자극 전달의 지연을 들 수 있다.

22.8 기형, 돌연변이, 발암 및 면역계와 생식계에 미치는 영향

22.8.1 기형

기형 유발 물질(teratogen)은 출산 시 기형을 유발하는 화학종이다. 이들은 보통 배아 또는 태아 세포에 손상을 준다. 하지만 생식 세포(난세포 또는 정자 세포)에서도 돌연변이를 유발하여 다운증후군(Down's syndrome)과 같은 선천적 기형을 유발할 수 있다.

기형에 대한 생화학적 메커니즘은 외인성 물질에 의한 효소 억제, 바이타민과 같은 필수 물질의 태아 결핍, 에너지 공급 방해, 또는 태반막의 투과성 변화 등 매우 다양하다.

자궁 내(in utero) 태아는 외인성 독성 물질의 노출에 가장 취약하다. 그런 독성 물질들은 태반막을 통과하여 태아의 혈류 속으로 침투할 수 있다.[5] 특히 임신 중 유기인계 농약과 같은 독성 물질에 노출되는 경우, 내분비 교란 및 모체의 간 기능 저하로 인해 태아에게 악영향을 줄 수 있다.[6] 태아의 해독 효소 체계와 기관이 출생 전이라 아직 미성숙하기 때문에 발달 중에 손상을 입을 수 있다. 따라서 이러한 독성 물질에의 노출로 인해 선천적 기형, 자궁 내 성장 지연(retardation of interuterine growth)이 있을 수 있으며, 나중에 당뇨병 및 관상 동맥 질환을 포함한 질병이 올 수 있다.

22.8.2 돌연변이

돌연변이 유발 물질(mutagen)은 DNA를 변경시켜 유전 특성을 만들어 낸다. 돌연변이는 외인성 물질에 노출되지 않아도 발생하는 자연적 현상이긴 하다. 돌연변이는 대부분 해롭다. 돌연변이 발생 기작은 암 발생 기작과 유사하며, 돌연변이 유발 물질은 종종 선천적 기형까지 유발한다. 따라서 돌연변이 유발 물질은 독성학의 주된 관심 대상이다.

22.8.3 돌연변이에 대한 생화학

돌연변이에 대한 생화학을 이해하기 위해서는 21장에서 언급했던, DNA가 질소를 함유하는 염기인 아데닌, 구아닌, 사이토신 및 타이민을 포함하고 있다는 점을 기억하자. DNA 내의 염기 서열은 세포에서 새로운 단백질과 효소의 합성 단계에서 생성되는 물질인 RNA의 특성과 구조를 결정한다. DNA 내의 어떤 염기라도 교체, 첨가, 또는 제거된다면 RNA의 특성을 변경시키고 이로 인해 효소 합성과 같은 생명 과정에 치명적 변화를 줄 수 있다. 이러한 것들이 외인성 화합물로 인해 유발되는 돌연변이이며, 자손에게 전달되어 보통 좋지 않을 결과를 초래한다.

외인성 화학종이 돌연변이를 유발시키는 경로는 몇 가지가 있다. 이러한 메커니즘을 자세히 다루는

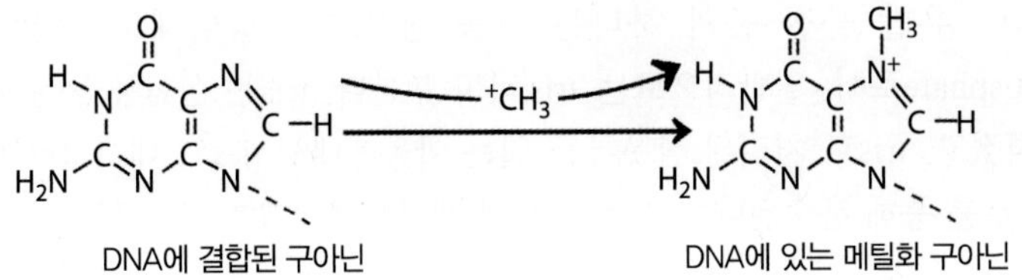

그림 22.11 DNA에 있는 구아닌 염기의 알킬화 반응.

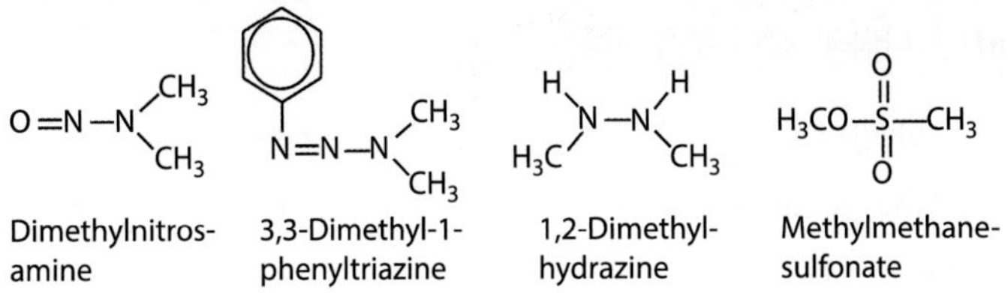

그림 22.12 돌연변이를 유발할 수 있는 단순한 알킬화제의 실례.

것은 본 교재 범위를 벗어나는 것이지만, 대부분의 외인성 화학종에 기인한 돌연변이는 DNA의 화학적 변경에 따른 것임을 기억하자. 다음 두 가지 사례를 살펴본다.

아질산(HNO_2)은 세균 돌연변이를 일으키는 데 자주 사용되는 화학적 돌연변이 유발 물질(mutagen)이다. 아질산의 돌연변이 반응을 이해하기 위해서는 세 가지 질소 염기인 아데닌, 구아닌, 사이토신이 아미노기($-NH_2$)를 포함하고 있다는 것을 알아야 한다. 아질산은 아미노기를 하이드록시기로 치환시키는 기능을 한다. 이러한 경우 DNA는 원래대로 작동하지 못하여 돌연변이를 유발시킨다.

DNA 내의 질소 염기 중 질소 원자에 $-CH_3$나 $-C_2H_5$와 같은 저탄소량의 알킬기를 첨가하는 **알킬화(alkylation)**도 돌연변이를 유발하는 가장 일반적인 메커니즘 중 하나이다. 구아닌 염기의 '7'번 질소의 메틸화 반응으로 *N*-메틸구아닌이 형성되는 것을 그림 22.11에 나타냈다. 구아닌의 질소 원자가 아닌 산소 원자에 메틸기나 다른 알킬기가 치환되어 O-알킬화 반응도 일어날 수 있다.

다수의 돌연변이 유발 물질들이 알킬화제로 작용한다. 이들 중 대표적인 것들을 그림 22.12에 보여주었다.

알킬화 반응은 DNA 내의 질소 염기에 존재하는, 전자가 풍부한 질소 원자 및 산소 원자가 결합하여 양으로 하전된 친전자성 화학종을 만들어 내는 방식으로 일어난다. 이 반응은 보통 생화학적 또는 화학적 반응에 의해 이루어진다. 예를 들면, 다이메틸나이트로사민(그림 22.12의 구조 참조)은 세포 내 NADPH에 의해 산화되어 다음과 같은 고도로 활성화된 중간생성물을 만들어 낸다. (역자 주: 다이메틸나이트로사민의 두 메틸기($-CH_3$) 중 하나의 메틸기에 있는 수소가 하이드록시기($-OH$)로 산화되었다.)

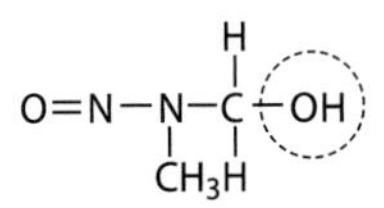

이 산물은 몇 단계의 비효소적 전이를 거쳐 폼알데하이드를 잃고 메틸 탄소 양이온($^+CH_3$)을 생성시키는 데 이 메틸 탄소 양이온이 DNA의 질소 염기를 메틸화한다.

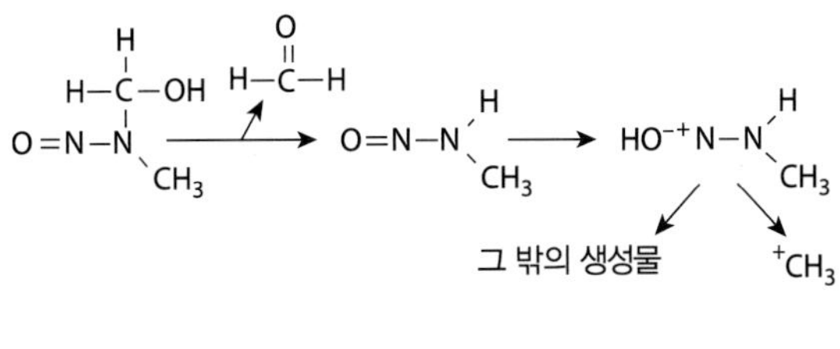

(22.3)

또 다른 돌연변이 유발 물질 중의 하나는 아동 잠옷류의 방염제로 사용되었던 tris(2,3-dibromopropyl)phosphate로서, 일반적으로는 'tris'라고 부른다. tris는 실험용 동물에게 돌연변이를 일으키는 것으로 밝혀졌고, tris로 처리된 잠옷류를 입는 아동에게서 tris의 대사 산물이 발견되었다. 이런 상황은 tris가 피부를 통해 흡수된다는 것을 강하게 제기한 것이었으므로 이후 사용이 중단되었다.

22.8.4 발암

암(cancer)은 자기 신체 세포(체세포)의 억제되지 않는 복제와 성장으로 발생하는 증상이다. **발암 물질(carcinogenic agent)**은 다음과 같이 분류된다.

- 나이트로사민과 다환 방향족 탄화수소(PAH)와 같은 화학 시약
- B형 간염 바이러스(hepadnavirus)나 레트로바이러스(retrovirus)와 같은 생물학적 시약
- X선과 같은 이온화 복사선
- 품종 개량(selective breeding)과 같은 유전학적 인자

어떤 경우에 있어서 암은 틀림없이 합성 및 자연 발생적 화학 약품의 작용에 의한 결과이다. 외인성 화학종에 의한 암 발생을 **화학적 발암(chemical carcinogenesis)**이라고 한다. 이것은 종종 독성학 중 가장 중요한 분야로 생각되고 있으며, 가장 많은 연구가 진행되고 있는 분야이다.

화학적 발암은 알려진 지 꽤 오래되었다. 이 장의 처음에도 언급했던 것처럼, 1775년에 영국 국왕 George 3세 치하에서 복무하였던 군의관인 Percival Pott경은 런던의 굴뚝 청소부의 경우 음낭암 발생률이 매우 높으며, 그것은 유연탄의 연소로부터 나온 검댕(soot)과 타르에 노출된 것과 관련이 있음을 발견하였다. 독일인 외과 의사인 Ludwig Rehn은 콜타르로부터 추출된 화학 약품인 2-naphthylamine에 노출된 나염 근로자의 방광암 발생률이 평균에 비해 높음을 보고하였다.

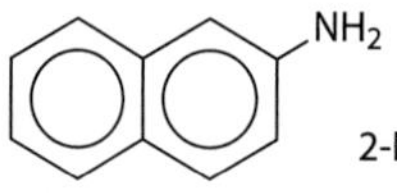

2-Naphthylamine

이 외에도 역사적으로 담배 엑기스(1915), 야광 시계 바늘을 도색하는 과정에서 라듐에 구강 경로 노출(1929), 담배 연기(1939), 석면(1960)으로 인해 암이 발생한 사례가 있다.

발암과 관련하여 중요하면서도 풀리지 않는 의문은 발암이 발생하는 역치(threshold, 문턱값)가 존재한다는 것으로, 역치 이하에서는 암이 발생하지 않는다는 것이다. 암 발생에 대한 설치류 실험(rodent test)은 정상적으로는 인간이 노출되는 농도의 약 1,000~10,000배의 용량에서 수행된다. 이

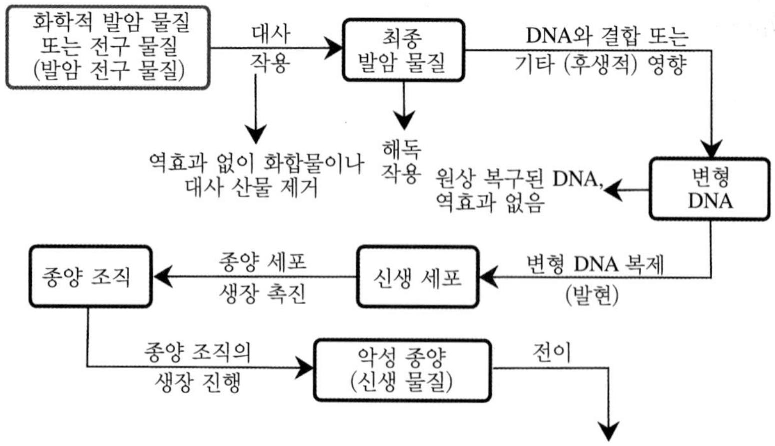

그림 22.13 발암 물질과 발암 전구 물질이 암을 유발하는 전반적인 과정.

때, 인간에게 암을 유발할 수 있는 가능성은 발암 물질이 아무런 영향을 일으키지 않는 역치가 없다는 가정하에 인간이 노출될 수 있는 낮은 농도까지 직선적으로 외삽함으로써 예측한다. 어떤 연구자들은 그렇게 외삽하는 방식으로 예측하는 것은 사실과 매우 동떨어져 있고 발암 가능성을 과장하고 있다고 비판한다. 왜냐하면, 암을 유발할 수 있는 유전자 독성이나 발암성 손상에 대한 인체 자체의 대응, 즉 제독 작용이나 DNA 손상 복구(error-free DNA repair) 메커니즘 등을 고려하지 않았기 때문이다.

22.8.5 발암의 생화학

최근 수년 동안 본 주제에 대하여 많은 시간과 노력을 투자한 결과 화학 물질에 의한 발암의 생화학적 근거를 훨씬 잘 이해할 수 있게 되었다. 암이 유발되는 전 과정은 매우 복잡하여 여러 단계를 거친다. 그러나 일반적으로 발암에 대한 두 가지 주된 단계가 있는 것으로 알려져 있다. 즉, **개시 단계(initiation stage)**에 이어서 **촉진 단계(promotional stage)**가 있다. 이 단계들은 그림 22.13에서 보인 것처럼 좀 더 세분화된다.

암의 **개시(initiation)**는 DNA와 **DNA 반응종(DNA-reactive species)**과의 반응으로 발생하거나, DNA와 반응하지 않는 **후생성 발암 물질(epigenetic carcinogen)**의 작용으로 다른 메커니즘을 통해 시작된다. DNA 반응종이 대부분 **유전자 독성 발암 물질(genotoxic carcinogen)**인 것은 그것들이 돌연변이 유발 물질(mutagen)이기도 하기 때문이다. 이러한 물질들은 DNA와 비가역적으로 반응한다. 이들은 친전자 화학종이거나 좀 더 일반적으로는 물질대사적으로 활성이 되어 친전자 화학종으로 되든가 둘 중 하나인 데, 후자는 앞부분의 돌연변이에서 다루었던 다이메틸나이트로사민에서 만들어진 친전자성 $^{+}CH_3$의 경우와 마찬가지이다. 물질대사적으로 활성화가 필요한 암 유발 물질을 **발암 전구 물질(pro-carcinogen)**이라고 한다. 실제로 발암에 원인이 되는 물질대사 종을 **최종 발암 물질(ultimate carcinogen)**이라고 한다. 발암 전구 물질과 최종 발암 물질의 중간 대사 산물인 몇몇 종들은 **초기 발**

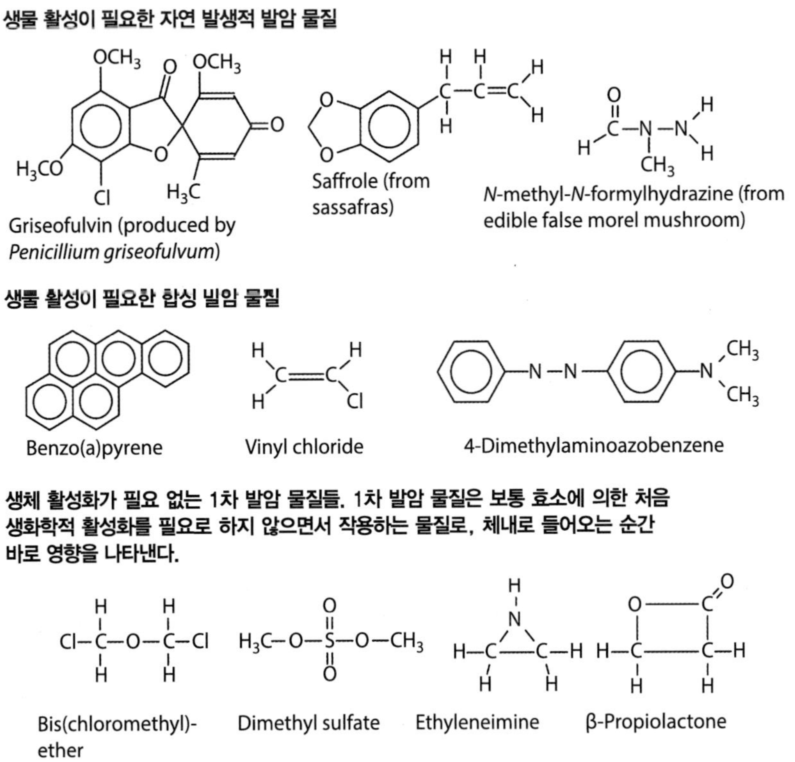

그림 22.14 자연 발생적 또는 합성 발암 물질의 주요 부류의 예. 이것들 중 몇 종은 생물 활성이 있어야 반응하고, 나머지 종들은 직접 반응한다.

암 물질(proximate carcinogen)이라고 한다. 생화학적 활성화가 필요하지 않은 발암 물질은 **초기(primary)** 또는 **직접 작용(direct-acting)** 발암 물질로 분류된다. 알킬이민, 트라이에틸렌멜라민, 겨자 가스 등 발암 전구 물질 및 초기 발암 물질을 그림 22.14에 나타냈다.

후생성 발암 물질로 분류된 대부분의 물질은 암 개시 이후 작용하는 **촉진제(promoter)**이다. 촉진에 대한 증거로서 종양 세포 수가 증가되는 것과 종양이 퍼지는 시간 간격이 감소(대기 시간 단축)되는 것을 들 수 있다. 촉진제는 암을 유발하지 않고 친전자성도 아니며, DNA와 결합하지도 않는다. 촉진제의 고전적인 실례가 화학적으로 decanoyl phorbol acetate 또는 phorbol myristate acetate로 알려진 물질이며, 파두유(croton oil)에서 추출된다.

22.8.6 발암성 알킬화제

화학적 발암 물질은 보통 거대 생체 분자와 공유 결합을 형성하는 능력이 있다. 이러한 공유 결합은 단백질, 펩타이드, RNA, DNA 등과 형성될 수 있다. 대부분의 결합은 다양한 종류의 분자들과 이루어지지만, 그중에서도 발암에 있어 가장 많이 발생하고 중요한 것은 DNA와의 결합이다. DNA와 결합하는 발암성 화학종에서 가장 두드러진 것은 DNA에 메틸기(CH_3)나 에틸기(C_2H_5)와 같은 알킬기를 가하는 알킬화제이다. 유사한 형태의 화합물인 **아릴화제(arylating agent)**는 DNA에 페닐기와 같은 아릴기를 가하도록 작용한다.

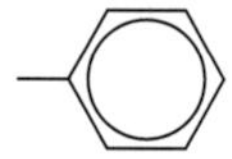

그림 22.15의 예에서 보는 바와 같이, 알킬 및 아릴기는 DNA를 구성하는 질소형 염기에 있는 N과 O 원자에 가해지게 된다. DNA가 이렇게 변형됨으로써 종양(암) 세포를 성장시키고 복제시키는 연속 과정을 유발한다. 알킬화에서 알킬기를 제공하는 반응성 종은 일반적으로 효소의 작용을 통한 대사 활성화에 의해 형성된다. 이 과정은 이 절 앞부분의 돌연변이 유발에서 언급한 바와 같이, 다이메틸나이트로사민을 메틸화 대사 중간체로 전환하는 예에서 볼 수 있다.

22.8.7 발암 물질 시험법

인간 발암 물질로서 명확하게 확립된 화학 물질들은 불과 얼마 되지 않는다. 실증이 잘 되어 있는 사례로서 염화 바이닐(CH=CHCl)을 들 수 있는데, 이것은 폴리염화바이닐(PVC) 제작 공업에서 가압 용기를 세척하는 인부들에게서 희귀한 형태의 간암(angiosarcoma)을 유발하는 것으로 알려졌다. 어떤 경우에는 노출된 사람들을 역학적으로 연구하다가 발암 물질로 밝혀진 경우도 있다. 발암성을 시험하기 위해 동물들이 이용되고 있는데, 그 결과들이 상당한 불확정성을 내포하고 있음에도 불구하고 외삽법을 사용하여 인간에 대해 추정하고 있다.

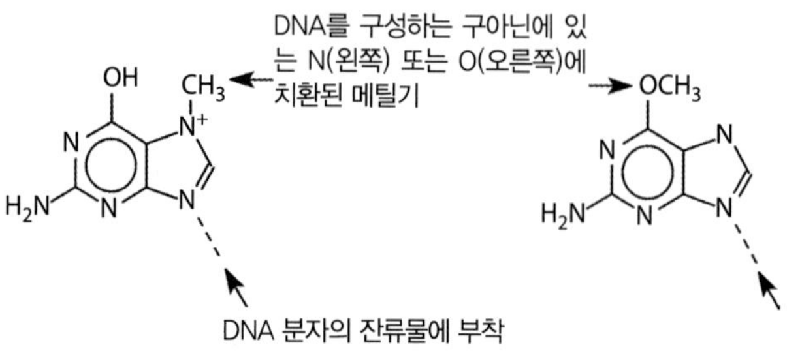

그림 22.15 질소 함유 염기인 구아닌의 알킬화(메틸화) 반응된 형태.

22.8.8 Bruce Ames 시험

발암성을 추적하는 데 쓰이는 돌연변이원성은 **Bruce Ames 시험(Bruce Ames test)**의 근간이 되는 것으로, 히스티딘을 합성하는 데 필요한 유전자에 돌연변이가 있는 **살모넬라(*Salmonella*)**균이 자신의 히스티딘을 합성할 수 있는 형태로 복귀하는지 여부를 관찰하여 실험한다. 그 시험은 균일한 간 조직 내 효소를 이용하여 잠재적 발암 전구 물질을 최종 발암 물질로 변형시키는 방식으로 진행된다. 히스티딘을 필요로 하는 살모넬라균을 히스티딘을 함유하지 않은 배양기에 접종한 다음, 히스티딘을 합성할 수 있는 형태로 변이하여 생존하는 종들이 군락을 형성하면 이를 육안으로 확인하여 돌연변이원성을 시험한다.

이 시험법을 개발한 Bruce Ames에 따르면, 동물 실험에서는 고용량의 화학 물질을 사용하기 때문에 저용량의 화학 물질에 노출되는 일반적인 경우의 위험성을 추정하기 위해 용량-반응 외삽법*을 사용하는 경우 잘못 추정하는 오류가 발생할 수 있다고 한다. 그 이유는 고용량에 노출될 경우 세포들이 사멸하게 되는데, 이 경우 유기체가 사멸된 세포를 새로운 세포로 대체하려 하기 때문이다. 이 경우 유전자 독성 때문이 아니라 급속한 세포 증식의 결과로서 단순히 암을 초래할 가능성이 커진다.

22.8.9 면역계 반응

면역계(immune system)는 신체의 선천적 방어 기작으로 작용하여 외인성 화학 물질, 즉 바이러스나

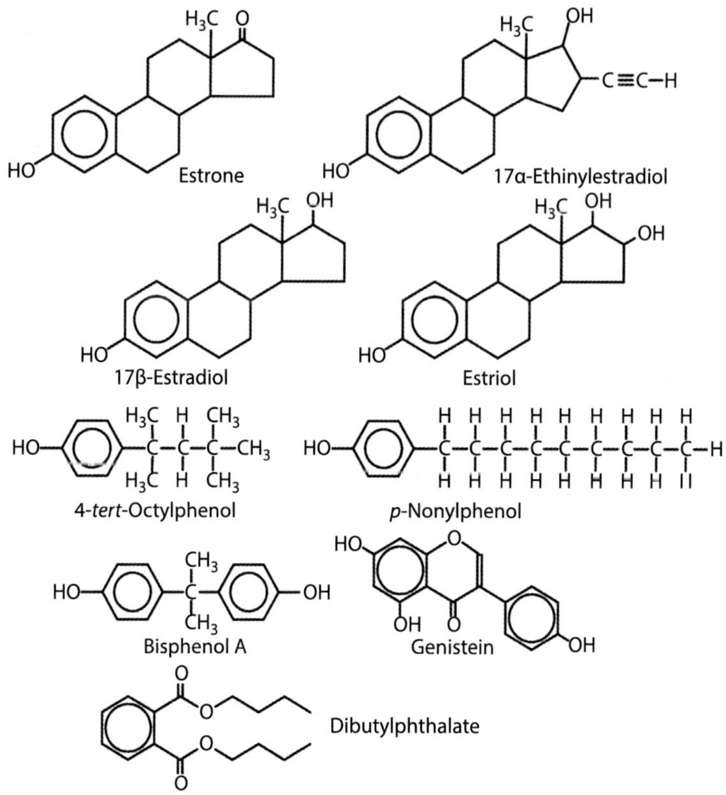

그림 22.16 환경에 방출되어 유기체에 영향을 미치는 내분비 교란 물질. 에스트론(천연 에스트로젠), 17*α*-ethynylestradiol(피임 복용제 성분), 17*β*-estradiol 및 estriol은 스테로이드 에스트로젠이다. 4-*tert*-옥틸페놀 및 *p*-노닐페놀은 비이온성 계면활성제의 분해 산물이다. 비스페놀 A는 에폭시 수지와 기타 중합체의 원료 성분이고, genistein은 목재 질병 저항력을 키우기 위해 나무에서 합성되는 물질이며, 펄프 분쇄 처분장에서 발견된다. 다이뷰틸프탈레이트는 플라스틱의 가소제이다.

* 동물 실험에 사용된 용량과 인간이 노출되는 용량 사이의 빈 공간을 선형반응을 가정하여 채워 추정하는 방식

세균과 같은 감염원, 암 조직을 유발시키는 **종양 세포(neoplastic cell)**로부터 신체를 보호한다. 유해 물질 노출은 체내 면역계에 역효과를 미치는 것으로 점차로 인식되고 있다. 독성 물질은 신체의 선천적 방어 메커니즘을 손상시키는 **면역 억제(immunosuppression)**를 유발한다. 외인성 물질도 면역계가 세포 증식을 조절하는 능력을 상실하도록 함으로써 백혈병이나 임파종(lymphoma)을 일으킬 수 있다.

면역계에 대한 또 다른 주요 독성 반응은 **알레르기(allergy)**나 **과민증(hypersensitivity)**이다. 이러한 종류의 증상은 외인성 물질이나 외인성 물질의 대사 산물의 침입에 대응하여 면역계가 자기 파괴 방식으로 과잉 반응을 할 때 일어난다. 이러한 반응의 원인이 될 수 있는 외인성 물질 중에는 베릴륨, 크로뮴, 니켈, 폼알데하이드, 농약, 수지, 가소제 등이 있다.

22.8.10 내분비 교란 작용

생물체의 대사 작용이나 생식 기능을 조절하는 역할을 하는 내분비샘을 교란할 가능성이 있는 몇몇 오염 물질에 대한 관심이 증가하고 있다.[7] 어류, 개구리, 악어와 같은 파충류는 물속에서 서식하기 때문에 물을 오염시키는 그러한 물질에 특히 취약하다. 그러한 물질에 노출된 어종은 생식 기능 부전, 2차 성징의 변경(alteration in secondary sex characteristic) 및 비정상적 혈청 스테로이드 농도를 나타낸다. 시험 대상체에서 호르몬 유사 행동을 나타내는 물질을 **호르몬 활성제(hormonally active agent)**이라고 한다. 그러한 물질 중 특히 관심 있는 것은 여성 호르몬인 에스트로젠처럼 행동하는 물질로서, 폐수 처리 과정에서 제거되지 않고 폐수를 통해 수계로 유입된다. 이러한 종류의 화합물을 그림 22.16에 도식하였다. 이들의 종류를 살펴보면, 내인성 성호르몬인 에스트로젠, 경구 피임제 성분인 17α-에싸이닐 에스트라다이올과 그림 22.16의 마지막 두 종류의 화학 물질과 같이 산업 폐수, 가정 폐수에서 유래된 화학종들이다. 인위적 발생원에서 유래된 에스트로젠 유사 물질을 **제노에스트로젠(xenoestrogen)**이라고 하는데, 항산화제, 비스페놀 A, 다이옥신, PCBs, 식물 유래 에스트로젠(식물에서 기인), 농약류[클로르데콘(chlordecone), 다이엘드린(dieldrin), DDT 및 대사 물질, 메톡시클로르(methoxychlor), 톡사펜(toxaphene)], 방부제 및 프탈릭 에스터(뷰틸벤질 프탈레이트)가 이에 속한다.

22.9 건강 위험 요소

최근 들어, 독성학의 주요 관심은 독성 물질에 짧고 심하게 노출됨으로써 단시간에 발병하고 바로 인식이 되는 심한 급성 질병으로부터, 저농도의 독성 물질에 장기간 노출됨으로써 발병되어 병이 오래가고 만성적이며 그리 심하지 않은 질병을 나타내는 쪽으로 쏠리고 있다. 후자가 건강에 대한 전반적인 영향이 더 클 것임에도 불구하고, 노출 여부의 불확실성, 잠재되어 있는 질병이 진전되어 질병으로 나타날 요인, 즉 낮은 발생률, 장기간의 잠복기와 같은 요인들 때문에 평가하기가 매우 어렵다.

22.9.1 잠재적 노출 여부에 대한 평가

유해물 폐기장에서 발생되는 독성 물질에 노출되었는지의 여부를 평가하기 위한 중요한 수단은 잠정적으로 노출되었을 것으로 추정되는 개체군을 평가하는 것이다. 이에 대한 가장 직접적인 접근법은 생체 내의 화학종이나 이들의 대사 산물을 정량하는 것이다. 중금속, 방사성 핵종, 석면과 같은 무기 화학종은 이 방법이 대부분 용이하게 수행된다. 특정 화학종에 노출되었을 때 나타나는 증상으로도 평가될 수 있다. 그런 증상에 대한 예로서 명확하게 판명이 가능한 피부 발진이나 또는 임상적으로는 판단할 수 없는 염색체 손상과 같은 증상이 있다.

22.9.2 역학적 증거

유해 폐기물로부터 발생하는 독성 환경 오염 물질에 적용되는 **역학 조사(epidemiological study)**는 특정 질병과 폐기물에의 노출 사이의 상호연관성을 찾으려는 시도이다. 역학 조사에는 두 가지 접근법이 있다. 한 가지 접근법은 노출 가능성이 있는 지역에서 유해 폐기물의 특정 인자에 의해 유발되는 것으로 알려진 질병을 찾는 것이다. 두 번째 접근 방식은 지리적으로 제한된 영역 내에서 비정상적으로 많은 수의 특정 질병이 발생하는 경우 원인이 될 수 있는 유해 폐기물에 대한 노출원을 찾는 방법이다. 이러한 경우 자연 유산, 선천적 기형 및 특정 형태의 암이 가장 일반적으로 관찰되게 된다.

역학 조사는 노출로부터 발병 시까지 장기간의 잠복기, 특정 폐기물에의 노출과 발병 간의 상호 관계에 있어서의 명확성 결여, 그리고 질병을 유발할 수 있는 유해 폐기물에 노출되지 않았음에도 잠재되어 있는 기저질환 등으로 인해 복잡해진다.

22.9.3 건강 영향 위험 평가

독성 물질에 대한 노출로 인한 건강에 미치는 악영향의 위험을 추정하는 데 있어 중요한 부분은 실험적으로 관찰 가능한 데이터에서 외삽하는 것이다. 보통, 최종 결과는 장기간 낮은 농도의 독성 물질에 노출됨으로써 오랜 잠복기를 거쳐 사람에게서 나타날 낮은 발병률에 대한 추정치이다. 대부분의 데이터는 거의 비교적 단기간 내에 고용량에 노출시킨 동물 데이터이다. 그런 다음 인간 개체군에 대한 위해성을 평가하기 위해서 선형 또는 곡선형 평면도법을 이용하여 외삽법이 행해진다. 물론 이러한 종류의 접근법은 상당한 불확실성이 존재할 수밖에 없다.

22.9.4 위해성 평가

오염 물질이나 유해성 폐기 화학종들의 잠재적인 위험성을 평가하는 데 있어서는 독성학적인 고려가 대단히 중요하다. 독성학의 주요 연구 분야 중 하나가 건강 위해성 평가(health risk assessment)이다. 폐기물 저장 장소와 폐기물의 화학적 및 독성학적 성질에 대한 지식을 바탕으로 유해 폐기물 저장소에서 필요로 하는 위해성 관리 방안, 정화 또는 규제 방안 등을 제공한다. 위해성 평가는 오염 장소의 특징, 지표종을 포함한 오염 물질의 존재 여부, 잠재적으로 노출 가능한 수용체, 가능한 노출 경로 및 불확정성 분석을 포함한다. 위해성 평가는 다음과 같은 주요 성분으로 구분된다.

- 유해성 확인(identification of hazard)
- 노출 평가(exposure assessment)
- 용량–반응 평가(dose-response assessment)
- 위해도 결정(risk characterization)

참고문헌

1. Patel, Dhaval K., and Dhrubo Jyoti Sen, "Xenobiotics: An Essential Precursor for Living System," *American Journal of Advanced Drug Delivery*, **1**, 262–270, 2013.
2. Manahan, Stanley E., *Toxicological Chemistry and Biochemistry*, 3rd ed., Lewis Publishers/CRC Press, Boca Raton, FL, 2002.
3. Ortiz de Montellano, Paul R., *Cytochrome P450*, Springer, Berlin, 2015.
4. Coughtrie, Michael W. H., "Ontogeny of Human Conjugating Enzymes," *Drug Metabolism Letters*, **9**, 99–108, 2015.
5. Needham, Larry L., Philippe Grandjean, Birger Heinzow, Poul J. Jorgensen, Flemming Nielsen, Donald G. Patterson, Andreas Sjodin, Wayman E. Turner, and Pal Weihe, "Partition of Environmental Chemicals between Maternal and Fetal Blood and Tissues," *Environmental Science and Technology*, **45**, 1121–1126, 2011.

6. Cecchi, A., M. G. Rovedatti, G. Sabino, and G.G. Magnarelli, "Environmental Exposure to Organophosphate Pesticides: Assessment of Endocrine Disruption and Hepatotoxicity in Pregnant Women," *Ecotoxicology and Environmental Safety*, **80**, 280–287, 2012.
7. Norris, David O., and James A. Carr, *Endocrine Disruption: Biological Basis for Health Effects in Wildlife and Humans*, Oxford University Press, New York, NY, 2006.

보충자료

Baselt, Randall C., *Disposition of Toxic Drugs and Chemicals in Man*, 10th ed., Biomedical Publications, Foster City, CA, 2014.

Bateman, Nick, Robert Jefferson, Simon Thomas, John Paul Thompson, and Allister Vale, Eds., *Oxford Desk Reference: Toxicology*, Oxford University Press, Oxford, UK, 2014.

Benigni, Romualdo, Ed., *Quantitative Structure–Activity Relationship (QSAR) Models of Mutagens and Carcinogens*, CRC Press, Boca Raton, FL, 2003.

Bingham, Eula, and Barbara Cohrssen, *Patty's Toxicology*, 6th ed., Wiley, Hoboken, NJ, 2012.

Boelsterli, Uhrs A., *Mechanistic Toxicology: The Molecular Basis of How Chemicals Disrupt Biological Targets*, 2nd ed., CRC Press, Boca Raton, FL, 2007.

Burcham, Philip C., *An Introduction to Toxicology*, Springer, Berlin, 2014.

Dart, Richard C., *Medical Toxicology*, 3rd ed., Lippincott, Williams & Wilkins, Philadelphia, PA, 2003.

Dong, Michael H., *An Introduction to Environmental Toxicology*, 3rd ed., CreateSpace, Seattle, WA, 2014.

Fry, Bryan, *Venomous Reptiles and Their Toxins: Evolution, Pathophysiology and Biodiscovery*, Oxford University Press, Oxford, UK, 2015.

Gaur, Rajeeva, and Soni Tiwari, *Microbial Toxins: Structure and Their Type*, LAP LAMBERT Academic Publishing, Saarbrücken, Germany, 2011.

Gopalakrishnakone, P., and Mahdi Balali-Mood, *Biological Toxins and Bioterrorism*, Springer, Berlin, 2015.

Gupta, Ramesh C., *Biomarkers in Toxicology*, Academic Press, Cambridge, MA, 2014.

Hodgson, Ernest, *A Textbook of Modern Toxicology*, Wiley, Hoboken, NJ, 2010.

Hood, Ronald D., Ed., *Developmental and Reproductive Toxicology: A Practical Approach*, 3rd ed., CRC Press, Boca Raton, FL, 2011.

International Agency for Research on Cancer, *Review of Human Carcinogens*, World Health Organization, Geneva, 2012.

Ioannides, Costas, Ed., *Cytochromes P450: Role in the Metabolism and Toxicity of Drugs and Other Xenobiotics*, RSC Publications, Cambridge, UK, 2008.

Joshi, B. D., P. C. Joshi, and Namita Joshi, Eds., *Environmental Pollution and Toxicology*, A.P.H. Publishing Corporation, New Delhi, 2008.

Kacew, Sam, and Byung-Mu Lee, *Basic Toxicology: Fundamentals, Target Organs, and Risk Assessment*, 6th ed., CRC Press, Boca Raton, FL, 2012.

Klaassen, Curtis, and John B. Watkins, *Casarett & Doull's Essentials of Toxicology*, 3rd ed., McGraw-Hill Education/Medical, New York, NY, 2015.

Klaassen, Curtis D., Ed., *Casarett and Doull's Toxicology: The Basic Science of Poisons*, 8th ed., McGraw-Hill Medical, New York, NY, 2013.

Landis, Wayne G., and Ming-Ho Yu, *Introduction to Environmental Toxicology: Impacts of Chemicals upon Ecological Systems*, 3rd ed., CRC Press/Lewis Publishers, Boca Raton, FL, 2004.

Landis, W. G., R. M. Sofield, and M. H. Yu, *Introduction to Environmental Toxicology: Molecular Substructures to Ecological Landscapes*, 4th ed., CRC Press, Boca Raton, FL, 2011.

Leikin, Jerrold B., and Frank P. Paloucek, *Poisoning and Toxicology Handbook*, 4th ed., Taylor & Francis/CRC Press, Boca Raton, FL, 2008.

Lippmann, Morton, Ed., *Environmental Toxicants: Human Exposures and Their Health Effects*, 3rd ed., Wiley, New York, NY, 2009.

National Toxicology Program, *15th Report on Carcinogens*, U.S. Department of Health and Human Services, Washington, DC, 2015, available from https://ntp.niehs.nih.gov/whatwestudy/assessments/cancer/roc/index.html.

Newman, Michael C., and William H. Clements, *Ecotoxicology: A Comprehensive Treatment*, Taylor & Francis/CRC Press, Boca Raton, FL, 2008.

Newman, Michael C., Fundamentals of *Ecotoxicology: The Science of Pollution*, 4th ed., Taylor & Francis/CRC Press, Boca Raton, FL, 2014.

Nichol, John, *Bites and Stings. The World of Venomous Animals*, Facts on File, New York, NY, 1989.

Parvez, S. H., Ed., *Molecular Responses to Xenobiotics*, Elsevier, Amsterdam, 2001.

Pohanish, Richard P., and Marshall Sittig, *Sittig's Handbook of Toxic and Hazardous Chemicals and Carcinogens*, Knovel Corporation, Norwich, NY, 2002.

Powers, Robert H., and Dorothy E. Dean, *Forensic Toxicology: Mechanisms and Pathology*, CRC Press, Boca Raton, FL, 2015.

Roberts, Stephen M., Robert C. James, and Philip L. Williams, *Principles of Toxicology: Environmental and Industrial Applications*, 3rd ed., Wiley-Interscience, Hoboken, NJ, 2015.

Romano, James A., Brian J. Lukey, and Harry Salem, Eds., *Chemical Warfare Agents: Chemistry, Pharmacology, Toxicology, and Therapeutics*, 2nd ed., Taylor & Francis/CRC Press, Boca Raton, FL, 2008.

Rosenstock, Linda, *Textbook of Clinical Occupational and Environmental Medicine*, Saunders Health Sciences Division, Philadelphia, PA, 2004.

Saferstein, Richard, *Forensic Science: From the Crime Scene to the Crime Lab*, Pearson Prentice Hall, Upper Saddle River, NJ, 2009.

Santos, Eduardo B., Ed., *Ecotoxicology Research Developments*, Nova Science Publishers, New York, NY, 2009.

Smart, Robert C., and Ernest Hodgson, Eds., *Molecular and Biochemical Toxicology*, 4th ed., Wiley, Hoboken, NJ, 2008.

Sparling, Donald W., *Ecotoxicology Essentials: Environmental Contaminants and Their Biological Effects on Animals and Plants*, Academic Press, Cambridge, MA, 2016.

Stanley, Lesley, *Molecular and Cellular Toxicology: An Introduction*, Wiley, Hoboken, NJ, 2014.

Stine, Karen E., and Thomas M. Brown, *Principles of Toxicology*, 2nd ed., Taylor & Francis/CRC Press, Boca Raton, FL, 2006.

Timbrell, John A., *Principles of Biochemical Toxicology*, 4th ed., Informa Healthcare, New York, NY, 2009.

Ullmann's Industrial Toxicology, Wiley-VCH, New York, NY, 2005.

Walker, C. H., and R. M. Sibly, *Principles of Ecotoxicology*, Taylor & Francis/CRC Press, Boca Raton, FL, 2012.

Ware, George, *Reviews of Environmental Contamination and Toxicology*, **190**, Springer, New York, NY, 2007.

Wexler, Philip, Ed., *Encyclopedia of Toxicology*, 2nd ed., Elsevier, New York, 2005.

Wu, Alan H. B., *Toxicology! Because What You Don't Know Can Kill You (Case Studies from a Toxicology Laboratory)*, Amazon Digital Services, Palo Alto, CA, 2014.

Yu, Ming-Ho, Humio Tsunoda, and Masashi Tsunoda, *Environmental Toxicology: Biological and Health Effects of Pollutants*, 3rd ed., CRC Press, Boca Raton, FL, 2011.

Zelikoff, Judith, and Peter L. Thomas, Eds., *Immunotoxicology of Environmental and Occupational Metals*, Taylor & Francis, London, 1998.

연습문제

모든 문제들을 답하기 위해서는 인터넷을 활용해야 할 것이다. 특히 일반적인 정보나 통계, 상숫값, 수식들은 인터넷에서 찾아서 사용하시오. 질문들은 교재 안에 있는 내용을 단순하게 찾아서 쓰는 것보다 호기심과 사고력을 증진시키기 위한 것이다. 그래서 어떤 경우에는 여러 가지 '정답'이 있을 수 있다. 그러므로 만약 자신의 이지적인 사고를 통한 노력과 다양한 문헌으로부터 찾은 정보를 바탕으로 작성한 답은 '정답'으로 간주한다.

1. 독성 물질과 접합제(conjugating agent) 및 제2상 반응 간에는 어떤 관계가 있는가?
2. 특히 구조와 관련하여 단백질의 독성학적 중요성은 무엇인가?
3. 지질의 독성학적 중요성은 무엇인가? 지질이 소수성 오염 물질 및 독성 물질과 어떠한 관련이 있는가?
4. 제1상 반응은 무엇인가? 어떤 효소계가 이 반응을 수행하는가? 이 효소계는 세포 내 어느 곳에 위치하고 있는가?
5. 독성 물질의 기원, 용도 및 노출, 운명, 처리에 대한 화학적 양상을 비롯하여 독성 물질의 화학적 특성 및 반응을 다루는 학문의 명칭을 쓰고 서술하시오.
6. 용량-반응 곡선이란 무엇인가?
7. 독성 6등급은 무엇을 의미하는가?
8. 약동학 단계의 세 가지 주요 부분은 무엇이고, 각 부분에서 어떤 반응이 일어나는가?
9. 체내 일산화 탄소의 독성 효과를 기술하시오. 그 효과는 가역적인가 아니면 비가역적인가? 그것은 효소계에 영향을 미치는가?
10. 다음 중 독성 물질의 생화학적 효과가 아닌 것은? 그 이유도 설명하시오.
    a. 효소에 결합함으로써 효소 기능의 손상
    b. 세포막 또는 세포막 내에서의 운반체 변형
    c. 생명 징후(맥박, 호흡, 체온, 혈압)의 변화
    d. 지질 대사 작용 방해
    e. 호흡 방해
11. 기형, 돌연변이, 발암, 면역계 영향을 구별하여 설명하시오. 이들이 상호 관련된 사항이 있는가?
12. 환경 독성 물질에 관련하여 급성 및 만성 독성 효과의 상대적인 중요성을 비교하고, 각각을 조사하는 데 수반되는 어려움과 불확정성에 대해서 서술하시오.
13. 독성 물질에 대한 역학 조사를 복잡하게 하는 몇 가지 요인은 무엇인가?
14. 알킬화제는 다음 사항을 설명하지 못하거나 설명되지 않는다:
    a. 물질대사적 활성화에 의해서 생성된다.
    b. DNA에 CH_3와 같은 치환기를 부착시킨다.
    c. 암을 유발하는 몇몇 화학종을 포함한다.
    d. DNA를 변형시킨다.
    e. 전자쌍 주개 또는 친핵체가 되는 것을 알려 준다.
15. 다음 중 제1상 반응에 대한 설명으로 사실이 아닌 부분이 있다면 올바르게 설명하시오.
    a. 이 반응은 친유성(지방 친화력) 독성 물질 분자에 반응성이 큰 극성 작용기를 치환시키는 경향이 있다.
    b. 이 반응의 산물은 보통 외인성 화학종 모체보다 더 수용성이다.
    c. 이 반응의 산물은 체내 고체 지지체에 부착될 수 있는 '화학적 손잡이(chemical handle)'를 가지고 있어서 독성 물질이 체외로 제거될 수 있다.
    d. 이 반응은 대개 내인성 접합제가 부착되는 포함 반응이다.
    e. 이 반응은 효소에 의한 촉매 반응이다.

23 화학 물질의 독성 화학

23.1 개요

독성 화학(toxicological chemistry)은 22장에서 정의되고 논의된 바와 같이, 유독 물질의 화학적 특성과 독성 효과와의 관계를 중심으로 다룬다. 이 장은 몇 가지 주요 오염 물질과 유해 물질의 독성 화학을 다룬다. 첫 절은 어떤 화합물 안에 구성 원소로 존재한다는 것만으로도 그 화합물은 당연히 유해하다는 것을 의미하는 원소(특히 중금속)의 독성 효과를 다루고 있다. 또한 화학적으로 결합되지 않은 원소 상태의 할로젠과 같이, 많이 사용되는 원소 형태 물질의 독성을 논의한다. 다음 절에서는 무기 화합물의 독성 화학을 다루는데, 그들 대부분이 산업 공정에서 산출된다. 아울러 유기금속 화합물도 간단히 논의될 것이다. 마지막 절에서는 유기 화합물의 독성에 대해 다룬다. 기타 알코올, 케톤과 같은 작용기를 지닌 유기 물질은 물론, 탄화수소와 산소가 포함된 유기 화합물의 독성학적 성질에 대해서도 다룬다. 유기 질소, 할로젠화물, 황이나 인 화합물(이들 중 일부는 농약이나 군사용 독극물로 사용됨)의 독성에 대해서도 이 절에서 논의할 것이다. 마지막으로 천연 독성 물질에 대해서도 언급하겠다.

23.1.1 ATSDR 독물학적 자료

독성 물질의 독성 화학에 대한 다양한 종류의 유용한 정보를 미국 보건복지부, 독성 물질에 대한 공중보건관리국, 독성 물질 질병등록국(ATSDR)에서 인쇄물로 제공하고 있다. 이러한 독성 물질에 관한 자세한 자료는 표 23.1에 나열되었고, 표에 기록된 웹사이트를 통해 열람할 수 있다.

23.2 독성 원소와 원소 형태

23.2.1 오존

오존(O_3, 8, 12, 13장 참조)은 몇 가지 독성 효과를 나타낸다. 부피 기준 1 ppm의 오존을 포함하는 공기는 독특한 냄새를 지닌다. 이 정도 수준의 오존을 흡입하면 심한 자극과 함께 두통을 느끼게 된다. 오존은 눈, 상부 호흡 기관 및 허파를 자극한다. 오존을 흡입하면 때때로 치명적인 폐수종을 야기할 수 있다. **폐**(pulmonary)는 허파를 일컫는 것이며, **수종**(edema)은 폐 조직 공간에 액체가 차는 것을 의미한다. 따라서 **폐수종**(pulmonary edema)은 폐 조직 내에 액체가 비정상적으로 차는 것이다. 또한 오존에 노출된 실험 대상자에게서 염색체 손상이 관찰되었다.

오존은 조직 내에서 자유 라디칼을 만들어 낸다. 자유 라디칼은 반응성이 매우 높으며, 지방의 과산화, 설파이드 작용기(−SH)의 산화 및 기타 파괴적 산화 과정을 야기할 수 있다. 오존의 영향으로부터

표 23.1 ATSDR에 나열된 물질

Acetone	1,3-Dichloropropene	Phenol
Acrolein	Dichlorvos	Phosgene
Acrylonitrile	Diethyl phthalate	Phosgene oxime
Aldrin/dieldrin	Diisopropyl-methylphosphonate (DIMP)	Phosphine
Aluminum	Di-*n*-butylphthalate	Phosphorus
Americium	Di-1,3-dinitrobenzene and 1,3,5-trinitro-benzene	Plutonium
Ammonia	Dinitrocresols	Polybrominated biphenyls (PBBs)
Aniline	Dinitrophenols	Polybrominated diphenyl ethers (PBDEs)
Antimony	2,4- and 2,6-Dinitro-toluene (HCCPD)	Polychlorinated biphenyls (PCBs)
Arsenic	Di-*n*-octylphthalate (DNOP)	Polycyclic aromatic hydrocarbons
Asbestos	Dioxins (CDDs)	Propylene glycol
Atrazine	Dibenzo-*p*-dioxins	Pyrethroids
Barium	Diphenylhydrazine	Pyridine
Benzene	Disulfoton	Radium
Benzidine	Endosulfan	RDX
2,3-Benzofuran	Endrin	Selenium
Beryllium	Ethion	Selenium hexafluoride
Bis(2-chloroethyl)ether	Ethylbenzene	Silver
Bis(chloromethyl)ether	Ethylene glycol	Sodium hydroxide
Blister agents (Lewisite)	Ethylene oxide	Stoddard 용매
Boron	Fluorides, hydrogen fluoride, and fluorine	Strontium
Bromodichloromethane	연료유	Styrene
Bromoform and di-bromochloromethane	Gasoline, automotive	Sulfur dioxide
Bromomethane	Heptachlor	Sulfur trioxide
1,3-Butadiene	Heptachlor epoxide	Sulfuric acid
2-Butanone	Hexachlorobutadiene	Synthetic vitreous fibers
2-Butoxyethanol	Hexachlorocyclohexane	1,1,2,2-Tetrachlor-oethane
Cadmium	Hexachlorocyclopentadiene	Tetrachloroethylene
Calcium or sodium hypochlorite	Hexachloroethane	Thallium
Carbon disulfide	Hexamethylene diisocyanate (HDI)	Thorium
Carbon tetrachloride	Hydrogen peroxide	Tin
Cesium	Hydrogen sulfide	Titanium tetrachloride
Chlordane	Iodine	Toluene
Chlorfenvinphos	이온화 복사	석유계 총 탄화수소
Clofenvinfos	Isophorone	Toxaphene
Chlorinated dibenzo-*p*-dioxins (CDDs)	제트 연료	Trichloroethane
Chlorodibenzofurans (CDFs)	Kerosene (연료유)	Trichloroethylene (TCE)
Dibenzofurans	Lead	Trichloropropane
Chloroethane	Malathion	Trinitrotoluene (TNT)
Chloroform	Manganese	2,4,6-Trinitrotoluene (TNT)
Chloromethane	4,4′-Methylenebis (2-chloroaniline)	Tungsten
Chlorophenols	Mercury	Uranium
Chlorpyrifos	Methoxychlor	Vanadium
Chromium	Methyl isocyanate	Vinyl acetate
Cobalt	Methyl mercaptan	Vinyl chloride
Copper	Methyl parathion	Xylene
Crankcase oil, used	Methyl *t*-butyl ether (MTBE)	Zinc
Creosote	Methylene chloride	
Cresols	Methylenedianiline	

표 23.1 ATSDR에 나열된 물질(계속)

Crotonaldehyde	Mirex and chlordecone
Cyanide	Naphthalene
DDT, DDE, DDD	1-Methylnapthalene
DEHP, di(2-ethyl-hexyl)phthalate	2-Methylnapthalene
Diazinon	Nerve agents (GA, GB, GD, VX)
Diborane	Nickel
1,2-Dibromo-3-chloropropane	Nitrobenzene
1,2-Dibromoethane	Nitrogen oxides
Dichlorobenzenes	Nitrophenols
Dichlorobenzidine	*N*-nitrosodimethylamine
1,1-Dichloroethane	*N*-nitrosodi-*n*-propylamine
1,2-Dichloroethane	Nitrosodiphenylamine
1,1-Dichloroethene	Otto fuel II
1,2-Dichloroethene	Pentachlorophenol
1,2-Dichloropropane	Perchlorates

출처: U.S. Agency for Toxic Substances and Disease Registry: http://www.atsdr.cdc.gov/spl/.

유기체를 보호하는 화합물로서는 라디칼 제거제(scavenger), 항산화제, 설프하이드릴 작용기를 가진 화합물을 들 수 있다.

23.2.2 백린

원소 상태의 백린(white phosphorus)은 호흡, 피부 접촉이나 구강을 통해 체내로 투입된다. 백린은 노출되는 부위와 작용 부위가 서로 다른 전신적 독성 물질이다. 백린은 빈혈, 위장 기관의 기능 장애, 뼈 골절 및 눈 손상의 원인이 된다. 또한 백린에 노출되면 **인에 의한 탈저(phossy jaw)**를 유발하고, 턱뼈의 질이 저하되어 나중에는 골절되게 된다.

23.2.3 원소 할로젠

플루오린(fluorine, F_2) 기체는 옅은 노란색의 매우 반응성이 큰 기체로서 강산화제이다. 이것은 독성 자극제로서 피부, 눈 조직, 그리고 코와 호흡기의 점막을 자극한다. **염소(chlorine**, Cl_2) 기체는 물과 반응하여 강한 산화제 용액을 만들어 낸다. 신체 조직이 염소에 노출되면 체내 호흡 기관의 습도로 인해 조직에 어느 정도의 손상을 입을 수 있다. 기관지는 공기 중 10~20 ppm의 염소 기체에 노출되는 즉시 자극을 받아 불쾌감을 느끼게 되며, 유독 물질의 존재를 알아챌 수 있게 된다. 짧은 시간이라도 1,000 ppm 정도의 Cl_2에 노출되면 치명적이다. 10.9절에서 논의된 바와 같이, 최근 미국에서 발생한 최악의 염소 중독 사건은 South Carolina의 Graniteville에서 발생하였다. 18대의 화물열차가 탈선하여, Cl_2 기체 55,000 kg을 대기 중에 방출시켰고, 이로 인해 9명이 사망한 사건이다. 고의로 대량의 염소를 방출하는 테러 행위에 대한 염려가 높아지고 있다.

브로민(bromine, Br_2)은 휘발성의 암적색 액체로서, 흡입하거나 섭취하면 유독하다. 브로민은 염소나 플루오린과 마찬가지로 호흡 기관이나 눈의 점막 조직을 강하게 자극하며 폐수종을 일으킨다. 브로민에 대한 독성학적 위험성은 자극성 냄새로 인해 회피 반응을 유도하기 때문에 다소 적은 편이다.

고체 **아이오딘(iodine**, I_2)은 브로민이나 염소와 마찬가지로 폐 자극성이다. 그러나 아이오딘은 증기압이 낮은 편이기 때문에 I_2 증기 노출은 제한적이다.

23.2.4 중금속

6.3절에서 수질 오염 물질로 언급되었던 **중금속(heavy metal)**은 화학적 결합 형태로 독성을 나타내는데, 그중에서도 특히 수은은 원소 형태로서 독성을 나타낸다. 가장 유독한 몇 가지 중금속과 준금속의 독성에 대해 다루어 보자.

베릴륨(beryllium, 원자량 9.01)은 사실 중금속은 아니지만 유해 독성 원소 중의 하나이다. 가장 심하게 중독될 경우 베릴륨 중독은 폐 섬유증(lung fibrosis)과 폐렴(pneumonitis)으로 발병되며, 잠복기는 약 5~20년이다.[1] 베릴륨은 과민제이며, 이것에 노출되면 피부 육아종(skin granulomas)이나 피부 궤양(ulcerated skin)이 발생한다. 베릴륨은 미국의 핵무기 개발 프로그램에 사용되었고, 현재까지 500~1,000건의 베릴륨 중독이 발생하였으며, 향후 노출된 작업자들에게서 추가로 발생할 가능성이 있다. 1999년 7월에 미국 에너지성에서는 베릴륨 중독의 사례를 인식하게 되어 희생자에 대한 보상 법안을 제출하였다. 이러한 노력으로 2000년에 에너지 근로자 직업병 보상 제도(EEOICP: Energy Employee Occupational Illness Compensation Program)가 도입되어, 베릴륨 중독으로 확인된 근로자들은 질환으로 인한 상해 배상과 치료비 명목으로 일시불로 150,000달러를 지급받게 되었다.

카드뮴(cadmium)은 몇몇 중요한 효소에 악영향을 끼친다. 또한 고통스러운 골연화증(osteomalacia)과 콩팥 손상을 유발한다. 산화 카드뮴 분진이나 증기를 흡입하면 부종이나 폐 상피 세포 흑반증(폐를 감싸고 있는 조직의 퇴화)이 특징인 카드뮴 폐렴(cadmium pneumonitis)을 초래한다.

납(lead)은 금속 형태의 납, 무기 화합물 및 유기금속 화합물로서 분포되어 있으며, 헤모글로빈의 합성 억제를 비롯한 수많은 독성 효과를 나타낸다. 중추 및 말초 신경계와 신장에도 악영향을 끼친다. 납의 독성 효과에 대해서는 폭넓게 연구되어 왔다. 2015/2016년에 미국 Michigan 주 Flint 시의 상수(음용수)에서 납이 발견되어 크게 언론의 주목을 받은 사례가 있다. 원인 조사 결과 상수원 변경으로 납 송수관이 부식되어 그 도시 전체에 납으로 오염된 음용수를 공급하는 결과를 초래하였다.

비소(arsenic)는 여러 종류의 독성 화합물을 형성하는 준금속(metalloid)이다. 독성을 지닌 +3가 산화물인 As_2O_3는 폐와 장을 통해 흡수된다. 생화학적으로 비소는 단백질을 엉기게 하고, 보조 효소와 착화합물을 형성하며, 에너지를 사용하는 데 필수 대사 과정에 필요한 아데노신 삼인산(ATP) 생성을 방해한다. 비소는 지난 세기 가장 큰 환경적인 재난을 초래했던 독성 물질 중의 한 종이다. 방글라데시의 우물 오염을 통한 비소 섭취의 재난적 결과에 대해 6.4절에서 이미 논의한 바 있다.

비소 중독에 관한 재미있는 역사적인 일화는 1900년대 초반까지도 오스트리아 남부 Alps 산맥을 횡단하며 밀수를 하였던 밀수꾼들 중 **비소 섭취자(arsenic eater)**에 관한 것이다. 그들은 자신의 등에 무거운 짐을 짊어지고 산맥을 통과하며 밀수를 한 댓가로, 지역 지방 정부가 거두어들이는 통행세를 내지 않을 수 있었다. 그들은 주당 두 차례씩 비상(삼산화 비소) 10 mg을 복용함을 시작으로 하여 주당 450 mg 이상으로 점점 섭취량을 증가시켰는데, 그 정도의 양이라면 비순응자를 죽일 수 있는 낮은 수준의 치사량의 거의 10배에 해당된다. 이로 인해 체내 대사를 호기성 당 대사 작용에서 무산소 젖산 대사로 전환함으로써 극한 고도에서 무거운 짐을 실어 나르는 데 필요한 에너지 충당이 가능하게 되었다. 이렇게 죽음에 이르는 독약을 몸에 순응시키려고 시도하다가 얼마나 많은 비소 섭취자가 죽음에 이르렀을까 궁금할 따름이다.

원소 상태의 **수은(mercury)** 증기는 호흡을 통해 체내로 침입하여 혈액 순환에 의해 뇌로 운반되어 혈액-뇌 사이의 장벽을 극복한다. 수은은 뇌의 물질대사 과정에 작용하여, 소심증, 불면증, 우울증, 짜증과 같은 정신병리학적 증상 및 떨림(tremor)을 나타낸다. 2가 수은 이온(Hg^{2+})은 신장을 손상시킨다. 다이메틸수은[$Hg(CH_3)_2$]과 같은 유기수은 화합물도 매우 유독한데, 놀랍게도 그런 연유로 인하여 처음 유기수은을 합성했던 초창기 연구자들의 대부분이 사망하였다.

23.3 독성 무기 화합물

23.3.1 사이안화물

사이안화 수소(hydrogen cyanide, HCN) 및 **사이안화염(cyanide salt**, CN^-를 포함한 화합물)은 모두 급성 독극물로 작용한다. 60~90 mg만 복용하더라도 사람이 죽기에 충분하다. 대사적으로 사이안화물은 철을 함유하고 있는 철 사이토크롬 산화 효소(21.6절 효소 참조) 중의 철(III)과 결합하여 체내에서 O_2를 사용하는 산화적 인산화(phosphorylation) 과정에서 철(II)로 환원되는 것을 방해한다. 이것은 세포 속에서 산소를 사용하지 못하도록 하기 때문에 대사 반응이 중단된다.

23.3.2 일산화 탄소

일산화 탄소(CO)는 예기치 않은 중독 사고의 가장 흔한 원인이다. 공기 중 10 ppm의 농도 수준에서는 판단력과 시각적 인식 능력에 손상을 입는다. 100 ppm 정도에 노출되면 현기증, 두통 및 피로감을 유발시킨다. 250 ppm 수준에서는 의식을 잃고, 1,000 ppm 수준을 흡입하면 급사한다. 일산화 탄소에 저농도로 만성적으로 장기간 노출되면 호흡 기관과 심장에 장애를 일으킨다고 알려져 있다.

폐를 통해 혈액 내로 침투한 일산화 탄소는 헤모글로빈(Hb)과 반응하여 옥시헤모글로빈(O_2Hb)을 카복시헤모글로빈(COHb)으로 변환시킨다.

$$O_2Hb + CO \rightleftharpoons COHb + O_2 \tag{23.1}$$

이러한 경우에 헤모글로빈은 유독 물질인 일산화 탄소의 수용체(22.7절)로 작용한다. 카복시헤모글로빈은 옥시헤모글로빈보다 훨씬 더 안정해서 헤모글로빈이 신체 조직으로 산소를 이동시키는 것을 방해한다. 앞서 설명한 반응의 평형 상수는 다음과 같다.

$$\frac{[COHb]}{[O_2Hb]} = M \times \frac{P_{CO}}{P_{O_2}} \tag{23.2}$$

여기에서 [COHb]와 $[O_2Hb]$는 평형 상태에서 각각 혈액 중 카복시헤모글로빈과 옥시헤모글로빈의 농도이고, P는 대기 중 CO와 O_2의 부분 압력이며, M은 Haldane 상수로서 210~220의 범위가 성인의 헤모글로빈에서 통상 사용되는 수치이다.

23.3.3 질소 산화물

가장 일반적인 유독한 질소 산화물 두 가지는 NO와 NO_2로서, 그중 NO_2가 좀 더 유독한 것으로 알려져 있다. 이산화 질소는 폐의 가장 깊숙한 부분까지 심한 자극을 유발하여 폐수종을 일으킨다. 심하게 노출된 경우에는, NO_2에 노출된 후 거의 3주 이내에 치명적인 폐쇄성 세기관지염(bronchiolitis fibrosa obliterans)이 발병할 수도 있다. 200~700 ppm의 NO_2를 함유하는 공기를 잠깐 흡입하는 것만으로 사망에 이를 수 있다. 생화학적으로 NO_2는 23.2절에서 언급되었던 강산화제 오존과 아주 흡사하게 작용하는데, 젖산 탈수소 효소와 몇몇 다른 효소계를 교란한다. 자유 라디칼, 특히 HO•는 체내에서 질소 산화물의 작용으로 생성되는 것이라고 생각되는데, 체내 불포화 지방의 C=C 이중 결합을 공격하여 O_2 존재하에서 연쇄 반응함으로써 산화 분해에 이르는 **지질 과산화(lipid peroxidation)**를 야기시킬 수도 있다.

아산화 질소(nitrous oxide, N_2O)는 산화성 기체로, 구강 외과에서 일반적인 마취제로서 사용된다. 이 기체는 한때 '웃음 기체(laughing gas)'로 알려졌는데, 1800년대 후반에 그리 착실하지 못했던 빅토리아 여왕 시대의 몇몇 선조들이 개최한 파티에서 '오락 기체(recreational gas)'로 사용되었다. 아산화 질소는 중추 신경 억제제이며 질식 작용제로 사용된다.

23.3.4 할로젠화 수소

할로젠화 수소(일반식 HX, 여기에서 X는 F, Cl, Br, I)은 비교적 유독한 기체이다. 이들 중 가장 널리 사용되는 기체가 HF와 HCl이다. 이들의 독성에 대해 이 절에서 다루어 보자.

23.3.5 플루오린화 수소

플루오린화 수소(hydrogen fluoride, HF, 녹는점 −83.1°C, 끓는점 19.5°C)는 무색 투명한 액체 또는 기체, 또는 30~60% 불산(hydrofluoric acid) 수용액으로 사용되는데, 여기서는 둘 다 HF라고 언급하였다. 이들 두 가지는 신체 어느 부위에 접촉되더라도 심한 자극을 주며, 영향을 받은 상기도관(upper respiratory tract) 부위에 궤양을 유발시킨다. HF와 접촉되어 생긴 상처는 쉽게 회복되지 않으며 썩어 들어가기도 한다.

몇몇 음용수를 공급하는 정수장에서는 충치 예방 목적으로 약 1 ppm 정도의 플루오린화물을 투여하곤 한다. NaF와 같은 가용성 플루오린화염의 용액 내에서 높은 농도의 플루오린화 이온(F^-)은 독성을 띠며, 골격 이상(bone abnormalities)이나 반상치 또는 연화치와 같은 증상을 보이는 **불소증(fluorosis)**의 원인이 된다. 가축은 방목지의 불소 낙진으로 인한 중독에 특히 취약하다. 심한 경우 동물은 다리를 절고 죽기까지 한다. 독성을 나타내는 수준의 불소는 통상 산업 공해로부터 온다. 10.9절에서 논의되었듯이, 역사상 가장 파괴적인 대량 불소 중독은 Laki 화산의 분출을 포함한 1783~1784년 사이의 8개월 기간 동안 아이슬란드에 방출되었던 약 800만 톤의 플루오린화 수소로 인해 발생하였다. 이 오염으로 인해 섬에 있는 양의 80%, 소의 50%, 말의 50%가 치아 및 골격 불소증으로 사망하였다. 이 폭발의 결과로 사망한 아이슬란드 인구의 약 1/4이 불소 중독에 기인한 것으로 추정된다.

23.3.6 염화 수소(염산)

기체상 **염화 수소(hydrogen chloride**)와 그 수용액을 **염산(hydrochloric acid**)이라고 하는데, 둘 다 HCl로 표기하며 HF보다는 훨씬 덜 유독하다. 염산은 인간이나 다른 동물들의 위 속에서 묽은 용액으로 존재하는 천연의 생리학적 액체이다. 그러나 HCl 증기를 흡입하면 폐수종뿐만 아니라 후두 경련을 일으키며 심지어 고농도에서는 사망에 이르게 된다. 염화 수소 증기는 물에 대한 친화력이 크기 때문에 눈이나 호흡 기관 조직 중에 있는 수분을 탈수시키는 경향이 있다.

23.3.7 할로젠 간 화합물과 할로젠 산화물

ClF, BrCl, BrF_3을 비롯한 할로젠 간 화합물(interhalogen compound)은 극히 반응성이 크고 강력한 산화제이다. 이들은 물과 반응하여 할로젠화 수소산 용액(HF, HCl) 및 산소 원자({O})를 생성한다. 할로젠 간 화합물은 너무 반응성이 커서 자기들의 원래의 화학적인 상태로 생물계에 침입할 수 없으므로, 화학물을 이루는 물질들의 원소 형태와 동일하게 조직을 산성화시키고, 산화시키며 탈수케 하는 부식성 자극제로 행동한다. 이러한 특징으로 인해 피부, 눈, 구강 점막, 식도, 호흡 기관이 특히 이들과의 접촉에 민감하다.

일산화 플루오린(OF_2), 일산화 염소(Cl_2O), 이산화 염소(ClO_2), 칠산화 이염소(Cl_2O_7) 및 일산화 브로민(Br_2O)을 포함한 주요 할로젠화물은 불안정하고 반응성이 높으며, 앞에서 논의한 할로젠 간 화합물과 유사한 독성이 있는 화합물이다. 이산화 염소는 가장 일반적으로 쓰이는 할로젠 산화물로서, 악취 제거용 및 목재 펄프의 표백용으로 사용된다. 이산화 염소는 상수 소독용 염소의 대용으로 사용되며, 특히 트라이할로메테인(trihalomethanes) 같은 바람직하지 못한 화학적 부산물이 거의 발생하지 않는다.

할로젠에 의해 생성된 가장 중요한 산소산(oxyacid) 및 산소산염은 하이포아염소산(hypochlorous acid, HOCl)과 NaOCl과 같은 하이포아염소산염(hypochlorite)으로서, 표백 및 소독용으로 쓰인다.

하이포아염소산염은 눈, 피부 및 점막 조직을 자극하는데, 그것은 이들이 작용하여(아래 반응에서 보인 것처럼) 반응성이 큰 산소 원자({O})와 산을 생성하기 때문이다.

$$HClO \rightarrow H^{+} + Cl^{-} + \{O\} \quad (23.3)$$

23.3.8 무기 규소 화합물

실리카(silica, SiO_2, 석영)는 모래, 사암 및 규조토(diatomaceous earth)와 같이 여러 가지 형태의 암반에 존재한다. 건축 자재 분진, 모래 분사 및 기타 발생원으로부터 발생하는 실리카에 노출되어 발병하는 **규폐증(silicosis)**은 매우 흔한 직업병이다. 폐결절(lung nodule)의 원인이 되고, 폐렴이나 기타 폐병에 더욱 걸리기 쉽게 만드는 일종의 폐섬유증(pulmonary fibrosis)인 규폐증은 유해한 산업 폐기물에 노출되어 발생하는 대표적 직업병이다. 이 병으로 인해 산소 결핍이나 심한 경우에는 심장 마비로 인해 사망할 수 있다.

실레인(silane, SiH_4)과 다이실레인(disilane, H_3SiSiH_3)은 H−Si 결합을 가진 대표적인 무기 **실레인(silane)**이다. H가 알킬기로 치환된 여러 가지의 유기('유기금속') 실레인이 있다. 실레인의 독성에 대한 알려진 정보는 거의 없다.

사염화 규소($SiCl_4$)는 유일하게 산업적으로 중요한 **테트라할로젠화 규소(silicon tetrahalide**, 일반식은 SiX_4, X는 할로젠) 화합물이다. **규소 할로수소화물(silicon halohydride)**은 일반식이 $H_{4-x}SiX_x$로서, 이염화 실레인(SiH_2Cl_2)과 삼염화 실레인($SiHCl_3$)이 시판되고 있다. 이 화합물들은 유기규소 화합물의 합성과 반도체용 고순도 규소 중간체로 사용된다. 사염화 규소와 삼염화 실레인은 물과 반응하여 HCl 증기를 내는 자극성 액체로, 숨이 막힐 것 같은 냄새를 풍기며, 눈, 코 및 폐 조직을 자극한다.

23.3.9 석면

석면(asbestos)은 섬유상 규산염 광물 그룹 집단에 주어진 이름이며, 대략적 화학식은 $Mg_3(Si_2O_5)(OH)_4$인 사문석 그룹에 속한다. 석면은 건축 자재, 브레이크 라이닝, 절연재 및 파이프 제조에 폭넓게 사용되어 왔다. 석면을 흡입하면 석면 침착증(폐렴 증세), 중피종(mesothelioma, 폐에 인접하여 흉강을 감싸고 있는 중피 조직의 종양) 및 기관지암(bronchogenic carcinoma, 폐의 기도에서 발단된 암)의 원인이 되기 때문에 석면의 사용이 크게 격감되어 왔으며, 건축물로부터 석면을 제거하기 위한 대대적인 계획이 추진되어 왔다.

23.3.10 무기 인 화합물

포스핀(phosphine, PH_3)은 100°C에서 자연 발화되는 무색 기체로서 산업 공정 및 실험실에서 유해하게 작용할 수 있다. 포스핀 기체의 중독 증상은 기관지 자극, 중추 신경계 기능 저하, 피로, 구토, 고통스러운 호흡 곤란 등이다.

십산화 사인[tetraphosphorus decoxide, P_4O_{10}, 흔히 오산화 인(P_2O_5)이라고도 함]은 원소 인을 연소시킴으로써 솜털 같은 흰색 분말로 얻어지며, 공기 중 수분과 반응하여 시럽과 같은 오쏘인산이 된다. 이와 같은 반응과 탈수 작용으로 산이 형성되기 때문에 P_4O_{10}은 피부, 눈, 점막을 자극하여 상하게 한다.

할로젠화 인(phosphorus halide)은 대개 PX_3나 PX_5 형태로 나타내는데, 그중에서도 가장 중요한 할로젠화 인은 오염화 인으로서, 유기 합성의 촉매, 염소 첨가 반응 시약 및 옥시염화 인($POCl_3$) 제조 원료로 사용된다. 할로젠화 인은 물과 격렬하게 반응하여 할로젠화 수소와 옥소 인산을 생성한다. 할로젠화 인은 눈, 피부 및 점막에 대한 강한 자극제이다.

$$PCl_5 + 4H_2O \rightarrow H_3PO_4 + 5HCl \quad (23.4)$$

표 23.2 무기 황 화합물

화합물 이름	화학식	성질
다이플루오린화 이황	S_2F_2	무색 기체, m.p −104°C, b.p 99°C, HF와 유사한 독성
테트라플루오린화 황	SF_4	기체, b.p −40°C, m.p −124°C, 강력한 자극제
헥사플루오린화 황	SF_6	무색 기체, m.p −51°C, 순수할 때는 놀랍도록 무독성이지만, 독성이 있는 낮은 산화 상태의 플루오린화물로 자주 오염됨
이염화 이황	S_2Cl_2	기름 같이 미끈미끈하고 증기를 내는 오렌지색 액체, m.p −80°C, b.p 138°C, 눈, 피부, 폐에 대한 강한 자극제
사염화 황	SCl_4	황갈색 기체 또는 액체, m.p −30°C, 0°C 이하에서 분해, 자극제
삼산화 황	SO_3	황산의 고체 무수물로서 수분 또는 수증기와 반응하여 황산 생성
염화 설퓨릴	SO_2Cl_2	무색 액체, m.p −54°C, b.p 69°C, 유기 합성용으로 이용, 부식성의 독성 자극제
염화 싸이오닐	$SOCl_2$	무색에서부터 오렌지색에 이르는 증기를 내는 액체, m.p −105°C, b.p 79°C, 독성 부식성 자극제
황화 카보닐	COS	천연가스나 석유 정제 과정에서의 휘발성 액체 부산물, 독성 마취제
이황화 탄소	CS_2	무색 액체, 화공 약품, 마취제, 중추 신경 마취제

상업적으로 이용되는 주요 **옥시할로젠화 인(phosphorus oxyhalide)**은 옥시염화 인($POCl_3$)으로, 연노란색의 발연 액체이다. 옥시염화 인은 물과 반응하여 염산 및 포스폰산[$HPO(OH)_2$]의 독성 증기를 생성하여 눈, 피부 및 점막을 강하게 자극한다.

23.3.11 무기 황 화합물

달걀 썩은 불쾌한 냄새를 풍기는 무색의 **황화 수소(hydrogen sulfide)**는 매우 유독하다. H_2S를 흡입하면 어떤 경우에는 사이안화 수소보다 더 빨리 사망에 이른다. 약 1,000 ppm 이상의 H_2S를 포함하는 공기에 노출되면 호흡 기관 마비로 인해 질식하기 때문에 즉사한다. 좀 더 적은 양이 투여되는 경우, 중추 신경계 손상으로 인해 두통, 현기증, 흥분 증상을 보인다. 일반적으로 무기력 증상이 H_2S의 만성 중독 증상 중 하나이다.

이산화 황(sulfur dioxide, SO_2)은 물에 녹아 아황산(H_2SO_3), 아황산 수소 이온(HSO_3^-), 아황산 이온(SO_3^{2-})을 만든다. 물에 대한 용해도 때문에 이산화 황은 상기도에서 대부분 제거된다. 이산화 황은 눈, 피부, 점막, 호흡 기관을 자극한다. 몇몇 사람들에서는 화학적 식품 방부제로 쓰여 왔던 아황산 소듐에 대한 과민 반응이 나타나기도 한다. 예민한 사람들에 대한 위험 요소 때문에 아황산 소듐은 1990년 초반부터 미국에서의 사용이 엄격히 제한되었다.

합성 화학 제품 생산량에서 1등인 황산(sulfuric acid, H_2SO_4)은 심한 부식성 독극물이며, 농축 액상의 탈수제이다. 황산은 피부로 빠르게 침투하여 피하 조직에 이르러 심한 열화상을 입은 것과 같은 효과를 내는 조직 흑반증을 야기한다. 황산 증기와 연무는 눈이나 호흡 기관 조직을 자극하고, 직업상 노출로 인해 근로자의 치아 부식을 일으켰다.

중요한 황의 할로젠화물, 산화물, 옥시할로젠화물을 표 23.2에 실었다. 이들 화합물의 주된 독성 효과에 대해서도 같은 표에 나타냈다.

23.3.12 과염소산 이온

과염소산 이온(ClO_4^-)은 화학적으로 반응성이 없어 오랫동안 독성학적으로 의미가 없는 것으로 여겨져 왔으나, 최근 갑상샘이 적절한 기능을 유지하는 데 필요한 아이오딘화 이온(I^-)의 역할을 방해하는 것으로 보고되었다. 생리학적으로 ClO_4^-는 I^-와 경쟁하여 갑상샘에 흡수되는 아이오딘화 이온(I^-)의 양을 감소시킴으로써 심지어는 갑상샘 기능항진증(hyperthyroidism)을 치료하는 데도 사용되어 왔다. ClO_4^-와의 경쟁으로 I^-의 흡수가 감소되면 갑상샘 호르몬의 생성이 억제된다. 이것은 출생 전후 뇌 발달과 관련된 갑상샘 호르몬의 역할과 관련하여 특히 우려된다. 과염소산염에 의한 아이오딘화 이온의 억제가 개구리를 대상으로 연구되었다.[2] 물 오염 물질인 ClO_4^-는 양서류 개체의 수컷, 암컷의 성비를 변화시키고, 개구리의 경우 올챙이에서 성체로 변태(metamorphosis)하는 것을 방해하였다.

이 책의 다른 부분에서 논의했던 바와 같이, 다양한 종류의 유기금속 화합물이 환경 중에서 발견된다. 여러 해 동안 사용되어 왔던 몇몇 유기금속 화합물, 즉 의약용 유기비소, 유기수은 살균제, 노킹 방지용 가솔린 첨가제인 테트라에틸 납의 독성학적 특성은 잘 알려진 사실이다. 그러나 현재 반도체, 촉매 및 화학 합성에 쓰이고 있는 비교적 새로운 유기금속 화합물에 대해서는 경계하는 것이 바람직하다.

23.3.13 유기금속 화합물

유기금속 화합물은 신체 내에서 보통 무기물 형태의 금속과는 다르게 행동한다. 이것은 대부분 무기물 형태에 비해 유기금속 화합물이 유기물적 특성을 가지고 있으며, 지질에 대한 용해도가 크기 때문이다.

23.3.14 유기납 화합물

아마도 가장 잘 알려진 독성 유기금속 화합물은 테트라에틸납[$Pb(C_2H_5)_4$]으로서 옥탄가를 높이기 위해 휘발유 첨가제로 널리 사용되었던 무색의 유성 액체이다. 테트라에틸납은 강한 친유성을 나타내며, 흡입, 섭취, 피부를 통한 흡수 등 일반적인 세 가지 경로로 체내에 침투한다. 체내에서 무기 화합물과는 달리 작용하면서 중추 신경계에 영향을 주어 피로, 허약, 불면, 운동 실조(ataxia), 정신 착란 및 경련과 같은 증상을 나타낸다. 심한 납 중독은 회복되기가 매우 더디다. 테트라에틸납에 심하게 중독된 경우, 노출 후 하루 이틀 내에 사망한다.

23.3.15 유기주석 화합물

상업용으로 가장 많이 사용되는 유기금속 화합물의 하나인 유기주석 화합물은 염화 삼뷰틸주석 및 이와 관련된 삼뷰틸주석(TBT) 화합물과 같은 것들이다. 이와 같은 화합물들은 살균, 살진균 및 살충 효과를 지닌다. 유기주석 화합물들은 산업용 살생물제로 광범위하게 사용되어 환경학적으로 매우 중요하였지만, 최근에는 환경에 미치는 영향 및 독성으로 인해 점점 사용이 제한되고 있는 추세이다. 유기주석 화합물은 피부를 통해 빠르게 흡수되며, 피부 발진을 유발하기도 한다. 이들은 단백질에 있는 황 작용기와 결합하여 미토콘드리아 기능을 방해한다.

23.3.16 카보닐

독성으로 인해 극히 유해한 것으로 여겨지는 금속 카보닐에는 니켈 테트라카보닐[$Ni(CO)_4$], 코발트 카보닐, 철 펜타카보닐 등이 있다. 몇몇 유해한 카보닐은 휘발성이 있어서 호흡 기관이나 피부를 통해 체내로 쉽게 스며든다. 카보닐 자체도 조직에 직접 독성 효과를 미치며, 분해된 뒤에는 일산화 탄소와 금속 생성물을 만들어 부수적인 독성 효과를 나타낸다.

23.3.17 유기금속 화합물의 반응 산물

유기금속 화합물이 연소되어 유독 물질을 생성하는 실례가 다이에틸아연이 연소하는 반응이다.

$$Zn(C_2H_5)_2 + 7O_2 \rightarrow ZnO(s) + 5H_2O(g) + 4CO_2(g) \tag{23.5}$$

산화 아연은 치료제와 식품 첨가제로 쓰인다. 그런데 아연 유기금속 화합물이 연소하여 생성되는 산화 아연 입자를 흡입하면 월요일 아침 증후군으로도 알려진 아연 **금속 증기열(metal fume fever)**, 주물 열, 제련소 오한, 용접공 아그 및 아연 도금 중독을 유발한다. 이로 인해 열이 오르고 '오한'을 느끼게 된다.

23.4 유기 화합물의 독성학

23.4.1 알케인계 탄화수소

기체 상태의 메테인, 에테인, 프로페인, *n*-뷰테인과 아이소뷰테인(둘 다 C_4H_{10})은 공기와 쉽게 혼합되어 호흡에 필요한 공기를 충분한 산소를 가지지 않는 상태로 만들어 **질식제(asphyxiant)**로서 역할을 한다. 작업장에서 액체 상태의 탄화수소를 취급하며 발생할 수 있는 가장 일반적인 독성학적 문제점은, 피하 지방기를 녹여 냄으로써 피부가 붓고 건조해져 비늘처럼 벗겨지는 피부염이다. 탄소 수가 5~8개 범위의 휘발성 *n*-알케인 및 가지 사슬 알케인류를 흡입하면, 중추 신경계 저하를 유발하며 현기증이나 근육 조정 능력의 상실을 나타내게 된다. *n*-헥세인 및 사이클로헥세인에 노출되면, 마이엘린(myelin, 신경 섬유 외피를 구성하는 지방질)을 손상시키거나 축삭 돌기(신경 자극을 세포로부터 전달시키는 신경 세포 부분)를 퇴화시킨다. 이로 인해 근육 허약이나 손발의 감각 기능 저하를 비롯한 신경 계통의 **복합성 장애(polyneuropathy)**를 초래한다. 체내에서 *n*-헥세인은 2,5-헥세인다이온으로 대사되는데, 이것은 제1상 산화 생성물로서 중독된 개체의 소변에서 발견되며, *n*-헥세인에 노출되었다는 생물학적 감시자로서 사용된다.

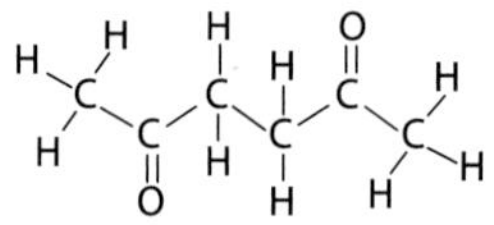

2,5-Hexanedione

23.4.2 알켄 및 알카인계 탄화수소

에틸렌은 약간의 향을 지닌 무색 기체로서, 동물에 대해서는 질식제나 마취제의 독성을 나타내며, 식물에도 독성이 있다. 프로필렌(C_3H_6)의 독성학적 성질은 에틸렌과 매우 유사하다. 무색, 무취의 기체인 1,3-뷰타다이엔은 눈과 호흡 기관 점막을 자극한다. 고농도에서는 의식 불명이 되거나 심지어 사망에 이를 수 있다. 이 물질은 동물에 대해 암을 유발하며, 역학 연구에 따르면 인간 발암물질로 알려졌

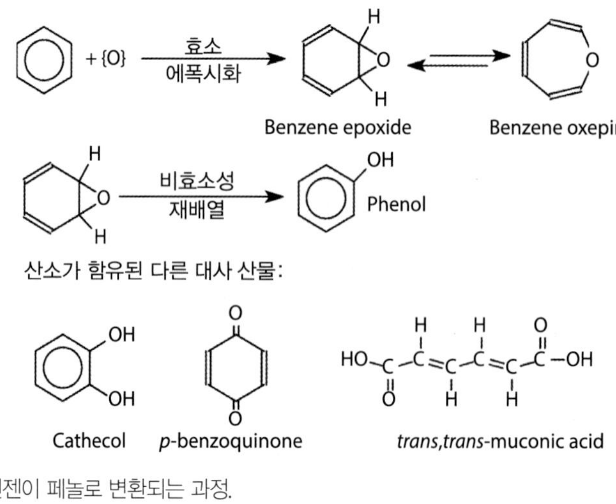

그림 23.1 체내에서 벤젠이 페놀로 변환되는 과정.

다. 아세틸렌(H−C≡C−H)은 마늘 냄새가 나는 무색 기체이다. 이것은 질식제나 마취제 역할을 하고 두통, 현기증, 위장 장애를 유발한다. 이러한 증상들은 시판 제품 중에 존재하는 불순물로 인해 발생할 수 있다.

23.4.3 벤젠과 방향족 탄화수소

흡입된 벤젠은 혈액으로 쉽게 흡수되어 지방 조직으로 강력하게 축적된다. 대사되지 않은 벤젠은 가역적 과정에 의해 폐를 통해 배출된다. 그림 23.1에서 보여지는 것처럼, 벤젠은 간 속에서 제1상 산화 반응(22.6절 참조)에 의해 페놀로 변환된다. 이 반응을 통해 생성된 중간체인 벤젠 에폭사이드가 벤젠의 독특한 독성에 대한 원인이 되며, 뼈 속의 골수에도 손상을 입히게 된다. 페놀 이외에도 몇 가지 다른 산소가 함유된 벤젠 유도체가 생성되는데, 벤젠 고리가 끊어지면서 생성되는 *trans,trans*-뮤콘산(muconic acid)이 그 예이다.

벤젠은 피부 자극제로서, 국부 노출된 부위의 농도가 높아질수록 피부의 붉은 반점(erythema), 타는 듯한 감각, 수액 축적(edema), 수포 생성으로 증상이 악화된다. 약 7 g/m^{3}의 벤젠을 함유한 공기를 흡입하면 1시간 이내에 급성 중독 현상이 나타나며, 중추 신경계의 마비로 인해 점진적으로 흥분, 우울, 호흡 기관 쇠약의 증상 및 사망할 수 있다. 약 60 g/m^3 이상의 벤젠을 함유한 공기를 흡입하면 수 분 이내에 사망할 수 있다.

낮은 농도의 벤젠에 장기간 노출되면 피로, 두통, 식욕 감퇴를 비롯한 비특정 증상을 보인다. 만성적인 벤젠 중독은 백혈구 감소, 혈액 임파구(blood lymphocytes, 림프샘에서 혈액으로 분비되는 무색의 혈구)의 비정상적인 증가, 빈혈, 혈액 응고에 필요한 혈소판 수의 감소, 골수 손상 등을 포함하는 혈액 계통의 이상을 유발한다. 골수이형성증후군, 백혈병, 또는 암을 유발할 수도 있는 것으로 생각되고 있다.

23.4.4 톨루엔

톨루엔은 101.4°C에서 끓는 무색 액체로서, 흡입이나 섭취를 통해 중간 정도의 독성을 나타내는 물질이며, 피부 노출에 의한 독성은 낮다. 톨루엔은 대기 중 200 ppm 농도까지는 특별한 질병 증세를 나타내지 않는다. 500 ppm 이상의 농도에 노출되면 두통, 메스꺼움, 권태 및 특별히 감지할 만한 생리적 증상 없이 조정 능력을 상실한다. 대량의 톨루엔에 노출되면, 마취 증세를 보이고 혼수 상태에 이를 수 있다. 톨루엔은 지방족 곁사슬을 포함하여 효소 산화를 통해 체외로 쉽게 배출(그림 22.2의 물질대사 반응 도표 참조)되는 대사 산물로 변화되기 때문에, 벤젠보다 훨씬 독성이 약하다.

23.4.5 나프탈렌

벤젠의 경우에서처럼, 나프탈렌(naphthalene)도 방향족 고리상에 에폭시기를 생성시키는 제1상 산화 반응이 일어난다. 이 반응 다음으로 제2상 포합 반응이 진행되어 소변을 통해 체외로 배출될 수 있는

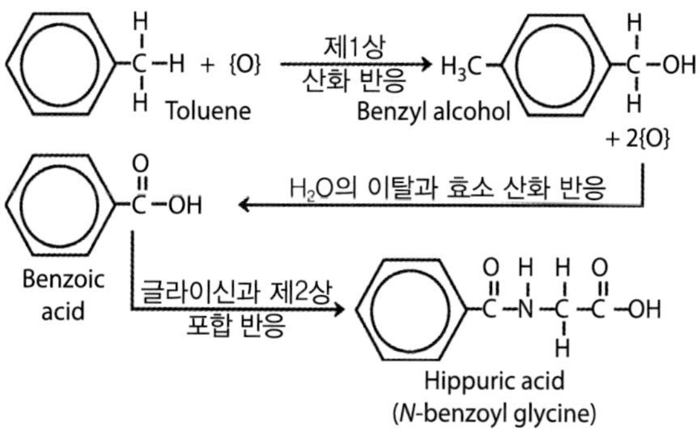

그림 23.2 톨루엔은 포합 반응에 의한 물질대사적 산화 반응으로 히푸르산이 되어 소변으로 배설된다.

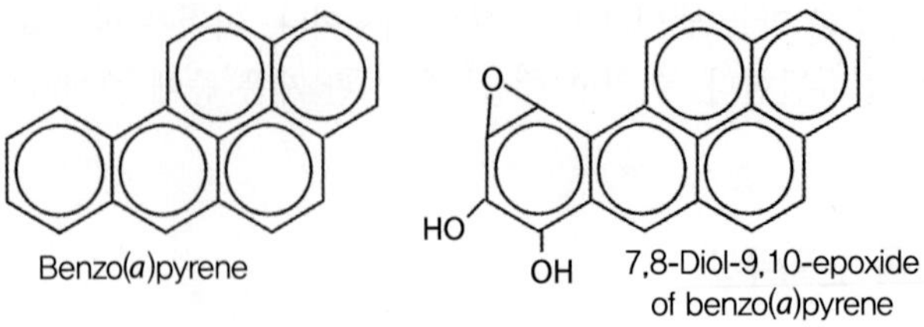

그림 23.3 벤조[a]피렌과 그것의 발암성 대사 산물.

대사 물질을 생성한다.

나프탈렌에 노출되면 빈혈 및 적혈구, 헤모글로빈의 현저한 감소 및 유전적으로 민감한 사람에게는 헤마토크릿(hematocrit)이 유발된다. 나프탈렌은 피부 자극이나 예민한 사람에게는 심한 피부염을 유발한다. 나프탈렌을 흡입하거나 섭취하면 두통, 어지러움, 구토 증세를 보인다. 중독이 심한 경우에는 신장이 쇠약해져 사망하게 된다.

23.4.6 다환 방향족 탄화수소

벤조[*a*]피렌(9.4절 참조)은 다환 방향족 탄화수소(PAHs) 중 가장 많이 연구되는 화합물이다. PAH 화합물의 몇몇 대사 물질, 특히 그림 23.3에서 보인 벤조[*a*]피렌에서 산출된 7,8-다이올-9,10-에폭사이드는 발암성인 것으로 알려져 있다. 이런 대사 물질 중에는 두 가지 입체 이성질체가 존재하는데, 둘 다 돌연변이원성과 발암성인 것으로 알려져 있다. 이들은 DNA와 첨가 반응을 일으킨다.

23.4.7 산소를 함유한 유기 화합물

23.4.7.1 산화물

산화 에틸렌(ethylene oxide)이나 산화 프로필렌(propylene oxide)과 같은 탄화수소 **산화물(oxides)**은 두 개의 인접한 탄소 원자 사이를 연결하는 산소 원자 다리 구조의 **에폭사이드(epoxide)** 작용기가 특징적이며, 자주 사용되는 물질이고, 독성이 있다.

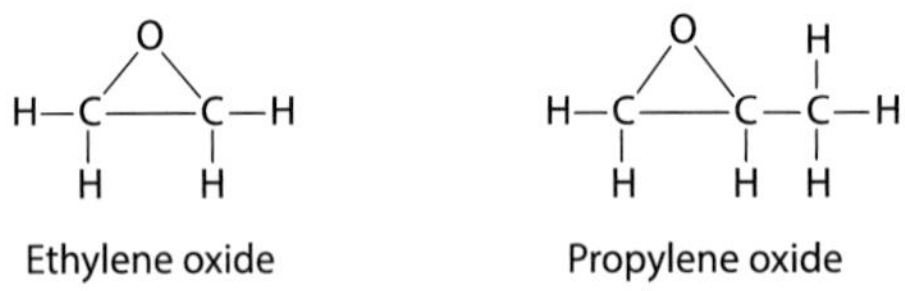

무색의 향내나는 가연성의 폭발성 기체인 산화 에틸렌은 화학적 중간체, 멸균제, 살균제로 사용되며, 중간 정도의 독성을 나타내며, 실험용 동물에 대해 돌연변이원성이며 발암성이다. 이런 기체를 비교적 낮은 농도로 흡입하면 호흡 기관 자극, 두통, 무력감, 호흡 곤란을 초래하며, 고농도에 노출되면 청색증, 폐수종, 신장 손상, 말초 신경 손상 등의 증상이 나타나며, 심한 경우 사망에 이르게 된다. 산화 프로필렌은 산화 에틸렌과 유사한 용도를 가진 무색의 반응성이 좋은 휘발성 액체(끓는점 34°C)이며, 비록 덜 심하지만 비슷한 독성 효과를 나타낸다. 1,3-뷰타다이엔의 산화물인 1,2,3,4-뷰타다이엔 에폭사이드의 독성은 DNA−DNA 또는 DNA−단백질 가교 결합을 만들 수 있는, 직접 작용하는 (1차) 발암 물질인 것으로 유명하다.[3]

23.4.7.2 알코올

사람은 그림 23.4에 나타낸 세 가지 비교적 가벼운 분자량의 알코올에 노출되는 것이 일반적인데, 그 까닭은 이들이 산업 용품이나 소비자 제품으로 폭넓게 사용되기 때문이다.

메탄올은 우연히 흡입하였거나 음용 가능한 에탄올 대용으로 오용되어 많은 사상자를 낸 것으로, 체

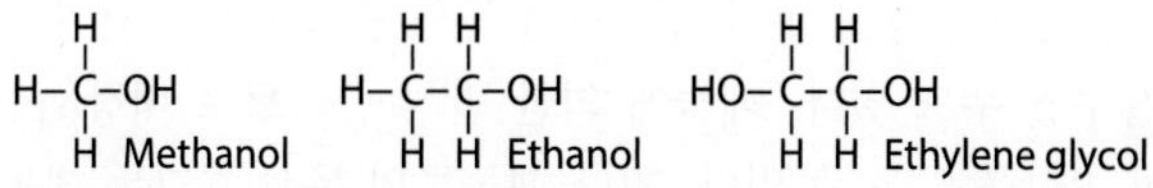

그림 23.4 하이드록실기가 지방족이나 올레핀계 탄화수소 골격에 치환된 세 가지 산소 치환 화합물인 알코올류.

내에서 대사되어 폼알데하이드 및 폼산으로 산화된다. 이러한 산물들은 산 과다증과 더불어, 중추 신경계 및 시신경에 영향을 끼친다. 치사량 정도로 급성 노출되면 처음에는 가볍게 술이 취한 상태로 되다가 10~20시간 안에 의식 불명, 심장 기능 저하, 사망으로 이어진다. 치사량 이하로 노출되는 경우 시신경 및 망막 신경절 세포가 손상으로 실명하게 된다. 메탄올 증기를 장기간 흡입하면 만성적인 저농도 노출 증세가 나타날 수 있다.

에탄올은 보통 위장에서 흡수되지만, 폐포에 의해 증기로 흡수될 수도 있다. 에탄올은 대사적으로 메탄올보다 훨씬 빨리 산화되어, 처음에는 아세트알데하이드(이 절의 다음에 논의됨)로 되었다가 CO_2로 된다. 에탄올은 중추 신경계 마비로 야기되는 여러 가지 급성 효과를 나타낸다. 급성 효과로서는 0.05% 혈중 알코올 농도에서 자제력 감소와 행동 반사가 느려지며, 점차 흥분 및 인사불성을 거쳐 0.5% 이상의 혈중 알코올 농도에서 사망에까지 이르게 된다. 에탄올은 또한 다수의 만성 중독 효과를 가지고 있으며, 그중에는 알코올 중독 및 간경변이 가장 일반적이다.

에틸렌 글라이콜은 자동차 냉각 장치에서 폭넓게 쓰이고 있지만, 증기압이 낮기 때문에 이것에 노출되는 경우는 드물다. 그러나 에틸렌 글라이콜을 몇 방울만이라도 흡입하면 매우 위험하다. 체내에서 에틸렌 글라이콜은 처음에는 중추 신경계를 자극하다가 그 다음 기능을 저하시킨다. 에틸렌 글라이콜의 대사 과정 중 중간 대사 물질로 형성되는 글라이콜산($HOCH_2CO_2H$)은 산혈증(acidemia)의 원인이 되고, 산화가 더 진행되어 생성된 옥살산은 옥살산 칼슘(CaC_2O_4) 형태로 신장에서 결석을 생성한다.

1-뷰탄올은 자극제이지만 증기압이 낮아 독성은 그리 문제되지 않는다. 불포화(알케닐) 알릴 알코올($CH_2=CHCH_2OH$)은 자극성 냄새가 나며, 눈, 구강, 폐를 강하게 자극한다.

23.4.7.3 페놀류

그림 23.5는 지방족 알코올이나 올레핀 알코올과는 매우 다른 성질을 가진 방향족 알코올류인 몇몇 중요한 페놀 화합물을 보여 준다. 방향족 고리에 결합된 나이트로기($-NO_2$)와 할로젠 원자(특히 Cl)는 페놀 화합물의 화학적 및 독성학적 거동에 영향을 준다.

페놀은 처음에는 상처 및 수술 시 소독제로 사용되었지만, 사실 모든 종류의 세포에 손상을 주는 원형질 독성(protoplasmic poison)이 있는 물질이다. 일반적으로 광범위하게 사용된 이후로, '놀랄 만한 숫자의 중독 사건'의 원인이 페놀이었던 것으로 판명되었다.[4] 페놀에 급성 노출되는 경우 중추 신경계 장애가 발생할 수 있으며, 노출 후 30분 이내에 사망에까지 이른다. 페놀에 의한 급성 중독으로 심한

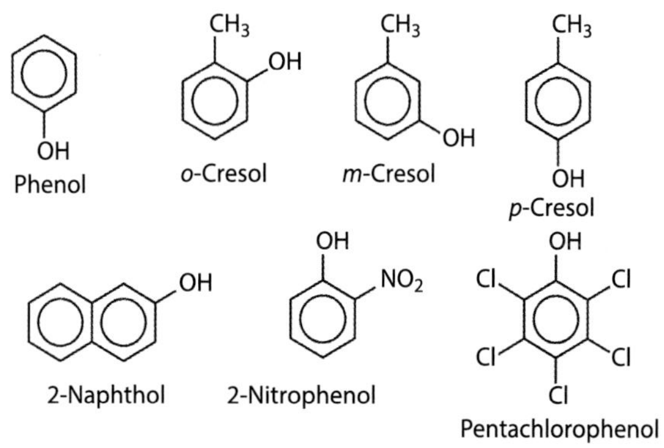

그림 23.5 몇몇 페놀류와 페놀성 화합물.

위장 장애, 신장 기능 이상, 순환기 장애, 폐수 종, 경련 등의 증상이 발현될 수 있다. 치사량에 해당하는 페놀이 피부를 통해 흡수될 수도 있다. 페놀에 의한 만성 중독으로 비장(spleen), 췌장(pancreas), 신장(kidney) 등의 기관이 손상을 입을 수 있다. 기타 페놀류의 독성 효과는 페놀과 유사하다.

23.4.7.4 알데하이드와 케톤

보다 일반적인 카보닐 화합물(알데하이드와 케톤)의 몇 가지를 그림 23.6에 나타냈다. 이들은 폭넓은 용도로 사용 중이므로 독성학적으로 중요하다.

폼알데하이드(formaldehyde)는 폭넓은 용도와 독성 때문에 특별히 중요하다. 순수한 형태의 폼알데하이드는 자극성의 숨막히게 하는 냄새를 지닌 무색의 기체이다. 이것은 약간의 메탄올을 함유하는 37~50%의 폼알데하이드 수용액인 **포말린(formalin)**의 형태로 흔히 접할 수 있다. 폼알데하이드는 많은 산업적 응용 분야에 사용되는데, 특히 수지 생산에 널리 사용된다. 호흡기를 통한 흡입 경로로는 보통 분자성 폼알데하이드 증기에, 다른 경로에 의한 노출은 보통 포말린에 기인한다. 장기간 지속적으로 폼알데하이드에 노출되면 과민증(hypersensitivity)을 유발할 수 있다. 호흡 기관과 소화 기관의 점막에 심한 자극을 주는 폼알데하이드는 분자 내 작용기와 강하게 반응한다. 폼알데하이드는 실험용 동물에서 폐암을 유발하였다. 폼알데하이드에 노출된 근로자 중에서 비인두암(nasopharyngeal cancer) 환자 발생률이 증가되었다는 역학적 증거에 근거하여, 국제 암 연구 기관(IARC)에서 인간 발암 물질로 분류하였다.[5] 폼알데하이드의 독성은 주로 물질대사의 산화 생성물인 폼산(이 장의 뒷부분 참조)에 기인한다.

낮은 분자량의 알데하이드는 비교적 수용성이며 강한 자극을 준다. 이러한 화합물은 노출된 습한 조직, 특히 눈이나 상기도관의 점막을 공격한다(12장에서 다룬 광화학적 스모그의 자극성 성질은 어느 정도는 알데하이드의 존재에 기인한다). 그러나 비교적 수용성이 낮은 알데하이드류는 호흡 기관으로 훨씬 더 용이하게 들어가 폐에 영향을 끼친다. 무색의 액체인 아세트알데하이드는 아크롤레인보다는 비교적 독성이 덜하며, 자극제 및 중추 신경계에 전신 마취제로서 작용한다. 극히 자극적이며 최루성이 강한 아크롤레인 증기는 숨막힐 듯한 냄새를 풍기며, 흡입하면 호흡기 점막에 심한 손상을 유발한다. 아크롤레인에 노출된 조직은 심한 흑반증(necrosis)을 나타낼 수 있으며, 눈에 직접 접촉되면 특히 위험하다.

그림 23.6에 나타낸 케톤류는 알데하이드보다 비교적 독성이 덜하다. 쾌적한 냄새를 풍기는 아세톤은 마취제로서 작용한다. 그것은 피부로부터 지방을 녹여 내어 피부염(dermatitis)을 유발한다. 메틸에틸 케톤은 독성 효과가 심각하지는 않은 것으로 알려졌다. 이것은 신발 공장 근로자들의 신경병증 장애를 유발한다는 의심을 받고 있다.

23.4.7.5 카복실산

폼산(HCO_2H)은 조직을 상하게 할 수 있는 비교적 강한 산이다. 유럽에서는 약 75% 폼산을 함유하는 무기질 스케일 제거용 탈석회 혼합제가 시판된다. 이 용액을 섭취한 아이들은 구강 및 식도 조직이 헐

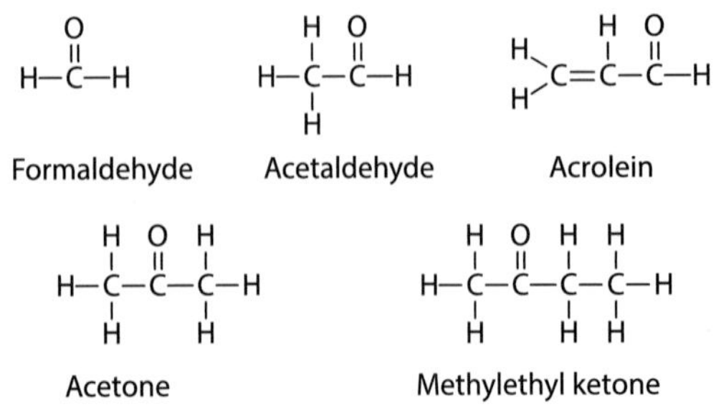

그림 23.6 상업적으로나 독성학적으로 중요한 알데하이드와 케톤.

어내리는 손상을 입는다. 4~6% 농도의 아세트산은 식초로서 많은 식품의 성분이 되지만, 순수한 아세트산(빙초산)은 접촉한 조직을 심하게 상하게 한다. 아크릴산을 흡입하거나 접촉하면 조직이 심한 손상을 입는다.

23.4.7.6 에터

보통의 에터류는 매우 강한 탄소–산소 결합으로 이루어진 C–O–C 작용기의 낮은 반응성으로 인해 비교적 독성이 낮은 편이다. 휘발성인 다이에틸 에터에 대한 노출은 보통 흡입에 의해 이루어지고, 체내로 들어온 이 화합물 중 약 80%가 대사 과정을 거치지 않고 폐를 통해 증기 상태로 제거된다. 다이에틸 에터는 중추 신경계의 기능을 저하시키고, 한때 외과용 마취제로 널리 쓰였던 진정제이다.

23.4.7.7 산 무수물

냄새가 심하고 최루성이 강한 **아세트산 무수물(acetic anhydride)**은 전신에 영향을 주는 독극물이다.

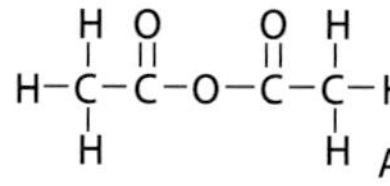
Acetic anhydride

이것은 특히 피부, 눈 및 상기도를 상하게 하여 상당히 더디게 치료되는 수종과 화상을 입힌다. 공기 중의 농도는 0.04 mg/m^{3}를 초과해서는 안 되고, 약 0.4 mg/m^{3}의 농도에서 눈에 나쁜 영향을 미칠 수 있다.

23.4.7.8 에스터

많은 에스터류(그림 23.7)는 비교적 높은 휘발성을 가지고 있기 때문에 호흡 기관이 주요 노출 경로이다. 에스터는 일반적으로 용매로서의 특성이 좋기 때문에, 조직을 뚫고 들어가 체내 지방을 녹여 내는 경향이 있다. 예를 들면, 아세트산 바이닐은 피부 탈지제로 작용한다. 에스터는 물속에서 가수 분해하기 때문에, 이들의 독성은 에스터의 가수 분해 산물인 산과 알코올의 독성과도 같다. 휘발성 에스터는 질식제와 나취제로서 역할을 한다. 천연적으로 발생하는 에스터류는 낮은 농도에서 심각한 독성을 나타내지 않는 것이 많은 반면, 알릴 아세테이트와 몇몇 기타 합성 에스터류는 독성이 있는 편이다.

에스터 중 인체의 건강에 영향을 미칠 것으로 가장 우려가 되는 것은 다이-(2-에틸헥실)프탈레이트(DEHP)이다. 그 이유는 이 물질이 PVC 플라스틱에 유연성을 주기 위해 쓰이는 가소제로서 대략 30%의 조성으로 사용되기 때문이다. DEHP를 함유하는 PVC 플라스틱이 워낙에 다양한 용도로 사용되기 때문에, DEHP는 물, 퇴적물, 음식 및 생물체 등 어디에서나 발견되는 오염 물질이 되었다. 또한 환자에게 투여하는 정맥 주사용 약물백과 같이, 의료 용도로 사용되기 때문에 더욱 관심의 대상이다.

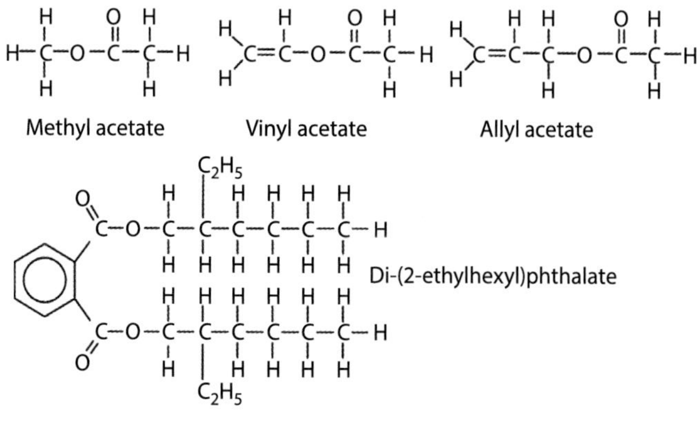

그림 23.7 에스터류의 예.

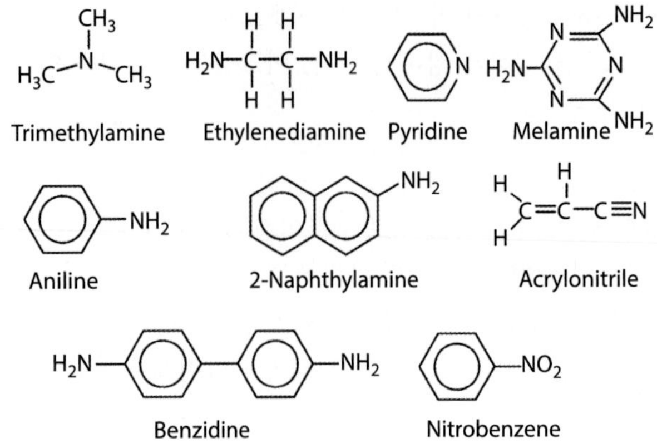

그림 23.8 독성학적으로 중요한 몇 가지 유기질소 화합물.

DEHP의 급성 독성 효과는 낮은 편이긴 하나, 인간에게 폭넓게 직접 노출되는 것은 경계해야 할 것이다.

23.4.8 유기질소 화합물

유기질소 화합물은 다양한 독성을 화합물 군이다. 이 절에서 논의할 몇 가지 유기질소 화합물에 대한 예를 그림 23.8에 나타냈다.

23.4.8.1 지방족 아민

메틸아민과 같은 저분자량 아민은 모든 일반적인 노출 경로에 의해 빠르고 쉽게 체내로 흡입된다. 이들은 염기성이며, 조직 내 수분과 반응하여 조직에 손상이 갈 정도까지 pH를 증가시켜 부식성 독극물(특히 예민한 안구 조직에 대해)로서 작용하며, 접촉 지점에 조직 괴사를 유발한다.

$$R_3N + H_2O \rightarrow R_3NH^+ + OH^- \quad (23.6)$$

아민이 간이나 신장의 괴사(necrosis), 폐출혈이나 폐수종, 면역계 과민증상 등을 유발한다. 저분자량 아민은 일상적으로 대규모로 사용되는 물질 중 독성이 높은 편에 속한다.

에틸렌다이아민은 두 개 이상의 아미노기가 알케인 구조에 결합된 **알킬 폴리아민(alkyl polyamine)** 중 가장 흔하게 사용된다. 이것의 독성 등급은 3에 지나지 않지만, 강력한 피부 자극제이며 안구 조직에 손상을 준다.

23.4.8.2 탄소 고리 방향족 아민

아닐린(aniline)은 화공 약품으로 널리 사용되고 있으며, 가장 간단한 **탄소 고리 방향족 아민(carbocyclic aromatic amine)**이다. 탄소 고리 방향족 아민 화합물은 한 개 이상의 아민 작용기가 벤젠 고리에 직접 결합되어 있다. 이러한 계통의 아민은 공업적 용도로 다방면에 활용되고 있다. 몇몇 카복실릭 방향족 아민은 방광, 요도, 골반(pelvis)에 암을 유발한다고 알려져 왔으며, 폐, 간, 전립선에 대한 발암성 물질인 것으로 의심받고 있다. 기름 같이 미끈거리고 독특한 향을 내는 매우 독성이 있는 무색 액체인 아닐린은 흡입, 섭취 및 피부 경로를 통하여 쉽게 체내로 유입한다. 아닐린은 헤모글로빈 중의 철(II)을 철(III)로 산화시키는 대사 작용을 한다. 이로 인해 청색증 및 혈액이 흑갈색으로 변하는 것이 특징인 **메트헤모글로빈혈증(methemoglobinemia)**이라는 증상을 유발하며, 헤모글로빈이 체내에서 더 이상 산소를 운반할 수 없게 만든다. 이러한 증상은 산소 요법으로도 회복되지 않는다.

1-나프틸아민(α-naphthylamine)과 **2-나프틸아민(β-naphthylamine)**은 모두 사람의 방광에 대한 발암성 물질인 것으로 밝혀졌다. **벤지딘(benzidine**, 4,4′-다이아미노바이페닐)은 인간 발암성 물질일 뿐만 아니라, 독성이 매우 크고 혈액 용혈, 골수 기능 저하 및 신장이나 간의 손상을 비롯하여 온몸에 걸쳐

영향을 미친다. 이것은 구강, 폐 흡입, 피부 접촉을 통하여 체내로 유입된다.

23.4.8.3 피리딘

피리딘(pyridine)은 톡 쏘고 코를 꿰뚫는 듯한 '지독한' 냄새를 내는 무색 액체로서, 질소 원자가 벤젠 고리의 탄소 원자 하나를 대체한 방향족 아민이다. 이것은 널리 쓰이는 화공 약품으로 독성 등급 3인 보통 독성을 나타낸다. 피리딘 중독에 대한 증상은 식욕 감퇴, 메스꺼움, 피로이고, 만성 중독인 경우에는 우울증이 나타날 수 있다. 거의 드문 경우에만 피리딘 중독이 치명적이 될 수 있다.

23.4.8.4 멜라민

멜라민(melamine)은 2008년에 중국에서 있었던 유아용 저질 분유 관련 사건에 연류되었던 화공 약품이다. 이 약품은 질소 함유량이 높은 공업용 유기 화합물로서, 단백질 함유량(보통 질소 함유량을 측정하는 식으로 평가되는)을 올리기 위해 분유에 첨가되었다. 이러한 저질 분유를 섭취한 유아들은 신장 결석이 유발되어 결국 30만 명의 유아들이 피해를 입었고, 그중 6명의 유아가 사망하였다.[6]

23.4.8.5 아크릴아마이드: 유독한 감자 칩?

2002년에 스웨덴 과학자들이 튀기거나 구운 음식에서 잠정적으로 해로운 양의 아크릴아마이드를 발견하였으나, 끓인 음식에서는 발견하지 못하였다고 보고하였다. 아크릴아마이드는 작업장에서 노출된 인원에게는 신경 독성이 있는 것으로 알려졌으며, 발암 실험을 위해 높은 농도로 투여하였을 때 설치류에게 암을 발생시킨다. 하지만 일반적인 음식에서 발견되는 수준의 아크릴아마이드 섭취가 인간에게 미치는 영향에 대해서는 아직 확인되지 않았다.[7] 아크릴아마이드는 포도당과 아스파라긴산을 함께 120°C가 넘는 온도로 가열하였을 때 생성되는 것으로 밝혀졌다. Maillard 반응으로 알려진 조리 과정을 통해 글루코스와 아스파라긴산 사이에서 아크릴아마이드가 생성된다.

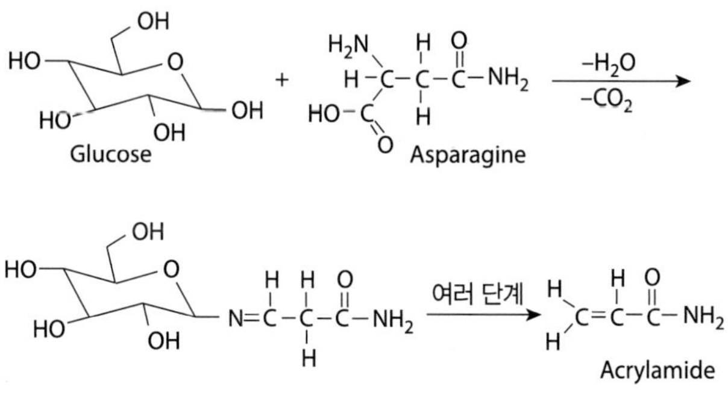

(23.7)

23.4.8.6 나이트릴

나이트릴(nitrile)은 $-C\equiv N$ 작용기를 갖는다. 무색 액체인 **아세토나이트릴(acetonitrile**, CH_3CN)은 화학 공업에서 널리 사용된다. 독성 등급이 3~4인 아세토나이트릴은 대사 과정을 거쳐 사이안화물을 생성하여 사망에 이르게 할 수도 있으나, 비교적 안전한 것으로 여겨진다. **아크릴로나이트릴(acrylonitrile)**은 복숭아씨(사이안화물) 냄새가 나는 무색의 액체로서, 나이트릴기와 C=C 작용기를 모두 가지고 있기 때문에 매우 반응성이 크다. 아크릴로나이트릴이 섭취되거나, 피부를 통해 흡수되거나, 또는 증기로 흡입되면 대사 작용으로 치명적인 HCN을 생성한다.

23.4.8.7 나이트로 화합물

가장 간단한 나이트로 화합물인 **나이트로메테인(nitromethane**, H_3CNO_2)은 기름 같이 미끈미끈한 액체로서 식욕 감퇴, 설사, 메스꺼움, 구토를 일으키며, 신장 및 간에 손상을 입힌다. **나이트로벤젠(nitrobenzene)**은 쓴 아몬드나 구두약 냄새가 나는 연노란색의 미끈미끈한 액체로서, 모든 경로를 통해 체내로 유입된다. 나이트로벤젠은 아닐린처럼 상당한 독성 작용을 나타내는데, 헤모글로빈을 메트헤모글로빈으로 변형시킴으로써 산소를 체내 조직으로 운반할 수 없게 한다. 나이트로벤젠에 중독 현상은 청색증에 기인한다.

23.4.8.8 나이트로사민

***N*-나이트로소 화합물**(**나이트로사민, nitrosamine**)은 N−N=O 작용기가 특징이며, 맥주, 위스키 및 금속 가공에 쓰이는 절삭유 등의 다양한 종류의 물질에서 발견된다. 대량으로 단시간에 노출되거나 비교적 적은 양에 만성적으로 노출되면 암을 유발한다. 다이메틸나이트로사민은 한때 공업용 용제로서 널리 사용되었는데, 이에 노출된 근로자에게 간 손상 및 황달을 발병시키는 것으로 알려졌다. 이후 1950년대에 시작한 연구에서 발암성인 것으로 밝혀졌다.

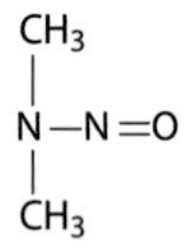

Dimethylnitrosamine
(*N*-nitrosodimethylamine)

23.4.8.9 아이소사이아네이트 및 메틸 아이소사이아네이트

일반식 R−N=C=O를 가진 화합물인 **아이소사이아네이트**(**isocyanate**)는 화공 약품으로 널리 쓰이는 물질로, 작용기로 인한 높은 화학적 및 대사적 반응성을 가진 것으로 알려져 있다. **메틸 아이소사이아네이트**(**methyl isocyanate**, H_3C−N=C=O)는 1984년 12월 2일에 인도의 Bhopal에서 있었던 역사상 최악의 산업 재해를 일으킨 독성 시약이다. 이 사고로 수 톤의 메틸 아이소사이아네이트가 방출되어, 2,000명이 죽고 100,000여 명에게 악영향을 끼쳤다. 희생자의 폐가 손상되었고 생존자들은 폐 손상 때문에 장기간 숨이 차거나 허약함을 호소하였을 뿐만 아니라, 메스꺼움과 통증을 비롯한 기타 독성 효과를 겪었다.

23.4.8.10 유기질소 농약

카바메이트(**carbamate**) 농약은 그림 23.9에서 카바릴의 구조식 중 점선으로 그려진 카밤산의 골격 구조가 특징이다. 잔디나 정원에서 널리 사용되는 **카바릴**(**carbaryl**) 살충제는 포유동물에게는 독성이 작다. 수용성이 큰 **카보퓨란**(**carbofuran**)은 식물의 뿌리나 잎으로 흡수되었다가, 잎을 먹고 사는 곤충을 죽게 한다. 동물에 대한 독성 작용은 처음에 생물 변환을 하지 않고도 카보퓨란이 직접 아세틸콜린에스터 가수 분해 효소를 방해하여 발생된다. 이러한 작용은 카바메이트 에스터가 대사적으로 가수 분해하기 때문에 비교적 가역적이다.

'수백 명의 목숨을 앗아간'[8] 것으로 평판이 나 있는 **파라콰트**(**paraquat**) 제초제는 독성 5등급이다. 분무할 때 흡입하거나, 피부 접촉 및 섭취를 비롯한 모든 경로에 의한 급성 노출로 인해 위태롭거나 치명적이 될 수 있다. 파라콰트는 전신 독성을 나타내어 효소 활성에 영향을 주거나, 다양한 기관에 손상을 준다. 파라콰트 에어로솔을 흡입한 동물에 폐섬유증(pulmonary fibrosis)이 발병하기도 하고, 반대로 폐가 비호흡계 노출에 의해 영향을 받기도 한다. 급성 노출되었을 경우 카테콜아민, 글루코스 및

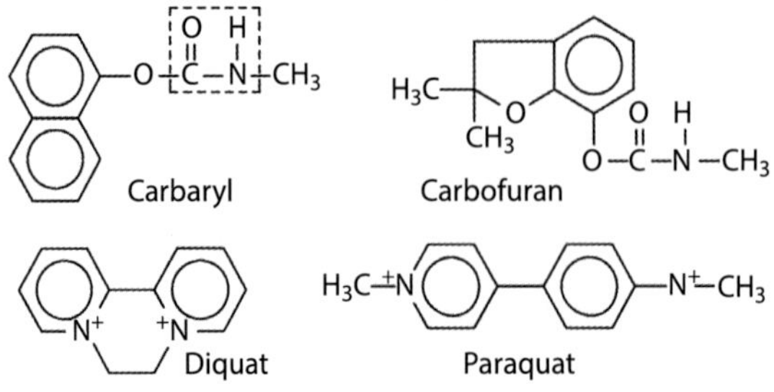

그림 23.9 유기질소 농약의 예.

인슐린 수치의 변화를 유발할 수 있다. 눈에 띄는 초기 중독 증상은 구토이며, 수일 내에 호흡 곤란, 청색증, 그리고 신장, 간, 심장에 부정적인 영향을 주는 증상을 보인다. 폐섬유증은 자주 폐수종이나 폐출혈의 합병 증세를 보이면서 치명적인 경우가 되기도 한다.

가장 널리 사용되는 유기질소 제초제는 **아트라진(atrazine)**이며, 구조식을 그림 6.10에 나타냈다. 이 화합물은 특히 농경 지역에서 공급되는 음용수에서 자주 발견된다.

23.4.9 유기할로젠 화합물

유기할로젠 화합물은 지방 조직에 축적되는 성질과 난분해성 성질로 인해 생태 독성학적으로 매우 중요하게 취급된다. 이들은 환경 중에서 검출되는 경향이 줄어들고 있는데, 그 이유는 환경적인 이유로 인해 이들의 생산량이 상당히 줄어들었기 때문이다. 유기할로젠 화합물에 대한 한 가지 흥미 있는 현상은 이 화합물들의 환경 중에 노출된 정도를 측정한 결과, 인간의 모유 중에서 이 화합물들이 발견된다는 것이다.[9]

23.4.9.1 알킬 할로젠화물

사염화 탄소(CCl_4)와 같은 알킬 할로젠화물의 독성은 물질에 따라 다르다. 대부분은 중추 신경계의 기능을 저하시키며, 개개의 화합물마다 독특한 독성 효과를 나타낸다.

사염화 탄소는 옷감으로부터 기름때를 지우는 데 쓰이는 제품으로 한때 잡화점에서 판매되었다. 또한 이것은 부엌에서 화재 발생 시 불을 끄기 위한 용도로, 야구공 크기의 둥근 유리용기에 넣어 밀봉되어 시판되기도 하였다. 소비품으로 수년간 사용되는 동안 사염화 탄소는 미국 식품 의약국(FDA)이 1970년에 가정용 사용을 금지시킬 수밖에 없도록 끔찍한 중독 사례를 남겼다. 사염화 탄소는 흡입되면 중추 신경계에, 섭취되면 위장, 간 및 신장 등에 영향을 미치는 전신독이다. 사염화 탄소의 생화학적 독성 메커니즘은 단백질이나 DNA와 같은 생체 분자들과 활발하게 반응하는 라디칼 화학종 생성에 의한다.

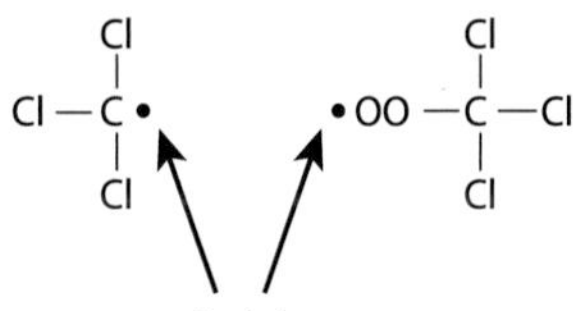

그런 반응으로 가장 손상을 받는 곳은 간으로, 자유 라디칼이 불포화 지질 분자를 공격한 다음 자유 라디칼 메커니즘을 통한 지질의 산화로 **지질 과산화(lipid peroxidation)**가 발생하여 간이 손상된다.

23.4.9.2 알켄계 할로젠화물

가장 중요한 **알켄계(alkenyl)** 또는 **올레핀계(olefinic) 유기할로젠화물(organohalide)**은 염화바이닐(vinyl chloride)과 사염화에틸렌(tetrachloroethylene)과 같은 휘발되기 쉬운 염소화 화합물들이다.

알켄계 할로젠화물은 폭넓게 사용되며 환경에 마구 버려지기 때문에, 이들의 급성 및 만성 독성 효과에 대한 우려가 크다.

폴리염화바이닐(PVC) 생산에서 널리 사용되는 염화 바이닐은 중추 신경계, 호흡계, 간, 혈관계, 림프계 등 모든 계통에 영향을 미친다. 주목할 점은 염화 바이닐은 발암성으로서 드물게는 간에 혈관 육종(angiosarcoma)을 유발한다는 점이다. 이 치명적인 형태의 암은 PVC 제조 산업에서 압력 용기 세척 공정 동안 염화 바이닐에 만성적으로 노출된 작업자들에서 발견된다.

알켄계 유기할로젠화물인 1,1-다이클로로에틸렌은 동물 실험과 염화 바이닐과의 구조적 유사성에 근거하여 인간 발암성 물질로서 의심받고 있다. 1,2-다이클로로에틸렌의 두 가지 이성질체의 독성은 비교적 낮다. 이들 화합물 중 시스 이성질체는 자극제 및 마취제인 반면, 트랜스 이성질체는 중추 신경계 및 위장 계통에 모두 영향을 미쳐 허약 체질, 떨림, 경련, 메스꺼움을 유발한다. 인간 발암성 물질로 의심받는 트라이클로로에틸렌은 실험용 동물에서 간 종양을 유발시켰으며, 여러 신체 기관에 영향을 미치는 것으로 알려졌다. 다른 유기할로젠 용매처럼 트라이클로로에틸렌은 피하 지방을 녹여냄으로써 피부염의 원인이 되고 중추 신경계, 호흡계, 간, 신장 및 심장에도 영향을 미친다. 노출 시 증상은 착시, 두통, 메스꺼움, 심장 부정맥 및 지각 이상(신경이 타는 듯하거나 쑤시는 느낌, paresthesia) 등이 있다.

테트라클로로에틸렌은 간, 신장, 중추 신경계에 손상을 준다. 이것은 인간 발암성이 의심되는 물질이다. 이 화합물은 물질대사되어 산화 테트라클로로에틸렌으로 산화되는데, 그것은 반응성이 좋아 독성 물질 중간체로 여겨지고 있다. 이러한 반응 중간체는 대사 반응이 좀 더 진행되어 트라이클로로아세트산(Cl_3CO_2H)과 다른 부산물을 생성한다.

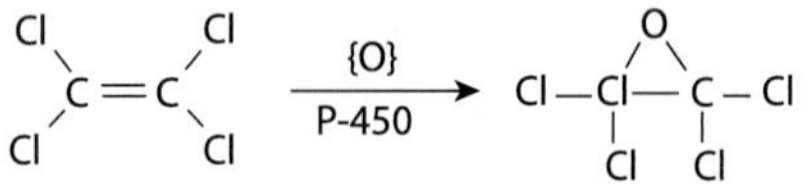

(23.8)

23.4.9.3 아릴 할로젠화물

흡입이나 피부 접촉으로 자극적인 클로로벤젠에 노출된 사람은 호흡계, 간, 피부, 눈에 대해서 징후가 나타난다. 이러한 화합물을 섭취하면 아닐린과 유사한 독성 작용을 겪게 되는데, 근육 조정 이상, 피부 창백, 청색증 등으로 말미암아 건강이 쇠약해진다.

다이클로로벤젠은 클로로벤젠과 같은 기관에 영향을 끼치는 자극제이다. 몇몇 동물 시험 결과는 1,2-다이클로로벤젠이 잠재적 발암 물질임을 보여 준다. 공기 청정기나 방충제로 쓰이는 para-다이클로로벤젠(1,4-다이클로로벤젠)은 심한 비염(코 흘림), 메스꺼움, 황달, 간경변, 식욕 감퇴에 따른 체중 감소를 야기하는 것으로 알려졌지만, 발암성 물질은 아닌 것으로 알려져 있다. 이것은 대사 과정을 거쳐 2,5-다이클로로페놀로 변화된 뒤 비뇨계를 거쳐 체외 배출되는데, 주로 글루쿠로나이드나 황산염으로 제거된다.

전기 장치, 유압 유체 및 기타 다른 응용 분야에도 폭넓게 사용되었던 폴리염화바이페닐(PCBs, 6.12절 참조)은 환경에 광범위하게 퍼져 있는 난분해성 오염 물질이다. PCBs는 지방 조직에 생물축적되는 경향이 강하다. 폴리브로민화 바이페닐(PBBs) 유도체는 PCBs에 비하면 그리 널리 사용되거나 보급되지 않았다. 그러나 PBBs는 1973년 Michigan 주에서 PBB 난연제로 오염된 가축 사료가 대규모 가축 중독을 일으켜 치명적인 농업 손실을 초래한 사건에 연루된 적이 있다.

브로민화 화합물에 대한 최근의 관심은 브로민화 내화제에 초점이 맞추어졌다. 이러한 화합물에는 펜타브로모, 옥타브로모, 데카브로모 다이페닐 에터(decabromodiphenyl ether) 및 생분해가 용이한 대체제인 1,3,5-tribromo-2-(2,3-dibromopropoxy)가 있다.

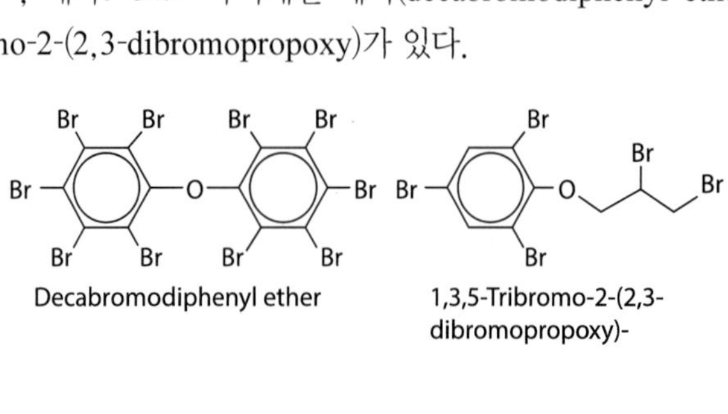

Decabromodiphenyl ether　　1,3,5-Tribromo-2-(2,3-dibromopropoxy)-

미국과 유럽 연합에 속한 여러 나라에서는 브로민화 내화제의 사용이 금지되었는데, 그 이유는 난분해성이고 생물 농축이 되면서 유독하기 때문이다. 인간에 대해서는 신경 독소로서의 영향 때문에 관심의 대상이 되고 있다.[10] 브로민화 내화제에 대한 환경 친화적인 대체물을 개발하기 위해 많은 연구가 진행되고 있으며, 유기인계 화합물이 관심의 초점이 되고 있다(아래에서 논의됨).

23.4.10 유기 할로젠화물 농약

수많은 종류와 광범위한 독성 효과를 나타내는 유기할로젠 살충제(6.11절 참조)는 중추 신경계에 영향을 미치며, 떨림, 불규칙적 눈의 경련, 성격 변화, 기억력 상실과 같은 증세를 나타낸다. 이러한 증상들은 DDT에 의한 급성 중독의 특징적 증상들이다. 그러나 사람에 대한 DDT의 급성 독성은 매우 낮다. 이것은 제2차 세계 대전 중 발진티푸스와 말라리아를 억제하기 위해 사람들에게 직접 살포하는 방식으로 사용되었다. 염소 치환 사이클로다이엔(cyclodiene) 살충제 — 알드린(aldrin), 다이엘드린(dieldrin), 엔드린(endrin), 클로르데인(chlordane), 헵타클로르(heptachlor), 엔도설판(endosulfan) 및 아이소드린(isodrin) — 는 뇌에 작용하여 베타인 에스터(betaine ester)를 방출시켜 두통, 현기증, 메스꺼움, 구토, 근육 경련, 경기를 유발한다. 다이엘드린, 클로르데인, 헵타클로르는 동물 실험에서 간암을 유발시켰고, 몇몇 염소 치환 사이클로다이엔 살충제들은 기형성이거나 태아 독성을 나타낸다. 이러한 효과 때문에 미국에서는 알드린, 다이엘드린, 헵타클로르, 클로르데인의 사용이 금지되었다.

중요한 **클로로페녹시(chlorophenoxy)** 제초제로는 2,4-다이클로로페녹시아세트산(2-4-D), 2,4,5-트라이클로로페녹시아세트산(2,4,5-T 또는 Agent orange, 현재 사용 금지) 및 Silvex가 있다. 2,4-다이클 로로페녹시아세트산을 과량 복용하면 신경 손상(말초 신경증), 경련, 뇌 손상을 유발하는 것으로 알려졌다. 2,4-D보다 다소 독성이 약한 Silvex는 대사 과정에 의한 변형없이 소변으로 배설된다. 2,4,5-T('Agent Orange'라고 불렀으며, 전쟁 중 제초제용 화공 약품으로 사용됨)의 독성 효과는 제품 생산 때의 부산물인 2,3,7,8-테트라클로로-*p*-다이옥신(TCDD, 일반적으로 '다이옥신')의 존재로 인해 발생한다. 이 제초제에 중독된 양을 사체 부검한 결과 신장염, 간장염 및 장염 증상을 나타냈다.

23.4.10.1 TCDD

다염소화 다이벤조다이옥신(polychlorinated dibenzodioxin)은 TCDD와 같은 기본 골격을 갖지만, 고리 구조상에 첨가된 염소 원자의 수와 위치가 다른 화합물을 총칭한다.

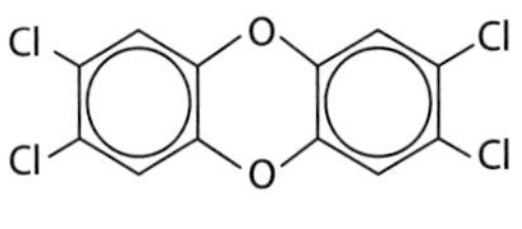

TCDD (2,3,7,8-tetrachloro-dibenzo-*p*-dioxin)

몇몇 종의 동물에게 극독성을 보이는 TCDD의 인간 독성은 오히려 확실치 않다. 염소좌창(chloracne)이라고 하는 피부 증상을 일으키는 것으로 알려져 있다. TCDD는 몇몇 시판 제품의 제조상 부산물(위쪽 2,4,5-T의 논의 참조) 또는 도시 소각장의 배출 가스에서 확인되는 오염 물질이며, 부적절한 폐기물 처리 과정을 통해 널리 퍼진 환경 오염 물질이다. 이 화합물은 수많은 산업 재해에서 방출되어 왔는데, 그중 가장 규모가 컸던 것이 1976년에 이탈리아 Seveso 근처 Givaudan−La Roche Icmesa 제조 공장에서 배출되어 인근 지역 거의 3평방 마일 전역에 걸쳐 자욱하게 배출된 화학 물질에 수만 명이 노출된 사건이다. 독성학적인 견지에서 주목할 만한 것으로서, TCDD가 방출된 지 6년 이내에는 그 지역에서 태어난 수천 명의 아이들을 대상으로 한 연구에서 뚜렷한 비정상적인 기형아 발생이 없었다. Seveso 사건으로 TCDD에 노출된 여성의 혈액 샘플을 1976년 당시와 20여 년이 지난 후 채혈된 샘플과 비교해 보았을 때, 오랜 시간 동안 유지된다는 사실이 발견되었다. TCDD의 생물학적 반감기가 여성의 경우 7년, 노인들의 경우 10년 정도인 것으로 나타났다.[11]

23.4.10.2 염소화 페놀류

대량으로 사용되었던 염소화 페놀류로서 목재용 방부제로 쓰인 **펜타클로로페놀(pentachlorophenol**, 6장 참조)과 트라이클로로페놀 이성질체가 있다. 이러한 화합물에 노출되면 간 기능 장애 및 피부염을 유발시키는데, 오염 물질인 다염소화 다이벤조다이옥신도 이러한 증상의 원인이 되었다.

23.4.11 유기황 화합물

H_2S는 독성이 매우 강하지만, 모든 유기황 화합물이 특별히 유독한 것은 아니다. 이들의 위험성은 이들의 존재를 알리는 강한 악취 때문에 감소되는 경향이 있다.

아무리 적은 양이라도 메테인싸이올(H_3CSH) 같은 알킬 **싸이올(thiol)**을 흡입하면 메스꺼움 및 두통을 나타낼 수 있다. 더 높은 농도에서는 맥박수가 증가하고 손발이 차가워지며 청색증을 유발한다. 심한 농도에 노출되는 경우에는 의식 불명, 혼수 상태 및 사망에 이른다. 알킬 싸이올은 H_2S와 마찬가지로, 사이토크롬 산화 효소 독으로 작용하는 전구 물질이다.

미끈미끈한 수용성 액체인 **메틸 황산(methylsulfuric acid)**은 피부, 눈 및 점막 조직에 대한 강한 자극제이다. 무색 무취의 **황산 다이메틸(dimethyl sulfate)**은 고독성이며 1차 발암 물질로서, 생리 활성을 차단하여 암을 유발한다. 황산 다이메틸에 노출된 피부나 점막은 거의 아무런 증세도 보이지 않는 최초 잠복기를 거친 다음, 결막염 및 코 조직이나 호흡 기관 점막 염증으로 진전된다. 간이나 신장에 손상을 주고 폐수종, 각막 흐려짐의 증상을 보이며, 심하게 노출되면 3~4일 이내에 사망한다. 비록 황산 다이메틸에 대한 확정적인 최근 연구가 부족하지만, 알킬화제이기 때문에 발암성이거나 발암성 전구 물질로 작용할 가능성이 있다.

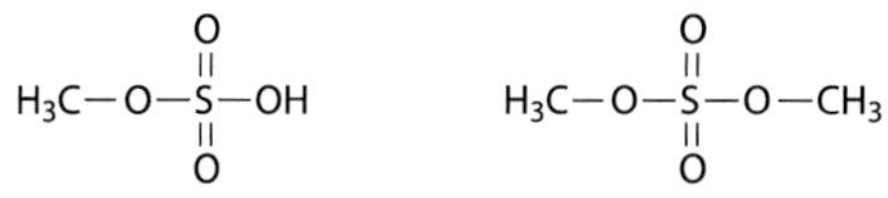

Methylsulfuric acid　　Dimethylsulfate

23.4.11.1 황 겨자

치명적인 **황 겨자(sulfur mustard)**의 전형적인 실례로서 군사용 독극물 또는 '독가스'로서 쓰이는 화합물은 겨자기름[bis(2-chloroethyl)sulfide]이다.

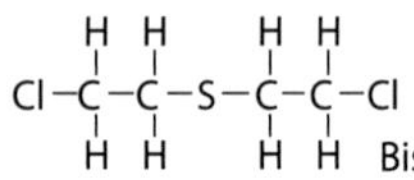

Bis(2-chloroethyl)sulfide (mustard oil)

실험상 돌연변이 물질이면서 1차 발암 물질인 겨자기름은 조직 깊숙이 침투하는 증기를 발생시키는데, 접촉 지점으로부터 상당한 깊이까지 조직을 파괴하고 손상을 준다. 매우 빨리 침투되기 때문에 30분이 경과하면 노출 부위로부터 유독 물질을 제거하려는 노력이 허사가 된다. 이러한 군사용 '수포성 독가스'는 감염성 병변으로 심한 염증을 유발시키는 원인이 된다. 폐에 이런 병변은 사망을 유발할 수 있다.

23.4.12 유기인계 화합물

유기인계 화합물의 독성은 천차만별이다. 이러한 화합물 중 몇몇은, 즉 산업적인 독극물로서 생산되었던 '신경가스' 같은 것은 미량에도 치명적이다. 주요 부류의 유기인산계 화합물의 유독성에 대해 이 절에서 논의한다.

인 함유 화합물은 브로민화 내화제의 대체 물질로 생산된 이래 연간 10만 톤을 상회하는 생산량을 보이면서 가장 폭넓게 사용되고 있다. 아홉 종류의 유기인계 난연제는 다음과 같다. 트라이뷰틸 인산,

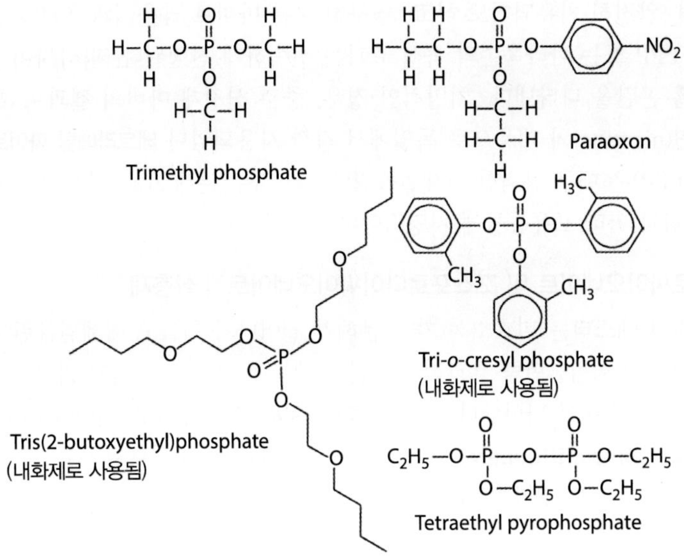

그림 23.10 유기인산계 에스터.

트라이크레실 인산(tricresyl phosphate), 트라이페닐 인산, 트리스(2-뷰톡시에틸)인산, 트리스(2-클로로에틸)인산, 트리스(2-클로로-1-(클로로메틸)에틸)인산, 트리스(2-클로로아이소프로필)인산, 트리스(2,3-다이브로모프로필)인산 및 트리스(2-에틸헥실)인산 등이다. 이들 중 두 종류의 화합물에 대한 구조식을 그림 23.10에 나타냈다. 이러한 인을 함유한 화합물은 내분비 교란 물질로서 주요 관심사이다.[12]

23.4.12.1 유기 인산계 에스터

몇몇 유기인산계 에스터를 그림 23.10에 나타냈다. 보통 독성의 **트라이메틸 인산(trimethyl phosphate)**은 섭취하였거나 피부를 통해 흡수되었을 때 독성을 나타내는 반면, 보통 독성의 **트라이에틸 인산 [triethyl phosphate,** $(C_2H_5O)_3PO$]은 신경에 손상을 입히고 아세틸콜린에스터 가수 분해 효소를 방해한다. 1930년경 금지되기까지 20,000명 이상의 사람들을 중독시키고 영구적으로 장애를 일으킨 불법 알코올 자메이카 생강('Jake')의 성분으로 악명 높은 독성 **TOCP(tri-*o*-cresyl phosphate)**는 아세틸콜린에스터 가수 분해 효소를 억제하는 부산물로 대사된다. TOCP에 노출되면 체내 중추 및 말초 신경계의 뉴런의 퇴화가 진행되며, 초기 증상으로 메스꺼움, 구토 및 심한 복통을 수반한 설사가 나타난다. 이러한 증상들이 진정된 지 약 1~3주가 되면 말초 신경 마비가 진전되어 '손목 마비' 및 '발

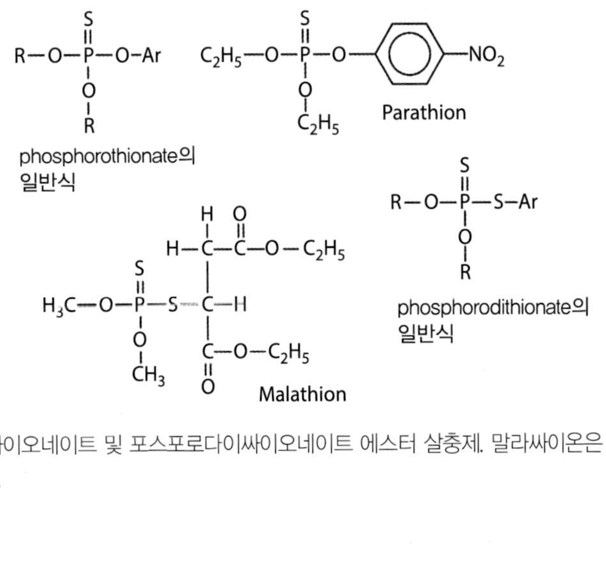

그림 23.11 포스포로싸이오네이트 및 포스포로다이싸이오네이트 에스터 살충제. 말라싸이온은 가수 분해 가능한 카복시에스터 결합을 가지고 있다.

목 마비'로 나타나며, 완전히 치유되기도 하고, 영구히 부분 마비로 남을 수도 있으며, 이어서 느린 회복기로 접어든다. TEPP 또는 파라옥손의 독성 효과는 신속하게 진행된다. 파라싸이온에 중독된 사람은 피부 경련과 호흡 곤란을 나타낸다. 치명적인 경우, 중추 신경계 마비의 결과로 호흡 부전이 발생한다. 살충제 니코틴(nicotine)의 대용으로 독일에서 잠깐 사용되었던 **테트라에틸 파이로인산(tetraethyl pyrophosphate**, TEPP)은 매우 강력한 아세틸콜린에스터 가수 분해 효소 억제제이다. 독성 6등급(맹독성)인 TEPP는 사람과 기타 포유동물에 치명적이다.

23.4.12.2 포스포로싸이오네이트 및 포스포로다이싸이오네이트계 살충제

P=S(thiono)기를 가진 에스터는 비효소적 가수 분해가 일어나기 힘들고 아세틸콜린에스터 가수 분해 효소를 억제하는 데 P=O 화합물만큼 효과적이지 않기 때문에, 황을 함유하지 않은 인산계 살충제보다 더 높은 곤충/포유동물 독성비를 나타낸다. 따라서 **포스포로싸이오네이트(phosphorothionate)** 및 **포스포로다이싸이오네이트(phosphorodithionate)** 에스터(그림 23.11)는 살충제로서 널리 쓰인다. 이러한 화합물들의 살충제로서의 활성은 P=S가 P=O로 대사적으로 변형(산화적 탈황)되어야 한다. 환경적으로 유기인산계 살충제는 쉽게 생분해되며 생물 농축이 되지 않기 때문에 유기염소계 살충제보다 우수하다.

최초로 상업적으로 성공한 포스포로싸이오네이트/포스포로다이싸이오네이트 에스터 살충제는 **파라싸이온(parathion**, *O*,*O*-다이에틸-*O*-*p*-나이트로페닐포스포로싸이오네이트)으로서, 1944년에 최초로 사용 인가를 받았다. 이 살충제는 독성 6등급(맹독성)으로, 아세틸콜린에스터 가수 분해 효소의 억제제이다. 그것을 사용하기 시작한 이래로, 1976년에 Jamaica에서 오염된 밀가루를 섭취한 79명 중 17명이 사망한 것을 비롯하여 수백 명이 파라싸이온에 의해 희생을 당하였다. 120 mg 용량의 파라싸이온이라도 성인을 사망에 이르게 하는 것으로 알려져 있으며, 어린아이의 경우 2 mg 복용으로 사망할 수 있다. 대부분의 우연한 중독 사고는 피부를 통한 흡수로부터 발생하였다. 메틸파라싸이온(에틸기 대신 메틸기로 치환된 화합물)은 극히 유독한 것으로 알려져서 더 이상 사용되지 않는다. 파라싸이온이 독성 효과를 나타내기 위해서는 물질대사적으로 아세틸콜린에스터 가수 분해 효소의 강력한 억제제인 paraoxon(그림 23.10)으로 변형되어야 한다. 이렇게 변형되려면 시간이 걸리기 때문에 노출된 후 수 시간이 지나야 증세가 나타난다.

말라싸이온(malathion)은 가장 잘 알려진 포스포로싸이오네이트 살충제이다. 이것은 카복실 분해 효소(포유동물에는 있으나 곤충에는 없음)에 의해 비교적 독성이 없는 산물로 가수 분해할 수 있는 두 개의 카복시에스터 결합 때문에 비교적 높은 곤충/포유동물 독성비를 나타낸다. 예를 들면, 말라싸이온이 매우 효과적인 살충제임에도 성숙한 수컷 쥐에 대한 LD_{50}이 파라싸이온에 비해 약 100배 정도이다.

23.4.12.3 유기인계 군사용 독극물

아세틸콜린에스터 가수 분해 효소의 강력한 억제제인 유기인계 '신경가스' 군용 독극물은 **사린(sarin)**과 **VX**가 있는데, 구조식을 아래에 나타냈다(사린은 2013년 8월 21일에 시리아 Damascus 외곽 지역인 Al Ghouta에서 시민들을 공격하기 위해 사용되었던 것으로 추정되며, 여성과 어린이들을 포함해서 1,400여 명의 사상자가 발생하였다). 액상으로도 피부를 통해 용이하게 흡수되어 중추 신경계에 대한 전신 독극물로 작용하며, 사린은 약 0.01 mg/kg 정도의 적은 양이라도 흡수될 경우 치명적이 될 수 있다. 단 한 방울만으로도 사람을 죽일 수 있다.

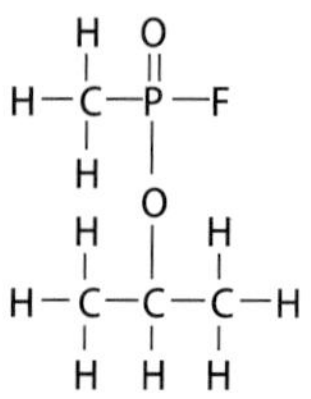

Sarin

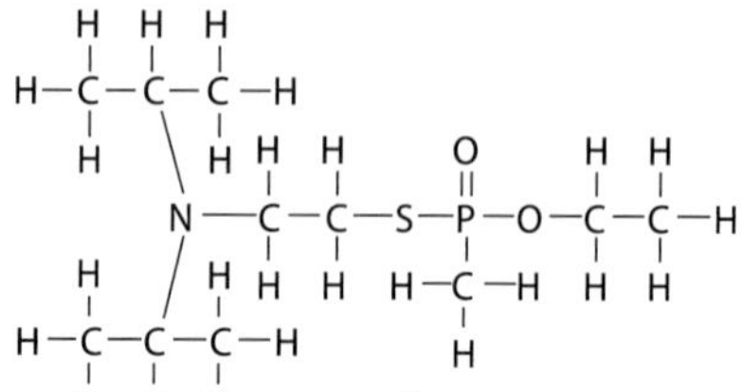

VX

23.5 천연 독성화물

자연은 다양한 종류의 독성 물질을 생산해 낸다.[13] 사람들은 독성이 있는 천연 생산물을 다양한 형태로 섭취하며, 음식이 발암 의심 물질인 돌연변이의 원인이 될 수도 있다. 가장 잘 알려진 독성 물질 중의 하나가 혐기성 클로스트리듐 보튤리누스(Clostridium botulinum)균에 의해 생산된 보튤리누스균 독소이다(보튤리누스균 독소는 극독성임에도 불구하고, 주로 의료용 근육 이완제로서 폭넓게 쓰인다. 이 독소가 주름살을 펴는 데 사용되는 보톡스의 활성 성분이다). 수많은 생명체들이 일종의 화학전을 벌인다. 독사(venomous serpent)는 사냥감을 죽인다든지 자기 방어를 위해 다양한 종류의 독을 만들어 낸다.

천연 생산물을 섭취하고도 다양한 형태의 식중독이 발생할 수 있다. 가장 심각한 식중독의 한 종류가 마비성 패류 중독(paralytic shellfish poisoning)으로서, 여러 가지 다양한 종류의 패류가 단세포 쌍편모조류로부터 독소를 축적함으로 인해서 발생한다. 이 독소는 신경 전달 신호를 차단하므로 치명적이다.

진균 독소(mycotoxin)는 진균에서 발생된 독성 2차 대사 물질로서 구조 및 독성 효과가 매우 다양하다. 사람이나 동물이 진균 독소에 노출되는 경우는 대개 곰팡이가 난 음식을 섭취하였기 때문이다. 많은 종류의 곰팡이 중에서도 **아스페르질루스 플라부스**(*Aspergillus flavus*; 된장에서 아플라톡신을 생성하는 곰팡이), **붉은곰팡이**(*Fusarium*), **불완전균류**(*Trochoderma*), **누룩곰팡이**(*Aspergillus*), **푸른곰팡이**(*Penicillium*)들이 진균 독소를 생산해 낸다. 아마도 가장 잘 알려진 진균 독소는 아플라톡신(aflatoxin)으로서 **아스페르질루스**(*Aspergillus*) 진균이 만들어 내는 아플라톡신 B_1이 대표적인 독소이다.

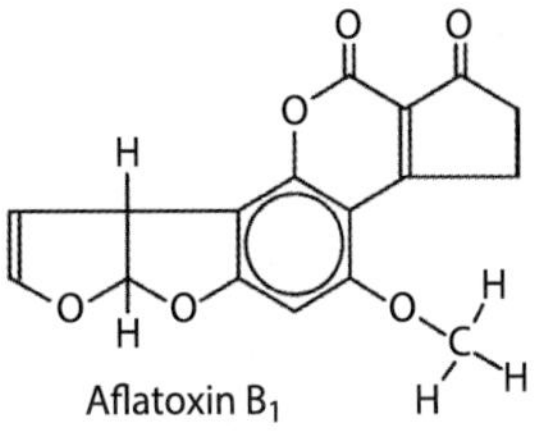

Aflatoxin B_1

옥수수, 곡물, 쌀, 사과, 땅콩, 우유와 같은 다양한 음식물에서 생장하면서 진균 독소를 생성하는 곰팡이들이 있는가 하면, 또 다른 진균 독소로서 맥각중독(ergot alkaloid), 오크라톡신(ochratoxin), 푸모니신(fumonisin), 트라이코테센류(trichothecenes), 트레모제닉 독소(tremorgenic toxin), 새트라독소(satratoxin), 제랄네논(zearalenone), 보밋독소(vomitotoxin) 등이 있다.

참고문헌

1. Welch, Laura S., "Beryllium," in *Patty's Toxicology*, 6th ed., vol. 1, 2012, Wiley, Hoboken, NJ, pp. 113–144.
2. Carra, Deborah L., James A. Carrb, Ray E. Willisa, and Thomas A. Pressley, "A Perchlorate Sensitive Iodide Transporter in Frogs," *General and Comparative Endocrinology*, **156**, 9–14, 2008.
3. Michaelson-Richie, Erin D., Rachel L. Loeber, Simona G. Codreanu, Xun Ming, Daniel C. Liebler, Colin Campbell, and Natalia Y. Tretyakova, "DNA–Protein Cross-Linking by 1,2,3,4-diepoxybutane," *Proteome Research*, **9**, 4356–4367, 2010.
4. Gosselin, Robert E., Roger P. Smith, and Harold C. Hodge, "Phenol," in *Clinical Toxicology of Commercial Products*, 5th ed., Williams and Wilkins, Baltimore/London, 1984, pp. III-344–III-348.
5. "Formaldehyde," *Monograph Published by the International Agency for Research on Cancer*, 2015, http://www.iarc.fr.
6. Huang, Yanzhong, "The 2008 Milk Scandal Revisited," *Forbes Asia*, July 16, 2014.

7. See Chemical Contaminants in "Protecting and Promoting Your Health," U.S. Food and Drug Administration, 2016, http://www.fda.gov/Food/FoodborneIllnessContaminants/.
8. Gosselin, R. E., R. P. Smith, and H. C. Hodge, *Clinical Toxicology of Commercial Products*, 5th ed., Williams and Wilkins, Baltimore/London, 1984, pp. III–328–III–336.
9. Zietz, Bjoern P., Michael Hoopmann, Markus Funcke, Rene Huppmann, Rowland Suchenwirth, and Edith Gierden, "Long-Term Biomonitoring of Polychlorinated Biphenyls and Organochlorine Pesticides in Human Milk from Mothers Living in Northern Germany," *International Journal of Hygiene and Environmental Health*, **211**, 624–638, 2008.
10. Hendriks Hester S., and Westerink Remco, "Neurotoxicity and Risk Assessment of Brominated and Alternative Flame Retardants," *Neurotoxicology and Teratology*, **52**, 248–269, 2015.
11. Warner, Marcella, Paolo Mocarelli, Paolo Brambilla, Amelia Wesselink, Don G. Patterson, Wayman E. Turner, and Brenda Eskenazi, "Serum TCDD and TEQ Concentrations among Seveso Women, 20 Years after the Explosion," *Journal of Exposure Science and Environmental Epidemiology*, **24**, 588–594, 2014.
12. Zhang, Quan, Meiya Lu, Xiaowu Dong, Cui Wang, Chunlong Zhang, Weiping Liu, and Meirong Zhao, "Potential Estrogenic Effects of Phosphorus-Containing Flame Retardants," *Environmental Science and Technology*, **48**, 6995–7001, 2014.
13. Barceloux, Donald G., *Medical Toxicology of Natural Substances: Foods, Fungi, Medicinal Herbs, Plants, and Venomous Animals*, Wiley, Hoboken, NJ, 2008.

보충자료

Baselt, Randall C., *Disposition of Toxic Drugs and Chemicals in Man*, 10th ed., Biomedical Publications, Foster City, CA, 2014.

Bateman, Nick, Robert Jefferson, Simon Thomas, John Paul Thompson, and Allister Vale, Eds., *Oxford Desk Reference: Toxicology*, Oxford University Press, Oxford, UK, 2014.

Bingham, Eula, and Barbara Cohrssen, *Patty's Toxicology*, 6th ed., Wiley, Hoboken, NJ, 2012.

Boelsterli, Uhrs A., *Mechanistic Toxicology: The Molecular Basis of How Chemicals Disrupt Biological Targets*, 2nd ed., CRC Press, Boca Raton, FL, 2007.

Burcham, Philip C., *An Introduction to Toxicology*, Springer, Berlin, 2014.

Dart, Richard C., *Medical Toxicology*, 3rd ed., Lippincott, Williams & Wilkins, Philadelphia, PA, 2003.

Dong, Michael H., *An Introduction to Environmental Toxicology*, 3rd ed., CreateSpace, Seattle, WA, 2014.

Fry, Bryan, *Venomous Reptiles and Their Toxins: Evolution, Pathophysiology and Biodiscovery*, Oxford University Press, Oxford, UK, 2015.

Gaur, Rajeeva, and Soni Tiwari, *Microbial Toxins: Structure and Their Type*, LAP LAMBERT Academic Publishing, Saarbrücken, Germany, 2011.

Gopalakrishnakone, P., and Mahdi Balali-Mood, *Biological Toxins and Bioterrorism*, Springer, Berlin, 2015.

Gupta, Ramesh C., *Biomarkers in Toxicology*, Academic Press, Cambridge, MA, 2014.

Hodgson, Ernest, *A Textbook of Modern Toxicology*, Wiley, Hoboken, NJ, 2010.

International Agency for Research on Cancer, *Review of Human Carcinogens*, World Health Organization, Geneva, 2012.

Kacew, Sam, and Byung-Mu Lee, *Basic Toxicology: Fundamentals, Target Organs, and Risk Assessment*, 6th ed., CRC Press, Boca Raton, FL, 2012.

Klaassen, Curtis, and John B. Watkins, *Casarett & Doull's Essentials of Toxicology*, 3rd ed., McGraw-Hill Education/Medical, New York, NY, 2015.

Klaassen, Curtis D., Ed., *Casarett and Doull's Toxicology: The Basic Science of Poisons*, 8th ed., McGraw-Hill Medical, New York, NY, 2013.

Kolok, Alan, *Modern Poisons: A Brief Introduction to Contemporary Toxicology*, Island Press, Washington,

DC, 2016.

Landis, W. G., R. M. Sofield, and M. H. Yu, *Introduction to Environmental Toxicology: Molecular Substructures to Ecological Landscapes*, 4th ed., CRC Press, Boca Raton, FL, 2011.

Nassar, Ala F., *Biotransformation and Metabolite Elucidation of Xenobiotics: Characterization and Identification*, Wiley, Hoboken, NJ, 2010.

National Toxicology Program, *Thirteenth Report on Carcinogens*, 2015, http://ntp.niehs.nih.gov/pubhealth/roc/roc13/index.html.

Newman, Michael C., *Fundamentals of Ecotoxicology: The Science of Pollution*, 4th ed., Taylor & Francis/CRC Press, Boca Raton, FL, 2014.

Nichol, John, *Bites and Stings. The World of Venomous Animals*, Facts on File, New York, NY, 1989.

Parvez, S. H., Ed., *Molecular Responses to Xenobiotics*, Elsevier, Amsterdam, 2001.

Pohanish, Richard P., *Sittig's Handbook of Toxic and Hazardous Chemicals and Carcinogens*, 6th ed., Elsevier, Amsterdam, 2011.

Powers, Robert H., and Dorothy E. Dean, *Forensic Toxicology: Mechanisms and Pathology*, CRC Press, Boca Raton, FL, 2015.

Public Health Service, National Toxicology Program, *11th Report on Carcinogens*, U.S. Department of Health and Human Services, Washington, DC, 2008, http://ntp.niehs.nih.gov/ntp/roc/toc11.html.

Roberts, Stephen M., Robert C. James, and Philip L. Williams, *Principles of Toxicology: Environmental and Industrial Applications*, 3rd ed., Wiley-Interscience, Hoboken, NJ, 2015.

Romano, James A., Brian J. Lukey, and Harry Salem, Eds., *Chemical Warfare Agents: Chemistry, Pharmacology, Toxicology, and Therapeutics*, 2nd ed., Taylor and Francis/CRC Press, Boca Raton, FL, 2008.

Rosenstock, Linda, *Textbook of Clinical Occupational and Environmental Medicine*, Saunders Health Sciences Division, Philadelphia, PA, 2004.

Saferstein, Richard, *Forensic Science: From the Crime Scene to the Crime Lab*, Pearson Prentice Hall, Upper Saddle River, NJ, 2009.

Santos, Eduardo B., Ed., *Ecotoxicology Research Developments*, Nova Science Publishers, New York, NY, 2009.

Siddall, Mark, and Megan Gavin, *Poison: Sinister Species with Deadly Consequences*, Sterling Signature, New York, NY, 2014.

Smart, Robert C., and Ernest Hodgson, Eds., *Molecular and Biochemical Toxicology*, 4th ed., Wiley, Hoboken, NJ, 2008.

Sparling, Donald W., *Ecotoxicology Essentials: Environmental Contaminants and Their Biological Effects on Animals and Plants*, Academic Press, Cambridge, MA, 2016.

Stanley, Lesley, *Molecular and Cellular Toxicology: An Introduction*, Wiley, Hoboken, NJ, 2014.

Timbrell, John A., *Principles of Biochemical Toxicology*, 4th ed., Informa Healthcare, New York, NY, 2009.

Ullmann's Industrial Toxicology, Wiley-VCH, New York, NY, 2005.

Walker, C. H., and R. M. Sibly, *Principles of Ecotoxicology*, Taylor and Francis/CRC Press, Boca Raton, FL, 2012.

Wexler, Philip, Ed., *Encyclopedia of Toxicology*, 2nd ed., Elsevier, New York, NY, 2005.

Wu, Alan H.B., *Toxicology! Because What You Don't Know Can Kill You (Case Studies from a Toxicology Laboratory)*, Amazon Digital Services, Palo Alto, CA, 2014.

Yu, Ming-Ho, Humio Tsunoda, and Masashi Tsunoda, *Environmental Toxicology: Biological and Health Effects of Pollutants*, 3rd ed., CRC Press, Boca Raton, FL, 2011.

Zelikoff, Judith, and Peter L. Thomas, Eds., *Immunotoxicology of Environmental and Occupational Metals*, Taylor and Francis, London, 1998.

연습문제

모든 문제들을 답하기 위해서는 인터넷을 활용해야 할 것이다. 특히 일반적인 정보나 통계, 상수값, 수식들은 인터넷에서 찾아서 사용하시오. 질문들은 교재 안에 있는 내용을 단순하게 찾아서 쓰는 것보다 호기심과 사고력을 증진시키기 위한 것이다. 그래서 어떤 경우에는 여러 가지 '정답'이 있을 수 있다. 그러므로 만약 자신의 이지적인 사고를 통한 노력과 다양한 문헌으로부터 찾은 정보를 바탕으로 작성한 답은 '정답'으로 간주한다.

1. 원소 자체의 변형 없이 독성을 나타내는 두 가지 원소를 나열하고 설명하시오. 또 다른 종류의 원소에 대한 것으로 두 가지 원소 형태를 나열하고 설명하되, 그중 하나는 매우 유독하고 다른 하나는 체내에 필수적이다. 어떤 의미에서 이렇게 독성 원소이기조차 한 것이 '생명에 필수적'인가?
2. 신체가 O_2를 이용하는 산화적 인산화 과정에서 철(II)로 환원되는 것을 방지하면서 철을 함유하는 페리사이토크롬 산화 효소 내 철(III)과 결합하고 있는 독성 물질은 무엇인가?
3. 할로젠 간 화합물이란 무엇이고, 어느 원소 형태가 그들의 독성 효과와 가장 밀접하게 닮았는가?
4. 석면을 흡입함으로써 유발되는 세 가지 신체적 증상을 명명하고 설명하시오.
5. 왜 테트라에틸 납이 '가장 악명 높은 독성 유기금속 화합물'로서 분류되었는가?
6. 주로 저분자량 알케인에 의해 가장 일반적으로 나타나는 일반적인 독성 효과는 무엇인가?
7. 상당수의 물질들이 인간에 미치는 독성 영향에 대한 정보가 누락되어 있는 이유는 인간에게 직접 노출시켜 얻은 데이터가 제한적이기 때문이다(독성 물질이 인간 건강에 미치는 영향에 대한 연구를 위한 자원자가 거의 없다는 것이다). 그렇지만 페놀에 노출된 인간의 건강에 관한 영향과 관련된 정보는 상당한 분량이 된다. 이에 대해서 설명하시오.
8. 다음 화합물의 독성에 대해 설명하시오.

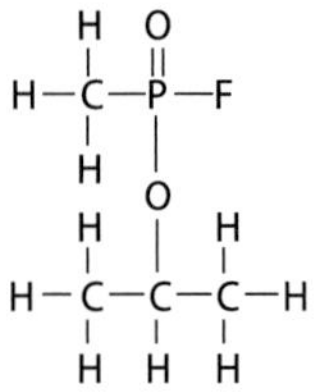

9. 정신적 혼란이란 무엇인가? 유기 용매가 자주 이러한 혼란을 야기하는 이유는 무엇인가?
10. 아닐린의 주요 대사적 효과는 무엇인가? 이러한 효과를 무엇이라 하는가?
11. N—N=O 작용기로 나타내는 유기 화합물은 무엇인가? 건강상 이들의 주된 효과는 무엇인가?
12. 카바메이트를 나타내는 구조식은 어떤 것인가? 어떤 목적으로 이러한 화합물이 흔히 사용되는가? 그런 용도로 쓰일 때 주된 이점은 무엇인가?
13. 지질 과산화(lipid peroxidation)란 무엇인가? 보통 어떤 독성 물질이 지질 과산화를 유발하는 것으로 알려져 있는가?
14. 생화학적으로, 파라싸이온과 같은 유기인산계 에스터를 '신경독'으로 분류할 수 있었던 까닭은 무엇인가?
15. 벤젠과 톨루엔은 많은 화학적 유사성을 가지고 있지만, 이들의 물질대사와 독성 효과는 확연히 다르다. 이를 설명하시오.
16. 아래 화합물의 구조식과 다음에 나열된 설명을 서로 연결하고, 그 이유를 설명하시오.
    (a) 제초제의 부산물
    (b) 균류에 의해 생성
    (c) 발암 물질
    (d) 잠정적인 독성 오염 물질이지만 그 용도에 맞는 대체 물질이 없다.

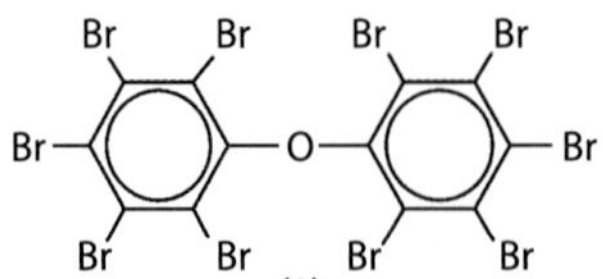
(1)

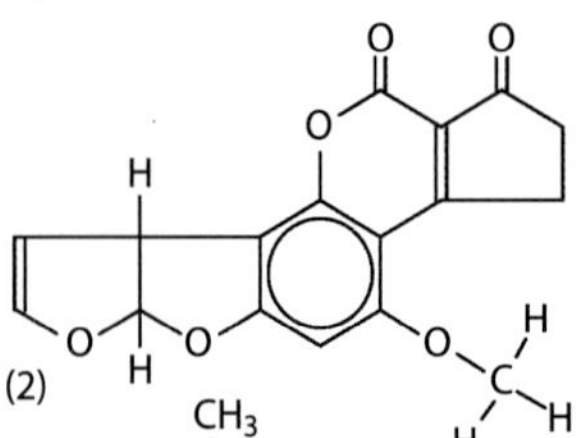
(2)

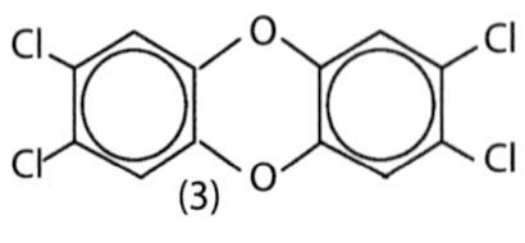
(3)

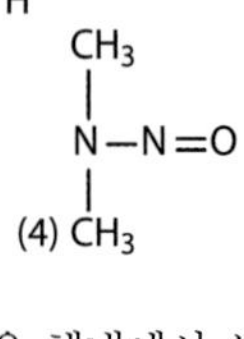

17. 이 장에서 다루었던 네 가지 독성 물질인 'A, B, C, D'에 대해서 논의해 보자. 이들은 체내에서 산소의 운반

이나 활용성을 방해하는 물질이다. A는 헤모글로빈에 영향을 미치지는 않지만, 질식시키는 작용을 한다. B와 C는 헤모글로빈의 O_2 운반을 방해한다. 독성 물질인 D는 체내에서 대사 작용을 통하여 O_2를 이용하는 것을 방해한다. D는 특정 산화 상태인 금속에 대한 친화력을 나타내므로 C가 실질적으로 D의 독성 작용에 대한 해독제로 작용한다. 이에 해당하는 네 종류의 화합물명을 말하고, 그 이유를 자세히 설명하시오.

18. 아래 왼쪽에 나타낸 독성 물질과 오른쪽에 나타낸 독성 효과 또는 특성을 서로 연결하고, 그 이유를 설명하시오.

(a) 메탄올	(1) 아세틸콜린에스터 가수 분해 효소를 방해
(b) 파라싸이온	(2) 발암 물질
(c) 프탈레이트 에스터	(3) 시신경에 영향을 주어 실명에 이르게 함
(d) 다이메틸나이트로사민	(4) 매우 폭넓은 용도

24 환경 화학과 독성 화학 분야의 화학 분석

24.1 분석 화학

분석 화학(analytical chemistry)은 시료의 구성 성분과 농도를 결정하는 데 필요한 화학적 원리와 방법을 연구하는 학문이며, 정성 분석과 정량 분석으로 나뉜다. **정성 분석(qualitative analysis)**은 시료에 무엇이 있느냐를 결정하며, **정량 분석(quantitative analysis)**은 시료에 존재하는 각 구성 성분의 양, 농도 및 퍼센트를 결정하는 분석이다. 미지의 시료를 분석함에 있어, 정성 분석과 정량 분석을 동시에 수행하는 것이 일반적이다.

분석 화학은 인간 노력의 거의 모든 영역과 환경의 전 분야에 걸쳐 중요하다. 인류권에서 사용되는 산업 원료 물질 및 생산품은 화학 분석을 통해 분석된다. 또한, 산업 공정 전반에 걸쳐 생성되는 중간 생성 물질과 부산물을 측정하고 제어하기 위해 분석 모니터링을 실시하고 있다. 화학 분석은 물의 경도(hardness)와 알칼리도(alkalinity), 물에 포함된 미량 오염 물질(2~7장 참조), 공기 중의 질소 산화물, 황 산화물, 산화제 및 유기 오염 물질(9~12장 참조), 지권의 중요한 부분인 토양의 비료 성분과 광석에 포함된 유용한 광물질(13~15장 참조), 생물권에 존재하는 생체 이물과 대사 물질 등(22~23장 참조), 모든 화학 물질을 모니터하는 데 필요하다. 또한, 분석 화학은 산업 보건과 산업 위생 분야에서도 매우 중요하다.

분석 화학은 동적인 학문이다. 새로운 화학 물질의 등장, 정교한 기기 및 소프트웨어의 개발로 인해 화학 분석의 방법은 지속적으로 개선되고 있다. 새로운 분석 방법이 개발됨에 따라 전에는 측정할 수 없었던 낮은 농도까지 측정할 수 있게 되었고, 분석 과정의 단순화를 이룰 수 있게 되었으며, 분석 시간을 단축할 수 있게 되었다. 또한, 기질이 복잡한 시료에 포함된 많은 수의 화합물을 선택적으로 분석할 수 있게 되었다.

이 장에서는 환경 화학에 적용할 수 있는 분석 화학의 기본 이론과 응용 분야를 다루고자 한다. 전통적인 분석 화학에서 질량(무게 분석)과 부피(부피 분석)를 다루는 반면, 현재의 분석 화학에서는 주로 기기 분석에 초점을 맞추고 있다. 현재의 분석 기기는 컴퓨터를 통해 제어되며, 분석 데이터 또한 컴퓨터를 통해 처리된다. 수권, 대기권, 지권, 생물권 및 인류권에 존재하는 수많은 오염 물질과 기타 화합물의 분석 방법 및 결과에 대해서는 분석 화학 분야에서 발표된 연구 논문과 문헌을 참고할 수 있다. 이 장의 끝에 화학 분석을 직접 수행하는 분석자에 필요한 참고 문헌을 정리하였고, 이러한 문헌을 통해 더욱 상세하고 구체적인 분석 과정을 살펴볼 수 있을 것이다.

24.2 화학 분석 과정

화학 분석에는 **화학 분석 과정(chemical analysis process)**의 모든 단계를 철저히 고려해야 하는데, 그

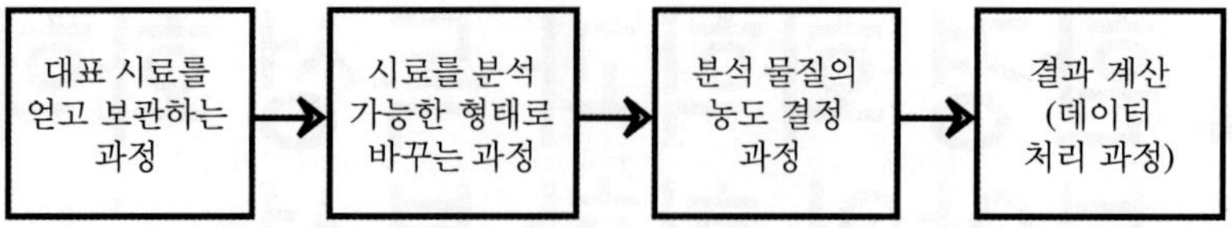

그림 24.1 화학 분석 과정에 관여되는 주요 단계.

이유는 분석 과정의 각 단계가 정확하고 의미 있는 결과에 영향을 미치기 때문이다. 그림 24.1은 화학 분석 과정의 단계를 나타낸 것이다.

분석 과정의 첫 단계는 올바른 시료(sample)를 얻는 것이다. 분석하기 위해 채취한 시료는 분석하고자 하는 전체 대상 시료의 **대표 시료(representative sample)**가 되어야 한다. 만일 대표성이 부족한 시료를 채취한다면, 분석 과정 전체가 부정확하고 무의미한 결과를 초래할 뿐이다.

시료 처리 과정(sample processing)은 채취한 시료를 분석에 적절한 형태로 바꾸어 주는 것이다. 시료에 따라 처리 과정이 없이 직접 분석에 적용할 수 있는 시료, 또는 최소한의 전처리(예: 그라인딩, 혼합 등)가 필요한 시료가 있다. 그러나 대부분은 시료의 형태를 변환하는 전처리 과정이 필요하다. 간단한 전처리 과정의 예는 토양 시료에 염산을 첨가하고 혼합하여 포타슘(K)을 용출하는 것이다. 이는 토양 시료에 포함된 비료 성분인 포타슘(K)을 분석하는 데 필요하다. 이에 비해 다소 복잡하고 성가신 전처리 과정의 예는 물고기 조직 시료에 진한 HNO_3와 $HClO_4$를 첨가하고 끓여 금속 이온을 용출하는 것이다. 이 과정은 물고기의 조직 내에 포함된 금속 성분을 분석하는 데 필요하다.

화학 분석은 시료에 어떤 전처리 과정을 수행하느냐에 따라 파괴적인 화학 분석과 비파괴적인 화학 분석으로 나뉜다. **파괴적(destructive)**인 화학 분석은 분석 과정 중에 본래 시료의 특성이 크게 변화되는 분석을 의미한다. 예를 들어, 시료에 산화제를 첨가하여 분석 물질을 용해시키는 과정이 필요한 분석은 파괴적인 화학 분석이다. **비파괴적(nondestructive)**인 화학 분석은 분석 전과정에 걸쳐 본래의 시료가 그대로 유지되는 분석이다. 예를 들어, 시료에 중성자를 쪼여 시료에서 방출되는 감마선을 측정하는 분석은 비파괴적인 화학 분석이다. 이러한 비파괴적인 화학 분석은 시료를 범죄의 증거로 유지해야 할 경우, 즉 환경 수사 과학 분야 등에서 필요하다.

시료의 전처리 과정을 완료한 후 잘못된 결과를 초래할 수 있는, 시료에 포함된 **방해 물질(interference)**을 제거할 필요가 있다. 분석 시료에서 방해 물질을 제거하거나 적절한 시약을 첨가한 반응을 통해 방해 물질의 영향을 없앨 수 있다.

위의 단계를 완료하면, 실질적인 측정 분석에 임할 수 있다. 실제로 측정하는 물질을 **분석 물질(analyte)**이라고 한다. 예를 들어, 물 시료의 경도(칼슘)를 측정할 경우 칼슘이 분석 물질이다. 분석 물질을 측정하는 것을 **농도 결정(determination)**이라 하며, 시료 채취, 전처리, 측정 및 결과 계산 과정 전체를 묶어 **분석(analysis)**이라고 한다.

화학 분석의 마지막 단계는 결과 **계산(calculation)**이다. 결과 계산에는 간단한 계산 과정만이 필요할 수도 있고, 복잡한 데이터 처리 작업을 통해 분석 물질의 농도를 계산하고 방해 요인을 보정해야 하는 경우가 있다. 시료에 포함된 분석 물질의 양(농도) 또는 퍼센트를 숫자로 계산하는 것뿐만 아니라, 분석 결과의 값에 대한 신뢰성(정밀도, 정확도) 등을 계산하는 것도 중요하다. 현재 대부분의 분석 실험실에서 사용되는 분석 기기에는 컴퓨터가 중요한 제어 장치의 하나로 포함되어 있다. 소프트웨어를 통해 기기를 작동시키고, 데이터를 얻으며, 분석 결과가 계산된다. 최종적으로, 원 데이터와 계산된 결과는 하드 디스크에 저장된다.

24.3 화학 분석의 구분

정성 분석과 정량 분석은 전통적인 분석 방법과 기기 분석법으로 구분된다. **전통적(classical)**인 분석은 화학 반응을 진행시키는 과정이 필요하며, 질량과 부피를 측정하는 분석이다. 이에 비해, **기기 분석법(instrumental analysis method)**은 분석 물질의 양을 측정하기 위해 매우 복잡하고 정교한 기기를 사용하는 분석이다. 전통적인 분석을 흔히 **습식 분석(wet chemical analysis)**이라고 하는데, 용액 중의 분석 물질을 측정하기 위해 실험자가 직접 용액에 시약을 첨가하고 반응을 도모하는 과정이 필요하다. 기기 분석에는 화학종과 화학 반응의 물리적 인자(예: 빛의 흡수, 전위차 또는 미세한 온도 차이)를 측정할 수 있는 여러 종류의 장치가 사용되고 있다.

분석 화학을 **화학적(chemical)** 방법과 **물리적(physical)** 방법으로 구분할 수도 있다. 많은 화학적 방법은 화학종의 질량을 측정하거나, 또는 화학 반응에 의해 생성되거나 소모되는 시약의 부피를 측정하는 데 근거를 두고 있다. 예를 들어, 산광산수 시료의 산도는 시료에 포함된 강산을 중화하는 데 소모되는 강염기(NaOH)의 양을 측정함으로써 결정된다. 이 과정을 산-염기 **적정(titrimetric)**이라고 하는데, 적정 시약인 NaOH의 농도는 정확히 알아야 한다. 시료에 포함된 강산의 농도는 NaOH의 농도와 적정에 소모된 NaOH의 부피를 곱함으로써 계산될 수 있다.

$$H^+ + Na^+ + OH^- \rightarrow H_2O + Na^+ \tag{24.1}$$

물리적 분석은 질량 또는 부피 이외의 물리적 인자를 측정하는 분석이다. 예를 들어, 6가 크로뮴에 오염되었을 것으로 의심되는 물 시료를 유도 결합 플라즈마 원자 발광 광도계를 이용하여 분석하는 것이다. 6가 크로뮴이 존재할 경우, 높은 온도에 의해 크로뮴의 원자화가 이루어지며, 크로뮴의 농도에 해당하는 빛이 방출된다. 다른 예는 물에 포함된 플루오린을 플루오린화 이온 선택 전극을 이용하여 측정하는 것이다. 이 방법은 F^- 표준 용액에서 측정되는 전위와 시료 용액에서 측정되는 전위의 차이를 통해 시료 중 F^-의 농도를 결정하는 방법이다.

24.4 오차와 데이터 처리

화학 분석에서 결과를 정확히 계산하고 정확한 수치로 나타내는 것은 중요하다. 따라서 데이터 처리는 화학 분석의 핵심 요소 중 하나이다. 모든 측정에는 크건 작건 간에 어느 정도의 오차가 수반되는데, 분석 담당자는 오차의 정도를 줄이는 노력을 해야 한다. 어떤 오차는 완전히 제거될 수 없으므로, 오차의 정도를 아는 것과 오차를 최종 분석 결과에 포함시키는 것이 중요하다.

분석 측정의 주 목적 중 하나는 **재현성 있는 결과**(reproducible result)를 얻는 것이다. 예를 들어, 미지의 철광석 시료에 포함된 철의 비율을 결정하기 위해 동일한 시료를 세 번 분석한 결과, 각각 18.76%, 18.71%, 18.73%를 얻었다고 하자(실제 철의 비율은 18.73%). 이 결과는 비교적 높은 정도의 신뢰성을 나타낸다고 할 수 있는데, 그 이유는 측정된 세 값이 매우 흡사하기 때문이다. 세 값의 평균값이 참값에 가까운 정도를 **정확도(accuracy)**라고 한다. 이 예의 경우, 평균값이 참값에 매우 근접하므로 '분석 결과의 정확도가 좋다'라고 판단할 수 있다. 측정된 값들 사이에 나타나는 차이의 정도를 **정밀도(precision)**라고 한다. 이 예의 경우, 각 결괏값이 다른 결괏값들과 차이가 비교적 작으므로 '정밀도 또한 좋다'라고 판단할 수 있다. 만일 다른 분석자가 같은 실험을 하여 18.08%, 18.65%, 19.01%를 얻었다면, 위의 결과와 비교할 때 정밀도가 떨어진다는 것을 알 수 있다. 이 경우, **불가측 오차(indeterminate error)** 또는 **우연 오차(random error)**가 발생했다고 의심할 수 있다. 불가측 오차 또는 우연 오차는 방향과 크기가 일정하지 않으며, 알 수 없는 원인으로 발생하는 것이 특징이다.

그러나 측정된 값들 사이의 차이가 작다고 해서 측정된 값들이 정확하게 측정되었다고 할 수 없다. 그 이유는 **가측 오차(determinate error)**의 가능성 때문이다. 가측 오차는 분명한 원인이 있는 오차이며(분석가에게 알려지지 않을 수도 있지만), 항상 한 방향으로 나타난다. 예를 들어, 25.00 mL용 피펫이 제조업자의 실수로 25.35 mL를 취하도록 제조되었을 때, 이 피펫을 사용한다면 항상 양의 오차가 야기될 것이다. 이 오차는 피펫을 보정함으로써 수정될 수 있기 때문에 가측 오차이다. 가측 오차는 수정이 가능한 오차이다.

분석 결과를 계산하고 보고함에 있어, **불확실성(uncertainty)**을 올바로 파악하고 수치로 나타내는 것은 중요하다. 예를 들어, 숙련된 분석자가 최소 눈금이 0.1 mL로 표시된 뷰렛을 사용하여 표준 시약(적정 시약)을 분석 물질에 포함된 시료 용액에 첨가한다고 할 때, 0.01 mL(0.1 mL의 1/10)에 해당하는 오차 범위 내의 부피를 읽을 수 있을 것이다. 만일 숙련된 분석자가 36.27 mL의 표준 시약을 시료 용액에 첨가하였다고 보고한다면, 실제 첨가된 부피는 36.27−0.01 mL에서 36.27+0.01 mL의 범위에 있다. 즉, 불확실성은 0.01 mL이다. 이 결과에 대해 36.270 mL라고 보고하는 것은 옳지 않은데, 그 이유는 불확실성이 0.001 mL가 아니기 때문이다. 36.3 mL라고 보고하는 것도 옳지 않은데, 그 이유는 뷰렛의 불확실성이 ±0.1 mL보다 작기 때문이다.

24.5 무게 분석과 부피 분석

무게 분석(gravimetric analysis)은 개념적으로 가장 간단한 정량 분석으로, 분석 물질과 반응 시약이 화학 반응을 통해 화학량론적으로 생성하는 순수한 형태의 최종 화학종을 분리하고 무게를 잰 후, 시료에 포함된 분석 물질의 농도(비율)를 계산하는 것이다. 일반적으로 순수한 물질을 얻고, 그 무게를 재는 과정은 다소 번거롭거나 복잡하다. 이를 위한 많은 방법들이 개발되었다. 가장 대표적인 무게 분석의 예는 용액 내에 존재하는 분석 물질을 적절한 시약과 반응시켜 침전을 만들고, 그 침전물의 무게를 측정하는 것이다. 물 시료에 포함된 염화 이온(Cl^-)은 시료에 과량의 질산 은 용액을 첨가하여 침전을 생성시킴으로써 정량 분석이 가능하다.

$$\underset{\text{시약}}{Ag^+(aq) + NO_3^-(aq)} + \underset{\text{분석 물질}}{Cl^-(aq)} \rightarrow \underset{\text{침전}}{AgCl(s)} + NO_3^-(aq) \qquad (24.2)$$

염화 은(AgCl) 침전은 매우 순수한 형태로 얻어질 수 있으며, 다공성 유리 필터에 걸러질 수 있다. 염화 은 이외의 용해성 염은 정제수로 세척하면 제거될 수 있다. 염화 은만이 수집된 필터를 건조시켜 여분의 물을 제거한 후 무게를 재면, 순수한 염화 은의 무게를 알 수 있으며, 화학량론적 계산을 통해 염화 이온의 농도(퍼센트)를 구할 수 있다.

현대의 기기 분석법이 개발되기 전까지, 많은 종류의 분석 물질을 정량하기 위한 무게 분석법이 개발되었다. 예를 들어, SO_4^{2-}는 $BaCl_2$ 시약으로 $BaSO_4$ 침전시킨 후 정량하고, Ca^{2+}는 CaC_2O_4로 침전시키고 가열 과정을 통해 $CaCO_3$ 또는 CaO로 변환시킨 후 정량하며, Mg^{2+}는 인산 암모늄 염으로 침전을 생성시키고 가열하여 $Mg_2P_2O_7$으로 변환시킨 후 정량하는 것이다.

다양한 종류의 유기 시약이 분석 물질, 특히 금속을 침전시키는 데 사용되고 있다. 널리 사용되는 유기 시약 중의 하나는 8-하이드록시퀴놀린(8-hydroxyquinoline)이다. 다음은 Zn^{2+}와 이루는 침전 반응에 대한 화학 반응식을 나타낸 것이다.

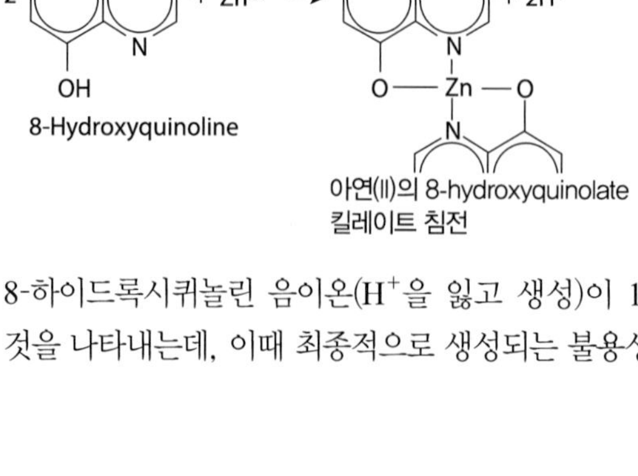

(24.3)

위의 반응식은 2몰의 8-하이드록시퀴놀린 음이온(H^+을 잃고 생성)이 1몰의 Zn^{2+}와 결합하여 불용성 킬레이트를 생성하는 것을 나타내는데, 이때 최종적으로 생성되는 불용성 킬레이트의 무게는 시료 중

Zn^{2+}의 양을 계산하는 데 이용된다. 큰 분자량을 나타내는 8-하이드록시퀴놀린 등의 유기 침전제는 작은 분자량의 분석 물질과 침전 반응을 통해 큰 질량의 침전 생성물을 생성하므로 무게 분석에 유리하다. 큰 질량의 침전은 무게를 잴 때 비교적 낮은 오차를 유발하므로 정량 분석 결과의 정확도를 높일 수 있다.

무게 분석 이외에 전통적인 '습식 분석'의 다른 부류는 **부피 분석(volumetric analysis)**이다. 부피 분석은 분석 물질과 반응하는 데 필요한 표준 시약의 부피를 측정하고, 측정된 부피를 분석 물질의 농도로 환산하는 방법이다. 이러한 과정을 **적정(titration)**이라고 하는데, 적정에는 다음과 같은 과정이 포함된다.

- 일정한 양의 고체 시료 또는 일정한 양의 액체 시료를 용액에 첨가한다.
- 농도를 알고 있는 **표준 용액(standard solution)**을 뷰렛을 통해 시료 용액에 첨가한다. 표준 시약은 분석 물질과 정량적으로 반응하는 시약이다.
- **지시약(indicator**, 염료)의 색 또는 다른 수단에 의해 종말점을 결정한다. **종말점(end point)**은 반응이 정량적으로 완료되는 **당량점(equivalence point)**을 실험을 통해 결정되는 지점을 말하며, 뷰렛을 사용하여 종말점에 해당하는 부피를 측정한다.
- 분석 물질의 양 또는 농도는 적정 반응의 화학량론에 근거하여 계산한다.

적정 반응의 가장 대표적인 예는 산-염기 적정이다. 미지 시료에 포함된 산의 양(농도)은 표준 염기 용액을 적정 시약으로, 미지 시료에 포함된 염기의 양(농도)은 표준 산 적정 시약으로 적정하여 구한다. 예를 들어, 농도를 모르는 염산 용액에 페놀프탈레인 지시약을 첨가한 다음, NaOH 표준 용액을 뷰렛으로 조금씩 첨가하여 무색에서 핑크빛으로 변하는 시점까지 적정하면 염산의 농도를 구할 수 있다. HCl과 NaOH의 중화 반응은 다음과 같다.

$$\underset{\substack{\text{염산}\\\text{분석 물질}}}{H^+ + Cl^-} + \underset{\substack{\text{수산화 소듐}\\\text{적정 시약}}}{Na^+ + OH^-} \rightarrow H_2O + Na^+ + Cl^- \qquad (24.4)$$

산이 포함된 시료의 경우, 종말점 이전까지는 과량의 H^+가 존재하므로 pH는 7보다 작다. 종말점 이후에는 과량의 염기(OH^-)가 존재하므로 pH는 7보다 크다. 강산인 HCl과 강염기인 NaOH는 수용액에서 완전히 해리되므로 당량점에서 pH는 정확히 7.0이 된다. 당량점 근처에서 pH는 급격히 변화되는데, pH가 8.0 이상이 되면 페놀프탈레인의 색이 무색에서 핑크빛으로 변한다. 실험자는 핑크빛이 나타나는 시점, 즉 종말점에서 적정을 마치고 소모된 NaOH의 부피를 기록한다. 표준 용액(NaOH)의 농도와 종말점까지 소모된 NaOH의 부피는 HCl의 양(농도)을 계산하는 데 이용된다.

위에서 논의한 바와 같이, 산-염기 적정은 시료에 표준 용액을 첨가함에 따라 변화되는 pH 값을 근거로 시료를 분석하는 방법이다. 만일 지시약 대신 pH 미터를 사용한다면, 첨가된 적정 시약의 부피에 따

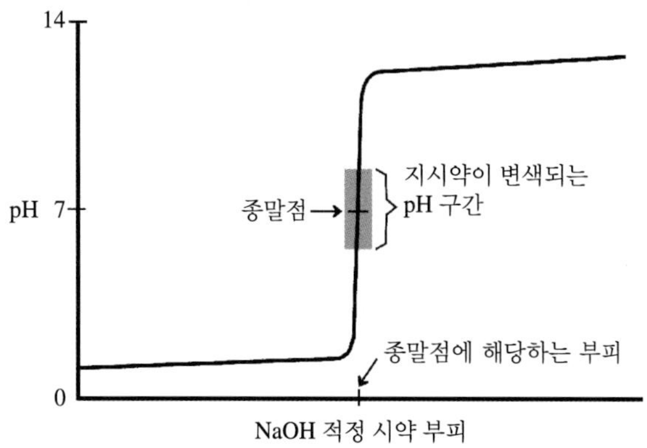

그림 24.2 HCl을 NaOH 적정 시약으로 적정하는 경우, 적정 시약의 부피에 따른 pH를 나타내는 적정 곡선. 종말점은 지시약이 변색되는 지점을 나타낸다.

른 용액의 pH 변화를 나타낼 수 있다. 이러한 결과를 **적정 곡선(titration curve)**(그림 24.2)이라고 한다.

산-염기 반응 이외의 여러 다른 화학 반응도 적정에 이용될 수 있다. 예를 들어, 산화/환원 반응을 이용하여 물 시료에 포함된 용존 산소의 농도를, 침전 반응(예: Ag^+와 Cl^-의 침전 반응)을 이용하여 Cl^- 이온의 농도를, 또는 EDTA와의 킬레이트 반응을 이용하여 Ca^{2+}의 농도(물의 경도, 2.13장 참조)를 구하는 것이다.

24.6 분광광도법

이 장에서 강조하는 나머지 분석 방법은 기기 분석 방법이다. 첫 번째 그룹은 가시광선, 자외선 복사 및 적외선 복사를 포함한 전자기 복사선의 광자 흡수 또는 광자 방출에 기초한 분광 광도법이다.

24.6.1 흡수 분광광도법

흡수 분광광도법은 용액 중 빛을 흡수하는 화학종을 분석하는 방법이다. 역사적으로, 가시광선이 흡수되는 것을 이용한 분석법을 비색법(colorimetry)이라고 한다. 비색법은 현재까지도 많은 물 시료와 대기 중 오염 물질을 분석하는 데 이용되고 있다. 흡수 분광광도법은 바탕 용액(blank solution)에 대한 분석 물질의 투광도(percent transmittance, $\%T$)를 측정하여, 분석 물질의 농도에 따른 흡광도(absorbance, A)를 구하는 것에 근거한 분석법이다. 흡광도는 다음과 같이 정의된다.

$$A = \log\frac{100}{\%T} \tag{24.5}$$

A와 흡수종의 농도(C)와의 관계는 Beer 법칙으로 나타낼 수 있다.

$$A = abC \tag{24.6}$$

여기에서 a는 분석 물질의 흡수 파장과 흡수 정도에 의존하는 고유 인자인 흡광 계수(absorptivity), b는 광원이 흡수 용액을 통과하는 통과 길이, C는 흡수 물질의 농도이다. 일정한 통과 거리에서 A와 C가 직선적인 관계를 나타내는 것은 Beer 법칙에 따른다는 것을 의미한다. 많은 경우, 적절한 검정 곡선(calibration curve)만 작성된다면 Beer 법칙에서 다소 벗어났을 때에도 분석을 수행할 수 있다. 일반적으로, 시료에 적절한 시약을 첨가하여 발색 화학종을 생성시키는 발색 반응 과정이 필요하다. 만일 빛의 세기가 약하다면, 소량의 유기 용매로 추출/농축하여 색의 정도를 진하게 만든 후 측정을 수행한다.

환경 시료의 분석을 위한 흡수 분광광도법은 꾸준히 개발되어 왔다. 수질 오염 물질인 비소, 붕소, 브로민화 이온, 사이안화물, 플루오린화물, 질산염, 페놀, 인산염, 셀레늄, 실리카, 황화물, 세제, 탄닌, 리그닌 등은 흡수 분광광도법에 의해 분석이 가능하다.[1] 분광광도법에 의한 분석의 대표적인 예는 pH 10인 조건에서 페놀을 4-아미노안티피렌(4-aminoantipyrene)과 반응시켜 정량하는 것이다.

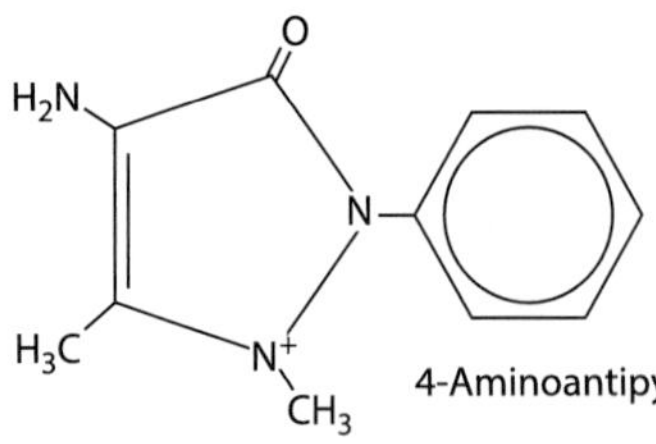

4-Aminoantipyrine

이 분석 과정에는 반응을 촉진시키기 위해 산화제인 헥사사이아노철(III)산 포타슘[potassium ferricyanide, $K_3Fe(CN)_6$]을 첨가한다. 반응 결과 생성되는 안티피린(antipyrine) 염료를 피리딘(pyridine)으로 추출한 다음, 최종 분석 시료의 흡광도를 460 nm의 파장에서 측정하여 페놀의 농도를 계산한다.

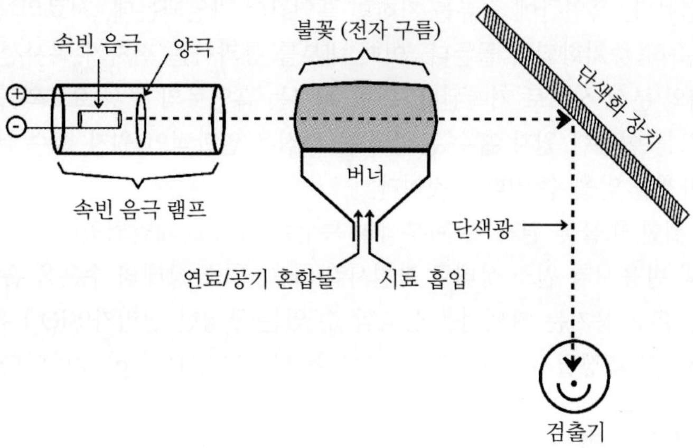

그림 24.3 불꽃 원자 흡수 분광광도계의 주요 구성 성분.

24.6.2 원자 흡수 및 발광 분석법

원자 흡수 분석법은 환경 시료 중 금속을 분석하는 데 널리 이용되고 있다. 이 기법은 분석 물질인 금속의 원자 구름이 단색광을 흡수하는 현상에 기초하고 있다. 단색광은 분석하고자 하는 금속과 동일한 금속으로 구성된 광원에 의해 생성된다. 원자 흡수에 의한 분석법은 선택성이 매우 높은데, 그 이유는 분석하고자 하는 금속의 흡수 파장과 동일한 파장의 전자기 복사선이 광원에서 강하게 방출하도록 되어 있기 때문이다. 그림 24.3은 원자 흡수 광도계의 기본적인 구성을 나타낸 것이다. 원자 흡수 광도계의 핵심 부품은 분석 물질과 동일한 금속이 채워져 있는 속빈 음극 램프(hollow cathode lamp)이다. 속빈 음극 램프에 에너지를 가할 경우, 이 속에 있는 금속 원자가 들뜬 상태로 된 후 금속 원자 특유의 매우 좁은 파장 띠를 지닌 복사선이 방출된다. 이 복사선은 시료가 흡입되는 버너 위를 통과하도록 되어 있다. 버너 위의 불꽃 내에서 대부분의 금속 화합물은 분해되고, 금속 이온은 금속 원소 상태로 환원되면서 원자 구름을 형성하며, 이 원자 구름은 광원에서 방출되는 복사선의 일부를 흡수한다. 흡수되는 복사선의 비율은 Beer 법칙에 근거하여, 분석 물질(금속)의 농도가 증가할수록 커진다(식 24.6). 시료를 통과한 복사선은 단색화 장치를 통과하면서 분석 물질 특유의 파장에 해당하는 복사선만이 남고, 이 복사선이 최종적으로 검출기에 도달하게 된다.

불꽃 이외의 원자화 장치(atomizer)를 사용하기도 한다. 이러한 장치 중 가장 일반적인 것은 속빈 흑연 원통관으로 제작된 흑연로(graphite furnace)이다. 속빈 음극 램프에서 방출되는 전자기 복사선은 속빈 흑연 원통관 내부를 통과한다. 흑연관 상부에는 작은 구멍이 있는데, 이 구멍을 통해 작은 양(100 μL

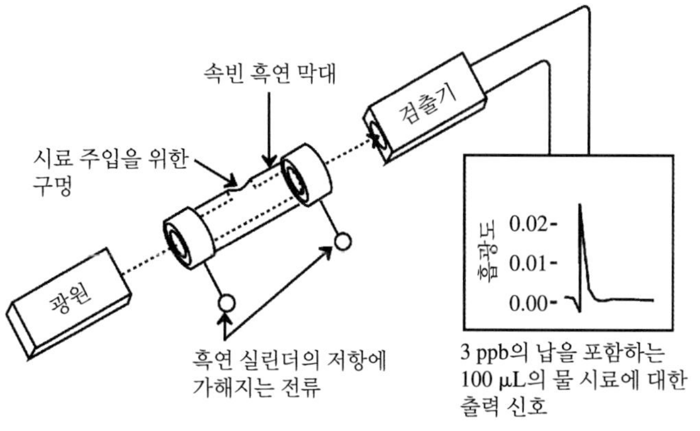

그림 24.4 원자 흡광 분석법에 사용되는 흑연로와 출력 신호의 예.

이하)의 시료를 주입한다. 흑연관에 전류를 가하면 흑연관이 가열되는데, 시료의 건조 단계를 거쳐 분석 물질(금속)이 급속히 증기화되어 들뜬다. 이때 내부를 통과하는 전자기 복사선이 흡수되며, 그 결과는 스파이크 형태의 분석 신호로 기록된다. 그림 24.4는 흑연로의 구성 요소와 출력 신호의 예를 나타낸 것이다. 흑연로를 이용한 원자 흡수 분석의 큰 장점은 일반적인 원자 흡수 분광법에 비해 1,000배까지 낮은 검출 한계를 얻을 수 있다는 것이다.

수은을 분석하기 위한 비불꽃 원자 흡수 분석의 특수한 기법도 개발되었다. 이 방법은 상온에서 수은을 염화 주석(II)과 반응시켜 원소 상태로 환원시킨 다음, 원소 상태의 수은을 흡수 용기에 불어넣어 측정하는 방법이다. 흡수 용기는 자외선을 통과할 수 있는 투명한 실리카(SiO_2) 유리로 제작된다. 이 기법으로 253.7 nm에서 측정될 수 있는 수은의 농도는 나노그램(10^{-9} g) 수준이다.

24.6.3 원자 발광 분석법

물, 대기 입자 및 생물학적 시료에 포함된 금속은 시료를 매우 높은 온도로 가열할 때 방출되는 스펙트럼 선을 측정함으로써 분석된다. 유도 결합 플라즈마 원자 방출 분광법(inductively coupled plasma/ atomic emission spectroscopy, ICP/AES)은 특별히 유용한 원자 방출 분석법이다. 플라즈마 원자 방출에서 분석 물질(금속 원자)을 들뜨게 하는 '불꽃'은 4~50 MHz와 2~5 kW에서 라디오 진동수 에너지에 의해 유도되고 가열되는 아르곤의 백열 플라즈마(이온화된 기체)이다(그림 24.5). 유도 코일을 통해 에너지가 흡수되고 이온화되는 아르곤의 온도는 높게는 10,000 K까지 도달된다. 시료 원자는 연료를 태우는 방식의 원자 발광법(또는 원자 흡광법)에서 얻을 수 있는 불꽃 온도의 약 두 배에 해당하는 약 7,000 K 정도로 가열된다(산화 질소-아세틸렌 불꽃의 온도는 약 3,200 K까지 도달함). 방출되는 빛의 세기는 온도가 높을수록 지수함수적으로 증가된다. 따라서, 높은 온도를 이용하는 ICP/AES는 낮은 검출 한계를 얻을 수 있는 분석법이다. 환경적으로 중요한 비소, 붕소, 셀레늄과 같은 준금속 등을 낮은 농도까지 측정할 수 있다는 것은 유도 결합 플라즈마 원자 방출 분광법의 큰 장점이다. 또한, 일반적인 불꽃 분석법에 비해, 높은 온도의 플라즈마를 이용함으로써 분석 금속을 방해하는 화학 반응과 상호 작용을 최소화할 수 있다는 것도 중요한 장점이다. 유도 결합 플라즈마 원자 방출 분광법의 여러 장점 중 가장 중요한 장점은 30여 종의 원소를 동시에 분석할 수 있어 다원소 동시 분석이 가능하다는 것이다. 더 나아가, 질량 분석기를 결합시킨 유도 결합 플라즈마 원자 방출 분광도계(ICP/MS)도 개발되었는데, 이는 다원소 분석에 있어 특별히 강력한 분석 기법이다.

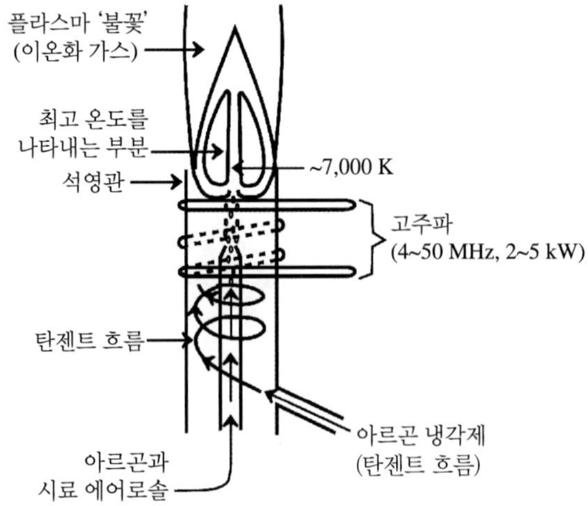

그림 24.5 광학 방출 광도계에서 사용되는 유도 결합 플라즈마.

24.7 전기 화학적 분석법

전기 화학 센서가 사용되는 전위차법(potentiometry), 전압-전류법(voltametry), 전류법(amperometry)은 물 분석에 매우 유용한 기법들이다. 전위차법은 측정 전극과 기준 전극 사이의 전위차가 용액 중 이온 활동도의 log 값의 함수라는 일반적인 원리에 근거한 분석법이다. 특정 이온에 선택적으로 반응하는 측정 전극에 대해, 전위차와 이온 활동도의 관계는 Nernst 식으로 표현된다.

$$E = E^0 + \frac{2.303\,RT}{zF}\log(a_z) \tag{24.7}$$

여기에서, E는 측정 전위, E^0는 표준 전극 전위, R은 기체 상수, T는 절대 온도, z는 이온의 전하(양전하는 +, 음전하는 −), F는 Faraday 상수, a는 분석 이온(분석 물질)의 활동도이다. 온도가 일정한 조건에서 $2.303RT/F$는 상숫값이다. 25°C에서 $2.303RT/F$는 0.0592 V(59.2 mV)이다. 일정한 이온 세기에서 활동도 a는 농도에 비례하므로, Cd^{2+}와 F^-에 반응하는 전극에 대한 Nernst 식은 다음과 같이 표현된다.

$$E(\text{in mV}) = E^0 + \frac{59.2}{2}\log[Cd^{2+}] \tag{24.8}$$

$$E = E^0 - 59.2\log[F^-] \tag{24.9}$$

특정 이온에 대해 선택적으로 반응하는 전극을 이온 선택성 전극(ion-selective electrode)이라고 한다. 일반적으로, 전위차 분석 기기를 구성하는 주요 부품 중의 하나는 막(membrane)이다. 막은 분석 이온의 선택적 교환을 허용하여 전위차를 발생하도록 한다. 수소 이온 활동도와 pH를 측정하는 데 사용하는 유리 전극은 가장 오래된 전극이며, 현재도 널리 사용되고 있다. 수소 이온을 선택적으로 교환하는 유리막에서 발생하는 전위차는 수소 이온의 활동도(a_{H^+})에 대한 Nernst 식으로 표현된다.

$$E = E^0 + 59.2\log(a_{H+}) \tag{24.10}$$

유리 전극 이외의 많은 선택적 전극 중 가장 성공적으로 분석에 이용되는 전극은 플루오린 전극(막은 LaF_3 크리스털로 제작)이다. 플루오린 전극 측정법은 비교적 방해 영향이 적고, 낮은 검출 한계를 얻을 수 있으며, 농도에 따른 전위차가 낮은 농도에서 높은 농도까지 직선성의 비례 관계를 나타낸다. 모든 이온 선택성 전극과 같이, 플루오린 전극의 전기적 출력도 log 농도에 비례하는 전위차의 형태로 나타난다. 전위차(E)의 작은 오차는 log 농도에 반영되며, 결국 농도의 오차가 비교적 크게 나타난다.

미세 전극에 전압을 가함으로써 발생되는 전류를 측정하는 전압-전류법도 물 분석에 이용되고 있다. 펄스 차이 폴라로그래피(differential pulse polarography)가 그 중 하나로, 이 기법은 미세 전극에 작은 펄스의 전압을 단계적으로 높이면서 가하는 방법이다. 각각의 펄스 전압을 가한 후 발생되는 전류를 측정하고, 각각의 펄스를 가하기 전의 전류와 비교하여 그 차이를 연속적으로 기록하여 정량에 이용한다. 이 방법은 분석 미세 전극 표면에 충전되는 용량 전류를 최소화할 수 있기 때문에, 화학종

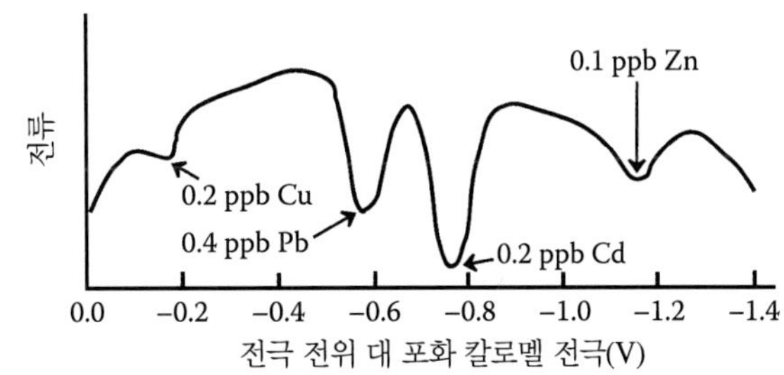

그림 24.6 펄스 차이 양극 벗김 전압법의 출력 예. ppb 농도 수준을 측정할 수 있음을 보여 준다.

이 환원 또는 산화에 기인하는 전류와 용량 전류를 구분할 수 있다는 장점이 있다. 양극 벗김 전압-전류법(anodic-stripping voltammetry)은 수 분 동안 전극 표면에 금속을 입힌 후, 양전압을 가해 농축된 금속을 빠르게 벗겨낼 때 발생되는 전압을 측정하는 기법이다. 이 방법은 전극 표면에 금속을 농축할 수 있다는 점에서 측정 감도를 향상시킬 수 있다. 양극 벗김 전압-전류법보다 더 좋은 방법은 펄스 차이 신호(differential pulse signal)를 이용하여 금속을 벗겨내는 방식인 펄스 차이 양극 벗김 전압법(differential-pulse anodic-stripping voltammetry)이다. 그림 24.6은 펄스 차이 양극 벗김 전압법을 이용하여 수돗물 중 구리, 납, 카드뮴, 아연을 측정할 때 생성되는 출력물을 나타낸 것이다.

24.8 크로마토그래피

여러 종류의 크로마토그래피 분석법이 오염물 분석(특히 수질 오염물)에 이용되고 있다. 1950년대에 처음으로 문헌에 소개된 기체 크로마토그래피는 물, 공기 및 폐기물 중 유기 오염물 분석에 사용되고 있다. 기체 크로마토그래피는 정성 분석과 정량 분석을 동시에 수행하는 기법이다. 경우에 따라서는 매우 감도가 좋고 선택성이 뛰어나기 때문에 환경 분석에서 사용하는 매우 중요한 분석 기기이다. 기체 크로마토그래피는 휘발성 유기 혼합물이 운반 기체에 의해 컬럼을 흐르면서, 각각의 휘발성 성분이 컬럼의 고정상과의 친화력 차이에 의해 분리되는 현상에 근거를 두고 있다. 컬럼의 고정상은 고체상의 흡착제 또는 액체상의 흡착제로 코팅되어 있다. 휘발성 성분이 컬럼을 통과하는 데 걸리는 시간은 휘발성 성분이 고정상에 머무르는 정도에 따라 다르다. 즉, 성분의 특성에 따라 고정상에 머무는 정도가 다르며, 그 결과 각기 다른 시간에 컬럼을 통과하게 된다. 컬럼 후에 설치된 검출기는 각각의 성분이 검출되는 시간과 양을 동시에 기록하는 데 사용된다. 검출기에 기록되는 분석 신호는 성분 및 농도에 따라 각기 다른 시간에서 각기 다른 크기의 피크로 나타난다. 이와 같은 원리에 기초한 크로마토그래피는 정성 분석과 정량 분석을 동시에 수행하는 데 사용되는 분석법이다.

그림 24.7은 기체 크로마토그래프의 핵심적인 특징을 나타낸 것이다. 운반 기체로는 아르곤, 헬륨, 수소, 또는 질소 기체가 사용된다. 시료는 분리 컬럼 직전에 미량의 용액 덩어리 형태로 시료 주입기를 통해 주입된다. 시료 주입부는 높은 온도가 유지되도록 하는데, 액체 시료가 시료 주입 장치에서 가열되고 기화된다. 분리 컬럼으로는 높은 표면적을 지닌 액체상의 물질이 코팅된 불활성 고체 또는 활성 고체로 채워져 있는 금속 또는 유리관이 사용된다. 현재 널리 사용되고 있는 분리 컬럼은 내경이 매우 작은 유리 모세관 컬럼으로, 컬럼 내부의 표면에 액체상 물질이 코팅되어 있다.

크로마토그래피 분석에서 감도와 선택성을 좌우하는 장치는 검출기이다. 현재, 다양한 종류의 검출기가 개발되어 있다. 열전도 검출기는 분석 물질이 검출기를 통과하면서 발생되는 열전도도의 변화를 측정하는 데 사용된다. 전자 포획 검출기는 베타 입자 발생원으로부터 방출되는 전자를 포획하는 검

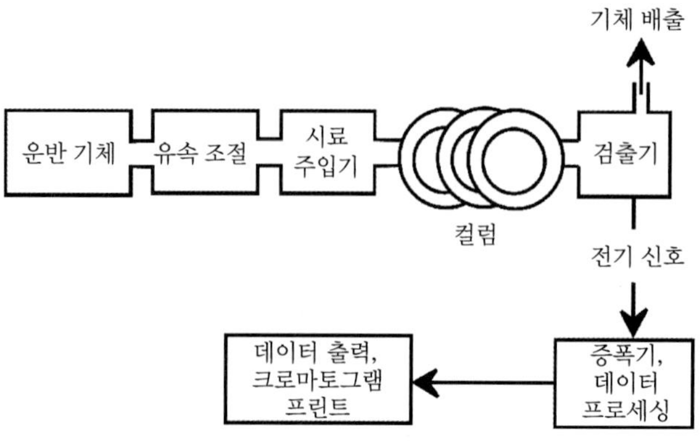

그림 24.7 기체 크로마토그래프의 주요 구성 성분.

출기로, 할로젠화 탄화수소와 인 화합물에 대해 특별히 높은 감도를 나타낸다. 불꽃 이온화 검출기는 불꽃 내에서 전도성이 높은 토막 이온(예: C^+)을 형성시키는 것에 근거한 것으로, 발생된 이온에 의한 전류 변화를 측정하는 데 사용된다. 불꽃 이온화 검출기는 대부분의 유기 화합물을 검출할 수 있기 때문에, 기체 크로마토그래프의 보편적인 검출기로 널리 사용된다. 질량 분석기는 유기 화합물의 정성 분석과 정량 분석에 특별히 유용한 검출기이다(24.10절에서 자세히 논의함). 질량 분석기는 기체 크로마토그래프뿐만 아니라 액체 크로마토그래프와도 결합되어 널리 사용되고 있다. 결합 가스 크로마토그래프/질량 분석기(GC/MS) 및 결합 고성능 액체 크로마토그래프/질량 분석기(HPLC/MS) 장비는 유기 화합물에 대해 특히 강력한 분석 도구이다.

기체 크로마토그래피를 통해 분석이 가능한 화합물은 휘발성이 크고, 높은 온도에서 분해되지 않아야 한다. 만일 기체 크로마토그래피로 직접 분석이 가능하지 않다면, 화학 반응을 이용하여 기체 크로마토그래피 분석에 적절한 유도체를 생성시켜야 한다. 일반적으로, 물 시료를 직접 기체 크로마토그래프로 분석할 수 없다. 따라서, 물 시료에 포함된 휘발성 화합물은 (1) 유기 용매로의 추출, 또는 (2) 퍼지/트랩(purge and trap) 과정을 거친 후 기체 크로마토그래프로 분석된다. 퍼지/트랩 과정이란 헬륨과 같은 불활성 기체로 수용액 시료를 폭기하여 유기 화합물을 고체 흡착제에 흡착시킨 다음, 흡착된 유기 화합물을 탈착하여 기체 크로마토그래프에 주입시키는 과정을 말한다.

24.8.1 고성능 액체 크로마토그래피

액체 이동상을 매우 미세한 입자로 채워진 컬럼을 통과하게 하는 고분리능 크로마토그래피는 액체 이동상에 주입된 혼합 물질 시료를 분리할 수 있는 분석 기술이다. 액체 이동상을 미세한 입자로 채워진 컬럼을 흐르게 하기 위해서는 반드시 고압 펌프가 필요하다. 이와 같은 장치를 이용한 분석을 **고성능 액체 크로마토그래피**(**high-performance liquid chromatography**, **HPLC**)라고 한다. 이 분석법은 분석 물질을 기체상으로 변환시키거나 휘발성 유도체 물질을 만들기 위한 과정이 필요하지 않으며, 또 시료가 분해되지 않는다는 점에서 큰 장점을 제공한다. 고성능 액체 크로마토그래프의 기본적 구성은 용매 저장 용기와 고압 펌프가 필요하다는 것 이외에 기체 크로마토그래프와 유사하다(그림 24.7). 그림 24.8은 HPLC 크로마토그램의 예를 나타낸 것이다. HPLC의 검출기로는 굴절률(refractive index) 검출기, 자외선 검출기 및 일부 화합물에 특히 감도가 좋은 형광 검출기가 널리 사용되고 있다. 앞 절에서 언급한 질량 분석기 검출기와 액체 크로마토그래프가 결합된 LC/MS 분석은 기체 크로마토그래피로 분석이 어려운 분석 물질을 분석할 수 있는 방법이다. HPLC는 수질 오염물을 분석하는 데 매우 유용한 기법이다.

24.8.2 이온 크로마토그래피

이온 성분은 거의 모든 물에 존재한다. 예전에는 물에 존재하는 이온 성분을 정확히 분석하기 위한 수화학자들의 노력은 특별한 도전이었다. 그러나 액체 크로마토그래피 분석법의 개발로, 어려웠던 이온 화학종의 정확한 분석이 가능하게 되었다. 이온 화학종을 분석하는 크로마토그래피 기

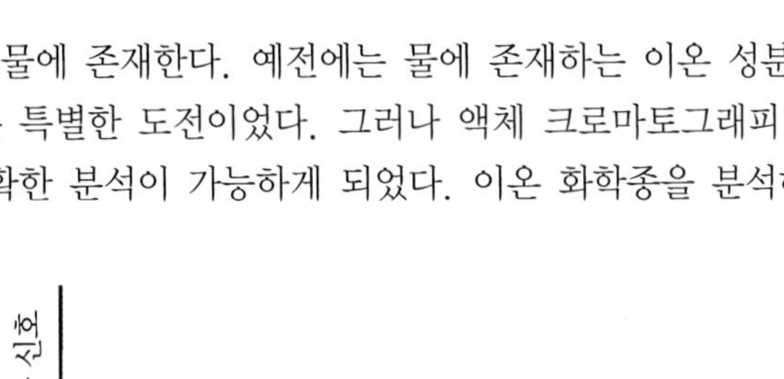

그림 24.8 HPLC 크로마토그램의 예.

법을 **이온 크로마토그래피(ion chromatography)**라고 한다. 이온 크로마토그래피에는 컬럼을 통과하는 용리액(effluent)에 포함된 분석 이온을 검출하기 위해, 소위 서프레서(suppressor)라고 불리는 특별한 검출 기법이 이용되고 있다. 현재, 이온 크로마토그래피는 대부분의 이온을 분석하기 위해 활용되고 있다. 분석이 가능한 음이온의 예로는 비산염(arsenate), 아비산염(arsenite), 붕산염(borate), 탄산염(carbonate), 염소산염(chlorate), 아염소산염(chlorite), 사이안화물(cyanide), 할로젠화물(halides), 하이포아염소산염(hypochlorite), 하이포아인산염(hypophosphite), 질산염(nitrate), 아질산염(nitrite), 인산염(phosphate), 아인산염(phosphite), 파이로인산염(pyrophosphate), 셀렌화물(selenate), 아셀렌화물(selenite), 황산염(sulfate), 아황산염(sulfite), 황화물(sulfide), 트라이메타인산염(trimetaphosphate), 트라이폴리인산염(tripolyphosphate) 등을 들 수 있다. 금속 이온 등의 양이온 또한 이온 크로마토그래피에 의해 분석이 가능하다. 참고로, 양이온은 다른 수단으로 분석하는 것이 상대적으로 쉽다.

24.9 물 분석을 위한 방법

자연수, 음용수 및 폐수에 존재하는 분석 물질을 분석하기 위한 연구는 매우 활발히 진행되어 왔다. 수많은 연구 결과가 문헌에 발표되었으며, 새로운 분석법이 주기적으로 업데이트되고 있다.[2] 미국 환경 보호청(US Environmental Protection Agency)은 물 분석을 위한 다양한 크로마토그래피법(예: EPA 분석 방법 500, 600, 1600 시리즈)을 개발하여 문헌에 발표하였다.[3] 예를 들어, 601 분석 방법은 기체 크로마토그패피에 의한 할로카본의 분석 방법이며, 625 분석 방법은 질량 분석기가 장착된 기체 크로마토그래피법으로 70종 이상의 유기 화합물(산/염기 및 중성 화합물)에 대한 분석 방법이다. 1624 분석 방법은 GC/MS에 의한 휘발성 유기 화합물의 분석 방법이고, 610 분석 방법은 HPLC에 의한 다환 방향족 탄화수소의 분석 방법이며, 501.1 분석 방법은 GC/ECD에 의한 음용수 중 트라이할로메테인류 분석 방법이다. 물 분석에 대한 과학 논문은 **분석 화학회지**(Analytical Chemistry) 등에서 주기적으로 발표되고 있다.[4]

24.10 질량 분석법

질량 분석법(mass spectrometry)은 유기 오염 물질을 분석하는 데 특별히 유용한 기법이다.[5] 질량 분석법은 분석 물질을 전기 방전 또는 화학 과정을 통해 이온으로 변환시킨 다음, 질량 대 전하 비율(m/z)에 따라 분리되는 이온을 검출하는 것에 근거를 두고 있다. 질량 분석기의 출력물은 그림 24.9에 나타

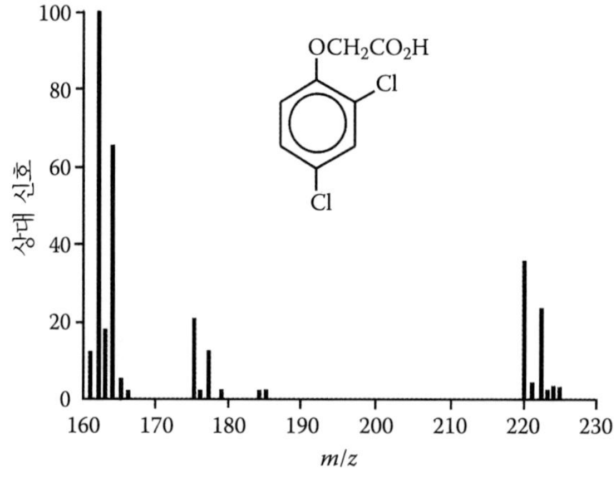

그림 24.9 수질 오염 물질로 존재 가능한 2,4-다이클로로페녹시아세트산(2,4-D)의 질량 스펙트럼.

낸 것과 같은 질량 스펙트럼이다. 화합물의 특성에 따라 다르게 나타나는 질량 스펙트럼은 특정 화합물을 검출하고 정량하는 데 사용된다. 거의 모든 유기 화합물에 대한 질량 스펙트럼은 컴퓨터 데이터베이스로 컴퓨터에 저장되어 있다. 실험을 통해 얻은 질량 스펙트럼을 데이터베이스에 저장된 질량 스펙트럼과 비교함으로써 분석 물질을 확인할 수 있다. 이 과정은 컴퓨터 소프트웨어에 의해 이루어진다. 이와 같이, 기체 크로마토그래피에 의한 분리와, 분리된 분석 물질을 질량 분석기로 검출하는 분석 방법을 기체 크로마토그래피–질량 분석기(GC/MS) 분석법이라고 한다. 이 분석 방법은 휘발성 유기 오염 물질을 분석하는 데 특별히 유용하다.

24.11 자동 분석법

환경 시료를 분석할 경우, 엄청난 양의 물 시료를 한꺼번에 분석하여야 하는 경우가 자주 있는데, 각각의 시료에 대한 의미 있는 결과를 얻는 것뿐만 아니라, 효율적이고 경제적으로 분석을 수행하는 것은 중요하다. 이러한 이유로, 실험자가 모든 분석 과정을 직접 수행하는 습식 분석(wet analysis)을 대체할 수 있는 자동화 분석 장치가 개발되었다. 자동화 분석 과정이란, 시료는 자동 시료 주입 장치(autosampler)로 주입되고, 화학 반응과 분석 물질의 검출 및 결과 계산이 기기를 통해 연속적으로 진행되는 것을 말한다. 현재, 많은 분석 물질에 대한 측정 과정과 기기가 개발되어 사용되고 있다. 자동 분석법은 수질 오염 물질뿐만 아니라 대기 오염 물질의 분석에도 적용되고 있다. 물속에 포함된 알칼리도, 황산 이온, 암모니아, 질산/아질산 이온, 금속 이온 등에 대한 수분석 과정이 자동 분석 장치를 이용한 분석 방법으로 개발되었으며, 개발된 자동화 분석 장치가 이들 화학종을 분석하는 데 널리 사용되고 있다. 대기 중의 이산화 황을 분석하기 위한 West-Gaeke 정량 분석법에는 다소 성가신 수분석 과정이 포함되어 있다. 이 분석 과정도 자동 분석 장치로 꾸밀 수 있는데, 현재 West-Gaeke 정량 분석법에 근거한 자동 분석 장치가 개발되어 있으며, 이 장치를 이용하여 대기 중의 이산화 황이 분석되고 있다. 이와 같이 자동 분석 기기는 비색법을 이용한 분석 과정을 자동화하는 데 적용되고 있으며, 현재 매우 폭넓게 오염 물질 분석에 사용되고 있다.

그림 24.10은 물의 경도를 측정하는 자동 분석 시스템을 나타낸 것이다(2.7절). 분석 시약과 액체

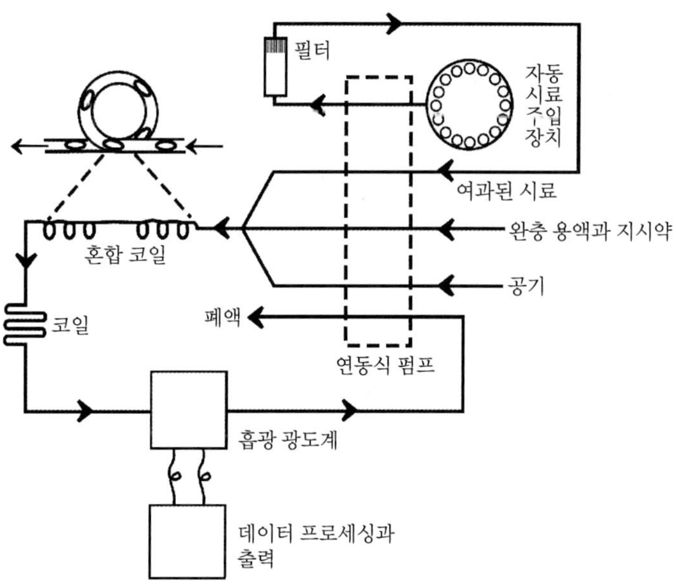

그림 24.10 알칼리도를 측정하는 자동 분석 시스템의 구성 성분. 시료는 pH 3.1로 조절된 메틸 오렌지 완충 용액과 혼합되며, 반응 코일을 통과하면서 알칼리도에 해당하는 만큼 메틸 오렌지 색이 줄어든다.

시료는 연동식 펌프(peristaltic pump)를 통해 분석 시스템으로 이송되고, 시스템 내에서 반응이 이루어지며, 최종 생성물이 적절한 검출기(예: 분광광도계)에서 측정된다. 측정 결과는 컴퓨터 소프트웨어에 기록된다. 연동식 펌프에는 여러 개의 신축성 있는 튜빙을 장착할 수 있는데, 각기 다른 크기의 튜빙을 사용함으로써 반응 시약 및 액체 시료의 유속을 조절할 수 있다. 또한, 연동식 펌프를 통해 공기 방울을 주입함으로써 시료와 시료 사이를 공기 방울로 분리하여, 시료 간의 혼합을 방지할 수 있다. 연동식 펌프를 통해 흐르는 시료와 반응 시약은 T관에서 혼합되고, 반응 코일로 이송된다. 시료와 반응 시약의 혼합물은 반응 코일을 흐르면서 반응이 진행되고, 색을 나타내는 생성물이 생성된다. 이 생성물은 검출기에서 측정된다. 또한 발색 반응이 더딘 경우, 반응 코일의 길이를 길게 하여 반응 시간을 늘릴 수도 있다. 공기 방울은 검출기에 도달하기 직전에 제거된다.

24.12 면역 선별

면역 분석법(immunoassay)은 특정 종류의 시료를 선별하기 위한 기법으로 개발되었다.[6] 상업적인 면역 분석기법은 많은 양의 시료를 매우 빠르게 분석하기 위해 개발되었는데, 주로 2,4-다이클로로페녹시아세트산(2,4-dichlorophenoxyacetic acid), 석유 탄화수소, 다환 방향족 탄화수소 등의 오염 물질을 분석하는 데 이용된다. 이 기법에는 생물학적으로 생성된 항체와 분석 물질을 결합시키는 과정이 포함되어 있다. 효소, 발색단(chromophore), 형광 발현기(fluorophore)와 발광 화합물 등의 시약[리포터 시약(reporter reagent)이라고 함]을 결합시킨 항체에 시료를 첨가하면, 시료 중 분석 물질의 양만큼 치환되는 리포터 시약을 검출할 수 있다. 이와 같이 치환되는 리포터 시약의 농도가 분석 물질의 농도와 비례한다는 것을 이용하여 정량 분석을 수행한다.

면역 분석기법은 불균일 분석법과 균일 분석법의 두 부류로 구분된다. 불균일 면역 분석에는 분리 단계(세척 단계)가 필요하고, 균일 면역 분석에는 분리 단계가 필요하지 않다. 불균일 면역 분석의 경우, 테스트 튜브 내벽에 코팅된 고체 지지체에 항체를 고정시킨 일회용 테스트 튜브가 널리 사용된다. 이 테스트 튜브에 시료를 첨가하여 분석 물질이 항체를 치환하면 세척을 통해 치환된 시약을 분리한다. 이때 치환된 리포터 시약(분석 물질의 농도와 비례)은 분광광도계 등으로 측정할 수 있다. 효소가 결합된 리포터 시약을 사용하는 효소 면역 분석은 현재 분석 키트로 개발되어 판매되는데, 이러한 키트를 사용하여 유해 폐기물에 포함된 많은 유기 화학종의 분석이 수행되고 있다.

24.13 물속 총 유기 탄소

용존 유기 탄소는 물속의 산소를 소모하는 물질로, 대개 유독한 물질의 형태로 존재하기 때문에 수질 오염의 지표로 사용된다. 따라서 용존 유기 탄소를 정확히 측정하는 것은 중요하다. 현재, 총 유기 탄

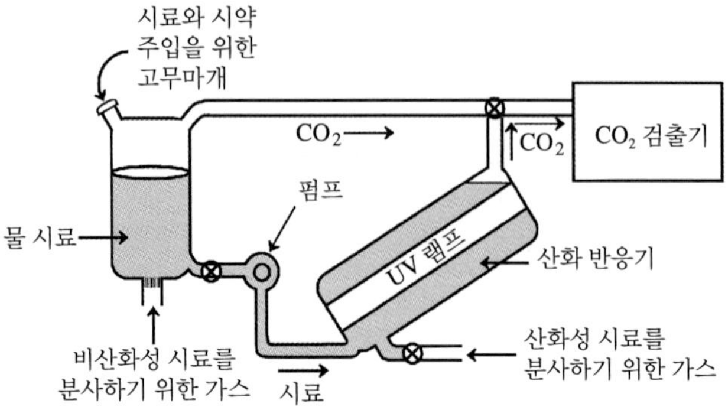

그림 24.11 UV 촉진 산화 방법이 사용되는 TOC 분석 장치.

소(total organic carbon, TOC)의 농도는 물 시료 중 유기 물질의 양을 평가하는 데 이용할 수 있는 가장 좋은 척도이다. TOC를 측정하기 위해서는 용액 중의 무기 탄소를 제거하는 과정이 선행되어야 한다. 유기 물질이 산화되기 전의 시료에 인산을 첨가하고 공기 또는 질소로 분사(sparging)하면, 무기 탄소(HCO_3^-와 CO_3^{2-})가 CO_2로 변화되어 제거된다. 무기 탄소가 제거된 후 유기 물질을 산화시켜 발생되는 CO_2를 측정하면, TOC의 농도를 구할 수 있다(그림 24.11). 무기 탄소가 제거된 시료는 펌프를 통해 184.9 nm의 자외선을 방출하는 램프가 장착된 반응조로 이송된다. 물 시료 중 용존 유기 탄소는 강한 자외선으로 에너지화된 $K_2S_2O_8$(potassium peroxydisulfate)에 의해 산화되면서 CO_2로 변환된다. 반응조에 자외선을 쪼여 주면, 하이드록실 라디칼(HO•, 8.8절 참조)과 같은 자유 라디칼이 생성되는데, 이러한 활성 화학종은 용존 유기 화합물의 빠른 산화를 촉진시킨다.

$$\text{Organics} + \text{HO}\bullet \rightarrow \text{CO}_2 + \text{H}_2\text{O} \tag{24.11}$$

산화 반응이 완료되면, 시스템에서 분사되는 CO_2를 기체 크로마토그래피 검출기로 직접 측정하거나, 초정제수에 흡수시킨 후 전도도를 측정한다. 최종적으로, 유기 탄소에 의해 생성된 CO_2의 농도는 TOC의 농도를 계산하는 데 이용된다.

24.14 물속 방사능 측정

여러 경로를 통해 유출되는 방사성 물질은 물을 오염시킬 수 있다(6.14절 참조). 물의 방사성 오염의 정도는 총 베타 방사능(gross beta activity)과 총 알파 방사능(gross alpha activity)을 측정하여 그 결과를 나타내는 것이 일반적이다. 이러한 측정 방법은 각각의 동위 원소를 측정하는 것보다 간단하다. 방사능 측정에는 작은 판 위의 매우 얇은 층으로 물을 증발시키고, 내부 비례 계수기로 측정하는 과정이 포함된다. 베타 입자는 매우 얇은 검출기 창만을 통과할 수 있는 반면, 알파 입자는 실질적으로 이러한 창을 침투할 수 없기 때문에 이러한 과정이 필요하다. 감마 스펙트럼 분석을 통해 감마선을 방출하는 핵종을 측정할 수 있는데, 이 분석 결과를 통해 감마선을 방출하는 핵종에 대한 더욱 자세한 정보를 얻을 수 있다. 감마 스펙트럼 분석에는 고체상 검출기를 이용하여 시료의 스펙트럼에서 특정 동위 원소들의 감마 피크를 분리해 내는 과정이 포함되어 있으며, 다중 채널 분광학적 데이터 분석을 적용하여 화학적 분리 없이 여러 방사성 핵종의 동시 분석이 이루어진다. 이 방법은 시료 전처리 과정을 최소화할 수 있다는 장점이 있다.

24.15 폐기물과 고체의 분석

다양한 위험 인자가 포함되어 있는 유해 폐기물 분석은 폐기물 관리에 있어 가장 중요하다고 할 수 있다. 유해 폐기물 분석은 폐기물의 발생원을 추적하고, 폐기물이 주위 환경에 미치는 위험 인자를 평가하며, 환경 복원을 담당하는 전문가에게 정보를 제공하기 위해, 그리고 폐기물 처리의 적절한 수단을 강구하기 위해 수행된다. 위험 인자가 포함되어 있는 폐기물과, 폐기물에 오염된 고체, 반고체, 슬러지, 액체, 오염된 토양, 침적물 등 모두를 포괄적으로 폐기물로 정의한다.

폐기물 분석에는 물 분석, 또는 공기 분석과 동일한 분석 방법을 적용할 수 있다. 그러나 폐기물 분석에는 물 분석과 달리 적절한 전처리 과정을 반드시 선행해야 한다. 폐기물 시료는 매트릭스가 상대적으로 복잡하기 때문에, 방해 물질의 방해 효과가 분석 결과에 영향을 미칠 수 있기 때문이다. 따라서 방해 물질을 제거한 분석 시료를 얻는 과정, 즉 전처리 과정이 필요하다. 이러한 이유로 인해, 폐기물 분석의 실질적인 정량 한곗값은 물 시료 분석의 정량 한곗값보다 크게 나타날 수 있다.

폐기물 분석에는 여러 특징적인 단계를 거쳐야 한다. 물 시료와 비교할 때, 대부분의 폐기물 시료는 불균일성이 매우 크기 때문에, 대표성이 있는 시료를 채취하기가 어렵다. 물 시료는 전처리 과정 없이 또는 최소한의 전처리 과정을 거친 후 분석 기기에 주입할 수 있는 반면, 폐기물 시료는 분석 기기에 주입하기 전에 복잡한 전처리 과정이 거쳐야 하는 경우가 대부분이다. 즉, 전처리를 통해 기기에 주입할 수 있는 분석 시료를 얻는 과정이 복잡하다. 기름 성분의 폐기물 시료는 유기 용매에 녹여야 하고, 유기성 분석 물질은 유기 용매로 추출하여야 하며, 휘발성 유기 탄소 분석 물질은 휘발 과정을 통해 채취해야 한다. 또한, 고체 폐기물에 포함된 금속은 강산 또는 산화제를 통해 삭임과 추출 과정이 필요하다. 이러한 과정을 거친 시료는 분석에 방해되는 방해 물질을 제거하기 위한 비교적 복잡한 시료 세척 과정을 거쳐야 한다. 또한, 이러한 일련의 과정을 거친 최종 분석 시료는 분석 기기를 손상시키지 않아야 한다.

미국 환경 보호청(US EPA)은 폐기물 분석에 적절한 방법을 개발하여 보고하고 있다. 다양한 고체 폐기물에 대한 방법이 '**고체 폐기물 분석을 위한 물리적 방법과 화학적 방법(SW-846)**'이란 제목으로 발간되고 있으며, 이러한 발간물은 주기적으로 업데이트되고 있다.[7]

24.15.1 독성 용출 시험법

독성 용출 시험법(Toxicity Characteristic Leaching Procedure, TCLP)은 폐기물의 잠재적 유독성과 위험성을 평가하기 위해 확립된 특별한 추출 시험 과정이다.[8] 이 시험법은 액체, 고체, 또는 다상(multiple phase) 혼합물로 존재하는 무기 화학종과 유기 화학종의 생물 유용성을 예측하기 위해 개발되었다. TCLP에 의해 분석해야 하는 항목은 납 등의 중금속 부류, 벤젠 등의 유기 물질, 클로르데인(chlordane) 등의 농약 등으로 지정되어 있다.

TCLP 테스트에서 사용되는 과정은 시료의 특성에 따라 다르다. 만일 분석하고자 하는 시료에 법적 규제 농도를 초과하는 오염 물질이 존재하지 않을 경우 TCLP를 수행할 필요는 없다. 채취한 원시료에 액체가 포함되어 있을 경우, 액체를 따로 분석하여 규제 농도를 초과하는 오염 물질이 있는지 살펴보아야 한다. 고체와 반고체 시료는 묽은 아세트산 또는 아세트산/아세트산 소듐 혼합물로 제조된 추출 시약(extractant)을 사용하여 추출물로 만든 다음 측정에 임해야 한다. TCLP 추출 과정은 올바른 폐기물 관리가 이루어지지 않는 조건, 즉 유해 폐기물이 쓰레기와 함께 처분될 경우('잘못된 처리 시나리오')를 감안하여 디자인되어 있다.

24.16 대기 모니터링

대기질을 유지하기 위해 선행해야 하는 과제는 대기 오염 물질을 모니터하는 것이다. 특히, 기준 대기

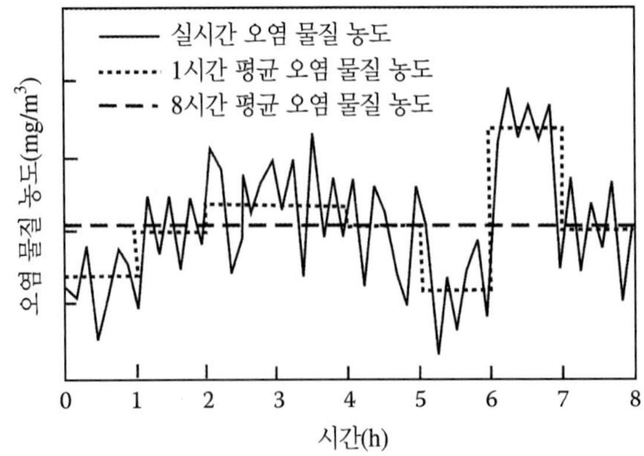

그림 24.12 시료의 채취 시간에 따른 대기 오염 물질의 농도.

오염 물질(criteria air pollutant), 즉 건강에 유해하고, 환경에 해로운 영향을 끼치며, 재산에 손상을 입히는 물질을 모니터하는 것은 중요하다. 대기 오염의 대표적인 지표 물질은 (1) 일산화 탄소, (2) 납, (3) 이산화 질소, (4) 오존, (5) 입자상 물질, (6) 이산화 황이다. 그 밖에 광화학 스모그 생성의 원인 물질인 탄화수소(약 60종류), 알데하이드가 중요한 대기 오염 물질이다.

일반적으로 대기 오염 물질은 매우 낮은 농도로 존재하기 때문에 측정하기가 어렵다. 또한, 시간과 장소에 따라 농도가 급격히 변하고, 온도와 습도에도 영향을 받기 때문에 측정 결과에 대한 해석이 쉽지 않다(그림 24.12 참조). 시료 채취 장소를 선정하는 것도 어려운데, 특히 지표면과 달리 높은 고도에서 시료를 채취하는 것은 더욱 어렵다. 이와 같은 이유로 인해 대표성을 지니는 대기 시료를 얻는 것은 일종의 도전이라 할 수 있다. 이상적인 대기 분석 기법은 시료 채취를 하지 않은 상태에서 분광광도계와 같은 측정 기기를 통해 직접 측정하는 것이다. 경우에 따라서는 공기 시료가 자동적으로 채취되고 분석되어 중앙 정보 기관으로 데이터가 전송되기도 한다. 그러나 현장에서 시료를 채취하고, 채취한 시료를 추후 실험실에서 분석하는 경우가 여전히 많다.

24.16.1 대기 오염 물질의 분석

미국 환경 보호청(US EPA)은 1차 대기 오염 물질과 2차 대기 오염 물질, 그리고 각각의 대기 오염 기준치를 감안하여 공정 시험법을 개발하고, 매년 개발된 공정 시험법을 **연방 규제법**(Code of Federal Regulations)에 발간하고 있다.[9] 미국 환경 보호청에서 지정한 공정 시험법은 최첨단의 기술을 적용한 방법이 아닐 수 있다. 경우에 따라서는 다소 오래된 전통적인 분석 방법이면서 성가신 작업이 필요할 수도 있다. 그러나, 미국 환경 보호청이 제시한 모든 분석 방법은 규제와 법적인 목적을 충족하는 측정 방법이면서 신뢰성이 입증된 분석 방법이다.

대기 이산화 황(atmospheric sulfur dioxide)은 West-Gaeke 파라로자닐린(pararosaniline) 방법으로 측정된다. 이산화 황을 테트라클로로수은(II)산 포타슘(potassium tetrachloromercurate, K_2HgCl_4) 용액에 포집하여 $HgCl_2SO_3^{2-}$가 생성되도록 한다. $HgCl_2SO_3^{2-}$는 폼알데하이드 및 무색의 파라로자닐린 염산 염(pararosaniline hydrochloride)과 반응하여 붉은 보라색의 염료를 생성하는데, 이 염료의 흡광도는 분광광도계로 측정된다. 최종적으로 측정되는 붉은 보라색의 염료는 SO_2의 양과 비례하므로 SO_2의 농도가 계산될 수 있다. 수작업을 통해 이루어지는 West-Gaeke 분석 방법은 성가시고 복잡하다. 현재, 수작업을 대신하는 포집 과정과 측정 과정을 자동적으로 이룰 수 있는 자동 분석 장치가 개발되어 사용되고 있다.

대기 입자상 물질(atmospheric particulate matter)의 분석에는 입자를 모을 수 있는 필터가 장착된 Hi-Vol 샘플러(Hi-Vol sampler)가 사용된다. 이 장치를 이용하면, 큰 부피의 공기 시료(2,000 m^3)를 24시간 동안 통과시키면서, 장치 내부에 설치된 필터에 입자를 모을 수 있다. Hi-Vol 샘플러를 이용하여 채취된 입자는 납 등의 중금속, 다환 방향족 유기 화합물 등을 분석하는 데 이용될 수 있다.

대기 질소 산화물(atmospheric nitrogen oxide)은 화학 발광법에 의해 측정될 수 있다. 화학 발광법은 두 화학종이 반응하여 생성되는 들뜬 상태의 생성물이 바닥 상태로 떨어지면서 방출되는 빛을 측정하는 것이다. 일반적으로, 방출되는 빛은 가시광선의 파장에서 측정되는데, 이 빛의 세기는 분석 물질의 농도와 비례한다. 일산화 질소는 오존과 반응시킨 후 화학 발광법에 의해 측정된다.

$$NO + O_3 \rightarrow NO_2^* + O_2 \tag{24.12}$$

일산화 질소와 오존의 반응은 전자 들뜸 상태의 이산화 질소를 생성하며, 전자 들뜸 상태의 이산화 질소는 바닥 상태로 떨어지면서 600~3,000 nm 영역의 빛을 방출한다. 이와 같이 방출되는 빛의 세기는 NO의 농도와 비례하는데, 이 빛의 세기는 광전자 증배관(photomultiplier)으로 측정된다.

화학 발광 검출 시스템에서는 O_3와 NO의 반응이 이용된다. NO_2를 측정하기 위해서는 NO_2를 NO

로 변환시켜야 하는데, 이를 위해 공기 시료를 열 변환기에 통과시켜야 한다. 공기 시료를 열 변환기에 통과하여 측정된 결과는 NO와 NO_2의 합(NO_x)으로 나타난다. 이 결과에서 열 변환기를 통과시키지 않은 시료의 측정 결과인 NO의 농도를 빼면 NO_2의 농도가 된다.

화학 발광 분석은 대기 오염 물질의 분석에 매우 바람직한 기법이라 할 수 있는데, 그 이유는 화학 반응이 간단하여 연속적인 모니터링을 위한 자동 분석 장치를 쉽게 구성할 수 있기 때문이다. 오존 측정을 위해 수행되는 화학 발광법의 다른 예는 아래에 정리하였다.

대표적인 **대기 산화제(atmospheric oxidant)**는 오존, 과산화 수소, 유기 과산화물, 염소 등이다. 산화제를 측정하는 전통적인 수분석은 산화제와 아이오딘화 이온(I^-)의 반응에서 생성되는 트라이아이오딘화 이온(I_3^-)을 분광광도계로 측정하는 것이다. 시료를 1% KI 용액(pH 6.8)에 첨가하면 시료에 포함된 산화제가 I^-와 반응하여 I_3^-를 생성한다. 예를 들어 오존과 I^-의 반응은 다음과 같다.

$$O_3 + 2H^+ + 3I^- \rightarrow I_3^- + O_2 + H_2O \tag{24.13}$$

위의 반응에서 생성되는 I_3^-는 352 nm의 파장에서 분광광도계로 측정된다. 일반적으로 산화제의 농도는 오존의 농도로 나타낸다. 참고로, 모든 산화제가 오존과 같은 효율로 I^-와 반응하지는 않는다. 예를 들어, PAN과 I^-의 반응 효율은 오존과 I^-의 반응 효율에 비해 낮다.

현재 산화제를 분석하는 데 선호되는 방법은 오존과 에틸렌과의 화학 발광 반응을 이용하는 것이다. 이 반응의 생성물은 435 nm의 파장에서 최대 발광 세기를 나타내며, 발광되는 빛의 세기는 오존의 농도에 비례한다.

에어로솔 입자 또한 중요한 대기 오염 물질이다. 에어로솔 입자에 대해서는 단위 부피당 질량(예: $\mu g/m^3$), 크기 분포, 모양, 주요 구성 성분 및 유독 금속(예: 납)과 같은 미량 성분을 대상으로 분석한다.[10]

24.16.2 적외선 흡수를 이용한 대기 일산화 탄소의 분석

대기 중 일산화 탄소는 비분산 적외선 광도계로 분석된다. 이 기법은 일산화 탄소가 특정 영역의 적외선 파장을 강하게 흡수하는 성질을 이용한다. 미량의 일산화 탄소가 담긴 흡수 용기(예: 100 cm의 길이)에 적외선을 쪼여 주면 적외선 방사 에너지가 일산화 탄소에 의해 흡수된다.

비분산 적외선 광도계는 광원에서 방출되는 적외선을 분산시키지 않는다는 점에서 분산 적외선 광도계와 다르다. 분산 적외선 광도계는 프리즘 또는 회절발(grating)에 의해 파장을 분산시키고 파장에 따른 흡수 정도를 스펙트럼으로 출력하는 기기이다. 비분산 적외선 광도계는 특정 화합물 또는 특정

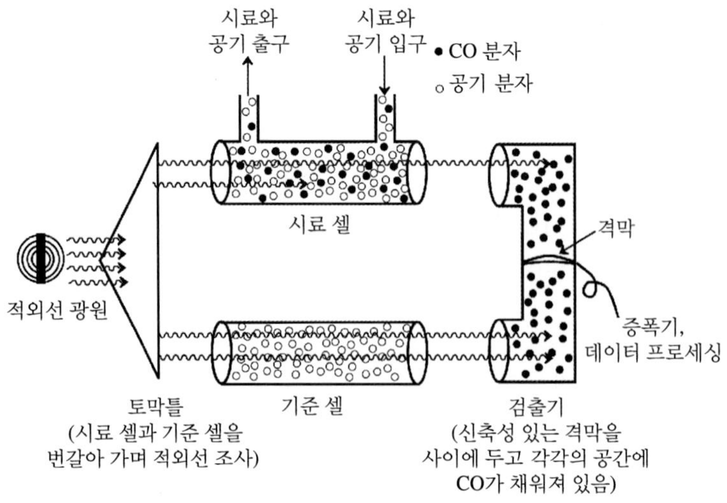

그림 24.13 대기 중 일산화 탄소의 분석을 위한 비분산 적외선 광도계의 대략도.

화합물 부류에 대한 흡수 정도를 측정하기 위해 제조된 특별한 적외선 광도계로, 검출기 내에 또는 광경로(optical path) 내에 설치된 필터 셀(filter cell)에 측정 대상 물질이 채워져 있다. 그림 24.13은 선택적인 CO 분석을 위한 비분산 적외선 광도계의 대략도를 나타낸 것이다. 적외선 광원에서 방출되는 복사선은 회전 장치(토막틀, chopper)에 의해 번갈아 가며 시료 용기와 표준 용액이 담긴 기준 용기를 통과되도록 되어 있다. 위의 두 용기를 통과한 빛살(beam)은 CO가 채워진 검출기에 도달하게 된다. CO가 채워진 검출기는 연질의 격막(flexible diaphragm)으로 분리되어 있다. 기준 용기를 통과하고 검출기에 도달하는 적외선의 흡수 정도와 시료 용기를 통과하고 검출기에 도달하는 적외선의 흡수 정도 차이는 시료 중 CO의 농도에 의존한다. 검출기에서 나타나는 적외선 흡수의 차이로 인해 검출기 내의 작은 온도 변화가 일어나며, 이러한 온도 변화로 인해 검출기 내의 격막이 한쪽으로 부풀게 된다. 이러한 차이로 나타나는 격막의 작은 움직임이 검출기로 측정되고 기록된다. 이와 같은 장치를 이용하면, CO의 농도가 0에서 150 ppm의 범위까지 측정될 수 있다. 최적 농도 범위에서 나타나는 상대 오차는 약 ±5%이다.

24.16.3 대기 중 탄화수소와 유기물 분석

대기 중 탄화수소는 매우 감도가 좋은 수소 불꽃 이온화 검출기로 측정된다. 일정량의 공기 시료를 시간당 4번에서 12번까지 불꽃 이온화 검출기를 통과하도록 하여 총 탄화수소의 양을 측정할 수 있다.

유기 물질은 각각의 독성이 다르고, 광화학 스모그를 유발할 수 있는 지표 물질일 수 있으며, 또 대기 오염의 발생원을 추적할 수 있는 단서를 제공할 수도 있다. 따라서 총 탄화수소의 양뿐만 아니라 개별적인 유기 물질의 농도를 측정하는 것도 중요하다. 이에 대기 중의 유기 화합물을 측정할 수 있는 많은 기법이 보고되고 있다. 예를 들어, 공기 시료를 Tedlar 백에 채취한 후 영하 180°C의 극한 저온에서 농축한 다음, 농축된 시료를 열탈착하여 분해능이 좋은 모세관 컬럼 기체 크로마토그래피로 측정하기도 한다.

24.16.4 기체상 대기 오염 물질의 분광광도 측정법

비분산 적외선 광도계와 같은 직접적인 분광광도 측정법은 기체상 대기 오염 물질을 측정하는 데 선호되는 방법이다.[11] 이러한 분석법의 세 가지 예는 대기 오염 모니터링에 가장 널리 사용되는 가변 다이오드 레이저 분광법(tunable diode laser spectroscopy), Fourier 적외선 분광계(Fourier transform infrared spectroscopy), 흡광차 분광법(differential optical absorption spectroscopy)이다. 이러한 기법은 한 지점에서 긴 흡수 용기를 사용하여 대기 모니터링을 할 때 이용될 수 있다. 예를 들어, 공장의 굴뚝에 설치하여 공장의 배출 기체를 분석하는 데 이용될 수 있다. 또, 농도-거리의 단위로 데이터를 수집하는 데에도 이용될 수 있다(이 경우 햇빛을 복사 광원으로 이용할 수 있음). 복사선이 시료를 통과하는 길이는 오염 물질의 농도를 계산하는 데 이용된다. 이러한 측정 방법은 공장 배출 기체의 농도를 측정하는 데 매우 유용하다.

공기 중에 낮은 농도로 존재하는 기체상 대기 오염 물질을 분광광도계로 측정하기 위해서는 일반적

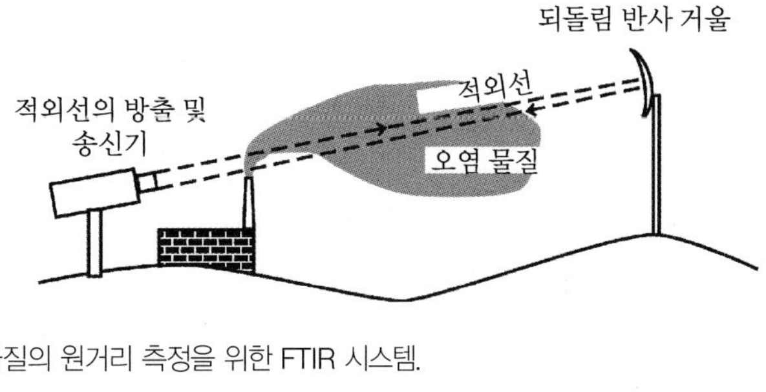

그림 24.14 대기 오염 물질의 원거리 측정을 위한 FTIR 시스템.

으로 긴 통로 길이(경우에 따라서는 수 km)가 필요하다. 매우 긴 통과 길이가 필요한 경우는 복사 광원을 검출기에서 멀리 떨어진 곳에 설치해야 하는데, 이러한 경우 광원의 근처로 복사선을 되돌아오게끔 할 수 있는 되돌림 반사 장치(retroreflector)를 먼 곳에 설치한다. 또, 복사선(빛살)이 여러 번 반사하도록 디자인된 시료 용기를 사용하여 통과 길이를 늘릴 수도 있다.

그림 24.14는 대기 오염 물질의 원거리 모니터링을 위한 Fourier 적외선 분광계의 예를 나타낸 것이다. 이 시스템에는 적외선을 방출하고 수신하는 역할을 동시에 수행할 수 있는 장치와, 먼 거리에 방출된 적외선을 반사시키는 되돌림 반사 장치가 포함되어 있다. 탄화 규소 발광체(silicon carbide glower)에 의해 생성되고, Michelson 간섭계로 변조된 복사선(modulated radiation)이 되돌림 반사 장치(retroreflector)로 방출된 후, 되돌림 반사 장치에 의해 반사된 빛의 강도가 망원 수신 장치에서 측정된다. 검출기에 수신된 적외선 신호[간섭 그림(interferogram)이라 함]는 수학 알고리즘(Fourier 변환)에 의해 계산되고, 흡수 물질의 스펙트럼으로 출력된다. 최종적으로, 이 장치를 통해 얻은 스펙트럼이 흡수 화학종의 스펙트럼과 비교되어 흡수 화학종의 농도를 계산한다.

24.17 생물학적 물질과 생체 이물의 분석

22.5절에서 정의한 바와 같이, 생체 이물(xenobiotics)은 생체 시스템에 없는 이물질이다. 생물학적 물질에 포함된 생체 이물을 분석하는 것은 환경 화학 분야와 독성 화학 분야에서 매우 중요하다. 인간의 생체 조직과 인간의 몸에서 배출되는 시료에 이러한 생체 이물이 존재할 수 있다는 것은 매우 큰 관심사이다. 식물 또는 미생물 시료에 유입된 생체 이물을 분석할 수도 있다. 혈액, 소변, 날숨(breath) 및 기타 생물학적 시료에 유입된 생체 이물과 생체 이물의 대사 산물을 측정하는 것을 **생물학적 모니터링(biological monitoring)**이라고 한다.[12,13,14,15] 생물학적 모니터링을 통해 얻은 결과는 독성 물질(생체 이물)의 노출 정도를 결정하는 데 이용된다. 생물학적 모니터링을 다룬 문헌을 이 장의 끝에 '보충자료'에 정리하였다.

24.17.1 생체 이물의 노출 지표

체내에 생체 이물이 유입되면, 체내에서 이루어지는 생체 이물의 거동에 따라 분석 시료 및 분석 물질의 종류가 달라질 수 있다. 생체 이물 자체가 체내에서 변화되지 않은 형태로 남아 해로운 영향을 미칠 수 있다. 예를 들어, 석면이 폐에 유입되어 누적되면 석면 자체가 폐장애를 일으킨다. 납과 같이, 호흡 기관으로 유입되는 생체 이물이 호흡 기관이 아닌 다른 신체 기관(예: 뼈)으로 이동되고 누적되어 장애를 일으킬 수도 있다. 유입된 생체 이물의 형태와는 다른 물질로 변화되어 악영향을 나타낼 수도 있다. 이 경우, 분석 시료에는 본래의 생체 이물이 아닌 다른 물질이 존재할 것이다. 예를 들어, 혈액 시료에 메트헤모글로빈(methemoglobin)이 검출된다면, 이는 아닐린(aniline)이 피부를 통해 흡수된 결과가 반영된 것이다.

생체 이물의 영향을 조사하기 위해 대표적으로 사용되는 시료는 혈액과 소변이다. 이 두 시료에 포함된 성분은 체내에서 생체 이물의 이동 및 여러 신체 조직에서 일어나는 대사 작용의 결과를 나타낸다. 혈액은 생물학적 모니터링되는 가장 중요한 시료이며, 특별히 중요한 의미를 지닌다.

22.6절에서 살펴본 바와 같이, 생체 이물의 제1상 반응과 제2상 반응의 생성물은 극성이 더욱 강하고 수용액에 용해되는 대사 산물(metabolites)로 변화되는 경향이 있다. 이러한 생성물은 소변을 통해 배출되므로, 소변 시료를 분석함으로써 생체 이물의 노출 정도를 확인할 수 있다. 소변 시료는 혈액 시료에 비해 매트릭스가 간단하고, 쉽게 얻을 수 있다는 점에서 생체 이물의 노출 정도를 확인하는 데 장점이 있다. 혈액과 소변 시료 이외에, 날숨(휘발성 생체 이물과 대사 산물), 머리카락, 손톱과 발톱(셀레늄과 같은 미량 원소), 지방 조직(지방), 모유 등의 시료도 생물학적 모니터링에 사용된다. 그 밖

에, 시체의 여러 장기 조직에 포함된 독성 물질을 검사함으로써 죽음의 원인을 밝힐 수도 있다.

생체 이물 분석에는 어떤 물질을 측정하느냐, 즉 어떤 분석 물질을 측정 대상으로 할 것인가를 결정하는 것이 중요하다. 가장 직접적인 생체 이물 분석은 본래의 생체 이물 자체를 분석 물질로 측정하는 것으로, 원소성 생체 이물 분석이 대표적인 예이다. 특히, 중금속은 체내에서 변화되지 않으며, 원소의 형태로 분석이 가능하므로 항상 직접적인 분석이 가능하다. 유기성 생체 이물 자체를 분석 물질로 측정하는 경우도 종종 있는데, 이 경우는 생체 이물의 향후 거동을 예측하는 데 사용된다. 그러나 유기성 생체 이물에 대해서는 생체 이물의 제1상 반응 생성물과 제2상 반응 생성물을 측정하는 것이 일반적이다. 효소 또는 산 가수 분해 과정을 거친 후 생성되는 제1상 반응 생성물의 예로 뮤콘산(*trans,trans* muconic acid)을 들 수 있다. 이 물질은 체내에 벤젠(본래의 생체 이물)이 유입되면 생성된다.

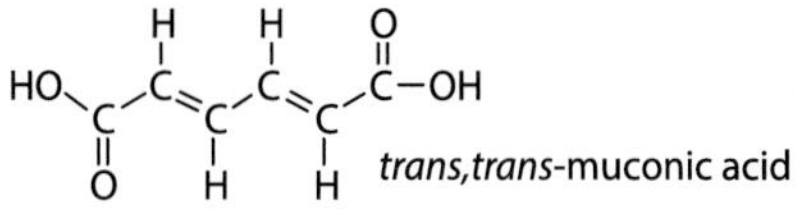

생체 이물의 제2상 반응의 결과로 생성되는 생성물의 예는 히푸르산(hippuric acid)이다.

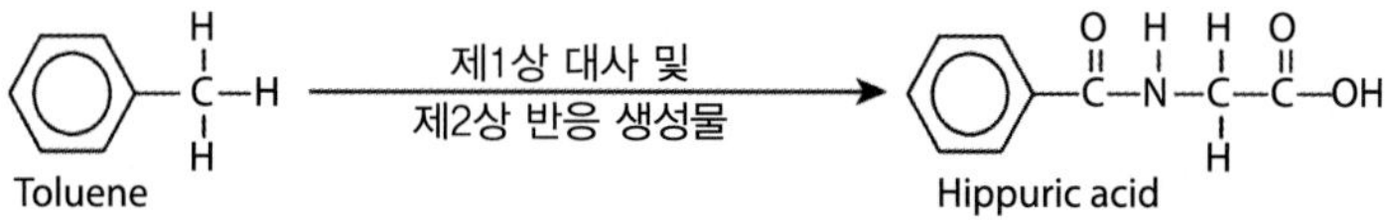

이 물질은 체내에 톨루엔(본래의 생체 이물)이 유입되면 생성된다. 어떤 생체 이물과 대사물질은 체내에 존재하는 물질과 반응하면, 부가적인 생성물이 생성될 수도 있다. 이러한 경우, 부가적인 생성물을 측정함으로써 생체 이물에 노출되었다는 것을 알 수 있다. 부가적인 생성물 중 간단한 생성물의 예는 일산화 탄소(생체 이물)와 헤모글로빈이 반응하여 생성되는 카복시헤모글로빈(carboxyhemoglobin)이며, 복잡한 생성물의 예는 다환 방향족 탄화수소와 DNA(또는 헤모글로빈)의 제1상 반응으로 생성되는 발암성 물질이다. 생체 이물이 유입된 후 생성되는 체내 물질도 분석 물질의 대상이 된다. 헤모글로빈의 유도체인 메트헤모글로빈은 혈액 중의 산소를 운반하는 역할을 하지 못하는 물질인데, 이 물질은 나이트로벤젠, 아닐린 등에 노출될 경우 생성되는 물질이다. 메트헤모글로빈이 본래의 생체 이물과 직접적인 관련이 없는 것처럼 보이는 것에 주목할 만하다. 그 밖에 효소의 활동도를 크게 변화시키는 생체 이물도 있다. 이에 대한 가장 대표적인 예는 유기 인산 또는 카바메이트 살충제이며, 이러한 생체 이물은 아세틸콜린에스터 가수 분해 효소(acetylcholinesterase)를 억제한다.

24.17.2 생체 이물 분석을 위한 면역학적 방법

24.12절에서 논의한 바와 같이, 면역 분석 방법은 특이성, 선택성, 단순성 및 비용 측면에서 뚜렷한 장점을 제공한다. 면역 분석 방법의 예로는 단순한 테스트 키트(test kit)를 사용하여 혈액-글루코스와 임신 여부를 결정하는 것이다. 그러나 생체 이물의 생물학적 모니터링에는 제한적일 수 있는데, 그 이유는 복잡한 생물학적 시스템의 경우 방해 물질이 존재할 수 있기 때문이다. 그럼에도 불구하고, 면역 분석 방법은 면역 분석법 고유의 장점이 있기 때문에 생체 이물의 생물학적 모니터링 분야에서 그 중요성이 점점 커지고 있다.[16]

참고 문헌

1. Clesceri, Lenore S., Arnold E. Greenberg, Andrew D. Eaton, and Mary Ann H. Franson, Eds., *Standard Methods for the Examination of Water and Wastewater*, 22nd ed., American Water Works Association, Denver, CO, 2012.
2. American Public Health Association, American Water Works Association, E. W. Rice, R. B. Baird, A. D. Eaton, and L. S. Clesceri, *Standard Methods for the Examination of Water and Wastewater*, American Water Works Association, Denver, CO, 2012.
3. U.S. Environmental Protection Agency, *Methods and Guidance for the Analysis of Water (including EPA Series 500, 600, and 1600 Methods), on CD-ROM*, National Technical Information Service, Alexandria, VA, 1997.
4. Richardson, Susan D., and Susana Y. Kimura, "Water Analysis: Emerging Contaminants and Current Issues," *Analytical Chemistry*, **88**, 546–582, 2016.
5. Richardson, Susan D., "Environmental Mass Spectrometry: Emerging Contaminants and Current Issues," *Analytical Chemistry*, **84**, 747–778, 2012.
6. Adrian, Javier, Fatima Fernandez, Alejandro Muriano, Raquel Obregon, Javier Ramon-Azcon, Nuria Tort, and M. Pilar Marco, "Immunochemical Analytical Methods for Monitoring the Aquatic Environment," in *Analytical Measurements in Aquatic Environments*, Jacek Namiesnik and Piotr Szefer, Eds., CRC Press, Boca Raton, FL, 2010, pp. 139–187.
7. U.S. Environmental Protection Agency, *Test Methods for Evaluating Solid Waste, Physical/Chemical Methods, SW-846 as updated by Updates I, II, IIA, IIB, III, IIIA and IIIB*, EHSO, 2016, https://www.epa.gov/hw-sw846.
8. "The EPA TCLP: Toxicity Characteristic Leaching Procedure and Characteristic Wastes (D-codes), Environment, Health and Safety Online," EHSO, 2016, https://www.ehso.com/TCLP.htm.
9. *U.S. Environmental Protection Agency, Electronic Code of Federal Regulations, Title 40—Protection of the Environment, Subchapter C, Part 50*, U.S. Government Publishing Office, Washington, DC, annually.
10. Solomon, Paul A., Matthew P. Fraser, and Pierre Herckes, "Methods for Chemical Analysis of Atmospheric Aerosols," *Chapter 9 in Aerosol Measurement: Principles, Techniques, and Applications*, 3rd ed., Pramod Kulkarni, Paul A. Baron, and Klaus Willeke, Eds., Wiley, Hoboken, NJ, 2011, pp. 153–177.
11. Jones, Charlotte, "Chemistry in the Atmosphere," *Chemistry Review*, **19**, 16–18, 2010.
12. Biological monitoring is covered very thoroughly in Chapter 27 entitled "Biological Monitoring," *Encyclopaedia of Occupational Health and Safety*, 4th ed., Jeanne Mager Stellman, Ed., International Labor Office, Geneva, 1998, which can be viewed in its entirety at http://www.ilocis.org/documents/chpt27e.htm
13. Pavanello, Sofia, and Marcello Lotti, "Biological Monitoring of Carcinogens: Current Status and Perspectives," *Archives of Toxicology*, **86**, 535–541, 2012.
14. Hoffman, Harold E., Robert B. Palmer, and Scott Phillips, *Clinical Practice of Biological Monitoring*, OEM Health Information, Beverly, MA, 2012.
15. Angerer, Juergen, Ulrich Ewers, and Michael Wilhelm, "Human Biomonitoring: State of the Art," *International Journal of Hygiene and Environmental Health*, **210**, 201–228, 2007.
16. van Emon, Jeanette M., *Immunoassay and Other Bioanalytical Techniques*, CRC Press, Boca Raton, FL, 2016.

보충자료

Angerer, J. K., and K. H. Schaller, *Analyses of Hazardous Substances in Biological Materials*, Vol. 1, VCH, Weinheim, Germany, 1985.

Angerer, J. K., and K. H. Schaller, *Analyses of Hazardous Substances in Biological Materials*, Vol. 2, VCH, Weinheim, Germany, 1988.

Angerer, J. K., and K. H. Schaller, *Analyses of Hazardous Substances in Biological Materials*, Vol. 3, VCH, Weinheim, Germany, 1991.

Angerer, J. K., and K. H. Schaller, *Analyses of Hazardous Substances in Biological Materials*, Vol. 4, VCH, Weinheim, Germany, 1994.

Angerer, J. K., and K. H. Schaller, *Analyses of Hazardous Substances in Biological Materials*, Vol. 5, John Wiley & Sons, New York, NY, 1996.

Angerer, J. K., and K. H. Schaller, *Analyses of Hazardous Substances in Biological Materials*, Vol. 6, John Wiley & Sons, New York, NY, 1999.

Angerer, Jurgen K., and Karl-Heinz Schaller, *Analyses of Hazardous Substances in Biological Materials*, Vol. 7, John Wiley & Sons, New York, NY, 2001.

Angerer, Jurgen K., and Karl-Heinz Schaller, *Analyses of Hazardous Substances in Biological Materials*, Vol. 8, John Wiley & Sons, New York, NY, 2003.

Angerer, Jurgen K., and Michael Muller, Eds., *Analyses of Hazardous Substances in Biological Materials*, Vol. 9, *Markers of Susceptibility*, John Wiley & Sons, New York, NY, 2004.

Angerer, Jurgen K., *Essential Biomonitoring Methods from the MAK Collection for Occupational Health and Safety*, Wiley-VCH, Weinheim, Germany, 2006.

Angerer, Jürgen, and Helmut Greim, Eds., *The MAK-Collection for Occupational Health and Safety: Part IV: Biomonitoring Methods*, Wiley-VCH, Weinheim, Germany, 2010.

AWWA Staff, *Simplified Procedures for Water Examination*, 6th ed., American Water Works Association, Denver, CO, 2014.

Baselt, Randall C., *Biological Monitoring Methods for Industrial Chemicals*, 2nd ed., PSG Publishing Company, Inc., Littleton, MA, 1988.

Baselt, Randall C., *Disposition of Toxic Drugs and Chemicals in Man*, 6th ed., Biomedical Publications, Foster City, CA, 2002.

Christian, Gary D., Purnendu K. Dasgupta, and Kevin A. Schug, *Analytical Chemistry*, 7th ed., Wiley, Hoboken, NJ, 2016.

Conti, M. E., Ed., *Biological Monitoring: Theory and Applications*, WIT Press, Billerica, MA, 2008.

Crompton, T. R., *Analysis of Seawater: A Guide for the Analytical and Environmental Chemist*, Springer, Berlin, 2006.

Crompton, T. R., *Chromatography of Natural and Treated Waters*, Taylor & Francis/CRC Press, Boca Raton, FL, 2003.

Crompton, T. R., *Determination of Anions in Natural and Treated Waters*, Taylor & Francis/CRC Press, Boca Raton, FL, 2002.

Crompton, T. R., *Determination of Metals in Natural and Treated Waters*, Taylor & Francis/CRC Press, Boca Raton, FL, New York, NY, 2001.

Emanuel, Peter, Jason W. Roos, and Kakoli Niyogi, Eds., *Sampling for Biological Agents in the Environment*, ASM Press, Washington, DC, 2008.

Grinberg, Nelu, and Sonia Rodriguez, Eds., *Ewing's Analytical Instrumentation Handbook*, 4th ed., CRC Press, Boca Raton, FL, 2016.

Guzzi, R., Ed., *Exploring the Atmosphere by Remote Sensing Techniques*, Springer-Verlag, Berlin, Germany, 2010.

Hage, David S., and James D. Carr, *Analytical Chemistry and Quantitative Analysis*, Prentice Hall, Upper Saddle River, NJ, 2010.

Harris, Daniel C., *Quantitative Chemical Analysis*, 9th ed., W.H. Freeman & Co., New York, NY, 2015.

Khan, JaVed I., Thomas J. Kennedy, and Donnell R. Christian, *Basic Principles of Forensic Chemistry*,

Humana Press, New York, NY, 2012.

Li, Yungcong, and Kati Migliaccio, Eds., *Water Quality Concepts, Sampling, and Analysis*, Taylor & Francis/CRC Press, Boca Raton, FL, 2010.

Manahan, Stanley E., *Quantitative Chemical Analysis*, Brooks Cole Publishing Co., Monterey, CA, 1986.

Na, Li, John J. Hefferen, and Li Ke'an, *Quantitative Chemical Analysis*, Peking University Press, Beijing, 2009.

Nollet, Leo M. L., *Handbook of Water Analysis*, 2nd ed., CRC Press, Boca Raton, FL, 2007.

Patnaik, Pradyot, *Handbook of Environmental Analysis: Chemical Pollutants in Air, Water, Soil, and Solid Wastes*, 2nd ed., CRC Press, Boca Raton, FL, 2010.

Popek, E.P., *Sampling and Analysis of Environmental Chemical Pollutants: A Complete Guide*, Academic Press, Cambridge, MA, 2003.

Quevauviller, Philippe, and K. Clive Thompson, Eds., *Analytical Methods for Drinking Water: Advances in Sampling and Analysis*, Wiley, Hoboken, NJ, 2005.

Settle, Frank A., Brian D. Lamp, David L. McCurdy, Mark K. Vitha, Brian W. Gregory, and Yinfa Ma, *Instrumental Methods of Analysis*, 8th ed., Wiley-Interscience, Hoboken, NJ, 2011.

Sivasankar, B., *Instrumental Methods of Analysis*, Oxford University Press, Oxford, 2012.

Skoog, Douglas A., Donald M. West, James F. Holler, and Stanley R. Crouch, *Fundamentals of Analytical Chemistry*, 9th ed., Cengage Learning, Boston, MA, 2013.

Skoog, Douglas A., F. James Holler, and Stanley R. Crouch, *Principles of Instrumental Analysis*, 6th ed., Thomson Brooks/Cole, Belmont, CA, 2007.

연습문제

모든 문제들을 답하기 위해서는 인터넷을 활용해야 할 것이다. 특히 일반적인 정보나 통계, 상숫값, 수식들은 인터넷에서 찾아서 사용하시오. 질문들은 교재 안에 있는 내용을 단순하게 찾아서 쓰는 것보다 호기심과 사고력을 증진시키기 위한 것이다. 그래서 어떤 경우에는 여러 가지 '정답'이 있을 수 있다. 그러므로 만약 자신의 이지적인 사고를 통한 노력과 다양한 문헌으로부터 찾은 정보를 바탕으로 작성한 답은 '정답'으로 간주한다.

1. HCl로 오염된 소각로의 습식 세정 용액 100 mL 시료 용액을 0.0500 M NaOH 표준 용액으로 적정하였다. 종말점에 도달하는 데 15.53 mL의 NaOH가 사용되었다면 세정 용액에 포함된 HCl의 농도는 얼마인가?
2. 대기 중 오존을 측정하기 위해, 세 개의 시료 각각에 대해 트라이아이오딘화 이온(I_3^-)을 생성시키고 흡광도를 측정하여 농도를 계산한 결과, 오존 농도는 0.133, 0.129, 0.134 ppm으로 나타났다. 또, 하나의 시료에 대해서는 화학 발광 분석법을 적용하여 측정하였는데, 오존 농도는 0.131 ppm으로 나타났다. 이러한 결과를 바탕으로, 분석 결과의 정밀도와 정확성에 대해 어떻게 평가할 수 있는가?
3. 부피 분석법에 사용되는 유리 기구에 대해 익숙하지 않다면, 참고 서적을 통해 부피 플라스크, 피펫, 그리고 뷰렛에 대해 찾아보시오. 위의 세 기구 중, 정확한 부피의 용액을 취할 수 있는 기구는 어느 것인가? 특정 부피만을 취할 수 있는 기구는 어느 것인가? 또, 적정에 필요한 표준 용액을 조금씩 시료에 첨가할 수 있는 기구는 어느 것인가?
4. 오존을 기기로 측정할 때 일어나는 광화학 반응을 찾아보시오. 이러한 종류의 반응을 무엇이라고 부르는가?
5. 원자 흡수 분광광도계에 의한 납 측정과 비분산 적외선 측정법에 의한 이산화 탄소의 측정에 대해 개념적인 유사성에 대해 제시하시오.
6. 왼쪽에 나타낸 물질과 오른쪽에 나타낸 물질 또는 현상을 옳게 연결하시오.

(a) 일산화 탄소	(1) 메트헤모글로빈
(b) 톨루엔	(2) 아세틸콜린에스터 가수 분해 효소 활동도
(c) 아닐린	(3) 헤모글로빈 첨가물
(d) 신경 기체	(4) 히프르산

7. 석탄 더미에 포함된 황 성분이 오염 기준에 맞는지 측정해야 한다. 석탄에서 대표 시료를 어떻게 취할 수 있는지 제시해 보시오.

8. 금속의 원자 흡광 광도 측정에 사용되는 속빈 음극 램프의 기능은 무엇인가? 속빈 음극 램프는 무슨 종류의 물질로 구성되어 있는가?
9. 납은 불꽃 원자화 장치 또는 흑연 튜브 원자화 장치를 갖춘 원자 흡수 분광광도계로 측정할 수 있다. 각각에 대해 시간에 따른 출력 신호(흡광도)가 어떤지 비교 설명하시오.
10. 적정 시약은 무엇인가? 화학 분석에서 적정 시약은 어떻게 사용하는가?
11. HCl을 NaOH로 적정할 때 나타나는 적정 곡선의 일반적인 특징을 설명하시오.
12. HCl을 NaOH로 적정할 때 종말점을 어떻게 찾을 수 있는가? 적정 곡선을 이용할 때와 지시약을 사용할 경우를 설명하시오.
13. C, H, 그리고 O를 포함하는 3.471 g의 시료를 O_2의 존재하에 연소시키고 CO_2와 H_2O를 수집한 후 각각의 무게를 잰 결과 CO_2는 8.758 g, H_2O는 1.537 g으로 나타났다. 시료에 포함된 C와 H의 퍼센트를 계산하시오.
14. 이 교과서의 대기 화학 단원에서 논의한 물질에 근거하고, 또 인터넷을 이용하여 원자 내의 전자, 양자 화학, 그리고 광화학에 대해 살펴보시오. 이 장에서 논의하고 있는 원자 흡수와 원자 발광의 현상에 대해 설명하시오.
15. pH의 측정에 적용되는 Nernst 식을 고려하여, 용액의 pH가 1만큼 변할 때 유리 전극에서 나타나는 전압 변화를 계산하시오.
16. 유기 화합물 분석에 사용되는 기체 크로마토그래피의 검출기로 전자 포획 검출기, 불꽃 이온화 검출기, 그리고 질량 분석기가 있다. 각각에 대해 원리를 설명하고 검출기별 차이점을 설명하시오.
17. 고성능 액체 크로마토그래피 분리법에서 적절한 유속을 얻기 위해 필요한 것은 무엇인가?
18. 질량 분석법에서 분리의 기본 원리는 무엇인가? 유기 화합물 분석에 질량 분석법이 가장 좋은 이유 중의 하나는 무엇인가?
19. 자동 분석 시스템의 주요 구성 요소들은 무엇인가? 각각의 기능에 대해 설명하시오.
20. 면역 분석법의 원리는 무엇인가? 또, 스크리닝 기술로 분류되는 이유는 무엇인가?
21. 색을 지니고 있는 시료에 포함된 분석 물질의 농도가 3.60×10^{-3} mol/L일 때, 2.00 cm 길이의 시료 셀(cell)에서 34.2% 투과율을 나타냈다. 측정 파장에서 이 시료가 나타내는 *A* 값(Beer 법칙 식에 있는 *A*)을 계산하시오. 미지 시료가 같은 시료 셀에서 0.520의 흡광도를 나타냈다면 시료에 포함된 분석 물질의 농도는 얼마인가?
22. 총 유기 탄소(TOC)와 생화학적 산소 요구량(BOD)의 유사점과 차이점은 무엇인가? 어느 것이 가축 사육장의 오염 지표로 삼을 수 있는가? 또, 산업 폐기물로 오염된 수질 오염의 지표로 삼을 수 있는 것은 어느 것인가?
23. 독성 특성 침출 절차(toxicity characteristic leaching procedure, TLCP)는 '잘못된 처리 시나리오'에 근거한 다소 이상한 시험 방법이다. 시험 방법은 어떻게 시작되었으며, 잘못된 처리 시나리오란 무엇인가?
24. "The new perspectives in the use of semipermeable membrane devices as passive samples"(Esteve-Turrillas, Francesc A., Vicent Yusa, Agustin Pastor, and Miguel de la Guardia, *Talanta*, **74**, 443–457, 2008)과 같은 논문들은 POP를 측정하기 위하여 반투과성 막의 사용에 대해 설명하고 있다. 이 장치는 무엇인가? 대략 언제부터 일반적인 사용이 가능하게 되었는가? 또 장점과 단점은 무엇인가?

찾아보기

ㄱ

ㄴ

ㄷ

■ ㅇ

ㅈ

영문 및 기타

역자 소개

김만구 강원대학교 농업생명과학대학 환경융합학부 교수
김동욱 육군사관학교 이학처 물리·화학과 교수
김희갑 강원대학교 농업생명과학대학 환경융합학부 교수
류 설 조선대학교 자연과학·공공보건안전대학 화학과 교수
정 현 동국대학교 이과대학 화학과 교수
정형근 연세대학교 과학기술융합대학 환경에너지공학부 교수

편수: 김만구

환경화학 제11판

저 자 Stanley E. Manahan
역 자 김만구·김동욱·김희갑·류 설·정 현·정형근
발행인 김지영
발행처 자유아카데미
주 소 경기도 파주시 회동길 37-42
파주출판도시
전 화 031-955-1321
팩 스 031-955-1322
홈페이지 www.freeaca.com
전자우편 main@freeaca.com (대표)
editor@freeaca.com (편집)
crm@freeaca.com (영업)
등 록 제406-2003-017호, 1980. 7. 12.
제1판1쇄 2023년 8월 5일 발행

Printed in Korea
ISBN 979-11-5808-498-1 93430